GRAMMATIK

DER

OSKISCH-UMBRISCHEN DIALEKTE

VON

ROBERT VON PLANTA.

ERSTER BAND.

EINLEITUNG UND LAUTLEHRE.

STRASSBURG,
VERLAG VON KARL J. TRÜBNER.
1892.

ISBN 3 11 004563 X

Vorbemerkung.

Dem vorliegenden ersten Bande soll der zweite und letzte binnen Jahresfrist folgen. Derselbe wird enthalten: die Stammbildungs- und Flexionslehre, die Syntax, einen Anhang mit Bemerkungen zu einzelnen Inschriften und Stellen von Inschriften, eine vollständige Sammlung der Inschriften, ein (zugleich als Glossar dienendes) Wortverzeichniss, Nachträge und Berichtigungen zu beiden Bänden, ferner das Vorwort zum ganzen Werk nebst einem ausführlichen Litteraturverzeichniss.

An dieser Stelle beschränken wir uns auf einige zum Verständniss des ersten Bandes erforderliche Bemerkungen.

Die cursiven Zahlen bezeichnen die Nummer der Inschriften in der Inschriften-Sammlung am Schlusse des zweiten Bandes.

Von Abkürzungen seien erwähnt: C. A. = Cippus Abellanus, T. B. = Tabula Bantina, T. A. = Tafel von Agnone, Blt. = Bleitafel (die grössere, von Bücheler publicirte), A. S. = Altitalische Studien, S. J. O. = Sylloge Inscriptionum Oscarum von Zvetaieff, J. J. M. D. = Inscriptiones Italiae Mediae Dialecticae von dems., J. J. J. D. = Inscriptiones Italiae Inferioris Dialecticae von dems., App. = Appendix in J. J. J. D., Rec. = Deeckes Recension der Zvetaieffschen Bücher in der Woch. f. klass. Philol. 1887, Stolz² = Lateinische Grammatik von Stolz in Iw. Müllers Handbuch II, 2. Auflage, Brugmann Gr. Gr.² = Griechische Grammatik von Brugmann ebd.; u. ist immer = umbrisch, ausser in den bekannten Abkürzungen s. u., u. s. w., u. dgl., o. immer = oskisch, ausser in s. o.; au. = altumbrisch, nu. = neuumbrisch, vo. = volscisch.

Ein sinnstörender Druckfehler ist S. 527 Zeile 4 von unten das *z* statt *r*.

Das während des Druckes der zweiten Hälfte erschienene Buch von Buck Der Vocalismus der oskischen Sprache (Leipzig, Köhlers Antiquarium) konnte leider nicht mehr berücksichtigt werden.

Fürstenau in Graubündten, 7. September 1892.

R. v. Planta.

Inhalt des ersten Bandes.

Einleitung.

Lautlehre.

Einleitung.

1. Geschichtlicher Ueberblick über die Erforschung der oskisch-umbrischen Dialekte[1]. Bei den alten Römern kann von einer wissenschaftlichen Beschäftigung mit den oskisch-umbrischen Dialekten noch kaum gesprochen werden, man wolle denn als erste Spuren einer solchen die Erwähnungen von Dialektwörtern bei Varro und Festus gelten lassen. Im Allgemeinen betrachtete man damals wohl diese Idiome als entartete oder bäurische Sprachen mit Geringschätzung[2]. Nachdem dann in den ersten Jahrhunderten nach Chr. Geburt die Dialekte ausgestorben und dem Lateinischen gewichen waren, konnte eine erneuerte Kenntniss derselben nur aus den Inschriften, welche jene Völker hinterlassen hatten, gewonnen werden. Der früheste Fund, über den wir Kunde haben, ist zugleich der grösste und wichtigste: im Jahre 1444 wurden in dem umbrischen Städtchen Gubbio, dem alten Iguvium, die sieben Erztafeln entdeckt, welche das Hauptdenkmal der umbrischen Sprache bilden. Bis zu den Anfängen einer methodischen Erforschung der Sprache und des Inhalts dieser Tafeln vergingen jedoch noch mehrere Jahrhunderte. Die ältesten Versuche und Textpublicationen rühren von folgenden Gelehr-

1) Vgl. zum Umbrischen Lepsius De tabulis Eugubinis 1ff., Inscriptiones Umbricae et Oscae 1ff., Aufrecht-Kirchhoff I 3ff., Huschke Iguv. Tafeln 6ff., Bréal Les tables Eugubines III ff., zum Oskischen Curtius Ztschr. f. Altthswiss. 1847, 385ff.

2) In solchem Sinne ist vielleicht die Stelle aus dem Komiker Titinnius *qui Obsce et Volsce fabulantur nam Latine nesciunt* (bei Festus) zu verstehen.

ten her: Bernardino Baldo (Divinatio 1613), van Skrieck (Origines 1614), Dempster (De Etruria regali, verfasst 1619, herausgegeben 1723—24 von Bonarota, mit Beifügung guter Facsimile's sämmtlicher 7 Tafeln), Bourguet (erkannte 1734 die Identität vieler Partien in umbrischer Schrift mit solchen in lateinischer Schrift), Maffei, Olivieri (erkannte, dass Ikuvina *Iiouina* zum Stadtnamen Iguvium gehöre), Gori, Passeri, Lami (Pseudon. Bini), Bardetti. In den Deutungsversuchen dieser Männer herrscht noch durchweg ein planloses, willkürliches Etymologisiren; die Meisten gingen vom Griechischen und Hebräischen aus (van Skrieck gar vom Niederländischen). Der Erste, der mit etwas mehr Methode und kritischem Sinn an die Erklärung der iguvinischen Tafeln herantrat, war Lanzi in seinem berühmten Saggio di lingua Etrusca e di altre antiche d'Italia, Rom 1789; er hat eine Anzahl Wörter richtig gedeutet und als Inhalt der Tafeln mit Bestimmtheit rituale Vorschriften und Litaneien erkannt. Bei Lanzi finden wir auch zum ersten Mal eine, freilich noch sehr bescheidene, Sammlung von oskischen und sabellischen Inschriften, nämlich den Cippus Abellanus (nur die zweite Seite und in völlig entstellender Lesung), die Nummern *117*, *125*, *126*, *140*, *184*, *208* und einige Münzen, ferner die sabinische Inschrift *280*, die volscische Tafel von Velletri *240*.

Nach Lanzi trat, trotzdem im Jahre 1793 das umfangreichste Denkmal der oskischen Sprache, die Tabula Bantina, aufgefunden worden war, eine Pause von ungefähr 40 Jahren ein. Dann begann die deutsche Wissenschaft ihre Aufmerksamkeit unseren Dialekten zuzuwenden. Die im zweiten Decennium dieses Jahrhunderts durch Bopp begründete vergleichende indogermanische Sprachforschung konnte nicht ohne anregenden Einfluss bleiben. Zuerst war es K. O. Müller, der in seinem 1828 erschienenen Werke über die Etrusker die oskisch-umbrischen Sprachen näher ins Auge fasste. Neben der richtigen Erkenntniss einiger Flexionsformen und mehreren guten Deutungen (z. B. feitu „facito") war sein Hauptverdienst, dass er mit aller Entschiedenheit das Umbrische und Oskische von dem (seiner Ansicht nach durchaus fremdartigen) Etruskischen sonderte und deren nahe Verwandtschaft mit dem Lateinischen hervorhob. So trat nun das Lateinische mit dem Oskisch-Umbrischen als einheitlicher italischer Sprachstamm neben die übrigen Glieder der indogermanischen Sprachfamilie[1]). Im Jahre 1833 folgte der erste systematisch angelegte Versuch zu einer Erklärung der umbrischen Sprachdenkmäler, Chr. Lassens (des bekannten Sanskritisten) Beiträge zur Deutung der Eugubinischen Tafeln, in denen die Partie *VIa* 22—59 ausführlich behandelt wurde. Lassen erkannte die Bedeutung einiger weiterer Flexionsformen und gab mehrere richtige Wortdeutungen (*ocri-*, *pase* etc.). Im selben Jahre erschien die Dissertation von Lepsius, De tabulis Eugubinis, deren wichtigstes Verdienst die definitive Bestimmung des altumbr. Alphabets (noch Lassen hatte z. B. z als x gelesen) und die Fixirung der Reihenfolge der Tafeln war. Diesen Arbeiten gegenüber zeigt G. F. Grotefends (des Entzifferers der persischen Keilschrift) Werk Rudimenta linguae Umbricae, erschienen 1835—1839, einen merklichen Rückschritt durch den Mangel an einer festen Methode und ein regelloses Etymologisiren, das oft an Lanzi und seine Vorgänger erinnert; doch findet sich eine nicht unbeträchtliche Anzahl guter Einfälle. Ziemlich vernachlässigt war bisher das Oskische, was sich bei dem Fehlen einer nur irgendwie zuverlässigen Sammlung von oskischen Inschriften leicht begreift. Grotefend in seinen 1839 erschienenen Rudimenta linguae Oscae bietet nur wenig Inschriften mehr als Lanzi (die Tab. Bant. und einige pompejanische) und die Lesung ist noch überall äusserst fehlerhaft, selbst in der lateinisch geschriebenen Tab. Bantina. Diesen Uebelständen half 1841 Lepsius ab durch die sorgfältige Ausgabe von oskischen Inschriften in seinen Inscriptiones Umbricae et Oscae (mit Tafeln). Er gibt ausser den Münzen bereits 28 oskische Inschriften. Nun kam auch die Erforschung des Oskischen in Fluss. Schon 1839 war Klenzes Arbeit über die Tab. Bantina, 1841 in Neapel Avellinos Schrift Conghietture sopra un' iscrizione sannitica erschienen. 1842 gab C. Peter in der Allg. Litteraturzeitung eine gute Darstellung der oskischen Formenlehre und treffliche Bemerkungen zum Cipp. Abell. und anderen Inschrif-

1) Die Unrichtigkeit der von K. O. Müller noch getheilten Ansicht von einem griechischen und einem ungriechischen Bestandtheil im Lateinischen (und Oskisch-Umbrischen) war bereits mehrfach ausgesprochen worden.

ten. Alsdann folgten die Vorläufer von Mommsens Unteritalischen Dialekten, seine Oskischen Studien 1845 (ausführlich recensirt von Corssen), Nachträge dazu 1846 und Aufsätze im Bulletino und den Annali dell' Istituto. Die „Nachträge“ berichtigten in vielen Punkten die Lesung von Lepsius. Die 1848 aufgefundene Tafel von Agnone wurde noch im gleichen Jahre von Henzen und von Mommsen in den Annali behandelt. Im Jahre 1850 erschienen endlich Mommsens „Unteritalische Dialekte“. Dieses für die Folgezeit grundlegende Werk brachte eine zusammenfassende und systematische Behandlung des gesammten damals bekannten Materials nach den verschiedenen Seiten hin: Alphabet, Grammatik, Lexicon, sachliche Interpretation, Abgrenzung der Dialekte, Chronologie, ausserdem sehr genaue Reproductionen der Inschriften, die durch Zvetaieffs Abbildungen in der Sylloge (1878) nur in ganz vereinzelten Puncten verbessert wurden. Ungefähr zur selben Zeit erschien auch für's Umbrische, an dem sich in der Zwischenzeit noch Knötel in einem verdienstlichen Aufsatze (Ztschr. f. Altthswiss. 1848) versucht hatte, das grundlegende Hauptwerk, die „Umbrischen Sprachdenkmäler“ von Aufrecht und Kirchhoff (I 1849, II 1851), gleich ausgezeichnet durch strenge Methode wie durch Gelehrtheit und Scharfsinn; nach der grammatischen Seite hin ist dieses Werk dem Mommsenschen weit überlegen. In der nächstfolgenden Zeit wurde die damals begründete Zeitschrift für vergleichende Sprachforschung von Kuhn und Aufrecht das Hauptorgan für die Studien auf dem Gebiete der italischen Dialektforschung. Die meisten und besten Aufsätze in den acht ersten Jahrgängen (1852—59) lieferten Bugge und Ebel. Ausserdem fällt in diese Zeit namentlich Kirchhoffs meisterhafte Abhandlung Das Stadtrecht von Bantia (1853), welche die Klenze-Mommsensche Auffassung der Tab. Bantina als Agrargesetz beseitigte. Der Erste, der wieder die Dialektdenkmäler im ganzen Umfang behandelte, war Huschke: 1856 Die osk. und sabell. Sprachdenkmale, 1857 Die kleineren umbr. Inschriften (Rhein. Mus. XI 340—378), 1859 Die iguvischen Tafeln. Neben vielem Scharfsinn und genauer Kenntniss der römischen Alterthümer zeigen diese Arbeiten das Walten einer ungezügelten Phantasie und völlig verkehrte grammatische Anschauungen; charakteristisch ist besonders, dass fast Alles aus dem Griechischen erklärt wird. Trotzdem sind

Huschkes Arbeiten im Allgemeinen zu geringschätzig behandelt worden; namentlich das Werk über die iguv. Tafeln enthält eine sehr grosse Zahl guter neuer Gedanken, in denen später vielfach Bücheler mit Huschke zusammentraf. Viel unbedeutender ist Newman's 1864 erschienene Interpretation der iguv. Tafeln[1]). In den 60ger Jahren war Corssen der hervorragendste Gelehrte auf dem Gebiete der italischen Sprachforschung. Seine Arbeiten über das Oskische und Sabellische (das Umbrische berührte Corssen mehr nebenbei) sind hauptsächlich in der Kuhnschen Zeitschrift niedergelegt von Band IX (1860; ein kürzerer Aufsatz schon in Band V) bis Band XXII (1874), ausserdem ist namentlich die Schrift De Volscorum lingua (1858) und die Nachlese zu Mommsens Unterital. Dialekten in der Ephemeris epigraphica II (1874) zu erwähnen. Ausführlich berücksichtigt sind die Dialekte auch in Corssens Hauptwerk Aussprache Vocalismus und Betonung der latein. Sprache und dessen Nachtrag Beiträge zur italischen Sprachkunde (1876, posthum). In den letzten Arbeiten zeigt sich öfters ein hartnäckiges Festhalten an einmal aufgestellten Ansichten. Aus der Corssenschen Zeit sind noch zu nennen die Arbeiten von Zeyss (De vocabulorum Umbricorum fictione 1861—65, weniger gut einige Aufsätze in Kuhns Zeitschrift) und die verdienstlichen Bearbeitungen der oskischen Laut- und Formenlehre von Bruppacher (1869) und Enderis (1871), welche auf Corssenschen Anschauungen fussen. Mitte der 70ger Jahre beginnen dann die Arbeiten von Bréal und Bücheler auf unserem Gebiete. Des Ersteren Hauptwerk ist das 1875 erschienene vortreffliche Buch Les tables Eugubines; auch mit dem Oskischen und den kleineren Dialekten hat sich Bréal öfters mit Glück beschäftigt (Aufsätze in den Mémoires de la société de linguistique, der Revue archéologique etc.). Gleichzeitig mit Bréal begann Bücheler seine Untersuchungen über's Umbrische zu veröffentlichen in Fleckeisens Jahrbüchern 1875, fortgesetzt in einigen Bonner Programmen. Diese zerstreuten Aufsätze sind (stellenweise umgearbeitet) vereinigt und mit Grammatik und Glossar versehen in den Umbrica (Bonn 1883). Büchelers Behandlung der iguvinischen Tafeln zeichnet

1) Ganz werthlos scheint Rabasté's mir unbekanntes Buch La langue Osque (1865) zu sein (vgl. z. B. Havet Rev. crit. 1878, 171).

sich namentlich durch die Sicherheit des Urtheils in sachlichen Dingen und ein feines Gefühl für das Wahrscheinliche im Sinn und Zusammenhang aus. Die Arbeiten Büchelers über das Oskische und die sabellischen Dialekte sind meistentheils im Rhein. Museum veröffentlicht, vom dreissigsten Band (1875) bis in die letzten Jahrgänge, welche die mustergültigen Publicationen der neuesten capuanischen Inschriftenfunde enthalten; ausserdem ist zu erwähnen die Behandlung des Cippus Abellanus in den Commentationes Mommsenianae, diejenige der Tabula Bantina in Bruns' fontes juris Romani und das Lexicon Italicum. Nach langer Pause ist auch Bugge wieder mit ausgezeichneten Arbeiten auf diesem Gebiete hervorgetreten, den Aufsätzen im 22. Bande von Kuhns Zeitschrift (1874) und den „Altitalischen Studien" (1878). Durch inhaltsvolle Recensionen hat sich in älterer und neuerer Zeit Schweizer-Sidler Verdienste erworben. Aus der neuesten Zeit sind von vergleichenden Sprachforschern vor Allem Danielsson (Aufsätze in Paulis Altital. Stud. III und IV) und Brugmann (Behandlung des Oskisch-Umbrischen im Grundriss der vergl. Gramm. der idg. Sprachen, neuestens ein Aufsatz in den Sitzungsber. der sächs. Ges. der Wiss.) zu nennen. Den letzten Jahren gehören auch einige Arbeiten von Pauli (Altit. Stud. II, V) und Deecke auf unserem Gebiete an. Eine neue Ausgabe des inschriftlichen Materials (ausser dem umbr.) mit Litteratur-Angaben und Inschriften-Tafeln verdanken wir Zvetaieff in seiner Sylloge inscriptionum Oscarum (1878) und seinen Inscriptiones Italiae mediae dialecticae (1884—85), beide mit Glossar; die sämmtlichen (nichtumbr.) Inschriften sind dann vereinigt in Zvetaieffs Inscriptiones Italiae inferiores dialecticae (1886), ebenfalls mit Glossar, doch ohne die Inschriften-Tafeln.

2. **Die Sprachen und Völker des alten Italiens.** Auf der italischen Halbinsel bestanden einst, ehe das Lateinische alles Andere überwucherte, sehr verschiedenartige Sprachen. Man bezeichnet unter denselben als „italische" („altitalische") im engeren Sinne diejenigen, welche von dem indogermanischen Stamme der Italiker gesprochen wurden; die Hauptmundarten dieses Sprachzweiges waren Lateinisch, Oskisch und Umbrisch (über das Etruskische s. u.). Von dieser Gruppe sind scharf zu sondern die Sprachen der übrigen auf der Halb-

insel niedergelassenen Stämme indogermanischer, z. Th. auch dunkler Herkunft, der Messapier, Veneter, Gallier, Ligurer u. s. w. Der grösste Theil dieser nicht specifisch „italischen" Sprachen ist ziemlich spurlos untergegangen, aus inschriftlichen Resten einigermassen bekannt ist das Messapische und das Venetische, welche beide dem illyrischen Sprachkreise (dem wahrscheinlich auch das Albanesische entstammt) beigezählt worden sind, freilich vorläufig ohne endgültige Beweise[1]). Immer noch ungelöst ist die Frage nach der Herkunft der Etrusker, deren Sprache uns in ungefähr 6000 Inschriften (worunter jedoch nur wenige, die einen zusammenhängenden Text bieten) erhalten ist. Deecke hält das Etruskische, wie früher Corssen, für eine specifisch italische, mit dem Lateinischen nächstverwandte Sprache, Bugge für einen selbstständigen Zweig des Indogermanischen (neuestens für einen Verwandten des Armenischen, s. Etruskisch und Armenisch I, Christiania 1890); von Anderen dagegen, wie Pauli, Schäfer, Bréal, O. Gruppe (früher auch von Deecke selbst) wird der indogermanische Charakter des Etruskischen entweder entschieden in Abrede gestellt oder doch für völlig unbeweisbar erklärt[2]). Auch uns gilt die Hypothese des indogermanischen Ursprungs als unerwiesen. Es wird im Folgenden nur ausnahmsweise vom Etruskischen die Rede sein.

Das Italische im engeren Sinne, zu dem wir nun zurückkehren, bildet eines von den acht Hauptgliedern der indogermanischen Sprachfamilie, welche nach der üblichen Reihenfolge sind: Arisch (Altindisch und Altiranisch), Armenisch, Griechisch, Albanesisch, Italisch, Keltisch, Germanisch, Baltisch-Slavisch (Näheres s. bei Brugmann I 3 ff.). Mit dem Italischen am nächsten verwandt ist sehr wahrscheinlich das Keltische, von den übrigen Sprachen vielleicht[3]) das Griechische. Das Italische selbst zerfällt in zwei Hauptgruppen,

---

1) Ueber's Messapische vgl. besonders Deecke Rh. Mus. 36, 576 ff.; 37, 373 ff.; 40, 133 ff. (die Aechtheit vieler Inschriften ist noch zweifelhaft, s. Rühl B. B. XIV 307 f.), über's Venetische Pauli Inschriften nordetr. Alphabets und jetzt Altitalische Forschungen III.

2) Vgl. noch z. B. Bücheler Pop. Iguv. lustr. 3, Stolz[2] 248, Schweizer-Sidler[2] 1, Nissen Ital. Landeskunde 495 f.

3) Vgl. über diese vielumstrittene Frage Stolz[2] 247 und die dort citirte Litteratur.

das Lateinische mit einigen anderen Dialekten, von denen aber nur das Faliskische[1]) einigermassen bekannt ist, einerseits, die oskisch-umbrischen Dialekte andererseits. Letztere werden so genannt[2]) nach den beiden Hauptmundarten, welche zugleich die Endpuncte des Sprachgebietes bilden, Oskisch im Süden (Samnium, Campanien, z. Th. Lucanien und Bruttium, Messana), Umbrisch im Norden. Sprachlich wie geographisch zwischen beiden drin liegen, nur aus ziemlich dürftigen Resten bekannt, die sogen. sabellischen Dialekte: Marsisch, Pälignisch, Marrucinisch, Vestinisch, Sabinisch, Picenisch etc. und das Volcische, erstere dem Oskischen, letzteres nach der gewöhnlichen Annahme (doch s. u. § 7) dem Umbrischen näher stehend[3]).

3. Verhältniss des Oskisch-Umbrischen zum Lateinischen. Die Uebereinstimmung des Osk.-Umbrischen mit dem Lateinischen, wie sie in Laut- und Formenentwicklung, Stammbildung, Syntax und sehr stark auch im Wortschatz, kurz im ganzen Umfang der Sprache zu Tage tritt, ist eine so grosse und augenscheinliche, dass an der nahen Verwandtschaft der beiden Zweige und der Berechtigung, dieselben auf eine gemeinsame italische Ursprache zurückzuführen, kein Zweifel bestehen kann. Nähere Uebereinstimmungen bloss des einen Zweiges mit ausseritalischen Sprachen beruhen theils auf zufälligem Zusammentreffen in der Bewahrung von Ursprünglichem, z. B. Nom. Pl.

---

1) Grammatik bei Deecke, Die Falisker 245—274, Glossar ebenda 230—244.

2) Andere Bezeichnungen sind umbrisch-samnitisch (so z. B. Brugmann) oder umbrisch-sabellisch.

3) Vgl. über die Sprachen- und Völkerverhältnisse im alten Italien u. a. Müller Etrusker I[1] 44 f., 70 ff., Kämpf Umbricorum specimen (1834), Klenze Philol. Abh. 55—105, Grotefend Zur Geographie und Geschichte von Altitalien (Hannover 1840—42), Lepsius Ueber die tyrrhenischen Pelasger in Etrurien (Lpz. 1842), Abeken Mittelitalien vor den Zeiten römischer Herrschaft (1843), Mommsen U. D. passim und Röm. Gesch. I. Buch, Knötel Der opisch-lateinische Volksstamm (Glogau 1853), Helbig Die Italiker in der Poebene (1879), Nissen Ital. Landeskunde (1883), Pauli Die Inschrr. nordetr. Alphabets und jetzt Altital. Forsch. III 413 ff., Deecke in Gröbers Grundriss I 335—350 (mit Litteraturangaben), Kovač Listy filologické 1889, 1 ff., Fligier Zur prähistor. Ethnologie Italiens (1877) und Die Urzeit von Hellas und Italien (1881).

der *o*-Stämme auf *-ōs* osk. Abellanús umbr. Ikuvinus wie got. *vulfōs* gegenüber *-oi* in l. *equī* gr. ἵπποι, theils auf gesonderter gleichmässiger Entwicklung, z. B. hat das *p* in osk. pútúrúspíd umbr. *podruhpei* so wenig directen Zusammenhang mit demjenigen in gr. πότερον, als die lat. Media in *amabo medius* mit derjenigen in air. *no charub* oder got. *midjis* und urslav. **medi̯a* (aksl. *mežda*). Neben der grossen Uebereinstimmung im Allgemeinen bestehen nun aber im Einzelnen zahlreiche Unterschiede. Die wichtigeren Merkmale des Osk.-Umbrischen gegenüber dem Lateinischen sind folgende:

a) lautliche: die Vertretung von urit. *ku̯ gu̯* lat. *qu u̯* (*gu* nach *n*) durch *p b*, z. B. *pis* l. *quis*, *biuo- beru-* l. *uiuus ueru;* die Erhaltung der urital. Spiranten auch im Inlaut, wo sie im Lat. zu Medien wurden, z. B. *alfo-* l. *albus*, *mefio* l. *medius*[1]); die weitgehende Syncope kurzer Vocale z. B. osk. *actud* „agito", *factud* „facito", Vezkeí l. *uetuscus*, umbr. *mersto-* l. **medestus* (:*modestus*), namentlich auch in Endsilben z. B. osk. húrz = l. *hortus*, umbr. pihaz = *piatus*; der Wandel von *kt* zu *ht*, *pt* zu *ft* (umbr. weiter *ht*), z. B. o. Úhtavis „Octauius", *scriftas* „scriptae", u. rehte „recte" (*screihtor* „scripti"); die Assimilation von *nd* zu *nn* (wohl auch *mb* zu *mm*), z. B. o. úpsannam „operandam", u. *pihaner* „piandi"; die Assimilation von *ks* zu *ss* (*s*), z. B. o. destrst u. *destra-* l. *dextra*, o. meddíss aus **meddik(e)s*, u. *uas* aus **uak(o)s* (ebenso wurde wohl urspr. *ps* zu *ss*, s. § 208); die Erhaltung von *s* vor Nas. und Liq. im An- und Inlaut, z. B. o. slaagi-: l. *locus*, u. snata: l. *nare*, o.-u. *fēsna-*: l. *fānum* = **fasnum*, päl. *prismu*: l. *prīmus*, ebenso vor *d* in u. *sistu* = **sisd(e)tu* l. *sīdito*; die Behandlung von auslautendem urspr. *-ns* (*-nts* etc.), das im Umbr. als *-f*, im Osk. als *-f* und *-ss* erscheint; die Verdumpfung von *-ā* zu *-o*, z. B. o. víú „uia", u. *proseseto* „prosecta"; die doppelte Vertretung von *rs*, nämlich im Osk. *r* mit Ersatzdehnung und *rr* mit kurzem Vocal (teerúm, Kerrí), im Umbr. *rs* und *rf* (*tursitu*, *Śerfo-*); die Entwicklung des *ei̯ ou̯* in der Richtung nach (*ee̯*) *ē*, (*oo̯*) *ō* (im Osk. jedoch noch kaum spürbar) gegenüber derjenigen

1) In diesem Puncte geht das Faliskische und Lanuvinische mit dem Osk.-Umbrischen, s. § 214.

zu (*ii̯*) *ī*, (*uu̯*) *ū* im Lateinischen[1]; die Schwächung des unbetonten *ă* zu *o u* gegenüber derjenigen zu *e i* im Lat.

b) flexivische: das *s*-Futurum gegenüber dem lat.-fal. *f*- *b*-Futurum z. B. o. *deiuast* u. pru-pehast: fal. *pipafo* l. *amabo*; die schwachen Perfecta, nämlich das *f*-Perfectum (z. B. o. aamanaffed u. *andersafust*), das *t*-Perfectum (z. B. o. dadíkatted; im Umbr. nicht belegt), das *l*-Perfectum (u. **entele(d) entelust*; im Osk. nicht belegt), das *nk*-Perfectum (u. *combifianši* etc., im Osk. nur das sehr zweifelhafte Beispiel λιοκακειτ), ferner die Perfecta wie o. uupsens von *opsā*-, u. **portens portust* von *portā*-, alle an Stelle des lateinischen *u̯*-Perfects (das jedoch wahrscheinlich auch selbst im O.-U. vorhanden war); die Bildung des Fut. II aller Verba mit *-us-*, z. B. o. *per-emust* „peremerit"; der Inf. auf *-om* z. B. o. deíkum „dicere", u. *a(n)-fero(m)* „circumferre"; die secundären Personalendungen *-d -ns* (die erstere wie es scheint auch altlat.); der Imperativ auf **-mōd* **-mōr* (letzteres mit angefügtem Passiv-*r*), z. B. u. *persnimu* o. *censamur*, falls **-mōd* nicht aus **-mnōd* l. *-mino* erklärt werden kann; die Pluralimperative auf **-tōtā* **-mōmā* (nur umbr. belegt); *-er* im Pass. neben *-or -ur* (letzteres nur umbr. belegt), z. B. o. sakarater gegenüber l. *sacratur*; relative Häufigkeit von Passivformen des Perf. Conj. und Fut. II, z. B. o. lamatir sakrafír *comparascuster*, u. *pihafi(r) benuso(r)* (?), vgl. altl. *turbassitur* etc.; Bildungen wie u. *stahitu* o. stait stahínt sakahíter sakruvist von Verben auf urspr. *-ai̯ō -ui̯ō*; weitere Verbreitung der Participia auf *-ĕto-* (*-ĭto-*?) zu *ā*-Verben wie spätlat. *rogitus probitus*, z. B. u. *oseto* „operata", o. prúftú- (syncopirt) = l. *probitu-s*; die Beibehaltung der ursprünglichen Endung *-ōs* im Nom. Pl. und *-ōm* im Gen. Pl. der substantivischen *o*-Stämme und Ausdehnung derselben auf die Pronomina (z. B. Nom. Pl. o. pús, Gen. Pl. u. *erom*), während im Lat. umgekehrt die Pronominalendung auf die Substantiva übertragen wurde (*equī equōrum*); Bewahrung der Endung *-ās* im Gen. Sg. und Nom. Pl. der *ā*-Stämme, im Lat. in beiden Casus durch *-ai -ae* verdrängt; der Acc. Sg. der cons. Stämme auf *-om*, neugebildet an Stelle der im Lat. bewahrten Endung *-em* (aus *-m̥*; der Gen. Sg. der *o*- *i*- und cons. Stämme auf *-eis* (umbr. -ēs *-ēr*) gegen-

1) Auch hier geht das Faliskische mit dem Osk.-Umbrischen.

über l. *-ī* aus *-ei* (*-oi*?) bei den *o*-Stämmen und *-īs* (aus *-ēs*) bei den *i*- und cons. Stämmen (bei den *i*-Stämmen bewahrt das Osk.-Umbrische, bei den *o*- und cons. Stämmen das Lateinische das Ursprünglichere); Bewahrung von *-ĕs* (dessen *ĕ* syncopirt wurde) im Nom. Pl. der cons. Stämme gegenüber der lat. Neubildung *-ēs* (nach den *i*-Stämmen); Bewahrung des Locativs der *o*-Stämme auf *-ei* in lebendiger Casusfunction; Dat. Sg. auf *-oi* (woraus umbr. *-ē*) gegenüber lat. *-ō* (letzteres jedoch auch vestinisch und sonst vielleicht vereinzelt), wobei allerdings die Möglichkeit, dass beide auf dieselbe Form *-ōi* zurückgingen, nicht ausgeschlossen ist; wahrscheinlich Einiges in der Flexion der *io*-Stämme, worüber § 275 ff. Verallgemeinerung der Form *-in-* (*-īn-*?) bei den *i̯en*-Stämmen gegenüber derjenigen von *-iōn-* im Lat. (z. B. u. natine l. *natiōne*), ausgenommen im Nom. Sg., wo das Oskische gewöhnlich -iuf (wohl = *-iōn* + *s*) hat; vgl. auch die Tiefstufe in u. uhtretie kvestr-etie gegenüber l. *auctōr-itas* (in letzteren Wörtern ist auch Suff. *-tiē-* gegenüber l. *-tāt-* zu beachten, s. § 264).

c) syntaktische: grosse Beliebtheit der Postpositionen (*-en*, *-kom*, *-ad*, *-per*); Präpos. *op*, *post* (*anter*) mit dem Ablativ; zuweilen Casus ohne Präpos., wo das Lat. eine Präpos. setzt, z. B. u. *nesimei asa est* „proxime ab ara est“, vgl. auch die oben erwähnte Erhaltung des Locativs als lebendiger Casus z. B. o. thesavreí lat. *in thesauro*; der Gen. als Object in u. struhçlas fiklas sufafias kumaltu etc. und als Zeitbestimmung in o. *zicolom* XXX *nesimum*. Andere Einzelheiten s. in der Syntax.

d) lexicalische: einige wichtigere sind *her-* l. *uelle*, *touta-* l. *ciuitas*, *ais-* in Wörtern für *deus diuinus*, *ner-* „ἀνήρ“ neben *u̯iro-*, **med(o)s* l. *iūs*, **pūr* (u. *pir* o. purasiaí) l. *ignis*, *kupro-* l. *bonus*, o. *ualaemo-* l. *optimus*, o. *egma-* l. *rēs* (dagegen u. *rē-*), o.-sabell. *eitua-* l. *pecunia*, o. *tangion-* l. *sententia*, u. **tudes-* l. *finis*, u. *fē-* neben *fak-* „facere“, Pron. o. *eizo-* u. *ero-* „is, ille“, o. *eko- ekso-* u. *es(s)o-* „hic“, Präpos. *anter* l. *inter*, **dad* l. *de*, *an-* privativum l. *in-*.

Am meisten Gewicht haben unter den angeführten die flexivischen Unterschiede, die in der That für so nahe zusammengehörige Dialekte auffallend gross sind[1]).

---

1) Umgekehrt sind z. B. zwischen den beiden Zweigen des

Wann und wo sich die Lostrennung der osk.-umbr. Gruppe von der lateinischen vollzog oder (wie man sich auch ausdrückt) die uritalische Einheit sich auflöste, und ob die Continuität zwischen den beiden Gruppen überhaupt einmal völlig unterbrochen war, ist bei der Unsicherheit aller Vermuthungen über die altitalischen Völkerzüge schwer zu entscheiden[1]).

4. Verhältniss der osk.-umbrischen Dialekte unter sich. Die Unterschiede zwischen Oskisch und Umbrisch sind im Verhältniss zu ihren gemeinsamen Merkmalen gegenüber dem Lateinischen unbedeutend. Sie beruhen zum grössten Theil auf secundären Lautvorgängen im Umbrischen: das Umbrische monophthongisirt die Diphthonge; es wandelt *d* zwischen Vocalen zu ř *rs*; es assibilirt *k* vor *e i* zu ç *ś*, *g* zu *i* (*j*); es erweicht die Tenues (und *f*?) nach Nasalen, ebenso *pr* zu *br*, z. Th. auch *tr* zu *dr*; es wandelt *ft* (z. Th. aus *pt*) zu *ht*, secundäres (durch Syncope entstandenes) *kt* zu *it* (*jt*) z. B. *aitu* = o. *actud*; es rhotacisirt inlautendes *s* (*z*) zwischen Vocalen; es wandelt *ū* zu (*ü*) *ī* (allerdings wahrscheinlich auch bantinisch), *um* zu *om*, secundäres *ps* zu *ss* (*osatu*: o. úpsa-), secundäres *ms* zu *ns* (*onse* aus **omeso*-: o. Niumsis aus **Nomesio*-), *nss rss* = *ntt rtt* zu (*n*)*f rf* (*mefa trahuorfi*, gegenüber o. Ϝερσορει), altes *lt* zu *t* (*motar* etc.; eine Spur davon wohl im Bantinischen in der einmaligen Schreibung *atrud*); es lässt auslautendes -*d* regelmässig schwinden (Abl. Sg., Imper. etc.; über -ař s. § 254), vielfach auch andere Consonanten wie -*s* -*r* -*f* -*t*; es wandelt, wie es scheint, inlautendes *l* zwischen Vocalen z. Th. (vor *i e*?) zu ř *rs*; weniger sicher ist, ob an-

Arischen, dem Altindischen und dem Altiranischen, die flexivischen Unterschiede gering, die lautlichen sehr gross. Auch die griechischen Dialekte zeigen unter sich verhältnissmässig weniger schwerwiegende flexivische Unterschiede als die italischen.

1) Deecke bei Gröber I 337 denkt an die „vorhistorische Wanderzeit, als das Volk Italien noch gar nicht erreicht hatte, sondern auf dem Zuge dahin in den Donauebenen oder den Alpen rastete"; man könnte auch bis auf die Periode des Aufenthaltes in der Poebene oder des successiven Wegzuges der Stämme von dort nach dem Süden herabgehen. Uebrigens haben die Unterschiede sich natürlich zu verschiedenen Zeiten und ganz allmälig entwickelt, waren also z. Th. jedenfalls schon in der Periode des „Zusammenlebens" vorhanden.

lautendes *l* zu *u̯* wurde, sehr unsicher, ob *su̯e-* im Umbr. zu *so-* wurde gegenüber Erhaltung im Oskischen. Dagegen ist die jüngere Lautstufe auf Seite des Oskischen in der weiter gehenden Wandlung von *ē ō* zu *ī ū* (fíísna-: u. fēsna-, sverrunei: u. *Uofiōne* etc.), in der Entwicklung der Anaptyxe vor und nach Nas. und Liq., in der Assimilation von unbetontem *ĕ* in derselben Stellung (*pertumum* aus **pertĕmum* etc.), in der Wandlung von *ŭ* nach Dentalen zu iu (wohl = *ü*). Sonstige lautliche Verschiedenheiten: idg. *-ns* wird osk. *-ss*, umbr. *-f*; *rs* wird osk. *r* mit Ersatzdehnung davor oder *rr* mit kurzem Vocal (teerúm: Kerrí), umbr. *rs* oder *rf* (*tursitu*: *Śerfo-*), vgl. auch das oben erwähnte o. Fερσορει: u. *trahuorfi*. Flexivische Unterschiede zwischen Osk. und Umbr. sind selten: das Osk. bildet den Abl. Sg. der consonant. Stämme auf *-od -ud*, das Umbr. auf *-e*; das Osk. bildet den Dat.-Abl. Pl. der cons. Stämme auf *-iss*, das Umbr. auf *-uss*; im Osk. ist das *l*-Perf. und *nk*-Perf. nicht nachgewiesen (λιοκακειτ sehr zweifelhaft), im Umbr. das *t*-Perfect. Als lexicalische Unterschiede sind etwa zu nennen o. *egma-*: u. *rē-*, o. ínim „et": u. et (inum *ennom* „tum"), die Verwendung von *-dum* im Osk., *-hont* im Umbr. zur Bezeichnung der Identität (ís-í-dum: *er-i-hont* etc.), die Verwendung von *es-* im Osk., *fu-* im Umbr. im Imperativ von „sein" (o. estud u. futu *fututo*), o. sífeí päl. *sefei* „sibi" gegenüber u. *seso* „sibi", osk. *eko-* neben *ekso-* für „hic", umbr. nur *es*(*s*)*o-* (wohl aus **ekso-*).

Die Zwischendialekte schliessen sich fast immer entweder dem Osk. oder dem Umbr. an; besondere Eigenthümlichkeiten der Zwischendialekte sind: die Dative Sg. auf *-ā -ō* (jedoch Spuren davon vielleicht auch im Osk. und Umbr., s. § 271, 273), der Dat. Pl. auf *-os* neben *-ois* (nicht ganz sicher, s. § 274), die Bewahrung von *-ā* als *-a* statt *-o* (doch vgl. aumbr. -a und s. § 29), auf der pälign. Herentasinschrift *đ* aus *d* zwischen Voc. (doch vgl. umbr. ř) und *-cirix* aus **-trix*[1]).

Die Einheitlichkeit der osk.-umbr. Gruppe gegenüber der lateinischen wird durch die oben angeführten, im Ganzen doch

---

1) Von den „altsabellischen" Inschriften (*281—289*) ist hier abgesehen, s. über dieselben Band II, Anhang.

geringen Unterschiede zwischen einzelnen Gliedern derselben nicht wesentlich beeinträchtigt. Auch durch Uebereinstimmungen wie die des Umbr. mit dem Lat. im Wandel von *oi* zu *ū* (umbr. wohl *ō*) und im Rhotacismus, während im Osk. *oi* und *s* erhalten blieben, geschieht dies nicht, da es klärlich spät aufgekommene Lautwandlungen sind (in Rom beide erst zu Anfang der historischen Zeit), die ihr eigenes, von den eigentlichen Dialektgrenzen verschiedenes Gebiet hatten.

Es mag demnach gestattet sein, von „uroskisch-umbrischer" Sprache zu reden, sofern man sich nur gegenwärtig hält, dass dieser Ausdruck, was ja grossentheils auch von der Bezeichnung „uritalisch" gilt, cum grano salis zu verstehen ist. Vorsichtigere Ausdrücke sind „gemeinitalisch", „gemeinoskisch-umbrisch".

5. Das **Oskische** war die Sprache der Samniter, eines von den Sabinern oder Sabellern ausgegangenen oder doch mit ihnen nächstverwandten Stammes, wie der Name (*Samnium* aus **Sabniom *Safniom, Sabellus* aus **Safnolos*) und die Ueberlieferung der Alten lehrt[1]). Es gehören zu diesem Stamme ausser den Samnitern im engeren Sinne die Frentaner, die Hirpiner und die Campaner; ferner breiteten sich die Samniter und das Samnitische über den nordwestlichsten Streifen von Apulien, sowie über Lucanien und Bruttium (ausgenommen die östlichen Küstenstriche) aus und auf Sicilien ist Messana eine samnitische Colonie (Mamertiner). Auf allen diesen Gebieten haben sich oskische Inschriften gefunden. Oskische Schrift zeigen auch die aurunkischen Münzen und zwei im Aequischen gefundene Inschriften, doch s. über erstere § 238, über letztere S. 22f. Die campanischen Samniter waren aus dem Gebirge nach Campanien herabgestiegen und hatten den dort wohnenden (nicht samnitischen) Stamm der Osker unterworfen (423 a. C. Besetzung von Capua, 420 von Cumae, U. D. 104). Von letzterem hatten sie nach der gewöhnlichen Ansicht den Namen oskisch statt samnitisch für ihre eigene, dann auch die Sprache der übrigen Samniter, angenommen[2]).

---

1) Vgl. zum Folgenden Mommsen U. D. 109ff., Deecke a. O. 338ff., Jung Iw. Müllers Handb. III 580ff.

2) Dagegen vermuthet Deecke (339), wie schon O. Müller

Eine oskische höhere Cultur und oskische, der gleichzeitigen lateinischen vielleicht ebenbürtige oder überlegene Litteratur scheint namentlich für Campanien mit Fug angenommen werden zu dürfen, s. Mommsen U. D. 101, 116ff., Kirchhoff Allg. Monatsschrift 1852, 596, Bréal Mém. soc. IV 383f., Deecke a. O. 339f. (vgl. Nissen a. O. 523f.)[1]).

Dass die Etrusker in früher Zeit (man nimmt an etwa vom achten Jahrhundert a. C. bis zur samnitischen Einwanderung im letzten Viertel des fünften Jahrhunderts) in Campanien Niederlassungen hatten, vielleicht sogar eine Art Herrschaft ausübten, namentlich in einer Anzahl grösserer Städte wie Capua (etrusk. Name Volturnum?) und Nola, wird wohl mit Recht von den Meisten angenommen[2]). Ausser den Nachrichten der Alten sprechen namentlich auch die in beträchtlicher Anzahl aufgefundenen Thongefässe mit etruskischen und etruskisch geschriebenen oskischen Aufschriften dafür (über letztere s. Band II, Anhang, zu *172—179*)[3]). Wahrscheinlich waren die Etrusker Anfangs den Oskern an Bildung überlegen; sie mögen damals letzteren ihr Alphabet überliefert haben, welches später allerdings einige Modificationen erlitt (s. § 12f.).

Die oskische Sprache ist uns (von den eben erwähnten Gefässinschriften, bei denen zwischen Oskisch und Etruskisch

---

Etrusk. I[1] 40, die samnitischen Campaner hätten wirklich die Sprache der unterlegenen, aber höher gebildeten Osker angenommen und dieselbe dann auch ihren Stammgenossen in den übrigen Gegenden mitgetheilt, so dass uns doch die richtige oskische, nicht eine so getaufte samnitische Sprache erhalten wäre. Deeckes Argument, das uns überlieferte Oskisch könne nicht für eine sabellische Sprache gelten, scheint mir jedoch keineswegs durchschlagend, die, so weit man bis jetzt sieht, sehr nahe Verwandtschaft des Pälignischen mit dem Osk. (s. u.) spricht wohl im Gegentheil eher gegen Deeckes Hypothese.

1) Dagegen Bergk Zeitschr. f. Altthswiss. 1851, 16 (vgl. auch Jordan Krit. Beitr. 159).

2) Am ausführlichsten hierüber O. Müller Etrusker I 166ff. (I[2] 160ff.); erwähnt sei noch Deecke bei Gröber I 339, 345f. und ders. Falisker 116f. Zweifel sind früher von Niebuhr, in neuerer Zeit besonders durch v. Duhn in einem Vortrage über die Geschichte Campaniens an der Trierer Philologenversammlung 1879 (Verhandlungen S. 141—157, spec. 147ff.) geäussert worden.

3) Deecke Rec. 132 hält auch *116* aus Pompeji für eher etruskisch als oskisch, vgl. Bd. II Anhang, ebd. über *11*.

oft schwer zu scheiden ist, abgesehen) in ungefähr 230 Inschriften erhalten, von welchen jedoch viele bloss Namen enthalten, andere arg verstümmelt sind. Die einzigen einigermassen umfangreichen Inschriften sind: die Tafel von Bantia (ein Fragment des Stadtrechts von Bantia), der Cippus von Abella (Tempelvertrag zwischen Nola und Abella), die Tafel von Agnone (Tempelordnung) und die Bleitafel von Capua *128* (Execration). Von den kleineren Inschriften sind die meisten in Pompeji, neuerdings auch viele in Capua gefunden worden, in den übrigen Gegenden meist nur einzelne. Dem Inhalt nach sind die kleineren Inschriften meistens Weih- und Schenkungsinschriften oder officielle Urkunden über Bau und Approbation von öffentlichen Gebäuden etc.; die capuanischen befassen sich meistens mit Cultusangelegenheiten (Weihung der iovilae, Viscerationen etc.); ein Seitenstück zur grösseren bildet die kleinere ebenfalls capuanische Verwünschungsinschrift *129*; ziemlich selten sind Grabinschriften; endlich sind in ansehnlicher Zahl oskische Münzen gefunden worden[1]).

Dialektische Abweichungen innerhalb des Oskischen finden sich namentlich in Capua und in Bantia; in Capua: Fehlen der Anaptyxe, wenn die Liq. in der Lautgruppe die zweite Stelle einnimmt (hierin mit dem Pälign. übereinstimmend, s. § 137 f.), stahint stahínt für staiet des C. A. (s. § 295, 304), est für íst des C. A. (s. § 31), avt in der Bedeutung „aut“ und „autem“ während sonst avt „autem“ („at“), dagegen avti *auti* „aut“ bedeutet; in Bantia: *s* aus *ti̯* (*Bansae*, s. § 187), *z* aus *di̯* (*zicolo-*, s. § 201), *ll* aus *li̯* (*allo famelo*, s. § 242), *x*, d. h. wohl *kš*, aus *ki̯* (*meddixud*, s. ebd.), *atrud* = **altrud* (§ 148), *maimas* = **maismas* (? s. § 230), *ī* (*ṻ*) aus *ū* wie im Umbr. (nicht ganz sicher, s. § 57), *i* für *ü* = iu der nation. Schrift in *manim petiro-pert* (auch nicht ganz zweifellos, s. § 53, ebd. über bantinisch *eitua-* gegenüber eítiuva- der nat. Schrift). Eine wichtige dialektische Differenz wäre es, wenn aus capuanisch Ind. Perf. fufens gegenüber bantinisch Conj. Perf. *fuid*, Fut. II *fust* (T. B. 28) auf cap. *fufid *fufust, andererseits bant. **fuens* etc. geschlossen werden dürfte, doch ist dies keineswegs sicher (s. § 316). Ϝερσορει *4* aus Vibo kann

1) J. Friedländer, Die oskischen Münzen, mit zehn Kupfertafeln (Leipzig 1850).

gegenüber úíníveresím *134* aus Capua blosse ungenauere Schreibung sein (vgl. § 131). Ueber *-um* neben *-om* s. § 44, über *-ūd* neben *-ōd*, *-ūs* neben *-ōs* § 47, über die häufige Weglassung von *-m* in Pompeji § 252, über μεδδειξ (Messana) neben meddíss (Abella) § 183, über eh[stít (Abella) neben eestínt (Agnone) § 107. Die letztgenannten Unterschiede sind sehr geringfügig und beruhen z. Th. bloss auf verschiedener Orthographie. Dagegen ist es zweifellos, dass das Bantinische eine besondere Mundart bildete, und auch das Capuanische wird vielleicht, namentlich wegen des erstgenannten Punctes, als solche bezeichnet werden können. Fünf samnitische γλῶσσαι ἤτοι στόματα, nämlich Λατέρνιοι Ὀπικοί Κραμόνες, Βορεοντῖνοι Πευκετιεῖς, unterschied im vierten Jahrh. a. C. Skylax im Periplus an der bei Mommsen U. D. 95 Anm., 110f. mit Anm. behandelten Stelle. Man mag dieselben ungefähr verstehen als Südcampanisch, Nordcampanisch (Capua), Samnitisch im engeren Sinne, Frentanisch und Nordost-Lucanisch (Bantia)[1]. Mommsen nimmt unter Zustimmung von Bergk Ztschr. f. Altthswiss. 1851, 15f. an, die Unterschiede seien in der Zeit, aus welcher unsere Denkmäler stammen, verwischt gewesen, indem „eine gemeinsame samnitisch-oskische Sprache entstanden“ war. Jedenfalls wäre dabei nach Obigem das Bantinische und etwa das Capuanische auszunehmen. Von diesen abgesehen ist es aber richtig, dass bei der weiten Ausdehnung des Gebietes, aus dem die Inschriften stammen, die Unterschiede auffallend gering sind und dass sich in der Orthographie, z. B. in der Verwendung des Zeichens í (s. § 23), eine grosse Gleichmässigkeit zeigt. Vielleicht könnte also daraus auf eine Art oskischer Schriftsprache geschlossen werden, neben welcher die verschiedenen Dialekte in der Sprache des Volkes sich weiter erhalten hätten. Doch bleibt eine solche Hypothese natürlich ganz unsicher, da sehr viele Dialektunterschiede auch in der Sprache der Inschriften bestanden haben können, die

---

1) Im Anschlusse an Mommsen, ausser beim letztgenannten, denn Mommsens Vermuthung, die Πευκετιεῖς seien die Sabiner, ist mir nicht wahrscheinlich (was von ihm S. 293 Etymologisches dafür vorgebracht wird, ist hinfällig). Der Nord-Osten von Lucanien grenzte an das Gebiet der Poediculer oder Peucetier, woraus des Skylax Bezeichnung der fünften Mundart wohl erklärlich ist. Anders als Mommsen Huschke Osk.-sabell. Sprdkm. 279ff.

nur wegen der Spärlichkeit des Materials uns verborgen bleiben.

6. Sabellisch. Unter Sabellern verstehen wir mit Deecke Gröbers Grdr. I 338, 340f. nicht bloss die oft im engeren Sinne sabellisch genannten Stämme der Marser Pälig- ner Marruciner Vestiner, sondern sämmtliche mit diesen nächst- verwandte Stämme des zwischen den Samnitern und Umbrern liegenden Gebietes, also auch die Herniker (?) Aequer Aequiculer Sabiner[1]) Prätuttier Picener. Von den Dialekten dieser Völ- ker sind uns nur ziemlich dürftige inschriftliche Reste erhalten, gar keine vom Hernikischen[2]), zweifelhafte vom Aequischen (Ae- quicul.), Prätuttischen und Picenischen. Eine allgemeine Charak- teristik der sabellischen Dialekte ist bei unserer mangelhaften Kenntniss derselben kaum zu geben. So viel scheint jedoch sicher, dass sie Mittelglieder zwischen Osk. und Umbr. bilden, da sie mit letzteren in allen Hauptmerkmalen gegenüber dem Lat. über- einstimmen und, wo Osk. und Umbr. sich scheiden, fast immer mit dem einen von beiden zusammengehen; die wenigen Aus- nahmen sind oben S. 13 erwähnt. Im Allgemeinen standen die Dialekte der Sabeller jedenfalls dem Oskischen, welches ja die Sprache der nächstverwandten Samniter war, näher als dem Umbrischen; die Abweichungen vom ersteren und Annähe- rungen an's letztere bestehen hauptsächlich in der Monophthongi- sirung der Diphthonge im Mars., (Pic.?), z. Th. auch im Marruc. und wahrscheinlich (doch nur bei *ei*) im Pälign., dem *-f* im Acc. Pl. in marruc. *iaf-c*, dem *đ* aus *d* und *rf* aus *rs* (auch *ɪ* aus *ū*?) auf der päl. Herentasinschrift und dem Abl. eines cons. Stammes auf *-e* in päl. *aetate 255* (auch marr. *agine*?) gegenüber osk. *-ōd -ūd* (päl. *aetatu 254* wohl Acc., nicht Abl.). Eine starke Annäherung an das (benachbarte) Umbrische würde das Picenische zeigen, falls daselbst wirklich der Rhotacismus eingetreten war und ɔ in -seɔure *288* wie umbr. ç zu beur- theilen ist (beides sehr unsicher, s. § 239, 181).

---

1) Diese letzteren können um so eher unter den weiteren Begriff Sabeller eingereiht werden, als *Sabellus* nicht, wie gewöhnlich ange- nommen wird, Deminutivum zu *Sabinus* (wäre **Sabillus*), sondern zu der auch in *Samnium* vorliegenden kürzeren Form **Safno-* **Sabno-* ist (vgl. § 114).

2) Einziges Ueberbleibsel '*samentum*' Fronto ep. IV 4.

Pälignisch (vgl. namentlich Bugge A. S. 80 ff., Pauli A. S. V 18ff., 160f. und passim). Das Päl. ist erhalten in gegen 30 meist ganz kurzen Inschriften. Die einzige etwas grössere ist die, in einigen Puncten vom gewöhnlichen Pälign. abweichende, sechszeilige corfinische Inschrift *254* (von uns der Einfachheit halber „Herentas-Inschrift" genannt). Die hauptsächlichsten Uebereinstimmungen des Päl. mit dem Osk. und Abweichungen vom Umbr. sind folgende: die Diphthonge bleiben durchweg erhalten (*ai* als *ai* und *ae* d. h. *aę*) mit Ausnahme von zwei- oder dreimaligem *e* für *ei* (nicht einmal ganz zweifellos, s. § 106); einfaches *s* zwischen Vocalen bleibt erhalten z. B. *coisatens*: u. kuraia, *upsaseter*: l. *operaretur* u. staheren; zwischen *r l* + Cons. tritt Anaptyxe ein z. B. *Alafis* (dagegen fehlt sie wie im Osk. von Capua zwischen Cons + *r l*); *ō* erscheint wohl durchweg als *ū*, z. B. *Apūnies* wie osk. sverrúneí gegen umbr. *Uofiōne*; *rr* aus *rs* in *Cerri* wie in o. Kerrí gegenüber *rf* in u. *c̀erfo-* (hier scheint die Herentasinschr., sowie das Marsische, mit dem Umbr. zu gehen, s. § 232); *ps* erhalten in *upsaseter* wie in o. úpsannam gegen u. *osatu oseto*; *k* vor *e i* nicht zu *ç*[1]): *Cerri Cerfum ecic Peticis Loucies Pacia pperci*; *ft* nicht zu *ht*: *Ofturies*; *nt* nicht zu *nd*: *Herentas Ponties*; *t*-Perfect in *coisatens*; *sefei* wie o. sífeí gegen u. *seso*; Pron. *eko-* in *ecuc ecic ecuf*, im Umbr. nicht nachweisbar. Wichtig wäre noch *-s*(*s*) aus *-ns* im Acc. Pl. gegenüber umbr. *-f*, besonders weil hier sogar das nächstverwandte Marruc. mit dem Umbr. geht (*iaf-c*), aber die Beispiele, *pes pros 255* und *lexe 254*, sind höchst zweifelhaft (s. Bd. II Anhang). Spärlich sind dagegen Uebereinstimmungen mit dem Umbr. und Abweichungen vom Osk.; die wichtigste ist der Abl. auf *-e aetate* von *aetāt-* (kaum von *aetati-*, s. § 283) wie u. natine pure etc. gegen o. tanginúd *ligud* etc.; ferner: *-d* fällt mehrfach ab (im Osk. nur in zwei bis drei besonderen Fällen, s. § 254; wenig ist auf den auch im Osk. zuweilen vorkommenden Abfall von *-m* zu geben, s. § 252); wahrscheinlich zwei bis dreimal *e* für *ei* (s. o.); ursprgl. *ē* wie es scheint noch etwas offener als im Osk. (*fēsn.* wie u. fēsnaf-e gegen o. fíísna-

1) Denkbar ist freilich, dass eine Veränderung in der Richtung gegen *ç* eingetreten war, in der Schrift jedoch unbezeichnet blieb.

etc., s. § 34); *-a* statt *-o* für *-ā* erinnert an u. muta veskla etc. neben mutu vesklu etc. (s. §. 29); *inom* „et“ wie u. *enom* (doch bedeutet letzteres „tum“), gegen o. ínim *inim*. Etwas näher als das gewöhnliche Pälign. scheint dem Umbr. dasjenige der Herentasinschrift (*254*) zu stehen: *Cerfum* mit *rf* wie u. *Śerfo-* gegen *Cerri 256*, o. Kerrí; *đ* aus *d* zwischen Vocalen, an umbr. ř (von Einigen *đ* umschrieben) erinnernd, doch s. §. 199; möglicherweise *ı* (*ū*) aus *ū* (allerdings wahrscheinlich auch im Bantinischen). Vom gewöhnlichen Päl. weicht die Inschrift auch im Verhalten gegenüber der Anaptyxe ab, s. § 138, ferner im Nom. Sg. Fem., der auf *-u*, nicht *-a*, auszugehen scheint (s. § 29; in diesem Puncte gleicht die Sprache dieser Inschr. also mehr dem Osk., welches -ú -u *-o* *-u* hat; doch *-u* vielleicht auch im Volscischen, s. u.); dagegen ist *aetatu* wohl Acc., nicht Abl. (was gegen *aetate 255* eine starke Abweichung wäre), s. Bd. II Anh. — Als Eigenheit des Pälign., die weder im Osk. noch im Umbr. sicher nachweisbar ist, wurde bereits erwähnt der Dat. Sg. (Masc. auf **-o*) Fem. auf *-a* (*Anceta*, vielleicht *Minerua*).

Für die Stellung des Pälign. ergibt sich also, dass es ein dem Oskischen nahe verwandter Dialekt war, der aber doch in einigen Puncten von demselben in der Richtung gegen das Umbrische hin abweicht. Dies ist, was auch die geographische Lage und die nahe Zusammengehörigkeit mit den übrigen sabellischen Dialekten, dem Marruc. Vest. Mars etc., welche in der Behandlung der Diphthonge eine stufenweise Annäherung ans Umbrische zeigen (vgl. § 61), erwarten lässt. Bugge (a. O. 80) bezeichnet also mit Recht das Pälignische als ein Mittelglied zwischen Oskisch und Umbrisch, nur dass es ersterem nicht „ein wenig“, sondern sehr viel näher steht als dem Umbrischen. Hienach scheint mir zu modificiren, was Pauli a. O. 160 gegen Bugge äussert (vgl. auch Deecke D. L. Z. 1888, 1408).

Ueber den auf pälignischem Boden gefundenen „altsabellischen“ Stein von Superaequum (Casteldieri) *281* s. Bd. II Anhang.

Marrucinisch. Nur in zwei Inschriften, der Tafel von Rapino *274* (zwölf kurze Zeilen) und der kleinen Inschr. von Teate *275* (bloss zwei Namen) überliefert. Das Marruc. scheint dem Pälign. sehr nahe zu stehen. Die Diphthonge sind noch fast so regelmässig als im Päl. bewahrt (Ausnahmen 1 maliges *totai*, Gen. Sg. *Joues patres ocres Tarincris* mit *-es -is* aus *-eis*, s. § 70, 81); *Cerie*, d. h. wohl **Cerrie*, mit *rr* wie päl. *Cerri* o. Kerrí, nicht *rf* wie im Päl. der Herentasinschr., (im Mars.) und im Umbr.; *t*-Perf. in *amatens*. *-d* fehlt in beiden vorkommenden Beispielen, *ta[h]a* oder *ta[g]a* und *pacr-si* (auch *pedi*??), dagegen ist *-m* überall (4 m.) geschrieben. *Jouia*, ob Dat. oder Nom. (schwerlich Vocativ), stimmt mit dem Päl. gegenüber Osk. und Umbr. (doch s. o.) überein. Dat. Pl. *aisos* wie mars. *esos*, gegenüber päl. *cnatois puclois* etc., auch mars. *pucles* (doch s. § 274). Im Acc. Pl. stimmt das Marruc. mit dem Umbr. überein: *iaf-c*, gegenüber osk. víass etc. (wie sich das Päl. hierin verhielt ist unsicher, s. o.), dagegen bleibt *c g* vor *e i* erhalten: *Cerie*[1]) *agine regena*, *nt* wird nicht *nd* : *ferenter*. – Ueber den auf marrucinischen (genauer vielleicht frentanischem) Boden gefundenen altsabellischen Stein von Grecchio (*282*) s. Bd. II Anhang.

Ueber das **Vestinische** ist nach der einzigen kurzen Inschrift *276* schwer zu urtheilen; es wird wohl dem Päl. und Marr. nahe verwandt gewesen sein. *ū* aus *ō* (*dūno*) wie päl. osk.; *d* (nicht *đ*) zwischen Voc. (*didet*); *Herclo* ohne Anaptyxe gegenüber päl. *Herec.* Sabellischer Dativ ohne *-į* : *Herclo*, wie päl. *Anceta* etc.; Ntr. Pl. oder Fem. Sg. *data* mit *-a* nicht *-o*, wie päl. *Scaifia* etc.

Marsisch. Nur drei kurze Inschriften, *242 243 244*, sind ächt marsisch, während die bekannte Bronze vom Fucinersee *307*, sowie *308* und wohl auch *312* bloss provincial gefärbtes Latein enthalten[2]). Das Marsische zeigt eine entschiedene Annäherung an das Umbr. darin, dass es die Diphthonge, wie es scheint, durchgehends monophthongisirt: *esos* = marr. *aisos*, *Jouies pucle[s* = päl. *Jouiois puclois*, *Uesune* = **Ue-*

1) Vgl. jedoch oben S. 19 Anm. zum Pälign.

2) Lat. ist auf der Fucinerbronze: *b* in *urbid*, Endung *-e* (= *-oi*) statt *-ōs* und *-que* statt *-pe* (oder eher statt *inom* ev. *inim*) in *socieque*, Endung *-ibus* statt *-is* (= *-ifs -ifos*) in *l[ecio]nibus*, *donom* (nicht *doiuom*) statt *dunom*, Nom. *Cantouios Aprufclano(s)* statt *-ouies* (ev. *-ouis*) *-ans* etc.; auf No. *308*: Endung *-ius* in *Atiedius*, *b* in *lib(en)s*, das erste *o* in *dono*, *et* statt *inom* oder *inim* (allerdings *et* auch im Umbr.). Die provinciale Färbung auf der Fucinerbronze in *ts* und *-es* statt *-is* in *Martses*, vielleicht auch im Dat. *Actia* (s. u.), auf No. *308* im *-e* der Dative *Uesune Erinie Erine patre* (*312 Joue*).

sunai; vgl. ferner den Stadtnamen '*Cerfennia*' mit *rf* wie umbr. *Śerfo-*, päl. Herentasinschr. *Cerfum* gegenüber osk. päl. marr. *Kerr-* (s. o.). Im Uebrigen wird der Dialekt wohl dem Päl. und Marruc. nahe gestanden haben, z. B. den Rhotacismus nicht gekannt haben (*Uesune* ist hiefür nicht völlig beweisend, s. 239, 241), vgl. auch *u* in *dunom*, *c* (nicht ç) in *cetur*, *d* (nicht *ď*) in *ded(ed)* (?). Der sabellische Dat. Sg. ohne *-į* vielleicht in *Actia* der Fucinerbronze, nach Jordan = *Angitiae*, doch Dat. auf *-e* aus *-ai* in *Uesune 242* aus Antinum; Dat. Pl. auf *-os* wahrscheinlich in *esos* = marr. *aisos*, doch daneben *-es* = *-ois* *Jouies pucle[s*. — Bemerkt sei noch, dass die Stellung des Vatervornamens auf *242* die umbr.-volscische, nicht die osk.-päl.-marrucinische ist (doch letztere auf *244*?)[1]).

Aequisch (Aequiculisch). Von den fürs Aequische oder Aequiculische in Betracht kommenden Inschriften ist keine ohne Zweifel. *314* ist lateinisch, wie *b* statt *f* (und die Endung *-i* statt *-e*) in *Alb(en)si* zeigt, nur *-e* statt *-i* in *patre* weist auf die provinciale Herkunft. *277 Po. Ca. Pomposiies meddiss Talii State m. dd.* hält Dressel, dem Mommsen (C. I. L. IX 388) beizustimmen geneigt scheint, für unächt, vgl. Zvetaieff J. J. M. D. p. 40 f., J. J. J. D. p. 84; Dressels Gründe kenne ich nicht, aber jedenfalls ist *Talii* (wie mit Zvet. zu lesen sein wird) auffällig, ausserdem vielleicht *ii* in *Pomposiies* (s. § 276) und die völlig lateinische Formel *m. d. d.* = *merito donum dat* (oder *dedit*). Ueber *279* urtheilt Dressel (Mommsen a. O.) wie über die vorige Inschrift. An *279* und der Inschrift von Nesce *278* fällt die oskische Schrift auf, da alle übrigen Denkmäler der sabellischen Dialekte (von den sog. altsabellischen Inschriften, die ein eigenes Alphabet haben, abgesehen) sich der lateinischen Schrift bedienen, doch ist dies noch kaum ein hinreichender Grund, die Inschriften für gefälscht zu erklären. Die Unächtheit der Inschrift von Nesce ist namentlich von Mommsen C. I. L. IX 683 und mit ausführlicher Begründung von d'Ovidio Rivista di filol. IX (1880—81) S. 6—12 behauptet worden, während z. B. Corssen K. Z. XI 401 f., Eph. ep. II 184 f., Bücheler L. J. (wo H e r e n n i u, H e r e k l e i angeführt werden) und Deecke Gröbers Grdr. I

1) Ueber die Ansicht, dass No. *242* (Antinum) volscisch, nicht marsisch sei, s. u. S. 26.

339 die Aechtheit nicht beanstanden. Aus der Grammatik lässt sich die Unächtheit nicht sicher erweisen, denn Herenniu kann (wie *Uetio* der vest. Inschrift *276*) als Latinismus erklärt werden[1]; Hereklei, statt dessen man nach o. Hereklúí und vestin. *Herclo* *Her(e)klui oder *Her(e)klu erwartet, kann ebenfalls auf lat. Einfluss beruhen (l. *Herculi*) oder wirkliche Abweichung vom Osk. und Vestin. sein oder aus **Herekloi* erklärt werden, sei es, dass *-oi* wie im Mars. Volsc. und Umbr. zu *-ē* geworden war und letzteres hier mit *-ei* bezeichnet ist („unächtes *ei*", s. § 24) oder dass das -ei eine Vorstufe der gänzlichen Monophtongisirung des *-oi* (etwa ein *-öį* oder *-öȩ*?) darstellt; den Diphthongen *oų* in dieser Gegend erhalten zu finden, in tuv. = *tuvtíks d. h. **toutix*, fällt vielleicht etwas auf, doch ist, wenn man diese Annahme umgehen will, immer noch der Ausweg möglich, dass eine traditionelle Abkürzung vorliegt, ev. dass mit der osk. Schrift auch oskische Orthographie Eingang fand[2]). Als verdächtig bezeichnen Mommsen und d'Ovidio das schnelle Verschwinden des Steines nach dessen Auffindung und das Fehlen eines officiellen Rapportes. Eine definitive Entscheidung über die Frage scheint noch nicht möglich.

Sabinisch. Die einzige erhaltene Inschrift *280* gibt wenig Aufschluss. Die Diphthonge werden vermuthlich wie im Mars. monophthongisirt gewesen sein (etwa ausser *au?* s. § 77), *oi* in *Poimunien* ist nicht ächter Diphthong, wie umbr. Puemune beweist (s. § 105); *ū* aus *ō* wie im Päl. Vest. Mars. Osk.; *s* zwischen Vocalen bewahrt *(Flusare)*, wozu die sabinischen Glossen '*casinum*' '*fasena*' etc. stimmen (s. § 239). Im Uebrigen ergeben die sabin. Glossen (s. Bd. II hinter den Inschrr.) nicht viel für die genauere Kenntniss des ächten Sabinischen. Wegen des Eigennamens '*Clausus*' = *Claudius* ist vielleicht Assibilation von *dį* wie im Bantinischen (und *tį* im Mars. und Bant.) anzunehmen. Das Sabinische unterlag sehr früh dem Lat., doch lebte Vieles als Sabinismus im provincialen Latein der Gegend fort. Eine merkwürdige Besonderheit des sab.

---

1) Minervini möchte Pup. Heren. Niu. lesen (letzteres Sigle des Vatervornamens), doch s. d'Ovidio a. O. 8.

2) Dass geradezu die Sprache der Inschrift oskisch sei, ist der geogr. Lage wegen doch kaum wahrscheinlich.

Lateins ist das *f* aus *gh* in *fedus* = *haedus* etc. (U. D. 358 f., s. u. § 217).

Im Prätuttischen und Picenischen sind, von den oskischen oder wenigstens oskischer Schrift sich bedienenden Schleudergeschoss-Inschriften *(210)* abgesehen, nur sogenannte altsabellische Inschriften gefunden worden, nämlich die Nummern *283—289*, über welche in Bd. II, Anhang, gehandelt ist.

7. **Das Volscische** ist uns überliefert in der vierzeiligen Bronzetafel von Velletri No. *240* (Litteratur s. Bd. II Anh.). Nach der gewöhnlichen, schon von Grotefend und Lepsius, dann von Mommsen U. D. 322 ff. aufgestellten Ansicht, der auch Deecke a. O. 342 beitritt (vgl. auch Bréal Rev. arch. 1876, 247), steht das Volscische dem Umbrischen näher als dem Oskischen; das Gegentheil behauptet Bartholomae B. B. XII 89. Die Uebereinstimmungen des Volsc. mit dem Umbr. sind folgende: 1. Monophthongisirung der Diphthonge. 2. Assibilation des *k* vor *i*: *faɔia* = u. *façia*. 3. Abfall des *-t* nach *s* in *atahus*. 4. Abfall von *-d*. 5. Wandel von *ū* zu (*ü*) *ī*, falls derselbe aus *bim* zu erschliessen ist (s. § 58). 6. Gebrauch von *h* als Dehnungszeichen *(couehriu)*, falls derselbe darauf hinweist, dass *h* in *ht* aus *kt* wie im Umbr. völlig oder nahezu verstummt war (vgl. § 20; anderenfalls hat dieser Punkt als lediglich orthographische Uebereinstimmung wenig Bedeutung); *-f* aus *-ns* im Acc. Pl., falls *asif* ein solcher sein sollte, es ist aber eher Particip und hier hatte auch das Oskische *-f*, nicht *-ss* (s. § 236). Gänzlich abzusehen ist natürlich von Wortübereinstimmungen wie *uesclis uinu* umbr. veskles vinu, denen andererseits *medix* gegenübersteht, ebenso von der Uebereinstimmung in der Stellung der Namen (Vatervorname zwischen dem Vornamen und Gentilnamen, osk. päl. marr. hinter dem Gentilnamen; die volsc.-umbr. Stellung zeigt auch die marsische Inschrift aus Antinum *242*). Aber auch von den zuerst genannten Puncten theilt das Volscische einige nicht nur mit dem Umbr., sondern auch mit sabellischen Dialekten, nämlich den 1. mit dem Marsischen, den 4. mit dem Marruc. (im Mars. fehlen Beispiele) und z. Th. dem Pälign., den unsicheren 5. Punct vielleicht mit dem Pälign. der Herentasinschr. und wahrscheinlich mit dem Bantinischen, den wahrscheinlich zu streichenden 7. Punct mit dem Marruc., das Verstummen des *h* in *ht*, falls dieses aus 6. zu erschliessen ist, mit dem Pälign., falls die Deutung von päl. *aticus* als *„actici" richtig ist (s. § 175). Ob 3. dem Sabellischen fremd war, wissen wir nicht, es fehlen Beispiele für Fut. I und II. Ein ɔ (2.) scheint auch vorzuliegen auf der nordpicenischen Inschrift *288* in -seɔure, doch ist der ganze Schluss der Inschrift dunkel, vgl. § 181 und Bd. II Anh. Mit dem Osk. im Gegensatz zum Umbr. stimmt das Volsc. in folgenden Puncten: 1. Fehlen des Rhotacismus in *esaristrom asif*, die aber beide wegen *s* in umbr. *esono-asa-* nicht völlig beweisend sind (s. § 239, 241). 2. *-ūn-* aus *-ōn-* in *Declūne* (weniger wahrscheinlich mit Corssen zu l. *cluo*, s. § 37) wie osk. sverrūneí päl. *Apūnies* mars. sabin. *dūnom* etc. gegen umbr. *Uofiōne* (§ 48). 3. *toticu* wie osk. *touticad* etc. gegen umbr. *totco- todco-*. 4. *uinu* falls Ntr. Pl. „uina" nicht Abl. Sg. „uino" (sehr unsicher, s. Anhang) wie osk. víu *petiru-pert* etc. neben víú *petiro-pert* etc. (*omnitu* etc. der päl. Herentasinschr.), während der aus *-ā* entstandene Laut im Umbr., Vestin., gewöhnlichen Pälign. etc. offener war (s. §. 29). Die wichtigste Uebereinstimmung wäre 5. *sistiatiens* (vgl. päl. *sestat.ens 245*), wenn *t*-Perfect, es ist aber vielleicht Denominativum von **stati-* oder **statu-*), s. § 317. Eine weitere Uebereinstimmung wäre 6. *ferom*, wenn „ferrum" (Bréal), da dieses wohl osk. *ferrúm oder *feerúm, umbr. aber **fersom* oder **ferfom* lauten würde (s. § 232), doch scheint *ferom* viel eher Infinitiv „ferre" zu sein.

Es ergiebt sich also aus Obigem, dass das Volscische dem Umbrischen wahrscheinlich näher stand als alle sabellischen Dialekte (ausser vielleicht dem an's Umbr. angrenzenden Picenischen, falls dasselbe ɔ = ç und den Rhotacismus kannte), dass aber trotzdem wegen der Kärglichkeit des Materials (bei den meisten S. 12 f. genannten Verschiedenheiten des Umbr. vom Osk., wie ꝩ *rs* aus *d*, *jt ht* aus *kt ft*, *rf* aus *rs* u. s. w., wissen wir nicht, ob das Volsc. zum Osk. oder zum Umbr. hielt) eine Entscheidung darüber, ob das Volscische dem Sabellischen (zunächst dem Marsischen), und weiterhin dem Oskischen, oder aber dem Umbrischen näher verwandt war, nicht möglich ist. Nicht einmal das ist bestimmt auszumachen, ob nicht etwa (wie es bei Niebuhrs Ansicht über die Volscer, s. U. D. 324, der Fall wäre) das Volscische geradezu zu den sabellischen Dialekten gehörte, nur unter denselben der am meisten dem

Umbr. sich nähernde war[1]). Wir werden jedoch im Folgenden bei der Unsicherheit jeder Hypothese hierüber das Volscische, wie bisher geschah, als selbständig neben dem Sabellischen aufführen. Als Eigenthümlichkeiten, welche bisher nur im Volsc. nachgewiesen sind, sind anzuführen *se* „si" gegenüber osk. svaí *suae* umbr. sve *sue* (dagegen deckt sich vielleicht lat. *sī* ganz mit volsc. *se*, s. § 70) und *-istia-* aus *-ista-* in *sistiatiens* (Mouillirung des *st*? s. § 242), ferner *-tie-* aus *-te-* in demselben Worte, falls die Form wirklich *t*-Perfectum, nicht Perf. eines Denominativums von *stati-* oder *statu-* ist (*tie* = *t'e*, d. h. vor *e* mouillirtes *t*? s. § 317).

Als volscische Inschrift haben wir auch die von Zvetaieff unter die oskischen gerechnete Inschrift *241 Statis Clóil C.* einer kleinen Elfenbeintafel gesetzt, weil sie auf volscischem Gebiet gefunden zu sein scheint[2]) und lateinische Schrift zeigt. Die Stellung des Vatervornamens hinter dem Gentilnamen und die Abkürzung *C.* (statt *Ca.*) weicht allerdings von dem Gebrauche der Tafel von Velletri ab und stimmt mit den Oskisch-Pälignischen. Für die Grammatik ergiebt die Inschrift wenig; *oi* in *Cloil* ist nicht ächter alter Diphthong (was dagegen sprechen würde, dass die Inschrift volscisch sei), da die Grundform **Clovil-* war (s. § 106). Nichts anzufangen ist mit der Inschrift *315*, die Zvetaieff als volscische zählt (vgl. Mommsen U. D. 321 f., Deecke Rec. 100). Für marsisch, nicht volscisch, wird jetzt wohl mit Recht gegen Mommsen U. D. 321 f., dem Corssen, De Volsc. ling. 26 ff., Ausspr. II 118 etc., Huschke 266 f., Bugge K. Z. XXII 427 u. A. folgen, die Inschrift *242* aus Antinum Marsorum gehalten, s. Zvetaieff an dem J. J. M. D. p. 36 citirten Orte (mir nicht zugänglich), J. J. J. D. p. 17, Bücheler L. J. (unter den einzelnen Wörtern), Deecke bei Gröb. I 342. Grammatisch ist freilich beides gleich gut möglich, falls nicht etwa für *cetur* volsc. eher **ɔetur* (vgl. *faɔia 240*) zu erwarten wäre (aus mehreren Gründen zweifelhaft).

8. **Umbrisch.** Das Umbrische ist erhalten in den weitaus umfangreichsten Denkmälern unserer Dialektgruppe, den

1) Vgl. auch Huschke Osk. sab. Spr. 267 f., dessen sprachliche Gründe allerdings z. Th. verkehrt sind.

2) Anderenfalls auf auruncischem Gebiet, das auch nicht dem ächt oskischen Sprachgebiet zuzugehören scheint (vgl. § 238).

Erztafeln von Iguvium, ausserdem in einigen kleinen Inschriften aus anderen umbr. Gegenden und Münzen aus Iguvium und Tuder.

Die iguvinischen Tafeln, sieben an der Zahl und ausser der dritten und vierten auf beiden Seiten beschrieben, enthalten Vorschriften für das Priestercollegium der Attiedier zu Iguvium, hauptsächlich über das Opferritual. Die Tafeln *I* bis *Va* und die ersten sieben Zeilen von *Vb* sind in der nationalen umbrischen Schrift aufgezeichnet, der Rest von *Vb* und die beiden grössten Tafeln *VI* und *VII*, in lateinischer Schrift. Man nennt die ersteren „altumbrisch“, die lateinisch geschriebenen „neuumbrisch“. Die Tafeln *I* und *VI VII* (ausser den vier Zeilen von *VIIb*) decken sich inhaltlich, es behandelt *Ia* bis *Ib*9 und *VIa* bis *VIb*47 die Sühnung der Burg oder Anhöhe in oder bei Iguvium (ukar Fisis), *Ib*9 bis Schluss und *VIb*48 bis Schluss + *VIIa* die Sühnung des iguvinischen Volkes selbst. Die Tafeln *VI VII* sind jedoch sehr viel ausführlicher als Taf. *I*, sowohl in den Ritus-Vorschriften als namentlich auch in der Anführung der Gebete. Ueber das Verhältniss der ausführlicheren Recension zur kürzeren ist verschieden geurtheilt worden. Die gewöhnliche und nächstliegende Ansicht ist, dass *I* eine ältere kürzere Fassung enthalte, später aber grössere Ausführlichkeit nöthig schien. Dem gegenüber sucht Bréal T. E. 223 ff. = Mém. soc. II 344 ff. nachzuweisen, dass *VI—VII* nicht aus *I* erweitert, sondern beides selbständige Copien (*I* in stark verkürzter Form) von einer älteren gemeinsamen Vorlage seien[1]). Ich stimme jedoch den Gegenbemerkungen von Bücheler Jen. Littztg. 1876, 395 f. (vgl. auch Schweizer-Sidler Jahrbb. 115, 51) durchaus bei. Die Schwankungen in der Schreibung wie Ikuvina- Jiuvina- beweisen nichts für Bréals Ansicht, sie zeigen nur, dass die traditionelle Schreibweise neben der jüngeren phonetisch genaueren sich noch einige Zeit zu halten vermochte, vgl. § 182; über -r in afiper arves § 256. Auch die meisten oder alle übrigen Tafeln (*III—IV*, *Va* und *b*, *VII*b) sollen nach Bréal 307 f. und Conway, Verners law 18 ff. Copien von älteren Inschriften sein; hier scheint mir die Annahme noch weniger begründet. Ueber Pupřike neben Pupřiçes etc. auf *III—IV* s. § 179.

1) Etwas anders Zimmer K. Z. XXX 277 f. Anm.

Zwischen der Sprache der altumbr. und derjenigen der neuumbr. Tafeln scheint auf den ersten Blick ein bedeutender Unterschied zu bestehen. Dies beruht jedoch zum grössten Theil lediglich auf der Verschiedenheit der Schrift[1]). Das Altumbr. besass keine besonderen Zeichen für *o g d*, aber die Laute waren selbstverständlich vorhanden, da sonst deren Hervortreten im Neuumbr. völlig unbegreiflich wäre; auch für *b* wurde häufig p geschrieben, worüber § 248. Ueberall wo die lat. Schrift *o g d b* bietet, sind wir durchaus genöthigt, die u k t p der altumbr. Schrift ebenfalls als *o g d b* zu verstehen; nicht einmal zu der Annahme, dass im Altumbr. *o g d b* sich etwas mehr als im Neuumbr. dem Klange von *u k t p* genähert hätten, ist man durch irgend etwas berechtigt. Selbstverständlich identisch ist auch der durch au. ř (đ) und nu. *rs* bezeichnete Laut. Auch in Fällen wie au. a gegen nu. *o* in pihaz *pihos* etc. braucht kein Unterschied in der Aussprache angenommen zu werden, da a und *o* denselben Mittellaut zwischen *a* und *o* bezeichnen können (s. § 29), ebensowenig vielleicht in au. z (= *ts*) gegen nu. *s*, worüber § 190. Ein wichtiger, wirklich sprachlicher Unterschied besteht aber doch zwischen Au. und Nu., der Rhotacismus von auslautendem *-s* im letzteren (wobei jedoch der national geschriebene Theil von *V* mit dem Nu. geht), s. § 256. Ausserdem ist etwa noch anzuführen, dass *-f* im Nu. häufiger als im Au. ausgelassen wird (doch s. § 255) und dass das urspr. *ē* im Nu. im Allgemeinen noch etwas geschlossener als im Au. geworden zu sein scheint (Imperat. auf *-ītu* = -ētu etc.), s. § 35, ebenso das *ē* = *oi* im Dat. Abl. Pl. (*-īr* = -ēs), s. § 75; doch sind dies ganz geringfügige Unterschiede. Der nu. Endrhotacismus reicht aber, da man dialektische Unterschiede im Schosse der attiedischen Priesterschaft doch kaum anzunehmen haben wird, hin, um die Ansetzung einer gemessenen Zwischenzeit zwischen den älteren und den jüngeren Tafeln zu erfordern; ein Jahrhundert, wie es Bücheler Umbr. 187 annimmt, dürfte jedenfalls genügen.

Von den kleineren umbr. Inschriften stimmen die latei-

---

1) Schon O. Müller und Lassen haben dies hervorgehoben, während Lepsius, Aufrecht-Kirchhoff u. A. zu viele Unterschiede der Sprache selbst zuschrieben.

nisch geschriebenen *296* (aus Assisi) und *295* (Fossato di Vico beim alten Fulginium) ziemlich genau zum Neuiguvinischen, doch scheint *c* vor *i* erhalten in *cisterno 295* (oder bloss kein Zeichen für *ś*? s. § 181), *-r* aus *-s* fällt auf beiden Inschriften häufiger als im Iguv. (s. § 256), ferner vgl. *termnas 296* = nu. **termnos* (§ 29). Die national geschriebenen *292* (Tuder) und *290* (Ameria) stimmen zum Altiguvinischen in dem Fehlen des Endrhotacismus (*290* zum Iguv. überhaupt im Dat. auf *-i* neben *-ie* von einem *io*-St., s. § 273), während *d* zwischen Vocalen vielleicht noch nicht zu *ř* geworden war, jedenfalls von *d* in der Schrift nicht unterschieden wird (s. § 15, 198) und auf *290 t* in *nt* möglicherweise noch Tenuis war (gegenüber iguv. *nd* aus *nt*, s. § 247). Wenig anzufangen ist mit den vier Grabziegeln *293* aus der Umgegend von Tuder, die vielleicht etruskisirendes Umbrisch enthalten, s. Bd. II Anh. (etruskische Inschriften sind auf umbrischem Gebiete in Tuder selbst und in Vettona gefunden worden). Die Grabinschrift aus Tuder *294* ist nicht umbrisch (vgl. Aufrecht-Kirchhoff II 393 ff., Bücheler Umbr. 175 f., dagegen schon Mommsen Mittheil. der Zürch. antiquar. Ges. VII 229, vgl. auch Bugge K. Z. VI 27 Anm.), sondern g a l l i s c h, s. Stokes K. Schl. Beitr. II 110 f., III 65 ff., Becker ebd. III 170, Ebel ebd. IV 488, Flechia Rivista contemporanea 38 (1864), 234, 256 f., Stokes B. B. XI 113 ff., Bugge Etr. Fo. Stud. IV 103, d'Ovidio Rivista di filol. IX 9 f., Windisch in Gröbers Grdr. I 285 f., Deecke ebd. 343, ders. Falisker 198, Pauli Nordetr. Inschriften 12 ff., 62, 84 ff., 125, Nissen Ital. Landesk. 480.

9. Chronologie der Inschriften. „Während die Chronologie der altlateinischen Inschriften mit grosser Sicherheit fixirt ist, liegt die Altersbestimmung der oskischen und überhaupt der italischen Denkmäler noch sehr im Dunkeln, und wir sind über die von Mommsen gezogenen Grundlinien dieser Untersuchung kaum hinausgekommen." Diese Worte Büchelers (Rh. M. 33 [1877], 74) gelten auch heute noch. Am meisten Sicherheit geben historische oder sachliche Anhaltspuncte, viel geringere die aus der Schrift und der Sprache gewonnenen Kriterien. Bei Beurtheilung der letzteren ist natürlich genau auf die örtlichen Unterschiede zu achten, ausserdem auf die Unterschiede in der Qualität der Inschriften (am correctesten sind im Allgemeinen die officiellen Inschriften), auch ist streng zwischen sprachlichen und bloss orthographischen Differenzen zu unterscheiden. Da eine ausführliche Untersuchung hier nicht gegeben werden kann, beschränken wir uns darauf, einige Notizen zusammenzustellen.

Oskisch. Die ältesten Denkmäler der oskischen Sprache sind nach Mommsen U. D. 104 ff., 112 (Corssen K. Z. XVIII 187 f., Ausspr. II[2] 110 f., 117) einige Münzen in osk. Schrift, nämlich die von Allifae *229*, Fistelia *226* (namentlich *226 d* Fistlus, ältestes Denkmal des Oskischen nach U. D. 203, Corssen II 117), Uria *216*, welche alle in die Zeit von der Besetzung Campaniens durch die Samniter (um 425 a. C.) bis 338 a. C. zu setzen sind. In dieselbe Zeit scheint die Grabschrift von Sorrent in gr. Schrift *26* (Ϝίρινεις) zu gehören (U. D. 106, 112, Corssen K. Z. XVIII 187 f., XX 96), vielleicht auch *168* Santia und *167* Pupdiis Stenis (beides Vasen), nach Corssen auch die griech. geschriebene Inschrift von Anzi *16* („kurz nach 423" Ausspr. II 117, vgl. 110, K. Z. XVIII 243, 245, 249 f., XX 97, XXII 303 f.), die jedoch Mommsen (U. D. 112) ins fünfte Jahrhundert der Stadt (354—254 a. C.) setzt. Ferner gehören ins fünfte Jahrh. nach Mommsen (a. O.) die Münzen von Teanum *221*, Nuceria *215* (ähnlich Corssen II 116) und jedenfalls noch vor 211 a. C. (aber nach 338) diejenigen von Capua *220*, Atella *218*, Calatia *219*, vor 201 a. C. aber nach 269 a. C. die der Lucaner *213*, nach 263 a. C. die der Frentaner *233 a* und die von Aesernia *230*, vor 193 a. C. die von Vibo *212*; die jüngsten Münzen sind die von Telesia *228*, Larinum *232*, Teate *231*, doch alle noch vor 194 a. C. Von den griech. geschriebenen Inschriften sind ausser den Münzen bereits als alt erwähnt die von Anzi *16* und Sorrent *26*; von den übrigen setzt Mommsen (S. 112) die Inschrift von Messana *1* (auch *2*, *3* und die Münze *211*?) um 500 u. c. = 254 a. C., die Inschriften von Vibo *4—10* zwischen 356 und 193 a. C. (ebenso Corssen II 112); ausserdem scheint noch *11* der alterthümlichen Schrift wegen in ältere Zeit zu gehören (Corssen K. Z. XXII 308; vgl. übrigens Bd. II Anh.), vielleicht auch die Helminschr. von Palermo *19* (Corssen K. Z. XVIII 257 f., XXII 303 f., der dieselbe rund zwischen 350—250 a. C. setzt), während bei den übrigen, nämlich *12*, *13—15*, *18*, *20* ein Grund für die

Annahme eines höheren Alters als etwa das zweite Jahrhundert a. C. nicht vorzuliegen scheint[1]).

Von den Inschriften in oskischer Schrift gehören ausser der Mehrzahl der Münzen (s. o.) namentlich die meisten der capuanischen Inschriften nachweislich ziemlich früherer Zeit an, nämlich wegen der Nennung des Meddix der Zeit vor 211 a. C.; wir finden den Meddix oder die *meddikia*- (Amt desselben) erwähnt auf *140* und den neugefundenen Tuffcippi *131—137* (doch *134* nach Bücheler Rh. M. 45, 170 vielleicht trotz Nennung des Meddix nach 211 a. C.). Auf *130* kommt zwar der Meddix nicht vor, aber die Schrift zeigt, dass diese Inschrift noch älter als *131—137* ist (vgl. auch -fs in luisarifs neben -ss in sakriss *133*, diuv- neben iúv- *131—137*, das Fehlen der Gemination und der differenzirten í ú); die Inschrift dürfte den ältesten in osk. Schrift beizuzählen sein. Auch die capuan. Inschriften *139, 141—144, 147, 163* sind wohl wegen des Fehlens der Consonantengemination und der differenzirten ú und í (z. Th. auch wegen der spitzwinkligen Schrift) etwas früherer Zeit als die noch vor 211 a. C. zu setzenden *131—137* zuzuweisen, vgl. auch diuv- auf *139, 147*[2]). Die grössere capuanische Bleitafel *128* zeigt ausser den erwähnten Anzeichen höheren Alters, dem Fehlen der Gemination und des Zeichens í (doch besitzt sie ú) noch ein weiteres, den Doppelpunct statt des einfachen, wie von den in Capua gefundenen Inschriften nur noch *140* und *161—162* (selbst das sehr alte *130* nicht mehr); die verschiedenen Indicien zusammengenommen scheinen mir doch wahrscheinlich zu machen, dass die Bleitafel noch ins dritte Jahrhundert (jedenfalls wohl die zweite Hälfte desselben) gehört[3]), wenn sie auch wegen der Verwendung von ú und der weniger alterthümlichen Form einiger Buchstaben (vgl. auch -s in aisusis gegenüber -fs in

---

1) Bücheler's Fixirung der Helminschr. *18* auf das Jahr 461/293 beruht auf seiner mir unwahrscheinlichen Deutung von *ava* als „praeda", s. Bd. II Anhang.

2) Ueber die Inschriften *138, 141—147* vgl. auch Mowat Acad. des Inscriptions 1887, 33 ff., der dieselben um 275 a. C. setzt (seine Argumentation scheint mir allerdings unsicher).

3) Der vereinzelte Abfall von *-m -d* und kahad statt *kahat (?), menvum statt *minvum beweisen schwerlich etwas für spätere Ansetzung.

luisarifs *130*, falls ersteres Abl. Plur. ist) nicht so alt wie *130* sein wird; Bücheler Rh. M. 33, 74 ff. (vgl. Bugge A. S. 59 f.) setzt die Bleitafel etwa in die erste Hälfte des zweiten Jahrh. a. C. Bedeutend jünger als die bisher erwähnten capuanischen Inschriften ist die kleinere Bleitafel *129* (nach Bücheler a. O. nicht nach 80—40 a. C., vgl. Bugge a. O., Corssen K. Z. XI 343, zur rechtsläufigen Schrift aber auch unten S. 50 Anm. 2); auch die Ringinschr. Arafiis Vibis *165* scheint jung, weil sie rechsläufig geschrieben ist und ʌ = A statt osk. Ν schreibt (vgl. Zvetaieff J. J. J. D. p. 46). — Viel unsicherer als die Datirung der capuanischen Inschriften ist diejenige der meisten übrigen (ausser den Münzen). Die Inschriften *182*, *184* (aus Samnium) und *209* (frentanisch) zeigen den Doppelpunct, aber keine anderen Anzeichen höheren Alters, während andererseits das latinisirte Niumeriis auf *184* doch kaum beweist, dass die Inschrift zu den allerjüngsten gehören müsse (U. D. 175, „kurz von dem Socialkrieg" ebd. 113). Fehlen der Gemination ist nirgends sicher erweislich (s. § 17), ebensowenig Fehlen der differenzirten í ú (s. § 13). Die Tafel von Agnone wird gewiss richtiger mit Corssen (II 110 f., vgl. K. Z. XVIII 193, 245 f.) den älteren osk. Inschriften beigezählt, wenn auch seine Ansetzung vor 300 a. C. vielleicht etwas hoch greift, als mit Mommsen (U. D. 26, 115) den jüngeren; Bugge K. Z. V 9 setzt sie ungefähr von 250—150 a. C.; ob d- in Diúveí als sprachliches Indicium des höheren Alters gelten darf, ist fraglich (vgl. § 201). Verschieden sind die Ansichten über den Cippus Abellanus; Mommsen (S. 125 vgl. 113) bestimmte als Endpuncte die Jahre 216 und 89 a. C., setzte die Inschrift aber „nicht gar lange nach dem zweiten punischen Kriege" und „noch ins sechste Jahrhundert" der Stadt (vor 154 a. C.), ähnlich Corssen II 112, 116 (216—180 a. C.); dagegen erklärt Bücheler Comm. Momms. 241 (vgl. 230) den C. A. aus mehreren Gründen[1]) für jünger als die meisten übrigen Inschriften, selbst die T. B., und setzt ihn nicht lange vor 89 a. C. „Die grosse Masse der übrigen Denkmäler, namentlich wohl sämmtliche pompejanische Inschriften" weist Mommsen

1) Die aus der Grammatik entnommenen dürften jedoch wenig Beweiskraft haben (staít ist Parallelform zu stahínt, über medíkeí s. § 245, über deketasiúí § 248).

(S. 113) der ersten Hälfte des siebenten Jahrhunderts (also ca. 150—100 a. C.) zu[1]); die unterste Grenze für öffentliche Urkunden wäre das Jahr 88 a. C., s. Mommsen a. O. 113 ff. (Bücheler Rh. M. 33, 74)[2]). Corssen II 111, Philol. 35, 137 will dagegen, jedenfalls weniger richtig, alle öffentlichen Urkunden noch vor 180 a. C. setzen und nach Bréal Mém. soc. IV 382 f. sollen umgekehrt die öffentlichen Urkunden in Pompeji bis nach Chr., ja bis wenige Jahre vor die Zerstörung der Stadt (79 p. C.) hinabreichen (mir sehr unwahrscheinlich). Die lateinisch geschriebene T. B. setzt Mommsen (S. 113, 156) zwischen 129—118 a. C., vgl. auch Corssen II 114, Pauli A. S. V 159, während Kirchhoff Stadtrecht 93 ff. als oberste Grenze 181 a. C. bestimmt, als unterste den Socialkrieg (vgl. noch L. Lange Kleine Schrr. I 223); sehr wenig ist aus dem „Verfall der Sprache“ zu schliessen, denn die dialektischen Eigenthümlichkeiten (S. 16 zusammengestellt) können sich schon sehr früh entwickelt haben. — Die jüngsten Denkmäler des Oskischen sind folgende: aus der Zeit des Socialkrieges (90—88) die Münzen *234—239* (ev. noch die eine oder andere öffentliche Urkunde)[3]), ungefähr aus derselben Zeit die pompejanischen auf Tuff gemalten Inschriften *47—58*, *60*, *61*, *66—67* (U. D. 116, vgl. Nissen Pomp. Stud. 501); noch später, vielleicht z. Th. erst nach Chr. Geburt und bis gegen Untergang der Stadt die auf Stuck gemalten pompejanischen Inschriften: *62*, *64*, *65*, *63?*, *59?* und die pompejanischen Griffelinschriften *98—114*, nach Mommsen (a. O.) vielleicht auch *45* (?). Auch die Ziegelinschriften, *68—95*, dürften im Allgemeinen später Zeit angehören.

Zwischendialekte. Unter den pälignischen Inschriften wird die Herentas-Inschrift *(254)* von Bücheler Rh. M. 33, 272, Bugge A. S. 80 in die Zeit des Socialkrieges oder kurz vorher, von Jordan Krit. Beitr. 188 in die Zeit der Gracchen (ca. 130—120) gesetzt, noch höher hinauf, ungefähr

---

1) Bei Pauli A. S. V 159 scheint ein Missverständniss vorzuliegen.

2) Bis an diese Grenze, den Socialkrieg, herab rückt z. B. Bücheler Rh. M. 30, 443 die Censorinschr. von Bovianum *188*; Jordan Kr. Beitr. 188 (vgl. 185) setzt diese Inschrift in die Gracchenzeit (ca. 130—120 a. C.).

3) Z. B. *188* nach Bücheler, s. die vorige Anm.

in die Jahre 190—180, von Pauli A. S. V 156 ff., während Bréal Mém. soc. VI 85 die Inschrift bis ins erste Jahrhundert nach Chr. herabrücken will. Mit letzterem Ansatz scheint mir Bréal auch hier zu weit herunter zu gehen (vgl. oben zu den pompejanischen Inschriften), andererseits dürfte Paulis Ansatz etwas hoch sein[1]). In die gleiche Zeit wie die Herentas-Inschrift, also am ehesten etwa zwischen 130 oder 120 und 80 a. C., mag die Mehrzahl der übrigen pälignischen Inschriften, welche die Buchstabenformen L Ր A O aufweisen, gehören, also die Nummern *247*, *251—253*, *255—272* (*253* zeigt die jüngste Form des *p*, das geschlossene P). In etwas frühere Zeit mag man diejenigen Inschriften setzen, welche die Buchstabenformen 𐌋 𐌐 𐌀 ∩ oder einzelne von ihnen aufweisen (vgl. Pauli a. O.), also *245*, *246*, *248*, *249*, *250*[2]). — Die erhaltenen Denkmäler der übrigen sabellischen Dialekte zeigen alle, wie die letzterwähnten pälignischen, einzelne alterthümliche Buchstabenformen, so die marrucinischen *274*, *275*, die vestinische *276*, die marsischen *242*, *243*, *244*, die sabinische *280*; desgleichen die volscische *240*. Sie gehören wohl alle vor die Zeit des Socialkrieges, wahrscheinlich meistens in das zweite Jahrh. vor Chr. Mommsen setzt *242* „nicht lange vor 665/89“ (a. O. 322, ebenso Corssen Musspr. II 118), in beträchtlich höhere Zeit dagegen, nämlich um 250 a. C., die Tafel von Rapino *274* (a. O. 336, 338; eine spätere Ansetzung ist doch wohl auch möglich). Nach Corssen K. Z. XV 254 ff. gehören *280* (sabin.) und *276* (vestin.) in die Zeit des senatusconsultum de bacch. (186 a. C.), und Musspr. II 117 setzt Corssen alle erwähnten sabellischen (nichtpälign.) Inschriften zwischen 325 und 174 vor Chr., was jedenfalls sehr hoch gegriffen ist (vgl. oben S. 33 Corssens hohe Ansetzung der oskischen öffentlichen Urkunden). Letzteres gilt wohl auch von Corssens Datirung der volsc. Tafel von Velletri (*240*) vor 338 a. C. (a. O. 118), mag auch die Schrift dieser Tafel mehr Alterthümlichkeiten zeigen als die der übrigen sabellischen Inschriften (z. B. die

---

1) Pauli nimmt für die Ersetzung des spitzwinkligen 𐌋 durch L im Lat. die Mommsensche Fixirung (U. D. 29) auf ca. 240 a. C. an, während Ritschls Syllabus dieselbe ca. 184—174 a. C. setzt (vgl. Stolz Z. ö. G. 1888, 605 f.).

2) Auch Bugge a. O. setzt *245* und *246* früher (50—100 Jahre) als die Herentas-Inschrift.

spitzwinklige Anfügung des Seitenstrichs und Verlängerung der verticalen Striche beim E und F und die Interpunction mit zwei, vereinzelt sogar drei Puncten)[1]. Die oskisch geschriebene aequische oder aequiculische Inschrift *278* (die vielleicht unächt ist) fällt nach Corssen II 112 f. (vgl. 116) vor 304—300 a. C.

Zu den ältesten auf italischem Boden gefundenen Inschriften gehören ohne Zweifel die sog. altsabellischen, in einem eigenen Alphabet geschriebenen Inschriften, es ist leicht möglich, dass sie ins fünfte oder sechste Jahrhundert vor Chr. oder noch höher hinaufreichen (s. Bd. II Anhang).

Umbrisch. Das Alter der iguvinischen Tafeln wird verschieden bestimmt. Bücheler Umbr. 187, vgl. 84, setzt die lat. geschriebenen Tafeln in die Zeit zwischen den Gracchen und Sulla, also ca. 125—80 a. C., die Tafeln *I—IV* etwa ein Jahrhundert früher, den umbrisch geschriebenen Theil von *V* wenig vor die Gracchenzeit; nach Deecke Gröbers Grundr. I 343 sind die älteren Tafeln „etwa von 200 an" verfasst und reichen die jüngeren bis gegen Ende der Republik. Dagegen verlegt Corssen II 119 ff., auch hier hoch greifend (vgl. oben beim Osk. und Sabell.), die älteren Tafeln in die Zeit von 450—400, die Tafel *V* etwas vor 300, die jüngeren zwischen 186 und 118. Das andere Extrem vertritt wieder Bréal (T. E. 227 ff., 307 f.), der die lat. geschriebenen Tafeln bis in die Zeit des Augustus, vielleicht bis nach Christo, herabrückt, wogegen wohl mit Recht Bücheler Umbr. 84, Jordan Kr. Beitr. 131, vgl. 147, 152. Am wenigsten dürfte man bei einer mittleren Schätzung wie derjenigen Büchelers fehlgehen[2].

Was das relative Alter der verschiedenen Tafeln betrifft, so steht soviel ausser Zweifel, dass die lateinisch geschriebenen jünger sind als die umbrisch geschriebenen; eine Mittelstellung, vielleicht näher den neuumbrischen Tafeln, nimmt die noch in nationaler Schrift geschriebene, aber den Endrhota-

---

1) Zu Corssens historischer Begründung vgl. Mommsen U. D. 322.

2) Vgl. noch Lepsius De tabb. Eugub. 79 ff., dens. bei Ersch-Gruber s. v. Eugubium, Aufrecht-Kirchhoff I 6, Kirchhoff Allg. Monatsschr. 1852, 585, Knötel Sühnfest von Iguvium 3 f. (will die altumbr. Tafeln bis in die Zeit der Gründung Roms oder noch höher hinaufrücken), Huschke Ig. Taff. 502 ff.

cismus bereits aufweisende Partie *Va*—*Vb* 7 ein. Alles übrige ist sehr unsicher. Ob die von Lepsius aufgestellte Reihenfolge der Tafeln die chronologisch richtige sei, ist mehrfach bezweifelt worden. Nach Bréal (S. 308) wäre die chronologische Reihenfolge *III*—*IV*, *IIb*, *I*—*IIa*, nach Corssen (Ausspr. II 120 f.) *IIb*, *IIa*, *Ia*, *Ib*, *III*—*IV*, doch sind keine ausreichenden Gründe für das eine oder andere vorgebracht. Dass *IIb* älter sei als *IIa*, ist auch die Ansicht von Huschke (311 f., 343 f.) und Bücheler (123). *IIa* hält Bréal desshalb für gleichzeitig mit *I*, weil beide mit derselben Formel kvestretie usaçe etc. abschliessen; sollten in letzterer Eigennamen genannt sein, was freilich sehr unsicher ist (s. Bd. II Anh.), so hätte Bréal jedenfalls Recht. Uebrigens zerfallen *I* und *IIa* selbst der Orthographie nach je in zwei Hälften, *Ia*—*Ib* 9 und *Ib* 10—Schluss, *IIa* 1—14 und *IIa* 15—Schluss, die sich mit den Abschnitten des Inhalts decken (*Ia*—*Ib* 9 lustratio montis, *Ib* 10—Schluss lustratio populi, *IIa* 1—14 ein Opfer fratrusper Atiieřies, *IIa* 15—Schluss Hundsopfer), vgl. z. B. § 29 über -a -u, § 20 über das Dehnungs-*h*, § 255 über -*f*, § 256 über -*s*[1]). Von den lateinisch geschriebenen Tafeln ist das letzte Stückchen, die vier Zeilen von *VIIb*, vielleicht etwas jünger als das Uebrige, da die Consonantengemination hier viel häufiger ist (s. 54).

Unter den kleineren umbr. Inschriften sind die ältesten die in nationaler Schrift geschriebenen, *292* aus Tuder und *290* aus Ameria, sie mögen beide ihrer Schrift und des ꟼ wegen (s. S. 48 und § 198) sehr alt, wohl älter als die altiguv. Tafeln sein (vgl. zu *292* auch Pauli A. S. V 89). Auch die Münzen (*291*, *297*) scheinen alt zu sein. Von den lat. geschriebenen Inschriften setzt Bücheler (S. 173) *295* aus Fossato di Vico in die Gracchenzeit, Jordan Quaest. umbr. 16 vor 146 a. C., Corssen K. Z. XX 82 f. noch ins dritte Jahrhundert a. C.; *296* aus Assisi nach Bücheler (S. 172) nicht weit vom Socialkrieg.

10. Indirecte Quellen. Als indirecte Quellen für die Kenntniss der oskisch-umbrischen Dialekte gegenüber den directen, den Inschriften, sind zu nennen:

a) Citate dialektischer Wörter bei alten Schrift-

1) Ueber *IIa* 1—14: *IIa* 15—Schluss vgl. Huschke 343 f.

stellern und Glossographen, hauptsächlich bei Varro und Festus. Leider sind die angeführten Wörter in der Endung fast immer latinisirt (bemerkenswerthe Ausnahmen '*famel*' l. *famulus*, '*petora*' l. *quattuor*), theilweise auch in der sonstigen Lautform (z. B. wäre u. '*strebula*' wohl genauer '*strefla*' vgl. *tafle*, '*uorsus*' genauer '*uorfus*' vgl. *trah-uorfi*). Am häufigsten werden sabinische Wörter citirt, weniger oft oskische, am seltensten umbrische. Die sabinischen Citate[1]) sind zusammengestellt bei Henop De lingua Sabina 52 ff., Mommsen U. D. 349 ff., alle bei Lepsius Inscrr. Umbr. et Oscae 201 ff.; die oskischen bringt auch Mommsen im osk. Glossar U. D. 244 ff., alle ausser den umbrischen Zvetaieff im Glossar in J. J. J. D., die umbrischen Bücheler im Glossar der Umbrica. Alle finden sich vereinigt unten in Bd. II hinter den Inschriften.

b) Orts- und Personennamen des osk.-umbrischen Gebietes, welche theils in den lat. Inschriften dieses Gebietes, theils bei lat. Schriftstellern überliefert sind. Dieses Material ist noch nicht methodisch gesammelt und verarbeitet, ein consequentes Herbeiziehen desselben bei Behandlung der osk.-umbr. Grammatik daher nicht thunlich. Wir werden nur in wichtigeren Fällen Beispiele aus diesem Gebiete verwerthen. Zu den Personennamen sei noch kurz bemerkt, dass sie im Italischen hauptsächlich aus zwei Classen bestehen 1) aus den Resten der Namenbildung des idg. Urvolkes, bei welchem die Personennamen Composita oder durch Weglassung des einen (meist des zweiten) Gliedes aus den Composita entstandene sog. Kurznamen (Kosenamen) waren, z. B. gr. Λύσ-ανδρος Λυσίας (s. Fick, Die griech. Personennamen, Brugmann II 32 ff.), so im Italischen z. B. lat. *Lūcius* päl. *Loucies* von einem componirten Namen wie gr. Λευκ-άνωρ Λεύκ-ιππος (vgl. die gr. Kurznamen Λεῦκος Λεῦκις etc.), lat. *Fufius Fudius* wohl zu gr. Πυθ-αγόρας etc. (vgl. Πυθίας etc., idg. W. *bhudh-*). 2) aus den aus ursprünglichen Uebernamen (Spitznamen) hervorgegangenen Eigennamen, z. B. von Körpereigenschaften und Körpertheilen wie *Nasennius* oder von Berufsarten wie *Fabricius* oder von Ortsnamen wie zahlreiche auf *-anus*. Die Kurznamen wie die Uebernamen wurden durch mannigfache patronymische und hypokoristische Suffixe wie *-io- -ĭo- -ilo- -ilio- -idio- -icio-*

---

1) Vgl. über dieselben Jordan Krit. Beitr. 102 f.

-inio- -isio- etc. weiter abgeleitet und variirt. Vgl. besonders Fick a. O. LXV, Deecke Falisker 275 ff.

c) Die lateinischen Inschriften des oskisch-umbrischen Sprachgebietes können auch ausser den darin vorkommenden Eigennamen (s. b) einiges Material bieten. Eine Untersuchung hierüber fehlt noch. Der Ertrag dürfte allerdings kein sehr reichlicher werden. „Oskisches Perfect in lateinischer Inschrift" vermuthet Buchholtz in *fundatid parentatid* C. J. L. IX 782 (s. § 317), ein picenisches Wort *ueheia* mit der Bedeutung „decretum" Jordan auf der Inschrift C. I. L. IX 5699. Einige weitere Einzelheiten werden in der Grammatik berührt werden. Ganz Vereinzeltes mag auch aus griechischen Inschriften unseres Sprachgebietes zu gewinnen sein.

d) Lehnwörter im Lateinischen. Als solche kommen namentlich einige Wörter mit *p b* statt *qu* (*g*)*u* wie *popina baetere*, mit erhaltenem inlautendem *f* wie *rufus* (neben *robus*), vielleicht auch mit *s* statt *r* zwischen Vocalen in Betracht. Ob aber solche Lehnwörter wirklich aus einem oskisch-umbrischen Dialekte selbst stammen (am nächsten liegt das Sabinische und Aequische), bleibt fraglich, die Wandlung von inlautendem *f* zu *b* unterblieb auch in lateinischen Dialekten wie im Lanuvinischen (s. § 214), über *p b* = *qu* (*g*)*u* vgl. § 167. Viel Hiehergehöriges bespricht Ascoli Sprachwissenschaftl. Briefe 80 ff.

e) Vulgärlatein und romanische Sprachen[1]). Mit dem Vulgärlatein und dessen Fortsetzern, den romanischen Sprachen, in erster Linie natürlich mit dem Italiänischen, zeigen die oskisch-umbrischen Dialekte mehrfach Uebereinstimmungen, vgl. z. B. § 60 über die Behandlung von *ĕ ē ĭ ī ŏ ō ŭ ū*, § 204, 212 über *nn* aus *nd* (*mm* aus *mb*), § 242 ff. über *ki̯ ti̯ di̯ li̯* etc., § 85 über *i̯* nach Cons. gegenüber class. lateinisch

1) Vgl. W. Meyer, Geschichte der lat. Volkssprache in Gröbers Grdr. I 355 ff., über Beziehungen zum Osk.-Umbrischen dens., Gramm. der roman. Sprachen I 41 ff., 536 ff., ferner Storm Mém. soc. II 81 ff., Ascoli Sprachw. Briefe 80 ff., Zanardelli L'étrusque, l'ombrien et l'osque dans quelques-uns de leurs rapports intimes avec l'italien (Bruxelles 1890; enthält viel Verfehltes). Nicht zugänglich ist mir Havet Bull. de la soc. de linguistique 1875 No. 13 und 1888 No. 14.

ī, § 182 über umbr. *j* aus *g* vor *e i*, § 196 ff. über *ď ř* (auch *r*) aus *d*, § 247 über umbr. *ng nd* aus *nk nt*, § 235 über *nts* aus *ns*, § 121 über Recomposition, § 291 über Participia wie **opsěto-* **profěto-* **vakěto-* zu *opsā- profā- vakā-* (vgl. spätl. *probītus* **vocĭtus rogĭtus* etc.), § 321 über das *u̯*-Perfectum, § 98 über osk. *hipid*: italiän. *ebbi*, § 295 über umbr. *stahu*: vulgärl. **stao*, ebd. über osk. p ú t í a d: vulgärl. **poteat* „possit", § 96 über osk. m a l a k s: vulgärl. **malvax* frz. *mauvais*, § 267 über umbr. *curnaco* : **cornacula* italiän. *cornacchia* rätorom. *cornaigl*. Das von Storm Mém. soc. II 115 Anm. genannte napolitanische *attrufe* = *ottobre* mag auf ein oskisches **ohtūfri-* = l. *octōbri-* zurückgehen (s. § 229). Moderne italiänische Eigennamen des einstigen osk.-umbr. Sprachgebietes mögen gleichfalls z. Th. verwerthbar sein. Ueber die namentlich von Ascoli besprochenen Wörter mit *f p b* vgl. das oben S. 38 unter d) Bemerkte.

11. Ueber die **Dauer** der einzelnen osk.-umbrischen Dialekte wissen wir wenig Genaueres. Am frühesten ist wohl das Sabinische dem Lateinischen unterlegen, es lebte schon zu Varros Zeit (erste Hälfte des ersten Jahrh. a. C.) nur mehr als sabinisches Latein, s. Mommsen U. D. 335 f., 344 f., 347 ff., Jordan Kr. Beitr. 102 f., 140, Budinszky Ausbreitung der lat. Sprache 21. Kaum länger scheint das Marsische gelebt zu haben, s. Mommsen aa. OO. Jedenfalls später wich das Pälignische, Marrucinische etc. Ueber die Dauer des O s k i s c h e n vgl. besonders Mommsen S. 115 f. In Pompeji, über das wir durch die Inschriften am besten unterrichtet sind, scheint es sich ziemlich lange gehalten zu haben. Mommsen (S. 116) setzt die Griffelinschriften „nicht gar lange vor die Verschüttung der Stadt" (79 p. C.), und wenn, wie Nissen (It. Ldk. 523) behauptet, „für die Annahme, dass nach unserer Zeitrechnung die frühere Schrift geschrieben und die frühere Sprache verstanden worden sei, jeglicher Anhalt" fehlt, so ist doch das Gegentheil jedenfalls ebenso unerweislich. Aus dem officiellen Gebrauch ist das Oskische freilich viel früher verschwunden (seit dem Socialkrieg, s. o. S. 33). Am längsten wird sich das Osk. in abgelegenen Gegenden, besonders also in den Gebirgsthälern des Apennin, erhalten haben, wo es vielleicht noch Jahrhunderte nach Christo nicht völlig erloschen war (vgl.

Bréal Mém. soc. IV 383, Brugmann I 9). Ziemlich langen Widerstand wird auch das Umbrische, wenigstens in dem Theile, wo die Inschriften gefunden sind, geleistet haben, jedoch wird man kaum die iguv. Tafeln bis in die Zeit des Augustus oder gar nach Christo herabrücken dürfen (s. o. S. 35). Von dem Volscischen wird durch Festus bezeugt, was ohnehin wahrscheinlich wäre, dass es im zweiten Jahrh. vor Chr. noch lebte (Citat aus Titinnius: *qui Obsce et Volsce fabulantur nam Latine nesciunt*; vgl. Deecke Gröbers Grdr. I 342).

Lautlehre.[1]

Schrift und Orthographie.

Alphabet[2]).

12. Die Schreibkunst ist bekanntlich nicht direct von den Semiten her, sondern durch Vermittlung der Griechen nach Italien gelangt. Die Reception scheint an verschiedenen Orten unabhängig von einander geschehen zu sein. Nach Paulis wahrscheinlichen Ausführungen sind mindestens drei griechische Mutteralphabete zu Grunde zu legen, eines für die etruskische, umbrische, oskische, faliskische und lateinische Schrift, ein zweites für die messapische, ein drittes für die Schrift der altsabellischen, venetischen und anderer norditalischer Inschrif-

1) Lepsius Inscrr. Umbr. et Oscae 136 ff., Curtius Zeitschr. f. Alterthswiss. 1847, 396 ff., Aufrecht-Kirchhoff I 15—108, Mommsen U. D. 205—226, Kirchhoff Allgem. Monatsschrift 1852, 802 ff., Huschke O. Sab. Spr. 286—305, Iguv. Tafeln 531—607, Corssen in Musspr. Voc. und Beton. des Lat. I II, Schleicher im Compendium, Bruppacher Versuch e. osk. Lautlehre, Bréal T. E. 313—339, Zvetaieff Sbornik 2—80 (russ.), Bücheler Umbrica 178—187, Brugmann im Grundriss I.

2) Vgl. K. O. Müller Etrusker II[1] 290 ff., Lepsius De tabb. Eugub. 21 ff. und sonst, Mommsen U. D. 3 ff., Mittheil. der Zürch. antiq. Ges. VII 221 ff., Röm. Gesch. I[8] 209 ff., Kirchhoff Studien z. Gesch. des griech. Alph.[4] 127 ff., Corssen Ausspr. I[2] 1 ff. (vgl. II[2] 1001 f.), Sprache der Etrusk. I 3 ff., Fabretti Paläogr. Studien (Lpz. 1877), Deecke bei Baumeister Denkmäler I unter „Alphabet", ders. bei Gröber Grdr. I 338, 343, bei K. O. Müller Etrusker II[2] 526 ff., Falisker 219 ff., Pauli Inschrr. nordetr. Alphabets Kap. II und jetzt Altital. Forsch. III Kap. II, Bréal Mém. soc. VII 129 ff., speciell über's Umbr. auch Huschke Ig. T. 523 ff., Bréal T. E. 113 f., Bücheler Umbr. 178 f., zum Lat. noch Stolz[2] 249 ff., Hübner Iw. Müllers Handb. I 492 ff.

ten[1]). Die erstgenannten italischen Alphabete gehen, wie Kirchhoff gezeigt hat, auf das Alphabet der chalkidischen Colonien von Unteritalien, namentlich wohl der campanischen Küste (Cumae) zurück. Man unterscheidet zwei Gruppen, die etruskisch-umbrisch-oskische und die lateinisch-faliskische, mit dem Hauptunterschied, dass die erstere für *f* das Zeichen 8 8 verwendet, die letztere dagegen das Zeichen des Digamma F (im Falisk. zu ↑ modificirt), welches in der ersten Gruppe die ursprüngliche Geltung als *v* (consonantisches *u*) behielt[2]). Ausserdem ist für die erste Gruppe namentlich das Fehlen des Zeichens für *o* und für *x* (wofür *ks* geschrieben wurde) charakteristisch. Die beiden verschiedenen Bezeichnungsweisen des *f* scheinen übrigens, wie von Dümmler, Deecke, Pauli, Lattes u. A. bemerkt worden ist, auf eine ältere gemeinsame Bezeichnung durch F 8 = *vh* zurückzuführen, da solches *vh* = *f* in pränest. *vhevhaked* und im Venetischen, vereinzelt auch im Etrusk., noch vorliegt; das 8 der zweiten Gruppe ist dann aus 8 differenzirt, indem von der Buchstabengruppe F8, umgekehrt wie im Lat.-Faliskischen, der e r s t e Bestandtheil weggelassen wurde, was seinerseits wieder darauf zu beruhen scheint, dass diese Alphabetgruppe kein Zeichen für *o* hatte und daher das F zur Bezeichnung des Halbvocales *v* (*u̯*) weniger leicht als die lat.-falisk. Gruppe entbehren konnte (vgl. § 62, 90).

Die Alphabete des Oskischen und Umbrischen sind nach der gewöhnlichen Annahme aus dem etruskischen Alphabet abgeleitet. Für das umbrische gibt dies auch Deecke zu (bei Gröber Grdr. I 343), dagegen hält er das oskische für direct

---

1) In der Altital. Forsch. III nimmt Pauli jetzt sogar fünf verschiedene Quellen an (S. 231), aber was über das altsabellische Alphabet vermuthet wird, fällt schon nach S. 428 wieder dahin.

2) Kirchhoffs Ansicht, dass fal. ↑ aus F entstanden sei, ist mir, trotzdem sie jetzt meistens verworfen wird, immer noch die wahrscheinlichste. Die Zwischenstufe wird ein ⩚ gewesen sein (vgl. V und ↓ = χ), welches aus ꟻ durch Versetzung des Mittelstriches in den oberen Winkel entstand, wie dies ähnlich bei ⩚ = *a* neben ꟻ = a (nordetruskisch) der Fall ist, vgl. auch die Form, welche das Ǝ = *e* im Altumbr. oft hat und die von Fabretti Pal. St. 57 aus Chiusi angeführte Form des Digamma. Deecke, Pauli u. A. erklären das fal. ↑ aus φ, wogegen mir Mehreres zu sprechen scheint.

aus einem griechisch-chalkidischen Alphabet, allerdings unter Einfluss des etruskischen, entwickelt (a. O. 338, bei O. Müller II² 531). Die gewöhnliche Ansicht ist mir die wahrscheinlichere, denn das Fehlen des Zeichens für *o* und (in einem zu erschliessenden älteren Stadium, s. u.) desjenigen für *d* würde sich ohne die Vermittlung des Etruskischen nur schwer begreifen, da doch das Oskische so gut wie das Lateinische die Laute *o* und *d* von *u* und *t* immer deutlich geschieden hielt. Darauf, dass das osk. Alphabet früher als das umbrische aus dem etruskischen abgeleitet wurde oder doch von einer alterthümlicheren Varietät des letzteren, weist namentlich die Erhaltung des > = *c* als Media *g*, falls sie nicht aus späterer Neuordnung der im Etrusk. zwischen *k* und *c* eingetretenen Verwirrung erklärlich ist[1]).

Ueber das altsabellische Alphabet wird bei der Besprechung der schwierigen in diesem Alphabet aufgezeichneten Inschriften (*281—289*) in Bd. II Anhang gehandelt werden.

13. Oskisch. Das osk. Alphabet hatte folgende 21 Buchstaben:

𐌀 𐌄 𐌉 𐌝 𐌖 𐌞 𐌅 𐌍 𐌌 𐌓 𐌋 𐌊 𐌕 𐌐 𐌂 𐌃 𐌁 𐌔 𐌚 𐌇 𐌆 =

a e i í u ú, v, n m r l, k t p, g d b, s f h, z (= *ts*)[2]). Die vorkommenden Varianten zu den angegebenen normalen Formen sind auf der Tafel bei Zvet. zu Anfang von S. I. O. zusammengestellt (vgl. auch Fabretti, Pal. Stud.). Auffallend ist die Form □ der beiden a in Staatiis *193*, vgl. § 29. Neben der Form 𐌅 des Digamma erscheint ᖷ in Savfi (Avfi?) *27*, auf einigen Münzen mit Nuvkrinum und in etruskischer Schrift auf *172* (Fabretti 2782a). Das > (= lat. C, welches bekanntlich ursprünglich die Media bezeichnete) scheint in der abgerundeten Gestalt in fig . . . *145*, . . igu . . *171* vorzuliegen. Ueber z = s in der Sigle Z. s. u. § 26. Merkwür-

---

1) Die Ueberlieferung des Alphabets an die Osker wird während der oben S. 15 erwähnten Niederlassung der Etrusker in Campanien, die nach gewöhnlicher Annahme ca. von 800 a. C. bis gegen Ende des fünften Jahrh. a. C. dauerte, stattgefunden haben.

2) Die osk. Reihenfolge war vermuthlich a b g d e v z h i k l m n p r s t u f í ú (vgl. das Alphabet aus Pompeji S. J. O. XVII 17).

dig ist die Vertauschung der Zeichen für *d* und *r*, denn im griech. Mutteralphabet war ᗡ = *d*, ꟼ ꟼ = *r* (ebenso im Lat., nur dass hier, weil Γ = Π sich zu Γ P abrundete, die differenzirte Form R (= ꟼ) allein für *r* im Gebrauch blieb). Die Vertauschung erscheint auch im Umbrischen, wo wie im Oskischen ᗡ = *r*, ꟼ = *d* (*d ř*) ist. Aus blosser Aehnlichkeit der Laute, die ja auf keinen Fall so weit ging, dass Verwechslung eintreten konnte (vgl. § 200), ist eine solche Vertauschung m. E. nicht erklärlich. Vielmehr setzt dieselbe, wie (fürs Oskische) Kirchhoff 131 f. mit Recht annimmt (vgl. auch Bréal Mém. soc. VII 132), ein älteres Stadium voraus, in welchem *d* wie im Etruskischen fehlte. Vermuthlich wurden damals ᗡ und ꟼ, wie es im Etruskischen thatsächlich der Fall ist, gleichbedeutend neben einander in der Geltung von *r* verwendet, später aber, als man das Bedürfniss nach einem Zeichen für *d* empfand, wurde ᗡ auf die Geltung von *r* beschränkt und so ꟼ (im Oskischen in der differenzirten Gestalt ꟼ) als Zeichen für *d* gewonnen[1]). — Die Zeichen ⊦ und V́ waren erst in später Zeit aufgekommene Differenzirungen des I und V; sie fehlen noch auf mehreren der älteren capuanischen Inschriften: *139—141, 143, 144, 146, 147*[2]) und besonders *130*, ferner auf den Münzen **Nuvkrinum Nuvkirinum**, vielleicht auch **Fistluis Fistlus** und **Urinai Urena** neben **Fistlúis** und **Úrina** (oder blosse Ungenauigkeit? vgl. U. D. 113, Corssen II² 110)[3]). Die Bleitafel kennt ú, aber í noch nicht (ebenso die Münze **Fistlúis**, da man ***Fistlúís** oder ***Fístlúís** erwartet?); sehr unsicher ist der Gebrauch des í auch noch auf den capuanischen Inschriften *131, 132*. Vielleicht fiel (wenigstens in Capua) die Einführung des ú in frühere Zeit als die des í, jedenfalls wird ja das Bedürfniss nach einer Unterscheidung von *o* und *u* dringender

---

1) Die Verwendung von ᗡ (eigentlich = *d*) neben ꟼ als *r* in dem erschlossenen älteren Stadium des osk. und umbr. Alphabets setzt voraus, dass in dem beiden zu Grunde liegenden Alphabet (welches eben ein etruskisches war) ᗡ in der Geltung als Media *d* überflüssig geworden war und so das Zeichen ᗡ sich mit dem ihm ähnlichen Zeichen ꟼ = *r* vermischte.

2) Auf der einen oder anderen unter diesen Inschriften könnten allerdings die Differenzirungszeichen durch Zufall unkenntlich geworden sein.

3) ú und í fehlen ferner auf der nach Einigen unächten aequischen oskisch geschriebenen Inschrift *278* (s. o. S. 22f.).

gewesen sein als nach der Unterscheidung von *i* und *í*[1]). Ausserhalb Capua ist Fehlen von í wohl nur für die Münze Tiiatium (vor 599/194 nach U. D. 112), vgl. Tíanud (§ 87), und vielleicht für Fistlúis (s. o.) anzunehmen. Die Neuerung scheint nicht überall gleichzeitig aufgekommen zu sein; ein sehr frühes Beispiel ist die Münze Tíanud (ca. 334—269 a. C. nach U. D. 112); auch die T. A., welche den Gebrauch des í schon völlig geregelt zeigt, gehört sonst ihrer Schrift nach zu den alterthümlichsten Inschriften in nationaler Schrift. Neben ⊦ kommt auf einigen capuanischen Inschriften ⊣ vor. Eine andere Nebenform I· findet sich auf dem pompeianischen Alphabet S. I. O. Taf. XVII 17 und wahrscheinlich in Capua in fíísn.. *146*, geschrieben f.i.isn.. (Deecke Rec. 131), wozu vielleicht med.ikia *136*[2]), (Kalúvie.is *132*? Vi.bi.s *162*?), sowie in campanisch-etruskischer Schrift in cnai.viies *172*, ca.ive *177*. I· scheint die ältere Form und dem V̇ nachgebildet zu sein[3]), später wurde dafür ⊦ (vgl. V neben V̇ auf Münzen von Fistelia) vorgezogen, weil der Punct leicht als Interpunction (wofür in älterer Zeit Doppelpuncte verwendet worden waren) angesehen werden konnte.

Während die Inschriften der eigentlich samnitischen Gebiete (Campanien, Samnium und das Frentanische) sich so gut wie ausnahmslos der nationalen Schrift bedienen (Ausnahmen sind nur die Münzen *Ladinod Ladinei* aus dem Frentanischen und *Aisernim* aus Samnium, der pompejanische Ziegel mit *C. Uahies 95* (?) und die Grabschrift Fίριγεις aus Sorrent; die frentanische Inschrift *202* ist dagegen wahrscheinlich gefälscht, über *241* s. o. S. 26), sind umgekehrt in Lucanien, Bruttium und Sicilien nur oskische Inschriften in lateinischer

---

1) Auffällig mag scheinen, dass der rege Verkehr mit den Griechen der Küstenstädte (und den Römern) nicht zur Aufnahme des Zeichens O für den Laut *o* führte; der Schritt vom altgewohnten V her wäre eben ein viel grösserer gewesen; viel unwahrscheinlicher ist mir, dass ein Unterschied in der Aussprache der Grund gewesen sein sollte (Corssen II 124).

2) Dieselbe Inschrift schreibt ꟼ statt Ṅ. Sollte auch etwa der Punkt unter dem a in med.ikia zusammen mit dem Querstrich des ꟼ ein í in Ligatur vorstellen (also medíkiaí)?

3) An Zusammenhang von I· V̇ mit der merkwürdigen venetischen Buchstabenpunctirung wird doch kaum zu denken sein (vgl. zum Altsabellischen, in Bd. II Anhang).

oder griechischer Schrift gefunden worden, nämlich in lateinischer die T. B. und *21—25* (alle lucanisch), in griechischer die Inschriften *1–16, 18, 19, 211—213*. Dazu die Münzen von Ausculum *214*, falls sie wirklich oskisch sind. Zur lateinischen Schrift der T. B. ist zu bemerken, dass sie das Zeichen *z* im Werthe von tönendem *s* (frz. *z*) verwendet im Gegensatz zur nationalen Schrift, wo z = *ts* war, s. §. 26. Ueber das griechische ? neben Σ auf den Helminschriften *18* und *19* s. § 238.

14. Zwischendialekte. Ausser den sog. altsabellischen Inschriften, deren Alphabet im Anhang (Bd. II) zu besprechen sein wird, sind alle erhaltenen Sprachdenkmäler der Zwischendialekte lateinisch geschrieben. Eine Besonderheit zeigt die pälignische Herentas-Inschrift in dem in vier Wörtern erscheinenden Ɵ. Ueber die Erklärung des Zeichens nach Form und lautlicher Geltung gehen die Meinungen auseinander. Bugge (A. S. 64) und Deecke (bei Baumeister I 53, 55, vgl. App. 177, Rh. M. 41, 198f.)[1]) erklären das Zeichen, das auch in gallischen Inschriften sich findet, als modificirt aus dem alten θ, während die nächstliegende Annahme, dass Ɵ aus D differenzirt sei, z. B. von Bücheler Rh. M. 33, 272f. und Pauli A. S. V 78f. vertreten wird. Betreffs der lautlichen Geltung ist mir die Ansicht von Bugge und Deecke, dass das Zeichen den Werth von *t* habe, durchaus unwahrscheinlich; wenn in der nationalen umbrischen, der etruskischen so sehr nahestehenden Schrift das im Etrusk. häufige θ = *t* vereinzelt vorkam (auf den iguv. Tafeln nur furfaθ *Ib* 1, purtuviθu *IV* 20), so wird dadurch noch kaum begreiflicher, wie der Schreiber dieser in lateinischer (und zwar sehr correcter und durchaus nicht alterthümlicher) Schrift geschriebenen pälignischen Inschrift dazu gekommen sein sollte, unter seine *t* ganz willkürlich und zwecklos ein gleichbedeutendes, dem lat. Alphabet aber ganz fremdes Zeichen θ zu mischen. Ausserdem gelangen trotz ihrer an sich unwahrscheinlichen Annahme weder Bugge noch Deecke zu einer befriedigenden Deutung der Inschrift (s. Bd. II Anh.). Man könnte jedoch immerhin ihre Erklärung der Form als θ gelten lassen und diesem θ den

1) Jetzt auch Bréal Mém. soc. VII 133.

Werth einer dentalen Spirans, den θ auf gallischen Inschriften sicher hatte (s. besonders Pauli a. O. 71 ff.), beilegen. Es ist aber gewiss wahrscheinlicher, dass ϴ nichts mit θ zu thun hat, sondern einfach aus D differenzirt ist (vgl. § 199). — Aus dem Volscischen[1]) ist zu erwähnen das umgekehrte *c* für assibilirtes *k* (umbr. ç *ś*) in *faɔia* = umbr. façia; ähnlich vielleicht auf der altsabell. Inschrift *288* der viertletzte Buchstabe (-seɔure). Angeführt sei noch, dass Deecke (Rec. 102 f.) das Zeichen ∀ auf *273* (pälign.) als dem osk. ú entsprechend betrachtet (also *dúnu*) und Rh. M. 41, 200 das auf *246* durch den Abschreiber überlieferte *i.nom* als *inom* liest (vgl. oben osk. I·)[2]). — Die aus lat. Inschriften bekannten, ihrer Herkunft nach noch unaufgeklärten Zeichen II = *e*, I' = *f* (eine Vermuthung bei Deecke Falisk. 225) finden sich auf folgenden Inschriften: *274, 275* (beide marruc.), *276* (vestin.), *245, 248, 249* (pälign.), *243, 244* (mars.).

15. Umbrisch. Das umbr. Alphabet weist in regelmässigem Gebrauch folgende 19 Buchstaben auf:

A ∃ I V Ɔ И M Q ⅃ K T (oder Ⲧ) 1 8 Ƨ 8 ⊗ Ƿ d ‡ =

a e i u, v, n m r l, k t p, b, s f h, ř ç, z (in der Regel = *ts*). Auf Tafel *V* wird für *m* regelmässig Λ geschrieben, eine Form, die auch im Etrusk. mehrfach vorkommt (vgl. Deecke Etr. Fo. IV 22 f.; vielleicht Rest einer italischen Urschrift nach demselben bei Baumeister Denkm. I 55)[3]). Für *s* erscheint zweimal (in śalu *IIa* 18, śeritu *IIa* 28) noch das im Etrusk. häufige M (Sâdê). Für *t* ist θ geschrieben in furfaθ *Ib* 1, purtuviθu *IV* 20 (Form ⊙) und in Hurθuθiu der Inschrift von Ameria *290* (Form O). Statt Ɔ Ɔ hat die letztere Inschrift die Form ⅂, statt ⊗, wie auch *292* aus Tuder, noch die ältere eckige Form, ähnlich dem osk. ϴ. Ueber das merkwürdige dreimalige 1 statt 8 in kutep vitlup turup *IIb*

1) Worauf sich Deeckes Annahme (bei Gröber I 342) eines eigenen volscischen Alphabetes neben dem altrömischen gründet, ist mir nicht recht ersichtlich.

2) Vgl. auch pälign. *s.iccu 270?*

3) Vgl. auch das halbirte *m*, wie es Verrius Flaccus für die Synaloephe vorschrieb (Huschke Ig. Taf. 524, Bücheler Umbr. 178), falls dasselbe nicht späte willkürliche Erfindung ist.

3 4 s. § 223. Das Zeichen d für das vor *e i* assibilirte *k* (in lat. Schrift *ś*) ist entweder aus dem alten ϙ = *q* entstanden, welches auch im ältesten Etrusk. vorkommt (vgl. Deecke bei O. Müller Etr. II 530 und jetzt Pauli Altital. Forsch. III 150ff.) oder neu erfunden. Das ꟼ, welches einen aus *d* entstandenen Spiranten bezeichnet, ist mit dem oskischen Zeichen für *d*, dem ꟼ Я, identisch (der diakritische untere Strich im letzteren ist unwesentlich). Offenbar hatte das ꟼ auch im Umbr. einst die Media *d* bezeichnet, wie es nach Paulis wahrscheinlicher Annahme (A. S. V 89, s. u. § 198) auf der Inschrift von Tuder *292* (wozu *290* aus Ameria) thatsächlich noch der Fall ist; durch den Wandel des intervocalischen *d* zu ř *rs* bekam dann aber das Zeichen ꟼ die beiden weit auseinandergehenden Lautwerthe *d* im Anlaut etc., ř *rs* im Inlaut zwischen Vocalen. Man half sich so, dass man das Zeichen ꟼ auf die letztere Geltung beschränkte, für *d* im Anlaut etc. aber die Darstellung durch t bevorzugte, was durch das Fehlen einer Unterscheidung zwischen Tenuis und Media bei den Gutturalen begünstigt werden konnte; jedenfalls war ja auch die Lautähnlichkeit zwischen *d* und *t* grösser als zwischen *d* und ř *rs*. Das Fehlen eines Zeichens für die Media *d* im Umbr. von Iguvium ist also erst durch einen secundären Lautwandel verschuldet, nicht altüberkommen. Dass das umbr. und osk. Zeichen für *d* ursprünglich *r* und dasjenige für *r* urspr. *d* war, und dass diese Vertauschung als noch älteres Stadium ein Alphabet ohne Media *d* voraussetzt, wurde unter Oskisch bemerkt[1]; dieses vorausgesetzte ältere Alphabet war das etruskische. Durch die Abstammung des umbrischen Alphabets aus letzterem erklärt sich auch das Fehlen eines Zeichens für die Media bei den Gutturalen (vgl. § 248)[2]. Bei den Labialen ist auffallend, dass das Umbrische das Zeichen für die Media *b* zwar kennt, aber unregelmässig anwendet, worüber § 248. Ueber z in zeřef s. u. § 26.

---

1) Dass das umbr. Zeichen ꟼ in Iguvium einen *r*-artigen Laut (ř *rs*) bezeichnet, steht danach durchaus nicht, wie es auf den ersten Blick scheinen könnte, in Zusammenhang damit, dass es ursprünglich (im griech. Mutteralphabet) wirklich *r* nicht *d* bezeichnet hatte.

2) Allerdings war im uns bekannten Etruskischen das ursprüngliche Zeichen der Media, das ‹ (, vorhanden, aber nur in der Geltung als c, also gleichbedeutend mit k (vgl. das lateinische ( ).

16. Von Zahlzeichen sind in nationaler Schrift nur belegt: im Osk. und Umbr. hastae für die Einer, X für 10, im Osk. allein V für 5, Ↄ für 100. Das X als Bezeichnung von 10 war jedenfalls alt, da auch das Etrusk. dasselbe verwendet (über die etr. Zahlzeichen s. Deecke in K. O. Müllers Etruskern II² 532 ff.); das Zeichen erhielt sich in dieser Alphabetgruppe nur als Zahlzeichen, während es im Lat. bekanntlich wie im chalkid. Mutteralphabet auch den Buchstabenwerth *x* hatte (vgl. oben S. 42). Für 5 hat das Etr. gewöhnlich Λ, doch daneben V. Von Ↄ = 100 (nur auf 2 geringen Inschriften) könnte man vermuthen, es sei aus dem Lat. entlehnt; das Etr. hat nach Deecke Ж, woraus allerdings Ↄ vereinfacht sein könnte.

Ligaturen wurden im Oskischen theilweise (z. B. auf dem C. A., in Pompeji) häufig verwendet, Verzeichnisse s. bei Zvet. S. J. O. zu Anfang und bei Fabretti Pal. Stud. 137 ff.

Was die Interpunction betrifft, so schrieb man bekanntlich anfangs ohne Worttrennung, in Italien besonders häufig noch im Etruskischen, vgl. auch die altlat. Duenosinschrift etc. Im Oskischen ist wohl, von einigen etruskisch geschriebenen Inschriften auf campanischen Thongefässen (z. B. *176*), abgesehen, *164* (aus Capua) das einzige sichere Beispiel in nationaler Schrift; in griechischer Schrift kam die Schreibung ohne Worttrennung häufiger vor (z. B. *1* aus Messana; auch *16* aus Anzi setzt die Interpunction nur vereinzelt). Die Zahl der zur Interpunction verwendeten Puncte wechselt. Das Altumbrische[1]) und einige ältere oskische Inschriften (*182*, *184* und *209* aus Samnium, *128*, *140*, *161*, *162*, *163* aus Capua, *175* aus Suessula; in griech. Schrift die Helminschrift *18*) sowie die lat. geschriebene volscische Inschrift *240* zeigen zwei Puncte, die altsabellischen sogar 3 und hie und da 4 Puncte (3 auch osk. *122*?), sonst wird in der Regel bloss ein Punct gesetzt. Zu besonderen Zwecken wird vereinzelt auf derselben Inschrift die Zahl variirt, so hat die genannte volsc. Inschrift 3 Puncte statt 2 nach *statom* und zwischen *toticu couehriu*, im ersteren Falle einen Sinnabschnitt, im letzteren

1) Ohne Interpunction nur die Formel *IIa* 44 und das Ende der gleichlautenden *Ib* 45, ausserdem fehlen die Puncte vereinzelt namentlich zwischen nahe zusammengehörigen Wörtern.

wohl die besonders enge Zusammengehörigkeit [vgl. Lattes Rendiconti dell' Ist. Lomb. 1891, 934 ff.] bezeichnend, wie in ähnlicher Weise der dreifache Punct zwischen πιω αισ *12* und, zur etymologischen Trennung, in *vhe-vhaked* der altlat. Maniosinschrift. Etymologisch zerlegend war wohl auch die Interpunction in osk. tríbarakat.tuset (2 m.) und tríbarakat.tins des C. A.[1]), wozu vielleicht *anget.uzet* und *medicat. inom* der T. B. (die allerdings mehrfach verkehrt interpungirt) und marr. *am.atens 274* (oder *amiatens*?). Auf umbrische Interpunctionen wie kvestre.tie, *persni.mu ponisia.ter* ist wenig zu geben, da falsche Interpunction (z. B. etrep.eieřiate, *pequoc.astruo*) auf den iguv. Tafeln häufig vorkommt.

Die Richtung der Schrift geht im Oskischen und Umbrischen in nationaler Schrift von rechts nach links, wie im Etruskischen und im ältesten Latein. Rechtsläufig ist die Schrift nur ganz vereinzelt, nämlich auf *207* (Heíreneın), *165* (Arafiis Vibis), auf einzelnen Münzen von Uria, Calatia, Fistelia, und auf der kleineren capuanischen Bleiplatte (*129*)[2]). Die alterthümlichste Art, das Boustrophedon, findet sich auf den sog. altsabell. Inschriften (und auf der altlateinischen, nicht marsischen, Bronze vom Fucinersee). Die lateinisch geschriebenen Denkmäler zeigen alle rechtsläufige Richtung (wohl auch *270* = J. J. J. D. 29; unklar ist *198*), die griechich geschriebenen theils rechts- theils linksläufige.

Consonantengemination.

17. Die Bezeichnung doppelter Consonanten durch die Schrift war im Lateinischen (Stolz [2] 253 f.) bekanntlich in ältester Zeit noch nicht üblich, ihre Einführung wird dem Ennius (geb. 239 a. C.) zugeschrieben, die ältesten inschriftlichen Beispiele stammen aus dem Jahre 189, vollständig festzusetzen vermochte sie sich erst um 110. So war auch im Osk.-Umbrischen die Doppelschreibung nicht überall und allgemein im Gebrauch.

---

1) Oder zur Verdeutlichung der Vertheilung des tt auf 2 Silben?

2) Kann man auf letzterer Inschrift die umgekehrte Richtung der Schrift etwa ebenso auffassen, wie wenn im Lat. Devotionen, „um den Sinn absichtlich zu verhüllen" (Hübner Iw. Müllers Hdb. I 496), linksläufig geschrieben wurden? Zweifelhaft ist *92*.

Oskisch (vgl. Mommsen U. D. 221, Bruppacher 84 f., Bücheler Rh. M. 33, 74 f., Bugge A. S. 59, Pauli A. S. V 158). In nationaler Schrift fehlt die Gemination nur auf einigen älteren Inschriften, nämlich auf der Münze Alifa (4tes Jahrhundert der Stadt, U. D. 112) und den capuanischen (wohl sämmtlich vor 211 a. C. zu setzenden) Inschriften *130* (sulum), *142* (Viriium Vesuliais), *143* (Viriium Vesulia-), *144* (Vesulias), *163* (Naseni.), endlich der wichtigsten, der Blt. *128* (Keri 3m., suluh, dadid, da[da]d, -s in aisusis falls Abl. Pl. und andere, unsicherere Beispiele)[1]. Auf den anderen capuanischen Inschriften, auch denen, die noch vor 211 a. C. fallen (z. B. *131—137*, *140*), sowie überhaupt wohl auf allen übrigen osk. Inschriften nationaler Schrift, z. B. auch so alten wie *223* (Münze Akudunniad, aus der zweiten Hälfte des 3ten Jahrh. a. C.) und T. A. (wohl kaum jünger), ist durchaus die Doppelschreibung Regel (auf kurzen Inschriften fehlen natürlich oft Belege)[2]. Schwankungen kommen fast nur bei den secundären Geminaten vor, wo sie jedenfalls ihren besonderen Grund haben (s. § 242, 243), so Silli *121*: Silie *120*, Minnieís *138 a*: Minieís *138 b* Miínieis *156* Minies *157*, Helleviis *129*: Helevi·ieís *137* Helevi *136* Helevis *170* Helvi *171*, Víttelliú *234 b*: Víteliú *234 a* *236* *237* Viteliu *238*, med(d)ikkia- *132* *137* *(135)*: med(d)ikia- *131* *136*, (Σταττιηις *1*): Staatiis *193* Statiis *129* *170* Static *120*, etc. In den Fällen wie medik- neben meddik-, eehiianasúm neben úpsannam etc. (kvaísturei neben kvaísstur) beruhte das Schwanken auf Accentwechsel (s. § 245). Fiísíais Fiisiais (Físanis?) neben umbr. *Fissiu*

1) Von *209* (frentan.) ist zweifelhaft, ob es hieher gehört, da die Deutung von palanúd als „Pallano" nicht sicher ist (Bücheler „edicto", zu *palam*) und auch wenn sie richtig ist, *l* aus *ll* vor dem Tone vielleicht wie *n* in aamanaffed eehiianasúm etc. (§ 245) aufgefasst werden könnte.

2) Da hienach die Consonantengemination im Osk. schon bedeutend früher als im Lat. im Gebrauch war, ist Pauli's Ansicht (a. O.), dass dieselbe im Lat. (wie die Vocalgemination), aus dem Osk. importirt sei (Ennius war halber Osker), wohl möglich. Nach Deecke Rh. M. 36, 577 ist sie messapischen Ursprungs. Uebrigens kann man natürlich auf die Neuerung auch an verschiedenen Orten unabhängig gekommen sein. Vgl. jetzt auch Pauli Altit. Forsch. III, 186 ff.

(1m., sonst *Fis-*) wie l. *causa* neben *caussa* etc. (s. § 205); so vielleicht auch í[ú]su (?) neben íússu *28* (s. ebd.). Wieder besonderer Art ist -s neben -ss = -*ks* im Auslaut in meddís *122 133 192* neben meddíss *117 185*, Plur. meddiss *124*, vgl. lat. *as assis*, auch osk. pún aus *púnne, vor -s Perkens = *Perkenns (s. § 183). Ueber das einfache f in aíkdafed, fufens, fufans s. § 316, über das einfache t in d]uunated § 317; über kersna- neben kerssna- § 190, über Heírenem (?) § 31. Es bleibt wohl nur noch diasiís *46* übrig, dessen einfaches s allerdings auffällig ist, wenn das Wort zu l. *as assis* gehört (vgl. § 238).

In griechischer Schrift ist das Material sehr spärlich. Die Beispiele für Geminata sind ϜολλοϜωμ *16* (aus Anzi), Σταττιηις μεδδειξ Αππελλουνηι *1* (aus Messana), Κοττειηις *5*, Κοττει *6*, Κοττι *7* (aus Vibo). Στατις *13*, Οπιες *12* neben Σταττιηις Úppiis wie oben Silie:Silli u. s. w. Vgl. noch κϜ]αιστορ *14*: kvaísstur (Σεστες:*Sesstiis?); Περκενος *8* statt *Περκεννος (doch vgl. Perkens). Lateinische Schrift. Die T. B. weist Beispiele für Doppelschreibung nur bei *d* und *l* auf: *meddis* 4m., *meddixud* 2m. (dagegen *medicim, medicatud, medicatinom*, s. § 245), *mallom* 3m., *mallud* 1m. neben *malud* 1m., *allo* neben *famelo* je 1m. (über letztere vgl. § 242). Sonst unterblieb die Doppelschreibung: *m* = *mm* in *amiricatud* (oder vgl. dadíkatted für *daddík- § 245?), *c* in *pocapit p]ocapid* =púkkapíd, *s* in *esuf* 2m. = essuf, *aserum* „asserere“, *nesimum* 2m., *nesimois* 1m.: n[e]ssimas, *ligis* vgl. Anafríss etc., *moltas* 2m. (und *eituas*?) Acc. Pl. vgl víass etc., *pieisum* nach Bugge = **pieissum* (? § 204); vgl. auch *altrei a(l)trud*:alttreí etc. (*tt*-Perfect in *lamatir angetuzet*?). Die Inschrift *202* mit *amanafed profated* scheint gefälscht. *Caisidis 25* wie oben Fiísíais? (§ 205).

Wir fügen hier der Uebersicht wegen noch ein alphabetisches Verzeichniss der Beispiele für Schreibung doppelter Consonanten bei. **bb** Babbiis *181*. **dd** meddís *125 133 192*, meddíss *117 124 185*, medd. *134* (metd. *190*), meddikiaí *131*, meddikkiai *132*, μεδδειξ *1*, *meddis* T. B. 4m., *meddixud* ebd. 2m. (daneben medik-, *medic-*, s. o.). **ff** aamanaffed *30 32 35 36* (aíkdafed *189*; wahrscheinlich gefälscht *amanafed 202*), prúffed *117 185*, sehr zweifelhaft staieffuf *133*. **kk** dekkviarím *28*, ekkum C. A. 2m., medikkiaí *137*, meddikkiai *132*, meddikk. *135*, tríbarakkiuf C. A., -ekkelled- *164*. ll Abellanú- C. A. 6m., Afillis *54*, Appelluneís *41*, Asilli *69*, Bivellis *129*, Helleviis *129*, Kaísillieís *138* 2m., Núvellum *129*, p]úllad C. A., Silli *121*, súll *134*, Velliam *129*, Vesulliaís *189*, Vítelliú *234*, -ekkelled- *164*; *allo*, *mallom* 3m., *mallud* T. B.; Αππελλουνηι *1*, Fολλοϝωμ *16*. mm Ammaí T. A. 2m. nn Akudunniad *223*, Annieí. *137*, damsennias *135*, dekmanniuís T. A., Heírennis *124*, Herenni *52*, kúmbennieís *29 30 41*, Minnieís *138*, úpsannam etc. *29 37 41 192 193*, sakrannas *133*, sakrann. (?) *134*, Tantrnnaiúm *133*, *134*, teremenniú C. A., ..pinni *107*. pp Appelluneís *41*, Úppiis *129*, Αππελλουνηι *1*. rr h]erríns C. A., Kerrí T. A. 2m., Kerríiú- ebd. 12m., sverrunei C. A., tiurri *47*, *48*, Vírriis *129*, Virriieís *136*, Vírríiis *129*. ss ekss C. A., essuf *188*, íússu *28*, kerssnaís *133*, kerss*n*asias *131*, kvaísstur *28 30 32 33 41*, Meliíssaii *64*, messímais *133*, n[e]ssimas *140*, passtata *34*, pecssl[úm *197*, pússtíst C. A., Acc. Pl. feíhúss C. A., leígúss -úvfríkúnúss *188*, ekass víass *28*, Abl. Pl. Anafríss T. A., sakriss *134*, teremníss C. A., Nom. Sg. und Pl. meddíss *117 124 185* (keenzstur *188*, kenzsur *204* = **keentsstur* **kentssur*). tt a]íttíúm C. A., alttram alttr[ús C. A., alttreí T. A. 2m., Mamerttiaís *133*, Mamerttiais *132*, Mam]erttieís *152*, Mamerttiar. *131*, Mamertt... *151*, úíttiuf C. A., patt[ens *204*, Pettíeis *131*, Pettieis *132*, púnttram *28*, Siuttiis *28*, Titti *84*, tt-Perfect dadíkatted *190*, prúfatted *29 33 35 191 192*, prúfattd *34* (*profated 202* wahrscheinlich gefälscht), prúfattens *28*, teremnattens *28* 2m., *38*, tríbarakattuset C. A. 2m., tríbarakattíns ebd., ...ttens *39*; Κοττειηις *5*, Κοττει *6*, Κοττι 7, Σταττιηις *1*.

Pälignisch (vgl. Pauli A. S. V 19, 158). Der Gebrauch ist ein sehr schwankender: *Acca 258*, *Anniaes 264*, *Arghillus* (lies *Archillus*) *267*, *Cerri 256*, *iccu* (*Siccu*?) *270* (*245* wohl *sestatịens* oder *sestatụens*, kaum *sestaṭṭens*; über *pperci 246* s. Bd. II Anh.), aber *Anaes 255*, *Aniaes 265*, *Ania 260* (vgl. § 244), *Obelies 261* „Obellius" (oder *„Obïlius"? vgl. § 246), *solois 255* vgl. o. súll-, *medix 251* (doch vgl. auch o. medíkeí etc.), *coisatens 253* (doch vgl. o. d]uunated neben prúfatted etc.; über päl. *iocatin 251* s. Bd. II Anh.), *usur 254* „uxor“ = **ussur*, *-s* in *uus* ebd. = Acc. Pl. *uōs* (o. *vuss) und Dat. Pl. *uōbis* (o. *vufs *vuss), auch in *pros 255* falls „probus“ (schwerlich Acc. Pl. „paros“) oder = **prod-s*, *pes* ebd. falls Acc. Pl: „pedes“; dagegen *oisa* wohl wie o. Fiisíais (s. o.). Von den zweifelhaften aequiculischen Inschriften zeigt die oskisirende Inschrift *278* Gemination (Herennin, prufatted), ebenso *279* (meddis) und *277* (meddiss).

In den übrigen kleineren Dialekten fehlen Beispiele für Gemination. Vgl. marrucinisch *Maroucai* 2m. zu l. *Marruuium Marrucinus*, *Cerie* zu o. Kerrí päl. *Cerri* (doch vgl. § 264), *amatens tt*-Perfect (doch vgl. o. d]uunated), *pacris* Dat. Pl. (o. -ss), *asum* lat. **assum* (§ 191), *esuc* = **essuc*?, *Alies* „Allius“; marsisch *medis 242* (*Esalicom 307*?); volscisch *medix*, *atahus* = **attahus* (**ad-tah-*)?, *Cosuties* „Cossutius“ (über *sistiatiens* § 317, *ferom* § 232).

Im **Umbrischen** kommt die Doppelschreibung der Consonanten in nationaler Schrift gar nicht, in lateinischer Schrift nur sehr spärlich vor, einzig auf dem jüngsten Stück, den vier Zeilen von *VIIb*, wird die Gemination häufiger (vgl. Bücheler U. 187): *appei*, *issoc*, *ponne* je 1m., doch steht auch hier die einfache Schreibung daneben: *panupei*[1]), *pusei* d. h. **pussei* (au. puze = **pūts-*), *Atiersio Atiersier Atiersir* l. *Attiedius* (secundäre Gem.?), *sueso* nach Danielsson **essom* „ipsum“ enthaltend (s. § 290), *fratrus* osk. -ss (doch vgl. osk. meddís neben meddíss). Taf. *VI* weist nur je 1m. *essu*, *Fissiu*, *ennom*, *ponne* auf (*auuei* ist besonderer Art, vgl. § 105), Taf. *VIIa* fünfmaliges *enno(m)* neben häufigerem *eno(m)*. Sogar dann wurde bloss ein Consonant geschrieben, wenn gleicher Auslaut und Anlaut zusammenstiessen und nicht durch Worttrennungspunct getrennt waren: purtiiusuřu = purtiiussuřu, purtiius suřu, *fonsir* = *fons sir*, *mersei* = *mers sei*, vielleicht sogar trotz Worttrennung in staheren termnesku, eruhu tiçlu (s. § 253)[2]). Von den kleineren Inschriften

1) Oder dieses aus **pannúpei* (lat. *quandōque*) wie osk. cehiianasúm aus *eehiiannasúm etc. (§ 245)?

2) Vielleicht liegt hier und in der Häufigkeit unrichtiger Interpunction eine Nachwirkung aus der Zeit vor, als noch ohne Interpunction geschrieben wurde (vgl. S. 49 f.).

bietet nur *295* Wörter, in denen man Gemination erwarten könnte: *eso, oseto, Fulonie.*

Bezeichnung der Vocallänge[1]).

18. Im Oskischen und Umbrischen findet sich die ausdrückliche Bezeichnung der Vocallänge verhältnissmässig häufiger als auf den lat. Inschriften der älteren Zeit. Das Hauptausdrucksmittel im Osk. war die Vocalgemination, im Umbr. die Beifügung eines *h*. Ausserdem wurde im Umbr. *ī* und das nach *ī* neigende *ē* vielfach durch die Schreibung *ei* bezeichnet; endlich findet sich im Osk. 1—3mal die *i longa*. Dagegen ist der im Lat. so häufige Apex auf osk.-umbr. Denkmälern bis jetzt nirgends zum Vorschein gekommen[2]).

19. Vocalgemination. Diese Bezeichnungsweise ist die im Oskischen nationaler Schrift gebräuchliche (vgl. U. D. 211 f.). Consequent durchgeführt ist sie freilich auf keiner Inschrift; am häufigsten findet sie sich in Wurzelsilben, seltener in suffixalen Silben (in Endungen nur in dem einsilbigen paam und dem Nom. Sg. auf -iis, falls dieser Ausgang [z. Th.?] als *-īs* aufzufassen ist, doch s. § 276). Kein Beispiel liegt für úú vor, doch kann dies darauf beruhen, dass *ō* im Osk. fast durchweg zu *ū* wurde (Fluusaí, uupsens etc., § 47). Nicht eigentliche Geminata ist ií, da es eine irgendwie modificirte Aussprache des ursprünglichen *ī* darstellt (§ 39). Relativ am häufigsten bezeichnet die T. A. die Geminata: aasa- 3m., Maatúís, saahtúm, Fluusa- je 2m., doch 1m. Fuutreí: 1m. Futreí (mit dem 2maligen Líganakdíkaí statt *Líig- wohl das einzige Beispiel der einfachen Schreibung in langer Stammsilbe auf dieser Inschrift)[3]); ähnlich die pompejanische Inschrift *29*; der C. A. hat 1m. slaagi-: 2m. slagi-, 1m. tee[rúm: 5m. ter-, 1m. tríí-barak-: 5m. tríbarak- (die Geminata in diesen drei je beim erstmaligen Erscheinen), 3m. fíísn-: 1m. físn-. Am

---

1) Vgl. Corssen I² 14 ff.

2) Der Punct über dem i der Endung in Viíbis *204* (s. Zvetaieffs Abbildung S. J. O. Tafel I 3) wird doch kaum als Apex aufzufassen sein?

3) Daher sehr unwahrscheinlich, dass das 19malige statíf *ā* enthalten sollte (vgl. § 141).

wenigsten gebräuchlich scheint die Vocalgemination in Capua gewesen zu sein, völlig sichere Beispiele fehlen, wahrscheinliche sind: fíísn.. *146* (oder fiisu.. = fiísu..?), eehiianasúm *135* (oder veh-?); Fiisíais *131* wohl ungenau für Fiísíais *(132)*; Endung -iis in Smintiis Úppiis etc. (10mal), doch s. § 276. — Uebersicht der Beispiele. aa: Aadiieís *182*, Aadirans *29*, Aadíriis *47*, Aadiriís *48*, aamanaffed *30*, *32*, *35*, *36*, *41*, aapas *209*, aasa- T. A. (3m.), faamat *47*, *48*, *49*, Gaaviis *124*, Gaaví... *204*, Kaal. *204*, M]aakdiis *222*, Maamiieis(e) *65*, Maatúís T. A. 2m., Maatreís *180*, Paakul *125*, Paapií Paapii Paapi *236*, *237*, paam *29*, p]aam *188* (?), saahtúm T. A. 2m., slaagid C. A., Staatiis *193*, trístaamentud *28*, vaamunim *61*, Vaaviis *74*, ..igipaarigtís? *64*. ee: eestínt T. A., eehiianasúm *135* (veh-?), keenzstur *188*, Meeílíkiieís *28*, peessl[úm *197*, teer[úm C. A., seem... *194*, eerk... *56* (Heerk...?). íí: fíísnú fíísnam fíí[sn- C. A., fíís[n- *188*, fíísn..(?) *146*, tríībúm *28*, tr]íību *49*, tríībaraka[vúm C. A., unklar líís... C. A., íív kúru *182*, ..ríí.. *194*. Die Beispiele für ií s. § 39; Fiisíais *131* (fiisu... *146*?) s. o.; über Kluvatiium etc. s. § 275, über altosk. ii = í in tiium etc. § 87. uu: d]uunated *188*, Fluusaí T. A., *45*, Fluusasiaís T. A., Fuutreí T. A., uupsens *28*. — In griechischer Schrift ist das einzige Beispiel Πaα... *3* (d. h. Παακιες, Πααπιες oder dgl.); über Αυϝυσκλι s. § 63. In lateinischer Schrift fehlen Beispiele; *deiuatuns* T. B. ist, wenn überhaupt, wohl eher zu **deiuatus* als zu **deiuatuus* zu corrigiren (s. § 330). — Aus dem Oskischen scheint die Vocalgemination durch den Dichter Accius in's Lateinische eingeführt worden zu sein, doch war sie hier nie sehr häufig (s. Jordan Krit. Beitr. 125, Stolz [2] 252, Schweizer-Sidler [2] 6).

Zwischendialekte. Von dem unsicheren altsabell. Aanaiuś (Deecke A. Anaiuś) *287* abgesehen, findet sich die Doppelschreibung nur in *puus* der päl. Herentas-Inschrift (dagegen ist *uus* daselbst als *vus* zu lesen, *ciaa 246* verschrieben) und in *poleenis* der marruc. Tafel von Rapino. Pauli A. S. V 157 nimmt vielleicht mit Recht an, dass die Vocalgemination in den lat. geschriebenen sabellischen Inschriften nicht den Weg über Rom gemacht habe, sondern direct aus dem Oskischen stamme (oder aus dem Altsabellischen selbst?), vgl. auch Jordan Kr. Beitr. 160.

Umbrisch. Hier war die gewöhnliche Bezeichnung der Länge die durch *h* (s. u.). Geminata findet sich im Altumbr. nur zweimal: a|anfehtaf *IIa* 33/34 und amprefu|us *Ib* 20/21, beide Mal auf zwei Zeilen vertheilt und daher „excusatissima" (Bücheler U. 180), im Neuumbr. etwas häufiger: *eesona VIa* 18, *eest VIa* 2, *eetu VIb* 54, *feetu VIIa* 41, *meersta VIa* 17 (neben allen diesen steht als gewöhnliche Schreibung die nicht geminirte), *frateer Vb* 19, *frat[e]er Vb* 11, *ooserclom-e VIa* 12 (vgl. fal. *uootum*; im Lat. scheint *o* nicht geminirt vorzukommen), endlich einmal in einem Imperativ *seritu VIIa* 15 neben unzählig häufigem *-tu*; in *subocauu* ist *-uu* kaum als *-ū* aufzufassen, s. § 323. Ueber purtatulu *Ib* 18 für purtatuulu, purtatu ulu (vgl. purtiiusuřu *fonsir* etc. oben S. 54) s. § 140.

20. Bezeichnung der Länge durch h. Im Oskischen nationaler Schrift scheint diese Bezeichnungsweise neben derjenigen durch Vocaldoppelung nicht im Gebrauche gewesen zu sein, wenigstens fehlen sichere Beispiele. Dass in eh[stít C. A. das h als blosses Dehnungszeichen gemeint war, wird durch eestínt der T. A. keineswegs erwiesen, das h war ja etymologisch berechtigt (vgl. § 175); über eehiianasúm *135* (veh-?) s. §. 107. In piíhiúí T. A. ist h eher Zeichen der Vocaltrennung, als Längezeichen, s. u. Anm. Am ehesten ist das -h in suluh und svai puh (2 m.) der Blt. und in upsatuh *175* als Längezeichen aufzufassen, doch vgl. § 254, 256. Ueber stahínt sakahíter etc. s. S. 60 An umbr. *persnihimu* etc. erinnert Αυⱶυσκλι *214*, doch vgl. § 63; über Ϝολλοⱶωμ *16* s. Bd. II Anh.

Das Volscische bietet ein Beispiel für *h* als Dehnungszeichen in *couehriu* (s. § 40).

Umbrisch. Hier war die Bezeichnung der Länge durch *h* ungemein beliebt. Vielleicht hängt dies damit zusammen, dass in der häufigen Verbindung *ht* (aus urspr. *kt nkt, pt, ft*) der Laut *h* unter Dehnung des vorausgehenden Vocals verstummte oder wenigstens auf ein Minimum reducirt wurde (s. § 175, 223), denn wenn z. B. in apehtre rehte spēture („spectori") pētenata („pectinatam") ein blosses *ē* statt *ēh* gesprochen wurde, konnte dies leicht auch die Bezeichnung der ursprünglichen, nicht durch Verklingen eines *h* entstandenen, Länge durch Beifügung eines *h* veranlassen, z. B. ampr-ehtu feřehtru. Auf *VI*, *VII* tritt an Stelle des blossen nachgesetzten *h* gewöhnlich die merkwürdige Doppelbezeichnung der Länge durch Wiederholung des Vocals nach dem *h*, z. B. *spahamu comohota*. Vielleicht ist diese Bezeichnungsweise eine Combination der (neuumbr.) Vocaldoppelung mit der altumbr. Weise, also semu : *sehmu = **seemu* : *sehemu* (vgl. Corssen I 15 f.). Bei Bréals Auffassung (T. E. 314), dass die Schreibung mit blossem *h* aus derjenigen mit Wiederholung des Vocals nach dem *h* abgekürzt sei, erklärt sich schwer, warum die alsdann ältere Schreibung wie *sehemu* gerade diejenige der jüngeren, nicht der altumbr. Tafeln ist. Falls die Schreibung *sehemu comohota* etc. irgend einen Schluss auf die Aussprache der dargestellten Vocallänge gestattet, wird wohl an eine Art circumflectirter Aussprache zu denken sein[1]); unwahrscheinlich ist mir eine eigentlich zweisilbige Aussprache (vgl. Aufrecht-Kirchhoff I 77, Savelsberg K. Z. XXI 154 f., 153 A., Bücheler U. 180, 182)[2]). Mit Vorliebe scheint die Bezeichnung der Länge durch *h* vor *m* angewendet worden zu sein, z. B. in den Imperativen auf *-mu*, *-(mu)mo* (*eheturstahamu*, *arsmahamo*, persnihmu etc.), während die viel häufigeren Imperative auf *-tu*, *-(tu)to* und die Participia auf *-to-* fast immer ohne *h* geschrieben sind (mit *h* nur amprehtu *Ib* 21, subahtu *IIa* 42, *comohota VIa* 54, *spahatu VIa* 41 und aanfehtaf *IIa* 33, *preplohotatu VIIa* 49, falls letztere zwei nicht etymologisches *h* enthalten). Zu bemerken ist noch, dass die Schreibung *aha*, *ehe* etc. neben *ah*, *eh* etc. auch da erscheint, wo *h* etymologisch berechtigt war, z. B. *ahatripursatu*, *eheturstahamu*, *šihitir*, was dafür zu sprechen scheint, dass *h* wirklich verstummt, also der Aussprache nach zum blossen Dehnungszeichen herabgesunken war. Doch wird es gut sein, die beiden Classen getrennt zu halten. Die Beispiele

---

1) Vgl. die zweisilbige Messung gewisser Längen im Vedischen, die Bezzenberger und jetzt Hirt Idg. Forschung I 5 ff. (9 f.) mit dem idg. Circumflex in Verbindung bringen.

2) Die Schreibung *aha* = *ā*, *ehe* = *ē* etc. kommt, worauf mich Herr Prof. Schweizer-Sidler aufmerksam macht, auch im Ahd. vor, doch ganz vereinzelt (s. Braune Ahd. Gramm. 114 unten).

mit etymologischem *h* s. in § 175; in der folgenden Aufzählung sind nur diejenigen mit unächtem *h* enthalten (dagegen führen Aufrecht-Kirchhoff I 77 f., Bréal 315 beide neben einander auf). Kein Beispiel von unächtem *h* bietet *Ia—Ib* 9 (in orthographischen Dingen wie dem Inhalt nach eine engere Einheit, vgl. S. 36), ebensowenig *IIb*; dagegen hat *Ib* 10—Schluss amprehtu Z. 21, sehmeniar 42 (vgl. § 107), und verhältnissmässig sehr häufig ist *h* auf *IIa* von Z. 15 an (vorher kein Beispiel): persnihmu 11mal (persnimu nur Z. 7, 10), struhçla- 3m., mantrahklu, aanfehtaf, amparihmu, subahtu je 1m.; mehrfach findet sich *h* auch auf *III—IV*: çihçeřa *III* 15, feřehtru *III* 16 18, struhçla- *IV* 1 4, persnihmu *IV* 11 23 25 29 (persnimu nur *IV* 8 10); auf *Va* nur kumnahkle Z. 15. Von den lat. geschriebenen Tafeln bietet *Vb* nur *sehmenier* 11 16. Auf *VIb VIIa* tritt die Schreibung *ah, eh* etc. sehr zurück gegen *aha, ehe* etc., während *VIa* (zufällig?) noch überwiegend die erstere zeigt. *VIa*: *stahmei stahmeitei* Z. 5, *stahmito* 8, *auiehcleir* 9, *auiehclu* 10, *seipodruhpei* 11, *stahmei stahmitei* 18, nur *comohota* 54 (gegen Ende der Tafel) mit der zweiten Art[1]). *VIb*: *spahmu* 17, *eturstahmu* 53 53, aber *persnihimu* 17, *sehemu* 36, *spahata* 41, *anouihimu* 49 49, *eheturstahamu* 55, *arsmahamo, caterahamo* 56. *VIIa persnihimu* 9 39 45, *persnihimumo* 47, *spahamu* 39, *preplohotatu* 49?, *sehemeniar* 52. Da die nu. Schreibung *aha ehe* etc. im Au. sonst vollständig fehlt, scheint es nicht ganz ohne Bedenken, aha in Naharkum *Ib* 17 als *ā* aufzufassen; dass die nu. Tafeln immer (7m.) *aha* nie *a* (oder *ah*) schreiben, könnte allerdings wohl Zufall sein, aber sehr auffallend wäre die Schreibung *Nahart-* lateinischer Inschriften (s. Aufrecht-Kirchhoff II 255, Fabretti Gloss. s. v. *Nahartes*). Diese verschiedenen Umstände zusammen genommen machen es wohl wahrscheinlich, dass *Nahar-* etymologisch zweisilbig, das *h* also entweder ächtes *h* ist, sodass das lat. *Nar Nartes* sich dazu verhält wie *cors* zu *cohors, nil* zu *nihil, nemo* zu *nehemo* etc., oder dann Zeichen der Vocaltrennung; die Etymologie bleibt freilich unklar. Noch zweifelhafter ist, ob in kukehes *III* 21 ehe = *ē* sei, s. § 179.

---

1) Dazu *cehefi* 20 falls nicht dreisilbig wie kukehes (s. § 179).

Anmerkung. Von der Verwendung des *h* als Dehnungszeichen wohl zu scheiden ist diejenige als Zeichen der getrennten Aussprache zweier Vocale (ähnlich wie unser tréma), wie im Lat. in *aheneus ueteranehis Bohetius dihaconus* etc. (Corssen I² 111, K. Z. XVIII 192 ff., Bruppacher 68). Hieher gehören osk. sakahíter T. A., stahínt stahint *138*, volsc. *pihom*, umbr. ahesnes *stahu stahitu stahituto* staheren, St. piha- *piha-* in pihaz *pihatu* pehatu *pihaclu* etc. (40 mal, nie ohne *h* geschrieben). Im Oskischen steht neben stahínt stahint und auf derselben Inschrift wie sakahíter ohne *h* staít T. A.[1]); dass aí im letzteren diphthongisch zu lesen sei, folgt hieraus noch keineswegs (vgl. § 295), ebensowenig wohl für die gleichfalls ohne *h* geschriebenen Nominative Sg. Maís *126*, Mais *169* und Vesulliaís *188* (päl. *Anaes 255*), vgl. § 276. In lateinisch geschriebenen oskischen Inschriften ist das trennende *h* nicht nachweisbar, vgl. ohne dasselbe *deiuaid tadait* T. B., ebd. *mais maimas* (oder letztere beide mit *ai̯*? vgl. § 218). In griechischer Schrift liegt trennendes *h* vielleicht vor in Ϝολλοͱωμ *16* (s. Bd. II Anh.), möglicherweise auch in Καͱας derselben Inschrift (s. § 215). Etymologisch unklare Wörter, die möglicherweise vocaltrennendes *h* enthalten könnten, sind noch osk. *Uahies* (s. § 86), umbr. kukehes *cehefi* (s. § 179), *fahe* (§ 215), Naharkum *Naharcom* (vgl. oben); vo. *atahus* wohl mit ächtem *h* („attigerit") wie o. Mahiis (Nota Mh.), u. Vehiies *Uehier*, wohl auch o. Verehasiúi Verehasiú (§ 215), kahad (ebd.), eehiianasúm (veh-?). Bei o. piíhiúí T. A. kann man zweifeln, ob das h Trennungs- oder Längezeichen sei, jedoch ist das erstere entschieden wahrscheinlicher, denn *h* als Längezeichen ist im Oskischen sonst nicht sicher nachweisbar (s. o. S. 57), auch war die Länge durch ií schon bezeichnet[2]). Ganz unwahrscheinlich ist mir, dass in o. stahínt stahint sakahíter das h nicht Trennungs-, sondern Dehnungszeichen sein sollte (s. Corssen I² 17), es ist nicht einzusehen, warum gerade nur da, wo getrennt zu sprechende Vocale vorlagen, die Bezeichnung der Länge durch

---

1) Sehr unsicher ist die Lesung sakraítir *135*, s. § 326.

2) Die Aussprache von piíhiúí mag ungefähr *pīº-i̯oi* gewesen sein (vgl. auch fiíiet *135*).

h statt durch Vocaldoppelung angewendet worden wäre. Eher könnte man im Umbrischen, wo *h* als Längezeichen allgemein im Gebrauch vor, bei *stahu stahitu* staheren piha- *piha*-schwanken, ob nicht vielleicht das *h* die Länge bezeichne (vgl. Bugge K. Z. V 7, Corssen I[2] 103 A.), aber auch hier ist die andere Annahme viel näherliegend, ein sicheres umbr. Beispiel für vocaltrennendes *h* liegt in ăhesnes (3m.) vor, auch hier würde die ausnahmslose Setzung des *h* in dem 40maligen piha- *piha*- gegenüber der sonst sehr unregelmässigen Verwendung des Dehnungs-*h* (s. o. S. 57 ff.) auffallen.

21. Die *i longa* findet sich in fIiet *135* neben fiiet und fi*ii*et derselben Inschrift. Da die Inschrift vor 211 a. C. fällt (s. o. S. 31), im Lateinischen die *i longa* aber erst seit Sullas Zeit sicher nachweisbar ist (s. Stolz[2] 253), war vielleicht auch diese Bezeichnung, wie vermuthlich, die Vocalgemination, oskischen Ursprungs. Ausser in fIiet erscheint die *i longa* vielleicht noch in Úhtavis *204* und Afillis *54*, s. § 276.

Ueber die Bezeichnung von *ī* durch *ei* s. u. § 24.

Consonantische Aspiration.

22. Die griechischen Aspiratae (Tenues aspiratae) erscheinen im Lat. in alteingebürgerten Wörtern und auf volksthümlichen Inschriften meistens als Tenues (*tus* = θύος, *Poeni* Φοίνικες etc.), in jüngerer Zeit in der Schriftsprache mit nachfolgendem *h* (*Corinthus, Philippus* etc., das erste Beispiel aus dem Jahr 146 a. C.), s. Stolz[2] 251 f., W. Meyer Roman. Gramm. I 32 f. Im Osk.-Sabellischen zeigt sich die erstere Behandlung in o. Arkiia Αρχίας, Meeíĺíkiieís Μειλιχίου, kúíníks χοῖνιξ, Santia Ξανθίας, Evklúí falls zu gr. εὔχλους (vgl. Henzen Ann. dell' ist. 1848, 397) oder zu εὔχομαι εὐχωλή (vgl. umbr. *Uofione* zu l. *uoueo*), Smintiis falls zu Σμινθεύς (sehr unsicher, s. § 230), päl. *Perseponas* Περσεφόνης (vgl. lat. *Proserpina* durch Volksetymologie aus **Persepina*, **Prosepina*, später neu aufgenommen *Persephone*), die zweite in o. thesavrúm thesavrei auf dem C. A., ferner in päl. *Arghillus 267*, zu lesen *Archillus* (auch die Endung *-us* ist nicht pälign.). und in *Char 264* falls es Anfang eines griech.

Namens wie Χαρικλῆς etc. (Pauli A. S. V 24) und nicht Cognomen „Carus“ (Zvetaieff s. v.) ist, endlich in culchna = gr. κυλίχνη (l. *culigna*) auf einer etruskisirenden kampanischen Schale (*177*).

Wie im Lateinischen in *pulcher Gracchus Cethegus lympha* etc. eine unetymologische, wohl zum grösseren Theil (oder im Grunde überall?) durch falsches Gräcisiren hervorgerufene Aspiration erscheint (vgl. besonders Bersu 33 f., ferner Stolz[2] 252, Schweizer-Sidler[2] 47, Seelmann 253 f., 256 ff.), so finden wir auch im Oskischen Aphinis und Perkhen.. (sonst Perkens, Perkedneís) auf der pompejanischen Wandinschrift *51* und ...ekhad auf der pompejanischen Bauurkunde *33* (kaum Abl. Sg. Fem. des Pronomen ekú-, s. § 288 f.), ferner in *phim* der T. B. (Z. 25), falls dasselbe nicht mit Danielsson A. S. IV 149 als Schreibfehler, veranlasst durch das folgende *pruhipid*, anzusehen ist; endlich wird .αχερηι *16* als *.akhereí zu umschreiben sein. Dagegen hielt sich Diumpaís von der in lat. *lympha* auftretenden Aspiration frei. Ueber päl. *Char* s. o. Ein χ kommt auch auf der etruskisch geschriebenen Inschrift eines kampanischen Thongefässes (*176*) vor in Vinuχs (: Viínikiíúí, vgl. umbr. Kastruçiie : osk. Kastríkiíeís).

In umbr. furfaθ, purtuviθu ist das θ eine rein graphische Variante zu t, nicht als Bezeichnung eines *th* aufzufassen. Sichere Beispiele für griechische Lehnwörter mit Aspiration fehlen im Umbrischen; ob puniçate *ponisiater* zu *Poenus Punicus* Φοῖνιξ gehöre, ist sehr fraglich, s. § 75; kapiř-, *capirs-* l. *capid-* (osk. in καπιδιτωμ?) wohl eher zu ai. *kapála-* „Schüssel“ (l. *capio* gr. κώπη?) als aus gr. σκαφίς (vgl. § 227).

Bezeichnung des Mittellautes zwischen e und i.

23. Oskisch í[1]). Die Osker erfanden in ihrer nationalen Schrift für das offene, nach *e* hin liegende *i* ein besonderes Zeichen í (s. o. S. 44 f.)[2]). Die Geltung desselben als

1) Bruppacher 25 ff.

2) Einmal findet sich í auch in gr. Schrift: Fίρινεις auf der Grabschrift von Sorrent *26*. Die lat. geschriebene Inschrift *202* mit *íace* ist dagegen vermuthlich unächt.

offenes *i* ergibt sich namentlich aus der ständigen Verwendung in den Diphthongen aí eí úí (die T. B. schreibt *ae* = aí, auch in nat. Schrift findet sich e in aet. *135*, Úe . . . . *56*), vgl. auch einzelne Fälle wie esídum neben ísídum, Veat... neben vía (?), ferner die Umschreibung des í in gr. Schrift durch ει (ειvειμ μεδδειξ etc.), die Vertretung von ursprünglichem *ē* durch íí (während ursprüngliches *ī* als ií erscheint), í = *ĕ* vor Vocalen (íak etc., pútíad gegenüber heriiad, etc.). Wenn man von einigen wenigen unten zu erwähnenden Inschriften absieht, ist die Verwendung des í von einer, in Anbetracht des jedenfalls unbedeutenden lautlichen Unterschiedes gegenüber i, beinahe auffallenden Regelmässigkeit. Die Verwendungen des í sind folgende: a) in den Diphthongen aí eí úí (die Beispiele s. § 64, 68, 73). b) íí í = *ē*, § 33. c) ií = ursprünglichem *ī*; wird statt ií nur éin Buchstabe geschrieben, so ist es meistens i, seltener í; s. § 39. d) í = *ĕ* vor Vocalen z. B. íúk „ea" íak „eam" etc. § 87. e) í = *ĭ* (zwischen Cons. und im Anlaut), z. B. pís meddík- ídík etc.; doch steht daneben in suffixalen Silben vielfach i, seltener in Stammsilben; s. § 36. f) in íním íní, dessen erstes í noch nicht ganz aufgeklärt ist (vgl. § 31). Dagegen wird für postconsonantisches *i̯* oder *i* (*ii̯*) fast durchweg i nicht í geschrieben (Ausnahmen sind, ausser den unten zu erwähnenden, unsicher, s. § 85), zwischen Vocalen meistens ii (Maiiúi etc.), daneben i (vereias etc.), í nur in staíet C. A. (vielleicht ein besonderer Fall, s. § 295), kaías *209* (dunkel), Jeíis *239*, íi in M?]aíieís *188* (vgl. § 218). Ueber den Nom. Sg. auf -iís und -iis s. § 276. Einige ältere, namentlich capuanische, Inschriften kennen das Zeichen í noch nicht, s. o. S. 44. Sehr schwankend ist der Gebrauch des í noch auf den capuanischen Inschriften *131 132*: die Diphthonge meist noch mit i, inim statt ínim, múinik- st. múíník-, meddik- st. meddík-, Fiisíais st. und neben Fiís-, umgekehrt í statt i nach Cons. in Pettíeis (neben Pettieis), Fiisíais Fiísíais[1]); ähnlich *156* patir Miínieis st. patír (?) Miínieís; auf *135 136 137* ist die Verwendung in den Diphthongen schon geregelt, dagegen wird med(d)ik- geschrieben, auf *137* Sepíeís wie

1) Die Lesung, ob i oder í, ist allerdings auf diesen beiden Inschriften nicht überall ganz sicher.

Pettíeis *131*. Von nichtcapuanischen Inschriften ist nur zu erwähnen der Ring von Aesernia mit Anagtiai diívìiai statt -ai (und die Münze Fistlúis? s. o. S. 44).

Ausserhalb des Oskischen ist í nicht sicher nachgewiesen. Päl. *i.nom 246* nach Deecke = *inom*, s. o. S. 47. Ueber das Altsabellische s. Bd. II Anh.

24. Unächtes ei. Das unächte, d. h. nicht den Diphthongen, sondern einen Mittellaut zwischen *e* und *i* darstellende *ei* kommt namentlich auf den griechisch geschriebenen oskischen Denkmälern und im Umbrischen vor. Bekanntlich war diese Schreibung auch im Lateinischen, besonders in älterer Zeit, bis auf Caesar, sehr beliebt (s. Corssen I² 330f., 716—789, Stolz² 252f., 272f.).

a) Griechisch-oskisch. Hier vertritt ει die Stelle des í der nationalen Schrift, des kurzen wie des langen[1]). Beispiele: auf der Inschr. von Messana *1* μεδδειξ = *meddíks (ει kurz) und ειvειμ = ínim (das zweite ει und wahrscheinlich auch das erste kurz); auf der Inschrift aus der Basilicata *15* ειϲειδομ = ísídum (das erste ει kurz, das zweite unsicherer Quantität); auf der Münze von Vibo *212* Fει. (lang, falls der Name Vibo mit o. Viíbis, l. *Ūbius* zusammenhängt); auf der Grabschrift von Anzi *16* ειv entweder Abkürzung von ειvειμ (Corssen, Deecke) oder Präpos. *ín = l. *in* (Bugge ειvκαπιδ „incepit", doch s. Bd. II Anh.). Auch die übrigen ει der Inschrift von Anzi: λεικειτ λιοκακειτ μειαιαvαι werden eher als í, wie als Diphthong aufzufassen sein, das sichere Beispiel von diphthongischem *ei* zeigt die Schreibung ηι: αχερηι (s. u. S. 69). Die Deutung ist allerdings unsicher; μειαιαvα[ι vielleicht = *Míaianaí vgl. fal. *Meania* oder = *míaí An(n)aí „meae Annae", λειк- vielleicht zu lĭkítud und l. *pollĭceor*, -ειτ in λεικ-ειτ λιοκακ-ειτ unklar (s. Bd. II Anh.). Unsichere Beispiele sind noch: Κοττειηις *5* (Κοττει. *6*) aus Monteleone (Vibo), falls = *Kúttíeís „Cottii" (vgl. Sepíeís Pettíeis), nicht = *Kúttíieís „Cottēii", also kürzere Schreibung für *Κοττειιηις (Suffix wie in Virríiis „Uirrēius"); ΑFδειες *13* (gleichen Fundorts wie ειϲειδομ *15*) falls mit Zvetaieff (s. v.) = l. Audius zu setzen, es ist jedoch eher mit Deecke Rec. 134 als „Audeius" („Aui-

1) Doch wird ι neben ει wegen der Umständlichkeit des letzteren wohl verhältnissmässig häufiger gewesen sein, als i neben í in nat. Schrift.

deius") aufzufassen, da ein *Avdíís, wie man im ersteren Falle zu umschreiben hätte, auffallend wäre (doch vgl. ... ríes *105?*), s. § 276. — Von Corssen ist bestritten worden (Sprachkunde 135, vgl. jedoch früher K. Z. XVIII 197), dass ει kurzes í darstellen könne. Aber seine Annahme, dass osk. meddík- (μεδδειξ) trotz lat. *iudīc-* etc. langes *ī* enthalte, ist ganz unwahrscheinlich, abgesehen davon, dass wohl bestimmt wenigstens das eine oder andere Mal in dem häufig belegten Worte die sonstige gewöhnliche Vertretung des *ĭ* in Stammsilben durch ií (§ 39) sich zeigen müsste[1]). Corssens Versuch, die Lesung εινειμ *1* zu beseitigen, scheint mir durchaus verfehlt, s. die Darstellung bei Mommsen U. D. 193 ff.[2]). Ausserdem ist seither εισειδομ *15* = isídum hinzugekommen (s. Bd. II, Anhang).

b) Der lateinischen Schrift oskischer Denkmäler war *ei* für offenes *i* (í) im Allgemeinen wohl fremd, hier hatte *ei* die Geltung als Diphthong zu versehen (in gr. Schrift meist als ηι von ει = í unterschieden); í erscheint, ausser im Diphthongen *ae* = aí (*Bansae* etc.), durchaus als *i* (*en* T. B. 9 wohl mit Bréal. Präpos., nicht = *inim*, s. § 326); das einzige Beispiel, das man für unächtes *ei* anführen könnte, ist *paei* T. B. 22 = *paí (pai Blt.) neben *pae*, das auf derselben Zeile (drittnächstes Wort) folgt, aber es scheint mir mit Danielsson A. S. IV 149 angenommen werden zu dürfen, dass der Schreiber sich durch das folgende *ei-* in *eizeis* beeinflussen liess (die Tafel hat *paeieizeis* ohne Interpunction). *nei* neben *ni* und *ne* ist eine besondere Form.

c) Im Pälignischen ist *sei 246* nach Deecke u. A. „sit", also = osk. *síd (langes í), aber diese Deutung ist sehr unsicher (s. Bd. II Anh.).

Ueber aequ. Hereklei *278* s. o. S. 23.

---

1) Davon, dass meddík- aus *meddeik- entstanden sei, kann natürlich nicht die Rede sein.

2) In ηνοιμ der nachlässigen Abschrift Buonfiglios erklärt sich H statt EI gerade so leicht wie zwei Zeilen vorher EI statt H in Νιυμσδιειις st. Νιυμσδιηις; für die zweite Silbe beweist die Uebereinstimmung von Buonfiglio und Rejna, dass zwischen ν und -ιμ ein Vocal stand (also nicht *εινιμ), ein *εινοιμ wäre aber unerklärlich und Buonfiglio hat auf der kurzen Inschr. noch zweimal fälschlich οι gelesen: Στενοις und Πομπτοιες. Also hat Rejnas εινειμ als zweifellos richtig zu gelten (vgl. auch Pauli A. S. II 25 f.).

d) Umbrisch (vgl. Aufrecht-Kirchhoff I 28—31, Bréal 318f.). Das Altumbrische bietet nur ein sicheres Beispiel, heriiei *IIa* 16, wohl Opt. auf **-iēd* (s. § 306); dazu stitisteteies *Ib* 45 und stiteteies *IIa* 44, falls die Büchelersche Deutung als „(stiterit) stiterint" richtig ist, doch s. Bd. II Anhang. Kureiate *IIb* 3 3, Museiate *IIb* 5 5 können wohl ebensogut als **Cureiatibus *Museiatibus* mit dem häufigen Namensuffix *-eio-* (l. *Pompeius* etc.) wie als **Curiatibus *Musiatibus* aufgefasst werden; in eitipes *Va* 2 14, eikvasatis *III* 24 29, eikvasese *Va* 4 16 ist ei vielleicht der durch graphische Tradition erhaltene Diphthong, s. § 72; über neip *IIa* 4 *Va* 29, neiřhabas *IV* 33 s. ebd.; über eveietu *IIb* 8 11 s. § 182 (Peieřiate § 180). Im Neuumbrischen findet sich das *ei* ungemein häufig auf den ersten 30 bis 40 Zeilen von *VIa*, wozu noch etwa die 4 Zeilen von *VIIb*, bedeutend seltener auf den übrigen Partien. In der grossen Mehrzahl der Fälle bedeutet *ei* zweifellos einen langen Mittellaut zwischen *i* und *e*. Gewöhnlich vertritt das *ei* uritalisches *ī*: *ueiro, peico peica, peihaner, dei, Iouei̇ne* etc. (s. § 41), in Endsilben in der Enclitica *-ei* und dem Abl. Sg. der *i*-Stämme *peracrei* etc. (wohl auch in *pihafei*); aus *ĭ* gedehntes *ī* in *auuei aueif treif* (? s. § 278). Selten ist *ei* = urit. *ē* (vgl. § 35): heriiei *IIa* 16, *nesimei VIa* 9 9, *sei-* in *seipodruhpei* zu l. *sēd-*, Enclitica *-pei* falls aus **-quēd*, vielleicht *hereitu* (*stahmeitei*?) vgl. *habitu carsitu* etc. *ei* = *ē* aus urit. *ei̯* würde in eitipes eikvasatis eikvasese vorliegen, wenn diese nicht wie oben angedeutet zu erklären wären; über *eiscurent Vb* 10 15 s. § 72. In Auslautssilben vertritt *ei* im Nu. auch das aus *oi* entstandene *ē ī*: Dat. Abl. Pl. *uescleir* etc. (gewöhnlich *-ir*), Dat. Sg. *Tefrei* (gewöhnlich *-e*); ferner das aus *iē* = *ioi* contrahirte *ī*: *Grabouei* neben Krapuvi *Graboui̇e* etc. (s. § 140). — Dass *ei* aber im Umbr. auch kurzen Mittellaut zwischen *e* und *i* bezeichnen könne, wie es im griech. geschriebenen Oskisch ganz gewöhnlich ist (s. o.) und auch im Lat. vorkommt (*seibi ueiginti ceinis Leicinius impeirator queis parenteis heicei faceiundum* etc., vielleicht auch *einom* der Duenosinschrift)[1]), scheint

1) Vgl. Corssen I² 592f. A., 788 A., Pauli A. S. II 25ff. (welche beide in der Annahme von Schreibfehlern mir zu weit zu gehen

sich nicht ganz leugnen zu lassen. Das sicherste Beispiel ist *hertei VIIb* 2 neben *herti* (4 m.) herte (3 m.) = herter (2 m.), vgl. *ostensendi* = o. **ostensenter* [1]). Auch der Abl. Pl. *aueis VIa* 1 neben avis aves tris sevaknis etc. und der Acc. Sg. *Fisei VIa* 29 neben *Fisim Fisi Ioui Graboui* (2 m. *Graboue*) etc. gehören wahrscheinlich hieher, s. § 278 und 276. Ferner *deueia VIa* 9 10 (: o. diívíiai), das mit l. *faceiundum* zu vergleichen ist; dass das Suffix wirkliches *-eio-*, nicht *-io-*, sein sollte, ist wenig wahrscheinlich (vgl. § 261, 2). Alle übrigen Beispiele sind viel zweifelhafter. So ist von *teio VIa* 22 = *tiom tio* fraglich, ob es auf **tĕom* oder **tēom* zurückgeht (s. § 87, 290). Ueber stitisteteies stiteteies und Kureiate Museiate s. o.; über *uesteis VIa* 22 s. § 329, über *eine VIa* 10 11 s. die Syntax unter „Partikeln", über *-pei* in *panupei VIIb* 1, *podruhpei VIa* 11 ebd. Dass *ueiro VIa* 30 32 39 (*uiro VIa* 42 etc., 8 m.) nicht kurzen Vocal enthalte wie l. *uir* got. *vair* etc., sondern langen wie ai. *vīrá-* lit. *výras* etc., ist namentlich wegen volsc. *co-uehriu* wahrscheinlich, da dieses doch wohl = **co-uīriu* ist (l. *cūria* aus **co-uīria*); fiele die letztere Stütze weg, so würde die Möglichkeit, dass das umbr. Wort trotz der dreimaligen Schreibung mit *ei* kurzen Vocal enthalte, näher rücken.

Darstellung der Vocale in griechischer Schrift.

25. Dass die Verwendung von ϵ ο und η ω auf den oskischen Inschriften in griechischer Schrift keineswegs mit dem Quantitätsunterschied, der diesen Zeichen im gewöhnlichen Griechischen zukommt, übereinstimmt, ist längst bemerkt (vgl. namentlich Corssen K. Z. XVIII 190 ff.) und geht am deutlichsten hervor aus Accusativen oder Neutra wie βρατωμ σοροϜωμ πιω(μ), πωτ = *pŏd*, aus Gen. Dat. Loc. wie Σταττιηις Νιυμσδιηις Απτελλουνηι -αχερηι. Betrachten wir zuerst die *o*-Laute, so finden wir ω nur als Zeichen für *ŏ*, nicht für *ō*:

scheinen), Stolz² 273; vgl. auch *Caeicilios* etc. Stolz² 271, wo *ei* den Mittellaut zwischen *į* und *ę* bezeichnet.

1) *ei* in *hertei* als kurz auch von Bücheler U. 180 anerkannt. Vgl. § 327.

Inschrift von Anzi *16* πωτ = *pŏd*, Fολλοϝωμ, σοροFωμ, καπιδιτωμ (Bugge εικαπιδ ιτωμ), βρατωμ mit dem Ausgang *-ŏm*, κω- wohl zu *cŏm*; auf der ebenfalls lucanischen Inschrift *12* πιω „pium"; auf der messanischen Inschrift *1* τωFτο = *touto* (urit. **tŏu̯tā* aus **tĕu̯tā*). Daneben wird auf denselben Inschriften für *ŏ* auch ο geschrieben: Inschr. von Anzi εσοτ, wohl auch beide ο in σοροFωμ und Fολλοϝωμ (λιοκακειτ unsicher), Inschr. *12* εκο Οπιες, Inschr. *1* Πομπτιες σακορο, ausserdem auf der lucan. Münze *213* Λουκανομ (das erste ο), auf der Inschrift aus Vibo *4* ταυρομ, ΔιουFει (falls das ου als *ou̯*, nicht als *u* zu lesen ist, s. § 105), auf den ebendaher stammenden Inschriften *5—7* Κοττειηις Κοττει Κοττι (*8* Περκενος vielleicht, *9* υσοντιον wahrscheinlich griechisch, nicht oskisch), auf der Inschrift aus der Basilicata *15* εισειδομ (oder hier ο in der Geltung von *ŭ*? s. u.), endlich Τουτς ποτερεμ auf der nach Pauli allerdings etruskischen Inschrift von Castellaccio *11*. *ō* wird in allen erhaltenen Beispielen durch ο, nicht ω, bezeichnet: *12* Λαπονις „La(m)pōnius", *4* Fερσορει „Uersōri", *14* κF]αιστορ = kvaísstūr l. **quaestōr quaestor*[1]), ferner *213* Gen. Pl. Λουκανομ falls der Ausgang des Gen. Plur. der *o*-Stämme noch langes *ō* hatte. Für den Umstand, dass ω nur für *ŏ*, nicht für *ō* sich geschrieben findet, liesse sich, falls er nicht zufällig ist, vielleicht als Grund die qualitative Differenz zwischen dem osk. *ō*, welches sehr geschlossen, meistens geradezu als *ū* gesprochen wurde (s. § 46 f.) und dem gr. ω, welches im Allgemeinen offenes *ō* wie in frz. *encore* war (s. Blass Ausspr.² 24), denken, in Folge deren gr. ο, welches geschlossenes nach *u* neigendes *ŏ* war (a. O.)[2]), wenigstens der Qualität nach besser zum einheimischen *ō*/*ū* stimmte. In Λαπονις Fερσορει κF]αιστορ darf ο wohl geradezu als (offenes) *ū* gelesen werden, da in nationaler und lat. Schrift hier sicher *u* geschrieben wäre (vgl. sverruneí Regatureí kvaísstur *censtur* etc. Möglicherweise ist in λιοκακειτ *16* sogar ursprüngliches *ū* mit ο bezeichnet (s. § 53)[3]). Auch dem -δομ von εισειδομ *15* steht in nationaler Schrift immer -dum gegenüber (vgl. § 44). In Messana, wo der Diphthong *ou̯* durch ωF (auch

1) Wenigstens scheint kein Grund vorhanden zu der Annahme, dass *-ōr -ūr* im Osk. gekürzt war, s. § 108.

2) Vgl. auch W. Meyer Roman. Gramm. I 31.

3) Vgl. das Messap., wo ο ebenfalls den Werth von *o* und *u* hatte.

*oϝ?) bezeichnet wurde, konnte *u* durch ου dargestellt werden: ουπσενς Α]ππελλουνηι *1*, Μαμερτινουμ *2 211*, während in Lucanien und Bruttium ου, wie es scheint, für die Geltung als Diphthong reservirt wurde: Λουκανομ *213* (Münze), Τουτς *11*, Διουϝει *4* (wohl als *Dioṷṷei* aufzufassen, vgl. umbr. ***auuei*** und § 105), und desshalb für den Laut *u* zum Zeichen ο gegriffen wurde, denn gr. υ mochte wegen seiner Aussprache als *ü* vielleicht weniger gut passen. Von den Inschriften *9 10* aus Vibo mit υσοντιον, abgekürzt υσ. ist sehr unsicher, ob sie oskisch sind (s. Bd. II Anhang). In Messana findet sich ein υ in Νιυμσδιηις *1*. Dass nicht *Νιουμσδιηις geschrieben ist, wie man zunächst nach der sonstigen Darstellung von *u* durch ου in Messana (s. o.) erwarten würde, erklärt sich am einfachsten, wenn das iu der nationalen Schrift in Niumsieís tiurrí etc. als *ü* aufzufassen ist, υ in Νιυμσδιηις hatte in diesem Falle wohl die Geltung *ü*, so dass das ι davor eigentlich überflüssig war (aus der nationalen Schreibweise herüber genommen). In dem weniger wahrscheinlichen Falle, dass iu als wirkliches *i̯u* oder *ĭu* aufzufassen wäre, könnte vielleicht das υ gegenüber ου in ουπσενς Αππελλουνηι derselben Inschrift aus dem Unterschied in der Quantität (ουπσενς = uupsens *28*) erklärt werden.

Einfacher liegen die Verhältnisse bei den *e*- *i*-Lauten. Es handelt sich nur um *ĕ ĭ ī*; für *ē*, das ja im Oskischen (da ursprüngliches *ē* zu *ī* geworden war, s. § 33) nur in secundären Fällen wie teerúm eestínt vorhanden war, fehlen in griech. Schrift sichere Beispiele (abgesehen von dem griechischen Wort ποτερεμ der nicht sicher oskischen Inschrift *11*). *ĕ* erscheint überall ausser im Diphthongen *ei̯* als ε: *1* μεδδειξ Μαμερτινο Α]ππελλουνηι ουπσενς (oder war *e* in der Endung *-ens* gedehnt? s. § 107), *2* Μαμερτινουμ, *4* Ϝερσορει (oder *e* vor *rs* gedehnt? s. ebd.), *8* Περκενος (griechisch?) *11* Κεμρς(?) und das zweite ε in ποτερεμ (?), *12* εκο, *16* εσοτ und vermuthlich -αχερηι, *18* Σπεδις Μαμερεκιες, *19* Τρεβις Σεστες δεδετ, *20* Ͱερεκλεις (doch vgl. wegen des ersten ε § 33), unklar und unsicherer Lesung λαβεκ̣ι̣ς, *211* Μαμερτινουμ. Dagegen wird der Diphthong *ei̯* meistens ηι geschrieben: *1* Σταττιηις Νιυμσδιηις Α]ππελλουνηι, *5* Κοττειηις, *12* ΠακϜηις, *16* -αχερηι; ει nur auf *4* ΔιουϜει Ϝερσορει und *20* Ͱερεκλεις (beide bruttisch), und auf der Grabschrift Ϝιρινεις (*26*) aus Sorrent. Die Schreibung ηι beweist schwerlich irgendwelche Dehnung des *ĕ*, sondern beruht wohl lediglich darauf, dass ει als Bezeichnung des Mittellautes zwischen *e* und *i* verwendet wurde (s. o. S. 64 f.). *ĭ ī* erscheinen in gr. Schrift als ι und ει (beide sowohl Kürze als Länge bezeichnend): *16* καπῖδιτωμ (?), *1* Μαμερτῖνο, *2 211* Μαμερτῖνουμ, *18* Σαιπῖνς, *214* Αυςκλῖν- (griechisch?), *12* πῖω, Nominative Sg. auf -ις (wohl eher -ῐς als -ῑς) *1* Στενις Καλινις, *12* Λαπονις, *13* Στατις, *18* Σπεδις, *19* Τρεβις (über den Nom. Sg. auf -ιες s. § 276), -ῖν- oder -ῐν- in *1* Καλινις, *26* Fίρινεις (über ί des letzteren s. o. S. 62 A. 2); in *1* Σταττιηις Νιυμσδιηις ist das erste ι der Endung wohl *i̯*, nicht *ĭ*. Die Beispiele, in denen *ĭ ī* als ει erscheint, s. o. S. 64 f.

Das Zeichen z *z*[1]).

26. Es ist genau zu unterscheiden zwischen dem Gebrauch in nationaler und demjenigen in lateinischer Schrift.

1. In nationaler Schrift hat das Zeichen z im Oskischen und Umbrischen in der Regel die Geltung *ts*: o. húrz T. A. = **hort(o)s*, puz C. A. = **put(i)s* oder **put-s*, az T. A. = **at-s* **ad-s*, Vezkeí T. A. = **Vet(o)skei* l. **Vetusco* (?), u. pihaz stakaz kunikaz taçez = **pihat(o)s* etc., vakaze nach Brugmanns Deutung = *vakaz se = **vakat(i)s sī(d)* „uacatio sit" (andernfalls = **vakat(e)se*, Abl. eines Ntr. **vakat(o)s*? s. Bd. II Anh.), puze = o. puz + Enclitica -*ī*, Japuzkum = **Japud(i)skom*. Zwischen *n* und folgendem *s* wurde ein Dental als Uebergangslaut eingeschoben, vgl. § 235, daher z für *s* in o. keenzstur *188*, kenzsur *204*, u. uze d. h. *unze = nu. *onse*, anzeriatu azeriatu anzeriates, menzne = **mens(e)ne*, antermenzaru, tenzitim = nu. *tesedi* (**tens*-). Wo das auf *n* folgende *s* ein tönendes *s* (*z*) war, wurde natürlich ein *d*, nicht ein *t* eingeschoben, so mag z. B. in u(n)ze das z den Werth von *dz* haben (**ondze* aus **onze* **omze* urit. **omezo*- l. *umerus*, vgl. § 153). Als Bezeichnung eines einfachen tönenden *z* wie in

1) Vgl. Lepsius Ann. dell' ist. 1836, 164 ff., Mommsen U. D. 26, 33, 215 f., Aufrecht-Kirchhoff I 107 f. mit Anm., Corssen I² 295, Bréal 335 f., Bücheler 185, Havet Mém. soc. III 194 f., Jordan Kr. Beitr. 151 f., Pauli A. S. I 31 f.

der lateinischen Schrift der T. B. (s. u.) darf das z der nationalen Schrift schwerlich irgendwo betrachtet werden. Im Osk. liegt ein directes Zeugniss dagegen in dem Umstande vor, dass das tönende *z* in allen sicheren Beispielen durch s dargestellt wird (eísú- = *eizo-* der T. B., eehiianasúm: *egmazum*, tríbarakattuset: *angetuzet* etc. § 238, auch nach *n* in patensíns = **pat(e)n(e)zins* vgl. l. *panderent*, worüber § 235). Auch im Umbr. liesse sich jene Annahme durch nichts stützen. Unklare Wörter mit z sind im Umbrischen kazi *III* 16 18, ezariaf *IV* 27, Peraznanie *IIb* 7, ihr z kann aus *t-s d-s* oder *n-s* erklärt werden (vgl. § 190); aus dem Osk. ist noch das Fragment ... zstín *119* zu erwähnen, falls diese Lesung richtig ist (s. Bd. II Anh.).

Während also z im Inlaut nur Bezeichnung eines Doppellautes *ts* war (umbr. auch für *dz* gebraucht, wie ja überhaupt *d* im Au. von *t* in der Schrift nicht geschieden wurde), scheint in den zwei Beispielen, in denen z in nationaler Schrift im Anlaut auftritt, in der oskischen Sigle Z. *201* (aus Agnone) und dem dreimaligen umbrischen zeřef *Ia* 25 33 34 „sedens", die Geltung = einfachem tonlosem *s* anerkannt werden zu müssen. Das oskische Z. bedeutet wohl *Zalavis (vgl. Fabretti Gloss. s. v., Deecke Etr. Fo. III 136, Pauli A. S. I 31) ev. *Zalavs, oder *Zestis ev. *Zesz („Sextus"). Diese vereinzelte Verwendung des z im Anlaut scheint eine Antiquität zu sein, die auf das Etruskische zurückweist (s. u.). Ueber u. pruzuře s. § 190.

2. In lateinischer Schrift findet sich das Zeichen z nur auf der T. B. (über das angebliche mars.-lat. *Uezune 308* s. § 239) und hat hier den Werth vom tönenden *s* (frz. *z*), welches aus tonlosem *s* zwischen Vocalen wahrscheinlich schon im Urital. entstanden war (§ 237): *izic* 5 m., *eizo-* 9 m., *poizad, egmazum, eizazunc, censazet, angetuzet*; ausserdem kommt *z* nur in *zicolo-* 6 m. = l. **dĭēculu-s* vor, wo es entweder gleichfalls = einfachem *z* oder vielleicht = *dz* war (? s. § 201, 242)[1]. Die völlig verschiedene Geltung des *z* in lateinischer von derjenigen in nationaler Schrift zeigt deutlich, dass das *z* in der lat. Schrift der T. B. nicht etwa ein Eindringling aus

1) Gänzlich unrichtig ist, was Pauli a. O. 31 über *zicolo-* bemerkt.

der einheimischen Schrift, sondern, wie schon an sich wahrscheinlich ist und die mit der altlateinischen übereinstimmende Geltung als tönendes *z* sowie die Form Z gegenüber nat. **I** bestätigt, ächt lateinisch war. Dass in Rom selbst das Zeichen, in Folge des Rhotacismus, schon um 300 a. C. oder früher ausser Gebrauch kam (durch Appius Claudius abgeschafft nach Martianus Capella), ist natürlich kein Gegengrund, da sich das Zeichen in Gegenden, wo der L a u t *z* bewahrt blieb, sehr wohl gleichfalls erhalten konnte [1]. — Besass die lateinische Schrift der Zwischendialekte das Zeichen *z*, so wird dasselbe den gleichen Werth wie im Altlat. und in der lat. Schrift von Bantia, also = weichem *z*, nicht denjenigen der nationalen osk. und umbr. Schrift = *ts*, gehabt haben. Nun finden sich aber mehrere Wörter, in denen nach bantinischer Orthographie *z* geschrieben sein müsste: päl. *upsaseter* (vgl. bant. *censazet*), *coisatens*, sabin. *Flusare*, weniger sicher päl. *Ualesies*, marruc. *aisos esuc*, mars. *esos Uesune*, vo. *esaristrom asif* (vgl. über letztere § 239, 241), es scheint also *z* im Pälign. etc. entweder gar nicht oder nur unregelmässig verwendet worden zu sein [2]. Gar nicht im Gebrauche war, wie es scheint, das *z* in der lateinischen Schrift von Iguvium; vermuthlich war dort der Laut, den das lat. *z* ausdrückte, das tönende *z*, nach Eintritt des Rhotacismus nur mehr in seltenen Fällen vorhanden. Der Laut *ts* des aumbr. z wurde im Nu. durch *s* wiedergegeben, gerade wie im Bantinischen; dies kann in beiden wohl ebensogut auf einem Vermeiden der Buchstabenfolge *ts*, als auf wirklicher völliger Assimilation des *ts* in der S p r a c h e beruhen (s. § 190).

Die historische Erklärung der verschiedenen Verwendungen des *z* ist nicht ganz leicht. Fragen wir zunächst, welchen Werth das **I** in dem Alphabet der chalkidischen Grie-

---

1) Mommsens Annahme, dass das *z* der T. B. nicht mit dem a l t lateinischen, sondern mit dem in der ersten Hälfte des ersten Jahrhunderts a. C. zur Wiedergabe des ζ griechischer Lehnwörter wiedereingeführten *z* zu verbinden sei, ist mir nicht wahrscheinlich (u. a. auch desshalb weil die T. B. wohl der Zeit der Gracchen oder vielleicht noch früherer angehört, s. o. S. 33).

2) Anders Pauli A. S. V 128 f., der aber das *z* der lateinischen und das der nationalen Schrift (osk. p u z) nicht auseinanderhält, was ihn zu einer unrichtigen Argumentation über päl. *puus* verleitet.

chen Unteritaliens, aus welchem die Alphabete der etruskisch-umbrisch-oskischen und lateinisch-faliskischen Gruppe abgeleitet sind, hatte, so ist von Blass Musspr. des Gr.[2] 100f. wohl mit Recht aus der osk. und umbr. Geltung des I = *ts* geschlossen worden, dass das I im gr. Mutteralphabet *ds*, genauer *dz*, nicht wie sonst in den meisten Dialekten (vgl. auch Brugmann Gr. Gr.[2] 66f. und dort Citirtes) *zd* oder blosses *z* (ev. *zz*) bezeichnet habe[1]). Aus dieser Geltung als *dz* liesse sich sowohl die Verwendung in oskisch-umbrischer Schrift = *ts* wie diejenige in lat. Schrift als tönendes *z* begreifen; betr. der osk.-umbr. Geltung könnte daran erinnert werden, dass das Osk.-Umbrische einst wie das Etruskische kein Zeichen für *d* hatte, sondern *t* dafür schrieb (s. o. S. 44), so dass I = *ds* leicht zur Verwendung als *ts* kommen konnte, während das Lateinische einerseits das Zeichen *d* immer besessen hatte, andererseits den im Osk.-Umbr. häufigen Laut *ts* vielleicht gar nicht, jedenfalls nur in ganz vereinzelten Fällen kannte, daher dort die Verwendung des I als Zeichen für weiches *z* am nächsten lag (welche Geltung das I übrigens auch schon im Mutteralphabet neben derjenigen als *dz* vielleicht gehabt haben kann)[2]). Auffällig bleibt, dass in zwei Fällen, der oskischen Sigle Z. und dem umbrischen zeřef „sedens", z für anlautendes tonloses *s* geschrieben ist (s. o.). Beide Beispiele machen den Eindruck einer vereinzelten Alterthümlichkeit, vgl. zur Sigle Z. die Beibehaltung des *c* an Stelle von *g* in den lat. Siglen *C.* = *Gaius* und *Cn.* = *Gnaeus*, zum dreimaligen zeřef *Ia* 25 33 34[3]) das zweimalige ś statt s in śalu *IIa* 18 śeritu *IIa* 28 (s. o. S. 47; *IIa* 15—Schluss eine engere Einheit, s. o. S. 36) und das zweimalige θ statt t in furfaθ *Ib* 1 purtuviθu *IV* 20, vielleicht auch das dreimalige p statt f in kutep *Ib* 3 vitlup turup *Ib* 4 (s. § 223). Da nun im Etruskischen z namentlich im Anlaut (s. Pauli Etr. Fo.

1) Auch andere Umstände scheinen darauf hinzuweisen, dass die Aussprache des gr. Ζ als *dz* in gewissen Gegenden und zu gewissen Zeiten vorhanden war, s. Blass 96, 100ff., Havet a. O.

2) Ein lat. *z* mit dem Werthe von *dz* wohl in *ze* = *die* der Duenosinschrift, falls diese Lesung und Deutung richtig sein sollte (sehr unsicher).

3) Der Abschnitt *Ia* 24—34 bietet an Wörtern mit anlautendem *s* ausser zeřef nur noch dreimaliges suřu-.

Stud. III 18ff., A. S. I 31), oft wohl auch im Inlaut, den Werth von blossem *s*, nicht *ts* (oder gar tönendem *z*) hatte, ist die vereinzelte gleiche Verwendung im Osk. und Umbr. wohl als ein Erbstück aus dem Etruskischen anzusehen [1]). Auch das faliskische *z*- statt *s*- in *zenatuo Zextoi Zertenea* mag hiehergehören, sowie altsabell. zal-*288* (Ziziens *284*? s. Bd. II Anh.) und ev. osk. ƨεστες.

In griechischer Schrift oskischer Denkmäler sieht nämlich Duvau Mém. soc. VII 227ff. (dem jetzt Lattes Rendiconti dell' ist. Lombardo 1891, 363 A. beistimmt) ein *z* in dem auffallenden ƨ neben Σ auf den beiden Helmaufschriften *18* und *19* in αναƨακετ *18* ƨεστες *19* [2]). *Zestes* wäre mit den eben besprochenen osk. Z., umbr. zeřef, altsab. zal-, fal. *Zextoi* etc. zu vergleichen, bei *ana-zaket* könnte man auch an tönendes *z* (vgl. bantinisch *z*) oder vielleicht sogar an die Geltung als *ts* wie in umbr. anzeriatu etc. denken (vgl. § 238; ebd. über σδ in o. Νιυμσδιηις).

Ueber z auf den altsabellischen Inschriften (*281—289*) s. Bd. II Anhang.

---

1) Mommsens auf die Verwendung von z in der osk. Sigle Z. gegründete, von Jordan Kr. Beitr. 151 gebilligte, Vermuthung (U. D. 26), z sei im Oskischen „einmal abgekommen und nur noch im Alphabet und den Abkürzungen beibehalten, dann aber wieder hervorgesucht um den Doppelconsonanten *ts* zu bezeichnen", ist mir aus mehreren Gründen unwahrscheinlich.

2) ƨ aus Z, das z. B. auch messapisch war, abgerundet?

Vocale[1]).

ă.

27. Im Italischen fielen im kurzen *a*, wie in allen europäischen Sprachen (und im Armenischen), zwei verschiedene idg. Vocale, *ă* und *ə*, zusammen, die im Arischen als *a* und *i* auseinandergehalten werden (s. Brugmann Grundr. I 101 ff.)[2]). Das idg. *a* hat seine Stelle in der *a*-Reihe als erste Hochstufe, das *ə* bildet die éine Tiefstufe der *ā*- *ē*- und *ō*-Reihe, nach einigen Gelehrten sogar sämmtlicher Vocalreihen (s. § 141). Wo das Zeugniss des Arischen fehlt und die Stellung im Ablautssystem unsicher ist, kann nicht entschieden werden, ob *a* auf idg. *a* oder *ə* zurückgeht. Idg. *a* liegt im Oskisch-Umbrischen vor in osk. *acum actud*; marr. *agine*, umbr. *aitu* (aus **actu*) *ager* akru-tu: l. *ago ager* gr. ἄγω ἀγρός ai. *ájati ájra-*; päl. *af-ded* „abdidit" (?), u. ap-ehtre: l. *ab* gr. ἀπό ai. *ápa*; u. kapiř- (o. καπιδιτωμ?) l. *capid-* falls zu ai. *kapála-* (vgl. S. 62 und § 227). Dagegen idg. *ə* in o. paterei patír, marr. *patres*, u. patre Jupater, l. *pater*: ai. *pitár-* gr. πατήρ; o. statús statíf, vo. *statom*, u. statita *staflari-*, l. *stătio stăbulum*: ai. *sthitá- sthiti-* gr. στάσις (idg. W. *sthā-*); o. fakiiad *factud*, vo. *faɔia*, u. façia façiu etc.,

1) Die idg. Vocale *r̥ l̥ m̥ n̥* und ihre Längen werden im Abschnitt über die Liquidae und Nasales behandelt (§ 155—157).

2) Das Griechische zeigt allerdings sehr häufig ε ο statt α für *ə*, dies beruht jedoch wahrscheinlich darauf, dass das *ə* (wohl ehe es ganz zu *ă* geworden war) durch die *ē ō* der Hochstufe, wo solche daneben standen, beeinflusst wurde. Vgl. zuletzt Bartholomae B. B. XVII 108.

l. *facio*: ai. *dhitá-* gr. θετός (idg. W. *dhē-*; über o. *famelo* etc. § 222); päl. *datas*, vest. *data*, l. *datus*: ai. *ditá-* gr. δοτός (idg. W. *dō-*); sabin. '*cata*' l. *catus*: ai. *çitá-* (vgl. l. *cōs*); o. fatíum l. *fateri*: gr. φάσις φημί φωνή (idg. W. *bhā-*); o. Sadiriis päl. *Sadries* l. *Satrius* falls zu *sator* „Säer" (idg. W. *sē-*), vgl. § 136; u. *fahe* falls zu gr. φώγω d. *backen*. Idg. ə kam auch vielfach unmittelbar hinter der Wurzelsilbe (oder im Auslaut der zweiten Wurzelsilbe, je nachdem man es auffasst) vor, vgl. Brugmann I 104 ff. Hieher vielleicht o. '*Cala-uius*' (§ 95, 132), o. *aísa-r (vo. *esaristrom*): ai. *iši-rá-* gr. ἱα-ρό-ς, möglicherweise sogar u. uka-r *oca-r* (vgl. § 158). Dagegen scheint mir trotz ai. *avēdišam* etc. die Erklärung des *i e* in l. *uidisti uidero uideram* etc. als idg. ə (Brugmann I 104 f., Stolz² 259 Anm.) wegen *e* in o. *didest*, u. ferest fuiest etc. sehr unsicher, da die Annahme, dass das *-es-* der osk.-umbr. Formen aus urit. *-as-* = idg. *-əs-* geschwächt sei, sich kaum genügend stützen liesse (s. § 121). Auch bei o. Genetaí „Genitae" wäre lautliche Herleitung aus **Genătai* mit *ă* = ə, vgl. ai *janitár-*, nicht ohne Bedenken (s. ebd.). Besser stimmt zum Italischen das ε von gr. ᾔδεα (aus **e̯u̯ei̯desm̥*), τενέ(σ)ω, γενέτωρ etc.[1]). Idg. *a* oder ə kann *a* vertreten in o. ad- az (= **ad-s*), u. ař- *ars-* postponirt -ař, l. *ad*: got. *at*, phryg. αδ- (gr. vielleicht in ἀσ-πάζομαι etc., Prellwitz B. B. XV 158 ff.); u. ahesnes, l. *ahenus*: ai. *dyas* got. *aiz* (idg. *a* trotz ai. *dyas* nicht ganz zweifellos, weil idg. ə im Ai. vor *y* als *a* erscheint, s. Brugmann I 102); o. *hafiest*, u. *habitu* etc., l. *habeo*: got. *haban*; u. kabru *cabriner*, l. *caper*: gr. κάπρος an. *hafr*; u. *habina-*, wohl zu l. *auilla agnus* gr. ἀμνός etc.; gemeinital. *sakro- sakri-*; u. *scapla* l. *scapula*. Ueber ital. *apro-*, *pat-*, vo. *arpatitu*, u. kateramu vgl. § 141, über ital. *mah- mag-* (auch in o. *mais* etc.) § 156.

Bisher nicht erwähnt wurden die Wörter mit *ar al an am*. Diese Lautgruppen können wie im Lat. neben ursprünglichem *ar* etc., mit *a* = idg. *a* oder ə, auch die idg. langen Sonanten *r̥̄ l̥̄ n̥̄ m̥̄* vertreten, s. § 157. Ursprüngliches *ar* etc.

1) Vgl. zu l. *genitus* etc. Osthoff Perf. 257 ff., zu *uidero uideram* Fick G. G. A. 1883, 585 (der *uideram* einem ai. **avedasīm* gleichgesetzt) und jetzt zu beidem sowie zu *iši-rá-* etc. Bartholomae B. B. XVII 109 ff.

ist überall da mit Wahrscheinlichkeit anzunehmen, wo im Griech. und Arischen ebenfalls *ar al an am* erscheint, so in der Präpos. *an-* (o. *an-getuzet?*, u. *an-ouihimu* an-tentu etc., l. *an-helo an-quiro*): gr. ἀνά av. *ana* got. *ana-*; in o. ant l. *ante*: gr. ἀντί ai. *ánti*; o. amfr-et, u. *ambr-* am-, l. *amb-*: gr. ἀμφί; o. *allo* (aus **alio*), l. *alius*: gr. ἄλλος, wozu ferner o. alttreí etc., l. *alter*; o. Alafaternum, päl. *Alafis*, u. *alfo-*, l. *albus*: gr. ἀλφός; u. arves *aruio* l. *aruum*: gr. ἀρόω ἄρουρα; o. tríibarakā- l. *arcere*: gr. ἀρκέω (vgl. allerdings lit. *rak-inti*); u. śalu l. *sal*: gr. ἁλ-; u. skalçe-ta l. *calix* wohl zu gr. σκαλλίον ai. *kaláça-* (§ 227). Vgl. noch z. B. u. arçlataf l. *arcus*: got. *arhvazna*; o. u. l. *far* (aus **fars*), u. *farsio*: got. *bariz*; o. Kamp[aniis l. *Campanus campus*: lit. *kam̃pas*; u. kanetu l. *cano*: air. *canim* got. *hana*; Präp. *ar-* im Vo. (Umbr.?) Lat. zu gall. *ar(e)-* lit. *ar-*? (s. § 200).

Ueber Schwächung des urit. *ă* zu *o u* (*e*) vgl. § 121.

ā.

28. Im Anlaut und Inlaut blieb *ā* in der Regel unverändert[1]). Osk. aasa- umbr. asa-: l. *āra*; o. Aderl., sabin. *Atrno*, u. *adro-*: l. *āter Ātella*: o. akrid wohl mit ā wegen l. *ācri-* (dagegen im Gr. ἄκρος, vgl. auch l. *ācerbus*); unklar o. Aadirans Aadiriís Aadíriis (nicht zu *ātro-*, s. § 136), Aadiieís, aapas; Präpos. *ā-* in o. aamanaffed wohl zu ai. *ā*, s. § 107. Inlaut o. fratrúm, u. frater *fratrexs* etc.: l. *frāter* ai. *bhrā́tar-*; o. maatreís, u. *matrer*: l. *māter* gr. μήτηρ; o. Maatúís: l. *Mātuta māturus māne*; o. Paakul Pakis (‘*Paacius*’ C. I. L. X) ΠακϜηις etc. (wohl auch Παα... *3*), päl. *Pacia*, mars. *Pacuies*, u. *pase paca*: l. *pāx pācare*, nur bei päl. marr. mars. umbr. *pacri-* bleibt die Quantität wegen got. *fagrs*, das Schweizer K. Z. III 370, Brugmann Grdr. II 176, 275, Fick I⁴ 471 heranziehen, zweifelhaft (doch s. § 138); u. snata asnata wohl zu l. *nāre* ai. *snā-* (über u. Naharkum s. S. 59); o. Staatiís etc. zu W. *sthā-*, s. u.; u. *uaso* vasus *uasor*: l. *vās vāsis*; o. Mamerttiais Μαμερτινουμ Μαμερεκιες: l. *Māmers Māmurius* (vgl. Corssen I² 405 f.); o. Gaaviis wohl zu l. *gāuisus* **gāuideo*

1) In osk.-umbr. Wörtern lassen wir die Länge in der Regel unbezeichnet.

gaudeo; o. P a a p i etc. wohl zu l. *pāpa* (entsprechend M a a m i i e i s zu **māma* ahd. *muoma* lit. *momà*?); o. M a a k d i i s möglicherweise zu gr. dor. μᾶκ-ος (vgl. § 248); noch unklarer o. V a a v i i s, v a a m u n i m, K a a l. (vgl. K a l a t i. l. *Calātia*?). Ueber *ā* in o. f a a m a t vgl. § 141, über päl. *faber* § 224. Die Lautgruppen *rā lā nā mā* können auch idg. *r̥̄ l̥̄ n̥̄ m̥̄* vertreten; die Beispiele, die hiefür in Betracht kommen, s. in § 157. Sehr häufig ist *ā* in suffixalen Elementen, so in den nominalen *ā*-Stämmen (die Länge ausdrücklich bezeichnet nur in o. p a a m), in den Verben der I Conjugation und den von solchen abgeleiteten Nomina (vgl. o. t r í s t a a m e n t u d), im *ā*-Conjunctiv, in den Nominalsuffixen *-āno- -ārio- -āri- -āli- -āsio- -āti-* (auch *-āio-*?); die Beispiele s. in den betr. Abschnitten der Stammbildungslehre und Formenlehre.

29. *ā* ist im Osk. und Umbr. im Auslaut, im Umbr. auch in dem Ausgang *-āts*, zu einem durch *o* (*u*) bezeichneten Vocale verdumpft worden (vgl. besonders Brugmann I 99, 505). Für auslautendes *-ā* kommt namentlich der Nom. Sg. Fem. der *ā*-Stämme und der Nom. Acc. Pl. Ntr. der *o*-St. in Betracht[1]), z. B. osk. f í í s n ú *molto* τωϜτο t e r e m e n n i ú *comono*, umbr. m u t u *oseto* f a s i u *farsio*; im Au. erscheint neben -u auch -a z. B. m u t a a r v i a v e s k l a neben m u t u a r v i u v e s k l u, während das Nu. nur *-o*, das Osk. nur -ú *-o* (wofür zuweilen -u *-u*) schreiben. Die Verdumpfung trifft nur das u r s p r ü n g l i c h auslautende *-a*, nie das durch Schwund von *-d -m* etc. in den Auslaut gekommene, vgl. z. B. Abl. und Conjunctiv auf *-ā* aus *-ād* im Umbr., Acc. Sg. osk. v í a, umbr. *tota* für *-ām* (oder zu *-ăm* verkürzt? s. § 108)[2]). Man erklärte früher das *-o* für *-a* so, dass zunächst *-ā* zu *-ă* gekürzt und dies dann zu *-ŏ* verdumpft sei (z. B. Corssen K. Z. XIII 166 f., Bruppacher 12 f., 43, Enderis LV, LVII). Misteli Ztschr. f. Völkerps. XIV 328 f. trennt die umbr. Formen auf -a von denen auf -u; -a sei im Fem. die ächte Nominativendung, im Ntr. die ächte Endung der *o*-Stämme, also = *-ā*, dagegen soll -u aus urspr. *-ă* entstanden und im Fem. eigent-

1) Aufzählung der Beispiele § 271 und 274.

2) Ueber Bréals Annahme, dass volsc. *toticu couehriu* Abl. Sg. Fem. sei und auch im Umbr. im Abl. *-o -u* statt *-a* vorkomme, s. § 271.

lich die Vocativform (vgl. gr. νύμφᾰ), im Ntr. die Form der cons. Stämme (vgl. gr. -ᾰ) sein; die Formen wären alsdann promiscue gebraucht worden. Von anderen Schwierigkeiten abgesehen[1]) wird diese Ansicht schon dadurch widerlegt, dass im Umbr. der wirkliche Vocativ gerade nicht auf *-o*, sondern immer auf *-a* ausgeht (gegen 50mal belegt), also klar beweist, dass ausl. *-ā* nicht *-ō* wurde. Möller P. B. VII 486 wollte das osk.-umbr. *-o* nach einer jetzt wohl allgemein aufgegebenen Hypothese über das *-u* in entsprechenden Formen des Westgerm. und Nordischen aus idg. *-ō* erklären, was schon Joh. Schmidt K. Z. XXVII 384 A. zurückgewiesen hat. Es bleibt also keine andere Möglichkeit, als die directe Herleitung des *-o* aus langem *-ā*, welche auch durch die ganz analoge Verdumpfung von *ā* zu *ō* in u. pihaz *pihos* etc. (s. u.) bestätigt wird (vgl. Joh. Schmidt und Brugmann aa. OO.). Das Schwanken des Au. zwischen -a und -u ist offenbar lediglich orthographisch und weist auf einen Mittellaut zwischen *a* und *o* (welches letztere mit umbr. u natürlich gemeint ist), also auf ein *å*. Es findet sich im Au.: auf *Ia*—*b* 9 (zusammengehörige Partie, s. S. 36) -a 12mal, -u 4m., auf *Ib* 10—Schluss -a nie, -u 9m., auf *IIa* 1—14 -a nie, -u 9m., auf *IIa* 15—Schluss -a 18m., -u 3m. (vesklu snatu asnatu Z. 34), auf *IIb* -a nie, -u 6m., auf *III*—*IV* -a 9m., -u nie oder vielleicht 2m.[2]), auf *V* -a 2—3m., -u 6—7m. Das Nu. hat an ca. 30, mit den ganz gleich zu beurtheilenden Imperativen auf *-(tu)to -(mu)mo* und der Postpos. *-to* (s. u.) an ca. 60 Belegstellen[3]) ausschliesslich *-o*. Daher ist mir sehr unwahrscheinlich, dass in der 7m. wiederkehrenden Formel *salua seritu* (*VIa* 32 42 52 *VIb* 13 14 *VIIa* 13 31) *salua* Ntr. Pl. sei. Geschlossener als im Umbr. scheint der Laut im Osk. gewesen zu sein, da er einigemal, wie das ursprüngliche *-ō*, als *u* erscheint: víu *28 38* neben

---

1) Zum Lat. vergl. Brugmann I 504 A., Stolz [2] 330 f., 332 A., 334 A. Das von Misteli angenommene Zusammenfallen des Nom. *-ā* mit dem Abl. *-ā* bestand im Osk. sicher nicht (*-ād* erhalten), konnte also nicht der angeblichen Vocativform *-o* aus *-ā* zum Siege über die Nominativform verhelfen.

2) Nämlich eru-k esunu *III* 14 nach Büchelers Interpretation, doch s. § 288.

3) Dazu *Trebo VIa* 58 falls Dat. Sg. Fem. (wie päl. *Anceta* etc.), s. § 271, und *aserio VIa* 3 falls Imper. „obserua", s. § 307.

viú C. A., teremnatust *28*, auf Münzen Viteliu neben Víteliú Vítelliú, *petirupert* T. B. neben *petiropert* (falls nicht = **petiră-pert*, vgl. § 286), unsicher púiiu und kúru *182*[1]); das Gewöhnliche ist aber -ú -*o* (28 m.). Die Schreibung mit -a -*a* kommt im Oskischen nicht vor, ausser im Fem. Sg. und Ntr. Pl. pa-í C. A., pa-i Blt., *pa-e* (*pa-ei*) T. B., wo natürlich der Grund in der Vocalverbindung liegt (vgl. dagegen *io-c* etc.), in Arkiia *112*, Santia *168*, beides griechischen Männernamen, und in culchnasim „culigna sum" aus gr. κυλίχνη, in etruskischer Schrift auf einem nolanischen Thongefäss (*177*)[2]).

Auffallend ist, dass in den sabellischen Dialekten -*a*, nicht -*o* (-*u*), die Regel scheint: päl. *Saluta Acca 258* (oder *Acca* = **Acca(u)a*? § 106), *Ania 260*, *Saluta 263*, *Saluta Scaifia 256*, *Ptruna 271*, *Pacia* und *Minerua* (Dat.?) *246*, *Anceta 256* (Dat.), marr. *Jouia* (Nom. oder Dat.); vestin. *data* (Nom. Sg. Fem. oder Pl. Ntr.). Die päl. Herentas-Inschr. *254* scheint, wie in einigen anderen Puncten (vgl. S. 20), vom gewöhnlichen Päl. abzuweichen und -*u* zu haben: *omnitu .lisu-ist* (*prismu? petiedu? hanustu?*) nach der mir wahrscheinlichen Auffassung der Inschrift (s. Bd. II Anhang). Auch im Volsc. ist nach Deeckes vielleicht richtiger Deutung *uinu* Ntr. Pl. „uina" (dagegen *toticu couehriu* kaum Nom. Sg. Fem.; s. Bd. II Anhang). Da die ganz gleichartige Verdumpfung des -*ā* im Osk. und im Umbr. schwerlich ohne directen Zusammenhang ist, die sabell. Dialekte aber mitten inne liegen, wird das -*a* des Päl. etc. ebenfalls nicht mehr reines -*a*, sondern einen Mittellaut zwischen -*a* und -*o* bezeichnen (vgl. das au. -a neben -u), bei dessen Darstellung durch -*a* vielleicht das Lateinische, dessen Schrift diese Dialekte verwendeten, mitgewirkt haben kann. Möglicherweise liegt das -*o* in einheimischer Schrift wirklich vor, wenn nämlich auf der „altsabellischen" Inschrift *281* (aus dem Pälignischen) das erste Wort mit Deecke eitúo (Nom. zu marr. *eituam*) zu lesen ist, doch s. Bd. II Anhang.

Ganz parallel mit dem Nom. Sg. Fem. und Nom. Pl.

---

1) *eizuc* T. B. 29 wohl Abl. Sg. Ntr., s. § 288; iiuk *130* ist „altosk." (d. h. vor dem Aufkommen des Zeichens ú geschrieben).

2) Sehr fraglich ist, ob in dem unklaren Lucilius-Verse bei Festus „suasa (lies uasa?) quoque omnino dirimit (?) non sollo dupundi" *sollo* wegen Festus Bemerkung *id est non tota* als Ntr. Pl. aufgefasst werden darf (nach Mommsen U. D. 297 Nom. Sg.).

Ntr. gehen die umbr. pluralischen Imperative auf -tuta -tutu *-tuto,* *-muma *-mumu *-mumo* (wo eine mit *t* ev. *m* anlautende Silbe voranging, bloss *-ta -tu *-to* *-ma -mu *-mo,* s. § 259) und die Postpos. -ta -tu *-to.* Wie dort steht auch hier dem au. Wechsel -a -u im Nu. durchgehendes *-o* gegenüber. Wie dort Taf. *III—IV* nur (oder fast nur?) -a hat, so auch hier: ustentuta *III* 5, upetuta *III* 10, etuta *III* 11, aituta fertuta *III* 13, skalçe-ta *IV* 15 18 20 und umgekehrt Taf. *Ib* 9—Schluss wie dort nur -u, so auch hier: habetutu *Ib* 15, etutu 15 23 23, etatu 21 22, tusetutu 41, hatutu 42, kateramu 20, arma*m*u 19. Sonst kommt nur noch vor akru-tu 1 m. auf Taf. *V*, welche öfter -u als -a hat. Zu erschliessen ist hienach, dass *Ia—b* 9 und *IIa* 16—Schluss auch im Imper. Pl. und der Postpos. vorzugsweise -a, *IIa* 1—15 und *IIb* vorzugsweise -u bieten würden, wenn hier Beispiele vorkämen. Durchaus unstatthaft wäre es, in -tuta und -tutu zwei verschiedene Endungen sehen und den ganzen Parallelismus zwischen Au. und Nu. und im Au. selbst für zufällig erklären zu wollen. Auch würde dies gar nichts nützen, mit *-tu -mu* im Singularis, deren *-u* = *-ōd* ist, wäre *-(tu)to -(mu)mo* wegen *-o* doch nicht zusammenzubringen (vgl. § 273). Es bleibt keine andere Möglichkeit, als das -a -u *-o* in den Imperativen und der Postposition -ta -tu *-to* aus ursprünglich (nicht erst secundär) auslautendem -ā zu erklären. Morphologisch werden allerdings die Imperative dadurch zu einem Räthsel (s. darüber § 309 f.); die Postposition *-tā* könnte etwa ein Instr. Sg. Fem. vom Pron. **to- *tā-* sein (s. Syntax unter Prä- und Postpositionen).

Die Verdumpfung des *ā* hat im Umbrischen von Iguvium in éinem sicheren Falle auch im Inlaut stattgefunden, nämlich in dem durch Syncope aus *-ātos -ātis* entstandenen Ausgang *-āts,* welcher nu. regelmässig als *-ōs* erscheint (*s* = au. z, d. h. *ts,* s. § 190): Ptc. Pf. Pass. *pihos VIb* 47 = pihaz *Ib* 7, *conegos VIb* 5 16, *VIIa* 37 = kunikaz *IV* 15 18 20 (wozu noch stakaz *Ib* 8) aus **pihātos* etc.; Nom. Sg. von *-ti*-Stämmen *uacose VIb* 47 d. h. **uacos se* = vakaze *Ib* 8 d. h. *vakaz se „uacatio sit“ (nach Brugmanns wahrscheinlicher Erklärung, s. Bd. II Anh.) [1]), wonach sehr wahrscheinlich auch

1) Sollte vakaze *uacose* dagegen Ablativ eines *s*-Stammes **vakātos-* sein, so wäre dieses Wort ein Beispiel dafür, dass syncopirtes *āts* auch in Binnensilben *ōs* wurde.

Casilos Vb 13 im Au. *Kasilaz nicht *Kasilas heissen würde (vgl. die Endbetonung in l. *nostrás Arpinás* etc., die vielleicht ebenfalls auf Syncope aus *-âtis* weist, cf. *Campâns* etc.). Ausserhalb des Ausganges *-āts* fehlen sichere Beispiele für die Verdumpfung im Inlaut. Sehr unsicher scheint mir, ob *subotu VIb* 25 = subahtu *IIa* 42 gesetzt werden darf (Bugge K. Z. XXII 434, Bücheler U. 56, 197, 218), da der Imperativ der ersten Conjugation sonst immer *-atu* hat, während doch das Nu. in allen anderen Fällen, wo es *o* für ursprüngliches ā schreibt, consequent *o*, niemals daneben *a*, schreibt (ebenso beim *ŏ* aus *ă* wie in *Prestote*: au. Prestate etc., s. § 121); die Bedeutung ist zu unsicher, um die Identität von *subotu* und subahtu zu erweisen. Ein Beispiel für Verdumpfung vor *k* wäre *Tesenocir Tesonocir* = au. Tesenakes (je 2m.) falls das Suffix *-āko-* war, doch s. § 257. — Dass sich im Au. bei dieser Verdumpfung im Inlaut, abweichend von derjenigen im Auslaut, nur die Schreibung mit a findet (pihaz = *pihos* etc.), kann vielleicht in der Besonderheit der Stellung seinen Grund haben, wahrscheinlicher ist mir, dass bloss zufällig Schreibungen mit u (*pihuz etc.) fehlen, wie denn alle angeführten Beispiele auf Partien stehen, die im Auslaut vorzugsweise oder immer a, nicht u, schreiben (s. o., vgl. namentlich das zu -tutu etc. Bemerkte).

In Asisium finden wir *termnas 296* = iguv. **termnos*, wonach es möglich ist, dass daselbst das verdumpfte *ā* auch im Auslaut mit *a* bezeichnet wurde (vgl. S. 80 zu den sabell. Dialekten). In Fulginium *-o* : *bio eso oseto cisterno 295*. In Tuder *-a* in *Tupleia 293*, doch vgl. oben S. 29.

Ob auch im Oskischen in gewissen Inlautstellungen das *ā* zu *å* oder *ō* neigte, wissen wir nicht; Beispiele für die Lautgruppe *-āts* fehlen. In Staatiis *193* (aus Bovianum) ist aa, während die Inschrift sonst das reguläre N anwendet, mit □ □ bezeichnet; da sich für a sonst nirgends eine ähnliche Form findet, könnte man auf die Vermuthung kommen, es sei mit dieser Schreibung ein *å* gemeint (vgl. □ = *o* auf altsabell. Inschriften, z. B. eitúo aus dem nicht allzuweit entfernten Superaequum?), mir ist jedoch wahrscheinlicher, dass das □ statt N entweder auf Willkür oder auf einem Fehler des Steines beruht (vgl. Zvetaieffs Abbildung Taf. IV 3). — Fälle wie prúftú-set teremnatu-st íú-k *io-c* (*petiro-pert?*) gehören unter den Wandel im Auslaut.

ĕ.

30. Idg. urit. *ĕ* blieb meistens erhalten, z. B. o. est (über íst s. u.) estud *ezum*, vo. *estu*, u. est *est erom* idg. W. *es-*; o. em-bratur, päl. *em-pratois*, u. *en-dendu* en-etu etc.: gr. ἐν l. *in* aus **en* (dazu auch o. Entraí); o. edum „edere“, u. ezariaf (? § 200): gr. ἔδω; u. et *et* = l. *et* gr. ἔτι; pronominale Partikel *e-* (möglicherweise identisch mit dem Augment) in o. *e-tanto*, u. e-tantu, osk.-sabell. Pron. *e-ko-* *e-k-so-* (umbr. *eso-* wohl aus **ekso-*), vgl. gr. ἐ-κεῖ etc. (s. § 288); u. *esme* (altsabell. esmen?): ai. *asmâi*; o. destrst, u. *destra*: l. *dexter* gr. δεξιός; o. dekmanniúís dekkvíarím, u. *desenduf* tekvias: l. *decem* gr. δέκα; marr. *feret*, päl. *fertlid*, u. *fertu* ař fertur etc. (sehr häufig): l. *fero* gr. φέρω; o. heriiad *herest* Herentateís etc., päl. *Herentas*, u. *heriest* herter *pis-her* etc.: ahd. *gërôn* ai. *har-* (vgl. § 215); o. med(d)ík- *med(d)ic-*, päl. vo. *medix*, mars. *medis*, u. meřs mersus *mersto-*: gr. μέδομαι; o. u. per- *per-*, u. -per *-per*: l. *per* gr. περί (dazu auch o. Pernaí, u. *perne pernaio-*, o. u. pert); o. *petiro-*, ‘*petora*’, u. *petur-*: gr. τέσσαρες (schwierig ist *a* in l. *quattuor*); o. serevkid, u. *seritu anseriatu ooserclom* etc. zu l. *seruare* av. *har-;* o. úíníveresím Ϝερσορει, u. *couertu* etc.: l. *uerto* d. *werden*; Reduplication, z. B. o. *deded*, mars. *ded.*, u. *dersicust* (aus **de-dic-*); Voc. der *o*-Stämme, z. B. u. *Tefre Jouie*; Suffixe, z. B. osk. an-ter Alafa-ternum (oder *-terno-* aus **-trono-*?), u. *an-der* sup-er Klav-erniie, o. *n-er-um* u. *n-er-f*: ai. *n-ar-* l. *N-er-ō*. Participia auf *-ĕto-* wie u. maletu (o. wohl Genetaí): gr. ἐλετός etc. (s. § 331); Fut. mit *-es-* wie o. *didest*, u. ferest: gr. τενέ(σ)ω etc. (vgl. S. 76).

31. *ĭ* für *ĕ* kommt in allen Dialekten vereinzelt vor. Die Frage wird sein, ob das Auftreten von *ĭ* jeweilen besondere Gründe hatte oder ob eine allgemeine dem *ĭ* sich nähernde Aussprache des *ĕ* anzunehmen ist, welche eine willkürliche Bezeichnung des Lautes bald durch *e*, bald durch *i* zur Folge hatte (vgl. Brugmann I 55).

Oskisch. Hier wäre die letztere Annahme schwerlich gerechtfertigt. Von den in § 30 angeführten Beispielen zeigen z. B. die häufig vorkommenden meddík- ekú- (eksú-) niemals die Schreibung mit *i*. Das *i* scheint ähnlich wie im Lateinischen (a. O. 54, Stolz [2] 256 f.) nur in besonderen Fällen aufzutreten. In *amiricatud* „immercato" T. B. ist jedenfalls das *rc* schuld, vgl. l. *commircium Mirqurios stircus* (letzteres aus Luceria, auf derselben Inschrift, welche die oskisirenden Formen *fundatid* etc. bietet); geblieben ist *e* vor *rk* in perek(aís) „perticis" *28* aus Pompeji und Μαμερεκιες *18* (*rk* in beiden = *rtk*); über Vestirikiiúí C. A. s. § 136. Neben embratur *237* (vgl. päl. *empratois*) steht ímbr(a)t(u)r *49*; vermuthlich war í in der Präpos. *en-* in gewissen Fällen (z. B. vor Gutturalen? s. u. und vgl. päl. *incubat* : *empratois*; ferner z. B. vor *i* durch Vocalassimilation?) berechtigt und griff dann über sein Gebiet hinaus[1]). Ueber pústín s. § 117. In sífeí *129* (Capua) für *sefeí (vgl. päl. *sefei*, u. tefe *mehe*) könnte vielleicht, da die Erklärung aus Schwächung des *ĕ* in der Enclise oder Assimilation an das zweite *i* wie bei l. *mihi tibi sibi* aufs Oskische nicht anwendbar ist, Einfluss der übrigen Casus angenommen werden: sí-feí nach *sí-eís (?) *sí-úm (*siom* T. B.). Auf dem C. A. finden wir neben 2maligem estud 6maliges íst, während in Capua est geschrieben wurde *(131, 132)*. Die Unterscheidung des C. A. zwischen íst und estud ist bei der Genauigkeit dieser Inschrift jedenfalls nicht zufällig, wenn auch der Grund für í schwer festzustellen ist. Bugge (K. Z. XXII 401, 451, A. S. 71) denkt an umlautende Nachwirkung des *-i* von **esti*, welches dem *st* eine palatale Färbung hinterlassen haben müsste (vgl. unten umbr. vistiça *Uistinie* und palatales *st* nach *i* in vo. *sistiatiens* § 242). Am einfachsten würde sich (nach § 33) í aus *ē* erklären, vgl. Osthoff Perf. 148 ff. über *ē* im Präsens der W. *es-*, wie es im Lit. sicher vorliegt, jedoch ist's mit dem lat. *ēs*, welches allein eine solche Erklärung des o. íst wahrscheinlich machen könnte, zweifelhaft bestellt (vgl. Schulze K. Z. XXVIII 269). Wenn íním *inim* mit Recht = l. *ĕnim* gesetzt wird, muss natürlich das í *i* aus *ĕ* einen besonderen Grund

1) Im Lat. ist *in* für *en* allgemein geworden, obgleich es bei Weitem nicht überall lautgesetzlich entstand.

haben, da das Wort 37 mal mit í- *i-*, niemals mit e- *e-* geschrieben vorkommt (über *en eituas* T. B. 9 s. § 326). Vom oskischen Standpunct aus könnte man vermuthen, das í *i* sei aus *ĕ* nach dem Gesetz der Vocalassimilation (pústiris aus *pústeris etc. § 127) da entstanden, wo sich die Partikel unbetont an ein consonantisch ausgehendes Wort anschloss (z. B. tríbarakkiuf íním úíttiuf), und von hier aus verallgemeinert worden, aber damit wäre *i* in päl. *inom* und umbr. inum-ek inum-k inu-k neben enu enum-ek enu-k *enom eno ennom enno* ene *enem eine* altlat. *einom* nicht erklärt. Es scheint beinahe, als seien hier mehrere verschiedene Formen zu Grunde zu legen, s. die Syntax in dem Abschnitt über Partikeln. íp C. A., welches mit l. *ibi* umbr. ife nicht zusammenzubringen ist, setzen Danielsson A. S. III 155 Anm. und Pauli ebd. V 98 f. = **epi* gr. ἐπί; das auch in päl. *ip* wiederkehrende *i* bliebe hiebei jedenfalls auffällig (etwa nach dem *synonymen *íf = l. *ibi*??), aber vielleicht ist die andere Möglichkeit, die Zerlegung in í-p *i-p* (vgl. Corssen K. Z. XIII 192 f., Danielsson a. O.) vorzuziehen, wobei das í- *i-* wohl Instr. **ī* des Pronominalstammes *i-* oder, falls es aus *ē* entstanden ist (vgl. § 33), Locativ desselben Stammes, also = idg. **ē(i̯)* wäre, (ev. wäre dazu umbr. ie-pi zu vergleichen, s. § 288). In Tintiriis *208*, das zu l. *tinguo tinctor* zu gehören scheint (s. § 171), wird das *i* aus *e* (gr. τέγγω) wie im Lat. dem einst folgenden Guttural zuzuschreiben sein (vgl. unter Umbr.). Ein *ĭ* aus *ĕ* liegt noch, vor *str*, in nistrus der Blt. (*128*) vor, falls das Wort als „propiores" (zu *nessimo-* „proximus") zu deuten ist; weniger sicher ist *ĭ* aus *ĕ*, wenn das Wort „nostros" bedeutet, da eine Gdf. **nēstros*, die als Muster ein **vēstros* voraussetzen würde (**vēs* : l. *nōs* = l. *uester* : *noster*), nicht ganz undenkbar wäre. Sehr zweifelhaft ist *ĭ* aus *ĕ* in einigen Eigennamen: Mitl *203* (vgl. *Mitulleia* C. J. L. IX 528) braucht nicht zu l. *Mettius Metellus* zu gehören, ebensowenig Tirentium *130* zu l. *Terentius*[1]) oder Vírriis Vírríiis Viriium Fίριvεις zu l. *Uerrius Uerres*[2]). Ueber das regelmässige í *i* aus *ĕ* in íú-k *ion-c* etc. s. § 87, über

1) *Terentius* beispielsweise zu l. *terni* mit der Bedeutung „Drillinge" oder zu den bei Vaniček[2] 104 u. genannten Wörtern, Tirentium zu l. *tīro* (St. **tīr-en-*)? Vgl. auch *Tirrius*?

2) Erstere wohl von *vīro* „Mann, Held".

sakruvit § 298, über dadid § 304, über *nessimo- messimais mi]sinum* § 156.

Aus dem überlieferten Material lässt sich also nicht nachweisen, dass *ĕ* im Oskischen im Allgemeinen dem *ī* näher gestanden habe, als im Lateinischen. Ob aus den lateinischen Inschriften oskischen Gebietes und den modernen italienischen Dialekten sich etwas für die Entscheidung dieser Frage gewinnen lasse, bedarf einer speciellen Untersuchung[1]).

Zwischendialekte. Bemerkenswerth ist sabinisch *hiretum 280* von W. *her-*. Bei allen übrigen Beispielen liegt Annahme besonderer Gründe nahe: pälign. *incubat 255* gegenüber *empratois 254* mit *in-* aus *en-* vor *c* (s. Osk. und Umbr.)[2]); über *inom 246, ip 254* s. o. zu osk. ínim íp; zu *-ist* in *.lisu-ist 254* vgl. das zu osk. íst Bemerkte; *Minerua 246* kann wie im *r*, so auch im *i* lateinisch sein (ächt päl. **Menesua*); marruc. *asignas* wohl aus **an-seknas* **an-segnas* mit demselben Uebergang von *e* zu *i* vor *gn* (d. h. *ən*? s. Brugmann I 54, 368) wie in l. *dignus* aus **deknos* etc.; *agine* wohl von **agion-* (vgl. u. natine etc.), nicht von **agon-*; volscisch *esaristrom* aus **esarĕstrom* (vgl. o. nistrus falls aus *nĕstrus, zur Bildung l. *siluestri-* etc.)?

Umbrisch. Die Neigung des *e* zu *i* vor *n* + Guttural (vgl. oben päl. *incubat*, o. Tin(k)tiriis und namentlich das Lateinische) scheint auch im Umbr. belegbar in *cringatro* krikatru (1m. krenkatrum), wohl zu aksl. *krągŭ* ahd. *hring* finn.-germ. *rengas* W. *qreng(h)-* (vgl. Zeyss K. Z. XX 130 ff., Brugmann Cu. Stud. VII 276, 282, zur Bedeutung Bücheler U. 87); zweifelhafter ist, ob auch *śihitu* „cinctos“ *śihitir* „cinctis“ (çihçeřa aus **kink-*?) hiehergehören, da die Etymologie von l. *cingo* nicht ganz feststeht; die W. von anstintu l. *stinguo* war doch wohl *steig-* (nas. *stiəg-*), nicht *steəg-* (wie Feist Got. Et. 109 annimmt), vgl *instīgare* gr. στίζω etc. Die Ausnahme mit *e, iuengar* ive(n)ka = l. *iuuenca* (*en* = idg. *n̥*, vgl. ai. *yuvaçá-*), theilt das Umbr. mit dem Lateinischen. „Uritalisch“ wird *ī* aus *ĕ* vor *n* = Gutt. kaum gewesen sein, vgl. auch l. *quinque* und o.-u. **pompe* aus einer

1) Vgl. Corssen II² 269, Storm Mém. soc. II 96, W. Meyer in Gröbers Grdr. I 361.

2) Unklar ist marr. *Tarincris*.

Gdf. **kṷenkṷe* (welche uro.-u. zunächst **kṷonkṷe* wurde). Im Lat. zeigt sich die Neigung zu *i* auch vor Nas. + anderen Consonanten, s. Brugmann I 54; vgl. dagegen u. seples *III* 17, d. h. *semples = l. *simpulis* und osk.-umbr. *en* (ausser in o. ím-br(a)t(u)r, worüber oben, und in dem wohl ähnlich zu beurtheilenden u. i-seçeles *IV* 7)[1]) gegenüber lat. *in*. Umbr. ampentu *andendu preuendu* etc. wie l. *tendo pendo*. Auffallend ist i in herinties der alten umbr. Inschr. von Ameria *290*, vgl. o. Herentat-, päl. *Herentas* (s. § 295). *i* vor ursprgl. *rk* (vgl. o. *amiricatud* l. *commircium* etc.) in *uasirslom VIa* 12 falls aus **uaserkelom* oder **uakerkelom* (sehr unsicher, vgl. § 178). *i* für *e* vor *-sti-* in *Uistinie 296* (Asisium) vgl. mehrmaliges l. *Uistinius* Fabr. Gloss. 1975, ähnlich im Iguvinischen einmal (*IIb* 13) vistiça neben sehr häufigem vesti- *uesti-*; vgl. oben zu osk. íst, welches letztere aber umbr. immer est *est* lautet (mehr als 40 m.). Im Auslaut scheint *-ĕr* (osk. sakarater *uincter* etc.) im Nu. stark nach *-ĭr* zu neigen: herter *IIa* 40 *III* 1, herte *Va* 6 8 10, aber *herti Vb* 8 11 13 16, *hertei VIIb* 2 (*ei* kurz, s. S. 67), *ostensendi VIa* 20 (anderer Art ist *ier VIb* 54, s. § 326 f.; über den Abfall von *-r* § 251; über die Möglichkeit, dass *i* in obigen Formen der ursprünglichere Laut wäre § 327). Ob *i* in *issoc isir* isek isunt neben (viel häufigerem) *essu eso* etc. aus *e* lautlich entstanden sei [(genauer:] ob der Wechsel zwischen *e* und *i* daraus zu erklären sei, dass *e* vor *ss* zu einem Mittellaut zwischen *e* und *i* geworden war) ist zweifelhaft, s. § 288, ebenda über das fragliche istu *290*; über inum-ek neben enum-ek *enom eine* etc. s. o. Es bleiben noch tiçit *IIa* 17 = *teçit **dĕkēt* l. *decet* (Einfluss des -çi-?) und einige unsichere in § 123 besprochene Beispiele von unbetontem *ĭ = ĕ*. Ueber *dirsust* s. § 314; über *ĭ* aus *ĕ* vor Vocalen s. § 87.

Es ergibt sich also, dass auch im Umbr. das Auftreten von *ĭ* für *ĕ* verhältnissmässig selten ist und dass auch im Umbr. eine durchgängige stark dem *i* sich nähernde Aussprache des *ĕ* nicht nachweisbar ist, sondern jeweilen besondere Gründe das Auftreten von *i* veranlasst zu haben scheinen. Vgl. oben zum Oskischen.

---

1) Auch in vaçetum-i se *Ib* 8?

Gemeinitalisch, aber noch unerklärt (eine Vermuthung bei Thurneysen K. Z. XXX 486 f.) ist *ĭ* aus *ĕ* in **vitelo-* l. *uitulus*, umbr. vitluf *uitlu uitla* etc. (8m.), osk. Viteliú Vítelliú (in gräcisirter Form l. *Italia*)[1]), gegenüber *e* in l. *uetus*, osk. Vezkeí, gr. ἔτος, ai. *vatsá-*.

32. Vor *u̯* wurde *e* urital. zu *o*, s. § 79 ff. und 105. Verwandt, aber späterer Zeit angehörig, ist der Uebergang zu *o* in folgenden Fällen. Urit. **ku̯enku̯e* (l. *quinque*) wurde urosk.-umbr. zu **ku̯onku̯e* woraus **pompe*, erschliessbar aus osk. púmperia- Πομπτιες umbr. pumpeřias (vgl. § 286). Dass blosses *ku̯ĕ* nicht *ku̯o po* wurde, beweisen o. *petiro-*, u. *petur-* etc., es wirkte also das zweite *ku̯* in **ku̯enku̯e* mit; die lautgesetzliche Form von l. *quinctus* im ältesten Osk.-Umbr. wäre demnach **ku̯enkto- *penkto-*, also steht *o* in o. Πομπτιες Púntiis *pomtis*, päl. *Ponties*, u. puntis statt *e* nach **pompe* (vgl. § 171). Für l. *coquo* aus urit. **ku̯eku̯ō* ist im Osk.-Umbr. **popō* zu erwarten (doppeltes *ku̯*), doch können o. Púpidiis päl. *Popdis* (u. Pupřike?), die vielleicht zu dieser W. gehören (s. § 168), auch vom Nomen urit. **ku̯oku̯o-s* abgeleitet sein. Osk. púiiu nach Obigem nicht aus **ku̯eiio-* (wäre o. *peiiú-), sondern mit ursprünglichem *o*-Laut. — In der Behandlung von *su̯e-* geht das Umbr. mit dem Lat., welches *su̯e-* zu *so-* wandelte (Stolz [2] 257), zusammen, falls *sonitu* wie altl. *sonere* primäres Verbum und nicht Denominativum (l. *sonus* wohl aus idg. **su̯ono-s*, vgl. Fröhde B. B. XIV 112) war, worüber § 291[2]). Ueber *sopir* vgl. § 75, über svesu *sueso* § 290. Im Osk. ist *su̯e* erhalten in sverruneí (vgl. § 232). — Im Lat. wird auch Wandel von *u̯ĕ-* zu *u̯ŏ-* angenommen (vgl. Stolz [2] 257, Schweizer-Sidler [2] 15), sicher scheint aber keines der Beispiele (am ehesten vielleicht *uomo*). Im Umbr. würde **uoca-* (l. *uocare*) in *subocau subocо* in Betracht kommen, wenn Stolz a. O. richtig *uoc-* = Ϝεπ- setzt, aber *uocare* scheint eher Denominativum von idg. **u̯ŏq-*

1) Vgl. besonders Nissen It. Landesk. 58 ff., dem auch Deecke G. G. A. 1881, 1115 gegen Heisterbergk (Der Name Italien) in der Erklärung von Viteliú *Italia* beistimmt, vgl. auch Deecke bei Gröber I 337, Stolz [2] 300.

2) Könnte dann etwa auch *sorser* „suilli" mit seinem auffälligen *o* aus **su̯-ĕrs-* (vgl. *su̯-īno-* ahd. *swīn*, **su̯-ī-* in gr. σῖκα Kretschmer K. Z. XXXI 382) erklärt werden?? (vgl. § 52, 146).

(gr. ὄψ lat. *uōc-s*) zu sein, denn in allen anderen Beispielen ist *u̯ĕ-* erhalten: osk.-umbr. St. *vero-* „Thor“, osk. Fερσορει úíní-veresím Vezkeí (*vi-* in Víteliú etc. s. o. S. 88), Vesulliaís mars. *Uesune* umbr. Vesune, osk. Verehasiúí vereiia- Velliam Vestirikiíúí, vo. *Uelestrom*, umbr. *veltu eh-ueltu, uerfale, uestra* (?), *uef* (?), Vehiies *Uehier*, vestik- *uestic-*, ku-vertu (*co-uortus* etc. andere Ablautsstufe), ař-veitu aus **ad-u̯ehetōd*, etc.

ē.

Das ursprüngliche (idg.) *ē* scheint auf dem ganzen Gebiet der osk.-umbr. Dialekte sehr geschlossen (dem *ī* sich nähernd) ausgesprochen worden zu sein.

33. **Oskisch** (vgl. Joh. Schmidt K. Z. XXVI 374, 375 Anm., Brugmann I 64, W. Meyer K. Z. XXVIII 175f.). Im Oskischen ist das urspr. *ē* durchweg zu offenem *ī* geworden, welches in nationaler Schrift als íí í (altosk. i)[1]), in lat. Schrift als *i* erscheint. fíísnú fíísnam físnam C. A., fíí[sn .. ebd. Zeile 24, nach Deeckes wahrscheinlicher Lesung (Rec. 131) auch fíís*n* ... *146* (vgl. S. 45) und sehr wahrscheinlich auch fíís . . . *188* (nach Pauli A. S. II fíís[nam), zu l. **fēsiae fēriae fēs-tus* (*fānum* wohl aus **făsnum* mit anderer Ablautsstufe, s. § 141); tríibúm *29* „aedificium“, tr]íibu *49*, tríibarak[avúm tríbarakavúm tríbarakattíns tríbarakattuset (2 m.) tríbarakkiuf C. A., von W. *treb-*, vgl. air. *treb* „Wohnung“ (s. § 141); lígatúís (2 m.) lígat[ús C. A., Líganakdíkeí (2 m.) T. A., *ligud* (2 m.) *ligis* T. B.: l. *lēx lēgis lēgatus; zicolom* (3 m.) *ziculud zicel*[*ei zicolois* T. B., wozu wahrscheinlich d]iíkúlús *84*, aus **diēkelo-* vgl. l. *diēcula* (über *z-* aus *di̯-* § 201); *hipid hipust pruhipid pruhipust* (zusammen 6 m.) und *sipus* (2 m.) T. B. zu Perfectstämmen **hēp- *sēp-* wie lat. *cēp-i fēc-i* etc. (vgl. § 314); *siuom* T. B. = u. *sēuom*, von Danielsson A. S. III 179 ansprechend als **sē-u̯o-* mit got. *sēls* (idg. **sē-lo-*) und l. *sōlus* (idg. **sō-lo-*) verglichen[2]); líkitud C. A., *licitud* T. B.

---

1) „Altoskisch“ nennen wir diejenigen Inschriften, welche das differenzirte í (und ú) noch nicht kennen.

2) Die frühere Erklärung *seu̯o-* aus **selu̯o-* = l. *salu̯o-* (osk. σαλαFς etc., umbr. *saluo-*) ist natürlich unhaltbar. Die Länge des *ē* in *sēu̯o-* ist, ausser durch osk. *i*, schon dadurch gesichert, dass *ēu̯* als *ōu̯* erscheinen müsste.

(5 m.) = l. *licēto*; *ni* „ne" T. B. (4 m.) aus **nē* l. *nē* air. *ni*, wohl auch in *ni-p* der Blt.; vom Stamme **Kerrē-* (aus **Kersē-*) ist abgeleitet das Adjectiv Kerrí-iú- (l. **Cerrēius*), welches 12 mal auf der T. A. erscheint, und der Dat. Kerrí ebd. 2 m. (wie lat. Dat. *fidē*, s. § 281); patír *82*, patir *156* nach der gewöhnlichen Annahme Nom. Sg. „pater", also = **patēr* gr. πατήρ [1]); Nom. Pl. aídilis *28* (2 m.) = l. *aedilēs* mit urital. *-ēs* aus idg. *-eįes* (s. § 278) [2]). Conjunctiv Imperf. fusíd C. A. aus **fūsēt* = l. *foret*, dazu Plur. h]errins patensíns (s. § 312); *amprufid* T. B. = l. **improbēd* vgl. *facilumēd* fal. *rectēd* [3]). húrtín T. A. wohl aus **hortēn* = **horteį-en* (*ē* aus *eįe* wie im Nom. Pl. der *i*-Stämme, s. o. aídilis), worüber § 273; wie húrtín noch Kerríiín T. A. Die Enclitica -píd *-pid* in pútúrús-píd púkka-píd ..ispíd (p]is-píd Huschke O. S. Spr. 40, vgl. auch Corssen K. Z. XIII 172, Bücheler Comm. Momms. 233) C. A., púttereípíd T. A. (2 m.), *poca-pit p]oca-pid* T. B., umbr. -pe *-pei* in putres-pe *IV* 24, *podruhpei VIa* 11, *panu-pei VIIb* 1, auch pum-pe *Va* 3 10, ist wohl am ehesten mit Bechtel D. L. Z. 1886, 1680 (vgl. auch Corssen K. Z. XIII 242, Bréal Mém. soc. VI 128 f.) = **-quēd*, Abl. wie *facilumēd* osk. *amprufid*, zu setzen, da nur so das lat. *-que* in *uter-que* etc. mit o. -píd *-pid* zu vereinigen ist (s. die Syntax unter „Partikeln"). *loufiṭ* T. B. 8 (Bréal, Danielsson) könnte Indic. Präs. = **loufēt* sein, vgl. l. *libet*, aber die richtige Lesung scheint eher *loufir* (Pass.). *deiuaid* T. B. wohl aus urit. **deiuāēt*, älter **deiuāįēt* (s. § 305 f.); gleicher Art ist *tadait*, falls nicht etwa

---

1) Vgl. allerdings § 283. Wenn patir *156* „pater" bedeutet, ist es ausser aídilis *28* (s. u.) das einzige Beispiel für i statt í aus *ē* auf nicht „altoskischen" Inschriften, wobei zu beachten ist, dass auch das folgende Wort dieser Inschrift *156* Miínieis statt Miínieís geschrieben ist.

2) Ist beim i statt í (s. vor. Anm.) etwa das -s mit im Spiele (vgl. *-ais* der T. B. neben sonstigem *ae* § 64)?

3) Bücheler Umbr. 36 leitet, gegen die gewöhnliche Ansicht, *amprufid* von einem *i*-Samm **amprufi-* l. **improbi-s* her, weil umbr. prufe *Va* 27 nach Maassgabe der lat. Syntax Neutrum „probum" (nicht Adv. „probe") sein müsse; der Einwand scheint mir jedoch keineswegs zwingend da syntaktische Abweichungen zwischen Osk.-Umbr. und Lat. mehrfach vorkommen und diese eine sehr geringfügige ist (vgl. die Syntax).

Indicativ (s. § 304). tristaamentud *29* vielleicht aus **trē-sta-*, indem es sich dann zu l. *te(r)sta-ri* verhalten könnte wie l. *(s)rēpo* zu *serpo* (? s. Osthoff M. U. V 70), *trīcae* aus **trěcae* (? vgl. *sīca* aus **sēca*) zu *torqueō*, doch ist dies sehr unsicher. Tedis. *228* mit *ī* aus *ē* wegen l. *Telēsia*? Bei *petiro-pert petiru-pert* könnte man an eine idg. Ablautsstufe **qetu̯ēr-* denken (zum Fehlen des *u̯* im Osk. vgl. § 99), aber dieselbe scheint sonst nirgends sicher nachweisbar, daher wird *petir-* eher aus **petŭr-* oder **petūr-* zu erklären sein (s. § 53, 57). tiú *182* (correcter *tíúm), aosk. tiium Blt., *siom* T. B. vielleicht aus **tē* + *om* **sē* + *om*, s. § 290; ganz unklar Tíanud Tiiatium, vgl. § 87; über *hafiest* § 291, 295. fíml *203* stellt Bücheler L. J. IX a zu '*famel*' l. *famulus* (vgl. Zvet. s. v., Mommsen U. D. 176, 309), man müsste, da í aus *ă* selbstverständlich nicht zu erklären ist, einen ablautenden Stamm **fēmelo-*: **fămelo-* annehmen (vgl. oben **fēsna-*: **făsno-*), was aber auf eine so unsichere Stütze hin jedenfalls sehr gewagt ist; ein Cognomen l. **Fimulus* (Huschke O. S. Spr. 154, Enderis u. A.) scheint allerdings sonst nicht nachweisbar, ist aber doch die näher liegende Annahme. Ueber ínim *inim* s. die Syntax (unter „Partikeln"). ekí-k *189* wäre, wenn es „hier" bedeutete, wohl Instr. **ekē(-k)* von *eko-*, es scheint aber vielmehr Acc. Sg. Ntr. „hoc", s. § 288. Auf der T. B. 30 lesen wir . . *s̤inum* VI *nesimum*, welches nach *zicolom* XXX *nesimum* etc. nur eine Zeitangabe sein kann, daher ist Bugges (K. Z. VI 24) auch von Corssen (ebd. IX 165 f.) acceptirte Ergänzung *me]s̤inum* „mensium" (ev. Acc. Sg. „mensem"), also zusammen = einem halben Jahr, jedenfalls sehr wahrscheinlich, nur scheint der Raum für ΜΕ nicht so recht auszureichen, vielleicht empfiehlt sich also mehr die Lesung Μ|*sinum*, wobei **mī(n)s-* = l. *mēns-(is)* gr. μήν idg. **mēns-* (grammatisch liesse sich jedoch wohl auch **me(n)sinum* rechtfertigen, s. § 108; zum Fehlen von *n* vgl. *mistreis* etc. § 154). Dunkle Wortfragmente sind . . . ríí . . *194*, nach Corssen Eph. ep. II 189 (und de Petra) *tríí b*-, wozu freilich die Abbildung in S. I. O. (Tafel IV) nicht sonderlich stimmt, und líís . . . *188*. Letzteres ergänzt Pauli A. S. II 110 f. zu líís[atrúm und verbindet es mit l. *līra*, aber des letzteren Wurzel ist *lei̯s-* (vgl. d. *Geleise* aksl. *lěcha*), man müsste also im Osk. *leís- (= idg. *lei̯s-*) oder dann *liís- (= idg. *līs-*;

urspr. ī nie = osk. íí, s. § 39) erwarten; líís- kann, wie man nach dem vorhandenen sicheren Material durchaus urtheilen muss, nur für *lēs- stehen; zu líís.. stellt Pauli vielleicht mit Recht auch *lisat* (*lísat*..?) des C. A. Ueber das dunkle íív kúru *182* s. § 219: ..iíkín.. *65* zu P]iíkín[iis „Picēnius“ oder ähnl. zu ergänzen? (vgl. § 39). Ueber eestínt stahínt s. § 295. In gr. Schrift fehlen sichere Beispiele für urspr. ē, zu erwarten ist ει = í, ev. auch ι. AFδειες, Κοττειηις s. § 261, 2, Fαλε § 307.

Da sich aus obigem Material als constante Vertretung des ursprünglichen ē osk. íí í *i* ergibt (an ungefähr 60 Belegstellen, nur die sicheren gezählt), wird man ohne zwingenden Grund keine Ausnahmen annehmen dürfen. In der That gibt es kein einziges wahrscheinliches Beispiel einer solchen. Die Corssensche Deutung von *meddik-*, welches im Osk. 20 mal in nationaler, 11 m. in lat., 1 m. in griech. Schrift überliefert ist und nie etwas anderes als e *e* ε zeigt, aus **mēti-dik-* „Maasssprecher, Rathsprecher“, zu l. *mētior* gr. μητι- ai. *māti-* (K. Z. XI 331 ff., vgl. XX 113, Fick ebd. XXII 377, und Bücheler Comm. 229, L. I XVII a, Deecke Rh. M. 40, 143) ist schwerlich richtig[1]; die Zusammenstellung mit u. meřs „ius“ (= **mĕdos*, ablautend zu l. *modus*, nicht = gr. μῆδος, vgl. § 141) ist auch der Bedeutung nach vorzuziehen (Bücheler Umbr. 43) und „kann durch die einmalige Schreibung metd. [*190*], mit verkehrter Bezeichnung der Geminata [vgl. auch unten § 248], nicht im mindesten gehindert werden“ (Danielsson A. S. III 181 A., vgl. Gramm. Anm. I 52, Brugmann II 462). Regatureí „Rectori“ T. A. (2 m.) enthält nicht das ē von l. *rēx rēgis* (wobei ein Denominativum l. **rēgare* vorauszusetzen wäre), wie Corssen K. Z. V 98, Ausspr. I 450 f., Bruppacher 24, Enderis 48, Brugmann I 64 u. A. annehmen, sondern ist von einem Verbalstamm *rĕgā- l. **rĕgare*, Nebenform zu *rĕgere* (vgl. *sonare : sonere, pinsare : pinsere, sectus : secaturus* u. s. w., s. § 291), abgeleitet. Genetaí T. A. (2 m.) nicht = Genētaí, wie Mommsen U. D. 137, 253, Corssen K. Z. XVIII 249, Jordan bei Preller[3] II 72 Anm. u. A. wegen Γενείτη bei Plutarch annehmen, sondern = Genĕtaí vgl.

---

1) Man müsste jedenfalls annehmen, ē sei vor *dd* = *td* verkürzt worden, aber es fehlt hiefür an Analogien.

Genĭta bei Plinius und weiterhin *genĭtus Genĭtor* gr. γενετή γενέτωρ etc.; die Ansetzung von **Genēta-* wird, auch abgesehen davon, dass es osk. *Geníta- lauten müsste (vgl. speciell líkítud = *licēto*), durch l. *Monēta* noch keineswegs gerechtfertigt, dieses gehört zu *monē-re,* während ein l. Verbalstamm *genē-* nirgends vorkommt (vgl. Bugge K. Z. V 10)[1]. *herest* T. B. (4m.) von *her-* (vgl. u. herter), nicht von *herē-* (s. § 292). Herentateís Herentateí, falls von *herē-*, kann das *ē* vor *nt* verkürzt haben wie l. *uĕntus* aus **uēntos* (vgl. § 108), es kann aber auch von *her-* kommen, wie denn überhaupt die Existenz eines Stammes *herē-* unsicher ist (s. § 291). Trebiis *36*, Τρεβις *19* zu l. *Trĕbia Trĕbula Trĕbellius Trĕbatius* etc., nicht mit der Ablautsstufe von o. tríibúm. Hereklú- aus gr. Ἡρακλῆς kommt natürlich als Lehnwort nicht in Betracht (gr. η ausserdem = offenem *ē*), auch kann in ital. *Herklo-* (woraus o. Hereklú- durch Anaptyxe) *ē* vor *rkl* verkürzt gewesen sein. Dass *pertemust peremust* kúmbened in der Stammsilbe *ē* enthalten, bestreitet Joh. Schmidt K. Z. XXVI 375 f. Anm. mit Recht (s. § 314). *ne* der T. B. (Zeile 25) darf schwerlich mit *ni* aus **nē* identificirt werden, ebensowenig mit *nei*; s. über diese Formen sowie über nep *nep* nip neip *neip* die Syntax unter „Partikeln". Dass osk.-umbr. *nessimo-* „proximus" nicht *ē* enthält, wie Feist Got. Et. s. v. *nēhva* annimmt, zeigt schon air. *nessam* (vgl. § 183). Dass die Perfectendung -ed -ετ *ē* enthalte, ist eine unbegründete Annahme (s. § 323). Ueber messímais § 108, ĕkú- ĕksú- § 288, Fαλε § 307. — Die *ē* in keenzstur, peessl[úm, teer[úm, eestínt, eehiianasúm (?), Meeílíkiieís, wozu vermuthlich seem ... und eerk ... (falls nicht Herk ... zu lesen), bilden desshalb keine Ausnahme, weil sie sämmtlich durch secundäre Dehnung entstanden sind (s. § 107); sie beweisen nur, dass das spätentstandene *ē* mit dem ursprünglichen nicht zusammenfiel, sondern einen offeneren Klang behielt (vgl. J. Schmidt, W. Meyer, Brugmann aa. OO.).

Unrichtig ist die Annahme, dass ursprüngliches *ē* im Osk. auch als eí erscheinen könne, welches nach Brugmann I 55, 64 Bezeichnung eines geschlossenen *ē* wäre; Büchelers

---

1) Γενείτη corrigiren Bugge a. O. und Grassmann K. Z. XVI 118 geradezu zu Γενέτη.

Deutung von leígúss *188* als „legiones" gibt Brugmann S. 566 (nach Pauli A. S. II 118 f.) mit Recht auf, vgl. Bd. II Anh. Unklar ist die Herkunft von Heírennis Heírens (vgl. § 215). Ganz verfehlt ist Paulis Annahme A. S. II 120 f., dass *ē* im Osk., der sonstigen Entwicklung zu *ī* diametral entgegen, auch zu *ā* werden könne. Sie wird gemacht zu Gunsten der Deutung des unklaren Wortfragmentes samí... *188* als „sēmi-" „ἡμι-" (vgl. Bd. II Anh.). Das zur Stütze angeführte dā(d)- *dat* „dē" ist nicht aus **dēd* entstanden, sondern verhält sich zu diesem wie l. *contrā(d)*: o. *contrud* etc., das *-ēd* neben *-ōd* (vgl. l. *facilumēd* etc.) erklärt sich wohl wie in l. *sēd* (= **suēd*) aus der Einsilbigkeit und daherigen Betontheit, nach bekanntem uridg. Gesetz (gr. φρήν : σώφρων, πατήρ : εὐπάτωρ etc.).

34. Zwischendialekte. Das Päl. und Marr. zeigen theils *ē*, theils *ī*, was auf einen Mittellaut weist. Pälignisch. Die Herentas-Inschrift hat *ē* in *Semunu* „Sēmonum" und vermuthlich *lexe* „lēgistis" (kaum „in lēges"), *Petiedu* falls dessen Suffix *-ēdio-* nicht *-ĕdio-* war, dagegen *ī* in *pacris* Nom. Pl. = l. **pacrēs* (vgl. o. aídilis)[1]. Ausserdem: *fesn. 253* (o. fíísna-), *upsaseter* ebd. „operarētur" (?s. § 312), *Ouiedis 269 Uibedis 271* falls mit Suff. *-ēdio-*, *ī* in *Cerri 256* (= o. Kerrí) aus **Cerrē*. Marrucinisch: *ē* in *regen[a* l. *rēgina*, *ī* in *lix* „lēges" oder Sg. „lēx", *ni* „nē" (vgl. *ni* T. B.). Das zweite *ē* in *regen[a* (nach Bugge's Deutung auch *e* in *uenalinam*, doch s. § 230) ist aus *ī* entstanden, also scheinen hier urspr. *ē* und *ī* ziemlich durcheinander zu gehen. Unklar ist *poleenis*. Sabinisch: *mesene* = **mensene* zu l. *mēnsis* idg. **mēns-*, doch s. o. zu osk. *mi]sinum* od. *me]sinum*. Zu beachten ist die sabinische Glosse *similixulae* (nicht *semilixulae*) bei Varro L. L. V 107. Volscisch: *sepu* scheint zu o. *sīpus* zu gehören, also *ē* gewahrt zu haben; über *asif* s. § 329. Daneben *ē* aus *ī*, wie im Marr., in *couehriu* zu u. *uīro ueiro* (s. § 216).

35. Umbrisch. Auch im U. findet sich vielfach *ī* neben *ē*, doch überwiegt *ē* namentlich in Stammsilben stark. Der Wechsel der Schrift deutet auf ein stark geschlossenes *ē* (einigemal auch mit *ei* bezeichnet). Schreibung e *e*: fesna-

1) Andere Beispiele wie *firata, uidadu* sind allzu unsicher (s. Bd. II Anhang). Ueber *deti* vgl. § 106.

(2m.) zu o. fíísna-, *plener* (2m.) plenasier (2) aplenia aplenies : l. *plēnus*, rehte (3) = l. *rēcte*, *sehemu semu* : l. *sēmi-*, sevum *seuo-* (2) : o. *siuom* (s. o. S. 89), menzne antermenzaru : l. *mēnsis*, feta aanřehtaf falls aus **dhē-to-* (s. § 176), *sehmenier* (2) semenies, sehmeniar *sehemeniar* wohl zu l. *Sēmo* (s. § 107); Nom. Pl. puntes (2), *pacrer foner* (je 1 m.) mit *ē* = *eįe* vgl. o. aídilis S. 90; *tuder tuderus tuderato* etc. (9) mit *ē* wie l. *sedēs* (s. § 112)? Stammauslaut *-iē-* in *iouies* (7), aviekate *auiehclir* etc. (10), kvestretie (2), uhtretie (2); in Atiieřiu- *Atiersio-* ist *e* wohl kurz, vgl. l. *Attīdium*; Auslaut: Adverbia rehte prufe preve *sepse sarsite uouse* çive apehtre (?) nuvime mit urspr. *-ēd* oder *-ē*, ferner kvestretie uhtretie, unsicher -pe in putrespe pumpe (s. o. S. 90). Zweifelhafter Quantität ist *e* in veskla *uesclir* (vgl. § 141), *trebeit tremnu* aus **trebnu* (näher zu o. tríibúm oder zu Trĕbiis l. *Trĕbatius* etc.?), das erste e in erietu (s. § 141).

Die Schreibung *i* findet sich in einem Falle als Regel im Nu. gegenüber e des Au., nämlich in den Imperativen der II. Conjugation: *habitu* 2m. *habituto* : habetu 7m. habetutu; *tursitu* 2m. *tursituto* : tusetu tusetutu; *carsitu* 2m. : kařetu, woneben aber auch einmal kařitu (*III* 21); ob *heritu* (3m.) der II. Conj. angehöre, ist unsicher (s. § 291). Es scheint nicht zufällig, dass noch ein anderes Beispiel mit *-ēt-* in vorletzter Silbe im Nu. constant *ī* zeigt, das 8malige *frite* „frētu" nach der wahrscheinlichen Deutung von (Grotefend), Huschke, Bücheler[1]). Ausser den genannten Fällen kommt *ī* für *ē* nicht häufig vor und ist, wohl zufällig, im Au. öfter als im Nu. belegt. *filiu* neben feliuf (je 1m.) und *fel. 293*, vgl. l. *fīlius* aus **fēlios*, wo das *(l)i* jedenfalls die Ursache des *ī* aus *ē* war; ri 2m. (Dat. wie o. Kerrí l. *fidē*) neben *re-per* : l. *rē-s*; prusikurent 2m., *ē*-Perf. wie l. *fēci cēpi* etc.; ebenso nach Danielsson eitipes (2m.) aus **eit(om)hīpens* zu o. *hipid hipust* St. **hēp-* (doch s. § 59); tiçit *IIa* 17 aus **dĕkēt* neben habe *Ib* 8, *habe VIb* 54 „habet" (vgl.

1) Panzerbieter und Bréal erklären *frite* als „fructu" (mit der Bedeutung „honore" nach P., „Brauch" „ritu" nach B.); lautlich ginge dies an (s. § 59), aber die Bedeutung spricht viel mehr für die andere Erklärung.

§ 304). Ueber heris heri *heri* s. § 291, 295. *ē* vor anderem Vocal erscheint als *i*: habia 3m., prehabia, prehubia, *habiest* 4m. (kaum vom *i̯o*-Präsens, s. § 291, 295), möglicherweise auch *tiom tio* 41m., tiu 2m. (s. § 290), kaum heries *heriest heries* (§ 291, 295). Schreibung *ei* (vgl. S. 66) in heriiei IIa 16 aus *-iēd*, *nesimei VIa* 9 9 Adv. wie nuvime rehte etc. (s. o.), ebenso *sei-* „sēd-" in *seipodruhpei* (*hereitu VIa* 37, Encl. *-pei* zweifelhaft).

ĭ.

Idg. urit *ĭ* scheint in allen Dialekten einen offenen nach *ĕ* hin neigenden Klang gehabt zu haben. Darauf weist im Osk. die Darstellung durch í (3—4mal sogar durch e), im Umbr. (und Sabell. Volsc.?) die mehrfach vorkommende Vertretung durch *e* (vgl. Brugmann I 34 f.).

36. Oskisch. Das Zeichen í gehört nur der nationalen Schrift an (vereinzelt ist Fίριvειϛ *26*) und auch in dieser gibt es Inschriften, welche dasselbe nicht kennen, namentlich in Capua (Blt. etc.); wir nennen dieselben „altoskisch". Vgl. S. 44 f., 62 ff.). In aosk. wie in lat. Schrift entspricht dem í, mit Ausnahme von 1 oder 2 Beispielen auf der Blt., durchweg i, nicht etwa e oder Wechsel von i und e; der durch í bezeichnete Laut stand also dem *i* noch näher als dem *e*. Auf mehreren capuanischen Inschriften ist die Lesung, ob i oder í, nicht überall sicher festzustellen (namentlich auf *131—134*), und der Gebrauch selbst ist noch nicht so geregelt wie sonst (namentlich auf *131, 132*), vgl. S. 63 f.). — In nationaler Schrift (ausser aosk.) erscheint urspr. *ĭ* in Stammsilben in der Regel als í. da-díkatted l. *dĭcare*, Líganak-díkeí und St. med-dík- (vgl. l. *iudĭc-*) in meddíss 3m., meddís 3m., medíkeís, medíkei: ai. *diç-*; líkítud l. *lĭceto* (gr. λιπῆναι?); pís 2m., píd 2m., pídum: l. *quĭs quĭd* gr. τίς τί (über das enclit. -píd vgl. oben S. 90); ís-í-dum, ís-í-du 2m., íd-í-k 2m.: l. *ĭs ĭd* got. *is it-a*; ekí-k wohl aus *ekíd-k, Ntr. wie píd; fíf.... *188* scheint reduplicirt, also = *fĭ-f*.... Daneben selten i: pis *182* (auch das folgende Wort tiú wäre regelrecht *tíúm), pispis auf einer späten Griffelinschrift, Viteliu Vit. neben Víteliú Vítelliú auf Münzen aus dem Socialkrieg (ī in **vītelo-* gemeinitalisch für *ĕ*, s. S. 88), ausserdem auf den capuanischen Inschriften *131, 132, 135—137* (vgl. oben) in meddikkiai meddikiaí medikkiaí medikia(í) meddik. medik. (í in meddís *133*) und minive. (*135*, zu l. *mīnuo* ai. *minōti*). Viel häufiger ist, auch auf den correcten Inschriften i neben í in suffixalen Silben: Aukíl *117* Mutíl *235—237* (Suffix *-īlo-* wie in l. *Pompilus mutilus* gr. Χοιρίλος, nicht etwa *-elo-* wie in '*famel*'), dagegen iúvilas iúvil. etc. *130* ff. 6 mal mit i (allerdings in Capua; mit í iúvílam *137*); meistens í im Suff. *-īko-* : múiníkú- C. A. 4 m., múltasíkad *30*, túvtíks *117*, (kúíníks *46*), aber mit i Sidikinud *221* und auf *131 132* (Capua) múinik.[1]); nur i im Suff. *-in-* (: *-iōn-*), von dem jedoch sehr unsicher ist, ob es *ĭ*, nicht *ī* enthält (s. § 266): tanginúd tanginúm etc. 8 mal, kú]mparakineís *32*, altinúm *51* (U. D. í), doch statíf T. A. (19 m.) aus **statins*; Suff. *-īd-* : Púpidiis *34 35* (daneben Pupdiis), Húsidiis *204*, Tafidins *190*, Epid . . *42*. Casusformen: Dat. Abl. Pl. Anafríss teremniss (kaum -īss, s. § 278); Endung *-īm* meistens mit í : dekkvíarím, slagím 2 m., tiurrí 3 m., uíníveresím, íním íni 19 m., dagegen mit i memnim, Safinim 2 m., vaamunim, Úpsim 2 m., alle 4 von *io*-Stämmen (vgl. das Umbr.); sakrim von einem *i*-St., doch in Capua *(135)*. Fast ausschliesslich i hat die Endung -is im Nom. Sg. der *io*-Stämme: degetasis Pakis Niumsis Úhtavis etc., -ís nur in der späten Griffelinschrift Sabinís und nach Vocalen: Vesulliaís *189*, Maís *126*[2]) (vgl. päl. *Anaes* neben *Alafis* etc.); möglicherweise hängt i statt í in -is mit dem Auslaut -s zusammen, vgl. *-ais -ois* neben sonstigem *ae* (**oe*) auf der T. B. (oder mit der Entstehung durch Syncope aus *ios*? Ueber die Frage, ob i in -is theilweise lang war s. § 276). Altoskisch sind pid pid-um idik fifikus Arentika- sakrim Blt., luisarifs diuvilam muinikam *130*, etc. Lateinische Schrift: *meddic- medic-* häufig, *līcitud* 5 m., *minstreis mistreis, uincter, īzic* 5 m., *īdic, toutico touticom, didest, dicust* (kaum *dīcust*). In griechi-

1) Vgl. auch Viínikiís *29* Vestirikiíúí C. A. neben Kastrikiíeís *49*, falls sie *-īk-* enthalten.

2) Mais *169* aosk.? Ueber Staíís s. § 276.

scher Schrift vertritt ει das í = ĭ der nat. Schrift: ειvειμ μεδδειξ εισειδομ, s. o. S. 64 f.)[1]).

In einigen ganz vereinzelten Fällen findet sich statt des offenen í in nationaler Schrift geradezu e geschrieben: esídum *191*, esidu[m *188*, beide aus Samnium (Bovianum vetus); menvum „minuere" auf der Blt. von Capua, die auch sonstige Nachlässigkeiten zeigt; ebenda vermuthet Danielsson A. S. III 184 f. dunte[s = *dúntíss „dentibus", was freilich unsicher ist; Heírenem *207* (rechtsläufig und nachlässig geschriebene, vermuthlich späte Gefässinschrift) für *Heírením, falls Acc. oder Gen. Pl. zu Heírennis, aber dies ist sehr zweifelhaft, die richtige Lesung ist wohl Heíren. em.... (wodurch auch das auffallende Fehlen der Gemination beseitigt wäre) oder, wie die Abbildung S. J. O. Taf. I 5 näher zu legen scheint, Heírene m....[2]). vereiiaí *29* (Pompeji), vereias *209* (Frentan.), womit gewöhnlich auch Verehasiúí T. A. (2 m.) verbunden wird (doch s. § 89), leitet man meistens von *uir* „Mann" ab, s. Mommsen U. D. 135, 258 f., Bücheler bei Nissen Pomp. Stud. 169, Bréal Mém. soc. IV 143, Brugmann I 150, was der Bedeutung nach ansprechend wäre, aber das übereinstimmende e statt í auf zwei ev. drei Inschriften (von denen *29* zu den allercorrectesten und sorgfältigsten osk. Denkmälern gehört) macht dies sehr unsicher; man könnte vielleicht an Einfluss des folgenden *r* denken (vgl. l. *sero* aus **sirō* = **sisō*, vor ursprünglichem *r* jedoch nicht: *uirum* etc.), aber andere Beispiele, die dies wahrscheinlich machen könnten, fehlen (oder etwa -er im Pass. aus *-ĭr*? s. § 327)[3]). Bücheler a. O. dachte auch an osk.-umbr. *vero-* „Thor" (vgl. § 261, 2 unter *-eio-*); eine weitere Möglichkeit s. in § 218. — Ueber *angetuzet* neben *angit*... T. B. s. § 317, über ποτερεμ *11* s. Bd. II Anhang.

———

1) Von der Enclitica *-i* in ís-í-dum es-í-dum es-i-du[m, id-í-k ao. id-i-k, *iz-i-c id-i-c* T. B., εισ-ει-δομ ist die Quantität unsicher s. § 289.

2) Vgl. Deecke Rec. 129; Heírene dann wohl Abkürzung = Gen. Heírene(ís), vgl. Anniieí. *137*, oder = Nom. Heírene(s) vgl. Pape *27* (?), Statie *120* etc. (§ 256).

3) Noch schwerer als aus **vĭr-* wäre osk. ver- wohl aus **vīr-*, das in umbr. *uiro ueiro* vo. *couehriu* wahrscheinlich vorliegt, zu erklären, man erwartet *viír-.

37. Zwischendialekte. Die Regel ist *i*; daneben möglicherweise in einigen Beispielen *e*. Pälignisch: *dida 254*, *medix 251*, *Rustix 257*, *aticus 251*, *Petĭcis 247* (oder *ĭ?*), *Apĭdis 245* (kaum *ĭ*), wahrscheinlich *ecic 254* (s. o. osk. ekík), Endung *-ĭm* von *io*-Stämmen in *praicim-e* und *deti 254*; ob in *pritrom-e* und *pri-* von *pristafalacirix* das *i* kurz oder lang war, ist zweifelhaft (vgl. § 71). *-is* in Eigennamen: *Apidis*, *Heleuis* etc., wofür nach Vocal *-es* (osk. -ís): *Anaes Anniaes Aniaes*, vgl. oben das Oskische. Ueber *sestat.ens* (vo. *sistiatiens*) § 317. *pes 255* vielleicht = o. pís (s. Bd. II Anh.). Marrucinisch: *pacris* wie o. Anafríss etc. (?), *pĭs in ni-pis*; unsicherer Quantität ist *i* in *agine*. Endung *-is* in *poleenis*. Ueber *pedi* s. Bd. II Anh. Vestinisch: *didet* zu päl. *dida*, o. *didest*. Marsisch: *medĭs*. Sabinisch: über das schwierige *e i* nach *s* in *mesene* (umbr. menzne) und o. *mi*]*sinum* (*me*]*sinum*?) s. § 156. Volscisch: *medix*, *pis*, *se-pis*, *toticu*, *esaristrom* (oder im letzteren *i* aus *ĕ*?); über die Redupl. in *sistiatiens* § 317. *ĕ* aus *ĭ* vielleicht in *Declune*, falls dieser Name einer Gottheit mit Schweizer K. Z. VII 446 zu u. tiçel „Weihung, Darbringung" zu stellen ist (vgl. § 269 zu Purtuvite)[1].

38. Umbrisch. *ĭ* erscheint gewöhnlich als i *i*. *uirseto auirseto* (je 4 m.): l. *uĭdeo* gr. ἰδεῖν; ife (2 m.), *ife* (2 m.), *ifont*: l. *ĭbi*; itek: l. *ĭtem ĭta* ai. *ĭti*; tiçel, tiçlu (3 m.), tikamne: l. *-dĭcus dĭcare* o. *med-dĭk-*, dazu *dersicust dersicurent* aus **de-dĭc-* (kaum **de-dīc-*); çimu (2 m.), *šimo* (2), çive: l. *cĭ-tra*; *di-fue*: l. *bĭ-*; vitlu etc. (5), *uitlu* etc. (3): l. *uĭtulus* o. Vítelliú (*ĭ* gemeinitalisch für *ĕ*); *ninctu* (2): l. *ninguo*; *stiplatu* (3), *stiplo*, *anstiplatu*: l. *stĭpulor*; trifu,

1) Umbr. tiçel mit *ĭ* wie l. *-dīcus dīcare* (dem *ī* = *ei* in l. *dīco* würde umbr. ē *ẹ* entsprechen, s. § 71). Von anderen Erklärungen ist mir die von Corssen (Volsc. ling. 3 f.) und Huschke (O. S. Spr. 261 f.) als *Dē-clu-no-* von l. *cluere* „reinigen" weniger wahrscheinlich, weil *-une* doch eher das Suffix von l. *Bellōna Pomōna* etc., mars. *Uesune*, umbr. Vesune *Uofione* etc. sein wird und l. *dē-* im Osk.-Umbr. sonst *da-* heisst; die Heranziehung der ai. *Daçagva-* (Grassmann K. Z. XVI 195, Lignana Giorn. di filol. I 249 ff.) ist wenig einleuchtend; bei Bréals Erklärung als *„Diēculōna" (Rev. arch. 1876, 245 f.) bleibt das Fehlen von *i* nach *d* schwierig; noch mehr Bedenken erheben sich gegen Deeckes Herleitung aus gr. διακδιώκω (App. 174, Rh. M. 41, 201).

trifo trifor (7), tripler, tribřiçu *tribrisine*: l. *trībus trīplex* etc., *ahatripursatu* (3): l. *trīpudium*; *pis-est*, *pis-her*, pis-i (2), *pis-i* (3), sve-pis (2), *so-pir*; *preuislatu* falls „*praeuinculato"; ku(m)pifia- (3), *combifia-* (9) falls zu l. *confīdo fīdes* (? s. § 224); *pri-* in prinuvatu (5), *prinuato* (8), falls das *i* nicht lang ist. Suffix *-īd-* in kapiře etc. (10), *capirse* etc. (8): l. *capīd-*; Suff. *-īko-* in Pupřike etc. (8 m.; oder Pup-řik- Compositum wie o. *med-dīk-*? s. § 269); falls vestikatu vestiçia *uesticatu uestisia* etc. (au. 12 m., nu. 18 m.) von l. *Uesta* abzuleiten sind, enthalten sie wohl gleichfalls *ī*, wenn sie dagegen auf einen *ti*-Stamm zurückgehen, vielleicht *ĭ* (vgl. § 262); unsicher ist auch die Quantität von *-in-* in natine (3), ferine (7), *ferine* (6), *tribrisine*.

Neben *i* kommt im Au. mehrfach *e* vor, im Nu. fehlen, ausser in Endsilben, völlig sichere Beispiele dafür. ahtrepuřatu *IIa* 24 25 31 38 atrepuřatu *IIb* 18 neben nu. *ahatripursatu* (3 m.); trefi-per *III* 25 30 neben trifu *Ib* 16, *trifo trifor* (7 m.); steplatu *Ib* 13 neben *stiplatu* (3 m.), *stiplo*, *anstiplatu*; Kaselate *IIa* 6 6 6 nu. *Casilos Casilate Casiler* (je 1 m.); muneklu *Va* 17 19 21 wohl = **moinī-k(e)lom* vgl. l. *munia* (oder auch muněklu = **moinei-k(e)lom* möglich, vgl. l. *apīcula cutīcula* etc.?); urfeta *IIb* 23 „orbītam" wohl = **orfī-tām*, zu l. *orbi-s*; façefele *IIb* 9 urit. **fakī-fli-*?; sestu *IIb* 22 24, seste *IIb* 22, zu l. *sisto* (oder kann das umbr. e der Vocal der Präsensredupl. sein? s. § 296); vesteça *IV* 17 neben sonstigem vestik- vestiç- *uestic-uestiś-*, doch ist die Quantität unsicher (s. o.); im Ausgang des Dat.-Abl. Pl. der *i*-Stämme hat das Au. -es (-e) neben -is, das Nu. nur *-is*, 1 m. *-eis* (allerdings Länge nicht ganz ausgeschlossen, s. § 278); sakreu *Va* 6, perakneu *Va* 7 gegenüber nu. *peracrio peracnio* (doch vgl. § 278). Ueber ařepes etc. neben ařiper s. § 123; über puste *Ia* 25 s. die Syntax. Die meisten oder, wenn man die jüngere (lateinische) Betonung ansetzt (steplátu trefí-per), alle angeführten Beispiele ausser dem nicht ganz sicheren sestu seste und dem sehr unsicheren façefele haben das e für ī in unbetonter Silbe, was wohl nicht ganz zufällig ist. Im Ausgang *-im* finden wir im Au. und Nu. eine etwas auffallende Unterscheidung, nämlich *-im* (*-i*) bei den *io*-Stämmen (ausser *Graboue VIa* 24 25), *-em* (*-e*) bei den *i*-Stämmen (wahrscheinliche Ausnahme ahtim-em *Ib* 12 12, übrige zweifelhaft), wozu auch ene, *enem* (2 m.), *eine* (2 m.) = o. íním stimmt. Vielleicht geht im Osk. dem umbr. *-im*: *-em* parallel eine Unterscheidung von -im bei den *io*-Stämmen, -ím bei den *i*-Stämmen und in ínim, doch ist das Material etwas spärlich (s. o. S. 97). Umbr. *-em* aus urit. *-ĭm* erinnert an *-om* aus *-ŭm* bei den *u*-Stämmen. Ob das *-im* der *io*-Stämme aus urit. *-iom* erklärt werden kann, ist freilich unsicher (s. § 276, ebd. andere Möglichkeiten). Ueber *e* im Auslaut aus urit. *-ĭ* s. § 249. Ausser letzterem und *-em* aus *-im* giebt es im Neuumbrischen keine ganz zweifellosen Beispiele von *e* für *ĭ*. Das wahrscheinlichste Beispiel ist wohl *pers-i* (2 m.), *pers-e* (4 m.), *pers-ei* (4) au. peř-e (2) neben *pirs-i* (2), *pirs-e* (2) au. piř-i piř-e (je 1 m.) = o. píd l. *quĭd* + Enclitica *-ī*; vielleicht kann die offenere Aussprache des ĭ in diesem Worte mit dem folgenden ř *rs* in Zusammenhang gebracht werden, vgl. *sorser* aus **sŭrser* (au. suř-) § 52, es ist aber auffallend, dass die je 4 m. belegten *uirseto auirseto* und der 16 m. belegte Stamm kapiř- *capirs-* immer *i* haben; jedenfalls ist auch J. Schmidts Ansicht (Neutra 62 A.) zu berücksichtigen, wonach piř-e = l. *quid*, peř-e aber = l. **qued* (Acc. Masc. dazu *quem*) av. *cat̰* wäre, vgl. § 288; eine weitere Möglichkeit s. u. Ist die Annahme von Einwirkung des ř *rs* die richtige, so kann auch *ers-e* (2 m.) eř-ek (7 m.), zu l. *ĭd* o. íd-ik, aus **ĭd-* erklärt werden; ebenso vielleicht *er-e er-ec* er-e er-ek *er-i-hont er-ont*, zu l. *ĭs* o. *ĭz-ic* ís-í-dum, aus **ĭr-* = **ĭz-* durch Einwirkung des *r* wie in l. *sero* aus **sĭzō*. Man könnte aber bei er- *er-* und eř- *ers-* auch an *ē* aus *ei̯* denken, da auch im Altl. *eis īs* neben *ĭs*, im Ntr. *eidem īdem* neben *ĭdem* vorkommt (Schweizer-Sidler[2] 120, 122); **ei̯s* **ei̯d* können alte idg. Formen sein vgl. ai. *vēš* (s. Brugmann II 776) aber auch uritalische Neubildungen nach den übrigen Casus, die mit *ei̯-* begannen (Acc. **ei̯om* Fem. **ei̯ā* etc.; später schwand *i̯* zwischen Vocalen). Merkwürdig ist, dass das vom gleichen Pronominalstamme abgeleitete etru- *etro-* „alter" ebenfalls immer (au. 14 m, nu. 5 m.) *e* zeigt; ein besonderer Grund, warum ĭ, das in l. *ĭterum* ai. *ĭtaram* vorliegt, hier zu *e* geworden sein sollte, ist nicht recht ersichtlich (die folgende Muta + Liq.?? vgl. muneklu? aber *stiplatu* tripler vitlu etc.!), es ist daher sehr wohl möglich, dass *etro-* auf **ei̯-tero* zurückgeht (vgl. auch *ētato* etc. § 71: l. *ĭtare*, o. eítuns: l. *ĭter*). Wenn e r - e *er-e* eř-ek *ers-e* **eįs* **eįd* enthalten sollten, wäre vielleicht auch nicht ganz ausgeschlossen, dass peř-e *pers-e* auf ein mit **eįd* reimendes **queįd* zurückginge. Für die andere Annahme, Einwirkung des ř *rs* auf *ĭ*, kommt vielleicht noch *dersa* teřa teřtu neben *dirsa dirstu* etc. in Betracht, doch s. § 296. Dass *fratrexs fratreci fratreca fratrecata* (je 1 m.) au. fratreks (2 m.) Suffix *-ĭko-*, nicht *-eko-*, enthalten, ist keineswegs zweifellos, vgl. oben das 8malige Pupřike etc. und die genaue Auseinanderhaltung von kapiř- und vapeř-; jedoch ist vielleicht der Umstand, dass ein *r* vorausging, in Betracht zu ziehen, da rein lautgesetzlich ein **fratrĭko-* zu **fratr̥ko-* **frat^{e}rko-* geworden wäre[1]). Unklar ist *dersecor* (4 m.), vgl. § 196. Zu erwähnen ist noch *Puplece* auf den Grabziegeln von Tuder *293* (bei der Beurtheilung des Iguvinischen fernzuhalten). Ueber die schwierige Frage, ob einige oder gar die Mehrzahl der Participia auf *-eto-* wie *uirseto oseto* etc. *ĕ* aus *ĭ* enthalten, s. § 291; über *ennom enom* enu enumek neben inumek vgl. oben S. 85; über *este* este und *es(s)o-* esu- neben *is(s)o-* isu- s. § 288, über vea neben via *uia* § 87, über *-e -ek* in *ere erec erse* eřek etc. § 289, über *atropusatu* § 124, über den Acc. Pl. der *i*-Stämme § 278. Ganz unklar ist *tesedi VIb* 46 = au. tenzitim *Ib* 6.

Das Resultat ist also folgendes. *ĭ* erscheint im Umbr. in der Regel als *i*, daneben findet sich die Schreibung *e* im Au. mehrfach in unbetonten, vielleicht z. Th. auch in betonten Silben, während im (orthographisch geregelteren) Nu. ganz unzweifelhafte Beispiele für die Schreibung *e* fehlen; möglicherweise ist wegen *perse* etc. die Stellung vor ř *rs* als ein besonderer Fall zu betrachten.

ĭ.

39. Oskisch. Idg. urit. *ĭ* erscheint in nationaler Schrift in Stammsilben gewöhnlich als i í (ausser aosk., wo das Zeichen í fehlte); in suffixalen Silben tritt an dessen Stelle meistens die, in Stammsilben seltene, einfachere Schreibung i oder í.

1) Denkbar wäre auch, dass wenigstens vor *-ks e* aus *i* berechtigt war (vgl. l. *mordex* neben *mordicus* etc.?).

Dass das ií nicht einfach offenes ī bezeichnet, wie z. B. von Corssen I 17, K. Z. XVIII 209, Bruppacher 29 angenommen wird, geht daraus hervor, dass ií = urspr. ī von dem aus ē entstandenen offenen ī, geschrieben íí (S. 89 ff.), durchaus unterschieden wird; es kommt trotz der relativ beträchtlichen Anzahl von Belegen niemals ein íí für urspr. ī[1]) noch ein ií für urspr. ē vor, ií mag vielmehr ungefähr als $ī^e$ oder *ię* zu sprechen sein, in der Art wie lit. *ë* oder wie der Vocal in deutsch *vier* etc., doch mit offenerem ī, weil bei der Bezeichnung durch bloss éinen Buchstaben neben i auch í geschrieben wurde (in Urena sogar e, s. u.)[2]).

Die Beispiele für ií = ī sind: liímitú[m C. A. = l. *līmitum*, zu *līmus* „schief" (vgl. § 184). Fiísiaís *132* zu u. Fise *Fisiu Fisouie* l. *fīsus* idg. **bhīdh-tó-* (vgl. § 205); Viínikiis *29* zu l. *uīnum*, vo. u. *uīnu*[3]); piihiúí T. A. zu vo. *pihom*, u. pihatu *peihaner*, l. *pius* **pīus* (ī durch die roman. Sprachen erwiesen, vgl. Danielsson St. Gr. 46 A., W. Meyer Rom. Gramm. I 57), zur Etymologie vgl. § 98; vom gleichen Stamme nach Büchelers ansprechender Deutung (L. I. XXa) Piístíaí T. A. (2 m.), wohl von einem Superlativ **pī-is-to-* (oder **pī-ịes-to-*? s. § 287) abgeleitet[4]); Kiípiis *53* zu l. *Cīpus* (*ceip.* der altlat. Fucinerbronze also mit *ei* = ī; über das Verhältniss zu *cippus* vgl. § 98); Viíbis *165 204*, päl. *Uibedis*; Miínieis *156*, päl. *Min.*; Meliíssaii *64*, unklarer Herkunft[5]) wie auch Viíbis (doch vgl. § 210) und Miíniels; diíviiai *187* geht auf urit. **dīṷo-* (l. *dīuus*) aus **dīṷịo-* zurück, s. § 86. Ein unsicheres Beispiel ist ..iíkín.. (wie auf *65* zu lesen scheint, vgl. U. D. p. 187 und Taf. XI),

1) Ausser vielleicht in Staíís, wo natürlich das vorausgehende a der Grund war, vgl. päl. *Anaes* neben *Apidis* etc. und s. § 276.

2) Als „offenes und leicht diphthongisches ī" betrachtet auch Streitberg P. B. XIV 198 das oskische ií.

3) ī in ital. **vīno-* ist, falls das Wort mit gr. οἶνο-ς urverwandt ist, wohl als Ablaut ī : *oi* (vgl. gr. λῑμός : λοιμός und dgl.) zu betrachten, doch s. § 141.

4) Bei der gewöhnlichen Erklärung als Lehnwort = gr. *Πιστία bleibt das osk. ií = ī räthselhaft (vgl. die folgende Anm.).

5) Sollte Meliíssaii wirklich irgendwie durch Entlehnung mit gr. μέλισσα zusammenhängen, so müsste gr. ĭ im Osk., aus unklarem Grunde, gedehnt sein (vgl. auch Meeilikiieis: Μειλιχίου?? Piístíaí s. o.).

vermuthlich Bruchstück eines Namens, wohl Cognomen, also möglicherweise etwa P]iíkín[s oder P]iíkín[is „Pīcēnus“ oder „Pīcēnius“, vgl. *Picens* C. I. L. IX 5241, *Picena* X 8103, *Picentinus* mehrfach (übrigens auch andere Namen mit *Pīc-*, z. B. *Picidius*, u. *Piquier*) und die häufigen Cognomina wie *Sabinus* etc. Auf *135* ist jedenfalls eher fi*i*iet (vgl., vom h abgesehen, piíhiúí) als fi*i*iet zu ergänzen (vgl. Bücheler Rh. M. 43, 559); ein anderes Mal ist auf derselben Inschrift fIiet mit *i* longa (ein drittes Mal bloss fiiet) geschrieben; das *ī* erscheint auch im Lat. in *fīo fīunt* neben *fīeri* etc. (über die Entstehung vgl. § 295). Suffix *-ĭo-* in Iúvkiíúí Vestirikiíúí C. A., Kastríkiíeís *49*, wahrscheinlich auch in Viínikiís Kiípiís und anderen Nominativen auf -iís, worüber § 276. Ueber ií in Aiífineís § 63; in .iíkúlús *205*, falls = d]iíkúlús, ist ií = *iē*. Schreibung ii statt ií in Fiisíais *131* neben Fiísíais *132*, wie überhaupt auf diesen beiden Inschriften der Gebrauch von í noch schwankend ist (s. S. 63; oder ist auch auf *131* die Lesung Fiísíais möglich?); fiisu .. *146* eher mit Deecke fiís*n* .. zu lesen, s. S. 45, 89. Die einfachere Schreibung i oder í statt ií ist in Stammsilben nicht häufig (Aosk. s. u.): imad-en *28* „ab īma“; Bivellis *129* zu aosk. bīvus l. *uīuus*; Minieís Minnieís *138*, Minies *157*, Minateís *138* (2 m.), Min. *159* neben Miínieis *156* (alle aus Capua); Físanis *50* wohl zu Fiísíais etc. (oder zu fíísna- l. **fēs-iae fēs-tus*?); Píkúfn .. *60* zu l. *Pīcumnus* (s. § 221); íp C. A. falls = **ī-pe*, nicht = **ē-pe* oder = **ĕpi* (s. o. S. 85); Pisu *59* „Pīsō“? Dagegen erscheint in suffixalen Silben, ausser in den oben genannten Iúvkiíúi etc. und den Nominativen auf -iís, überall blosses i oder í, wie auch die eigentliche Gemination von Vocalen fast nur in Stammsilben angewendet wurde (vgl. S. 55)[1]): aídilis 4 m., aídil, l. *aedīlis*; Suffix *-īno-* in Sidikinud *221*, Sabinís *98* (Safinim *188 235* eher mit *ī*, aus *Safnim, s. § 136), Sarinu *48* neben Sarínu *47* (oder Suff. *-īno-*, l. *Sarnus* aus **Sarīnus*?), Úrina. Urina. Urinai. *216* (Münzen von Uria; 1 m. auffälliger Weise

1) Für die Aussprache ist hieraus schwerlich etwas zu schliessen; es mochte einfach die Schreibung mit zwei Vocalzeichen für diese weniger wichtigen Silben zu umständlich scheinen.

Urena.); unsicher ist die Quantität von *-in-* (: *-iōn-*) in tanginúd etc. (8 m.), kú]mparakineís altinúm (je 1 m.) und in Aadirans *29*, Adiriís *48*, Adíriis *47* (in beiden Fällen *ī* vielleicht das wahrscheinlichere, s. über *-in-* § 266, über Adir- § 136); Abl. Sg. auf *-īd* screvkid *28*, slaagid prupukid C. A., sakrid *134*; Optative Sg. fehlen (fusíd aus **fusēd*, s. § 312), Plur. tríbarakattíns; von der Enclitica -í in ís-í-du(m) 3 m., es-í-dum, íd-í-k 2 m., -i in es-i-du[m *188*, ist fraglich, ob sie *ī* enthält, s. § 289; über -píd vgl. S. 90.

Wo das Zeichen í fehlte, also in aosk. lat. und gr. Schrift, konnte nur *i* ev. *ii* geschrieben werden (in gr. Schrift auch ει). Altoskisch: bivus Blt., l. *uīuus* ai. *jīvá-*; limu Blt., gr. λιμός; Vibiiai ebd. (2 m.) zu Viíbis (auch *161 162* mit Vibis wohl aosk.); Kluvatiium Blt. und *141*, Magiium *130* wohl wie Iúvkiíúí etc. (s. § 275); deivinais *142*, deivin[ais *143* „diuīnis"; Münzen Nuvkrinum und Alifa. (l. *Allīfae*); über die Enclitica *-i* (*-ī*?) in id-i-k vgl. oben[1]). Lateinische Schrift: T. B. *scriftas* zu l. *scrībo* (gr. σκαρῖφος), Opt. *fefacid fuid hipid* etc.; über die Enclitica in *iz-i-c id-i-c* s. o.; *24 Min.* vgl. Miínieis; Münze *Ladīnod Ladīnei*. Griechische Schrift: πιω *12* vgl. piíhiúí; *-īno-* in Μαμερτινο *1*, Μαμερτινουμ *2 211*, Σαιπινς *18*, Αυσκλιν- *214* (falls osk.); καπιδιτωμ *16* Ptc. auf *-īto-*? Fει. *212* auf Münzen der Stadt Vibo, deren Name mit Viíbis etc. zusammenzuhängen scheint (ει kann allerdings auch = *ī* sein); über die Enclitica in ειϲ-ει-δομ *15* vgl. oben. Ueber die Nominative Sg. auf *-ies* -ιεϲ s. § 276.

ē aus ursprünglichem *ī* nur in dem bereits erwähnten Urena., wo es ungenaue Schreibung für den sonst im Aosk. durch i wiedergegebenen Laut í sein wird (vgl. menvum, vielleicht auch dunte[s der aosk. Blt.), ausserdem in lat. Schrift nach *a* in *pa-e* T. B. (ein zweites Mal *pa-ei* geschrieben, wohl fehlerhaft für *pa-e*) = pa-í, vgl. *e* í nach *a* in päl. *Anaes* o. Vesulliaís neben päl. *Apidis* o. Úhtavis etc., falls nicht *pa-e* pa-i trotz umbr. *po-ei* etc. als *paę paį* (vgl. l. *quae*) aufzufassen ist (vgl. § 289); im Conj. (Opt.?) trotz vorausgehendem

---

1) Auf campanischen Thongefässen: Minis *175*, Vinuχs Viniciiu (zu Viínikiís) *176*.

a deiuaid nicht **deiuaed* (obgleich *ī* hier wahrscheinlich auf *ē* zurückgeht, s. § 305 f.).

40. Zwischendialekte. Im Pälignischen wird *ī* geschrieben: *Uibedis 271, Uib. 260 271* (*Ụibdu 254* sehr unsicher, s. Bd. II Anh.) zu osk. Viíbis; *Min. 268* zu o. Miínieis; *prismu 254* geht wohl auf idg. **pri-is-mo-* (**pri̯i̯-is-mo-*) zurück [1]); Abl. auf *-īd*: *fertlid 254; sacaracirix pristafalacirix 254* wahrscheinlich mit *-cirīx* aus *-trīx* (s. § 189); *ip 254* = **ī-pe* (oder = **ē-pe* od. **ĕpi*?). Andere Beispiele sind allzu unsicher. *sei 246* nach Deecke (App. 178) „sit", also = **sī(d)*, wobei *ei* = langem osk. í wäre; die Deutung ist jedoch zweifelhaft (s. Bd. II Anh.). Im Marruc. erscheint *e* neben *i*, was auf sehr offene Aussprache des *ī* deutet: *regēn[a* l. *regīna* neben *uenalīnam* (Suff. *-īno-*); umgekehrt fanden wir (S. 94) *līx* mit *ī* für *ē* neben *rēgen[a* mit bewahrtem *ē*. Urspr. *ī* ferner in *pacr-si* (= **sīd*, kaum = **sīs*) und, wieder als *ē*, in *pẹai*, wie mit Deecke Rh. M. 41, 197 zu lesen ist, zu o. piíhiúí; auch in *poleenis*, falls es „rex sacrificulus" (Bücheler Arch. I 104, Umbr. 89) oder „pullarius" (Deecke App. 175, Rh. M. 41, 196) oder dgl. bedeutet, nicht Eigenname „Pollēnius" ist (Corssen K. Z. IX 149 f., Bugge ebd. XXII 424) [2]), scheint *ē*, da Suff. *-ēnio-* nur in Eigennamen gebräuchlich ist (wenigstens im Lat.), für *ī* zu stehen (Suff. *-īnio-* von *-īno-* weitergebildet).

Volscisch. *i* in *uīnu*, *e* in *couehriu* d. h. **couēriu* **couīriu*, mit *ī* wie u. *ueiro uīro* gegenüber l. *uīr* und *cūria* aus **couīria* (vgl. § 216). *se* ist kaum „sit", sondern „si" (s. Bd. II Anh.). *arpatitu* wohl mit *-ītu* nach der IV Conjugation.

Ueber *-ies* = osk. -iís im Päl. Mars. Volsc. s. § 276.

41. Umbrisch. Die gewöhnliche Vertretung des urspr. *ī* ist i *i*; daneben kommt ziemlich oft *ei* vor, doch fast aus-

---

1) Dasselbe *prīs-* wohl in l. *prīs-cus*, vgl. Danielsson A. S. IV 163, Brugmann II 406, 407; für urit. **preismo-* würde man päl. kaum **prīsmo-*, sondern **preismo-* oder dann **prēsmo-* zu erwarten haben, vgl. § 70.

2) Am wenigsten wahrscheinlich ist mir Bréals Vermuthung (Mém. soc. VI 84, vgl. schon Mommsen U. D. 341), dass hier der Name Apollo's vorliege, denn der Zusammenhang (vgl. Bd. II Anh.) und die grammatische Form (ein *ē* ist hier kaum begreiflich, l. *Apolenei* aus Pisaurum ist wohl genau = *Apollīni*) sind dem gleichermaassen entgegen.

schliesslich auf den ca. 40 ersten Zeilen von *VIa* (vgl. S. 66); nur selten, ausser in der Enclitica -i -e *-i -e*, erscheint e *e* für ī. Der Wechsel der Schreibungen weist auf offenes ī, von dem aber das geschlossene ē (urit. ẹ) meistens noch richtig unterschieden wird; nur im Nu. im Ausgang *-ītu* ist ē der II Conjug. mit ī der IV Conj., in der Schrift wenigstens, völlig zusammengeflossen. — Immer i *i* in Fise Fisim *Fisiu Fisouie Fisouina* etc. (über 80 m.), zu o. Fiísíais l. *fīsus*; vinu *uinu* (14 m.); fikla- *fīcla-* (15 m.), fiktu afiktu zu l. *fīgere fībula* (oder fikla zu *fingo fictor*? s. § 178); spin(i)a- *spin(i)a-* (4 m.) zu l. *spīna*. Mit *ei* neben *i*: *uiro* (8 m.), *ueiro* (3); *sir* si *si* „sīs, sit" (11), *sei* (3), Plur. *sins* sis; *Piquier* (2), *peico peiqu peica* (10), zu o. Píkúfn . ., l. *pīcus* (Ablaut ī : ĭ gegenüber ai. *pĭka-*, urgerm. **spĭχa-* deutsch *Specht*); *di* (30); *dei* (5) Acc. und Voc. „diuom, diue" = *dīm dī* (s. § 106); Suffix- *-īno-* in dem ungemein häufigen Ikuvinu- *Iiouino-*, ausserdem in *Fisouino- cabriner* ekvine etc., *ei* nur in *Iioueine VIa* 5; Imperative und Participia der IV Conjug., z. B. seritu *seritu* (31), *pe(r)snis* (3), pe(r)snimu *persnihimu* etc. (ca. 70 m.), mit *ei hereitu VIa* 37 (*heritu* 3 m.) und *stahmeitei VIa* 5 (*stahmit-* 2 m.), falls sie nicht der II Conjug. angehören. Ueber prinuvatu- *prinuatu-* s. § 71. Die Schreibung mit *e* ist, ausgenommen in der Enclitica *-i -ei -e*, verhältnissmässig sehr selten: *screhto VIIb* 3 neben *screihtor VIa* 15, zu l. *scrīptus* osk. *scrīftas*; pehatu *III* 3, *pehaner VIa* 20, pru-pehast *IV* 32 gegen sonstiges piha- *piha-* (ca. 40 m., 1 m. *ei*), vgl. marr. *pẹai* osk. piíhiúí; purtuvetu *IIb* 17, purtuetu *IIb* 11, sonst purtuvitu (10 m.), *purdouitu* (vgl. § 295). *conegos* (3 m.) scheint trotz dem auffallenden i in kunikaz (3 m.) eher urspr. *ei* als ī zu enthalten, s. § 182; auch in revestu *Va* 7 9 „reuisito" ist e wohl eher = *ei* als = ī, s. § 296. Der urit. Ausgang *-īd* des Ablativs der *i*-Stämme (s. § 277) erscheint 5 mal als *-e* neben ca. 70 maligem *-i* (*-ei*). **se* = **sīd* „sit" ist nach Brugmanns Deutung in vakaze *Ib* 8, *uacose VIb* 47 enthalten (s. Bd. II Anh.), sonst heisst es si 5 m., *mersi* 2 m., *mersei* 1 m., dazu Conj. Pf. *combifiansi* 1 m. Auch die zweite Pers. Sg. zeigt *i ei* : *sir* 3 m., *si* 1 m., *sei* 2 m., ebenso die 3 Sg. im Pass. (urspr. *-īr*): *pihafi* 3 m., *pihafei* 1 m. (herifi?). Vgl. noch heris 3 m., heri 6 m., *heri* 4 m., da deren *i* wohl kaum = *ē* ist (s. § 291). Im Gegensatz zum Bisherigen ist die Schreibung *e* sehr häufig bei der Enclitica *-ī* an Formen des Relativ- und Indefinit-Pronomens wie pi ř-e pur-e *pirs-e paf-e* neben pi ř-i pur-i *pirs-i pif-i* etc. Es findet sich *-e* im Au. 17 m., im Nu. 16 m., *-i* im Au. 3 m., im Nu. 15 m., *-ei* im Nu. 8 m. Dazu kommt puz-e (3 m.), *pus-e* (11 m.), *pus-i* (7 m.), *pus-ei* (3 m.), vielleicht auch ape (8 m.), *ape* (17 m.), api (3 m.), *appei* (1 m.) und pune (14 m.), *pon(n)e* (4 m.), puni (1 m.). Bei demonstrativen Pronomina und Adverbien findet sich nur -e (1 m.) *-e* (4 m.) -e-k (30 m., davon 20 m. enumek inumek) *-e-c* (1 m.), möglicherweise enthielt hier und in den entsprechenden osk. Formen *iz-i-c* id-í-k *id-i-c* is-í-dum etc. die Enclitica ein kurzes *i* (s. § 289). Die Häufigkeit des *e* für ursprüngliches *ī* in pi ř-e pur-e *pirs-e* etc. scheint damit zusammenzuhängen, dass das *-ī* hier schon ursprünglich im Auslaut stand, während es im Abl. Sg. der *i*-Stämme etc. erst durch Wegfall von *-d* in den Auslaut kam; das Verhältniss erinnert daran, dass urit. *-ōd* immer als *-u*, urit. *-ō* dagegen als *-o* erscheint (vgl. § 250).

ŏ.

42. Bei der Behandlung der *o*- und *u*-Laute hat man sich gegenwärtig zu halten, dass für die Entscheidung zwischen *o* und *u* die altoskischen[1]) und altumbrischen Inschriften, da ihre Schrift kein besonderes Zeichen für *o* besass, gänzlich ausser Betracht fallen. Der scheinbar so häufige Wechsel zwischen *o* und *u* beruht zum allergrössten Theil auf diesem Umstand, ist also bloss graphisch. Die Unwahrscheinlichkeit der Annahme, *o* habe sich in alter Zeit wirklich verdumpft und erst später sei der *o*-Klang wieder deutlicher hervorgetreten, liegt auf der Hand; vielmehr wird der Grund jener Darstellung des *o* durch u einzig in der Geschichte des Alphabets zu suchen sein[2]). Ob das durch das aumbr. und aosk. u und das spätere osk. ú (in lat. Schrift durch *o*) dargestellte *ŏ* im Allgemeinen einen

---

1) So nennen wir diejenigen Inschriften, welche das Zeichen ú = *o* noch nicht kennen, vgl. S. 44.

2) Wahrscheinlich liegt die Erklärung darin, dass das osk. und umbr. Alphabet aus dem etruskischen abgeleitet sind, vgl. S. 42 f.

geschlossenceren Klang hatte als das lateinische *ŏ*, ist eine Frage für sich; wie wir sehen werden, fehlen sichere Anzeichen zur Bejahung derselben. — Im Oskischen kann man zuweilen zweifeln, ob der Punct im V (ú) = *o* nur zufällig fehlt, da er leicht unkenntlich werden konnte, z. B. öfters auf den Tuffcippi von Capua; auf der Blt. von Capua, welche bestimmt V besass, ist die Unterscheidung durchweg sogar so unsicher, dass wir mit Bücheler überall u lesen und die Blt. demnach, genau genommen unrichtig, den „altoskischen" Inschriften beizählen.

43. In der Regel ist idg. urit. *ŏ* erhalten, z. B. o. úpsannam etc., u. *osatu oseto* (*ose*?) aus **op*(*e*)*s*-: l. *opus* ai. *ápas* (*ápas*); u. *opeter* (upetu), wohl auch o. Úppiis Οπιες Úpsim '*Opsci*', zu l. *ops optare* etc.; o. Úhtavis: l. *octo* gr. ὀκτώ; marr. *ocres*, u. *ocri*- (häufig): l. *ocri*- gr. ὄκρις; o. úp *op*, u. *os*- aus **ops*-: l. *ob os*- gr. ὄπι-θεν, idg. **opi* (Ablaut zu **epi* gr. ἐπί); u. *oui*, wozu wohl päl. *Ouiedis* o. *Ou*., zu l. *ouis* gr. ὄϊς (doch vgl. § 45); u. *onse* aus **om*(*e*)*so*-: l. *umerus* got. *amsa*-; o. púst *post* pússtíst pústin pústreí *posmom*, u. *post pos posti postne postro*-: l. *post* lit. *pàs* (idg. **po-s* zu **apo* gr. ἀπό l. *ab*); o. púd *pod* πωτ (ω = *ŏ*, s. o. S. 67 f.) pún pútúrúspíd etc., u. *po-i po-rse ponne podruhpei* etc. mit *po*- = l. *quo*- gr. πο-; o. pútíad (aosk. putiiad putiians): l. *potui potis* gr. πόσις; o. *dolom dolud*: l. *dolus* gr. δόλος; u. *poplo*- (häufig): l. *pŏpulus*; u. *gomia* zu gr. γόμος γέμω; o. kúm- *com*-, vo. *co*-, u. *com*- und -*com*: l. *cum* gr. κοινός aus *κομ-ι̯ος.

44. *ŭ* für *ŏ*[1]). Das kurze *o* neigte wie im Lat. hauptsächlich vor gewissen Verbindungen von Nas. Liq. mit folgendem Cons. und (im Osk.-Sabell.) im Ausgang -*om* zu *u* hin; ausserdem gibt es nur ganz vereinzelte Beispiele von *u* für *o*.

a) Stellung vor Nas. Liq. + Consonant. Im Lat. wurde *o* vor *n m* + Gutt. Lab. meistens zu *u*, vor *n* + Dent. blieb es gewöhnlich. Für ersteres vergl. o. Aurunkud 222, falls diese Münzaufschrift nicht aosk. ist, aus **Ausonkōd* (vgl. *Ausŏnes*)[2]), dagegen mit *o ionc* T. B. gegenüber l. *hunc*, vor *mp* Púm-

1) Vgl *ĭ* für *ĕ* § 31. Zum Lat. vgl. jetzt W. Meyer, Philol. Abhandlungen Schweizer-Sidler gewidmet, S. 15 ff.

2) Allerdings ist Aurunkud wegen *r* aus *s* nicht ächt oskisch, kann also osk. *unk* aus *onk* sowieso nicht sicher erweisen.

paiians etc. (4 m.), Πομπτιες, **púmperia**- *131 132 134 136 137* (*141* **pumperias** aosk.)[1]; vor *nt* (woraus umbr. *nd*) bleibt *o* ebenfalls: osk. *contrud*, **púnttram** (l. *pont*-), **Púntiis** päl. *Ponties*, u. *hondra hondomu Honde hondu -hont* (im Ausl. hat das Lat. *-unt*, 3. Plur.); o. **Frunter** *184* wohl = **Fronter*, aber die Inschrift kann aosk. sein. Vor Nas. + *s*: u. *onse* aus **om(e)se* l. *umerus*, aber o. **Niumsis** zu l. *numerus* aus **nomesos*. Vor *mn*: mars. *Cumnios* falls zu l. *Cominius*, o. *Comni*. *23*, vgl. l. *alumnus* aus **alomnos* etc. Verschieden ist die Behandlung auch vor **Liq. + Cons.** (*or ol* zugleich = idg. *r̥ l̥*, s. § 155). Vor *rt* bleibt *o* wie im Lat.: o. *fortis* zu l. *fortis* (aus **forct*- idg. **dhr̥ĝhto*-); päl. *forte* zu l. *for(t)s* (ai. *bhr̥ti*-); o. **húrtúm húrtín Húrtiis**: l. *hortus* gr. χόρτος; u. *couortus couortuso* je 1 m., doch *VIa* 6 *courtust*, welches wohl als **couurtust* (**covurtust*) aufzufassen ist (vgl. § 82); u. *ortom orto*: l. *ortus*; u. *portatu portaia portust*: l. *portare*[2]). Dagegen zeigt *u* die Präp. **por* (l. *porricio* etc.) vor *d* in u. *purditom purdouitu* etc. (kann allerdings leicht von der Stellung vor anderen Cons. übertragen sein). Vor *rk*: u. *porca* zu l. *porcus* gr. πόρκος; vor *rp*: u. *Nurpier* aus **Norp*-? (dunkler Herkunft)[3]). Vor *lt* osk. und umbr. *o* gegenüber lat. *u* (doch altl. *moltaticod*): o. **múlta**- *molta*- (11 m.; *125* **multas** ... wahrscheinlich **múltas** ... zu lesen, s. U. D. 178), u. *motar* aus **molta*-, l. *multa*; o. **últiumam** = l. *ultimam* (wohl verwandt mit *olle* aus **ol-se*); vor syncopirtem *lt*: u. *amboltu comoltu*. Vor *lk*: o. **Mulukiis** „Mulcius", zu l. *mulceo*, ai. *mr̥c*- oder *mr̥ç*-? Vor *rn*: u. *curnaco curnase* gegenüber l. *cornix*[4]); o. **Spurneís** wohl zu l. *Spurius spurius*, aber dieses selbst ist nicht sicher er-

---

1) Also o. **Diumpaís** = **dumpais* wohl nicht aus **dompa*- (vgl. § 53).

2) Osk. **.urtam** *188* nach Pauli A. S. II 106 = **p]urtam**, also hier dann *u* aus *o* vor *rt*, falls die Lesung ú statt u ausgeschlossen sein sollte.

3) Huschke 73 denkt an *Norba* in Latium (auch Bücheler übersetzt „Norbii"), aber da *Norba* wohl mit Recht als *noua urbs* gedeutet wird und *urbs* zu av. *vardana*- gehört (*b*, *d* aus idg. *dh*), wäre, wenigstens ächt umbr., **Norf*- zu erwarten (vgl. **urfeta** = l. *orbitam*).

4) Wohl kaum aus **cōrn*-, vgl. gr. κορώνη κόραξ (cf. J. Schmidt K. Z. XXV 14).

klärt (*u* ursprünglich?). Ueber o. uruvú s. § 261, 3. Vor *rs* umbr. *u*: *tursitu tursiandu* etc. aus **torsē-* (wohl Causativum idg. **torsé̆i̯ō*), zu l. *terreo*; von der gleichen W. wohl *Tursa Tursar Turse* (vgl. § 232); unklar *smursim* (**smuršim*? s. ebd.), osk. . . urseís *205*. Vor *rf*: u. *furfant efurfatu* aus **forf-*? (s. § 219); *o* in *trahuorfi*. Umbr. *ulo* zu l. *olle*, also *u* aus *o* vor *ll* oder, da *olle* wahrscheinlich = **olse*, vor *ls*, als dieses noch bestand? oder **ūlo* aus **ōlo* vgl. l. *ōlim ūls*?

b) Endung *-ŏm*[1]). Das Umbrische hat ausnahmslos *o* bewahrt (sogar urspr. *-um* wurde *-om*, s. § 52). Dagegen kommt im Osk.-Sabell. neben *-om* vielfach *-um* vor (vgl. Corssen II 114f.). Oskisch. Die meisten guten und älteren Inschriften haben *-om*, so T. A. húrtúm, tefúrum 2 m., saahtúm 2 m.; C. A. sakaraklúm, terúm, thesavrúm, tríbarakavúm; *29* tríibúm; von kleineren Inschriften: *189* sakaraklúm, *193* pestlúm, *182* tiú (kúru púiiu eher Fem.? s. Bd. II Anh.), *137* súm (auch *155*?), *51* altinúm (?), *201* dúnúm (?), *16* Ϝολλοϝωμ, σοροϜωμ, καπιδιτωμ (?), βρατωμ, *12* πιω, εκο (?), *4* ταυρομ, *1* σακορο (?). Für die Schreibung *-um* bietet die T. B. mehrere Beispiele, doch neben häufigerem *-om*: *dolum* 1 m., *trutum* 1 m., *perum* 2 m. (*nesimum* 2 m. und *mi*]*sinum* eher Gen. Plur:) und die Infinitive *acum, aserum, deicum, ezum, censaum, pertumum* je 1 m., *moltaum* 5 m., aber mit *-om dolom* 2 m., *mallom* 3 m., *zicolom* 3 m. (1 m. jedoch eher Gen. Pl.), *ion-c* 3 m., *censtom-en, posmom, siuom, touticom, ualaemom, medicatinom, tanginom* je 1 m., *siom* 3 m., *com* 2 m. (3 m.); *-um* ausserdem auf späten pompeianischen Inschriften: *47* Sarínu, *48* veru Sarínu, *49* tríibu, auf der jüngeren capuanischen Blt. *129* Núvellum, Inf. deíkum 2 m., fatíum 2 m., auf dem Ring von Aesernia *187* (der auch ai statt aí schreibt) dunum, auf Zv. *180* (nur in ungenauer Copie erhalten) sakarak]lum, endlich sum auf der (sonst correcten) Inschr. von Herculaneum *117*. Ob die Enclitica *-um -dum* hieher gehöre, scheint mir nicht ganz sicher, weil nicht nur die T. B. *u* hat: *pieisum* 1 m., sondern auch der C. A., der sonst nur -úm schreibt: pídum 1 m., ekkum (aus *ekdum) 2 m., ausserdem die sonst sehr genaue pom-

---

1) Ueber den Gen. Plur., von dem hier abgesehen ist, s. § 47—49, 274, 276.

peianische Inschrift *29* isidum (neben triibúm), ferner *34* *35* isidu, *191* esidum, *188* esidu[m, *28* iússu iúsu; o in εισειδομ *15* kann wohl die Geltung von *u* haben (vgl. S. 68). Wenn *-um -dum* wirklich = **-om *-dom* ist[1]), so liegt die Annahme nahe, dass auslautendes *-om* in ungestörter Entwicklung als *-um* erschien, in dem ú *o* des Accusativausganges -úm *-om* aber Einfluss anderer Casus (z. B. Dat. Sg. -úí *-oi*, Dat.-Abl. Pl. -úís *-ois*, Acc. Pl. -úss) vorliegt[2]). Aehnlich würde sich erklären, dass auf der T. B. der Infinitiv immer *-um* hat (vgl. auch das 2 malige *perum*, Adv.), während im wirklichen Accusativ fast immer *-om*, nur 2 mal *-um* geschrieben ist (s. o.). Inwieweit die Scheidung bloss der Orthographie oder aber der Sprache selbst angehörte, wird schwer zu bestimmen sein (vgl. die Scheidung zwischen Abl. -úd und Imperat. -tud auf dem C. A. unten § 47). — Ueber *-om -um* im Gen. Plur. s. § 47.

Zwischendialekte. Pälignisch: *246 bratom inom*, *245* (Herentas-Inschrift) *pritrom-e* neben *aetatu* (Acc. von *aetat-*) und vielleicht *hanustu* (od. Nom. Sg. Fem.?), andere Beisp. sind sehr zweifelhaft (s. Bd. II Anh.). Marruc. *asum* wohl eher Supinum, als Inf., also mit urspr. *u*. Vest. *duno*. Mars. *pesco*. Sabin. *dunom hiretum* unmittelbar nacheinander auf der bloss 6 Wörter zählenden Inschrift *280*. Volsc. *-om* in den 4 sicheren Beispielen: *statom esaristrom ferom pihom* und ausserdem *-om* im Gen. Pl. *Uelestrom*, daher *uinu* wohl Abl. oder Ntr. Pl., nicht Acc. Sg. (s. Bd. II Anh.)

c) Ausser den angeführten Fällen ist *ŭ* statt *ŏ* selten. Oskisch. In unbetonter Silbe erscheint *u* für *o* in *amprufid* T. B., últiumam *133* aus **oltomam* (s. § 156), vielleicht essuf *esuf* aus **essŏf* und Paakul aus **Pākol* (s. § 122). In diesen Beispielen ist wohl ein Ansatz zur sog. Vocalschwächung anzuerkennen. Upfals *156 157* (Upfaleis *139* aosk.) scheint die Präp. *op* zu enthalten (s. § 209), also *u* aus *o* wegen *pf*? oder fehlt der Punct durch Zufall oder Nachlässig-

———

1) Vergl. aber die Syntax unter „Partikeln".

2) súm dann eigentlich die betonte, sum (und sim § 53) die enclitische Form. Vgl. auch unten últiumam = **oltumam* aus **oltomam*.

keit?[1]). Ob *pru-* in prupukid C. A., *pru-hipid pru-hipust* T. B. für *prŏ-* stehe, scheint mir zweifelhaft, in prúfatted prúffed prúftúset prúfts etc., wo *o* sicher kurz war (l. *prŏbus* ai. *prăbhu-*), erscheint immer *o* (*u* nur in *amprufid*, worüber oben); da im Lat. *prŏ-* und *prō-* gleichbedeutend nebeneinanderstehen (*prŏfiteri prŏfugere prōferre prōfligare prōuehere* etc., s. Schweizer-Sidler [2] 39, vgl. auch slav. *pra-* aus **prō-* in Compositis neben *pro-*, sowie gr. πρω- neben πρό- bei Wackernagel Dehnungsgesetz der gr. Compos. 9 f.), so wird osk. pru- *pru-* vielleicht richtiger auf **prō-* zurückgeführt (*ū* aus *ō* wie fast durchweg im Osk., s. § 47)[2]). Schwieriger ist *pruter* T. B. (2 m.), da ai. *prātár* wegen der Bedeutung doch ferner liegt als gr. πρότερον; doch lassen sich verschiedene Erklärungen denken. Ausser den oben angeführten scheint kein einziges sicheres Beispiel von *ŭ* statt *ŏ* vorzukommen. In Uhtavis putíans Luvkis (Luvikis', s. § 133 Anm.) auf der kleineren Blt. neben richtigem Úhtavis pútíad (Úhtavis auch *204*) fehlt der Punct zweifellos durch Zufall[3]) oder Nachlässigkeit, dasselbe kann bei Upsiis der Münze *206 f* (neben Úpsim *123*, 2 m.) der Fall sein; ups[annam *191* scheint auch úps- gelesen werden zu können (Minervini, Fiorelli, Corssen, s. Zvet. S. J. O. p. 15), wie es sonst immer heisst (ups- im Perf. enthält *ū* aus *ō*, s. § 314); die Vasen *122* mit Upils Ufiis „Opillus Ofius" und *167* mit Pupdis Stenis (sonst immer Púpdiis Púpidiis päl. *Popdis*) sind wohl aosk.

Pälignisch. *hanustu 254* wie l. *onustus* aus **onostus*; zu *ecuf 255*, wohl aus **ecŏf* (vgl. gr. αὐτόφι), vgl. oben über osk. *amprufid* essuf und § 122. Auffällig ist *u* in *upsaseter 253* gegenüber osk. úps- (Unbetontheit?[4]) oder Wirkung der

---

1) Eigentlich „aosk." sind die Inschriften wegen í in Mlínieís *156* nicht. — Schwerlich wird an urspr. **up* (ai. *upa* gr. ὑπό ital. *s-up* got. *uf*) zu denken sein.

2) Im Umbr. immer *pro-* (*procanurent prosesetir* etc.), welches aber wohl *prō-* wie *prŏ-* sein kann.

3) Auf dem Blei konnte, wie aus der älteren Blt. bekannt, der Punct sehr leicht unkenntlich werden.

4) Die Betonung war wohl *upsaséter *upsánnam* etc. nach § 257.

Lautgruppe *ps*? oder Einfluss von *ŭps-* aus *ŏps-* im Perf.?). Mars. *cetur* 242 unklar, s. Bd. II Anh.

Umbrisch. In einigen Beispielen findet sich *ŭ* für *ŏ* vor *r*, so im Auslaut im Passivum *tursiandu(r)* (daneben *benuso couortuso* mit *-ŏ* = *-ŏr*? s. § 326 f.), in *dequria* l. *decuria*, da dieses Wort als Neubildung nach *centuria* aus **centŏria* (vgl. ahd. *huntari* aksl. *sŭtorica*) wohl urspr. *ŏ* enthält (oder *u* durch Einfluss der Pseudo-Stammform *decu-* *(centu-)* in l. *decussis* (= **decuassis*) *decuplus* etc., welche von *quadru-* ausgegangen zu sein scheint?) [1]) und in *courtust* = **coṷurtust* aus **coṷortust* (vgl. § 82). In diesen Wörtern könnte man *u* als Ansatz zur Vocalschwächung (§ 120 ff.) betrachten wie oben in osk. *amprufid* etc., vgl. auch *u* vor *rs* = ř in *dupursus peturpursus*, falls hier nicht eher *ū* = *ō* (s. § 49; *ahatripursatu* wohl mit idg. *u*, s. § 51). Unklar ist das Verhältniss von *furo VIIa* 52 zu l. *forum*; entweder beide sind aus urit. **fŏrom* = **fṷŏrom* (vgl. slav. *dvorŭ*, über *f-* aus *fṷ-* § 97) zu erklären, dann ist wohl anzunehmen, dass *ŏr* im Umbr. überhaupt, auch in betonter Silbe, zu *ŭr* neigte (vgl. *ūr* aus *ōr* § 49); oder beide gehen auf urit. **fŭrom* (vgl. gr. θύρα got. *daúr* ai. *dur-*) zurück [2]); oder endlich l. *forum* und u. *furo* stellen zwei verschiedene idg. Ablautstufen dar. Ueber *uru VIb* 55 s. § 288. Merkwürdig ist *sunitu VIIa* 49 neben *sonitu VIb* 60; sollte das Schwanken mit der Entstehung aus **sṷen-* oder **sṷon-* (vgl. S. 88) zusammenhängen?

Es gibt also im Oskisch-Umbrischen ausser den unter a) und b) genannten besonderen Fällen nur wenige Beispiele von *ŭ* für *ŏ*, und diese scheinen grösstentheils aus Unbetontheit des Vocales sich zu erklären, einige andere sind (wie mehrere im Lateinischen) unklar. Jedenfalls ergibt sich, dass *ŏ* von *ŭ* im Osk.-Umbr. wie im Lat. im Allgemeinen getrennt gehalten wurde und nur unter besonderen Bedingungen *ŭ* für *ŏ* eintrat. Ob die durchschnittliche Aussprache des *ŏ* doch dem *ŭ* etwas näher lag, als im Lat. [3]), bleibt unsicher. Auch hier

1) Uebrigens kann umbr. *dequria-* vielleicht lateinisches Lehnwort sein. Zu *decu-* vgl. noch tekvias § 173.

2) Dabei macht lat. *ŏr* aus *ŭr* etwas Schwierigkeiten, da dieser Lautwandel, wie *ĕr* aus *ĭr*, sonst nur bei *r* = *s* sicher nachweisbar ist (s. Havet Mém. soc. VI 114).

3) Vgl. z. B. Storm Mém. soc. II 96, W. Meyer a. O. 16.

wären noch, wie beim *ĕ* : *ĭ*, die lat. Inschriften der Dialektgebiete und die modernen italienischen Dialekte zu befragen, vgl. oben S. 86.

Ueber o. puf puz, u. *puse pusi pusei* s. §. 288.

45. Thurneysen K. Z. XXVIII 154 ff. (XXX 487) und Havet Mém. soc. VI 17 ff., vgl. auch Schweizer-Sidler [2] 12, Stolz [2] 258, nehmen nicht ohne einige Wahrscheinlichkeit Uebergang von *ŏ* zu *ă* an, wo ein *u̯* direct, theilweise auch wo es durch Consonant getrennt darauf folgte[1]). Dass der Wandel schon urital. war, ist an sich wahrscheinlich, da idg. *eu̯* schon im Urital. zu *ou̯* wurde und dort wohl mit idg. *ou̯* vor Voc. zusammengefallen wäre, wenn dieses nicht damals schon zu *au̯* oder wenigstens einer Vorstufe davon geworden war; auch findet sich das lat. Beispiel von *ău̯* aus *ŏu̯*, *octāuus*, im Osk. wieder in Úhtavis. Allerdings fehlen für *au̯* aus *ou̯* im Osk.-Umbr. sichere Beispiele; wahrscheinlich hieher *au̯i-* in u. avif *auif auieclu* etc. l. *auis* aus **ou̯i-* (falls gr. οἰωνός aus *ὀϝι-ωνός, nicht aus *ὠϝι-ωνός); unklar ist u. *sauitu*, das nicht zu gr. σεύω σοῦσθαι sich verhalten kann wie l. *lauo-* (= **louo*) zu λούω (Bücheler U. 101), da σεύω zu ai. *cyavatē* gehört (s. G. Meyer Gr. Gr. [2] 221)[2]); o. kaula (falls so zu lesen) l. *caulae* aus **kau̯elā-* zu W. *kou̯-* in l. *caueo* gr. κο(ϝ)έω lit. *kavóti* „bewahren"? Dagegen wären für Einwirkung des *u̯* bei dazwischenstehendem Cons. zu nennen: umbr. *saluo-* osk. σαλαϝς Salaviis päl. *Salauatur* lat. *saluus* zu gr. ὅλ(ϝ)ος und osk. súll- lat. *sollus* (vgl. Thurneysen 160 f.), welche auf zwei Grundformen, **solu̯o-* und **soleu̯o-*, zurückgehen würden (s. § 96); osk. *mallom mallud malud* l. *malus* aus urit. **malu̯o-* = **molu̯o* zu gr. μολύνω, falls nicht *ma-* = *m̥-* ist (s. ebd.). Das *a* von l. *uacare uacuus* etc. neben *uocare uociuus *uocĭtus* (italien. *vuoto*), welches auch im Umbr. in vakaze *uacose uasĕtom* (nämliche Bildung wie l. **uocitus*) vorliegt, erklärt Thurneysen aus dem in *uacuo-* folgenden *u*, doch scheint

---

1) Falls die Hypothese, dass idg. *ə* (europ. *a*) auch Tiefstufe der *e*-Reihe war, richtig sein sollte (s. § 141), kann allerdings ital. *a* auch hier aus *ə* erklärt werden. Einen idg. Ablaut *a* : *o* in der *a*-Reihe nimmt jetzt mit Osthoff auch Bartholomae B. B. XVII 122 ff. an.

2) Dagegen kann die Zusammenstellung von *sauitu* mit l. *saeuio* richtig sein, s. § 86.

uociuus aus **uoceiuos* = **u̯okeu̯-i̯o-s* (§ 86) dafür zu sprechen, dass *uacuo- -uo-* aus *-eu̯o-* nicht aus *-u̯o-*, enthält; sind etwa auch hier uritalische Doppelformen **u̯oku̯o-* (woraus **u̯aku̯o-*) und **u̯okeu̯o-* (woraus **u̯okou̯o-* **u̯okŭo-*) anzusetzen? [1]). Ueber u. vuku- *uoco-* s. § 143. — Eine schwer zu erklärende Ausnahme von der Thurneysen-Havet'schen Regel ist l. *ouis*, das auch im Umbr. in *oui* uvem, im Osk.-Sabell. wohl im Eigennamen päl. *Ouiedis* osk. *Ou.* vorliegt. Gegen Havets Erklärung durch Entlehnung aus dem Griech. mit Recht Thurneysen K. Z. XXX 487, dessen eigene Vermuthung (Entlehnung von verdrängten italischen Urstämmen) freilich ebenfalls etwas misslich ist. Es wäre vielleicht kaum kühner, fürs Idg. ein **eu̯i-* neben **ou̯i-* anzunehmen (nur gr. ὄϊς got. *avi-* verlangen idg. **ou̯i-*, ai. *avi-* slav. *ovi-* lit. *avi-* air. ói können an sich ebensogut auf **eu̯i-* zurückgeführt werden), wie z. B. **ēri-* **ări-* (**əri-*) und *ĕri-* (?) in der Bedeutung „Lamm, Bock" neben einander standen (lit. *ėrytis*, u. ĕrietu, l. *ăries*, gr. ἔριφος) [2]), oder auch die Erhaltung von *ou̯* aus den Formen, wo *i̯* folgte (vgl. ai. *avyā* *avyāi* etc.), zu erklären, indem ja *ou̯* vor Cons. nicht zu *au̯* wurde (das Bedürfniss der Unterscheidung von *au̯i-* „Vogel" hätte die Verallgemeinerung des *ou̯* begünstigt). In ital. *bou̯-* (osk. Búvaianúd) kann eine idg. Stammform **geu̯-* neben **gou̯-* zur Erklärung beigezogen werden (vgl. Brugmann II 452, Bartholomae B. B. XVII 102). Ueber umbr. *pur-douitu* purtuvitu s. § 295.

ō.

46. Das ursprüngliche (idg. urit.) *ō* hatte, wie es scheint, in allen Dialekten eine stark geschlossene Aussprache, am stärksten im Osk. und Pälign. (wohl Sabell. überhaupt), wo es fast durchweg als *ū* erscheint, am wenigsten im Umbrischen. Dieses Verhältniss gleicht demjenigen bei *ē* (S. 89 ff.); doch bestehen im Einzelnen Unterschiede, z. B. wurde im Osk., während *ē* hier überall als í *i* erscheint, in den Endungen

1) Sollte sich zeigen, dass *oku̯* sonst nicht zu *aku̯* wurde, so könnte hier das anlautende *u̯-* noch speciell mitgewirkt haben, vgl. osk.-umbr. **pompe* **ku̯onku̯e* aus **ku̯enku̯e*, aber mit erhaltenem *e* *petur-* aus **ku̯etur-* (s. o. S. 88).

2) Vgl. auch z. B. gr. ἧπαρ: l. *iĕcur* : *iocur*, l. *ignis* (**egni-*) : aksl. *ognĭ*.

-ōs -ōd noch meistens ú = *ō* geschrieben und umgekehrt hat das Umbr. gerade für den Ausgang *-ōd* immer *-ū*.

47. Oskisch. Das Osk. zeigt, ausser in den Endungen *-ōs -ōd* (*-ōm?*), fast ausschliesslich *ū*: Fluusaí T. A. und *45*, Fluusasiaís T. A. zu l. *Flōra* mhd. *bluost* air. *blāth* (idg. **bhlō- bhlōs-*); d]uunated *188*, dunum *187* : l. *dōnum* ai. *dānám* gr. δῶρον; uupsens *28*, upsed *166 199*, ups. *203* aus **ōps-*, über dessen Entstehung § 314; *urust* T. B. (2 m.) falls zu l. *ōrare* (als Lehnwort?), vgl. § 238; Suffix *-ōn-* (*-mōn- -iōn-* etc.) in sverruneí C. A., vaamunim *61* (entweder Neutr. wie l. *testimōnium* oder Gen. Pl. „*Uamōniorum", s. § 276), Akudunniad *223* (kann allerdings aosk. sein) „Aquilōnia", ahvdiuni *62* wohl mit Suffix *-iōn-* oder *-ōn-*, Appelluneís *41* aus gr. Απέλλωνος (oder mit *ŭ* = *ŏ*?), Skíru *58* = gr. Σκίρων (?), Pisu *66* l. *Pisō*? (über ..apíu *129* s. § 276), eítuns *47 49 50* falls aus **eitōnos* (s. § 266); Suffix *-tōr-* in Regatureí T. A. „Rectōri", kvaísstureí C. A. „quaestōri", kenzsur *204*, *censtur* T. B. (2 m.) „censōres", Nom. Sg. kvaísstur 5 m., keenzstur *188*, *censtur* T. B. (2 m.)[1]; *pru-* in prupukid C. A., *pru-hipid pru-hipust* T. B. vielleicht aus *prō-* nicht *prŏ-* (s. o. S. 113), das zweite u in prupukid eher = *ă* als = *ō* (s. § 121). Bei Vesulliaís *189* (Vesulias *144*, Vesuliais *142*, Vesulia[is *143* sind aosk.), Demin. zu *Vesūna- aus **Vesōna-* (vgl. l. *homullus* etc.), kann man zweifeln, ob *-ōnl-* über *-ŏnl- -ŭnl-* oder über *-ūnl-* zu *-ull-* wurde, auch konnte ein ev. aus *-ŏnl-* = *-ōnl-* lautgesetzlich entstandenen *-ŏll-* leicht durch Annäherung an *-ūn-* des Grundwortes zu *-ull-* werden; es sind daher für ú in Vesú[lliais *146*, falls mit Bücheler Rh. M. 33, 45 A. so zu ergänzen und mit Deecke Rec. 131 ú, nicht u zu lesen ist (beides scheint richtig), verschiedene Erklärungen möglich. — Altosk. sind humuns Blt. = **homōnes* (oder *ŏ*? s. § 122), usurs ebd. = *ōsōres* (kaum = *uxōres*, s. Bd. II Anh.), aisusis ebd. falls mit -ūsis = lat. *-ōribus* (s. § 268, 284). — Erhaltenes *ō* scheint, ausser in den Endungen *-ōm? -ōs -ōd* (s. u.), in einem einzigen sicheren Beispiel vorzukommen:

---

1) Zur Zeit als *u* entstand, war die Länge des *ō* in *-tōr* sehr wahrscheinlich noch vorhanden, spätere Verkürzung des *-tūr* zu *-tŭr* ist möglich, aber nicht erweislich (s. § 108).

dúnúmna... *201*, das, wie es auch sonst zu erklären sei, jedenfalls *dōno-* enthält; últiumam wird, auch falls es ursprüngliches *ō* enthielt (vgl. l. *ōlim*), dasselbe vermuthlich (wofür gerade auch das *o* statt *u* spricht) wie das Lat. verkürzt haben (vgl. vor *nt* l. *uentus* aus **uēntus* etc., s. u. § 108), das *o* kann aber auch urspr. kurz gewesen sein; über Vesú... s. o. — In griech. Schrift finden wir ου = *ū* in Messana: ουπσενς *1* = uupsens, Α]ππελλουνηι *1* vgl. Appellúneís. Dagegen wird in Lucanien und Bruttium o geschrieben: Fερσορει *4* „Uersōri", Λαπονις *12* „La(m)pōnius", κ]Fαισστορ *14* = kvaísstur, es kann aber das o hier vielleicht als *u* gelesen werden, s. o. S. 68 f.

Im Gegensatz zum bisher Angeführten ist *ō* in der Regel erhalten in der Endung *-ōs* des Nom. Pl.: Abellanús 2m., Núvlanús 2m., pús 3m. auf dem C. A., statús pús T. A., degetasiús *125*, íússu *28* (aus *íús-dum). Die Lesung Núvlanu[s C. A. 23 ist unsicher[1]). Die T. B. scheint dagegen *-ūs* zu haben: *iusc* Z. 20 (so, nicht *iosc*, ist zu lesen, mit Bréal Mém. soc. IV 389, Deecke Rec. 134) und *deiuatus*, wie Z. 9 für *deiuatuns* wahrscheinlich zu emendiren ist (doch vgl. § 330); hier wäre auch *sipus* zu vgl., falls aus **sēpu̯ōs* (s. ebd.). Aosk. sind bivus Blt. und die Münze Fistlus. Häufiger ist wieder *ū* im Ausgang *-ōd* (Abl., Imper.). Der C. A. unterscheidet merkwürdigerweise zwischen Abl. -úd, Imper. -tud: tanginúd 4m., sakaraklúd, amnúd, eísúd gegenüber estud 2m., líkítud; dies wird bei der Genauigkeit des C. A. schwerlich zufällig sein, wenn auch sehr fraglich bleibt, ob die Unterscheidung wirklich in der Aussprache begründet und nicht vielmehr eine rein orthographische war (in beiden Fällen konnte im Nomen das *o* anderer Casus von Einfluss sein, während -tud isolirt war, vgl. oben S. 112). Die kleinere abellan. Inschrift *125* hat aragetud, falls Remondinis Abschrift genau ist (er scheint aber im folgenden Wort mult- statt múlt- gelesen zu haben, s. U. D. 178). *-ōd* findet sich ausser dem C. A. noch auf *209* palanúd, *189* Búvaianúd,

1) Auch für die übrigen Casus, die man ergänzen könnte, z. B. Dat. Sg., Gen. Pl., erwartet man ú nicht u; da der Stein an jener Stelle stark abgerieben ist, wird der Punct bloss unkenntlich geworden sein.

beide aus Samnium, und *135* adpúd aus Capua (oder *-pŏd?*). In Pompeji wird *u* geschrieben: amvíanud, eksu-k (aus *eksud-k) je 4m., tanginud 2m., tristaamentud; ebenso auf der T. B. (vgl. *-ūs* aus *-ōs*): *atrud, amiricatud* je 1m., *amnud* 2m., *dolud* 2m., *contrud* 3m., *ligud* 2m., *malud* 2m., *medicatud* 1m., *meddixud* 2m., *preiuatud* 2m., *tanginud* 2m., *ziculud, eisu-c-en* je 1m., Imper. *actud* 1m., *deiuatud* 4m., *factud* 1m., *licitud* 5m. (Pass. *censamur*), mit einziger Ausnahme des einsilbigen *pod* 1m., falls dieses nicht = *pŏd* ist; ferner *-ud* auf den Münzen Aurunkud, Tíanud, Sidikinud; endlich Taliud *279* (gefälschte Inschr.?). Aosk. Pakiu Kluvatiud puh suluh Blt. Der Genitiv Pl. hat *-om* in Abella: Abellanúm, Núvlanúm, pútúrú[mpíd[1]), a]íttiúm, liímítú[m C. A. und in Capua: eehiianasúm *135*, fratrúm *131 132*, Tantrnnaiúm *133 134*; *-um* in Bantia: *nerum* 2m., *egmazum, eizazun-c*, doch einmal *-om*, da wohl auch *zicolom* XXX *nesimum* und *mi]ṣịṇum* VI *nesimum* Gen. Pl. sind; die Münzen in nationaler Schrift mit Genitiven sind alle sicher oder möglicherweise altoskisch: Nuvkrinum, Alafaternum, degvinum, Tiiatium, Kupelternum, Fensernu, Freternum, aosk. ferner in Capua Tirentium Magiium sulum *130*, Kluvatiium *141* (2m.), Viriium *142 143*. In gr. Schrift -ουμ (= *-um*) in Messana: Μαμερτινουμ 2 *211*, -ομ (vielleicht = *-um*, vgl. S. 68) in Lucanien: Λουκανομ *213*. Wie eine Vergleichung mit den S. 111 f. für den Ausgang *-ōm* angeführten Beispielen zeigt, lässt sich aus der schriftlichen Darstellung ein stricter Beweis dafür, dass das *o* der Endung *-om* des Gen. Pl. lang war, nicht entnehmen; doch vgl. § 274, 276.

48. Zwischendialekte. Im Pälignischen durchweg *ū*: *Semunu 254* „Semōnum", *Ptruna 271* zu l. *Petrōnius*, *Apunies 266* l. *-ōnius*, *Ofturies 262* l. *-tōrius*, Nom. Pl. *aticus 251* und *puus 254* „qui" (osk. pús), *uus (vus) 254* das erste Mal = l. *uōs*, das zweite Mal = l. *uōbis* (*vūs* aus **vōfs*, **vōfis*), *Salauatur 267* = **Saluatōr*, *ụsur 254* = **uxōr* (oder anderes Wort auf *-ōr*), *ecuc 254* „hūc" (anders Bücheler, doch s. Bd. II Anh.) wohl aus **ecō-c*, vgl. l. *quō* „wohin"; unter den auf *-u* ausgehenden Wörtern auf *254* ist kein einigermaassen wahrscheinlicher Ablativ (oder gar Imperativ), vgl.

1) Oder pútúrú[íspíd?

Bd. II Anh. Gen. Plur. *Cerfum Semunu 254* (es gilt hier dasselbe wie oben beim Osk., vgl. Acc. Sg. *aetatu*, vielleicht auch *hanustu*). Marruc. *aisos* Dat. Pl. mit *-ōs*? (s. § 274), dagegen Abl. Sg. *esuc* aus **esōd-c*; *babu* wohl ein Nom. auf urspr. *-ō*. Vestin. *duno* „dōnum" mit *ū*, aber Dat. auf *-ō Herclo Jouio* (vgl. urit. *-ō* im Umbr.). Mars. *esos* = marr. *aisos*, *ū* in *Uesune* l. *-ōnae*, *dunom* „dōnum". Sabinisch. Nur *u* : *Flusare* zu osk. Fluusaí l. *Flōra*, *dunom* „dōnum" (nicht *aunom*), *Poimunien* zu l. *Pomōna*; möglicherweise ist daher auch *u* in dem als sabinisch angeführten Namen einer Göttin '*Uacuna*' = *ō* (vgl. *Bellōna* etc.), doch vgl. mit *o* '*Ferōnia*'. Volscisch. *Declune* wohl mit Suff. *-ōno-* (s. S. 99 A.); Abl. Sg. *toticu couehriu sepu*, vielleicht auch *uinu*; Imper. *estu arpatitu*. Gen. Pl. *Uelestrom* (wie Ntr. *pihom* etc., vgl. oben Osk., Päl.). *ū* aus *ō* vielleicht noch in *Cosuties* (s. § 58).

49. Umbrisch. Im Umbr. ist der Wandel von *ō* zu *ū* viel seltener als im Osk. Päl. Sabin. etc. So zeigt mit voller Consequenz *ō*, nicht *ū*, das gegen 100 m. vorkommende *nome nomner nomne* etc. : l. *nōmen* ai. *nāman-*; ebenso regelmässig *pone poni* (13 m.), zu l. *pō-tus* gr. πῶ-μα aeol. πώ-νω (oder *poni-* aus **poini-*? s. § 75, ebd. über *ponisiater*); *comohota* : l. *mōtus*, falls es auf urit. **mōto-* zurückzuführen ist, aber wahrscheinlich war die urit. Form vielmehr **mou̯eto-* (**mou̯to-*), s. § 82, 83; *preplohotatu preplotatu* wenn es zu *plōtus* gehört (Bücheler) und dieses urspr. *ō* enthält (vgl. § 77 f.)[1]. Suffix *-ōn-* (*-iōn-*) zeigt immer *ō*: *Acersonia* 2 m. vgl. l. *Aquilōnia*, *Uofione VIb* 19, *maronato 295* und *maronatei 296*, *Fulonie 295* (zu l. *fullōnius*); auch *esono-* 10 m. wird wohl eher *-ōn-* als *-ŏn-* enthalten (der Stamm scheint identisch mit dem von ahd. *êra* = got. **aiza*, vgl. § 241); unsicher *homonus* 2 m. (s. § 123), über *abrons* s. § 236; nur im Au. überliefert: Puemune, aꝛmune, Petruniaper. Während also *-ōn-* überall blieb, wurde *-tōr-* zu *-tūr-* : *arsferture arsferturo*, Nom. *ar(s)fertur* 3 m.; nur au.: kvestur, uhtur, uhturu, specture speturie. Die umbr. Regel *-ōn-* aber *-ūr-* erinnert an lat. *patrōnus Bellōna* etc. gegenüber *fertūrus datūrus*, vgl. auch *fūr fūris* gr. φώρ und anderes bei Fröhde B. B. XIV 100 f. *surur sur-ont surur-ont* geht wahrschein-

---

1) Bücheler erinnert auch an ein (unsicheres) l. *plotare* = *pulsare*.

lich auf **sōs *sōsōs* zurück (s. § 240), also auch hier *ū* aus *o* vor *r*. In *dupursus peturpursus* ist wohl mit Joh. Schmidt K. Z. XXV 14, Osthoff M. U. IV 308 eher die Stammform *pŏd-* zu suchen als *pōd-* (letztere jedoch vielleicht auch möglich, s. § 122; unentschieden lässt es Brugmann I 251); dann mag auch hier bei *ū* aus *ō* das *r*-ähnliche *rs* = ř mitwirkend gewesen sein. Sehr unsicher ist, ob *ulo ū* = *ō* (l. *ōlim*) enthält, s. o. S. 111 und § 288. Andere Beispiele für *ū* aus *ō* scheint es in Stamm- und Inlautssilben nicht zu geben, ausser den unten zu erwähnenden *podruhpei (panupei?) pue*. Dagegen ist in Schlusssilben *ū* das gewöhnliche. Der Ausgang *-ōd* des Abl. ist immer zu *-ū* geworden (ausser *somo VIa* 10 und einigen zweifelhaften Beispielen, worüber § 273), ebenso *-tōd -mōd* im Imper. immer zu *-tū -mū* (*etato arsmahamo* etc. enthalten nicht *-ōd*, s. S. 81). Ursprünglich auslautendes *-ō* scheint hingegen erhalten zu bleiben: *ulo, šimo* 2m., *postro* 2m. etc., Adverbia wie l. *retrō* (s. § 250); bei antretender Enclitica erscheint dagegen *ū*: *podruh-pei pu-e* wie l. *illū-c hū-c* etc. neben *illō quō* etc.[1]); *panupei* wohl eher = l. *quandōque* als = *quandŏque*. Im Nom. Pl. der *o*-St. wechseln *-ōr* und *-ūr*, ersteres erscheint auf *VIa* und noch *VIb* 29, von da an und auf *Vb -ur*; dies deutet auf bloss orthographischen Unterschied, also den Mittellaut zwischen *ō* und *ū*. Ueber den Acc. Pl. auf *-of -uf -o -u* siehe § 274. Im Gen. Pl. erscheint einmal *-um* in *pracatarum VIa* 13 (hier sehr wahrscheinlich = *-ōm*, s. § 272), sonst *-om -o* : *erom ero proseseto Atiersio peracnio peracrio fratrom buo praco*; über die schwierige Frage, ob *-om* überall als *-ōm* aufzufassen sei, s. § 274, 276 (vgl. oben Osk. Päl. Vo.).

50. Idg. *-ōu̯-* scheint im Urit. zu *-āu̯-* geworden zu sein: osk. Úhtavis zu l. *octāuus* von *octō* gr. ὀκτώ ai. *aṣṭā(u)* idg. **oḱtō(u̯)*, vgl. Thurneysen K. Z. XXVIII 154, Schweizer-Sidler[2] 19 und oben S. 115. Ein zweites Beispiel ist vielleicht u. klavlaf klavles l. *clāua clāuola*. Im Umbr. bezeichnet das Wort die „Keulen" des Opferthieres (Huschke 379, Bücheler 137), hat also dieselbe Bedeutung wie l. *clūnis* (womit Bücheler 210 das umbr. Wort geradezu übersetzt). Da nun *clūnis* = *ḱlou̯-ni-s* ai. *çrōni-* lit. *szlaunì-s* ist, kann ital.

1) Oder l. *hū-c* aus **hoi-c* (Dat. oder Loc.)?

*klāu̯ā aus *klōu̯-ā erklärt werden[1]). Aus dem Lat. liesse sich etwa noch rāuis rāuus (raucus aus *rāuicus vgl. gaudeo aus *gāuideo) aus *rōu̯i- *rōu̯o- anführen, da die W. rē- zu sein scheint wegen lit. rė́-ti „schreien“, an. rá-mr „heiser“. Unklarer Etymologie ist o. Vaaviis.

ŭ.

51. Idg. urit. ŭ blieb in der Regel erhalten. Osk. supruis Blt., umbr. subra superne supru sub-oco subator etc.: l. super gr. ὑπέρ; päl. Rufries, u. Rufrer rufru: l. ruber gr. ἐρυθρός; W. bhu- von l. fu-turus fu-it fu-ero (gr. φύ-ω ai. bhū̆-) in vielen Formen, von denen allerdings einige möglicherweise ū enthalten[2]): o. fusíd (= l. foret, urit. *fŭsēt, s. § 312), fust fust fufans fufens fuid, u. fust fust furent futu futu fuia fuiest difue; u. dupla du-pursus duir tuva: l. du-plex du-bius duo gr. δύω; o. purasiaí (ū weniger wahrscheinlich), u. purom-e pure pureto: gr. πῦρός πῦρί (vgl. § 59); o. puklum Blt., Pukalatúí C. A., päl. puclois, mars. pucle[s zu ai. putrá-, l. pŭtus „Knabe“ (oder zu l. pŭtus „rein“? s. § 136); truto- in o. trutum T. B., trutas Blt., wozu vielleicht u. Trutitis, gehört entweder als „definitus, certus“, wie es gewöhnlich gedeutet wird (Lange, Schweizer, Bréal, Bücheler, Deecke u. A.)[3]), zu anord. þruđr, lit. tvìrtas „fest“, Gdf. idg. *tu̯r̥to- und *truto- (Fick B. B. I 335, Bezzenberger ebd. II 272, Fröhde ebd. XIV 107)[4]), oder als „quartus“, wie es Bugge auffasst (A. S. 54 f.), zu gr. (π)τρυ-φάλεια (l. quadru-), also idg. Gdf. *qtruto- aus *qtu̯r̥to- (Fröhde a. O.), vgl. *qtu̯r̥̄to- in l. quartus nach Brugmann I 244; umbr. Cubrar, sabin. ‘cuprum’ zu l. cupio ai. kúpyati; o. tiurrí zu l. turris gr. τύρσις (Lehnwort?); u. furo „forum“ falls = urit. *fŭrom vgl. gr. θύρα got. daúr (oder = *f(u̯)orom? s. S. 114); u. tuder tuderor etc. wohl zu l. tundo tutudi ai. tudáti

---

1) Gr. κλόνις etwa durch Ausgleichung eines *klō(u̯)ni- und *kluni-?

2) Z. B. etwa Conj. Perf. fŭid: ai. babhū-yā́t? (vgl. § 57).

3) Deecke vergleicht gr. τρυτάνη (Etr. Fo. Stud. II 55).

4) Ueber idg. ru lu aus u̯r̥ u̯l̥ vgl. ausser Fröhde a. O. noch Bugge K. Z. XX 2 f., v. Bradke Ztschr. d. morg. Ges. 40, 351 ff., Osthoff M. U. V 77 ff.

(s. § 197); päl. *usur* wohl = l. *uxor* (dagegen o. usurs eher = *ōsōres*)[1]; u. *ahatripursatu* etc.: l. *tri-pŭd-ium* eigtl. „Dreischlag", vgl. *repudiare pauire* (s. Vaniček[2] 170, Corssen I 358, 359 Anm.; *d* in *pŭd-* „Determinativ" wie in *clau-d-o* und vielen anderen), also *o* in l. *tripodauerunt* neben *tripudiare* wohl durch Anlehnung an (*tripus*) *tripodis* (gr. Lehnw.); o. krustatar Blt. „cruentetur" wohl aus **kruṷ-es-tā-* zu l. *cru-or* gr. κρύ-ος (vgl. § 115); u. *petur-pursus*: ai. *catuš-păd-* (für *catur-*). *ŭ* in Suffixen: umbr. beru-s (Kastru-çiie? *pequ-o castru-o* osk. *eitu-ā-* eítiuv-ā- marr. *eitu-am,* falls nicht mit *uṷ* aus *eṷ*); marr. *asum* falls Supinum (statt **astum*); über o. Akudunniad s. § 179; mehrdeutig ist o. *sipus*, s. § 330. Idg. *u* vielleicht noch in o. puf puz, u. *pufe* puze puse (s. § 288); über das Fut. II auf osk. -ust -uset umbr. -ust -urent s. § 325; über die osk. Enclitica *-um* (*-dum*) vgl. die Syntax unter „Partikeln".

52. *ŏ* aus *ŭ*. Nur im Umbr. belegt. Vor *m* scheint der Wandel Regel: *somo* (2 m.) = l. *summo-*, aus **supmo-*; Acc. *trifo* (2 m.) aus **trifum* l. *tribum*; Supin. *aseriato* (3 m.) „obseruatum", wahrscheinlich auch *aso* „assum, arsum" (sehr unsicher *uasetom*), vgl. ai. *kdrtum* etc. Vor *p* findet sich *o* in *sopa VIb* 17, *sopam VIIa* 38, *sopo VIIa* 8 neben *u* in *supo VIb* 5 und *superne VIIa* 25, *dupla VIb* 18 18 (*sopa supo* zu l. *suppus*, aus **sup-ṷo-*, s. § 98); hier scheint ein Mittellaut gesprochen worden zu sein. Vor *rs* = ř in *sorser Vb* 12 17 „suilli" zu l. *sū-s* Dat. Pl. *sŭ-bus*; *sū-* wird umbr. *sī-*, s. § 59)[2]); dazu nach Bücheler auch *sorso(m)* (2 m.), *sorsu* (2 m.), *sorsalem sorsalir*, vgl. § 146. Sehr unsicher ist, ob *Coredier* etwas mit l. *Curītis*, welches selbst unklar ist (*ū*?), zu thun hat, das Suffix scheint jedenfalls nicht zu stimmen (s. § 197). In *toco Vb* 13 gegenüber lat.-gall. *tucca, tuceta* ist *o* jedenfalls das ältere, wenn gall. *taxea* dazu gehört (Bücheler U. 40); die Etymologie scheint unbekannt zu sein. Ueber *nosue uesticos* vgl. § 75, 325. Im Osk. und Päl. etc.

---

1) Für *uxor* sind sehr verschiedene Etymologien aufgestellt worden, vgl. z. B. Vaniček[2] 258, Fick B. B. XIV 79, Fröhde ebd. 95 f., Bugge ebd. 76, Johansson K. Z. XXX 422, ohne dass eine Entscheidung jetzt schon stattfinden könnte.

2) Die S. 88 Anm. 2 angedeutete Möglichkeit hat wenig für sich.

fehlen Beispiele, welche eine Neigung des *ŭ* zu *ŏ* in ähnlichen Fällen beweisen oder widerlegen könnten; *manim* T. B., wenn aus **manum*, ist ein besonderer Fall (s. u.). Im Marr. ist *asum* ein wahrscheinliches Beispiel für das Supinum (= u. *aso*), also hier *ŭ* vor *m* nicht zu *ŏ*.

53. Im Oskischen findet sich nach den dentalen Lauten *t d n s* die Schreibung *iu* für *u*. Die Beispiele sind: nach *t* tiurrí „turrim" *47 48*; eítiuvam *29*, eítiuvad *29 30 41* und eítiv. *199* falls Abkürzung für eíti(u)v(ad); últiumam *133* „ultimam"; nach *d* Diumpaís T. A. (2m.) „Lumpis"; nach *n* Niumsieís *124*, Niumeriis *184*, Νιυμσδιηις *1*, auch in der Abkürzung Ni. *36 39 77 78 238* (Ni... *146*? noch unklarer ni. *57*); nach *s* Siuttiis *28*. Ob auch nach *l* die Entwickelung von *u* zu *iu* anzunehmen ist, hängt von der Beurtheilung von λιοκακειτ *16* ab, s. u. Von den angeführten Wörtern enthält altes *ŭ* tiurrí (freilich Lehnwort aus dem Gr.? s. § 232), ebenso Diumpaís, falls die Erklärung von **dumpa-* aus **dompa-* wegen des erhaltenen *o* vor *mp* in Púmpaiians etc. bedenklich ist (allerdings *pomp-* aus **kuonku-*, **kuenku-*)[1]) und Siuttiis, da *u* hier kaum aus *o* erklärlich wäre. Dass die Entwicklung zu iu aber auch bei *ŭ* aus *ŏ* stattfand[2]), zeigt últiumam aus **oltomam* (s. § 123, 156) und Niumsieís Νιυμσδιηις aus **nom(e)s-* (vgl. S. 110). In eítiuva- kann das Suffix ursprüngliches oder aus *ou̯* geschwächtes *uu̯* enthalten (vgl. § 105). Auffällig ist, dass es trotz Siuttiis auf der Blt. supruis supr... und auf dem C. A. suveís (2m.) heisst, nicht *siupr- *siuveís. In supruis supr... kann vielleicht, bei der bekannten nachlässigen Schreibweise der Blt., blosse ungenauere Bezeichnung des Lautes angenommen werden (oder klang *ŭ* vor *p* offener, vgl. umbr. *sopa* neben *supo* oben S. 123?); bei suv- etwa Einfluss der danebenstehenden Form súv- (súvad etc.)?[3]) Da in últiumam das

---

1) Eine einleuchtende Etymologie von **dumpa*, woraus l. *lumpa lympha*, scheint noch nicht gefunden (kaum zu gr. δοῦπος).

2) Bei *ŭ* aus *ō* nicht, vgl. dunú- Akudunniad Regaturei kvaisturei keenzstur likitud tanginud etc. (Appelluneis). Das dunkle ahvdiuni *62* also schwerlich mit -diu- aus -du-, da -un- wohl = *-ōn-* ist (vgl. § 63).

3) Wollte man wegen supruis suveís annehmen, nach *s* sei die Affection des *u* überhaupt nicht eingetreten (wobei man sich

aus *om* entstandene *um* als i u m erscheint, könnte man das Gleiche für auslautendes *-um* aus *-om* nach *t d n s* erwarten. Dass sich hier nie -i u m findet, kann möglicherweise z. Th. darauf beruhen, dass für Endsilben die Schreibung mit i u zu umständlich erschien (so kommt z. B. auch die Vocalgemination nur selten in Endsilben vor, vgl. S. 55), der Hauptgrund ist aber jedenfalls der, dass neben *-um* viel häufiger, in gewissen Gegenden vielleicht ausschliesslich, *-om* geschrieben wurde, mag man nun annehmen, dass der Wechsel auf einen Mittellaut zwischen *o* und *u* weise oder dass die beiden Formen ursprünglich unter verschiedenen Bedingungen entstanden waren (vgl. S. 112). Dass das rein Lautgesetzliche nach *t d n s* doch (wenigstens theilweise?) -i u m gewesen wäre, wird durch s i m wahrscheinlich, s. u. Der Ausgang *-um* mit ursprünglichem *u* erscheint nach *n* als *-im* in *manim* der T. B., was gleichfalls auf -i u m weist, falls nicht etwa Neubildung vorliegen sollte (vgl. § 279). Beispiele für die Schreibung *iu* fehlen auf der T. B. und da in *eitua-* ebenso regelmässig blosses *u* geschrieben wird, wie in nationaler Schrift i u in e í t i u v a-, so wird anzunehmen sein, dass die lat. Schrift der T. B. die Darstellung des Lautes durch *iu* nicht kannte, bezw. verschmähte.

Es fragt sich nun welcher Laut mit der Schreibung *iu* gemeint war. Dabei ist die im Böotischen nach denselben Lauten, ausser *s*, nämlich nach τ (θ) δ ν und nach λ, sich findende Schreibung ιου für ου mit in Betracht zu ziehen (z. B. τιούχα Νιουμφήα Λιουσίας). Die Meinungen über die böot. und osk. Schreibungen gehen auseinander. Nach der gewöhnlichen Ansicht würde ein wirkliches „parasitisches" *i* (vgl. das englische *i̯u* aus *u*) vorliegen, s. z. B. Mommsen U. D. 213, Corssen K. Z. XVIII 208 f., Sprachk. 412, Bruppacher 37 f., Beermann Curt. Stud. IX 57, Deecke Bleiplatte von Magliano

allenfalls auf das sonst parallel gehende Böotische (s. u.) berufen könnte, wo ιου für ου nur nach τ θ δ ν, nicht aber nach σ auftritt), so müsste man S i u t t i i s, indem man es mit l. *suo sūtus sūtor Sūtrius* verbinden würde, auf die ursprünglichere Wurzelform *si̯ū-* (ai. *syū-tá-* etc., s. Osthoff M. U. IV 18 ff.) zurückführen; aber dies wäre der lateinischen Wörter wegen schon an sich unwahrscheinlich, ausserdem ist die Zugehörigkeit von S i u t t i i s zu letzteren ganz zweifelhaft und endlich scheint auch s i m darauf hinzuweisen, dass die Affection nach *s* wirklich eintrat (s. u.).

30, bei Gröber Grdr. I 348, G. Meyer Gr. Gr.² 108. Dagegen sieht J. Schmidt Jen. Littztg. 1877, 733 (vgl. Bersu 32 Anm., Bücheler Rh. M. 45, 169, auch Ebel K. Z. II 59) in böot. ιου osk. iu die Bezeichnung eines *ü*, also osk. tiurrí = *türri*, Diumpaís = *Dümpais* etc. (vgl. mhd. *iu* = *ü*). Mir ist die letztere Ansicht desshalb wahrscheinlicher, weil für iu auch die Schreibung *i* vorzukommen scheint. Das sicherste Beispiel ist sim auf drei campanischen Schalen (*177*), deren Schrift zwar etruskisch, deren Sprache aber oskisch ist: Kanuties sim „Canutii sum", Veltinei(s) sim „Ueltini sum", Vi*p*l*eis Ve*l*iteis culchna sim „Uibili (?) Ueliti (? Uelitis? beide Namen sind unsicherer Lesung) culigna sum", vgl. die ganz gleichartige Schale Luvcies Cnaiviies sum *172*. Dieses sim wird doch kaum etwas anderes sein als = **süm*[1]), wie ja bekanntlich auch im Lat. für den Mittellaut zwischen *u* und *i* bald *u*, bald *i* geschrieben wurde (*lubet libet* etc.)[2]). Dann wird súm *137* (und *155*? beide aus Capua), d. h. *som*, eigentlich die betonte, **süm* aus **sum* die enclitische Form sein (vgl. últiumam d. h. **oltümam* aus **oltumam* **oltomam*). Als Darstellung eines nach *n* (vgl. Niumsieís etc.) aus *u* entstandenen *ü* würde sich auch *i* in *manim* der T. B. am einfachsten erklären[3]); dass in *eitua-* auf der T. B. immer *u* geschrieben wird, müsste dann mit der Stellung vor Vocal zusammenhängen, indem das *u* ja hier nicht einem einfachen iu, sondern einem iuv der nationalen Schrift entspricht, also ein *üu̯* vertritt. Ist *i* nach *n* in *manim* in der angegebenen Weise als *ü* aufzufassen, so ist das gleiche für *i* nach *t* in *petiropert petirupert* möglich (*petiro-* aus **q²etura-*, vgl. ai. *catúras* lesb. πέσυρες lit. *keturi* etc.) und diese Erklärung wäre dann wohl derjenigen aus *ŭ* (oder *u̯ĕ*), vgl. § 57, vorzuziehen. Vielleicht kann für die Schreibung *i* = iu noch eítiv. *199*, aus dem Norden von Samnium, in Betracht kommen, doch kann es auch eine Abkürzung = eíti(u)v(ad) sein, vgl. sakrvist *130* = sakr(u)vist[4]). Bei den Superlativen

1) Ueber -es statt -eis vgl. § 69.

2) Eine andere, doch sehr ferne liegende Möglichkeit s. in § 156.

3) Ein langes *ū* ist wahrscheinlich auf der T. B. durch *i* bezeichnet in *castrid*.

4) Der Stein zeigt im ℶ einen wahrscheinlich zufälligen, sonst

nesimo- T. B. (3 m., dazu wohl n[e]ssimas *140*) und messímais *133* wäre die nächstliegende Erklärung gleichfalls die, dass *-im-* = *-üm-* (aus *-um-*, *-om-*) sei, vgl. -ium- in últiumam *133* und sim = **sum*, aber hiegegen spricht wohl erstlich das í in messímais, dann namentlich, dass auf derselben Inschrift *133* die Schreibung mit *i* neben derjenigen mit *iu* stände (dass in últiumam *t*, in messímais *s* vorausgeht, wird doch kaum den Unterschied erklären können) und endlich das Wiederkehren des *i* in umbr. *nesimei*, da *-ŏm-* im Umbr. nicht zu *-um-*, geschweige zu *-üm-*, wurde (vgl. *hondomu*), sondern umgekehrt *um* zu *om* (s. S. 123)[1]; vgl. über diese schwierigen Superlative mit *i* § 156. Endlich könnte noch '*Sittius*' auf Inschriften oskischen Sprachgebietes angeführt werden, falls dieser Name wirklich mit Siuttiis identisch ist[2]).

Fragen wir nun noch, was sich gegen die uns wahrscheinlichere Auffassung des iu als *ü* und für diejenige als *i̯u* oder *iu* anführen lässt, so wäre es vor Allem das Erscheinen des *i* auch vor *o* in λιοκακειτ *16*, falls λιοκ- wirklich = **lok-* sein sollte. Dies scheint jedoch keineswegs sicher, das *i* findet sich sonst niemals vor *o* (vgl. Kalúvieis, Lúvfreís, Núvellis, Núvlanúm, túvta- etc.); gegen die Deutung von λιοκα- als „locare" spricht auch das Fehlen von *s-* (vgl. altl. *stlocus*, o. slaagid und § 230); es ist vielleicht gestattet, das o in λιοκακειτ als Zeichen für *u* aufzufassen (s. o. S. 68), so dass in nationaler Schrift *liuka- entsprechen würde[3]).

---

fehlerhaften Schrägstrich (Verwechslung von] und ∃ kommt auch sonst vor), vgl. Jordan symb. ad hist. relig. ital. 22, Zvetaieff J. J. J. D. p. 34, Danielsson A. S. III 194. Jedenfalls mit Unrecht hält Deecke App. 180 eitie für richtig und erklärt es als Abl. eines Stammes **eitiē-*.

1) Allerdings könnte zur Noth vielleicht *i* in u. *nesimei* von demjenigen in o. *nesimois* etc. getrennt, jenes auf *e*, dieses auf *o* (*u*, *ü*) zurückgeführt werden, da im Superlativ möglicherweise im Urital. Formen mit *e* neben solchen mit *o* bestanden.

2) Noch unsicherer ist, ob Betitis *185* und mehrfach vorkommendes '*Betitius*' das gleiche Suffix wie '*Betutius*' enthält. Deeckes Lesung Sariunu *48* neben Sarínu *47* ist schwerlich richtig (vgl. § 261, 6).

3) Etwa zu l. *pol-lūcēre* „aufsetzen, aufstellen, darbringen" (vgl. *censaum*: l. *censēre*)? An eine Zerlegung in λι-οκ- (*li-* Wurzelsilbe, *-ok-* oder *-oko-* Suffix, vgl. l. *uel-oc-s* etc.) wird doch kaum zu denken sein.

Gegen die Auffassung des osk. iu als *ü* könnten diejenigen, welche mit G. Meyer a. O. die Geltung des böot. ιου als *i̯u* oder *iu* für ausgemacht halten, den Parallelismus des Böotischen (ausser nach *s*) anführen, aber beweisend ist derselbe natürlich nicht. Vergleicht man die Bemerkungen von W. Meyer Roman. Gramm. I 75 über die Schicksale des geschlossenen *u* an der Südostküste Italiens, so könnte auch daran gedacht werden, beide Annahmen in der Weise zu vereinigen, dass im Osk. zunächst *i̯u* entstand, dieses aber sich zu *i̯ü ü* assimilirte (vgl. auch unten § 55 umbr. *i-* aus *i̯u-*).

54. Die Entwicklung von *ŭ* zu *ü* (*i̯u?*), wofür meistens iu, theilweise auch i *i* geschrieben wurde, ist nach § 53 im Oskischen nur nach *t d n s* (*l?*) eingetreten, ist also etwas anderer Art, als die Entstehung von *ü* im Lateinischen. Dass im Oskisch-Umbrischen auch ausser dem angeführten speciellen oskischen Falle Entwicklung von *ŭ* zu *ü* stattgefunden habe (vgl. Bersu Gutt. 32 Anm., 38 f. Anm.), ist nicht erweislich. Umbr. *combifia-* wird, wenn es überhaupt zu W. *bhudh-* (gr. πυθ-) gehört, *ĭ* = *ŭ* (§ 59) enthalten, denn *ŭ* blieb vor *f* und anderen Labialen sonst ebenso regelmässig erhalten, als es in *combif-* (12 m. belegt) zu *i* geworden wäre: rufru *Rufrer pufe* supru *superne dupla rubina*, ja *ŭ* erscheint vielmehr umgekehrt als *o* in *sopa* (s. o. S. 123), vgl. auch *atropusatu VIb* 36 = *atrip-*[1]). Auf die sabinischen Citate '*cyprum*' '*Cyprio*' neben '*cuprum*' ist wenig zu geben, über kiperu des Steines von Grecchio vgl. Bd. II Anh. Ohne Belang ist, was Bersu S. 38 f. Anm. anführt.

55. Anlautendes *i̯u-* scheint im Umbr. (über *i̯ü-?*) zu *i-* geworden zu sein: iveka (2 m.) *iuenga iuengar* zu l. *iuuenca* ai. *yuvaçá-*. Bréals Ansicht, dass an. iv- als iu- (= iuv-) zu lesen sei, ist mir wenig wahrscheinlich (s. § 93). Ein weiteres Beispiel liegt im Namen *Iguvium*, u. Ikuvins etc. vor, falls man denselben mit l. *iugum* zusammenbringen darf (vgl. slav. *igo* aus **i̯ugo-*); bei dem Namen Iuieskanes denkt auch Bücheler (U. 210) an *iug-* und die von Bréal vermuthete Zusammengehörigkeit von Iuieskanes und *Iguvium* (T. E. 264) liesse sich sehr einfach herstellen: Grundformen **Iug-esko-* und **Iug-ovio-* (vgl. *Mutu-esca* und *Mar-uvium*),

1) Hienach wird bei *combif-* auch schwerlich an „Schwächung“ des *ŭ* zu *ĭ* in unbetonter Silbe zu denken sein (vgl. § 124).

ersteres wurde, vordem das Lautgesetz *ị͡u*- zu *i*- eintrat, zu *Iuiesko*- (vgl. *muieto*- aus **mugeto*- § 182), dagegen blieb *g* vor *o* in **Iugovio*-, daher später **Igovio*- (in noch jüngerer Zeit wurde dann *Ig*- zu *Ij*-, s. ebd.)[1]).

ū.

56. Ursprüngliches *ū* wurde im Umbr. zu einem durch i *i* dargestellten Vocale, der wohl als *ǖ* oder als Mittellaut zwischen *ǖ* und *ī* aufzufassen ist. Der Uebergang scheint nicht auf das Umbrische beschränkt gewesen zu sein, da sich die Schreibung *i* wahrscheinlich auch im Oskischen von Bantia und vielleicht im Volscischen und im Pälignischen der Herentas-Inschrift findet. Alsdann würde auch das u u u der nationalen oskischen Schrift wohl nicht mehr als reines *ū*, sondern als (noch nicht so ausgeprägter) langer *ü*-Laut zu betrachten sein. Ob hiefür in dem i ų von Siuttiis ein Anzeichen vorliege, ist freilich sehr zweifelhaft (s. u.).

57. Oskisch. Fuutreí Futreí T. A., Futre[ís *180*: ai. *bhū́-ti*- *bhū-mán*- gr. φῦ-μα aksl. *by-ti*, im Lat. (altl.) *fū-i* zu ai. *babhū́va*[2]). fruktatiuf C. A. aus **frūgᵘetations* = l. **fruitatio*, zu l. *fruor* aus **frūguor*, mhd. *brūchen* (aus **brūkjan*). Wenn Siuttiis *28* wirklich zu l. *suo sūtus sūtor Sūtrius* (ai. *syū*-) gehört, bezeichnet das iu hier wohl langes ü (vgl. § 53); dass es nicht auch *friuktatiuf (*Fiutreí) heisst, müsste aus dem Unterschied der vorausgehenden Consonanten erklärt werden, so dass nach *s t d n*, welche folgendes kurzes *u* zu *ü* wandelten, auch langes *ū* mehr nach *ǖ* geneigt hätte als sonst. Doch ist ganz unsicher, ob das iu = u in Siuttiis wirklich lang war. Ebenso unsicher: λιοκακειτ *16*

1) Unmöglich ist, von älteren Deutungen des Namens *Iguvium* abgesehen, diejenige Deeckes Etr. Fo. Stud. VI 51 aus εὔχομαι, zu dem ja l. *uoueo* umbr. vufetes vuvçi gehören (s. § 219). Das *eu* der Form *Eugubium* kann unmöglich alt und ächt italisch sein, es wird im Mittelalter durch Gräcisirung oder andere nicht mehr zu verfolgende Vorgänge entstanden sein.

2) Das Beispiel ist aber nicht ganz zweifellos, da o. *fūtr*- auch aus **fuụ̆tr*-: ai. *bhavitr*- oder **fuụ̆ĕtr*- (cf. Genetaí: ai. *janitr*-) entstanden sein könnte, s. § 115.

(aus Anzi, nicht weit von Bantia) = *liuka- d. h. **lūka-* zu l. *pol-lūcēre*? (vgl. oben S. 127 mit A.). Dass in Bantia *ū* zu (*ṻ*) *ī* geworden war, wird durch den Ablativ *castrid* von St. *castru-* (vgl. Gen. *castrous*, umbr. Plur. *castruo*) wahrscheinlich, für den eine andere Erklärung als aus **castrūd* kaum annehmbar ist (vgl. § 279 und umbr. mani etc. § 59); ferner würde *petiro-pert petiru-pert*, falls es nicht *i* = kurzem *ü* (nach *t*, vgl. tiurrí etc.) enthalten kann (s. o. S. 126), am einfachsten als urit. **kuetūra-* sich an slav. *četyr-* (got. *fidūr-*?) anschliessen[1]. Falls der Conj. (Opt.) Perf. *fuid* „fuerit" der T. B. *ū* enthält (vgl. ai. *babhū-yā-t* altl. Ind. *fū-i*), wird *ṻ* hier wegen des folgenden *i* durch *u* dargestellt sein, um die Schreibung **fiid* zu vermeiden, oder *ū* hatte wirklich durch Dissimilation gegen das folgende *i* einen weniger ausgeprägten *ü*-Klang (an Verkürzung des *ū* vor dem folgenden Vocal wird kaum zu denken sein, vgl. § 108), aber ebenso möglich ist, dass *u* in *fuid* = idg. *ūu̯* war. Ueber das Fut. II *fūst* s. das Umbrische (S. 136). Erwähnt sei noch, dass die Etymologie der osk. Stadt *Uria* als „Wasserstadt", zu l. *ūrīna* (s. Vaniček[2] 272; *ūr-* idg. Ablaut zu ai. *vār-* etc., vgl. J. Schmidt Neutr. 204) dadurch hinfällig wird, dass die genauere Schreibung der Münzen Úrina(iiúm) ist, ein osk. Uebergang von *ū* zu *ō* aber nach Obigem, auf ein an sich schon so unsicheres Beispiel hin, nicht glaublich ist.

58. Zwischendialekte. Pälignisch. *Saluta 258 263* zu l. *salū(t)-s* (vgl. *Morta : mors* etc.), wohl von einem Denominativum **saluō*, vgl. *acūtus* von *acuō*, gr. ἀ-δάκρῡτος von δακρύω etc. (s. § 298 f.). Auf der Herentas-Inschrift (*254*) ist *-lisuist* möglicherweise als *çlīsu-ist* „clūsa est" zu erklären (s. Bd. II Anh.), das *ī* für *ū* könnte kaum auffallen, da die Inschrift auch sonst Beziehungen zum Umbr. zeigt (*rf* in *Cerfum*, *đ* für *d* zw. Voc.) und dieser Wandel ausserdem vielleicht auch im Volscischen (s. u.) und wahrscheinlich im Bantinischen bestand. Auch *omnitu* derselben Inschrift, wenn es wirklich mit Bücheler und Bugge als „uotum" zu gr. ὄμνῡμι

---

1) Weniger wahrscheinlich wäre die Erklärung aus **kuet(u̯)ēra-* (s. o. S. 91), unzulässig die aus **kuet(u̯)ĕra-*, da *ĕ* an den Vocal der folgenden Silbe assimilirt sein müsste, vgl. *zicolom* aus **zicēlom* etc. § 127.

zu stellen wäre, könnte dann (einfacher als bei Osthoff Perf. 250) direct aus **omnūto-* gr. *ὀμνῡτό-ς erklärt werden, doch ist mir die (auch von Deecke angenommene) Zusammengehörigkeit mit gr. ὀμνύω sehr fraglich (vgl. Bd. II Anh.). Erschien urspr. *ū* auf dieser Inschr. wirklich als *i*, so wird wohl weder letzteres ein wirkliches *ī* noch *u* in *Salūta* ein reines *ū* bezeichnen, sondern beide einen Mittellaut *ǖ*, der immerhin in der Sprache der Herentas-Inschrift mehr als sonst dem *ī* sich genähert haben kann. — Im Picenischen fällt ɔ (= ç?) vor u in -seɔure *288* auf; ob hier etwa das u ein *ǖ* aus *ū* darstelle und daher *k* zu ç wurde wie vor *i e*, lässt sich bei der völligen Unsicherheit der Deutung nicht entscheiden (vgl. Bd. II Anh.). — Im Volscischen wird *bim* von Mommsen Corssen Bréal Deecke Lignana u. A., dem Zusammenhang nach ansprechend, als „bouem" gedeutet. Es ist aber gewiss unwahrscheinlich, dass **bōm* (= au. bum ai. *gām* gr. βῶν idg. **gōm*) oder daraus entstandenes **būm* zu *bīm* geworden wäre, da das aus *ō* entstandene *ū* ohne Zweifel viel offener klang, als das ursprüngliche *ū*, für welches allein der Uebergang zu *ǖ ī* nachweisbar ist, auch zeigt ja *Declune* derselben Inschrift bewahrtes *ū* aus *ō* (s. o. S. 99 A). Es scheint daher, falls man nicht *bim* geradezu auf die idg. Stammform **gū-* (Brugmann II 452) zurückführen will, was doch wohl etwas gewagt wäre, folgender Umweg nöthig. Im Umbr. hiess es sīm „suem", sīf „sues" aus **sū-m *sū-ns*. Man könnte nun vermuthen, dass die derselben Begriffssphäre angehörigen und gewiss oft zusammen gebrauchten, auch in ihrer Einsilbigkeit einander ähnlichen Wörter *bōs* und *sūs* im Volsc. lautlich aufeinander einwirkten, etwa wie wenn im Lat. nach *sūs *būs* statt *bōs* gesagt worden wäre. Diess konnte im Volsc.-Umbr. wohl leichter geschehen, als im Lat., indem die Paradigmata vor dem Wandel von *ū* zu *ī*, nach umbr. *bue buo* zu schliessen, folgende gewesen sein mögen:

Sg.	**bōs*	**bues*	**bue*	**bōm*	**bue*	Pl. Gen. **buom*	Acc. **bof*
	**sūs*	**sues*	**sue*	**sūm*	**sue*	**suom*	**sūf*.

Das Volsc. hätte hier die Vocale ausgeglichen, also **būs *bues *bue *būm* etc. nach **sūs *sues* etc., später mit Wandel von *ū* zu *ī *bīs *bues *bue bīm* wie **sīs *sues* etc. Auf jeden Fall erweist *bim*, wenn es „bouem" bedeutet, dass im Volscischen ursprüngliches *ū* zu *ī* (*ǖ*) wurde; doch ist die Deutung nicht sicher (s. Bd. II Anh.). Ein zweiter Beleg für *i* = *ū* wäre *sistiatiens* falls von einem **statiō* aus **statūō* (l. *statuo*) = **statū-ịō*, vgl. das Umbrische und § 298f. Gegen die Annahme von volsc. *ī* aus *ū* kann *Cosuties* jedenfalls nicht angeführt werden, da *u* wohl mit Deecke Etr. Fo. Stud. V 143 Anm. auf *ō* zurückzuführen ist: *Cossūtius* zu *Cossō* (ächt l. *Coxō*)[1]), oder anderenfalls selbst *Cosūties* möglich ist.

59. Umbrisch. Bücheler Umbr. 179 und Brugmann I 47 statuiren mit Recht Uebergang von *ū* zu *ī*. Das Zeichen i *i* wird wohl ein *ǖ* oder einen Mittellaut zwischen *ǖ* und *i* darstellen (vgl. Brugmann a. O. und oben § 56)[2]). Ein ganz sicheres Beispiel für *i* = *ū* scheint mir *frif* aus **frūgf* = l. *frūges* (vgl. oben osk. f r ū k t a t i u f). Die Identität von *frif* und l. *frūges* ist seit ihrer Aufstellung durch Panzerbieter u. A. wohl allgemein anerkannt ausser von Pauli A. S. V 114 (vgl. Brugmann II 458), der zwar zugibt „die Dreiheit *pecuo castruo frif* heisst klärlich *pecua fundos fruges*“, trotzdem aber *frif* von *fruges* trennt und von angeblichem *frit* „Getreide“ ableitet, welches noch in u. *frite*, nach P. „frumento“, vorliegen soll. Nun ist aber die Deutung des letzteren als „frētu“ („fiducia“) durch Huschke und Bücheler grammatisch ohne Bedenken (s. S. 95 und § 279) und entschieden sinngemässer, ja O. Gruppe Woch. f. kl. Phil. 1888 1039 urtheilt „*frite* als *frumento* zu übersetzen verbietet der Sinn“. Dass päl. *firata* nichts mit dem angeblichen ital. **frit* „Getreide“ zu thun haben kann, ist in § 130 bemerkt. Für letzteres bleiben also nur lat. *frit* und *fritilla*, aber *frit* hat ein für ein lateinisches Wort sehr ungewohntes Aussehen und scheint corrupt (O. Gruppe a. O.), bedeutet übrigens auch nur „das Oberste an der Aehre“, *fritilla* ist falsche Lesung für *fitilla* (O. Gruppe a. O., Georges Lex. der lat. Wortformen s. v.). Die Deutung

1) Auffallend ist dabei das Fehlen des stammhaften *n*, das jedoch in ähnlicher Weise in l. *latrō-cinor sermō-cinor tirōcinium* etc. (auch z. B. *Aprū-cius* zu *aprō Aprōnius*??) gegenüber *homun-culus* etc. vorliegt (Eindringen der Nominativform in die Ableitung [Aehnliches kommt z. B. im Ai. Avest. vor]? Schwinden von *n* ursprünglich vor gewissen Consonanten berechtigt?).

2) „Das umbr. (*ǖ*) *ī* erinnert an das *ü* der benachbarten Gallier, dessen Nachwirkung nach Ascoli Sprachw. Briefe 18—26 im lombard. *ü*, surselv. *i* (*ün, in* = *ūno*) vorliegt, doch vgl. W. Meyer Roman. Gramm. I 533f. mit Anm. (auch 67ff.).

von *frif* = *frūges* bleibt also die richtige und dann ist wohl nur die directe Erklärung aus **frīgf* = **frūgf* (vgl. *capif* aus **capidf* etc.) haltbar[1]; Bréal T. E. 90 erklärt *frif* aus **frugeif* **frujeif* **fruif*, aber der cons. Stamm **frūg-* musste das *-f* unmittelbar ansetzen wie *capi(d)f nerf* manf etc., auch ist *i* aus *uie* nirgends nachgewiesen (**fruief* müsste bleiben, vgl. *muieto*); auch Duvaus Entwicklungsreihe (Mém. soc. VI 226 A.) **frūgf* zu **frūkf* **frūif* (cf. **aktu aitu*) *frīf* ist unrichtig, der Wandel von *k* zu *j* vor *t* ist ein specieller, auch in anderen Sprachen vorkommender Fall (s. § 176), während *kf* wohl zweifellos *ff* werden musste (vgl. lat. *effero* etc.)[2]. — Steht hienach der Wandel *ū* zu *ī* für *frīf* fest, so wird es Niemandem mehr einfallen, sim sif *sif*, statt direct aus **sūm* **sūf*, aus **suim* **suif* zu erklären (so z. B. Corssen II 54, 1021, Bréal 322, Thurneysen Verba auf -io 23, Osthoff M. U. IV 16, schon zweifelnd Perf. 432), welche letztere durch eine schwer zu begreifende Neubildung an Stelle von **sūm* **sūf* (= gr. ὗν idg. **sū-m* Pl. **sū-ns*) oder wenigstens von **suem* **suef* (idg. **suu̯-m̥* **suu̯-n̥s*) getreten wären[3]. Ebensowenig wird man pir *pir*, statt es direct = πῦρ air. *úr* čech. *pýř* (vgl. Joh. Schmidt Neutr. 219 Anm.) zu setzen, aus dem vereinzelten bei Herodian angeführten πύϊρ erklären, welches selbst unklar, vielleicht durch speciell griech. Epenthese aus *πῦρ-i̯ (cf. ὑπείρ aus *ὑπερi̯) entstanden ist (doch vgl. über πύϊρ jetzt Kretschmer K. Z. XXXI 450). Der Unterschied von pir *pir* und pure *pure-to purom-e* (2 m.), wozu nach Bücheler auch vepurus vepuratu (zweifelhaft), ist weder mit Bréal 184 durch Entlehnung des Wortes aus dem Griech. und daherige Unsicherheit des Vocales zu erklären (warum dann nicht auch *pur **pur* neben 13 maligem pir *pir*?), noch ist mit Bücheler a. O. für den Wandel *ū* zu *ī* die Einschränkung „in monosyllabis" zu machen, sondern *pīr pŭre pŭrom-e* geht parallel mit gr.

---

1) Ev. **frīgf* zu **frīj̆f* (vgl. **Igov-* zu *Ijov-*) und hieraus *frīf*?

2) Uebrigens hält D. auch die Entwicklung **frūgf* zu **frī(g)f* für möglich.

3) Allerdings macht neuestens Kretschmer K. Z. XXXI 382 auf die Möglichkeit aufmerksam, dass sim sif eine idg. Femininbildung **su̯-ī-* (auch gr. in σῖκα aus *σϝ-ῑ-κα) enthielte. Aber *Ia* 14 *VIb* 3 ist sif *si* Masculinum und auch abgesehen davon ist die Erklärung aus **sū-* viel näherliegend.

πῦρ πῦρός πῦρί. Der gleiche Ablaut besteht zwischen sim sif *sif* und *sorser* (suřum *sorsom sorsalem*?), vgl. *ū* in l. *sū-cula* altl. *sū-bus* gr. σῦ-σί etc. (über *ŏ* aus *ū* s. S. 123, über *rs* § 146); *ū* erschien wahrscheinlich auch in den Cas. obl. **suer *sue* etc. = l. *suis sui* (idg. Paradigma **sū-s *sū-m* Dat. **suu̯-ái̯* etc., s. Brugmann II 455 f.).

Da für *frif fri* pir *pir* sim si sif *sif si* Wandel von *ū* zu (*ü*) *ī* wohl ausser Zweifel steht, ist derselbe auch anderwärts zu erwarten, doch gibt es keine ganz sicheren Beispiele. statita „statūta", wovon statitatu „*statūtato" (= „statuito"), kann sich mit dem l. Worte völlig decken und braucht nicht von einem l. **statire* neben *statuere* (so Bücheler L. I. XXVI b, Danielsson A. S. IV 144 A., Brugmann II 217, 283) abgeleitet zu werden[1]), es liesse sich dann auch für vo. *sistiatiens* die Herkunft von **statū(i̯)ō* = l. *statuo* vermuthen (vgl. oben), während für päl. *sest. a. plens*, gewöhnlich *sestatiens* oder ähnl. emendirt, die Lesung *sestatuens* möglich wäre (s. § 298 f.). Falls kupifia- *combifia-* wirklich zu gr. πυθ- idg. *bhudh-* gehört, muss *i* wohl = *ū* sein (vgl. got. *anabūsns* aus idg. **bhūdh-sni-* Feist Etym. 19), da die Annahme von *ī* aus *ŭ* bedenklich ist (s. S. 128). eitipes „censuerunt" *Va* 2 14 wird gewöhnlich mit osk. *eitua-* verbunden und Danielssohn A. S. III 196 ff. setzt es ansprechend = *eitom* + *hipens*[2]); wäre es aber nicht auch möglich, eitipes als Perf. von einem *eitīpā-, Denominativum zu **eitū-qo-* wie l. *mandūcare* zu *mand-ūcu-s*, zu fassen? (vgl. § 321; zum *p* = lat. *qu* im idg. Suffix *-qo-* vgl. Brugmann I 310, II 238 f.). Büchelers von Bechtel B. B. VII 2 aus lautlichen Gründen angefochtene Zusammenstellung von *dia* als „incendat" mit gr. δαίω (*δαϝιω) lässt sich durch Vergleichung von ai. *dūyatē* (vgl. auch Ptc. *dūnd-*) halten, also *dia* aus **dūat* = **dūi̯at*. Auch falls *dia* „det" bedeutet, was desshalb vielleicht wahrscheinlicher ist, weil W. *du-* „brennen" sonst im Italischen

---

1) Bréal 289 denkt an Entstehung aus **statueito-*, aber eine solche Grundform ist an sich wenig wahrscheinlich, ausserdem ist die Berechtigung, umbr. Contraction von *ui* (*uei*) zu *i* anzunehmen, durchaus unerwiesen (vgl. § 140).

2) Die hiebei anzunehmende Elision scheint ohne Bedenken zu sein, vgl. § 252.

nicht vorzukommen scheint, kann *i* aus *ū* erklärt werden, so dass *dia* mit l. *duat* auf urit. **dūāt* zurückginge. Für *purditom* liegt die Erklärung aus **pur-dū-to-* ganz besonders nahe, weil der Imperat. dazu **pur-douitu* heisst, vgl. l. *ind-ūtus* zu *ind-uo* umbr. *an-ouihimu*[1]); ebenso wäre dann wohl pur-tiius = **pur-dū-us* und pur-tifele = **pur-dū-fele* zu setzen. Einige Schwierigkeit würde die Erklärung aus **dū-* bei *purdinšus* (gleichbedeutend mit pur-tiius) machen, da man vor *nk* (woraus *nš*) kein *ū* erwartet wegen des § 108, 1 erwähnten Kürzungsgesetzes, doch könnte man wohl an Uebertragung aus pur-tiius *pur-ditom* etc. denken, auch war ja jedenfalls die Bildung *purdinšus* selbst kaum eine alte. Es muss aber zu allen erwähnten Formen mit *di-* bemerkt werden, dass sie statt auf **dū-*, auch auf eine idg. Wurzelform *di-* zurückgeführt werden können, falls eine solche in l. *au(s)-dio con-dio* vorliegt (vgl. Bréal T. E. 60, Danielsson A. S. IV 137 Anm.), was mir freilich zweifelhaft scheint[2]). *fito VIb* 11 wird eher mit Bücheler U. 67 und Osthoff Perf. 250 von *fieri* abzuleiten, als direct = ai. *bhūtám* zu setzen sein. Bei persnimu *persnihimu persnis* könnte man an gr. -νῡ- in δεικνῡμι etc. denken, doch vgl. § 298. Wenn das oben erwähnte *frite* als „fructu" (in der Bedeutung „honore" oder „ritu") zu deuten wäre (vgl. S. 95 Anm.), würde *fri(h)t-* dem *frūct-* genau entsprechen, doch spricht vielleicht schon das constante Fehlen des *h* dagegen (vgl. § 175) und die Erklärung als „frētu, fiducia" ist der Bedeutung nach viel wahrscheinlicher. Ueber das schwierige *seritu an-seriatu* vgl. § 298. Als sehr wahrscheinliches Beispiel für *ī* = *ū* ist endlich noch die Endung -i -*i* im Abl. Sg. der *u*-Stämme (mani *mani* trefi ařpu-trati) zu erwähnen, vgl. oben S. 130 zu bantinisch *castrid*; sollte letzteres freilich nicht aus **castrūd* zu erklären sein, so würde auch für umbr. -*i* die Erklärung aus -*ūd* unsicher.

Sichere Ausnahmen von der Vertretung des ursprünglichen *ū* durch *ī* scheinen nicht nachweisbar. *mugatu muieto* (= **mugetom*) wird das *ŭ* von gr. ἔμῠκον enthalten gegenüber *ū* in l. *mūgio* gr. μῡκάομαι; die Quantität in l. *commugento* ist

1) Oder lat. *ind-ūtus* aus **eu̯-to-*?

2) Lat. *d* kann auch = *dh* sein, vgl. zu *audio* ai. *çrudhīyáti* (gr. ἐσθίω neben ἔσθω?). Umbr. *ditu* titu kaum mit Danielsson a. O. von **di-*, sondern = **did-tu*, vgl. § 293.

unsicher. In struhçla *strušla* kann die Erhaltung des *ū* durch späte Entstehung erklärt werden: *strūçla-* aus **struu̯-ī-kelā* oder **struu̯-ĕ-kelā* l. **struīcula* (zu *struēs* wie *aedīcula* zu *aedēs* etc.), vgl. § 115. Aehnlich ist im Fut. II **fūst*, bantin. *fūst* T. B. 28, dessen *ū* durch ampr- efu|us *Ib* 20 bezeugt scheint (s. § 325), die Länge secundär entstanden: *fūst* aus **fūu̯ĕs(ĕ)t* = l. *fuerit* (dagegen Fut. I osk. umbr. fust *fust* aus **fūs(ĕ)t*: l. *foret*; s. § 313). sumtu vielleicht = **summĕtu*, nicht genau = l. *sūmito* (s. § 230) und jedenfalls enthält ja auch letzteres kein ursprüngliches *ū*[1]).

Anmerkung zu § 30—59.

60. Die Behandlung der Vocalreihen *ĕ ē ĭ ī* und *ŏ ō ŭ ū* im Oskischen zeigt einen gewissen Parallelismus mit derjenigen im Vulgärlatein beim Uebergang in die romanischen Sprachen (vgl. zu *ĕ ē* W. Meyer K. Z. XXVIII 175). Es fallen nämlich im letzteren die Mittellaute der genannten Reihen qualitativ (später auch quantitativ) zusammen: *ē* und *ĭ* in geschlossenem *ẹ̆*, *ō* und *ŭ* (weniger entschieden) in geschlossenem *ọ̆*; von ihnen sondern sich die Endlaute der Reihen ab, *ĕ ŏ* als offene *ę̆ ǫ̆*, *ī ū* als geschlossene *ị ụ* (s. W. Meyer Roman. Gramm. I 51 ff., 523 ff., dens. in Gröbers Grdr. I 360). Aehnlich fallen im Oskischen qualitativ (die Quantität bleibt gewahrt) *ē* und *ĭ* in offenem *į̆* (geschrieben í, die Länge íí), *ō* und *ŭ* (weniger deutlich) in offenem *ų̆* zusammen[2]). Die Endlaute der Reihen, *ĕ ŏ* und *ī ū* bleiben dagegen gesondert, denn *ĕ ŏ* erscheinen nur in besonderen Fällen (z. B. vor Nas. Liq. + Cons.) als í u, *ī* erfährt eine besondere Entwicklung (dargestellt durch ií, wahrscheinlich ein *ī^e*) und *ū* hatte wohl eine sehr geschlossene, dem *ü̅* sich nähernde Aussprache. — Im Umbr. ist die Erscheinung weniger ausgeprägt. Zwischen *ŭ* und *ū* ist allerdings die Differenz theilweise bis zu *ŏ* gegenüber (*ü̅*) *ī* fortgeschritten. *ē* war geschlossen, wird aber mei-

---

1) Vgl. jetzt über *ī* aus *ū* im Umbr. und in bant. *castrid* auch Conway Am. Journ. of phil. XI 306 A.

2) Dass *ŭ* offen war, ist freilich nur aus dem im Umbr. vorkommenden Uebergang zu *ŏ* erschlossen, also sehr unsicher; vielleicht spricht die Entwicklung zu *ü* nach *t d n s* dagegen.

stens noch mit *e* bezeichnet und von *ī*, da letzteres verhältnissmässig nicht häufig als *e* erscheint, in der schriftlichen Darstellung noch geschieden; für *ō* ist Vertretung durch *ū* nur in Endungen und vor *r*, vielleicht auch ř = *rs*, zu belegen. — Von den Zwischendialekten scheint das Pälignische (wie sonst) dem Osk. in diesem Puncte am nächsten zu stehen.

Diphthonge[1]).

Vorbemerkungen.

61. Die Diphthonge sind am besten erhalten im Oskischen. Es finden sich hier nur ganz vereinzelte z. Th. unsichere Spuren von Monophthongisirung bei *eį* und vielleicht bei *oų*. Eine erste unmerkliche Vorstufe zur Assimilation der beiden Bestandtheile zeigen die *i*-Diphthonge in der regelmässigen Bezeichnung durch aí eí úí in nationaler Schrift[2]), woneben einmal schon ae (in act. *135*, vor 211 a. C.) und einmal ú e (auf *56*, einer späten Wandinschrift) vorkommt, d. h. selbstverständlich *aę oę*, nicht etwa *ä ö*. In der lat. Schrift der T. B. ist *ae* schon das gewöhnliche (*oe* nicht belegt), während für *eį* die frühere Schreibung beibehalten wurde, da *ee* (d. h. *eę*) undeutlich gewesen wäre. — Das umgekehrte Extrem zum Osk. bildet das Umbrische, welches alle Diphthonge assimilirt, *aį eį* zu *ē*, *oį* zu *ō* (*ū*?) und *ē*, *aų oų* zu *ō*. eitipes eikvasatis eikvasese *eiscurent* beweisen auf keinen Fall Erhaltung von urspr. *eį* bis in die Zeit unserer Denkmäler (s. § 72). Von den Zwischendialekten steht dem Osk. am nächsten das Pälignische, wo *aį* (theilweise als *ae* d. h. *aę*), *oį aų oų* bleiben, nur *eį* theilweise als *ē* erscheint. Aehnlich im Marrucinischen, wo aber auch *oų* dem *ō* zu wei-

---

1) Unter „Diphthongen" sind hier nur die anteconsonantischen und auslautenden Verbindungen von Vocalen mit *į ų* verstanden, die antevocalischen sind in § 87 ff., 105 f. behandelt.

2) Ueber vereinzelt vorkommende ai ei úi s. o. S. 63 f.

chen beginnt (*totai* neben *toutai*). Ueber das Vestin. gibt die kurze Inschr. *276* keine Auskunft. Schon völlige Monophthongisirung zeigen bei den *i*-Diphthongen (für *u*-Diphth. fehlen sichere Beispiele) die wenigen Reste des Marsischen: *ēsos* = päl. *aisos*, *Iouies pucle[s* = päl. *Iouiois puclois*, *Uesune* = **Uesunai* (über das angebliche lat.-mars. *doiuom* s. § 74). Das gleiche ist wohl für das Sabinische zu vermuthen (vgl. Danielsson A. S. IV 163), lässt sich jedoch aus der Inschrift *280* nicht belegen[1]; der sabinischen Citate '*ausum*' '*Auseli*' wegen ist vielleicht anzunehmen, dass *au̯* im Sabin. (dann vielleicht auch im Mars.) noch Diphthong war (§ 77). Das Volscische endlich zeigt durchweg Assimilation: *ai̯* in *esaristrom*, *ei̯* in *deue* (und *se*, *sepis*?), *oi̯* in *uesclis* = **uescloi̯s*, *oi̯* oder *ai̯* in der Endung von *deue Declune*, *ou̯* in *toticu*, doch fehlen auch hier Beispiele für *au̯*.

62. Eine eigenthümliche Schreibweise finden wir im Oskischen bei den *u*-Diphthongen: das *u̯* wird bei *ou̯* durchgehends, bei *au̯* meistentheils nicht mit u, sondern mit v bezeichnet z. B. túvtíks Lúvfreís Iúvkiíúí (aosk. Nuvkrinum), avt thesavrúm (daneben Aukíl Aurunkud). In lat. Schrift wird *ou au* geschrieben: *toutam castrous aut* etc. Die beiden Schreibweisen sind natürlich im Lautwerth identisch (die lat. Schrift besass kein besonderes Zeichen für *v*)[2]. Die gewöhnliche Ansicht ist, dass in túvtíks avt etc. das *u̯* sich „verhärtet" habe, d. h. spirantisch geworden sei (z. B. Corssen K. Z. XI 362, XIII 183, Bruppacher 36 f., Bücheler Rh. M. 33, 8); vgl. auch Brugmann I 153 „das v deutet auf eine die beiden Componenten schärfer als bei der gewöhnlichen Aussprache der Diphthongen trennende, der neugriech. Aussprache von αυ ευ analoge Artikulation hin"[3]). Da aber *v* (Ɔ) sonst im Oskischen, wie auch Brugmann a. O. für wahrscheinlich hält, die Geltung von *u̯*, nicht von spirantischem *w* hatte (vgl. § 90), wird man doch zweifeln können, ob das Zeichen v in den Diphthongen einen anderen Laut, nämlich *w* und *f* dar-

---

1) Ueber *oi* in *Poimunien* s. § 105, *aunom* ist vielmehr *dunom* zu lesen.

2) Jedenfalls verfehlt Corssen I² 315, 671, Bruppacher 37.

3) αυ ευ klingen im Neugr. vor tönenden Lauten wie *aw ew*, vor tonlosen wie *af ef*, s. G. Meyer² 137, Brugmann Gr. Gr.² 33 f.

stelle, wenn sich für die Verwendung des Zeichens v statt u ein Grund anführen lässt. Einen solchen kann man darin vermuthen, dass in der älteren Zeit, deren Schweibweise noch durch mehrere Denkmäler vertreten ist, die Osker kein ú, d. h. *o*, besassen (vgl. Kruckiewicz Zeitschr. f. ö. Gymn. 1879, 1 ff.)[1]. Wollte man nämlich in aosk. Schrift *o̯u* von *uo*, ev. beides von *uu* = *ū* und = *ō*, unterscheiden, so blieb nur das Mittel zum Zeichen v zu greifen, welches ja da, wo es bereits in Verwendung war (Anlaut, Inl. zwischen Voc. und nach Cons.), den auch für *o̯u* passenden Lautwerth *u̯* hatte; daher z. B. Nuvkrinum, während *Nuukr- auch als **Nuokr-* **Nuukr-* **Nookr-* hätte gelesen werden können[2]). Die Gewohnheit wurde dann vom uv = *ou̯* auch auf *au̯* übertragen (doch nicht consequent) und im Neuosk. durch Tradition beibehalten. Aehnlich wie im Osk. schreibt man im Etrusk., wo bekanntlich ein Zeichen für *o* ebenfalls fehlt, Luvki Ruvfial etc., dagegen bei *au* abwechselnd Lavkial und Laukine etc. Es scheint überhaupt der Mangel eines Zeichens für *o*, welchen das Altosk. und Altumbr. mit dem Etrusk. theilt, in engem Zusammenhang damit zu stehen, dass diese Alphabetgruppe das Digamma als Zeichen für consonantisches *u* verwendete[3]), während das Lat., welches von den ältesten Zeiten an *o* besass, diese Unterscheidung von consonantischem und vocalischem *u* entbehrlich fand und dem Zeichen des consonantischen *u* den Werth *f* gab (vgl. S. 42). Auch osk. τωϜτο in gr. Schrift beweist nichts für spirantische Aussprache, es stammt aus Messana, wo ου schon für die Geltung von *u* in Verwendung war z. B. ουπσενς (ähnlich ist die Schreibung ηι = *ei̯* durch die Geltung von ει als ι hervorgerufen, vgl. S. 69 f.), in Lucanien und Bruttium, wo ο und υ (daneben auch ου?) für *u* zu gelten scheinen, wird für den Diphthongen ου geschrieben: Λουκανομ Τουτς (s. S.

---

1) Derselbe behauptet jedoch unrichtig, u und ú wechseln im Osk. zu allen Zeiten; nachdem ú einmal eingeführt war, wurde es ganz regelmässig verwendet.

2) Ebenso z. B. ein *suruuum (= σοροϜωμ) als **soruoom* **soroo̯um* *sorōm* etc., anstatt **sorouom*.

3) Auch *i̯o* und *ɩu̯* (*ɩv*), *oi̯* und *u̯ɩ* (*vɩ*) konnten in Alphabeten, die kein *o* besassen, nur durch Anwendung von *v* für *u̯* von einander geschieden werden.

68 f.); vgl. auch ταυρομ gegen thesavrúm)[1]. — Für die Geltung von v in túvtíks avt etc. als *u̯* kann auch noch angeführt werden, dass durch gewisse Anzeichen im Osk. selbst und die Entwicklung in den übrigen Dialekten (vgl. § 76 ff.) wahrscheinlich ist, dass die Diphthonge *au̯ ou̯* im Osk. sich vielmehr in der Richtung gegen *aǫ oǫ* bewegten, als gegen *aw ow*. — Meiner Ansicht nach ist also die Annahme, dass osk. av úv vor Cons. mit spirantischem zweitem Element zu sprechen sein, nicht begründet.

63. Noch sind einige räthselhafte Schreibungen von Diphthongen im Osk. zu erwähnen. Auf *182* liest Zvetaieff Aíifineís (wohl „Aedinii"); dieses würde sich wohl erklären aus lat. Schreibungen wie *Caeicilius conquaeisiui* etc. bei Stolz² 271, in welchen *ei* den Mittellaut zwischen *e* und *i* bezeichnet; Deecke Rec. 130 meint aber, wohl mit Recht, es sei eher Aiífineís zu lesen. ií ist sonst Darstellung von *ī* (§ 39), aber wie sollte sich ein *ī* im Diphthongen *ai* erklären? Auf Münzen von Ausculum steht Αυϯυσκλι. d. h. *Auhuskli.* neben Αυσκλιν. Αυσκλα.; nach umbr. *persnihimu arsmahamo* könnte man versucht sein, **Aūskli.* zu umschreiben und dieses mit Aiíf- zu vergleichen[2]. Nach Corssen K. Z. XVIII 192 drückt die Schreibung *auhu-* die Länge des Diphthongen *au* aus, indem hinter *auh-*, wo *h* bereits Längebezeichnung war, nochmals *u* hinzugefügt wurde, man würde jedoch in diesem Falle eher eine Schreibung **Ahauskl-* erwarten (vgl. Meeílíkiieís?)[3]. Vielleicht könnte man an eine Art circumflectirter Aussprache denken (vgl. S. 58 über umbr. *aha ihi* etc.). Uebrigens scheint mir von Αυϯυσκλι. durchaus nicht ausgemacht, dass es oskisch und nicht griechisch sei; das αυϯυ erinnert an messapische Schreibungen. Vgl. U. D. 103, 251. Ueber eeí in Meeílíkiieís s. § 68. Ein an Αυϯυσκλι. erinnernder Fall ist noch Ahvdiuni *62*, falls der Anlaut = *Aud- (*Avd-) ist, wobei möglicherweise eine abgekürzte Form (etwa Gen.) eines Namens *Avdiuniis l. **Audeōnius* (*Audeo* ist belegt; osk. í wie in

1) Zu τωϝτο vgl. auch gr. ἀϝτός Ναϝπακτίων etc., falls in diesen mit Brugmann a. O. 33 ϝ als *u̯* zu lesen ist.

2) Vgl. auch l. *Auur(elius)* Grut. 538, 9 bei Fabretti Gloss. 234?

3) Osthoffs Ansicht, dass in umbr. *subocauu* das *auu* als Bezeichnung für *āu̯* aufzufassen sei (Perf. 233, vgl. Streitberg Compar. auf *-ōz-* 15), ist mir unwahrscheinlich, vgl. § 323.

fatium: l. *fateor*) oder **Audionius* anzunehmen wäre [1]). Ganz anders freilich Deecke, der Rec. 133 (vgl. schon Huschke Osk. sab. Spr. 195) das Wort zu Akudunniad, umbr. *Acersonia* stellt; es könnte aber in diesem Falle nicht ächt oskisch, sondern müsste wohl halbetruskisch oder dgl. sein, da weder h aus k, noch v als Vocalzeichen, noch auch das i vor ů = *ō* oskisch ist (über letzteres s. S. 124 Anm.). Endlich sei der Vollständigkeit halber noch erwähnt Ku*íí*rinis, wie möglicherweise auf der späten Griffelinschrift *105* statt mit Deecke Rec. 132 Ku*iu*rinis gelesen werden kann [2]); falls uií Diphthong ist (dann für úií), würde es an Aiífineís erinnern; oder Kuiírinis = l. *Quirinius*, vgl. Κυιντίλιος etc. (vgl. Fabretti Gloss. 951 f.)?? aber warum nicht Kv- wie in kvaísstur etc. und wie erklärt sich ií = *ī*??

aį.

64. Oskisch. Die regelmässige Vertretung in nationaler Schrift ist aí; daneben findet sich ai, ausser natürlich aosk., nur auf einigen Inschriften von Capua und auf *187* (Anagtiai diíviiai), *113*? (Aibe..) [3]). Nur in éinem sicheren Beispiel erscheint in nationaler Schrift ae: aet. *135* aus Capua (vgl. ebendaher menvum Blt. statt *minvum); dazu kommt aeracis *176*, falls richtig gelesen (doch vgl. Bd. II Anh.). In der lat. Schrift der T. B. ist *ae* das gewöhnliche (über *ai* daneben s. u.). In gr. Schrift αι. Beispiele. aisusis Blt., αις *12*, *Aisernim 230*: marr. *aisos* vo. *esaristrom* umbr. *esono-*, ahd. *ēra* aus **aiza*, l. wohl in *aestimare* (s. § 241); kvaísstur (5m.) kvaísturei κϜαιστορ: u. kvestur, entlehnt aus l. *quaestor*; aídil aídilis aus l. *aedilis* (gr. αἰθ-); a]íttiúm C. A., *aeteis* T. B., aet. *135*, vielleicht zu gr. αἶσα (s. § 262); Kaísillieís *Caisidis* zu l. *caesius* lit. *skdistas*

1) **Audiō Audiōnius* würde sich zu l. *Audius* (osk. ΑϜδειες) verhalten wie *Polliō* zu *Pollus Paullius* etc. (etwas anders *Suetonius*: *Suettius* etc.

2) Die Lesung Zvetaieffs Kuírinis ist wenigstens séiner Abbildung nach kaum wahrscheinlich.

3) Die Inschrift *126* (Nola) mit main (wohl Main., zu l. *Maenius)* ist nur in so corrupter Abschrift überliefert, dass aí wohl ebensogut möglich ist wie ai. Cnaiviies *172*, Cnaives *173* sind etruskisch geschrieben (vgl. über ersteres auch S. 45).

(s. § 205); aikdafed = l. **aequidauit* (*aequus* ai. *ēka-*), oder zu air. *aicde* (s. § 172); Baiteis (oder zweite Sg. baiteis?) *182* wohl zu l. *baetere* lett. *gaita*; kaispatar Blt. zu l. *caespes* (die Ableitung von *caedere* got. *skaidan* ist sehr unsicher); Σαιπινς *18* „Saepinus" zu l. *saepes saepire*, unsicherer Etymologie[1]); ebenso Saidiieis *139* und Lai. *183*, Aibe.. *113*; Cnaiviies Cnaives auf den etruskisch geschriebenen Inschriften *172 173* zu l. *Naeuius* (urit. **gnaiv-* aus **gnavį-*, s. § 86); kaila *28* vielleicht kaula zu lesen, s. § 106. Sehr häufig ist der Diphthong in Endungen der *ā*-Stämme, er war hier wahrscheinlich überall ursprünglich lang, scheint jedoch durchweg gekürzt worden zu sein (s. § 83). Dat. und Loc. Sg. Ammaí Fluusaí vereiiaí aasaí Vibiiai *Bansae* etc. (Aufzählung § 271), wozu auch svaí svai *suae*; Dat. Abl. Pl. Diumpaís Fluusasiaís Vesuliais *exais-c-en* etc. (Aufzählung § 272). prai *prae-* l. *prae* scheint Dat. zu **p(e)r-* (gr. παραί; vgl. Stolz Arch. II 497 ff., Brugmann Gr. Gr. ² 219). Ueber aií Aiifineís (wohl „Aedinii") s. o. S. 140; über die Bildung von Valaimais *ualaemom* s. § 287. — Auf der T. B. wird neben sonstigem *ae* (*aeteis ualaemom prae- suae Bansae*) vor auslautenden *-s ai* geschrieben: *exais-c-en* (*eiza(i)s-c*?), *mais* (3 m.), ausserdem in *maimas* (2 m.); zu *-ais* vgl. *-ois* (niemals *-oes* geschrieben), über *maimas* § 230. Ausser der T. B. kommt in lateinischer Schrift nur vor *Caisidis 25, Aisernim 230* (beidemal folgt *s*). Ueber prebai Blt. s. § 173.

In staít (vgl. Plur. stahínt) und in den Nominativen Mais Maís (vgl. Staíís) Vesulliaís etc. war aí, wie *ae* in päl. *Anaes* etc., wohl nicht Diphthong, sondern = *aï* (vgl. § 140), ebenso *ai* in *deiuaid tadait* (§ 305 f.); ob *ae* in *pae* T. B. (*paei* ebd. wohl Schreibfehler) *aę* oder *aë* sei, ist zweifelhaft, s. § 289.

65. Zwischendialekte. Pälignisch. *ai* war als Diphthong erhalten: *Scaifia 256* (Etymologie unklar, vgl. § 222); *praicim-e 254* zu osk. prai *prae* (directe Ableitung oder aus **prai-dic-*? s. Bd. II Anh.); ...*brais 246* Dat. Plur.? (über die Emendation *brats* ebd.). Schreibung *ae* (d. h. *aę*) in *aetate 255* „aetate", *aetatu 254* „aetatem" (*aetat-* = **aįŭĕtāt-*

---

1) Unwahrscheinliche Vermuthung bei Bersu 153 A.

zu gr. αἰ(ϝ)ών, vgl. jedoch zum *ae* auch § 106). Marrucinisch *ai* : *aisos* zu osk. aisusis etc., *Maroucai* 2m., *toutai totai*, *pẹai* (vgl. bant. *Bansae*). Marsisch *ē* : *esos* = marr. *aisos*, *Uesune* aus *-ai*. Volscisch *ē* : *esaristrom* vgl. o. *Aisernim* etc.; Endung in *deue Declune* (oder = *-oi*?); *se se-pis* wohl eher mit *ei̯* (§ 70).

66. Umbrisch. Durchweg *ē*, sehr häufig zu belegen. esunu- *esono-* (ca. 25m.) zu osk. marr. *ais-*; kvestur kvestretie : o. kvaísstur; *sepse* nach Danielsson zu l. *saepire* (o. Σαιπινς), vgl. § 208; *ebetrafe hebetafe* nach Bücheler zu l. *baetere* (§ 169); erus *erus* ereçlu möglicherweise zu *esono-* W. **ais-* (s. § 240 f.); pre *pre* „prae" osk. prai, häufig auch im Compositum: *Prestota-* (über 25m.), *preplotatu*, prepesnimu, prehabia, *prepa* etc.; *pretra*; sve *sue* svepis *suepo nosue* : osk. svaí *suae*; Dat. Loc. Sg. der *ā*-St. ase *esone Jouie Prestote* etc. (Aufzählung § 271), Dat. Abl. Pl. anzeriates tekuries tuver-e *aseriater dequrier* urnasier etc. (Aufz. § 272); über die Verkürzung des einstigen *ai* dieser Casusformen aus *āi* s. § 83. In mestru aus *maistru war *ai* wohl aus *aï* contrahirt (§ 140); unsicher: restef *reste* aus **restaïf*? (s. § 329). Ueber upetu s. § 295. Da für *ē* aus *ai* sonst nie *ei i* erscheint, was auf offene (vielleicht noch *ä*-artige) Aussprache deutet, fällt sehr auf die Schreibung *ei* in dem 2maligen *eiscurent* (*Vb* 10, 15), welches man gewöhnlich (zuerst Bugge K. Z. III 40 f.) zu ai. *icchāti* ahd. *eisca* slav. *iskati* (aus **ais-*) und weiterhin zu ai. *iš-* „wünschen" stellt (idg. **ais-sk̂ō* und **is-sk̂ō*); daran, dass *ei̯* zu sprechen und *ei̯* aus *ai̯* entstanden sei, ist nicht zu denken, der Weg von *ai̯* zu *ē* ging vielmehr über *ae̯* *ǟ*. Die erwähnte Zusammenstellung ist daher nur durch Annahme eines *e(h)-isc-* ἐξ-αιτέω, vgl. Bréal 319, oder eines idg. **īs-sk̂ō* neben **is-sk̂ō* und **ais-sk̂ō* zu halten; vgl. noch § 72. eikvasatis eikvasese nicht zu l. *aequus*, s. § 173. — In aitu *aitu* aituta ist *it* = *kt* (vgl. o. *actud*) oder, falls die Wörter z. Th. von *ah-* lat. *aio* abzuleiten sind, möglicherweise = *aï* (s. § 176).

Dass *ē* = *ai̯* im Umbr. (und Volsc. Mars. etc.) noch ein *ǟ* war oder jedenfalls offen ausgesprochen wurde, dafür würde ausser dem oben angeführten Fehlen der Darstellung durch *i ei* auch die Erhaltung von *k* vor solchem *ē* sprechen, falls dieselbe etwas sicherer stände (vgl. § 179).

eį.

67. *eį* zeigt in allen Dialekten Neigung zu *ē* zu werden. Im Umbr. Volsc. ist dieser Uebergang allgemeine Regel, aber auch im Pälign. Marruc., welche *ai* und *oi* bewahren, findet sich *ē* neben *ei*, ja sogar im Osk. kommen Ansätze, allerdings nur ganz vereinzelte, zu *ē* vor. Es scheint sich hier eine gemeinsame Eigenheit der osk.-umbr. Dialekte (an der jedoch auch das Falisk. theilnahm) gegenüber dem Lateinischen zu zeigen, im letzteren wurde mehr das *e* dem *į* assimilirt, daher *eį* zu *iį ī*, in ersteren mehr das *į* dem *e*, daher *eį* zu (osk. eí) *eę ē*; dass *eę* früher Monophthong wurde, als *aę oę*, ist leicht begreiflich. Möglicherweise war *ei* der T. B. in der Aussprache schon ungefähr = *eę* vgl. *ae* (**oe*), und nur die Schreibung *ee* wurde vermieden. Ein ähnlicher Gegensatz zum Lat. zeigt sich bei *oų*, s. § 79.

68. Oskisch. *eį* erscheint in nationaler Schrift als eí, aosk. und vereinzelt auf einigen capuanischen Inschriften (vgl. S. 63) als ei, in lat. Schrift als *ei*, in griechischer als ηι, seltener ει. Beispiele. deívaí deivinais deivin[ais deiv... *deiuast deiuaid deiuatud deiuatuns* : vo. *deue* umbr. *deueia* l. *dīuus* (Subst.) ai. *dēvá-*; deikum *deicum deicans* : l. *dīco* gr. δείκνυμι; eh-preívi.... *preiuatud* : umbr. prever l. *prīuus prīuatus*; feíhúís feíhúss : gr. τεῖχος W. *dheįgh-*; eítiuva- (5 m.) *eituas* (5 m.) : marr. *eituam*, wohl zu W. *eį-* „gehen", ebenso eítuns (4 m.); eídúís eiduis eidu[is : l. *īdus*; eíseís eísúd eísak eiseis *eizeis eizois* etc., Stamm **eį-so-* ai. *ē-šá-*; *nei neip* l. *nī* (idg. **ne-į*); etymologisch unklar sind leígúss (vgl. Bd. II Anh.), Heírennis etc. (vgl. § 215) und *eikviaris* (s. Umbr.). Sehr häufig ist *eį* in Endungen des Gen. Dat. und Loc. Sg., so Gen. Sg. der *o-*, *i-* und cons. Stämme auf -eís eis *-eis* -ηις -εις (die Beispiele § 273, 277, 283), Dat. Sg. der *i-*, cons. Stämme und der Pronomina auf -eí -ei *-ei* -ηι -ει (Beisp. § 277, 283, 289), Loc. Sg. der *o*-Stämme auf -eí -ei *-ei* -ηι (Beisp. § 273). — Die Schreibung ηι in griech. Schrift: Πακϝηις Σταττιηις Νιυμσδιηις Κοττειηις Αππελλουνηι αχερηι (ει nur in Διουϝει ϝερσορει *4*, ⊦ερεκλεις *20*, ϝιρινεις *26*) beruht wohl bloss darauf, dass ει gewöhnlich den Werth von í hatte (s. S. 69 f.). Das merkwürdige eeí in Meeílíkiieís „Μειλιχίου" hängt jedenfalls damit zusammen, dass das Wort griechisch war; mit der eben erwähnten griech.-oskischen Schreibung ηι hat das eeí schwerlich Zusammenhang (oder jedenfalls nur graphischen).

69. Uebergang von *eį* zu *ē* (vgl. Bugge A. S. 21) ist ganz zweifellos in *ceus*, d. h. *ceųs cevs*, der T. B. (Z. 19) = l. *cīuis* aus **ceiuis*, vgl. got. *heiwa-frauja*; möglicherweise hatte diese Ausnahme ihren besonderen Grund, da man lat. *seu* neben *sīue* (= **seį-ųe*, s. S. 147 mit A.), *ceu* neben zu erschliessendem **cīue* vergleichen und als osk. und lat. Regel vermuthen könnte: *eįų* vor Cons. und im Auslaut wird *ēų* (*ĕų*?). Aus Capua stammen zwei wahrscheinliche Beispiele für *ē* statt *ei*: Minies *157* Gen. = Miínieis *156* (kaum Nom., s. § 276) und prebai Blt. aus *prei-, vgl. menvum für *minvum auf derselben Inschr. und aet. für *aít. *135* (vgl. über prebai § 173). Nicht ganz rein oskisch ist die Sprache der etruskisch geschriebenen Inschriften auf capuanischen Schalen aus Capua, Nola etc. (*172—177*); auf ihnen finden sich viele Genitive auf -es neben solchen auf -eis, z. B. Luvcies, Cnaiviies, Flaviies. Neben Heírennis *124*, Heírens *166*, Heíren- *207* steht auf der (jedenfalls späten) pompejanischen Wandinschrift *52* Herenni (wo leicht auch lateinischer Einfluss vorliegen könnte)[1]. Dass eseí auf dem sonst so genauen C. A. für eíseí (welches drei Zeilen vorher vorkommt) stehe, ist mir keineswegs sicher, ein Stamm *eso-* liegt vielleicht noch vor in εσοτ *16* (s. § 288). *ne* ne-p *ne-p* ist weder mit *nei* nei-p *nei-p* noch mit *ni* ni-p identisch (s. Syntax unter „Partikeln“).

Ein osk. ií für eí liegt scheinbar vor in diíviiaí *187* neben deívaí deivinais etc. und Brugmann I 55, 124 schliesst aus dieser Schreibung, dass im Osk. *eį* im Anfang der historischen Zeit zu offenem *ī* geworden sei (ähnlich wie im Lat.), dass also das sonst ausnahmslos und in den Inschriften verschiedenster Zeit und Gegend erscheinende eí ei *ei* ηι ει nichts als historische Schreibung sei. Dies wäre gewiss an sich schon auffallend und es wären dann unter der grossen Zahl von Beispielen doch wohl auch „umgekehrte Schreibungen“ zu erwarten, also eí statt íí í, was nie vorkommt; ferner ist aber einzuwenden: 1) ií bezeichnet gar nicht, wie für diíviiaí

1) Ist übrigens die Identität von Heir- und Her- ganz ausser Zweifel? (vgl. § 215).

vorausgesetzt wird, offenes *ı* (hiefür wird i í geschrieben), sondern eine nur dem ursprünglichen *ı* eigenthümliche Entwicklung, etwa ein *ı^e* (s. S. 103). 2) *eį* hat im Osk., so weit es überhaupt Ansätze zur Monophthongisirung zeigt, wie in den anderen Dialekten die Neigung zu *(eę) ē*, nicht wie im Lat. zu *(iį) ī*, s. o. S. 144. Andererseits hat natürlich Brugmann darin Recht, dass ein bloss vereinzelter Uebergang von e í zu i í nicht angenommen werden darf. Es bleibt also nur die Möglichkeit, i í entweder = urspr. *ī* (wie in l i í m í t- etc.) oder = *įē* (so, wie es scheint, in d]i í k ú l ú s : l. *diēcula*) zu setzen, letzteres würde auf ein **diēų-io-* ai. **dyāvya-* (zum Nomin. *dyāu-s*) führen, welches mir wenig wahrscheinlich ist, dagegen ist *ī* sehr wohl erklärlich, indem **dīų-įo* = ai. *divyá-* urit. zu **dīųo-* (l. *dīuus* Adj.) werden musste, mit Restituirung des *-įo-* **dīųio-*, worüber § 86. Sonstige angebliche Fälle von osk. i í *i* aus *ei* (namentlich von Corssen angenommen) sind schon von Bugge K. Z. XXII 425 f. widerlegt.

70. Zwischendialekte. Pälignisch. *ei* ist erhalten in *eite 254* „Ite“ und *sefęi 246* = osk. sífeí. Daneben *e* in *deti 254* und *des 255* zu l. *dīues dīs dīuitiae dītiae* urit. **deįųet-*, woraus durch Syncope **deįt-* päl. *dēt-* lat. *dīt-*; oder ist urit. **deįet-* neben **deįųet-*, wie **deįos* (l. *deus*) neben **deįųos (dīuus)*, anzusetzen, woraus päl. *dēt-* wie l. *trēs* aus *treįes*? (s. § 106). Ebenfalls nicht ganz sicher ist das dritte Beispiel für *e* aus *ei*, *forte(s) 255* Genit. = **forteis*, da *-s* hier vielleicht bloss aus Raummangel weggelassen ist, dann aber statt *-s* auch *-is* ergänzt werden könnte (vgl. § 256 und Bd. II Anh.). Falls diese Beispiele für *e* aus *ei* jedoch richtig sind, weist der Wechsel der Schreibung (*eite* und *deti* auf derselben Inschr.) auf ein fast zu *ē* gewordenes *eę* oder die Schreibung *ei* ist nur „historisch“. Mit Unrecht scheint mir Vertretung von *ei* durch *i* angenommen zu sein in *pritrom-e pri-stafalacirix* (Bugge A. S. 65, Danielsson A. S. IV 163), da die Annahme eines *pri-* mit ächtem *i* für umbr. prinuvatus doch nicht zu umgehen ist (s. u.) und *eį* sonst in allen osk.-umbr. Dialekten mehr nach *ē* als nach *ī* neigte.

Marrucinisch. *ei* in *eituam*, aber *e* in der Endung *-eis* des Gen. Sg.: *Joues patres ocres*, daneben auffälliger Weise *-is* in *Tarincris*, was auf geschlossene Aussprache des *-ēs* aus *-eis* weist (wegen des *-s*, vgl. *-ais -ois* der T. B. mit *i* neben sonstigem *ae* **oe*?)[1]). Zweifelhaft ist, ob *agine*, ebenso ob sabinisch *mesene Flusare* -*e* = -*ei* enthalten (s. § 277, 283). Volscisch. *deue* = osk. *deívúí oder deívaí. *se* „si", *se-pis* „siquis" werden gewöhnlich = o. svaí umbr. sve gesetzt, wobei der Ausfall des v unerklärt bleibt; da auch l. *sī* schwerlich aus **svai* erklärt werden kann, scheint die Grundform von l. *sī* und vo. *sē* vielmehr **seį* (urspr. **su̯eį*, doch mit uritalischem oder eher voritalischem Verlust von *u̯*, wie l. *sēd* etc., vgl. § 100) zu sein, welches **seį* vielleicht = gr. εἰ ist, vgl. G. Meyer[2] 126, Fröhde B. B. XIV 111 f., Torp Zur Lehre von den geschlechtslos. Pron. 15, 17 f. A.[2]).

71. Umbrisch. Fast ausnahmslos *e*: *deueia* (2 m.) zu vo. *deue* o. deívaí etc.; prever (2 m.) preve (2) zu l. *prīuus* o. *preiuatud*; kletra- (4): l. *clītellae* got. *hleiþra* (Brugmann II 113); etu *eetu etuto* etc. (18), *per-etom da-etom* (je 4)[3]), *etaians etaias* etatu *etato*, aus **eį-tōd* **eį-to-* **eį-tā-* W. *eį-* (vgl. päl. *eite* o. eítuns), auch *est eest* eher aus **eįst* als **e(į)est*, s. § 313; etru- *etro-* (19) wohl aus **eį-tero-* zu l. *ĭ-terum* ai. *ĭ-taram* (vgl. S. 101); Pronominalstamm eru- *ero-* (gegen 100 m.) = osk. eísu- *eizo-* ai *ēšd-* idg. **eį-so-*; vielleicht enthält auch ere(k) *ere(c)* eřek *erse ē* = *eį*, s. S. 101 f.; sviseve wohl mit Suff. -*eįu̯o-* l. -*īuo-* (urit. -*eįu̯o-* aus -*eu̯įo-*). Ungemein häufig ist *e* aus *eį* in den Endungen des Gen. Sg. der *o*-, *i*- und cons. Stämme (s. die Beispiele § 273, 277, 283), Dat. Sg. der *i*- und cons. Stämme (Beisp. § 277, 283), Loc. Sg. der *o*- (*i*-, cons.?) Stämme (Beisp. § 273, 277, 283).

Mehrere Umstände scheinen darauf hinzuweisen, dass *ē* = *eį* im Umbr. mit *ē* = *oį* nicht völlig zusammengefallen war, und zwar hatte *ē* = *eį* bemerkenswerther Weise den offeneren Klang. Im Gen. Sg. auf urspr. -*eis* erscheint trotz sehr häufigem Vorkommen neben -es -*er* ein einziges Mal -*ir* (*sorsalir VIb* 28), während im Dat. Abl. Pl. auf urspr. -*ois* in lat. Schrift fast nur -*ir* (-*eir*), sehr selten -*er* vorkommt (in nationaler Schrift, die weniger fein zu unterscheiden scheint, allerdings meistens -es wie im Gen. Sg.). Aehnlich wird bei den *io*-Stämmen -ies -*ier* = -*ieis* im Gen. Sg. nie zu -is -*ir* contra-

---

1) Oder *Tarincris* von einem *io*-Stamm, also aus -*ieis*?

2) Dagegen, dass l. *sī* auf **s(u̯)ai* zurückgehe, spricht wohl auch *e* in *seu*, vgl. o. S. 145.

3) Oder -*etom* in diesen beiden Wörtern = l. *emptum*? (s. § 207).

hirt, dagegen *-ier* = *-iois* im Dat. Abl. Pl. mehrfach, und *-ie* = *ioi* im Dat. Sg. erscheint fast regelmässig als *-i* (*-ei*). Den *i*-Timbre des alten *oi* zeigt auch das Volsc. in *uesclis* aus **uescloi̯s* gegenüber *se se-pis deue* mit urspr. *ei*. Ausser dem einmaligen Gen. *sorsalir* erscheint die Schreibung *i* statt *e* für altes *ei* nur noch im Dat. Iuvip. *IIa* 10 (oder lies Juvie?) und Marti *IIa* 11 (oder Dat. von *Martio-*?), ferner in *irer VIa* 25 (neben ca. 100maligem *erer erar* etc.), wahrscheinlich auch in dem allerdings sehr auffälligen dreimaligen kunikaz *IV* 15 18 20 neben nu. *conegos VIb* 5 16 *VIIa* 37 (s. hierüber § 182), also im Ganzen nur 7 mal gegenüber der gewöhnlichen, unzählig häufig belegten Schreibung mit *e*; dies bestätigt, dass die Aussprache nicht so geschlossen war wie bei urspr. *ē* (§ 35) und bei *ē* aus *oi̯*, welche beide vielfach als *i* (*ei*) auftreten. Auch in den anderen Dialekten ist *i* statt *e* für altes *ei̯* nirgends nachweisbar, als in dem einmaligen marr. *Tarincris* (Gen. wie umbr. *sorsalir*), s. o. 146 f. — Dass umbr. pri-nuvatus *pri-nuatir* etc., welches alle 13 mal *i*, nie *e* zeigt, nicht **prei-* enthalten kann, scheint mir nach dem Vorausgehenden ausser Zweifel; auch für päl. *pritrom-e pri-stafalicirix* wäre Entstehung des *pri-* aus **prei-* unwahrscheinlich. Vielmehr liegt allen drei Wörtern ein urspr. **pri* (**prĭ* oder **prī*?) zu Grunde, das z. B. auch in l. *prior prīmus* päl. *prismu* aus **pri-i̯ŏs* **pri-is-mo-* und hom. πρίν aus **pri-in* (Brugmann II 403, 406) erscheint (dazu auch lit. *pri*?)[1]).

72. Schwierig ist das ei in eitipes *Va* 2 14, eikvasatis *III* 24 29, eikvasese *Va* 14 16. Ersteres gehört allem Anschein nach zu osk. *eitua-* (vgl. S. 134) und zu eikvas- ist neuerdings ein verwandtes osk. Wort in *eikviaris 134* (nach Büchelers Lesung) zum Vorschein gekommen, in allen diesen Wörtern ist also ein ursprüngliches *ei̯* im Umbr. noch durch ei dargestellt. Da kein lautlicher Grund denkbar scheint, warum der Diphthong hier der Wandlung zu *ē* entgangen sein sollte, bleiben wohl nur folgende Möglichkeiten: entweder die Schreibung mit ei ist ein graphischer Archaismus, wobei wohl anzunehmen wäre, dass diese Wörter einen besonders ehrwürdigen oder feierlichen Klang hatten, oder ei bezeichnet nicht

---

1) Auch Pauli A. S. V 118 fasst *pri-tro-* mit Recht als parallelen Comparativ zu l. *pri-(i)or*.

den Diphthongen, sondern den, in diesem Falle allerdings aus *eį* entstandenen, Mittellaut zwischen *ē* und *ī*, oder die Wörter sind aus einem Dialekt wo *eį* erhalten war (Osk. Päl. etc.) herübergenommen. Letzteres ist mir wenig wahrscheinlich, aber auch der zweite Vorschlag leuchtet nicht sehr ein, weil solches ei sonst im Au. ein einziges Mal vorkommt in heriiei *IIa* 16 Opt. = **heriēd* (ausserdem vielleicht vor Vocal in stiteteies etc. für den kurzen Mittellaut, s. S. 66 f.), während in den genannten Wörtern alle 6 m. ei, nie e geschrieben ist, ferner auch, weil *ē* aus *eį*, wie oben ausgeführt, weniger geschlossen klang als das urspr. *ē* und *ē* = *oį*[1]). Es scheint daher der erste Vorschlag am ehesten annehmbar[2]). Noch in zwei Wörtern findet sich ein etwas auffälliges *ei*: neip *neip* und *eiscurent*. Im ersteren, das = osk. neip *neip* zu sein scheint, wird sowohl im Au. (2 m.) als im Nu. (7 m.) immer ei *ei* geschrieben ausser dem einzigen *nep VIa* 16, nach unmittelbar vorausgehendem *neip*. Hinzu kommt noch nei ř habas *IV* 33 = nei ař habas[3]) (vgl. osk. *nei*). Von den obigen Vorschlägen bei eitipes etc. ist bei diesen Wörtern wohl keiner verwendbar, die übereinstimmende diphthongische Schreibung des Au. und Nu. ist hier wohl nur aus wirklicher Aussprache als *ei* verständlich, dann aber kann hier kein urit. *eį* vorliegen. Es scheiut nur die Annahme übrig zu bleiben, dass in nei nei-p *nei-p* an **nĕ* = idg. **nĕ* (osk. in *ne pon, ne pim*) oder an **nē* = idg. **nē* (osk. *ni* l. *nē*) oder = idg. **neį* (osk. *nei* l. *nī*) die im Umbr. so beliebte Enclitica **-ī* (in pis-i piř-i *po-ei pus-i* etc., vgl. § 289 und die Syntax unter „Partikeln") angetreten sei. Vermuthlich ist also nei neip *neip* zweisilbig zu sprechen wie *po-i po-ei* (vgl. § 140), in welchem Falle *nep VIa* 6 eine andere Form darstellt (vgl. Syntax), oder **nĕī* wurde,

---

1) Sogar auf *VIa*, wo das unächte *ei* so massenhaft geschrieben wird, kommt es für *ē* aus urspr. *eį* nirgends vor, sondern nur für urspr. *ī*, urspr. *ē* und *ē* = *oį*.

2) Bréals Vorschlag (T. E. 318 Anm.) e-itipes (e- „ex-") ist mir nicht wahrscheinlich.

3) So die gewöhnliche Annahme, vgl. besonders Bücheler U. 171, auch Pauli A. S. V 86 („aus nei ařhabas entweder verschrieben oder zusammengezogen"). Anders Thurneysen K. Z. XXVII 176, der neiř habas trennt und neiř = l. *nēd* ai. *nēd* av. *noiț* (idg. **ne-įd*) setzt. Aber **neįd* wäre lat. **nī(d)*, umbr. **nē(ř)*.

nachdem urit. *ei̯* zu umbr. *ē* geworden war, zu *nei̯* contrahirt und dieses spät entstandene *ei̯* begann dann gleichfalls zu *ē* zu werden. Auch in fetu *fetu* = feitu *feitu* scheint ein *ē* = ursprünglich zweisilbigem *eï (ēï)* vorzuliegen, vgl. § 140, 295. *eiscurent Vb* 10 15 ist vielleicht = **e(h)-iscurent* (vgl. oben S. 143); sollte *eiscurent* mit Bücheler U. 37 als „Inchoativ" zu W. *ei̯-* „gehen" zu betrachten sein („μετιέναι"), so wäre *ei* wohl als Vertretung eines ursprünglichen *ī* (wie in *peico Joueine* etc., s. o. S. 106 f.) aufzufassen, kaum als Vertretung eines aus *ei̯* entstandenen *ē*, da für *ē* aus *ei̯* im Nu. sonst in keinem Beispiel, für urit. *ī* dagegen sehr häufig die Schreibung *ei* sich findet[1]).

oi̯.

73. **Oskisch.** *oi̯* erscheint in nationaler Schrift als ú í, aosk. ui; neben úí scheint auf einer capuanischen Inschrift (vgl. S. 63 f.) einmal úi vorzukommen: múinik. *132* (*131* vielleicht eher múínik.). Ein einziges Mal, auf einer (späten) pompejanischen Wandinschrift, findet sich úe (vgl. aet. oben S. 141): Ú e . . . . *56*, Anfang eines Namens (Úen- lat. *Ūn-*?). Beispiele: múíníkú múíníkad etc. C. A. (4 m.), múínik. *131* (múi-?), múinik. *132*, muinikam *130* zu l. *commūnis* altl. *comoinem*, got. *gamains*; úíníveresím *134* = lat. *ūniuersim* vgl. altl. *oinuorsei*, zu *ūnus oinos* got. *ains*, ai. *ēna-*; úín . . . . *188* sehr wahrscheinlich vom gleichen Stamme *oino-* (Úe . . . . s. o.); úíttiuf C. A. (2 m.): päl. *oisa* l. *oitilē ūtor ūsio* (Danielsson A. S. III 199 vergleicht got. *aiþs* „Eid"); aosk. luisarifs *130* „*loesaribus, *lūsaribus", vielleicht zu l. *lūsus lūdo* alt *loidos* (doch s. u. zu umbr. *disleralinsust*); unklar múí. (Múí.?) *80*; über Kuiírinis (Kuiurinis?) s. S. 141. Häufig ist úí in den Endungen des Dat. Sg. und Dat. Abl. Pl. der *o*-Stämme (über die Quantität § 83), z. B. Maiiúí Abellanúí Núvlanúís eiduis (die Beisp. s. § 273, 274). In Flagiuí *138* fehlt der Punct zufällig. In lat.

---

1) Idg. **ī-sk̑ō* hätte „nebentonige Tiefstufe" (vgl. Osthoff M. U. IV 52 f.) wie osk. **par-sc-* (in *comparascuster*) aus **pr̥k̑-sk̑-* neben l. *po(rc)scō* aus **pr̥k̑-sk̑-*; das Präsensuffix *-sk̑o-* hatte überhaupt in der Regel tiefstufige Wurzelform vor sich (vgl. gr. βάσκω = **gm̥-sk̑ō* etc.).

Schrift kommt inlautend nur *poizad* T. B. vor, das aus *po* + *eizad* entstanden ist (s. § 140). *Cloil* s. unter Volscisch. Für die T. B. ist nach *ae* als gewöhnliche Schreibung *oe* (d. h. *oę*) zu vermuthen (Beispiele fehlen), vor auslautendem *-s* erscheint *oi* wie *ai* in *-ais*: *nesimois zicolois eizois*. Falls in *poizad oi* wirklicher Diphthong war (vgl. S. 152 zu u. *pora*), wird wohl auch hier *oi* statt *oe* dem folgenden Sibilanten zuzuschreiben sein.

Monophthongisirung von *oį* zu *ū* ist dem Osk. durchaus fremd, das angebliche uunated „unauit" *188* ist von Pauli (A. S. II) als d]uunated „donauit" erkannt worden. Dafür, dass úí wirklich noch diphthongisch gesprochen wurde, liegt ein Anzeichen, wenn es dessen überhaupt bedarf, in dem zweiten í von úíníveresím, da úínív- aus *úínv- durch Anaptyxe oder aus *úínĕv- durch Vocalassimilation entstanden ist, s. § 127, 132.

74. Zwischendialekte. Pälignisch. *oį* erhalten. *oisa 255*: o. úíttiuf; *coisatens 253*: l. *cūrare*, zweifelhafter Etymologie (vgl. § 170). Dat. Abl. Pl. *empratois 254, solois 255, Jouiois puclois 245, suois cnatois 246*. Marsisch. In Endungen *ē*: *Jouies pucle*[*s 244* = päl. *Jouiois puclois*; in Stammsilben fehlen Beispiele. Das angebliche mars. (richtiger altlat.) *doiuom* der Fucinerbronze *(307)* ist *donom* zu lesen, denn da Dressel bei Jordan D. L. Ztg. 1883, 334 nach erneuter Prüfung der Inschrift erklärt, dass „zwischen *doiuom* und *donom* schlechterdings nicht zu entscheiden" sei, ist kein Grund vorhanden, an einem schwer erklärlichen *doiuom* festzuhalten, um so weniger als *donom* sich dem Zusammenhang entschieden besser fügt (vgl. Bd. II Anh.). Im Sabinischen fehlen Beispiele, denn *oi* in *Poimunien* ist, wie umbr. Puemune beweist, kein ächter Diphthong. Die, wie es scheint, auf volscischem Boden aufgefundene Inschrift *241*[1]) zeigt *oi* in *Cloil*, doch ist das *oi* secundärer Entstehung (*Cloil* aus **Clouil-*, s. § 106). Das ächte *oi* war im Volsc. vermuthlich wie im Umbr. behandelt.

75. Umbrisch. Hier findet sich derselbe auffallende Unterschied in der Behandlung von *oį* in betonten Stamm-

1) Zvetaieff zählt sie unter den oskischen auf.

silben und derjenigen in Endsilben, wie im Lateinischen (vgl. Brugmann I 76).

1) In Stammsilben wurde *oį* im Lat. über *oę* zu *ū* (c. 100 a. Chr.), z. B. *oinos ūnus*. Entsprechend im Umbrischen: unu *IIa* 6 8 „ūnum", vgl. osk. úín- (s. o.); kuraia *Va* 5 kuratu *Va* 24 26 29 „cūret" „cūrato", vgl. päl. *coisatens*; muneklu *Va* 17 19 21 „mūnusculum" zu l. *mūnus mūnia com-mūnis* osk. múíníkú- got. *gamains* lit. *maĩnas* (idg. **moį-ni-* **moį-no-* **moį-nos-* „Tausch, Leistung, Gabe", vgl. auch **moį-to-* in sikel. μοῖτος l. *mūtare* got. *maiþms*). Da alle diese Beispiele nur im Au. vorkommen, lassen sie zweifelhaft, ob wirkliches *ū* wie im Lat. entstand und nicht vielmehr *ō* (vgl. l. *nōn* aus *n'oin(om)* und das vereinzelte praenestinische *cōraueront*)[1]), was an sich natürlich ebenso möglich ist und an umbr. *ō* aus *oų* gegenüber lat. *ū* aus *oų* eine Parallele hätte. Für *ō* können folgende Beispiele, von denen jedoch keines ganz sicher ist, in Betracht kommen. *no-sue VIb* 54 könnte im ersten Bestandtheil mit *noi-si* der Duenosinschr. identisch sein (vgl. Bücheler Rh. M. 36, 235, L. J. XVIIIa), erster Bestandtheil also idg. **noį* (= **no-ī* vgl. **neį* = **ne-ī*, osk. in *nei-suae*), aber ein solches scheint sonst nirgends nachgewiesen (doch vgl. idg. **nō* : **nē* in air. *nā* : lat. *nē* osk. *ni*)[2]). *pora* kann mit osk. *poizad* auf ein urosk.-umbr. **poįzad* aus **po* + *eįzad* zurückgeführt werden, vgl. § 140, 288. Dass *so-pir VIb* 54 aus au. svē-pis *Ib* 18 *IV* 26 lautlich entstanden sei, ist mir nicht glaublich[3]), es liegt also hier eine dritte italische Form zu den zwei bereits (S. 147) erwähnten **sųaį* (osk. svaí umbr. svē) und **seį* (lat. *sī* vo. *sē*; wahrscheinlich voritalisch aus **sųeį*) vor; könnte etwa **sųeį*, Nbf. zu **seį*, urumbr. zu **soį* geworden sein, cf. *sonitu* falls aus **sųen-* (S. 88), also *sōpir* aus **soį-pis*? oder könnte

1) Bei *nōn* aus **noįn* scheint die auslautende Lautfolge *-oįn* den besonderen Grund zu bilden, vgl. *-eų* aus *-eįų* in *seu* neben sonstigem *ī* aus *eį*, auch in *sīue* = *seįųe* (vgl. S. 145).

2) Aehnlich über *nosue* jetzt auch Conway Amer. Journ. of philol. X 455 A., anders Brugmann Ber. d. sächs. Ges. d. Wiss. 1890, 227 ff.

3) Lat. *sōdēs sōpio* schwerlich aus **sųēd-* **sųēp-*, vgl. Fröhde B. B. XIV 108 f.; bei umbr. *suē* aus **sųaį* kommt noch dazu, dass *ē* jedenfalls offen, vielleicht sogar noch als *ǟ*-Laut gesprochen wurde.

**soį* die andere Ablautsform des Loc. **seį* sein (vgl. gr. οἴκοι: οἴκει, die ital. Ablative auf *-ēd* neben *-ōd* und dgl.)? Anders jetzt Brugmann, s. die Syntax. *ponisiater* puniçate wurde von Aufrecht-Kirchhoff (II 247) und Bréal (56) als „*pūniceati" (zu *Poenus Pūnicus*) aufgefasst, also = **poinik-*, doch leitet es Bücheler wohl richtiger von *poni-* „posca" ab; *poni-* selbst kann = ursprünglichem **pō-ni-* sein (vgl. l. *pō-sca pō-tus*), kann aber auch aus **poį-ni-* erklärt werden, vgl. lit. *pė̃-na-s* „Milch", mit Tiefstufe gr. τὸ πῖ-νο-ν (die Wurzel war *pōį-*). *uoco-* vuku- bezeichnet nach Bücheler Jen. Littztg 1876, 397 „einen geschlossenen Raum, gegenüber dem Freien", nach dems. Umbr. 79 „locum tectum, aedem", man könnte hiernach vermuthen, dass es = gr. (ϝ)οῖκο-ς sei, während allerdings das lat. *uīcus*, welches aber auch in der Bedeutung abweicht, wegen des Vocales kaum völlig identificirt werden kann[1]). Der Nom. Sg. *po-rsi po-rse po-rsei* kann **pō-* = **poį* urit. **kᵘoį* idg. **qo-į* enthalten, woran hier **-dī*, in *po-i po-ei* blosses *-ī* trat (vgl. § 289). Vieldeutig ist *cor-* in *Coredier* Kureties (sehr wahrscheinlich Name eines Gottes); u. A. könnte man an **koįs-* in kuraia l. *cūrare* (*Coesidius*? gall.-umbr. *Coisis*?) denken.

Der Weg von *oį oę* zu *ū* im Lat. scheint mir nicht, wie Stolz[2] 274 annimmt, über *ō̄* gegangen zu sein, da *ae* im Lat. noch Jahrhunderte nach Chr. nicht *ǟ* wurde, sondern eher auf einer Assimilation und Verdumpfung des *ę* zu beruhen, also *oę* zu *oǫ oų* (vgl. die Schreibungen *courauerunt* neben *coerauerunt*, *plouruma* neben *ploirume*)[2]); in diesem Falle ist fürs Umbr. schon a priori eher *ō* zu erwarten, als *ū*, vgl. *ō* aus urit. *oų*. — Auffallend ist das erhaltene *oi* in *Uoisiener* der Inschr. von Asisium, da dieselbe in *oht.* = **auct.* Monophthon-

---

1) *uoco-* zu l. *uicus* schon nach Panzerbieter Qu. Umbr. 15 f., vgl. Aufrecht K. Z. I 283, jetzt auch Conway a. O. Wenig wahrscheinlich ist mir die Vermuthung Thurneysens K. Z. XXVIII 161, dass *uoco-* zu l. *uacuus* gehöre, und diejenige Deeckes Etr. Fo. Stud. VI 50 Anm., der *uoco-* als „Ort der Anrufung" zu l. *uocare* stellt; die beliebte Deutung als „focus" ist lautlich nicht zu rechtfertigen (s. § 219). Ueber die Möglichkeit *uoco-* = l. *lucu-s* zu setzen s. § 143.

2) Ist dann die Ausnahme *moenia* (W. *mi-* „befestigen") so zu erklären, dass wegen des folgenden *i* das *oį* nicht zu *oų* wurde (vgl. *famulus familia* und dgl.)? *mūnia* „Pflichten" (W. *mi-* „leisten, tauschen" s. o.) dann wohl mit *ū* nach *mūnus* etc.

gisirung zeigt und überhaupt dem Iguvinischen nahe steht. Das *oi* ist daher kaum ächter Diphthong (z. B. etwa *Uoisiener* = **Uoiśiener*, zu iguv. Vuçiia, vuku- *uoco-* aus **uoico-*), sondern *Uois-* ist mit Fabretti Gloss. ital. s. v., Bücheler Umbr. 172 u. A. = **Uols-* zu setzen, vgl. § 149. *Coisis* auf der Grabschrift von Tuder *(294)* kommt fürs ächt Umbrische jedenfalls nicht in Betracht (vgl. S. 29). Nicht diphthongisch ist *oi* in iguv. *poi poe poei* = **po-ī* (**poį-ī*), s. § 140. Ueber Puemune s. § 105.

2) In Endungen wurde *oi* im Lat. zu *ī*, im Umbr. zu *ē ī* (im Nu. auch *ei* geschrieben, besonders auf *VIa*): Dat. Sg. und Dat. Abl. Pl. der *o*-Stämme (osk. -úí -úís), z. B. Tefre Tefri *Tefrei*, veres *uerir uereir* (Aufzählung der Beisp. § 273 und 274). Der aus *oį* entstandene Monophthong hatte geschlosseneren Klang als das aus *eį* entstandene *ē*, s. S. 147 f. Der Entwicklungsgang war wohl *oį oę ō̈ ē/ī*, vgl. *aį aę ǟ ē*. Aehnlich wie in Endsilben wurde *oį* im Lat. auch in anderen nach urit. Betonung unbetonten Silben behandelt: *pomērium* aus **pósmoiriom*, *obēdio* aus **óboidio*[1]), es dürfte also auch gegen Büchelers Zusammenstellung von umbr. *disleralinsust* mit osk. luisarifs (= **lois-*) Rh. M. 44, 328 f. von lautlicher Seite nicht viel einzuwenden sein; die Deutung ist jedoch nicht sicher (vgl. § 205).

aų.

76. Oskisch. In nationaler Schrift erscheint *aų* theils als av theils als au. Die erstere Schreibung ist die häufigere. avt C. A. 4 m., Blt. 4 m., *133*, wahrscheinlich auch a]vt *188*: l. *aut autem* gr. αὖ αὖτε αὖτις etc.; thesavrúm thesavreí C. A. aus gr. θησαυρός; Avfi oder Savfi *27* (unklarer Herkunft)[2]). au in Aukíl *117* aus Herculaneum (wohl aus **Auikilo-*, zu l. *Auius Auilius Aulius* etc.); kaula *28* aus Pompeji (zu l. *caulae*, wohl aus **cauil-*), falls nicht

1) *ē* statt eher zu erwartendem *ī* (vgl. *ae* in *inīquus* etc.) im ersteren wegen *r*, im zweiten wegen der Entstehuug aus **oboisdio* nach Danielssons Etymologie A. S. IV 165; eine andere Möglichkeit in § 106)?

2) Ueber ahvdiuni *62* vgl. oben S. 140 f.

k a *í* l a zu lesen, vgl. § 106; endlich auf den Münzen Aurunkud Aurunk. *222*, die wenigstens in ihrer Schrift ganz oskisch sind[1]). Auch in griech. Schrift findet sich αϝ und αυ, ersteres nur in Αϝδειες *13* „Audius" oder „Audeius" (wohl aus **Auid-*)[2]), letzteres in ταυρομ *4*, Αυσκλα. Αυσκλιν. *214* (griechisch? über Αυͱυσκλι. s. o. S. 140). In lat. Schrift *au* : *auti* 4 m., *aut* 1 m. T. B. Ueber *tautam* T. B. 9 s. § 79.

Es ist oben S. 138 ff. bemerkt worden, dass das a v der nationalen Schrift wahrscheinlich *au̯*, nich *aw*, zu sprechen sei. Nach a í a e *ae* (d. h. *ae̯*) aus *ai̯* kann man vielleicht schliessen, dass *au̯* sich einem *ao̯* näherte (vgl. deutsch *ae̯ ao̯* in *Kaiser Haus*). Von *ao̯* bis zu *ō* war jedoch für eine der Monophthongisirung so wenig huldigende Sprache wie das Oskische noch ein grosser Schritt. Es gibt denn auch kein Beispiel, das diesen Uebergang fürs ächte Oskisch wahrscheinlich machen könnte[3]). ú l a m auf der jüngeren capuan. Bleitafel wird wohl mit Recht = l. *aulam (ollam)* gesetzt, s. Corssen K. Z. XI 361 f., Bruppacher 18, Bücheler Rh. M. 33, 8[4]), aber dass das Wort ächt oskisch sei, ist noch aus einem zweiten Grunde sehr zweifelhaft: l. *aula* ist = **auxla* (vgl. *auxilla*), also wäre nach § 230 osk. **aula-* zu erwarten; osk. ú l a - scheint daher (bei einer Geräthschaft nicht sehr auffällig) lateinisches Lehnwort zu sein. Nach Neueren (Thurneysen K. Z. XXVIII 157, Schweizer-Sidler[2] 27, Stolz[2] 272, W. Meyer I 53) wäre übrigens *au* in *aula* aus *ō* entstanden, nicht umgekehrt (mir wegen ai. *ukhá-* und aus anderen Gründen doch nicht recht wahrscheinlich). Als zweites Beispiel für *ō* aus *au* könnte in Betracht kommen U f i i s *122* (= *Ú f i i s), falls es mit l. *Aufillius Ofillius Aufidus* etc. (osk. A v f i ?) verwandt ist (s. Corssen K. Z. XX 102), aber erstlich beweist

---

1) Die Sprache weicht durch den Rhotacismus (vgl. *Ausones* etc.) vom Osk. ab (s. § 238).

2) In σαλαϝς 236 ist der Vocal vor v anaphytisch wie in s e r e v k i d etc., s. § 132.

3) Dass der Diphthong *au̯* sich im Oskischen nach zwei Seiten entwickelt habe, einestheils mit „Verhärtung" zu *av*, andererseits mit Monophthongisirung zu *ō* (vgl. Corssen K. Z. XI 362, Bücheler Rh. M. 33,8 35), ist nicht glaublich.

4) Anders Umbr. 166, wo ú l a m „mortem" übersetzt wird; doch fehlt im Lat. ein ähnliches Substantiv zu *ab-olere*.

das Wort als Eigenname (auf einer Vase von Cumae) wenig fürs ächt Oskische, da es in der Lautform latinisirt sein kann (vgl. Niumeriis neben Niumsis u. dgl.), ausserdem könnte *Of-* neben *Auf-* altes *ouf-* neben *auf-* darstellen (*Oufens* über gr. οὖθαρ : *Aufidus*, Vaniček [2] 264, Schweizer-Sidler [2] 25, doch vgl. § 141 Ende). — Dass Afillis *54* durch einen im Osk. sonst nirgends vorkommenden Lautwandel aus *Avfill- *Aufill- zu erklären sei (Deecke Falisk. 250), ist sehr unwahrscheinlich; man müsste schon Vermittlung des Etrusk. (wo *au* und *a* vielfach wechseln) oder dgl. annehmen, aber die Identität der Namen ist ganz unerweislich [1]).

77. Zwischendialekte. Das einzige Beispiel ist päl. *Plauties 252.* Allerdings wird in l. *Plautus plōtus semiplōtia* jetzt von Einigen (vgl. die oben zu *aula* Citirten und Kluge Wtb. [4] s. v. *Fladen*) *ō* als das ursprüngliche angesehen. In diesem Falle müsste das päl. *Plauties* aus dem Lat. stammen, da im Päl. *ō* vielmehr zu *ū* wurde (S. 119). Fürs Sabinische vgl. die Glossen '*ausum*', '*Auseli*', aus denen möglicherweise zu schliessen ist, dass *au* im Sabin. nicht zu *ō* geworden war. Im Marrucinischen war *au* wohl bewahrt, da selbst *ou* noch meistens als Diphthong geschrieben wird (vgl. S. 160). Ueber *poleenis* vgl. Bd. II Anh. — Zum Stamme *au̯s-* stellt Bücheler Rh. M. 33, 279 f., L. J. V/VI, Umbr. 56, dessen Deutung Deecke App. 177, Rh. M. 41, 199 beitritt (auch Conway Verners law 15), das pälign. *uus 254*, indem es „Jahr" bedeuten soll; aber Monophthongisirung von *au̯* zu *ū* (wie von *ai̯* zu *ī*) war den osk.-umbr. Dialekten wohl völlig fremd, es wäre dann wenigstens **ōs* zu erwarten, im Pälignischen aber, da dieses sogar *ou* bewahrte (ebenso *ai oi*), Erhaltung des *au* [2]); auch ist von den aus anderen Dialekten angeführten Stützen für ein **aus *ōs* „Jahr" wohl keine haltbar (vgl. § 241 zu umbr. *ose*); *uus* ist vielmehr = *vus* l. *uōs* und *uōbis* (Bugge, Thurneysen, Pauli, vgl. Bd. II Anhang).

---

1) Afillis könnte beispielsweise zu l. *Amnius* (*amnis* aus **afni-* Brugmann I 376) gehören, vgl. **Safello- Sabellus* zu *Samnium* aus **Safn-* (o. Safinim), *scabillum* aus **scabn(o)lo-* zu *scamnum*.

2) Sollte je, was ich nicht glaube, die Zusammengehörigkeit von *uus* als „Jahr" mit *au̯s-* sich als haltbar erweisen, so wäre *uus* wohl auf eine Ablautsform idg. **ō(u̯)s-* zurückzuführen, vgl. Joh. Schmidt Ntr. 221 über lat. *ōs* : *austia* ai. *ōṣṭha-*.

78. Umbrisch. *aų* wurde (über *aǫ dǫ*) zu *ō*: *toru* (2 m.) t u r u f t u r e s, osk. ταυρομ l. *taurus*; *ote* (6 m.) u t e, osk. *auti* a v t l. *aut*; *oht* .... (Inschr. von Asisium) u h t u r u h t u r u u h t r e t i e, l. *auctor augeo* got. *aukan*; *frosetom* (4 m.) = l. **frausatum* zu *fraud-* gr. θραύω; *fons foner* etc. (22 m.) aus **fauni-* (= **fauĕni-*?) zu l. *Faunus faueo* (vgl. Bugge K. Z. III 41, Bréal 73, Brugmann II 269); *ooserclom* falls = **aui-serclom*, vgl. l. *au-ceps* etc. (s. § 107); k u t e f falls = l. **cautens*, zu *cau-tus cau-eo* (wahrscheinlich aus **cou-* vgl. gr. *κοϝέω), s. § 166. Plautus wurde in seiner Heimath *Plotus* genannt, vgl. umbr. '*plotus*' „plattfüssig" und '*semi-plotia*' (Festus); vgl. jedoch zu *au ō* in diesem Stamme auch das oben bei päl. *Plauties* Erwähnte. *pre-plohotatu pre-plotatu* nach Bücheler vielleicht zum gleichen Stamme („sup-plantato"); man könnte das Wort, wenn *ō* wirklich = *au* ist, auch als „*praeplauditato" auffassen (zur Syncope vgl. *ditu* aus **didtu* **didătu* oder **didĕtu* und dgl., zur Bedeutung l. *supplaudere* „niedertreten"), doch ist das *ō* mehrdeutig (vgl. § 175). Endlich ist noch v u t u anzuführen, falls es = **uotu* = **lotu* = **lautu* lat. *lauito* ist, vgl. § 143.

Während *aų* = *aų*(*ĭ*) *aų*(*ĕ*) *aų*(*ŏ*) sicher *ō* wurde, findet sich erhaltenes *aų* in k l a v l a f k l a v l e s (2 m.) „clāuolas" „clāuolis"[1]; der Grund ist offenbar die Länge des *ā* und zugleich die späte Syncopirung, da ein früh aus **klāųola-* syncopirtes **klāųla-* wohl zu **klăųla-* umbr. **clōla-* (* k l u - l a -) geworden wäre, vgl. l. *gădeo* aus **găuideo* etc.; *subocauu subocau* enthält kein diphthongisches *aų* oder *āų*, s. § 323. Durchaus unwahrscheinlich ist mir, dass *aų* im Umbr. auch als *a* erscheinen könne, wie von Bréal 125, 278 für *fato* und a h t u, angeblich = l. *fautum* und *autem* (oder genauer **autum*), trotz *foni-* = **fauni-* und *ote* = *aut*, angenommen wird; s. über *fato* und a h t u § 175.

oų (idg. *eų* und *oų*).

79. Idg. *eų* wurde im Urit. zu *oų*, s. Brugmann I 53, 76. Wo in den ital. Dialekten *eų* mit kurzem *e* vorkommt, ist es

1) v in k l a v l- als Spirant zu lesen, ist so wenig Grund vorhanden, als bei osk. a v t etc.

immer durch secundäre Entstehung oder durch Entlehnung aus dem Griech. etc. zu erklären: osk. serevkid Helleviis päl. *Heleuis* aus **serv-* **Helv-*; osk. Evklúí aus einem griech. Götterbeinamen, der mit εὐ- begann; dunkel ist nevpús *41* (Deecke Rec. 132 hält die Inschrift sogar für eher etruskisch); über lat. *Leucesie* s. Stolz[2] 273 und dort Citirtes. Vor Vocalen blieb *oụ* aus *eụ* von idg. *oụ* geschieden, falls es richtig ist, dass idg. *oụ* im Italischen vor Voc. zu *aụ* wurde (s. o. S. 115 f.). Dagegen wurde idg. *oụ* vor Consonanten („tautosyllabisches" idg. *oụ*) nicht zu *aụ*, vgl. l. *rōbus*: got. *rauda-* etc., womit jedoch nicht gesagt ist, dass es mit *oụ* aus idg. *eụ* völlig zusammenfallen musste; die erste Stufe des Ueberganges zu *aụ* könnte auch das idg. *oụ* vor Cons. immerhin mitgemacht haben (*oụ* mit sehr offenem *o*), und dies wäre erwiesen, wenn Stolz's Vermuthung (S. 275), dass aus *eụ* lat. *ū*, aus *oụ* lat. *ō* entstand, sich bestätigen sollte[1]). Im Oskischen fehlen sichere Beispiele für idg. *oụ* (*Louk-* kann *eụ* wie gr. λευκός oder *oụ* wie gr. λοῦσσον, d. *Lohe* = **lauha-* enthalten, über *castrous* s. § 279), doch wird man vermuthen dürfen, dass, wenigstens in der schriftlichen Darstellung, kein Unterschied gegenüber *oụ* aus *eụ* bestand; *tautam* T. B. 19 ist kaum etwas anderes als Schreibfehler[2]) (die Schreibung mit *o* ú ist 13 m. belegt). Im Umbr. idg. *oụ* wahrscheinlich in *rofu*, vgl. got. *rauda-*. — Wo in den osk.-umbr. Dialekten Monophthongisirung von *oụ* (= *eụ* und *oụ*) eintrat, entstand (*oǫ*) *ō*, nicht, wie in der Regel im Lat., (*uụ*) *ū*; dies entspricht dem Verhältniss bei *eį*, welches in den osk.-umbr. Dialekten, wenn Monophthongisirung eintrat, zu (*eę*) *ē*, im Lat. zu (*iį*) *ī* wurde (vgl. S. 144)[3]); auch hier scheint das Faliskische auf Seite des Oskisch-Umbrischen zu stehen (*loferta*: o. lúvfreís).

80. Oskisch. *oụ* erscheint in nationaler Schrift als úv, aosk. uv, in griech. Schrift als ου und ωϝ, in lat. Schrift als *ou*. túvtíks *117 192*, túvtik. *135* (2 m.), túv(tík-) *34 35 36 137*, τωϝτο *1*, Τουτς *11*, *toutad touticom* etc. T. B.

---

1) Z. B. *rōbus rōbigo* got. *rauda-*, *ōpilio* gr. ὀϝι-, *bōbus* gr. βοϝ-, *tōtus* aus idg. **toụto-* neben *tūtus* und osk. *toutā-* aus idg. **teụto-* **teụtā*, got. *þiuda* (Bedeutung *tōtus* : *tūtus* wie *sollus* : *saluus*)?

2) Vgl. Danielsson A. S. IV 149.

3) Etwas anders über lat. *ou* zu *ū* (*ei* zu *ī*) Thurneysen K. Z. XXVIII 156.

(6 m.; über *tautam* 19 s. § 79): umbr. *tota-* etc., got. *þiuda* lit. *tautà* air. *túath* idg. Gdf. **teu̯tā́*; Lúvkanateís *209*, Λουκανομ *213*, Lúv*kl* *238*, Luvcies *172* (etrusk. Schrift), vielleicht auch Luvkis *29* (mit zufällig fehlendem Punct; vgl. § 133 A.): päl. *Loucies* l. *Lūcius* gr. λευκός etc. (vgl. § 79); lúvfreís *206*: fal. *loferta* gr. ἐλεύθερος (über l. *līber* vgl. Danielsson A. S. IV 156 ff., Brugmann I 43 A., Fick I⁴ 538); dazu -úvfríkúnúss *188*, falls zu l]úvfríkúnúss zu ergänzen (s. Bd. II Anh.); *loufir* (*loufif*? *loufit*?) T. B. 8 aus **leu̯bh-* oder **lou̯bh-* (got. *liubs galaubjan*), während l. *lubet* die Tiefstufe **lubh-* zeigt; *castrous* T. B. Gen. Sg., vgl. got. *sunaus*; Núvlanú- C. A. (6 m.) aus **Nou̯ela-*, aosk. Nuvkrinum Nuvkirinum *215* aus **Nou̯ik-*, zu l. *nouus* gr. νέ(F)ος; Iúvkiíúí C. A. aus **Iou̯ik-* (wie l. *jūcundus*). *ō* aus *ou* vielleicht in (aosk.) Ufiis *122* = *Úfiis, zu l. *Oufens* etc. (vgl. S. 155 f.), aber als Eigenname kann es leicht latinisirt sein. Upils derselben Inschr. (= *Úpils), wozu Úpíl. *133 134*, gehört nach Corssen K. Z. XX 103, Pauli A. S. V 32 zu l. *ō-pilio* „Schafhirt" (aus **oui-*), aber dabei bleibt auch das i schwierig (s. Päl.), vielmehr ist Úpil- mit Úppiis Úpsim etc. (zu l. *op-s*, vgl. § 168) zusammenzustellen (so auch Deecke Falisk. 283). Dass osk. *ou̯* mehr zu *ō* als zu *ū* neigte, ist aus den anderen Dialekten zu schliessen (vgl. oben), vielleicht bestätigen es indirect auch Namen wie *Nōla* (ächt lat. wäre **Nūla* zu erwarten), das heutige *Nocera* gegenüber l. *Nūceria*. Dass im úv der nationalen, ωF der gr. Schrift das zweite Element einen Spiranten bezeichne, ist unwahrscheinlich, s. o. S. 138 ff.; die eben vermuthete Neigung des osk. *ou̯* zu (*oǫ*) *ō* würde sich damit natürlich nicht vereinigen lassen.

pous T. B. 9 ist sehr wahrscheinlich mit Danielsson A. S. IV 149 für verschrieben statt **pus* (*ou* durch das folgende *touto* hervorgerufen) = puz des C. A. zu erklären, denn dass *pous* und puz identisch sind, kann nicht bezweifelt werden, *ou̯* könnte aber auf dem C. A. nur als úv, im Umbr. nur als *ō* (also **pose*, nicht *puse*) erscheinen, das *ou* in *pous* als langen oder kurzen Mittellaut zwischen *o* und *u* aufzufassen, geht aber auch kaum an, da nicht einmal *ei* auf der T. B. für den Mittellaut zwischen *e* und *i* angewendet wird (was in gr. Schrift, im Umbr. Lat. etc. sehr häufig ist); die Etymologie verlangt durchaus *ŭ* (p u z umbr. p u z - e = **pŭt-s*: lat. *ŭt*; päl. *puus* ist = **pōs* „qui").

81. Zwischendialekte. Pälignisch: *ou* erhalten in *Loucies 248 249* osk. Lúvk-, *Nounis 253* (aus **Nouen-*, s. § 115). Dagegen läge *ō* aus *ou* vor in *Obelies 261, Obel. 263, Ob. 249 269* wenn dieser Name mit Recht von Pauli a. O. von l. *ō-pilio* (aus **oui-*) abgeleitet würde; aber l. *ō-pilio* ist wegen gr. αἰ-πολο-ς wahrscheinlich aus **ou(i)-pol-iōn-* zu erklären (vgl. *ilico* aus **insloco, familia*: *famulus*) und eine Schwächung von *o* zu *e* kann fürs Päl. schwerlich angenommen werden; *Obelies* gehört wohl entweder zu osk. Úpil- etc. (von l. *ŏp-s*, s. o.; zur Erweichung § 246) oder ist im *b* latinisirt für **Ofelies* vgl. l. *Ofillius* etc. (wie vielleicht *faber 255* für **fafer*). Auffallend ist *Rustix 257* „Rūsticus" aus **rou̯stico-* (l. *rūs* aus **reu̯s *rou̯s* vgl. av. *ravanh*), man würde **Roustix* oder **Rōstix* erwarten; das *ū* ist wohl aus lat. Einfluss zu erklären (vgl. *r* in osk. Niumeriis und dgl.), man müsste denn nach **hanustu* aus **hanŏst-* für die Lautfolge *ou̯st* die besondere Entwicklung zu *uu̯st ūst* annehmen wollen. Marrucinisch: *ou* in *toutai* 1 m., *Maroucai* 2 m. (aus **Marouic-*), daneben 1 m. *ō* in *totai* derselben Inschrift; *ou* war hienach im Marr. beinahe ganz (*oǫ*? *ōǫ*?) oder, falls das 3malige *ou* bloss historische Schreibung ist, ganz zu *ō* geworden. Volscisch *ō*: *toticu*.

82. Umbrisch. Durchweg *ō*. *totam totar totcor* etc. (über 120 mal) au. tuta-: osk. *toutad* túvtíks etc.; *rofu rofa*: lat. *rōbus rūfus* got. *rauda-*; *trifor* (4 m.) Gen. wie osk. *castrous*: l. *domūs domōs* got. *sunaus*; Dat. Loc. *trifo maronato* (vielleicht auch *Trebo Fiso*) wohl aus *-ou̯ = -ōu̯*, zu got. *sunau* l. *noctū* (*-ou̯* vor der Postpos. *-en* erhalten in manuv -e?), s. § 279; *Noniar*: päl. *Nounis* (aus **Nouen-*); nuřpener vielleicht = l. **nouidipondiis*, also nu. **nors-pener*; Ptc. *comohota* (*oho = ō*) wohl aus **mou̯to = *mou̯eto-* (vgl. l. *cautus* aus **cau̯ĕto-* zu *caueo*, etc.), in welchem Falle l. *mōtus* statt **mūtus* nach *moueo* und nach *uōtus*: *uoueo* steht[1]).

---

1) Vgl. Thurneysen K. Z. XXVIII 156. **u̯ou̯tus* wurde wohl lautgesetzlich zu *uōtus* nicht **uūtus* wegen des dem *ou̯* vorausgehenden *u̯* (wie z. B. *-os -om* nach *u̯* länger als sonst erhalten blieb: *seruos* etc.).

o = *oụ* endlich in *uoco-* falls „lucus" (und *uomu* falls zu l. *lūmen*), doch s. § 143. Ueber *preplohotatu* vgl. § 175.

Wie das *ē* aus *eị* gegenüber dem ursprünglichen *ē*, so hatte auch das *ō* aus *oụ* gegenüber dem urspr. *ō* einen offeneren Klang, es wird daher niemals *u* an dessen Stelle geschrieben, z. B. immer *tota-* trotz über 120maligem Vorkommen. Hiedurch scheint mir die Zusammenstellung von *ruseme* (3 m.) mit l. *rūs* (Aufrecht-Kirchhoff, Corssen, Conway u. A.) hinfällig zu werden, da letzteres aus **reụs* **roụs* entstanden ist[1]; der Ausweg, l. *rūs* = idg. **rū-s* (vgl. got. *rū-ms*, Kluge Wtb. s. v. *Raum*) zu setzen, wird schon dadurch abgeschnitten, dass idg. *ū* im Umbr. als *ī* erscheint (§ 59), ausserdem vgl. *Roesius* aus **Roụsios* § 106.

Erhaltenes *ou* findet sich nur in zwei Beispielen: *courtust VIa* 6 und *uouse VIb* 11, au. vuvçi *Ib* 45 *IIa* 44. Ersteres fasst Bücheler als *covrtust* auf, d. h. *coụrtust*, wobei die Erhaltung des *oụ* aus dessen später Entstehung zu erklären wäre; da aber an eigentliche Syncope des Wurzelvocales hier doch kaum zu denken ist, wird *coụortust* zunächst nur zu *coụurtust* geworden sein (Ansatz zur Vocalschwächung, vgl. § 122, zugleich wohl unter Mitwirkung des folgenden *rt* und vielleicht des vorausgehenden *ụ*, vgl. S. 110), und dieses *coụurtust* kann hier entweder selbst gemeint sein (*courtust* kürzere Schreibung für **couurtust*, um die Gemination zu vermeiden, vgl. S. 57 und § 140) oder ein daraus entstandenes *coūrtust*; vgl. auch lat. *Maurte* neben *Mauorti*. In *ụoụse* vuvçi scheint die Erhaltung von *oụ* durch Entstehung aus *ohụ* zu erklären, s. § 219, doch vgl. auch Bd. II Anh.

Die langen Diphthonge.

83. Die Diphthonge mit langem erstem Componenten, kürzer die langen Diphthonge, bilden in der idg. Grammatik ein schwieriges und noch vielfach controverses Capitel. Eine Hauptfrage ist die, in welchem Umfang für die Ursprache Schwund des zweiten Componenten (*ị ụ*) angenommen werden darf. Dass überhaupt solcher Schwund in gewissen Fällen eingetreten sei, wird mit Recht jetzt wohl ziemlich allgemein zu-

1) **roụs rūs*: av. *ravanh* aus **ravas* = l. *aes*: ai. *áyas*.

gegeben (vgl. z. B. J. Schmidt K. Z. XXVII 369 ff., Schulze ebd. 420 ff., Meringer Zeitschr. f. d. ö. Gymn. 1888, 132 ff., Brugmann I 137 f., 163 f., II 454, Streitberg Die germ. Comparative 10 ff.); die Bedingungen sind jedoch noch nicht endgültig festgestellt. Als Beispiele für diesen idg. Schwund von *i̯ u̯* sind aus dem Oskisch-Umbrischen möglicherweise anzuführen die vereinzelt vorkommenden Dative Sg. auf *-ō -ā* und die auf *-ē*, welche alsdann die idg. Satzdoubletten zu *-ōi̯ -āi̯ -ēi̯* darstellen würden (s. u.). Nach Bartholomaes neuer Theorie (Stud. II) würde das *ā* der I Conjugation zum grossen Theil auf idg. *ā* aus *āi̯* zurückgehen (vgl. § 291), ebenso das *ā* des Conjunctivs (vgl. § 305). Wenn u. *comohota* l. *mōtus* auf urit. **mōto-* beruhen, ist letzteres wohl = idg. **mō-to* aus **mōu̯-to-*, vgl. **plō(u̯)tu-* got. *flōdus*, **bhlē(u̯)to-* in l. *flētus* etc., doch s. o. S. 120, 160.

Eine andere wichtige Frage ist die, ob und in welchem Umfang in den einzelnen europäischen Sprachen Kürzung der langen Diphthonge vor folgenden Consonanten zuzugeben sei. Für's Italische vgl. Brugmann I 464, Stolz² 279, Osthoff Rh. M. 36, 481 und jetzt Streitberg Idg. Forsch. I 260 ff. Aus dem Oskisch-Umbrischen kommen hauptsächlich auslautende Silben in Betracht[1]), nämlich die Endungen *-ōi̯ -ō* im Dat. Sg., *-ōi̯s* im Dat.-Abl. Pl. der *o*-Stämme, *-āi̯ -ā* im Dat. (Loc.) Sg., *-āi̯s* im Dat.-Abl. Pl. der *ā*-Stämme, *-ē* im Dat. (Loc.?) Sg. der *ē*-Stämme, *-ou̯* (vereinzelt auch *-ē*?) im Loc. Sg. der *u*-Stämme. Für die Frage, ob Kürzung langer Diphthonge vor Consonanten im Italischen (Uritalischen) anzunehmen sei, sind besonders die Singularformen von Wichtigkeit. Wir können hier zwei Gruppen unterscheiden: 1) der Diphthong hatte sein zweites Element bewahrt: *-oi̯* im Dat. Sg., *-ai̯* im Dat. und Loc. Sg. osk. **húrtúí Ammaí aasaí** *Bansae*, marr. *toutai*, mars. *Uesune* (*-ai*), vo. *deue Declune* (*-oi* oder *-ai*), umbr. **Çerfe** *Śerfe* (*-oi*), **tute** *tote* (*-ai*), wozu noch osk. **svaí** *suae* umbr. **sve** *sue*; *-ou̯* im Dat. Loc. Sg. umbr. *trifo maronato* (vor der Postpos. *-en* mit erhaltenem Diphthong **manuv-e** = nu. **manou-e*?), lat. *noctū*. 2) Es erscheint blosser langer Vocal, der also *-i̯ -u̯* eingebüsst hat: Dat. Sg. auf *-ō*

1) Ueber umbr. **klavlaf klavles** „clāuolas, clāuolis" s. o. S. 157, über *uesticos* S. 163 Anm. 2 und § 108.

= *-ōį* in vestin. *Herclo Iouio* lat. *equo,* vielleicht auch in umbr. *Fiso* (*Trebo*? osk. Verehasiú? Viniciiu? s. § 273); Dat. Sg. auf *-ā* = *-āį* in päl. *Anceta* (*Minerua*? umbr. *Trebo*?? s. § 271) lat. *Matuta*; Dat. Sg. auf *-ē* = *-ēį* von *ē*-Stämmen in osk. Kerrí päl. *Cerri* (marr. *Cerie*?) umbr. ri lat. *fide*; Loc. Sg. auf *-ē* = *-ēu̯* von *u*-Stämmen, falls solcher in umbr. *frite* lat. *rite* vorliegt (s. § 279). Fragen wir zunächst nach der Quantität des *-oį -aį* in osk. -úí -aí *-ae* marruc. *-ai*, so muss wohl aus dem *-ē* der nächstverwandten Dialekte (mars. *Uesune*, vo. *deue*, umbr. *śerfe tote* etc.), welches *-ōį -āį* voraussetzt, geschlossen werden, dass der Diphthong auch im Oskischen, Marrucinischen etc. kurz war (vgl. unten zu *-ēs* = *-oįs -aįs* im Plur.). Da nun die Kürze des *-oį -aį* nicht ursprünglich sein kann[1]), muss *-oį -aį* aus *-ōį -āį* verkürzt sein und es fragt sich nur, wann und unter welchen Bedingungen die Kürzung eintrat. Am wahrscheinlichsten ist, dass im Uritalischen lange Diphthonge vor Consonanten gekürzt wurden, dass also *-aį -oį* damals in der Stellung vor Consonanten aus *-ōį -āį* entstanden sind und dann verallgemeinert wurden (vgl. Brugmann II 598f.)[2]). Die im Pälignischen und Vestinischen, vielleicht vereinzelt auch im Oskischen und Umbrischen vorkommenden Dative auf *-ō* (wie im Lat.) und *-ā* (wie altl. *Matuta*) und die ähnlichen Dative auf *-ē* von *ē*-Stämmen (wie altl. *fide*) können verschieden aufgefasst werden. Entweder *-ō -ā -ē* war die idg. Satzdoppelform zu *-ōį -āį -ēį* (vgl. neuestens Bartholomae Stud. II 72ff., sowie die dort citirte Litteratur)[3]); oder *-ō -ā -ē* war die im Uritalischen vor Vocalen entstandene Doppelform zu *-ōį -āį -ēį* (*į* zwischen Vocalen schwand uritalisch, s. § 87); oder es bestand in den

1) Man müsste Vermischung des Dativs (idg. *-ōį -āį*) mit dem Locativ annehmen, aber bei den *o*-Stämmen hielt das Oskische den Loc. auf *-eį* (terei etc.) vom Dativ syntaktisch durchaus getrennt, also hätte es auch den Loc. auf *-oį*, falls es denselben überhaupt besass, mit dem Dat. auf *-ōį* schwerlich zusammengeworfen; bei den *ā*-Stämmen nimmt man jetzt mit Recht an, dass auch der Loc. im Idg. nicht auf *-āį*, sondern (wie der Dat.) auf *-āį* endigte (vgl. § 271).

2) Dass neben dem uritalischen Kürzungsgesetz hier noch ein speciell osk.-umbrisches gewirkt habe, wie Brugmann als zweite Möglichkeit anführt, ist mir weniger wahrscheinlich (doch vgl. umbr. *uesticos* aus **u̯esticau̯st* = **u̯esticāu̯st*, **u̯esticāu̯eset* § 108).

3) Dagegen jetzt Hirt Idg. Forsch. I 223ff.

italischen Sprachen das Lautgesetz, dass *-ōi̯ -āi̯ -ēi̯* im absoluten Auslaut ihr *-i̯* einbüssten. Es kommt hier viel auf die Beurtheilung des *-oi* im altl. Dativ *populoi Romanoi* (nach Marius Victorinus), pränest. *Numasioi* an. Hält man dieses *-oi*, wie in der Regel geschieht, für *-ōi̯*, aus dem das gewöhnliche *-ō* in historischer Zeit hervorging (vgl. neuestens namentlich Brugmann II 598), so wird auch das in den osk.-umbr. Dialekten vorkommende *-ō -ā* vermuthlich so aufzufassen sein (das Lautgesetz wäre also gemeinitalisch, aber nicht uritalisch). Aber die Länge des *-oi* in *populoi, Numasioi* ist unerwiesen und die Möglichkeit, das lat. *-ō* aus urit. *-ō* statt direct aus dem altlat. *-oi* herzuleiten, scheint mir durch Brugmann II 597 Anm.[1]) nicht endgültig widerlegt (rein lautgesetzliche Kürzung auslautender langer Vocale im Lat. steht nur für jambische Wörter ausser Zweifel, vgl. Brugmann I 504f., Stolz[2] 280, Schweizer-Sidler[2] 38). Altl. *-oi* k a n n also wohl die mit *-ai* im Fem. (*Loucinai* etc., später *-ae*) parallel gehende und dem *-ōi* des Oskisch-Umbrischen entsprechende, im Urital. durch Verkürzung des *-ōi̯* vor Consonanten entstandene Form sein[2]). Eine Entscheidung zwischen den verschiedenen Möglichkeiten ist schwer zu treffen. — Wie osk.-umbr. *-ōi -āi* ist wohl *-ōu* im umbr. Loc. *maronato* etc. (lat. *noctū*) im Urital. aus *-ōu̯* vor Cons. verkürzt; falls die Verkürzung vor dem urit. Wandel von *eu̯* zu *ou̯* stattfand, kann auch von idg. *-ēu̯* ausgegangen werden. Wenn u. *frite* l. *rite* wirklich Locative von *u*-Stämmen sind, wird ihr *-ē* die bereits im Idg. entstandene Doppelform zu *-ēu̯* darstellen, nicht durch speciell italischen Wegfall des *-u̯* zu erklären sein (vgl. § 279). Ueber u. *subocauu subocau* s. § 323.

Beispiele für die urital. Verkürzung langer Diphthonge vor Cons. sind möglicherweise auch die Pluralendungen *-ois -ais*. Dass in osk. pälign. *-ois -ais* der Diphthong kurz war, ist aus dem Monophthongen in umbr. vo. mars. *-ēs -īs* (umbr. später *-ēr -īr*), wozu auch lat. *-īs*, zu schliessen, vgl. oben zu osk. *-oi -ai* gegenüber umbr. *-ē*. Falls die Endung *-ois* auf

---

1) Hirt a. O. 224.

2) Die lat. Dative Sg. auf *-ōi* könnten dann bei Eintritt der Schwächung zu *-ī* (vgl. Nom. Pl. **populoi populī*) aus Deutlichkeitsgründen (auch der Gen. Sg. endete auf *-ī*) gegen die danebenstehenden Formen auf *-ō* aufgegeben sein.

den idg. Instrumental *-ōi̯s* ai. *-aiš* zurückgeht, ist also Verkürzung eingetreten. Doch kann *-ois* auch auf den idg. Locativ *-oi̯si* gr. -οισι (neben *-oi̯su* ai. *-ēšu*, s. Brugmann II 699 f.; ob auch ein idg. *-oi̯s* als Locativendung anzuerkennen sei, ist mir zweifelhaft) zurückgeführt werden [1]). Das Wahrscheinlichste ist wohl, dass im italischen *-ois* die idg. Instrumental- und Locativform zusammengefallen ist. Der Dativ Pl. marr. *aisos* mars. *esos*, der übrigens nicht ganz ausser Zweifel steht, ist jedenfalls nicht aus *-ōi̯s* mit Verlust des *i̯* zu erklären, s. § 274.

i u als Consonanten (*i̯ u̯*) [2]).

i̯.

84. Anlautendes *i̯* bleibt wie im Lat. in der Regel erhalten: umbr. *iouies ioue* zu l. *iuuenis* ai. *yúvan- yávišṭha-*; osk. iúkleí umbr. iuka (päl. *iocatin-*?) zu l. *iocus* lit. *jùkas* (? vgl. § 201); unklar o. Jeíis, umbr. *Jabusco-* (letzteres ist Fremdwort). Im Umbr. wurde *i̯u-* zu *i-* (vgl. S. 128 f.): iveka *iuenga* zu l. *iuuenca* ai. *yuvaçá-*, vielleicht auch in Ikuvins **Igouino- Iiouino-* aus **Iug-ou-* (Iuieskanes aus **Iug-esk-*?) zu l. *iugum* ai. *yugám* aksl. *igo* (*i̯-* ist in diesem Worte wegen gr. ζυγόν = idg. *j*, s. Brugmann I 110). Durch Schwund von *d-* ist *i̯* in den Anlaut gekommen in osk. Júv-, umbr. Juv- *Jou-* „Juppiter" = idg. **di̯eu̯-*, s. § 201; aus dem einmaligen umbr. *Jiouie VIb* 35 darf schwerlich auf *ii̯-* geschlossen werden, der Schreiber scheint durch das häufige *Iiouino-* (aus **Ig-*) beeinflusst zu sein, das z. B. auch auf der nämlichen und der vorhergehenden Zeile vorkommt (vgl. Bücheler U. 180).

Postconsonantisches *i̯* und *ii̯*.

85. Im Idg. wechselten *i̯* und *ii̯* nach gewissen, noch nicht mit völliger Sicherheit bestimmten Gesetzen, s. Brugmann

1) Vgl. jetzt auch Hirt Idg. Forsch. I 30.

2) Allgemeines bei Brugmann I 22 f., 110 f., übers Italische 22 ff., 150 ff. (vgl. Stolz [2] 260 ff.). Ausserdem vgl. Aufrecht-Kirchhoff 20 ff., 34 f., 100 f., Bruppacher 68 ff., Bücheler U. 186 f.

I 112 ff. Im Lat. wurde das postcons. *i̯* durchweg silbebildend und fiel so mit idg. *ii̯* zusammen (a. O. 123 f.). Im Osk.-Umbr. weisen dagegen verschiedene Erscheinungen darauf hin, dass in weitem Umfange *i̯* gesprochen wurde (vgl. a. O. 124). Freilich ist schwer zu entscheiden, in welchen Fällen das *i̯* noch direct idg. *i̯* fortsetzte oder aber aus *ii̯* (*ĭ*) rückverwandelt war[1]; die letztere Entwicklung hat im Lat. beim Uebergang in die roman. Sprachen stattgefunden, z. B. *medĭus* zu **medi̯us* italiän. *mezzo*, auch *habĕat* zu **habe̯at *habi̯at* it. *abbia* und dgl. Die uns überlieferten Formen des Oskisch-Umbrischen können wir in drei Gruppen eintheilen, solche mit *i̯*, solche mit *ii̯* (*ĭ*) und solche, bei denen keine Anzeichen für das eine oder andere vorliegen.

1. *i̯* ist überall da vorauszusetzen, wo *i* nach Consonant in der schriftlichen Darstellung weggelassen wird oder wo vorhergehende Consonanten eine Affection zeigen, die vor syllabischem („vocalischem") *i* nicht eintrat[2]. Wir haben hienach von *i̯* auszugehen in folgenden Fällen: a) osk. bantinisch *allo* aus **ali̯o* lat. *alĭa*, *famelo* aus **fameli̯o* lat. *famĭlĭa* (italiän. *famiglia*); b) osk. bant. *Bansae* aus **Banti̯ai* „Bantĭae" neben *Bantins* „Bantinus", *zicolo-* aus **di̯ĭcolo-* „dĭēcula" neben *dĭ* in *dicust idic* etc., vgl. auch mars.-lat. *Martses 307* aus **Marti̯ais*[3]) (im Italiänischen *Banzi speranza marzo prezzo mezzo* etc.); c) osk. bant. *meddixud* aus **meddiki̯ud*, vgl. lat. *judicĭum* (italiän. *faccio* aus *facĭo*); d) umbr. spina- (*IIa* 33 38) neben spinia- (*IIa* 36 37), rupina- *rubina-* neben rupinia-; der Wechsel der Schreibung ni und n weist auf *ñ* (mouillirtes *n*), s. § 242, wo noch einige zweifelhafte Beispiele erwähnt sind; e) umbr. ç *ś* (*s*) neben çi *śi* (*si*) in façu (*IIb* 22) neben façiu (*IIa* 16) façia (*IIa* 17), vestiçia- (3 m.) *uestiśia-* (10 m.) neben vestiça- (5 m.) *uestiśa-* (1 m.), *Uestisier* neben Vestiçe, *purdinsust* (5 m.) purtinçus *combifianśust disleralinsust* (je 1 m.) neben *purdinśiust combifianśiust combifiansiust* (je 1 m.), Saçe neben

1) Ein wahrscheinliches Beispiel für letzteres ist osk. **di̯ĭcolo-* *zicolo-*, vgl. Brugmann a. O. und unten § 201.

2) Näheres über die im Folgenden angeführten Mouillirungs-Erscheinungen s. u. § 242 f.

3) Lat. *Marsus* zeigt die marsische Lautform, ächt lat. wäre *Martĭus*.

Sansie (7 m., über Saçi *Sansi* § 273), puniçate neben *ponisiater*, pruseçia aber tribřiçu (wahrscheinlich hieher auch usaçe, *uouse*, vielleicht *sepse*)[1]); f) umbr. ř *rs* neben ři *rsi* nur in *Horse VIb* 43 neben Huřie *Ib* 2 (unsicher V]eřuvie Ve]řuvi *290* „Uedionio“ und *sorser Vb* 12 17 für **sorsier*, çihçeřa *III* 15 für *çihçeřia, s. § 201); g) im Pälignischen scheint *Petiedu 254* = **Petiediu* zu sein (andere Beispiele zweifelhafter), s. Bd. II Anh.; h) im Oskischen erscheint vielfach Geminata statt einfachem Consonanten vor *i*, welches alsdann als *ḭ* aufzufassen ist (ausser vielleicht einigen Fällen, wo die Geminata durch Uebertragung auch in die Stellung vor *ĭ* gelangt wäre), s. § 243; die Beispiele sind: Vítelliú aus **Viteḭā*; kúmbennieís (3 m.), teremenniú (2 m.), Akudunniad, dekmanniúís, damsennias; Mamerttiais Mamerttiaís Mamerttiar. Mam]erttieís, a]íttiúm, úíttiuf (= l. **ūtio*), Pettíeis Pettieis, Σταττιηις, Siuttiis etc.; tríbarakkiuf, medikkiaí, meddikkiai; Úppiis, Babbiis; i) *r* aus *d* in osk. púmperia-, falls wirklich aus **pompedia-*, weist vielleicht auf folgendes *ḭ*, s. § 201; k) unsicher ist auch, ob der Unterschied in der Behandlung von *li* in umbr. feliuf *filiu presoliaf Salier* gegenüber fameřias „familiae“ auf *lḭ* gegenüber *lĭ* zurückzuführen ist, s. §. 146. l) osk. amfret aus **amfrḭet*? (s. § 292). Ueber Νιυμσδιηις s. § 238, über päl. *afđed* etc. (*đ* aus *ḭ*?) Bd. II Anh.

2. *iḭ ĭ* liegt in folgenden Fällen vor: a) Wo *ii* geschrieben wird, so in osk. fakiiad *135*, heriiad *129*, Iúviia *28*, diíviiaí *187*, Meeílíkiieís *28* „Μειλιχίου“, Arkiia *112* „Αρχίας“ (aber Santia *168* „Ξανθίας“); umbr. vielleicht in heriiei *IIa* 16 und triia *IV* 2 triiu-per *Ib* 21 22 22, *IIb* 25 25, doch s. § 306 und 286. Zu beachten ist, dass ii auch andere Geltungen, als = der mit *ḭ* parallel gehenden Nebenform *iḭ* hat, nämlich = *ĭ* (*ĭḭ*?) in osk. Kluvatiium Magiium etc., wohl auch umbr. Kastruçiie Atiieřiu- etc. (s. § 275), ferner = í aus *e* vor Voc. in aosk. iiuk = íúk, tiium = *tíúm etc. (s. § 87). b) Auf syllabisches (und offenes) *iḭ* oder *ĭ* weist auch *ei* in umbr. stite-

———

1) Sehr fraglich ist, ob eikvasatis eikvasese Suffix *-asio-* enthalte, da nach achtem *s* das *i* sonst nie weggelassen wird (s. § 242). Ueber picen. -seɔure s. § 181.

teies *IIa* 44, stitisteteies *Ib* 45, falls ein Opt. **stet-iens* in diesen Formen enthalten ist (s. Bd. II Anh.), und in *deueia VIa* 9 10 (vgl. osk. diíviiai), falls es das einfache Suffix -*i̯o*- -*ii̯o*- enthält (s. § 261 2); über osk. Κοττειηις ΑϜδειες vgl. oben S. 64 f. c) Zweifelhaft ist, ob aus *t* in osk. fruktatiuf gegenüber *tt kk* in úíttiuf tríbarakkiuf etc. (s. o. 1, h) auf *ĭ* gegenüber *i̯* geschlossen werden kann (s. § 243); dasselbe gilt von ři in umbr. fameřias gegenüber li in feliuf etc. (s. o. 1, k) und von der Schreibung uvi neben vi in aruvia arvia (s. § 93).

3. Sehr häufig fehlt jedes äussere Anzeichen für die Entscheidung zwischen *i̯* und *ii̯* (*ĭ*), so z. B. in osk. mefiaí, heriam, púmperia-, Iúviaís (*ii̯* wegen Iúviia?), deketasiúí, Verehasiúi, Niumsieís, Tirentium, *hafiest*, Νιυμσδιηις (über eine Vermuthung von Zander s. § 238), päl. *Iouiois*, *Pacia*, *Scaifia*, *Petiedu*, marr. *Iouias*, vest. *Iouio*, mars. *Iouies*, vo. *couehriu*, *faɔia*, *sistiatiens*, umbr. Iuviu- *Iouio*-, aviekla *auiecla*, *Fisouie Grabouie*, *Noniar*, semenies, *gomia*, Marties *Martier*, *Propartie*, *tertiu*, *Nurpier*, Fisiu- *Fisio*-, urnasier kurçlasiu, Çerfia- *Śerfia*[1]). Im Allgemeinen wird man wegen der oben unter 1. angeführten Fälle, wo die oskisch-umbrischen Dialekte im Gegensatz zum classischen Latein *i̯* zeigen, eher dazu neigen, auch in den eben angeführten Beispielen und ähnlichen anderen (s. in § 261, 2) *i̯* anzunehmen, doch machen die oben unter 2. genannten Wörter, namentlich solche wie osk. fakiiad (gegenüber umbr. façu), Iúviia, diíviiai jede Vermuthung unsicher. Im Oskischen findet sich in einigen Beispielen statt des gewöhnlichen i í geschrieben: Sepíeís *137*, Pettíeis Fiisíais *131*, Fiisíais *132*, Gaaví[eís *204*, dekkvíarím *28*, ... rícs *106*. Man kann diese Schreibung, da í offenes *i* bezeichnet, mit lat. *fileai Oueo*, fal. *Clipeai Folcozeo Zertenea* etc. (umbr. spantea, sakreu, perakneu?) vergleichen, ob das í als *i̯* oder als silbebildend aufzufassen sei,

---

1) Sollte sich fürs Umbr. nachweisen lassen, dass *ti̯* assibilirt wurde, so wäre *ti* in *Martier* etc. als *tĭ* aufzufassen, doch s. § 187. Der Schluss, dass *ou̯* (in *Fisouie* etc.) vor consonantischem *i̯* als *ō* erscheinen müsste, wie vor anderen Consonanten, dass also das folgende *i* syllabisch sei, wäre nicht gerechtfertigt, s. das von Brugmann I 140 f. zu ai. *návyas* gr. ἑκατόμ-βοιος etc. Bemerkte.

bleibt aber fraglich. Unsicher ist, ob auch das í in -apíu *129* hiehergehöre, da der Name auch wie l. *Audeō* gebildet sein könnte (also í aus *ĕ* wie in íú-k = l. *ea* etc.) und von í in a]íttíúm C. A., Piístíaí T. A. (2 m.) ist mir dies desshalb fraglich, weil die correcten Inschriften, denen C. A. und T. A. zugehören, sonst für ächtes (*i*)*i̯* immer i (i i) schreiben [1]), so dass í in diesen beiden Wörtern vielleicht eher = *ĕ* zu setzen sein wird, vgl. § 87, 278. Das í von a]íttíúm ist, wenn = *ĕ*, von besonderem Interesse als directer Zeuge für Uebergang von silbebildendem *i* zu consonantischem im Oskischen, da das í wegen der vorhergehenden Geminata wohl als *i̯* aufzufassen ist (vgl. § 243), so dass a]íttíúm zu urosk. **aitĕōm* sich genau verhalten würde wie italiän. *abbi̯a* zu lat. *habĕat*. Dieser Parallelismus mit dem Italiänischen, der auch in osk. bant. *zicolo-* aus **di̯icolo-* urit. **dīĕkelo-* im Vergleich zu italiän. *giorno* aus l. *dīurnum* wiederkehrt (vgl. § 201) [2]), spricht dann vielleicht auch dafür, dass in der Mehrzahl der oben unter 1. angeführten Beispiele von osk.-umbr. *i̯* gegenüber lat. *ĭ* letzteres die ältere Stufe darstellt, womit natürlich nicht gesagt wäre, dass dieses ältere *ĭ* nicht in früherer Zeit aus idg. *i̯* entstanden sein könne.

Ein Beispiel für die Schreibung e = ächtem (*i*)*i̯* (vgl. oben lat. *fileai* fal. *Clipeai* etc.) bietet das Umbrische in spantea *IIa* 30 und in sakreu perakneu *Va* 6, falls der Ausgang -ea -eu nicht = urit. *-*ĕā* aus *-*ei̯ā* ist (vgl. § 87, 278).

Lautgruppe *u̯i̯*.

86. Thurneysen Verba auf *-io* 41 ff., K. Z. XXVIII 155 f. hat für's Lat. in einer Anzahl von Beispielen Uebergang von *vi* zu *iv* angenommen, m. E. mit Recht, obgleich seine

---

1) Allerdings muss *28* mit dekkvíarím sonst auch den correcten Inschriften beigezählt werden (sollte etwa der Schreiber durch das zwei Worte vorher und mehrfach auf der Inschrift vorkommende vía- beeinflusst worden sein?); *131 132 137* gehören zu denjenigen capuanischen Inschriften, die das Zeichen í überhaupt noch unregelmässig anwenden (vgl. S. 63 f.), *106* ist eine späte Griffelinschrift.

2) Ebenda über das unsichere o. iúkleí.

Ansicht wenig Zustimmung gefunden zu haben scheint. Das Lautgesetz scheint mir so gefasst werden zu müssen, dass u̯i̯ im Uritalischen zu i̯u̯ wurde[1]). Da die Frage auch für das Oskisch-Umbrische von Bedeutung ist, muss hier in Kürze auf dieselbe eingegangen werden.

Thurneysens Beispiele sind folgende: Adjectiva auf *-īuo-* zu ai. *-tavya-*, von Verbalnomina auf *-tu-* mit *-i̯o-* weitergebildet (idg. **-teu̯-i̯o-*), z. B. *aestīuus abusīuus* (vgl. Leo Meyer II 383f.); ähnlich *gradīuus* zu *gradu-* vgl. gr. *ἀστεϝι̯ος *ἀστεῖϝος ἀστεῖος zu ἀστυ-; *dīuom* „der freie Himmel" = ai. *divyám, dīuus* Adj. aus **diu̯i̯os* oder **deiu̯i̯os*; *rīuus* aus **(s)reu̯i̯os* gr. ῥέ(ϝ)ω; *ōuum* aus **ōi̯u̯om* = **ōu̯i̯om* ai. *āvyam*; *Gaius* älter **Gaiuos* aus **Gāu̯i̯os* osk. Gaaviis; zweifelhaft: *scaeuus* gr. σκαιός aus **skau̯i̯o-, saeuus* gr. σάιοι aus **sau̯i̯o-* (s. u.) und die Lehnwörter *Achīui olīua*[2]). Diesen Beispielen können etwa noch folgende beigefügt werden. Lat. *(g)naeuus* „angeborenes Mal" von **gna-u̯o-* „(an)geboren" (wohl **gnā-u̯o-*, vgl. *gnātus*) mit *-i̯o-* weitergebildet[3]); hiezu der Eigenname *Gnaiuod Naeuius* osk. Cnaives Cnaiviies (= *Gnaiviieis). Lat. *desīuare* aus **sēu̯-i̯ā-* (vgl. umbr. *an-ser-iā-*) zu gr. (σ)ε(ϝ)άω, vgl. die Glosse *soue* „desine" bei Löwe 345f. Lat. *obliuium* „Ueberspülung" bei Accius[4]), *obliuius* „überspült" bei Varro (wohl auch *oblīuium* „Vergessenheit", *oblīuio oblīuiscor*) aus **óblaeuio-* oder **óbloeuio-* von *lauo* λο(ϝ)έω, also **laiuo-* oder **loiuo-* aus **lau̯-i̯o-* oder **lou̯-i̯o-*, mit wieder angefügtem *-io-* (letzteres ist nicht auffällig, vgl. unten zu den Eigennamen auf *-īuius* und zu o. diiviiai); daneben *obluuium diluuium* etc. mit *ui* = *u̯ī*, s. u. zu *Uesuuius* neben *Uesēuus* etc.. Aehnlich noch *impliuiatus* neben *impluuiatus impluuium, rediuia* neben *reduuia? soliuius* (s. Georges s. v. *cliuius*) zu *soluo*, also wohl aus **(so)leiuo-* urspr. **leu̯-i̯o-* (Wurzelstufe wie in ai. *lava-lavya-* etc., nicht wie in gr. λύω); *cliuius* „hemmend", falls zu W. *klu-* „schliessen" (s. Bugge Jahrbb. 105, 93f., Vaniček[2] 320), aus **cleiuo-*

---

1) Unwahrscheinlich ist mir Thurneysens Vermuthung, dass nicht u̯i̯, sondern u̯ī zu i̯u̯ geworden sei (S. 43 Anm.). Die Thatsachen lassen sich mit der lautphysiologisch ungleich verständlicheren umgekehrten Annahme ebenso gut vereinigen. Der Vorgang wird vermuthlich als eine Art Epenthese (s. über deren Wesen Brugmann Grdr. I 479; vgl. gr. *κλαιϝω κλαίω aus *κλαϝι̯ω Brugmann Gr. Gr.[2] 68) zu betrachten sein, nicht als directes Umspringen. Ist die Silbentrennung **re-u̯i̯os* etc. (vgl. Brugmann I 141) vorauszusetzen?

2) Letztere können griechische Ἀχαιϝο- ἐλαιϝο- fortsetzen, mit Schwächung von *ai* zu ī.

3) Weniger wahrscheinlich zu W. *gnō-* „kennen" (Voc. wie in *gnārus?*), also „Kennzeichen, Merkmal".

4) So, nicht *obluuium*, die Handschrr.

= **kleu̯-i̯o-*, ebenfalls mit wieder angesetztem *-io-*; *cliuior* „gepriesener", falls richtig überliefert (difficilior lectio zu *cluuior cluior*, vgl. Georges s. v.), für **clīuor* = **cleiuōs* aus **kleu̯-i̯ōs* (vgl. κλέ(F)ος ai. *çrávas*) mit Wiederherstellung des *i* nach den übrigen Comparativen[1]); *soniuius* mit Erneuerung des *-io-* für **sonīuus*, von *sonu-* (neben gewöhnlicherem *sono-*) wie *gradiuus* zu *gradu-* (oder zu einem Adj. **sonuus*, vgl. *annuus* etc., **caduus cadiuus*). *stiua* von der Wurzelform *stu-* (gr. στύω στεθ-το), nicht *stā-*, abzuleiten (vgl. Corssen I 358 A., Vaniček[2] 321), also = **steiua* aus **steu̯-i̯ā*. Falls *Consīua* zu W. *sē-* gehört, ist ī statt ē vielleicht aus einer Gdf. **Consēiua* = **Consēu̯i̯a* zu erklären, falls dagegen zu *Consus Consualia*, verhält es sich zu letzterem wie *uacīuus* zu *uacuus* (s. u.). Für *refrīua* braucht, falls es mit Danielsson A. S. IV 168 Anm. zu *feru-eo de-fru-tum* zu stellen ist, nicht eine besondere Wurzelform **fri-* neben *fru-* angesetzt zu werden (*refrīua* = **re-freu̯-i̯ā*). Wie *Gaius* für **Gaiuos* aus **Gāu̯i̯os* (s. o.), so scheint *Raius* für **Raiuos* (vgl. *Raeuius Raeuidius*) aus **Rau̯i̯os*, von *rāuus* „grauäugig", zu stehen (vgl. *Rauilla Rauillius* etc.); ebenso vielleicht *Caius* für **Caiuos* (vgl. *Caeuius*) aus **Cauios*, vgl. die häufigen Namen mit *Cau-*, wie *Cauilius Caulius Cauinnius Cauarius* **Cauicius Caucius*; auch o. *Uahies 95* könnte sich zu Vaaviis (l. *Uauidius* etc.) verhalten wie l. *Gaius*: o. Gaaviis (*h* Zeichen der Vocaltrennung wie in *Rahius* = *Raius*, o. stahint etc.), ferner z. B. l. *Blaius* zu *Blauius*. Endlich sind als m. E. sichere Beispiele anzuführen die Adjectiva auf *-īuo-* neben *-uo-* (vgl. Leo Meyer II 247 f., der jedoch *-uo-* aus *-iuo-* glaubt herleiten zu können) und die Eigennamen auf *-īuus- -īuius*. Von ersteren sind zu nennen: *nociuus* neben *nocuus*, *uaciuus uociuus* neben *uacuus uocuus*, *cadiuus re-cidiuus* neben *de-ciduus*, *seciuum sub-seciuus inter-neciuus* neben zu erschliessenden **sub-secuus* **internecuus* vgl. *irriguus conspicuus* etc.; dieses *-īuo-* stellt ursprüngliches *-eu̯-i̯o-* dar, welches von dem in *-uo-* vorliegenden ursprünglichen *-eu̯o-* (vgl. Brugmann II 128) mit *-i̯o-* abgeleitet ist[2]). Ebenso sind eine Anzahl Namen auf *-īuo- -īuio-* (*-eiuo- -eiuio-*, *-ēuo- -ēuio-*)[3]) zu erklären. Zu *Uesuuius* ist mehrfach belegt die Nebenform *Uesēuus* (s. Georges s. v.); die Grundform des letzteren ist **Ueseu̯i̯o-*, woraus **Uesei̯uo- Uesēuo-*, während *Uesuuius* **Uesouios* entweder auf die Doppelform **Uesēu̯ĭo-* neben **Uesēu̯i̯o-* zurückgeht (*eu̯* wurde urit. zu *ou̯*) oder durch Spaltung eines ursprünglichen Paradigmas **Uesouis* **Uesouim* **Ueseiuoi* **Ueseiuōd* etc. (aus älterem **Ueseu̯is* **Ueseu̯im* **Ueseu̯i̯oi* **Ueseu̯i̯ōd* etc.) in zwei getrennte Paradigmata

---

1) Vgl. Superlativ **kleu̯-is-to-* (ai. *çráv-iš-ṭha-*) in l. *Clustius* nach Pauli A. S. II 140 f.

2) Vgl. ein mit *-eu̯-i̯o-* paralleles *-eu̯-qo-* z. B. in *cadūcus* neben *cadīuus*. — Brugmanns Vorschlag betr. *-īuo-* (a. O.) würde die specielle Beziehung zwischen *-īuo-* und *-uo-* unerklärt lassen.

3) ē neben ī beruht auf dialektischer Färbung, vgl. § 67 ff.

entstand[1]). Genau ebenso steht *Fisēuius* (z. B. C. I. L. IX 4184, mehrfach auch in Rom) neben umbr. *Fisouio-*, nur dass an **Fisēuus* *-io-* wieder angefügt wurde, was bei einem italischen Gentilnamen leicht begreiflich ist, da fast alle Gentilnamen Suff. *-io-* aufwiesen, im Osk.-Umbr. auch die meisten Vornamen (vgl. auch oben *obliuius soniuius* etc.). Weitere ähnliche Beispiele (die sich jedenfalls vermehren liessen) sind: *Saleiuius Saliuius Saleuius* (mehrfach im C. I. L. IX X, also auf dem Boden unserer Dialekte) neben *Saluuius* und *Saluius*, wobei zu beachten ist, dass l. *saluus* nicht urspr. *lu̯* enthalten kann, sondern = **saleu̯o-s* ist (s. § 96), also *Saleiuo-* und *Saluuio-* aus **Saleu̯-io-*; die Göttinnen *Suleuiae* (*Suliuiae*) werden gewöhnlich von *silua* abgeleitet, dessen *lu̯* ebenfalls nicht urspr. sein kann (s. ebd.), also *silua* aus **suleu̯ā*, *Sulēuia* **Suleiuia* (eigtl. **Suleiua*) beide aus **suleu̯-i̯ā*[2]); *Laniuium* = **Laneiu(i)om* neben *Lanuuium*. *Capiua* C. I. L. IX 5016 (aus Picenum, 2 m.) hängt offenbar mit *Capua* zusammen; letzteres kann nicht urspr. *pu̯* enthalten, weil dies zu *pp* wurde (§ 98), also *Capua* aus **Capeu̯a*, *Capīua* aus **Capeu̯-i̯a*; auch etr. Capevanes etc. gehört wohl zu *Capīua*. *Orciuius Orceuius*, auch *Orch-* geschrieben, und *Orcuius* **Orcuuius* (vgl. o. Akviiai = *Acuuiae*, päl. *Pacuies* = *Pacuuius* u. s. w. § 105) gehen auf eine gemeinsame Gdf. **Orceu̯-io-* zurück, die auch im Adj. *orcīuus* erscheint und vermuthlich Weiterbildung eines **orcuus* aus **orceu̯os* (von *orco-* wie *annuus* von *anno-* etc.) ist. Der Name *Heleius* ist vielleicht = **Heleiuus* wie *Gaius* = **Gaiuus* etc., dann **Heleiuus* aus **heleu̯-i̯o-* (*lu̯* in *heluus* ist unursprünglich)[3]). Ueber das fragliche *Gradīuus*: umbr. *Grabouio-* s. § 202; unklar ist auch *Iniuus Inuus*. — Aus dem Vorhergehenden ergibt sich, dass, wo sich im Italischen *u̯i* (vor Voc.) zeigt, es nirgends lautgesetzlich auf ursprüngliches *u̯i̯* zurückzuführen ist, sondern entweder auf *u̯i* ev. *u̯ī* (letzteres namentlich in Eigennamen, wo Suff. *-īo-* häufig vorkam) zurückgeht oder durch Formausgleichung restituirt ist. In Fällen wie *Iouius* musste, falls hier urit. *i̯* gesprochen wurde, eine

---

1) Letztere Erklärung setzt uritalische Nominative und Accusative etc. auf *-is -im* etc. von *i̯o*-Stämmen voraus, worüber § 275 f.

2) Unzulässig scheint mir Bréals Annahme eines lautlichen Einschubes *e i* zwischen *l-u̯* (Mém. soc. VI 122). Von Sieburg, De Suleviis (Bonn 1886; vgl. Stolz² 277 f.), der die Belege am vollständigsten gesammelt hat, wird der Zusammenhang der *Suleuiae* mit *silua* geleugnet; seine grammatischen Einwände sind aber nach Obigem nicht stichhaltig.

3) *Heleius* würde, wenn so zu erklären, W. Meyers Herleitung von l. *heluus* aus **helsu̯os* (wie *Suleuia* die von *silua* aus **silsu̯a*) K. Z. XXVIII 163 f. widerlegen; vgl. auch *Helauius* Fabretti Gloss. 568, welches vermuthlich auf ein **helau̯o-* aus **helou̯o-*, neben **heleu̯o-* in *Heleius* wie gr. ὀλο(F)ο- neben **soleu̯o-* in *Saleiuius* etc., zurückgeht.

lautgesetzlich entstehende Form **Ioi̯u̯-* durch das Grundwort *Iou̯-* beseitigt werden; in *pluuius fluuius* konnten die Verba *pluo fluo* einwirken; aber auch eine ähnliche Erklärung wie oben bei *Uesēuus*: *Uesuuius*, *Fisēuius* : *Fisouio-* ist möglich. Aehnliche Fälle können z. B. noch sein: *Līuius* neben *Luuius* (*Luuicius*, vgl. auch o. Luvikis?)[1]; *Simbruuium* aus **sem-sreu̯-io-m* „Ort, wo Gewässer zusammenfliessen" (vgl. *membrum* = **mēmsrom*)[2]) gegenüber *rīuus* aus (*s*)*reu̯-i̯o-s?*; umbr. *sauitu* gegenüber l. *saeuio* (falls diese Zusammenstellung, Bücheler Umbr. 101, richtig ist) durch Ausgleichung eines Paradigmas wie etwa **sai̯u̯ō* (= **sau̯i̯ō*) **sau̯is *sau̯it *sai̯u̯omos* (= **sau̯i̯omos*) **sau̯ites *sai̯u̯ont* (= **sau̯i̯ont*), Conj. **sai̯u̯ām*, Imper. *sau̯itōd*, u. s. w. (zur Etym. vgl. oben).

Dass die im Vorausgehenden besprochene Umstellung von *u̯i̯* zu *i̯u̯* uritalisch war, ergibt sich schon daraus, dass dieselbe vor dem urit. Wandel von *eu̯* zu *ou̯* stattfand (*-ei̯u̯-* aus *-eu̯i̯-* gegenüber *-ou̯i-* aus *-eu̯ī-*), ferner sind von den angeführten Eigennamen die meisten den lat. Inschriften osk.-sabellischen Sprachgebietes (C. I. L. IX X) entnommen, der *Uesēuus Uesuuius* liegt auf osk. Boden, Cnaiviies Cnaives und Caive (letzteres zu l. *Gaius* o. Gaaviis oder zu l. *Caeuius*?) kommen auf campanischen Thongefässen (*172 173 177*) vor. Ein Beispiel aus dem Umbr. ist sviseve, falls es, wie es den Anschein hat, eine den lat. Wörtern auf *-īuo-* aus *-eiuo-* *-eu̯-i̯o-* entsprechende Bildung ist (so vielleicht auch l. *salīua gingīua*, die aber etym. nicht klar sind); als oskisch wird bei Fest. angeführt '*daliuus*', doch ist das Wort etymologisch unklar. Endlich gehören hieher noch osk. diíviiai *187* und umbr. *di*(*m*) *di*. Das ií in diíviiai kann nämlich durchaus nicht aus *ei̯* (deívaí vo. *deue* l. *dīuus* Subst.) erklärt werden (s. S. 145 f.), sondern diív- entspricht genau dem *dīu̯-* in lat. *dīuus* Adj. „göttlich" und entscheidet unter den beiden von Thurneysen Verba auf *-io* 42, K. Z. XXVIII 156 als möglich aufgestellten Grundformen **dei̯u̯-i̯o-* (vgl. ai. *dāivya-*) und **diu̯-i̯o-* (= ai. *divyá-* gr. δῖος aus *διϝιο-ς) für die zweite, also urit. **dīu̯o-*

---

1) Etwa zu l. *līuidus*, das dann auf ein **lei̯u̯o-* (in *līueo*) aus **leu̯-i̯o-* zurückzuführen wäre? doch können *līuidus lūridus lūtum* gr. λειρός auch eine W. *lei̯-* enthalten, vgl. Stolz[2] 264.

2) Dazu *stagna Simbruina* „künstliche Teichbauten, in welchen das Quellwasser des oberen Anio .... gesammelt wurde" (Kiepert Geogr. 417).

aus (*dii̯u̯o-) *dīu̯i̯o-; im Osk. ist entweder das Suff. *-io-* nachher einfach von Neuem angefügt worden (vgl. oben *soniuius* etc. und die Gentilnamen ausser *Capiua*) oder das Paradigma war eigentlich *dívis *dívim *diívúí *diívúd (aus **dīvi̯oi* **dī-vi̯ōd*) etc. und wurde zu *diívis *diívim *diívúí *diívúd, weiterhin nach dem -is -im -iúí -iúd der übrigen *io*-Stämme zu *diívis *diívim *diíviúí *diíviúd ausgeglichen, oder es wurden Formen von *diívú- aus **dīvi̯o-* mit solchen einer Nbf. **dīvio-*, welche unverändert blieb, contaminirt (auch bei *soniuius* etc. sind diese verschiedenen Möglichkeiten denkbar). Schwieriger ist der umbr. Acc. und Voc. *di dei* „diuom diue“ [1]). Mit l. *dīuus* „Gott“ osk. deívaí vo. *deue* (auch in umbr. *deueia*) [2]) ist *di*(*m*) *di* kaum irgendwie zusammenzubringen (s. § 106). Am leichtesten wäre die Erklärung, wenn l. *dīus* „göttlich“ mit Danielsson Gr. Anm. I 16 als idg. **dī-i̯o-*, von W. *di̯ē- dī-* „leuchten“, aufgefasst werden dürfte (umbr. **dīs* *dī*(*m*) *di* aus **dī-is* **dī-im* **dī-i*), aber dass lat. *dīus* „göttlich“ und *dīuus* „göttlich“ ganz verschiedene Wörter sein sollen, leuchtet nicht ein. Da *dīuus* „göttlich“ aus **diu̯i̯os* entstanden ist, wird man wenn irgend möglich l. *dīus* und umbr. **dīs* *dī*(*m*) *dī* ebenfalls aus **diu̯i̯o-* erklären müssen; auch *sub dīo* „unter freiem Himmel“ scheint, wegen ai. *divyá* „Himmel“ gr. εὐ-δῖα „heiterer Himmel“ (aus *διϝιᾶ), dies zu verlangen. Die Vereinigung ist wohl am ehesten durch die Annahme zu bewerkstelligen, dass **dīu̯o-*, welches in früher uritalischer Zeit (jedenfalls vor dem Wandel von *eu̯* zu *ou̯*) aus **diu̯i̯o-* entstanden war, in die Bahnen der ablautenden *u̯o*-Stämme (s. § 95 ff.) hineingezogen wurde oder dass speciell nach dem Muster von (**dei̯u-s*) **dei̯o-s* l. *deus* neben **dei̯u̯o-s* ein **dīo-s* neben **dīu̯o-s* trat. Vgl. § 106.

Intervocalisches i̯.

87. Idg. *i̯* scheint zwischen Vocalen schon im Uritalischen lautgesetzlich durchweg geschwunden zu sein (ausser

1) Die Schreibung *dei* 5 m. im Anfang von *VIa* neben 30 maligem *di* ist selbstverständlich blosse graphische Variante zu *di*, nicht etwa diphthongisch zu lesen (vgl. *Iioueine* etc. S. 107).

2) Denkbar wäre allerdings auch, dass *deueia* für **dīueia* (osk. diíviiai) mit *ē* für *ī* wie in *scrēhto* etc. (doch sehr selten, s. o. S. 107) oder durch Anlehnung an **dēuo-* = **deiuo-* stände.

nach *i*), s. Brugmann I 122f., Stolz² 260f. Aus dem Osk.-Umbrischen sind etwa folgende Beispiele anzuführen. Umbr. ahesnes = l. *aēnis ahēnis* idg. **ai̯es-no-* vgl. ai. *ayas-máya-* (*h* in diesem und anderen Beispielen ist nicht etwa ein Rest des *i̯*, sondern bloss Zeichen der Vocaltrennung). Umbr. *stahu* wohl direct aus **stai̯ō* (s. § 295, 304). Ob in den übrigen Präsensformen der sog. ersten Conjugation, wie o. faamat, päl. *incubat*, u. *furfant*, Imper. o. *deiuatud*, u. steplatu *efurfatu* etc., sowie in denen der sog. zweiten Conjug., wie u. habe(t) habetu *habitu* ein *i̯* ausgefallen sei (urspr. *-āi̯eti -ēi̯eti* etc.), ist unsicher, s. § 291, 298; über u. *subocau suboco* § 304, 323.

Mehrfach zu belegen ist ursprgl. *ei̯* + Vocal. 1) *ei̯e* wurde uritalisch (*ee*) *ē*: Nom. Plur. der *i*-Stämme auf urit. *-ēs* aus idg. *-ei̯es* (l. *trēs* = ai. *tráyas* gr. τρεῖς) in osk. aídilis aus **aidilēs* „aedilēs", päl. *pacris* aus **pacrēs*, umbr. puntes *pacrer foner* (vgl. § 278); Formen von Causativen und Denominativen auf idg. *-ei̯ō*, z. B. umbr. tusētu *tursitu* aus **-ei̯etōd* (s. § 291, 298); osk. húrtín wohl aus **hortēn* = **hortei̯* + *en*, wonach also hier die feste Verbindung mit der Postpos. sehr alt sein muss (vgl. die Erhaltung des Diphthongs in umbr. manuv-e nu. **manou-e* gegenüber *maronato* und s. § 273), ebenso osk. Kerríiín, sehr unsicher sabin. *Poimunien*, vielleicht umbr. arvem *destre* etc. (s. ebd.); bei o. pústin u. *postin* könnte man an Entstehung aus **postei̯* (Nbf. zu **posti post* wie l. *ubei* neben o. puf etc.) + *en* denken, doch s. § 117; umbr. *eest est* „ibit" wohl eher aus **ei̯s(ĕ)t*, vgl. l. *īret*, als aus **ei̯es(ĕ)t*. Ueber o. amfret (aus *-*ei̯ent*?) s. § 292, 304. 2) *ĕi̯a ĕi̯o* (*ĕi̯u*) wurde urit. zu *ĕa ĕo* (*ĕu*), welches im Umbr. theils als *ea eo*, theils als *ia io* erscheint, im Osk.-Sabellischen durchweg als *ia io* (nat.-osk. ía íu)[1]: Pronominalstamm **ei̯o-* (lat. *eum eo ea*, got. *ija* = l. *eam*) in osk. íú-k (2 m.), íak, íússu (2 m.), aosk. iiuk, T. B. *ioc* (2 m.), *ionc* (3 m.), *iusc*, (*iace 202*), marr. *iaf-c* (päl. *iocatin-* kaum hieher, s. Bd. II Anh.), umbr. *eam* eaf *eaf eo* eu *euront* (dazu wohl, mit *i* vor *e*, ie-pru ie-pi, s. u.); osk. *piei pieis-um* T. B. möglicherweise von einem St. urit. **ku̯ei̯o-* idg. **qei̯o-* (s. § 289);

1) Vgl. über die ähnlichen lat. *mia* = *mea* etc. W. Meyer K. Z. XXX 339, Thurneysen ebd. 499ff.

verbale Stämme auf *-eịo-* (s. § 291, 298): osk. púttiad pu-tíans *129*, aosk. putiiad putiians Blt. (je 2 m.) aus **po-teịāt *poteịant*, fatíum *129* aus **fateịom*, aosk. turumiiad Blt. aus **tormeịāt*; días.ís *46* wohl aus **dụeị-ass-* = lat. *bēs bessis* (*dēs*) aus **dụe(ị)-ess-* (vgl. Osthoff Perf. 545 und unten § 121, 286); μειαι *16*, falls so abzutheilen, = *míaí „meae" aus **meịāị* (ει = í, vgl. S. 64 f.); a]íttíúm C. A. falls es **-e(ị)ōm* und Piístíaí T. A. (2 m.) falls es Suffix *-e(ị)ā-* enthält, vgl. S. 169; umbr. mit *i* fasiu *farsio fasio* (je 1 m.) = l. *farrea* aus **farse(ị)o-*, vgl. l. *aureus* etc.; möglicherweise auch *peracrio peracnio* Gen. Pl., je 1 m (vgl. osk. a]íttíúm) neben sakreu perakreu Acc. Pl. Ntr. (vielleicht ist aber eher *i* in diesen Formen das ursprüngliche, s. § 278)[1]). Verschieden wird osk. tiú tiium (dazu *siom* T. B.), umbr. tiu *tiom tio* erklärt, nämlich von Brugmann aus **teịom*, von Anderen aus **tē-om*; bedenkt man, dass im Umbr. das sichere Beispiel von *eịo eịa*, das Pronomen *eo- ea-*, immer (8 m.) *e* zeigt, das über 40 m. vorkommende tiu *tiom tio* nie, so scheint dies für die zweite Erklärung zu sprechen[2]). Allerdings fanden wir auch oben in fasiu *farsio fasio* (*peracrio peracnio*?) *i*, aber der Vocal war hier im Gegensatz zu *eo-*, *tiom* unbetont und ist möglicherweise als *ị* aus *ẹ* aufzufassen (s. o. S. 169 zu o. a]íttíúm). Vgl. § 290. Schwierig ist *via-*. Im Osk.-Umbr. ist das Wort in folgenden Formen überliefert: osk. vía- 9 mal (dazu v]íam *39*, s. Bd. II Anh.), Compositum am-víanud 3 m., ferner, wie es scheint, Veat.... *59*, Anfang eines von vía- abgeleiteten Namens, etwa Veat[uriis oder Veat[urins vgl. mehrfaches *Uiator Uiatorinus* im C. I. L. IX und X; umbr. vea 2 m., via 1 m., *uia* 5 m.. W. Meyer K. Z. XXX 339, vgl. Bücheler L. I. XXIX b, erklärt *via* aus **vĕa* [wohl = älterem **veịa*], wozu osk. vía- sehr gut stimmen würde (vgl. oben íak etc.), Thurneysen aber (ebd. 499 ff.) bestreitet diesen Uebergang von *ĕ* zu *ī* fürs Lat. Setzt man

1) Zu den osk. Beispielen wie púttiad = **potĕat*, fatíum: l. *fatĕor* vgl. auch *abia* = *habeat*, *peria* = *pereat*, *ualia* = *ualeat* auf (lateinischen) Griffelinschriften aus Pompeji (Corssen I² 188), ferner die romanischen Sprachen (z. B. italiän. *abbia* = *habeat*, *paglia* = *palea*).

2) Das einmalige *teio* beweist jedoch kaum viel für Länge des *i*, vgl. S. 66 f.

urit. **vēa* (wohl aus **vēi̯a*) an, so erklärt sich hieraus osk. víа- ebensogut (Veat-, wo e nachlässige Schreibung für í scheint, bleibt in jedem Falle auffällig)[1]), umbr. vea via *uia* leichter als aus **vĕa* (vgl. *eam* eaf *eaf* etc.; über tiu *tiom* s. o.), aber die Schwierigkeit des lat. *i* in *uia* wird kaum viel geringer. Nimmt man endlich eine Grundform mit ursprünglichem *i* an, also urit. **vīa* (**vii̯a*) oder **vĭa* (**vĭi̯a*), so stimmen wieder die osk. Formen weniger gut, denn statt vía-, wie es constant heisst, würde man im ersteren Falle wohl, mindestens mit vía- wechselnd, *viia- (*via-) zu erwarten haben, vgl. Iúviia diíviiai fakiiad heriiad etc., im letzteren Falle *viía-, zum mindesten neben vía-, vgl. fiíet piíhiúí etc. (für urspr. *ĭ* wird in betonten Stammsilben nur selten bloss í statt ií geschrieben, s. S. 102 ff.). Die Grundform des Wortes bleibt also unsicher; vielleicht ist **vēa* am ehesten annehmbar[2]). Unklarer Herkunft ist Tíanud, aosk. Tiianei Tiiatium: l. *Teanum Teate*, es bleibt daher zweifelhaft, ob urit. **Tēa-* (**Tei̯a-*) oder **Tēa-* (**Tēi̯a-*) zu Grunde liegt. In umbr. iepru iepi gegenüber *eam* eaf *eaf eo* etc. (ie- wohl Loc. oder Instr. Sg.) ist jedenfalls das folgende *e* der Grund des *i-* (die Schreibung *eepru *eepi wäre missverständlich gewesen)[3]). — Aus dem aosk. ii, welches in den obigen Beispielen regelmässig dem nosk. í gegenübersteht (iiuk = íúk, putiiad putiians = pútíad putíans, turumiiad = *turumíad, tiium = *tíúm, wofür tiú *182* ungenaue Schreibung zu sein scheint, Tiiatium : Tíanud) ist nicht auf Länge des *i* zu schliessen, wie z. B. iiu-k = urit. **ĕā-* zeigt; vielleicht wurde, als man das genauer passende í noch nicht kannte, das ii in dér Absicht verwendet, um den Silbenwerth des Lautes zum Ausdruck zu bringen, also die Auffassung als i̯uk ti̯um etc. zu verhindern. Kaum wird wirk-

1) Veat- steht auf einer gemalten, vermuthlich späten pompejan. Inschrift (vgl. auf ebensolcher Inschr. Úe... statt Úí-, *56*).

2) Aus **vehi̯a* (auch bei Stolz² 294, trotz Danielsson Stud. gramm. 21 A. und Anderen) ist das Wort nicht erklärlich, es müsste wohl l. **ueia* lauten (vgl. *maior* aus **mahi̯or* etc.), osk. *veiia- (umbr. *veia-) vgl. Maiiúí aus **Mahi̯o-*, wie denn wirklich '*ueia*' als oskisches Wort, aber für „plaustrum", bei Fest. genannt wird.

3) Vgl. auch altl. *ieis iei* = *iis ii* (s. Thurneysen a. O.).

liches *i̯i̯* gemeint sein, da letzterer Laut auch im Neuosk. durch ii nicht í dargestellt wird (Iúviia fakiiad heriiad etc., im Unterschied gegen pútíad fatíum etc.).

88. Erhaltung von *i̯* zwischen Vocalen. Das Hauptbeispiel hiefür sind die Suffixe *-aio-* und *-eio-* (vgl. § 261, 2) in osk. Maraiieís, Púmpaiianú- (4 m.), Tantrnnaiúm (2 m.), Mefitaiiaís, Meliissaii ..., Búvaianúd, kersnai̯ias, vereiiaí vereias (?), umbr. pernaiaf pernaies, pustnaiaf pustnaes, peřaiu- *persaio-* (2 mal *persaea*, d. h. *persai̯a*), wohl auch Kureiate Museiate (vgl. S. 66). Da einfaches *i̯* zwischen Vocalen im Urital. schwand, müsste es hier durch Neubildung nach Wörtern, wo es nach Cons. stand, restituirt sein (ev. unter Mitwirkung des Nom. Acc. Sg. auf *-is -im* z. B. *peřaís *peřaím), wahrscheinlicher ist wohl, dass in der Mehrzahl der Fälle oder überall idg. *i̯i̯* zu Grunde liegt[1]). Auch gr. -αιο- -ειο- -οιο- scheint z. Th. auf idg. *-ai̯-i̯o- -ei̯-i̯o- -oi̯-i̯o-* zurückzugehen und sicher ist solcher Ursprung wohl für ai. *-ēya-* aus **-aiya-* (**ai* kann idg. *ai̯ ei̯* oder *oi̯* sein); vgl. Brugmann II 121 A., Johansson verb. deriv. 197 A., B. B. XV 179. Ai. *-ēya-* bildet hauptsächlich einerseits Patronymica (*Ārjunēya-* etc.), andererseits Adjectiva (ev. Subst.) mit localer Bedeutung (*pāuruṣēya-* „unter den Menschen geschehend" etc.), s. Lindner Ai. Nominalbild. 128 f.. Ganz übereinstimmend findet sich *-aio- -eio-* im Osk.-Umbr. theils in Namen (Maraiieís etc., vgl. auch gr. Τιμαῖος etc.), theils in Wörtern mit localer Bedeutung: umbr. pernaiaf pustnaiaf peřaia *persaia*. Für die zweite Kategorie ist wohl directe Ableitung aus Locativen und z. Th. vielleicht Dativen anzunehmen (vgl. Johansson a. O.), also z. B. *pernaio-* von Adv. **pernai̯* (vgl. **prai̯* etc.) + *i̯o-*, *peřaio-* von **pedai̯* (Dat. von *ped-*, vgl. gr. χαμαί Osthoff Perf. 195?) + *i̯o-*, wie gr. οἰκεῖος von Loc. οἴκει + *i̯o-* u. s. w. (vgl. l. *uīcinus* nach Bréal Mém. soc. VI 413 aus Loc. **uīcei* + *no-*). So kann auch z. B. osk. kersnaiiú- von Loc. **kersnai̯* abgeleitet sein, wie gr. ἀγοραῖος von *ἀγοραι ἀγορᾷ[2]). Natürlich

1) Die Schreibung ii in osk. Maraiieís etc. kann also möglicherweise noch das idg. *i̯i̯* darstellen; vgl. aber Seelmann 235 f. über l. *aiio* etc.

2) Oder ἀγοραῖος etc. aus *-ασιος?

brauchen nicht alle Beispiele selbst so entstanden zu sein, da sie nach vorhandenen Mustern direct, ohne das Mittelglied von Locativen, entspringen konnten. Ueber o. púiiu s. § 290. Unklar ist Suff. *-ēio-* in Vírríiis; in Kerríiú- ist es durch Antritt von *-i̯o-* an Stamm Kerrí- = **Kersē-* entstanden, also ist *i̯* wohl analogisch restituirt oder das Wort war eine junge Bildung. Wo sonst noch *i* zwischen Vocalen erscheint, ist es wohl überall spät entstanden durch Neubildung oder lautliche Processe: junge Bildungen sind umbr. *portaia* kuraia fuia feia fuiest etc., s. § 295, 305 f., 313; osk. staíet (staief?) s. § 295; u. *muieto* aus **mugeto*, aiu wohl aus **agia* oder **ahia*, Iuieskanes vielleicht aus **Iuges-*; *Hoier* s. § 201, peia Peieřiate § 180, eveietu § 182; osk. Maiiúí etc. aus **Mahi̯o-*. Dunkel ist o. kaías (wo í auffällig) und *Soies* (= **Sohies*?).

89. Ob innerhalb der osk.-umbr. Sprachentwicklung noch wirklicher lautlicher Schwund von *i̯* zuzugeben sei, ist sehr fraglich. Umbr. pustnaes neben pernaies (*Ia* 2) steht entweder graphisch für *pustnaees d. h. pustnae̯es vgl. persae̯a oder ist durch Formen wie peřa-em *persa-e(f)* beeinflusst (vgl. § 276) oder pustnaes ist contrahirte Form wie *Atiersir* neben *Atiersier* etc. (s. § 140). Die Zusammenstellung von o. Verehasiúí Verehasiú T. A. mit vereiiaí vereias (Mommsen U. D. 135, 258 f., Bréal Mém. soc. IV 143, Bücheler bei Zvet. S. I. O. p. 107) ist allerdings sachlich ansprechend, aber die Lautverhältnisse machen Schwierigkeiten. Die Erklärung aus **Verei̯asio-* ist, von ii i in vereiiaí vereias abgesehen[1]), schon desshalb unwahrscheinlich, weil *e*, wenn es durch Schwund von *i̯* (oder auf andere Weise) vor *a o u* zu stehen kam, im Osk. sonst immer als í (aosk. ii) *i* erscheint: íak putíans fatíum u. s. w. (s. o. S. 175 ff.), also *Veríasiúí zu erwarten wäre[2]). Die einzige lautlich völlig befriedigende Erklärung von Verehasiúí scheint die aus

1) Das von Bréal verglichene l. *mahestas* neben *maiestas* kann Contamination von **mahistas* (vgl. u. mestru aus **ma(h)istra*) und *maiestas* (aus **mahi̯estas*) sein.

2) Auf das vereinzelte auf später Inschrift stehende Veat- *59* statt *Viat- (s. o. S. 176 f.) darf man sich schwerlich berufen, da die T. A. zu den correcten Inschriften gehört.

*Verh- mit Anaptyxe zu sein (vgl. § 131, 216); gehört vereiiaí vereias dazu, so ist es also wohl aus **verehi̯a-* mit Schwund von *h* zu erklären (s. § 218).

u̯.

90. Das *u̯* der idg. Ursprache war ein reines consonantisches *u*, nicht tönender Spirant wie frz. italiän. *v* deutsch *w*[1]). Diesen Charakter behielt dasselbe im Lat. wahrscheinlich bis in die ersten Jahrhunderte nach Chr. bei und wurde erst dann (zuerst vulgär) zu spirantischem *v*, s. Seelmann 231 ff., Brugmann I 153 f.. Bekanntlich hat auch die lat. Schrift nur éin Zeichen für vocalisches und consonantisches *u*; die Transscription des *u* als Cons. durch *v* führt leicht zu Willkürlichkeiten und Missverständnissen, namentlich auch bei den lateinisch geschriebenen Denkmälern unserer Dialekte. Wir schreiben überall *u*. Dagegen besass der osk.-umbr.-etruskische Zweig der italischen Alphabete ein besonderes Zeichen für das consonantische *u*, indem von den Griechen in dieser Geltung das Digamma übernommen wurde. Der Schluss, dass dieses osk.-umbr.-etr. v nicht *u̯*, sondern spirantisches *v* bezeichne, ist durch nichts berechtigt[2]). Denn abgesehen davon, dass ein Hauptanlass, warum diese Alphabetgruppe ein besonderes Zeichen für cons. *u̯* benöthigte, während das Lat. sich mit éinem begnügte, wohl darin zu erkennen ist, dass ein besonderes Zeichen für *o* fehlte (s. o. S. 42 und 138 f.), wird die Aussprache als *u̯* durch folgende Anzeichen bestätigt: 1) es finden sich ähnliche Wandlungen von unbetontem *ou̯* zu *u* wie im Lat. (*denuo* aus *denouo* etc.), z. B. umbr. *prinuato-* wohl aus **prinou̯ato-* (Bücheler), Puemune aus **Pou̯emône*, purtuetu neben *purdouitu*, *salŭo-* aus **salou̯o-*[3]), osk. ΠακϜηις, d. h.

1) Vielleicht kam neben idg. *u̯* in selteneren Fällen auch ein spirantisches *v* vor, s. Brugmann I 110 f.; da letzteres aber im Italischen bisher nirgends sicher nachgewiesen und von *u̯* unterschieden ist, schreiben wir überall *u̯*.

2) Neuestens erklärt Bréal (Mém. soc. VII 321 ff.) o. úíttiuf aus **oittiū* **oittiuv*, o. -affed im Perf. aus *-āu̯ed*, doch s. über ersteres § 236, über letzteres § 316.

3) Osk. *salavo-* aus urit. **salou̯o-* durch die Zwischenstufen **salŭo-* **salu̯o-*.

**Paku̯eis*, aus **Pakou̯eis* (vgl. l. *reliquus* aus *-cou̯os*), päl. *Pacuies* St. **Pacou̯io-*, ähnlich osk. Akviiai umbr. *Piquier*, s. § 105; vgl. auch umbr. *courtust* = **cou̯urtust*. 2) Der eingeschobene Uebergangslaut in osk. tríbarakavúm (umbr. *subukavu *subocauu*? manuve s. § 279) begreift sich viel leichter als *u̯*, wie als spirantisches *v* (vgl. § 140). 3) v wird im Osk. auch in den Diphthongen *au̯ ou̯* angewendet und dass es hier die Geltung von spir. *v*, nicht von *u̯* gehabt habe, ist wenig wahrscheinlich (s. o. S. 138 ff.). 4) v- = *l-* in u. vapeř- vutu (allerdings nicht sicher), s. § 143 Anf. 5) Es sei auch daran erinnert, dass v im Etruskischen oft als Zeichen für den Vocal *u* gebraucht wurde (Müller-Deecke II 384 ff.), wenn dies auch für das Osk.-Umbrische natürlich nicht beweisend ist. Die Lesung Tvp(l)ei auf einem Grabziegel von Tuder (*293*) ist sehr unsicher, vgl. Bd. II Anh. Ueber o. Ahvdiuni s. o. S. 140 f.[1]).

91. Anlautendes *u̯*: osk. Fερσορει, umbr. vurtus ku-vertu *co-uortus* zu lat. *uerto* ai. *vart-* d. *werden*; o. Viínikiís, vo. *uinu*, u. vinu *uinu* zu l. *uinum* gr. (F)οἶνος; u. *uiro ueiro* vo. *couehriu*: l. *uir* ai. *vīrá-* got. *vair*; o. veru (vereiia-?), u. veres *uerir*: lit. *vérti* aksl. *vrěti* (aus **ver-ti*); o. Vesulliaís Vesuliais, mars. *Uesune*, u. Vesune wohl mit l. *Uesta*, wozu vielleicht auch u. Vestiçe vestikatu *uesticos* vestiça- *uestiśia-* gehört, zu ai. *vas-* „leuchten"; o. Vezkei „*Uetusco" (?), Vítelliú, u. vitlu *uitlu*: l. *uetus uitulus* gr. (F)έτος ai. *vatsá-*, u. s. w. Es sind wohl überhaupt alle anlautenden *u̯-* v- (s. das Wortverzeichniss) ursprünglich, ausser einigen im Umbrischen, falls dort *l-* in gewissen Fällen zu *u̯-* wurde (s. § 143); andere Entstehungsarten lassen sich nicht nachweisen; einem lat. *u̯-* aus *gu̯-* kann im Osk.-Umbr. nur *b-* entsprechen (o. bivus = l. *uiui* etc.); o.-u. *vero-* „Thor" gehört so wenig zu l. *fores* (idg. *dhu̯-*) als u. vuku *uoco* zu l. *focus*. — Abfall von anlautendem *u̯* vor *r* wie im Lat. (Stolz[2] 304) in u. *randem-e* falls zu l. *rādix* aus **u̯rād-*, got. *vaúrts* (sehr unsicher).

---

1) Bugge A. S. 37 liest Blt. Zeile 6 pvt, welches er als verschrieben für *put, das seinerseits wieder für richtigeres *pud stände, erklärt; der natürlichen und von selbst sich gebenden Lesung avt gegenüber ist dies wenig wahrscheinlich und der Ausweg, v nach etr. Weise als Zeichen des Vocales *u* aufzufassen, wäre hier kaum einleuchtend.

Postconsonantisches u̯ und uu̯.

92. Im Idg. standen u̯ und uu̯ neben einander unter ähnlichen Verhältnissen wie i̯ und ii̯ S. 165 f. (s. Brugmann I 139f.; zum Italischen vgl. ebd. 151 ff., Danielsson A. S. III 193, speciell zum Osk.-Umbr. ausserdem Zeyss K. Z. XX 118 ff., Corssen Sprachk. 389 ff.). Im Osk.-Umbr. finden wir, wie im Lat., theils u̯ theils uu̯ (*ŭ*). Da nun aber italisch u̯ z. Th. aus *uu̯* entstanden sein kann (der umgekehrte Uebergang scheint nicht sicher nachweisbar) und besonders da *uu̯* (*ŭ*) und weiterhin u̯ auch auf *eu̯ ou̯* (*au̯*) in unbetonter Silbe zurückgehen kann (s. u. § 103, 105), ist die Frage nach dem postconsonantischen u̯ *uu̯* im Italischen eine ziemlich verwickelte.

93. Wir beginnen am besten damit, zu untersuchen, inwieweit sich die Vertheilung von u̯ und *uu̯* (*ŭ*) im Osk.-Umbr., vom Ursprung abgesehen, noch ermitteln lässt.

Nationale Schrift. Es findet sich theils v, theils uv. Beispiele für v: osk. Kapv. *135* und auf den Münzen von Capua, dekkvíarím, *eikviaris*, degvinum, Akviiai, menvum, sakrvist, svaí svai (7 m.), sverrunei, kvaísstur (4 m.), kvaísturei, Helvi . . . (sonst Helev- Hellev-), im Compos. am-víanud; dazu in gr. Schrift Πακϝηις σϝα κϝαισ[τορ; umbr. arvam-en arves arvia etc. (34 m., daneben 1 m. aruvia, s. u.), berva, felsva, tesva, ekvine, eikvasatis, eikvasese, B]etvedis (*290*, das andere Mal verschrieben oder abgekürzt Be]tvdis), sve, svesu, sviseve, kvestur kvestretie. Beispiele für uv: osk. eítiuvad (3 m.) eítiuvam, sakruvit (kaum u = ú), suveís, uruvú (mit anaptyktischem u? s. § 132); umbr. kastruvuf kastruvu, vatuva vatuvu, mersuva, aruvia (1 m., sonst arvia etc.), tuva tuves (= *duir*), prinuvatus prinuvatu; uv ist úv zu lesen in den aosk. diuvilam diuvil- etc., vielleicht auch in Kluvatiium Kluvatiud und in Kaluvis vgl. Kalúvieis, als *ov* (nach Maassgabe des Nu.) in umbr. Juve Juviu, Ikuvin- Jiuvin-, Krapuvi Fisuvi (. . eduvie *290*?) etc., wohl auch in Kluviier (**Clouier*). Neben uv kommt u nur vor in umbr. purtu|etu *IIb* 11/12 neben sonstigem purtuv- und in Puemune Puemunes (10 m.) — Im Allgemeinen ist jedenfalls das v der nationalen (ϝ der gr.) Schrift als u̯, das uv als *uu̯* zu betrachten.

So ist sicher = *u̯*, nicht *u(u̯)*, das v nach anlautendem Cons. in osk. svaí σFα sverrunei kvaisstur etc., umbr. sve sviseve kvestur etc.; in dekkvíarím wird *u̯* durch die Geminata bezeugt (§ 243). Doch könnte möglicherweise v auch hie und da blosse kürzere Schreibung für u v (*ŭ*) sein. So kann im Umbr. (vgl. Bréal 323) zwischen den ähnlichen berva (2m.) felsva (1m.) tesva (1m.) und vatuva vatuvu (6m.) mersuva (2m.) der Unterschied ein bloss graphischer sein, so dass bloss zufällig Schreibungen wie *beruva *vatva etc. fehlen würden, aber möglich ist auch und mir viel wahrscheinlicher, dass wirklich bei ersteren *u̯*, bei letzteren *uu̯* gesprochen wurde, wobei der Grund der Verschiedenheit begreiflicherweise bei der Spärlichkeit des Materials unklar bleiben muss. In osk. sakrvist *139* ist wohl u ausgelassen (also Abkürzung für *sakruvist) wie im folgenden Worte *destrst = *destrust, vgl. auch eítiv. *199* falls = eíti(u)v(ad). In menvum Blt. könnte man dafür, dass v als silbebildendes *u* zu lesen sei (also **menŭom*), das sonst etwas auffällige Fehlen der Anaptyxe anführen, doch wäre dies eine sehr unsichere Stütze (vgl. § 132). Auch falls es aber richtig sein sollte, dass in berva menvum etc. v als graphischer Ausdruck eines silbebildenden antevocalischen u aufzufassen sei, so wäre es hievon doch noch sehr verschieden, wenn nun auch u. iveka als kürzere Schreibung für *iuveka betrachtet werden soll, wie Bréal will, denn *i̯uveka und ïveka sind in der Aussprache grundverschieden, während zwischen *berŭa und berva (*beru̯a*) die Grenze leicht verschwimmen kann; in einem iveka (und dies muss, da es zweimal belegt ist, als die regelrechte Schreibung gelten) konnte schwerlich vom Leser i als Cons., v als Vocal, statt umgekehrt, gelesen werden, eine so missverständliche Schreibung wäre gewiss vermieden worden; man müsste zum mindesten *iueka erwarten (vgl. purtuetu Puemune); es scheint daher nothwendig, einen Lautübergang iuv- zu iv- anzunehmen, s. o. S. 128. — Merkwürdig ist das einmalige umbr. aruvia *III* 31 neben 19maligem arvia arviu auf Taf. *I II*. Falls u wirklich als ŭ aufgefasst werden muss, werden Doppelformen anzunehmen sein[1]),

1) Dass überall *uu̯* gesprochen, auf Taf. *I II* aber immer v dafür geschrieben worden sei, ist kaum glaublich.

aber das uv kann wohl auch Zeichen eines stark artikulirten *u̯* sein, wie *uu* in *auuei VIa* 3 (au. *auvi?), also aruvia = *aru-u̯ia*; ob im letzteren Falle das i als *ĭ* oder *i̯* (vgl. die „Gemination" vor *i̯* im Osk. in Mamerttiais etc.?) aufzufassen sei, muss dahingestellt bleiben.

Lat. Schrift. Dieselbe musste, da sie kein besonderes Zeichen für *u̯* besass, *uu̯* (uv der nat. Schrift) durch *uu* wiedergeben. Dies geschah jedoch sehr selten, die einzigen Beispiele sind umbr. *tuua saluuom saluua,* je 1 m. und alle drei auf den zwei Zeilen *VIa* 41 42[1]); um so sicherer ist bei diesen wenigen auf die Aussprache *uu̯* zu schliessen, es muss also auch die kürzere Schreibung *saluom salua* etc. als *salŭo- (saluu̯o-)* nicht *salu̯o-* aufgefasst werden. Möglicherweise wirkte bei der Bevorzugung der kürzeren Schreibung die Mehrdeutigkeit des *uu* (= *uv, vu* oder *ū*) mit. Da also *u* für *u̯* und *uu̯* galt und die Controle der Metrik im Osk.-Umbr. fehlt, sind wir auf die Entscheidung durch die nationale Schrift angewiesen. Nach derselben ergeben sich: osk. marr. *eitŭa* (eítiuva-), o. *su̯ae* (svaí), u. *su̯e* (sve), *su̯eso* (svesu), *dersu̯a* : *uatŭo* (tesvam : vatuvu, vgl. oben), *dŭir* (tuvcs), *castrŭo* (kastruvu), *prinŭatur* etc. (prinuvatu)[2]), vermuthlich päl. *Pacu̯ies* umbr. *Piqu̯ier* (: osk. Akviiai, vgl. S. 197); *aruio* ist wohl *aru̯io,* vgl. arvia arviu, doch s. oben aruvia. Im Stich lässt uns die nationale Schrift bei u. *pequo* (wie berva oder wie vatuva?), päl. *-lisuist 254* (scheint Ptc. *-lisu* + *ist,* also *ū*), *sua* derselben Inschrift (Bücheler u. A. *sva,* Pauli *sŭa,* s. Bd. II Anh.) und *Minerua 246* (s. u.).

Ein Kriterium für *u̯* ist endlich die osk.-päl. Anatypxe in o. Helleviis (auch die Gemination vor v wie in dekkviarím) Heleviieís päl. *Heleuis,* o. Salaviis Salavs σαλαϝς päl. *Salauatur,* o. minive..., welche die Vorstufe *helv- *salv- *minv- voraussetzen. Umgekehrt spricht bei päl. *Minerua* das Fehlen der Anaptyxe, falls dasselbe nicht auf lat. Einfluss beruht (das Wort ist völlig lat., ächt päl. wäre **Menesua*), eher für *Minerŭa* als *Meneru̯a*, vgl. *Minerŭa* im Lat. (Havet Mém. soc. VI 115 Anm.) und etr. Menervua.

1) Ausserdem *Juue Va* 22, worüber § 105.

2) Ganz willkürlicher Weise, wie Zeyss a. O. mit Recht bemerkt, wird letzteres Wort meistens *prinvatur* umschrieben; das Au. hat alle 6 Mal prinuvat-.

94. Fragen wir nun nach dem ursprünglichen Werthe der im Vorausgehenden angeführten *u̯ uu̯* und im Allgemeinen nach der Vertretung von postconsonantischem idg. *u̯ uu̯* im Italischen, wobei auch das unbetonte postconsonantische urit. *ou̯ au̯* (= idg. *eu̯ ou̯ au̯ əu̯*) mit in Betracht gezogen werden muss, so finden wir, dass idg. *u̯* nach Consonanten in gewissen Fällen an letztere assimilirt wurde, in anderen erhalten blieb (Uebergang von *u̯* zu *ŭ uu̯* scheint nicht sicher nachweisbar) und dass unbetontes *uu̯*, mit welchem unbetontes *ou̯* (wahrscheinlich auch *au̯*) vielfach, lautgesetzlich vielleicht immer, zusammenfiel, theilweise erhalten blieb, theilweise zu *u̯* wurde. Die Gründe der verschiedenen Behandlungsweise liegen, wie wir sehen werden, nicht überall klar zu Tage.

a. Assimilation von *u̯*.

95. Wo Assimilation von *u̯* an vorhergehende Consonanten nachzuweisen ist, darf man wohl in der Regel auf ursprüngliches (idg. urit.) *u̯* schliessen, und umgekehrt, wo nach den betreffenden Consonanten trotzdem *u̯* erscheint, wird *u̯* erst nach dem Wirken des Assimilationsgesetzes aus *uu̯* oder urit. *ou̯ (eu̯)* ev. *au̯* entstanden sein. Bei Behandlung dieser Frage sind folgende zwei Puncte von Wichtigkeit. Erstlich: Durch Streitberg (Die Abstufung der Nominalsuffixe *-io-* und *-ien-* Halle 1888, abgedruckt in P. B. XIV 165 ff.) ist erwiesen, dass das Suffix *-i̯o- -i̯e-* im Idg. die Tiefstufe *-i-* (und *-ī-*) hatte, vgl. unten § 275. Dem entsprechend ist bei Suffix *-u̯o- -u̯e-* als Tiefstufe *-u-* (und *-ū-*) a priori zu erwarten und von Streitberg (S. 213) z. B. in ai. *ā́y-u-* Ntr. : lat. *ae-uo-m* nachgewiesen (ähnlich z. B. ai. *íšu-* „Pfeil" : gr. *ἰσϝο- ἰός). Das ursprüngliche Paradigma eines ablautenden *u̯o*-Stammes, z. B. **sol-u̯o-*, mag etwa gewesen sein: Sg. Nom. **sol-u-s* Acc. **sol-u-m* Dat. **sol-u̯ōi* Loc. **sol-u̯ei* etc., Plur. Nom. **sol-u̯ōs* Acc. **sol-u-ns* etc.[1]). Die Hochstufe *-u̯o-* ist, entsprechend dem Vorgange bei den *i̯o*-Stämmen, meistens durch Neubildung in die Casus mit *-u-* wieder eingeführt worden. Da bei den *i̯o*-Stämmen neben dem Germanischen und Litauischen beson-

1) Ein Beispiel, in welchem solche Suffixabstufung noch wirklich erhalten ist, hat Streitberg jetzt (Idg. Fo. I 91) in gr. πολύς πολύν πολλοῦ (aus *πολ-ϝο-σι̯ο) nachgewiesen.

ders das Italische vielfache Spuren der Tiefstufe *i* bewahrt hat, kann es nicht auffallen, wenn Aehnliches auch bei den *u̯o-* (*-u̯en- -u̯es-*)Stämmen sich finden sollte. Zweitens: Im Idg. wechselte vielfach *-eu̯o-* mit *-u̯o-*, vgl. z. B. gr. κενε(F)ό-ς neben κεν(F)ό-ς Brugmann II 127, lett. *pelawa-s* neben preuss. *pelwo* (lit. mit durchgeführter Tiefstufe *pelu-s*)[1]), lat. *uitta* aus **u̯itu̯a* : gr. ἰτέα aus *FιτεFα (nach Johansson, s. u. S. 193) u. dgl. mehr. Auch *-ou̯o-* und *-əu̯o-* scheinen neben *-u̯o-* vorzukommen, vgl. z. B. gr. ὀλο(F)ό-ς neben ὄλ(F)ος, ai. *pr̥thivī* neben *pr̥thvī*, l. **calauo-s* (aus *Calauius* zu erschliessen) **calŭus calu̯us* neben ai. *kulva-* l. *callidus* (s. u.), gr. τανα(F)ό-ς (tiefstufig in τανaύ-πους?). Nach Johansson gehen gr. *FιτεFα und l. **u̯itu̯a uitta* auf éin Paradigma zurück; das gleiche kann auch in anderen Fällen angenommen werden.

96. *lu̯ luu̯*. Assimilation von *lu̯* zu *ll* ist besonders von Corssen I[2] 225, Sprachk. 210 ff., W. Meyer K. Z. XXVIII 163 f., Bréal Mém. soc. VI 120 ff., auch Schweizer-Sidler[2] 60, angenommen, von Brugmann I 151 und Stolz[2] 308 m. E. mit Unrecht bezweifelt worden. Die Assimilation scheint ins Uritalische zu fallen, da sie auch im Osk.-Umbrischen durch einige Beispiele vertreten ist. Die Frage nach der Behandlung des *lu̯* ist desshalb etwas complicirt, weil neben *ll* auch *l* und *lu̯ (lv)* erscheint. Wir geben zunächst die Beispiele. Osk. '*sollum*' '*sollo*' bei Festus, súll- *134* (wonach vermuthlich auch in suluh „omnino“ Blt., sulum „omnium“ *130*, päl. *solois* „omnibus“ *255* das *l* als *ll* zu lesen ist, vgl. S. 51, 53), l. *solli-ferreum solli-curia soll-ers sollemnis*[2]), mit *l* l. *sŏlidus*[3]), wozu nach Bréal Mém. soc. V 436 f. *sŏlēre*, mit *lu̯* o. σαλαFς Salavs Salaviis päl. *Salauatur* aus **salv-*, l. *saluus*; aus anderen Sprachen gehören zu dieser Sippe gr. ὄλ(F)ος οὖλος ὀλο(F)ός ai. *sárva-* „all, ganz“. Osk. *mallom* T. B. (3m.), *mallud* ebd., mit *l* l. *mălus* (auch die T. B. schreibt einmal *malud*, doch kann *l* graphisch für *ll* stehen (vgl.

1) Wie *pelawa-* zu *pelu-* verhält sich wohl auch germ. **kneu̯a-* „Knie“, **treu̯a-* „Baum“ (engl. *tree*) zu gr. γόνυ δόρυ, nur dass hier auch die Wurzelsilbe Abstufung zeigt.

2) Letzteres nach Thurneysen K. Z. XXVIII 160 f. eigentlich Ptc. Med. von einem **sollēre* = *solēre*.

3) Zu beachten ist, dass Festus sagt „sollum Osce totum et soldum (Paul. solidum) significat“.

S. 52), mit *lu̯* vulgärl. **malvax* in frz. *mauvais* nach Hofmann Arch. I 592, Bréal a. O. 124, 260f.[1]), vgl. die entsprechende Weiterbildung in o. malaks Blt. (kann *ll* oder *l* enthalten); die Wörter gehören wohl zu gr. μέλας μολύνω (s. Curtius Et.[5] 370), welche letztere das öfters neben *-u̯o-* vorkommende Suffix *-u̯en-* (vgl. αἰ-(F)ών neben l. *ae-uo-m* und dgl. bei Brugmann II 340ff.) enthalten[2]). Umbr. kaleřuf *calersu* entspricht dem lateinischen *callidus* (*calidus*?) „weissstirnig" und scheint mit l. *caluus* (*Calauius* o. Kalaviis päl. *Calauan*) und ai. *kulva-* „kahlköpfig" zusammenzugehören, nach Bücheler Arch. I 106f. gehört auch l. *callus* „Schwiele" (als „helle, glänzende Stelle") und gr. κηλάς (αἴξ ἥτις κατὰ τὸ μέτωπον σημεῖον ἔχει τυλοειδές) etc. dazu. Von den beiden auffälligen Erscheinungen, dem Auftreten von *l* neben *ll* und demjenigen von *lu̯* neben *ll* (und *l*), erklärt sich die erste aus der oben erwähnten einstigen Abstufung der *u̯o*-Stämme. Wenn das uritalische Paradigma z. B. von **sol-u̯o-* etwa gewesen war **sol-u-s* **sol-u̯ei* **sol-u̯ōi* **sol-u-m* **sol-u̯ōd* Plur. Nom. **sol-u̯ōs* Acc. **sol-u-ns* etc., so entstand hieraus zunächst **solus* **sollei* **sollōi* **solum* **sollōd* **sollōs* **soluns* etc.; in diesem letzteren Paradigma war etwas Ungewohntes der Wechsel, wie es aussehen musste, von *u*-Stamm und *o*-Stamm, sehr leicht konnte daher Uniformirung, entweder zu einem *o*- oder einem *u*-Paradigma, eintreten; näher lag begreiflicherweise ersteres, daher **solos* **sollei* **sollōi* **solom* etc., mit Ausgleichung des abnormen Wechsels von *l* und *ll* einerseits **solos* **solei* etc., andererseits **sollos* **sollei* etc. Aehnlich bei **malu̯o-*, woraus o. *mallo-* l. *malo-*. Das Auftreten von *lu̯* neben *ll* (und *l*) ist nicht daraus zu erklären, dass ursprüngliches *lu̯* im Urit. unter gewissen Bedingungen (Betonung oder dgl.) erhalten geblieben wäre, sondern aus später Entstehung des *lu̯*, nachdem das Gesetz der Assimilation zu wirken aufgehört hatte. Bei *salu̯o-* z. B. sehen wir die Entstehung des *lu̯* aus

---

1) Vgl. allerdings Körting Lat.-roman. Wörterbuch unter *male vātius*.

2) μολύνω aus *μολυν-ι̯ω mit Tiefst. **mol-un-* (vgl. ἰθύνω a. O. 342), μέλας episch μεῖλας mit Tiefst. **mel-u̯n̥-* (vgl. ὅλος ep. οὖλος aus *ὅλFος etc.). Unhaltbar scheint mir die Verbindung von *malus* **malvax* mit *malua* „Malve" (Hofmann a. O.) oder mit gr. μόλυβος (Bréal a. O.).

lu̯ vor unseren Augen vor sich gehen: im Umbr. heisst es noch *saluuo- salŭo-*, auch bei Plautus kommt das Wort noch dreisilbig vor, die ursprüngliche Form war **saleu̯o-*, wie *Saleiuius* aus **saleu̯-i̯o-* bezeugt (s. o. S. 172); *saluo-* verhält sich also zu *sollo-* (**solo-*) wie gr. κενε(F)ό-ς zu κεν(F)ό-ς (ὁλο(F)ό-ς: ὅλ(F)ο-ς) etc. oben S. 186. *lu̯* in l. *caluus* aus *lu̯* = *lau̯* wegen *Calauius* (vgl. § 132)[1]. *helu̯o-* in o. Helleviis Heleviieis etc. päl. *Heleuis* (das zweite *e* anaptyktisch, s. § 132, ohne dasselbe Helvi.. *170*), l. *heluus*, aus **helau̯o-* (*au̯* = idg. *əu̯* oder *ou̯*), vgl. l. *Helauius*, oder aus **heleu̯o-* (später **helou̯o-*) falls *Heleius* = **Heleiuus* aus **heleu̯-i̯o-* ist, s. o. S. 173 Anm. 3[2]. Aus dem Lat. sei noch genannt *puluis*, wohl aus **poleu̯is (polau̯is polou̯is?)* vgl. lett. *pelawa-* ai. *palā́va-*, neben *pollen (pollis)* aus **pol-u̯en* (*polenta* statt **pol-un-ta* mit Tiefst., gr. in πολ-ύν-τρα?) vgl. preuss. *pelwo* (gr. πάλη aus *παλFη?)[3].

Auffallend ist endlich das verhältnissmässig häufige Auftreten von *a* vor dem *l*: o. *mallo-* l. *malo-* gegenüber gr. μέλας μολύνω; o. päl. *salav-* aus **salv-*, päl. *Saluta*, u. *saluo-*, l. *saluus salūt- Sallustius* neben o. *sollo-* l. *solidus* etc., die doch vermuthlich einer Wurzel der *e*-Reihe angehören; ebenso o. Kalaviis etc., u. kaleřu, l. *caluus callidus*?; von Wörtern, die nur im Lat. überliefert sind, seien noch erwähnt: *pallidus palleo palumba*[4] neben *pullus*, gr. πελλός aus *πελFο-ς, πολιός, πέλεια aus *πελεF-ια, vgl. auch ahd. *falo* lit. *palva-* aksl. *plavŭ* (gGdf. **polu̯o-*)[5], *e-uallere* „enthülsen" neben l. *uolua uulua* „Hülle" gr. (F)έλυ-τρον „Hülse". Vielleicht ist das häufige Auftreten von *a* durch die Annahme, dass, wie *ou̯* in urit. Zeit zu *au̯*, so gleichzeitig und vor der Assimilation

1) *kălă-* in **kălă-u̯o-*: *klā-* in l. *clā-ru-s* = gr. κάμᾰ-το-ς: κμᾱ-τό-ς und dgl.? Aehnlich l. *fuluus* aus **fŏlă-u̯o-* (**fŏlŏ-u̯o-*?): *flā-uu-s* o. Flaviies?

2) Zu l. *heluus* vgl. auch *heluella* · *holera minuta* Fest. Thewr. 73, welches wohl *-u̯en-* (vgl. *pollen* aus **pol-u̯en* etc. und oben S. 187) enthält; *holus helusa* hienach eigentlich neutraler *-u-s*-Stamm (vgl. ai. *ā́y-u-ṣ-*: l. *ae-uo-m*: gr. αἰ-(F)ών)?

3) W. Meyers Erklärung der Erhaltung von *lu̯* in *puluis* durch Entstehung des *ul* aus *l̥* (a. O. 171) ist mir weniger wahrscheinlich.

4) Letzteres enthält *-un-* (Tiefst. zu *-u̯en-*) + Suff. *-bho-* vgl. κόραφος = **kor-n̥-bho-s* etc. (s. § 261, 11).

5) Die Bedeutungen der erwähnten Sippe variiren zwischen „blass, fahl, grau, schwärzlich".

von *lu̯* zu *ll* auch *olu̯* zu *alu̯* wurde[1]), zu erklären (vgl. S. 115 f.). Dann wäre z. B. aus dem urit. Paradigma **solus *solu̯ei *solu̯ōi *solum* etc. (s. o. S. 187) zunächst **solus *salu̯ei *salu̯ōi *solum* entstanden; die Vocale konnten dann leicht nach verschiedener Richtung ausgeglichen werden, also **solus *solu̯ei* etc. und **salus *salu̯ei* etc., woraus mit Wandel des *lu̯* zu *ll *solus *sollei* etc. und *salus sallei* etc., mit Uebergang der *u*-Casus zur *o*-Declination **solos *sollei* und **salos *sallei*, mit Ausgleichung des *l* und *ll *solos *solei* und **sollos *sollei*, **salos *salei* und **sallos *sallei.* Natürlich ist nicht gesagt, dass diese Ausgleichungen wirklich a l l e erfolgten. Auf die Formen **salo-* und **sallo-* könnte man allenfalls die Eigennamen *Salius Sallius Salisius* etc. (umbr. *Salier*, wahrscheinlich Name eines Gottes, vgl. die lateinische und sabinische *Salus*, den *Juppiter Salutaris* etc.?) zurückführen, vgl. *Saluius Saleiuius* (aus **saleu̯-i̯o-*) *Saluidius Sallustius* etc., doch ist dies sehr unsicher. *a* zeigt auch o. päl. *sal(a)v-*, u. *saluuo-*, l. *saluus*, das *a* kann aber nicht in *saluo-* selbst aus *o* entstanden sein, da noch das Umbr. (und Altlat.) *luu̯* (aus *lou̯ leu̯*), nicht *lu̯* hat (s. o.), sondern *a* muss von anderen Formen übertragen sein[2]). Bei *mallo- malo-* wären umgekehrt wie bei *sollo- *solo-* die *a*-Formen zur Herrschaft gelangt (Gdf. **mol-u̯o- *mol-u-* vgl. gr. μολ-ύν-ω); doch ist hier, falls Osthoffs neue Sonantentheorie richtig ist (§ 155 f.), auch *mal-* = **m̥l-* möglich. Den übrigen oben angeführten Beispielen ist vielleicht noch l. *palea* neben *pollen pollis polenta puluis* (vgl. oben) beizufügen[3]). Es sei jedoch ausdrücklich bemerkt, dass der obige Erklärungsversuch für das *a* sehr unsicher bleibt, besonders da auch der Uebergang von *ou̯* zu *au̯* nicht zweifellos erwiesen ist.

Sehr zweifelhaft ist, ob auch l. *sōlus* auf **sol-u̯o-* zurückgeführt werden darf; die Vermuthung Thurneysens a. O. ist mir nicht wahrscheinlich; da man auch ein idg. **sōl-u̯o- *sōl-u-*

1) Ebenso *elu̯* zu *olu̯* (wie *eu̯* zu *ou̯*)?

2) Am ehesten vor der Assimilation des ursprünglichen *lu̯*, als im Urit. **salu̯o-* (aus **solu̯o-*) und **solou̯o-* (= **soleu̯o-*) neben einander standen.

3) *palea* wäre mit Suff. *-ei̯o-* (in *aureus* etc.) von **palo-*, das auf **polu̯o-* (**pl̥u̯o-*, gr. πάλη aus *παλϝη = **pl̥u̯ā?*) wie l. *malo-* auf **molu̯o-* zurückginge, abgeleitet.

doch kaum wird ansetzen wollen, ist das Wort von *sollus saluus* zu trennen und wohl als **sŏ-lo-* mit **sĕ-lo-* in got. *sēls* (an. *soelra* aus **sō-l-*?), **sē-u̯o-* in o. *siuom*, u. sevum zu verbinden (vgl. S. 89) [1]).

Dass auch *nu̯* zu *nn* wurde und überhaupt ähnliche Verhältnisse wie bei *lu̯* bestanden, ist mir wahrscheinlich (vgl. Bréal a. O. 124 ff.), doch scheint das Osk.-Umbrische keine hiehergehörigen Beispiele zu bieten. Ueber mani s. § 279. Osk. menvum und minive.. (aus *minv-), z. l. *minuere*, enthalten wohl v aus *ŭ* wie Kapva- Sal(a)viis etc. (s. u. § 103).

97. *fu̯*. Ein Beispiel für *ff* aus *fu̯* scheint im Oskischen in den Perfecta auf -affed vorzuliegen, s. § 316 (über das einfache *f* in fufens fufans aíkdafed s. ebd.). Ein weiteres Beispiel ist wohl prúffed *117 185* aus **profu̯ed*, welches letztere verschieden erklärt werden kann. Wenn fürs Uritalische l. *probus probare* als **profo-* **profā-* mit einfachem *f* anzusetzen ist, war **profu̯ed* *u̯*-Perfect (wie l. *secui* : *secare* etc., s. § 321), es ist aber auch leicht möglich, dass das *ff* aus *fu̯* dem Grundworte selbst angehört, also urit. **proffo-* (**proffā-*) aus **profu̯o-* vgl. ai. *á-bhva-*. Osk. prufatted prufattens hindert die Ansetzung von urit. **proffo-* **proffā-* nicht, da das *f* wohl aus *ff* vor dem Tone vereinfacht sein kann wie *n* aus *nn* in aamanaffed etc. (§ 245), hingegen ist unsicher, ob l. *probus* aus urit. **proffo-* erklärt werden kann [2]); verlangt das *b* von l. *probus* wirklich ein urit. **profo-* mit einfachem *f*, so ist auch damit für o. prúffed die Nothwendigkeit, dass es *u̯*-Perfect sein müsse, noch nicht mit voller Sicherheit erwiesen, denn es bliebe die Möglichkeit, dass prúffed auf ein urit. **proffo-*, das neben **profo-* stände wie *sollo-* neben **solo-*, *mallo-* neben *malo-* (s. o.), zurückginge. Umbr. mefa *mefa* ist eher = l. *mensa*, als = gr. μέθη aus *μεθϝā

---

1) Noch zweifelhafter sind die beiden anderen Beispiele, die Bréal für angeblichen Ausfall des *u̯* nach *l* mit Dehnung des vorhergehenden Vocales anführt: l. *Sīlanus Sīlius* zu *silua* und *bīlis* zu *fel fellis* aus **felu̯-* (letzteres schon wegen *b-* sehr bedenklich; wohl mit W. Meyer zu lit. *dvȳlas*).

2) Ein weiteres Beispiel für l. *b* aus *ff* = *fu̯* wäre das Fut. auf *-bo* und Imperf. auf *-bam* (vgl. § 311, 316), eines für *b* aus *ff* = *sf* wohl *sedibus*, falls von St. **sedes-* (**sedeffos* aus **sedesfos*).

(urit. **mefu̯a* **meffa*), s. § 205, 220. Nach Consonanten wurde *ff* zu *f* vereinfacht (ev. es entstand von Anfang an blosses *f*); aus dem Osk. hieher Arafiis, falls es aus *Arfiis zu erklären ist und zu l. *ard-uus arb-or* gr. ὀρθ(Ϝ)ός gehört[1]). Auch im Anlaut entstand aus *fu̯-* natürlich einfaches *f-* : ital. **fīō* aus **fu̯īo* (über *ī* § 295) in osk. fiíiet umbr. *fito* (?) lat. *fīo*; über u. *furo* S. 114.

98. Auch bei den beiden anderen Labialen, *p* und *b*, scheint Assimilation von folgendem *u̯* stattgefunden zu haben. Für den Anlaut ist ein wahrscheinliches Beispiel ital. **pīo-* in l. *pius* osk. piíhiúí umbr. piha- *piha-* marr. *peai* vo. *pihom* aus **pu̯-i̯i̯o-* nach Osthoff Perf. 432[2]). Im Inlaut ist auch hier Geminata zu erwarten. Ein sehr wahrscheinliches Beispiel für die Assimilation von *u̯* an *b* ist umbr. *suboco subocauu subocau* aus **sub-u̯oco* etc. zu l. *uoco* (vgl. Aufrecht-Kirchhoff II 132, Bugge K. Z. VI 159, Bréal T. E. 70), also als **subboco* zu denken; dass das Lautgesetz trotz der Composition wirkte, hat auch sonst Analogien, vgl. die Erweichung in *andendu* etc., vielleicht sogar *combifiatu* aus **comfif-* (§ 224), aksl. *ob-iti* aus **ob-viti* wie *bė* aus **bvė* (Brugmann I 161)[3]). Durch Verschmelzung von *u̯o* zu *o* darf *suboco* schwerlich aus **subu̯oco* erklärt werden, aber noch weniger ist es geglückt, andere Etymologien des Wortes wahrscheinlich zu machen. Gegen Bugges Deutung aus **supplaco* = l. *supplico* (A. S. 16) spricht der Schwund von *l*, vgl. *preplota- plener* aplenia tuplak *dupla poplo- stipla- scapla-* etc. (*mota-* aus **molta* ist denn doch ein sehr verschiedener Fall)

---

1) *arduus* entspricht wohl nicht genau gr. ὀρθ(Ϝ)ό-ς ai. *ūrdhvá-* (**r̥dh-u̯o-* wäre urit **arþu̯o-* **arfu̯o-* **arfo-* l. **arbo-* geworden; vgl. *arbor* aus **arþ-u̯os-?*), sondern verhält sich zu diesen wie *salūo-* *salu̯o-* zu *sollo-*, gr. ὁλο(Ϝ)ός zu ὅλ(Ϝ)ος, ai. *pr̥thivī* zu *pr̥thvī* etc.

2) Nur so scheint die durch die Bedeutung von *piare* „sühnen" doch wohl geforderte Verbindung mit W. *pu-* reinigen" l. *purus* etc. möglich. Danielsson Gr. Anm. I 17, 42 A. denkt an ai. *pyā-* „schwellen" gr. πίων (**pī-u̯en-*), also **pī-i̯o-*, aber die Bedeutung scheint dies nicht sehr zu empfehlen.

3) Lat. *aperio operio* wird von Vielen (zuletzt von Zander carm. Sal. rell. 20) aus **ap-u̯erio* **op-u̯erio* hergeleitet zu ai. (*apavar*, slav. *vrěti* = **ver-ti*), was der Bedeutung nach sehr gut passt, das *p* statt des zu erwartenden *pp* kann verschieden erklärt werden. [Vgl. jetzt Brugmann Idg. Fo. I 174 f.].

und die Erweichung von *pp* zu *b*, die gänzlich ohne Analogie wäre. Nicht viel einleuchtender scheint mir Büchelers Vorschlag Umbr. 201 (Denominativum von einem direct aus *sub-* oder *subo-* abgeleiteten *suboco-*, wie l. *reciprocare*). Lat. *subucula* (ein Götterkuchen, a. O. 54 f.) muss wegen σουβίτυλλον (s. ebd.) fern bleiben, denn *subucula* : **subutillum* (wie σουβίτυλλον zu verstehen sein wird = umbr. *ficla* : l. *fitilla* etc. (§ 261, 5), also urspr. **sub-u-tlā-*[1]). — Wie *suboco* scheint ferner umbr. subahtu „suppato", *subator* „suppati" (oder „subacti"? s. § 175) zu beurtheilen. Das auffallende *b* neben *pp* erklärt sich, wenn wir von urit. **sub-ṷo-* und **sup-ṷo-* ausgehen (vgl. die gleichbedeutenden Ableitungen lat. *sup-īnu-s* gr. ὕπ-τιο-ς, zum Suffix gr. πρω-Fο- aksl. *prĭ-vŭ* bei Brugmann II 127); das Nebeneinander *sup- sub-* wie osk. úp l. *opacus* etc. neben l. *ob obiter oboedio*, *ap-* neben *ab-* etc. Weitere lat. Belege für *pp* aus *pṷ*, *bb* aus **bṷ* dürften z. B. sein: *lippus*, das sich als **lip-ṷo-s* (vgl. gr. λίπ-ος) mit lit. *lip-ù-s* „klebrig" (mit durchgeführter Tiefstufe, wie *pel-u-s* : preuss. *pel-wa-* etc.) vereinigt; eine ähnliche Bildung könnte *gibbus* sein, also = **gib-ṷo-s*; *obba* = **ob-ṷa*, vgl. daneben stehendes *obŭa* (= **obeṷa*, vgl. κενFός κενεFός etc., oder = **obuṷa*? vgl. Jordan Quaest. umbr. 28 f., Danielsson A. S. IV 176); *cippus* neben *cīpus* o. Kiípiís kann vielleicht wie *mallo-* neben *malo-* etc. § 96 erklärt werden (*ṷo*-St. **kīp-ṷo-* **kīp-u-*, woraus dann **kippo-* und **kīpo-*). Ueber *uappa* vgl. § 173. Zwei unsichere Beispiele aus dem Osk. sind noch *hipid hipust* und *sipus*. Italien. *ebbi* lässt auf lat. **hēbui* neben *habui* schliessen nach W. Meyer Ztschr. f. rom. Phil. VIII 205 (vgl. Osthoff Perf. 184 f.); erinnert man sich nun an lat. Schreibungen wie *retere* für *reddere*, *matus* für *mad'dus* = *madidus* (vgl. auch osk. metd(íss) § 248?)[2]), so könnte man das schwierige *p* in *hipid hipust* der T. B. ebenfalls als Darstellung von *bb* nehmen, also *hipid* = **hēbṷīd* **hibbīd* als genaue Entsprechung wäre allerdings wegen *obba suppus* etc. im Lat. **hēbbi*, nicht **hēbui* zu erwarten. Möglicherweise

---

1) **ū-tlā-* zu ai. *ū-ti-* (im Rv. vielfach von Götterspeisen gebraucht, von W. *av-* „fördern" l. *auere*)?

2) Etwas anderer Art sind wohl die mhd. *ribbe sibbe* = *rippe sippe*, *brügge* = *brücke* etc. (*wülpe* = **wulbbia*).

könnte auch *p* in *sipus* (gleichfalls auf der T. B.) ähnlich zu beurtheilen sein wegen *b* in l. *per-sibus,* welches Stolz[2] 293 (vgl. Brugmann I 267) wohl mit Recht als ursprüngliches *b* (vgl. ai. *sab-ar-* ahd. *saf*) erklärt; o. *sipus* würde sich zu l. *-sibus* ähnlich verhalten wie o. *mallom* zu l. *malus* u. dgl. § 96, ob man nun einen *u̯o*-Stamm oder mit Joh. Schmidt einen *u̯es*-Stamm (Ptc. Pf. Act.) zu Grunde lege, vgl. § 330. Doch ist dieses Beispiel viel unsicherer als das erste, weil *p* in vo. *sepu* wiederzukehren scheint und auch durch Einfluss von *sapio* entstanden sein könnte. — Osk. Kapva- darf gegen die Assimilation von *pu̯* zu *pp* nicht angeführt werden, da das v wie in (*salv-) *salav- ΠακFηις u. s. w. aus *uu̯ eu̯* entstanden ist, vgl. *Capīua* aus **Capeu̯-i̯a* (S. 172).

99. *tu̯ ku̯.* Im Anlaut scheint *tu̯-* zu *t-* zu werden wie *pu̯-* zu *p-*, *fu̯-* zu *f-*, vgl. besonders Fröhde B. B. XIV 108[1]); freilich ist gerade das im Osk.-Umbr. wiederkehrende Beispiel, der Pronominalstamm der zweiten Pers. Sg. in l. *tē tibi* osk. tiú tiium t(i)fei umbr. *tiom tefe* (: ai. *tvā* gr. σέ = *τFέ etc.) zweifelhaft, da Formen ohne *u̯* schon im Idg. vorkamen (vgl. Wackernagel K. Z. XXIV 597 ff., Brugmann I 163, II 802 f.). Für den Inlaut liegt, da wir bei *pu̯ fu̯* der anlautenden Assimilation zu *p- f-* entsprechend im Inlaut *-pp- -ff-* fanden, die Annahme nahe, dass auch *tu̯*, wie im Anlaut zu *t-*, so im Inlaut zu *tt* wurde. Danielsson A. S. IV 176 und Johansson K. Z. XXX 409 nehmen wirklich in einigen Beispielen *tt* aus *tu̯* an: l. *quattuor battuo* durch Contamination von *quatu̯or* = **quatu̯or, batto* = **batu̯o* mit *quatŭor*[2]) *batŭo, uitta* aus **u̯itu̯a* : gr. *FιτεFα ἰτέα. Zweifelnd stellt Danielsson auch das oskische *tt*-Perfect hieher (prúfatted aus **profatu̯ed* etc.), worüber § 317, 321; sehr einfach erklärt sich dann auch o. patt[ens *204* als *u̯*-Perfect zu l. *pando* W. *pat-* (vgl. *pateo*), also aus **patu̯ens*, s. § 321; ein weiteres Beispiel wäre wohl o. *petiro-pert petiru-pert* T. B., falls es auf **qetu̯ēra-* zurückgehen sollte (*t* kann für *tt* geschrieben sein, vgl. S. 52), doch ist Entstehung aus **qetŭra-* oder **qetūra-* wahrscheinlicher, s. o. S. 91, 126, 130. Die Assimilation von *tu̯* zu *tt*

1) Zu seinen Beispielen noch *tābes tābesco* : gr. σἄπ- σήπω W. *tu̯āp- tu̯āb-?*

2) Allerdings scheint idg. *uu̯* neben *u̯* im Zahlwort für „vier" nirgends sicher nachweisbar.

ist wohl, wie die von *pu̯* zu *pp* etc., in frühe Zeit zu setzen, da sie gemeinitalisch zu sein scheint, sie wird also von der im Italienischen vorliegenden (*stetti* aus vulgär-lat. **stetu̯i* = **stetŭi*, vgl. Osthoff Perf. 184 ff.) zeitlich zu trennen sein, denn dass die ganze Schicht jener italien. *stetti ebbi venni volli* etc., wenn auch nur in einigen Mustertypen, aus uralter Zeit stammen sollte, wäre jedenfalls eine allzu kühne Ausnahme.

Ueber *ku̯* vgl. § 173.

100. Schwierig ist *su̯-* (vgl. Brugmann I 152, Stolz[2] 303 f., Schweizer-Sidler[2] 66, de Saussure Mém. soc. VII 75, Fröhde B. B. XIV 108 ff.). Es findet sich mehrfach *s-* statt *su̯-*, aber in allen aus dem Osk.-Umbr. in Betracht kommenden Fällen kann die Form ohne *u̯* auch aus voritalischer Zeit stammen, da verwandte Sprachen ebenfalls *u̯*-lose Formen aufweisen. Osk. *siom* s i f e í päl. *sefei* umbr. *seso* l. *se sibi sis* (*sēd sĕd* etc.), vgl. got. *sik sis seina* aksl. *sę sebě* apers. *šaiy* etc. vom idg. Stamm **su̯o-* ai. *sva-* got. in *svē* etc. (vgl. Wackernagel K. Z. XXIV 592 ff., Brugmann I 163, II 802 f., 807), wozu auch vo. *se se-pis* lat. *si* neben osk. s v a í umbr. s v e *sue* (vgl. auch osk. σϝα); ferner o. Σεστες, u. s e s t e n t a s i a r u etc. l. *sex sextus* zu got. *saihs* aksl. *šes-tĭ* gr. *ϝέξ ἕξ kymr. *chwech* etc., also idg. **su̯eks* und **seks* (vgl. zuletzt Brugmann II 476 f.). Aus diesen Beispielen ergibt sich die M ö g l i c h k e i t, dass auch in anderen Fällen, wo die verwandten Sprachen hiefür keinen Anhalt bieten, v o r i t a l i s c h e s *s-* für *su̯-* vorliege, z. B. in lat. *salum serenus sibilus* etc., es wird aber doch wohl anzunehmen sein, dass *u̯* in *su̯-* auch innerhalb des Lat. oder des Italischen überhaupt unter gewissen Bedingungen (etwa vor gewissen Vocalen, nach Fröhde z. B. vor *i*; oder je nach dem vorausgehenden Auslaut im Satze, wie es Osthoff M. U. IV 359 A. bei griech. Doppelformen wie ἑρμός : σειρά, Ἑλλοί : Σελλοί etc. vermuthet) schwinden konnte[1]). Es bleibt daher unsicher, ob umbr. s v i s e v e neben l. *sinus*, zu dem es zu gehören scheint, auf alte Doppelformen oder auf lautgesetzliche Bewahrung von **su̯i-* im Umbr. gegenüber Wandel zu *si-* im Lat. deutet. Ueber die

1) Mit der Unterscheidung eines idg. *su̯-* und *sv-* (vgl. G. Meyer[2] 247, dagegen Osthoff a. O., cf. Brugmann Gr. Gr.[2] 32 f., Stolz[2] 304) scheint nichts auszurichten.

Behandlung von *su̯ĕ-*, das im Lat. und vielleicht im Umbr. *(sonitu)* zu *so-* wurde, im Osk. erhalten blieb (sverrunei), s. o. S. 88; über umbr. svesu *sueso* § 290. Ob das inlautende *su̯* in umbr. tesvam *dersua* ursprünglich oder aus *suu̯* entstanden sei, ist kaum auszumachen (vgl. § 102).

Ueber *du̯* s. § 202.

b. Sonstiges Verschwinden von *u̯*.

101. Im Umbr. fehlt in zwei Beispielen anscheinend ein *u̯* nach *r*: kateramu *caterahamo* „*cateruamini“ [1]) und *seritu* „obseruato“. An Assimilation des *u̯* an *r* wird schwerlich zu denken sein (vgl. auch arvam-en etc. § 102). Das einfachste ist natürlich, man nimmt Verschiedenheit der Bildung an, aber diesen Ausweg wird man doch wo möglich zu vermeiden suchen. Vielleicht könnte bei *katera-* angenommen werden, dass ein zu Grunde liegendes **kateru̯o-*, etwa Neutrum (: l. *caterua* wie o. terúm : l. *terra* etc.), welches abstufend declinirte (**kater-u-m* **kater-u̯ei* etc., vgl. oben S. 185 ff.), in zwei Paradigmata, **katerom *katerei* und **kateru̯om *katerei,* sich spaltete [2]) und dass dann die *u̯*-lose Form auch dem Denominativum sich mittheilte. Bei *seritu,* wozu auch anzeriatu *anseriatu aserio* gehört, hätte eine derartige Erklärung wohl wenig für sich. Vielleicht wäre hier die Annahme möglich, dass *ru̯i̯* lautgesetzlich zu *ri̯* geworden sei (vgl. vulgärl. *ci̯* aus *qui̯* in *execiae* und den Vertretern von *laqueus torqueo,* W. Meyer in Gröbers Grdr. I 364); *seritu* wäre Neubildung für **seru̯itu* nach **seri̯ō*, Conj. **seri̯ām* etc. aus **seru̯i̯ō* etc. Doch vgl. § 298.

c. Erhaltenes ursprüngliches *u̯*.

102. Am ehesten kann als Beispiel angeführt werden

---

1) Nach der wohl zweifellos richtigen Deutung von Ebel K. Z. V 421 f., Bücheler Umbr. 98. Verfehlt ist die Erklärung aus gr. καθαίρομαι (Huschke, Bréal).

2) Falls die abstufende Flexion bis in jüngere Zeit erhalten blieb, kann der umbr. Lautwandel von *-um* zu *-om* (s. o. S. 123) den Vorgang gefördert haben, aber möglich ist derselbe wohl auch ohne diesen Lautwandel, da nach den Vermuthungen in § 95 ff. die Kategorie der ablautenden *u̯o- u*-Stämme in Folge von Assimilation des *u̯* an vorausgehende Consonanten (*l p f t* etc.) schon früh stark zusammengeschmolzen war und damals auch **kateru-* sich dem Uebergange zum einfachen *o*-Stamm (z. B. **solu-* zu **solo-* S. 187) angeschlossen haben kann.

umbr. arvam-en arvia arviu arves, zu l. *aruum*, vgl. kymr. *erw* ai. *urvárā* (gr. πολύ-ηρος aus *-αρϝος?), doch ist die Möglichkeit der Entstehung des *u̯* aus *uu̯* nicht ausgeschlossen (über aruvia neben arvia s. § 104). Ob in osk. uruvú aus *urvú (?) und umbr. felsva te(r)svam (neben mersuva) altes *u̯* oder aus *uu̯* entstandenes anzunehmen sei, dafür scheinen Anhaltspuncte nicht vorhanden zu sein. Nach den meisten Consonanten ging ursprüngliches *u̯* durch Assimilation (z. B. *lu̯ pu̯* zu *ll pp, ku̯* zu *p, du̯* zu *b*) verloren, s. o. § 95—100; daher sind fast alle Beispiele von *u̯* nach Cons. aus *uu̯* (*ou̯ au̯*) zu erklären, s. § 103. Einen Fall für sich bildet *u̯* nach *i̯*-Diphthongen (o. deivaí etc.); wir behandeln die Beispiele hiefür unter *u̯* zwischen Vocalen mit (§ 105 f.).

d. *u(u̯) u̯* = urit. *uu̯ ou̯ (au̯)*.

103. Urit. *ou̯* (= idg. *eu̯*) vor Voc. scheint in unbetonter Silbe in allen Dialekten lautgesetzlich zu *uu̯* geworden zu sein (s. u. § 105), ebenso im Lateinischen urit. *au̯* (*abluo* = *ablauo* etc.; im Osk.-Umbr. fehlen sichere Beispiele). Das so entstandene *uu̯* fiel mit dem ursprünglichen *uu̯* zusammen, es bleibt daher die Bestimmung des ursprünglichen Werthes des *uu̯* sowie des aus diesem vielfach hervorgegangenen *u̯* oft unsicher. Beispiele für solche *uu̯* aus dem Osk.-Umbr. sind: osk. eítiuva- *eitŭa-* marr. *eitŭam* Gdf. wohl **ei̯tuu̯ā-* oder **ei̯teu̯ā* (vgl. Danielsson A. S. III 193 f.), umbr. vatuva vatuvu *uatŭo*, kastruvuf *castrŭo* (vgl. § 280), wohl auch mersuva (vgl. § 104). Jedenfalls aus *eu̯* (urit. *ou̯*) entstanden ist *uu̯* in u. *saluuom saluom* wegen l.-osk. *Saleiuius* aus **saleu̯-i̯o-*, ebenso in u. prinuvatus *prinŭatur* falls „*praenouati" (s. § 105). Das Gesetz, nach welchem *uu̯* theilweise weiter zu *u̯* wurde, ist nicht ganz klar. Im Lat. ist der Uebergang besonders häufig nach *l* und *r* (*lu̯* ist im Ital. nie ursprünglich, da idg. *lu̯* urit. *ll* wurde), er vollzog sich z. Th. erst in historischer Zeit (vgl. Havet Mém. soc. VI 21 f., 115 f., W. Meyer K. Z. XXVIII 164), z. B. *milŭus milu̯us, larŭa laru̯a, pelŭis pelu̯is* (ai. *pālavi-*), *silŭa* bei Naevius (Havet a. O. 116; Gdf. **suleu̯a* wegen *Sulēuiae*? s. S. 172); *belŭa* blieb dreisilbig; nur zweisilbig *heluus* (aus **hel{a/e}u̯os*, s. S. 188), *caluus* (aus **calau̯os*), *soluo uoluo*, dagegen bei Plau-

tus noch *salŭo-* neben sonstigem *salu̯o-* (s. Havet a. O.). Im letzteren Beispiel stimmt das Umbrische (*saluuom saluua*) mit dem Altlat., während das osk.-pälign. salav- *salau̯-* schon **salu̯-* wie im class. Latein und ebenso osk.-pälign. helev- *heleu̯-* schon **helu̯-* voraussetzt. Bei päl. *Minerua* bleibt unsicher, ob *ŭ* oder *u̯* zu lesen sei (s. o. S. 184). Ueber u. berva vgl. § 280. Nach *n* blieb *ŭ* im class. Latein: *minŭo tenŭis genŭa* etc., daneben steht aber vulgär und poetisch *tenu̯is genu̯a* etc. (s. Brugmann I 152); ebenso nun osk. *minv- in minive ... *135*, menvum Blt. und o. úíníveresím *134*, falls dies auf *úínvers- mit Anaptyxe zurückzuführen ist (aus **oinuu̯ers- *oinou̯ers-*), s. § 127, 132. Die oskische Neigung, *ŭ* zu *u̯* zu wandeln, zeigt sich auch in Kapva- gegenüber l. *Capŭa* (Gdf. **Kapeu̯ā-*, s. S. 172, 193). Die oskisch-umbrischen kv scheinen alle (ausser in dem Lehnwort o. kvaísstur) aus *kŭ* entstanden zu sein, s. § 173; die Beispiele sind o. Πακϝηις (St. **Pakou̯o-*, vgl. l. *Pacuuius* = **Pacou̯ios*), Akviiai, dekkvíarím, eíkvíarís, u. tekvias, eikvasatis, eikvasese, ekvine; dazu gv in dem dunklen o. degvinum. Pälign. *Pacuies*, u. *Piquier* enthalten, nach o. Akviiai Πακϝηις zu schliessen, ebenfalls eher *ku̯* als *kŭ*. Da das Oskische sonst in der Wandelung von *ŭ* zu *u̯* weiter geht, als das class. Latein, wird vermuthlich auch o. uruvú nicht gegenüber l. *uruo* (*urvo*) altes *uu̯* bewahrt haben, sondern aus *urvú durch Anaptyxe entstanden sein, wie salav- helev- auf ein aus **saluu̯- *heluu̯-* entstandenes **salu̯- *helu̯-* zurückgehen.

e. *u(u̯)* aus *u̯*.

104. Entstehung von *ŭ* (*uu̯*) aus *u̯* scheint im Italischen nicht häufig nachweisbar. Aus dem Osk.-Umbrischen könnte man etwa u. aruvia *III* 31 neben sonstigem arvia arviu (19 m.), arves arvis (13 m.) anführen, aber da dies der sonst sich zeigenden umgekehrten Neigung, *uu̯* zu *u̯* zu wandeln (§ 103), gerade entgegengesetzt wäre, ist wahrscheinlicher, dass entweder *-uu̯-* das ältere ist[1]) oder dass aruvia als *aru̯-u̯ia* zu verstehen ist (s. o. S. 183 f.). Dass in u. mersuva (2 m.)

---

1) Vielleicht liegt dann die zweisilbige Wurzelform zu Grunde, wie in gr. ἄρο-τρον gegenüber lit. *ár-klas*.

uṷ aus *ṷ* entstanden sei, wird durch die danebenstehenden te(r)svam felsva eher unwahrscheinlich, als wahrscheinlich gemacht. Auch von den bei Brugmann I 151 ff. (vgl. Stolz[2] 261) für das Lateinische angeführten Beispielen von *ŭ* aus *ṷ* scheint mir keines ganz sicher: über *arduos* s. S. 191 A. 1; *tenŭis genŭa* kaum mit urspr. *nṷ*, da dieses wohl zu *nn* wurde (vgl. S. 190), sondern *tenŭis* wie gr. τανα(F)ός, über *genŭa* vgl. § 280; da auch *tṷ* wahrscheinlich gemeinitalisch zu *tt* wurde (S. 193 f.), wird *ŭ* in *mortŭos quattŭor* gleichfalls kaum im Lat. aus *ṷ* entstanden sein. Wir sahen S. 196 f., dass auch das Lat. vielmehr die umgekehrte Neigung hat, *u*(*ṷ*) nach Cons. zu *ṷ* zu wandeln, z. B. *salṷo-*, altl. noch *salŭo-*.

ṷ zwischen Vocalen.

105. Zwischen Vocalen blieb *ṷ* im Oskisch-Umbrischen wie im Lateinischen erhalten (über einige, meist zweifelhafte, Ausnahmen s. § 106). Die Schreibungen umbr. *auuei VIa* 3 osk. ΔιουFει *4* scheinen darauf hinzuweisen, dass, wenigstens nach kurzem Vocal in betonter Silbe, *ṷ* energisch, vielleicht einem *ṷṷ* sich nähernd, gesprochen wurde (etwa als *aṷ-ṷei Dioṷ-ṷei*); zu ΔιουFει vgl. griechische Schreibungen wie κατεσκεύFασε λεύFων etc. bei G. Meyer[2] 168 f.[1]). Vor *ṷ* wurde im Urit. *e* zu *o* (wie im diphthongischen *eṷ* vor Cons., s. S. 157 ff.), *o ō* nach Thurneysen, Havet u. A. zu *a ā* (s. S. 115 f., 121 f.). Beispiele für *ṷ* zwischen Vocalen: o. Diúvei Iúveis Iúviia iúvilam etc., päl. *Iouiois*, marr. *Iouias*, vest. *Iouio*, mars. *Iouies*, u. Iuve Iuvie *Iouie* etc., l. *Iouis* zu gr. Ζεύς ai. *Dyāuš dyav-* (idg. **d*(*i*)*ḭeṷ-*); u. *iouies iouie*: ai. *ydviṣṭha-*, mit anderer Ablautsstufe l. *iuuenis* ai. *yúvan-*; o. Núvellum, Núvla- aus *Núvela-, mars. *Nouesede*: l. *nouus* gr. νέ(F)ος; o. súvad, u. *touer*: gr. ἑ(F)ός τε(F)ός (über o. suveís, u. *tuer* s. S. 199 f.); u. *pur-douitu* purtuvitu wohl von einer W. *d-eṷ-* (auch in ai. *dúv-as* etc., vgl. § 295); u. *an-ouihimu* l. *ind-uo*

1) Sollte ου in ΔιουFει dagegen als *u* aufzufassen sein, was allerdings nicht ausgeschlossen scheint (vgl. S. 68 f.), so wäre *uṷ* statt *oṷ* wohl wie in u. *Iuue VIa* 22 (s. u.) aufzufassen. — Bréals Annahme (Mém. soc. VII 321 ff.), dass -affed im osk. Perf. aus **-āṷed* entstanden sei, ist m. E. nicht haltbar, s. § 316.

W. *eu̯-* (s. ebd.); o. Búvaianúd: l. *bou-em* gr. βοF- ai. *gav-*; u. *oui* uvem päl. *Ouiedis* o. *Ou.*: l. *ouis* gr. ὄ(F)ις (über das schwierige ital. *o* s. S. 116); Suffix *-ouio-* aus *-eu̯-io-* (vgl. die Nbf. *-ei̯u̯o-* aus *-eu̯-i̯o-*) in o. Kalúvieis, u. *Grabouio- Fisouio-* etc.; nur im Au. überliefert, aber jedenfalls mit *ou̯* zu lesen ist nuvime nuvis, zu l. *nouem nouies* gr. ἐν-νέ(F)α, vielleicht auch Kluviier und osk. Kluvatiium (zu gr. κλέ(F)ος etc.), s. u.. Marr. *auiatas* (?), u. avif *auif auie* aviekla *auiecla* etc.: l. *auis* gr. ὀ(F)ιωνός; umbr. *sauitu* zu l. *saeuus* aus **sau̯i̯os*? (S. 173); o. Kalaviis päl. *Calauan*: l. *caluus* urit. wohl **kalau̯o-*, zu ai. *kulva-* (s. S. 186 f.); o. Úhtavis: l. *octāuus* gr, ὄγδο(F)ος; Gaaviis wohl zu l. *gaudeo gāuisus* gr. *γᾱFεθεω γηθέω; unklar Vaaviis, u. Klaverniie. Osk. *siuom* umbr. *seuom seueir* Gdf. **sĕu̯o-* (S. 190); o. bivus Bivellis: l. *uīuus* ai. *jīvá-*; u. çive (§ 261, 3); u. iveka *iuengar* aus **i̯uu̯-* (S. 128). Osk. deívaí deivinais *deiuatud* etc., vo. *deue*, u. *deueia*: l. *dīuus* ai. *dēvá-*; o. *preiuatud* ehpreíví....., u. prever: l. *prīuus*. Die Beispiele für uv = *uu̯* s. o. S. 116. Erst durch Anaptyxe ist *u̯* zwischen Vocal gekommen in o. Salaviis päl. *Salauatur*, o. Helleviis päl. *Heleuis*, o. minive . ., wohl auch σοροFωμ und uruvú. *iu̯* aus *u̯i̯* enthalten o. Cnaiviies Cnaives diíviiai, vermuthlich auch umbr. sviseve = **su̯isei̯u̯e* (s. S. 170 ff.).

In unbetonter Silbe, wobei, wie es scheint, auch im Osk.-Umbr. die jüngere Betonung angenommen werden muss, wurde antevocalisches *ou̯* vielfach zu *uu̯*, ev. weiter zu *u̯* (vgl. oben S. 196 f.). Umbr. purtuetu *IIb* 11 neben *purdouitu VIa* 56, letzteres wohl analogisch restituirte Form (nach **purdóuiō* etc.); au. purtuvitu (10 m.) purtuvetu (1 m.) kann *ou̯* oder *uu̯* enthalten. *prinuatur* (5 m.) *prinuatir* (3 m.) erklärt Bücheler U. 90 ff. aus **prinou̯ato-*, lat. gleichsam **praenouatus *praenuatus*, zu *nouus* (vgl. *denuo*)[1]. Osk. suveís päl. *suois*

1) Die Deutung ist freilich keineswegs sicher, aber lautlich wenigstens einwandfrei. Unmöglich ist die frühere Gleichsetzung mit l. *priuatus* (auch Corssen K. Z. III 284 nicht einleuchtend), desgleichen wohl Bréals Erklärung als „*prae-in-uiati“. Denkbar wäre vielleicht directe Ableitung von einem **prinuo-* (= **prinou̯o-*), das von einem **pri-no-* (vgl. l. *pro-nu-s* gr. πρη-νής etc.) weitergebildet wäre (vgl. l. *cernuus* etc.). Die Zerlegung in *prin-uato-* (zu l. *ouare*?) wäre wohl von vornherein weniger wahrscheinlich. Vgl. § 269.

marr. *suam* und umbr. *tuua tua tuer* (19 m.) scheinen neben o. **súvad** und u. *touer* (2 m.) die in unbetonter Stellung (Proclise und Enclise) entstandenen Satzdoppelformen darzustellen (oder idg. **su̯u̯*- **tu̯u̯*-? vgl. Brugmann I 153, V. Henry Précis 47, Schweizer-Sidler[2] 18, Stolz[2] 262 über l. *suus tuus*: *souos touos*). Ein schwieriges Wort, das hieherzugehören scheint, ist umbr. Puemunes Puemune (10 m.), sabin. *Poimunien*. Man nimmt mit Wahrscheinlichkeit Identität mit l. *Pōmōna* (ausser im Genus) an[1]), aber weder Bréals Hinweis (T. E. 298) auf lat. *-ō* aus *-ōi* im Dat. Sg. der *o*-Stämme, noch Büchelers Vergleichung des lat. *Saeturnus* neben *Sāturnus* (L. I. XXI b, Umbr. 158) heben die lautlichen Schwierigkeiten (vgl. Jordan bei Preller I[3] 455 A.). Die einzige wahrscheinliche Weise, die Formen unter sich und mit l. *pōmum* lautlich zu vereinigen, scheint folgende zu sein. Lat. *pōmum* ist = **pou̯e-mo-m*, vgl. **pou̯e-ro-* l. *pouer puer* (s. Vaniček[2] 172 f.), zum *ō nōnus* aus **nou̯enos*, *cōntio* aus **cou̯entio*, Grundform für l. *Pōmōna* und u. Puemune sabin. *Poimunien* also **Pou̯emōn-*. Im Lat. war **Pou̯emōna* entweder vor der jüngeren Betonung zu *Pōmōna* geworden oder *Pōmōna* steht statt **Puemōna* nach *pōmum* wie *nouéllus* statt **nuéllus* nach *nouus* etc. (s. u.); im Umbr. dagegen wurde **Pou̯emōno-* durch die jüngere Betonung regelrecht zu **Puemṓno-*[2]). Sabin. *Poimunien* ist zunächst auf **Poemunien* zurückzuführen (dieselbe Inschrift hat *hiretum* statt **heretum*); *o* (d. h. eigentlich *oo̯*?) statt *u* (*uu̯*) aus *ou̯* vor dem Tone kommt auch im Lat. vor, ja es scheint vor *a* Regel zu sein (vgl. Fröhde B. B. XIV 91 f.): *cloaca* statt *cluaca*, *boarius*, *boare* (*bouarius*, *bouare* restituirt), vor *e* vgl. *Noembris* statt und neben *Nuembris* (Corssen I 316 f.; das „correctere“ *Nouembris* nach *nouem* restituirt), *poella* neben *puella* (a. O. II 1021), vor *i noicia* (a. O. I 316); für das *i* statt *e* und überhaupt *oi* statt *ue*

1) Ai. *pávamāna-*, das Grassmann K. Z. XVI 183 heranzieht, liegt wohl allzuferne (vgl. Corssens Bemerkung Ausspr. I 582 Anm.); schwerlich kann an gr. ποιμήν lit. *pëmũ* gedacht werden, da der Vocal nicht ursprüngliches *oi* sein kann und eine besondere Gdf. **poi̯emōn-* oder **pōi̯emōn-* in mehreren Beziehungen bedenklich wäre, ferner jedenfalls l. *pōmum* getrennt werden müsste.

2) Allerdings könnte Puemun- auch als **Poemon-* aufzufassen sein, dessen *o* dann wie im Sabin. zu beurtheilen wäre.

scheint sich eine Parallele zu finden in *noine* der Duenosinschrift, falls die Deutung als „nono“ richtig ist, aus **nou̯eno-*, (**nŭeno-*) **nŏeno-* (diese Nebenform zu *nōnus* müsste aus unbetonten Formen stammen); also urspr. **nou̯eno-* **Pou̯emōn-* theils zu *nōno-* *Pōmōn-* theils zu **nueno-* **noino-* **Puemon-* **Poimon-*. Aehnlich wie Puemune vielleicht aequ. Nuersens aus **Nou̯ersens*, s. § 232. Auffallend ist umbr. *Iuue VIa 22*, da es sonst, wie auch in den anderen Dialekten, immer *Iou-* heisst und *ou̯* in betonter Silbe sonst nirgends zu *uu̯* wurde (in o. Iuveí iuvilam *138* fehlt der Punct zufällig wie in Flagiuí derselben Inschr., andere Formen sind aosk.); das *uu̯* dürfte daher aus Verbindungen wo *Iou-* unbetont war (vgl. Iuvepatre etc.) stammen[1]. Auch in *bue buo* gegenüber lat. *bouis bouem* etc. ist *u* (*uu̯*) schwerlich in betonter Silbe lautlich aus *ou̯* entstanden, sondern es wird entweder aus Formen übertragen sein, in denen *ou̯* unbetont war (vgl. l. *puer* falls statt **pouer* nach *puerórum*, *puerílis*, *puélla*, *ó puer* etc.)[2] oder es hatte sich im Italischen in einigen Casus die idg. Stammform **gu̯u̯-* (Brugmann II 452) erhalten und im Umbr. weiter ausgebreitet. Das aus unbetontem *ou̯* entstandene *uu̯* ist weiterhin zu *u̯* geworden in o. Πακϝηις, osk.-päl. **salav-* **helev-* aus **salu̯-* **helu̯-* älter **saluu̯-* **heluu̯-*, o. Kapva-, den Wörtern mit kv gv o. Akviiai dekkvíarím eíkviarís degvinum, u. tekvias eikvasatis eikvasese ekvine, vgl. S. 196f. Suffix *-ou̯io-* zeigt neben der unveränderten Form in o. Kalúvieis, mars.-lat. *Cantouios*, u. *Fisouie Fisoui Grabouie Graboui Grabouei* die geschwächte *-uu̯io-* in lat. *Pacuuius* etc. und *-u̯io-* in o. Akviiai; in päl. *Pacuies*, u. *Piquier* kann *u* als *ŭ* (*uu̯*) oder *u̯* gelesen werden, nach o. Akviiai zu urtheilen ist *u̯* das wahrscheinlichere[3]. Die doppelte Gestalt dieses Suffixes mag durch

1) Oder könnte *u* aus einer Vorlage in nationaler Schrift herübergenommen sein? Das erste *u* in *Iuue* zeigt auf Bréals Tafel einen Punct, doch wird derselbe kaum mehr als zufällig sein.

2) Oder Abstufung **pou̯ero-* **puu̯ero-* (**pou̯ro-* in *Marcipor*)?

3) Auch war es wenigstens im Lat. Regel, vor folgendem *i* das *u*, wenn es *uu̯* bedeuten sollte, doppelt zu schreiben: *Pacuuius fluuius* etc., da **Pacuius* **fluius* etc. allzuleicht als *Pacui̯us flui̯us* aufgefasst werden konnten; die Aussprache von *uu* in *fluuius* etc. und *u* in *fluit* etc. war wohl dieselbe, nämlich *uu̯*. Aehn-

verschiedene Ausgleichung eines Paradigmas wie **Pákuṷis* (**Pákṷis*), **Pakóṷieis*, **Pakóṷioi*, **Pákuṷim* (**Pákṷim*) entstanden sein; -(*u*)*ṷ*- auch in **Pak(u)ṷto-*. *ṷ* aus *uṷ* = älterem *oṷ* enthält endlich auch o. úíníveresím, falls es auf **oinversim* = **oinuversim* **oinoversim*, nicht auf **oinĕversim* zurückgeht (s. § 127, 132).

Von der Wandelung des unbetonten *oṷ* zu *uṷ* (ev. *ṷ*) gibt es im Osk.-Umbr. wie im Lat. viele Ausnahmen, es scheint aber überall die Annahme von Analogiewirkungen möglich: wie im Lat. *nouéllus noutcius boutle boŭtrius* etc. nach *nouus bouem* etc. statt **nuéllus *butle boŭtrius* (vgl. *Jūlius Clūlius* aus **Joutlius *Cloutlius*), so osk. Núvéllis Búvaiŭnúd statt *Nuv- *Buv- nach *núvúm *búveís etc., umbr. *Iioutno-* nach **Iióuio-*, *anouihimu purdouitu* nach **anóuiō *purdóuiō* etc. neben lautgesetzlichem purtuetu (s. o.).

Unsicher ist, ob auch *aṷ* im Osk.-Umbr. in unbetonter Silbe zu *uṷ* (*ṷ*) wurde wie im Lat. (*abluo* etc.); o. Kalaviis päl. *Calauan(s)* enthalten allerdings vielleicht urit. *aṷ* (s. S. 186), aber zweifelhaft bleibt, ob dasselbe lautgesetzlich oder durch Einfluss von Formen, wo es betont war (so Kalaviis selbst, falls 4silbig), erhalten blieb, wie *oṷ* in *Fisoui* etc.

106. Ausfall von *ṷ* zwischen Vocalen. Ob in irgend einem Falle ein wirklicher rein lautlicher Ausfall von *ṷ* zwischen Vocalen stattgefunden habe, ist sehr fraglich. Der umbr. Acc. *di(m)* „diuom“, Voc. *di* „diue“ kann aus **deįṷom *deįṷe* unmöglich erklärt werden, es müsste **dēuom *dēue* heissen (vgl. *deueia* vo. *deue* o. deívaí deivinais *deiuatud* etc.), ebenso wenig aus **dīṷom *dīṷe* (l. *dīuus* Adj. „göttlich“, osk. in diíviiai, urit. **dīṷo-* aus **diṷįo-*, s. o. S. 173f.). Auch mit l. *deum* lässt sich *di(m)* schwerlich identificiren. Lat. *deus* ist mit *dīuus* Subst. auf **deįṷo-* wohl in dér Weise zurückzuführen, dass man ein ursprüngliches uritalisches Paradigma **deįus *deįṷeį *deįṷōį *deįum* etc. ansetzt, mag man die Abstufung -*ṷo*- -*u*- in diesem Worte als altererbt ansehen, wie z. B. in idg. **aįṷo-* S. 185 (gr. πολύς πολλοῦ ebd. Anm.).

---

lich vermied man die Schreibung *iuenis* etc., weil dies leicht als *iṷenis* aufgefasst werden konnte.

oder annehmen, dass **deiu̯o-* erst im Uritalischen in die Bahnen der abstufenden *u̯o*-Stämme (**solus* **solu̯ei̯* und dgl. S. 185, 187) gerieth. Aus **de(i̯)us* [1]) **dei̯u̯ei̯* etc. entstanden dann zwei Paradigmata, **de(i̯)os* und **dei̯u̯os*, mit Uebergang der *u*-Casus zur *o*-Declination (ähnlich wie oben S. 187 ff. bei **solus* **solu̯ei̯* etc. beschrieben ist) [2]). Ist also l. *deus deum* = urit. **dĕos* **dĕom* (ev. *-us -um*), so wird umbr. *di(m)* wohl davon getrennt werden müssen [3]) und vielmehr = l. *dīum* **dīom* zu setzen sein. L. *dīus* (urit. **dīo-* ev. **dīu-*) scheint sich zu *dīuus* Adj. (urit. **dīu̯o-*) zu verhalten wie *deus* zu *dīuus* Subst.; allerdings war ja urit. **dīu̯o-* aus **diu̯i̯o-* entstanden, aber da nichts die Annahme hindert, dass der Wandel von *u̯i̯* zu *i̯u̯* in sehr frühe uritalische Zeit fiel, kann **dīu̯o-* in die Analogie der abstufenden *u̯o- u*-Stämme übergetreten sein, vielleicht speciell nach **dei̯u̯o-* **dei̯u-* (**dei̯u̯o-* **dei̯o-*) sich gerichtet haben (vgl. oben S. 174 und das S. 195 zu k a t e r a m u neben l. *caterua* Bemerkte). In *di(m) di* ist also nicht ein *u̯* zwischen Vocalen auf lautlichem Wege geschwunden. Vgl. noch § 276. Aehnlich wie **de(i̯)o-* neben **dei̯u̯o-*, **dīo-* neben **dīu̯o-* ist auch **dio-* neben **diu̯o-* „Tag" (ai. *divê-divē* l. *nu-dius tertius* etc.) zu beurtheilen, falls ersteres in o. i ú k l e í *135*, das aus **dīo-klei* mit Uebergang von *ī* zu *i̯* und Wegfell des *d-* (wie in I ú v e í s etc.) entstanden wäre, vorliegen sollte, doch s. § 201 [4]). Ebenso wäre das Fehlen von *u̯* in päl. *biam*, u. *bio*, falls mit Pauli als „uiuam" „uiua" zu deuten (freilich s e h r zweifelhaft, s. § 202), aufzufassen, also urit. **gu̯īus* **gu̯īu̯ei̯* **gu̯īu̯ōi̯* **gu̯īum* etc., daraus **gu̯īo-*

---

1) *i̯* zwischen Vocalen schwand im Uritalischen.

2) Hiebei ist zu beachten, dass die Kategorie der abstufenden *u̯o- u*-Stämme durch Assimilation des *u̯* an vorhergehende Consonanten (z. B. *sollo-* aus **solu̯o-*) stark zusammenschmolz. Thurneysens Erklärung von *deus* neben *dīuus* K. Z. XXVIII 155 f. (vgl. Brugmann I 153 f.) ist mir aus mehreren Gründen weniger wahrscheinlich.

3) Dass **dĕo-* im Umbr. zu **dīo-* geworden und dann wie ein *io*-Stamm behandelt worden sei, ist mir nicht wahrscheinlich, vgl. *ĕo-* nicht **īo-* = urit. **ĕo-* aus **ei̯o-* S. 175 ff. (allerdings *tiom* v i e l l e i c h t aus **tĕom*, s. S. 176).

4) Wie l. *deus* : *dīuus* auch der sabin. Stadtname *Reate* : *rīuus* (also von einem **reos* neben **rei̯u̯os*), falls die Etymologie von Corssen K. Z. X 19 f., vgl. Curtius Et.[5] 353, richtig sein sollte.

neben **gu̯īu̯o*-. Ein ähnliches Beispiel aus dem Lat. ist *cous* (*cohus*) neben *cauus*, falls die beiden Wörter mit Thurneysen K. Z. XXVIII 151 f. als Doubletten aufzufassen sind [1]). In l. *aetas aeternus* neben *aeuitas aeuiternus* und *ditem ditiae* neben *diuitem diuitiae*, wozu aus dem Päl. *aetatu 254*, *aetate 255* und *deti 254*, *des 255*, ist wahrscheinlich der Vocal nach *u̯* syncopirt worden und dann *u̯* selbst zwischen *i̯* und *t* (also nicht intervocalisch) geschwunden: **ai̯tat*- **dei̯t*- aus **ai̯u̯*(*e*)-*tāt*- **dei̯u̯*(*e*)*t*-; als eine andere Möglichkeit könnte vielleicht, namentlich falls das *ae* in päl. *aetatu* wegen *praicime* derselben Inschrift und das *e* von *deti* wegen *eite* derselben Inschrift auffallen sollte (vgl. oben S. 142 und 146), in Betracht kommen, dass **aetat*- **dēt*- auf **a*(*i̯*)*etāt*- **de*(*i̯*)*et*- zurückgingen, zu letzterem wäre **de*(*i̯*)*o*- neben **dei̯u̯o*- (s. o.) zu vergleichen, ebenso würde ersteres auf ein **a*(*i̯*)*o*- neben **ai̯u̯o*- (vgl. ai. *ā́y-u*-: l. *ae-uo-m*) zurückzuführen sein [2]). Ueber päl. *praicim-e* s. Bd. II Anh. Auf der osk. Inschrift *28* liest Bücheler mit Corssen, Zvetaieff und Anderen k a í l a und erklärt dies aus **kavila*, lat. in *caulae* (Jen. Littztg. 1874, 610, L. J. XII b); aber Schwund von *u̯* in solcher Stellung ist im Italischen ohne Analogie und der Ausweg, k a í l a aus **kaû̯la* = **kau̯la* = **kau̯ila* zu erklären, ist schwerlich zulässig. Der Buchstabenrest k a n n wohl mit Minervini (O. Sab. Spr. 184), Deecke (Rec. 132) als u aufgefasst werden, in welchem Falle o. k a u l a ganz mit l. *caulae* stimmt [3]). *Cloil* auf der volscischen (oder

---

1) Die Entstehung der Doppelformen müsste schon des erhaltenen *o* in *cous* wegen in frühe Zeit verlegt werden, da der Wandel von *ou̯* zu *au̯* uritalisch war.

2) Oder wäre es auch möglich, jene **ai̯etāt*- **dei̯et*- aus Contamination eines **ai̯u-tāt*- (vgl. got. *aju-k*-) **dei̯u-t*- (vgl. ai. *dyu-t*-?) mit **ai̯u̯e-tāt*- **dei̯u̯e-t*- zu erklären? Lat. *dīt*- müsste übrigens bei der Ansetzung von urit. **dei̯et*- für **dēt*- (vgl. *trēs* aus **trei̯es*) stehen mit ī nach der Nebenform *dīuit*-, was die Sache noch unsicherer macht.

3) Ist aber wirklich k a í l a zu lesen, so muss das Wort noch für unaufgeklärt gelten. Corssens Deutung als „caelatum signum" (Eph. ep. II 167), die voraussetzen würde, dass l für ll stehe (k a í l a = **kailla* aus **kaid-la*), ist sachlich nicht sehr einleuchtend. Bücheler Umbr. 49 kommt wieder auf die Uebersetzung „cella" (Garrucci, Aufrecht, Fiorelli) zurück, aber etymologische Verwandtschaft ist unmöglich (*cella* zu W. *kel*- „bergen"; eine W. *kil*- *kail*- Corssen

oskischen?) Inschrift *241* ist wahrscheinlich mit l. *Cloelius* auf **Cloṷilio-* durch die Zwischenstufen **Cloṷlio-* **Cloṷ̂lio-* **Cloi̯lio-* zurückzuführen (vgl. z. B. *Roesius* aus **Roṷsios* **Roṷ̂sios* **Roisios* zu **roṷs rūs* [1]), fernerhin *familia : famul* etc.) oder sonst ist *oi* in *Cloil* = *ui* in l. *Cluīlius* (regelrecht aus **Cloṷīlios*, s. o. S. 202), also *o* (eigentlich *oϙ*) mit dem *o* in l. *cloaca* sabin. *Poimunien* zu vergleichen (S. 200 f.). Sehr merkwürdig ist o. i ú h i l. *131*. Ist die Form richtig geschrieben, so muss wohl **i̯ŏīl-* (eigentlich **i̯oϙil-*) = **i̯ŭīl-* (**i̯uṷil-*) in l. *Jūlius* aus **Joṷ̂lios* (S. 202) gesetzt werden [2]), zum *o* wäre wieder l. *cloaca* sabin. *Poimunien* zu vergleichen, aber diese Erklärung würde voraussetzen, dass *ioṷila-* in mehreren Formen andere Silben als die erste betonte oder von verwandten Wörtern, die dies thaten, beeinflusst wurde [3]); beides ist wenig wahrscheinlich und es ist m. E. viel weniger kühn, einfach Verschreibung für i ú v i l. anzunehmen; das Wort kommt 8 mal auf den Inschriften derselben capuanischen Fundstätte vor und zeigt sonst immer v; die Gruppe von Inschriften, welcher *131* angehört, zeigt nicht nur in der Orthographie vielfache Schwankungen (z. B. ist auf *131*, *132* der Gebrauch von í noch sehr ungeregelt), sondern *135* zeigt einen mindestens ebenso auffälligen Schreibfehler wie 8 für ꓱ in Ǝ statt T in túveik. statt túvtik., ausserdem ꓱ statt Ǝ oder umgekehrt in e e h i i a n a s ú m v e h i i a n. [4]). In päl. *suois* marr. *suam* ist nicht ṷ geschwunden gegenüber o. s u v e í s (Pauli

Philol. 35, 124 existirt nicht, da *i* in l. *cilium* etc. = *e* ist. Mit l. *caelum* „Himmel“, das auch begrifflich fernliegt, kann o. k a í l a wohl nichts zu thun haben, falls jenes aus **kait-slo-* (vgl. **kait-ro-* in d. *heiter*, ursprünglich nur vom Himmel) entstanden ist (wäre o. *k a í s l a nach § 230).

1) Auch *oboedio* aus **oboi̯i̯(z)dio?*

2) h in iúhil. wäre jedenfalls nichts als Zeichen der Vocaltrennung, um die Auffassung von úi als Diphthong zu verhüten.

3) Dass auch *ioṷila-* mit betonter e r s t e r Silbe zu **iŏīla-* hätte werden können, ist mir nicht glaublich, vielmehr scheint ṷ nach betontem Vocal stark articulirt worden zu sein (s. o. S. 198).

4) Könnte man sich den Vorgang bei ⅃I8VI beispielsweise so denken, dass auf der Vorlage ꓱ und I so nahe beisammen standen, dass der Steinmetz 0 las und eingrub, dann aber, den Fehler bemerkend, I nochmals hinsetzte, 0 jedoch, da es überhaupt keinen Buchstaben darstellte, zu 8 machte?

A. S. V 23, 43), ebensowenig in u. *tuer duir buo* etc. gegenüber au. tuves etc., der Unterschied ist ein rein graphischer (*u* in lat. Schrift für *uu* d. h. *uu̯* uv, s. o. S. 184 und S. 201 f. A.). Päl. *Acca 258* setzt Pauli (a. O. 23) = **Accau̯a*; man könnte hier an eine specielle Regel denken, dass *u̯* zwischen zwei unbetonten *a* geschwunden wäre, wegen l. *lātrīna* aus **lauatrīna*, doch kann *Acca*, wenn es überhaupt zu **Accau̯o-* gehört, auch vom Nom. **Accaūs* etc. aus neugebildet sein (**Accaa*) und selbst für l. *lātrīna* scheint mir die Erklärung aus **lauatrīna* nicht ganz zweifellos[1]), wie denn überhaupt wirklicher Ausfall von intervocalischem *u̯* auch im Lat. (s. Stolz[2] 262) nicht so ganz sicher belegt scheint (vgl. gegen Corssen I 370 ff. Danielsson A. S. IV 164 ff.).

Längung und Kürzung von Vocalen[2]).

107. Längung. In bemerkenswerther Uebereinstimmung mit dem Lateinischen, wo vor *ns nf* jeder Vocal lang war (vgl. Seelmann 77 ff., 86 ff., Brugmann I 467 f., Stolz[2] 281, Schweizer-Sidler[2] 39), findet sich Dehnung von Vocalen bezeugt vor *ns* in osk. keenzstur *188* und vor *nf* in umbr. aanfehtaf *IIa* 33 (a|anfehtaf); diese Schreibungen lassen auch auf *cēnstur cēnsaum mīnstreis* Fēnsernu etc., wohl auch umbr. *ānseriatu ōnse* (tēnzitim?) etc. schliessen, ob auch auf Dehnung vor auslautendem *-ns* in o. uupsens, u. eitipe(n)s etc., ist fraglich. Dass vor umbr. *-f* aus *-ns* im Acc. Pl. der *i*-Stämme langer Vocal gesprochen wurde, wird durch das 4 malige *-eif* (*aueif* 2 m., *auuei, treif*) wahrscheinlich und bei den *o*-Stämmen spricht vielleicht der Wechsel *-of -uf* (*-o -u*) eher für langen als kurzen Vocal (vgl. *-ōr -ūr* im Nom. Pl., oben S. 121), aber es steht nicht fest, ob nicht die Länge etwa schon ursprünglich war (vgl. § 274, 278); dasselbe ist bei *trāf trahaf* trā *traha* möglich, doch scheint ai. *tirás* (= **tr̥rn̥s*) eher für urit. **trāns* (= **tr̥ns*) zu sprechen, vgl. § 155; über *cehefi* (aus **kēns(s)i-* = **kn̥d-ti-*?) s. § 179. Ob

1) Man könnte *lātrīna* vielleicht aus **lu̯ātrīna* erklären.
2) Vgl. Bruppacher 43 ff.

in den oskischen Nom. Sg. auf -iuf aus *-iōn* + *s* und -íf aus *-īn* + *s* und in dem Acc. Pl. auf -úss der *o*-Stämme der Vocal lang oder kurz war, ist schwer zu bestimmen, doch ist namentlich bei -iuf die Wahrscheinlichkeit grösser für Länge. Vor *nht* (*nχt*) aus *nkt* wurde kurzer Vocal gedehnt und *n* verklang: o. saahtúm, u. *sahata šihitir* etc. aus **sankto- *kinkto-* (vgl. got. *þāhta þūhta* zu *þagkjan þugkjan*)[1]. Dass vor umbr. nç *nš* kurzer Vocal gedehnt wurde, bezeugt çihçeřa falls = *çinçeřa aus **kink-* (s. § 177). Secundär gedehnt ist, da im Osk. ursprüngliches *ē* zu íí í wurde (§ 33), wohl auch *e* vor *m* in seem ... *194*, die Lesung der auf m folgenden Buchstabenreste ist jedoch unsicher, ausgeschlossen scheint seem*s*- oder seem*f*-, vielleicht nicht unmöglich seem*pse* ..., in welchem Falle *p* später Einschub sein könnte (vgl. Νυμψιου § 153), aber die Abbildung bei Zvet. (S. I. O. IV 5) scheint eher auf seem*pie* ... oder seem*piv* ... zu deuten. Ob das Fehlen der Anaptyxe vor *gm* (*gn*?) in o. *egma-* (...ugn..?) auf Längung vor diesen Lautgruppen (wie im Lat.) zurückzuführen sei, ist sehr unsicher, s. § 136. Im Lat. findet sich vielleicht Vocaldehnung auch vor *r* + Explos. oder Nas., z. B. vor *rc* (*Maarcus*), *rt* (*Mártis*; *Tiirtius* = *Tērtius* aus Gallien), *rd* (*órdo*), *rm* (*fōrma*), *rn* (*órnauit*) etc.[2]). Mit *Maarcus* wäre das osk. eerk... *56* zu vergleichen, falls es nicht Herk... zu lesen ist (s. § 130), mit *fōrma* o. te[e]rm ..., wie C. A. 29 vielleicht zu lesen ist (das zweite e wäre, wie das vorausgehende -m von liímítú[m vollständig ausgewischt), vgl. § 133. Mehrfach lässt sich im Osk.-Umbr. die Dehnung vor *rs* belegen: o. teer[úm aus **tersom*, wonach vermuthlich auch in u. *tursitu* tusetu, *Tursa* Tuse, *farsio fasio* fasiu etc. der Vocal vor *rs* (= *rz*?) gedehnt war, s. § 232 (ebenso in o. Fερσορει úíníversím?); vor *rs* + Cons.: o. pēstlúm peessl[úm mit Schwund des *r* aus **perstlom *pērstlom* (zum ssl s. § 191), u. *meersta* aus **meřsta*, bei dem allerdings

---

1) Weniger wahrscheinlich ist, dass der Vocal schon gedehnt wurde, als noch *nkt* bestand (vgl. l. *sānctus quīnctus* etc., Thurneysen K. Z. XXX 501 f., Stolz[2] 383, Seelmann 90).

2) Vgl. J. Schmidt Voc. II 348 f., Seelmann 79, 91 f., Schweizer-Sidler[2] 39, Wharton Etyma latina XVII. Die Frage ist jedoch eine sehr schwierige.

zweifelhaft ist, ob *ŕst* wirklich *rst* geworden war (vgl. § 200); ebenso wird in umbr. persklu- *persclo- pesclo-*, perstu pestu, persnimu pesnimu *persnimu*, te(r)svam *dersua desua* u. s. w. (§ 147) der Vocal gelängt gewesen sein (vgl. lat. *pōsco* aus **porsco *pōrsco* etc.); im Auslaut ist ein wahrscheinliches Beispiel der umbr. Nom. Pl. *frateer Vb* 16 aus **fratrēs *fratr̥s *fraters *fratēr(s)* oder vielleicht eher aus **fratĕres *fratĕrs *fratēr(s)* (vgl. § 158, 265), denn an ein urit. **fratēres* wie gr. δοτῆρες etc. darf schwerlich gedacht werden, eine Neubildung **fratēr* statt **fratĕr* nach dem Sing. **fratēr* und dem Verhältniss bei den Nomina agentis, wo Sing. und Plur. wohl beide *-tūr* (Sg. aus *-tōr*, Pl. aus *-tōrēs*) hatten, wäre kaum wahrscheinlich, andererseits ist die Correctur in *frater* (Aufrecht-Kirchhoff, Corssen II 504 Anm., J. Schmidt K. Z. XXV 41, jetzt auch Brugmann II 668) kaum zu rechtfertigen (vgl. auch Zeyss K. Z. XVII 425)[1]. Secundär gedehnt ist auch das *e* der Präpos. *ex* (gr. ἐξ ἐκ) in o. ee-stínt (eh[-stít), eeh-iianasúm (falls nicht vehiian-), umbr. *eheturstamu e-furfatu eh-ueltu* e-veietu etc., auch selbstständig *ehe esu*. Im Lat. lässt man die Form *ē-* mit Recht aus *ex-* vor Nas. und Liq. entstanden sein (vgl. *uēlum* aus **uexlum* etc.), fürs Osk.-Umbr. geht dies jedoch nicht, da hier selbst das einfache *sm sn* etc., um so mehr *ssm* = *ksm* etc. erhalten blieb (s. § 230). Es ist also im Osk.-Umbr. von der *s*-losen Form **ek-* (lat. *ec-fero* etc., s. Corssen I 154 ff.), die auch das osk. ehtrad umbr. ap-ehtre im Gegensatz zu l. *extra* zeigt, auszugehen. **ek-* wurde im O.-U. vor *t* lautgesetzlich zu *eh-*, dann breitete sich die letztere Form auch in die Stellung vor anderen Consonanten und vor Vocalen aus; im Umbr. wurde *eh-* annähernd oder vollständig zu *ē-* (vgl. § 175); im Osk.

---

1) Dass das Wort im Au. alle 4 mal frater geschrieben ist, darf natürlich nicht zu Gunsten der Correctur angeführt werden, da im Au. die Doppelschreibung von Vocalen überhaupt nur 2 mal vorkommt und auch das Nu. sie nur sehr spärlich anwendet (s. o. S. 57). Im Nu. kommt die Form nur noch einmal (*Vb* 11, einige Zeilen vor *frateer*) vor und offenbar hatte die Tafel auch dort ursprünglich *frateer*, nur ist das erste *e* ausgewischt oder unkenntlich geworden (vgl. Bréal LVIII Anm., Bücheler 11 Anm.). Brugmanns Annahme, dass zweimal irrthümlich *ee* statt *e* geschrieben worden sei und an der ersten Stelle der Fehler nachträglich verbessert sei, ist mir nicht wahrscheinlich.

scheint das *h* in *ht* aus *kt* sonst mehr Bestand zu haben als im Umbr. (s. ebd.), aber ee-stint zeigt, dass *ĕh-* doch vor gewissen Consonanten (z. B. Spiranten?) zu $\bar{e}^h$ *ē* wurde[1]), und von hier aus kann $\bar{e}^h$ *ē* auch in andere Stellungen gedrungen sein, daher ev. vor Vocal in eeh-iianasúm[2]). Schwieriger als *ē-* = *ex-* wäre *sē-* = *sex-* in umbr. *sehmenier* sēmenies *sehemeniar* zu erklären, denn *seh-* *sē-* statt des zu erwartenden **ses*(*s*)- von der Ordinalzahl **sehto-* ausgehen zu lassen, wäre an sich nicht sehr einleuchtend und wird durch umbr. sestentasiaru o. Σεστες, welche **sext-* nicht **seht-* = **sekt-* (gr. ἕκτος) zeigen, noch unwahrscheinlicher; da auch andere Gründe hinzukommen (s. § 235), scheint mir die Deutung von *sehmenier* als „sēmenstribus" nicht haltbar, sondern diejenige aus l. *sēmen* *Sēmo* entschieden vorzuziehen (vgl. § 266). Aehnlich wie umbr. *ehe-* *ē-* aus **ek-* müsste (**oh-* **oho-*) *ō-* in *oo-serclom,* falls „obseruaculum" (Bücheler 48), aus **op-* (**ob-*) von der Stellung vor *t* ausgegangen sein (*pt* wurde im U. über *ft* zu *ht t*, s. § 207); Panzerbieter Quaest. Umbr. 15 wendet gegen die Erklärung als **obseruaculum* ein, man würde wegen *anseriatu* etc. umbr. **anserclom* erwarten und jedenfalls ist seine eigene Deutung aus **au*(*i*)-*serclom* (wie l. *au-ceps au-gur*) ebenso wahrscheinlich (vgl. Aufrecht K. Z. I 284, Bréal 49, Conway Verners law 27)[3]). Die Präpos. *ā-* in osk. aa-manaffed kann schwerlich durch Ersatzdehnung aus *abm- (*apm-) *absm- (*apsm-), *adm- (*azm-) oder *anm- erklärt werden, da *amm-, ev. *asm-, zu erwarten wäre, und da auch die Nebenform *af-* (aus *ap-* vor *t* wie *eh-* aus *ek-*) allenfalls fürs umbr. *aha-* *ā*, aber keineswegs fürs osk. *ā-* sich als vermittelnde Zwischenstufe verwenden lässt

1) Der Unterschied zwischen eestint T. A. und eh[stit C. A. kann ein rein orthographischer sein, auch könnte eh[stit nach eh- vor anderen Consonanten für richtigeres *ee[stit stehen; endlich wäre möglich, dass ein dialektischer Unterschied vorläge.

2) Einfacher, aber sehr unsicher wäre die Annahme, dass auch vor *ht* = *kt* selbst kurze Vocale lautgesetzlich gelängt waren, also ēhtrad **Ōhtavis* etc. (die Dehnung hätte wohl bei dem Uebergange von χ*t* zu *ht* stattgefunden).

3) Wenig wahrscheinlich ist die Verbindung von *ooserclom* als **Auserculum* mit dem etrur. Fluss *Auser*, heute demin. *Serchio* (Fabretti Gloss. s. v.).

(denn *f* wurde im Osk. weder vor *t* noch, so weit man sieht, vor irgendwelchen anderen Cons. zu *h*), scheint die Länge in osk. **aa**- ursprünglich zu sein und die Ansicht von Joh. Schmidt K. Z. XXVI 42, Fröhde B. B. VII 327, Stolz² 293 (vgl. auch Danielsson A. S. III 147), dass l. *ā*- neben *ab*- *abs*- eine besondere Präpos. = ved. *á* sei, zu stützen[1]).

Ueber die merkwürdigen Schreibungen ΑυϝυσκΛ- Aiifineís etc. s. S. 140 f., über Meeilikiieís S. 144 f.

108. Kürzung. 1. Für die bei Brugmann I 464 (vgl. Osthoff Rh. M. 36, 481 f., Stolz² 279) behandelte Kürzung im Lat. vor *i̯ u̯* Nas. Liq. + Geräuschlaut kommt wahrscheinlich das *-ois -ais* des Dat.-Abl. Plur. und das *-oi -ai* des Dat. Sing. (umbr. volsc. etc. *-ēs -īs -ē -ī*) in Betracht, worüber S. 162 ff. Wie lat. *uentus* aus **uēntos*, *habentem* aus **habēntem* ist osk. Herĕntateí (*ĕ*, da *ē* osk. í wäre) zu beurtheilen, falls es zu *herē*- gehört, was aber unsicher ist; ähnlich Faλε *12* falls Ptc. = **valef* „ualens" (St. **valĕnt*- aus **valēnt*-), vielleicht auch amfr-et „ambiunt" = **amfr-ĕnt* aus **amfr-ēnt* älter **amfr-ei̯ent* (s. § 292, 304). Wie l. *gaudeo* aus **gāudeo* = **gāu̯ideo* scheint im Umbr. **u̯esticau̯st* (woraus *uesticos*) aus **u̯esticāu̯st* = **u̯esticāu̯es(e)t* lat. **uesticāuerit* gekürzt. Vor intervocalischem *ns* wurde *ē* im Urit. nicht verkürzt, falls die Ergänzung *mi*]*sinum* T. B. 31, zu lat. *mēnsis* gr. μήν air. *mīs* (idg. **mēns*-), richtig ist (s. S. 91), da im Osk. ein erst aus verkürztem **mĕns*- wieder gedehntes **mēns*- vgl. Brugmann a. O. zu l. *mēnsis*) als **mē(n)s*- nicht **mī(n)s*- erscheinen würde (vgl. keenzstur etc. S. 93, 206 ff.); jedoch ist die Ergänzung *me*]*sinum* statt *mi*]*sinum* nicht ganz ausgeschlossen und es würde dann für die Behandlung langer Voc. vor *-ns*- im Urit. der umgekehrte Schluss zu ziehen sein. messímais *133* wird von Bücheler Rh. M. 45, 168 ansprechend als „menstruis" gedeutet (ersteres superlativisch, letzteres comparativisch, vgl. *maritimus : terrestris* etc.); in diesem Worte muss, weil das Oskische e zeigt, *ē* wohl im Urit. verkürzt worden sein. Im wahrscheinlicheren Falle, dass es osk. *mi*]*sinum*, nicht *me*]*sinum*, hiess, also **mēns*-

1) An sich könnte aber lat. *ā*- sehr wohl aus *abs*- vor Liq. Nas. entstanden sein.

vor Vocal urit. die Länge bewahrte, ist der Unterschied daraus zu erklären, dass in der Grundform von messímais auf *mēns- ein Cons. folgte, ob messimo- nun lautgesetzlich aus *mēns-tm̥mo- oder *mēns-thm̥mo- entstanden sei oder für lautgesetzliches *mēnstemo- nach *vikenssimo- l. uicesimus (aus *vikent-temo-) und dgl. umgebildet sei (vgl. § 225, 287)[1]. Ueber meddik- vgl. oben S. 92 f., über angetuzet angit ... § 317.

2. Die Regel der Kürzung langer Vocale vor folgendem Vocal, die auch im Lat. nicht allgemein durchdrang (s. Seelmann 79f., 93f., Brugmann a. O., Stolz[2] 279, Schweizer-Sidler[2] 38), ist im Osk.-Umbr. nirgends nachweisbar, die sicheren Beispiele zeigen erhaltene Länge: osk. piíhiúi „pīo", fiíiet fiiet (*135*) „fīunt" (in diesem Worte trat auch im Lat. die Kürzung nur vor -ĕr- ein: fīĕri etc.), Suffix -īo- in o. Iúvkiíúi Kastríkiieís Vestirikiíúí etc., umbr. wahrscheinlich in Kastruçiie und dgl., altl. noch Lucīum (vgl. § 275). Wenn umbr. dia aus *dūat entstanden ist (s. o. S. 134 f.), setzt auch hier der Uebergang des ū zu ī erhaltene Länge voraus; vo. sistiatiens möglicherweise zu *statūō, doch s. § 298; über o. fuid s. o. S. 130.

3. Endsilben. Im Lat. wurden auslautende Vocale in weitem Umfang gekürzt, ursprünglich wahrscheinlich nur in jambischen Wörtern (s. Brugmann I 504f., Stolz[2] 280, Schweizer-Sidler[2] 38). Im Osk.-Umbr. fehlen directe Zeugnisse für die Quantität der Endvocale, doch beweist das osk. und umbr. -o aus -ā im Nom. Sg. Fem. und Nom. Acc. Pl. Ntr. für die Zeit, als die Verdumpfung eintrat, Erhaltung der Länge (s. S. 78 f.), ebenso osk. -í aus -ē im Dat. Kerrí (wie l. fidē etc., s. § 281) für die Zeit des osk. Wandels von ē zu langem i. Im Umbr. erscheint ursprüngliches -ō als -o, dagegen ursprüngliches -ōd als -u (d. h. -ū, vgl. serituu), ob jedoch hieraus auf Verkürzung des urspr. -ō zu schliessen sei, ist sehr unsicher (vgl. § 250). — Vor den auslautenden Consonanten -m -t -r -l (vor -s nicht) wurden lange Vocale im Lat., doch erst in historischer Zeit, verkürzt, ausser in einsilbigen Wörtern wie fūr sōl (aber quăm etc.). Im Oskischen ist die Erhaltung der

1) Die Kürzung kann eingetreten sein als noch nst (nsth?) bestand oder als schon nss entstanden war.

Länge vor *-m* nur bezeugt im einsilbigen p a a m *29* und p]a a m *188* (wie Pauli A. S. II 90 u. A. wohl richtig ergänzen); im Umbr. zeigt der Gen. Pl. *pracatarum* (aus **-āsōm*) *-um* für **-ōm*, während *-ŏm* ausnahmslos als *-om* erscheint (vgl. § 272, 274). Vor *-r* war Länge erhalten, als der osk. Wandel von *ē ō* zu *í ú* eintrat: Nom. Sg. p a t í r *82*, p a t i r *156* aus **patēr* (doch vgl. § 283), k e e n z s t u r *censtur* aus **kenstōr*, k v a í s s t u r (5 m.) aus **kvaistōr*, auch päl. *Salauatur* aus **saluatōr* (im Umbr. nur au. aȓfertur kvestur uhtur überliefert)[1]. Ebenso vor *-n*: osk. h ú r t í n wohl aus **hortēn* (s. o. S. 90, 175) und vor *-t*: o. *loufit* wohl aus **loufēt* „libet", wenn die Lesung richtig ist, was jedoch sehr fraglich ist (s. § 326); vgl. auch umbr. *trebeit*, wohl mit urit. *-ēt* oder *-īt* (doch bezeichnet *ei* im Umbr. zuweilen auch Kürze). Ob in diesen Fällen später z. Th. oder durchweg Kürzung eintrat, z. B. *censtŭr*, so dass hiedurch ein Unterschied vom Nom. Pl. *censtūr* (aus **censtōrēs*) etc. bestehen blieb (vgl. Bücheler Umbr. 191), lässt sich nicht ausmachen, Erhaltung der Länge ist vielleicht das Wahrscheinlichere. — Vor *-d* (Abl., Imper., Conj.) darf Kürzung keinesfalls angenommen werden, vgl. auch í *i* aus *ē* in osk. f u s í d (= l. **forēt foret*) *amprufid*; im Umbr. fiel wie im Lat. *-d* ab und die Länge blieb erhalten (direct bezeugt in *serituu VIIa* 15).

Vocalsyncope[2]).

109. Es gehört zu den Haupteigenthümlichkeiten der osk.-umbr. Dialekte gegenüber dem Lateinischen, dass sie in der Syncopirung kurzer Vocale bedeutend weiter gehen als letzteres[3]); besonders deutlich zeigt sich dies in den zahlrei-

---

1) Die M ö g l i c h k e i t, dass *-ur* in k v a í s s t u r *censtur* etc. ein aus bereits verkürztem *-or* entstandenes *-ŭr* sei, ist allerdings nicht ganz ausgeschlossen, vgl. S. 112 und § 122 über *ŭ* aus *ŏ* in unbetonten Silben.

2) Vgl. Corssen II 77 ff. (519 ff.), Bruppacher 46 ff., Bréal 322 f., Brugmann I 475 f., fürs Lat. Stolz² 321 f. (319 f.), Schweizer-Sidler² 34, W. Meyer Z. f. rom. Phil. VIII 209 f.

3) Etwas häufiger als im classischen Latein war die Syncope im Vulgärlatein, s. W. Meyer Rom. Gramm. I 54, 261 ff., 442 ff., 534 f., 537 (vgl. hiezu oben S. 38 f., § 10, e).

chen Imperativen wie osk. *actud* „agito", *factud* „facito", umbr. *couertu* „conuertito", ustentu „ostendito", sestu „sistito", revestu „reuisito" etc., in Fällen wie o. Vezkei: l. **Uetusco* (?), u. *mersto-*: l. **medestus modestus* und dgl., und in Schlusssilben: o. húrz *ceus Bantins*, u. pihaz *emps* meřs, osk.-umbr. *-fs -ss* im Dat.-Abl. Pl. = lat. *-bus* u. s. w. Als Factoren beim Eintritt oder Unterbleiben der Syncope lassen sich etwa denken: die Natur der umgebenden Consonanten, die Betonung, die Beschaffenheit und Zahl der übrigen Silben (z. B. die Quantität der vorhergehenden Silbe, vgl. das Westgermanische), die Qualität des betreffenden Vocales selbst; ferner sind Unterschiede von Ort und Zeit zu beachten. Die Eintheilung geschieht am besten nach den umgebenden Consonanten.

I. Syncope in Mittelsilben.

110. Am häufigsten trat die Syncope in der zweiten Silbe des Wortes ein, welche gemäss der urital. Anfangsbetonung (s. § 257) die auf den Hauptton unmittelbar folgende war. Bei mehr als dreisilbigen Wörtern kommt auch die dritte, vierte Silbe etc. in Betracht. — Für Syncope in erster Silbe, welche hier eingeschaltet werden mag, ist päl. *Ptruna* 272 und *pperci* 246, falls zu l. *peperci*, anzuführen (vgl. auch *Ptronius* Mittheil. V 32, *Phlippus* ebd. 28 aus Pompeji und pränestin. *conia* = *ciconia*, *Dcumius* etc. Jordan Kr. Beitr. 12); diese Beispiele setzen die jüngere Betonungsweise voraus, worüber § 257; die Syncope wird aber schwerlich eine vollständige gewesen sein, sondern es wird noch ein reducirter Vocal gesprochen worden sein. Hieher möglicherweise auch o. tfei Blt. (s. § 258)[1]).

111. Zwischen Verschlusslauten war die Syncope im Lat. verhältnissmässig selten (urspr. dreisilbig *propter cette* etc., mehr als dreisilbig *optimus cottidie rettuli* etc.), sehr häufig dagegen im Osk.-Umbrischen. So scheint sie durchaus

1) Schwerlich haltbar ist die Erklärung von o. päl. *bratom* aus **paratom* „paratum" (Bugge K. Z. VI 29f., A. S. 16, 84, Corssen K. Z. XV 247ff., Bücheler L. J. VI a), die Möglichkeit der Syncope zugegeben, bliebe *br-* aus *pr-* bedenklich (s. § 246 und vgl. § 152). Ueber päl. *pros* s. Bd. II Anh.

Regel gewesen zu sein in den Imperativen auf *-ĕtōd -ĭtōd*: osk. *actud* aus **agĕtōd* l. *agito*, *factud* aus **fakĭtōd* l. *facito*, umbr. kuvertu *couertu* aus **konvertĕtōd* l. *conuertito*, sestu aus **sestătōd* oder **sestĕtōd* (**sist-*) l. *sistito*, sistu *andersistu* aus **sisdĕtōd* = l. *sīdito*, *aha-uendu pre-uendu* wohl aus **u̯entĕtōd* oder **u̯endĕtōd* (s. § 247), *an-dendu* an-tentu *en-dendu os-tendu* per-tentu etc. aus **tendĕtōd* l. *tendito*, am-pentu aus **pendĕtod* l. *pendito* (directe Vorstufe vielleicht **tennĕtōd *pennĕtōd*, s. § 204; über *hondu* s. u.), teřtu *dirstu* und tetu titu *ditu* aus **dedătōd* oder **dedĕtōd* (**did-*), s. § 196, fiktu a-fiktu aus **figu̯ĕtōd* l. *fiuito figito*, *ninctu* aus **ningu̯ĕtōd* l. *ninguito*, an-stintu aus **stingu̯ĕtōd* l. *stinguito*, umtu aus **ongu̯ĕtōd* l. *unguito* (über pru-sektu „prosecato" s. § 176), perstu pestu aus **perskĕtōd*, aitu *aitu* (Pl. aituta) aus **aktu* (o. *actud*) **agĕtōd* l. *agito*, *deitu* teitu aus **dēktu *deikĕtōd* l. *dīcito* (ař-veitu kuveitu aus **u̯ehtu *u̯ehĕtod* l. *uehito*; über *i* aus *k h* in *aitu deitu* -veitu s. § 176). Aehnlich ist noch die Syncope in o. *uincter* aus **u̯inkĕter* l. *uincītur* und fruktatiuf aus **frūgu̯ĕtations* l. **fruitatio*, ferner in u. *preplotatu preplohotatu* falls = l. **praeplauditato* (sehr unsicher, s. o. S. 157). Diese Syncope vor *t* muss zwar nach dem osk.-umbr. Wandel von *kt* zu *ht* stattgefunden haben (o. *factud actud*, u. *aitu* etc.: Ptc. **fahto- *ahto-*), aber noch vor dem Uebergang von *ku̯ gu̯* zu *p b*, da sonst o. *fruptatiuf, u. *fiptu (ev. *fiftu *fihtu?) etc. zu erwarten wäre (s. § 172). Im Umbr. besteht zwischen dem Imperativ auf urspr. *-ĕtōd* ev. *-ĭtōd* und dem Particip auf *-ĕto-* der auffallende Unterschied, dass der Imperativ durchweg syncopirt (auch bei Verbalstämmen auf Spir. Liq. etc., nur *n* scheint ausgenommen: kanĕtu, s. u.), das Particip ebenso regelmässig *ĕ* bewahrt: *muiĕto* aus **mugĕtom* gegenüber *aitu *aktu* aus **agĕtōd*; a-seçĕta a-seçĕtes pru-seçĕtu *proseśĕto pro-seśĕtir* etc. aus **sekĕto-*, *tasĕtur* aus **takĕtōs* l. *taciti*, vaçĕtum *uaśĕtom uaśĕto* aus **u̯akĕtum *u̯akĕtom*, *pesĕtom* aus **pekkĕtom* gegenüber *deitu *dēktu* aus **deikĕtōd*; *uirsĕto a-uirsĕto* aus **uidĕtom* geg. *ditu* (= **didtu*) *dirstu* aus **didĕtōd* (*didătōd?*); *opĕter* geg. *ha(h)tu* falls aus **haptu* = **habĭtōd*; ebenso nach Spiranten *osĕto* (= **opsĕto*), *frosĕtom* gegenüber revestu aus **reu̯eisĕtōd* (*-u̯īs-?*); vufĕtes (urfĕta) geg. *ha(h)tu* falls aus **haftu* = **hafĭtōd* (s. § 223,

291); nach Liq. malĕtu „molitum" geg. kumaltu aus **kommalĕtōd* (*comoltu* veltu *holtu amboltu*)[1]; (h)erĕtu (?), wozu sabin. *hirĕtum*, geg. kartu aus **karĕtōd* (vgl. über diese Participia auf *-ĕto-* § 291, 331). Wie das Oskische sich in diesem Puncte verhielt, ist unsicher, es sind nur zwei Ptc. dieser Art erhalten, im einen Genĕtaí, ist *ĕ* erhalten, was aber nichts beweist, da nach *n* im Umbr. auch im Imperativ *ĕ* nicht syncopirt wurde (kanĕtu), im anderen, prúftú- (: spätl. *probītus*) zeigt sich Syncope, während fürs Umbr. nach vufĕtes wohl unsyncopirtes **profĕto-* anzusetzen wäre. Dieses eine Beispiel reicht jedoch kaum aus, um zu entscheiden, ob auch z. B. umbr. *seçĕto- osĕto-* im Osk. *sektú- *úpstú- (ev. *ústú-), nicht *sekĕtú- *úpsĕtú- (ev. -ítú-) lauten würden. Die Zwischendialekte bieten nur das schon erwähnte sab. *hirĕtum* und, nach *nk*, päl. *Ancĕta*. Die umbr. Unterscheidung zwischen syncopirtem Imperativ und unsyncopirtem Particip hatte ihren Grund wohl in der Natur der Endung; im Imperativ stand das *ĕ* zwischen dem Hauptton und der gewichtigen Endung *-tōd -tūd*, während im Particip sicher im Nom. Sg. Masc. auf *-ts* aus *-tos* (taçĕz, *seçĕz, *malĕz etc.), vielleicht auch vor anderen leichten Endungen wie z. B. *-tŏm* die Syncope unterblieb[2]) und *ĕ* von hier aus dann auch in die übrigen Casus eingeführt werden konnte, so Nom. Pl. *tasĕtūr*, Abl. Pl. vufĕtēs *pro-sešĕtīr* (für den Abl. Sg. fehlen Beispiele). Bei Stämmen auf Gutturale musste die Verallgemeinerung der unsyncopirten Form besonders naheliegen, da hier lautgesetzlich stark auseinandergedehnte Formen entstanden wären, z. B. etwa Nom. *seçĕz *vaçĕz Acc. *seçĕtum vaçĕtum Abl. *seitū *vaitū Nom. Pl. *seitūs *vaitūs (vgl. *deitu* aus **dektu* etc.), Imper. *sekātu *vakātu. — Sonstige Beispiele für Syncope vor *t*: osk. Anagtiai aus *Ankĕtiai (ebenso mars.-lat. *Actia* = **Ancĕtia*?) gegenüber päl. *Ancĕta* umbr. Açĕtus = *Ançĕtus (? s. § 248), wo vielleicht die

---

1) kumates *comatir* wohl aus **kom-maltois* mit ursprünglichem *lt*, da durch Syncope entstandenes *lt* wie im Imperativ kumaltu kumultu *comoltu* erhalten wäre (vgl. § 148).

2) Vgl. z. B. Kluge in Pauls Grdr. I 343 über ahd. *sâlige(n)*: *sâligĕr* etc. Im Lat. könnten z. B. Doubletten wie *calidus caldus* aus einem ursprünglichen Paradigma Nom. *calidus* Abl. *caldō* etc. (Adv. *caldē*) erklärt werden.

Viersilbigkeit von *A n k ĕ t ĭ a- in Rechnung kommt; vo. *atahus* vielleicht aus **ad-tetahust* l. *attigerit*; sehr unsicher ist, ob o. ú í t t i u f aus *ú i t ĕ t i u f, p ú n t t r a m aus *p ú n t ĭ t r a m syncopirt sei, da das tt in beiden Wörtern secundär geminirt sein kann (s. § 243); in osk. H e r e n t ā t - päl. *Herentās* aus **herentĕtāt* (-ŏ-? -ĭ-?) wie in l. *uoluntas* aus **uoluntĭtāt-* wirkte wohl zugleich die Silbendissimilation (s. § 259, doch vgl. auch § 266 f.). Für Ausbleiben der Syncope ist noch etwa o. d e k ĕ t a s i ú í d e g ĕ t a s i s d e g ĕ t a s i ú s zu nennen. — S y n c o p e v o r *k*: osk. p e r e k (a í s) umbr. p e r k a f *percam perca* (päl. *perc̣aṣ* nach Paulis Emendation, doch s. Bd. II Anh.) aus **pertka-* **pertĭka-* l. *pertĭca*, vgl. o. Μαμερεκιες M a r k a s l. *Marcus* aus **Mamert-ko-* **Mart-ko-* (oder auch hier urspr. *-ĭko-*?)[1]); bei **toutĭko-* gehen die Dialekte auseinander: osk. *toutico touticom* t ú v t í k (a í ?), vo. *toticu*, aber umbr. *totcor todceir todcom* (Nom. natürlich auch umbr. **totix* (**totis*?) wie o. t ú v t í k s). Zweifelhaft: päl. *praicim-e 254* „in potestatem" oder dgl. aus **praidĭci(o)m* l. **praedĭcium* vgl. *dĭcio*? (vgl. Bd. II Anh.). Unsyncopirt noch o. S i d ĭ k i n u d, A r e n t i k a -, päl. *aticus Peticis* (oder *ī*?), umbr. v e s t i k a t u *uesticos* etc. (*ī*?). — *k-d p-d t-d*: Namen auf *-ĭdio-* zeigen theils syncopirte, theils unsyncopirte Formen[2]): osk. M]a a k d i s M a k d i i s *222*, P u p d i i s *167*, päl. *Popdis 251*, wozu *Sabdia* C. J. L. IX 6334, *Tetdius* ebd. 3827 (*Ofdius* 4371), neben o. P ú p i d i i s *34 35*, E p i d [i i s *42*, päl. *Apidis* (l.-dial. *Sabidius Tetidius* etc.); vgl. ferner o. a í k d a f e d (aus **aikĕd-* oder **aikuĕd-*?), L í g a n a k d í k e í aus **Liganki-dikei* (? s. § 130; vgl. l. *quindecim* aus **quinquĕdecim*), e k k u m aus **ekĕ-dum*? (s. § 204), aber o. A k ŭ d u n n i a d (oder syncopirt aus **Akued-*?) umbr. A k ĕ ř u-

1) Vgl. Bücheler L. J. XX b, XXI a, Umbr. 50. Zwei verschiedene Bildungen *per-ka* und *per-ti-ka* anzunehmen ist nicht nothwendig. Wollte man an der osk.-umbr. Syncope Anstoss nehmen, wozu kein Grund ist, so wäre *perka-* aus der apocopirten Nbf. *pert* zu **perti* (denn von dieser Präposition ist das Wort mit Bücheler abzuleiten, vgl. *trans-trum* und dgl.) zu erklären.

2) Ursprünglich wohl verschieden vertheilt, vielleicht Syncope in den viersilbigen Formen (vgl. o. A n a g t i a i : päl. *Ancĕta*), also z. B. etwa **Popĭdis* **Popdieis* **Popdioi* **Popĭdim*? Die Syncope war übrigens in diesen Beispielen wohl verhältnissmässig jung wegen der Erhaltung von *kd pd*, vgl. § 204. Ueber die Möglichkeit, dass *-idi-* = *-ədi-* aus *-ĕdi-* wäre s. § 128.

nia-, o. καπἱδιτωμ (?). *d-d*: osk. päl. mars. vo. *meddik-* wohl aus **medŏ-dik-* oder **medĕ-dik-*, da es aus **medos-dik-* **medes-dik-* schwerer erklärlich wäre[1]; o. dadid Blt. wohl aus **dad-dĕdid* (s. § 324; päl. *afđed* s. u.).

112. Vor und nach Spiranten. Besonders gern scheint Syncope vor *s* stattgefunden zu haben. *p-s*: osk.-umbr. *opsā-* aus **opĕsā-* l. *operā-ri* in osk. úpsannam upsed uupsens ουπσενς etc. (über *ū* s. § 314), päl. *upsaseter*, umbr. *osatu oseto* und vielleicht *ose*, Abl. Sg. aus **opĕse* = l. *opere* (s. § 241)[2]; o. Upsiis = l. **Opĭsius*, Upsim, vgl. Ni]umsis = l. *Numĭsius Numĕrius*. *t-s*: nur die fraglichen Beispiele u. Peraznanie aus **Peratĕsnanie*, kazi aus **katĕsim* (vakazc *uacose* aus **u̯akatĕse*??), s. § 190; unsyncopirt u. kateramu *caterahamo* falls aus **katĕsa-*, doch s. § 240. *k-s*: osk.-umbr. **nessimo-* in o. n[e]ssimas *nesimois* etc., u. *nesimei* nach Danielsson aus **nek-is-emo-* wie l. *maximus* aus **mag-is-emo-* (doch vgl. § 183). *d-s*: umbr. mersus *meřsus aus **medĕsus*, mersuva *meřsuva aus **medĕsuu̯a-* über *dersua* s. § 200); ezariaf aus **edĕsāsia-*? (s. ebd.). Auffallend sind die unsyncopirten Formen des Stammes **tudes-*: *tuderus* (*tuderor tudero*) gegen mersus *meřsus, Tutere gegen *ose* falls = **opĕse*, *tuderato* gegen *osatu* o. úpsannam upsatuh etc., (während e-tuřstamu wie *mersto-* *meřstu-syncopirt ist). Den gleichen Unterschied zeigt der Nom. Acc. Sg. *tuder* gegen meřs aus **medos*, *uas* aus **u̯acos* (**os* aus **opos* etc.), in diesem aber war der Vocal der Endung, da **tudĕs* unbedingt syncopirt sein müsste[3], wohl lang, also kommen wir auf ein urspr. **tudēs* wie l. *sedēs aedēs* (: gr. ἕδος αἶθος) *molēs Cerēs* etc., mit Rhotacismus *de-gener* = **de-genēs* vgl.

1) Zu **medo-* **mede-* im Compositum von **medos-* vgl. gr. ἐπο-ποιός l. *uulni-ficus* u. s. w. Brugmann II 27, 49, 58 etc.; möglich wäre auch, dass der *o*-Stamm (l. in *modu-s* neben *modes-tus* etc., s. § 141) zu Grunde läge (dann *med-* statt **mod-*).

2) Dass osk. úpsa- umbr. *osa-* nicht mit l. *opera-ri* identisch sei, sondern eine kürzere idg. Stammform **op-s-* neben **op-es-* enthalte J. Schmidt Neutr. 379, 406), wäre erst dann anzunehmen, wenn die Herleitung aus **opesa-* lautliche Schwierigkeiten bereiten würde, dies ist jedoch nicht der Fall (vgl. § 208).

3) Kaum wahrscheinlich ist, dass *tuder* Neubildung statt **turs* *tuřs nach *tuderus* etc. sei, es bliebe dann wieder der Unterschied von *tuderus* und mersus unerklärt.

gr. εὐ-γενής; jedoch blieb **tudēs* im Gegensatz zu l. *sedēs* etc. Neutrum. Die Quantität in *tuderus* etc. ist ungewiss, war *e* lang, so ist die Länge aus dem Nom. Acc. eingedrungen wie in lat. *-ōs -ōris*, also *tudērus tudērato* wie l. *honōribus honōratus* (o. aisūsis, u. vepūrus? s. § 268), während im L. *sedēs* etc. sich den *i*-Stämmen anschlossen; wenn *e* dagegen kurz war (e-tuřstamu aus **tudĕsta-* beweist dies noch nicht), also das Verhältniss zum Nom. wie bei l. *Cerēs Cerĕris*, **degenēr degenĕris* war, mag wenigstens das Unterbleiben der Syncope in **tudĕsus tudĕrus* etc. gegenüber **medĕsus* mersus mit der Gestaltung des Nom. Acc. (**tudēs tudēr* : *meřs) zusammenhängen. Ein zweifelhaftes Beispiel für *d-s* ist *ostensendi* aus **ostendĕsenter* (: l. *ostenderentur*), da die Zwischenstufe auch **ostennĕsenter* gewesen sein kann. *m-s*: o. Ni]umsis Niumsieis gegenüber l. *Numīsius Numĕrius*, o. damsennias *135* neben damuse... *147*[1]), umbr. uze *onse* aus **omse* urspr. **omĕso-* l. *umerus*. *n-s*: o. patensins aus **patnĕsins* oder **patenĕsins* (s. § 192, 296); u. *ostensendi(r)* falls die Vorstufe **ostennĕsend-* war, s. o. *rs* in o. Kerrí etc., päl. *Cerri, Cerfum*, u. *Serfo-* aus **Kers-* scheint ursprünglich, nicht syncopirt zu sein (s. § 232). *l-s* in umbr. felsva aus *felĕsva? (s. § 234). Auch vor *sk st* findet sich die Syncope (l. in *juxta* aus **jugista*). *t-sk*: o. Vezkeí aus **Vetōskei* oder **Vetĕskei* l. **Uetusco* (?). *p-sk*: o. '*Opsci*' '*Obsce*' (d. h. *Osci, Osce*) aus **Opīsko-*. *d-sk*: u. Japuzkum *Jabuscom* aus **Japudisko-*. *d-st*: u. *mersto-* e-tuřstamu = **medĕsto-* **tudĕsta-* (*perstico* = *pedesticom*?) s. § 200. Ueber päl. *lexe* § 323. *n-st*: o. *minstreis* (*mistreis*) aus **minīstreis* l. *ministri*, aber päl. *hanūstu* (kaum *ū*).

Syncope nach *s*: umbr. Imperativ revestu aus *revesĕtu „reuisito", dagegen im Ptc. *osĕto frosĕto* (s. o.); sehr

1) Bugges Vermuthung A. S. 13, dass damuse... = da(d) muse[s (für *musiss) „de moribus" sei, ist durch das seither aufgefundene damsennias widerlegt, dessen Zusammenhang mit damuse... nicht bezweifelt werden kann (vgl. Bücheler Rh. M. 43, 562). Offenbar liegt diesen Wörter ein, etymologisch freilich unklarer, *s*-Stamm **damos-* zu Grunde der wahrscheinlich mit l. *damium damiatrix* (Bücheler Rh. M. 33, 71, Preller-Jordan I 402 f.), wozu nach Bücheler damia... der Blt. (sehr unsicher), zusammenhängt. Vgl. § 268.

unsicher: o. keenzstur *censtur an-censto* = l. *censĭtor incensĭta*, während urspr. **kenstor* zu kenzsur wurde? (s. § 191); o. Νιυμσδιηις nach Corssen K. Z. XVIII 250, Eph. ep. II 156 = l. *Numĭsĭdii*, doch s. § 238; u. menzne aus **mensĕne* oder **mensĭne* (s. § 156). Vor *f*: osk. udf..... Blt. nach Bugge A. S. 42 f. = *údf[akium aus **odĕfak-* l. *olfacere* (nach Deecke App. 181 f. „efficere“, ud- zu ai. *ud-* got. *ūt-*). Nach *f*: osk. prúftú- aus **profĕto-*, u. hahtu *hatu* = **haftu* aus **hafĭtōd* (?), dagegen unsyncopirt u. vufĕtes urfĕta (s. o. S. 214 f.); mars.-lat. *Aprufclano* aus **Apruf-ĕcl-* (oder *-ŏ-*). Nach *h*: u. ař-veitu ku-veitu aus **vehtu* **vehĕtōd* l. *uehito*. — Neue Spiranten hat das Umbrische entwickelt: ř *rs* aus *d* zwischen Vocalen, ç *ś* aus *k* vor *e i*; wo also ersteres vor oder nach, letzteres vor Cons. steht, muss nach der Entstehung der Spiranten Syncope eingetreten sein, ausser in Fällen von Neubildung wie ař- in ař-kani etc. Syncope vor und nach ř *rs*: nuřpener wohl aus **nuřĕ-pener* (*-ŏ-*?), ařpes neben ařepes etc., ařmu- *arsmo-* wohl aus **ařĕmo-*, Pupřik- wohl aus **Pupĕřik-*, tribřiçu aus **tribĕř-* oder **tripĕř-*? (s. über diese Wörter § 146); in teřtu *dirstu* neben tetu titu *ditu* (= **did-tu*) scheint ř *rs* aus teřa *dirsa* etc. restituirt; unsyncopirt kalĕřuf *calĕrsu* (*l* wohl = *ll*), vapeře *uapersus*, kapiře kapiřus *capirse* etc., pumpeřias, fameřias, Akeřunia- etc. Syncope nach ç *ś* in struhçla *struśla*, tiçlu, kurçlasiu, arçlataf, ereçlu, *preuiślatu* (*uasirslom*?), deren -çl- *-śl-* = *-*kĕl-* ist (s. § 178); über vaçĕtum a-seçĕta *taśĕto-* etc. s. o. S. 214 f. Vgl. auch vor ç: Pupřçes *IV* 26 neben Pupřiçes Pupřikes Pupřike, falls das i nicht durch Versehen ausgelassen ist (vgl. *ficlmrs-ueitu VIb* 46 u. dgl.)[1]), *sepse* nach Danielsson = **sepśe* l. **saepĭcie*, vuvçi *uouse* = l. **uouĭcium* **uouĭcie*, skalçe-ta *scalse-to* : lat. *calĭc-s*. — Päl. *đ* entstand wahrscheinlich wie umbr. ř *rs* aus *d* zwischen Vocalen, also müssen alsdann *af-đed* und *çibđu* oder *ẹibđu* syncopirt sein (ersteres wohl aus **afdĕđet* „abdidit“).

113. Vor Liquiden und Nasalen. Bei den Suffixen

---

1) Jedenfalls wäre in Pupřçes nicht vollständige Syncope, sondern nur starke Reduction des *i* anzunehmen, vgl. o. S. 213 zu päl. *Ptruna* etc. und § 204 zu o. Pupdiis etc.

mit *r l n m*, wie *-ero- -tero- -elo- -en-* etc., die hier hauptsächlich in Betracht kommen, ist nicht immer leicht zu entscheiden, ob die vocallosen Formen (*-tro-* neben *-tero-* etc.) wirklich durch Syncope im Italischen erst entstanden sind oder auf indogermanischer Suffixabstufung (vgl. lit- *ka-trà-s* : gr. πό-τερο-ς, etc.) beruhen. Beginnen wir mit den Suffixen *-ero-* und *-tero-* (vgl. Danielsson A. S. IV 169 ff.), so haben wir im Lat. z. B. neben einander *dextero-* und *dextro-*, *aspero-* und *aspro-*, *libero-* und einstiges **libro-* (durch *b* = *f* erwiesen, da dies aus *dh* oder *s* nur vor *r* entsteht), *altero-* und *altro-* (bei Plautus), *postero- extero- itero-* aber *nostro- uestro- utro-* u. s. w. Im Osk.-Umbr. erscheint fast nur die vocallose Form, z. Th. in Uebereinstimmung mit dem Lat. : o. *minstreis mistreis* l. *ministri*, u. mestru l. *magistra*, u. *uestra* l. *uestra* (o. nistrus l. *nostros?*), u. *podruhpei* putrespe (o. pútúrúspíd etc. mit Anaptyxe) l. *utrum-que*, vo. *Uelestrom* l. *Uelitrae*, so auch in den comparativischen Adverbien : o. ehtrad (u. apehtre) l. *extra*, o. *contrud* l. *contra contro-uersia*, u. subra *subra* (und supru) l. *supra*, u. *postro* vgl. l. *retro*, u. *hondra* hutra (im Adjectivum lat. immer *extero- supero-* etc.); in anderen Fällen aber steht die vocallose Form des Osk.-Umbr. im Gegensatz zum Lat. : o. lúvfreís (l]úfríkúnúss?) l. *libero-*[1]), supruis l. *superis*, pústreí l. *postero* (doch *postrī-die*), u. *postra postro* l. *posteras postera*, u. etru- *etro-* l. *itero-*, o. Entraí l. **Interae* (: *intra* = *extero-* : *extra*), o. alttreí alttr[ús alttram *altrei a(l)trud* l. *alteri alteros* etc. (allerdings bei Plautus auch *altr-*); o. huntruis huntrus, päl. *pritrom-e*, u. *pretra nertru-co* haben im Lat. keine Entsprechung, würden aber vermuthlich *-tero-* zeigen, z. B. **praeteras*; o. púnttram nach Danielsson = **ponteram* (unsicher, s. § 243). Nur selten kommt im Osk.-Umbr. noch die Form mit *e* vor: osk. pústiris aus *pusteris = **posterios* l. *posterius*, zu pústreí sich verhaltend wie l. *ministerium* zu *ministri* etc.; Vestirikiíúi l. wohl „*Uestericio" (Suff. *-ter-* nicht *-tero-*, s. § 127); o. Nuvkirinum aus **Noṷ-ik-er-īno-* l. *Nūcerīnorum*, neben syncopirtem Nuvkrinum[2]); u. *atero*,

---

1) Freilich ist die Zusammengehörigkeit dieser Wörter nicht ganz zweifellos.

2) Dass *Nūceria* Compositum sei und eine W. *ker-* κτίζειν ent-

falls mit Bücheler 108 zu l. *atrum* umbr. *adro-* zu stellen, steht neben letzterem wie l. *dexterum* neben *dextrum* etc.[1]). Dunkel ist asabell. -kiperu *282*, vgl. Bd. II Anhang. — Wir finden also im Osk.-Umbr. gegenüber dem Lat. ein bedeutendes Uebergewicht von Formen ohne *ĕ* vor dem *r*. Das Nebeneinander von *dextero-* : *dextro-*, *postero-* : *nostro-* etc. im Lat. ist wohl aus uritalischem Wechsel von Formen mit und ohne *e* innerhalb desselben Paradigmas zu erklären, ein Wechsel, der entweder altererbt (vgl. gr. πό-τερο-ς : lit. *ka-trà-s*) oder im Urit. aus einheitlichem *-ero- -tero-* durch in gewissen Formen eingetretene Syncope entstanden sein kann. Wie nun im Lat. z. Th. die *ĕ*-Formen einstige danebenstehende *ĕ*-lose Formen verdrängt haben — bei *libero-* durch *b*, bei den Comparativen durch die *e*-lose Form der Adverbia wie *extra contra postridie* etc. (welche aus dem lebendigen Casusverband ausgeschieden waren) bezeugt —, so liesse sich allenfalls für die osk.-umbrische *ĕ*-Losigkeit mit der Annahme auskommen, dass hier umgekehrt die *ĕ*-losen Formen auf Kosten der *ĕ*-Formen sich analogisch ausgedehnt hätten. Da aber das Osk.-Umbr. auch sonst dem Lat. gegenüber Vorliebe für Syncope zeigt, auch speciell vor *r* in o. embratur „imperator“, päl. *empratois* „imperatis“, *Decries* „Decurius“ (o. amfr-, u. *ambr-* aus **amfer-*), so liegt die Annahme näher, dass das Uebergewicht der *ĕ*-losen Formen durch speciell osk.-umbrische wirkliche Syncope herbeigeführt sei, ev. dass beide Factoren zusammenwirkten. Bei Suff. *-ter- -tor-* stellt dagegen *-tr-* wohl meistens die idg. Tiefstufenform *-tr-* dar, ist also nicht syncopirt, so in den Ableitungen wie o. Fuutrei päl. *pristalafacirix sacaracirix* aus **-trix*, u. fratreks *fratreca fratrecate*

---

halte (Bücheler L. J. XIII a XVIII a), ist mir nicht wahrscheinlich; es ist wohl einfach eine Ableitung von **nou̯īko-* (vgl. **nou̯elo-* in *Nōla* osk. Núvla-) und verhält sich zu einem **Nouicium* wie *Crustumerium* zu *Crustumium* u. dgl.; das Suffix *-cro-* von *lauacrum* etc. kann das Wort nicht enthalten (wie Mommsen U. D. 283 annimmt), da dasselbe nie ein *ĕ* hatte (*-cro-* aus *-clo-* idg. *-tlo-*, s. § 261, 5).

1) Möglicherweise könnte der Unterschied gegenüber *ădro-* „āter“ sich zugleich auf die Quantität des *a* erstrecken: *ătero* wie l. *ătrox*. Etwas auffällig bliebe es immerhin, dass *e* nicht syncopirt wurde, doch würde ein **aterro-*, woran Bücheler denkt, sich schwer rechtfertigen lassen. Vgl. noch § 207.

uhtretie kvestretie (s. Brugmann II 354 f.), wahrscheinlich auch in dem Paradigma von *pater mater frater* (l. *patris patrem patres*, o. paterei aus **patrei*, maatreís, fratrúm, marr. *patres*, u. patre *matrer fratrom* fratrus etc.), wo *-tr-* im Urit. verallgemeinert zu sein scheint (vgl. gr. πατρί statt πατέρι u. s. w. Brugmann II 354 ff., Gr. Gr.[2] 102, Stolz[2] 328); doch setzt vielleicht *frateer* eine urit. Gdf. **frateres*, nicht **fratres*, voraus (vgl. S. 208 und § 265).

Die Suffie *-elo-* (*-e-lo-*) und *-kelo-* (ersteres z. Th., letzteres immer deminutiv) erscheinen im Osk. theils syncopirt: Fistluis Fistlúis Fistlus neben Fistel(iú) Φιστελια, Núvlanúís etc. aus *Núvĕla- (s. u.), zweifelhaft Αυσκλ- (s. § 261, 5), theils unsyncopirt: ampu[l]ulum Blt. = *am-polo-lom*, älter wohl **am-polelom*, Demin. zu l. *an-culus* gr. ἀμφί-πολο-ς (s. § 168), *zicolom zicolois ziculud zicel[ei* T. B., wozu wohl d]iíkúlús *205*, aus **diē-kelo-* l. **diē-culu-s* (vgl. § 127. 136), vor *i̯* in *famelo* aus **fameli̯ā*, Víteliú Vítelliú aus **Viteli̯ā*, Fistel[iú aus **Fisteli̯ā*. Päl. *fertlid* wohl aus **fertĕlid*, **fertīlid* oder **fertŏlid*, da ursprüngliches *-tl-* urit. *-cl-* wurde; mars.-lat. *Aprufclano* mit Deminutivsuff. *-kelo-*? (s. § 261, 5); vo. *uesclis* aus **uescĕlis*. Im Umbr. trat, nachdem *k* vor *e* zu ç *ś* geworden war, Syncope ein: kurçlasiu aus *kurkelasiu zu l. *circulus* aus **circelos* (?), tiçlu aus **dikelo-*, ferner *preuiślatu*, ereçlu, struhçla *struśla*, *uasirslom* (?), mit erhaltenem *k* veskla *uesclir*, aviekla *auieclir*, *ecla* (s. § 178), unsyncopirt nur iseçeles *IV* 7 falls nicht iseçe*t*es zu lesen; nach anderen Consonanten: vitluf *uitlu* aus **u̯itelo-* (vgl. o. Víteliu) l. *uitulus*, katles katlu wohl aus **katelo-* (s. § 261, 5), während in anderen Fällen, wie *poplo- scapla* seples *fondlir Treblanir* etc. gegenüber l. *populus scapula simpulum *fontulis Trebula* etc. auch umgekehrt das lat. *-ulo-* aus *-lo-* durch Anaptyxe entstanden sein kann, wofür z. B. bei *angulus* das *g* in u. *anglo-* gegenüber *ś* in *pre-ui(n)ślatu* spricht (urit. **anklo-* : **u̯inkelo-*)[1]).

Bei den Suffixen *-en- -men-* (*-on- -mon-*) bestanden ur-

---

1) Doch auch *poplo- scapla-* seples vielleicht eher mit *-elo-*, vgl. ebd. Erwähnt seien für Syncope vor *l* noch Venlis neben Venileis Veneliis und Vipleis (?) = *Viíb(i)leís auf kampanischen Thongefässen *(177)*.

sprünglich ähnliche Abstufungsverhältnisse wie bei *-ter-* (*-tor-*), s. Brugmann II 322 ff.; während aber bei *-ter-* im Italischen die schwächste Stufe *-tr-* verallgemeinert wurde, zeigt das Lat. bei den *n*-Stämmen (natürlich von *-ōn- -mōn-* wie oben von *-tōr-* abgesehen) Verallgemeinerung einer Suffixform *-in-* (*nominis*: ai. *nâmnas* etc.; mit *-n-* nur *car-n-is*), welche auf urit. *-en-* (= idg. *-en-* oder *-ṇn-*), bei Wörtern mit Nom. Sg. auf *-ō* wie *homo turbo* vielleicht auf *-ōn-* beruht. Im Osk.-Umbr. finden wir in der Regel vocallose Formen: o. teremniss l. *terminibus*, teremnattens etc. l. *terminare*, u. *termno-* l. *terminus*, *nomner nomne* l. *nominis nomini*, umne l. *unguine* oder *omine*, tikamne l. **dicamine*, *pelmner* l. **pelminis *pulminis* vgl. *pulmen-tum*, menzne St. **mēnsen-* (?), mit Vocal nur u. petenata „pectinatam“ (Tesenakes *Tesenocir Tesonocir* dunkler Herkunft) und o. *mi]sinum* oder *me]sinum*, sabin. *mesene* gegenüber u. menzne (falls diese Formen auf einen St. **mēnsen-* nicht **mēnsion-*, zurückgehen, s. § 156). Die angeführten vocallosen Formen von den lateinischen mit *-in-* trennen zu wollen, wäre unbegründet, es wird also, da *-in-* in *nominis* etc. wohl kaum durch Anaptyxe (aus **nomnis* etc.) zu erklären ist, für die osk.-umbr. Formen wahrscheinlich Syncope anzunehmen sein (ausser natürlich in o. *carneis*, u. karnc karnus : l. *carnis*)[1], was ganz unbedenklich ist und bei u. *termno- pelmner* sowieso nothwendig scheint; denn da im Idg. Wortformen wie **termno- *pelpmn-* oder **pelmn-* wohl kaum bestanden haben, sondern als **termṇno- *pel(p)mṇn-* oder **terṃno- pel(p)ṃn-* erscheinen mussten (vgl. über die betr. idg. Regel z. B. Streitberg P. B. XIV 41 f.), ist fürs Urit. jedenfalls ursprünglich **termeno- *pel(p)men-* anzusetzen (*-men-* ev. auch = idg. *-men-*), woraus alsdann l. *terminus* etc. direct, ohne eine Zwischenstufe *termno-* etc., entstanden sind (vgl. auch Gen. *terminis* = ai. *tarmanas*)[2]). Auch o. teremngeht wohl auf syncopirtes **termn-* zurück, s. § 133. O. *comono comenei* scheint einen urit. Stamm **komeno-* vorauszusetzen (s. § 136), also umbr. kumne kumnahkle aus *kumene

1) Eine weitere Spur der Tiefstufe *-n-* möglicherweise in u. une neben umne, s. § 172.

2) Vgl. über l. *terminus* etc. Brugmann I 203 (472 Anm. 2, M. U. II 182).

*kumenahkle syncopirt, ebenso osk. *Comni(s)* oder *Comni(es)* aus **Comeni-* (dazu auch mars. *Cumnios*?)[1]; desgleichen kann osk. amnúd *amnud* aus **amenŏd* syncopirt sein (der Unterschied gegen unsyncopirtes *comenei* etc. wegen der schweren Endung *-ŏd*? vgl. oben umbr. Imper. kumaltu : Ptc. malĕtu(m) etc.), kann jedoch auch eine kürzere Form des Suffixes enthalten, vgl. § 136. Osk. memnim *129* könnte einen Stamm idg. **me-mn-ii̯o-* enthalten, vgl. idg. **qe-qr-o-* **be-bhr-u-* und dgl. Brugmann II 91 f., es scheint aber wegen l. *Meminia* (Bücheler U. 166) doch eher aus *memĕnim syncopirt zu sein (idg. wohl **me-mn̥-i̯o-* **me-mn̥-i̯a-* vgl. l. *memoria* aus **me-mr̥-i̯a-* (eigentlich **se-smr̥-i̯a*), gr. τέτανος aus **te-tn̥n-o-s*). U. *acnu* perakni- sevakni- gegenüber o. akĕneí kann *ĕ* syncopirt haben, möglich ist aber auch, dass umgekehrt *ĕ* in akeneí durch Anaptyxe entstanden ist, s. § 136. Unsicher ist die Quantität des Vocales von *-on-* *-in-* in u. *homonus*, ferine *ferine*, *tribrisine*; war *o i* kurz, so ist der Unterschied gegenüber der Syncope von *ĕ* in *nomner pelmner termno-* kumne etc. zu beachten[2]). Vor *i̯* unterblieb begreiflicherweise die Syncope auch bei *-ĕn-*, im Osk. trat Gemination des *n* ein (s. § 243): teremenniú aus **termeni̯ā* l. **termĭnia*, aber vor *ĭ* im Abl. teremníss (so mag auch z. B. zu memnim der Gen. *memennieís gelautet haben), ähnlich damsennias; aus dem Umbr. wohl hieher semenies *sehmenier* vgl. l. *sēmĭnium*, während der l. Gen. *sēminis* im Umbr. **sēmner* lauten würde.

Für suffixale Silben mit *m* kommen weniger Beispiele in Betracht. Sichere Syncope liegt vor in osk. dekmanniúís „decimanis" urit. **dekĕmānio-*, vgl. auch Δεκμος „Decimus" U. D. 255, 284. Zweifelhaft ist sie trotz l. *postumus* bei o. pustmas, da die Gdf. **post-mo-* sein kann (vgl. *pos-mo-m* T. B. und umbr. pust-naiaf neben pus-naes, *post-ne* neben l. **pos-ne pō-ne*); gehörte dagegen *t* zum Superlativsuffix (vgl. zur Frage ob im Comparativ *post-ero-* oder *pos-tero-* zu theilen sei Brugmann II 183), so wäre Syncope von *ĕ* oder viel-

1) Eine andere Möglichkeit der Erklärung von *comono* kumne etc. s. in § 212.

2) natine mag wegbleiben, weil zwischen *t* und *n* auch *ĕ* unsyncopirt ist in petĕnata (unklar ist ufestne). Ueber menzne s. § 156.

leicht eher *ŏ* (urit. **pos-tĕmo-* oder **pos-tŏmo-*, s. § 156) anzunehmen; letzteres ist wohl das weniger wahrscheinliche, vgl. unsyncopirt osk. últiumam = **oltomam*, umbr. *hondomu* = **hontomōd* (das Umbr. geht sonst in der Syncope eher weiter als das Osk., vgl. kumne : *comenei*, menzne : *mi]sinum* etc.). Unsyncopirt noch o. *nesimois nesimum* n[e]ssimas messímais, u. *nesimei*. Dagegen scheint u. ař mu- *arsmo-* aus *aře mu- **arsĕmo-* syncopirt zu sein (s. § 146).

Syncope vor Liq. Nas. in Wurzelsilben: o. embratur, ímbrtr = ímbr(a)t(u)r, päl. *empratois* gegenüber l. *imperator imperatis*, wahrscheinlich auch o. *cebnust* gegenüber umbr. *benust* (aber o. kúmbĕned, nicht *kúmbned), endlich u. sumtu „sumito" von **sumō*, genauer wohl **summō* aus **sub(ĕ)mō* oder **sup(ĕ)mō* (während l. *sūmo* aus **su(b)s-(ĕ)mō* entstanden zu sein scheint, vgl. § 230).

114. Nach Liquiden und Nasalen. Gemeinitalische Syncope zeigt **Herkl-* aus gr. Ἡρακλῆς in o. Hereklei̇s Herekluí etc. (aus *Herkl-), vest. *Herclo*, l. *Hercules hercle* (über die Vermuthung eines ächt italischen **Herk-los*. § 130). Im Umbr. nach *r l m* Syncope im Imperativ: kartu kumaltu *comoltu* veltu *ehueltu holtu amboltu* ař-peltu sumtu umtu, aber Erhaltung des *ĕ* im Particip: (h)erĕtu(?) malĕtu, s. o. S. 214 f.. Ausserdem: umbr. *ooserclom* vielleicht aus **serĭklom*, **serŭklom* oder **seru̯(ĕ)klom* (s. § 298); o. huntruis huntrus, u. *hondra hondomu* vielleicht aus **homĭt(e)ro- *homĭtomo-* (ev. **homŏ-*); o. Ni]umsis Niumsieís aus **Nomĕsio-*, damsennias zu damuse... (vgl. S. 218), u. uze *onse* aus **omĕso-*; culchna auf einem campanischen Thongefässe aus gr. κυλίχνη (l. *culigna*). Nach *n* scheint die Syncope gern unterblieben zu sein, so u. kanĕtu als einziger unsyncopirter Imperativ auf urspr. *-ĕtōd* (und *-ĭtod*), osk. Genĕtaí gegenüber prúftú-set aus **profĕto-* (vgl. S. 215); ob *i* in *sonitu sunitu* kurz sei, ist zweifelhaft (s. § 291); päl. *hanustu* wohl = **hanŏsto-* gegenüber o. Vezkeí aus **Vetŏskei (-ĕs-)*, u. *mersto* aus **medĕsto-*. Dagegen mit Syncope nach *n* o. *minstreis (mistreis)* aus **minĭstreis*, nach *nn* u. antentu *andendu endendu* ampentu (*hondu*?) und *ostensendi* (: l. *ostenderentur*), falls *nd* vor der Syncope zu *nn* geworden war.

Eine anders geartete (und ältere?), gemeinitalische Syncope

ist diejenige bei *-rŏ- -rĕ- -rĭ- -lŏ- -nŏ-* etc. zwischen Consonanten (sog. Samprasarana), durch welche zunächst sonantische *r̥ l̥ n̥*, weiterhin *ᵉr ᵉl ᵉn, er el en* enstanden (s. § 158). Bei Ableitungen von *o*-Stämmen kann man zweifeln, ob der Stammauslaut als *ŏ* oder *ĕ* anzusetzen sei, z. B. l. *agellus* aus **agrŏ-lo-s* oder **agrĕ-lo-s*, oder ob beides vorkam. Da die Frage hier gleichgültig ist, setzen wir im Folgenden überall *ŏ* an. *-(e)r-* aus *-rŏ-* in osk. Abellā-núís etc. aus **Ab(e)rlā- *Aprolā-* (?), Aderl(ā-) l. *Atella* aus **Atrolā-*. mit anderem Suffix sabin. *Atrno* (*r = r̥* oder *ᵉr*?) l. *Aternus* aus **Atrono-*, umbr. *cisterno* l. *cisterna* vielleicht aus **cis-tro-nā* (s. § 261, 4); ähnlich kann das häufige Ortsnamensuffix *-terno-* (s. ebd.) z. Th. auf *-tro-no-* (Instrumentalsuffix *-tro-* in localer Bedeutung, vgl. Brugmann II 433 f.) beruhen, z. B. Fre(n)ternum zu *Frentrú-m Fren-treí (l. *Frent(r)ani*)?, '*Cliternum*' (aeq.), '*Cliternia*' (frent.) aus **kleitro-no-* zu umbr. kletra (l. *clitella* aus **kleitrola*)?, während z. anderen Theil *-terno-* ohne Zweifel zum Comparativsuffix *-tero-* (das allerdings ebenfalls theilweise die Form *-tro-* hatte) gehört, z. B. lat. *Ueliterno-* zu vo. **Ueles-t(e)ro-* (*Uelestrom*), Bildung wie gr. ὀρέϛ-τερο-ϛ? (vgl. Brugmann II 183 f.). Ueber o. Tantrnnaiúm s. § 266. *-(e)l-* aus *-lŏ-* (vgl. l. *tabella* aus **taflŏlā* etc.) vielleicht in osk. Kupelternum, s. § 246 (dagegen *-el-* in o. Núvellis Bivellis nicht aus *-lo-*, s. § 261, 5). *-(e)n-* aus *-no-* lat. in *sigillum* aus **sign̥lo- *signolo-*, *tīgillum* aus **tīgnolo-*, *pugillus* aus **pugnolo-*, *columella* aus **columnola*, *scabellum* aus **scabnolo-* zu *scamnum* aus **scabnum*, *Sabellus *Safellos* aus **Safnolo-* zu **Samnium* aus **Sabniom *Safniom*; von diesen zeigt *scabellum*, dass das „Samprasarana" vor dem vermuthlich uritalischen Wandel von *bn* zu *mn* (s. § 213) eintrat; darf man dasselbe auch früher als den urit. Wandel von *tn* zu *nd* setzen, so ergibt sich die Möglichkeit (wohl die einzige), osk. patensíns mit lat. *panderent* direct zu vereinigen: Gdf. **patnĕsēnt*, woraus lautgesetzlich **patn̥sēnt* = osk. patensíns, lat. *panderent* dagegen Neubildung statt **patensent* nach den übrigen Formen wie *pando pandēbam pandere* (aus **patnō* etc., vgl. auch Perf. *pandi* statt **pepĭti* oder dgl.); doch steht uritalischer Wandel von *tn* zu *nd* keineswegs sicher, es muss daher patensíns vielleicht eher einem l. **patĭnerent* gleichgesetzt wergen (s. § 192). Aus dem gleichen Grunde bleibt es zweifelhaft, ob u. *Padellar* aus **Patn̥lā-* = **Patnolā-*, Demin. zu l. *Panda* aus **Patnā*, erklärt werden darf und nicht vielmehr Deminutiv zu einem l. **Patīna* ist (vgl. § 197).

115. Nach *u̯* finden sich ähnliche Verhältnisse wie im Lat., welches in dieser Stellung besonders häufig Syncope eintreten liess: *prūdens* aus **prouidens*, *ūdus* neben *uuidus*, *auceps* = **auiceps*, *gaudeo* = **gauideo* u. s. w. (s. Stolz [2] 272, 321 f., Schweizer-Sidler [2] 34 f.). Aus dem Osk.-Umbr. sind anzuführen: o. Júvkiíúí aus **Jou̯-īk-īo-* vgl. l. *iūcundus* aus **iouicundus* und *Jūlius* (osk. *Júvliis) aus **Jou̯-il-io-* (unsyncopirt *Juilius* und osk. iúvila-, vgl. Bücheler Rh. M. 43, 135); vo. *Cloil* wahrscheinlich aus **Cloilīs* oder Abkürzung für **Cloiliis*, St. **Clou̯lio-* (woraus **Cloi̯̯lio-* **Cloi̯lio-*, s. oben S. 205) = **Clou̯-il-io-*; o. Núvlā-núís etc. aus *Núvĕlā- (l. *nouulus*, *nouellus*); Nuvkirinum Nuvkrinum aus *Nou̯-īk-er-īno* (S. 220 f.); marr. *Maroucai* aus **Marr-ou̯ī-ka-* zu **Marr-ou̯io-m* „Marruuium"; päl. *Nounis* „Nōnius", u. *Noniar* „Nōniae" aus **Nou̯ĕnio-* **Nou̯ĕniā-*; u. *comohota* wohl aus **mou̯tā-* = *mou̯ĕtā-* (vgl. S. 160); u. nuřpener vielleicht aus **nou̯edo-* (l. **nouidi-pendiis*); u. vuvçi *uouse* aus **u̯ohu̯īk-*, s. § 219. — Umbr. vutu, falls v- aus l- zulässig ist (§ 143), = **lotu lautu* l. *lauito*; osk. AFδειες „Auīdeius, Audeius" oder „Auīdius, Audius"; Aukil „*Auīcilus, *Aucilus" (vgl. l. *Aulus* aus **Auilus*, *auca* aus **auica*); kaula (falls so zu lesen) l. *caulae* aus **kau̯ĕlā-*? (vgl. S. 115, 204); u. *ooserclom* falls aus **au̯i-serclom* vgl. l. *auceps* etc. (oder = **obseruaculum*? s. S. 209); kutef **cotef* l. **cautens* von Ptc. **kauto-* aus **kau̯ĕto-* älter **kou̯eto-* (: gr. κοέω), vgl. l. *cauitionem* neben *cautionem* [1]); wie in diesem Worte spricht, falls l. *faueo* urspr. **foueo* ist (Thurneysen K. Z. XXVIII 154), in umbr. *fōni-* = **fauni-*, l. *Faunus*, das *au* für Syncope aus **fau̯ini-* **fau̯ino-*, älter **fou̯ini-* **fou̯ino-* (**fou̯no-* hätte l. **Fūnus* ergeben) [2]); klavlaf klavles aus **klāu̯ŏlā-* oder **klāu̯ĕlā-* l. *clāuula* (vgl. über *āu̯* S. 157). Ueber u. *courtust* s. S. 161, über *fondlir* § 217; unsicherer Herkunft ist o. Avfi oder Savfi 27.

---

1) Doch ist die Deutung von kutef als „cautens" nicht ganz sicher, s. § 166.

2) *i* in **fou̯i-* **fau̯i-* weil die Causativa auch z. B. im Ptc. *i* zeigen (idg. **dorkito-* zu **dorkéi̯ō* etc.), vgl. § 291.

uu̯ wurde durch die Syncope zu *ū* (vgl. l. *udus* aus und neben *uu̯idus*, etc.): umbr. struhçla *strūšla* = l. **struīcula*, aus **struu̯īkelā-* oder *struu̯ĕkelā-* (vgl. § 268); o. krustatar Blt., falls mit Bücheler (Rh. M. 33, 22 ff.) als „cruentetur" zu deuten, ist wohl aus **kruu̯-ĕs-tā-* (: **kruu̯-ōs* l. *cruor* = *honestare* : *honōs* etc., vgl. auch u. e-tuřstamu aus **tud-es-tā-*) syncopirt, während bei Bugges Deutung (A. S. 28) „crusta, gleba tegitor" ursprüngliches **krūs-ta-* (vgl. an. *hrūsa* etc.) zu Grunde liegt; Fut. II o. *fust* (wohl nur T. B. 28; zum *ū* vgl. u. amprefuus) aus **fuu̯ĕs(ĕ)t* = l. *fuerit* (über o. Fuutreí s. S. 129 mit Anm.); u. *uesticos* **uesticaust* aus **u̯esticāu̯ĕs(ĕ)t* l. *-āuerit*, wohl auch *habus(t)* aus **habuĕsĕt* l. *habuerit*, u. s. w. (s. § 325). Ueber o. serevkid aus *servīkid oder *servĕkid s. § 132. — Syncope eines Vocals nach *u̯* zugleich mit Schwund des *u̯* scheint vorzuliegen in l. *aetas aeternus* neben *aeuitas aeuiternus*, *dītem dītior dītiae* neben *dīuitem dīuitior dīuitiae*[1]), denen sich päl. *aetate* „aetate", *aetatu* „aetatem" (oder ebenfalls Abl.?) und *dēti* lat. gleichs. **dīuitium* (Ntr. Sg.), *des* „dīues, dīs" anschliessen, es wäre also **ai̯u̯ĕtāt-* **dei̯u̯ĕt-* in gewissen Formen (später ausgeglichen) zu **ai̯u̯tāt-* **dei̯u̯t-* geworden, woraus **ai̯tāt-* **dei̯t-* (eine andere, doch sehr unsichere Möglichkeit, s. o. S. 204). Aehnlich l. *praeco*, falls aus **praiu̯ĕco* oder **praiu̯ŏco*, zu welchem nach Deeckes Deutung (App. 177) päl. *praicim-e* gehört, während Pauli (A. S. V 117) es als **prai(u̯ŏ)cim* zu umbr. *uoco-* stellt, doch s. Bd. II Anh. Sehr fraglich auch u. *ooserclom* aus **seru̯(ĕ)klom* (s. § 298). Ueber die Entstehung von *u̯* aus *uu̯* (*ou̯* etc.) in o. Akviiai aus **Akou̯iai*, päl. *Pacuies* aus **Pacou̯ies*, o. päl. **salavo-* = **salvo-* aus **salou̯o-* und dgl., die nicht als eigentliche Syncope aufzufassen ist, s. o. S. 196 f.

II. Syncope in Schlusssilben.

116. Vor auslautendem *-s* wurden im Osk.-Umbr. alle kurzen Vocale, ausser vielleicht idg. *ŭ*, syncopirt (vgl. das Gothische Brugmann I 517). So *-ŏs* im Nom. Sg. der *o-*

---

1) Aehnlich *uīta* = **uīuīta* lit. *gyvatà*.

Stämme: osk. h ú r z aus **hortos*, t ú v t í k s aus **toutikos*, *Bantins*, P ú m p a i i a n s, Σαιπινς, T a f i d i n s, A a d i r a n s, H e í r e n s (oder letzteres aus *-*nĭs*? s. § 276), P e r k e n s aus **Perkedn(o)s*, aequisch N u e r s e n s (oder aus *-*ensĭs*?), päl. *Rustix* „Rusticus" (*sacaracirix pristafalacirix 254* dagegen eher Fem. = l. *-trīx* als Masc. = l. *-tricus*, s. Bd. II Anh.), *Calauan(s)* „Caluanus"[1]), pic. V a r i e n s *288* „Uarienus" (P a i z „Paetus" oder „Paetius"? s. Bd. II Anh.), Z i z i e n ś *284* (?), umbr. *emps* „emptus", p i h a z *pihos* „piatus", *termnas* „terminatus", s t a k a z, k u n i k a z *conegos*, t a ç e z *tases tasis* „tacitus", *persnis pesnis* aus *-ĭtos* (über *uestis* § 329), f r a t r e k s *fratrexs* „fratricus", p e l s a n s aus **pelsandos*, I k u v i n s „Iguuinus". Nom. Acc. Sg. neutraler *s*-Stämme: umbr. m e ř s *mers* aus **medos*, *uas* aus **uacos*, osk. αισ *12* vielleicht aus **aisŏs*[2]), *min[s* T. B. aus **minos* l. *minus*. *-ios* wurde durch die Syncope zu *-is* : osk. p ú s t i r i s = l. *posterius*, *fortis* = l. *fortius*, z. Th. jedenfalls auch in den Nominativen auf *-is* wie o. d e g e t a s i s umbr. *Atiersir* etc., worüber § 276. Ebenso *-uos* zu *-us* : o. *facus praefucus* aus **facuos* vgl. l. *irriguus* etc. (aus **factos* unmöglich zu erklären), s. § 261, 3; o. σαλαϝς S a l a v s (s a l a v s?) aus **saloṷos* oder **salṷos*, vielleicht durch Neubildung nach den übrigen Casus statt *s a l ú v s oder *s a l u s, s. § 132. Syncope von *ĭ* vor *-s* im Nom. Sg. der *i*-Stämme : o. *ceus* = l. *ciuis*, u. *fons fos* aus **faunis*, *Casilos* aus **Casilatis*, v a k a z e *uacose* wohl aus **ṷakatis* + *sīt* (vgl. *fonsir* etc. und s. Bd. II Anh.), marr. F e m. *pacr-si* = l. **pacris sit* (M a s c. umbr. *pacer* = l. **pacer* s. u.)[3]), möglicherweise einigemal bei *io*-Stämmen (vo. *Cloil* etc., s. § 276.) Osk. p u z *pus* (so ist für *pous* zu lesen),

---

1) *Herclit 259* kann zu **Herclits* oder **Herclitos* ev. **Herclitus* ergänzt werden (= ʽΗράκλειτος), vgl. den gr. Namen *Arghillus 267* (lies *Archillus*) ʼΑρχιλλος. Das *-t* von *Herclit* steht auf dem Rande des Steines.

2) αισ als Abkürzung zu betrachten, ist durchaus kein Grund, wenn man mit Bücheler Rh. M. 33, 35 (vgl. L. J. IV a) einen *s*-Stamm zu Grunde legt (αισ aus **aisŏs* : a i s u s i s Blt. = l. *decus* : *decŏribus* oder *decōribus*, vgl. § 268); weniger wahrscheinlich ist mir, dass αισ für *αισομ abgekürzt sei (Corssen Eph. ep. II 156, Deecke App. 182, vgl. Bugge A. S. 41).

3) Oder ist *pac(e)r-si* mit altl. F e m. *acer alacer* etc. zu vergleichen (Bugge K. Z. VI 160, Corssen ebd. IX 152)?

umbr. puz-e *pus-e pus-i pus-ei* ist wohl = **putĭ-s* (vgl. l. *uti*, *-s* wie in gr. ἀμφί-ς etc.). Entweder *ŏ* oder *ĭ* (wahrscheinlich ersteres) ist syncopirt in der Endung des Dat. Abl. Plur. *-fs* (o. luisarifs), woraus *-ss* (o. Anafriss *ligis*, u. *auis nerus* u.s.w.) gegenüber l. *-bus* (s. § 270). Syncope von *ĕ* vor *-s*: Nom. Pl. der cons. Stämme o. meddíss μεδδειξ päl. *medix* vo. *medix* aus **meddikĕs*; nach *r* in o. *censtur* aus **censtōrĕs*, u. *frateer* aus **fratrĕs* (über **fratr̥s* **fraters*) oder **fratĕrĕs*, doch vgl. S. 233. Zweite Sg. des Fut. I und II auf *-s(s)* aus *-sĕs*: o. aflakus fifikus, u. anpenes menes purtuvies apelus benus purtinçus etc. (s. § 313, 325). Ueber o. eítuns, dessen *-ns* sehr wahrscheinlich syncopirt ist, s. § 236. Ueber o. *pomtis* umbr. nuvis s. § 286. Ebenfalls nicht sicher erklärt ist o. ekss *ex* „ita", doch ist mir wahrscheinlicher, dass es aus einer zweisilbigen Form mit ausl. *-s*, z. B. **ekĕ-s* (vgl. ekkum „item" aus **ekdum* = **ekĕ-dum*?) oder **eksĕ-s*, ev. **ekŏ-s* **eksŏ-s*, durch Syncope entstanden sei, als durch Apocope aus **eksĕ* oder **eksŏ* (vgl. Corssen K. Z. III 292, XIII 165, Bugge ebd. VI 28). Ueber o. Mutíl „Mutilus", aídil „aedilis" etc., von denen nicht ganz zweifellos ist, ob sie durch speciell osk.-umbr. Syncope entstanden, s. u. Ausnahmen von der durch so viele Beispiele als Lautgesetz erwiesenen Syncopirung von *ŏ ĕ ĭ* vor *-s* sind entweder nicht ächt osk.-umbrisch oder beruhen auf irrthümlichen Erklärungen. Περκενος *8* ist neben Perkens so wenig ächt oskische Form, als der griech. Name *Arghillus* (lies *Archillus*) *267* = Ἄρχιλλος ächt pälignische; altlat., nicht mars., ist *Cantouios Apruf-clano* (= *-os*) der Fucinerbronze; Hurtentius und Hur]θuθiu (übrigens nicht ganz sicherer Lesung) der umbr. Inschrift von Ameria erklärt Bücheler U. 176 wohl mit Recht als Plural; die aequische Inschr. *278* mit Herenniu ist vielleicht gefälscht, anderenfalls ist die Form Herenniu aus lat. Einfluss zu erklären (weniger wahrscheinlich ist die Auffassung als Heren. Niu.: s. o. S. 23 A.), wie auch *Uetio* der vestin. Inschrift *280* Latinismus ist; dasselbe müsste für mars. *Cumnios 242*, falls „Cominius" (Mommsen U. D. 271, Bergk, Garrucci, Bugge K. Z. XXII 427 f.), angenommen werden (allerdings neben *Pacuies* derselben Inschrift recht auffällig; s. Bd. II Anh.). Die Inschrift von Tuder mit Trutiknos ist gallisch, nicht umbrisch (s. o. S. 29; dass in Trutiknos die vorausgehende Doppelconsonanz die Syncope verhindert habe, Brugmann I 476, wäre schon wegen o. Perkens aus **Perkednos*, Gen. Perkedneís, nicht wahrscheinlich). Sicher unrichtig ist Paulis Erklärung von päl. *forte 255* als Nom. Sg. „fortis", es müsste **forts *fors* heissen (s. Bd. II Anhang). Dass idg. *-ŭs* nicht syncopirt wurde (vgl. got. *handus* aber *fisks* etc. und Bugge K. Z. III 421), beweist umbr. erus *erus* falls es ein *us*-Stamm wie ai. *tapuš* etc. ist (s. § 256). Vieldeutig ist o. *sipus*, s. § 330[1]).

117. Ausser vor *-s* hat osk.-umbrische Endsilben-Syncope stattgefunden vor *-t* in urit. *-sĕt*, welches sehr wahrscheinlich dem *-st* im Fut. I und II (o. fust *fust didest herest pertemest deiuast* sakrvist, *dicust fefacust urust* etc., vo. *atahus(t)*, umbr. fust *fust eest* ferest *heriest* prupehast, *iust* fakust *benust* etc.) zu Grunde liegt, s. § 313, 325. Da bei *-s(ĕ)t* die leichte Sprechbarkeit der entstehenden Lautgruppe die Syncope befördert haben kann, ist keineswegs gesagt, dass die Syncope vor *-t* auch nach anderen Cons. stattfand, dass also z. B. die 3. Sg. **agĕt* „agit", **deikĕt* „dīcit", **kapĭt* „capit" im Osk. **akt *deikt *kapt* lauten würde, vest. *didĕt* spricht sogar direct dagegen (Imperativ **didtōd *dittōd*), ebenso marr. *feret* falls 3. Sg. Praes. (s. § 292). Auch die Endung *-ĕd* der 3. Sg. Perf. (nicht *-ēd*, s. § 323) blieb unsyncopirt: o. deded kúmbened upsed prúffed aamanaffed dadíkatted prúfatted etc., umbr. mit Abfall des *-d* dede (fefure?). Doch weist die Auslassung des *e* in o. prúfattd *34*, falls sie nicht als rein graphische Abkürzung zu betrachten ist, darauf hin, dass *ĕ* vor *-d* und alsdann wohl auch vor *-t* reducirt gesprochen wurde, wohl als „stummes" *ĕ* oder Schwa (vgl. zur Auslassung dieses Vocales in der Schrift päl. *Ptruna* etc. S. 213). Ueber o. Mitl Fíml s. § 158. Ueber die Passivformen wie u. *ferar*, bei denen man an Entstehung aus **feradĕr* etc. denken könnte, s. § 327. Dass vor *-m* kurze Vocale nicht syncopirt wurden, zeigen die Accusative und Neutra wie o. húrtúm tríībúm tefúrúm *dolom* slagím, vest. mars. sabin. *dunom*, u. *purditom poplom ocrem* etc. Eine Ausnahme ist jedoch für den Ausgang *-iom* anzu-

---

1) Falls St. **fak-i̯o-* im Urit. abstufend declinirte (vgl. oben S. 185 ff.), könnte auch *facus* idg. *-us* statt *-us* aus *-i̯os* enthalten.

nehmen, falls die Accusative und Neutra wie o. Pakim *medicim*, u. *Fisim* ařkani(m) aus *-iom* syncopirtes *-im* enthalten. An sich wäre eine solche besondere Behandlung von *-iom* gegenüber *-tom -lom* etc. sehr wohl denkbar, aber nachdem durch Streitberg ein Ausgang *-im* neben *-iom* als idg. erwiesen ist, ist dieser Fall zweifelhaft geworden, auch sind die Ausnahmen wie Inf. u. façiu d. h. **faśiom*, Acc. o. Kluvatiium neben Pakim etc. zu beachten (vgl. auch, da *-uom* kaum anders als *-iom* behandelt worden sein wird, o. *siuom*, u. sevum gegenüber Nom. o. *ceus*, u. *saluom* gegenüber Nom. o. σαλαϝς etc.). Eine wichtige Rolle in der Frage spielen die osk. Genitive Pl. von *io*-Stämmen auf *-im*, deren Erklärung ohne die Annahme von Syncope allerdings schwierig ist. Näheres s. § 275f. Dass o. Velliam *129* aus *Velliatīm *Velliatm entstanden sei (Minervini, Corssen K. Z. XI 344, Bruppacher 89, Enderis 30), ist wenig wahrscheinlich, müsste Velliam wirklich nothwendig zu St. *Velliāt(i)- gehören, so wäre wohl noch eher Metaplasmus vom Nom. *Velliās (oder *Velliāz?) aus nach den masc. Namen mit *-ā-* wie o. Markas Μαρας Καϝας glaublich. Umbr. ferim-e *III* 16 darf schwerlich aus **ferinom-en* erklärt werden (s. § 283); über den osk.-umbr. Infin. auf *-om* s. § 333. Für o. pústin, u. pustin pusti *posti* liegt nahe die Erklärung aus *posti* + *en* (s. Syntax unter „Partikeln"); dieselbe braucht auch im Falle bei *-iom* keine Syncope stattfand, nicht unrichtig zu sein, da in **postįen* (ev. **postiįen*) die nahe Verwandtschaft des *į* und *e* in Betracht kommt. — Vor umbr. *-f* osk. *-ss* aus *-ns* im Acc. Plur. der conson. Stämme (u. nerf manf, o. usurs malaks) hat wahrscheinlich Syncope eines *ĕ* oder *ə* stattgefunden, s. § 284.

118. Während die in § 116, 117 behandelte Endsyncope speciell dem Osk.-Umbr. angehört, finden wir gemeinitalische Syncope bei *-rŏs -rĭs* (lat. in *ager* aus **agros, acer* aus **acris* etc.)[1]). Dieselbe scheint mit dem „Samprasara*na*" in Inlautssilben (l. *agellus* aus **agrŏlos*, o. Aderl- aus **Atrŏl-* etc., s. o. S. 225f.) parallel zu gehen und es liegt nahe, diese Syn-

---

1) Wenig wahrscheinlich ist mir V. Henrys Vermuthung (Mém. soc. VI 202f., 373ff.), dass **ager* neben **agros* etc. bereits idg. Doubletten darstellen.

cope in eine frühere („uritalische") Zeit zu verlegen, als die speciell osk.-umbrische Syncope in o. húrz, u. pihaz etc.; denkbar wäre jedoch auch Gleichzeitigkeit mit letzterer, die Neigung zur Syncopirung des *ŏ ĭ ĕ* vor *-s*, welche im Osk.-Umbr. überall durchdrang, hätte eben im Lat. nur auf die Stellung nach *r* (und *l*, s. u.) sich erstreckt. Die Beispiele aus dem Osk.-Umbr. sind: u. *ager* = l. *ager* gr. ἀγρός; päl. *faber* = l. *faber* aus **fabros*; u. *pacer* = l. **pacer* aus **pacris*; unklar ist o. frunter. Wie *-rŏs -rĭs* wird wohl auch *-rĕs* lautgesetzlich gemeinitalischer Syncope unterlegen sein, im Lat. ist wohl das nicht mehr als Plural gefühlte *quattuor* (ai. *catvâras*) ein Beispiel dafür, während in *patres fratres* etc., sowie im Gen. Sg. *patris fratris* etc., die Endung durch Neubildung erhalten blieb. Bei o. *censtur* „censores", u. *frateer* „fratres" sind verschiedene Auffassungen möglich, falls nach *r* eine uritalische und eine speciell osk.-umbrische Syncope zu unterscheiden ist: entweder *censtur frateer* sind noch die dem lat. *quattuor* entsprechenden durch urital. Syncope entstandenen Formen, oder, was vielleicht ebenso wahrscheinlich ist, sie sind erst aus neugebildeten **censtōrĕs *frat(e)rĕs* durch die speciell osk.-umbr. Syncope hervorgegangen. Vgl. § 232 Ende. Ueber marr. *pacr-si* s. o. S. 229 und A.. Ueber u. ukar *ocar*, das aus **okrĭs* lautgesetzlich schwerlich zu erklären ist, s. § 158. — Auf éiner Linie mit *-rŏs -rĭs -rĕs* stand wahrscheinlich *-lŏs -lĭs -lĕs* (auch in Inlautssilben erfuhr *-lŏ- -lĭ-* ähnliche Behandlung wie *-rŏ- -rĭ-*), denn altl. *famul* neben *famulus, pugil* neben *pugilis, uigil* etc. haben ganz den Anschein der ursprünglicheren Formen wie *poster* neben *posterus* etc.[1]). Es liegt nahe, o. '*famel*' mit altl. *famul* auf ein gemeinitalisches **famel* zurückzuführen[2]); die gewöhnliche lat. Form (*famulus facilis* etc.) hat alsdann überall als Neubildung zu gelten. Für die osk.-umbr. Formen o. '*famel*' = **famelos*, u. tiçel = **dikelos*, katel = **katelos* (oder = **katlos*?), o. Mítl und Fíml *203*, falls Praenomen „*Mitulus" (vgl. *Mitulleia* C. I. L. IX 528) und Cognomen „*Fimulus" oder

1) *-erus* in *numerus umerus* ist = **-esos*.

2) Unbetontes *el* wurde auch sonst lat. zu *ul*, im Auslaut z. B. in *simul*: u. sumel (?), *facul* aus **facl(ĭ)* **facel* (?). Doch vgl. *mascel* = *masculus*.

„*Fēmulus" (über die Schreibung mit blossem -l s. § 158), Aukíl „*Aucilus", Mutíl „Mutilus" (-íl = *-*ilos*), Paakul „Paculus" (?), aídil „aedilis" bestehen aber, falls -*los* -*lis* bereits im Urit. und dann wieder in osk.-umbrischer Zeit syncopirt wurde, dieselben verschiedenen Möglichkeiten der Auffassung wie oben bei o. *censtur*, u. *frateer*, also z. B. '*famel*' aídil = urit. **famel* **aidil* oder = den neugebildeten lat. *famulus* (aus **famelos*) *aedilis*. O. Upils würde für ersteres entscheiden, wenn es = **Opilus* wäre, da es dann als Beleg dafür zu gelten hätte, dass das durch speciell osk.-umbr. Syncope entstandene -*ls* erhalten blieb, die genaue Entsprechung der lat. neugebildeten *famulus aidilis* im Osk. also **famels* **aidils* wäre, doch ist diese Auffassung von Upils (ähnlich Upfals) sehr unsicher, s. § 234. — Ueber den Nom. Sg. der -*ti*-Stämme vgl. § 190.

119. Anmerkung zu § 109—118. Was zur Bestimmung der Chronologie der Syncope im Oskisch-Umbrischen etwa anzuführen ist, wurde grossentheils schon im Vorausgehenden erwähnt. Am meisten Anhaltspuncte gibt es für die Syncope vor -*tōd* -*tūd* umbr. -*tū* im Imperativ und ähnliche Fälle. Dieselbe fand statt nach dem osk.-umbr. Wandel von *kt* zu *ht* (o. *actud factud*, u. *aitu* = **aktu*, *deitu* = **dēktu*), aber vor der Labialisirung von *kᵘ gᵘ* zu *p b* (o. fruktatiuf, umbr. fiktu *ninctu* etc., s. o. S. 214 und § 172) sowie vor dem umbr. Wandel von *k g* vor *e i* zu *ç j* (*deitu* aus **dēktu* = **dēkĕtu*, *aitu* = **aktu* = **agĕtu*), von *d* zwischen Vocalen zu ř *rs* (*ditu* = **didtu* = **didĕtu* oder **didătu*; teřtu *dirstu* Neubildung), von *lt* zu *t* (kumaltu *comoltu*: Ptc. kumates, etc.). Im Umbr. war die Syncope in Wörtern mit *s* beim Eintritt des Rhotacismus durchweg bereits vorhanden: *osatu oseto* (*ose*?) aus **opĕsatu*, mersus aus **medĕsu*(*fo*)*s* (oder **medĕsuos*), mersuva aus **medĕsuu̯am*, uze *onse* aus **omĕse* (l. *umerus*), *ostensendi* aus *ostennĕs*- (vgl. l. *ostenderentur*), Fut. I II mit -*st* aus -*sĕt* l. -*rīt* (*ambr*- wohl nicht aus **amfĭs*-). Für o. *nessimo*-, falls aus **nekĭs*-, beweist das *ss* frühe Syncope (vgl. l. *maximus*), da spät entstandenes *ks* nicht *ss* wurde (s. § 183). Späte Syncope in umbr. -*çl*- (struhçlas arçlataf etc.) aus -*çel*- = -*kel*- (osk. unsyncopirt *zicolo*- = **zicĕlo*-), ebenso vor und nach ř *rs*, z. B. in nuřpener Pupřike (päl. *afđed*). Speciell umbr. Syncope noch in *totco*-: o. túv-

tikú- vo. *toticu*, kumne: o. *comĕnei* (doch *Comni*), menzne: sabin. *mesĕne* o. *mi]sinum* (auch in *acnu*: o. akeneí?). Die Syncope vor ausl. *-s* scheint vor dem Wandel von *-ns* zu o. *-ss* umbr. *-f* eingetreten zu sein (o. Pumpaiians : feíhúss, u. Ikuvins : avif, etc.), s. § 236.

Vocalschwächung[1]).

120. Im Lateinischen (Brugmann I 54, 74, 91 f., 550 f., Stolz[2] 267 ff., Schweizer-Sidler[2] 29 ff.) trat in unbetonten Silben bekanntlich in weitestem Umfang Schwächung kurzer Vocale ein; der geschwächte Vocal war ein, wahrscheinlich reducirtes, *e* (*ə*?), das in offener Silbe weiterhin zu *i* wurde; vor Labialen entstand *u i* (*ü*). Die Schwächung traf auch diejenigen kurzen Vocale, welche den ersten Bestandtheil von Diphthongen bildeten, z. B. wurde **dĕcai̯dō* zu **dĕcei̯dō* (**dĕcəi̯dō*?), woraus *dĕcīdō*, wie **commandō* zu *commendō* etc. Die Wirkung des Lautgesetzes wurde vielfach durch Neubildung nach verwandten Formen, z. B. bei Compositis nach dem Simplex (Recomposition), durchkreuzt: *exquaero* neben *exquiro* etc. Im Osk.-Umbrischen ist die Schwächung nur in geringen Spuren sicher nachweisbar. In der Regel finden wir den ursprünglichen Vocal vor.

121. *ă*. Erhaltenes *ă* zeigen folgende Beispiele. Oskisch: aamanaffed *30 31 32 35 36* aus **ā-mandā-* gegenüber l. *com-mendare*; kú]mparakineís *32*, *comparascuster* T. B. aus **kompark-* **komparsk-*, l. **compercionis* **compe(r)sco*; tríbarakavúm tríbarakattíns tríbarakattuset tríbarakkiuf C. A. aus **trēb-ark-*, gegenüber l. *co-erceo ex-erceo* (zu gr. ἀρκέω, l. *arc-s*); días.ís *46* „bessalis" aus **d(u̯)e-ass-* (= **du̯ei̯-ass-*), gegenüber l. *bessdess-* aus **du̯e-ess-* (oder días.ís = l. **diarius* vgl. *triarius*? s. § 238); Anterstataí T. A. (2 m.), l. **Interstitae* (s. u. zu umbr. *Prestota*); Líganakdíkeí T. A. (2 m.), falls aus **lĕgank-* (s. § 269), gegenüber l. *accentus attingo* etc.; Upfaleís *139* (Nom. Upfals), wohl mit doppeltem *l*, also mit

1) Vgl. Corssen II[2] 428 ff., Bruppacher 41 ff., Bugge A. S. 15 f.

l. *fefelli* aus **fefalli* contrastirend; perfa .... Blt. 6 ist wohl mit Bücheler Rh. M. 33, 33, Deecke Appendix 181 als Inf. perfa[kium (nicht perfa[kum, s. § 333) „perficere" zu ergänzen, nach Bugge A. S. 39 zu perfa[htum „perfectum"; von *fefacid fefacust* T. B. ist noch nicht ausgemacht, ob es *ă* oder *ā* enthält, s. § 314 (im ersteren Falle würde ein l. **fefici*, neben *fēci* wie *pepigi* neben *pēgi*, entsprechen); desgleichen ist bei aflakus Blt. die Quantität des Wurzelvocales zweifelhaft (eher *ā*? s. u. zu aflukad); *a*nika*d*um Blt. 3 ist noch ganz zweifelhafter Deutung, nach Deeckes Lesung und Erklärung (ant-kadum, gr. ἀντί-, „zur Vergeltung fallen") würde es einem l. **ant-cĭdere* entsprechen; passtata *34* ist wahrscheinlich Lehnwort aus gr. παστάς παστάδος, also auch hier bewahrtes *ă* gegenüber l. *machina* aus μηχανή etc. (doch ist auf dieses Beispiel als Lehnwort nicht viel zu geben); ob kaispat- in kaispatar Blt. = l. *caespĕt-* gesetzt werden darf, ist zweifelhaft (s. § 317); '*supparus*' wird als oskisch bei Varro angeführt, Pauli K. Z. 18, 5 f. sieht in dem erhaltenen *ă* von l. *supparus* ein Anzeichen für oskischen Ursprung des Wortes (unsicher); über Valaima- *ualaemom* s. u. S. 246. Pälignisch: *pristafalacirix 254*, l. wohl **praestĭbulatrix*, vgl. *pro-stibulum nau-stibulum uestibulum*; *sestatụens 245* (*sestaṭiens*?) zu l. *stătuo instituo constituo* etc.? (s. § 317). Ueber marruc. *amatens* s. § 212. Volscisch: *ar-patitu 240* zu l. *păteo* oder *quătio* (Compos. *concutio*) oder, falls nicht das *a* dabei bedenklich ist, zu l. *peto* (s. § 141 und Bd. II Anh.); *atahus* doch wohl „attĭgerit" (s. § 216); *esăristrom* gegen l. *carcĕrem phalĕrae pepĕri* etc.; *sistiatiens* gegen l. *constĭtuo* etc.? (vgl. Pälign.). Umbrisch: antakres antakre = l. *intĕgris* aus **intăgris*; aꝛkani l. **accĭnium* (*accino*), *procanurent* gegen l. *cecini concinui*; amparitu amparihmu wohl zu l. *pario paro comperio reperio* (vgl. § 295); *Propartie* l. *Propertius*, zum Ptc. *partus* („der Vorhergeborene", s. Corssen I 57); Jupater = l. *Juppiter* aus **Jūpăter*; kumates *comatir* aus **kom-măltois* gegen l. *insulto* aus **insalto* etc. (über kumaltu kumultu *comoltu* s. u.); tuplak = l. **duplec* (bei Plautus vielleicht noch vorkommend, s. Stolz[2] 332) *duplex* aus **duplăc* **duplăx* (vgl. *artifex*); ein ähnliches Beispiel ist nach Bücheler U. 151 huntak, hier kann aber auch Suff. -*ăk*- vorliegen (vgl. l.

forn-ăc-s etc.); *curnaco curnase* enthält *ă* nach Johansson K. Z. XXX 413 (vgl. auch unten § 267), doch ist dies unsicher; zweifelhaft ist die Quantität des *a* ferner in sevakne *seuacne* perakne perakneu etc. (s. § 184), perakre *peracri* etc. (s. § 262), welche, falls sie *ă* enthalten, mit l. *ambi-egnus per-egre* etc. contrastiren, sowie in sufafiaf, eskamitu, eikvasatis eikvasese. *subator* kann, auch falls es = **subahtor* „subacti" ist, ursprüngliches *ă* enthalten wie l. *ăctus* (Composita *exactus* etc., nie **-ectus*). Ueber prehabia (neiřhabas?) neben prehubia, Prestate neben *Prestota*, kumaltu neben kumultu *comoltu* s. u. Vgl. noch aus dem Faliskischen (Deecke Fal. 245) *cuncaptum* „conceptum", *Uentarc[i, Acarcelini, opiparum*.

Einige Spuren der Schwächung von *ă* sind jedoch auch im Osk.-Umbrischen vorhanden. Zwei ganz sichere Beispiele sind o. *praefucus* T. B. neben *facus* und u. prehubia „praehibeat" *VIa* 12 neben prehabia *Va* 5 (neiřhabas IV 33?). Sehr wahrscheinlich gehört auch u. *Prestote Prestotar Prestota* hieher, indem es einem l. **Praestita* entspricht, vgl. *Praestitia* bei Preller II[3] 213 Anm., *Joui Prestito* C. I. L. III 4037 (Arch. VI 564), ferner *praestitem antistitem superstitem* etc.; da im Lat. *Stător stăturus stătim stătum praestătum* etc. neben *stātor stātura stātim stātum praestītum* stehen (vgl. auch o. Staatiis), könnte man, um die Annahme der Schwächung zu umgehen, allerdings versucht sein, das *o* in *Prestota* als lang anzusehen und zum Verhältniss von nu. *Prestota-* zu au. Prestate *Ib* 27 die Participia auf nu. *-ōs* = au. -āz wie *pihos* = pihaz zu vergleichen; aber der Ausgang *-āts* ist ein besonderer Fall für sich (s. o. S. 81 f.), sonst zeigen Participia und Imperative der ersten Conjugation und ähnliche Bildungen vor dem *t* auch im Nu. immer bewahrtes *ā*, z. B. *hostatu anhostatu ehiato prinuatur tuderato pracatarum aseriatu pihatu uesticatu portatu Casilate* (Nom. *Casilos*) etc.[1]), wie *Prestota-* dazu kam, ebenso regelmässig (26 mal) mit *o* geschrieben zu werden, wäre kaum erklärlich. Gegen die Annahme, dass unbetontes *-āt-* nu. als *-ot-* erscheine,

1) Eine Ausnahme wäre der einmalige Imperativ *subotu VIb* 25, falls er mit subahtu *IIa* 42 identisch ist, doch ist dies sehr unsicher (vgl. S. 82).

lässt sich hingegen nichts anführen. Ausserdem sprechen auch die erwähnten lat. Wörter wie *Praestitia praestes* etc. entschieden für die Kürze des Vocals. Von den übrigen Beispielen für Vocalschwächung im Osk.-Umbr. ist das wahrscheinlichste o. prupukid C. A., welches man mit Recht mit l. *păcisci* verbindet (Huschke O.-Sab. Spr. 35, Corssen K. Z. XIII 162 f., Bücheler Comm. 229, Bugge A. S. 15 u. A.); die Möglichkeit ist aber nicht ganz ausgeschlossen, dass das Wort die Ablautsstufe **pōk* zu *păk pāk* enthielte (vielleicht auch in d. *fügen* got. *fōgjan* aus idg. **pōkéįō*, vgl. Hübschmann Voc. 98)[1]). Für o. aflukad Präs. Conj. neben aflakus Fut. II ist die einfachste Erklärung die aus *aflăkad: *aflākus, wie l. *scăbo* : *scābi* (Bugge a. O., Deecke App. 182), doch wären auch andere Auffassungen allenfalls denkbar (s. u. § 141). In o. *petiro-pert petiru-pert* T. B. könnte *o u* aus *ă* (= idg. ə), der ächten Endung consonantischer Stämme (vgl. ai. *catvā́ri*), erklärt werden, doch ist dies sehr unsicher, s. § 286. Verschieden kann das Verhältniss von u. kumaltu *IIa* 9 41 *IV* 28 zu kumultu *Ia* 34, nu. *comoltu VIb* 17 41 *VIIa* 39 44 45 beurtheilt werden. Da wir au. ă gegenüber nu. *ŏ* in Prestate (1 m.): *Prestota-* (26 m.), Wechsel der Schreibung ă und ŭ im Au. selbst in prehabia : prehubia (je 1 m.) finden (ebenso bei ursprünglichem *a* z. B. im Ntr. Pl. wie arvia arviu: *aruio* und im Imperativ auf -tuta -tutu: *-tuto*, s. o. S. 79 ff.), liegt es nahe, auch kumaltu kumultu *comoltu* so aufzufassen; es ist aber auch möglich, dass verschiedene Ablautsstufen hier durcheinandergehen, so dass kumultu *comoltu* ursprüngliches *o* enthielte wie l. *molere* got. *malan* lit. *malù*, also identisch wäre mit l. *commolito*, vgl. § 156 f. Ist die Erklärung von kumultu *comoltu* durch Schwächung die richtige, so ist die Erhaltung von *a* im Ptc. *comatir* (6 m.; au. kumates kumate ebenfalls 6 m.) daraus zu erklären, dass zur Zeit der Schwächung die ursprüngliche Lautgruppe *-alt-* bereits eine Modification erlitten hatte, welche die Schwächung verhinderte, oder daraus, dass die Schwächung vor die Zeit der Syncope im Imperativ fiel, so dass damals **kommaletu* zu **kommoletu* (woraus später

---

1) **pro-pōkid*: l. *pāc-s* = l. *ex-torris* : *terra*, *medi-tullium* : *tellus* etc.?

comoltu) wurde, während im Ptc. **kommalto-* das *a*, weil in geschlossener Silbe stehend, erhalten blieb. Falls *comoltu* auf **kommal(e)tu* zurückgeht, kann auch *amboltu VIb* 52 „ambulato“ aus **amb-al(e)tu*, vgl. gr. ἀλάομαι lett. *aloht*, erklärt werden (im Lat. musste unbetontes *ăl* zu *ul* werden); vgl. § 239. Unklar ist *presoliaf-e VIa* 12 (etwa zu l. *salio*?? vgl. § 242). Ob in Tesenakes *Ia* 11 14, *Tesenocir VIb* 1 3, *Tesonocir VIa* 20 *VIIa* 38 Suffix *-ăko-* oder *-āko-* vorliegt, ist nicht bestimmt auszumachen; das a *o* erklärt sich wohl leichter aus *ă* (ganz wie in Prestate : *Prestota-*); vgl. § 257. *suboco subocau* nicht aus **supplăco* = l. *supplico*, s. o. S. 191 f. Ueber ařputrati l. *arbitratu* s. u. S. 242 und § 169.

Aus den angeführten Beispielen scheint hervorzugehen, dass die Schwächung des unbetonten *ă* im Osk.-Umbr. in einer Verdumpfung zu *o u* bestand, im Gegensatz zum Lat., wo *e*, in offener Silbe *i*, entstand[1]). Der au. Wechsel der Schreibung zwischen a und u (prehabia prehubia nu. **prehobia*, wozu wohl auch kumaltu kumultu nu. *comoltu*; ein *Prestute kann aus Prestate: nu. *Prestote* erschlossen werden) weist auf einen Mittellaut zwischen *a* und *o* (also ein *å*), für welchen im Nu. regelmässig *o* geschrieben wurde (ganz dasselbe Verhältniss zwischen Au. und Nu. zeigt sich beim entsprechenden langen Mittellaut, s. o. S. 79 ff.). Im Osk. scheint sich der Laut mehr dem *u* zugeneigt zu haben (ebenso die entsprechende Länge, s. ebd.)[2]). Dafür, dass doch auch die Schwächung des *ă* zu *ĕ* vorkam, kann vielleicht der osk. Stamm **Mămert-* in Mamerttiaís Mamerttiais Mamerttiar. Mamertt . . . Mam]erttieís Μαμερτινουμ Μαμερτινο Μαμερεκιες (aus **Mamertk-*) angeführt werden, zu l. *Mars Martius Marcus* o. Markas (aus **Martk-*), u. Mart- *Mart-*, reduplicirt wie l. *pă-pil-io*. Die Möglichkeit, dass verschiedene Wurzelstufe vorläge (**mă-mer-t-* : **m̥r-t-* oder **mr̥-t-*?)[3]), kann jedoch nicht in Abrede gestellt werden; etr.

1) Aus lateinischen Glossen führt Bugge A. S. 89 *eluciens* = *eliciens*, *dilutuit* = *dilituit* an.

2) Man könnte jedoch annehmen, *praefucus* stehe für **praefocus* durch assimilirende Einwirkung des folgenden *u* (auch prupukid für *prupúkid wegen des vorausgehenden *p* und *u*? aflukad ist altosk.).

3) **m̥r-* nach Einigen in gr. Ἄρης. Vgl. § 156 Ende.

Mamarces neben Mamerce könnte allenfalls aus Einwirkung von *Mark-* erklärt werden[1]. Ist o. *Mamert-* wirklich aus **Mamărt-* entstanden, so ist offenbar das folgende *r* + Cons. der Grund der Schwächung zu *e* statt zu *o u*, das *ă* wurde wohl zu einem blossen Gleitvocal reducirt (welcher letztere vermuthlich auch in o. Aderla- aus **Adr̥la- *Atr̥la- *Atrola-* u. dgl. gesprochen wurde, s. § 158), so dass die Aussprache einem *Mămr̥t-* sich näherte. Ist *Mămert-* = **Mămart-*, so kann wohl auch päl. *pperci 246* mit l. *peperci* aus **peparci* verbunden werden, doch ist diese Deutung sehr zweifelhaft (s. Bd. II Anh.). Vgl. noch o. *Aisernim*, für das die Erklärung aus **Aisarnim* nahe liegt (vgl. vo. *esaristrom*). Noch weniger sicher ist, ob *ă* auch vor *n* + Cons. in ähnlicher Weise zu *ĕ* geschwächt wurde. Das Lehnwort o. Arentika- Blt. gegenüber gr. Ἀράντισι erinnert an l. *talentum* : τάλαντον, *Tarentum* : Ταραντ-, *Agrigentum* : Ἀκραγαντ-, *Alixentrom* : Ἀλέξανδρον, doch ist auf das Beispiel nicht viel zu geben[2]. Sabin. '*cupencus*' ist schwerlich Compositum = **cup-ancus*, s. § 269. Umbr. sestentasiaru neben l. *sextantarius* braucht nicht aus *a* geschwächtes *e*, sondern kann das *e* von l. *trientarius* (zu *triens*, Gdf. **triņ̥t-*) enthalten.

Es ist jetzt die Frage aufzuwerfen, warum die verdumpfende Schwächung des unbetonten *ă* zu *o u*, die wir in o. *praefucus*, u. prehubia (nu. **prehobia*), *Prestota-* und anderen Beispielen fanden, in den zu Anfang genannten Beispielen mit erhaltenem *ă* nicht eintrat. Hier ist zunächst zu den Wörtern, die nur im Au. überliefert sind, zu bemerken, dass ihr a den geschwächten Vocal *ă* bezeichnen kann, wie in prehabia neben prehubia (kumaltu neben kumultu), so dass nur zufällig die mit a wechselnde Schreibung mit u fehlt, wie in Prestate (*Ib* 27): nu. *Prestote Prestotar* S. 239. So können erklärt werden antăkres (also = nu. **andŏgrer*), amparitu amparihmu, aȓkani, tuplak (huntak?), selbst Jupater. Denkbar wäre ferner, dass die Schwächung zu *o u* nur in offener Silbe stattfand. Vor Allem aber

---

1) Vgl. noch l. *Mămurius* (**mă-mr̥-i̯o-?*), Mameries Mamurces auf campanischen Thongefässen (*177*); weiterhin auch l. *Marius Maro* o. Maraiieis umbr. *maronatei* etc.?

2) *e* für gr. α auch in der sabin. Glosse '*lepesta*' aus gr. λεπαστή.

ist die Möglichkeit der „Recomposition" in Betracht zu ziehen. Im Volkslatein war mehr als im classischen schon seit früher Zeit die Recomposition beliebt, wobei sogar der Accent oft entgegen dem Dreisilbengesetz auf den zweiten Bestandtheil fiel (wie die romanischen Sprachen beweisen), z. B. *consdcro impáro* etc., s. Seelmann 58 ff., W. Meyer in Gröbers Grdr. I 360, 374. Es kann also z. B. u. *procanurent* mit l. *occano* (bei Sallust) neben *occino*, *Propartie* mit l. *compartior* neben *dispertior*, o. aamanaffed aus **ā-mandā-* mit l. *dēmando* (frz. *commander*) neben *commendo*, o. kú]mparakineís *comparascuster* mit l. *comparco* neben *comperco* etc. verglichen werden[1]). Bei o. Anterstataí T. A. ist zu beachten, dass die Tafel beidemal anter stataí getrennt schreibt, ebenso hat die T. B. *com parascuster*. Die aus Lucanien (Heraclea) stammende lat. lex Iulia municipalis schreibt sehr häufig die Präposition im Compositum getrennt, z. B. *ob uenerit*, *ad tribuito*, *ad tributus*, *ex portarei*, *sub rogando*, *ad uersus*, meistens ohne Trennung dagegen die Präposition mit abhängigem Casus, z. B. *intabulas*, *inmunicipio*, *incastreis*, *adeos*, *abieis* (vgl. *prumeddixud*, *conpreiuatud* auf der T. B.). Im Altlat. kam bekanntlich auch wirkliche „Tmesis" vor wie *ob uos sacro*. O. *fefacid fefacust* kann, falls es *ă* enthält, durch die Formen des Präs. etc. beeinflusst sein (vgl. auch *vhe:vhaked* der praenestinischen Fibula). Zu vo. *esăristrom* vgl. l. *Caesăris jubăris* etc.

Sehr fraglich ist nach dem Vorausgehenden ob o. Genetaí aus *Genătaí erklärt werden darf (vgl. o. S. 76), man erwartet *Genútaí *Genutaí; dass der geschwächte Vocal, weil zwischen Nasal und anderem Cons. stehend, in der Färbung an das vorausgehende *e* assimilirt worden sei, also **Gen^{a}tai* (**Gen^{o}tai*) zu **Gen^{e}tai*, ist vielleicht nicht ganz ausgeschlossen, aber mir nicht wahrscheinlich. Noch weniger geht es wohl an, das *-es-* des osk.-umbr. Futurums (z. B. o. *didest pertemest*, u. ferest ampenes menes) durch Schwächung aus *-ăs-* = ai. *-iš-* zu erklären. *e* zeigt auch das Griechische (τενέ(σ)ω : ai. *tanišyami* = γενέτωρ: ai. *janitá*). Vgl. § 313. Allerdings nimmt neuestens Bartholomae Studien II 140 f. an,

1) In den Beispielen mit *a* vor *r n* + Cons. steht *a* nach S. 239 f., vielleicht für *e*, nicht *o u*.

dass *ă* im Uritalischen in der zweiten (auf den Hauptton unmittelbar folgenden) Wortsilbe, wenn dieselbe offen war, zum irrationalen Vocal *ə* geschwächt wurde, während in der dritten in Folge eines Nebentones *ă* erhalten blieb (ebenso *ŏ ĕ*). Sollte dies richtig sein (vgl. darüber § 293), so könnte auch das *-es-* des Futurums solches *ə* enthalten (z. B. urit. **emăset* zu **eməset*, woraus o. *emest*), ebenso o. Genetaí; über die umbr. Participia auf *-eto-* wie *oseto frosetom* etc. s. § 291, 331. Aber wie erklären sich bei Bartholomaes Annahme o. *praefucus*, u. *Prestota* etc. statt **praefecus *Presteta* etc.? Man müsste hier eine jüngere speciell osk.-umbrische Schwächung annehmen, also voraussetzen, dass urit. **praifəkuos* (*-us*?) **Praistətā* im Urosk.-umbr. durch „recomponirte" **praifăku(o)s *Praistătā* ersetzt worden waren und erst diese dann aufs Neue Schwächung des *ă* erfuhren, was denn doch etwas künstlich wäre. Auch von den im folgenden § angeführten Wörtern mit *ŏ* in offener unbetonter Silbe würde namentlich o. últiumam Schwierigkeiten machen, da es nur aus **oltŏmam*, nicht aus **oltəmam* erklärlich ist (vgl. § 156). Ueber unbetontes *au̯* s. o. S. 202; über *ă* im Auslaut s. § 249.

122. *ŏ*. Im Lateinischen (Brugmann I 74, Schweizer-Sidler[2] 31) erfuhr *ŏ* dieselbe Schwächung wie *ă*, z. B. *ilico* aus **in sloco*, *hospitem* aus **hos(t)-potem*, *upilio* aus **ou(i)-polio* (vgl. gr. αἰπόλος), nur sind hier die durch Neubildung entstandenen Ausnahmen noch häufiger. Im Osk.-Umbrischen finden wir *o* z. Th. bewahrt (Beispiele nur im Umbr.), z. Th. zu *u* verdumpft. U. *suboco subocau subocauu* aus **sub-u̯ok-* (s. o. S. 191), zu l. *uŏcare*; Recomposition wäre hier wenig wahrscheinlich, da alsdann **subuoc-* mit erhaltenem *u̯* zu erwarten wäre. U. ařputrati *Va* 12 (nu. **arsbotrati* oder **arsbodrati*?) geht mit l. *arbiter arbitratus* vielleicht auf eine Gdf. **ad-gu̯otro- *ad-gu̯otratu-* zurück (oder **ad-gu̯ătr-*?), s. § 169. U. pruzuře *IV* 23 erklärt Bücheler 169 als „*prosĭde" (vgl. l. *praesidem, residem obsidem* etc.), also mit *o*-Stufe der Wurzel, wie l. **sodium solium*. Unklar ist u. *presoliaf-e*; desgleichen u. vaputu vaputis (*-ă-to-* oder *-ŭ-to-* ebenso möglich wie *-ŏ-to-*, auch Länge nicht ausgeschlossen). Ein zweifelhaftes Beispiel ist ferner u. *homonus*; falls lat. *hominis hominem* etc. aus **homŏnis* etc. (vgl. got. *guman gumans gumanē*, gr. δαίμων -ονος etc.), nicht aus **homĕnis* etc. (vgl.

got. *gumins* gr. ποιμένος etc.) entstanden ist, kann u. *homonus* direct = *homĭnibus* (aosk. humuns = *homĭnes*) gesetzt werden (vgl. Osthoff M. U. IV 307 Anm.), aber da durch altlat. *hemōnem* bezeugt ist, dass das Wort im Italischen auch ausser dem Nom. Sg. die Suffixform mit *ō* kannte, ist die Messung *homōnus* (s. z. B. Corssen I 573, Brugmann II 330, Bersu 145 Anm., Stolz² 327) ebenso berechtigt; Osthoffs Gegengrund (a. O.) ist nicht zutreffend, da *-ōn-* im Umbr. nicht *-ūn-* wurde (s. o. S. 120). Im Oskischen finden wir unbetontes *ŏ* als *ŭ* in últiumam *133* = *últumam aus **oltomam* (s. S. 124 ff. und § 156), *amprufid* T. B. = l. *improbe* gegenüber prúffed prúftú-set etc., Paakul *125* falls aus **Păkol* = **Păkolos* (s. § 234), essuf *188 esuf* T. B. falls Adverb wie päl. *ecuf* (s. § 236)[1]. Im Pälign. *ecuf 255* aus **ecŏf(i)* Adv. wie gr. αὐτόφι. Im Umbr. *-ŭr* aus *-ŏr* im Pass. *tursiandu(r)* (emantur terkantur au.), woneben noch *-ŏr* in *benuso couortuso*, falls diese ein *-r* verloren haben (s. § 326 f.); im Inlaut: *dequria-* wohl aus **dekŏria-* (s. o. S. 114); *courtust VIa* 6, d. h. *coụurtust* oder daraus entstandenes *coŭrtust*, aus **coụortust*, wo freilich auch das folgende *rt* (und das vorhergehende *ụ*?) mitgewirkt haben können (vgl. l. *Maurte* = *Mauorti* Fröhde B. B. XIV 104 und s. o. S. 161). Falls auch vor ř *rs*, wie vor dem ähnlich klingenden *r*, unbetontes *ŏ* zu *ŭ* wurde, kann *dupursus peturpursus* auch *-pŏd-* statt des von Joh. Schmidt und Osthoff angenommenen *-pōd-* enthalten (in *atripursatu* ist *u* wohl ursprünglich, s. S. 123), möglicherweise spricht aber der Umstand dagegen, dass in betonter Silbe vor ř *rs* vielmehr umgekehrt *ŭ* zu *ŏ* geworden zu sein scheint in *sorser* (s. S. 123). Unbetontes *oụ* scheint in allen Dialekten lautgesetzlich zu *uụ* geworden zu sein, s. o. S. 199 ff. — í in o. -úvfríkúnúss darf wohl kaum aus *ĕ*, geschweige aus *ŏ* erklärt werden, über u. Akeřunia- *Acersonia-* s. § 179, über u. Purtupite § 269. — Ueber *ŏ* im Auslaut s. § 249.

123. *ĕ*. Während im Lat. *e* in offener Silbe zu *i* (vor

---

1) Auch bei dem Fremdwort Appelluneís könnte man an *ŭ* aus *ŏ* (vgl. l. *Apollinis* aus *Apollŏnis*? *Proserpina* = Περσεφόνη) denken, doch ist mir ū = gr. ω wahrscheinlicher (ου in Αππελλουνηι *1* entscheidet nichts vgl. S. 69).

l und Labialen zu *u*) geschwächt wurde, zeigt das Osk.-Umbr. in der Regel *e*, soweit nicht Syncope eintrat (die Beispiele für letztere s. o. S. 213 ff.). Oskisch: Genetaí zu l. *genitus* gr. γενέτωρ (doch s. o. S. 241 f.); deketasiúí degetasis degetasiús nach Bücheler zu l. *digitus* (s. § 248); Perfectum kúmbĕned, Fut. II *perĕmust pertĕmust* (nicht *ē* wie im Lat., s. § 314); Fut. I *pertĕmest*. Päl. *Anceta*: l. *Ancĭtes* (*Persĕponas*, Lehnwort); mars. *Nouesede*: l. *Noue(n)sĭdes Noue(n)sĭles*. Umbrisch: kanetu „canito"; Açetus „Ancĭtibus"?; kvestrĕtie uhtrĕtie gebildet wie l. *pigrĭtiēs* = **pigrĕtiēs* (neben *pigrĭtia*); kalĕřuf *calĕrsu* „callĭdos"; Akĕřunia- *Acĕrsonia-* vgl. l. *Aquĭlonia*; famĕřias „famĭliae"; ähnlich pumpeřias, unklar tehteřim çihçeřa ampeřia (Compos. **am-pĕd-*?); vapeře *uapersus uapersusto* (vapefem *uapef-e*) „lapide, lapidibus", falls *l-* zu *u̯-* wurde (s. § 143); pruseçia „prosĭciae" (prusekatu etc.); *fratreci fratreca fratrecate* wohl eher hieher als mit *e* aus *i*, unklar *dersecor* und *Miletinar*. Schwierig ist die Beurtheilung der Participia auf *-ĕto-*: maletu „molitum", *tasetur* (2 m.) „taciti", *uirseto a-uirseto* (je 4 m.) einem l. **uidĭtus* st. *uisus* entsprechend, vufetes (2 m.) = l. **uouitis* (*uōtis*), *opeter* zu upētu (?), pru-seçetu *pro-seśeto* etc. (17 m.) a-seçeta a-seçetes, vaçetum *uaśetom* (6 m.) l. **uocĭtum* (in italiän. *vuoto*), *muieto* „*mugĭtum", *pesetom frosetom* (je 4 m.) *oseto* l. **peccĭtum *frausĭtum *operĭta* (wie *probitus* für *probātus*). Ein Theil dieser Participia enthält jedenfalls altes *ĕ*, ein anderer Theil aber vielleicht *ĕ* aus *ĭ* (s. § 291 und 331); sehr zweifelhaft ist, ob auch *ĕ* aus *ă* angenommen werden darf (s. o. S. 235 ff.).

Die Schwächung des unbetonten *ĕ* zu *ĭ* nach lateinischer Art scheint dem Osk.-Umbr. fremd gewesen zu sein. Wenn o. *nesimum nesimois* n[e]ssimas u. *nesimei*, o. messímais, *mi*]*sinum* (*me*]*s-*?) auf **nessĕmo- *messĕmo- *mē(n)sĕnom* zurückgehen, liegt hier jedenfalls ein besonderer Fall vor, nämlich Einwirkung des *s* auf das folgende *ĕ*, welches vielleicht zu *ə* reducirt war (s. u.)[1]), es ist aber nicht unmöglich, dass das *i*

1) Ebenso etwa in o. sífeí aus **səfei*, das in der Enclise und Proclise aus **sĕfei* entstanden wäre? (vgl. § 258). Diese Möglichkeit wäre auch oben S. 84 zu berücksichtigen gewesen.

in diesen Wörtern schon uritalisch war (vgl. § 156). U. nuvime *IIa* 26 kann sein *i* von Ordinalzahlen mit *-simo-* bezogen haben (vgl. auch nuvis?), s. ebd. In u. *arnipo VIb* 25 41 kann wohl *ī* = *ē* angenommen werden (s. § 285). In u. ařipes *Ib* 7 ařiper *Ia* 27 neben ařepes (6 m.) ařepe (3 m). ařeper ařpes (je 1 m.) ist der Umstand, dass das Wort wie l. *adeps adipis* Lehnwort aus gr. ἄλειφα ist, in Betracht zu ziehen; falls das Wort nach Umbrien erst durch Vermittlung des Lateinischen kam, kann das Schwanken zwischen *i* und *e* den lat. Wechsel in *adeps adipis* wiederspiegeln; anderenfalls ist vielleicht eher das umbr. *e* aus *i* zu erklären, als umgekehrt. Ueber einmaliges *tasis* neben tacez *tases* (20 m.) *tasetur* (2 m.) s. § 331; über *andirsafust* (1 m.) neben *andersafust* ateřafust § 292, 296; ganz unklar ist tenzitim *Ib* 6: *tesedi VIb* 46, vgl. § 197. Ueber marr. *agine* s. § 283, über o. -úvfríkúnúss § 184, über o. sakruvit und dadid § 304, über o. *angit* . . . T. B. neben *angetuzet* § 317.

Vor *l* wurde unbetontes *ĕ* im Lat. zu *u*, das Osk.-Umbr. zeigt auch hier erhaltenes *e*: o. Kupelternum gegenüber l. *Cubulteria Compulteria* (s. § 246); u. *ehueltu* ehvelklu sind weniger beweisend, weil Recomposition angenommen werden könnte.

Im Osk. verfiel unbetontes *ĕ* in der Stellung zwischen Cons. und Liq. Nas. der Vocalassimilation, so wurde z. B. **postĕris* zu pústiris, **zicĕlom zicĕlud* zu *zicolom ziculud*, **pertĕmum* zu *pertumum*, **Noukĕrīnom* zu Nuvkirinum woneben mit Syncope Nuvkrinum. Vielleicht war *ĕ* zur Zeit der Assimilation kein volles *ĕ* mehr, sondern reducirt, möglicherweise zum irrationalen Vocal *ə* (vgl. § 127), wobei auch der Unterschied zwischen dem unsyncopirten Nuvkirinum und dem syncopirten Nuvkrinum geringer würde. Vgl. oben zu osk.-umbr. *nessimo-*, o. messímais *mi*]*sinum*. Bei u. Akeřunia- *Acersonia-* könnte man möglicherweise in der Erhaltung des *k* ein Anzeichen dafür sehen, dass der folgende Vocal ein *ə* war (? s. § 179); auch o. Akudunniad dann aus **Akədūnịa-*? (vgl. § 128, ebd. über o. Púpidiis etc. und Sidikinud, über sífeí § 258). Dass in Endsilben *ĕ*, soweit es nicht syncopirt war, zu *ə* reducirt wurde, dafür könnte möglicherweise o. prúfattd Mítl Fíml (*-l* = *-el* aus *-elos*) angeführt werden, vgl. die Auslassung eines „stummen" *e* in der Schrift in päl. *Ptruna* etc. S. 213.

124. *ĭ*. Im Umbr. erscheint für *ĭ* in unbetonter Silbe zuweilen *e*, s. o. S. 100 ff.. Die sicheren Beispiele gehören dem Au. an, über nu. *fratreci fratreca fratrecate* s. S. 102, über die Participia auf *-eto-* § 291, 331. Ob von einer eigentlichen Schwächung des *ĭ* zu *ĕ* gesprochen werden kann, ist mir sehr fraglich. Man beachte, dass der Stamm *kapĭd-* immer *i* zeigt: kapiře 4 m., kapiřus 2 m., kapiř 1 m., kapi 2 m., *capirse* 2 m., *capirso* 1 m., *capif* 3 m. (daher der ebenso regelmässig *e* aufweisende Stamm *vaped-* in vapeře vapef-em *uapersus* [je 1 m.] *uapef-e uapersus-to* [je 2 m.] schwerlich aus **vapĭd-*, vgl. § 143); auch au. Pupřik- auf *III—IV* hat immer (8 m.) i; vgl. noch *dersicust dersicurent* (je 1 m.) und vestikatu (4 m.) vestiç(i)a- (7 m., 1 m. vesteça), *uesticatu uestisia* etc. (18 m.), falls letztere nicht *ĭ* enthalten.

Merkwürdig ist das einmalige *atropusatu VIb* 36 gegenüber a(h)trepuřatu (5 m.) *a(ha)tripursatu* (3 m.). Falls nicht etwa ein Versehen vorliegt (vgl. das 9 Zeilen später stehende *uatue* für *uatuo*?), ist anzunehmen, dass ein irrationaler Vocal (ə) entstanden war und dieser vor dem folgenden *p* labiale Färbung erhielt. Die Entstehung eines ə aus *ĭ* in diesem Worte [1]) mag mit dem vorausgehenden *r* zusammenhängen, streng lautgesetzlich wäre ja völlige Syncope („Samprasarana"), also **aterp-*, gewesen, vgl. l. *sacerdos* etc. (neben *sacrĭficus* etc.).

ŭ blieb in unbetonter Silbe wohl erhalten. Hieher wahrscheinlich u. a(h)trepŭřatu *a(ha)tripŭrsatu* (kaum *ŭ* aus *ŏ*, vgl. S. 123, 243). Unklar u. vaputu vaputis (vgl. S. 242), auch o. Akŭdunniad (§ 179). Dass in u. kumpifiatu *combifiatu* das *i* der Wurzelsilbe aus *ŭ* entstanden sei, ist mir nicht glaublich (s. S. 128).

125. Diphthonge. Im Lat. scheinen die kurzen Vocale, welche den ersten Bestandtheil von unbetonten Diphthongen bildeten, wie andere Vocale behandelt worden zu sein (s. o. S. 235). Im Osk. finden wir das *ă* von unbetontem *ai̯* unverändert in Valaimas etc. Blt. (6 m.), *ualaemom* T. B.

---

1) Denn an **trĕ-* in l. *tre-centi* gr. τρέ-πεδδα etc. Brugmann II 470 wird schwerlich zu denken sein.

Vgl. auch Suff. *-aio-* (*-aiio-*) in o. Buvaianúd Púmpaiianeís etc., u. peřaia etc. (§ 261, 2). Im Umbr. wurde *oį* in betonter Silbe zu *ō* (*ū*?), s. S. 152 f., dagegen erscheint es als *ē* (wie in den Endungen *-ē* *-ēs* aus *-oi* *-ois*) im Compositum *disleralinsust*: o. luisarifs, falls diese Deutung des Wortes durch Bücheler richtig ist (vgl. § 205). Osk. *-ei* im Dat. Sg. der cons. Stämme, z. B. patereí, kann schwerlich aus *-aį* erklärt werden, sondern ist von den *i*-Stämmen übertragen (s. § 283); ebenso wenig -eís- *-eis* im Gen. Sg. der *i*-Stämme aus *-oįs* (s. § 277).

Vocalassimilation[1]).

126. Durchgehende Regel war die Assimilation für den im Osk. und Pälign. in Verbindungen von Liquiden und Nasalen unter sich und mit anderen Consonanten auftretenden anaptyktischen Vocal, da derselbe stets die Klangfarbe des der Liquida oder Nasalis unmittelbar vorhergehenden oder folgenden Vocales zeigt, z. B. osk. *amiricatud* aus **amircatud*, Anagtiai aus *Ang(e)tiai, päl. *Alafis* aus **Alfis* und osk. σακορο aus *σακρο, Pukalatúí aus *Puklatúí, päl. *pristafalacirix* aus **pristaflacrix*. Es mag zunächst ein irrationaler Gleitvocal entstanden sein, der dann bestimmtere Klangfarbe annahm, doch, wie es scheint, ohne wirklich voller, silbebildender Vocal zu werden. S. § 129 ff.

127. In derselben Stellung wurde im Oskischen in unbetonter Silbe auch der ächte Vocal *ĕ* assimilirt, eine Erscheinung, die der Anaptyxe sehr ähnlich sieht, aber nicht mit derselben vermengt werden darf, z. B. *zicolom* aus **zicĕlom* gegenüber Pukalatúí aus *Puklatúí. Es scheint jedes vom folgenden Vocal (ev. vom vorausgehenden, s. u.) nur durch einfache Liq. Nas. getrennte unbetonte *ĕ* in dieser Weise assimilirt worden zu sein, auch zwischen Consonanten, zwischen welchen die Anaptyxe nicht eintrat, so vielleicht zwischen *m-n* (*comono* aus **comĕno* gegenüber amnud, s. § 136 Ende). Möglicherweise ging der Assimilation des *ĕ* eine Schwächung

1) Vgl. Corssen II² 376 ff., Bruppacher 40 f.

zu ə voraus; völlige Syncope findet sich neben der Vocalassimilation in Nuvkrinum neben Nuvkirinum, Gdf. **Nov(i)-kĕrīnum*. Auf andere Vocale als *ĕ* scheint sich die Assimilation nicht erstreckt zu haben, z. B. wurde **oltŏmam* nicht zu **oltamam* wie *pertĕmum* zu *pertumum*, sondern *ŏ* blieb und wurde dann zu *ŭ* (últiumam); für Nicht-Assimilation des *ĭ* sind tanginúd *medicatinom* etc. Belege, falls sie *ĭ* enthalten, desgleichen ev. *nesimois nesimum* messímais, für *ŭ* wäre *petiropert* anzuführen, falls aus **petŭro-* **petüro-* (s. o. S. 126), für *ă* Upfaleis, falls es *-ăl-* (nicht *-ăll-*) enthält. Genetaí kaum aus *Genătaí, s. o. S. 241 f.

Beispiele. *t-r*: pústiris *188* aus **postĕris* = l. *postĕrius*; Tintiriis *208* vielleicht aus *Tintĕriis Suff. *-ter-io-*, Vestirikiíúi C. A. von einem wie Tintiriis gebildeten *Vestiriis, also vielleicht aus *Vestĕrik-, vgl. § 136, 265. Sehr unsicher Patir(iis) *156* „*Paterius“, s. § 283. *k-r*: Nuvkirinum *215* aus **Novkĕrinum* = l. *Nūcerinorum* (daneben mit Syncope Nuvkrinum, s. o.). *k-l*: *zicolom* (2 m.) *zicolois ziculud zicel[ei* T. B. aus **zicĕlom* **zicĕlois* **zicĕlud zicĕlei* (dazu wohl d]iíkúlús *205*) urit. **diē-kĕlo-*, vgl. § 135. *t-m*: *pertumum* T. B. aus **pert-ĕmum* l. *perĭmere*, vgl. *pert-ĕmest*; über *pertĕmust* s. u. *t-n*: Patanaí T. A. (2 m.) wahrscheinlich aus **Patĕnai* = l. **Patinae* (s. § 192, ebd. über patensíns). *k-n*: akun. *62* möglicherweise = akun(uva-) aus *akĕn(uva-) lat. **acĭnua* (?) *acnua*, s. § 136; über akeneí ebd.. *g-n*: Líganak-díkeí wäre bei Büchelers Auffassung als Bildung wie l. *heluenacus* u. dgl. wohl aus *Lígĕnak- zu erklären (möglich auch *Lígănak- mit Suff. *-āno-*, aber nicht *Ligēnak-, da *ē* osk. í wurde, noch *Lignak-, da nach langem Vocal Anaptyxe nicht eintrat), doch ist mir Entstehung aus *Ligank- wahrscheinlicher, s. § 130, 269. *m-n*: *comono* (6 m.) wohl aus **comĕno* (vgl. § 136 Ende). Auffallend ist *comọnei* Z. 5, wenn wirklich das Buchstabenrestchen (s. Zvetaieffs Tafel in J. J. J. D.) nöthigt, so statt *comẹnei* zu lesen (Deecke Rec. 134); wahrscheinlich wäre ein Versehen anzunehmen, veranlasst durch das wenige Worte später folgende *comono* (auf der T. B. leicht möglich, vgl. *pous touto* statt *pus* und Aehnliches Danielsson A. S. IV 149); oder schwankte etwa die Klangfarbe des Vocales selbst, weil auch der erste Consonant nur ein Nasal war, also auch der vorausgehende Vocal statt des folgenden einwirken konnte?[1]). *l-l*: ampu[l]lum Blt. = *ampúlúlúm aus **am-polĕlo-m*, Deminutivum zu **ampolo-* = l. *an-culu-s* urit. **am-kᵘolo-s* gr. ἀμφί-πολο-ς (nach Bugges Deutung, s. § 168); das *o* aus *e* kann hier durch das vorausgehende und das folgende *o* hervorgerufen sein[2]). — Eine Ausnahme von dieser Assimilation eines unbetonten *ĕ* bildet *pert-ĕmust* T. B. 4 neben *pert-umum* ebd. 7; es mag hier das Simplex **ĕmust* und das Compositum *per-ĕmust* ebd. 15 (in welchem *e* wegen des vorausgehenden *e* gleichfalls regelrecht war, vgl. turumiiad aus *turmiiad) eingewirkt haben; ebenso kann *aserum* T. B. (1 m.) „assĕrere" für **as(s)urum* (oder **as(s)irum*, vgl. *nesimo-* etc. § 156) nach **sĕrum* etc. stehen. últiumam *133* kann nicht aus urit. **oltĕmām* (wäre osk. *últamam), sondern nur aus urit. **oltŏmam* erklärt werden (s. § 156); sehr schwierig ist das *i* in osk. *nesimois nesimum* (umbr. *nesimei*) und messímais, doch steht so viel fest, dass es bei dem Eintritt des osk. Assimilationsgesetzes nicht *ĕ* gelautet haben kann, da **nes(s)ĕmois *messĕmais* etc. dann zu **nes(s)ŏmois *messămais* geworden wären (zur Erklärung des *i* vgl. § 156). pumpĕrias púmpĕriais etc. gegenüber pústiris aus *púst ĕris könnte vielleicht aus verschiedener Behandlung von *-erį-* (falls púmperia- *į* enthält) gegenüber *-erĭ-* erklärt werden, wahrscheinlicher ist wohl, dass Betontheit des *e* der Grund war, wesshalb die Assimilation unterblieb (wie in *nerum perum* etc.); dann ergäbe sich aus púmperia-, dass die osk. Vocalassimilation erst nach dem Eintritt der jüngeren Betonung auftrat (vgl. § 257). Vgl. noch *famĕlo* T. B. (d. h. **famĕllo*) = *famĕliú *famĕlliú gegenüber l. *famĭlia* Gdf. urit. **famĕlia*, Vítĕliú Vítĕlliú l. **Uitĭlia* (dafür *Italia*), Fistel(iú) oder Fistel(liú) = Φιστελία l. **Fistĭlia*, teremĕnniú l. **termĭnia* Gdf. **termĕnia*, ähnlich kúmbĕnnieis, damsĕnnias Falĕnia (vgl. l. *Fulgĭnia* etc.); bei diesen Wörtern könnte man sich jedoch vielleicht für die Erhaltung des *ĕ* auch auf die Gemination

---

1) Zu einer verfehlten Etymologie hat diese Schreibung Corssen I 376 (vgl. auch Enderis 37) verleitet.

2) Möglich ist jedoch auch, dass das fragliche *o* ursprünglich war, vgl. § 261, 5.

(Mouillirung) des *l n* vor *i̯* (s. § 242 f.), falls dieselbe frühe eintrat, berufen.

Für die Stellung mit vorausgehender Liq. Nas. fehlen sichere Beispiele, dass aber die Assimilation von unbetontem *ĕ* auch hier stattfand (so dass also z. B. umbr. kanĕtu malĕtu im Osk. *kanătúd *malătúm lauten würden), ist gewiss wahrscheinlicher, als dass dieselbe unterblieb; selbst im Lat. blieb in solcher Stellung wenigstens *ă* durch Vocalassimilation erhalten (*alăcer alăpa anătes calămitas* etc., Havet Mém. soc. VI 27, Stolz[2] 269, Schweizer-Sidler[2] 41), statt zu *ĕ ĭ ŭ* geschwächt zu werden. Ein osk. Beispiel der Assimilation wäre liímitúm C. A., falls der Stamm **līmĕt-* war, doch ist auch **līm-ĭt-* „schräg gehend" (vgl. Brugmann II 368 f.) möglich, ein anderes úíniveresím *133*, falls dessen directe Vorstufe **oinĕu̯ersim* nicht **oinu̯ersim* war (vgl. § 132)[1]). Líganakdíkeí schwerlich aus *Líg-an-ek-díkeí „lege *inexdici", s. § 269.

Uebrige Dialekte. Im Pälign. fehlen Beispiele, doch ist die Assimilation wahrscheinlich, da die Anaptyxe ganz ähnlich wie im Osk. eintrat. Dunkel ist -kiperu des „altsabellischen" Steines von Grecchio (*282*). Sabin. *hirĕtum*, nicht **hirĭtum* (doch ist das erste *i* = *e* und bezeichnet wohl einen Mittellaut). Im Umbrischen scheint die Assimilation gewöhnlich unterblieben zu sein: petĕnata „pectīnatam" (osk. *pehtanatam), katĕramu *catĕrahamo* (kaum *ē*), ferner *atero* Talenate tapistenu, falls sie *ĕ* + einfachem *r n* enthalten (*tuderus tuderor tuderato* mit *ē*?). Auffällig ist daher *Tesonocir VIa* 20, *VIIa* 38 neben *Tesenocir VIb* 1 3 und Tesenakes *Ia* 11 14, falls es wirklich aus *Tesĕnoc-* durch Vocalassimilation entstanden ist; vgl. § 257. Beispiele für das Unterbleiben der Assimilation bei vorausgehender Liquida oder Nasalis: malĕtu kanĕtu, unsicher *Milĕtinar*

1) **oineu̯ersim* hätte, da *ĕu̯* im Urit. zu *ou̯* wurde, sein *ĕ* nach anderen Composita mit **oinĕ-* und überhaupt mit dem „Bindevocal" *ĕ* erneuert, wie l. *ūnĭuersim* sein *ĭ*; ein im Urit. aus **oineu̯ersim* lautgesetzlich entstandenes **oinou̯ersim* musste im Lat. zu **oinuersim *ūnuersim* werden (vgl. *denuo* etc.), welchem *oinuorsei* des sen. cons. de bacch. entspricht, im Osk. nach S. 199 ff. zu *úínuversím ev. weiter *úínversím (woraus durch Anaptyxe úíniversím).

und kalĕřuf *calĕrsu*, letzteres weil $l = ll$ sein kann (l. *callidus*).

128. In anderen Stellungen fehlen sichere Beispiele. Bei o. Akudunniad könnte man wegen u. Akeřunia- vermuthen, es sei aus *Akĕdunniad entstanden; es wäre wohl anzunehmen, dass das *ĕ*, vordem es an *u* assimilirt wurde, zu *ə* geschwächt worden war (vgl. S. 245); doch kann das *u* vor *d* auch anders aufgefasst werden (s. § 173, 179). Falls Akudunniad = *Akĕdunniad ist, könnte auch o. Púpidiis etc. aus *Púpĕdiis etc. erklärt werden, doch kann das i sehr gut ursprünglich sein, s. § 261, 10. Unsicher ist Corssens Etymologie (Ausspr. II² 376) o. Sidikinud l. *Sidicinum* aus **sĕd-ik-īno-*, zu *sĕdeo*; vorherige Reduction des *ĕ* zu *ə* könnte auch hier angenommen werden, vgl. S. 213 zu päl. *Ptruna* etc. Wenn Bugges Ergänzung von o. ehpreívi . . . *194* zu eh preívi[kulud (A. S. 19, 21) richtig sein sollte, wäre das zweite í wohl aus *ĕ* assimilirt; doch ist diese Ergänzung ganz zweifelhaft (vgl. Bd. II Anh.). Ueber o. *praefucus* s. o. S. 239 A.

Anaptyxe[1]).

129. Entwicklung anaptyktischer Vocale fand sehr häufig statt im Oskischen und Pälignischen in Verbindungen von Liquiden und Nasalen unter sich und mit anderen Consonanten. Dagegen scheint dem Umbrischen die Anaptyxe fremd gewesen zu sein[2]). Im Lateinischen (Stolz² 277 ff., Schweizer-Sidler² 37 f.) findet sich Anaptyxe bei Verschlusslaut + *l* (*cl*, *bl* etc.), ausserdem nur vereinzelt. Es sind im Oskisch-Pälignischen zwei Gruppen zu unterscheiden, je nachdem die Liquida oder Nasalis in der Consonantenverbindung den Anfangslaut oder

1) Vgl. Aufrecht K. Z. I 36 ff., Corssen ebd. XI 340 ff., Ausspr. II² 387 ff. (vgl. 376 ff.), Bruppacher 53 ff., Bugge A. S. 80 f. (übers. Pälign.), Thurneysen K. Z. XXVII 181 f., Brugmann I 220, 472 f.

2) Von dem besonderen Falle der Entwicklung eines *e* (eigentlich *ə*) in den durch „Samprasarana“ entstandenen $\textit{r̥}$ $\textit{l̥}$ $\textit{n̥}$, z. B. osk. Aderl(a-) aus **Atrola-*, umbr. und lat. *ager* aus **agros* (s. oben S. 225 f., 228 f. und § 158), sehen wir in diesem Capitel ab.

den Endlaut bildete; wir nennen in Ermangelung einer besseren kurzen Bezeichnung die erstere Stellung die anteriorische (z. B. *Alafis* aus **Alfis*), die letztere die posteriorische (z. B. σακορο aus *σακρο). Ein bemerkenswerther Unterschied zwischen der anteriorischen und der posteriorischen Stellung zeigt sich darin, dass anteriorisch die Anaptyxe allgemein oskisch und pälignisch war, während sie posteriorisch im Oskischen von Capua und, wie es scheint, im Pälignischen nicht eintrat (abgesehen von der päl. Herentas-Inschrift, die überhaupt ganz besondere Verhältnisse aufweist, s. § 138). Möglicherweise deutet dies darauf hin, dass die Anaptyxe in posteriorischer Stellung der jüngere Lautprocess war, der nur über einen Theil des Gebietes sich ausdehnte. Die beiden Stellungen unterscheiden sich auch dadurch, dass die Lautverbindungen, in denen die Anaptyxe eintrat oder unterblieb, nicht dieselben waren, z. B. unterblieb die Anaptyxe bei *rt*, trat ein bei *tr*, umgekehrt trat sie ein bei *ru̯ lu̯* (serevkid, Helevis), unterblieb bei *u̯r u̯l* (thesavreí, Núvla-). Nach Sievers (Phonetik² 214, vgl. dens. bei Paul Grdr. I 297) tritt Anaptyxe „um so leichter ein, je grössere Schwierigkeiten sich einer raschen Umsetzung der Articulationsstellung darbieten, d. h. je grösser die Articulationsdifferenz der Nachbarlaute ist". Hieraus erklärt sich, dass im Osk.-Päl. bei *rk rg lk* Anaptyxe eintrat, bei *rt lt nt mp* nicht. Folgte bei anteriorischer Stellung auf den zweiten Consonanten noch ein dritter, so hatte dies in gewissen Fällen zur Folge, dass die Anaptyxe auch in Verbindungen, welche dieselbe sonst nicht kannten, eintrat, daher o. Anagtiai aus *Angt- (*Ankt-), *comparascuster* aus **comparsc*-, trotzdem *nk ng rs* sonst ohne Anaptyxe blieben (ähnlich vielleicht noch Líganakdíkeí, Anafriss, s. u.). Nach Sievers Phonetik² 213f., Brugmann I 469f. ist der lautphysiologische Vorgang bei der Anaptyxe so zu denken, dass zunächst die Liquida oder Nasalis sonantisch wird (bei anteriorischer Stellung durch eine zweigipflige [circumflektirte] Accentuirung hervorgerufen) und dann hinter, ev. vor dem Sonanten sich ein sog. Gleitlaut entwickelt, den wir durch ə darstellen können (z. B. urosk. **Alᵊfis* **sakəro*). Dieser Gleitlaut kann zum vollen Vocal werden, im Osk.-Pälign. scheint dies nicht der Fall gewesen zu sein, wir haben z. B. o. Herekleís Anafríss Anagtiai teremníss serevkid wohl als *Herᵉkleis Anᵃfriss*

Anᵘgtiai terᵉmniss serᵉụkid auszusprechen (bei den beiden erstgenannten scheint speciell das Fehlen der Anaptyxe in *kl fr* dafür zu sprechen, dass der anaptyktische Vocal nicht volle silbebildende Geltung hatte, s. § 136, zu den übrigen vgl. § 257; ob in o. σοροϜωμ und päl. *-acirix* aus dem Metrum sich unsilbische Geltung erweisen lassen werde, ist freilich sehr fraglich). Zur durchgehenden Regel ist es im Osk.-Pälign. geworden, dass der Gleitvocal bei anteriorischer Stellung die Färbung des vorausgehenden, bei posteriorischer Stellung diejenige des nachfolgenden Vocales annahm, z. B. *Alafis* σακορο, d. h. *Alᵃfis sakᵒro*, aus **Alᵊfis *sakᵊro* (die Belege s. im Folgenden)[1]. Das i in o. Aadirans kann daher nicht anaptyktisch sein und die frühere Ergänzung *loufir[ud* T. B. 8 ist schon aus diesem Grunde unzulässig, ebenso Paulis Erklärung von päl. *firata 254* aus **firta* (A. S. V 113)[2]. Zur Assimilation des Gleitvocales ist die S. 247 ff. besprochene Assimilation von *ĕ* in gleicher Stellung (das möglicherweise zunächst zu *ə* geschwächt war) zu vergleichen.

I. Anteriorische Stellung.

130. Liq. Nas. + Verschlusslaut. Anaptyxe findet sich nur in Verbindungen mit Gutturalen. rk: o. *amiricatud* T. B. „immercato“; Μαμερεκιες *18* „Mamercius“, wozu osk.-lat. *Maracus* (Deecke Etr. Fo. III 252); perek. *28* = perek(aís), zu u. *perca*; tríbarakavúm tríbarakattíns tríbarakkiuf etc. C. A. (6 m.) zu l. *arx arcere* (s. § 269); Herekleís C. A. (4 m.), ϝερεκλε[ι]ς *20*, Hereklúí T. A. (2 m.),

1) Bei Diphthongen gilt natürlicher Weise der der Liq. Nas. zunächststehende Bestandtheil, also patereí (*zicolois*), aber úíníveresím aus *úínv- (oder aus *úínĕv-?).

2) Sehr mit Unrecht holt Pauli zur Stütze seiner Erklärung die früher beliebte Eintheilung der Anaptyxe, je nachdem sie innerhalb des Stammes selbst oder zwischen Stamm und Suffix stattfindet, wieder hervor; es ist absolut unglaublich, dass in *firata* ein *a* eingeschoben worden sei, weil *t* zum Suffix, in *mirica-* ein *i*, weil *c* zum Stamme gehörte. Paulis Erklärung ist übrigens auch aus dem Grunde unzulässig, weil *rt* sonst nirgends Anaptyxe zeigt (s. u.), vgl. auch S. 132 und Bd. II Anh.

aequisch Hereklei *278* (unächt?), päl. *Herec. 253* d. h. **Herecloi* (oder **Herecleis?*) aus **Herkl-*, vgl. vestin. *Herclo* päl. *Herclit* l. *hercle Hercules* (aus **Hercles*)[1]; kú]mparakineís *32* von **komparkion-* „conuocata contio, concilium" (zu *comparascuster*, s. Corssen Eph. ep. II 168, Bücheler L. J. XIXb); Vestirikiíúí könnte möglicherweise = l. **Uestercio* sein (vgl. *amiricatud* : l. *merc-*), doch ist es eher = l. **Uestericio* (s. o. S. 248 und § 136). **rg**: osk. aragetud *125*, araget[ud *124* = l. *argento*. **lk**: osk. Mulukiis *125* wohl „Mulcius"[2]; vgl. auch πολλαχρόν · καλόν (Hesych, s. Immisch Leipz. Stud. VIII 315) = osk. **polokrom* l. *pulcrum*?; *lg* fehlt. Ohne Anaptyxe ist *rk* in osk. Perkedne[ís Perkens *124*; vielleicht ist dies so zu erklären, dass das Wort als Compositum mit *per-* aufgefasst wurde, vgl. unten S. 256 zu per-fa[kium (dafür spricht vielleicht auch l. *Percelnius*, da es *l* statt *d* durch Anlehnung an *percello* erhalten haben kann), obgleich es ursprünglich wohl *Perk-ed-no-*, mit dem *-ed-* von *-ed-io-*, war[3]). Ferner in o. Arkiia *112* und päl. *Arghillus 267* (lies **Archillus*), welche als griechische Namen entschuldigt sind; auffälliger ist päl. *Herclit 259* (neben *Herec(l-) 253*), päl. *pperci 246* und osk. Markas *111* (späte

---

1) Dass in *Hereklo-* mit Aufrecht K. Z. I 37 A., Corssen II² 377 (doch vgl. 77), Jordan Kr. Beitr. 16 directe Entstehung des zweiten *e* aus dem *a* von Ἡρακλῆς anzunehmen sei, ist wegen der oben angeführten vest. *Herclo* l. *Herc(u)les* etc. und wegen des Fehlens der Anaptyxe in *-kl-* (s. § 136) unwahrscheinlich. Von Mommsen U. D. 262 und Bréal Hercule et Cacus (bes. 48 ff.), vgl. auch Corssen K. Z. XV 244, Deecke Etr. Fo. IV 75 ff., ist die Vermuthung aufgestellt worden, dass **Herklo-s* ein ächt italischer Feldgott sei, auf den der griech. Ἡρακλῆς später aufgepfropft wurde, vgl. jedoch Jordan a. O. 15 f., bei Preller II³ 278 f. A., Grassmann K. Z. XVI 103 f., Schweizer Jahrbb. 123, 34 f.; jedenfalls könnte ital. **herk-* mit gr. ἕρκος, Ζεὺς ἑρκεῖος nichts zu thun haben, sondern wäre wohl Weiterbildung mit *k* (vgl. l. *merc-s* zu *mereo*) von W. *her-* in *hortus* (gr. χόρτος) *hara* etc. (Vaniček² 93 f.).

2) *Mulutia* Fabretti Gloss. 1195 scheint nicht hieher zu gehören (Suff. *-utio-* in Eigennamen häufig).

3) Also möglicherweise von der verbreiteten Wurzel *prek perk* (z. B. in l. *precor*, u. pepurkurent, o. kú]mparakineís), von der als Parallelbildung mit der Erweiterung durch *sk* (z. B. in l. *posco*, o. *comparascuster*, u. pers(k)nimu, mars. *pesco*) auch *Pescennius* kommen könnte (vgl. Deecke Etr. Fo. III 275).

Griffelinschrift, vgl. auch Pauli A. S. V 28), sowie osk. eerk *56*, welches vielleicht Herk- zu lesen ist (s. Bd. II Anh.). — Bei Nasal + Guttural fehlt die Anaptyxe in der Regel (der Grund war offenbar die Homorganität von *ŋk ŋg*): Aurunkud Aurunk. *222* (freilich nicht eigentlich oskisch, vgl. § 238), tanginúd *tanginom tangineis* etc. (12 m.), *angetuzet angit* .... (vielleicht Präpos. *an*-), päl. *Anceta* (marr. *Tarincris*). Sie erscheint dagegen in o. Anagtiai aus *Ankĕtiai (*Angĕtiai? s. § 246), wo durch die Syncope *Anktiai (*Angtiai) entstanden wäre, also eine Form, in der auf *nk* noch ein Consonant folgte[1]). Ein ganz analoges Beispiel ist Líganakdíkeí T. A. (2 m.), falls aus **Liganki-dik*- (s. § 269). Für *uincter* T. B. (1 m.) aus **uincĕter* müsste eigentlich nach Anagtiai und ev. Líganakdíkeí **uinicter* erwartet werden, es können jedoch hier die übrigen Formen, in welchen auf *c* ein Vocal folgte, *uinc*- also berechtigt war, eingewirkt haben, sei es bloss auf die Schreibung oder auch auf die Aussprache. Auslautendes *-nk* in *ionc eizazunc*, in nationaler Schrift mit Auslassung des *n* íak ekak etc. (s. § 154). — Ohne Anaptyxe blieben die Verbindungen Liq. Nas. + dentalem und labialem Verschlusslaut, soweit sie durch Beispiele vertreten sind. **rt**: osk. *fortis*, húrtúm hurtúí Húrtiis, Mamerttiaís Μαμερτινουμ etc. (gegenüber Μαμερεκιες), -urtam *188* (nach Pauli p]urtam), päl. *forte fertlid* (*firata* unmöglich aus **firta*, s. o.), im Auslaut in o. pert *petiro-pert am-pert* (marr. *feret* nicht aus **fert*). **lt**: osk. alttram alttreí *altrei* etc. (*atrud*), altinúm, múltasikad *moltas moltaum* etc., últiumam. **lp**: päl. *Alpis*. **nt** häufig, z. B. osk. anter Entraí huntrus *contrud* púnttram *etanto* karanter Smintiis *Bantins* Tantrnnaiúm Tintiriis Herentateís trístaamentud, päl. *Herentas Ponties* etc., vgl. § 154 (dagegen kommt im Lat. *Caluenetius* vor, s. Stolz[2] 278), im Ausl. stahínt eestínt se(n)t etc. **mt**: o. *pomtis*. **mp**: o. púmperia- Púmpaiianú- Πομπτιες Diumpaís Kamp[aniis ampu[l]ulum ampert etc., päl. *empratois*. **mb**: o. embratur ímbr(a)t(u)r. Für *rd, rp, rb, ld, lb* fehlen Beispiele; bei *rp rb* wäre wohl Anaptyxe zu erwarten, wenn

1) Ueber hernik. '*Anagnia*' s. u. § 139.

man nach der Articulationsdifferenz urtheilen darf (vgl. o. S. 252).

131. Liq. Nas. + Spirant. Von den Verbindungen mit *f* zeigen Anaptyxe lf: o. Alafaternum *215*, päl. *Alafis 253* und rf: o. Arafiis *165* vgl. *Arbaianus* C. J. L. IX, ferner o. **skarafaio-* aus **skarfaio-*, falls Ascoli Sprachwiss. Briefe 89 ff. Recht hat, ein solches aus italien. *scarafaggio* lat. *scarabaeus* zu erschliessen. Die Ausnahme perfa.... Blt. 6 (wahrscheinlich zu *perfakium „perficere" zu ergänzen, nach Bugge zu *perfahtum „perfectum", s. Bd. II Anh.) erklärt sich wohl daraus, dass per- Präposition war; man wird die „zweisilbige" Schreibung **pere-* vermieden haben, ob auch wirklich in der Aussprache die Anaptyxe unterblieb, muss fraglich bleiben (vgl. oben S. 254 zu o. Perkedneís). *rf* ohne Anaptyxe noch auf der pälign. Herentas-Inschrift in *Cerfum*, worüber § 138. Mit Anaptyxe nf in o. Anafríss aus *Anfríss T. A. (2 m.), dagegen ohne Anaptyxe mf in o. amfr-et C. A. (2m.)[1]; doch ist Anafríss deshalb kein sicherer Beleg dafür, dass bei *nf* Anaptyxe Regel war, weil der Umstand, dass auf *nf* noch ein Consonant folgte, den Eintritt der Anaptyxe begünstigt haben kann (vgl. oben S. 252). Zu der Verschiedenheit des Nasals vor *f* vgl. § 220. Osk. manafum Blt. schwerlich aus *manfum, s. § 323. Vor *s* unterblieb die Anaptyxe in der Regel. rs ohne Anaptyxe in o. kerssnaís *133*, kerssnasias *131*, kersnaíias *135* (aus **kertsnā-*?), -urseís *205* (unklar), päl. *Perseponas 254*, mit Anaptyxe in o. *comparascuster* aus **comparsc-*, wo der auf *rs* folgende Consonant die Ursache zu sein scheint, vgl. oben zu Anafríss. *rs* aus *rtt* finden wir mit Anaptyxe in úíníveresím *134* „uniuersim" aus Capua, ohne dieselbe in Fερσορει *4* aus Vibo (Bruttium); ob letzteres bloss ungenauere Schreibung ist oder ob dialektische Verschiedenheit vorliegt oder endlich ob der Unterschied in der Betonung (*oinivéresim* : *versórei*) als Grund angesehen werden kann, muss dahingestellt bleiben, jedenfalls wird aber durch úíníveresím wahrscheinlich, dass für *rs* = *rtt* Anaptyxe das Gewöhnliche war; der Unterschied gegenüber kerssna- etc. ist wohl daraus zu erklären, dass *s* in *rs* = *rtt* kein reines *s* war, sondern dem *þ* sich näherte (s.

1) Kaum am-fret, s. § 304.

§ 205). Auslaut: o. usurs Blt. (Acc. Pl.). ls nur auslautend in o. Upils Upfals, vielleicht mit *ll*. ms: o. Ni]umsis Niumsieís damsennias. ns: o. *censa-* keenzstur *censtom-en* etc., *minstreis*, Fensernu, patensíns, *Bansae*, Ausl. 3. Pl. wie uupsens *deicans* und Nom. Sg. wie Aadirans *Bantins*. αναϲακετ *18* daher kaum aus *ανϲακετ, vgl. § 238. Für Verbindungen mit *h* fehlen völlig sichere Beispiele, wahrscheinlich gehört hieher o. Verehasiúí Verehasiú T. A. aus *Verh- (vgl. S. 179f. und § 216)[1]; ferner o. Marahieis neben Marhies auf campanisch-etruskischen Pateren *(177)*? Fολλοⱶωμ *16* deutet Bugge als „uolgus", also *volloh-* aus **volh-*, doch ist dies wegen *ll* und aus anderen Gründen sehr fraglich (s. Bd. II Anh.).

132. Liq. Nas. + *u̯* (*v*). Hier ist im Osk. und Pälign. Anaptyxe Regel. rv: o. serevkid *28* aus *servĕkid oder *servĭkid; uruvú C. A. doch wohl eher aus *urvú als mit ächtem uv (s. o. S. 197); ein drittes Beispiel ist wohl ϲοροFωμ *16*, dessen Deutung allerdings ungewiss ist (s. Bd. II Anh.). Bei serevkid d. h. **serᵉu̯kid̯*, liegt es am nächsten anzunehmen, dass der Vocal nach v erst nach Eintritt der Anaptyxe syncopirt wurde, denn statt der anderenfalls anzusetzenden Zwischenstufe **seru̯kid* wäre wohl eher **serŭkid* entstanden. Ueber päl. *Minerua* vgl. S. 184. lv: Helleviis *129* (über ll § 243), Helevis *170*, Heleviieís *137*, Helevi. *136*, päl. *Heleuis 257 259*, auffällig Helvi... auf dem osk. Fragment *171* (unbekannter Herkunft) ohne Schreibung des anaptykischen Vocals; o. ϲαλαFϛ *12*, Salavs oder salavs *120*, Salaviis *157*, päl. *Salauatur 267* zu l. *saluus Saluius*[2]).

---

1) Falls vereiiaí vereias zu Verehasiúi gehört, scheint es also auf **verᵉhi̯ā-* (mit Schwund von *h* vor *i̯*) zurückzugehen, s. § 218.

2) Der Nom. Sg. salavs ist wohl eine Neubildung nach den Cas. obl. *salaveís *salavúí etc., da die osk.-umbrische Endsyncope wahrscheinlich in frühe Zeit fiel, als noch schwerlich ein osk.-pälignisches **salᵃu̯os* bestand, sondern entweder **salu̯os* (woraus lautgesetzlich **salus*, kaum **salu̯s* **salᵃu̯s* entstanden wäre) oder, viel wahrscheinlicher, dessen Vorstufe **saluu̯os* (vgl. umbr. *saluuom*, S. 187f., 196f.), ev. noch die uritalische Form **salou̯os*. Im letzteren, dem wahrscheinlichsten Falle entstand lautgesetzlich **salou̯s* und dieses konnte später nach den Cas. obl. leicht zu **salau̯s* (salavs) werden.

Osk. Kalaviis *187*, päl. *Calauan(s) 265* können aus **Kalv-* erklärt werden, ebenso gut ist möglich, dass das *au̯* hier ursprünglich ist, da dies für die bei Livius mehrfach erwähnten (U. D. 267) und auf lat. Inschriften (neben *Caluii*) häufig vorkommenden *Calauii* jedenfalls angenommen werden muss (dass Livius die Form mit Anaptyxe angeführt habe, ist mir nicht glaublich, da sogar auf den Inschriften oskischer Gegenden selbst kaum jemals die osk. Anaptyxe sich zeigt, vgl. die ungemein häufigen *Alfius Heluius* etc. im C. J. L. IX X, nie **Alafius* etc. geschrieben); l. *caluus* ist demnach wohl aus **calauos* entstanden, vgl. W. Meyer K. Z. XXVIII 164 und oben S. 186 f.[1]). **nv** : o. minive... *135* zu l. *minuere* (v aus *ŭ*, s. S. 190, 197); úíníveresim *134* falls aus **oinversim*, möglich ist aber auch Entstehung aus **oinĕversim* (s. S. 250). Auffällig ist neben minive... *135* menvum „minuere" der Blt. (für *minvum) ohne Schreibung des anaptyktischen Vocals (wohl am ehesten aus der überhaupt nachlässigen Orthographie der Blt. zu erklären; vgl. S. 183). **mv** nur im Compositum o. amvíanud.

133. Liquidae und Nasale unter sich. Ohne Einschub **rl** : o. Aderl. (allerdings vielleicht = **Adərl-* oder **Adr̥l-*, s. § 158; *ell* = *erl* wahrscheinlich in Abella-). Ebenso **rn** : o. Pernaí *carneis* Spurneís Alafaternum Freternum Kupelternum Fensernu *Aisernim* verna... (*170*) n...rnum (Blt.). Dagegen war bei **rm** Anaptyxe Regel, was sich wohl aus der grösseren Articulationsdifferenz erklärt (vgl. oben S. 252): o. turumiiad Blt. aus *turmiiad „*tormeat"; teremenniú C. A. (2 m.) aus **termeni̯ā* (lat. **termĭnia*), teremníss ebd. „terminibus" aus **termeniss*, teremnattens *28* (2 m.), *38* „terminauerunt" und teremnatust *28* „terminata est" aus **termenā-* (unsicher ist terem. *126*, s. Bd. II Anh.); in teremníss, teremnattens, teremnatust ist teremn- aus urit. **termen-* wohl eher durch die Zwischenstufe **term-* entstanden (vgl. u. *termno-*), als dass **termen-* zunächst zu **teremen-* und erst dies durch Syncope zu teremn-

---

1) Wenn o. Kalúvieís (Kaluvis) zu Kalaviis gehört, setzt es ein urit. **kaloṷo-* neben **kalaṷo-* voraus (vgl. a. O.), doch kann auch Suff. *-oṷio-* angenommen werden (St. *Kal-* z. B. in o. Καλινις); auf keinen Fall kann ú anaptyktisch sein.

geworden wäre. Sehr auffällig ist das Fehlen der Anaptyxe in *t*erm... oder *t*e[e]rm..., wie C. A. 29 doch wohl zu lesen sein wird; blosse Nachlässigkeit ist nicht recht wahrscheinlich, da der C. A. sonst durchaus zu den correcten Inschriften gehört und in teremenniú (2 m.), teremníss die regelrechte Schreibung aufweist, es wird daher eher die besondere Form des Wortes, die leider nicht mehr herzustellen ist, der Grund gewesen sein (vgl. Bd. II Anh.). Ueber mn s. S. 267.

Anmerkung. Anaptyxe wird auch angenommen in Luvikis der kleineren capuanischen Bleitafel (*129*) neben Luvkis derselben Inschrift (vgl. z. B. Corssen K. Z. XI 340, Bücheler L. J. XVIa, Brugmann I 76, Deecke Fal. 290). Aber die Anaptyxe ist sonst ausschliesslich bei Liquiden und Nasalen nachweisbar, bei v (*u̯*) findet sich nirgends eine Spur davon (vgl. o. Luvcies Lúvkanateís Júvkiíúí lúvfreís *loufir* -úvfríkúnúss Nuvkrinum Núvlanú- *toutad* túvtíks etc., päl. *Loucies Nounis*), es ist auch lautphysiologisch nicht wahrscheinlich, dass hinter dem Diphthongen *ou̯* (denn als *u̯*, nicht als Spirant ist nach S. 138 ff. das oskische v in den angeführten Wörtern aufzufassen) sich Anaptyxe entwickelt haben sollte [1]), endlich widerspricht es der sonstigen allgemeinen Regel, dass in Luvikis der durch die Tenuis getrennte Vocal die Färbung des anaptyktischen Vocales bestimmt hätte. Freilich lässt sich schwer eine befriedigende andere Erklärung von Luvikis finden. Wenn Luvikis Gentilicium sein könnte, wäre es ohne Zweifel = dem z. B. aus Umbrien belegten lat. *Luuicius*, einer Ableitung von *Luuius* mit dem beliebten *k*-Suffix (osk. z. B. in Júvkiíúí Vestirikiíúí), aber Luvikis kann kaum etwas anderes als Praenomen sein und Praenomina mit dem *k*-Suffix scheinen nicht vorzukommen. Eine Möglichkeit wäre vielleicht die, dass beim Gentilicium die beiden Formen Luvkis und Luvikis (erstere von **lou̯k-* : gr. λευκός und zugleich syncopirte Form zu *Luuicius*, vgl. ausser Júvkiíúí aus *Júvik- auch l. *Jūlius* neben *Ju(u)ilius* etc.) nebeneinander gebraucht wurden (wie o. Pupdiis neben Púpidiis und dgl.) und dass danach auch im Praenomen Luvikis neben dem

1) Nicht einmal *u̯r u̯l* zeigt Anaptyxe: thesavreí Núvlanú-.

hier eigentlich allein berechtigten Luvkis (d. h. Lúvkis) gesagt wurde. Vgl. auch Bd. II Anh.

II. Posteriorische Stellung.

134. Im Anlaut findet sich die Anaptyxe weder im Osk. noch im Pälign.: osk. triíb- Trebiis trístaamentud trutas *trutum* (Tlapíu?) krustatar Kluvat- (*Cloil*) Klum. Cnaiviies prai *prae- preiuatud* prú- *pru* prúfa- *brateis* βρατωμ Bra. Frentreí Freternum fruktatiuf frunter Frus Flagiuí Fluusa- Slabiis slaagi- Smintiis *sсriftas* (σκλαβενς?) päl. *praicime pritrome prismu pri- pros Plauties bratom cnatois*, während im Lateinischen gerade im Anlaut hie und da Anaptyxe erscheint: *Terebonio parandium carabro balatrones* etc. Corssen II² 384 ff.

135. Inlaut. Hier zeigen sich, wie S. 252 erwähnt ist, dialektische Unterschiede. Im gewöhnlichen Oskischen gilt die Regel: in Consonantengruppen mit Verschlusslaut oder *f* + *r l n* (ausser in *dn*, wo die nahe Verwandtschaft der beiden Laute den Grund bildet; über die Verbindungen mit *m* s. S. 267 f.) tritt die Anaptyxe nach kurzem Vocal ein, nach langem Vocal und nach Consonant, also nach „natura“ oder „positione“ langer Silbe, unterbleibt sie (vgl. Thurneysen K. Z. XXVIII 181 f., Brugmann I 473)[1]. Dagegen kennt das Oskische von Capua und das Pälignische (ausser der Herentasinschrift, s. § 138) die posteriorische Anaptyxe weder nach kurzer noch nach langer Silbe. Bei der Behandlung der Regel des Normaloskischen sind also Beispiele aus dem Capuanischen und Pälignischen nicht zu gebrauchen. Wichtig ist noch ein zweiter Punct, der Unterschied zwischen der ächten Anaptyxe und der blossen Assimilation eines schon vorhandenen *ĕ* an den

1) Der Unterschied hängt vielleicht mit der Silbentrennung zusammen: im Silbenanlaut blieb wie im Wortanlaut die Lautgruppe ohne Anaptyxe (maa-treís *cas-trous contrud* etc.), während auf der Silbengrenze (indem nach kurzem Vocal der nächstfolgende Cons. noch zur ersten Silbe gezogen wurde) die Anaptyxe eintrat (păt-ereí σăκ-ορο etc.). — Eine ähnliche Regel wie im Osk. scheint im ältesten Ahd. bestanden zu haben: *fŏgales ĕbano* aber *hlūtres zeihnes* etc. (s. Braune Ahd. Gramm. 49).

folgenden Vocal (s. S. 247 ff.), welche der Anaptxye äusserlich sehr ähnlich sieht. Nur bei Beachtung dieses Umstandes erklärt sich der Unterschied zwischen sakaráklúm sakaráklefs etc. und *zīcolom zīcolois zīculud zīcel[ei*; letzteres heisst trotz der vorausgehenden Länge[1]) nicht **zīclom* **zīclud* etc., weil in dem Worte der Vocal vor dem *l* nicht anaptyktisch, sondern ein ursprüngliches, je nach dem folgenden Vocal umgefärbtes *ĕ* ist (urit. **diē-kĕlo-*, *-kĕl-* auch durch ç in umbr. -çl- erwiesen, s. § 178), während sakaráklúm das von jeher vocallose Instrumentalsuffix urit. *-klo-* (aus **-tlo-*, im Lat. mit **kĕlo-* in *-culo-* zusammengefallen) enthält. Aehnlich osk. pústiris aus *pústĕris = l. *postĕrius* gegenüber *castrous* etc. mit urspr. *-tr-*, Nuvkirinum aus *Nuvkĕrinum = l. *Nūcĕrinorum* gegenüber ákrid (nur in Capua belegt) mit urspr. *-kr-*; weiteres s. u. In Nuvkrinum neben Nuvkirinum liegt also nicht Schwanken im Eintritt der Anaptyxe vor, sondern Nuvkrinum ist syncopirte Nebenform zu Nuvkirinum (vgl. embratur aus **emperatur* etc., s. S. 220 ff.).

136. Die Beispiele für die erwähnte Regel des gewöhnlichen Oskischen (Capuanisch und Pälignisch s. § 137, 138) sind folgende.

tr (dr). Für Anaptyxe nach Kürze kommen drei Beispiele in Betracht: paterei „patri“ T. A. aus **pătrei*, St. *potoro-* aus **pŏtro-* in pútereí-píd „utroque“ T. A. (2 m.), pútúrús-píd „utrique“ C. A., pútúrú[m-píd „utrorumque“ C. A. und Sadiriis *40* = l. *Satrius* (wohl von *sător* abgeleitet, vgl. *Sūtrius* von *sūtor* und dgl.)[2]). Allerdings fällt in Sadiriis die auch in päl. *Sadries* wiederkehrende Media auf, aber eine andere Erklärung als aus dem auf oskisch-pälignischem Gebiet sehr häufig vorkommenden *Satrius* lässt sich schwer wahrscheinlich machen[3]). Auch ist die Erweichung

---

1) Thurneysens Annahme von kurzem *i* ist unzulässig.

2) An l. *sătur* ist wohl kaum zu denken. Gegen Deeckes Ableitung des l. *Satrius* von *Sāturnus* (Etr. Fo. IV 67) spricht die oskische Anaptyxe, da sie Kürze des *a* voraussetzt.

3) Ein Namensstamm **Sad-*, von dem Sadiriis päl. *Sadries* abgeleitet sein müsste wie Aadiriis Aadirans von **Ād-* (in Aadiieís), scheint nirgends vorzukommen, während doch der Umstand, dass der fragliche Name auf einer oskischen und einer pälignischen Inschrift belegt ist, auf häufiges Vorkommen weist.

leicht zu erklären, wenn man eine Zwischenstufe mit sonantischem *r̥*, also **Satr̥iis* **Sadr̥iis* (welches letztere in päl. *Sadries* vorliegen kann) annimmt, vgl. oben S. 252 und § 246. Freilich erwartet man dann eigentlich auch *paderei und *púdúrúspíd etc.; es wird wohl Restituirung des *t* nach Formen wie Nom. Sg. patir *púter-píd (ev. auch nach solchen verwandter Bildungen, z. B. maatreís alttrús, wo *tr* auf lange Silbe folgte) anzunehmen sein. Ein anderer Ausweg wäre der, den Vocal vor *r* in patereí pútúrú- als ursprünglich, nicht anaptyktisch, aufzufassen, also patereí wie gr. πατέρα, trotzdem im Lat. die Ablautstufe *-ter-* ganz beseitigt wurde, und pútúrú- wie l. *altero-* etc. trotz umbr. *podruh-pei* (s. § 247 über *dr*) und l. *utrumque*; bei patereí könnte man sich ev. auf umbr. *frateer* berufen, falls dies auf ein urit. **fratĕres* zurückgeht (s. § 265), bei pútúrú- spricht gegen die Erklärung aus *pútĕrú- statt aus *pútrú- insbesondere der Umstand, dass das Comparativsuffix im Osk. ausser in pústiris aus **posterios* immer die kürzere Form hat, z. B. alttrú- gegenüber l. *altero-* (vgl. S. 220 f.). Ueber patír *82* s. § 283.

Nach Länge unterblieb die Anaptyxe: maatreís *480* „mātris"; Fuutreí Futreí T. A., Futre . . *180* (vgl. l. *datrī-x imperatrī-x*); *castrous castrid* T. B., Kastríkiieís *49*; púnttram *28*; Frentreí *233*; ehtrad C. A., *contrud* T. B. (3 m.), *minstreis mistreis* T. B. (3 oder 4 m.), Entraí T. A. (2 m.), alttram alttr[ús C. A., alttreí T. A. (2 m.), *altrei a(l)trud* T. B. (die Frage, welche von diesen Comparativbildungen syncopirt waren und zu welcher Zeit, worüber S. 220 f., ist hier gleichgiltig). Die Deutung von Aadíriis *47* Aadíriís *48* als „Ātrius" (seit Mommsen U. D. 244 ziemlich allgemein, z. B. Bücheler L. J. Vb, Pauli A. S. V 61) ist schwerlich haltbar, da nach Länge die Anaptyxe sonst nicht eintrat, also *Aatriis zu erwarten wäre. Auch das í in Aadíriis *47* wäre etwas auffällig und wie sollte das *ei* der pompejanischen *Adeirii* (s. Bücheler Jen. Littztg. 1874, 394) bei der Annahme von Anaptyxe sich erklären lassen? Bei Aadirans *29* kommt gegen die Deutung als „Atranus" (aa. OO.) noch das weitere durchaus entscheidende Moment hinzu, dass *i* vor folgendem *a* nicht anaptyktischer Vocal sein kann (vgl. oben S. 253). Es spricht also auch

Aadirans, zu welchem sich Aadiriís zu verhalten scheint wie Kalaviis zu *Calauan(s)*, gegen die Erklärung von Adiriís Aadíriis als „Atrius"; diese Namen scheinen vielmehr zu Aadiieís *182* zu gehören (zum Suffix vgl. § 200). Auch Tintiriis *208* kann wegen der vorausgehenden Länge nicht aus *Tintriis erklärt werden, wie ausserdem die in Pompeji und sonst mehrfach belegte lat. Form des Namens, *Tintirius*, zeigt, da sie, wenn *i* in Tintiriis anaptyktisch wäre, **Tintrius* heissen würde (vgl. das sehr häufige *Satrius* = Sadiriis, wofür nie **Satirius* oder **Sadirius* ebensowenig als z. B. **Alafius* neben *Alfius* = päl. *Alafis*); vielmehr wird Tintiriis l.-dial. *Tintirius*, dessen Abstammung von einem Nomen agentis auf *-tor* (wahrscheinlich von l. *tinctor*, s. § 171) durch das daneben vorkommende *Tintorius* bezeugt wird, auf **Tintĕr-io-* zurückzuführen sein (Vocalassimilation wie in pústiris aus *pusteris etc.); zur Ablautsstufe vgl. § 265. Ebensowenig ist Vestirikiíúí C. A. aus *Vestrikiíúí zu erklären, sondern das zu Grunde liegende *Vestiriis ist wegen des mehrfach daneben vorkommenden l. *Uestorius* genau wie Tintiriis neben *Tintorius* zu beurtheilen, das Grundwort war also ein Nomen. agent. **vestor* (wohl „Schneider", = ai. *vastar-*, im Lat. durch *uestitor* ersetzt); zur Ableitung *Vestirikīo-* vgl. l. *Fabricius* von *Fabrius faber*. *Uestricius* C. J. L. X 8059 ist also syncopirte Nebenform zu Vestirikiíúí wie Nuvkrinum zu Nuvkirinum etc. Denkbar wäre vielleicht auch, dass Vestirik- aus *Vesterk- (vgl. l. *Uestergennia*, wohl = **Uestercennia*) entstanden wäre wie *amiricatud* T. B. aus **amerc-* [1]), doch ist dies weniger wahrscheinlich.

kr. Nach Kürze Anaptyxe: σακορο *1*, sakarater T. A., sakaraklúm *189* und C. A. (2 m.), sakarakleís sakaraklúd C. A., zu l. *săcro-*. Dunkel ist .αχερηι = *.akhereí d. h. *.akereí (vgl. Perkhen. etc. S. 62) auf der Inschrift von Anzi. Die Deutung „in agro" ist wegen χ = *k(h)* bedenklich; falls der vor αχερηι fehlende Buchstabe nicht μ war (κω[μ), wäre vielleicht auch σ]αχερηι = *sakereí oder π]αχερηι = *pakereí (zu päl. *pacris* etc.) möglich. Vgl. Bd. II Anh. Nach Länge ohne Anaptyxe: Nuvkrinum „Nucerinorum" *215*; das neben

1) *Vesterk- wäre aus *Vesterĭk- syncopirt, wie Júvkiíúí aus *Júvĭk- etc.

diesem vorkommende Nuvkirinum hat nicht anaptyktisches i, sondern ist die ältere noch unsyncopirte Form (s. S. 248).

kl. Nach Kürze: Pukalatúí C. A. zu capuanisch puklum puklui puklu Blt., päl. *puclois*, mars. *pucles*, deren Deutung allerdings noch nicht ganz feststeht. Nach Bücheler Comm. 229, Rh. M. 33, 15 ff., L. J. XXIII b bedeutet *puklo-* „παῖς, puer", in welchem Falle es mit ai. *pu-trá-* identisch ist, idg. Gdf. **pŭ-tlo-* (vgl. Curtius Et. 287, Osthoff M. U. IV 165, Brugmann I 43; das Deminutivum dazu vielleicht in l. *pŭtillus*, vgl. *fitilla* : umbr. *ficla*, § 261, 5); dagegen sieht Bugge A. S. 8 ff. in puklum etc. der Blt. ein Ntr. **pu-klo-m* „purgamentum, piaculum" (ebenso Deecke App. 181 f.), in päl. *puclois* mars. *pucles* das zugehörige Masc., „reinigende, sühnende" Gottheiten; auch in letzterem Falle muss das *u* wegen der Anaptyxe in Pukalatúí kurz sein, also Gdf. idg. **pŭ-tlo-*, mit schwächster Stufe wie in l. *pŭ-tu-s* = idg. **pŭ-to-* „gereinigt" gegenüber ai. *pavi-trá-* **pū-trá-* und *pavi-ta- pū-tá-*. Vgl. noch Bd. II Anh. (zu *128* Blt.). Nach Länge ohne Anaptyxe: sakaraklúm *189* und C. A., sakarakleís sakaraklúd C. A. (idg. Suffix *-tlo-* urit. *-klo-*); Evklúí T. A. (2 m.) aus gr. Εὐκλῆς, Εὔχλους oder dgl.; Αυσκλα. Αυϝυσκλι. Αυσκλιν. *214*[1]) „Ausculanorum" (über das Suffix s. § 261, 5). In Herĕklúí T. A. (2 m.), Herĕkleís C. A. (4 m.), ϝερĕκλεις *20* könnte eine Ausnahme von der Anaptyxe nach kurzer Silbe vorzuliegen scheinen, aber der Grund ist offenbar der, dass Hereklú- aus *Herklú- entstanden, das zweite ĕ also blosser anaptyktischer Vocal ist (vgl. S. 254 mit Anm.); Thurneysen führt drei Möglichkeiten an: „entweder ist der Vocal nach r erst secundär eingedrungen oder das schwache ĕ in Herĕk- war für das osk. Sprachgefühl nicht silbebildend oder zwei Einschubsvocale hintereinander — in *Herĕkĕleís — vertrugen sich nicht", von denen wohl die zweite am wahrscheinlichsten ist (vgl. S. 252 f.), am wenigsten wahrscheinlich die erste. Genau ebenso verhält es sich bei Anafriss aus *Anfriss gegenüber tĕfúrúm aus *tĕfrúm (s. u.). *zīcolom zīcel[ei* etc. enthält nicht anaptyktischen Vocal (s. o. S. 261). tl. Nur nach Länge belegt: pestlúm *193*, wozu peessl[úm *197* (idg. *-tlo-*); Fistlúis Fistluis Fistlus *226* (urspr. *Fistel-, s.

1) Freilich vielleicht griechisch, nicht oskisch.

S. 222)[1]. **pr, br.** Nur nach Länge: embratur *237* (3 m.), ímbrtr *49*, d. h. *ímbratur, = l. *imperator*; *amprufid* T. B.; ehpreívi... *194* (oder zwei Wörter: eh preívi...?). In kú]mparakineís *32*, *comparascuster* T. B. ist nicht das erste, sondern das zweite *a* anaptyktisch (s. § 246), ebenso in tríbaraka- tríbarakkiuf C. A. (s. § 269).

fr. Nach Kürze: tĕfúrúm C. A. (2 m.), umbr. tefra *tefruto* Tefre *Tefre* (*ĕ* wäre osk. íí í; zur Etymologie vgl. § 229). Nach Länge: lúvfreís *69* (T. B. 8 nicht *loufr[ud*, s. § 326); -úvfríkúnúss *188* (s. Bd. II Anh.); amfret C. A. (wohl amfr-et, nicht am-fret, s. § 304). Anăfriss T. A. (2 m.) lautet nicht *Anăfíríss, weil das zweite ă blosser anaptyktischer Vocal ist, s. o. zu Hc-rĕklú- (vgl. § 220). Nichts anzufangen ist mit ..sfr.. *170*. **fl** nur in päl. *pristafalacirix* (s. § 138).

Verbindungen mit *n*. Für **kn** nur unsichere Beispiele. akeneí T. A. (2 m.) ist unklarer Etymologie, es ist daher nicht zu entscheiden, ob das e vor n ächt oder anaptyktisch war (Näheres über das Wort s. in § 184). akun. *62*, das wegen der darauf folgenden Zahl CXII ein Maass bezeichnet, gehört wohl zu l. *acnua agnua* „Feldmass von 120 Quadratfuss" (Ergänzung etwa akun[uvas] Nom. Pl., oder dgl.), aber das u braucht trotzdem nicht nothwendig anaptyktisch zu sein, da l. *acnua* aus **acĭnua* syncopirt sein kann (urit. also **akĕnua*), worauf vielleicht das lat. *cn* weist, da ursprüngliches *kn* zu *gn* wurde (*dignus tignum* etc.). In -úvfríkúnúss *188* ist der Vocal vor n anaptyktisch, falls -kúnú- = lat. *-gno-* in *benignus* etc. ist, doch steht dies nicht ausser Zweifel (s. § 184). **gn** nur in dem unklaren Fragment ..ugn.. *57*; ob *gn* zu denjenigen Lautgruppen gehörte, die nach Kürze Anaptyxe entwickelten, lässt sich natürlich aus diesem Fragment nicht bestimmen, da das u lang sein kann. Vgl. unten zu *gm*. Líganakdíkeí schon desshalb nicht aus *Lígnak-, weil í lang ist (líg- = l. *lēg-*), vgl. auch S. 248. Für **tn** führt Thurneysen Patanaí T. A. (2 m.)

---

1) Osk. Vítelíú l. *uitulus* dürfen nicht auf St. **vitlo-*, sondern nur auf **vitelo-* zurückgeführt werden, da **Vĭtliā* im Osk. *Vítiliú, (d. h. Vít^i^liú), aber keineswegs Vítelíú Vítelliú ergeben konnte, ferner weil *-tl-* urit. *-kl-* wurde. Vgl. § 261, 5.

und patensíns C. A. (= *patenesíns) an, indem er sie aus *Patnaí = l. *Pandae* und *patnesíns : l. *panderent* (aus **patnesent*) erklärt, aber es ist sehr unsicher, ob osk. *tn* = lat. *nd* gesetzt werden darf (s. § 192). dn scheint nicht zu den Anaptyxe entwickelnden Lautgruppen zu gehören, da dieselbe in Perkĕdneís nach Kürze (*ĕ* wäre osk. íí í) nicht auftritt; dies erklärt sich wohl aus der engen Verwandtschaft der Laute (beides tönende Dentale), vgl. auch die Assimilation in Perkens aus **Perkedn̥s*, Περκενος, lat. *Percennius, mercennarius* etc.). Unklar ist ...idn. *56*. Für bn ist das einzige Beispiel *cebnust* T. B. Man erwartet bei *bn* (das übrigens nur secundär entstehen konnte, da ursprüngliches *bn* zu *mn* wurde) nach Kürze Anaptyxe, es läge also nahe, in *cebnust* auf Länge der ersten Silbe zu schliessen; diese Annahme bereitet jedoch Schwierigkeiten, da ursprüngliches *ē* zu *ī* wurde, und ein *ē* aus *ei̯* (wobei *ce-* mit gr. ἐ-κεῖ zu vergleichen wäre) auf der T. B. allerdings in *ceus* aus **cei̯u̯is* vorliegt, aber hier einen besonderen Grund zu haben scheint (s. o. S. 145). Vielleicht war *cebnust* bloss etymologische Schreibung nach *ben-* und gesprochen wurde **cemnust* oder wenigstens die Aussprache schwankte zwischen **cemnust* und **ceb(u)nust*. In kúmbened C. A. ist das erste *e* (schon wegen der vorausgehenden langen Silbe) nicht anaptyktisch. Für Anaptyxe bei fn ist ein wahrscheinliches Beispiel Safinim *188 235* aus *Safnim (vgl. Kirchhoff Allg. Monatsschr. 1852, 587, Bugge K. Z. III 418, VI 22), mag es nun Nom. Sg. = lat. *Samnium* (aus **Sabniom* **Safniom*) oder Gen. Pl. = lat. **Samniorum* (hiefür *Samnitium*) sein, worüber § 276; dass das i nach f lang sei, dass also die Samniter selbst sich **Safīniōs* l. **Sabīnii* genannt hätten, nicht **Safniōs* = l. **Samnii Samnites*, ist nicht wahrscheinlich, es bliebe unklar, wie die Römer zu ihrer Form des Namens kamen. Auch der Name der Sabeller war von der kürzeren Form **Saf-no-*, nicht von **Saf-īno-* abgeleitet (**Safello* = **Safn(o)lo-*, s. S. 226). Das einzige weitere Beispiel für *fn* ist Píkúfn.. *60*, das sich zu l. *Picumnus* verhält wie Saf(i)nim zu *Samnium* (s. § 261, 11); da ú doch jedenfalls kurz war, erwartet man eigentlich Anaptyxe, doch ist ganz unklar, wie das Wort zu ergänzen ist, es kann eine Abkürzung wie eítiv. = eíti(u)v(ad), Lúvkl. = Lúvk(i)l(is) gewesen sein (also Píkúfn.) oder z. B. zu Píkúfn[s zu ergänzen sein, mit -ns = *-n̥s* aus *-nos*, vgl. Perke(d)ns aus **Perkednos*. Ueber *sn* s. u. Bei mn liegt es wegen *comono* (6m.) *comenei* der T. B. nahe anzunehmen, dass auch diese Lautgruppe zu denjenigen gehörte, welche nach Kürze Anaptyxe entwickelten, da die einfachste Erklärung von *comono comenei* die aus **kom-no-*, einer directen Ableitung von der Präpos. **kom*, ist, vgl. l. *pro-nu-s* von *pro* etc. und **kom-i̯o-* in gr. κοινός, τὸ κοινόν (s. Schweizer K. Z. III 211 f., Bücheler L. J. XIII b, Deecke Rh. M. 41, 195, Brugmann II 137). Aber das auf ähnliche Weise von der Präpos. **am-* = **amf(i)-* abgeleitete amnúd C. A., *amnud* T. B. (2 m.) zeigt keine Anaptyxe, desgleichen fehlt sie in úmbn . . *188*, welches wohl zu l. *omnis* gehört (das b ist nur euphonisches Einschiebsel, s. § 152) und in *Comni 23*[1]). Anzunehmen, dass das Bantinische in diesem Puncte vom gewöhnlichen Oskischen abwich, geht schwerlich an, es scheint daher *comono comenei* von einem St. **comĕno-* hergeleitet werden zu müssen (*comono* mit Vocalassimilation, s. S. 247 f.), der zu *amnud* sich verhalten kann wie gr. στεγανός : στεγνός und dgl. (idg. *-n̥no-* : *-no-*) oder wie l. *sup-ero-* : *sup-rā(d)* etc. (vgl. S. 220 f.; eine andere Möglichkeit der Erklärung von *comono* s. in § 212). Auch der sehr wahrscheinlich zugehörige mehrfach vorkommende Ortsname *Cominium* spricht wohl gegen Anaptyxe. *Comni 23* scheint also syncopirt zu sein.

Verbindungen mit *m* scheinen die Anaptyxe nicht gekannt zu haben, da man sie sonst in dĕkmanniúís T. A. erwarten müsste. Ein weiteres Beispiel ist *egmo egm[as egmad egmazum* T. B., dessen *e* nicht ursprüngliches *ē* sein kann (wäre osk. *ī*); doch ist hier vielleicht die Möglichkeit in Betracht zu ziehen, dass kurze Vocale im Osk. vor *gm* und *gn* gedehnt wurden wie nach der gewöhnlichen Annahme im Lat. (auch in der Dehnung vor *ns* stimmt das Oskische mit dem Lat., s. o. S. 206 f.), ev. dass *gm gn* als *ŋm ŋn* aufzufassen sind. *tm* nur in pustm[as *141* nach langer Silbe (überdies aus Capua). *pertumum* T. B. aus *pertĕmum*, nicht mit ana-

1) memnim *129* muss ausser Betracht bleiben, weil es aus Capua stammt, wo posteriorisch überhaupt Anaptyxe nicht entwickelt wurde, teremniss teremnattens etc. desshalb, weil das e vor *mn* anaptyktisch war (vgl. S. 264 zu Hereklú-).

ptyktischem *u* (s. o. S. 248). *sm* liegt vor in *posmom* T. B., das aber vielleicht als **possmom* = **postmom* aufzufassen ist. Auch sonst fehlen Beispiele für Verbindungen von *s* mit folgenden Liquiden oder Nasalen nach kurzer Silbe (nach langer Silbe *sl* in peessl[úm *197*, *sn* in fiísna-); vermuthlich wurde in denselben Anaptyxe nicht entwickelt. — Ohne Anaptyxe blieben die Verbindungen von *u̯* mit folgenden Liquiden: thesavrúm thesavreí (Aurunkud) Núvlanús Núvlanúm etc. (kaula?).

137. Capuanisch. Während anteriorisch die Anaptyxe wie im gewöhnlichen Oskischen eintrat (s. o. S. 253 ff.; die Beispiele sind Helevi *136*, Heleviieís *137*, Heleviis *129*, Salaviis *157*, minive.. *135*, Arafiis *165*, turumiiad Blt., úíníveresím *134*[1]); einzige Ausnahmen menvum Blt., s. o. S. 258, und das Compositum per-fa.... Blt., worüber S. 256), unterblieb sie posteriorisch nicht nur wie im sonstigen Oskischen nach Länge: frātrúm *131* *132*, pústreí púst r.. *135*, pustrei *139*, nistrus Blt., huntru- (3 m.) ebd., destrst (d. h. destrust) *130*, ākrid Blt. (pustm[as *141* s. o. S. 267), sondern regelmässig auch nach Kürze: *săkr-* in sakra *140*, sakrim Blt. und *135*, sakrid *134*, s]akrid *149*, sakriss *133*, sakrasias *132*, sakra.tir *135*, sakrafír *133* *134*, sakrannas *133*, sakrann. *134*, sakruvit *139*, sakr(u)vist *130* (ausser Capua immer mit Anaptyxe: σακορο, sakarater etc.), puklum puklui (2 m.) puklu Blt. (: Pukalatúí C. A.), iúkleí *135* (2 m.) zu l. *iŏcus* oder aus **di̯ŏkl-*, supruis supr.. Blt., -pupufri- *164* falls das u vor fr kurz war[2]). Nicht haltbar ist daher Bugges (an sich schon sehr unsichere) Ergänzung es]aka[ratus „execratos“ auf Zeile 1 der Blt., es müsste *esakratus heissen. Kaum wahrscheinlicher ist, dass die Blt. neben puklum puklui puklu einmal pu[k]ulum haben sollte (vgl. Bücheler Rh. M. 33, 65 f.) oder gar, dass

---

1) úíníveresím sogar im Gegensatz zu Fερσορει *4* aus Bruttium (s. o. S. 256; ausser dem zweiten e war vielleicht auch das zweite í anaptyktisch, s. S. 258). Vgl. auch turumiiad Blt. gegenüber dem freilich etwas unklaren te[e]rm... oder term... des C. A. (s. S. 258 f.).

2) Nicht zu zählen ist aflukad aflakus Blt., da hier, ob man ăf-fluk- oder ā-fluk- oder ăf-luk- annehme, die Anaptyxe auch im gewöhnlichen Osk. nicht zu erwarten wäre.

das Capuanische, in diesem éinen Beispiel selbst über die im sonstigen Oskischen bestehende Schranke hinausgehend, die Anaptyxe nach Länge hätte eintreten lassen, wie bei Deeckes Deutung als „pōculum“ (App. 181) anzunehmen wäre; es ist wohl mit Bugge ampu[l]ulum „ministrum“ zu ergänzen, s. Bd. II Anh. Ist Deeckes Erklärung von patir *156* als Eigenname Patir(iis) richtig, so kann dieses nur einem **Paterius* (ev. **Patirius*), mit Assimilation des *ĕ* wie in pústiris aus **postĕris*, nicht einem **Patrius*, entsprechen, (vgl. § 283).

Ob der Lautprocess, dessen Resultat im gewöhnlichen Oskischen nach kurzer Silbe die sog. Anaptyxe ist, im Capuanischen und dem mit demselben parallel gehenden Pälignischen (§ 138) so ganz fehlte, als es der schriftlichen Darstellung nach den Anschein hat, ist fraglich. Wenn man mit Recht als Vorstufe der Anaptyxe in posteriorischer Stellung Sonantisch-Werden der Liquida oder Nasalis annimmt (s. o. S. 252), so können capuanisch sakrú- puklum etc., pälign. *puclois Sadries* etc. eben diese Vorstufe darstellen, also **sakr̥o-* **pukl̥o-* **Sadr̥ies* etc. (vgl. Brugmann I 473 Anm. 3 und 472 Anm. 1 über das Schwanken des Lateinischen zwischen Schreibungen wie *saeculum* und *saeclum* etc.). Vielleicht weist in päl. *Sadries* „Satrius“ die Erweichung des *t* direct darauf hin (vgl. oben S. 261 f. und § 246).

138. Pälignisch. Wie erwähnt, zeigt das Pälignische (ausser der Herentas-Inschrift, von der wir vorläufig absehen) ganz dieselben Verhältnisse wie das Capuanische, nämlich Anaptyxe in anteriorischer Stellung (*Heleuis 257 259, Salauatur 267, Alafis 253, Herec. 253*, unsicher *Calauan 265*; Ausnahmen *Arghillus 267* d. h. *Archillus*, griechischer Name = Ἄρχιλλος, auffälliger *Herclit 259* und *pperci 264*) und Fehlen der Anaptyxe auch nach kurzer Silbe: *puclois 246* (vgl. capuan. puklum, C. A. Pukalatúí), *Sadries 251* = o. Sadiriis, *Rufries* = o. *Rufiriis (vgl. tefúrúm aus **tĕfrom*), *P(ĕ)truna 271.* Unklar ist ... *brais 246* (nach Deecke nicht Fragment).

Ein besonderes Verhalten zeigt in diesem wie in einigen anderen Puncten (s. S. 20) die Herentas-Inschrift (*254*). Anteriorisch fehlt die Anaptyxe in dem einzigen in Betracht kommenden Beispiel *Cerfum.* Posteriorisch fügt sich der Regel des gewöhnlichen Oskischen (im Gegensatz zum Capuanischen und sonstigen Pälignischen) das Auftreten der Anaptyxe nach kurzer Silbe in *săcaracirix* (vgl. o. σακορο sakarater etc.) und *pristăfalacirix* aus **pri-stăfla-* gegenüber deren Unterbleiben nach langer Silbe in *empratois* (vgl. o. embratur und *fertlid* (auch *pritrom-e* und *pacris*? s. u.). Höchst auffälliger Weise scheint sich aber auf dieser Inschrift, entgegen aller sonstigen Regel, in dem Ausgang *-ācirix* von *sacaracirix pristafalacirix* ein Beispiel für Anaptyxe nach Länge zu finden, da diese Wörter doch wohl lateinischen **sacratrix *praestibulatrix* entsprechen (über *cr* aus *tr* s. § 189); die Annahme, dass das erste *i* in *-ācirix* anaptyktisch sei, lässt sich schwer umgehen, Contamination eines **-tirix* aus **-tĕrix* (vgl. gr. δμήτειρα aus *δμη-τερ-ια etc.) mit **-crix* aus **-trix* oder Uebertragung von *-cirix* aus der Stellung nach kurzem Vocal (z. B. in **genĕcirix*) wäre wenig wahrscheinlich (vgl. noch das in § 189 Bemerkte). Immerhin ist wohl denkbar, dass die Ausnahme *-cirix* ihren besonderen Grund hatte, auf vollständige Regellosigkeit in diesem Puncte wird man aus derselben schwerlich schliessen dürfen. In *pritrom-e pacris* wird also eher der Vocal vor *tr cr* für lang anzunehmen sein, als dass man hier die umgekehrte Ausnahme, Unterbleiben der Anaptyxe nach Kürze trotz *săcara- pristăfala-*, anzunehmen hätte.

139. Uebrige Dialekte. Ausserhalb des Oskischen und Pälignischen ist nirgends, ausser in aequisch Hereklei *278* (falls die Inschrift ächt ist)[1]), Anaptyxe nachweisbar. Aus dem Marrucinischen vgl. *pătres, ŏcres, pacris* (*ā*?), *Tarincris, asignas* (*feret* nicht aus **fert*, s. § 292). Vestinisch: *Herclo* (*rc* und *cl*). Marsisch: *pŭcle[s 244* = päl. *pŭclois, pacre 243* (*ā*?); mars.-lat. *Aprufclano 307* (*pr* und *cl*), *săcri 312*. Volscisch: *Declune uesclis Uelestrom esaristrom*. Dass sabinisch *mesene 280* = **mensene* anaptyktisches *ĕ* enthalte (Deecke Rh. M. 41, 197), ist wenig wahrscheinlich schon wegen osk. *mi]sinum* oder *me]sinum* T. B. 31 (s. § 156); das Sabinische wird wohl die Anaptyxe in posteriorischer Stellung wie die übrigen sabellischen

1) Hereklei statt *Herklei könnte dann vielleicht als oskisirend betrachtet werden (vgl. S. 23).

Dialekte (ausser dem Pälign. der Herentas-Inschrift) nicht entwickelt haben, besonders unwahrscheinlich ist dieselbe für *me(n)sene* noch, weil lange Silbe vorausgeht und weil *sn* (*sm*, *sl*) sogar im Oskischen vermuthlich ohne Anaptyxe blieb (s. o. S. 268). Umbr. menzne ist also gegenüber *me(n)sene* die syncopirte Form. Bei dem hernikischen Stadtnamen *Anagnia* könnte man an eine Erklärung aus **Ank(t)nia*, Ableitung von dem Namen der Göttin *Angitia*, o. Anagtiai (s. o. S. 255), päl. *Anceta*, mars.-lat. vielleicht *A(n)ctia* (vgl. die marsische Ortschaft *Lucus Angitiae*), denken, doch ist dies jedenfalls sehr unsicher.

Dem Umbrischen endlich war die Anaptyxe wohl völlig fremd, vgl. anteriorisch *perca*, pepurkurent, ehvelklu, *Serfo-*, *parfa*, *alfo-* etc., posteriorisch patre, putrespe, ařputrati, *sacro-* *sacri-*, muneklu, *tefro-*, *staflare*, *acnu* etc. Das einzige Beispiel, bei dem man an Anaptyxe zu denken versucht wäre, ist *-fele* in façefele purtifele, da *-bili-* in l. *stabilis amabilis* etc. wohl mit Recht aus *-bli-* = *-dhli-* erklärt wird (zu *-bulo-* in *stabulum* etc. aus *-blo-* = *-dhlo-*). Es wird aber schwerlich angehen, für dieses einzige Beispiel umbrische Anaptyxe anzunehmen (in der Lautverbindung *fl* kann der Grund nicht liegen, vgl. *staflari-* tafle), sondern wenn das Uritalische nur einsilbiges *-fli-* = *-dhli-* kannte, wird das umbr. *-fel-* statt *-fl-*, von dem natürlich zweifelhaft bleibt, wie weit es sich erstreckte (belegt sind nur die beiden erwähnten Accusative Sg.), vom Nom. Sg. Masc. auf **-fel* aus **-flis* (z. B. *façefel *purtifel) ausgegangen sein, wie lat. *-ber-* statt *-br-* in *Mulciberi Mulcibero* mit idg. *-dhro-* (*-dhlo-*) vom Nom. Sg. *Mulciber* (vgl. Danielsson A. S. IV 170 f., wo noch anderes dergl., Brugmann II 202). Will man dies nicht, so muss angenommen werden, dass das Uritalische neben *-fli-* eine zweisilbige Form des Suffixes besass.

Hiatus und Contraction[1]).

140. Hiatus im Wortinneren entstand im Uritalischen hauptsächlich durch Schwund von *i̯* zwischen Vocalen (S. 174 ff.).

1) Vgl. Bruppacher 38 f., Brugmann I 459.

Von den so entstandenen Vocalverbindungen blieben *ĕo ĕa* uncontrahirt (*ĕ* wurde osk. í ii *i*), so im Pron. *eo- eā-* osk. iúk íak iiuk *ionc* etc., marr. *iaf-c*, umbr. *eam* eu *eo* etc., in o. fatíum aus **fate(i̯)om* und anderen S. 175 ff. angeführten Beispielen; urit. *ēa* möglicherweise in o. vía, u. via vea *uia* (S. 176 ff.). In anderen Fällen trat, grossentheils jedenfalls schon im Urital., Contraction ein. So wurde *ei̯e* urit. zu *ee ē*[1]), z. B. Nom. Pl. der *i*-Stämme auf *-ēs* wie osk. aídilis = **aidilēs*, päl. *pacris* = **pacrēs*, umbr. puntes *pacrer foner*, Formen von Causativen und Denominativen wie umbr. tusētu *tursītu* aus **torsei̯etōd*, osk. hurtín „in horto" wohl aus uritalischer Zusammenrückung **hortei̯-en*, s. S. 90, 175. In welchem Umfange nach *a* in der ersten Conjugation Ausfall von *i̯* und Contraction anzunehmen sei, ist noch zweifelhaft; nach der gewöhnlichen Auffassung ist l. *amo amas amat amato*, wozu o. faamat *deiuatud*, päl. *incubat*, umbr. *suboco* (?) kuratu *portatu* etc., = **amai̯ō* **amai̯es* **amai̯et* **amai̯etōd*, lat. *amant*, wozu u. *furfant* (o. *faamant etc.), Neubildung für **amont* aus **amai̯ont*, doch s. § 291, 298. *a(i̯)ō* mit betontem *a* scheint jedenfalls uncontrahirt geblieben zu sein: umbr. *stahu* aus **stā̆i̯ō* (daher l. *stō* kaum lautgesetzlich aus **stā̆i̯ō*). Im Infinitiv urosk.-umbr. **moltaŏm* **stiplaŏm* etc., der auf **moltai̯om* etc. zurückgeführt werden kann (vgl. **fak-i̯om* umbr. façiu „facere"), blieb *ao* im Osk. uncontrahirt[2]) und es wurde zur Beseitigung des Hiatus ein in nat. Schrift mit v bezeichneter Uebergangslaut entwickelt: tríbarakavúm C. A. (so zuerst Bugge K. Z. II 383 ff.; verfehlt Corssen ebd. XIII 183); das v ist nicht als tönender Spirant aufzufassen, sondern, wie überhaupt im Osk.-Umbr. (s. o. S. 180 f.), als *u̯* oder hier vielleicht noch genauer als Mittellaut zwischen *u̯* und *o̯*, also vom folgenden ú, zu dem es den Uebergang bildet, nur in der consonantischen Function verschieden (die stark geschlossene Aussprache des -úm im

---

1) Johanssons Annahme (De verb. der. 195), dass *ei̯e* zu *ē*, *ḗi̯e* aber zu lat. *īĕ (ī)* geworden sei, ist nicht wahrscheinlich.

2) Es ist jedoch leicht möglich, dass lautgesetzlich *-*ōm* entstanden war und *-aŏm* hiefür durch Neubildung nach anderen Infinitiven wie **deikom* etc. eintrat. Sicher ist solche Neubildung anzunehmen in FoλλoFωμ, falls dies mit Corssen als Inf. **vollo-om*, wie l. **aegro-ēre* **aegrōre* (in *aegrotus*), zu erklären ist (vgl. § 298).

Inf. wird durch deíkum fatíum *129* (?) und das regelmässige *-um* der T. B. erwiesen)[1]); auf der T. B. wird statt **moltauum* (= *múltavum) bloss *moltaum* geschrieben wie für **eituua-* = eítiuva- immer bloss *eitua-* und wie im Umbr. *courtus* wohl als **couurtus* (au. *kuvurtus) aufzufassen ist. Zur Entwicklung jenes Uebergangslautes vgl. ahd. *sawu* aus *sau* Brugmann I 128[2]). Im Umbr. wurde *-aom* zu *-ōm* contrahirt: *stiplo(m)* „stipulare", *aserio(m)* „obseruare"; dass umbr. *-om* etwa ein vorumbrisch contrahirtes *-ōm* (vgl. oben zum Osk., Anm.) fortsetzen sollte, ist wegen osk. -avúm *-aum* jedenfalls nicht wahrscheinlich. Allerdings finden wir uncontrahirtes *au* in *subocau*, genauer geschrieben *subocauu*, d. h. wohl **subocau̯u* (au. *subukavu), falls *u̯* hier wie in osk. tríbarakavúm blosser Uebergangslaut, nicht etwa ursprünglich war; vgl. über die schwierige Form § 323. Keine eigentliche Contraction liegt in *uesticos* = **uesticaust* vor, falls die Gdf. **u̯esticāu̯ĕs(ĕ)t* (vgl. l. *amāuerit*) war, da diese durch Syncope direct zu *u̯esticau̯st* wie **au̯iserclom* zu **au̯serclom ooserclom* (?), l. **auiceps* zu *auceps* etc. werden musste, nicht zunächst zu **u̯esticāūst* (vgl. S. 227 f.). Ueber vo. *atahus 240* s. Bd. II Anh. Contraction von *aĭ* liegt vor in u. mestru aus **maĭstra*, eigentlich **mahistra* (über den Ausfall des *h* s. § 218, ebd. über eine andere Erklärung von mestru und o. *mais*). Allerdings finden wir in einem ähnlichen Falle Unterbleiben der Contraction: ahesnes d. h. **aĕsnes* l. *ahenis* (urit. **āĕsno-* aus **ai̯esno-*)[3]). In l. *aēnus* = **aĕsnos* erklärt Brugmann I 459 A. die Erhaltung des *aĕ* (statt Contraction zu *ae̯*) aus der jüngeren Betonung **áĕsnos*, das Gleiche kann auf u. ahesnes angewendet werden (vgl. § 257). Dann muss zur Zeit des Ein-

1) Ficks Ansicht (G. G. A. 1883, 594), dass tríbarakavúm das *v* von l. *noui amaui* enthalte, ist mir weniger wahrscheinlich (vgl. § 321).

2) Unrichtig scheint mir Osthoffs Annahme (Perf. 233), dass der erwähnte osk. Infinitivausgang einsilbig, als *-āu̯m*, auszusprechen sei; es scheint dabei auch übersehen, dass der C. A. -avúm, nicht -avum hat.

3) Das Wort macht wahrscheinlich, dass *āĕ* im Urit. nicht zu *ā* contrahirt wurde (Osthoffs Versuch P. B. XIII 405 Anm. das Unterbleiben der Contraction in urit. **āĕsno-* aus der auf *ĕ* folgenden Doppelconsonanz zu erklären, leuchtet mir nicht ein).

trittes der jüngeren Betonung **maĭstra* bereits zu **maịstra* (woraus mestru) contrahirt gewesen sein, während aěsnes dreisilbig geblieben war, was sich wohl rein lautlich aus dem Unterschied von *ăĕ* gegenüber *ăĭ* erklärt[1]). Contraction von *aï* zu *aị ē* noch in u. restef *reste(f)* falls aus **re-staif*, das sich zu o. staief *133* „stans" (? s. Bd. II Anh.) etwa verhalten würde wie o. stahínt zu staie(n)t, doch kann restef auch anders erklärt werden, s. § 329. Umbr. upetu nach Corssen aus *up-aitu = *upahitu (vgl. mestru), doch s. § 218. Verschieden kann das Unterbleiben der Contraction in u. *stahitu* staheren erklärt werden, worüber § 295. Umbr. *daētom* d. h. **da-eịtom* (oder **da-ehtom* = **da-enftom *da-emptom?*) uncontrahirt wie l. *co-ēgi* neben *cōgo*, übrigens späte Form, da die ursprüngliche Form der Präpos. **dad*, des Compositums also **dad-etom *dars-etom* war. Vom Stamm peř-aiu- *persaio-* sind abgeleitet Acc. Sg. peřaem = *peřaĭm, Ntr. Sg. peřae = *peřaĭm, Acc. Pl. Masc. Fem. *persae* = **per-saïf*; dass hier keine Contraction stattfand, kann durch die übrigen dreisilbigen Formen wie peřaia *persaia* bewirkt sein, oder *peřaem etc. ist als peřaęem = peřaịim (St. peřaiu- = **pedaịịo-*, s. S. 178) aufzufassen, vgl. *persaea* (d. h. *persaça*) neben *persaia*. Ueber pusnaes neben pernaies s. S. 179. Im Osk. findet sich uncontrahirtes *aï* im Conjunctiv *deiuaid* T. B. (*-aịd* wäre *-aed*) gegenüber l. **amēt amet*, wohl beide aus **-aēt* (älter vielleicht **-aịēt*), worüber § 305; desgleichen in staít stahínt stahint sakahíter § 295, wohl auch in den Nominativen Maís Vesulliaís (päl. *Anaes*) etc. § 276 und vielleicht in *maimas* gegenüber *ualaemon* § 230; über paí pai *pae* s. § 289. Urosk.-umbr. Contraction von *oeị* zu *oị* scheint in o. *poizad*, u. *pora* (= **poịzad*) aus **po-eịzad* vorzuliegen, s. § 288. Uncontrahirtes *oï* umbr. in *poï poë poei*; da idg. **qo-ĭ* schon ursprachlich zu **qo-ị* contrahirt werden musste (vgl. Brugmann I 109 f.), ist *-i -e -ei* in den umbr. Formen wohl von *pis-i pirs-e pers-ei* etc. her übertragen, vgl. § 289[2]). Dazu Adv. puc *pue* = **pō-i*.

---

1) Eine andere Möglichkeit wäre die, dass mestru Neubildung statt *maistru nach *mēs (aus **maịs* = **măĭs* etc. wäre.

2) Die ursprünglichere Form **poị* = urit. **kʷoị* idg. **qo-ị* vielleicht in *po-rse* (vgl. S. 153).

Ueber n e i n e i p *neip nep* s. o. S. 149 f. f e t u *fetu* scheint aus **feïtu* contrahirt zu sein wie m e s t r u aus **maïstra* etc.; ob das daneben vorkommende f e i t u *feitu* eine uncontrahirte Nebenform darstellt oder ob *eï* in **feïtu* in so später Zeit zu *ei̯* contrahirt wurde, dass *ei̯* erst in historischer Zeit zu *ē* zu werden begann, ist unklar (vgl. § 295). s u m t u „sūmito" wohl nicht aus **su-emetu*, s. § 230. Zu leugnen ist die früher angenommene Contraction von *ui* zu *ī* (s. z. B. Corssen K. Z. X 24, Sprachk. 415, Bréal T. E. 322, Mém. soc. IV 138 f., Thurneysen Verba auf *-io* 23, Darmesteter De conjug. verbi dare 28 f., Bechtel B. B. VII 2, Osthoff M. U. IV 16 Anm., anders Perf. 430 ff.); die umbr. Beispiele wie p i r *pir, frif*, s i m *sif* etc. enthalten *ī* = idg. *ū*, s. S. 132; über *purditom* p u r t i i u s s. S. 135, über *fito* § 295, über die Ablative o. *castrid*, u. *mani* t r e f i etc. und den Acc. o. *manim* § 279; urit. **pīo-* „pius" aus **pu̯īo-*, nicht **pui̯o-* oder **pūi̯o-*, **fīo-* „fieri" (osk. in f i í e t) aus **fu̯īo-*, nicht **fŭi̯o*, s. Osthoff Perf. a. O., vgl. § 295. Wir finden vielmehr erhaltenes *ui* in umbr. *difue* = **difuïm* St. **difui̯o-* (§ 276), vgl. p e ř a c m etc.

Im Umbrischen hat Contraction von *iē* = *ioi* zu *ī* stattgefunden im Dat. Sg. und Dat. Abl. Pl. der *io*-Stämme (Bréal 322, Bücheler 181), z. B. K r a p u v i *Grabouei, Fisi Fisei* neben selteneren *Grabouie Fisie, Atiersir* neben *Atiersier*. Vermuthlich sind die contrahirten Formen die lautgesetzlichen die uncontrahirten analogisch restituirt (vgl. § 274, 276). Nicht contrahirt wurde *-iĕ* im Voc. Sg. und - i ē s *-iĕr* aus *-ieis* im Gen. Sg.; das im Dat. Sg. und Dat. Abl. Plur. aus *oi* entstandene *ē* neigte mehr gegen *ī* als das aus *ei* entstandene (s. S. 147 f.) und wurde daher leichter mit dem vorausgehenden *i* contrahirt. Eine ähnliche Contraction wie in *Atiersīr* neben *Atiersiēr* etc. scheint in *dur* = **duŏr *duūr* vorzuliegen (vgl. § 286).

Gemeinitalisch scheint die Contraction („Krasis") von enclitischem Vocal: o. t e r e m n a t u s t = l. *terminatāst*. Päl. *-lisuist*, welches doch am ehesten Nom. Sg. Fem. + *est* zu sein scheint, ist dann wohl recomponirt wie l. *dedicataest* neben *dedicatast* etc. Corssen II 853 f. (vgl. auch unten § 258), oder, falls osk. í s t = **ēst* sein sollte (s. S. 84), könnte auch in *-lisuist* die langvocalische Form vorliegen. Ob in umbr. p u r t a t u l u neben *portatu ulo* und in *ehesu* neben *ehe esu* wirkliche „Krasis“ vorliege (vgl. Savelsberg K. Z. XXI 111), ist zweifelhaft; wie sonst oft im Umbr. zusammengehörige Wörter nicht durch Interpunction getrennt sind (ař e p e s a r v e s etc.), so kann auch hier *p u r t a t u u l u *eheesu gemeint, die Doppelschreibung aber, wie im Au. durchweg, vermieden sein, vgl. auch *fonsir* statt **fonssir*, p u r t i i u s u ř u u. dgl. oben S. 54 und *courtust* = **couurtust* S. 161[1]). Wenn n e i ř h a - b a s *IV* 33 wirklich = n e i a ř h a b a s und a nicht durch Versehen ausgelassen ist (vgl. *ficlmrsueitu* = *ficlam arsueitu VIb* 45), liegt hier eher eine Syncope des a zwischen *i̯* und *ř*, als wirkliche Contraction vor.

Ablaut.

141. Wir unterscheiden nach Hübschmann (Das idg. Vocalsystem, Strassburg 1885), Brugmann (Grdr. I 246ff.) und Anderen[2]) folgende sechs idg. Ablautreihen. 1. Die *e*-Reihe: Hochstufen *e o* und *ē ō*, Tiefstufe Schwund des Vocales. 2. Die *a*-Reihe: Hochstufen *a* und *ā*, Tiefstufe Schwund. 3. Die *o*-Reihe: Hochstufen *o* und *ō*, Tiefstufe Schwund. 4. Die *ē*-Reihe: Hochstufe *ē* und *ō*, Tiefstufe *ə* oder Schwund. 5. Die *ā*-Reihe: Hochstufen *ā* und *ō*, Tiefstufe *ə* oder Schwund. 6. Die *ō*-Reihe: Hochstufe *ō*, Tiefstufe *ə* oder Schwund. Nach neuerer Annahme hatten auch die drei ersten Reihen in der Tiefstufe neben völligem Schwund den reducirten Vocal *ə* (Schwa); s. hierüber weiter unten.

Weitaus die Mehrzahl aller Vocale des Oskisch-Umbrischen in Stamm- und Flexionssilben gehört (wie in allen indogerm. Sprachen) der *e*-R e i h e an. Wir führen hier einige der bemerkenswertheren Beispiele an. Osk. ú p *op* umbr. *os-tendu* etc. (aus **ops-*) lat. *ob* gr. ὀπι-[3]) lit. *apẽ*: gr. ἐπί (osk. í p päl. *ip*?); u. s u k a t u **socatu* lit. *sakýti* d. *sagen*: l. *in-sece* gr. ἔννεπε, Tiefst. ἐνι-σπ-ε; u. *suboco subocau* l. *uo-*

1) *ehesu* kann aber auch als *eh esu* aufgefasst werden, vgl. *eh-ueltu* neben *ehe-turstahamu* etc.

2) Vgl. neuestens Bartholomae B. B. XVII 91ff.. Speciell über den lateinischen Ablaut vgl. Stolz² 263ff.

3) In ὀπίσω etc., ὀπιπεύω (vgl. ai. *prátika-* J. Schmidt Neutr. 390).

care gr. ὄψ: gr. (ϝ)έπος ai. *vácas-*, Dehnstufe *ō* in l. *uōc-s* ai. *vác-*; u. *gomia* gr. γόμος: l. *gemo* gr. γέμω; u. **pru-zuře** = **pro-sode* (nach Bücheler's freilich sehr unsicherer Deutung als l. **prosĭde*) l. *solium* aus **sodium*: u. *sersitu* l. *sedeo*: u. **sistu** aus **si-sd-tu* l. *sīdo* aus **si-sd-o*; u. **meřs** *mers-to* (aus **medes-to-*), o.-sabell.-volsc. *med-dik-* gr. μέδομαι μέδων got. *mitan*: l. *modus modestus*: gr. μῆδος air. *ro-midar* got. *us-mēt*[1]); umbr. **nuř-pener** (pen- aus **pend-*): l. *du-pondius pondus* Abl. *pondō*[2]); o. **feíhúís feíhúss** gr. τεῖχος: gr. τοῖχο-ς[3]); osk. **deíkum** *deicans* l. *dīco* gr. δείκνυμι: o. *dicust* umbr. *de-rsic-ust* **tiçel** (auch vo. *Declune?* S. 99) ai. *di-çáti didiçē*; päl. *coisatens* umbr. **kuratu** l. *cūra*: u. *cisterno* l. *cisterna* (? vgl. § 170)[4]); **du̯ei̯-* in o. **días.ís** l. *dēs bēs* aus **du̯e(i̯)-ass-* (vgl. S. 235) ahd. *zwī-g* (?) neben **du̯i-* in u. *di-fue* l. *bi-dens* ai. *dvi-ka-* etc. (unsicher **du̯oi̯-* in gr. δοιός); o. **deívaí** *deiuatud* vo. *deue* umbr. *deueia* l. *dīuus* (Subst.) ai. *dēvá-*: **dīu̯o-* aus **diu̯i̯o-* (ai. *divyá-*) in o. **diíviiai** umbr. *di dei* l. *dīuus dīus* (Adj.), vgl. S. 173 f. (das angebliche mars.-lat. *doiuom* ist *donom* zu lesen); u. **vuku-** *uoco-*, falls aus **u̯oiko-* gr. οἶκος: l. *uīcus* aus **u̯ei̯ko-* (oder **u̯īko-*?), vgl. S. 153; u. *iouies* (aus **i̯eu̯-*) ai. *yávīyas yáviṣṭha-*: l. *iuuenis iuuenca*, u. **iveka** (aus **iuu̯enka*) ai. *yúvan-* mit idg. **i̯uu̯-*; u. *rōfu* l. *rōbus rūfus* got. *rauda-* aus idg. **rou̯dho-*: u. **rūfru** *Rŭfrer* päl. *Rŭfries* l. *rŭber* gr. ἐρυθρός; o. *loufir* (-*r* unsicher) aus **leu̯bh-* (got. *liufs*) oder **lou̯bh-* (got. *ga-laufs ga-laubjan*): l. *lŭbet* aus **lubh-* (got. *lubains*); u. *furo* möglicherweise aus idg. **dhur-* (gr. θύρα got. *daúr*) gegenüber l. *forum* aus **dhu̯or-* (aksl. *dvorŭ*), doch ist es wohl auch möglich, u. *furo* und l. *forum* auf dieselbe Grund-

---

1) Im Italischen haben sich zwei Stämme, **med-os-* und **mod-o-*, vermischt (vgl. W. Meyer Neutrum 34, Brugmann II 392), die ursprüngliche Vocalstufe bewahren umbr. **meřs** *mersto* und l. *modu-s*, dagegen l. *modestus moderari* mit *o* statt *e*; über *med-dik-* vgl. S. 92, 217.

2) Auch hier waren die Grundtypen **pend-os-* und **pond-o-*, s. Brugmann a. O.

3) **feih-o-* statt **foih-o-* (gr. τοῖχ-ο-ς) nach **feih-os-* (gr. τεῖχ-ος), wie umgekehrt l. **foid-os-* statt **feid-os-* (in *fīdustus*) nach **foid-o-* a. O.

4) Die Zugehörigkeit zur *e*-Reihe ist freilich unsicher, falls l. *caerimonia* zur gleichen W. gehört, sogar unwahrscheinlich.

form, sei es **dhur-* oder **dhu̯or-*, zurückzuführen (vgl. S. 114); u. **sumel** **somel* gr. ὁμαλός: l. *simul* alt *semol*, worin *em* = idg. *em* oder *m̥* (*m̥m*) sein kann (über u. **-el** : l. *-ul* vgl. S. 233); o. **humuns**, u. *homonus*, l. *homo*: altl. *hemonem* (über dessen *em* das eben zu *semol* Bemerkte gilt; vgl. jedoch zu den Formen mit *o* auch § 156); o. Ϝερσορει **úíuíveresím** '*uersus*', u. *couertu*, l. *uerto*: u. *couortust* mit *or* = idg. *or* oder = *r̥* (s. § 155), u. *trahuorfi*, o. u. '*uorsus*', l. *oinuorsei* wohl mit *or* = *r̥*; u. *pertom-e*: l. *porta portus*?; Präpos. *per* (gr. περί) in o. *per-emust* u. *per-etom nomne-per* etc. l. *per*: u. *pur-douitu* l. *por-ricio* (wohl = **pr̥-*, vgl. gr. παρά got. *faúr*): o. **pr-ai** u. *pr-e* l. *pr-ae* u. s. w.; **perk-* (für **prek-* nach *pork-* aus **pr̥k-*) in o. **pestlúm** mars. *pesco* (aus **percsco*) u. *persclo pesclu pers(c)nimu*: u. **pepurkurent** (idg. *or* oder *r̥*) l. *po(rc)sco* (*r̥*), wozu wohl mit *ar* = *r̥̄* o. **kú]mparakineís** *comparascuster* (s. u.); u. **kurçlasiu**, falls „circulario", von **korkelo-* (*or* oder *r̥*): l. *circus circulus* aus **kerk-* (?); u. *uerfale* l. *uerbum* Gdf. **u̯erdho-* (dass l. *uerbum* aus **uorbum* entstanden sei, ist schon wegen u. *uerfale* unwahrscheinlich): got. *waúrd* preuss. *wirds* Gdf. **u̯r̥dho-*: lit. *var̃das* Gdf. **u̯ordho-*; u. *nertru* gr. νέρτερος: anord. *norðr* (vgl. Kluge s. v. Nord, Brugmann II 183, 185); u. *tursitu tursiandu* aus **torse-*: l. *terreo* aus **terse-* (vgl. § 232); u. *pelmner*: l. *pulmentum* (*ul* = idg. *ol* oder *l̥*; oder *ul* vor dem Tone aus *el*?).

Die Hochstufen *ē ō* der *e*-Reihe („Dehnstufen") finden sich in Uebereinstimmung mit dem Lat. in den Suffixformen *-tōr-* (z. B. o. **Regatūreí** u. *arsfertūro*, s. § 265; *-tēr* in o. **patír**), *-ōn- -iōn- -mōn-* (z. B. o. **sverrūneí**, u. *Uofiōne* **Ař mūne**, s. § 266), *-ēs-* (u. *tuder*? s. § 268), *-ōs-* (o. **aisusis**? s. ebd.); ferner in o. **lígatú-** *līgud* marr. *lix* l. *lēx*: o. **lĕginum** l. *lĕgio*(?), marr. *rēgena* l. *rēgina*: o. **Rĕgatureí** l. *rĕgere*, u. *du-pursus petur-pursus* falls mit **pōd-* (vgl. S. 243) gegenüber l. *ped- pēd-*, o. **trííbúm** aus **trēb-* falls es in die *e*-Reihe gehört (s. u.); o. *petiropert* möglicherweise aus **pet(u̯)ēr-* idg. **qetu̯ēr-*, doch s. S. 126, 130; über u. **prusikurent** s. § 314.

Als Beispiele für die neben *i u r̥ l̥ n̥ m̥* vorkommenden Längen *ī ū r̥̄* etc.[1]) sind aus dem Osk.-Umbrischen folgende

1) Ueber die Erklärung derselben gehen die Meinungen noch

zu nennen. Umbr. pir *pir* aus **pūr* = gr. πῦρ, falls das Wort von W. *peu̯- peu̯ə-* „läutern" in ai. *pávate pavitár-pūtá-* abzuleiten ist (vgl. *pāvaká-* „Feuer"); die Tiefstufe *u* in pure *purom-e* vgl. gr. πῠρός πῠρί. Osk. *petiro-pert petiru-pert*, falls es auf **petūr-*, nicht **petŭr-* oder **pet(u̯)ēr-* zurückzuführen ist, aus idg. **qetūr-*, vgl. aksl. *četyre*, gegenüber **qetu̯ōr-* in l. *quattuor*, ai. *catvāras*, **qetu̯er-* in jon. τέσσερες. **qetur-* in ai. *catúras cátuš-pād-* umbr. *petur-pursus*. Osk. tanginúd kú]mparakineis *medicatinom* etc., umbr. natine *tribrisine ferine* wegen l. *Potīna* etc. vielleicht eher mit *-īn-* als mit *-ĭn-* (s. § 266), Hochstufe *-iōn-* im Nom. Sg. o. úittiuf tríbarakkiuf, u. tribřiçu (im Lat. durch alle Casus durchgeführt). **u̯īno-* in o. Viínikiís (Viniciiu, Vinuχs), vo. *uinu*, u. vinu *uinu*, fal. *uinu*, l. *uīnum* : **u̯oi̯no-* in gr. οἶνος?[1]); **u̯īro-* in u. *uiro ueiro* vo. *co-uehriu* (aus **co-uīriu*) ai. *vīrá-* lit. *výra-* : **u̯ĭro-* in l. *uir, cūria* aus **co-uĭria*, got. *vaír*, air. *fer*; **pīko-* in u. *peico peica Piquier* o. Píkúfn . . l. *pīcus* : **(s)pĭko-* in ai. *pika-* ahd. *spëch*; **sū-* in u. sim sif *sif* l. *sūs* gr. ὗς: **sŭ-* in u. *sorsom* altl. *sŭbus* gr. συφεός

auseinander. Während Manche *ī ū r̥̄* etc. nur als Tiefstufe zu zweisilbigem *ei̯ə eu̯ə erə* etc. gelten lassen (z. B. *bhū-* : *bheu̯ə-* ai. *bhavi-*) oder dann als Tiefstufe zu Verbindungen mit langen Vocalen (z. B. **qetūr-* : **qetu̯ōr-* im Zahlwort für „vier"), stellen *ī ū r̥̄* etc. neben *i u r̥* etc. nach Anderen einfach eine weniger starke Reduction der ursprünglichen *ei̯ i̯e eu̯ u̯e er re* etc. dar („nebentonige" und „tonlose" Form der Tiefstufe nach Osthoff M. U. IV). Beide Ansichten sucht Kretschmer K. Z. XXXI 337ff., 373ff. zu vermitteln.

1) Die Beurtheilung des Verhältnisses von l. *uīnum* zu gr. οἶνος ist sehr schwierig. Sind die Wörter wirklich urverwandt, so ist die Annahme eines Ablautverhältnisses **u̯īno-* : **u̯oi̯no-* aus dem Grunde nothwendig, weil Wandel von betontem *oi̯* zu *ī* nicht einmal im Lateinischen sicher nachweisbar ist, fürs Oskische aber von vornherein ganz unwahrscheinlich wäre (**u̯īno-*, nicht **u̯ei̯no-*, wäre fürs Italische desshalb anzusetzen, weil *ei̯* lautgesetzlich im Osk. als ei ei, im Vo. Umbr. Fal. als *ē* erscheinen müsste und die Erklärung des *ī* der Dialekte durch Entlehnung des Wortes aus dem Lat. nicht ohne Bedenken wäre). Aber auch wenn ital. *u̯īno-* aus dem Griech. entlehnt ist, bleibt das *ī* sehr schwierig. Vgl. Osthoff M. U. IV 129 Anm., Danielsson A. S. IV 156, Brugmann I 75 Anm. 2, Schweizer-Sidler[2] 23, Fick I[4] 548 und jetzt O. Keller Lat. Volksetymologie 257ff.; nimmt Letzterer mit Recht an, dass das Wort für „Wein" aus dem Semitischen entlehnt sei, so könnte das italische *ī* vielleicht mit diesem Umstand irgendwie zusammenhängen.

ὑσί; von diesen Wörtern ist jedoch unsicher, ob sie in die *e*-Reihe gehören, da die Wurzeln zweifelhaft sind. U. *mugatu muieto* (aus **mugetom*) enthält *ŭ* wie gr. ἔμῦκον, gegenüber *ū* in l. *mūgio* gr. μῦκάομαι (vgl. S. 135). Die für lange so nantische Liquidae und Nasales in Betracht kommenden Beispiele sind in § 157 besprochen; es seien hier erwähnt: u. mantrahklu *mandrahclo* aus **man-tr̥̄g-tlo-* gegenüber l. *mantēle* aus **man-terg-sli-* (?); o.-päl. *brāto-* aus **mrāto-* **mr̥̄to-* gegenüber l. *meritus* (?); **kom-park-* in o. kú]mparakineis *comparascuster* falls aus **kom-pr̥̄k-*, nicht Umstellung eines **kom-prăk-* aus **kom-pr̥k-*, gegenüber **perk-* in mars. **pe*(*rc*)*sco* etc., **pr̥k-* in l. *po*(*rc*)*sco*; o. aragetud l. *argentum* aus **r̥gn̥to-* (?); o. Flagiuí, falls es *ā* enthält, gegenüber l. *fulgur* mit *ul* = *l̥*; ähnlich o. Flaviies l. *flāuus* gegenüber l. *fuluus*; o. slaagi- aus **stl̥̄k-* gegenüber l. *stlocus locus* aus **stlok-*?; päl. *cnatois* l. *nātus* aus **gn̥̄-to-* gegenüber l. *genitus*; o.-u. *an-* privativum (z. B. in o. *an-censto*, u. *an-hostatu*) aus **n̥-* gegenüber l. *in-* aus **n̥-*.

Für die *a*-Reihe kommen namentlich die Formen von W. *aĝ-* in Betracht; von denselben enthalten o. *acum actud* u. *aitu ă*, bei marr. *agine* ist auch *ā* möglich, vgl. l. *amb-āg-ēs co-āgulum* etc., ebenso bei u. ahti- Ahtu (falls sie zu W. *aĝ-* gehören), vgl. l. *āctus*. Erwähnt sei noch o. **aisar Aisernim* αισ aisusis, vo. *ēsaristrom*, u. *ēsono-* mit Hochstufe gegenüber ai. *iṣirá-*, gr. ἱερός (aus *ἰσερος); unsicher ist, ob u. kebu auf **kaibo-* neben **kībo-* in l. *cibus* beruht, s. § 179; über u. *eiscurent* (d. h. **eh-iscurent* : germ. **aiskōn* d. *heischen*?) vgl. S. 143. Der Ablaut *o* : *ō* der *o*-Reihe liegt vor in o. úpsannam = l. *ŏperandam* etc.: Perf. uupsed ουπσενς aus **ōps-* (vgl. ai. *ápas* : *ápas* ahd. *uoba*), falls angenommen werden darf, dass ein altererbter Ablaut *opes- ōpes-* im Osk. nach Massgabe von *fŏdiō* : *fōdi*, *scăbo* : *scābi*, *ĕdo*: *ēdi* etc. functionell regulirt worden sei, doch ist vielleicht wahrscheinlicher, dass *ō* im Perf. überhaupt erst durch Neubildung entstand (vgl. § 314). In die *o*-Reihe gehören vielleicht noch o. iúkleí, u. iuka iuku, falls sie mit Recht zu l. *iŏcus* gestellt werden, vgl. lit. *jùkas*. Beispiele für die *ē*-Reihe sind: u. feia feitu *feitu* (feta aan-fehtaf?), welche *fē-* = idg. *dhē-* ai. *dhā-* gr. θη- aksl. *dě-* zu enthalten scheinen (s. § 176, 180), gegenüber *dhə-* in o. fakiiad vo.

faṡia u. façia etc. l. *făcio*, vgl. ai. *dhi-ta-* etc., *ō*-Stufe in gr. θω-μό-ς; o. fíísnam (íí = *ē*), päl. *fēsn.*, u. fēsnaf-e: l. **făsnom fānum* (möglicherweise gleichfalls zu W. *dhē-*, s. § 222); päl. *Sēmunu*, u. *sehmenier*, l. *sēmen* (ahd. *sāmo*, aksl. *sěmę*): l. *sătus sător Sătrius* o. Sadiriis päl. *Sadries* (? *ă*, s. S. 261). Jüngeren Ursprungs ist *ē* : *ă* vielleicht in o. *hipid hipust* (*ī* = *ē*): *hafiest*, u. *habitu*, l. *hăbeo* und in o. *sipus* (*ī* = *ē*): l. *săpiens* (s. § 314). Die *ā*-Reihe ist vertreten durch o. Staatiis (l. *stāre stāturus*): o. statús statíf Anterstataí vo. *statom* u. *staflari-* statita *Prestota* (l. *stătus stătio stătuo stăbilis* etc.) mit *stă-* = *stə-*, vgl. ai. *sthi-tá-* etc.[1]); o. fatíum „făteri“: l. *fāri* gr. φᾱμί, *ō*-Stufe in gr. φω-νή; o. Paakul etc., u. *pāse*, l. *pāc-s* : l. *păciscor* gr. ἐπάγη (päl. marr. u. *pacri-* mit unsicherer Quantität des *a*, doch ist *ā* das wahrscheinlichere, s. S. 270), die *ō*-Stufe wäre in o. pru-pukid anzunehmen, falls man die Erklärung aus *pru-păkid vermeiden wollte, doch s. S. 238. Der *ō*-Reihe gehört an **dō-no-* „dōnum“ in o. dunum d]uunated mars. *dunom* vest. *duno* sabin. *ḍunom* umbr. dunu vgl. gr. δῶρον δίδωμι: **də-to-* „dătus“ in vest. *data* päl. *datas* vgl. ai. *a-dita-*, Nullstufe in o. de-d-ed, u. de-d-e te-ř-ust *di-rs-ust* etc., l. *de-d-i* ai. *da-d-ē*. Hieher vielleicht noch u. *fahe* falls zu gr. φώγω d. *backen* (s. § 215).

Endlich ist eine Anzahl von Wörtern zu erwähnen, deren Ablaut noch nicht ganz klar ist. Zunächst die Beispiele für Wechsel von *a* und *e* (vgl. Stolz² 257, Johansson B. B. XV 307 Anm., Kretschmer K. Z. XXXI 378 f., Bartholomae B. B. XVII 119 ff.). Ital. *păt-* „ausbreiten, öffnen“ in o. patensíns Patanaí, u. *Padellar*, l. *pateo pando* (= **patno*) neben gr. πετάννυμι; *ăpro-* in o. Abella- aus **Aprola-* (?), mars.-lat. *Aprufclano*, u. apruf *abrof abrons*, l. *aper* neben ahd. *ëbar*; u. kateramu *caterahamo*, l. *caterua* neben air. *cethern* aksl. *četa* (Bezzenberger B. B. XVI 240). Innerhalb des Italischen selbst würde dieser Wechsel auftreten in vo. *arpatitu*

1) Allerdings steht im Lat. neben *stătim stātim*, neben *stător stātor* etc., denkbar wäre also, dass auch die für *stă-* angeführten osk.-umbr. Wörter z. Th. *ā* enthielten; bei u. *Prestota* scheint jedoch das *o* die Kürze direct zu bezeugen (s. o. S. 237 f.), bei o. statíf der Umstand, dass das Wort trotz 19 maligem Vorkommen auf der T. A. niemals mit aa geschrieben ist (vgl. S. 55).

240 gegenüber l. *peto* und u. tapistenu gegenüber l. *tepor tepidus*, falls die gewöhnliche Erklärung dieser beiden Wörter richtig sein sollte (doch s. über *arpatitu* Bd. II Anh., über tapistenu § 195). Lat. *a* gegenüber *e* der Dialekte in *quattuor:* o. *petiro-pert*, u. *petur-pursus*. Ital. *e* gegenüber gr. α in l. *digitus* aus **degitus*, o. degetasis deketasiúi (?): gr. δάκτυλος. Vor oder nach Liquiden und Nasalen findet sich derartiger Wechsel von *a* und *e* in u. vapeř- *uapers*- falls zu l. *lapis* (s. § 143): gr. λέπας; u. *Graboui* falls zu l. *gradior Gradiuus* (s. § 202): got. *grids*; l. *trabs*: o. Trebiis (*ĕ*), triíbúm (*íí* = *ē*), u. *trebeit*; u. maletu kumaltu *comatir*: air. *melim* aksl. *meljq* (l. *molo*); u. kartu karu, o. *carneis*, l. *caro*: gr. κείρω an. *skera* (wohl auch l. *cerno*); o. karanter „pascuntur" und '*caria*' „panis": gr. κορέννυμι lit. *szérti*; o. *ualaemom* Valaimas: l. *uelle*; u. *Propartie* l. *Propertius* zu *partus pario*: lit. *periù*. Ob diese letzteren Beispiele hieher gehören, ist nicht sicher. Falls Osthoffs Hypothese, dass *r̥ l̥ n̥ m̥* im Italischen als *rä lä nä mä* neben *or ol en em* erscheinen können, richtig ist (s. darüber § 155 f.), enthalten die vier erstgenannten wohl *ră lă mă* = *r̥ l̥ m̥*; bei den anderen könnten möglicherweise idg. lange Sonanten im Spiele sein, vgl. § 157. Von den früher genannten Beispielen, in denen *ă* nicht vor oder nach Liq. Nas. steht, könnte *apro-* allenfalls durch Einwirkung von *kapro-* (l. *caper*, u. kabru) statt **epro-* stehen (vgl. Fick Wtb.[4] I 362), *pat-* könnte auf eine W. **pĕt-* zurückgeführt werden (gr. πετάννυμι dann mit ε wie θετός etc.), *a* in *quattuor* ist nach J. Schmidt, Stolz u. A. von *quartus* bezogen. Die einfachste Erklärung aller *a* neben *e* gibt Bartholomae a. O. (vgl. auch Danielsson bei Johansson a. O.), indem er als erste Form der Tiefstufe der *e*-Reihe (sowie der *a*- und *o*-Reihe) idg. ə ansetzt, doch scheint mir seine Hypothese, so verlockend sie in Vielem ist, noch nicht sicher erwiesen [1]). Kretschmer a. O. will ital. *ă* neben *ĕ* mit gr. ι neben ε (πίτνημι, πίσυρες etc.) in Parallele bringen und

1) Falls die „Dehnstufen" *ē ō* der *e*-Reihe bereits bestanden, als die idg. Vocalreductionen eintraten, könnte man auch vielleicht ə in der *e*-Reihe als Tiefstufe zu diesen, den völligen Schwund als Tiefstufe zu *ĕ ŏ* betrachten. Alsdann wäre z. B. zu vo. *arpatitu*, falls „adpetito", gr. πωτάομαι zu vergleichen.

darin eine nicht urindogermanische, aber doch proethnische Vocalschwächung erkennen. — Unsicher ist die Quantität von e- in u. erietu gegenüber l. *ărietem*, da wir *ē* in lit. *ěras ėrýtis*, *ĕ* in gr. ἔριφος finden; ist e- in erietu lang, so wird der Stamm wohl der *ē*-Reihe zuzuweisen sein und gr. ε ist zu beurtheilen wie ε in θετός von W. *dhē-* etc. In **trēb-* o. tríibúm: **trăb-* l. *trăbs* könnte man ebenfalls eine W. der *ē*-Reihe vermuthen, doch spricht *trĕb-* in o. Trebiis l. *Trĕbatius Trĕbonius Trĕbia Trĕbula* eher für die *ĕ*-Reihe, also **trēb-* Dehnstufe wie **pēd-* (vgl. **trōb-* wie **pōd-* in ags. *þrōp*, lit. *trobà*), *trăb-* nach Osthoffs Theorie über *r̥* = **tr̥b-* (auch in air. *treb trebaim*, d. *Dorf*). Sollte u. vepurus vepuratu zu vaputu und beides zu l. *uapor* gehören, und *u̯-* aus idg. *qu̯-* erklärt werden dürfen (s. § 173), so enthielte u. vepur- wohl *ē*, vgl. **qu̯ēp-* in lit. *kvĕpti* : **qu̯əp-* in gr. καπνός lit. *kvāpas* got. *af-hvapjan*, **qūp-* in lit. *kūpū́ti*, woneben allerdings im Lit. auch *ĕ* in *kvepëti* (s. J. Schmidt Neutr. 204). Ganz unklar ist *e* in vo. *uesclis*, u. veskla *uesclir* (vgl. auch *Uesclarius* C. I. L. IX 3188, aus Corfinium) gegenüber *ā* in u. *uaso uasor* vasus l. *uas uasculum*; Bartholomae a. O. 119 Anm. denkt an Entstehung von l. *uās uāsis* durch Ausgleichung der Vocale in einem Paradigma **u̯ēs *u̯ăses* (aus **u̯əsés*). In ähnlicher Weise müsste wohl *ā* in o. faamat „habitat“, falls das Wort mit '*famel*' *famelo*, u. fameřias, l. *fămulus fămilia* zu W. *dhē-* (vgl. ai. *dhā́man-* „Wohnung“) gehört, erklärt werden, also durch Ausgleichung eines abstufenden Stammes **fō-mo-* : **fă-mo-* (vgl. gr. θω-μό-ς : θαιμός „οἰκία“ aus *θα-μ-ι̯ο-ς), oder **fē-mo-* (vgl. o. fíml??? s. o. S. 91): **fă-mo-*[1]); doch vgl. § 222.

Noch nicht ganz aufgeklärt ist ferner der Vocalwechsel *ā* : *ō* (vgl. Osthoff bei Hübschmann Vocalsyst. 190f., P. B. XIII 423, Danielsson A. S. III 177f. Anm., IV 165, Stolz[2] 264, neuestens besonders Bartholomae B. B. XVII 122ff.). Aus dem Osk.-Umbrischen ist Folgendes anzuführen. Marr. *ocres*, u. *ocar ocrer*, l. *ocris* gr ὄκρις: l. *ăcerbus ăcuo ăcies* gr. ἄκρος, mit *ā* l. *ācer* (o. akrid). O. kahad Blt.: l. *inco-*

---

1) Die vereinzelt in der ē-Reihe auch sonst vorkommenden *ā* (vgl. Johansson a. O. 307) sind wohl überall secundären Ursprungs.

hare. U. *hostatu hostatir anhostatu anhostatir*: l. *hasta*, falls die umbr. Wörter *ŏ* enthalten, doch liegt es näher *ō* anzunehmen, da der Ablaut *ō : ā* viel häufiger vorkommt[1]. Päl. *hanustu*, falls es zu l. *honos* oder *onus* gehört, was jedoch sehr unsicher ist (s. Bd. II Anh.). Päl. *faber*, l. *faber* nach Osthoff zu gr. σοφός σαφής (W. *dhu̯abh-*), doch s. § 224. U. vakaze *uacose* vaçetum l. *uacare uacuus*: l. *uocare uocuus* **uocitus*, doch vgl. o. S. 115f. O. tanginúd *tangineis*: l. *tongere* pränest. *tongitionem*. U. *anglom-e anglu-to*: o. '*ungulus*' (*Oscorum lingua quasi anulus*), wozu u. ançif l. *ancus* gr. ἀγκών: l. *uncus* gr. ὄγκος. O. Anafríss falls „*Imbribus" (aus * Amfríss): gr. ὄμβρος, doch s. § 220. In den zuletzt genannten Beispielen, die nach *a o* einen Nasal + Cons. haben, könnte *a o* als verkürzt aus *ā ō* aufgefasst werden (so auch, wo *i̯ u̯ r l* folgte)[2], vgl. Danielsson a. O. Bei Anafríss, falls zu ὄμβρος, liesse sich allenfalls auch an lange Nasalis sonans denken (s. § 157). Bei l. *incohare* wäre vielleicht volksetymologische Anlehnung an *cohus* (mit dem es Thurneysen K. Z. XXVIII 156 wirklich etymologisch zusammenbringt; mir wegen o. kahad unwahrscheinlich, s. § 215) nicht unmöglich. Ist aber *o* als regelrechter Ablaut in der *ă*-Reihe anzuerkennen, wie Osthoff und Bartholomae aa. OO. annehmen (das wichtigste Beispiel ausser **ok̂ri-* ist gr. ὄγμος), so werden natürlich die meisten Beispiele hieher fallen; doch steht diese Hypothese noch nicht ausser allem Zweifel. Nicht hieher gehört wohl u. maletu kumaltu kumates *comatir* (aus **com-maltēs*) gegenüber kumultu *comoltu*, s. § 156, 157. Ob der osk. Fluss *Aufidus* mit *Oufens* zusammen und zu l. *ūber* gr. οὖθαρ ai. *ū́dhar* etc. gehöre, ist unsicher, das *au* würde besonders auffallen, weil der Stamm wegen mndd. *jeder* anord. *jūgr* aus **eudr-* zur *e*-Reihe gehört. Ganz unklar ist endlich das Verhältniss von o. Praes. Conj. aflukad zu Fut. II aflakus. Als Ablaut des Perfectstammes ist entweder zweite Hochstufe zu erwarten oder Tiefstufe (vgl. § 314). Erstere läge vor, wenn Bugge A. S. 15

1) Nach W. Meyer K. Z. XXVIII 166 soll auch l. *hostus* zu *hasta* gehören.

2) vor *i̯* päl. *coisatens*, u. kuratu, l. *coirauit cūrare*: l. *caerimonia*? (Danielsson A. S. IV 165).

aflukad richtig aus *aflăkad (vgl. S. 238), a in aflakus daher als lang erklärt. Ist dagegen a in aflakus kurz, so ist wohl entweder Ablaut *ō* : *ă* (vgl. *dō-num* : *dătus* etc.) anzunehmen oder lă ist, falls Osthoffs neue Sonanten-Hypothese (§ 155) richtig ist, = *l̥* (lu in aflukad dann wohl = *lō*).

Liquidae und Nasale[1]).

Liquidae.

142. Anlaut. r z. B. in osk. Regaturei r[ehtúd marr. *regena* umbr. rehte: l. *regere rectus rex* got. *raihts*; päl. *Rufries* (dazu die osk. Sigle R.?), u. rufru *Rufrer rofu*: l. *ruber* gr. ἐρυθρός; u. ri *re-per*: l. *rēs* ai. *rā́s*; u. re-vestu re-statu: l. *re-*; unklar umbr. *ruseme rubiniaranu*; in *randem-e,* falls es mit l. *radix* verwandt ist, *r-* aus *u̯r-* (s. § 203). l z. B. in osk. lígatús *ligis ligud* päl. *lexe* marr. *lix*: l. *lex*; o. leginum: l. *legio legere*; o. Lúvkanateís Λουκανομ päl. *Loucies*: l. *luceo* gr. λευκός; o. líkítud *licitud*: l. *licet* gr. λιπῆναι; o. lúvfreís: fal. *loferta,* l. *liber* (?), gr. ἐλεύθερος; o. *loufir* (-*f*? -*t*?): l. *lubet* got. *liufs*; o. liímítú[m: l. *limes*; o. limu: gr. λιμός.

143. Auf den iguvinischen Tafeln fehlen Wörter mit anlautendem *l*. Dieser etwas auffallende Umstand in Verbindung mit der naheliegenden Erklärung von vapeře vapef *uapersus* als „lapide, lapides, lapidibus" hat einige Gelehrte zu der Annahme geführt, dass *l-* im Umbr. als *v-* erscheinen könne, so Knötel, Aufrecht-Kirchhoff, Panzerbieter, Bréal, Bugge (denn so ist wohl des Letzteren Bemerkung A. S. 81 zu verstehen); nach einer mündlichen Mittheilung (welche Verf. zu einer erneuten Prüfung der Frage anregte) ist auch Herr Prof. Thurneysen der Annahme dieses Lautwandels nicht abgeneigt. Uebergang vor *l* zu *u̯* kommt in vielen Sprachen vor, z. B. im Kretischen, Französischen, Räto-Romanischen, in schweizerdeutschen, slavischen, litauischen Mundarten (vgl. Brugmann I 225), allerdings meistens in der Stellung vor Con-

1) Aufrecht-Kirchhoff I 92ff., Bruppacher 71f., Bréal 329f., 331f., Bücheler 185f., Brugmann I 175ff.

sonanten. Als *u̯*, nicht als spirantisches *w*, wäre auch das umbrische v- aufzufassen (wie überhaupt das Zeichen v im Osk.-Umbr. die Geltung von *u̯* zu haben scheint, vgl. S. 180 f.). Die Beispiele, die in Betracht kommen, sind folgende. Vor Allem das bereits erwähnte vapeř- *uapers-*, als „lapis" von Knötel Ztschr. f. die Alterthumswiss. 1848, 775, Aufrecht-Kirchhoff II 73, Panzerbieter Qu. Umbr. 15 gedeutet (vgl. auch Bréal 44, 333). Zu beachten ist die Uebereinstimmung im Genus in vapeř- *uapers-* l. *lapid-* Masc. gegenüber kapiř- *capirs-* l. *capid-* Fem., dagegen fällt etwas auf der Unterschied des Vocales in der Suffixsilbe, der aber leicht so erklärt werden kann, dass der Nom. Sg. l. *lapis* für **lapes* nach den übrigen Casus mit *lapid-* aus **laped-* und dem Vorbild von *capis -idis, cuspis -idis, cassis -idis* stände. Der Bedeutung nach lässt sich *lapis* als Bezeichnung eines steinernen Sitzes (vgl. Bücheler U. 47) leicht verstehen. Andere einigermassen befriedigende Erklärungen von vapeř- *uapers-* scheinen sich nicht darzubieten. Am nächsten läge die Verbindung mit vaputu vaputis, aber diese Wörter stehen der Bedeutung nach fern, wenn sie „thus" bedeuten und zu l. *uapor* gehören (s. § 173; anderenfalls sind sie ganz dunkel). Man könnte vapeř- *uapers-* auch als Compositum mit *ped-* auffassen, aber der erste Bestandtheil bliebe schwierig, denn Büchelers Erklärung (a. O.) aus **vak-ped-*, „quod caruerit pedibus", ist nicht sehr einleuchtend, ebensowenig die Ansetzung eines **văti-ped-* „gebogene Füsse habend" (zu l. *uătius*) oder **văti-ped-* „Fuss d. h. Standort (vgl. **pedo-* ai. *padá-*) des *uātes*" (d. h. *augur*?), woran man etwa noch denken könnte[1]). Das zweitwahrscheinlichste Beispiel für v- aus *l-* ist vutu *IIa* 39, da für dieses Wort durch Bücheler die Bedeutung „lauito" ev. „purgato" ziemlich sicher erwiesen ist (U. 137 f.) und daher die völlige Gleichsetzung mit l. *lauito* (vutu nu. **uotu* aus **lōtu* = **lautu*, syncopirt wie sestu anteutu etc.) höchst verlockend ist. Anderenfalls wäre vutu mit got. *vato* aksl. *voda* „Wasser" (vgl. *ud-* in utur? s. § 197) zu verbinden

1) Lautlich nicht zu rechtfertigen ist die Vergleichung mit gr. δάπεδον (Huschke 69 und Fick, vgl. Bechtel B. B. VII 6 Anm.); letzteres ist wahrscheinlich = **dm̥-pedo-m*, aber auch wenn δ- auf eine gutturale Media zurückgeht, könnte im Umbr. nur *b-*, nicht *v-* entsprechen (vgl. ben- „uenio" etc.).

(vgl. Bücheler a. O.), wobei wohl ein primäres (oder denominatives?) Verbum **u̯od-i̯ō*, parallel mit **u̯ot-skō* in d. *waschen* (? s. Kluge Wtb. s. v.) vorauszusetzen wäre. Alle übrigen Beispiele sind viel unsicherer, da sie sich leicht auch anders erklären lassen. vuku- *uoco*- deutet Bréal 156 f. (vgl. schon Panzerbieter a. O.) als „lūcus", also aus **louko*-, doch vgl. hiegegen (wie überhaupt gegen *v*- aus *l*-) Bücheler Jen. Littztg. 1876, 397, der auch sachliche Einwände vorbringt (vgl. Umbr. 79). Eine Bedeutung wie „aedes" oder „atrium" hat doch wohl mehr für sich; in diesem Falle ist dann *uoco*- am ehesten aus **u̯oiko*- = gr. οἶκος zu erklären (s. o. S. 153). Wenig Wahrscheinlichkeit hätte wohl die Verbindung mit vutu „lauito", an die man unter Vergleichung von l. *de-lūbrum* denken könnte (vgl. Bücheler U. 138), besonders auch desshalb, weil *-ko*- als Primärsuffix im Italischen selten ist. Unhaltbar ist die Gleichsetzung mit l. *focus*, s. § 219. Vuçiia *IIb* 26 setzt Bréal (a. O.) = l. *Lucia* (aus **Louc*-, vgl. päl. *Loucies* o. Lúvkanateís); ist *v*- aus *l*- in vapeř- vutu anzuerkennen, so ist auch diese Erklärung von Vuçiia wahrscheinlich, aber von sich aus hat dieser Eigenname wenig Beweiskraft. Ueber vuvçi oder vuvçis *Ib* 45, *IIa* 44 s. Bd. II Anh.. vufru *IIb* 21 24 25, Beiwort zu vitlu, erklärt Knötel a. O. 778 und Der opisch-lat. Volksstamm (Glogau 1853) S. 5 und 9 als „liberum" (sc. ab ubere, ein abgewöhntes Kalb? oder „noch nicht trächtig"?), also aus **loufrom*, vgl. o. lúvfreís. Die Deutung als „uotiuum" (vufru aus **u̯oχu̯ro*-) ist aber wahrscheinlicher, s. § 219; ebd. über vufetes und Vufiune *Uofione*. Von vatuva vatuvu *uatuo*, vatra (vatva?), *uasirslom-e*, *uomu* ist die Bedeutung ganz unklar, die Erklärung des v- *u̯*- aus *l*- würde bei keinem eine naheliegende Deutung ergeben [1]).

In den bisher genannten Wörtern folgt auf den Anlaut einer der dunkeln Vocale *a o u*. Es wäre denkbar, dass im Umbr. die „dunkle" Aussprache des anlautenden *l*, welche durch dessen Uebergang in *u̯*- vorausgesetzt wird, auf die

---

1) vatuva *uatuo* dem Zusammenhang nach schwerlich zu l. *latex* und bei der Verbindung mit *lac lactis lact-ū-ca* (vgl. **cad-uu-s re-cid-uu-s*: *cad-ū-cu-s* etc.) würde schon das constante Fehlen von *h* vor *t* auffallen. *uomu* zu l. *lūmen*?? (vgl. § 184).

Stellung vor dunklen Vocalen beschränkt war (vgl. das Litauische), namentlich wenn es richtig ist, dass im Inlaut *l* vor *i* und dem Mittellaut zwischen *e* und *i* zu *d*, woraus ř *rs*, wurde (s. u. § 146). Dabei wäre entweder möglich, dass anlautendes *l* vor den hellen Vocalen unverändert blieb oder dass es wie im Inl. zu *d* wurde. Für letzteres liesse sich wohl höchstens tiçit *IIa* 17 (d. h. **diṡit*) anführen, indem man es = l. *licet* setzen könnte, die Erklärung als *decet* ist aber, trotzdem das i der ersten Silbe etwas auffällt (s. o. S. 87), jedenfalls wahrscheinlicher. Für Erhaltung des *l-* vor *e* könnte man *disleralinsust* anführen, doch beweist das Wort schon als Compositum kaum etwas (auch ist möglicherweise *disler alinsust* zu lesen; vgl. § 319). Die Möglichkeit, dass *l-* vor hellen Vocalen ebenfalls zu *u̯-* geworden sei, ist daher nicht zu leugnen. Hier wäre namentlich *uef Vb* 12 12 17 17 zu nennen, in welchem Thurneysen scharfsinnig eine Abkürzung des dem l. *lībra* entsprechenden umbrischen Wortes vermuthet (also wohl für **uefraf*; über *f* s. § 220). Allerdings haben wir als Bezeichnung des Pfundes im Umbr. die Abkürzung *p. Vb* 9 14, *uef.* würde also wohl ein anderes Gewicht als l. *libra* = *pondus* bedeuten. Das Wort kann jedenfalls auch mit vetu „diuidito" zusammengebracht werden (s. § 223). Bei vepurus *Va* 11 könnte man an l. *liquor* denken, also esunesku vepurus „cum sacris liquoribus" (unter denen wohl puni vinu utur zu verstehen wären)[1]; doch würde für vepuratu *IIa* 41, das eine Bildung wie l. *honorare* etc. wäre, eine Bedeutung „liquefacito" oder dgl. schwerlich passen. Das schwierige e-veietu *IIb* 8 11 könnte l. *e-ligito* entsprechen (oder eher zu *lex legare*? s. § 182); freilich wäre die Entsprechung wohl keine genaue, da eveietu wohl der zweiten Conjugation angehören muss; man könnte aber an l. *e-legans* und den Wechsel von erster und zweiter Conjugation in o. *censaum*: l. *censēre* u. dgl. (vgl. § 300) erinnern. Bei *aha-uendu pre-uendu* liesse sich allenfalls an l. *len-tus* denken (die Begriffe „biegen" und „wenden" können sich leicht berühren). Bei der Verbindung von vestikatu *uesticatu* mit l. *lībare* gr. λείβω (vgl. l. *masticare* : *mandere*)

---

1) Umbr. e weist auf *ei̯*, das im L. in *līquor* Lucr. 1, 453 und im Verbum *līqui* vorliegt.

würde das *s* Schwierigkeiten machen, es müsste wohl als „Wurzeldeterminativ" angesehen werden (**leib-s-* wie **louk-s-* in l. *il-lu(c)s-tris* und dgl.). Vgl. § 296.

Gegen den Uebergang von anlautendem *l* zu *ụ* kann man die Vornamensigle *L.* (d. h. wohl **Locier* „Lucii") *295* nicht anführen, da die Inschrift aus einem anderen Theile von Umbrien stammt (Fulgininium)[1]) und überdies in der Abkürzung eine alte Schreibweise sich erhalten haben kann (vgl. lat. *C.* für *Gaïus*). Ebenso wenig beweist La. „Lartis" *293* aus Tuder, besonders da der Name etruskisch ist (vgl. Bd. II Anh.). Der Grabstein von Tuder mit lokan ist gallisch. Auch der Uebergang von *l* zu *i* in *Uoisiener 296* = **Uolsiener* aus Asisium (s. § 149), der allerdings in starkem Gegensatz zum iguvinischem *ụ-* aus *l-* steht, wäre kein durchschlagender Gegengrund, da hier eine palatale Consonanz folgte und allenfalls auch etruskischer Einfluss angenommen werden kann (etr. Vuisinial etc.).

Als Resultat ergibt sich also, dass fürs Iguvinische der Uebergang von anlautendem *l* zu *ụ* wegen vapeř- *uapers-* und vutu eine sehr beachtenswerthe Möglichkeit ist, wenn er auch als ganz gesichert nicht gelten darf. Ob der Uebergang auch vor hellen Vocalen stattfand, ist eine weitere Frage für sich. — Ganz unwahrscheinlich ist mir Bréals Annahme, dsss anlautendes *l* ausser zu *ụ* auch zu *n* geworden sei (T. E. 92 f., 275, 329, Mém. soc. IV, 84). Die Deutung von *nerf* als *lāres* (*lāses*) ist auch aus anderen Gründen durchaus unhaltbar und Bréals Ausführungen Mém. soc. III 269 ff. scheinen mir die Gleichung osk.-umbr. *ner-* (osk. in *nerum* T. B., ner. *138*) = ai. *nar-* gr. ἀνήρ in keiner Weise zweifelhaft zu machen (vgl. Bücheler Umbr. 58, 99 f., 120, L. J. XVII sq., Jordan B. B. VI 204 ff., Schweizer-Sidler Jbb. 115, 64). Ebensowenig Wahrscheinlichkeit haben Bréals andere Beispiele naraklum „*laraculum", *ninctu* „linquito", *nepitu* von derselben W. *leịq-* (gr. λείπω).

144. Inlaut (und Auslaut). r z. B. in o. *nerum* ner., u. *nerus nerf*: ai. *nar-* gr. ἀνήρ; o. veru, u. veres *uerir*: lit. *vėrù*; o. heriiad heriam *herest* Herentateis, päl. *Herentas*, sabin. *hiretum*, u. heriiei *heriest* herter etc. zu

1) Vgl. *cisterno* derselben Inschrift, iguvinisch **sisterno*.

ai. *háryati* (av. *hárati*), ahd. *gerōn*; marr. *feret ferenter*, u. fertu *ferar* ferest *ferine arsfertur* etc.: l. *fero* gr. φέρω; o. prai *prae- pru-*, päl. *pri-*, u. *pre- pro- pri-*: l. *prae* gr. πρό; o. teremenniú etc., u. *termnom-e*: l. *termen* gr. τέρμων; Suffixe *-ro- -ri-* (*-āri-*) *-tro- -tero- -er- -tor-* (s. § 261, 4; 262; 265), Pass. auf *-r*. 1 z. B. in o. σαλαϝς Salaviis súll- sulum, päl. *Salauatur Saluta solois*, u. *saluom* (*Salier?*): l. *saluus soll-*, gr. ὅλ(ϝ)ος; o. Kalaviis päl. *Calauan*, u. kaleřuf: l. *caluus callidus*, ai. *kulva-*, gr. κηλάς; u. veltu ehvelklu, wohl auch o. Valaimas *ualaemom*, zu l. *uelle* d. *wollen*; o. Kluvatiium, vo. *Cloil*, u. Kluviier zu l. *clueo* gr. κλέ(ϝ)ος; o. Fluusai, sabin. *Flusare*: l. *flōs* got. *blōma*; o. Alafaternum, päl. *Alafis*, u. *alfir*: l. *albus* gr. ἀλφός; o. *allo* alttrei *altrei*: l. *alius alter* gr. ἄλλος; o. *dolom*: l. *dolus* gr. δόλος; u. śalu: l. *sal* d. *Salz*; u. klavlaf: *claua* (*clunis* gr. κλόνις?); u. *plener* aplenia: l. *plenus* gr. πλήρης; Suffixe *-lo- -li-* (*-āli-*) *-klo- -flo-* (s. § 261, 5; 262).

145. Uebergang von *r* zu *l* und umgekehrt hat im Italischen vielfach stattgefunden in Folge von Dissimilation gegen vorausgehende oder folgende *r l*[1]. So *r* aus *l* in u. *staflari-* aus **staflali-*, sabin. *Flusare* aus **Flōsali-*, o. luisarifs aus **loisali-*, sabin. **Falacro-* '*Falacrinum*' aus **Falaklo-* (*-klo-* aus idg. *-tlo-* = *-tro-*, l. in *Rediculus* etc., vgl. § 261, 5)[2]. In l. *Florali-* = sabin. *Flusari-* ist nach Eintritt des Rhotacismus durch neue Dissimilation das ursprüngliche *l* wieder hervorgetreten, ebenso ist umbr. *dis-lerali-nsust* neben osk. **loisari-* zu beurtheilen, falls diese Zusammenstellung Büchelers richtig ist (vgl. S. 154). Auffallend ist *r* statt *l*, trotzdem kein *l* vorausgeht, in osk. dekkvíarím *28* und sogar nach vorausgehendem *r* in Mamerttiar[íss *131* gegenüber l. *Martialis* und in *eikviaris 134*; *-āri-* mag von Wörtern aus, in denen *l* vorherging, sich weiter ausgebreitet haben (doch vgl. § 262). In u. ehvelklu (*-klo-* urit. aus *-tlo-*) ist die Dissimilation (lat. in *lucrum* aus **luklom* etc.) aus unklarem Grunde unterblieben (vgl. § 261, 5). — Spontaner, d. h. nicht durch Dissimilation bedingter, Uebergang von *r* zu *l* oder

---

1) Vgl. zum Lateinischen Stolz² 282 f. und dort Citirtes.

2) Ebenso *alacer* (umbr. *peracri-* aus **per-alcri-*? s. § 148) wohl aus **ala-tlo-* **ala-klo-* **ala-kro-*.

umgekehrt ist nicht nachweisbar. In u. *cringatro*: l. *clingere* mag der Wechsel voritalisch sein (vgl. germ. *hring* aksl. *krągŭ*: aksl. *po-klęcati po-klęknati*, Brugmann Cu. Stud. VII 276, 281 f.). Aus o. púmperia- und den oben erwähnten Wörtern mit *-ari-* ohne vorausgehendes *l* schliessen zu wollen, dass *li* im Osk. lautgesetzlich zu *ri* geworden sei, wäre kaum berechtigt (vgl. § 200). Ueber u. *uru* neben *ulo* s. § 288.

146. Umbrischer Wandel von *l* zu ř *rs*. Die Annahme, dass in einigen Wörtern das umbrische ř *rs*, welches sonst der regelmässige Vertreter von *d* zwischen Vocalen ist (s. § 196), auf *l* zurückgehe, lässt sich nur schwer umgehen. Gegen dieselbe haben sich ausgesprochen Aufrecht K. Z. I 278 f., CorssenAusspr. II² 16 und neuerdings Pauli A. S. V 83—86. Am schwersten zu beseitigen ist kařetu kařitu *carsitu*, welches ganz zweifellos „calato" („appellato") bedeutet; dass das *l* von l. *calare* nicht, wie Pauli a. O. 85 glaubt annehmen zu können, aus *d* entstanden ist, zeigt sowohl das *l* der verwandten Sprachen (gr. καλέω ahd. *halōn holōn* lett. *kalot*) als namentlich auch dasjenige von l. *clā-mare nomen-clātor* etc. (umbr. in *an-gla*? s. § 260), die Ansetzung einer W. *kad-* neben *kal-* hätte ausserhalb des Umbrischen, soviel ich sehe, keine Stütze (osk. *cadeis* schwerlich mit Pauli „appellationis", vgl. S. 304). *arsir VIa* 6 7 ist als „alius" gedeutet worden von Knötel Ztschr. f. d. Altthswiss. 1848, 773 f., Panzerbieter Qu. Umbr. 5 f., Huschke 62, 587, Bücheler 46, L. J. IVb (vgl. auch Bugge K. Z. XXII 456; unrichtig Savelsberg ebd. XXI 220 Anm. „aliis"). In der That lässt sich schwer eine andere passende Erklärung finden. Bréal T. E. 32 f., 75 und Pauli a. O. 84 ziehen das Wort als Dat. Pl. zu *arsio-* „sanctus", wobei kaum mit Pauli „den Andächtigen", sondern wohl mit Bréal „precationibus" (oder „caerimoniis" „ritibus") zu übersetzen wäre, aber die Auffassung von *arsir* als Dat. Pl. scheint desshalb bedenklich, weil man alsdann auch in *nep arsir andersistu*, wie in dem dieses wiederholenden *sue pisi arsir andersesust*, vor *arsir* als Subject *pisi* erwarten müsste, denn das Subject von *andersistu* und *andersesust* muss selbstverständlich dasselbe sein. *arsir* kann also wohl nur Nom. Sg. sein und offenbar ist dann „alius" die einfachste Erklärung[1]). uřetu *III* 12 *IV* 30 wird fast allge-

1) Dass *arsir*, hier substantivisch gebraucht, Nom. Sg. des

mein als „adoleto“ gedeutet (Aufrecht-Kirchhoff, Huschke, Newman, Bréal, Bücheler u. A.), namentlich wegen *III* 12, wo pir „ignem“ Object dazu ist. Pauli a. O. 85 f. will uřetu als „aspergito“ erklären, von W. *ud-* in ai. *uddn-* gr. ὕδωρ got. *vato* d. *Wasser* etc., aber abgesehen davon, dass ein Verbum **udēre* sonst keinen Anhalt hat, ist diese Deutung sachlich weniger wahrscheinlich. Aus letzterem Grunde wäre auch eine Erklärung als Compositum u-řetu (etwa „soll weihen, darbringen“, „of-ferto“; -řetu = tetu „dato“, d. h. **dedtu*; u- wie *oo-* in *oo-serclom* falls „obseruaculum“) kaum zu empfehlen. Müsste die Erklärung des ř aus *l* durchaus umgangen werden, so wäre wohl eher l. *adolere* von ags. *ǟlan* „brennen“ etc. (s. Fick K. Z. XXI 3 f., Wtb. I[4] 369) zu trennen und aus **ad-odere* zu erklären (doch scheint mir die auch neuestens von Wharton Etyma latina 2 angenommene Zusammengehörigkeit von *adolere* „verbrennen“ mit *odor oleo* der Bedeutung wegen sehr zweifelhaft)[2]) oder uřetu wäre mit l. *ūrō* aus **eu̯sō* zu verbinden durch die Ansetzung einer erweiterten W. **eu̯z-d-* (vgl. *cū-d-ō*: d. *hau-en* und Vieles dgl. bei Per Persson, Zur Lehre v. d. Wurzelerweiterung 35 ff., 41 f., Brugmann Idg. Forsch. I 171 f.). Von fameřias *IIb* 2 kann schwerlich bezweifelt werden, dass es „familiae“ bedeutet, Paulis Vermuthung (a. O. 83), dass das Wort Adjectiv sei mit der Bedeutung „nobilis“ (von l. *fāma*) oder „ansässig“ (von o. faamat „wohnt“) hat m. E. sehr wenig Wahrscheinlichkeit. Auch Corssens Annahme (a. O.), dass fameřias dieselbe Suffixverschiedenheit gegenüber l. *familia* o. *famelo* (aus **famelịā*) aufweise wie die Eigennamen auf *-idius* neben denen auf *-ilius*, befriedigt durchaus nicht, man müsste denn secundäre Suffixvertauschung durch Einwirkung des damit verbundenen pumpeřias vermuthen, vorausgesetzt, dass letzteres wegen o. púmperia- auf **pompedia-* (nicht **pompelia-*)

---

erwähnten als Beiwort von Göttern verwendeten *arsio-* sei und an der Handlung theilnehmende Priester bezeichne (*arsio-* gehört zu *arsmo-* „caerimonia, ordo“ nach Bücheler 202), ist wohl nicht wahrscheinlich. An sich ist *arsir* sehr vieldeutig, da *rs* ausser = au. ř noch = au. rs, rz, rç oder řs (vgl. mešs *mers*) sein kann.

2) Osthoffs Deutung von l. *adolere* P. B. XIII 397 wird durch u. uřetu, wenn „adoleto“, auf jeden Fall widerlegt.

zurückgeführt werden muss (doch s. § 200)[1]). Dass Pupřikes Pupřiçes Pupřikc Pupřiçe (Beiwort zu Puemunes, Puemune) „Publici“ „Publico“ bedeute, ist schon von Lanzi, Grotefend, Knötel u. A., neuerdings namentlich von Bücheler (Umbr. 159) angenommen worden. Gegen diese Erklärung ist von Aufrecht-Kirchhoff II 365, Huschke 420, Bréal 298 das ausnahmslose Verbleiben von *l* in puplu *poplo popler* etc. eingewendet werden, vgl. auch tuplak *dupla* tripler seples steplatu *anstiplatu preplotatu* aplenies *plener* etc. Der Unterschied würde sich erklären, wenn es richtig ist, dass der Uebergang von *l* zu ř *rs* auf die Stellung vor *i* und *e* beschränkt war (s. u.). Ueber die Möglichkeit, dass Pupřike mit l. *pūblicus* von *pŏplo- pŏpulus pŏplicus* etymologisch zu trennen wäre, s. § 224. Uebrigens stützt sich die Erklärung von Pupřike als „Publico“ mehr auf die äussere Aehnlichkeit, als auf sachliche Gründe, andere sprachlich und sachlich mögliche Deutungen sind daher ebenso berechtigt (vgl. § 168, 269). tribřiçu *Va* 9, *tribrisine VIa* 54 wird von Aufrecht-Kirchhoff II 165, Bugge A. S. 16, Corssen I² 582, II² 16, Bücheler 220 u. A. als l. **triplicio* **triplicione* erklärt, aber wegen tuplak (nach welchem das *e i* in l. *duplex triplex triplico* etc. aus *a* geschwächt zu sein scheint) wäre *triplaçu **triplasine* (ev. *tripluçu **triplosine* zu erwarten, vgl. S. 235 ff. und § 155) und selbst vor *i* wäre *pl* kaum zu *př* geworden (s. u.); eine Grundform **tripelik-* (Weiterbildung von einem **tripelo-*), welche die letztere Schwierigkeit umgehen würde, hätte wenig Wahrscheinlichkeit, da das Lat. in *triplus duplus* etc. in Uebereinstimmung mit gr. ἁ-πλό-ς δι-πλό-ς etc. *-pl-*, nicht *-pel-* zeigt. Freilich bleibt das Wort schwierig; Möglichkeiten sind erwähnt in § 269, 286. *sorser Vb* 12 17 bedeutet wegen des folgenden *cabriner* und *IIb* 1 ganz unzweifelhaft „suini“ „suilli“ (Bücheler Jbb. 1875, 42, Umbr. 39, 121, Bréal 258). Falls *rs* = *l* ist, wird das Wort am ehesten von einem Stamme **sŭ-li-* (vgl. *ŭ* in l. *sŭbus sŭcula* gr. συφεός etc.; *ū* wäre umbr. *ī*) abzuleiten sein, der von *sŭ-* gebildet wäre wie l. *ouī-li-s* von *oui-* (also l. *suīle* statt **sule* nach *ouīle*?); wenn *sorser* für **sorsier* steht, wie *Horse VIb*

---

1) Solche Suffixübertragung wäre wohl nur dann glaublich, wenn die Verbindung fameřias pumpeřias eine stehende war.

43 für **Horsie* = Huřie *Ib* 2, kann es auch zu einem Stamme **sŭ-l-io-* gehören [1]). Die Möglichkeit, dass *rs* auf ächtes *d* zurückgehe, ist aber nicht ausgeschlossen (s. § 261, 10). Aeusserst schwierig sind die auf Tafel *I II VI* vorkommenden suřu- *sorso- sorsali-*; ihre Bedeutung scheint mir auch durch Bücheler (74 ff.) noch nicht definitiv festgestellt. Wenn Bücheler die Wörter mit Recht mit *sorser* „suini" verbindet (die Möglichkeit dieser der äusseren Form nach nächstliegenden Auffassung scheint mir durch Pauli A. S. V 92 ff. nicht widerlegt) und wenn ř *rs* aus *l* erklärt werden darf, liegt ein Deminutivum **sŭ-lo-* (: l. *su-culus* = l. *homullus : homunculus*, vgl. Bücheler 39) zu Grunde. Doch wäre selbst bei der Herleitung von *sus* ein *d*-Suffix nicht unmöglich (vgl. § 261, 10). Von den Deutungsversuchen Anderer scheint mir weder Bréals Erklärung von suřu- *sorso-* als eine Art Kuchen = l. *sŏlum* „Boden, Unterlage" (aus **sodum*, wohl von W. *sed-* „sitzen") noch Paulis Verbindung von *sorsali-* mit gr. ὁδός (wobei suřu- *sorso-*, das Pauli nicht erklärt, unwahrscheinlicher Weise davon getrennt werden müsste) viel Einleuchtendes zu haben. ateřafust *Ib* 40, *andersafust VIIb* 3, *andirsafust VIIa* 46 wird von Bugge K. Z. XXII 454 ff. aus **an-telafust* „circumtulerit" erklärt, Fut. II zu *aferom* „circumferre", mit ähnlicher Verbindung der beiden Wurzeln zu éinem Paradigma wie in l. *tuli* (*t*)*latus : fero* (**telafust* würde einem lat. Perf. **telaui* oder auch **telui*, vgl. *domui* aus **domăui : domare*, entsprechen), doch lässt sich die nächstliegende Deutung als „circumdederit" (Aufrecht-Kirchhoff, Corssen, Bréal u. A.) sowohl der Form als der Bedeutung nach leicht rechtfertigen (vgl. § 204, 291, 293). Akeřunia- *Acersonia-* übersetzt man mit „Aquilonia", aber *d* zeigt auch o. Akudunniad; die lat. Form kann aus **Aquidonia* (oder **Acedonia* **Acudonia*?) durch Volksetymologie oder durch rein lautlichen Wandel von *d* zu *l* (wie in *solium oleo* etc.) entstanden sein; vgl. § 179. Ařmune *IIb* 7, Beiwort des Juppiter, deuten Knötel (Der opisch-lat. Volksstamm 5, 9) und Bücheler (U. 141 f.) als „Almoni" (oder „Almono"? vgl. l. *Alemona*), dazu gehört nach Bücheler (50 f., 97) auch *arsmor* „ritus, institutiones", wovon ařmamu (ver-

1) Keinesfalls kann *sorser* die gleiche Bildung wie l. *suillus* (aus **suīn-lo-s*) sein.

schrieben armanu) *arsmahamo* „ordinamini“ und *arsmatia* „imperatoriam“ abgeleitet sind. Der Einwand, dass *lm* in *pelmner* (Nom. **pelmen* oder **pelmo*) unverändert sei, liesse sich durch die Annahme, dass ařm- *arsm-* syncopirt sei (vgl. l. *Alemona alimones*), beseitigen, aber die Verbindung mit l. *alere almus* scheint mir durch die den umbrischen Wörtern zu Grunde liegende Bedeutung des durch göttliche oder menschliche Ordnung Festgesetzten keineswegs sonderlich begünstigt zu werden. Es ist vielleicht nicht unwahrscheinlich, dass das umbrische *arsmo- arsmatio-* im L. in *amata* „Vestalin“ vorliegt[1]), eine W. *ăd-*, theils in concretem Sinne „fest machen, befestigen“, theils in abstractem „festsetzen“ etc., könnte möglicherweise auch in l. *admentum* (*āmentum, ammentum*? „*amenta quibus, ut mitti possint, uinciuntur iacula, siue solearum lora*“ Paul. Fest.), *assis* (*as*) aus **ad-ti-* als festgesetzte Einheit (Münze, Gewicht, Längen- und Ackermass, vgl. auch *nummus* zu gr. νόμος) und vielleicht noch in anderen Wörtern gefunden werden. Mit ařm- *arsm-* scheint auch *arsie* „sancte“ *arsier* „sancti“ zusammenzugehören. Ueber nuřpener s. § 326, über *carsom-e* § 232.

Das Vorausgehende lässt sich also dahin zusammenfassen, dass bei éinem Beispiel, kařitu *carsitu*, die Annahme der Entstehung von ř *rs* aus *l* sich nur mit grösster Schwierigkeit umgehen lässt, und dass auch bei *arsir* uřetu fameřias durch jene Annahme die weitaus einfachste Erklärung sich darbietet; alle übrigen Beispiele, ausser etwa noch *sorser* „suini“, lassen sich ebensogut bei der Annahme von ř *rs* = ächtem *d* erklären oder sind so unsicherer Deutung, dass sie als Beweisstücke nicht in Betracht kommen können. Die angeführten fünf wahrscheinlichsten Beispiele haben das Gemeinsame, dass auf das ř *rs* ein *i* oder *e* folgt. Man könnte also vermuthen, dass in diesem Umstand der Grund der besonderen

1) Wort der pontificalischen Sprache, vgl. Preller II³ 161. Das erste *a* kann lang gewesen sein, also *āmata* aus **ădmata* (vgl. *ā* in o. Aadiieis?) wie *rāmentum* aus **rādm-* etc., war aber das *a* kurz, so wäre *ămata* aus *āmata* oder **ammata* (= **ădmata*) durch volksetymologische Anlehnung an *ămare* zu erklären. Auch Bréal 91 vergleicht mit den umbrischen Wörtern das l. *amata* „Vestalin“, nimmt aber, schwerlich richtig, auch *amare* dazu.

Behandlung des *l* zu sehen sei (vgl. Thurneysens Bemerkung Rh. M. 43, 348 und Brugmann Sitzungsber. der sächs. Ges. der Wiss. 1890, 208 f.). Die Erhaltung des *l* in feliuf *filiu presoliaf Salier* gegenüber fameřias müsste dann wohl aus einem Unterschiede *li̯ : lĭ (lii̯)* erklärt werden (bei *presoliaf Salier* ist jedoch auch *ll* möglich), und zwar wegen kařitu uřetu wohl in der Weise, dass *li̯* geblieben wäre (als mouillirtes *l*? s. § 242), *lĭ* dagegen zu *ři* geworden wäre (so auch in *arsir*)[1]. In *tefrali uerfale sorsali-* und ev. in *disleralinsust* könnte die Erhaltung des *l* durch Dissimilation gegen *r* und ř *rs* erklärt werden (vgl. § 197). Auch ist denkbar, dass nicht jedes *e*, sondern nur solches, das in der Schreibung mit *i* wechselte, also einen Mittellaut darstellt, so *ē* der zweiten Conjugation (kařetu kařitu *carsitu* etc.), jenen Uebergang bewirkte. *Miletinar* enthält wohl kurzes *ĕ*, das im Umbr. nur in besonderen Fällen mit *i* in der Schreibung wechselt (s. o. S. 86 f., 243 ff.), auch kann das *e* als *ə* zu sprechen sein[2]. In malctu „molitum" kommt zu diesen Gründen noch der, dass der Vocal im Paradigma des Verbums mit anderen Vocalen wechselte, ev. ausfiel (vgl. Imper. ku-maltu). Der letztere Grund gilt auch für Formen von Nominalstämmen auf *-o-* wie *Casiler*. Dass die Consonantengruppen wie *pl kl* auch vor *i e* unverändert blieben (*plener* plenasier aplenies kletram), ist sehr natürlich, da ř *rs* auf *l* schwerlich direct, sondern durch die Mittelstufe *d* zurückgeht (s. u.). Pupřike, wenn zu *poplo-* l. *populus* gehörig, ist aus **popeliko-* zu erklären (l. *populus* dann aus **popelo-s*, vgl. § 261, 5), welches zunächst **popediko-* **popeřiko-*, dann durch Syncope **popřiko-* wurde (während vor *o* in **popelo- poplo- l* erhalten blieb). Ist es richtig, dass der Uebergang von *l* zu *ř* auf die Stellung vor *i e* beschränkt war (vgl. noch § 261, 10 über *-eřio-* in tehteřim etc., § 201 über Huřie : Hule; über tribřiçu s. o.), so sind die ohnedies sehr fraglichen Erklärungen von suřu- *sorso-* aus **sŭ-lo-* und ateřafust *andersafust* aus **an-telafust* aufzugeben; bei der Erklärung von ařmu- *arsmo-*

1) Natürlich konnte in Paradigmen wie *feřis *felies *felie *feřim *feliu etc., *ařis *alies etc. (oder umgekehrt) leicht Verwischung des lautgesetzlichen Standes eintreten.

2) Vgl. S. 245 über Akeřunia.

Aŕmune als „almus", „Almoni" könnte man an *e i* in l. *Alemona alimones* erinnern (also *aŕmo-* aus **ademo* = **alemo-*), doch vgl. das oben zu *Miletinar* Bemerkte, ausserdem ist fraglich ob die genannten lat. Formen nicht *e i* aus *ă* (= idg. ə) enthalten (vgl. *ală-cri-*).

Als Zwischenstufe zwischen *l* und *ŕ* ist, wie erwähnt, wohl *d* anzunehmen, denn schon an sich wäre kaum wahrscheinlich, dass der eigenthümliche Laut *ŕ* zwei getrennte phonetische Entstehungsweisen habe, ferner spricht für die nahe Verwandtschaft der Laute *l* und *d* im Italischen der bekannte umgekehrte Uebergang von *d* zu *l* im Lateinischen (*oleo lacrima* etc.) und auch für den Wandel von *l* zu *d* selbst finden sich Spuren im Lateinischen (s. Corssen Kr. Nachtr. 274 ff., Ausspr. I [2] 224, Stolz [2] 283). Allerdings ist das einzige ganz unzweifelhafte Beispiel ein Lehnwort, *adeps* aus gr. ἄλειφα oder einer ähnlichen Form des Wortes; hier stimmt das Umbrische, wenn man ŕ auf *d* zurückführt, mit dem Lateinischen überein: **aŕepes aŕipes aŕeper aŕiper**, wobei freilich die Möglichkeit vorhanden ist, dass das umbr. Wort aus dem Lat. entlehnt war; oder ist eher umgekehrt das lat. Wort erst durch Vermittelung anderer italischer Dialekte den Römern zugekommen? Weit verbreitet ist im Süditaliänischen der Wandel von *ll* zu *ḍḍ* (Neapel, Apulien, Calabrien, Sicilien, s. W. Meyer Rom. Gramm. I 455 f.). Dem Oskischen scheint der Uebergang von *l* zu *d* fremd gewesen zu sein. **Diumpaís** enthält gegenüber l. *lumpa lympha* den älteren Laut wie l. *dacruma* neben *lacruma*. Ebenso wohl **Akudunniad** gegenüber l. *Aquilonia* (s. o. zu u. **Akeŕunia-**). Ganz unklar ist **Tedis**. *228*: l. *Telesia*.

Dass im Umbrischen ausser *l* auch *r* zu ŕ *rs* werden könne, ist von Bücheler Rh. M. 33, 284 für **feŕehtru suferaklu** (ebd. 45 für **pumpeŕias**) angenommen, aber Umbrica 155 mit Recht wieder aufgegeben worden (vgl. Pauli A. S. V 82).

147. Schwund von *r*. Im Lat. ist derselbe Regel vor *sc st* z. B. *posco* aus **porsco*, *fastigium* aus **farstigium* (Stolz [2] 313). Im Osk.-Umbr. finden wir hier *r* theils erhalten, theils geschwunden. *rsk* scheint im Osk. erhalten: *comparascuster* aus **com-parsc-* zu l. *po(r)sco* (über *a* s. § 157); die Anaptyxe nach *r* beweist, dass dasselbe noch deutlich gesprochen wurde[1]); dagegen zeigt im Umbr. der Wechsel der Schreibungen *-rsk-* und *-sk-*, dass das *r* nur mehr schwach klang: persklu- *persclo-* 12 m. : *pesclo-* 6 m., *peperscust* : *pepescus* je 1 m., Turskum *Tursce* je 1 m. : *Tusco-* 6 m.; mars. *pesco*; als sabin. wird angeführt '*tesqua*' (W. *ters-*). *st* für *rst* in osk. pestlúm peessl[úm aus **pers(k)tlom* (über *ssl* aus *stl* s. § 191)[2]); im Umbr. perstu neben pestu (je 1 m.), aus **persk(e)tu* (mit *rst* = řst *mersto-* 15 m. und vielleicht *perstico* 1 m.). Im Umbr. hat *r* vor *s* auch ausserhalb der Verbindungen *rsc rst* Reduction erfahren: *rsn* (aus *rskn*) in pesnimu (20 m.) *pesnimumo* (3 m.) *pesnis* (2 m.) neben persnimu persnihmu (19 m.) *persnimu persnihimu -mumo* (26 m.) *persnis* (1 m.) und (aus *rtsn?*) in *śesna* (4 m.) neben çersnatur (1 m.); *rsv* in tesva (1 m.) *desua* (4 m.) neben *dersua* (9 m.); auch blosses *rs* in Tuse (2 m.) neben Turse (1 m.) *Tursa-* (7 m.), tusetu tusetutu (je 1 m.) neben *tursitu* etc. (4 m.), fasiu *fasio* neben *farsio* (je 1 m.), pesuntru- vempesuntru- (6 m.) *pesondro-* (6 m.) neben persuntru- vempersuntru- (5 m.) *persondro-* (3 m.); vor *f* ist *s* nur 1 m. weggelassen: Çefi *Ib* 4 (Çerf- *Śerf-* sehr häufig, ferner *parfa trahuorfi furfant* etc.). Vor anderen Consonanten bleibt *r* wie im Lat. durchweg erhalten. Dass osk. Falenia *137* = *Falernia* sei, findet Bücheler Rh. M. 43, 131 f. mit Recht nicht glaublich (vgl. Alafaternum Kupelternum Freternum Fensernu *Aisernim* Pernaí Spurneís *carneis* etc. § 152, s. auch § 266). Ebenso blieb *r* nach Consonanten erhalten. Eine merkwürdige Ausnahme wäre umbr. *hebetafe VIb* 53 neben *ebetrafe VIa* 12, falls wirklich nicht Verschiedenheit der Bildung (vgl. l. *culcita culcitra*, letzteres wohl jüngere Umbildung nach sonstigem *-tro-*) oder ein Schreibfehler vorliegt (vgl. § 261, 4); in *pret(r)a Vb* 12, wo das zweite *r* erst nachträglich hinzugefügt ist, war (falls nicht ein blosses Versehen anzunehmen ist) offenbar Dissimilation der Grund, vgl. l. *praestrigiae praestigiae, fragrare fragare* (und *fraglare*), osk. Frentreí lat. *Frentani* u. s. w. (vgl. Bücheler

1) Oder könnte es allenfalls aus **com-parac-* (in kú]mparakineís) restituirt sein?

2) passtata eher aus gr. παστάδ- als = *parstata zu **parsk-* (s. § 185).

U. 40). Dass sak- in osk. sakahíter, wozu Bréal wohl mit Recht αναϲακετ als Perf. hinzuzieht, aus *sakr- entstanden sei, wie z. B. Bréal Mém. soc. VI 52 annimmt, ist mir nicht glaublich, denn nicht nur *kr* überhaupt, sondern auch speciell der Stamm *sakro-* (*sakara- sakri-* etc., ungefähr 20 m. belegt) bewahrt *r* sonst immer, auf der T. B. selbst steht sakarater neben sakahíter, die von Bréal angeführten lat. Fälle von Dissimilation können seine Annahme schwerlich stützen (vgl. über *saka-* § 291).

Ueber umbr. *r* im Auslaut s. § 251.

148. Schwund von *l* ist im Umbr. vor *t* eingetreten: muta mutu *motar* = osk. múlta- *molta-* l. *multa* (Gdf. **molktā*); Ptc. Pass. kumates kumate (6 m.) *comatir* (6 m.) aus **mal-to-* (über *a* vgl. § 156 f.). In dem zugehörigen Imperativ kumultu kumaltu *comoltu* ist *lt* erhalten, weil es erst durch Syncope entstand (vgl. Bréal 136), ebenso in aŕpeltu (übrigens *ll*) und jedenfalls auch in den übrigen Beispielen von erhaltenen *lt*: *amboltu* veltu *ehueltu holtu*. vetu „diuidito" kaum aus **veltōd*, unthemat. Nebenform zu veltu (aus **veletōd*), sondern = **vefetōd* (vgl. § 292). Eher könnte man vielleicht in kutef ein weiteres Beispiel vermuthen, indem man es einem lateinischen *(*oc-*)*cultens* („die Stimme verbergend, mit verhüllter Stimme") statt **cautens* (zu *cautus*) gleichsetzen könnte (vgl. § 166). Einmal ist *l* vor *t* auch im Osk. ausgelassen, nämlich auf der T. B. in *utrud* Zeile 24 neben *altrei* Z. 13 und 10 maligem *molta-*; einen Schreibfehler anzunehmen, ist kein genügender Grund vorhanden, ein Anfang der Schwächung kann sehr gut auch im Oskischen von Bantia bestanden haben. Falls im Umbr. *l* auch vor *k* schwand, was durch eh-velklu nicht sicher widerlegt wird, da dieses syncopirt sein kann wie veltu *eh-ueltu*, könnte das schwierige *peracri-* „opimus" vielleicht = **per-alcri-* gesetzt und mit l. *alacri-* verbunden werden (*per-* dann wie in l. *per-magnus* etc.)[1]. Beispiele für die Behandlung von *lp* fehlen. *lf* blieb erhalten: alfu *alfer alfir*. Ebenso *lm*: *pelmner*; Bréals Deutung von kumne kumnakle als „culmine", „culminaculo"

---

1) *alacer* wohl zu *alere ad-olescere*, also eigentlich „gedeihend". **alcri-* könnte entweder früh syncopirt oder in derselben Weise Nbf. zu *alacri-* sein wie *altus* zu *alitus* (zum Suffix vgl. § 262).

ist mir nicht wahrscheinlich. Schwund von *l* nach Consonanten ist nirgends nachweisbar, Bugges Erklärung von *suboco* aus **supplaco* l. *supplico* ist m. E. nicht haltbar (vgl. S. 191 f.).

149. Wandel von *l* zu *i* scheint in *Uoisiener* der umbr. Inschrift von Assisi = l. *Uolsieni* (*Uois.* ebd. = l. **Uolsii*?) vorzuliegen, vgl. Fabretti Gloss. It. s. v., Bücheler U. 172, 221 [1]); der Grund liegt jedenfalls in dem folgenden *si*, es bleibt aber unsicher, ob die Form mit *i* wirklich die ächt umbrische war und nicht etwa eigentlich etruskisch (ev. gallisch?), vgl. etr. Vuisial Vuisine neben Vulsine etc. — Einen Vorläufer des italiänischen Wandels von *l* zu *i* in *fiore fiume* etc. hat man in Fiuusasiaís der T. A. sehen wollen, es ist aber, um so mehr als einige Zeilen später richtig Fluusaí geschrieben ist, kaum zweifelhaft, dass der Seitenstrich am ꟸ bloss durch Versehen oder Zufall fehlt [2]); im ganzen Oskischen ist sonst keine Spur einer derartigen Mouillirung des *l* nach Consonanten zu bemerken, ebensowenig in den übrigen Dialekten, denn ç im umbr. *çl* ist nicht mit Aufrecht-Kirchhoff I 72 f., Ebel K. Z. XIII 292 aus mouillirter Aussprache des *l* zu erklären, sondern durch Ausfall eines *ĕ* (s. § 178).

150. Die Lautgruppe *rl*, die im Lat. durchweg zu *ll* assimilirt ist (*stella agellus* etc.), finden wir erhalten in o. Aderl(a-), auf Münzen von Atella, gegenüber l. *Atella.* Die Grundform des Wortes war **Atrola*, woraus durch „Samprasara*n*a“ (vgl. S. 226) **Atr̥la* **Adr̥la.* Ein ganz gleich entstandenes *rl* ist dagegen zu *ll* assimilirt in o. Abella- des Cippus von Abella, falls der Name aus **Aprola* **Apr̥la* **Abr̥la* zu deuten ist. Der Unterschied erklärt sich dann wohl als ein örtlicher (oder auch zeitlicher?). Die Herleitung von Abella aus *apro-* ist aber nicht sicher, vgl. § 169). Im Umbrischen fehlen Beispiele für *rl*.

Ueber die Lautgruppe *rs* s. § 232 f., über *ll* aus *lu̯* oben S. 186 ff., über *r* aus *s* § 238 ff.

---

1) Die Correctur von *Uolsienus* auf einer ebenfalls aus Assisi stammenden lat. Inschrift zu *Uoisienus* (Aufrecht-Kirchhoff II 391, Stolz Wiener Stud. III 309) ist wenig wahrscheinlich.

2) G. Meyer-Schuchardt Ztschr f. rom. Phil. VI 611 glauben sogar eine Spur auf Zvetaieffs Tafel entdecken zu können.

Nasale.

151. Es waren aus dem Idg. (s. Brugmann I 164 ff.) ererbt die Nasale *n* und *m*, ausserdem vor gutturalen Consonanten *ŋ*; für letzteres ist kein besonderes Zeichen vorhanden, es wird *n* geschrieben. *n* und *m* sind im An- und Inlaut häufig, *m* auch im Auslaut. Im Anlaut und im Inlaut zwischen Vocalen blieben *n m* unverändert. Anlaut. **n** z. B. in o. *nerum* ner., u. *nerus nerf* : ai. *nar-* gr. ἀνήρ; o. *ni nei ne* nip neip *neip* nep *nep*, marr. *ni ni-pis*, u. neip *neip nep* : l. *ne ni* ai. *nά* got. *ni*; päl. *Nounis*, u. *Noniar* nuvime nuvis : l. *nouem* ai. *nάvan*; o. Núvlanú- Nuvkrinum (Núvellum, mars. *Nouesede*, u. nuřpener?) : l. *nouus* gr. νέος; o. *nesimois* etc., u. *nesimei* : air. *nessam*; u. *nome nomner* : l. *nōmen* ai. *nάman-* (nicht aus *gn-*). **m** z. B. in o. maatreis, u. *matrer* : l. *māter* gr. μήτηρ; o. päl. mars. vo. *meddik-*, u. mers *mersto-* : l. *modus* gr. μέδομαι got. *mitan*; o. *manim*, u. *mani* manf : l. *manus* d. *Mund* „Schutz"; o. messimais, sabin. *mesene*, u. menzne : l. *mensis* gr. μήν; o. *mais maimas* Mahiis, u. mestru : l. *magis* ai. *mah-*. Inlaut zwischen Vocalen. **n** z. B. in o. múíníkú-, u. muneklu : l. *munia communis* got. *ga-mains*; o. *manim*, u. *mani* etc.; o. dunum mars. *dunom* vest. *duno* umbr. dunu u. s. w., s. Stammbildungslehre unter *-no- -āno- -īno- -mno- -ni- -(o)n- -i(o)n- -men-* (§ 261, 6, 262, 266). **m** z. B. in o. *per-emust pert-umum*, u. emantur : l. *emo* got. *nima*; o. Mamerttiais Μαμερτινο etc. : l. *Mars*, u. *Marte*; o. *famelo* '*famel*', u. fameřias : l. *famulus*; u. *gomia* : l. *gemo* gr. γέμω; Suffix *-mo- -tm̥mo- (-tomo-) -mno- -men-*, s. § 261, 6, 7; 266. — Ueber *n m* im Auslaut s. § 252; über u. *toteme* etc. ebendaselbst.

Consonantengruppen[1]).

152. Nasale unter sich und mit Liquiden oder *i̯*, *u̯*. *nm* wurde *mm* : osk. *amiricatud* (d. h. **ammiricatud*) „immercato" aus **an-mirica-*. *mn* liegt vor in o. amnúd *amnud* memnim teremniss teremnattens etc.,

1) Vgl. Brugmann I 175 ff., Stolz² 312 f.

päl. *omnitu*, mars. *cumnios*, u. tikamne kumne kumnakle *nomner nomne pelmner termno-* umne (= **ombene* oder **ongmene*, s. § 212), *tremnu* (aus **trebn-*). Einschub von *b* zeigt osk. umbn... *188* (aus Samnium), welches kaum anders als aus **omn-* (wahrscheinlich zu l. *omnis*, s. Bd. II Anh.) zu erklären ist, vgl. lat. Schreibungen wie *condempnauerit sompnus* Stolz[2] 308. Umbr. une schwerlich aus danebenstehendem umne assimilirt, sondern = **oəgne *oəne* (s. § 172). Eher ist möglicherweise die umgekehrte Assimilation von *mn* zu *mm* anzunehmen in den Imperativen o. *censamur*, u. *persnimu* etc. (s. hierüber § 310), wogegen von den oben aufgeführten Beispielen keines mit voller Sicherheit angeführt werden könnte, da das *mn* derselben theils syncopirt ist oder sein kann (vgl. S. 222 ff.), theils = *pn bn* ist (§ 209, 213). Nach Thurneysen K. Z. XXX 493 ff., vgl. Bréal Mém. soc. VI 412 f., soll hingegen die lautgesetzliche Entwicklung von idg. *mn* lat. *nd* sein (osk.-umbr. *nn*), ich schliesse mich jedoch den gegentheiligen Bemerkungen von Stolz[2] 385, vgl. Berl. phil. Woch. 1890, 834, an (vgl. § 332). *nl* wurde wie im Lat. (*homullus corolla* etc.) zu *ll*: o. Vesulliaís Vesuliaís (l = ll) zu mars. *Uesune*, u. Vesune; u. *Padellar* aus **Pat(e)n-la-* zu o. Patanaí aus **Pat(e)nai*; auch das deminutive *-illo-* bei Eigennamen beruht wohl z. Th. auf *-in-lo-* (z. B. in o. Afillis, da das C. J. L. IX X häufig *Afinius*, nie *Afilius* oder *Afidius* bietet?); o. Núvellum kann = **Noven-lo-* sein, zu päl. *Nounis* aus **Nou̯en-is*, doch vgl. § 261, 5; umbr. apelust apelus entelus *entelust* scheint *ll* = *nl* = *ndl* zu enthalten, s. § 318. Lat. *olle*, wozu o. p]úllad, u. *ulo*, ist eher = **ol-so-* als = **on-lo-* (s. § 288). Für Uebergang von *ln* zu *ll* (lat. *collis* etc.) fehlen sichere Beispiele. Osk. *allo* ist schwerlich = **alnā*, s. § 242. Eher könnte in Upfals Upfaleis, falls wegen des erhaltenen *-s* in Upfals der Stamm als *Upfallo-* angesetzt werden muss (vgl. § 234), ein *ll* = *ln* enthalten sein, indem der zweite Bestandtheil des Compositums zu Falen-ia *137* gehören könnte (vgl. § 266). *rn* ist erhalten in osk. Alafaternum Kupelternum Freternum Fensernu *Aisernim* Pernaí Spurneís *carneis* verna... (*170*) n...rnum (Blt.), umbr. *cisterno* Klavernie *perne* pernaiaf *superne* urnasier (aus **urkn-*), sabin. *Atrno* (über dieses und o. Tantrnnaiúm vgl. § 158).

W. Meyers Annahme (K. Z. XXVIII 171 f.), dass idg. *rn* lautgesetzlich zu *rr* geworden sei (im Urital., da vorausgesetzt wird, dass idg. *r̥n* damals noch nicht *orn urn* geworden war) scheint mir auf allzu unsicherer Grundlage zu beruhen.

Schwierig ist *mr*. Nach Johansson K. Z. XXX 440 ff., Stolz² 286, 384, 874 wurde diese Lautgruppe im Lat. an- und inlautend zu *br*: *breuis* got. *gamaurgjan* gr. βραχύς W. **mregh-*, *hībernus* aus **heimrinos* gr. χειμερινός, *tuber* aus **tum-ro-*, vgl. *tum-ulu-s* (ein *tomr* = *tuber* vielleicht auf Schleudergeschossen, s. Bergk, Inschr. röm. Schleudergeschosse 79 f.), während Osthoff M. U. V 85 ff. für den Anlaut die Vertretung durch *fr* zu erweisen sucht. Die erstere Ansicht hat die grössere lautphysiologische Wahrscheinlichkeit für sich[1]) und die Verbindung von *breuis* mit *gamaurgjan* wird ungern aufgegeben, doch ist andererseits unter den von Osthoff beigebrachten Beispielen für *fr-* aus *mr-* namentlich die Verbindung von *fraces* mit *marcēre* und gr. ἀμόργη sehr verlockend. Für *br* aus *mr* könnte aus dem Osk.-Sabellischen das Wort *brato-* in Betracht kommen. Schon Pauli A. S. V 62 ff., der mit Recht die Erklärung aus l. *paratum* abweist (vgl. Stockes K. Schl. Beitr. V 342 A., Corssen K. Z. XVIII 195 und s. S. 213 Anm.), führt es auf **mrā-to-* zurück und stellt es zu W. *mer-* „sprechen"; letztere scheint aber sonst dem Italischen fremd und nur im Arischen sicher nachgewiesen zu sein (ai. *bru-* av. *mrumar-*). Man wird also wohl besser innerhalb des Italischen Anknüpfung suchen und da bietet sich ganz ungezwungen das l. *mereo*. *brāto-m* aus **mrā-to-m* verhielte sich zu l. *meritu-m* (**mĕrĕ-to-m*) genau wie *gnātu-s* zu *genitu-s* (gr. *γενετό-ς), vgl. *strātus* zu *ster-*, *(t)lātus* zu *tel-* etc. (*rā lā* etc. aus idg. *r̥̄ l̥̄* etc., s. § 157). Diese Deutung scheint mir auch dem Sinne nach wahrscheinlicher als diejenige Paulis („imperium"). Wenn man bedenkt, dass durch den Wandel von *mr* zu *br* *brātom* in früher Zeit den lebendigen Zusammenhang mit

1) Osthoff nimmt vielleicht mit Recht an, dass *mr* zunächst zu *br* (oder *vr* mit spirantischem *v*; vgl. l. *Mavort-* aus **Mamrt-*??) geworden sei, aber der Uebergang von *br-* im Anlaut zu *fr-* statt *br-* wäre demjenigen von *χr-* (aus *ghr-*) zu *ʒr-* (*ʒ* tönender gutturaler Spirant) und weiter zu *gr* gerade entgegengesetzt; nicht glaublich ist mir „rein lautliche Analogie (vgl. Osthoff 119 f.). Vgl. auch, dass *ml-* zu *bl-* nicht *fl-* zu werden scheint (s. u.).

mereo verlieren musste, so kann es durchaus nicht Wunder nehmen, die Bedeutung des Wortes freier als diejenige der Zwillingsform l. *meritum* entwickelt zu finden. Trotzdem stimmt *brat. data* in der vestin. Weihinschrift *276* noch völlig zu dem aus lat. Inschriften allbekannten *donum dedit libens merito* (*meritod meretod*), *uotum soluit libens merito*, auch *merito* allein (C. J. L. X 7856 *lubens merito merente*). Die ganze Inschrift wäre also zu übersetzen „T. Uettius donum dat Herculi Jouio; merito data“ sc. *est* oder *sunt*, je nachdem das Geweihte ein Fem. Sg. oder Ntr. Pl. war (vgl. Bd. II Anh.). Die einzige andere Stelle, wo *bratom* in verständlichem Zusammenhang vorkommt, ist T. B. Zeile 6: „jurato, se ea comitia magis rei publicae causa, quam cuiuspiam *brateis auti cadeis* causa habere“, wo die nächstliegende Bedeutung offenbar „commodi aut incommodi“ oder dgl. ist (Paulis „auf Jemandes Geheiss oder Anrufen“ scheint mir viel weniger passend; vgl. auch S. 291 zu *cadeis*). Dass *bratom* „meritum“ die Bedeutung „Vortheil, Gewinst“ erhalten konnte, ist leicht erklärlich (vgl. auch l. *meritum* wenigstens für „Lohn“, ferner *mer-c-ēs*, d. *Verdienst*). Die zwei anderen Stellen sind leider nicht recht klar. Ob aber *bratom 246* „merces“ und βρατωμ *16* „munus“, wie Bücheler L. J. VI a übersetzt, oder „uotum“ (Corssen) bedeuten, auch sie fügen sich leicht, denn „Verdienst, Lohn, Dank, Dankgeschenk“ sind nahe verwandte Begriffe. Ueber das unklare *brais 246* (nach Bücheler und Deecke in *brats* zu emendiren, nach Pauli Schluss eines vorne fragmentirten Wortes im Dat. Pl. Fem.) s. Bd. II Anh. Ist die Erklärung von osk.-sabell. *brato-* aus **mrāto-* richtig[1]), so fällt sie sehr gegen Osthoffs Annahme von l. *fr-* aus *mr-* ins Gewicht, während umgekehrt diese Erklärung sehr zweifelhaft wird, wenn Osthoffs Ansicht sich bewähren sollte, denn dass das Osk.-Umbr. sich in der Behandlung von anl. *mr-* vom Lat. unterschieden haben sollte, ist doch kaum anzunehmen. Auch würde, wenn Osthoff l. *fremō* richtig aus **mremō* erklärt, *fr-* im Osk. wirklich vorliegen in Frentrei (Freter-

---

1) Ob gall. βρατουδε zum italischen *brato-* oder zu air. *brath* „Urtheil“ gehöre, weiss ich nicht zu entscheiden; jedenfalls hindert wohl nichts, gall. *br-* auf *mr-* zurückzuführen (vgl. air. *brechtrad* Brugmann I 181).

num?), da dieser Name doch wohl zu *fremo* gehört (vgl. jedoch über die Etymologie von *fremo* auch § 219). Im Inlaut scheinen im Osk.-Umbr. Beispiele für urspr. *-mr-* zu fehlen (über *fabro-* in päl. *faber* s. § 224). — Die dem lat. *Cambrianus* etc. (Stolz [2] 308) entsprechende jüngere Behandlung von *-mr-* würde umbr. *ambr-* zeigen, falls mit Brugmann aus **am(e)r-* zu erklären, aber s. § 224.

ml scheint zu *bl-* geworden zu sein (s. Johansson K. Z. XXX 441 f. Anm.), so in l. *blandus* (*Blannia* C. J. L. IX 5611 aus dem Picenischen), das wohl zu W. *mel-* in l. *maltas* „molles" (vgl. d. *mild*), weitergebildet mit *-d* in l. *mollis* (aus **mold- *m̥ld-*) ai. *mr̥d-ú-* aksl. *mladŭ* etc., gehört[1]). Die mehrfach auf osk.-sabell. Gebiete belegten Namen *Blattius* (o. Bla[ttiis S. J. O. No. 111?) und *Blassius Blasius* könnten gleichfalls zu dieser Sippe gehören, *Blattius* etwa von einem **blā-to- = *m̥̄l-to-* oder (nach Osthoffs neuer Sonantentheorie) von **blă-to- = *m̥l-to-*, *Blassius* aus der erweiterten W., also von einem **blăsso- = *mlăd-to-*. Zur Bedeutung dieser Namen[2]) wäre *Mollius Mollicius Suauis Suallius* (aus **Suad̥l-*) etc. zu vergleichen.

mį wurde urit. zu *nį*, wie osk.-umbr. *ben-* = lat. *uen-io* (statt **bem-*: ai. *gam-* got. *qiman*) zeigt; zufällig sind Formen des Präsensstammes **benįo-* (gr. βαίνω idg. **gm̥-įó*), aus welchem das *n*, wohl unter Mitwirkung des Ptc. **ben-to-* (l. *uen-tu-m* idg. **gm̥-tó-*), in die übrigen Formen (Perf. etc.) drang, nicht zu belegen, doch vgl. osk. kúm-bennieis (nn = n) aus **gu̯em-įo-* idg. **gm̥-įo-* ai. *gam-ya-m* „Ort wohin man gehen soll". — *nį* (ev. aus *nii̯*) wurde im Umbr. zu mouillirtem *ñ* (spinia- spina- etc.), möglicherweise auch *lį* zu *l̃*; im Osk. erscheint *l̃* (*l̃l̃*) in *allo famelo* (aus *-lįo*); auch die Gemination in o. Víteliiú kúmbennieís scheint mit dieser Mouillirung zusammenzuhängen (s. § 242 f.). — *mu̯* im Compositum o. amvíanud.

---

1) Falls *amandus* = **amātnos*, *iucundus* = **ioui̯kōtnos* ist, erklärt sich *blandus* am einfachsten aus **mlāt-no-* vgl. air. *bláith* „weich, sanft" aus **mlāti-*.

2) Dazu auch der campanische Name *Blossius* (C. J. L. X 8mal, auch bei Livius etc.)? Vgl. l. *(st)locus*: *Stlaccius* o. slaagid (§ 157)?

153. Nasale vor Verschlusslauten wurden im Urital. homorgan (vgl. Brugmann I 175 ff., Stolz ² 312), so wurde *mt* zu *nt*, *md* zu *nd*, *mk* zu *nk* (d. h. *ŋk*), *np* zu *mp*. Urspr. *mt* in o. *contrud* l. *contra* zu *com-*, o. *e-tanto* umbr. panta e-tantu l. *tantus quantus* aus **tam-to- quam-to-*, o. Frentrei falls zu l. *fremo* (s. § 219), o. huntrus umbr. *hondra hondomu* etc. zu l. *humus* gr. χαμαί (s. § 215), umbr. *randem-e* falls aus **ram(e)t* (s. § 203). Hieher würde anscheinend auch umbr. *per-etom da-etom* (je 4 mal) gehören, wenn = l. *peremptum demptum* (Bücheler U. 57), indem es nahe läge, *-etom* = **entom* als die ursprünglichere aus **em-to-* lautgesetzlich entstandene Form zu erklären, während l. *emptus* auf ein nach *emo* erst neu gebildetes **emto-* zurückginge. Aber *nt* wird im Umbr. sonst immer, selbst im Compositum (*andendu endendu*), zu *nd* erweicht (s. § 247), es müsste also **perendom* **daendom* heissen [1]; ferner hat schon Bugge A. S. 13 mit Recht bemerkt, dass *n* im Nu. (wenigstens vor Verschlusslauten, s. u.) nicht ausgelassen wird. Bréal (86) und Bugge (a. O. und K. Z. XXII 464) deuten *per-etom da-etom* als „per-itum“ „de-itum“ (*e* wie in *eta-*, s. o. S. 147). Die Auffassung als „peremptum“ „demptum“ könnte vielleicht durch die Annahme eines Entwicklungsganges **empto-* zu **emfto-* **enfto-* **enhto-* **e(h)to-* gehalten werden, doch wäre dann etwas auffällig, dass nie **-ehtom* geschrieben ist und das Verhältniss zu *emps 296* (aus Asisium) bliebe schwierig (vgl. § 207). Letzteres scheint nämlich am ehesten so zu erklären, dass im Umbr. erst nach dem Wandel von *pt* zu *ft* die Neubildung **emto-* **empto-* für **ento-* aufkam, also *emps* = *empz **empt(o)s*; oder ist *emps* aus **ems* *emz zu erklären (vgl. l. *hiemps* aus *hiems*) und ist dieses Neubildung nach *emo* etc. statt **ens* *enz = **ent(o)s* oder statt **ē(h)s* *ē(h)z = **enht(o)s* aus **emptos*? O. Púntiis, päl. *Ponties*, u. puntes („πεντάδες“) schwerlich aus **pomt-* = **pompt-*, s. § 171. Ein spät entstandenes *mt* enthält sumtu „sumito“ aus **sumetu*, genauer wohl **summĕtu* (s. § 230); über umtu s.

---

1) Dass *t* nach anderen Participien restituirt sei, wäre eine sehr unwahrscheinliche Annahme, vgl. die Imperative *anden-du* etc. trotz *fe-tu e-tu* etc., und der folgende Gegengrund bliebe trotzdem bestehen.

§ 172, über osk. *pomtis* § 171. *md* wurde urit. *nd*, woraus osk.-umbr. *nn* : u. *ponne pone* pune o. pún *pon* aus **kuom-de* (vgl. l. *quon-dam*), u. **panne pane* pane = altl. *quande* Gdf. **quam-de*; u. *desen-duf* (für lautgesetzliches **desennuf*) vgl. l. *septen-decim*; u. *andersafust andirsafust* aus **am-deda-* (oder **am-tela-*? s. S. 294, 296). — *mk* zu *nk*: o. *ion-c* (vgl. l. *hun-c*), *eizazun-c*; u. inum-k ist (ev. bloss graphisch) nach inum restituirt (vgl. l. *cumque* etc.). — *np* zu *mp* (z. Th. schon voritalisch): o. embratur ímbr(a)t(u)r aus **empera-tor*, päl. *empratois*, u. ampentu (Präp. *an-* von *andendu* l. *anhelo*), o. *amprufid ampert* (*an-* privativum, vgl. o. *ancensto*, u. *anhostatir* etc.). Der Wandel wiederholte sich bei der Labialisirung von *ku gu* : **pompe* = l. *quinque* in o. púmperia-u. pumpeřias; u. pumpe l. *-cunque* urit. **kuonkue* = **kuom-kue*; u. umen aus *umben = l. *unguen* (oder aus **ongmen*?). Zu o. *con preiuatud, pan pieisum* T. B. (beide ohne Worttrennung geschrieben), u. anpenes *IIb* 27 neben ampentu apentu etc., venpersuntra *IIa* 30 neben vemp-vep- vgl. l. *conpromesise conparauit Ponpeius* etc. bei Seelmann 276 f. (vgl. 270 f.), gr. Ὀλυνπία etc. Brugmann Gr. Gr.[2] 40; die Schreibungen erklären sich daraus, dass der Nasal einen reducirten Klang hatte, wie auch die daneben vorkommende völlige Auslassung zeigt (s. u.).

Nasale vor Spiranten. *mf* finden wir im Osk. erhalten in amfr-et (kaum am-fret), als *nf* in Anafríss falls = „Imbribus"; als lautgesetzlich muss dann jedenfalls die zweite Behandlungsweise gelten und amfr- hätte sein *m* nach *am-* (in am-víanud am-pu[l]ulum amnúd) restituirt, doch vgl. § 220. Im Umbr. *nf* aus *mf* in *anferener* „circumferendi"; lautgesetzlich wurde *mf* wenigstens im Umbr. vielleicht zu *mb*, s. § 224. — Ursprüngliches *ms* scheint zu fehlen. Im Compositum vielleicht *ns* aus *ms* in *anseriato* anzeriatu (vgl. Bugge K. Z. XXII 461, Bücheler L. J. IV b), doch kann die Präpos. auch urspr. *an-* sein. Durch Syncope ist *ms* entstanden in o. Ni]umsis Niumsieís : l. *Numerius*, ebenso wohl in damsennias neben damuse...; im Umbr. wurde dieses *ms* zu *ns* : *onse* aus **omse* St. **omeso-* l. *umerus* (dunkel ist *te(n)sedi*, s. § 197). Der dem lat. *sumpsi* aus **sumsi* etc. entsprechende Einschub erscheint in Νυμψιου *Numpsi* U. D. 282; umbr. *emps* ist möglicherweise aus **ems *emts* = **emtos* (wie l. *hiemps* aus *hiems*) zu erklären (s. o.). Ueber die Lautgruppe *ns* s. § 235 f., über *nd tn* s. § 192, 204.

154. Auslassung von Nasalen vor Verschlusslauten und Spiranten. Diese Erscheinung ist am häufigsten im Altumbr., kommt aber auch im Neuumbr. (nur vor Spiranten) und im Osk. (besonders in unbetonten Endsilben) vielfach vor. Ungemein häufig ist die Weglassung auch auf lat. Inschriften, s. Seelmann 273 f., 281 ff.; über dieselbe Erscheinung im Griech. s. G. Meyer [2] 284 ff., Brugmann Gr. Gr. [2] 40; im Altpers. wurden Nasale vor Verschlusslauten überhaupt nicht geschrieben (Bartholomae Hdb. 34). Zur phonetischen Erklärung vgl. Danielsson A. S. IV 147 f., Seelmann aa. OO., Kretschmer K. Z. XXIX 438 f.

Umbrisch. Wir beginnen mit dem Umbrischen weil hier das Material am reichsten ist (vgl. Aufrecht-Kirchhoff I 92, 97, Bréal 330, 332, Bücheler 185). Es zeigt sich zwischen Au. und Nu. der bemerkenswerthe Unterschied, dass im Nu. die Nasale nur vor Spiranten, nicht vor Verschlusslauten, ungeschrieben bleiben, während im Au. die Weglassung auch vor Verschlusslauten sehr häufig ist. Wir finden[1]):

1. Vor Verschlusslauten (wobei au. k t p fast überall, ausgenommen im Auslaut, als *g d b* aufzufassen sind, vgl. § 247): iveka (2m.) neben *iuenga*; krikatrum (2): krenkatrum (1) *cringatro*; kukehes (1); cnuk (3) inuk (7): inumk (1); — hutra (1): *hondra*; persutru (2): persuntru (5) *persondro*; vepesutra (2): vempersuntra (2); ampetu (2) : a(m)pentu; ustetu (6) : ustentu (13) *ostendu*, atentu (1): antentu (8) *andendu* (in den drei letzten Verben ist das *n* der Wurzelsilbe wohl eigentlich = *nn*, vgl. § 204); ateřafust (1): *andersafust*; furfaθ (1) eruhu(t) (s. § 253); — apretu (1): amprehtu (2) *ambr-*; apentu (3): ampe(n)tu (4) anpenes (1); vepesutra (2): vempersuntra venp- (je 1); kupifiatu (2): kumpifiatu (1) *combifiatu*; seples (1) „simpulis“; unsicher aplenia aplenies (je 1). Bei anderen Wörtern ist zufällig nur die vollere Schreibung belegt, z. B. anter (2), antakres (3), Hunte (5), spanti- (4), panta (2), emantur (2). Die Weglassung des Nasals vor Explosiven ist am

1) Von zusammengehörigen Formen ist nur je eine angeführt, die beigefügte Zahl bezieht sich jedoch zugleich auf die übrigen.

häufigsten auf Taf. *IIb* (6 m. geschrieben, 13 m. weggelassen), alle übrigen Tafeln setzen den Nasal viel häufiger als sie ihn weglassen, Taf. *I* ca. 30 m. : 10 m., Taf. *IIa* 18 m. : 2—3 m., Taf. *III—IV* mehr als 40 m. : 9 m., Taf. *V* 13 m. : 2 m. Gegen Paulis (auch sonst mir nicht wahrscheinliche) Erklärung des auf Taf. *III—IV* neunmal, aber nie mit m, überlieferten Pupřik- als „*Pompidicus" (zu pumpeřias) dürfte sich hieraus ein nicht zu übersehender Gegengrund ergeben [1]). Auch Büchelers Deutung von aplenia *IIa* 23, aplenies *IIa* 23 als „*ambiplen-" wird dadurch etwas unsicher, dass die Partie *IIa* 15—Schluss (welche eine Einheit für sich bildet, vgl. S. 36) sonst kein Beispiel für Weglassung gegen 16 Beispiele für Setzung des Nasals bietet, ausser dem ebenfalls zweifelhaften vepuratu Zeile 41, worüber § 173. Bemerkenswerth ist, dass -nt im Au. ausser furfaθ *Ib* 1 (θ statt t zur Unterscheidung vom Sing.? vgl. Bücheler U. 185) und eruhu(t) (?) *IIb* 22 immer mit n geschrieben ist (benurent furent isunt etc., zusammen 16 m.), im Gegensatz zum Oskischen (s. u.); auf *IIb* kommt -nt nicht vor. — In lateinischer Schrift kommt, wie erwähnt, die Weglassung vor Verschlusslauten gar nicht vor (die meisten der oben angeführten Beispiele sind mehrfach belegt, dazu kommen viele andere wie *anglar ander amboltu* etc.). Die einzige Ausnahme wäre das Adverbium *esoc* „sic" *VIb* 25, *issoc VIIb* 3 (esuk *Va* 1), wenn mit Danielsson A. S. III 197 f. als (Acc.) *esom* + *k* aufzufassen (der besondere Grund wäre alsdann in der auslautenden Verbindung *-mk -nk* zu suchen) [2]), doch kann *esoc issoc* leicht anders erklärt werden (*essō* + *k*, vgl. l. *sō-c*, umbr. *suront* aus **sō-s* + *hont*, s. Syntax unter Partikeln).

2. Vor Spiranten (*s f ç*) ist die Auslassung des Nasals auch im Nu. häufig. Vor *s* [3]): azeriatu (1) *aseriatu*

---

1) Von den 9 Beispielen für Weglassung des Nasals auf *III—IV* fallen 6 auf inuk, wo der besondere Grund in dem -mk liegen kann (inumk nur *IV* 23; vgl. auch enuk *Ia* 30 33 *Va* 29, nie *enumk und s. u. zu esuk *esoc issoc*), die anderen sind seples *III* 17, kukehes *III* 21, apentu *III* 27.

2) Vgl. vorige Anmerkung. Ueber *benuso couortuso sururo* s. § 253.

3) Ueber au. *nz*. *ns* s. § 235. Die 3 Beispiele von z für nz stehen auf *IIb*, dagegen von den 6 mit nz 3 auf I, 3 auf *IIa* (vgl. das Verhalten vor Explosiven).

(7) : anzeriatu (3) *anseriato* (1); astintu (2) : anstintu (1); *anstiplatu* (1); aseçeta (2), asnata (4), iseçeles (1); uze (2): *onse* (1); *tesedi* (1) : tenzitim (1); menzaru menzne (je 1); *fos* (4) : *fons* (13); 3. Plur. sis (1) *dirsas* (1) *etaias* (2) neiřhabas (1) eitipes (2) steteies? (2) : *sins* (1) *dirsans* (2) *etaians* (1); Ikuvins (1); in pelsans (1) und *abrons* (1) war *n* möglicherweise doppelt (s. § 204, 236). Vor *f*: aferum *afero* : *anferener* (je 1), afiktu (1), aanfehtaf (1). Vor ç *ś*: Saçe (5) : *Sanśie* (12); Açetus? (1), ançif (1), *anśihito* (7), çihçeřa (1); purtinçus (1) *purdinśiust* (6) *disleralinsust* (1), *combifianśi* (4); *preuiślatu* (1) wohl „praeuinculato" (1 m. verschrieben *preuilatu*)[1]). — Vor *s* fehlt demnach *n* im Nu. fast gleich häufig, wie es geschrieben wird (16 : 20, aumbr. 16 : 7). Dieser Unterschied gegenüber der steten Schreibung des Nasals vor Verschlusslauten im Nu. muss jedenfalls einen lautlichen Grund haben. Der Unterschied beruht vielleicht darauf, dass vor Verschlusslauten der reducirte Klang des Nasals, auf welchen die Auslassung im Au. weist, durch den engen Anschluss des Nasals an den folgenden Consonanten entsteht[2]), während *n* vor Spirant in engere Beziehung zu dem vorhergehenden Vocal tritt (vgl. die ai. Nasalvocale, Brugmann I 168), indem es denselben dehnt (s. o. S. 206) und selbst dabei reducirt wird, oder, was im Lat. häufig ist, vollständig schwindet („Ersatzdehnung")[3]).

Oskisch (vgl. Danielsson A. S. IV 146 ff.). Hier ist zwischen nationaler und lateinischer Schrift nicht dasselbe Verhältniss wie im Umbr. zu erwarten, denn die Orthographie war in nat. Schrift von früher Zeit an viel besser geregelt als im Altumbrischen.

---

1) Es ist übrigens zu beachten, dass *preuiślatu* das einzige Beispiel für Auslassung von *n* vor *ś* im Nu. ist, sonst überall (30 m.) *n* vor *ś* geschrieben ist. Ist die Verbindung *nśl* der besondere Grund oder spricht etwa der erwähnte Umstand gegen die Erklärung aus **preuinślatu*?

2) S. Danielsson a. O. So erklärt sich, dass zuweilen der Eindruck eines Doppelcons. entstehen konnte (vgl. gr. Λαππαίων ἐυββάλλεσθαι etc. Brugmann Gr. Gr.² 40, auch Καππανο neben Καμπανο auf griech.-campanischen Münzen).

3) Gegen die Annahme von eigentlichen Nasalvocalen im Lat. wohl mit Recht Seelmann 289 ff. (vgl. schon Corssen Sprachk. 243 ff.); Litteratur bei Stolz² 287 Anm.

1. Vor Explosiven finden wir die Weglassung des Nasals mit nur wenigen Ausnahmen auf éinen Fall, die unbetonte Endsilbe, eingeschränkt, hier aber scheint sie Regel. So endigt die 3. Plur. auf *-et*, nicht *-ent* wie im Umbr.: staíet C. A., amfret ebd. (2m.), fiiet fliet fiíiet *135*, set (umbr. *sent*) T. A., *131 132*, *set* T. B., prúftúset C. A., *censazet* T. B., tríbarakattuset C. A. (2m.), *angetuzet* T. B.; die Nichtschreibung in dem einsilbigen set *set* ist aus der Enclise zu erklären, die in prúftúset klar vorliegt, aber auch sonst angenommen werden kann (*scriftas set*, statús pús set etc.)[1]. Ausgenommen sind von der Regel die Fälle, wo durch Auslassung des *n* der Plur. dem Sing. gleich geworden wäre (vgl. Kirchhoff Stadtrecht 11, Bugge K. Z. XXII 386), daher eestínt Sg. eh[stít, stahínt Sg. sta(h)ít, jedenfalls auch *faamant Sg. faamat etc.; ausserdem findet sich einmal auf einer campanischen Schale (*175*) sent, anscheinend in enclitischer Stellung (upsatuh sent). In nationaler Schrift scheint die Regel der Auslassung auch für -nk zu gelten, da die vielleicht correcteste oskische Inschrift, No. *29*, ekak „hanc" bietet und dies auf 3 anderen Inschriften (*28 34 191*) wiederkehrt, dazu íak „eam" *198*; hier zeigt die T. B. die genauere Schreibung: *ionc* (3m.) *eizazunc* (1), dies scheint mir aber trotz Pauli A. S. II 107 f. durchaus kein Hinderungsgrund, in ekak den, wie Bücheler Jen. Littztg. 1874, 610 mit Recht behauptet, einzig angemessenen Acc. Sg. „hanc" zu sehen (so auch Danielsson A. S. IV 148), besonders da auch ekík *189*, auf das sich Pauli beruft, nicht „hic" „hier", sondern „hoc" zu bedeuten scheint (aus *ekid-k, s. § 288). In Inlautssilben ist dagegen die vollere Schreibung Regel, vgl. vor *t*: anter (4m.), Anterstataí (2), Entraí (2), frunter, Herentateís Herentatei, huntrus (2) huntruis, karanter, Púntiis, púnttram, Santia, Smintiis, Tintiriis, Tantrnnaiúm, Tirentium, trístaamentud, dunte ..., T. B. *contrud* (2), *etanto* (2), *Bantins*, *praesentid*; vor Guttural: Aurunkud, tanginúd etc. (8), T. B. *ancensto*, *uincter*, *angetuzet angitu* ..., *tangin-* (4); vor La-

---

1) Sollte sich entschieden betontes set *set* finden, so wäre die Annahme kaum zu kühn, dass die Schreibung set *set* sich über ihr Gebiet ausdehnte.

bial: Diumpaís (2), embratur, ímbr(a)t(u)r, Kamp[aniis, kúmbennieís, kú]mparakineís, Púmpaiianú- (4), púmperia- (7), ampu[l]ulum, (277 *Pomposiies*), T. B. *ampert* (2), *amprufid*, *comparascuster*. Doch kommt die Auslassung vereinzelt, aber nur auf älteren oder weniger correcten Inschriften, auch in Inlautssilben vor: Freternum *233 b* neben Frentreí *233 a*[1]), Λαπονις *12* „Lamponius", Arct[ikai Blt. (neben 2maligem Arentik-), aragetud „argento" *124, 125* (urit. **argn̥t-*, vgl. § 156)[2]). Unsichere Beispiele sind: *angetuzet* T. B. nach Danielsson aus **an-gentuzet*, s. aber § 317; Kupelternum *227* neben lat. *Compulteria* (eher umgekehrt lat. *Comp-* statt *Cup-*, s. § 246); díupibiis oder díupibisus (so wohl richtiger Deecke Rec. 133) *104* ein zu Diumpaís gehöriger Eigenname??[3]); ganz unsicher auch λιοκακειτ = *λιοκανκ-, s. § 319; über sakahíter αναϲακετ (kaum aus **sank-*) s. § 291.

2. Auch vor Spiranten ist im Oskischen die Setzung des Nasals Regel, sichere Ausnahmen bietet nur die T. B.: *mistreis* Z. 18 (und, wie es scheint, im Fragment Avellinos, s. Bd. II Anh.) neben 2maligem *minstreis* und in *mi*]*sinum* (*me*]*sinum*?), wie Z. 31 wahrscheinlich zu ergänzen ist (s. S. 91), für **minsinum* (**mensinum*?); im ersteren kann die Verbindung *nstr* mit beigetragen haben, vgl. häufiges lat. *mostrare* etc., im letzteren vielleicht die schon ursprüngliche Länge des Vocals (idg. **mēns-*), vgl. S. 210 f.; über messímais *133*, wahrscheinlich „menstruis", s. § 225. Sonst wird *n* auch auf der T. B. immer geschrieben: *censa-* (2) *censtur* (2) *censtom ancensto min*[*s Bansae* (2) *Bantins deicans* (über *deiuatuns* s. § 330). Beispiele in nationaler (und griech.) Schrift: vor *f* amfret, sogar mit Anaptyxe Anafríss, vor *s* patensíns (2) Fensernu keenzstur kenzsur damsennias Ni]umsis Niumsieís, ebenso im Auslaut der dritten Pers. Pl. im Gegensatz zu *-et* für *-ent* (s. o.) immer

---

1) Wenigstens ist die Zusammengehörigkeit dieser beiden Namen sehr wahrscheinlich (vgl. Danielsson a. O.).

2) Schwerlich wird mit Mommsen U. D. 251 an gr. ἀργήτ- statt l. *argentum* gedacht werden dürfen.

3) Díupibis Us.... (vgl. Υϲοντιον *9*, *Usitrani* im Vestinischen)? Merkwürdig bliebe jedenfalls das *b*-Suffix.

-ens: fufens (2) uupsens ουπσενς prúfattens teremnattens (2) ....ttens, ebenso *-ans*: fufans putíans putiians (2) und *-íns*: h]errins patensíns tribarakattíns; Nom. Heirens Perkens (*nn*), Tafidins, Σαιπινς, eítuns (Pl.?), humuns (Pl.); dunkel ist ...emens *64*. In der 3ten Plur. finden wir also zwischen Osk. und Umbr. den Unterschied, dass bei *-nt* das Osk. in der Regel, das Umbr. selten das *n* weglässt, umgekehrt bei *-ns* das Osk. nie, das Umbr. häufig.

Zwischendialekte. Für die Auslassung vor Explosiven gibt es nur unsichere Beispiele: mars. *cetur 242* nach Bugge = *centur(io)* (s. Bd. II Anh.), mars.-lat. *Actia 307* nach Jordan = **Anctia(i)* „Angitiae" (o. Anagtiai); päl. *upsaseter* nach Bugge 3. Plur. = **upsasenter*, doch s. § 312; marr. *feret 274* = *ferent*?? (s. Bd. II Anh.). Auf dem altsabell. Stein von Grecchio (*282*) liest Deecke Pútíes und übersetzt „Pontius" (o. Púntiis), doch s. Bd. II Anh. Gewöhnlich wird der Nasal geschrieben: päl. *Anceta 256, incubat 255, Herentas 254, Ponties 245* (2 m.), *empratois 254*, marruc. *Tarincris ferenter 274*. Für die Weglassung vor Spiranten bieten die Zwischendialekte zwei Beispiele im Inlaut: sabin. *mesene* = u. menzne (vgl. oben o. *mi]sinum*) und marr. *asignas* wahrscheinlich aus **ansignas* „insiciae" (vgl. umbr. iseçeles)[1], zufällig keines für Setzung des Nasals; dagegen im Auslaut päl. *coisatens sestat.ens Calauan(s)* marr. *amatens* vo. *sistiatiens*.

Ueber die Behandlung von idg. *-ns* im Acc. Pl. und *-ns* überhaupt s. § 236; über die Lautgruppe *nst* § 191. Die ursprüngliche Lautgruppe *nkt* wurde im Osk.-Umbr. zu *nht* (wie jedes urspr. *kt* zu *ht*, s. § 175), dann schwand *n* mit Ersatzdehnung (vgl. got. *þāhta þūhta* aus **þanhta *þunhta* etc.), im Umbr. verstummte auch das *h*: osk. saahtúm, umbr. sahta satam-e sate *sahatam* (3 m.) *sahata* (2 m.) *sahate*, aus urit. **sankto-*, umbr. *šihitu šihitir* (*an-*) aus **kinkto-*. Ueber auslautendes *-m* (und die Präp. *co-*) s. § 252, über *-n* ebd.

---

1) Ob mars. *Nouesede* „Nouensidibus" hieher gehöre, ist unsicher (s. § 269).

Sonantische Liquidae und Nasale[1]).

155. Idg. *r̥ l̥* wurde im Uritalischen zu *or ol*, welches mit dem ursprünglichen idg. *or ol* zusammenfiel und wie letzteres in gewissen Stellungen weiter zu *ur ul* wurde (s. o. S. 109 ff.). Unterschiede zwischen den Vertretern der idg. sonantischen Liquidae und den ächten *or ol* (ev. *ur ul*) sind bisher im Lat. nicht mit Sicherheit nachgewiesen. Beispiele für *or ol* (*ur ul*) = *r̥ l̥* aus dem Osk.-Umbrischen sind o. *fortis* „fortius": l. *for(c)tis* ai. *dr̥ḍhá-* Gdf. **dhr̥ĝh-to-*; päl. Gen. *forte* „fortis": l. *fors* ai. *bhr̥ti-*; o. u. '*uorsus*' (neben '*uersus*'), u. *trah-uorfi* (gegenüber l. *trans-uerse*, doch auch l. *transuorsus* neben *transuersus*): ai. *vr̥t-tá-*; u. *ortom*: l. *ortus* ai. *r̥-tá-* W. *er-* „erregen"; u. urtas urtes entweder ebenfalls zu l. *ortus*, oder zu l. *ordo* ai. *r̥-tá-m* „Recht" W. *ar-* „fügen" (s. § 246); mars. u. '*porculeta*' zu l. *porca* d. *Furche* Gdf. **pr̥k-*; u. *pur-douitu* etc.: l. *por-* gr. παρά got. *faúr* (ai. *purá*), vgl. Stolz Archiv II 498 f.; o. *molto moltaum* múltasíkad, u. muta *motar* aus **molta-*: l. *multa* ai. *mr̥ṣṭá-*, idg. **ml̥k̂-to-* (vgl. § 185); umbr. urfeta l. *orbita orbis* aus **orth-* = idg. **r̥th-*: lat. *rota* aus idg. **rothā?* (§ 225). Im Perfect kam *or ol* ursprünglich dem Sg. Act., *r̥ l̥* allen übrigen Formen zu, umbr. vurtus *couortus couortuso* kann daher beides enthalten. Unsicher ist, ob o. Mulukiis l. *mulceo* *l̥* oder *ol* enthalten (gr. βρακεῖν weicht in der Liquida ab). Auslautendes *-r* in o. tedur aus idg. **tetr̥* (zu ai. *tátra*)?? s. § 246.

Nach einer neuen Hypothese Osthoffs (M. U. V, III sqq.) kann idg. *r̥ l̥* im Lateinischen auch als *rā lā* erscheinen. Aus dem Osk.-Umbr. kämen etwa folgende Wörter in Betracht: u. tuplak, wonach auch l. *du-plec-s* etc. *-plec-* aus *-plāc-* zu enthalten scheint, zu l. *plectere plicare* gr. πλέκω (kaum = **-pl̥-k-*, Weiterbildung von *-plo-* in l. *du-plu-s* etc.); u. *traf trahaf traha* tra = **trans* l. *trans* aus **tr̥ns*: ai. *tirás* aus **tr̥rn̥s* (vgl. Fick I[4] 60); u. *Tlatie*, falls zu l. *Lātium* aus

1) Vgl. Brugmann I 201 ff., 237 f., Stolz[2] 284 f., Schweizer-Sidler[2] 13 ff.

**Tlātium*, von Ptc. **tlā-to-* aus **tl̥-to-*, neben **tlā-to-* l. *lātus* aus **tl̥̄-to-* wie gr. στρατός σταρτός neben στρωτός und dgl.; o. Flagiuí, falls es kurzes *a* enthält, zu l. *flăgro* gr. φλέγω (doch ist auch *ā* wie in l. *flāgito* möglich, s. § 157); sabin. '*trabea*' l. *trăbea* etc., falls zu lett. *terp-t* ai. *tárpyd-* (Vaniček[2] 107); '*Stlaccius*' l. *lacatio* neben *stlocus locus locatio*, falls mit *ă* (doch s. osk. slaagi- § 157); u. vapeř- *uapers*- falls zu l. *lapis*: gr. λέπας (s. o. S. 286); päl. u. *prac*-, falls mit *ă* (s. § 157); über o. aflakus s. o. S. 284 f., über u. *Graboui* § 202, über u. ranu § 203, über l. *trăbs* neben o. triíbúm S. 283, über o. kú]mparakineís *comparascuster* § 157.

156. Idg. *n̥ m̥* erscheint im Italischen als *en em*, welches im Allgemeinen wohl mit idg. *en em* völlig zusammenfiel. Dass in gewissen Fällen in unbetonter Silbe *n̥ m̥* im Urital. und bis ins Osk.-Umbrische hinein kein volles *e*, sondern nur etwa ein *ə* („stummes" *e*) entwickelte, ist möglich, aber nicht sicher zu erweisen, s. § 284 zum Acc. Pl. der cons. Stämme wie u. *nerf* aus **nern̥s*, o. usurs aus *-*orn̥s*; über das schwierige u. teřte (Ptc. Präs., St. **dedn̥t*-?) s. § 329, ebd. über u. *uestis*; dass die Nichtschreibung des *n* im osk. Ausgang -*et* = -*ent* in der 3. Plur. mit Entstehung aus -*n̥t*(*i*) zusammenhänge, lässt sich nicht wahrscheinlich machen, vgl. ekak = *ekank etc. (s. o. S. 311); demnach auch in aragetud *124 125* „argento" -et- statt -ent- nicht wegen der Entstehung aus -*n̥t*- (s. u.). Beispiele. U. *desen-duf*: l. *decem* gr. δέκα, idg. **dek̑m̥*; o. trístaamentud : l. -*mentum* gr. -ματα, idg. *-*mn̥-to*- (s. Brugmann II 234 ff. und unten § 261, 9); o. aragetud für *aragentud: l. *argentum* ai. *rajatá*- idg. *-*n̥to*-; u. iveka *iuenga*: l. *iuuenca* ai. *yuvaçá*- idg. **i̯uu̯n̥k̑o*-; o. *an-censto censtom-en censtur* keenzstur l. *census censor* ai. *çastá*- idg. **k̑n̥s-tó*- **k̑n̥s-tér*- (oder mit der Wurzelstufe von ai. *çǫ́star*- *çasitar*-? vgl. § 191); u. *cehefi*, falls zu l. *in-cendo*, vielleicht aus **kn̥d-ti*-, s. § 205. Von den Participia Praes. hatten im Idg. diejenigen der unthematischen Verba -*n̥t*-; hieher osk. *prae-sent-id*: ai. *sati* gr. ἔασσα aus *ἐσn̥τι̯α (vgl. § 329), ferner o. Herentateís päl. *Herentas* (umbr. herinties?) falls von *her*- nicht von *herē*- (s. § 291), möglicherweise auch umbr. restef *reste* = **resten*(*t*)*s* (doch s. § 329). Ueber die 3. Plur. auf -*ent* -*et* und -*ens* -*es* (idg. -*n̥ti* und -*n̥t*?)

§ 302; osk. set sent *set* umbr. *sent* nach Brugmann u. A. aus idg. *s̥ńti, doch s. § 292. Im Anslaut: umbr. *nome* numem (über *-e* -em statt *-en* s. § 252) l. *nomen* ai. *nâma* idg. **nō-mn̥*, umbr. umen aus **umben* = l. *unguen* oder = l. *ōmen*, Gdf. idg. **oəg-n̥* oder **oəg-mn̥* (vgl. § 212). Unsicher: osk. *angetuzet* nach Danielsson = **an* + *gen-t-uzet*: got. *kun-þa*, idg. **ĝn̥-t-* (s. § 317); mars. *cetur* nach Bugge u. A. zu l. *centurio* (von *centum* ai. *çatám* idg. **k̂m̥tóm*), vgl. Bd. II Anh.; über u. seples „simpulis" s. § 286; über u. sestentasiaru s. o. S. 240, über o. Frentreí Freternum § 219. — Idg. *m̥i̯* wurde urital. zu **emi̯* **eni̯* (vgl. S. 305): osk. kum-bennieís (nn = n) zu ai. *gamyam* idg. **gm̥-i̯ó-* vgl. l. *uenio* aus **gm̥-i̯ō* gr. βαίνω. Idg. *n̥i̯* wohl in osk. teremenniú idg. **ter-mn̥-i̯o-*. Vor Vocalen setzt man fürs Idg. *n̥n* *m̥m* an; italisch hieraus gleichfalls *en em*. Osk. kúm-bened umbr. benurent etc. wohl mit dem schwachen Perfectstamm idg. *(*ge-*)*gm̥m-* (ital. *n* statt *m* nach dem Präs.); über o. Patanaí (aus **Patena-* = **Pat-n̥na-*?) und patensíns (aus **patenesins* = **patn̥nes-*?) s. § 192. In o. teremníss etc., u. *termno-* scheint *-mn-* aus *-men-* = idg. *-mn̥n-* (l. *terminus* = **ter-mn̥n-o-s*) syncopirt, s. S. 223. Das Verbum urit. **emō* in l. *emō emptus* osk. *pert-emest pert-umum* (= **pertemum*) etc., umbr. emantur *emps* ist aus idg. **n̥mó* (hochstufig **némō* gr. νέμω got. *nima*) durch vielleicht schon idg. Assimilation zu **m̥mō* entstanden (s. Osthoff Perf. 142, Brugmann I 201 f., vgl. 189 Anm.). Hier sind noch zu erwähnen die Superlative osk. últiumam *nesimo-* messímais umbr. *hondomu nesimei*. Als idg. Form des Suffixes setzt man nämlich, hauptsächlich wegen got. *-duma-*, gewöhnlich *-tm̥mo-* an (s. Brugmann II 166 ff., vgl. 156 ff., 177 ff., Stolz[2] 353), man erwartet demnach urit. **-tĕmo-* (**-sĕmo-*). Aber osk. últiumam ist aus urit. **oltĕmam* nicht erklärlich, da dieses nach dem Gesetz der osk. Vocalassimilation (S. 247 ff.) zu *últamam werden musste (vgl. z. B. *pertumum* aus **pertĕmum*), vielmehr führt últiumam auf ein urit. **oltomam*, woraus osk. **oltumam* mit Schwächung des unbetonten *ŏ* (s. S. 243) und weiterhin últiumam wie tiurrí aus **turrim* (s. S. 124 f.). Auch u. *hondomu* kann schwerlich aus **hondĕmu* = **hontĕmōd* erklärt werden (vgl. S. 250), sondern setzt ein urit. **hontomōd* voraus, vgl. ferner fal. *Maxomo* (5 m.). Es muss also als uritalische

Form des Suffixes *-tomo-*, neben welchem natürlich auch *-temo-* bestanden haben kann, anerkannt werden (vgl. Bücheler Rh. M. 45, 169 f.); l. *-timo- -simo-* kann auf *-tomo- -somo-* oder *-temo- -semo-* zurückgeführt werden, *-tumo- -sumo-* vielleicht nur auf ersteres (?). Da sich kaum wahrscheinlich machen liesse, dass idg. *-tṃmo-* im Urit. lautgesetzlich (durch Einfluss des *o* auf *ṃ*) zu *-tomo-* geworden sei[1]), wird *-tomo-* wohl als idg. Nebenform zu *-tṃmo-* zu gelten haben. Schwieriger sind die Superlative mit *i* : *nessimo-* „proximus" in o. *nesimum* (2 m.) *nesimois* T. B. (wozu vermuthlich n[e]ssimas *140*) umbr. *nesimei*, und o. messimais *133* (wahrscheinlich „menstruis", vgl. S. 210). Am nächsten läge es, das *i* als *ü* aufzufassen, so dass urit. **nessomo- *messomo-* zu **nessumo- *messumo-*, **nessümo- *messümo-* geworden wären, wie ja auch iu in o. últiumam vermuthlich *ü* darstellt (s. o. S. 125 ff.), doch scheint dies aus mehreren Gründen nicht anzugehen (s. S. 127). *-simo-* wird daher wohl auf die andere Form, *-sṃmo-* oder *-sĕmo-*, zurückzuführen sein und die *i*-Färbung des Vocals muss alsdann, da unbetontes *ĕ* im Osk. auch sonst nicht zu *i* wurde, speciell in solcher Stellung aber überdies der osk. Vocalassimilation verfallen wäre (vgl. *pertumum* aus **pertĕmum* etc.), durch Einwirkung des vorhergehenden *s* hervorgerufen sein (vgl. z. B. die Entwicklung von *i* vor *sc- st- sp-* im Spätlatein, vom 2. Jahrh. n. Chr. an, z. B. *iscolasticus istatuam* etc. Corssen II² 286 ff.). Auch ein anderes oskisches *i* nach *s* scheint sich am leichtesten auf diese Art zu erklären: *mi]sinum* oder *me]sinum* „mensium" der T. B. wird eher auf Stamm **mens-en-* als **mĕns-i̯on-* zurückgehen (s. § 266; Gdf. wohl **mĕnsṇnōm*), trotzdem heisst es nicht **minsunum*, sondern **minsinum* (**mens-?*). Falls die Einwirkung des *s* im Uritalischen stattfand[2]), kann man den Vorgang

---

1) Man könnte etwa urit. **somos* l. *sumus* aus **sṃmos* (vgl. urgerm. **izum* aus **esṃmé* Kluge bei Paul Grdr. I 373) und urit. **homŏn-* in l. *homo* osk. humuns umbr. *homonus* aus **ĝhṃmŏn-* (got. *guma*) erklären wollen (altl. *hemo* alsdann nach den Casus, wo *e* folgte, wie Gen. **hemenes*: got. *gumins* etc.), doch s. über ersteres § 292, *homŏn-* neben *hemŏn-* kann ächter Ablaut oder durch Anlehnung an **homos* l. *humus*, ev. auch **hōm-* in *hūmanus*, entstanden sein.

2) Sollte l. *simus* „sumus", das aus italiän. *siamo* und anderen

so auffassen, dass *m̥*(*m*) *n̥*(*n*) zunächst zu *əm ən*, *əm ən* wurden (welche als Vorstufen der späteren *en em* mit vollem *e* auch sonst anzusetzen wären) und dass in diesen der irrationale Vocal (Schwa) durch *s* die *i*-Färbung erhielt. Denkbar wäre vielleicht auch, dass in solchen unbetonten Mittelsilben der irrationale Vocal sich bis in die einzeldialektische Zeit erhielt und erst dann nach *s* jene *i*-Färbung eintrat. Eine fernere Möglichkeit wäre, dass volles *e* entstanden war, dieses aber im Osk.-Umbr. in solcher Stellung zu *ə* reducirt wurde und dieses secundär entstandene *ə* alsdann wegen des *s* zu *i* wurde (vgl. oben S. 244 f.). Vielleicht ist auch zu beachten, dass in allen drei Wörtern, *nessimo- messimo-* und **mi*(*n*)*sinum* oder **me*(*n*)*sinum*, ein *e* oder *i* dem *s* (*ss*) vorausgeht (vgl. vo. *sistiatiens* aus **sista-* § 242). Ist diese Erklärung des *i* richtig, so kann auch das etwas auffällige *i* in u. nuvime *IIa* 26 (Adv. „nonum") statt *nuveme (Gdf. **neu̯m̥m-*) möglicherweise auf Einfluss von Ordinalzahlen mit *-simo-* (vgl. die lat. Zehner, Hunderter, Tausender) zurückgeführt werden. Vgl. über die besprochenen Superlative noch § 287.

Wie für die idg. *r̥ l̥* Osthoff M. U. V, III sqq. neben *or ol* auch *rā lā* als lautgesetzliche Vertretung im Lat. annimmt (s. o. S. 314 f.), so für idg. *n̥ m̥* neben *en em* auch *nā mā*. Aus dem Osk.-Umbr. wären namentlich die Wörter mit *mah- mag-*, o. Mahiis Maís Mais *mais maimas* (*mai-* für *mahi-*, s. § 218), Magiium, u. mestru aus **ma*(*h*)*istra*, anzuführen (zu l. *maior* aus **mahiōs*, *magis*, *magnus* etc.), vgl. **m̥g-* in gr. ἄγαν ae. *mycel* aus **mukil*, nach Bury B. B. VII

romanischen Formen erschlossen wird und u. A. von Augustus gebraucht worden sein soll (s. W. Meyer in Gröbers Grdr. I 367, 539, jetzt auch in den Schweizer-Sidler gewidmeten Philologischen Abhandlungen S. 18), eine alte Form und mit o. sim „sum" zusammenzuhalten sein, so könnte man an Entstehung von *simus* aus **sm̥mos* (vgl. oben germ. **izum* = *esm̥mé*) denken, doch ist dies kaum wahrscheinlich, da *simus* die lautgesetzliche enclitische Form, *sumus* die betonte Form sein kann (uritalische Gdf. beider **somos*); über o. sim s. oben S. 126. Das *i* in l. *sine* aus **sn̥n-* (zu gr. ἄνευ ἄτερ ai. *sanitár* d. *sonder*) kann aus dem proclitischen Gebrauche erklärt werden. Ein auffälliges *i* nach *s* zeigt l. *assir assiratum*: gr. ἔαρ. Vgl. noch *i* nach *s* bei secundär entstandenem *əl l̥* in l. *paxillus uexillum* etc. aus **paksəllo- *paksl̥lo- *pakslolo-* (*pālus* = **pakslos*) etc.

82 auch in l. *ingent-* = ai. *mahat-* (*$\underset{\circ}{m}$gh$\underset{\circ}{n}$t-)[1]), gegenüber **meg-* in gr. μέγας got. *mikils* (o. messimais kaum aus **mek-simais*: l. *maximis*, s. § 287). Ausserdem könnte *mal-* in u. maletu „molitum", kumates *comatir* (aus **kom-maltois*) „commolitis", kumaltu „commolito" (neben kumultu *comoltu*) aus **$\underset{\circ}{m}$l-*, vgl. gr. ἀλέω ἀλετρίς, *mal-* in o. *mallom* malaks l. *mălus* aus **$\underset{\circ}{m}$l-* : *mel- mol-* in gr. μέλας μολύνω (s. o. S. 188 f.), *man- manu-* in o. *manim* manafum aamanaffed, u. manf *mani* mantrahklu l. *manus* aus **$\underset{\circ}{m}$n- *$\underset{\circ}{m}$nu-*, vgl. d. *Mun-d* „Schutz" gr. μάρη, erklärt werden, ebenso *mar-* in u. *Mart-* l. *Mars* (o. Maraiieis, u. *maronatei*, l. *Marius* etc.?) oben S. 239 f. aus **$\underset{\circ}{m}$r-*, zu W. *mer-* „glänzen" (s. Vaniček[2] 214 f., Fick Wtb. I[4] 108). Ferner etwa u. *cur-na-c-* in *curnaco curnase* aus **kor-$\underset{\circ}{n}$-k-* (vgl. **kor-$\underset{\circ}{n}$-bho-* gr. κόρ-α-φο-ς Brugmann II 204)?? Ueber o. päl. *casnar* s. § 262.[2])

157. Die idg. langen Sonanten $\bar{\underset{\circ}{r}}$ $\bar{\underset{\circ}{l}}$ $\bar{\underset{\circ}{n}}$ $\bar{\underset{\circ}{m}}$ (Brugmann I 208 f., 243 ff., Stolz[2] 284 f., 288, Schweizer-Sidler[2] 12)[3]) erscheinen im Italischen theils als *ar al an am*, theils als *rā lā nā mā*. Wodurch die Verschiedenheit bedingt war, ist unklar; neben rein lautlichen Gründen (z. B. Zahl und Natur der umgebenden Consonanten?) waren wohl z. Th. auch analogische Einflüsse der übrigen Ablautstufen mit im Spiel (vgl. Brugmann I 245, und ebd. 236, 241, Gr. Gr.[2] 43 über gr. αρ und ρα, germ. *ur* und *ru* aus $\underset{\circ}{r}$; nach Osthoffs neuer oben S. 314 f. und 318 f. erwähnter Theorie hatten auch die idg. kurzen Sonanten im Italischen eine doppelte Vertretung, *or* und *ră*, *en* und *nă* etc.). Im Anlaut war *ar al an* Regel. Beispiele. Anlaut: osk. aragetud (aus *arg-) l. *argentum argilla* etc. mit **$\bar{\underset{\circ}{r}}$g-* neben **$\underset{\circ}{r}$g-* in gr. ἄργυρος ἀργός (ai. *rajatá-*) und *erg-* in got. *airkns* nach Osthoff M. U. V, V; *an-* privativum in osk. *an-censto am-prufid am-pert*

---

1) Gegen Letzteres Danielsson A. S. IV 150.

2) Wenn hier und oben S. 314 f. die für Osthoffs Theorie in Betracht kommenden Beispiele aus dem Osk.-Umbrischen zusammengestellt sind, so soll damit in keiner Weise der bevorstehenden Publication Osthoffs vorgegriffen sein.

3) Die Theorie der langen Sonanten ist nicht allgemein anerkannt, auf eine Erörterung der schwierigen Frage kann jedoch hier nicht eingegangen werden. Als neueste gegnerische Ausführungen seien genannt die von Torp Beitr. zur Lehre von den geschlechtslos. Pron. 42 ff. und Kretschmer K. Z. XXXI 400 ff.

amiricatud (aus **an-miric-*) umbr. a a n - f e h t a f (*ā* aus *ă* s. S. 206) *an-hostatir an-šihitir* a n - t a k r e s a - s n a t a *a-uirseto* (lat. vielleicht in *am-potis*, s. Stolz² 288), gr. νη-κερδής etc., aus idg. **n̥̄-*, Nbf. zu **n̥-* lat. *in-* gr. ἀ- germ. *un-*[1]; osk. A n a f r í s s wenn „Imbribus" (unsicher, s. § 220) könnte mit gr. ὄμβρος auf idg. **m̥̄bhro-* gegenüber **m̥bhro-* in ai. *abhra-* gr. ἀφρός l. *imber* (vgl. W. Schulze a. O., W. Meyer K. Z. XXVIII 174) zurückgehen, aber wegen ai. *ámbhas ambu* ist wohl wahrscheinlicher ein Verhältniss zwischen A n a f r í s s und ὄμβρος wie zwischen o. *tanginud* und l. *tongitionem* etc. (vgl. S. 284). Schwierig ist osk. a n t e r umbr. a n t e r *ander* neben l. *inter* (= **enter*, vgl. o. E n t r a í gr. ἔντερον air. *eter* etc. Brugmann II 178); an ein idg. **n̥̄-tero-* neben **en-tero-* wird schwerlich zu denken sein, eher darf man vielleicht vermuthen, dass im Osk.-Umbr., da hier die Präpos. *an-* (zu gr. ἀνά etc.) mit *en-* theilweise ungefähr gleichbedeutend geworden war (umbr. *andendu endendu* etc.), durch Nachbildung dieses Nebeneinanders[2] neben **enter* ein *anter* trat und ersteres allmählig verdrängte. I n l a u t. Päl. *cnatois*, u. n a t i n e zu l. *(g)nātus nātio* ai. *jātá- jāti-*, Gdf. **ĝn̥̄-to-* **ĝn̥̄-ti-* (vgl. **ĝn̥-ti-* in l. *gens*); dazu vielleicht o. C n a i v e s C n a i v i i e s l. *naeuus Gnaeuius* urit. **gnai̯u̯o-* aus **gnau̯-i̯o-*, mit *-i̯o-* abgeleitet von **gnā-u̯o-* aus **ĝn̥̄-u̯o-* (s. o. S. 170). U. n a r a t u *naratu* n a r a k l u m l. *narrare* zu l. *gnārus* aus **ĝn̥̄-ro-s*, W. *ĝen- ĝnō-* „kennen". O. F l a v i i e s zu l. *flāuus* aus **bhl̥̄-u̯o-*: l. *fuluus* aus **bholə-u̯o-* oder dgl. (vgl. S. 188 A.). O. s l a a g i d s l a g í m darf von l. *stlocus locus* wohl kaum getrennt werden (o. *sl-* aus *stl-*, s. § 191), scheint also *lā* = *l̥̄* zu enthalten (mit dem *l̥̄* hängt v i e l l e i c h t die Erweichung des *k* zu *g* in *slāgi-* zusammen, s. § 246); allerdings ist der Bau dieser Wörter etwas ungewöhnlich; sie stehen jedenfalls mit W. *stel-* in gr. στέλλω ai. *sthal-* d. *stellen Stelle* in Zusammenhang (vgl. **stl̥̄-* in ai. *sthūṇā* aus **stl̥̄-nā*, l. *stlātus lātus* „breit", wozu *Stlatta* C. I. L. X 6493, aus **stl̥̄-to-*), aber es ist unklar, ob der Guttural „wurzelerweiternd" ist oder dem Suffix ange-

---

1) Vgl. Schulze K. Z. XXVII 606, dessen Ansicht, dass lat. *in-* auch **n̥̄-* vertrete, jedoch nicht haltbar ist.

2) W. Schulze a. O. denkt an das Nebeneinander von privativem *an-* und **en-* = lat. *in-*.

hört (vgl. § 262); Formen mit *a* erscheinen ausser in o. slaagi- noch in *Stlaccius* C. I. L. X (vgl. mit *o* aber *g Stloga*) und in dem bei Stolz[2] 258 angeführten l. *lacatio* = *locatio*, diese könnten jedoch nach der Osthoff'schen Theorie auch *lă* = *l̥* enthalten. U. mantrahklu *mandrāclo* ist vielleicht mit Huschke 152 und Bréal 116 zu l. *tergere* zu stellen, vgl. l. *mantēle* aus **man-terg-sli* und *manu-tergium*, also **man-trāg-klo-* aus **tr̥̄g-tlo-* (richtiger **trāk-klo- *tr̥̄k-tlo-*)[1]). O. *brateis* βρατωμ päl. *bratom* vest. *brat.* aus **mrā-to-* = **mr̥̄-to-*, das sich zu l. *merĕ-to- meritum* verhält wie l. *gnātu-s* zu *geni-tu-s* etc. (doch ist diese Deutung unsicher, s. o. S. 303 f.). U. *anglā-* „oscen" aus **an-klā-* = **an-kl̥̄-* nach Brugmann, s. § 260. O. Klar . . . *193* scheint der Anfang eines zu l. *clārus* gehörigen Eigennamens (vgl. l. *Clarus Clarenius* etc.), welches letztere aus **kl̥̄-ro-s* (das sich in Bezug auf die Wurzelsilbe zu *caluus* aus **kala-u̯o-s* verhalten würde *gnātus* zu *genitus* und dgl.) erklärt werden kann. U. *agre Tlatie* zu l. *(t)lātus* aus **tl̥̄-to-s*, W. *tel-* in l. *tollo tuli* (s. Bücheler L. J. XXVIIIa, Umbr. 37, 114, Stolz[2] 303); falls aber der Name mit l. *Lătium* identisch ist, liegt nach der Osthoff'schen Theorie *lă* = *l̥* vor (s. o. S. 314 f.). O. Flagiuí *138* mit *lā* aus *l̥̄* wie l. *flāgito* oder mit *lă* aus *l̥* wie l. *flăgro* (W. *bhleg-* gr. φλέγω φλόξ)? Ebenso ist die Quantität des *a* nach *r* in u. *praco pracatarum*, die wohl zu l. *com-pe(rc)-scere* gehören (vgl. Bücheler U. 48, Pauli A. S. V 90 f.), unsicher[2]). Ueber u. *randem-e* s. § 203, über u. kumnahkle § 212, über o. Slabiis § 211; ganz unsicher auch in der Lesung ist Tlapíu oder Flapíu *129*, s. Bd. II Anh. Beispiele für die Vertretung der langen Sonanten im Inlaut durch *ar al an*

---

1) Vgl. „manuum tergendarum causa infertur sacris in tab. *IIa* et *b* descriptis" Bücheler 65. Bücheler selbst sieht in dem zweiten Bestandtheil das l. *trăhere tractare*, welches letztere nach den romanischen Reflexen, wie es scheint, als *trāctare* anzusetzen ist (s. Körting Lat.-roman. Wtb. s. v.); die urit. Gdf. wäre auch bei dieser Deutung **trăk-tlo- *trăk-klo-*; das *h* in mantrahklu kann nicht dasjenige von *traho* sein, *h* ist Dehnungszeichen wie in kumnahkle etc.).

2) Dazu l. *pergula* aus **perkl̥la* (Erweichung wie in *angulus singuli* etc.)? Ob auch italiän. *parco* etc. (woraus d. *Pferch* entlehnt), wie Bücheler und Pauli annehmen, ist sehr zweifelhaft wegen der ml. Form *parricus* neben *parcus*.

statt durch *rā lā nā*: o. **park-* in kú]m-parakineís *comparascuster* (= **com-parac-sc-*) neben **pork-* = **pr̥k-* in l. *po(rc)sco* (vgl. § 185), falls nicht etwa **park-* aus **prăk-* = **pr̥k-* umgestellt ist wie **perk-* in mars. *pe(rc)sco*, u. per(k)-sklum etc. aus **prek-* in l. *prec-s* got. *fraih-nan* etc. (durch Einwirkung von **pork-* = **pr̥k-*); u. *Propartie* l. *Propertius* zu l. *partus* W. *per-* lit. *periù* (? *a* auch in l. *pario*); u. kumates *comatir* „commolitis" aus **kom-maltois* von **mal-to-* = **ml̥̄-to-* (: l. *moli-tus* = **gn̥̄-to- gnātus: geni-tus* u. dgl.)? Vom Participium **mal-to-* aus könnte im letzteren Wort das *al* in andere Formen an Stelle von *ol* gedrungen sein, so zunächst in die Form des Particips mit Vocal hinter der Wurzelsilbe, malĕtu „molitum" (vgl. l. *altus : alitus* etc.), dann auch in den Imperativ kumaltu (aus *kumalĕtu) neben kumultu *comoltu* (aus **comolĕtu*) mit bewahrtem *ol*[1]). In mehreren Wörtern findet sich ein auffälliges *al ar* vor Vocal: o. *ualaemom* Valaimas neben l. *uolaema uolo uelle* (*u̯alaimo-* kaum zu l. *ualēre* o. Ϝαλε, s. § 287); u. karu „pars" l. *caro* (dessen Bedeutung bekanntlich aus der in u. karu, o. *carneis* vorliegenden specialisirt ist), u. kartu = *karĕtu „diuidito" von W. *(s)ker-* „schneiden" in gr. κείρω d. *scheren* lit. *skirti* etc. (vgl. Bréal Mém. soc. II 380f., Bücheler Rh. M. 38, 479, Bersu 175); o. karanter „edunt", '*caria*' „panis" wohl mit Bugge A. S. 45ff. zu gr. κορέννυμι, lit. *szérti* „füttern"; aus dem Lat. ist z. B. *hara* neben *cohors* zu vergleichen. Die Erscheinung erinnert an das von Brugmann I 246 besprochene gr. ορ ολ vor Vocal statt zu erwartendem αρ αλ (ital. *or ol*) aus *r̥r l̥l*; leicht anwendbar wäre die dort vorgeschlagene Erklärung z. B. bei *carō carnis*, das aus **corō carnis* = **kr̥r-ō(n) *kr̥̄-n-es* ausgeglichen wäre. Ob theilweise auch an *r̥̄r l̥̄l* (vgl. *ii̯ uu̯* in ähnlichen Fällen) gedacht werden könnte, bleibe dahingestellt. Nach Bartholomae u. A. wäre übrigens *ă* = idg. *ə* regelrechte Ablautsstufe auch in der *e*-Reihe (s. o. S. 282, 284), in welchem Falle das *ă* der erwähnten Wörter nicht mit der folgenden Liquida in Zusammenhang zu stehen brauchte. Ueber *-ar* in vo. *esar-istrom* päl. *casnar lifar* s. § 262, 265.

---

1) Nach Osthoff's Theorie kann aber *mal-* = **m̥l-* gr ἀλ- in ἀλέω sein (s. S. 319); vgl. über *o* in kumultu *comoltu* auch S. 238f.

158. Neue *r̥ l̥ n̥* entstanden im Italischen durch Syncope kurzer Vocale nach *r l n* (sog. Samprasara*n*a, s. Brugmann I 35, 475, 508, Stolz[2] 285, Schweizer-Sidler[2] 34 f., vgl. oben S. 225 f., 232 f.). Im Lat. erscheinen diese *r̥ l̥ n̥* durchweg als *er el en* (*in*), häufig mit Assimilation von *r n* an folgendes *l* etc., z. B. *acerbus* aus **acr*(*i*)*bos*, *sacellum* aus **sacr*(*o*)*lom*, *scabellum* (*scabillum*) aus **scabn*(*o*)*lom*, im Ausl. *ager* aus **agr*(*o*)*s*. Aehnlich osk. Aderl (a-) aus **Atr*(*o*)*la-*, Abella- (Abellanús etc.) aus **Apr*(*o*)*la-* (?) mit Erweichung des *t p* vor *r̥* (s. § 246), sabin. *Atrno* l. *Aternus* aus **Atr*(*o*)*no-*, osk. Tantrnnaiúm aus *Tantrĕnnaiúm? (s. § 266), Kupelternum vielleicht aus **Kuplotern-* (§ 246), umbr. *cisterno* vielleicht aus **cistr*(*o*)*nā* (§ 261, 4), osk. patensíns vielleicht aus *patn(ĕ)síns (§ 192), umbr. *Padellar* wohl aus **Patn*(*o*)*la-* (§ 197)[1]). Auslaut: umbr. *ager* aus **agr*(*o*)*s*, päl. *faber* aus **fabr*(*o*)*s*, marr. *pacr-si* aus **pacr*(*i*)*s*, dagegen o. '*famel*' aus **famel*(*o*)*s* nicht **faml*(*o*)*s*, ebenso umbr. katel tiçel aus **katel*(*o*)*s* **dikel*(*o*)*s*, sumel vielleicht eher aus **somel*(*ĭ*) als **soml*(*ĭ*). Während die bisher angeführten Beispiele oder ihnen gleichartige auch im Lat. wiederkehren, ist der Sonant in o. **Perkedn̥s* Perkens aus **Perkednos* (*-dn̥s* wurde *-n*(*n*)*s*, während *-dn-* in Perkedneís derselben Inschrift nicht zu *nn* assimilirt ist, vgl. § 203) durch speciell osk.-umbrische Endsyncope (s. S. 228 ff.) entstanden; über u. *frateer* s. u., über das schwierige u. *uestis* § 329. Die Schreibungen wie sabin. *Atrno* marr. *pacr-si* (beide auf Inschriften, die sonst keine Abkürzungen haben), o. Tantrnnaiúm (2 m.), vgl. auch o. Mítl Fíml (s. u.), scheinen darauf hinzuweisen, dass in den secundär entstandenen italischen *r̥ l̥ n̥* im Osk.-Umbr. kein volles *e* entwickelt war, sondern noch etwa *ᵊr ᵊl ᵊn* gesprochen wurde; vgl. l. *nomn* C. I. L. IX 5279 aus dem Picenischen, *Terntius* = *Terentius* Mittheil. V 27 (2 mal) aus Pompeji (d. h. wohl *Terᵊntius*), *Trtia* (d. h. wohl *Tᵊrtia*), *patr*, *Uolntili*, *Gminia* aus Präneste (auch gr. ἐποίησν Brugmann Gr. Gr.[2] 42 Anm.) und die Weglassung eines Schwa in der Schrift in päl. *Ptruna*, pränest. *Dcumius* und dgl. oben S. 213[2]). In u. *Padellar* aus **Patl̥la-* = **Patn̥la* = **Pat-*

1) Ueber das allzu unsichere Afillis s. o. S. 156 Anm. 1.

2) Wie *Terntius* etc. vielleicht u. H[ur]θnθiu *290*, falls das überlieferte H[ur]θuθiu (neben Hurtentius) so zu emendiren ist.

nola- spricht die Erhaltung des durch den folgenden Sonanten aus *t* erweichten *d* (statt Uebergang zu *ř*) für lange Bewahrung der sonantischen Aussprache (s. § 197). Im o. Mítl „Mitulus" (vgl. *Mitulleia* C. I L. IX 528) und Fíml, vermuthlich Cognomen „Fimulus" (s. o. S. 91), ist wohl Suffix *-elo-* enthalten wie in o. '*famel*', u. tiçel etc., es scheint also hier, da es kaum nöthig sein wird, eigentliche Abkürzung anzunehmen, auch das ursprüngliche *e* des Ausganges *-el* (aus *-elos*) „stumm" geworden zu sein. Obiges spricht vielleicht bei der Erklärung von u. *frateer* trotz l. *fratres* etc. mehr zu Gunsten einer Gdf. **frātĕrĕs* als **frātrĕs*, da aus einem aus **frātrĕs* entstandenen **frātᵊrs* sich das *ē* von *frateer* schwerer begreift als aus einem **frātĕrs* = **frātĕrĕs* (vgl. S. 208).

In zwei Beispielen könnte es scheinen, als sei das secundär entstandene *-r̥* durch *-ar* vertreten: umbr. ukar *ocar* und päl. *lifar* „librum", letzteres, indem man es als Ntr. eines *i*-Stammes, also aus **lifri*, erklären könnte. *lifar* scheint aber mit l. *iubar* anders zu beurtheilen (s. § 265). Dass ukar *ocar* = **okris* (Acc. *ocrem*, Gen. *ocrer*) sei ist wegen *pacer* = **pakris* (17mal belegt!) und *ager* = *agros* (296) schwer glaublich; es scheint kein anderer Ausweg zu bleiben, als die Annahme, dass das *a* entweder selbst auf idg. *ə* zurückgeht, wie es häufig vor Suffixen erscheint, z. B. in o. **aisa-r* (vo. *esaristrom*) ai. *iši-rá-* gr. ἱα-ρό-ς neben ἱ-ρό-ς, ai. *rudhi-rá-* neben gr. ἐρυθ-ρό-ς (vgl. Barthomae B. B. XVII 110f. mit A.), ai. *pr̥thi-vī* neben *pr̥th-vī*, gr. τανα-(ϝ)ό-ς etc. (so dass *ocar* aus **okaris* einem ai. **açiri-* neben *açri-* entsprechen würde; vgl. armen. *ase-λn* „Nadel"?) oder dass *ocar* von Wörtern, welche im Nom. (ev. auch Acc.) Sg. *-ar*, in den übrigen Casus *-r-* hatten (z. B. *lifar* **lifreis*, **iufar* **iufreis* = l. *iubar iubaris*?) sein *-ar* bezogen hatte[1]).

1) In den von Bugge K. Z. VI 160, A. S. 77 mit *ocar* verglichenen spätlateinischen *ansar passar* (letzteres auch in romanischen Sprachen) scheint *a* durch Assimilation an das erste *a* entstanden zu sein (?).

Gutturale Tenuis und Media.

159. Allgemeines. Die idg. Ursprache besass nach der gewöhnlichen Annahme zwei scharf zu trennende Reihen von Gutturalen, die palatale Reihe und die velare Reihe, von Brugmann Stolz u. A., denen wir uns anschliessen, als *k̂ k̂h ĝ ĝh* und *q qh g gh* unterschieden[1]). Die erste Reihe wird im Arischen, Armenischen, Albanesischen und Baltisch-Slavischen durch palatale Spiranten oder deren Fortsetzer, im Griechischen, Italischen, Keltischen und Germanischen durch reine gutturale Verschlusslaute oder deren Fortsetzer vertreten. Dagegen erscheinen die idg. Velarlaute in den erstgenannten Sprachen als gutturale Verschlusslaute, in den letztgenannten z. Th. ebenfalls als reine gutturale Verschlusslaute, welche dann mit denen der ersten Reihe zusammenfallen, z. Th. aber als gutturale Verschlusslaute mit einem labialen *u̯*-artigen Nachklang oder als Fortsetzer von solchen (z. B. *p b f*). Da in der Mehrzahl der sicheren Beispiele Griechisch, Italisch, Keltisch und Germanisch in der Labialisirung übereinstimmen, ist die Entwicklung der Labialisirung in proethnische Zeit zu setzen und es ist neuerdings wohl mit Recht angenommen worden, dass die Velarlaute mit Labialisirung und diejenigen ohne Labialisirung zwei seit uridg. Zeit verschiedene Reihen bildeten, so dass wir im Ganzen drei idg. Gutturalreihen zu unterscheiden haben (Bezzenberger B. B. XVI 234 ff., Osthoff M. U. V 64 Anm., Fick Wtb. I⁴ XXXVII f.)[2]). Im Einzelnen bleiben freilich mancherlei Schwierigkeiten, von denen einige speciell das Italische angehende im Folgenden zur Sprache kommen werden. Wir werden, um von der Brugmannschen Transscription nicht zu sehr abweichen zu müssen,

---

1) S. Brugmann I 289—345 und die dort, sowie bei Stolz² 288 citirte Litteratur. Fürs Italische ist besonders wichtig Bersu, Die Gutturalen und ihre Verbindung mit v im Lateinischen, Berlin 1885. — Statt der palatalen Verschlusslaute *k̂ k̂h ĝ ĝh* setzen manche Gelehrte (Fick, Bezzenberger u. A., jetzt auch Bartholomae Stud. II 19) für die Ursprache palatale Spiranten *ç çh z zh* an.

2) Jetzt auch Bechtel, Die Hauptprobleme der indogermanischen Lautlehre 346 ff.

die „Velarlaute ohne Labialisirung" (Osthoffs „palatovelare" Laute) mit q^1 qh^1 g^1 gh^1, die „Velarlaute mit Labialisirung" mit q^2 qh^2 g^2 gh^2 bezeichnen. Fürs Uritalische bezeichnen wir die reinen Gutturale (= idg. *k̂ k̂h ĝ ĝh* und q^1 qh^1 g^1 gh^1) mit *k kh g gh* ev. χ, die labialisirten Gutturale (= idg. q^2 qh^2 g^2 gh^2) mit *kᵘ khᵘ gᵘ ghᵘ* ev. χᵘ, dagegen die idg. Gutturale + wirklichem *u̯* mit *ku̯ khu̯ gu̯ ghu̯* ev. χu̯.

Urital. *k* = idg. *k̂* q^1.

160. Urital. *k* = idg. *k̂*. Osk. *censaum* keenzstur *censtomen ancensto* etc.: ai. *çąs-* (aksl. *sętŭ* nach Brugmann Idg. Fo. I 177), W. *k̂ens-*; o. *ceus* „ciuis": ai. *çéva-* got. *heiva-frauja*; u. çimu *šimo* çive l. *cis* etc.: lit. *szìs* aksl. *sĭ* got. *hi-mma* etc., Pronominalst. idg. *k̂i-* (Brugmann Grdr. II 769), vgl. *k̂o-* in o. *e-ko- e-k-so-* § 288 (zu *k̂i-* oder *k̂o-* gehört auch das enclitische *-k* in o. *ion-c* u. *eso-c* etc.; über o. *ce-bnust* s. § 314); u. klavlaf klavles zu l. *clūnis*: ai. *çrṓṇi-* lit. *szlaunì-s* gr. κλόνι-ς (? s. S. 121 f.; anders Bersu 171); u. kletram kletre l. *clitellae*: ai. *çri-* gr. κλί-νω; o. Kluvatiium vo. *Cloil* u. Kluviier l. *clueo* : ai. *çru-* aksl. *slovą* gr. κλέ(ϝ)ος; u. krematruf l. *cremare* vielleicht zu ai. *çr̥- çrā-* „kochen" d. *Herd*[1]); o. karanter „edunt", '*caria*' „panis" zu lit. *szérti* gr. κορέννυμι? (vgl. S. 322); o. kadum „cadere" (?) : ai. *çad-* „fallen"; mars. *cetur* falls „centurio" (sehr unsicher, s. Bd. II Anh.): ai. *çatám*. Osk. akrid, marr. *ocres*, u. ukar *ocrer* : ai. *áçri-* gr. ὄκρις ἄκρος; o. *deicum dicust* dadíkatted Líganakdíkeí, o. päl. mars. vo. *meddik-*, u. *dersicust* tikamne tiçel etc. (v. *Declune*?): ai. *diç-* gr. δεικ-; o. dekmanniúís dekkvíarím, u. *desenduf* tekvias *dequrier* l. *decem* : ai. *dáça* aksl. *desętĭ*; o. prupukid Paakul Pakim Πακϝηις, päl. *Pacuies pacris*, marr. *pacrsi*, u. *pase paca pacer*, l. *pax pango* : ai. *páça-*; u. *pequo* : ai. *paçú-*; o. kú]mparakineís, u. pepurkurent, l. *precor* : ai. *praçná-* aksl. *prositi*; u. *porca* l. *porcus*: lit. *paȓszas*; o. Mulukiis falls zu l. *mulceo mulco* : ai. *mr̥ç-*; u. terkantur : ai. *dr̥ç-*? (§ 195); u. vuku- *uoco-* falls = gr. *ϝοικο- (s. o. S. 153) : ai. *vēçá-*; über u. ekvine s. § 173;

---

1) Anders Bezzenberger (s. u. § 161) und Fick I[4] 44.

u. iveka *iuenga* (*ng* aus *nk*) l. *iuuenca* : ai. *yuvaçá-* (doch vgl. Fick I⁴ 112); u. skalçe-ta *scalsie* : ai. *kaláça-*? (§ 227); „Inchoativsuffix" idg. *-sk̂o-* (*-sk̂ho-*?) ai. *-ccha-* in o. *comparascuster*, u. *peperscust eiscurent*. Mit *ht* (umbr. auch bloss *t*) aus *kt* o. Úhtavis, l. *octo*: ai. *aṣṭáu*; u. ahtu ahtim (*subator* „subacti"?) idg. **ak̂-to- *ak̂-ti-* etc. von W. *aĝ-* av. *az-* (oder von W. *aĝh-* l. *aio*? s. § 175); u. speture „spectori" für *spehture: ai. *spaç-*; u. rehte „recte": av. *rāšta-* ai. *rā́ṣṭi* idg. W. *reĝ-*; petenata „pectinatam" für *peht- l. *pecto* : lit. *pèszti*; o. ehtrad, u. ap-ehtre (und eh-), l. *ex* : lit. *isz* aksl. *izŭ*? Mit *s*(*s*) = idg. *k̂s* o. Σεστες, u. sestentasiaru, l. *sextus* : ai. *ṣaṣṭhá-*.

161. Urit. *k* = idg. *q*¹. Umbr. kapiř- (o. καπιδιτωμ?) l. *capid-* : ai. *kapā́la-* d. *Hafen* (?), wohl zu W. *q¹ap-* „fassen, in sich fassen" l. *capio* got. *hafjan* gr. κώπη lett. *kampt*; o. *Caisidis* Kaísillieís l. *caesius* : lit. *skáistas* germ. **haidra-* „heiter" ai. *citrá-* (? s. § 205); u. kařetu *carsitu* „calato" (über ř *rs* aus *l* s. o. S. 291 ff.): lett. *kalût* gr. καλέω ahd. *halōn* kymr. *ceiliog* (B. B. XVI 240); o. krustatar l. *cruor* : ai. *kravíṣ* lit. *kraũjas* gr. κρέας kymr. *crau* (vgl. S. 228); u. kanetu ařkani *procanurent* l. *cano* : ai. *kaṅkaṇī-* (?) lit. *kañklės* (?) got. *hano* gr. κανάζω; u. kutef „*cautens" l. *caueo* : ai. *kaví-* gr. κοέω (doch vgl. § 166; über das unsichere o. kaula s. o. S. 115, 204); o. Kamp[aniis l. *campus* : lit. *kam̃pas* (dazu auch o. Kapva- l. *Capua* : gr. κῆπος?); o. *cadeis* l. *cadamitas* (?) *cassus* : ai. *kad-* „vernichten", got. *hatis* (?), gr. κήδω κεκαδών (Bücheler bei Bruns Font.⁵ 47 Anm., L. J. XII a, Bersu 169 f.; oder zu l. *cado cēdo* gr. κεκάδοντο ai. *çad-* etc. Fick I⁴ 42, 43?); o. Kalaviis päl. *Calauan* l. *caluus* : ai. *kulva-*, womit vielleicht auch u. kaleřuf *calersu* „callidos" : gr. κηλάς etc. (s. S. 187) und fernerhin o. Klar... l. *clārus* (vgl. S. 188 Anm.) zusammengehören; o. *carneis*, u. karu kartu, l. *caro* wohl zu lit. *skirti* d. *scheren* gr. κείρω (s. S. 322); u. *curnaco* l. *cornix coruus* : ai. *kārava-* (? unbelegt), gr. κορώνη κόραξ; u. *śihitu śihitir* aus **kinkt-* l. *cingo*: lit. *kinkýti*, ai. *kaṅkaṇa-* (?), gr. κιγκλίς (?) (dazu auch çihçeřa aus **kink-*? s. § 177); u. *Cubrar* sabin. '*cuprum*', zu l. *cupio* : ai. *kupyati* lett. *kupt* (?); päl. *in-cubat* sabin. '*cumba*' l. *cubare -cumbere* nach Osthoff Perf. 580 zu ai. *kumbáti* „be-

deckt" (?)[1]; u. kateramu *caterahamo* l. *caterua* : aksl. *četa* (? vgl. § 240); u. skalçe-ta *scalsie* l. *calix* : ai. *kaláça-*? (§ 227). Umbr. pru-sekatu pru-seçetu a-seçeta etc. (dazu marr. *asignas* aus **an-sekna-*?) l. *secare* : aksl. *sěką*; o. Luvkis Lúvkanateís Λουκανομ päl. *Loucies* : ai. *rôka-* lit. *laũkas* gr. λευκός got. *liuhaþ* (schwierig bleibt gr. λοφνίς); o. Píkúfn . ., u. *peico Piquier*, l. *pīcus Pīcumnus* : ai. *piká-*; o. iúkleí, u. iuka (päl. *iocatin*?) falls zu l. *iocus* : lit. *jùkas*; o. *uincter* „uincītur" l. *uinco* : lit. *veĩk-ti*; o. tríbarakkiuf tríbarakattíns etc. l. *arx arceo* : lit. *rakìnti* gr. ἀρκέω; u. ançif *anglom-e* l. *angulus* und o. '*ungulus*' l. *uncus* : ai. *aṅká-* gr. ἄγκος ὄγκος; mars. u. '*porculeta*' l. *porca* : armen. *herk* ahd. *furuh* (s. Kluge Wtb. s. v. Furche; russ. *polosá* wird des *l* wegen besser ferngehalten). Mit *ht* aus *kt* u. *oht*. uhtur uhtretie l. *auctor augeo* : lit. *áugu* got. *aukan*; u. tehteřim (über *tettome* § 175) l. *tectum tego* : lit. *stěgiu* ai. *sthag-* gr. στέγος. Endlich die Suffixe *-ko-* (*-ĭko-* etc.), *-kelo-*, *-k-* (die Beispiele s. in § 261, 5, 8; 267).

Bei umbr. krenkatrum *cringatro* : aksl. *krągŭ* und krematru falls zu ai. *kalmalí-* lit. *kársztas* (Bezzenberger a. O. 251; doch vielleicht zu ai. *çar-*, s. o. S. 326) bleibt ungewiss, ob q^1 oder q^2 anzusetzen ist, da im Ital. die Labialisation des q^2 vor Cons. verloren gegangen sein kann (s. § 170).

162. *k* = idg. *k̂* oder q^1. Von den folgenden Wörtern ist fraglich, ob ihr Guttural idg. *k̂* oder q^1 vertritt, weil sie im Arischen, Baltisch-Slavischen etc. keine Entsprechung haben oder weil ihre Etymologie zweifelhaft ist. O. Kerrí Kerríiú-, päl. *Ceri Cerfum*, u. Çerfu- *Šerfo-* aus **Ker-(e)s-* zu l. *Cer-es* etc. wird meist von idg. *qer-* „schaffen" in ai. *kar-* l. *creare* gr. κραιαίνω abgeleitet (z. B. Corssen I² 473 f., Preller-Jordan I 79 f., Bücheler Umbr. 80, Vaniček 51 f., Bersu 174)[2]), ebenso möglich ist aber Bugges Herleitung von idg.

1) Die beiden letzten Beispiele können auch auf W. *q²up-* und *q²u(m)b-* zurückgeführt werden, falls der labiale Nachklang im Urital. vor *u* schwand, ev. nicht entwickelt wurde (vgl. § 170).

2) Hinfällig wird diese Etymologie, wenn Bezzenberger B. B. XVI 251 mit Recht zu idg. *qer-* auch cymr. *par* „mache" etc. stellt (dann idg. *q²er-*, also l. **quer-* o.-u. **per-*), aber man kann letzteres vielleicht auch mit ai. *par-* „geschäftig sein" verbinden.

k̂er- „nähren“ in lit. *szérti* gr. κόρος κορέννυμι A. S. 45 ff., vgl. Bücheler L. J. XIII a und Fick B. B. III 168, Wtb. I[4] 422 (s. auch § 232); u. kaprum *cabriner* l. *caper* : gr. κάπρος an. *hafr*; päl. *casnar* o. ‘*cascus*’ ‘*casnar*’ l. *cānus* : an. *höss*; o. kahad l. *in-cohare* : an. *haga*? (§ 215); o.-u. Präp. *kom* l. *cum* : gr. κοινός aus *κομ-ι̯ος air. *com-* (got. *ga-*?)[1]); o. Kiípiís l.-mars. *ceip*. l. *cippus* (Danielsson A. S. IV 139 A. mir nicht einleuchtend; die W. *k̂eip-* Fick I[4] 421 scheint allerdings auch nicht zu passen); o. kaispatar l. *caespes* § 317; u. katel l. *catulus* § 173; o. *castrous* Kastrikiieís u. kastru- l. *castrum* § 205; päl. *coisatens* u. kuratu l. *cura* § 170; o.-u. *kers(s)na-* l. *cēna* § 233; u. kebu l. *cibus* § 179; *carsom* § 232; kazi § 190; *Coredier* Kureties § 197; *cehefi* kukehes § 179; kurçlasiu § 261, 5; *scapla* l. *scapula* Bersu 175 f.; eskamitu § 261, 7; taçez l. *taceo* : got. *þahan*; o.-u. *sakro- sakri-* o. saka- u. *Sanši* etc. l. *sacer sancus* (immer noch ohne Anknüpfung); u. vaçetum vakaze *uašetom* l. *uacare uacuus* (desgl.; Ficks Vermuthung Wtb. I[4] 542 leuchtet wegen der Nbf. *uocare* **uocitus* nicht ein); o. akeneí akun., u. *acnu* perakni- § 184; päl. *Anceta*, o. Anagtiai (aus *Anketiai?), u. Açetus „Ancitibus“ (?) § 248; o. aflukad aflakus § 222, päl. *praicim-e* § 193, u. *toco* S. 123, o. l?]úvfríkúnúss § 184, o. Nuvk(i)rinum § 269; o. aíkdafed § 172, o. Akudunniad u. Akeřunia- § 179.

Urital. g = idg. $\hat{g}$ g^1.

163. Urit. g = idg. $\hat{g}$. Osk. Genetaí päl. *cnatois*, wozu wohl auch o. Cnaiviies (in den beiden letzteren *c* graphisch für *g*), l. *gigno genitus* : av. *zan-*, ai. *jan-*, idg. W. *ĝen-*; v. *acum* (c wohl graphisch für *g*, s. § 248), *actud* aus **agetōd*, marr. *agine*, u. *ager* (aiu aus **agio-*?) l. *ago ager* : av. *az-* ai. *aj-*, idg. W. *aĝ-*; o. aragetud l. *argentum* : av. *erezata-*; o. Regaturei, ‘*regia*’, marr. *regena*, l. *regere rēx*: ai. *rājan- rāšṭi* idg. W. *reĝ-*; o. Flagiúí l. *fulgeo* : av. *barāza-* ai. *bhrāj-*. Unsicher ist Danielssons Deutung von o. *angetuzet* als **an-gen-t-uzet* : l. *gnōsco* lit. *žinóti* etc., s. § 317.

---

1) L. *quom* als Präposition ist erst secundär durch Einfluss der Conjunction *quom* entstanden, s. Bersu 41 ff., 89 f.

164. Urit. *g* = idg. *g*¹. Osk. 'γέλα' zu l. *gelu* : aksl. *žlědica*; u. *gomia* l. *gemo* : gr. γέμω γόμος aksl. *žimą*; u. *cringatro* : aksl. *krągŭ* (das umbrische *ng* könnte allerdings auch aus *nk* entstanden sein, vgl. *iuenga*); u. antakres l. *tango*: gr. τεταγών av. *þañj-* (? vgl. § 216); u. *Igouio-* und Iuieskanes, falls aus **Iug-* (s. S. 128f. und § 182): l. *iugum* gr. ζυγόν ai. *yugám*.

165. *g* = idg. *ĝ* oder *g*¹. Osk. Gaaviis l. *gau(i)deo gauisus* : gr. *γαϝεθέω γηθέω; o. *ligud ligis* lígatúís liginei marr. *lix* : l. *lēx lĕgio* (doch s. § 216); o. tanginud etc. l. *tongere* pränest. *tongitionem* : got. *þagkjan þugkjan*; u. *mugatu muieto* l. *mugio* : gr. μυκάομαι (μύζω? ai. *muj-*? Fick I⁴ 511); u. eveietu wohl aus **e-vegetu*, doch unklarer Etymologie (s. § 182). Ueber o. *egma-* § 184, o. degvinum § 173, o. degetasis § 248, u. *Grabouio-* § 202, o. slaagí- § 262, o. Magiium § 215f.

k oder *g*.

166. Bei einigen Wörtern, die nur im Altumbr. erhalten sind, kann, da die au. Schrift *k* und *g* nicht unterscheidet, gezweifelt werden, ob die Tenuis oder die Media vorliegt. kutef, welches ohne Zweifel ähnlicher Bedeutung wie taçez „tacitus" ist, wird gewöhnlich mit l. *cautus* verbunden (Grotefend II, Aufrecht-Kirchhoff II 168f., Huschke 129) und ist in diesem Falle mit Osthoff Cu. Stud. IX 275 = l. **cautens* zu setzen (vgl. l. *fateri* vom Ptc. **fato-* oder vom Verbalabstr. **fati-*); Bücheler dagegen (Umbr. 60) denkt an l. *guttur*, also gleichsam l. **guttens* (mir nicht wahrscheinlich); eine weitere Möglichkeit wäre die, kutef als l. **(oc-)cultens* „verhüllend" (sc. die Stimme) zu erklären, vgl. Zeyss De voc. Umbr. fict. I 7 Anm. und oben S. 299[1]). Ausser kutef könnten noch etwa angeführt werden terkantur *III* 9 und kazi *III* 16, 18, doch s. § 195 und 190; kebu *IV* 23 wohl jedenfalls zu l. *cibus* (§ 179).

---

1) Bréals Erklärung als *contentus* ist wohl nur unter Voraussetzung eines l. **contens* (: *contentus* = *locuples* : *locupletus*, *opulens* : *opulentus* etc.) zulässig, da uro.-u. **kontentos* zu *ku(n)tenz geworden wäre (vgl. § 236).

Urital. *ku gu* (osk.-umbr. *p b*) = idg. *q*^{2} *g*^{2}.

167. Urit. *ku gu* = idg. *q*^{2} *g*^{2} erscheinen im Osk.-Umbrischen als *p* und *b*, im Lat.-Faliskischen als *qu* und *u* (aus *gu*, welches nach *n* erhalten ist), z. B. o.-u. *pis* l. *quis*, u. berus l. *ueru*. Wo im Lat. *p b* statt *qu u* auftritt, z. B. in *popina bos*, ist die Lautform nicht die ächt römische, sondern eine dialektische[1]); doch brauchen die Wörter nicht geradezu aus einem osk.-umbrischen Dialekte zu stammen, da leicht möglich ist, dass der Wandel zu *p b* bis ins lateinische „Plattland" vordrang (vgl. Fröhde B. B. XIV 92, Thurneysen K. Z. XXX 487), wie umgekehrt die Verwandlung inlautender Aspiratae zu Mediae, vielleicht von Rom ausgehend, nicht das ganze lateinische Gebiet erreichte (s. § 214). Ueber die Versuche, *p b* auch als ächt lateinisch zu erweisen, s. Bersu 143, Brugmann I 323 Anm., Stolz[2] 290. Für die Chronologie des osk.-umbr. Wandels von *ku gu* zu *p b* sind wichtig die in § 172 besprochenen o. fruktatiuf aus **frugu(e)tations*, aikdafed aus **aiku(e)dafed* (?), u. fiktu aus **figu(e)tōd*, *ninctu* aus **ningu(e)tōd*, anstintu aus **anstingu(e)tōd*, indem sie zeigen, dass der Uebergang jünger war als die osk.-umbr. Syncope in o. *actud factud* u. *couertu* ampentu etc., die selbst nicht zu den ältesten Lautvorgängen des Osk.-Umbr. gehört, da sie nach dem Wandel von urital. *kt* zu *ht* stattfand (s. o. S. 234 und § 176). Dieser relativ späte Eintritt des Wandels von *ku gu* zu *p b* spricht wohl gegen die Annahme, dass das osk.-umbrische *p b* mit demjenigen keltischer Dialekte (Britanisch, Gallisch) in der Weise direkten historischen Zusammenhang habe, wie v. Bradke Beiträge zur Kenntniss der vorhistor. Entwickl. unseres Sprachstammes S. 35f. vermuthet, es wäre eher eine „Welle" anzunehmen, welche vom Gallischen aus das Uroskisch-umbrische traf, als letzteres bereits im Wesentlichen seine spätere sprachliche Stellung dem Lateinischen gegenüber einnahm. Aber auch die Annahme völlig unabhängiger Entwicklung des *p b* hätte nichts Unwahrscheinliches, da der Uebergang von Gutturalen mit folgendem *u*-Nachklang zu Labialen ein häufig vorkommender Lautprocess

---

1) Ausgenommen vielleicht nach *r*, s. § 169.

ist (er findet sich z. B. auch im Sardinischen, vor *o*-Lauten im Griechischen, unter gewissen Bedingungen im Germanischen).

Osk.-umbr. *p* = urit. k^{u} = idg. q^{2}.

168. Pronominalstamm *po- pi-* = l. *quo- qui-* gr. πο- τι- germ. *hva- hvi-* ai. *ka-* (*ci-*) *ki-* idg. $q^{2}o$- $q^{2}i$-, z. B. in osk. pu-i púd *pod* pús pútúrú- *pa-e* paam *pan poizad* púkkapíd pís píd *piei* ni-p nei-p päl. *pid*? *pes*? marr. *pis* vo. *pis se-pis* umbr. *po-ei* puře pusme *paf-e pre-pa pane panu-pei* panta *pora* pis-i piř-i *-pei nei-p* pum-pe *arni-po sue-po* (über o. puz puf, u. puze *pusi pufe* s. § 288). Osk.-umbr. **pompe* = l. *quinque* urit. *$k^{u}enk^{u}e$ aus *$penk^{u}e$ ai. *páñca* gr. πέντε kymr. *pimp pump* got. *fimf* lit. *penki* (vgl. S. 88 und § 206) in o. púmperia-, u. pumpeřias, wahrscheinlich auch in o. Púmpaiians l. *Pompeii*[1]) und den lat. Namen *Pompilius Pomponius* (aequ. *Pomposiies* 277 vielleicht unächt) etc.; sehr zweifelhaft ist Paulis Emendation von päl. *pampperci 246* zu *pomp perca*[*s*, s. Bd. II Anh.; über o. Πομπτιες Púntiis etc. s. § 171. O. '*petora*' *petiropert*, u. *petur-pursus* : l. *quatuor* ai. *catvāras* gr. τέσσαρες πίσυρες gall. *petor-ritum* got. *fidvor* lit. *keturì*; dazu wohl die Namen l. *Petrus Petreius Petronius*, päl. *Ptruna*, u. Petrunia, vgl. Bücheler L. J. XIV b. O. ampu[l]ulum Blt. nach Bugges wahrscheinlicher Deutung (s. Bd. II Anh.) aus **am-k*^{u}*olelom*, Deminutiv zu **am-k*^{u}*olo-* l. *an-culu-s* : gr. ἀμφί-πολο-ς, wozu Osthoff B. B. XV 316 noch ai. *abhi-cara-* hinzufügt (l. *ancilla* in Folge falscher Zerlegung in *anc-ulus*). Schwierig ist der Name *Ancus*, für den als osk. Form **Ampo-* durch Ἄμπυς bei Tzetzes bezeugt wird; wenn der Name mit l. *anculus* o. **ampolo-* zusammengehört, ist er nur als Kurzform zu begreifen (s. Osthoff a. O.), sonst gehört er vielleicht zu l. *ancus* „krumm"[2]). Ebenfalls bei Tzetzes überliefert ist Ταρπίνιος = *Tarquinius*, s. U. D. 223 f. Osk.-sabin. '*hirpus*', wozu der

1) Vgl. z. B. Bücheler L. J. XV a. Die Ableitung aus gr. πέμπω πομπή (Nissen Pomp. Stud. 580 u. A.) ist mir weniger wahrscheinlich.

2) Allerdings weisen dessen Verwandte auf idg. q^{1}; wäre also von **an*q^{1}-*uo-* (vgl. ai. *aṅk-u-çá-*) auszugehen? Ueber das angebliche lat. oder sabin. *ancus* „Knecht" s. Bugge A. S. 22 f.

osk. Volksstammm der *Hirpini*[1]): l. *hircus* (aus *hirquos*), *hirquinus* etc. Bersu 120, Jordan Kr. Beitr. 163 ff. Ueber die Hesychische Glosse ἄρπη· ἄνεμον, δρέπανον· ἢ ὀρνέου γένος κατὰ Λατίνους s. Bd. II Anh. Der osk. Name Púpidiis *34 35 41*, päl. *Popdis 251*, l. *Popidius* C. I. L. IX X erklärt sich am einfachsten als identisch mit dem häufigen lat. *Cocidius*, ebenso das kürzere osk. Púpie *78*, wozu *Popius Poppius* C. I. L. IX X, als identisch mit l. *Cocius Coccius*, abgeleitet von *coquus coquo* vgl. *popina* = ächt lat. *coquina* (urit. **ku̯eku̯ō* aus **peku̯ō* § 206: ai. *pac-* gr. πεπτός aksl. *pekǫ*); mit l. *Pūpius* (vgl. auch z. B. aus Capua Cogn. *Puupa*) darf o. Púpie Púpidiis nicht vermengt werden, da *Pūpius* und dessen Stammwort *pūpus* (von W. *pu-* in *puer* etc.) entweder urit. **pū-p-* oder **pou̯-p-* enthält, wofür osk. nur *Pup- oder *Púvp-, nicht aber das durch mehrfache Ueberlieferung gesicherte Púp-, erscheinen könnte. Also *Popidius* : ächt l. *Cocidius* = *Pontius* : ächt l. *Quintius* etc.[2]). Schwierig ist umbr. Pupřike Pupřikes (Beiname zu Puemune, Puemunes „*Pomono, *Pomoni"), für welches die Anknüpfung an osk. Púpidiis päl. *Popdis* nahe liegt (vgl. Grassmann K. Z. XVI 188, Bréal 298, auch Wharton Etyma lat. 82, Stolz² 275 Anm.). Die Deutung als „Publicus" ist, wie wir oben S. 293 sahen, sehr unsicher. Da die idg. Wurzel *peq²-* nicht nur in anderen Sprachen häufig die Bedeutung „reifen, zur Reife bringen" hat (z. B. ai. *pakvá-* „reif" gr. πέπων πεπαίνω), sondern auch im Lat. selbst z. B. in *poma matura et cocta* etc. und in *praecox praecoquus* „frühreif", so liesse sich vielleicht denken, dass der umbrische Gott der Früchte und des Wachsthums von dieser Wurzel seinen Beinamen ableitete, also *pupřik-* = l. **coquidicus* (oder **cocidicus*), weitergebildet von einem **coquidus* „reifend, zur Reife bringend"[3]), vgl. *cupidus rapidus* von *cupio rapio* etc.; die Verwandtschaft mit o. Púpidiis bliebe so, wenigstens als Wurzelverwandtschaft, be-

1) Vgl. auch die *Hirpi Sorani* Preller-Jordan I 269.

2) *Popilius* kann zu *Pop-idius* gehören, es wird aber eher von *po-pul-u-s* abgeleitet sein (vgl. *familia* : *famulus*), wie auf jeden Fall *Popl-ilius*.

3) Bücheler sagt vom Gotte Puemun- „Frugiferum aliquem putes, qui .... omnibus quaecumque terra feta parit in anno maturitatem adferat."

stehen [1]). Aufrecht-Kirchhoff II 365 (vgl. Bréal 298) denken bei Pupřike an ein Compositum wie o. Lígauak-díkeí gr. Ξενόδικος Λαοδίκη etc., was sich mit obiger Vermuthung allenfalls auch vereinigen liesse. Ueber Paulis Deutung A. S. V 83 als „*pompidicus“ vgl. S. 309. Ueber das fragliche osk. Pupufri Bd. II Anh. Unsichere Beispiele für *p* aus *ku̯* sind noch folgende. Umbr. eitipes möglicherweise von einem **eitūku̯ā-* wie l. *mandūcare antīquare* etc., vgl. S. 134. Bei o. Sepis Sepieís (*Seppius* C. I. L. X) könnte vielleicht, da im Lat. ein Wortstamm *sĕp-* fehlt (ausser in *sepelire*, an das schwerlich zu denken ist; *sēp-* = *saep-* wäre osk. **saip-*, erhalten in Σαιπινς), an W. *seq-²* „sprechen“ (l. *insequis* etc., s. § 170 und vgl. *Ahius* von *ah-* „sprechen“) oder auch an W. *seq-²* „folgen“ l. *sequor* zu denken sein [2]). Wenn für u. *sepse VIb 11* von Bücheler mit Recht die Bedeutung „seorsum“ angenommen wird, könnte man (da die Bedeutungen „anders“ und „gesondert“ sich nahe berühren) an l. *secus sequius* anknüpfen, *sepse* wäre etwa Abl. oder Loc. des in *secus* (und *seques-ter*?) vorliegenden *s*-Stammes urit. **seku̯os-* **seku̯es-* (: hymr. *hep* „ohne“, B. B. XVI 238). Doch vgl. § 172, 208. Vo. *arpatitu* kann = l. **adquatito* (: gr. πάσσω) sein, doch s. Bd. II Anh. [3]). Ueber u. tribřiçu *tribrisine* (von einem **triku̯o-* = ai. *trika-*?) s. § 286; über u. vepurus („liquoribus“ ??) S. 288. O. aapas *204* ist noch ganz dunkel (Mommsen U. D. 244 denkt an l. *ăqua*). Schwerlich richtig ist die Deutung von u. iepru *IIa* 32 als „iecur“ „ἧπαρ“ (Panzerbieter Qu. Umbr. 12, Savelsberg K. Z. XXI 213, vgl. Bréal 287), s. § 256. U. upetu „eligito, optato“ (Bücheler Umbr. 30, 37) soll nach Bezzenberger B. B. XVI 238, der Bücheler L. J. XIXa folgt (vgl. auch Corssen I 117), zur W. *oq²-* in gr. ὄπ-ωπ-α l. *oculus* lit. *akìs* „Auge“ etc. gehören, aber der Zusammenhang mit l. *optare optio optatio praed-opiont* etc. (deren *p* nicht =

---

1) Eine andere Möglichkeit wäre, Pupřike von derselben W. *pu-* „wachsen, wachsen machen“ wie Puemune selbst abzuleiten, also ein reduplicirtes *pu-p-* (vgl. l. *pūpus*) zu Grunde zu legen, doch ist mir dies weniger wahrscheinlich.

2) Mit *septem* liesse sich *Seppius* nur auf sehr künstliche Weise zusammenbringen.

3) Uebrigens ist von l. *quatio* gr. πάσσω unsicher, ob der idg. Anlaut *q²* oder *k̑u̯-* (ev. *qu̯-*) war.

q^2 sein kann) scheint mir allzu unverkennbar, als dass jene Etymologie glaubhaft wäre; zu upetu gehört auch *opeter*. Vgl. § 295. Auch der Name der Osker *Opsci* (= **Opisci*), mit anderem Suffix *Opici* 'Οφικοί (vgl. *Fal-isci* : *Hern-ici* u. dgl.), gehört schwerlich zu W. *oq²-*, sondern mit Úppiis Úpsim etc. zu l. *op-s* (vgl. Huschke O.-Sab. Spr. 276 ff.)[1].

Ausnahmen von der Verwandlung des urit. *k^u* zu *p* finden sich in ächt osk.-umbr. Wörtern vor Voc. nicht; über o. kvaísstur, u. kvestur kvestretie, die sehr wahrscheinlich aus dem Lat. entlehnt sind, s. § 173; die sabin. Glosse '*tesqua*' zeigt latinisirte Lautform (es sei denn *u* aus *ou̯* entstanden wie in o. ΠακFηις etc. § 173), ebenso sabin. '*fircus*' neben o. '*hirpus*'[2].

Osk.-umbr. b = urit. g^u = idg. g^2.

169. Osk.-umbr. *ben-* „uenire" in osk. kúmbened *ce-bnust* kúm-bennieís, umbr. *benust* benurent *benuso*: l. *uenio* gr. βαίνω got. *qima* air. *béim* ai. *gam-* (über umbr. menes päl. *omnitu* s. § 213). Osk. bivus „uiui" : l. *uiuus* gr. βίος got. *qius* air. *biu* lit. *gývas* ai. *jīvá-*; vom selben Stamme wohl der osk. Name Bivellis (also ächt lat. **Uiuellius*), vgl. die häufigen ai. und gr. Namen mit *jīva-* und βιο- Fick Personennamen CLIX und 159. Umbr. berus berva: l. *ueru* ai. *bir.* Stamm *bou̯-* „bos" in osk. Búvaianúd (vo. *bim?*), umbr. *buo bue* bum : gr. βοῦς air. *bó* lett. *gůws* ai. *gáuš*; das lat. *bōs* würde in ächt römischer Lautform **uōs* heissen. Umbr. umtu aus **ommĕtōd* älter **ombĕtōd* = l. *unguito* urit. **ong^uetōd* : ai. *añj- aṅktḗ* air. *imb* ahd. *ancho*; dazu umen aus **omben* = l. *unguen* (Osthoff Cu. Stud. IX 277 f., Brugmann I 324, 372 f., II 331, Bezzenberger B. B. XVI 239), die Gleichsetzung mit l. *ōmen* aus **ong-men* (Huschke, Bréal, Bücheler, auch L. J. XVIII b) ist viel weniger wahrscheinlich, s. u. § 172, 212[3]). Für umbr. *habina-* „ouis" er-

---

1) Die Ableitung von l. *opus* („die Arbeiter") leuchtet nicht ein.

2) Der Nom. Sg. mag allerdings lautgesetzlich im Osk.-Umbr. ursprünglich **hirks* aus **hirk^u(o)s* gelautet haben (vgl. § 172), aber alle übrigen Formen hatten **hirp-*.

3) Mit Pauli A. S. V 102 ff. umen umne une von *unguen* (*ōmen?*) zu trennen und von einem im Lat. unbekannten **ūmen*, Nbf. zu **ūmo-* in *ūmeo* (vgl. auch *ūmor*, *ūmidus*), abzuleiten, sehe

gibt sich, wenn die Annahme erlaubt ist, dass *hab-* für **ab-* stehe, wie im Lat. *halare anhelare haurire humerus humor* u. a. für *alare* etc., im Osk. Herukinaí für *Erukinaí, im Umbr. selbst *hebetafe* neben *ebetrafe* (nach Bücheler 166 auch Hule : osk. Ulas), eine naheliegende Etymologie durch Vergleichung von l. *agnus* gr. ἀμνός (= *ἀβνός) aus **agu̯-no-s* idg. **ag²-no-s* und l. *auilla* „ouis recentis partus" aus **agu̯-illa*; letzteres ist dann wohl Deminutiv zu umbr. **abīna-* urit. **agu̯īna-*, vgl. *catinus catillus, corona corolla* etc. (Suffix *-īno-* zur Bezeichnung von Thierjungen wie im German., vgl. Kluge unter *Schwein, Küchlein, Füllen* etc.)[1]); bei der ständigen Schreibung *habina-* könnte volksetymologische Anlehnung an *hab-* „habere" mitgewirkt haben. Osk. Abellā- „Abella" in Abellanúís etc. könnte statt aus **Aprolā-* (vgl. S. 300 und § 246) vielleicht auch aus **Agu̯nolā-* (woraus zunächst **Abənlā-*) erklärt werden[2]). Osk. baiteís *182* und umbr. *ebetrafe VIa* 12 *hebetafe VIb* 53 verbindet Bücheler Rh. M. 33, 29, L. J. VIa, Umbr. 48 mit l. *baetere* (baiteís „baetis" [vgl. Bd. II Anh.], *ebetrafe hebetafe* „in exitus"), welches letztere nach J. Schmidt u. A. zu lett. *gaita* av. *gaēþē* gehört. Ist diese Etymologie von *baetere* richtig, so weist das lateinische *b* wie dasjenige von *bos* (s. o. S. 331, 335) auf nicht ächt römische Herkunft des Wortes hin (vgl. Brugmann I 324, Schweizer-Sidler² 59)[3]), wobei auch das *ē* statt *ae* in der Nebenform *bētere* sich leichter erklären würde. Doch ist zu beachten, dass gr. φοιτάω (welches trotz Osthoff bei Hübsch-

---

ich keinen Grund, auch spricht der Umstand dagegen, dass umtu vielleicht von umen getrennt werden müsste [was kaum einleuchtet, vgl. z. B. *IIa* 38], denn dergl. Denominativa pflegen im Italischen nach der I. II. oder IV., nicht nach der III. Conjugation zu gehen. Ueber utur s. § 197.

1) *nn* im Eigennamen *Habinnas* Bücheler 73 wie in *Sabinna Caecinna* etc. — Lat. *auilla* könnte an sich wohl auch directes Deminutiv zu *agnus* sein, vgl. *tigillum* : *tignum* etc.

2) Das „Samprasarana" hätte stattgefunden, ehe der Schwund der Labialisation vor dem folgenden *n* (l. in *agnus*) eintrat. Vgl. l. *scabellum* Demin. zu *scamnum* aus **scabnom* etc. S. 226.

3) Bersu 146 f. und Bugge B. B. XIV 60 nicht einleuchtend. Bergk Inschr. römischer Schleudergeschosse 126 erklärt ein *uetomes* als „betimus", man könnte also hier die ächt lateinische Form des Anlautes vermuthen, doch s. Bd. II Anh., zu *324*.

mann Voc. 190 schwerlich mit l. *baetere* zusammenzubringen ist) gleichen Anspruch auf Vergleichung mit lett. *gaita* av. *gaēþē* hat, wie *baetere* (vgl. Fick I⁴ 397, Bezzenberger B. B. XVI 238)[1]. Schwierig ist umbr. a ř p u t r a t i *Va* 12 „arbitratu"; l. *arbiter* leitet man gewöhnlich von *baetere* ab, also *bĭt-* Tiefst. zu *bait-*, aber *ĭ* wird im Umbr. nicht zu *u* oder *o*; soll die Identität aufrecht erhalten werden, so wird umgekehrt das lat. *i* als der jüngere Vocal gelten müssen, also l. *arbĭter* aus **arbŏter* (vgl. *ilĭco* etc.) oder, falls *o* in a ř p u t r a t i **arsbotrati* wie in *Prestŏte* = **Prestāte* (S. 239 ff.) zu beurtheilen ist, aus **arbăter*[2]. Bezzenberger B. B. XII 239 stellt a ř p u t a t i *arbiter* zu anord. *at kveđa* „bestimmen" (got. *qiþan*?), die W. wäre also wohl *g²et-*, das lat. *b* statt *u̯* wäre dem vorhergehenden *r* zuzuschreiben, vgl. l. *turba* aus **turgu̯a*: gr. ταργαίνω (aksl. *trŭgŭ*) Bersu 148, 158 (?) und *derbiosus* aus *derdu̯-* gegenüber *suauis* aus **suadu̯-* etc.; vielleicht könnte die W. *g²et-* auch in l. *uotare uetare* vorliegen (die vorauszusetzende eigenthümliche Bedeutungsentwicklung würde kaum einen durchschlagenden Gegengrund bilden). Zu dieser W. etwa auch der osk. Name B e t i t i s, C. I. L. X *Betitius Betutius* etc.? Vgl. noch § 212 zu marr. *amatens* und § 211. Von päl. *biam* umbr. *bio* (wozu vielleicht b i e auf dem Stein von Grecchio) vermuthet Bugge A. S. 45 (vgl. Bezzenberger B. B. XVI 245), dass es dem anord. *kví* „saeptum, caulae" entspreche, doch s. § 202. Ueber osk. B e r i i s oder B e l i i s s. ebd., über s a m í- § 212 und Bd. II Anh., über osk.-päl. *brato-* § 171, über o. p r e b a i § 173.

Ueber Conways Vermuthung, dass *b*˙ = *gu̯* von ächtem *b* im Umbr. noch verschieden gewesen sei (etwa = *ƀ*) s. § 210, 248.

Zu der Annahme, dass urit. *gu̯* im Osk.-Umbr. auch als *u̯* (*v*) erscheinen könne, ist man durch nichts berechtigt. Wegen osk. Ϝαλε *12* ist also die Verbindung von l. *ualere* mit lit. *galĕti* aufzugeben (vgl. § 291), ebenso wegen umbr. *uaso*

---

1) Sollte etwa l. *amtruo* (*antruo*) *red-amtruo* aus **am-* (*amb-*) *b*(*ĭ*)*truo* zu erklären sein? Dann würde die Wahrscheinlichkeit dafür grösser, dass das *b* in dieser Sippe ächt sei, nicht auf einen Guttural zurückgehe.

2) Unter den Beispielen für *o* aus *a* zählt Bugge A. S. 16 umbr. a ř p u t r a t i auf.

vasus *uesclir* etc., vo. *uesclis* diejenige von l. *uas* mit got. *kas* (Entlehnung aus dem Lat. schon wegen *e* in *uescl-* nicht glaublich); unhaltbar ist ferner die Etymologie umbr. vapeř-aus **gᵘaped-* zu gr. δάπεδον (s. o. S. 286 Anm.), sowie Danielssons Vermuthung, dass umbr. eveietu mit l. *uiē-re* zu ai. *jyā-* gehöre (s. § 182).

Fehlen der Labialisation.

170. Es gibt viele Beispiele, in denen die italischen Sprachen abweichend von den verwandten Sprachen die Labialisation nicht aufweisen. Wo das Lat. allein in Betracht kommt, ist der Schwund der Labialisation z. Th. aus speciell lat. Lautgesetzen zu erklären, z. B. *hircus* aus **hirquos*, *colo* aus **quelo*. Umgekehrt scheint in einigen Beispielen der Schwund der Labialisation auf speciell osk.-umbr. Lautvorgängen zu beruhen (über diese s. § 172). In mehreren Fällen, in denen meist das Lateinische mit den Dialekten übereinstimmt, scheint jedoch das Fehlen der Labialisation auf ältere, gemeinitalische Lautgesetze zurückzugehen. Als solche lassen sich vermuthen die Unterdrückung der Labialisation vor folgenden Consonanten (wo dem Lat. die Labialisation durchaus fremd ist, s. Bersu 123 ff., Brugmann I 323) und vor folgendem *u* (wie im Griech., Kelt. und Germ.). Die aus dem Osk.-Umbr. in Betracht kommenden Beispiele sind folgende. 1) Umbr. *sarsite* „*sarcite, sarte" zu l. *sarcio*, gegenüber gr. ῥάπτω aus *σραπτω (älter *σραπι̯ω?). Bersu 128 erklärt wohl mit Recht das lat. *c* statt *qu* in der Stellung vor Vocalen durch Analogie nach Formen, wo es vor Cons. lautgesetzlich entstanden war, z. B. **sarci̯ō *sarc-si sarc-tus*; dieselbe Erklärung erfordert *k* statt *p* in umbr. **sarkite sarsite*. 2) Umbr. prusikurent „pronuntiauerint, declarauerint" zu l. *in-sece* (Aufrecht-Kirchhoff II 330 f. und alle Späteren), wozu Bücheler Umbr. 164 f. wohl mit Recht sukatu *IV* 16 fügt[1]), gegenüber gr. ἔνι-σπ-ε kymr. *hepp co-sp*. Im Lat. selbst erscheinen neben

1) Die Bedeutungsverwandtschaft von sukatu mit naratu teitu scheint mir zweifellos (vgl. auch Bréal 303). Die Erklärung von sukatu aus **subokatu *subkatu* (Grotefend, Newman) ist schon des Zusammenhanges wegen unwahrscheinlich.

den Formen mit *c* solche mit *qu* wie *inseque insequis* (über *inquam* s. u.); mit Bersu 125 Anm. die Richtigkeit der lat. *c*-Formen zu leugnen, ist doch wohl kein genügender Grund vorhanden, namentlich da sie durch das Umbr. gestützt werden. Das *k c* wird von Formen wie *sectus insectio* und vom *s*-Perf. (vgl. *insexit* „dixerit"), ausgegangen sein; im Umbr. kamen wohl noch hinzu Formen wie Imper. **sektu* aus **seku̯(ĕ)tōd* (vgl. fiktu aus **figu̯ĕtōd* etc. § 172) und falls im Osk.-Umbr. die Labialisation vor *u* schwand (s. ebd.), kann prusikurent lautgesetzlich aus **pro-sēku̯uzent* entstanden sein. Betr. sukatu kann man die Gleichung aufstellen sukatu : l. *inseque* = kunikaz conegos : l. *conniuēre conniuēre* (worüber unten 3)[1]). Bezzenbergers Annahme (B. B. XVI 255), dass pru-sikurent sukatu von l. *inseque* etc. zu trennen und mit l. *signum* aksl. *sočiti* „indicare" bulg. *po-soka* „Wunderzeichen" (vgl. Brugmann Ber. d. sächs. Ges. der Wiss. 1889, 49) von einer anderen W. *seq-* (*seq*¹-) abzuleiten seien oder dass sie mit air. *saigim* got. *sakan* zu verbinden seien[2]), ist mir nicht wahrscheinlich. 3) Umbr. kunikaz *conegos* (lat. gleichsam **conigatus*) gegenüber l. *coniueo* aus **coniggu̯eo*, got. *hneivan*, idg. W. *kneig²h-* (*kneig²-*? vgl. § 224). Auch hier wird für den umbr. Guttural an Stelle des Labials von Formen wie l. *conixi*, **conixus* (vgl. *Nixi dei*) oder **conictus* (vgl. *nictari*) etc. auszugehen sein; da im Lat. auch *coniuēre* vorkam, können auch speciell umbrische Formen wie **coniktu* = l. *coniuĭto* (vgl. *fiktu* = l. *fiuito* etc.) betheiligt sein, ferner das Fut. II **conigust*, vgl. oben zu prusikurent. Ueber l. *nicere* vgl. § 248, über den Wechsel der Conjugationen § 291. 4) Osk. fifikus Blt. „fixeris" zu l. *fiuere figere*, lit. *dĕ̃gti* „stechen", *dygùs* „stachelig", idg. W. *dheig²-* (über osk. *k* statt *g* s. § 248). Hier bestehen dieselben Möglichkeiten wie bei prusikurent: entweder kann fifikus *fifigus die Labialisation lautgesetzlich vor folgendem *u* verloren haben oder es steht für **fifibus* wie l. *figere* für und neben *fiuere* (nach *fixi*

1) Bersu 150 erinnert an die Möglichkeit, dass die *u̯*-losen Formen von einem zu Grunde liegenden Wurzelnomen ausgingen (vgl. unten zu *suboco*), doch liegt diese Erklärung ziemlich ferne.

2) Umbr. le in letzterem Falle als *g* zu lesen (Ablautsverhältnisse wie in *căpio* : *cēpi* : gr. κώπη?).

fixum, Vorbild *frigere : frixi* u. dgl., Bersu 104). Ueber Bugges Deutung von fifikus s. § 248, über umbr. fiktu § 172. 5) Umbr. *suboco subocauu subocau* (aus **subuoc-*), l. *uocare uōc-s* gegenüber gr. ἔπ-ος ὄψ ἐν-οπή etc. Nach Bersu 150 (vgl. Brugmann I 313) ist *c* in *uocare* ausgegangen von Nom. Sg. **uōks* aus **uōku-s* (wozu ev. Formen wie **uok-fos* „uocibus" kämen); der Vorgang wäre wegen u. *suboc-* ins Urital. zu verlegen. Vielleicht ist aber De Saussures Erklärung (Mém. soc. VII 75 Anm.) durch Dissimilation gegen das anlautende *u-* vorzuziehen. Erhalten ist die Labialisation nach der mir wahrscheinlichsten Etymologie in l. *inquit inquam* aus **en-uekuet(i)* **en-uekuām* (Durchgangsstufe entweder syncopirtes **enuku-* oder, falls *nu* urit. zu *nn* wurde [vgl. S. 190], **enneku-*); die Erhaltung würde mit dem Fehlen des *u*-Anlautes zusammenhängen[1]. Ueber päl. *praicim-e 254* s. Bd. II Anh. 6) Sabin. '*lixulae*' '*similixulae*' volsc. '*sublices*' (? U. D. 319), l. *sublicius* gegenüber l. *obliquus, linquier* „schräg gehen", vgl. lit. *liñkti* „biegen" (s. Bersu 58 f.). Doch ist wegen l. *licinus* die W. möglicherweise als *liq¹-*, nicht *liq²-*, anzusetzen, so dass *obliquus* Suff. *-uo-* (ev. *-euo- -ouo-*) enthielte[2]. 7) Osk. líkítud *licitud* (λεικειτ?) lat. *licet* von l. *linquo liqui* gr. λείπω ἔλιπη got. *leihvan* mit Bersu 154 zu trennen, entschliesst man sich nur ungern (vgl. Vaniček² 238, Osthoff Perf. 579), doch sind die Schwierigkeiten viel grösser als bei den bisher besprochenen Beispielen. Auf das Perf. *licuit* (Schwund der Labialisation vor *u*) und die Mitwirkung des Differenzirungstriebes gegenüber *liqueo liquet* wird man sich doch kaum berufen können. Doch darf daran erinnert werden, dass noch in einer Anzahl von Beispielen der Grund der Unregelmässigkeit nicht gefunden ist (bei Bezzenberger a. O. 251 ff. z. B. die Nummern 9, 11). Wie sich Berührungen zwischen *q*-Lauten und den *k̂*-Lauten finden (s. z. B. Brugmann I 344 f.), so werden auch zwischen den *q¹*- und den *q²*-Lauten

1) Die Erklärung von *inquam* aus **in-squām* ist mir aus lautlichen Gründen weniger wahrscheinlich, da ein derartiger Schwund von *s* vor Tenues im Lat. sonst nicht vorkommt (eher **isquam* zu erwarten, vgl. *mostrare* etc.). Ganz unwahrscheinlich ist mir Paulis Vermuthung (A. S. V 116 f.) über umbr. *suboco* etc.

2) *linquier* dann mit *qu* statt *c* durch Anlehnung an *obliquus* oder *linquo*?

solche nicht gefehlt haben[1]). 8) Sehr unsicher sind folgende Beispiele. Lat. *merc-s mercari*, wozu osk. *amiricatud*, stellen Bersu Fick u. A. zu gr. μάρπτειν, diese Wörter können aber ebensogut mit *mereo* zusammenzuhängen (vgl. l. *parco* : ahd. *spar*, l. *fac-s* von W. *bhā-* etc. und s. Vaniček² 215)[2]). Osthoff Perf. 369 f., 578, 580 (vgl. Brugmann I 428) vereinigt päl. *coisatens* umbr. kuraia kuratu l. *coira cura* mit gr. τε-τι-ηώς unter einer W. idg. *qeis-* (d. h. *q²eis-*); hier ist der Umstand erschwerend, dass der fragliche Guttural im Wurzelanlaut steht; auch spricht die Bedeutung von *cista cisterna* (umbr. *cisterno*) gr. κίστη, die zu *coisa-* zu gehören scheinen, nicht für diese Zusammenstellung. Bei dem Eigennamen *Jegius* (mehrfach im C. I. L. X), wozu osk. Jeiis *239* (über *i* aus *g* § 182), könnte man vielleicht an gr. ἥβη lit. *jėgiù* „ich vermag" Brugmann I 63 f. denken (vgl. *Ualerius* etc. zu *ualeo*); das *g* statt *gu̯* osk. *b* wäre dann aus folgendem *i̯* zu erklären, vgl. *socius* zu *sequor* u. dgl. Ueber umbr. une (= urit. **ongne* aus **ongu̯ne*?) s. § 172, über *purdin̂siust combifian̂siust* § 319, über osk. Nuvkirinum S. 220 f. und § 261, 4, über umbr. krenkatrum und krematru (*kr-* möglicherweise = *q²r-*) oben S. 328. 9) Ausser vor Consonanten mag die Labialisation im Urital. auch vor *u* geschwunden sein. Aus den Dialekten ist hier als indirectes Zeugniss anzuführen umbr. arçlataf „arculatas" (Paul. Fest. „arculata dicebantur circuli qui ex farina in sacrificiis fiebant"); aus **arku-lo-* mit ursprgl. *u*, worauf Bersu 133 f. lat. *arculum arculata* zurückführt, ist umbr. arçlataf nicht erklärlich (es wäre *arkulataf oder mit Syncope *arklataf zu erwarten), arçlataf setzt vielmehr ein **arkĕlo-* voraus (s. § 178), welches eine ähnliche Neubildung statt **arku̯elo-* umbr. **arpelo-* (vom *o*-Stamm urit. **arku̯o-* l. *arquo-* Bersu 121, got. in *arhva-zna*) ist wie l. *arcitenens* neben *arquitenens*, daher rührend, dass der *u*-St. urit. **arku-* (aus **arku̯u-*) die theilweise Aufgabe der Labialisation auch beim *o*-St. nach sich zog. Im Umbr. kann die Neubildung auch erst nach dem Wandel von *ku̯* zu *p*

---

1) Die letztere Erklärungsweise kann natürlich ev. auch auf andere Fälle, z. B. umbr. *suboco* l. *uoco* gegenüber gr. ϝεπ-, angewendet werden.

2) Vgl. übrigens über μάρπτειν Fick I⁴ 108.

eingetreten sein, indem durch letzteren der *o*-St. **arpo*- und der *u*-St. **arku*- allzuweit auseinander geriethen. Ueber osk. **puf puz** umbr. **pufe puze** *pusi*, die ev. als Neubildungen statt ***kuf** ***kuz** etc. nach *po*- *pi*- zu betrachten sind, s. § 288.

171. Wenn in § 170 mit Recht angenommen wurde, dass die Labialisation vor Cons. gemeinitalisch schwand, kann o. Πομπτιες *1* nicht mit Bersu 126, Brugmann I 313, 323, 371, Stolz² 289 direct auf urit. **ku̯enku̯to*- = gr. πέμπτο- got. *fimfta*- zurückgeführt werden, dies geht aber auch sonst nicht an wegen der Form *pont*-, die in o. **Púntiis** *28*, päl. *Ponties 245* (2 m.), l. *Pontius* (vgl. S. 333), ferner in u. **puntes puntis** nach der mir wahrscheinlichsten Deutung als „πεντάδες, πεντάσι“ [1]) vorliegt; denn da *pompt*- und *pont*- nicht beide lautgesetzlich aus éiner Grundform zu erklären sind, muss das eine Neubildung sein, selbstverständlich also das deutlichere *pompt*-, welches nach **pompe* restituirt ist (vgl. Bartholomae K. Z. XXIX 503 Anm.). Osk. *pomtis* der T. B. scheint auf halbem Wege zwischen **pontis* und **pomptis* stehen geblieben zu sein (oder bloss ungenaue Schreibung für **pomptis*?). Es fragt sich nun, ob *pont*- selbst (vom *o* abgesehen) lautgesetzlicher Fortsetzer des urit. **ku̯enkt*- (l. *quinct*-) sein kann oder auch nur eine Neubildung ist, wenn auch eine ältere als *pompt*-. Gegen ersteres scheint die Behandlung von urit. *nkt* in osk. **saahtúm** umbr. *sahata* aus **sankt*-, umbr. *šihito*- aus **kinkto*- (§ 175) zu sprechen, wonach man rein lautgesetzlich **pōhto*- oder noch richtiger (vgl. S. 88) **pēhto*- aus **penkto*- erwartet; dann wird anzunehmen sein, dass urosk.-umbr. **ku̯onkto*-, statt zu **ku̯ōhto*- zu werden, durch das danebenstehende **ku̯onku̯e* gehalten, resp. nach diesem restituirt wurde, und später, nach Aufhören des Wandels von *kt* zu *ht*, zu **ponkto*- und weiterhin **ponto*- wurde wie im L. *quinctus* zu *quintus* (vgl. § 185). Einfacher wäre die Erklärung, wenn die Annahme gestattet wäre, dass urit. *ku̯t* bis in die Zeit des osk.-umbr. Wandels des ursprünglichen *kt* zu *ht* von dem

---

1) So Huschke 397; Bücheler 152 schwankt zwischen dieser Auffassung und derjenigen als „pontes“, scheint aber ebenfalls mehr der ersteren zuzuneigen. Der Stamm wäre urit. **ku̯enk-ti*- = ai. *pank-ti*- (vgl. schon Aufrecht-Kirchhoff I 74), aksl. *pętĭ* etc., idg. **penq²-ti*- (vielleicht auch in o. *pomtis*, s. § 286).

ursprünglichen *kt* verschieden war, da dann *pont-* bis auf das *o* lautgesetzlicher Fortsetzer von urit. **kuenkut-* sein könnte[1]). Ein ganz ähnliches Beispiel wie *pont-* scheint osk. Tintiriis l.-dial. *Tintirius* zu sein; das daneben vorkommende *Tintorius*[2]) zeigt nämlich, dass der Name von einem Nomen actoris auf *-tor* abgeleitet ist, und da liegt doch nichts näher als l. *tinctor* (dessen Stammwort *tinguo*, nicht *tingo*, zu schreiben ist, s. Bersu 100 ff.). — Die Verbindung von osk.-päl. *brato-* mit l. *grātus* ai. *gūrta-* Fick B. B. III 165, Wtb. I⁴ 34 ist nicht wahrscheinlich, weil gr. γέρας air. *grád goire* auf g^1, nicht g^2, weisen und weil sogar für g^2r- osk.-umbr. wohl *gr-* mit Schwund der Labialisation zu erwarten wäre (vgl. Bezzenberger a. O. 251, der aber osk. Nuvkirinum unrichtig beurtheilt, s. o. S. 220 f. A., 263 f.).

172. Die Unterdrückung der Labialisation vor Cons. scheint sich in späterer Zeit, wenn durch die speciell osk.-umbr. Syncope (§ 109 ff.) labialisirte Gutturale aufs Neue vor Cons. zu stehen kamen, wiederholt zu haben. Osk. fruktatiuf kann nicht = l. **fructatio* sein, da ursprgl. *kt* zu *ht* wurde (§ 175), sondern entspricht, wie Bugge K. Z. XXII 423 mit Recht annimmt, einem l. **fruitatio* (vgl. *fruitus sum* neben *fructus sum*), also urit. **frūguĕtation-*; hieraus osk. **frūkuta-tiuf* frūktatiuf; denkbar, aber jedenfalls weniger wahrscheinlich, ist freilich auch, dass fruktatiuf einem l. **frūgitatio* entspräche. Osk. aíkdafed *189* erklärt Bücheler als „*aequidauit"[3]), von einem l. **aequidus* (: *aequus* = *uiuidus* : *uiuus* etc.), also aíkdafed aus **aiku(ĕ)dafed*; sicher ist diese Deutung jedoch nicht, denn falls Búvaianúd in locativischem Sinne stehen kann (s. hierüber die Syntax), ist als Bedeutung von aíkdafed vielmehr „aedificauit" anzusehen und es kann vielleicht mit Stokes Kuhn-Schleicher Beitr. V 342 an air. *aicde* „Gebäude" angeknüpft werden[4]). Umbr.

1) Der Ausweg, **ponkt-* auf **kuonkuĕt-*, vgl. ai. *pancatha-* air. *coiced*, zurückzuführen, würde schwerlich einleuchten.

2) Vgl. auch Tinθur auf einem campanischen Thongefäss (Gamurrini App. No. 936) aus Suessula.

3) Bei Zvet. S. J. O. p. 12, 95 „a Bouiano aequidauit id est fines eius ad normam derexit", L. J. IV a „librauit quod exstructum erat templum aequamento usus", vgl. auch Osthoff Perf. 240 Anm.

4) Falls die Wurzel von got. *aigan* ai. *īç-* mit Fick I⁴ 346 als *aik̂-*, nicht als *eik̂-*, anzusetzen ist, könnten aíkdafed und *aicde* vielleicht hiezu gehören.

fiktu afiktu aus **figʷĕtōd* **fikʷtōd* = l. *fiuito* (vgl. Brugmann I 371); aus **figĕtōd* = l. *figito* wäre, wie *aitu* aus **aktu* **agĕtōd*, *deitu* aus **dektu* **deikĕtod* (§ 176) zeigen, zunächst **fiktu*, weiterhin aber **fijtu* (**fitu*) entstanden, während in **fikʷtu* der labiale Nachklang die Palatalisirung des *kt* zu *jt* verhinderte; über *fikla* (aus **figʷĕtla* **figʷĕkla* **fikʷkla*?) s. § 178. Ein ganz ähnliches Beispiel wie fiktu ist *ninctu* aus **ningʷĕtod* **ninkʷtu* = l. *ninguito*. Auch für anstintu „instinguito" ist die nächstliegende Erklärung die, dass es für **an-stinktu* aus **stingʷĕtōd* **stinkʷtu* stehe (vgl. § 185), nur fällt etwas auf, dass das völlig gleichartige *ninctu* beidemal (*VIb* 60, *VIIa* 49) mit c, anstintu alle dreimal (*III* 18 19 20) ohne k geschrieben ist; entweder *ninctu* und anstintu verhalten sich ähnlich wie l. *quinctus* und *quintus*, *sanctus* und vulgärl. *santus* etc. (s. Brugmann I 371, Bartholomae K. Z. XXIX 503, Thurneysen K. Z. XXX 501 f.), so dass die jüngeren Tafeln die vollere Schreibung zeigen wie in *Turse tursitu* etc. gegen Tuse tusetu[1]); oder an-stintu entspricht einem l. **stingito* nicht *stinguito* (vgl. *figere* neben *fiuere*, etc.), steht also für **an-stinjtu* aus **anstinktu* = **anstingĕtōd*, wie *aitu* aus **aktu* = **agĕtōd* etc. — Eine ganz andere Vertretung des Ausganges lat. *-nguito* finden wir in umbr. umtu *IIa* 38 *IV* 13 = l. *unguito*. Die Form kann, wenn obige Erklärungen richtig sind, nicht lautgesetzlich aus **ongʷĕtōd* entstanden sein, sondern ist Neubildung für *unktu (ev. *untu). Wie leicht eine solche Neubildung eintreten konnte, ergibt sich aus der Erwägung, dass in allen Formen, in denen die Labialisation erhalten blieb, dem l. *ungu-* umbrisches um(m)- aus *umb- (vgl. umen aus *umben = l. *unguen*) entsprach. Beispielsweise sind als lautgesetzliche Entsprechungen von l. *unguo unguunt unguito unguite* zu erschliessen umbr. *ummu *umment *unktu *unkte, ebenso z. B. bei *ninguere* umbr. *nimmu *nimment *ninktu *ninkte. Dass von den wechselnden Stammformen umm- unk- (und *ung-*?), nimm- nink- (und *ning-*?) leicht die éine über ihr Gebiet hinausgreifen konnte, ist begreiflich, warum dies gerade bei umtu eintrat, bei *ninctu*

---

1) Der Umstand, dass anstinktu Compositum, *ninctu* Simplex ist, wird kaum ins Gewicht fallen.

nicht, wird sich schwer sagen lassen (etwa Mitwirkung des Nomens umen = l. *unguen*, das *IIa* 38 mit umtu nahe verbunden erscheint?). — Sichere andere Beispiele für die Unterdrückung der Labialisation vor Consonanten, die erst durch die osk.-umbr. Syncope direct hinter den labialisirten Guttural zu stehen kamen, scheinen zu fehlen. Möglicherweise ist hier noch zu nennen umbr. une *IIb* 20 neben umne *IIa* 38, welches vielleicht aus **ongᵘene* = l. *unguine* über **ongᵘne *ongne* (woraus **one* wie *conegos* aus **congn-*, s. § 184) entstanden ist, während umne sein m von umen bezogen hätte oder auf eine unsyncopirte Nebenform zurückginge; weniger wahrscheinlich ist, dass une auf bereits uritalisches **ongne* aus **ongᵘne* (vgl. *carnis*) zurückgehe; am wenigsten hätte jedenfalls die Annahme für sich, dass une aus dem danebenstehenden umne assimilirt sei (vgl. S. 301 f.). Umbr. *anglar* „oscines" wird meistens mit l. *ancula* verbunden, so schon von Grotefend, Knötel, Panzerbieter (gegen letzteren Aufrecht K. Z. I 280), neuerdings von Bücheler Umbr. 43, der mit Recht die Zusammenstellung mit gr. ἄγγελος (Huschke 47) fallen lässt; da nun l. *anculus* aus **am-kᵘolo-* (gr. ἀμφίπολος) entstanden ist (s. S. 332), wäre anzunehmen, dass urit. **ankᵘolā-* durch die osk.-umbr. Syncope zu **ankᵘlā- *ankla-*, umbr. weiter zu *anglā-* (nach § 247) wurde. Doch ist neuestens von Brugmann eine andere Etymologie vorgeschlagen worden, die viel für sich hat, s. § 260. — Da *kᵘ gᵘ* ihr *ᵘ* verloren, wenn sie im Osk.-Umbr. durch Syncope vor Cons. zu stehen kamen, scheint umbr. *sepse*, falls es zu l. *secus* gehören sollte (s. o. S. 334), für **ses(s)e* aus **sekse* zu stehen nach Formen wo *p* berechtigt war[1]); umbr. iepru wenn Acc. „iecur" (genauer „*iecorem") hätte *p* wohl vom Nom. *iepur bezogen, doch s. o. S. 334.

Möglicherweise fiel auch vor *u*, wenn dieses in osk.-umbrischer Zeit aufs Neue hinter labialisirte Gutturale trat, die Labialisation weg; hieher vielleicht osk. fifikus umbr. prusikurent (vgl. oben S. 339).

Wegfall der Labialisation in Folge von Dissimilation wäre anzunehmen in osk. *cebnust* der T. B., wenn dieses als

---

1) Dass dieses **ses(s)e* in testru sese asa etc. vorliege, ist nicht unmöglich (s. § 183).

**gebnust*, reduplicirte Form zu umbr. *benust*, aufzufassen ist; **gᵘegᵘen-* wäre vor dem osk.-umbr. Wandel des *gᵘ* zu *b* zu **gegᵘen-* geworden wie lat. *quinque* im Vulgärlat. zu *cinque* (d. h. *kinque*), *quisque* z. Th. zu **cisque*, **querqua* zu **cerqua* etc. bei W. Meyer Roman. Gramm. I 6f., 351ff. Zu *cebnust* fügt Conway Am. Journ. of. philol. XI 308 Anm. noch osk. púkkapíd *pocapit*, das er aus **-kᵘam-kᵘid* erklärt. Es finden sich jedoch Wörter, in denen die Dissimilation nicht eintrat: osk.-umbr. **pompe* „quinque" aus **kᵘonkᵘe* (s. o. S. 332 und § 206), umbr. pumpe „cunque" aus **kᵘom-kᵘe* (*-ēd*?), osk. Púpidiis falls = l. *Cocidius* (s. o. S. 333, ebd. über umbr. Pupřike), vgl. auch lat.-dial. *popina*. Osk. pispis und '*pitpit*' mögen wegbleiben, weil sie sehr leicht Neubildungen sein können. Möglich ist die Erklärung als Neubildung freilich auch in den übrigen Beispielen, aber jedenfalls wird durch dieselben die Unsicherheit der erwähnten Deutung von *cebnust* und púkkapíd bedeutend vermehrt. Lag nicht z. B. eine Neubildung **bebnust* für **gebnust* nach *fefacust* etc. viel näher als eine Neubildung pumpe für *kumpe (Adverb)? Vgl. über *cebnust* § 314, über púkkapíd die Syntax unter „Partikeln".

Verbindungen von Gutturalen mit ächtem *ṷ*.

173. Im Lat. war idg. *k̂ṷ* mit dem aus idg. q^2 entstandenen urit. *kᵘ* zusammengefallen (*equo-* aus idg. **ek̂ṷo-* ai. *áçva-* : *sequor* idg. W. *seq²-*, etc.) wie z. B. auch im Germanischen (got. *aíhva-* : *saíhva* etc.), während es im Griechischen abweichend behandelt wurde (ἵππο-ς : ἕπομαι etc.). Es fragt sich nun, ob der Zusammenfall von idg. *k̂ṷ* und urit. *kᵘ* aus q^2 bereits uritalisch war. Wir finden im Osk.-Umbr. ein erhaltenes kv in folgenden Wörtern: osk. dekkvíarím *28*, umbr. tekvias *IIb* 1; osk. (súll-?) *eíkviarís 134*, umbr. eikvasatis *III* 24 29, eikvasese *Va* 4 16; umbr. ekvine *IIa* 13; osk. Παкϝηις *12*; osk. Akviiai Blt.[1]); endlich anlautend in osk. kvaísstur kvaísstureí кϝαισ[τορ umbr. kvestur kvestretie. In einigen der an-

1) Ueber das unsichere sabell. reikvús *282* s. Bd. II Anh.

geführten Wörter ist v (*u̯*) klärlich aus *uu̯ ou̯* entstanden (vgl. S. 196 f., 201 f.), so in Πακϝηις, das mit l. *Pacuuius* auf ein **pakou̯o-* zurückgeht [1]), und in Akviiai vgl. l. *Acuuius Aquuia Aquia*; hierher auch päl. *Pacuies* und u. *Piquier*, falls sie als o. *Pakviis, au. *Pikvies (von einem **Pikou̯io-*) aufzufassen sind (vgl. S. 201). Schwierig ist **dekvia-* in o. dekkviarím u. tekvias, welches sehr wahrscheinlich den in l. *decuria* (u. tekuries *dequrier*) und *decies decunx* etc. auftretenden Stamm *dek-* für **dekem-* (ai. *dáça* idg. **dek̂m̥*) enthält [2]); das v scheint mit dem *u* von l. *decussis* (= **decu-assis*) *decu-plex* etc. [3]) oder mit demjenigen von vulgl. *octuaginta* (: gr. ὀγδο(ϝ)ήκοντα, vgl. Wackernagel K. Z. XXV 281, Brugmann M. U. V 35 ff.) zusammenzuhängen, jedenfalls liegt kein ursprüngliches *k̂u̯* vor. Die Verbindung von u. eikvasatis eikvasese mit l. *aequus* (Bücheler Umbr. 29 f., L. J. IV a) wäre wegen des kv nur möglich, wenn die Gleichsetzung von l. *aequo-* mit ai. *ēka-* aufgegeben würde oder von einer Weiterbildung mit *-u̯o-* (urit. **aiku̯ou̯o-* zu **aiku̯o-*, vgl. l. *reliquus* aus **reliku̯ou̯o-* wie *perspicuus* aus **perspicou̯o-*, *annuus* aus **annou̯o-* etc.) ausgegangen würde, aber die Deutung ist auch des ei = *ai* wegen bedenklich und wird durch das eí des neugefundenen oskischen *eíkviarís*, wenn die Lesung richtig ist, definitiv widerlegt [4]). Ob o.-u. eikv- von W. *eik̂-* „besitzen", die in got. *aih aigan*, d. *eigen*, ai. *īç-* „besitzen" z. B. nach Osthoff Perf. 140 vorliegt, abzuleiten sei [5]), oder ob an lit. *eikvóti* „verwalten" gedacht werden

---

1) Die Emendation von Πακϝηις zu Πακεηις (Pauli A. S. V 33) scheint mir unnöthig, auch wäre das ε statt ι auffällig.

2) Bréals Herleitung des umbr. tekvias von *dek-* „dicere" (idg. W. *deik̂-*) leuchtet schon desshalb nicht ein, weil osk. dekkvíarím wegen des e (statt eí ev. í, vgl. *deicum dicust*) davon getrennt werden müsste. Eher könnte man vielleicht an W. *dek-* in l. *decet decus* (wohl auch in *dignus*) denken, wie Grotefend wollte.

3) Das *u* in *decussis* etc. scheint von *quadru-* (mit *ru* aus *u̯r̥*) ausgegangen zu sein, vgl. Baunack K. Z. XXV 254 Anm., Wackernagel ebd. 283.

4) Zugleich widerlegt dasselbe Bréals auch sonst wenig ansprechende Vermuthung (T. E. 235 f., 323, Mém. soc. II 335 ff.), dass eikvasatis eikvasese, wozu Bréal noch ekvine gesellt, mit Ikuvins Iiuvinu- *Iiouino-* zusammenhänge (k als *g* zu lesen).

5) Fick I[4] 346 setzt die W. jedoch als *aik̂-* an, vgl. oben S. 343 Anm.

kann, muss bei der Unsicherheit der Bedeutung[1]) dahingestellt bleiben; das v würde im ersteren Falle an ai. *iç-u- iç-vara-* erinnern, kv brauchte aber auf keinen Fall = idg. *k̂u̯* zu sein, da ebensogut **eik̂uu̯-* oder **eik̂eu̯-* (urit. **eikou̯-*) zu Grunde liegen kann. Das einzige Wort, das man mit einigem Schein von Berechtigung dafür anführen könnte, dass idg. *k̂u̯* im Osk.-Umbr. nicht wie urit. *ku̯* zu *p* wurde, ist u. ekvine *IIa* 13, das Bücheler Umbr. 127, L. J. VIII a als Loc. „equini" deutet. Würde durch dieses Wort bewiesen, dass idg. *k̂u̯* im Osk.-Umbr. als kv blieb (vgl. Brugmann I 308, 322), so brauchte auch o. kvaísstur, u. kvestur kvestretie wegen des kv nicht mehr als Lehnwort aus dem Lat. erklärt zu werden, so lange für l. *quaero* nicht *qu-* aus q^2- erwiesen ist[2]). Mir ist wegen der auf osk. Gebiete häufig vorkommenden Namen *Epius Epidius* (Epid[is *42*) *Epetinus* etc., welche wie *Equasius Equitius* etc. zu *equus* gehören (vgl. Corssen Sprachk. 127; besonders bemerkenswerth ist *Ep-et-inus* : l. *equ-et- Equ-it-ius*), viel wahrscheinlicher, dass *k̂u̯* im Osk.-Umbr. wie *ku̯* aus q^2 zu *p* wurde. Andere Beispiele fehlen allerdings[3]). Was u. ekvine betrifft, so dürfte es schwerlich als Lehnwort aus dem Lat. aufzufassen sein (Bersu 38 Anm.), sondern es scheint mit eikvasatis eikvasese osk. *eikviarís* zusammenzugehören. Bei o. kvaísstur umbr. kvestur hat die Annahme von Entlehnung aus dem Lat. nicht das mindeste Bedenken.

Mit gv findet sich nur éin Wort, osk. degvinum auf Münzen von Nuceria (*215*); das Wort ist ganz dunkel, wahrscheinlich wird es auf **degou̯īno-* zurückgehen. Ein Beispiel dafür, dass ursprüngliches *gu̯* zu *b* wurde, ist osk. prebai Blt., falls das Wort zu gr. πρεῖγυς πρέσβη (Suff. *-gu-* Brugmann II 261) gestellt werden darf (vgl. Bd. II Anh.).

Wenn nach dem Vorausgehenden urit. *ku̯* = *k̂u̯* und *ku̯* = q^2 im Osk.-Umbrischen wie im Lat. zusammenfielen (ebenso wohl *gu̯* und *gu̯*), so ist damit doch nicht gesagt, dass

---

1) Bücheler eikvasese „pagis", eikvasatis „paganicis".

2) Gr. ἔμ-παιος „kundig", das Bezzenberger-Fick B. B. VI 236, Bersu 144 damit verbinden, würde wohl nichts entscheiden.

3) Umbr. *nepitu* wegen des damit verbundenen *ninctu* schwerlich „necato" (wobei *nep-* aus **nek̂u̯-*, vgl. l. *nequalia* gr. νέκυ-ς av. *naçu-* etc.) oder zu l. *nequam nequitia*.

der Vorgang uritalisch sei. Dass die beiden Laute noch zur Zeit der osk.-umbr. Syncope verschieden waren, würde aus osk. Akudunniad hervorgehen, wenn dasselbe aus urit. **akụedōniā-* zu erklären sein sollte, indem *ụ* hier durch die Syncope des *ĕ* Vocal geworden wäre, während der labiale Nachklang in *kᵘ gᵘ* im entsprechenden Falle ausgedrängt wurde (fiktu aus **figᵘĕtōd* etc. S. 343 f.), also noch kein volles *ụ* war. Doch ist die Erklärung von o. Akuduniad u. Akeřunia- unsicher, s. § 179.

Falls ursprüngliches *kụ-* in gewissen Fällen zu *k-* wurde (vgl. *p-* aus *pụ-*, *t-* aus *tụ-* etc. § 95 ff.), ist auch dies ein Beweis der Verschiedenheit des urit. *kụ* von urit. *kᵘ* aus q^2, da *kᵘ* vor allen Vocalen im Urit. blieb, im Osk.-Umbr. zu *p* wurde. Für *ka-* aus *kụa-* lassen sich anführen l. *canis* : ai. *çvan-* und l. *caseus* : aksl. *kvasŭ* (vgl. Bersu 145 f., Stolz² 290); dass umbr. katlu l. *catulus* zu l. *canis* und umbr. kazi zu l. *caseus* gehöre, ist jedoch unwahrscheinlich (vgl. über kazi § 190); über umbr. skalçe-ta l. *calix* s. § 227. *ki-* aus *kụi-* in l. *in-ciens* aus **kụi-ent-* : ai. *çvi-* nach Osthoff Perf. 431 f.[1]); l. *cibus* umbr. kebu kaum hierher (vgl. § 179). *kụe-* blieb im Lat. erhalten (*queror* : ai. *çvas-*, *queo* : ai. *çvdyati*), in umbr. Akeřunia- *Acersonia-* ist daher das ke *ce* statt çe *še* kaum durch Entstehung aus *kụe* zu erklären (vgl. § 179).

Von anlautendem idg. q^2*ụ-* nehmen Thurneysen Verba auf *-io* 25 Anm. und Wiedemann Idg. Forsch. I 255 ff. an, dass es im Lat. als *ụ-* erscheine: l. *uapor* zu lit. *kvāpas*, l. *in-uitus* zu preuss. *quaits*, l. *in-uitare* zu lit. *kvěsti*, nach Thurneysen vielleicht auch in l. *u-bi* zu ai. *kva* [auch preuss. *quei* „wo" etc.?]. Gegen Thurneysen Danielsson Gramm. Anmerkn. I 16 Anm., Bersu 144 f. (vgl. 5 Anm.). Bücheler Umbr. 144 vermuthet von umbr. vaputu vaputis, dass sie zu l. *uapor* gehören, was viel für sich hat[2]); der Uebergang von q^2*ụ-* zu *ụ-* wäre dann ins Uritalische zu setzen. Ob

1) **kuịent-* wäre zu **kuent-* geworden (l. **in-cuens* oder **in-quens*). Oder aus gr. ἔγκυος entlehnt? (O. Keller Lat. Volkset. 74 f.).

2) Falls das *u* in vaput- idg. *u* ist, mag es als Tiefstufe zu *-ụo-*, vgl. l. *uappa* „qualmiger Wein" aus **uapụa*, aufzufassen sein (vgl. § 95 ff.).

auch vepurus *Va* 11 und vepuratu *IIa* 41 zu vaput- und l. *uapor* gehören (vgl. Savelsberg K. Z. XXI 227; zum *e* wäre lit. *kvẽpti* zu vergleichen, s. S. 283), ist freilich noch unsicherer, Bücheler 31 sieht in vepur- ein Compositum, das gr. ἄπυρον entspricht[1]). Ueber vapeř- *uapers*- s. S. 286. Umbr. vatuva vatuvu *uatuo* verbindet Bücheler 63 mit l. *uatillum* „Hafen, Pfanne, Räucherpfanne", sollte die Erklärung von vaput- l. *uapor* aus **q²ṷap*- richtig sein, so könnte man bei vatuva l. *uatillum* vielleicht an ai. *kvath*- „kochen, sieden" etc. Fick I⁴ 396 denken (vgl. § 207). Danielsson a. O. stellt jedoch l. *uapor* zu d. *wabern*.

Die Lautverbindung *kt*.

174. Die Lautverbindung *kt* ist im Osk.-Umbrischen verschieden behandelt worden, je nachdem sie ursprünglich oder neuentstanden war; das ursprüngliche *kt* wurde überall zu *ht*, das durch die osk.-umbr. Syncope neuentstandene blieb im Osk. als *kt* erhalten, im Umbr. wurde es zu *it* (vgl. Bréal T. E. 63, 100, 181, 338, Mém. soc. IV 396 f., Osthoff Perf. 183, Brugmann I 370 f.).

175. Ursprüngliches *kt* wurde zu *ht*. Dieser Lautwandel scheint in ziemlich früher Zeit stattgefunden zu haben, da er vor die osk.-umbr. Syncope in *factud* etc. und vor den Wandel von urit. *kṷ gṷ* zu *p b* fällt (vgl. S. 234, 343 f.). *kt* war zunächst jedenfalls *χt* geworden, aber das Reibegeräusch des *χ* scheint, unter Dehnung des vorausgehenden Vocals, stark reducirt worden zu sein, im Osk. zu einem noch hörbaren Hauche *h*, im Umbr. bis auf ein Minimum oder bis ganz auf Null. Im Osk. weist auf die Schwäche des *h* dessen Weglassung in eestint der T. A. neben eh[stit des C. A. (die Form *eh*- war aus *ek*- ursprünglich nur vor *t* entstanden, s. u.), an dem völligen Verklingen (falls solches anzunehmen

---

1) vepur- im letzteren Falle wohl für *vempur-, vgl. S. 309 und die Syntax unter „Partikeln". Die S. 288 erwähnte Möglichkeit ist der Bedeutung halber nicht wahrscheinlich.

ist) mag hier das folgende *st* schuld sein, vgl. S. 209 mit Anm.; jedenfalls nöthigt eestínt keineswegs anzunehmen, dass in den anderen Beispielen wie Uhtavis etc. *h* blosses Dehnungszeichen sei (vgl. Bechtel D. L. Z. 1886, 1680), da *h* im Osk. sonst nicht als Dehnungszeichen verwendet wird (s. S. 57)[1]).

Die oskischen Beispiele für *ht* aus *kt* sind folgende: Úhtavis *129 204*, Uhtavis *129* = l. *Octauius*; ehtrad C. A. aus **ektrad* vgl. air. *echtar*, während l. *extra* wohl Neubildung für **ectra* nach *ex* ist (Osthoff Perf. 219); in Compositis, deren zweites Glied mit *t* begann, wurde die Präpos. *ek-* zu *eh-* und diese letztere Form gelangte dann durch Uebertragung auch vor andere Anlaute, daher eh[stít C. A. (eestínt T. A.), ehpreívi... *194*, eehiianasúm *135* (oder veh-? s. Bd. II Anh.); mit ursprgl. *-nkt-* saahtúm T. A. aus **sanktom* (über das Verklingen des Nasals s. S. 207, 313); äusserst unsicher ist Bugges Vermuthung n]*u*h*t*ir*n*as „nocturnae" auf der letzten Zeile der Blt. (A. S. 55f.).

In den Zwischendialekten fehlen sichere Beispiele. Vielleicht gehört hieher päl. *aticus 251* (Beiwort zu *medix* „meddices"), das als „*actici" von Bréal Rev. arch. 1877, 413 und von Deecke App. 177, Rh. M. 41, 200 erklärt wird (*aticus* für **ahticus*, vgl. das Umbr.)[2]). Auf dem altsabell. Stein von Superaequum (*281*) liest Deecke úht., welches wohl zu l. *octo* (so Deecke) oder *Octauius* oder zu l. *auctor* umbr. *oht.* uh-

---

1) Eher könnte man umgekehrt sagen, eestínt beweise nichts dafür, dass *ht* im Osk. nicht mehr *χt* gewesen sei, da *χ* vor *s* früher reducirt worden sein könne, als vor *t*.

2) Deecke denkt an *agere* in der Bedeutung „Feste feiern" (vgl. marr. *agine* etc.), Bréal an *actus* im Sinne von „Weg" oder an umbr. ahti-; statt *ag-* könnte als Wurzel auch *ah-* (l. *aio*) angenommen werden (vgl. l. *uectus* von *ueh-* etc.). Bücheler übersetzt *aticus* mit „Atici", als Ableitung von einem ungewissen Ortsnamen (Bull. dell' inst. 1877, 236, Rh. M. 33, 41 Anm., 276), gegen ihn Jordan Qu. Umbr. 7, welcher an l. *atta* „Vater", etwa im Sinne von *patronus*, denkt. Diese letztere und Paulis Deutung A. S. V 45 (zu einem angeblichen **atis* „aquaeductus" „lacus" oder dgl.) befriedigen am wenigsten. Kaum haltbar ist Bartholomaes Erklärung als „assici", vgl. § 228. Mir ist die Auffassung als „actici" die wahrscheinlichste.

tretie gehören, würde, doch s. Bd. II Anh. Volsc. *atahus* *240* schwerlich = l. **actauerit*, s. ebd.

Die Beispiele im Umbrischen (wo öfters *h* ausgelassen wird) sind folgende. rehte *Va* 24 29 = l. *recte*; uhtur *III* 7 8 uhturu *III* 4 uhtretie *Va* 2 15 *oht.* *296* zu l. *auctor*; ahtim-em *Ib* 12 12 ahtis-per *III* 24 29 ahtu *IIa* 10 11 entweder zu l. *actus actio* oder zu W. *ah-* in l. *aio axamenta* etc. (vgl. l. *uectus* von *ueho* etc.)[1]; *subator VIa* 27 36 46 *VIb* 29 vielleicht = l. *subacti*[2]; tehteřim *IV* 20 „tectorium“ (so Bücheler 167, vgl. auch Huschke 435); petenata *IV* 4 (für *peht-) „pectinatam“ (Grotefend, Aufrecht-Kirchhoff, Bréal, Bücheler)[3]; speture *IIa* 5 speturie *IIa* 1 3 (für *speht-) „*spectori, *spectoriae“ (Huschke 346 ff., Bücheler 123, 125); *fato VIb* 11 wohl mit Bücheler 67 = l. *factum* (die Deutung als „fatum“ Aufrecht-Kirchhoff II 200 passt der Bedeutung nach nicht gut, „fautum“ Bréal 125 wäre umbr. **foto*); apehtre *IV* 15 zu o. ehtrad (Knötel Der opisch-lat. Volksst. 7, Huschke 432, Bücheler 164); Präpos. *eh- ehe- e-* in e-tuřstamu *ehe-turstahamu* aus **ek-t . . .*, dann auch vor anderen Lauten (vgl. das Osk.) in *e-betrafe VIa* 12 *he-betafe VIb* 53 *e-furfatu VIb* 17 *VIIa* 38 eh-velklu *Va* 23 *Vb* 1 *eh-ueltu*

1) Bücheler 88, 124, 126 leitet die genannten Wörter von *ag-* in der Anwendung auf die religiöse Handlung ab: ahti- „sacrificium“, Ahtu Personification der Opferhandlung. ahtim-em ist, falls es Bezeichnung eines Geräthes wie ferim-e *III* 16 ist (mir trotz Bücheler das Wahrscheinlichere), jedenfalls von *ag-* abzuleiten (vgl. auch fertuta aituta *III* 13), bei Ahtu könnte man für die Ableitung von *ah-* den l. *Aius Locutius* und vo. *Declune*, falls zu umbr. tiçel (vgl. oben S. 99 mit Anm.), anführen (über Açetus s. § 248); ahtis-per muss, wenn ahtim-em ein Geräth bezeichnet, in der Bedeutung wesentlich davon verschieden sein, könnte also möglicherweise auch etymologisch von ahtim-em zu trennen und mit Ahtu von *ah-* abzuleiten sein (vgl. § 182, 218 über aiu). Bréals Erklärung von ahti- als Entsprechung eines lat. **altium* „ara, focus“ (vgl. *altar*) ist mir schon desshalb unwahrscheinlich, weil ahti- alle vier mal mit h geschrieben ist.

2) So z. B. Lassen Beitr. 42, Ebel K. Z. VII 268, Huschke 118, Bréal 80 (Aufrecht-Kirchhoff II 147); nach Bücheler 56, 197 dagegen = l. *suppati* (vgl. oben S. 192 und unten S. 354).

3) Nicht einleuchtend Huschke 427 f. „pinnatam“, wenn auch l. *penna* vielleicht = **petna* ist.

VIa 2 e-veietu *IIb* 8 11 (e-skamitu *IV* 1) *eh-iato VIIb* 2 (über *eiscurent* s. S. 143, 150, über e r e ç l u - § 178, 240f., 248); s a h t a *Ib* 35 s a t a m - e *Ib* 38 *sahatam VIIa* 39 44 45 *sahata VIIa* 5 39 s a t e *Ib* 31 *sahate VIIa* 41 zu osk. s a a h t ú m l. *sanctus* (Huschke 263, Bücheler 106, Deecke Rh. M. 41, 200); *šihitu VIb* 59 *VIIa* 48 *šihitir VIb* 62 *VIIa* 14 28 50 *šitir VIIa* 13 *anšihitu VIb* 59 *VIIa* 48 *anšihitir VIb* 62 *VIIa* 13 14 28 50 zu l. *cinctus* **incinctus* (so ohne Zweifel richtig Huschke 250f. und Bücheler 99f.)[1]. Unsicher sind folgende Beispiele. u t u r *IIb* 15 aus *u n k t u r, falls nicht = gr. ὕδωρ (s. § 197). f r e h t u *IV* 31 f r e h t e f *IIa* 26, falls zu l. *frīgere frīctus* (Huschke 373, 439, Corssen I 41 Anm.); Bücheler 134, 143 erklärt f r e h t u f r e h t e f als „frigidum" „frigidans", ist diese Deutung richtig, so muss das t wohl als *d* aufgefasst werden (**frīgdo-* entweder zu **frijdo-* **frīdo-*, vgl. *Ijov-* aus **Igov-*, oder, mit Assimilation des *gd*, zu **frīddo-*), denn ein eigenes Wort urit. **frīk-to-* neben **frīg-edo-* anzunehmen, wäre man schwerlich berechtigt[2]. Bei *preplohotatu VIIa* 49 *preplotatu VIb* 60 könnte man an Zusammenhang mit l. *plango plāga* oder *plecto* („strafe") denken[3], doch gibt es mehrere andere Möglichkeiten: Huschke 254 und Bücheler 101 verbinden *preplo(ho)tatu* mit umbr. '*plotus*' bei Festus (vgl. oben S. 156f.), man könnte *preplo(ho)tatu* ferner = l. **praeplauditato* setzen (vgl. oben S. 157), am wahrscheinlichsten wäre mir, dass *preplo(ho)tatu* zu l. *plotare* = *pultare pulsare* gehöre, f a l l s ein solches wirklich im Lat. nachweisbar ist (s. Bücheler 101f.;

---

1) Gegen Bréals Deutung „accitos, non accitos" sowie gegen Büchelers frühere Deutung „citos, non citos" (vgl. Bréal Mém. soc. III 276f.) spricht von anderen Gründen abgesehen schon die constante Setzung des *h*.

2) Der Umstand, dass beide Mal h gesetzt ist, spricht doch vielleicht eher dafür, dass das h etymologisch berechtigt, nicht blosses Dehnungszeichen ist, also wohl für die Erklärung aus l. *frīctus* (p u n e f r e h t u f e r t u dann „poscam et frictum ferto"?). An l. *frīcare frīctus* wird schwerlich zu denken sein.

3) Also entweder **pre-plo(n)kta-* aus **pre-pla(n)kta-* durch Schwächung (wie *Prestota* aus **Prestāta* etc. S. 237ff.) oder **plonkta-* neben l. *plango* wie o. *tanginud* neben l. *tongere* etc. (S. 283f.) oder **plōkta-* mit Hochstufe *ō*.

vgl. auch Bréal 190)[1]. *frite VIa* 24 *VIb* 8 15 27 *VIIa* 20 23 33 36 kaum = **frīhte* = l. *frūctu*, s. oben S. 95 mit Anm., 135. In sehmeniar *Ib* 42 *sehmenier Vb* 11 16 *sehemeniar VIIa* 52 (semenies *IIb* 1) ist das *h* wohl unetymologisch, s. S. 209 und § 235, 266.

Ob im Umbr. das *h* in *ht* aus *kt* noch irgendwie hörbar war, ist schwer zu sagen. Die Auslassung desselben in speture (1 m.), speturie (2 m.), petenata (1 m.), *fato* (1 m.), *subator* (4 m.) falls „subacti", sata- (2 m.), *šitir* (1 m.), Präpos. e- *e*- beweist noch kaum das völlige Verklingen, eher die nochmalige Setzung des Vocals nach dem *h* in nu. *sahata*- (5 m.), *šihito- anšihito*- (13 m.), *ehe* (*preplohotatu*??). Dass die Schreibung des etymologischen *h* doch verhältnissmässig viel häufiger ist als die Verwendung des unetymologischen Dehnungs-*h* (s. o. S. 57 ff.), erklärt sich, wenn das ächte *h* völlig verklungen war, aus orthographischer Tradition. Im Au. findet sich das ächte *h* geschrieben 17—19 m. (+ 2 m. eh-), ausgelassen 6—7 m. (+ 3 m. e-). Im Nu. zeigen *sahata*- und *šihito- anšihito*-, die ursprüngliches *nkt* enthalten, zusammen 18 m. die Schreibung mit *h*, nur 1 m. findet sich *šitir*; es fragt sich, ob dieser Umstand gegen die Erklärung des 4maligen *subator* als „subacti" spricht; zu beachten ist, dass hier blosses *kt*, nicht *nkt*, zu Grunde liegt, und dass auch das 1malige *fato* „factum" ohne *h* geschrieben ist[2]). Sehr schwierig ist *tettom-e VIa* 13 14 14. Die nächstliegende Erklärung ist ohne Zweifel die als „ad tectum" (Knötel Ztschr. f. d. Altthswiss. 1848, 778, Zeyss De voc. Umbr. fict. II 12, vgl. Aufrecht-Kirchhoff I 70, II 78, Bücheler 48, 187), aber wie erklärt sich das *tt* statt *ht t*? Directe Assimilation von

1) Als Nbf. zu *pultare* würde man aber **plātare* (*lā* wie in (*t*)*lā-tu-s* etc.) erwarten, zur Erklärung von *plōtare* müsste man sich schon auf das schwierige gr. γνω-τό-ς „Bruder" neben l. *gnātu-s* berufen, deren Zusammengehörigkeit übrigens gar nicht ausser Zweifel steht (vgl. Delbrück Verwandtschaftsnamen 90). Aus **preplātatu* wäre umbr. *preplōtatu* schwerlich zu erklären (vgl. S. 82 über *subotu*). Die Verbindung von *preplo*(*ho*)*tatu* mit l. *pluere* Aufrecht-Kirchhoff I 64 (*plōta*- wäre wohl = **plou̯ta*- aus **plou̯eta*-, vgl. l. *perplouont*) ist des Zusammenhanges wegen unwahrscheinlich (vgl. Bücheler 101).

2) *frite* (8 m.) kaum „fructu", s. o.

kt zu *tt* kann auf keinen Fall angenommen werden, da der osk.-umbrische Wandel von *kt* zu *ht* durch eine grosse Zahl von Beispielen feststeht. Vielmehr müsste als Vorstufe **tehtom* angesehen werden; daraus **tĕʰtom tettom* mit Gemination des *t* (vgl. l. *Juppiter* etc.)? Die Schwierigkeit ist jedoch so gross, dass die Erklärung aus **tektom* sehr fraglich bleibt. Sollte etwa an ein **tektĕdom *tehtĕdom* (vgl. t e h t e ř i m?) oder an ein **tektĕtom *tehtĕtom* (vgl. l. *uirgultum* und dgl.), woraus *tettom* durch Syncope des *ĕ*, zu denken sein??[1]).

Unrichtiger Weise ist eine der gewöhnlichen Entwicklung des *kt* zu *ht* völlig zuwiderlaufende zu *kk* angenommen worden in osk. *facus praefucus* t r í b a r a k k i u f; *facus praefucus* = l. *factus praefectus* zu setzen, geht auch des unsyncopirten *-us* wegen nicht an (*facus* vielmehr = **facuos*, s. § 261, 3); t r í b a r a k k i u f ist nicht = **tribark-tion-*, sondern = *trib-ark-ion-* (vgl. l. *usucapio suspicio obsidio* etc.; über *kk* aus *k* vor *i̯* s. § 243)[2]).

A n m e r k u n g. Dass auch ausserhalb der Stellung vor *t* im Osk.-Umbrischen *k* vereinzelt zu *h* geworden sei (vgl. Corssen K. Z. XIII 189, Ausspr. I 97 f., J. Schmidt K. Z. XIX 204, Bruppacher 67, dagegen Corssen Sprachk. 112 f.), ist mit Unrecht angenommen worden. Falls M a r a h i e i s M a r h i e s auf campanischen Schalen (*174 177*) = l. *Marcii* sind, ist ihr *h* etruskisch, aber sie können auch mit Mommsen U. D. 277, Deecke Etr. Fo. III 252, 287, Fal. 182, 291 und Anderen = l. *Maraei* (osk. M a r a i i e í s *188*), *Marii* gesetzt werden oder ächtes *h* enthalten (vgl. § 216)[3]). *h* in HAMΓANO auf einer Münze aus Capua (U. D. 104 Anm.; auf anderen Münzen K) erklärt Bugge Etr. Fo. Stud. IV 159 f. als etruskisirend, anderenfalls ist wohl ein Versehen anzunehmen (vgl. z. B. ꟷ ꓱV ꓘ statt ꓘKVꓘ auf den Münzen *238* und Pauli A. S. IV 125). Ueber osk. A h v d i u n i *62* s. o. S. 140 f.

---

1) Das *tt* k ö n n t e auch aus *tu̯* (oder *lt*?) erklärt werden, vgl. S. 193 f.

2) Bréal Mém. soc. IV 397 erklärt *kk* statt *ht* aus *kt* so, dass das *kt* nach dem Wandel zu *ht* in den genannten Wörtern restituirt und dann anders behandelt worden sei, aber neu entstandenes *kt* blieb erhalten in *factud actud* f r u k t a t i u f etc. Gegen t r í b a r(a) k k - aus **tribarkt-* spricht auch *fortis* „fortius“ aus **forkt-*.

3) Z. B. **margh-* aus **m̥rgh-* oder **mr̥gh-* zu **mregh-* in l. *breuis*??

176. Secundär entstandenes kt. Durch die osk.-umbrische Syncope (§ 109 ff.) entstand, nachdem das uritalische *kt* zu *ht* geworden war, ein jüngeres *kt*. Dieses blieb im Oskischen unverändert: *factud* aus **fakĭtōd, actud* aus **agĕtōd, uincter* aus **uinkĕter*, Anagtiai aus **Ankĕtiai* oder *Angĕtiai* vgl. päl. *Ancĕta* (über gt § 246), fruktatiuf aus **frugᵘĕtations* (s. o. S. 343). Im Umbrischen erscheint das durch Syncope entstandene *kt* als *it*: teitu *deitu* aus **dĕktu* = o. **deictud* l. *dīcito* Gdf. **deikĕtōd*; aitu *aitu* aus **aktu* = o. *actud* l. *agito* Gdf. **agĕtōd*, dazu Plur. aituta[1]). Als Uebergangsstufe zwischen *k* und *i* ist wohl ein palatales χ' („ich-Laut") anzusetzen, welches dann zu spirantischem *j*, später vielleicht weiter zu „halbvocalischem" *i̯* wurde, vgl. die ähnliche Entwicklung von *kt* in mehreren roman. Sprachen (W. Meyer Gramm. der rom. Sprr. I 387 ff., 393), z. B. frz. *fait lait fruit* aus *fact- lact- fruct-*, ferner das kymr. *noid reith* aus **noct- *rect-* und Aehnliches aus verschiedenen Sprachen bei Miklosich Festgr. an Böhtlingk 89 f.[2]). Etwas schwieriger ist ař veitu *arsueitu arueitu* „aduehito", kuveitu „conuehito", da ein **vektu*, wie es Bréal 100, 338 ansetzt, aus der Grundform **vehĕtōd* doch nicht ohne weiteres zu gewinnen ist. Ist -veitu rein lautlich entwickelt, so hat man anzunehmen, dass das *h* der durch Syncope entstandenen Lautverbindung *ht* im Umbr., im Gegensatz zu *ht* aus urit. *kt*, dieselbe Palatalisirung erfuhr, wie *k* in der durch Syncope entstandenen Lautverbindung *kt*, was sich bei der Annahme, dass **vehō* zur Zeit der osk.-umbr. Syncope noch **veχō* gesprochen wurde, verhältnissmässig leicht erklären würde (**veχtōd* aus

---

1) Die Herleitung von l. *ago* (Corssen De Volsc. ling. 20 f., Bücheler Umbr. 71, 124, Pauli A. S. V 111) ist für aituta *III* 13 wohl jedenfalls die richtige, scheint aber auch für aitu *aitu* der übrigen Stellen (*Ib* 29 37 *VIb* 18 18 *VIIa* 40 45) vor der Erklärung als „aito" (Aufrecht-Kirchhoff II 401, Bréal 138; das Wort müsste wohl in der Bedeutung von „weihen" genommen werden) den Vorzug zu verdienen (vgl. auch Zeyss De voc. Umbr. fict. I 5 Anm.); grammatisch ist letztere ebenso zulässig, da entweder **ahĭtōd* durch Syncope zu **ahtu aitu* wie **u̯ehĕtōd* zu **uehtu *ueitu* (s. u.) geworden sein oder *h* nach § 218 durch Analogie beseitigt sein kann.

2) Vielleicht könnte man an historischen Zusammenhang der umbr. Behandlung von secundärem *kt* mit der gallischen denken, vgl. W. Meyer a. O. 537.

**veχĕtōd* umbr. zu **veχ'tu* **veitu* wie **deχ'tu* aus **dēktu* zu *deitu*). Es ist aber wohl möglich, dass χ schon in früherer Zeit (uritalisch) zu *h* herabgesunken war (s. § 214f.); in diesem Falle wäre zu erwägen, ob -veitu nicht Neubildung statt *vehtu (*vetu) sein könnte nach dem Verhältniss **ahto-* („actus") etc. : *aitu* („agito") = **dehto-* („dictus"): *deitu* („dicito") = **vehto-* („uectus") : **veitu*. Jedenfalls darf -veitu *-ueitu* in der Erklärung von *deitu aitu* nicht getrennt werden; alle drei stimmen auch darin überein, dass ihr *ei ai* weder im Altumbr. noch im Neuumbr. jemals als Monophthong erscheint (teitu 5 m., *deitu* 7 m., aŕveitu etc. 7 m., *arsueitu* etc. 12 m., aitu 2 m., *aitu* 4 m., aituta 1 m.), während umgekehrt die alten Diphthonge durchweg monophthongisirt sind (s. § 61 ff.). Möglicherweise war *i* in *deitu* etc. noch spirantisches *j*, s. o.[1]). feitu fetu *feitu fetu* ist schwerlich gleicher Art wie *deitu* etc., s. u.

Der m. E. richtigen Erklärung von *deitu* aus **dektu* etc. stehen andere gegenüber. Conway Am. Journ. of philol. XI 306f. führt *deitu* in der Weise auf **dēkĕtu* zurück, dass letzteres über **dēçetu* zu **dēçtu deitu* geworden wäre; als Vorstufe von *aitu* wäre **aiĕtu* (aus **agĕtu* wie *muieto* aus **mugetom*) anzusetzen, woraus durch Syncope *aitu*. Da jedoch die Syncope in den Imperativen und ähnlichen Formen in früher Zeit stattgefunden zu haben scheint (s. o. S. 234), ist mir viel wahrscheinlicher, dass von uroskisch-umbrischem **deiktōd* **aktōd* etc. (vgl. osk. *factud actud* etc.) auszugehen ist. Uebergang von *kt* zu *it*, der am Romanischen und Keltischen einen Anhalt hat, ist nicht auffälliger als Uebergang von *çt* zu *it*[2]). Eine gänzlich verschiedene Erklärung hat Bartholomae Stud. II 139 Anm. vorgeschlagen: *deitu* soll Neubildung nach **veitu* (ku-veitu *ars-ueitu*) und anderen Formen von Wurzeln auf

---

1) Dass dreisilbig *deïtu* etc. zu lesen sei (Bréal 181, 338), ist mir nicht wahrscheinlich.

2) Conway vergleicht usaie neben usaçe, purtiius neben purtinçus, doch s. § 180, 247, 319; auch wenn Conway in diesen Wörtern mit Recht Durcheinandergehen von i (d. h. einem tönenden palatalen Spiranten) und ç annehmen würde, wäre der Fall bei *deitu* ein anderer, da sich hier nie ein çt *št* neben it *it* findet. Vgl. mit Conways Erklärung diejenige von Bücheler Umbr. 181 (zu *feitu*).

-*h* (aus -*gh*) sein. Aber von anderen Einwänden abgesehen scheint mir die Annahme, dass **veitu* aus **vehĕtu* über **vehĭtu* entstanden sei, sehr bedenklich, da die lateinische Vocalschwächung von *ĕ* zu *ĭ* dem Umbr. (und Osk.) fremd war (s. o. S. 243 ff.) und *h* lautgesetzlich nur in besonderen Fällen schwand (s. § 218).

Endlich ist das schwierige feitu fetu *feitu fetu feetu* zu erwähnen. In der Regel wird es = l. *facito* osk. *factud* (urit. **fakĭtōd*) gesetzt, vgl. z. B. Bréal 63, 338, Bücheler 181, auch Osthoff und Brugmann aa. OO., aber wie oskischem *actud* umbrisches *aitu* entspricht, so müsste für osk. *factud* umbr. **faitu* erwartet werden; ferner steht, während teitu *deitu* afveitu kuveitu etc. ausnahmslos mit ei *ei* geschrieben sind (31 m.), neben feitu *feitu* auf den älteren und jüngeren Tafeln viel häufigeres fetu *fetu* (Verhältniss 100 : 25); endlich ist auch das *e* von feia „faciat" und von feta *IIb* 13 „facta"[1]), aanfehtaf *IIa* 33 „infectas"[2]) aus dem *a* von *fak-* nicht zu erklären, denn **fakia* wurde zu façia, wie es wirklich vorliegt, und **fakto-* konnte nur **fahto-* werden, welches wahrscheinlich in *fato VIb* 11 erhalten ist (vgl. S. 352); auch bei aanfehtaf ist die Aehnlichkeit des l. *infectas* trügerisch, da *ă* im Umbr. nicht zu *ĕ* geschwächt wurde (s. S. 235 ff.). Die *e* dieser verschiedenen Formen verlangen offenbar eine gemeinsame Erklärung, es dürfte daher gerechtfertigt sein, wenn wir uns der auf den ersten Blick freilich sehr kühnen Auffassung von Darmesteter De conjugatione verbi dare 17 (dagegen Schweizer-Sidler Jen. L. Z. 1877, 636), Danielsson Stud. gramm. 53 Anm. und Thurneysen Verba auf -io 24 Anm. (jetzt auch Conway a. O.) anschliessen, wonach feitu *feitu* feia idg. *dhē-* enthalten (Tiefstufe *dhə-* in *fă-k-*) und mit sl. *děją dějati* „verrichten, operari" zu vergleichen sind (die Iden-

---

1) Nach der wahrscheinlichen, doch nicht ganz sicheren Deutung Büchelers (Umbr. 145).

2) Nach der wahrscheinlichen Deutung Huschkes (107) und Büchelers. Könnte als eine andere Möglichkeit die Erklärung als „infixas" (aan- Präposition wie in *andendu* etc.; *fictus* in der Bedeutung von *fixus* zeigen auch die romanischen Sprachen) in Betracht kommen?

tification mit l. *fio* ist jedoch unrichtig, s. § 295)[1]. Zum Ptc. **fēto-* vgl. lit. *dḗta-s* Brugmann II 210; sollte nicht auch l. *fētialis* hierhergehören, dem entweder das Ptc. **fē-to-* oder das entsprechende Abstractum **fē-ti-* (s. idg. **dhē-ti-* a. O. 278f.) zu Grunde liegen könnte (vgl. *in-fĭtiare in-fĭtialis* zu **făto-* oder **fă-ti- făteor*, und dgl.)?[2].

In umbr. fiktu a-fiktu *ninctu* scheint die Erhaltung des syncopirten *kt* gegenüber *deitu aitu* auf den ausgedrängten velaren Nachklang zurückzuführen (fiktu aus **fikᵘtu* = **figᵘĕtōd*, etc.), der die Palatalisirung des *k* zu χ' *j* verhinderte (vgl. S. 343f.). Schwierig ist prusektu *IIa* 28 neben sonstigem, auch unmittelbar vorher auf derselben Zeile vorkommenden prusekatu; wenn die Form richtig ist, kann sie wohl nur durch (ganz späte) Restituirung des *k* nach prusekatu etc. erklärt werden (da **prusek(ĕ)tu* rein lautlich **pruseitu* ergeben hätte), es ist aber auch möglich, dass das a aus Versehen weggeblieben ist, vgl. *ficlmrsueitu VIb* 46 für *ficlam arsueitu*, kumats *Ia* 34 für kumates, persihmu *IV* 25 für persnihmu, neiřhabas *IV* 33 falls Schreibfehler für nei ařhabas, etc. Unhaltbar ist die Erklärung von subahtu *IIa* 42 als „subigito“ (Aufrecht-Kirchhoff II 388, Huschke 386), da nur ursprüngliches *kt* zu *ht* wurde; subahtu ist wohl mit Bücheler als „suppato“ zu deuten (vgl. oben S. 192).

k g vor *e i i̯*.

177. Umbr. ç *ś*. Im Umbrischen von Iguvium wurde *k* vor den palatalen Lauten *e i i̯* zu einem in nationaler Schrift durch ein besonderes Zeichen d (ç) dargestellten Laute. In lateinischer Schrift behalf man sich mit der Beifügung eines diakritischen Striches ans S : 'S (*ś*); doch wurde sehr häufig

---

1) Zeyss De voc. Umbr. fict. I 12 Anm. dachte an l. *fē-* in *fētus fēcundus* etc.

2) Die für das Grundwort passende Bedeutung „Satzung, Vertrag“ ergibt sich leicht aus av. *dāta-* „Gesetz“ ai. *dhắman-* gr. θέμις etc. Die gewöhnliche Ableitung von *fētialis* aus *fāri* (*fātum* etc.) ist des *ē* wegen bedenklich (idg. W. *bhā-*, s. z. B. Brugmann I 257, Hübschmann Voc. 93).

auch blosses ς geschrieben. Der Lautwerth des ꝺ 'ς lässt sich schwer genau bestimmen[1]). Das Zeichen ꝺ ist unklarer Herkunft (s. o. S. 48); dagegen lässt sich aus der Umschreibung durch 'ς wenigstens soviel mit Sicherheit schliessen, dass der Laut ein Spirant oder ein auf einen Spiranten endigender Doppellaut war. In den romanischen Sprachen, in denen die Palatalisirung des *k* bekanntlich eine weitverbreitete Erscheinung ist, bewegte sich die Palatalisirung theils in der Richtung nach *tš š* (*š* = *sch*-Laut), theils in der Richtung nach *ts s* (s. W. Meyer Roman. Gramm. I 318, wo der lautphysiologische Process beschrieben ist, vgl. auch ebd. S. 332). Ein *ts* liegt im Umbr. jedenfalls nicht vor, da *ts* im Au. durch z dargestellt wurde (nu. *s*), noch weniger natürlich ein blosses *s*. Möglich wäre *tš* oder *kš* (zu letzterem könnte osk. *meddixud* aus **meddikịud* § 181, 242 verglichen werden), noch näher liegt es aber, den Laut als *š* aufzufassen (aus *tš* oder *kš* durch Assimilation, vgl. *ss* aus *ks ts ps* § 183, 190, 208). Eine weitere Möglichkeit ist die, dass der Laut ein palatales χ' (*ich*-Laut), ev. *k*χ' oder *t*χ', wäre, wobei der Parallelismus mit *i* aus *g* in *muieto* etc. sich am leichtesten herstellen zu lassen scheint (s. § 182). Bemerkt sei noch, dass die Schreibung *s* statt *š* im Anlaut selten ist (9 m. : 65 m.), im Inlaut zwischen Vocalen dagegen sehr stark überwiegt (65 m.[2]) : 5 m.), während im Inlaut vor oder nach Consonanten wieder *š* häufiger ist (*s* 12—17 m., *š* 28 m.)[3]). Ob dieser Erscheinung ein lautlicher Unterschied zu Grunde liege, etwa in d e r Weise, dass im Anlaut der Doppellaut (*kš tš k*χ' oder *t*χ') noch hörbar, zwischen Vocalen aber vollständig zu *š* oder χ' geworden war (vgl. *š* zwischen Vocalen im Italiänischen und Rätoroman. gegenüber *tš* im Anlaut W. Meyer a. O. 369), bleibe dahingestellt. Betr. der Chronologie des Lautwandels ergibt sich aus a n ç i f, *Sanši*, p u r t i n ç u s *purdinšiust*, *combifianšiust*, *pre-uišlatu* (?), ç i h ç e ř a (? s. u.), dass derselbe älter war als die

---

1) Vgl. Bréal Mém. soc. VII 151 f.

2) Das 4 malige *pesetom* (s. u. und § 205) mitgezählt. Allzu unsicher ist *uasirslom-e VIa* 12; *uouse VIb* 11 (: au. v u v ç i) ist weder hier noch unter Inlaut nach Cons. mitgezählt.

3) Z. B. *strušla* 6 m. (nie *s*), *Sanš-* 8 m., *combifianš-* 3 m., *purdinš-* 4 m. (da *VIb* 23 eher *š* als *s*) etc.

Erweichung von *nk* zu *ng* (§ 247), auch muss er älter gewesen sein als die Syncope von *ĕ* vor *l* in kurçlasiu struhçla etc. (s. u. S. 362 ff.).

Die Beispiele für ç *ś* (*s*) vor Vocal sind folgende. Çerfe Çerfie *Śerfe Serfer Śerfie Śerfia Serfiar* etc. : o. Kerrí päl. *Cerri Cerfum* mars. '*Cerfennia*'. *śesna* çersnatur : o. kerssnaís kersnaíias l. *cēna*; über çersiaru s. § 232 f. *śihitu śihitir śitir anśihitu anśihitir* : l. *cingo cinctus*; von derselben Wurzel çihçeřa *III* 15 nach der Deutung von Huschke Ig. T. 403 und Bücheler Umbr. 155 als κιγκλίδα oder κιγκλίδας, also çihçeřa aus **kinkeda-* oder **kinkeli̯a-* (vgl. l. *cingulus*)[1]. çimu *śimo* çive : l. *ci-s ci-timus*. ançif *IIa* 25 wohl zu l. *ancus aduncus* (mit Erweichung des *k* u. *anglo-* l. *angulus*) gr. ἄγκος ἀγκάλη ἀγκύλη ἀγκών, vgl. Huschke 372, Bücheler 133[2]). Açetus *IIa* 14 vielleicht = l. *Ancitibus* (s. § 248). *desenduf*: l. *duodecim*. tiçit l. *decet*. tiçel (Acc. und Abl. tiçlu) aus **dikelo-*: tikamne *dersicust* o. *dicust* l. *dico*. façia façiu façu façefele : fakust etc. l. *facio*. Kastruçiie l. **Castrucii*. *curnase* Abl. zu *curnaco* Acc., l. *cornic-s*. *pase* l. *pace*. *pesetom* l. *peccatum* (also eigentlich **peśśetom*; **pekka-* urit. aus **pedka-*, s. § 193); über eine andere Deutung s. § 205. puniçate *ponisiater*, gebildet wie l. *pannuceatus* (doch vielleicht *t*(*i*)-Stamm). Pupřiçe Pupřiçes neben Pupřike Pupřikes (s. u. S. 366). Saçe Saçi *Sansie Sansi* etc.: l. *Sancus *Sancius*. a-seçeta i-seçcles pru-seçia pru-seçetu *pro-seseto prosesetir* etc.: pru-sekatu l. *secare*. *sepse VIb* 11 falls „*saepicie“ (s. § 208). skalçe-ta *scalse-to scalsie* : l. *calic-s* etc. (vgl. § 227). *smursim-e* falls „ad murcim“ (Bücheler), vgl. § 232. taçez *tases tasis tasetur*: l. *tacitus*. tribřiçu *tribrisine*, wohl mit suffixalem *-ik-*. usaçe *IIa* 44 (*Ib* 45) unklar, s. Bd. II Anh. vaçetum *uaśetom uasetom*: vakaze *uacose* l. *uacare*. *uasirslom-e VIa* 12 unklar, s. § 232. vestiçia vestiça *uestisiam uestisiar* etc. Vestiçe *Uesti-*

---

1) Wechsel von Tenuis und Media im Wurzelauslaut ist besonders bei Wurzeln mit Nasal häufig.

2) Bücheler nimmt als Bedeutung „in uices“ an. Wäre es auch möglich, dass mit ançif irgendwelche Gefässe bezeichnet wären? (vgl. gr. ἀγκύλη; Newman erklärt ançif als ἄγγεα).

sier: vestikatu *uesticatu uesticos*. Vuçiia-per (möglicherweise „pro Lucia", vgl. S. 287); vuvçi oder vuvçis *Ib* 45 *IIa* 44, *uouse VIb* 11 zu einem l. **uouicius*? (s. § 219). Perfectbildung mit -nç- *-nṡ-* (§ 319): purtinçus *purdinṡiust purdinsus, combifianṡiust combifianṡi*, wahrscheinlich auch *disleralinsust VIa* 7.

178. Mehrfach erscheint umbr. ç *ṡ* auch vor *l*, daneben findet sich aber in anderen Fällen unverändertes *kl*. çl *ṡl* in arçlataf *IV* 22, kurçlasiu *IIa* 17, tiçlu *IIb* 22 *III* 25 27 (wozu möglicherweise *disler VIa* 7), *preuiṡlatu VIIa* 49, struçla struhçla struhçlas *struṡla* (zusammen 12 m.), ereçlu ereçle ereçlum-a ereçlam-ař (zusammen 8 m.), *uasirslom-e VIa* 12 falls = **uasirṡlom-e*; kl *cl* dagegen in pihaklu *pihaclu pihaclo* (14 m.), naraklum *IIa* 1, kumnakle *III* 7 8 kumnahkle *Va* 15, sufeřaklu *III* 16 18, mantraklu *IIb* 16 mantrahklu *IIa* 19 *mandraclo VIb* 4, ehvelklu *Va* 23 *Vb* 1, *ooserclom-e VIa* 12, persklum persklu *persclu perscler* etc. (18 m.), fikla fiklas *ficlam ficla* (15 m.), aviekla aviekluf-e *auieclir* etc. (8 m.), muneklu *Va* 17 17 21, veskla vesklu veskles *uesclir* (18 m.). Die Annahme, dass altes *kl* in einem Theil der Fälle erhalten, in anderen zu çl *ṡl* geworden sei, ist schwerlich zu rechtfertigen; Aufrecht-Kirchhoff I 72 f. (vgl. Ebel K. Z. XIII 292) verwiesen zur Erklärung des çl *ṡl* auf die Palatalisirung des *l* nach Cons. im Italiänischen (*chiamare* etc.), aber warum das umbrische *l* nur in einem Theil der Fälle diese palatale Färbung hatte, bliebe unerklärt[1]). Ebensowenig kann die Annahme, dass stammauslautendes *k* vor suffixalem *l* zu ç *ṡ* wurde, suffixales *kl* dagegen erhalten blieb (Aufrecht-Kirchhoff II 183 f., Zeyss De voc. Umbr. fictione II 18 f., Bücheler Umbr. 181 f.) als Erklärung gelten. Auch die Vermuthung, ç *ṡ* sei vom Nom. Sg. auf -çel **-ṡel* (aus **-klos*) ausgegangen, ist aus mehreren Gründen, vor Allem weil sie nur auf das Masc., nicht auf das Fem. (struçla) und Neutr. (wahrscheinlich ereçlu) passt, abzuweisen. Die richtige Erklärung ist vielmehr diejenige von Bréal (T. E. 34, 113, 190, 325, vgl. Mém. soc. VII 155),

1) Vgl. auch *kl* im Anlaut in kletra klavlaf Klaverniie Kluviier.

wonach das ç ś durch ein folgendes *ĕ*, das später syncopirt wurde, hervorgerufen ist, z. B. struçla aus **strukĕla-* (über die Syncope s. o. S. 219, 222)[1]). Beachtet man weiterhin, dass die oben angeführten Wörter theils primäre Ableitungen mit instrumentaler (ev. localer) Bedeutung, theils secundäre mit deminutiver Bedeutung sind, worauf schon Aufrecht-Kirchhoff II 138 (vgl. Kirchhoff K. Z. I 43, Osthoff Forsch. I 15) aufmerksam machten, so ergibt sich eine befriedigende Lösung der Schwierigkeiten.

a) Das Instrumentalsuffix urit. *-klo-* (aus idg. *-tlo-*, s. § 188 und 261, 5), welches im Lat. durch Anaptyxe zu *-culo-* wurde, erscheint im Umbrischen immer als *-klo-*, nicht *-çlo-*: pihaklu *pihaclu*, naraklum, kumnakle, sufeřaklu (alle von Verbalstämmen auf *-ā-*), mantraklu *mandraclo* (wohl = **trāk-klo-*, vgl. S. 321 mit Anm.), ehvelklu (W. *vel-*), *ooserclom-e* (über die Grundf. s. § 298), persklum *persclu* falls aus **persk-klo-* (doch s. § 261, 5), endlich fikla *ficla*. Letzteres enthält, da *g* vor *l* nicht zu *k* wurde, jedenfalls Suffix *-klā-*, mag man es mit Bücheler S. 61 f. (vgl. 182) von l. *fīgere fīuere* ableiten, wofür l. *fitilla* zu sprechen scheint[2]), oder mit Bréal S. 101 von l. *fingere*[3]).

b) Das Deminutivsuffix urit. *-kelo-*, welches im Lat. zu *-culo-* wurde und so mit dem instrumentalen *-culo-* zusammenfiel (vgl. § 261, 5), erscheint im Umbr. als *-çlo-* in struçla *struśla* aus **struu̯ī-kelā-* (oder **struu̯ĕ-kelā-*?) = l. **struīcula*, zu *struēs -is* sich verhaltend wie *aedicula* zu *aedēs -is* etc. Aufrecht-Kirchhoff, Zeyss und Bücheler sind durch ihre Auffassung des *çl* genöthigt, den Guttural zum Stamme zu ziehen,

1) Auch Bugge Rh. M. 40, 474 erklärt ereçlu aus *erekĕlu.

2) L. *-tillo-* kann Deminutivform zu *-tlo-*, woraus *-klo-*, sein (vgl. l. *putillus*: o. *puklo-* aus **putlo-*? s. § 261, 5); u. fikla *ficla* ginge auf **fīg^{u}e-tlā*, woraus **fīg^{u}e-klā*, umbr. mit Syncope **fīk-klā* (wie fiktu aus **fik^{u}tu *fig^{u}etōd* etc. S. 343 f.), zurück, l. *fitilla* auf **fīgu̯e-tillā *fīu̯etillā*, vgl. *fībula* aus **fīgu̯e-flā* Brugmann I 371 (doch könnte *fībula* auch = **fīf-flā* aus **fīk-flā *fīk^{u}-flā* idg. **dhīg^{2}-dhlā* sein).

3) In letzterem Falle wäre die Gdf. **fik-tlā *fik-klā*, nicht **fing-kla*, wie Bréal ansetzt, da *n* vor Verschlusslauten im Nu. nicht weggelassen wird (s. S. 308 f.). Büchelers grammatische Bedenken gegen die Ableitung von *fingere* sind nicht stichhaltig (**fik-tlā* und l. *fictor* von **fih-* wie *uector* von *ueh-* etc.).

erklären das Wort daher als Deminutiv zu l. *struic-s,* aber wenn letzteres, wie es scheint, *ī* enthält, ist diese ohnehin weniger naheliegende Erklärung hinfällig, da umbr. *ū* nicht = *uī* sein kann; auch Bréals Ansetzung eines hypothetischen Grundwortes l. **strūca* oder **strūcum* (S. 113) ist überflüssig[1]). e r e ç l u- *III—IV,* das eine Art Altar zu bezeichnen scheint (Aufrecht-Kirchhoff II 373, Knötel Der opisch-lat. Volksstamm 15, Huschke Ig. T. 425, Zeyss De voc. Umbr. fict. II 18, Bréal T. E. 298f., Bücheler Umbr. 156), ist unklarer Etymologie. Als ein l. **erigulum,* wie Knötel Huschke und Zeyss (aa. OO.) wollen, kann das Wort schwerlich erklärt werden, da **regelom* zu **reielom,* ev. mit Syncope **reilom,* geworden wäre, vgl. *muieto* etc. § 182; auffällig wäre auch, dass trotz 8maligem Vorkommen nie *e h r e ç l u- geschrieben ist[2]), wenn auch dieser Grund allein nicht entscheidend ist. Das ç scheint demnach nicht zur Wurzel zu gehören und in diesem Falle haben wir sicher eine Deminutivbildung vor uns, was gut dazu passt, dass die meisten angeführten Interpreten in dem e r e ç l u- einen kleineren Altar als die a s a- sehen (*arula* oder *foculus*). Zweifelhaft bleibt freilich, ob in e r e ç l u- das einheitliche Deminutivsuffix urit. *-kelo-* vorliegt, oder ob das Wort Deminutivum zu einem **ereko-* (in welchem Suff. *-ko-* andere als deminutive Bedeutung gehabt haben kann) ist. Vgl. noch § 240f., 248. Das Deminutivsuffix *-kelo-* könnte noch enthalten sein in *uasirslom-e* (falls für **uasiršlom-e*), doch s. § 232. — Neben dem deminutiven *-çlo-* finden wir jedoch auch deminutives *-klo-*: v e s k l a v e s k l e s *uesclir* vgl. l. *uas-culum,* m u n e k l u vgl. l. *munusculum* (über den Unterschied im Stammauslaut s. § 262) und vielleicht a v i e k l u- *auieclo-* (s. u.). Beim erstgenannten Wort könnte der Grund im vorausgehenden *s* liegen, so dass *ske* in **veskelo-* (und überhaupt) durch Dissimilation erhalten

1) Lat. *struc-si,* das Bréal vergleicht, ist Neubildung zu *struo* nach *fluc-si*: *fluo* (aus **flugu̯ō*), ähnlich wie *uīc-si* zu *uīuo* ai. *jīv-*.

2) *III—IV* schreibt nicht nur das etymologisch berechtigte *h* meistens (a h t i s p e r 2 m., u h t u r- 3 m., t e h t e ř i m a p e h t r e je 1 m., vielleicht f r e h t u 1 m., ohne *h* nur p e t e n a t a 1 m., vielleicht e s k a m i t u 1 m.), sondern setzt gerne auch das unetymologische *h* (s. o. S. 59).

geblieben wäre, statt zu *sçe* zu werden, aber muneklu (avieklu-) wäre dadurch nicht erklärt. Die einfachste Erklärung ist die, dass *-kelo-* im Urmbr. vor dem Uebergang von *ke* zu *çe* in gewissen Formen syncopirt wurde (z. B. Abl. Sg., vgl. S. 214f.?)[1]).

c) Wo als Stammauslaut vor dem *l*-Suffix *ç* erscheint, ist von der Suffixform *-elo-* (*-e-lo-*) auszugehen (vgl. § 261, 5), welche im Lat. mit *-lo-* nach *k* (und *b* etc.) in *-ulo-* zusammenfallen musste. Primäres *-elo-* mit instrumentaler Bedeutung liegt vor in dem in *preuiślatu* nach der Deutung als „*praeuinculato" (Huschke 253f., Bücheler 101) enthaltenen **uinślo-* = l. *uinculum* (urit. **u̯inkelo-*); auch bei Bréals Ableitung von einem zu l. *uinco* gehörigen **uiculum* oder **uicula* (T. E. 190; Tiefstufe **u̯ik-* wie in l. *uictus uictor*) wäre das Suffix ein primäres[2]). In tiçlu (Nom. tiçel) aus **dikelo-* ist das Suffix ebenfalls eher primär als deminutiv. Vgl. noch das participiale iseçeles (wo *ĕ* nicht syncopirt ist), falls nicht iseçetes zu lesen ist. Deminutives *-elo-* dagegen in arçlataf von einem **arçelo-* = **arkelo-* „arculus" (vgl. S. 341 f.) und in kurçlasiu falls „*circulario" (vgl. § 261, 5), ev. auch in ereçlu (s. o. S. 364). Erhaltenen Guttural zeigt avieklu- *auieclo-* „auguralis", das eher Deminutivum zu **au̯iēko-* (vgl. aviekate) zu sein scheint, als dass es das einheitliche Deminutivsuffix *-kelo-* enthielte; das *kl* (neben çl in arçlataf) kann durch frühe umbrische Syncope oder durch Ansetzung von uritalischem *-ko-lo-* oder *-k-lo* erklärt werden, vgl. oben zu muneklu. Auf ein urit. **anklo-* (nicht **ankelo-*) gehen u. *anglo-* l. *angulus* zurück, s. § 247.

179. Von dem Wandel des *k* zu *ç* vor *e i* gibt es eine Anzahl Ausnahmen. Meistentheils gehören sie Wörtern an, deren Paradigma lautgesetzlich Wechsel von *k* und *ç* bieten

---

1) Dass *-klo-* auf eine uritalische Nbf. *-kolo-* oder *-klo-* neben *-kelo-* zurückgehe, ist wohl weniger wahrscheinlich.

2) Bréals Deutung würde nur in dem Fall der sonst viel näher liegenden Husche-Bücheler'schen vorzuziehen sein, wenn die Weglassung des *n* vor *ś* Bedenken erregen sollte (s. o. S. 310 Anm. 1). Wenig wahrscheinlich ist mir die Vermuthung von Bugge A. S. 21 Anm.: *preuiślatu* = l. **priuiculato*, d. h. „priuato, spoliato", zu altl. *priuicloes* „singulis" (vgl. u. prever „singulis"). *preuilatu VIb* 60 ist doch wohl Schreibfehler, s. § 247.

musste, und zwar scheinen alle hieher fallenden Wörter *o*-Stämme zu sein. Die in Betracht kommenden Formen sind: *Naharcer Tuscer Iabuscer* Gen. Sg. *VIb* 54 59 *VIIa* 12 48, *Naharce Tursce Iabusce* Dat. Sg. *VIIa* 12, *fratreci* Dat. Sg. *VIIb* 4, vuke Gen. oder Loc. Sg. *III* 3 21, Tesenakes *Tesenocir Tesonocir* Abl. Pl. *Ia* 11 14 *VIa* 20 *VIb* 1 3 *VIIa* 38, *todceir VIa* 11 Abl. Pl., endlich Pupřikes Gen. Sg. *IV* 11 13 Pupřike Dat. Sg. *III* 27 35 *IV* 10 12, woneben mit ç Pupř(i)çes Gen. Sg. *IV* 4 26 Pupřiçe Dat. Sg. *IV* 24. Unter diesen sind sicher Neubildungen nach Casus, in denen k vor *o u* stand[1]), diejenigen Formen, welche *ē* aus *ei̯* enthalten, also *Naharcer* vuke Pupřikes und, falls nicht *k* nach *s* von dem Wandel zu ç ausgenommen war (sehr unsicher, s. o. S. 364f.), *Turscer Iabuscer.* Bei den übrigen Formen, den Dat. Sg. und Dat.-Abl. Plur., lässt sich nicht ausmachen, ob das *k* lautgesetzlich erhalten war, indem *oi* zur Zeit des Wandels von *k* zu ç noch nicht zu *ē* geworden war (vgl. Bréal T. E. 324), oder ob das *k* auch hier analogisch restituirt war. Im ersteren Falle müsste der Dat. Pupřiçe seinerseits ç statt *k* durch Analogie nach dem Gen. Sg. Pupřiçes, dem Loc. Sg. *Pupřiçe und dem Voc. Sg. *Pupřiçe haben[2]), oder das Wort müsste als consonantischer Stamm erklärt werden (dann wohl Compositum mit **dik-*, vgl. § 269; oder vgl. o. Vezkeí?). Bei den cons. Stämmen gehörte auch der Abl. Sg. zu den Casus, die lautgesetzlich ç hatten (belegt in *curnase* neben Acc. *curnaco* und in dem 15maligen *pase* „pace"). In dem Stamm *pakri-* stand *k* vor *r* in allen Formen ausser dem Nom. Sg. auf *-er*; dass letzterer *k* statt ç hat (*pacer*, 17 m.) ist daher sehr erklärlich, auch wenn das *e* der Endung wirklich ein volles *e* war; es ist aber auch leicht möglich, dass *-er* ein *-ər* (*-r̥*?) darstellt, s. o. S. 323f.

Schwieriger sind die übrigen Fälle: Akeřunia- *Acersonia- Ib* 16 43 *VIb* 52 *VIIa* 52, kebu *IV* 23, kukehes

1) Nämlich Acc. und Abl. Sg., Nom. Gen. und Acc. Plur., ev. auch Dat. Sg. und Dat.-Abl. Pl. (s. u.). Der Nom. Sg. hatte eigentlich *-s* aus *-ks* = *-kos,* doch s. § 183.

2) Der Vocativ wurde in diesem Namen eines Gottes natürlich viel häufiger gebraucht, als bei den übrigen oben genannten *o*-Stämmen.

III 21, *cehefi* *VIa* 20. Das erstgenannte Wort, welches man gewöhnlich mit „Aquilonia“ übersetzt, hat im Oskischen Akudunniad zur Seite. Das Verhältniss des oskischen Wortes zum umbrischen ist unklar. Die Annahme, dass *e* in Akeřunia- *Acersonia-* aus einem dem *u* in o. Akudunniad entsprechenden Vocale, sei es ursprünglichem *u* oder *o* oder *a* (denn auch aus **Akădun-* kann o. Akudun- erklärt werden, vgl. *praefucus* = **praefacus* S. 237), geschwächt sei, und so die Erhaltung des *k* aus später Entstehung des *e* sich erkläre, ist schwerlich zulässig, vgl. § 121 ff. Eher liesse sich vielleicht annehmen, dass Akeřunia und Akudunnia- auf ein aus **Akedōnia-* durch Schwächung des *e* entstandenes **Akədōnia-* oder **Akᵊdōnia-* zurückgingen (vgl. S. 245, 251), so dass der Uebergang des *k* zu ç nur vor wirklichem *e* (und vor *i*), nicht vor dem „stummen“ *e* (Schwa) stattgefunden hätte. Eine weitere Möglichkeit wäre die, dass ein **Aku̯ed-* theils zu **Aped-* theils (mit Syncope des *e*, vgl. o. Pupdiis: Púpidiis etc.) zu **Akud-* geworden wäre und umbr. *Aked-* nach Erlöschen des Palatalisirungsgesetzes aus **Aped-* und **Akud-* contaminirt wäre, doch ist mir dies weniger wahrscheinlich. Endlich könnte man annehmen wollen, *-ku̯e-* sei im Umbr. lautgesetzlich zu *-ke-* geworden und es sei in dem Unterbleiben der Palatalisirung eine Nachwirkung des *u̯* zu sehen, doch s. o. S. 349[1]). Das zweite der angeführten Wörter, kebu *IV* 23, zeigt zu grosse Aehnlichkeit mit l. *cĭbus* (zu dem es schon Grotefend und Aufrecht-Kirchhoff stellten, ausserdem s. besonders Bücheler Umbr. 168 f., 182, Pauli A. S. V 100 f.), als dass man es mit Huschke 436 f. (der gr. κίβος κιβώτιον ver-

1) Was die Etymologie von Akeřunia- Akudunniad betrifft, so seien folgende Möglichkeiten angeführt. 1) Das Wort könnte zu l. *aqua* got. *ahva* gehören, falls die idg. Gdf. **aku̯ā*, nicht **aq²ā*, war (vgl. Kluge Wtb. s. v. *Aue*, dens. in Pauls Grdr. I 331); es wäre dann ein l. **aquidus* „wasserreich“ (vgl. *imbridus* etc.) vorauszusetzen. 2) Man könnte mit Corssen II 378, Bersu 39 A. an W. *ak̑-* in l. *acuo* etc. (gr. ἄκρις ὄκρις umbr. *ocar* '*Ocriculum*') denken. 3) Das Wort könnte auch mit l. *aquilus aquila aquilo* (*Aquilonia*? vgl. S. 294) verbunden werden; die lat. Wörter enthalten dann nicht *qu* = q^2, wogegen auch gr. ἄκαρος zu sprechen scheint, sondern W. *aq-* (vgl. lit. *áklas*) + „Farbsuffix“ *-u̯o-* (vgl. § 261, 3).

gleicht) und Bréal 305 davon trennen möchte. Am nächsten liegt es, entweder kebu als Lehnwort aus dem Lateinischen zu betrachten, was mir nicht wahrscheinlich ist, oder ein ablautendes Nomen urit. **kaibo-* : **kībo-* anzunehmen, vgl. o. *aisar (vo. *esar-istrom*): ai. *iširá-* gr. *ἰσαρός ἰαρός (ἱερός), o.-u. *fēsna-* : l. **fāsno- fānum*, u. erietu : l. *ārietem*, **korkelo-* in u. kurçlasiu : **kerkelo-* in l. *circulus* (?), u. *uīro-*: l. *uīro-* und dgl. § 141. Dass *k* vor *ē* = *ai* erhalten blieb, ist sehr wohl möglich, auch falls die Monophthongisirung zur Zeit des Wandels von *k* zu *ç* schon eingetreten war, da das *ē* aus *ai* wohl noch offen, vielleicht als *ä*, gesprochen wurde. Die Etymologie von *cibus* ist unklar. Zieht man das *b* zum Suffix, so könnte man vielleicht lit. *szê-ka-s* „Grünfutter" vergleichen (*szë-* dann = idg. *k̂ai̯-*). Erhaltung des *k* in Folge von Entstehung aus *ku̯-* (vgl. oben zu Akeřunia und S. 349) liesse sich kaum wahrscheinlich machen. Sehr schwierig sind endlich *cehefi VIa* 20 und kukehes *III* 21. Betrachten wir zuerst ersteres allein, so kann *cehe-* dreierlei Werth haben, entweder ≐ **cē-* (also *ehe* wie *ihi* in *persnihimu* etc. S. 58f.) oder = *cehe-* mit ächtem *h* (aus *gh*) wie *mehe* Vehiies etc. oder = *ceë-* mit zwei getrennt zu sprechenden *e* (*h* Zeichen der Vocaltrennung wie in *piha- stahi-* etc., s. S. 60f.). *cehe-* wäre = *cē-* bei Büchelers früherer Ableitung des Wortes von l. (*candeo*) *accendo*, nach welcher *cehefi* einem l. **censim* (oder Abl. **censi* ev. **censu*) entsprechen würde (über *f* = l. *ns* s. § 205, 235); vielleicht liesse sich hier die Erhaltung des *k* vor *e* so erklären, dass aus *enss* (= *entt*) ein *ę̄þ ę̄f* entstanden war[1]), da ja denkbar wäre, dass Nasalvocale nicht in der gleichen Weise auf *k* wirkten wie reine *e i*. kukehes muss, wenn man *cehefi* zweisilbig liest, ferngehalten werden, da man nicht gerade für dieses dunkle Wort eine Ausnahme von der Regel, dass das Au. nur die Längebezeichnung mit blossem nachgestelltem h (amprehtu etc.), nicht diejenige mit Wiederholung des Vocales nach dem h kennt, annehmen darf und da überdies die Abtrennung von -es als Futurendung auch ihrerseits auf Dreisilbigkeit führt. Umgekehrt aber, wenn *cehefi* dreisilbig ist, muss kukehes selbstverständlich

1) Mit *ę̄* ist langer Nasalvocal gemeint.

damit verbunden werden. Es liegt dann für die beiden Wörter die Erklärung des *k* statt *ç* durch Entstehung des *e* aus *ai* am nächsten. Wenn *h* etymologisch ist, würden wir auf eine W. **kaigh-* geführt, für die jedoch nur ausserhalb des Italischen vielleicht Anknüpfungspuncte sich finden: gr. ἔκιχον κιγχάνω, ags. *higian* „streben", ai. *çīghrá-* „schnell" (Fick I³ 55), aus welchen sich für k u - k e h e s etwa die Bedeutung „erreicht haben wirst" (Bedeutung von *con-* wie in l. *conscendo* etc.) ableiten liesse; *cehefi* freilich bliebe hiebei sehr schwierig. Nicht weniger gross sind die Schwierigkeiten, wenn man *h* als blosses Zeichen der Vocaltrennung auffasst; Huschke Newman und Bücheler verbinden die Wörter mit gr. καίω, aber dieses ist = *καϝιω, man erwartet also statt *kehe-* im Umbr. **kave-* oder, wenn man ein **kaiv-* aus **kavį-* zu Grunde legt (vgl. S. 173 über l. *saeuio* u. *sauitu*), wenigstens **keve-*, der Ausfall des *v* würde sich nur auf sehr künstliche Weise erklären lassen (die S. 202 ff. besprochenen Fälle sind doch anderer Art)[1]).

180. Vertretung von *kį* durch *i* statt durch çi ꝺi wird angenommen in f e i a *Va* 23 *Vb* 1 „faciat" und in p e i u *Ib* 24 *peiu VIIa* 3 p e i a *Ib* 27 *peia VIIa* 6 nach der Deutung als „piceos" „piceas" (Aufrecht-Kirchhoff I 30, 74, II 279, Huschke 266, Bréal 195, 339, Bücheler 181, 213), denen Bücheler (56, 181) noch u s a i e *Ib* 45 neben u s a ç e *IIa* 44 beigesellt. Da aber alle übrigen Beispiele ç i ꝺi oder, mit Weglassung des *i* (Beweis, dass es ein *į* war), ç ꝺ zeigen: f a ç i a f a ç i u f a ç u, p u n i ç a t e *ponisiater*, p r u s e ç i a, v e s t i ç i a - v e s t i ç a - *uestiꝺia- uestiꝺa-* (19 m.), V e s t i ç e *Uestisier*, S a ç e *Sansie* etc., t r i b ř i ç u, p u r t i n ç u s *purdinꝺiust*, *combifianꝺiust* etc. (auch *uouse sepse*?), muss jene Annahme bedenklich erscheinen, wenn nicht besondere Gründe für die verschiedene Behandlung sich finden lassen. Die nächstliegende Erklärung wäre die, dass *i* auf altes *kį*, ç i ꝺi dagegen auf *kiį* zurückgehe, z. B. f e i a aus **fakįa*, f a ç i a aus **fakiįa* (vgl. osk. f a k i i a d)[2]). Diese an sich schon etwas miss-

1) Dass l. *Cacus Caeculus* hieher gehören sollten (Bücheler Umbr. 182), ist mir unwahrscheinlich.

2) Der Uebergang von *kį* zu *i* (welches letztere jedenfalls als Bezeichnung eines Spiranten aufzufassen wäre) wäre wohl so zu

liche Annahme würde jedoch nur usaie ganz erklären, nicht aber feia und peiu *peiu* (-a -*a*). Für feia erwartet man *faia, Umlaut des *a* zu *e* durch Einwirkung des folgenden palatalen Consonanten (Spiranten) wäre eine im Italischen ganz vereinzelt stehende Erscheinung und ausserdem kehrt das *e* im Imperativ feitu fetu *feitu fetu* wieder, bei dem die Erklärung aus **fak-* ebenfalls auf schwere Bedenken stösst, ebenso im Ptc. aan-fehtaf und feta nach der wahrscheinlichen Erklärung als „infectas" „facta"; alle diese Formen scheinen idg. **dhē-* zu enthalten, s. o. S. 358f. und § 295. Die Deutung von peiu *peiu* peia *peia* als „piceos" „piceas" begegnet, so ansprechend sie in sachlicher Beziehung ist, gleichfalls einer zweiten grossen Schwierigkeit: aus **pĭk-i̯o-*, wie die Gdf. anzusetzen wäre (l. *piceus* dagegen = **pĭk-ei̯o-*) würde man **piio-*, nicht *peio-*, erwarten[1]). Im Italischen scheint sich allerdings eine andere Anknüpfung für *peio-* nicht zu finden. Von dem Worte steht so viel ausser Zweifel, dass es eine Farbe bezeichnet, es ist alle viermal von Opfer-Schweinen die Rede, die entweder roth oder *peio-* sein sollen. Wenn man statt „schwarz" auch die Bedeutung „scheckig" oder „braun" einsetzen darf, könnte man vielleicht an aksl. *pěgŭ* „scheckig, bunt" und ai. *piṅga-* „braun" gr. πίγγος etc. Fick I⁴ 78, 472, 482 anknüpfen; aksl. *pěgŭ* wäre = **poi̯g-o-*, umbr. *peio-* = **pei̯g-i̯o-* (über *i* aus *gi* s. § 182). Auch die Möglichkeit ist zu beachten, dass umbr. *p* = *ku̯* oder *ku̯* wäre[2]). Natürlich bleiben diese Vermuthungen ganz zweifelhaft, aber soviel scheint zugegeben werden zu müssen, dass die Erklärung von *peio-* als „piceus" nicht haltbar ist. Zu *peio-* gehört wahrscheinlich auch Peieřiate *IIb* 4 4[3]). Ist in feia

denken, dass das *i̯* spirantisch wurde und das *k* sich dann an den Spiranten assimilirte.

1) An eine andere Ablautstufe der Wurzel zu denken (**pei̯k-*), verbietet das übereinstimmende **pĭk-* des Griechischen (πίσσα), Lateinischen und Baltisch-Slavischen (lit. *pĭkis* aksl. *pĭklŭ*).

2) Z. B. *peio* aus **ku̯ei̯d-i̯o-*, zu got. *hveits* nhd. *weiss* ai. *çvētá-* „weiss" etc. (doch vgl. § 201), oder *peio-* zu gr. κυάνεος, κούαμα· μέλανα??

3) Aufrecht-Kirchhoff II 413 Anm. vermuthen, dass Peieřiu- aus **Peikedio-* entstanden sei (vgl. *Picenus*); es müsste wenigstens **Peiki̯edio-* angesetzt werden (vgl. zur Bildung *Atiedio-*), doch ist Peieřiu- auch hieraus nach Obigem schwerlich zu erklären.

und *peio-* das *i* nicht = *ki̯*, so wird auch auf u s a i e *Ib* 45 neben u s a ç e der sonst identischen Parallelstelle *IIa* 44 wenig mehr zu geben sein, u s a i e wird vielmehr mit Wahrscheinlichkeit als Schreibfehler für u s a ç e bezeichnet werden können[1]). Ueber p u r t i i u s neben p u r t i n ç u s *purdinśiust* s. § 247, 319, über *preuilatu* neben *preuiślatu* § 247, über *deitu aitu* -v e i t u S. 356 ff.

181. Andere Dialekte. Der iguvinische Wandel von *k* zu ç *ś* vor *e i* ist aus anderen Gegenden von Umbrien nicht belegt (über *Uoisiener 296* aus Asisium s. o. S. 153 f., 300). Auf der Inschrift *295* aus der Nähe von Fulginium finden wir *cisterno* „cisterna" mit *c*; doch haben wir natürlich keine Gewähr dafür, ob nicht eine Affektion des *c* in der Sprache eingetreten war und nur in der Schrift unbezeichnet blieb. Aus *Puplece 293* (aus Tuder) ist nichts zu schliessen, weil es wie iguv. P u p ř i k e s v u k e etc. S. 366 beurtheilt werden kann. — In der altsabellischen, aus dem an Umbrien angrenzenden nördlichen Picenischen (Auximum) stammenden Inschrift *288* findet sich ein umgekehrt gestelltes c in -s e ɔ u r e, doch ist fraglich, ob hier eine palatale Affection angenommen werden kann (s. Bd. II Anh.). Auf lateinischen Schleudergeschossen liest Bergk (Inschriften römischer Schleudergeschosse, Lpz. 1876, S. 126) *tasen* und erklärt dies als *tacen* „willst du schweigen?" (vgl. umbr. t a ç e z *tases* „tacitus"), s. Bd. II Anh. (zu *324*). Im Volscischen erscheint ein umgekehrtes *c* in *faɔia* der Inschrift von Velletri, ohne Zweifel zur Bezeichnung einer Affection des *c*. Es ist jedoch unsicher, ob der durch ɔ dargestellte Laut demjenigen des iguvinischen ç *ś* entsprach. Da andere Beispiele von *c* vor *i e* auf der Inschrift fehlen (*c* kommt nur noch vor in *Declune uesclis toticu couehriu Cosuties Ca.*), ist es möglich, dass *c* nur vor *i̯*, nicht vor *ĭ ĕ*, die durch ɔ dargestellte Affection erlitt. In diesem Falle würde die volscische Behandlung des *c* mehr derjenigen im Oskischen von Bantia, als der iguvinischen, gleichen. In Bantia wurde nämlich, wie wir in § 242 sehen

1) Es braucht bloss der untere runde Strich des ɖ vergessen zu sein, wie mehrmals der obere Strich beim ᛋ ᛏ = t (so auf derselben Tafel *Ib* in f e i u Z. 25, t u s e i u Z. 40 statt -t u). Vgl. noch § 247.

werden, *kį* zu einem durch *x* dargestellten Laute (d. h. *kš*?), während *kī kĕ* blieb: *meddixud* aus **meddikįud*, aber Nom. Acc. *medicim*, *licitud*, *fefacid*, *censaum* etc. Schwerlich richtig ist Bugges Gleichsetzung von vo. *asif* mit umbr. a n ç i f, s. Bd. II Anh. (zu *240*). Auf sabellischen Inschriften sind keine Spuren einer Affection von *c* nachweisbar, wir finden *c* vor *e i* in päl. *Cerfum praicime ecic* (*sacaracirix pristafalacirix*) *254*, *Cerri 256*, *Pacia* (*pperci*) *246*, *Peticis 247*, *Loucies 248 249* (*Arghillus* d. h. *Archillus 267*), marruc. *Cerie 274*, mars. *cetur 242* (*ceip. 307*); dass eine Affektion des *c* in der Richtung gegen umbr. ç hin eingetreten war und nur in der Schrift unbezeichnet blieb, ist natürlich nicht ausgeschlossen.

182. U m b r. *i* a u s *g*. Im Umbrischen von Iguvium wurde *g* vor *e i* zu einem durch i *i* bezeichneten Laute. Der Wandel scheint demjenigen von *k* zu ç *ś* parallel zu gehen, daher ist der Laut wohl am ehesten als der dem tonlosen ç *ś* entsprechende tönende Spirant aufzufassen (vgl. Brugmann I 374), also entweder als *ž* (ev. *dž*) oder als spirantisches *j* (ev. *dj*)[1]). Auch im späteren Vulgärlateinischen wurde, wie aus den romanischen Sprachen erschlossen wird, *ge* zu *je*, s. W. Meyer in Gröbers Grdr. I 363, Roman. Gramm. I 328f. (vgl. 332f., 365ff., 429ff.). — Ein ganz sicheres umbrisches Beispiel ist *muieto VIa* 7, Ptc. zum Imperat. *mugatu VIa* 6, also aus **mugetom* (über das Verhältniss zu l. *mugio commugento* s. § 291). Für I u i e s k a n e s -n e *IIb* 5 6 liegt am nächsten die Erklärung aus **Iugesk-* (vgl. oben S. 128f.)[2]). Für das schwierige e v e i e t u *IIb* 8 11 ist a priori, ohne Rücksicht auf die Etymologie, die wahrscheinlichste Erklärung die aus

---

1) Mit *ž* ist der Laut von *j* in frz. *jour*, mit *j* der dem *ich*-Laut χ' entsprechende tönende Spirant gemeint. Die schriftliche Darstellung im Umbr. durch i *i* spricht vielleicht mehr zu Gunsten der zweitgenannten Aussprache. Ueber die Aussprache des ç *ś* s. o. S. 360.

2) Falls *Igovio-* = **Iugovio-* ist (s. ebd.), kann in I u i e s k a n e s das *i* aus *g* den Uebergang von *įu-* zu *i-* verhindert haben, möglich ist aber auch, dass *Igovio-* **įug-* (l. *iūgum*), I u i e s k a n e s **įeųg-* urit. **įoųg-* enthält (*Iui-es-* = l. *iūg-er-* in *iūgerum*, vgl. auch *iūgis* etc., gr. ζεῦγος etc.). Eine Spur des Unterschiedes zwischen idg. *j* und *į* wird man in der verschiedenen Behandlung von *įu-*

**evegetu*, denn sonst muss entweder ein abgeleiteter Verbalstamm auf *-iē-* (etwa **veh-iē-*) vorausgesetzt werden, was sehr unwahrscheinlich wäre, da das Lateinische solche Verbalstämme nicht kennt, oder das ei müsste = i gesetzt werden (veie- = **viē-* l. *uiē-re*), wobei die zweimalige Schreibung mit unächtem ei auffällig bliebe, da sonst im ganzen Au. nur éin sicheres Beispiel von solchem ei vorkommt (heriiei *IIa* 16, hier zur Bezeichnung eines langen geschlossenen *ē*), s. o. S. 66 f.[1]). Die Verbindung von eveietu mit l. *uiēre uincire* (Huschke Ig. Taf. 323, Zeyss De voc. Umbr. fict I 9, II 14 A.) erklärt Bücheler (Umbr. 142) auch dem Zusammenhange nach als unwahrscheinlich. Aber Büchelers eigene Deutung von eveietu als „euincīto" (zu einem l. **uicēre*, das sich zu *uincĕre uictus* verhielte wie *uidēre* zu *uisus*) ist m. E. gleichfalls unhaltbar, da es *eveçetu (*eviçetu) heissen müsste[2]). Am wahrscheinlichsten bleibt mir, dass eveietu = **evegetu* ist, wenn auch die Etymologie unsicher ist. Dass eveietu zu l. *uictima* gehöre (doch vgl. Bücheler 143), wäre möglich, wenn letzteres = **ueg-tima* ist (vgl. auch l. *ar-uiga* „Opfer-Widder"?)[3]). Falls *l-* umbr. zu *ɥ-* wurde, könnte man eveietu auch mit l. *eligito* zusammenbringen (vgl. oben S. 288)[4]) oder zu l. *lēgāre* stellen (-veietu : *legato* = l. *cen-*

---

in Iuieskanes und iveka (aus *iuv-) schwerlich vermuthen dürfen.

1) Sollte -stitisteteies *Ib* 45 -stiteteies *IIa* 44 den Ausgang *-tiens* (3. Pl. Conj. Perf.) enthalten, so könnte man sich allerdings für veie- = *viē- auf diese Schreibung berufen, doch vgl. Bd. II Anh.

2) Danielsson Gramm. Anm. I 15 weist darauf hin, dass bei Büchelers Deutung als „euincīto" u. eveietu ein zu ai. *jyā-* gr. βῑ-νέω l. *uī-s* gehöriges **viē-* enthalten könnte, aber abgesehen von dem oben angeführten Bedenken wegen des ei wäre hiebei das umbrische v statt b schwerlich zu rechtfertigen (urit. *g^{u}iē-* wäre, falls nicht zu **biē-*, wohl zu **giē-* geworden). Mit l. *uoueo* (s. Bréal 266) wüsste ich eveietu auf keine plausible Weise zusammenzubringen.

3) Das *i* in *uictima* liesse sich allenfalls durch Anlehnung an *uigor* (wozu es die Alten stellen) oder an *uictus* etc. erklären.

4) Freilich scheint der Zusammenhang dies nicht zu begünstigen, da schon das vorausgehende upetu die *electio* zu bezeichnen scheint (s. Bugge K. Z. III 39 f., A. S. 40, Huschke 315 f., Bücheler 30, 142; anders Bugge K. Z. VIII 36).

sĕre : o. *censaum*)[1]. Bei -teteies, welches die Formeln in *Ib* 45 *IIa* 44 schliesst, könnte man an ein **tetēgens*, das sich zu *tang-* in o. *tanginom* wie l. *pēgi* zu *pango* etc. verhielte, denken (oder auch teteies = **tetengens* mit Tiefst. **tn̥g-*?), doch s. Bd. II Anh. aiu *IIa* 4 wird von Bücheler (124) als Ntr. Pl. „*agia", von l. *ago* (vgl. *exagium*), erklärt, wobei die directe Vorstufe von aiu entweder **agĭa* oder **agi̯a* sein könnte; doch kann das Wort auch zu l. *aio* gehören und alsdann aus **ahi̯a* erklärt werden (vgl. oben S. 352 A. und § 216, 218). Ueber peiu *peiu* peia *peia* s. o. S. 370, über *Hoier* § 201, über usaie purtiius *preuilatu* § 247. Eine Ausnahme von dem Wandel des *g* vor *e* zu *i* ist *ager 296*; die Möglichkeiten der Erklärung sind dieselben wie oben S. 366 bei *pacer*, ausserdem stammt *296* aus Asisium (vgl. S. 371 zu *cisterno* aus Fulginium).

Die Vermuthung von Bezzenberger B. B. XVI 242, dass u. zeřef *Ia* 25 33 34, dem nu. *serse VIb* 17 22 41 41 41 entspricht, zu preuss. *gaydis* „Weizen" gehöre, scheint mir aus mehreren Gründen unhaltbar. Erstlich ist es von vornherein sehr gewagt, auf eine solche Etymologie hin eine von der sonstigen Vertretung des *ge* durch *ie* abweichende Vertretung durch ze *se* anzunehmen (man müsste die Abweichung aus der Stellung im Anlaut erklären)[2]), ferner ist die Erklärung von zeřef als Acc. Plur. wegen zeřef kumates persnimu *Ia* 34 sehr bedenklich. Vielmehr ist zeřef mit Bücheler als „sedens" zu erklären, s. § 329 (über z- s. o. S. 73 f.).

Von der Palatalisirung des *g* zu *j* vor *e* (*i*) ist getrennt zu halten diejenige nach *i* in Iiuvinu- *Iiouino-* aus **Igou̯ino-*, welche an gr. ὀλίος = ὀλίγος, böot. ἰών = ἐγών, arkad. Φιαλεία = Φιγαλεία etc. G. Meyer[2] 218 f., Brugmann Gr. Gr.[2] 51 erinnert (vgl. J. Schmidt Jen. Littztg. 1877, 733). Der Wandel war im Umbr. jedenfalls ganz jung, da das *g* im Au.

---

1) eveietu könnte dann die feierliche Besitznahme oder Abschliessung des Kaufes bezeichnen (vgl. emantur herte *Va* 8 direct nach upetu, dazu Bréal-Bailly Dict.[3] 155 über die ursprüngliche Bedeutung von l. *legare* und Bücheler 143). An l. *lĭgare* wird nach dem von Bücheler 142 gegen die Erklärung als „euincīto" Bemerkten wohl kaum zu denken sein.

2) Es ist zudem sehr fraglich, ob die Palatalisirung der Gutturale vor *ē* = *ai* eintrat (*oi* wäre umbr. ū), vgl. S. 368.

in der Schrift noch beibehalten erscheint auf der Münze Ikuvins und, mit i wechselnd, auf Tafel *I* (z. B. *Ib* 2 auf derselben Zeile Ikuvina und Iiuvinas). Im Nu. wird neben *Iiouin-* oft auch *Iouin-* geschrieben (Ersparung der Doppelschreibung, vgl. *Atiersio-* au. Atiieřiu-, *trioper* au. triiuper, *prinuato-* au. prinuvatu- etc.)[1]). niru *IIb* 15 (pistu niru fertu) erinnert an l. *nigrum*[2]), aber ob die Bedeutung diese Erklärung erlaubt, ist unsicher. Die Verbindung von arvia arviu *aruio* mit l. *aruiga* „Opfer-Widder" (Grotefend, Knötel) ist aus sachlichen Gründen unhaltbar, auch wäre au. *arviia *arviiu zu erwarten. Ueber frehtu frehtef, nach Bücheler *frig(i)dum frig(i)dans*, vgl. oben S. 353. — Erhalten finden wir *g* nach *i e* in kunikaz *IV* 15 18 20 *conegos VIb* 5 16 *VIIa* 37, das zu l. *coniueo coniui conixi* gehört. Der Unterschied gegenüber Iiuvinu- *Iiouino-* kann vielleicht so erklärt werden, dass kunik- *coneg-* nicht ursprüngliches *ī*, sondern *ē* = *eį* enthält (got. *hneivan* entscheidet hierüber nichts). Freilich bleibt bei der Erklärung aus *eį* das dreimalige au. i sehr auffällig (s. o. S. 107, 148). Dass kunikaz *conegos* ihr *g* durch Analogie nach Verben, in denen *g* auf andere Vocale folgte, bewahrt hätten, wäre nicht leicht wahrscheinlich zu machen.

Im Oskischen blieb *g* vor *e i* erhalten: Genetaí, aragetud, degetasis (dek-), leginum etc., slaagi-, Flagiuí, Magiium, Hegi . . *75*, tanginúd etc., *angetuzet* (räthselhaft und unsicherer Lesung igipaarigtis *64*), ebenso im Marrucinischen: *agine regena* (= **regīna*). Ieíis auf der oskischen Münze *239* aus dem Socialkrieg ist allerdings wahrscheinlich = l. *Iegius*, aber die Lautform kann einem anderen Dialekte angehören[3]). Unhaltbar ist m. E. Paulis Erklärung von päl. *aetate 254* als „agitate" (wobei *g* nicht wie in u. *muieto* etc. zur Spirans *j* geworden, sondern ganz verklungen wäre), s. Bd. II Anhang. — Auch nach *i* ist *g*

1) Schreibung Ikuvin- 14m., Iiuvin- 7m., *Iiouin-* 85m., *Iouin-* 29m.

2) Vgl. Grotefend Rud. ling. Umbr. VII 16.

3) Denkbar wäre auch, dass Ieíis sich zu *Iegius* verhielte, wie Maís zu Magiium, also aus **Iehįo-* entstanden wäre. Ueber Maís etc. s. § 218.

im Osk. erhalten: *ligud ligis* ligatúis Líganakdíkeí (*i* í = *ē*) leígúss, ebenso im Marruc.: *asignas* (*gn* = *kn*?).

183. Lautgruppe *ks*. Es ist zwischen uritalischem und erst später durch Syncope oder andere Vorgänge neu entstandenem *ks* zu unterscheiden (vgl. Danielsson A. S. III 153 f.). Das uritalische *ks* wurde im Osk.-Umbrischen lautgesetzlich wohl durchweg zu *ss* (*s*) assimilirt. Ganz sichere Beispiele gibt es allerdings nur vor *t* und im Auslaut. Vor *t*[1]): o. destrst *130* (abgekürzt für *destrust), u. testru testre *destre destram-e* etc. zu l. *dexter dextra*; o. Σεστες *19*, u. sestentasiaru *III* 2 zu l. *sextus Sextius Sestius*; über u. vestika- *uestica-* s. § 296, über o. trístaamentud § 195; o. nistrus, auch falls „propiores", kaum aus **nekstro-*, s. unten zu *nessimo-*. Im Auslaut: o. meddíss *117 185*, meddís *125 133 192*, *meddis* T. B. (4 m.), aequ. meddis *279* (unächt?), *meddiss* *277* (unächt?), mars. *medis* *242* aus **meddiks*, vgl. l. *iudex uindex* etc. Auch das erst durch Syncope entstandene auslautende *-ks* erscheint z. Th. als *-s*(*s*): o. meddíss *124* „meddices" aus **meddikĕs*[2]), u. *uas* *VIa* 28 38 48 *VIb* 30 aus **uakos* (zu vakaze *uacose* vaçetum etc.); daneben findet sich aber *-ks*: o. μεδδειξ *1* „meddices", túvtíks *117* aus **toutikos*, päl. *medix* *251* „meddices", *Rustix* *257* „Rusticus", vo. *medix* *240* „meddices", u. fratreks *Va* 23 *Vb* 1 *fratrexs* *VIIb* 1 aus **fratrekos*. Und selbst ursprüngliches *-ks* scheint erhalten zu sein in päl. *sacaracirix pristafalacirix* *254*, da der Ausgang *-cirix* doch wohl = l. *-trix*, nicht = l. *-tricus*, zu setzen ist (s. Bd. II Anh.); dazu marr. *lixs* *274*, falls es als Sing. „lex", nicht Plur. „leges", zu erklären ist[3]). Offenbar ist *k* z. Th. nach den übrigen Casus restituirt. So jedenfalls in päl. *-cirix* = *-*trix*

1) Auch im Vulgärlat. wurde *xt* zu *st*, vgl. W. Meyer Rom. Gramm. I 321.

2) Ueber o. *pomtis* s. § 286.

3) „leges" Corssen K. Z. IX 136, Bücheler Rh. M. 33, 35 f., „lex" oder „leges" Bücheler L. J. XVb (vgl. Bugge K. Z. III 422, A. S. 76). Dem Zusammenhang nach liegt „lex" näher, die Schreibung spricht vielleicht eher für den Plur. (so dass *-s* graphisches Zeichen des Plurals wäre; doch vgl. *xs* in u. *fratrexs* und sehr häufig im Lat., s. z. B. Seelmann 352).

und in marr. *lixs* falls „lex". Dass im Umbr. auch das durch Syncope entstandene *-ks* lautgesetzlich zu *-s(s)* wurde, zeigt *uas,* also ist fratreks *fratrexs* Neubildung für *fratres **fratres*; in dem *s*-Stamm *uas* fand die Neubildung nicht statt, weil *k* auch in den übrigen Casus assimilirt wurde, z. B. Abl. **uase* aus **uakese* **uakse* (vgl. *ose* falls aus **opese* = l. *opere*). Da wir auch im Oskischen meddíss aus **meddikĕs* finden, sind vermuthlich alle angeführten Beispiele von durch Syncope entstandenem, nicht assimilirtem *-ks* als Neubildungen zu erklären[1]). Besonderer Art ist *-ks* in o. malaks Blt. falls Acc. Pl. eines Stammes malak- (*-ks* = *-kns*)[2]); o. kúíníks *46* ist Lehnwort = gr. χοῖνιξ. Unklar ist o. ekss C. A.[3]) *ex* T. B. „ita", vgl. oben S. 230.

Schwieriger ist die Frage, wie *ks* im Inlaut zwischen Vocalen behandelt wurde. Ein völlig zweifelloses Beispiel für Assimilation fehlt. Wahrscheinlich gehört hieher päl. *ṷsur 254*, da es doch wohl „uxor" sein wird (s. Bd. II Anh.), dagegen ist o. usurs Blt. eher „osores" als „uxores" (s. ebd.). Schwierig ist *nessimo-* „proximus" in o. n[e]ssimas *140 nesimum nesimois* T. B., u. *nesimei VIa* 9 9. Falls das Wort zu l. *nectere nexus* (vgl. Corssen K. Z. III 249f., Bücheler L. J. XVIIIa, Brugmann II 158, 169, 387 Anm.) oder zu got. *nĕhva-* nhd. *nahe* (vgl. Aufrecht-Kirchhoff II 72, Lottner K. Z. VII 187, Bartholomae B. B. XII 87, Feist Got. Et. 84) zu stellen ist, geht das *ss,* wie auch Danielsson a. O. annimmt, auf *ks* zurück; für die Erklärung der Bildung **neksimo-* blieben verschiedene Möglichkeiten[4]). Da jedoch *nessimo-* von dem gleichbedeutenden air. *nessam* kaum zu trennen sein wird (vgl. Bugge K. Z. III 421, Ebel ebd. VI 421f., Lottner ebd. VII 187, Brugmann a. O.), enthält *nessimo-* wahr-

---

1) Also z. B. o. μεδδειξ unursprünglicher als meddíss.

2) Päl. *lexe 254* kaum „in leges".

3) kss für -ks kann mit *-xs* in marr. *lixs* umbr. *fratrexs* (l. *lexs faxsit* etc.) oder auch mit sst für st in o. kvaísstur pússtín verglichen werden.

4) Danielsson nimmt Syncope aus **nek-is-emo-*, Brugmann Ableitung von *nek-s-* (Tiefstufe eines *s*-Stammes) an; falls *-tm̥mo-* auch primär sein kann, läge am nächsten die Erklärung aus **nekt-tm̥mo-* (vgl. l. *nexus pexus plexus flexus* aus **nekt-to-* etc.? aus **nektimo-*, wie noch Bechtel B. B. VII 7 wollte, könnte **neksimo-* nicht erklärt werden). Vgl. § 287.

scheinlich nicht *ss* aus *ks*, da das Kymr., welches *ks* zu *ch* wandelte, in diesem Worte *s* zeigt (s. Osthoff und Brugmann Ber. d. sächs. Ges. 1890, 236). *nessimo-* air. *nessam* scheinen also zu ar. **nazd-* im Compar. ai. *nêd-īyas-* av. *nazd-yas-* „näher“, Superl. ai. *nêd-iš-ṭha-* av. *nazd-iš-ta-* „nächst“ (Fick I[4] 275) oder zu ai. **nadh-* *nah-* „binden“ *nahuš nahuš-a-* „Nachbar“ (Osthoff und Brugmann a. O., vgl. Aufrecht-Kirchhoff II 72, Corssen K. Z. III 250) zu gehören; im ersteren Falle wäre als Gdf. wohl **nezd-is-m̥mo-* (oder **nezd-tm̥mo-*?), im letzteren **nedh-is-m̥mo-* (oder **nedh-tm̥mo-*?) oder mit Brugmann **nedh-s-m̥mo-* anzusetzen (entsprechend bei o. nistrus, falls „propiores“). Ueber o. messímais (kaum aus **meks-*) s. § 287. Im Volsc. liegt ein *s* (d. h. *ss*) = ursprünglichem *ks* vor in *Cosuties 240*, falls dieser Name zu l. *coxa coxo Coxso Coxsinus* gehört (vgl. oben S. 132 mit Anm.), doch hat dieses Beispiel wenig Beweiskraft, weil auch das Lat. *Cossutius Cossus Cosso Cossonios* etc. schreibt (vgl. auch *cossim* neben *coxim*), ausserdem können diese Namen auch von *cossus* in der bei Paul. Fest. angeführten Bedeutung von „rugosi corporis homines“ abgeleitet werden (vgl. De-Vit Onomast.). Im Umbr. ist ein durch Syncope entstandenes *ks* (aus *kṷs*) assimilirt in sese *III* 23 *IV* 3 15, falls dieses Wort Abl. oder Loc. zu l. *secus* (aus **sekṷos*) ist, vgl. § 285. Erhaltenes *ks* zwischen Vocalen findet sich in den osk.-umbr. Dialekten nur in drei Wörtern: o. eksú- *exo-* Pron., o. *meddixud* (T. B.), päl. *lexe* (*254*). In *meddixud* ist *x* (d. h. *kš*?) aus *ki̯* entstanden (s. § 242), über *lexe* (wohl „legistis“) s. § 323. Von o. eksú- (4 m.) *exo-* (6 m.) vermuthet Danielsson a. O. wohl mit Recht, dass *-ks-* „durch den Einfluss des (mit *ekso-* im Austausch stehenden) Pronominalstammes *eko-* wiederhergestellt“ sei (ebenso Bartholomae B. B. XII 87); denkbar wäre auch Entstehung von *ekso-* aus **ekeso-* und daherige Erhaltung des *ks*. O. essuf *188*, *esuf* T. B. (*s* = *ss*) würde nach Bartholomae (a. O. 86 f.) die lautgesetzliche Entwicklung des Stammes *ekso-* darstellen (Adverb!), doch s. § 288. Im Umbr. entspricht wahrscheinlich *esso-* genau dem osk. *ekso-*; das umbr. *ss* kann jedenfalls aus secundärem *ks* erklärt werden (vgl. umbr. *osa-*: osk. úpsa-, aus **opesa-*).

Anlautendes *ks-* wurde gemeinitalisch zu *s-*, wenn l. *sub super summus*, denen o. supruis, u. supru *subra somo* entsprechen, von Osthoff M. U. IV 266, Brugmann Grdr. II 3, 9 mit Recht aus *(*e*)*ks-up-* erklärt werden[1]). Weniger wahrscheinlich ist De Saussures Erklärung von l. *sex* (wozu o. Σεστες, u. senstentasiaru) aus **kseks* (Mém. soc. VII 75).

Assimilation von *kf* zu *f*(*f*) wohl in u. *frif* (*fri*) „fruges" aus **frūkf *frūgf *frūgns* (vgl. S. 133).

184. Guttural + Nasal. Im Lat. wurde *kn km* zunächst zu *gn gm*, das ursprüngliche und das aus *kn km* entstandene *gn gm* weiterhin wahrscheinlich zu *ŋn ŋm*, dessen *ŋ* meistens im Anlaut (doch erst in historischer Zeit) und theilweise im Inlaut (nach ursprünglicher Länge?) schwand[2]). Im Anlaut zeigt das Umbrische übereinstimmend mit dem Lat. *n-* aus *gn-* in natine : l. *natio*, urit. **gnā-tion-* (aus **ĝn̥-tion-*, zu l. *gens* aus **ĝn̥-ti-*, idg. W. *ĝen-*), und in naratu *naratu* naraklum : l. *narrare gnārus* (*g*)*nō-sco* (idg. W. *ĝnō-*), während das Oskisch-Sabellische noch die ältere Stufe, wie l. *gnatus* neben *natus* etc., aufweist in päl. *cnatois* *246* (c graphisch für *g* wie oft im älteren Lat., vgl. § 248) und in dem wohl zur gleichen Wurzel gehörigen oskischen Gn. *75 190* „Gnaeus" (wohl zu *Gnaívs oder *Gnaius zu ergänzen), Cnaives *173* „Gnaeui" (vgl. altl. *Gnaiuod*), Cnaiviies *172* „Naeuii"[3]). Für ursprüngliches *kn-* fehlen Beispiele. Im Inlaut finden wir *n* aus *ŋgn* (*ŋkn*) in umbr. une *IIb* 20, falls aus **oŋgne* älter **oŋgᵘ̯ne*[4]), und in kunikaz *conegos*, wohl aus **koŋkneig- *koŋgneig-* l. *coniueo* (W. *kneigh-*, vgl. § 224). umen *IIa* 19 34 kann demnach aus **oŋgmen* erklärt werden, doch ist Entstehung aus **omben* = **oŋgᵘ̯en* viel wahrscheinlicher, s. § 212. Ueber o. liimítú[m s. u.

Schwierig ist die Frage nach der Behandlung von Gutt. + Nas. im Inlaut zwischen Vocalen. Es findet sich *kn*

---

1) Vgl. l. *frigo* = *erigo* (also aus **s-rigo*), falls wirklich ein solches *frigo* anzuerkennen ist (s. Georges s. v.).

2) Vgl. Havet Mém. soc. VI 34ff., Brugmann I 368, 372f., Stolz² 309f., Cocchia Riv. di filol. XV 429ff., Fröhde B. B. XVI 187ff.

3) Cnaives und Cnaiviies auf campanischen Thongefässen mit etruskischer Schrift, daher ⟩ als c, nicht g, zu lesen; gemeint war aber g.

4) Entweder mit Tiefstufe *-n-* wie karne l. *carne* o. *carneis* oder durch Syncope aus **oŋgᵘ̯ene*, vgl. S. 345 und § 212. Vielleicht ist aber une = **udne*, s. § 197.

in u. *acnu*, perakni- *peracni-*, sevakni- *seuacni-* und in o. akenei T. A., akun. *62*, -úvfrikúnúss *188*, falls in diesen Wörtern der Vocal zwischen *k* und *n* anaptyktisch ist (vgl. S. 265)[1]), *km* in o. dekmanniúís T. A., *gn* in o. . . ugn . . (?) *57*, marr. *asignas 274*, *gm* in o. *egmo egmad egmazum egm[as* T. B. Für Schwund des Gutturals vor *m* kommen folgende Wörter in Betracht. O. liímítú[m C. A. „limitum", indem l. *līmus līmes līmen* mit Wahrscheinlichkeit zu *oblīquus* etc. gestellt wird (also urit. **līk-mo-* aus **līkṷ-mo-*)[2]); nach den abweichenden Vermuthungen von Johansson P. B. XIV 301ff. und Per Persson Wurzelerweit. und Wurzelvariat. 187 wäre jedoch in *līmus* liímítú[m eine Wurzel *s(k)leį-* oder *leį-* enthalten, also kein *k* geschwunden. O. imad-en *28* l. *īmus* aus **īk-mo-* oder **īg-mo-* zu air. *īs* aus **īks-* etc. nach Loth Mém. soc. V 231f., d'Arbois de Jubainville ebd. VI 55f., Stockes B. B. XI 100, Brugmann II 158 und Anm., doch scheint die Erklärung von air. *īs* aus **īks-* irrig zu sein wegen kymr. *is*, s. Thurneysen K. Z. XXX 491. Thurneysen erklärt die keltischen Wörter aus *ins-*, l. *infra* aus **insra*, *īmus* aus **insmo-* (vgl. Schweizer-Sidler[2] 24, 111), *infimus* als Neubildung oder als etymologisch verschieden (zu ai. *adhamá-* etc.); ein Bedenken lässt hiebei das oskische *m* statt *sm* zurück, doch vgl. § 230[3]). O. faamat „habitat" erklärt Corssen I 800, K. Z. XXII 290ff., dem Bruppacher und Enderis beistimmen, als Denominativum von einem **fāg-mo-*, von W. *bhag-* „geniessen" (ai. *bhāgá-* „Antheil, Eigenthum", gr. φαγ-, aksl. *bogŭ*), aber die offenbar verwandten l. *fămulus fămilia* o. *'famel' famelo* u. fameřias scheinen dagegen zu sprechen, da die Annahme eines gemeinitalischen **fămĕlo-* aus **făgmĕlo-* wohl trotz Fröhde B. B. XVI 191f. bedenklich wäre. Vgl. § 222. Bei u. *uomu* könnte man

1) Nicht in Betracht kommen Ateknati Trutiknos des gallischen Grabsteines von Tuder *294* (das Alphabet hatte keine Medien, vgl. Pauli Inschr. nordetr. Alph. 58ff., 85f.).

2) Die Erklärung von l. *līmus* aus **liksmo-* (vgl. *lixula*) ist unwahrscheinlich, weil o. liímít- dann wohl als lat. Lehnwort (für ächt o. *lísmít-) erklärt werden müsste, vgl. Brugmann II 163.

3) **ins-* in **insmo-* etc. kaum zur Präpos. *en-* wegen osk. *i*; aus demselben und anderen Gründen wäre eine Erklärung von *īmo-* aus **n̥dh-mo-* (zu ai. *adhamá- ádhara-* got. *undar*) bedenklich.

unter Anderem an Entstehung aus **uok-mo-* denken[1]), doch ist die Bedeutung von *uomu* so unklar und die grammatische Form so vieldeutig, dass mit dem Worte nichts anzufangen ist. U. umen wäre bei Paulis Zusammenstellung mit l. *umor umeo* wohl aus **ugmen* zu erklären (vgl. gr. ὑγρός anord. *vökva*, Fick I[4] 127), doch gehören umen umtu sehr wahrscheinlich zu l. *unguen unguo* (vgl. S. 335 f. und § 197, 212). Das einzige einigermassen wahrscheinliche Beispiel für Schwund von Gutturalen vor Nasalen im Inlaut zw. Voc. ist also o. liímítú[m, für welches die Erklärung aus **līkm-* (Zwischenstufe **līgm-*) doch wohl die nächstliegende ist. Der Unterschied gegenüber o. *egma-* mit erhaltenem *gm* ist dann wohl entweder aus der Quantität des vorausgehenden Vocals (*e* in *egma-* kann nicht urit. *ē* sein, da dieses als *i* erscheinen müsste) oder daraus, dass in *egma-* zwischen *g* und *m* ein Vocal syncopirt ist, zu erklären. Im ersteren Falle ist Brugmann I 373 zu vergleichen[2]). Möglich ist aber wohl auch die Erklärung von *līm-* aus **linkm-* (Fröhde B. B. XVI 195), vgl. oben u. *conegos* etc. O. dekmanniúís beweist wenig für die Behandlung von *km*, da es durch späte Syncope aus **dekeman-* entstanden ist und überdies von **dekem* beeinflusst sein kann.

Unter den Wörtern, die für *kn* und *gn* zwischen Vocalen in Betracht kommen, wird marr. *asignas* (l. *asignae* κρέα μεριζόμενα, s. Bücheler Arch. I 103 f.) von Bréal Mém. soc. VI 84, 137 sehr ansprechend aus **an-sek-na-* erklärt (zu *secare*, Bedeutung „prosiciae") [3]); weniger wahrscheinlich ist, dass *asignias* zu lesen sei, es käme dann neben der Vergleichung mit l. *asignae* die Corssensche (K. Z. IX 140 f.) mit l. *insignia* in Betracht, aber auch in diesem Falle wäre *gn* wohl = *kn* (l. *signum* zu W. *seq-* „zeigen", s. o. S. 339 und Wiedemann Idg. Fo. I 258;

---

1) Z. B. zu l. *lūmen* aus **loukmen* (Suff. *-mo-* häufig neben *-men-*, vgl. Brugmann II 160 ff.) oder zu u. *uoco-* oder u. *sub-(u̯)oc-*.

2) Die Etymologie von o. *egma-* ist dunkel. Zu *ago* (vgl. Schweizer K. Z. III 205) kann *egma-* des Vocals wegen nicht gehören. Die Herleitung von *egeo* („Bedürfniss", Mommsen U. D. 256) befriedigt der Bedeutung nach nicht recht (doch könnte man gr. χρῆμα vergleichen).

3) *auiatas* wohl mit Bücheler „auspicatae", also entspricht marr. *asignas auiatas* ungefähr dem umbr. karne aviekate *IIa* 1 3.

doch vgl. Fröhde B. B. XVI 189). Büchelers Deutung *asigna-s* „ad aram natae" (hostiae) L. J. Xa, Umbr. 89 ist mir wegen der für l. *asignae* bezeugten Bedeutung und aus anderen Gründen nicht wahrscheinlich, noch weniger Deeckes Vermuthung Rh. M. 41, 197, dass *asignas* zu vo. *asif 240*, welches D. mit Bréal als „oues" deutet (vgl. hierüber Bd. II Anh.), gehöre. *asignas* ist also ein wahrscheinliches Beispiel für *gn* aus *kn* (vgl. l. *dignus* aus **deknos* etc.). Es bleiben aber noch die schwierigen Wörter u. *acnu*, *peracni-*, *seuacni-*, o. akeneí, akun., -úvfríkúnúss zu berücksichtigen. Diese sind jetzt ausführlich behandelt von Brugmann Ber. d. sächs. Ges. 1890, 238ff. Die Verbindung der erstgenannten umbrischen Wörter und des oskischen akeneí mit l. *annus perennis sollemnis* (Lanzi, Henzen Ann. dell' Ist. 1848, 407f., Aufrecht-Kirchhoff II 355f., 401, Savelsberg K. Z. XXI 158ff. u. A.) scheitert an lautlichen und sachlichen Bedenken, s. Huschke O. S. Spr. 20ff., 248, Ig. T. 305, Bréal Mém. soc. II 339ff., T. E. 255f., Bücheler Umbr. 30, L. J. IVa. Auch die Zusammenstellung mit l. *in-ānis* (Bréal aa. OO. und Dict. étym. latin. 133) ist schwerlich haltbar. Dass u. *acno-* „fundus" bedeute, wie Bréal will, ist wegen sevakni-, dessen Bedeutung ungefähr = l. *sollemnis* ist, schwer glaublich. Die nächstliegende Bedeutung für *acno-* ist „sacrificium" und auch für o. akeneí passt dieselbe besser als die (schon von Mommsen U. D. 138, 247 angenommene) Bedeutung „in fundo" (vgl. Bücheler bei Zvet. S. J. O. p. 95). Huschke und Bücheler stellen o. akeneí, u. *acnu peracni seuacni* zu l. *agere agonia amb(i)-egna*[1]). Diese Deutung wäre höchst einleuchtend, wenn nicht das *k* statt *g* Bedenken erregen würde. Brugmann a. O. vermuthet, dass *gn* im Osk.-Umbr. lautgesetzlich zu *kn* geworden sei. Auch o. akun. *62* könnte, trotzdem es seiner Bedeutung nach (es bezeichnet ein Maass, vgl. oben S. 265) weit von den vorgenannten Wörtern absteht, unter Vergleichung von l. *actus quadratus* mit Brugmann aus **agn-* erklärt werden, doch kann akun. l. *acnua agnua* auch von l. *acuo* etc. abgeleitet werden, vgl. gr. ἄκαινα „Spitze, Stachel" und „Längenmass von 10 Fuss"[2]). Brugmann führt für *kn*

1) Huschkes Erklärung von *amb(i)-egna* hat viel für sich.

2) Auch l. *acnua* kommt vielleicht als Längenmass (von 4

aus *gn* noch o. -úvfríkúnúss *188* an, welches gewöhnlich als l]úvfríkúnúss „*liberignos" d. h. „ingenuos", von Pauli als r]úvfríkúnúss „roburneos" erklärt wird. Im ersteren Falle bleibt ausser dem *k* auch das í auffällig, da man e oder ú erwartet (vgl. S. 243, 245), doch könnte vielleicht das í von *i*-Stämmen übertragen sein [1]). Bei Paulis Deutung kann das *k* leicht als ursprünglich erklärt werden, was auch im anderen Falle mir nicht völlig ausgeschlossen scheint. Möglicherweise entspricht also -kúnú- einem l. *-cino-* oder einem l. *-gno-* aus *-kno-*, nicht dem l. *-gno-* aus W. *ĝen-*. Vgl. Bd. II Anh. und § 261, 6. Immerhin ist zuzugeben, dass die Erklärung aus ursprünglichem *-gno-*, von dem lautlichen Bedenken abgesehen, die nächstliegende ist, und bei o. akenei u. *acnu peracni- seuacni-* ist eine andere Ableitung als die von *ag-* schwer zu finden [2]). Trotzdem scheint mir Brugmanns Annahme zweifelhaft. Gegen dieselbe spricht vor allem der Umstand, dass anlautendes *gn* nicht nur im Osk. nicht zu *kn* wurde, wie Gn. *75 190* „Gnaeus" zeigt [3]), sondern im Umbr. sogar wie im Lat. zu *n-* wurde (naratu natine). In u. une aus **ongne* (?) und *conegos* aus **conknegos *congnegos* könnte man sich auf das vorausgehende *n* berufen. Dagegen wäre bei marr. *asignas* schon die Annahme nothwendig, dass *g* irrthümlich für *c* stehe wie in päl. *Arghillus 267* und den von Brugmann S. 242 genannten lat. Beispielen; auch das *i* statt *e* (Gdf. **anseknas*) bliebe auffälliger, wenn man **asicnas* liest (*i* aus *e* vor *gn* lat. in *dignus lignum* etc.). Das Fragment ..ugn.. *57* ist wohl zu unsicher, um gegen Brugmanns Hypothese angeführt werden zu können [4]). *gm*

Fuss) vor (U. D. 247). Deeckes Erklärung von o. akun aus gr. ἀγκών (Rec. 133) ist weniger naheliegend.

1) Wechsel von *o-* und *i*-Stamm kam bei Adjektiven wohl wie im Lat. häufig vor.

2) Liegt eine W. *ak-* noch in u. *per-acri-* vor? Sollte etwa an germ. *ah-* = *ak-* Kluge s. v. *achten* zu denken sein?? (oder *ah-* = oq^2-?).

3) Ueber c in Cnaives Cnaiviies s. S. 379 Anm. Brugmanns Annahme, dass g in Gn. irrthümlich für k stehen könne, wie in lat. Schrift zuweilen ein *g* statt *c* vorkommt, ist m. E. nicht zulässig; der Fall ist ein ganz anderer, da in lat. Schrift C ursprünglich für *c* und *g* galt, G erst spät daraus differenzirt ist, während osk. ꓘ und ᑐ zwei von jeher verschiedene Buchstaben sind.

4) Ueberdies die Lesung ..ugtn.. (tn in Ligatur) möglich?

findet sich erhalten in o. *egma-* T. B. und in o. liímítú[m, falls aus **līkm-*, ist sogar ein *km* zu *gm* und weiterhin zu *m* geworden, doch wäre eine verschiedene Behandlung von *gm* und *gn* möglich[1]). Auffallend wäre der Uebergang von *gn* zu *kn* endlich in lautphysiologischer Hinsicht. Die Frage muss daher unentschieden bleiben. Jedenfalls könnte man sich gegen die Annahme, dass *kn* im Osk.-Umbr. wie im Lat. zu *gn* geworden sei, auf u. *acnu peracni- seuacni-* nicht berufen, da zwischen *c* und *n* ein Vocal ausgefallen sein kann (o. akeneí kann über letzteren Punct nichts entscheiden).

185. Ausdrängung von *k* zwischen anderen Consonanten. *-rt-* aus *-rkt-* in o. *fortis* T. B. „fortius" aus **forkt-*, l. *fortis*, altl. noch *forctis*, zu ai. *dr̥̥dhá-* Gdf. **dhr̥̥ĝh-to-*. *-lt-* aus *-lkt-* in o. *molto moltam moltas moltaum* T. B. múltasíkad *30* multas. *125*, u. muta mutu *motar* (über *t* aus *lt* s. S. 299), l. *multa*, altl. noch *mulcta*[2]). *-nt-* aus *-nkt-* wahrscheinlich in o. Púntiis, päl. *Ponties*, u. puntes puntis (falls „πεντάδες, πεντάσι") aus **ponkt-* vgl. l. *quintus Quinctus* (s. o. S. 342 f.); ebenso o. Tintiriis l.-dial. *Tintirius Tintorius* wohl zu l. *tinctor*, vgl. spätl. *defuntus* etc. (ähnlich auch o. Tantrnnaiúm zu *tang-*?); auch u. anstintu neben *ninctu* scheint hieherzugehören (s. S. 344). Lautgesetzlich wurde uritalisches *nkt* zu *(n)ht*: o. saahtú-, u. *sahta- sahata-* zu l. *sanctus*. *-rn-* aus *-rkn-* in u. urnasier zu l. *urna* aus **urc-na*, vgl. *urceus* aksl. *vrŭčĭ* (Miklosich Wtb. s. v. *verčĭ*). *-rm-* aus *-rkm-* in o. turumiiad Blt. aus **tormeād* = l. **tormeat* zu l. *tormentum* aus **torcmentum*, von *torqueo* (Bugge A. S. 49)[3]). Mehrere Beispiele liefern Bildungen mit dem (eigentlich bloss präsentischen) Verbalsuffix *-sko-* (vgl. § 296). *-st-* aus *-skt-* in o. pestlúm *193* aus **persk-tlo-m*, vgl. l. *postulo* aus **porsk-tlo*[4]), und in u.

---

1) Z. B. wurde *gm* im Vulgärlat. zu *um* (s. W. Meyer Rom. Gr. I 321), während *gn* blieb.

2) Die Etymologie ist noch nicht festgestellt; nach den Einen zu ai. *mr̥̥ç-* „anfassen" (das jedoch nach Fick I⁴ 108 idg. *r* enthält), nach Anderen zu ai. *mr̥̥c-* „beschädigen" (gleichfalls mit idg. *r* nach Fick a. O.), vgl. Schrader K. Z. XXX 470.

3) Möglich wäre allerdings auch Entstehung aus **torp-m-*, zu l. *torpeo torpesco* (Bücheler übersetzt turumiiad mit „tabescat").

4) pestlúm und *postulo* zeigen, dass der Wandel von *skt* zu

perstu *IIa* 32 pestu *IIb* 19 aus **persktu* **persketōd* (zu *peperscust*); dazu käme o. passtata *34*, falls es auf ein **parsk-to-* zurückgehen sollte[1]), doch ist die Erklärung als Lehnwort aus gr. παστάδ- viel näherliegend. *-sn-* aus *-skn-* in u. persnimu *persnimu persnihimu persnimumo persnis* (auch *pesn-*) aus **perskni-*, vgl. § 296, 298. Vor dem *-sk-* von *pers(k)tlo- pers(k)ni-* etc. war das auslautende *k* der Wurzelsilbe (vgl. l. *prec-or proc-us* o. kú]m-par^{a}k-ineís ai. *praç-nd-* etc.) schon in früherer Zeit (vielleicht voritalisch) geschwunden: o. *com-par^{a}sc-uster* aus **kom-park-sk-* vgl. l. *posco* aus **pork-sko*, u. *peperscus* aus **peperk-sk-* (vielleicht zu l. *compesco* aus **kom-perk-sko*); o. pestlúm u. perstu etc. haben also zwei *k* verloren.

Falls persuntru- *persondro-* (vem-persuntru-) wirklich zu *persk-* „precari" gehört, muss *s* statt *sk* von Formen ausgegangen sein, in denen *k* lautgesetzlich fiel, z. B. *persni-*, doch vgl. § 261, 4.

Dentale Tenuis und Media.

Die Tenuis *t*.

186. Die dentale Tenuis blieb im Osk.-Umbr. wie im Lat. in den meisten Stellungen unverändert. Da der Laut sehr häufig vorkommt, führen wir nur einige Beispiele an. Anlaut. **toutā-* „ciuitas" in o. τωϝτο *toutam* túvtíks etc., marr. *toutai totai*, vo. *toticu*, u. *tota- totco-* : air. *tuath* got. *þiuda*; o. teremníss teremnattens etc., u. *termno-* : l. *terminus* gr. τέρμα; o. tiú tfei (für *tefei) tuvai, u. *tio tefe touer* : l. *te tibi tuus* ai. *tvā* got. *þu-k*; o. *tangin-* : altl. *tongere* got. *þagkjan þugkjan*; o. terúm : l. *terra* air. *tír*; u. tacez *tases* : l. *taceo* got. *þahan*; o. trííbúm Trebiis, u. *trebeit tremnu* : l. *trabs* air. *treb*. Auch *tl-* blieb erhalten:

---

st vor demjenigen vor *tl* zu *kl* (§ 188) stattfand. Ueber o. peessl[úm s. § 191, über u. *persklo-* § 261, 5.

1) *parsk-* entweder zu *persk-* in pestlúm etc. (vgl. zum *a compar^{a}scuster*) oder zu l. *compe(r)sco* (Bedeutung also etwa „saeptum, caulae").

u. *Tlatie* (sehr unsicher o. *Tl* apíu), während im Lat. das *t* abfiel (*latus* zu *tuli* etc.), vgl. § 188. Inlaut. O. pútíad putiians : l. *potis potui* gr. πόσις ai. *páti-*; u. *caterahamo*: l. *caterua* air. *cethern* aksl. *četa*; o. Úhtavis : l. *octo* gr. ὀκτώ; u. petenata : l. *pecten*. Ungemein häufig ist *t* in Nominalsuffixen: *-to-*, *-tu-*, *-ti-* *-t-* (*-āt(i)-* *-tāt(i)-*), *-tro-* (*-tru-*), *-tero-*, *-ter-* (*-tor-*), *-tion-*, *-nt-* (Ptc.), s. die Stammbildungslehre. 3. Sg. auf *-t*, 3. Pl. auf *-nt*.

187. Assibilation des *t*. Assibilation von *ti̯* zu *s* hat im Oskischen von Bantia stattgefunden: *Bansae* Loc. „Bantiae" aus **Banti̯ai*, vgl. *Bantins* „Bantinus" (dagegen *meddixud* kaum aus **meddihti̯ud*, sondern aus **meddiki̯ud*, s. § 242); parallel geht *z* aus *di̯* in *zicolo-* aus **di̯ēkolo-*. Mommsen U. D. 224 nimmt *s* aus *ti̯* noch an in den Städtenamen *Compsa* und *Anxa Anxanum*[1]). Sonst ist die Assibilation nur noch sicher belegbar im Marsischen in *Martses* auf der mars.-lateinischen Inschrift *307* und in l. *Marsus* selbst, welches die marsische Lautform zeigt (ächt lat. **Martius*)[2]). Im gewöhnlichen Oskischen unterblieb die Assimilation des *ti̯*, wie namentlich Mamerttiaís *133* Mamerttiais *132* Ma-m]erttieís *152* Mamerttiar. *131* und úittiuf C. A. zeigen, da ihr *tt* aus *t* das folgende *i* als *i̯* erweist (s. § 242 f.); vgl. noch fruktatiuf a]íttíúm C. A., Anagtiai *187*, Pettíeis *131* Pettieis *132*, Σταττιηις *1*, Tirentium *130*, die wohl alle oder doch meistentheils *i̯* enthalten (auch Piístíaí, Tiiatium, Κοττειηις, Siuttiis Puntiis Πομπτιες etc.? über die letztgenannten Nominative s. § 276). Wie sich die Zwischen-

1) *Compsa* (im Hirpinischen, nahe der lucanischen Grenze) zu l. *comptus*? oder = **Com-itia* (mit Syncope des *i* und Einschub von *p* wie in l. *emptus* umbr. *emps* etc.)? *Anxanum* (im Frentanischen und im Marsischen; oder letzteres *Anxantum*? s. De-Vit Onom. s. v.) aus **Anctianum* zu l. *Angitia*, o. Anagtiai, päl. *Anceta*, mars. '*lucus Angitiae*' (vielleicht auch *A(n)ctia 307*)? ausserdem findet sich ein *Anxia* in Lucanien und ein *Anxa* in Calabrien (s. De-Vit). Vo. *Anxur* wäre wohl fernzuhalten. Kaum richtig möchte Mommsen a. O. und S. 279 auch *ss* in dem männl. Nomen *Messius* aus *ti̯* erklären wegen *Mettius* o. Metiis (vgl. *Messenius* etc.); noch unwahrscheinlicher ist mir, dass *Bassus* = *Badius* sein sollte (U. D. 224, 252).

2) Marruc. *Maroucai* l. *Marruuium Marrucinus* kaum aus **Mars-* = **Marti̯-*, s. § 233.

dialekte verhielten, ist des spärlichen Materials wegen kaum auszumachen. Nur vom Marsischen steht durch *Martses 307* und l. *Marsus* die Assibilation von *tį* fest (s. o.)[1]. Für das Sabinische ist sie wahrscheinlich wegen *s* (*z*) aus *dį* in *Clausus* (s. § 201). Im Pälign. finden wir *ti* vor Vocal erhalten in *Ponties 245*, *Plauties 252* (kaum *-ies* = *-is*, s. § 276), *Petiedu 254*, im Vestin. in *Uetio*, im Sabin. in *Cosuties* (*-ies* wie im Pälign.), beweisend sind jedoch diese Beispiele nicht; über vo. *sistiatiens* s. § 242. Auch das Umbrische (vgl. Bréal 130) zeigt *ti* vor Vocal erhalten in uhtretie, kvestretie, *arsmatia(m)*, pus-tertiu *pos-tertio tertiu* tertie tertiam-a *tertiam-e*, Marties *Martier Martie* (häufig), *Tlatie* (spantea = *spantia?) aus Iguvium, herinties herintie Hurtentius Hurθuθiu (Hurθ*n*θiu?) aus Ameria, *Propartie* aus Asisium. Natürlich steht auch hier keineswegs fest, dass alle angeführten Wörter *į*, nicht *ĭ* (ev. *ī*) enthalten. Wenn man beachtet, dass im Oskischen von Bantia die Assibilation von *tį* und die Affection von *kį* (*meddixud*) Hand in Hand gehen und dazu die Bemerkung von Lenz K. Z. XXIX 48, wonach die Sprachen, welche *k* vor *i e* palatalisiren, „wohl ohne Ausnahme“ auch bei *t* deutliche Ansätze zur Palatalisirung zeigen, vergleicht, so wäre die Annahme a priori sogar ganz naheliegend, dass das Umbrische, welches *k* vor *i e* zu ç wandelte (s. o. S. 359 ff.), auch *tį* assibilirte[2]. Man könnte etwa herifi *Vb* 6 aus **herinsē*, Abl. von St. **herintįē-* (*f* aus *ns* wie in *mefa* etc. § 235 f.), erklären, doch s. § 326; über eikvasatis eikvasese s. § 269; über Suff. *-asio-* § 241; über asiane § 261, 6; über vakaze *uacose* Bd. II Anh.; über purtinçus *combifianšiust* § 319. Da sich also kein wahrscheinliches Beispiel für Assibilation von *tį* zu finden scheint (auch von *dį* nicht, s. § 201), wird doch wohl anzunehmen sein, dass *tį* im Umbr., wie die oben angeführten Beispiele nahelegen, erhalten blieb.

Bekanntlich ist auch im Vulgärlateinischen und in den romanischen Sprachen *tį* assibilirt worden, vgl. W. Meyer Rom.

---

1) *Actia 307* neben *Martses* kann lateinische Lautform oder *ĭ* enthalten.

2) Zwischen der bantinischen und der umbrischen Affection des *k* besteht jedoch der Unterschied, dass sie im Bantinischen nur vor *į*, im Umbrischen in gleicher Weise auch vor *ĭ e* stattfand.

Gramm. I 427 ff., Seelmann Ausspr. 320 ff. [1]). Ueber den lautphysiologischen Vorgang s. besonders Lenz a. O. 48 ff., 52 ff. Im Vulgärlat. wurde nachtoniges *tį* zu *ts*, vortoniges zu *tsį*, s. W. Meyer a. O. 427, 429. Die sicheren Belege aus unseren Dialekten stimmen zu ersterem: *Martses, Bansae* (und ev. *Anxa Compsa*). Ob in *Bansae ts* wirklich zu *s* geworden war (wie im Frz., z. B. *mars* = italiän. *marzo*), ist unsicher, da auch bloss die Schreibung *ts* vermieden sein kann (vgl. § 190). Sollte u. asiane *Ia* 25 aus **atiane* = **altiane* entstanden sein (Huschke und Bücheler geben dem Wort die Bedeutung von l. *altar*; *t* aus *lt* wie in kumates etc. S. 299), so wäre hier ein vortoniges *tį* zu *(t)sį* geworden, doch ist diese Vermuthung über asiane aus anderen Gründen und weil sonst kein umbrisches Beispiel für die Assibilation nachgewiesen ist, ganz zweifelhaft (vgl. § 261, 6).

188. Lautgruppe *tl* (vgl. u. A. Osthoff Forschungen I 22 ff., Brugmann I 281). Im Inlaut wurde *tl* im Uritalischen zu *kl*: Suffix *-klo-* aus *-tlo-* (s. § 261, 5) in o. sakaraklúm, o.-sabell. *puklo-* (o. puklum etc., Pukalatúí, päl. *puclois*, mars. *pucles*, vgl. S. 264), u. pihaklu *pihaclu*, kumnahkle, naraklum, sufeřaklu, mantrahklu *mandraclo, ooserclom*, ehvelklu, fikla *ficlam* (vgl. S. 363), lat. in *piac(u)lum saec(u)lum* etc. Ausgenommen war *stl*, welches im Urit. erhalten blieb: o. pestlúm *193* = **perstlom *persktlom*, vgl. l. *postulō* aus **pors(k)tlō* (Osthoff Forschungen I 21, vgl. oben S. 384), mit *ss* aus *st* o. peessl[úm *197* (s. § 191); o. Fistlúis Fistlus enthält *-tl-* aus *-tel-*, s. § 261, 5, ebd. über Αυσκλα. Αυϝυσκλι. und über u. persklu- *persclo-*, welches letztere wohl eher Suff. *-(e)lo-* als (trotz vorausgehendem *s*) Suff. *-klo-* aus *-tlo-* enthält. Durch vorhergehendes *e* wurde *-klo-* zu *-kro-* dissimilirt in sabin. **Falacro-* '*Falacrinum*', s. o. S. 290 und § 261, 5.

Im Anlaut blieb *tl* im Urit. unverändert, im Lat. fiel das *t* ab: u. *Tlatie Vb* 9 zu l. *tuli (t)lātus*, wohl auch *Lătium* (vgl. Fabretti Gloss. It. s. v., Bücheler Umbr. 37, 114, L. I. XXVIII a und oben S. 314 f.); sehr unsicher ist Deeckes

1) Dagegen ist für das classische Latein die Assibilation zu leugnen; was Corssen Kr. Beitr. 468 ff., Ausspr. I 62 ff. anführt ist hinfällig.

Lesung o. Tlapiu *129*. Unhaltbar ist d'Ovidios Erklärung von u. *Clauerniur Vb* 8 *Clauerni Vb* 10 (Klaverniie *IIb* 3 3) aus **Tla-* (Riv. di filol. IX 1 ff.), da die Erhaltung von *tl-* in *Tlatie Vb* 9 unerklärt bliebe[1]). Auch *stl-* blieb im Uritalischen (wie *-stl-*) erhalten. Im Lat. wurde *stl-* theilweise zu *scl-*, meistens über *sl-* zu *l-*, z. B. *stlis sclis* und *slis lis*; im Osk. erscheint *sl-* für *stl-* in slaagi- C. A. zu l. *stlocus locus*, Slabiis *117* = *Stlabius* C. I. L. X 3633 (aus Bajae), vgl. ferner mit *stl-* *Stlaccius, Stloga, Stlatta, Stlaborius, Stlar* .. auf Inschriften oskisch-sabellischen Sprachgebietes[2]). Oder ist *stl-* z. Th. aus *sl-* entstanden? (s. § 230).

189. Im Pälignischen der Herentas-Inschrift (*254*) ist, wie es scheint, *tr* zu *kr* geworden in *sacaracirix pristafalacirix* = l. **sacratrix* **praestibulatrix* nach der wahrscheinlicheren, = l. **sacratricus* **praestibulatricus* nach der weniger wahrscheinlichen Auffassung (s. Bücheler Rh. M. 33, 276 ff., Bréal Rev. arch. 1877, 414, Bugge A. S. 65 f., 81, Deecke App. 177, Rh. M. 41, 199, Pauli A. S. V 92, 97, Thurneysen Rh. M. 43, 351, vgl. Bd. II Anh.). Die Erhaltung von *tr* in *pritrom-e* derselben Inschrift kann durch späte Syncope aus **priterom* oder durch Einfluss von Formen mit *-ter-* (z. B. Nom. Sg. **priter*), ev. auch durch Einwirkung des Gegensatzes **postro-*, wo *tr* nach *s* wohl lautgesetzlich blieb (vgl. *stl*), erklärt werden, während für *-cirix* eine andere Erklärung sich nicht zu bieten scheint. Denn *kr* aus *kl* = *tl* wie in l. *lucrum lauacrum ludicro-* etc. sabin. **Falacro-* (s. o. S. 290) lässt sich für *-cirix* schwerlich annehmen, da in *sacaracirix* ein *r*,

---

1) d'Ovidio stützt sich darauf, dass in der parallelen Vorschrift *Vb* 13 ff. *Casilos Casilate* gleichen Namens wie *agre Casiler* sei, aber *Clauerniur Clauerni* bliebe, auch wenn man den Wechsel von *Cl-* und *Tl-* zugäbe, ein von *Tlatie* ganz verschiedener Name. Uebrigens wäre der Parallelismus sowieso kein vollkommener, da *Casilos Casilate* Sing., *Clauerniur Clauerni* Plur. ist.

2) Wenn auf *20* σκ|λαβενς zu lesen ist, würde hier wohl *skl-* aus *stl-* vorliegen (Σκλαβενς: Slabiis *Stlabius* = *Uarenus* : *Uarius* etc., vgl. U. D. 295; auch σκ|λαβεκις liesse sich etwa als **Labicius*, vgl. *Fabricius* etc., erklären), aber die Lesung ist höchst unsicher, die Abbildung in U. D. (woraus diejenige in S. J. O.) zeigt Δ nicht Λ, wie denn de Minicis δαβεκις las (s. U. D. 191), ebenso liest Deecke Rec. 135; in letzterem Falle ist σκ| natürlich nicht mit δαβεκις zu verbinden, sondern ist eine Abkürzung (etwa zu σακορο-?).

nicht *l*, vorausgeht und eine Gdf. mit *tl* nur bei der Erklärung der beiden Wörter als Masc. zulässig wäre [1]). Ebenfalls unwahrscheinlich ist mir, dass päl. *-cirix* und l. *ludicra* etc. W. *ker-* „creare" enthalten sollten (vgl. Bücheler L. J. XIII a), s. § 261, 5. Ueber die Schwierigkeit, welche die Anaptyxe in *-cirix* bereitet, s. o. S. 270.

Ob auch sonst im Pälign. *cr* aus *tr* entstand, ist nicht zu entscheiden. *P(e)truna 272* ist kein zuverlässiges Zeugniss dagegen, ebenso wenig *Sadries* „Satrius" *251* (schon wegen der Erweichung). Unklar ist marr. *Tarincris*.

Aus dem Lateinischen kann *cr* aus *tr* auf späten africanischen Inschriften (Seelmann 313, Stolz [2] 291) verglichen werden. Mit Unrecht ist in l. *lucrum lauacrum* etc. trotz *aratrum datrix* etc. *cr* aus *tr* angenommen worden (vielmehr ist *cr* = *cl* aus *tl*, s. Osthoff Forschungen I).

190. Die Lautgruppe *ts* (vgl. Brugmann I 369). Ursprüngliches *ts* (etymologisch z. Th. = *d* + *s*) wurde wohl im Urital. zu *ss* (*s*). U. *sesust ander-sesust* „sederit, *intersederit" wahrscheinlich aus **set-s-*, vgl. ai. Aor. *sátsat* (wie l. *cessi* von *cedo*, *arsi* von *ardeo* etc.), s. § 315; u. revestu aus **revesĕtu*: l. *uiso* aus **u̯ei̯t-s- *u̯ei̯d-s-*? (vgl. § 205). Nom. Sg. päl. *Herentas* aus *-tāt-s*, vgl. l. *uoluntas* etc. (oder ursprünglich *-tāti-s*?); päl. *des* l. *dīs dīues* aus **dei̯u̯et-s*; Ausgang *-nt-s -nss* in den Participia u. zeřef „sedens", kutef, restef (frehtef?), vo. *asif*, o. staief (? fuf ?); über o. essuf *esuf*, u. esuf und über o. Frus s. § 236, über u. *parsest* § 232. In o. *aserum* (d. h. **asserum*) „asserere" = **at-serum *ad-serum* (oder az-?) kann *ss* aus *ts* uritalisch oder jüngeren Datums sein. „Dass *-ss* = *-ts* mit idg. *-s* nach Nas. und Liq. im Lat. nicht zusammengefallen war", folgert Brugmann mit Recht aus dem Gegensatze von *ferens* (*-nts*) und *pedes* (*-ns*), von *ars pars* etc. (*-rts*) und *par fur* (*-rs*), ähnlich ist im Osk. der Nom. Sg. des Ptc. auf *-f* aus *-nts* vom Acc. Pl. auf *-ss* aus *-ns* geschieden; über u. *parsest* gegenüber o. u. far *far* Ntr. aus **far-s* s. § 232.

Durch die osk.-umbr. Syncope (§ 109 ff.) entstand die Lautgruppe *ts* aufs Neue und erscheint nun in nationaler Schrift

1) Denn auf *l* im Suff. *-ter-* im Slavischen (*datelĭ* „dator" etc. Brugmann I 226 II 365) sich zu berufen, wäre allzu gewagt.

als z, d. h. *ts*: o. Vezkei T. A. wahrscheinlich aus **Vetoske* oder **Veteskei* l. **Uetusco*; u. Iapuzkum aus **Iapudiskom*; o. húrz T. A. aus **hortos* (über altsabell. caispaiz *288* s. Bd. II Anh.); u. taçez pihaz stakaz kunikaz aus *-etos -ātos*; u. vakaze *Ib* 8 = *vakaz se aus **vakātis sid*? (s. Bd. II Anh.)[1]; o. puz C. A., u. puz-e wohl aus **puti-s* (s. die Syntax unter „Partikeln"). O. az „ad" C. A. (altsabell. ads *285*?) wird gewöhnlich aus *ad* mit angefügtem *-s* (vgl. l. *ab-s* etc.) erklärt, es scheint also das z = *ts* hier nicht durch Syncope entstanden, sondern in Folge von später Entstehung des Wortes oder Restituirung des Dentals aus der einfacheren Form *ad* erhalten zu sein; doch ist die Möglichkeit, dass az auf **adi-s* oder **ado-s* zurückginge nicht ganz ausgeschlossen (vgl. die Syntax unter „Präpositionen").

In lateinischer Schrift erscheint für z = *ts* sowohl im Osk. als im Umbr. blosses *s*: o. *pous* T. B. (lies *pus*) = puz, u. *pus-i pus-e pus-ei* = puz-e, *uacose* = vakaze, *pihos* = pihaz, *conegos* = kunikaz (über *o* s. S. 81 f.), *tases tasis* = taçez, *persnis* = *persniz, *termnas 296* = *termnaz. Die Schreibung mit *s* beweist jedoch kaum, dass *ts* wirklich völlig zu *ss* assimilirt war, sie kann den rein graphischen Grund haben, dass im Lateinischen die Buchstabenfolge *ts* nicht gebräuchlich war[2]). In den lateinisch geschriebenen Inschriften der Zwischendialekte fehlen sichere Beispiele (päl. *pes 255* wäre nach Büchelers Deutung als „pedes" wohl = o. *pez, doch s. Bd. II Anh.; *puus 254* nicht = o. puz), jedoch lässt sich bei der Uebereinstimmung des Oskischen der T. B. und des Neuumbr. vermuthen, dass auch hier blosses *s*,

1) Wenn diese Deutung Brugmanns richtig ist, wird es wahrscheinlich, dass die *-ti*-Stämme überhaupt im Osk.-Umbr. im Nom. Sg. -z = *-ts* hatten, während sonst wegen l. *-s* in *dōs pars gens* etc. auch die Annahme, dass *-ts* für *-tis* bereits uritalisch war (osk.-umbr. also -s), möglich wäre. Vielleicht spricht auch *o* in u. *Casilos* (Dat. *Casilate*) für -z, da sich *Casilos* zu *Kasilaz genau verhalten würde wie *pihos* zu pihaz etc. (vgl. S. 81 f.). Päl. *Herentas* und u. *parsest* (falls überhaupt = l. *pars est*) entscheiden Nichts.

2) Das Zeichen *z* konnte nicht verwendet werden, da es (wenigstens auf der T. B.; im Neuumbr. kommt es überhaupt nicht vor) den Werth von tönendem *z* hatte (s. o. S. 71 f.).

nicht *ts* (oder *z*), geschrieben wurde[1]). Ueber päl. *Herentas* (u. *parsest*) s. oben Anm. Ueber o.-u. *nessimo-* o. messímais s. § 287.

Unklare Wörter mit z sind u. kazi ezariaf pruzuře Peraznanie. Zu beachten ist, dass z auch = nz sein kann wie in uze = *onse* (aus **omso- *omeso-* l. *umerus*). Von kazi (*III* 16 18) vermuthet Bücheler Umbr. 155, dass es „tignum asseremue ligneum“ bezeichne und mit ital. *kastro- kastru-* (das aus **kattr-* erklärt werden kann, s. § 205) zusammenhänge, die Gdf. wäre dann wohl **kat-es-i̯o-* (**kad-es-i̯o-*?), Weiterbildung von einem *s*-Stamm, aber die ursprüngliche Bedeutung von *kastro- kastru-* war wohl „abgegrenzter Ort“ (vgl. Bréal-Bailly Dict. s. v.). Die Bedeutung von kazi ist überhaupt so unsicher, dass wohl kaum eine Vermuthung über das Wort sich wahrscheinlich machen lassen wird[2]). ezariaf *IV* 27 gehört am ehesten zu l. *edo esca* und ist dann wohl aus **edes-asiaf* zu erklären (s. § 200). pruzuře *IV* 23 erklärt Bücheler 169 als „*proside“ (Ablautstufe *sod-* wie in l. *solium*), wobei das z für s stehen würde wie im Anlaut in zeřef (s. o. S. 71, 73 f.); oder kann auch von **prod-sod-* ausgegangen werden? wäre auch eine Gdf. **prom-sod-* (wie l. *prin-ceps* aus **primi-ceps*, vgl. *promom* „primum“) möglich? Peraznanie *IIb* 7 kann aus **Peratesna-* (oder **Perantesna-*) wie l. *Capēna* aus **Capesna* vgl. etr. Capisna Capsna (Deecke Fal. 57) erklärt werden (*-es-* dasselbe Element wie in l. *Mutu-es-ca* etc., u. Iui-es-kanes); oder aus **Peransna-*?

191. Assimilation von *st* zu *ss* ist im Italischen vielfach mit Unrecht angenommen worden, z. B. in den lat. Superlativen auf *-issimus*, in l. *hausum* neben *haustum* und dgl. Wie l. *hausum*, das durch Neubildung nach Verben auf

---

1) Doch vgl. mars-lat. *Martses 307* gegenüber o. *Bansae* T. B. (*ts s* aus *ti̯*), s. S. 386 f.

2) Die Deutungen als „caseum“ (Savelsberg KZ. XXI 98, 232 f. u. A.) und „casiam“ (Bréal 295) sind schon wegen des z unwahrscheinlich. Falls l. *caterua catēna* u. kateramu einen Stamm **kates-* enthalten (doch s. § 240), läge es nahe, kazi hiezu zu stellen. Huschke 404 denkt an l. *cadus*, die Bedeutung passt jedoch kaum. Auch wenn man z = nz setzt, ergibt sich keine naheliegende Erklärung. Das k kann auch = *g* sein.

auslautenden Dental entstand (*cessum pensum uersum* etc., s. Stolz[2] 306 f.) ist aus dem Osk.-Umbr. das Supinum (freilich nicht sicher, s. § 334) mars. *asum* umbr. *aso* = l. **assum* für **astum* (vgl. Ptc. *assus*, wovon *assare*) zu beurtheilen[1]). Ebenso kann auch o. kenzsur *204* neben keenzstur *188* *censtur ancensto* T. B., l. *censor censum* statt **censtor* **censtum* aufgefasst werden, es ist jedoch nicht unmöglich, dass -*nst*- lautgesetzlich zu -*nss*- -*ns*- wurde, wie W. Meyer K. Z. XXVIII 166 annimmt (vgl. Fröhde B. B. I 202 f.), obgleich allerdings l. *uensica* (: ai. *vasti*- nhd. *Wanst*) das einzige ernstlich ins Gewicht fallende Beispiel ist. Falls das Gesetz als gemeinitalisch zu gelten hätte, wäre o. keenzstur *censtur ancensto* neben kenzsur entweder durch Restituirung des *t* nach sonstigem -*tur* -*to*- oder daraus zu erklären, dass zwischen *s* und *t* ein Vocal syncopirt war, also = l. *censĭtor censĭtus*, vgl. ai. *çąsitar*- neben *çąstar*- und l. *pinsĭtum* neben *pinsum* etc.[2]); möglich wäre freilich auch, dass *nst* nur im Lat. zu *ns*(*s*) wurde, im Osk. blieb, dass also kenzsur lateinische Lautform enthält[3]). Ein *ss* aus *st*, das aber ganz jungen Datums ist, finden wir in der Lautgruppe *stl* in o. peessl[úm *197* (aus der Gegend von Aufidena in Nord-Samnium) neben pestlúm *193* (Bovianum vetus), vgl. l. *assula astula* = **astla*, *pessulum pestulum* = **pestlum* (*pussula pustula* = **pustla*?), falls die Formen mit *st* die älteren sind[4]), ferner *Foslius* = *Fos*(*t*)*lius* zu *Faustulus* (s. De-Vit Onom. s. v., Stolz[2] 309; wohl nicht zu *Fossius*). Der Unterschied von peessl[úm kann ein dialektischer, chronologischer oder vielleicht auch rein graphischer sein[5]). Wie o. peessl[úm neben pestlúm

1) Osthoffs Erklärung P. B. XIII 398 als Weiterbildung eines *s*-Stammes (**as*-(*e*)*s*-*o*-) ist mir weniger wahrscheinlich.

2) Oder l. *censĭtor* (vgl. κηνσήτωρ bei Hesych nach Immisch Leipz. Stud. VIII 354)? — Unklar ist o. Fensernu *224*.

3) Dass kenzsur für kenzstur verschrieben sei, wie Bartholomae B. B. XII 90 vermuthet, ist mir unwahrscheinlich.

4) Bücheler Bull. 1876, 207, Rh. M. 39, 424; dagegen erklärt W. Meyer Rom. Gramm. I 321, 411 *stl* aus *ssl*. Unklar ist ὑσσός, nach Bücheler zu l. *hasta* umbr. *hostatu* (υ wäre = umbr. *o*); vgl. Immisch Leipz. Stud. VIII 324.

5) Sollte freilich peessl am Schluss, wie Deecke Bleipl. von Magliano 28 annimmt, nicht verstümmelt, also entweder Nom. Sg. Masc. = **pestl*(*o*)*s* oder Ntr. = **pestl*(*ĭ*) sein, so könnte der Unter-

vielleicht auch *posmom* T. B. neben pustmas *141* (aus Capua) und u. pusnaes *Ia* 2 neben pustnaiaf *Ib* 11 *postne VIb* 11 (vgl. auch ufestne *IV* 22), vgl. § 230.

Ueber *sti* (moullirtes *st*) in vo. *sistiatiens* (o. Piístiaí??) s. § 242, über *st* im Auslaut § 253.

192. Lautgruppe *tn*. Ueber die Behandlung von *tn* (und *dn dhn*) im Lateinischen gehen die Meinungen noch auseinander. Thurneysen K. Z. XXVI 301 ff., Brugmann Americ. Journ. of philol. VIII 433 ff., Grdr. II 152, Schweizer-Sidler[2] 58, Stolz[2] 311 u. A. nehmen an, dass *tn* zu *nd* geworden sei, während nach Anderen, z. B. Joh. Schmidt Neutr. 174, Fröhde B. B. XVI 196 ff., *tn* sich zu *nn* assimilirte (vgl. gegen *tn* zu *nd* auch Bartholomae Stud. II 95 f. Anm.). Thurneysen erklärt l. *tendo* aus **te-tn-o* (redupl.), *pando* aus **pat-no* (vgl. *pateo*)[1]). Es ist jedoch mit Recht bemerkt worden, dass in *pando* die „Nasalantecipation" urindogerm. sein kann[2]), und dass in *tendo* der Dental, wie man früher allgemein annahm, Wurzeldeterminativ sein kann. Viel Verlockendes hat Brugmanns Erklärung des *-ndo-* im Gerundium und Gerundivum aus *-tno-*, zu *-tn̥no-* in den apers. Infinitiven auf *-tanay* und dem lit. Ptc. necessitatis auf *-tina-s*, aber so zwingend ist sie nicht, dass sie das in Frage stehende Lautgesetz sichern könnte; vgl. über andere Möglichkeiten der Erklärung § 332. Wenn *tn* wirklich zu *nd* wurde, war der Vorgang sehr wahrscheinlich uritalisch, da dem lat. Gerundivum auf *-ndo-* im Osk.-Umbr. *-nno-* (o. úpsannam etc., u. *pihaner* etc.) und dem lat. *tendito* im Umbr. **tendu* (in antentu *andendu* ententu *endendu* ustentu *ostendu* pertentu) aus **tennetu* oder **tendtu*[3]) entspricht (über *nn* aus *nd* s. § 204). O. Pa-

---

schied gegenüber pestlúm mit dem *-l̥* (vgl. Mitl Fíml etc. S. 323 f.) zusammenhängen, vgl. Perkens aus **Perkedn̥s* (= **Perkednos*) gegenüber Gen. Perkedneís. Aus *-lom*, wie Deecke will, ist -l m. E. nicht zu erklären.

1) Dazu käme vielleicht *mando*, s. Fröhde B. B. VII 330, XVI 201, Schweizer-Sidler a. O., Per Persson Wurzelerw. 43.

2) Vgl. ausser Fröhde a. O. Osthoff Perf. 548 Anm.

3) Ob -tentu *-tendu* auch aus **tetn̥tu* (= **tetnĕtōd*, mit Samprasarana, vgl. S. 226) erklärlich wäre (vgl. o. Perkens aus **Perkedn̥s* = **Perkednos* gegenüber Gen. Perkedneís § 203), ist jedenfalls sehr fraglich.

tanaí T. A. darf also schwerlich aus urit. **Patnai* = l. *Pandae* erklärt werden (Thurneysen K. Z. XXVII 182), da o.-u. **Panna-* zu erwarten wäre, wie es wenigstens im Sabinischen wirklich vorzuliegen scheint bei Serv. Virg. Georg. I 7 „Sabini Cererem Panem appellant", wo *Panem* wahrscheinlich durch die Abschreiber aus ihnen unverständlichem **Panam* **Pannam* entstellt ist (s. Mommsen U. D. 136 A., Preller-Jordan II 224 A., anders Bugge A. S. 45f.)[1]. Hier wäre auch *Blannia* C. I. L. IX 5611: l. *blandus* zu nennen, falls *blandus* = **mlātno-* sein sollte (s. oben S. 305 mit Anm.). Dem o. Patanaí würde wohl l. **Patīnae* entsprechen (urit. **Patĕnai*), wozu l. *Patella Patellana* umbr. *Padellar* das Deminutivum sein kann (aus **Paten-la*). Wurde *tn* urit. zu *nd*, so verhält sich also o. Patanaí zu l. *Panda* ähnlich wie gr. στεγανός zu στεγνός und dgl. (idg. *-n̥no-* : *-no-*). O. patensíns gegenüber l. *panderent* könnte dann aus **patnĕsēnt* durch Samprasarana (welches vor dem urit. Wandel von *tn* zu *nd* stattgefunden hätte) erklärt werden, s. o. S. 226; über u. *Padellar* s. S. 226f. und § 197. Wenn aber *tn* urit. nicht zu *nd* wurde, ist o. patensíns aus urit. **patenes-* zu erklären, also einem l. **patīnerent* gleichzusetzen (s. § 296).

Für die Annahme, dass *tn* lat. zu *nn* wurde, führt Fröhde a. O. 196f. an *annus* = got. *aþn*, *cunnus* : gr. κυσός, *penna* aus **petna*. W. Meyers Vermuthung, dass *nn* in diesen Wörtern auf *tsn* zurückgehe (vgl. Stolz[2] 310), ist nicht einleuchtend, da man wie bei *ksn ksm tsm* etc. (Fröhde 208ff.) einfaches *n* mit Ersatzdehnung davor erwartet. Gesichert scheint mir freilich auch Fröhdes Annahme über *tn* nicht[2]). Aus dem Osk.-Umbr. scheinen keine Beispiele in Betracht zu kommen. Erhaltenes *tn* zeigt u. ufestne *IV* 22 (falls t nicht etwa = nu. *d* ist), doch ist das Wort auf keinen Fall beweisend, da *s* vorausgeht und zwischen *t* und *n* ein Vocal syncopirt sein kann; vgl. § 205. Dass o. patensíns auf idg. **patnō* (ohne Nasalinfigirung, wie gr. δάκνω etc.), l. *pando* dagegen auf idg.

---

1) Vgl. auch Πανδινα auf Münzen der uritalischen Städte Hippon und Terina (U. D. 136); allerdings ist die Lautform wegen *nd* statt *nn* nicht rein oskisch.

2) Am unsichersten ist das zweite Beispiel, da auch *kudh-* oder (falls gr. κυσός = **kud-s-o-* ist) *kud-* zu Grunde liegen kann.

**pandō* (mit idg. Nasalinfigirung, wie l. *linquo* etc.) zurückgehe[1]), wäre denkbar, ist aber kaum wahrscheinlich.

Bartholomae a. O. nimmt an, dass nicht *tn*, wohl aber *ntn* zu *nd* (ebenso *nkn* zu *ng*) geworden sei; diese Hypothese scheint mir noch unsicherer als die anderen. Vgl. § 332.

193. Sonstiges. Assimilation von *tk* zu *kk* wie im Lateinischen (W. Meyer K. Z. XXVIII 172, Brugmann I 281 f.): u. *pesetom* wahrscheinlich = **peṡetom *peṡṡetom* aus **pekketom* l. *peccatum*, von *pecco* aus **pet-ko *ped-ko*, zu l. *pessum* aus **ped-tu-* (vgl. § 205); o. púkkapíd *pocapit* ist unklarer Bildung, aber die nächstliegende Erklärung ist jedenfalls die aus **potka- *podka-* (s. die Syntax unter Partikeln); päl. *praicim-e* vielleicht aus **prai-d(i)k-im *praitkim* (vgl. S. 216). Nach Cons. *k* für *kk*: o. Μαμερεκιες aus **Mamerk-* = **Mamertk-*; o. perek(aís), u. perkaf *percam* aus **pertka-* (vgl. S. 216). Im Auslaut *-k* : o. eksu-k Abl. aus (**eksūt-k*) **eksōd-k*, o. ekík päl. *ecic* wahrscheinlich Ntr. Sg. = **ekid-k*. U. aŕkani ist recomponirt für **akkanim*, vgl. l. *adcurro* neben *accuro* etc.

tp (*dp*) zu *pp* wie im Lat. (*topper appellare* etc.) : u. *appei* ape api *ape* wohl aus **atp-* = **adp-*, s. die Syntax unter „Partikeln", ebd. über u. *sò-pir*, nach Brugmann = **s(u̯)od-pis*; o. adpúd und u. aŕpeltu sind recomponirt für *appúd **appeltu* wie l. *adpello* neben *appello* etc.

tf (*df*) zu *ff*: o. aflukad aflakus falls es die Präpos. *ad* enthält (sehr unsicher). Recomponirt u. aŕfertur *arsfertur*, vgl. l. *adfero* neben *affero* etc. Im Auslaut u. *capif* (kapi), vapef-em *uapef-e* aus *-df* (*-tf*) oder *-ŕf*; merkwürdig ist kapiŕ *Ia* 8, jedenfalls ist es eine Neubildung.

Ueber *t* im Auslaut s. § 253.

Die Media *d*.

194. *d* blieb im Anlaut, im Oskischen auch im Inlaut in der Regel erhalten. Anlaut o. *deicum dicust*, u. *deitu* teitu tiçel (vo. *Declune?*): l. *dico* gr. δείκνυμι ai. *diç-*; o. deívaí diiviiai deivinais *deiuatud* etc., vo. *deue*, u.

1) Ueber den Vocal der Wurzelsilbe im Idg. soll mit obigen Ansätzen nichts ausgesagt sein (vgl. S. 281 f.).

deueia dei di : l. *deus* ai. *dēvá-*; o. dekmanniúís, u. *desenduf* (wahrscheinlich auch o. dekkvíarím, u. *dequrier* tekvias): l *decem* gr. δέκα; o. destrst, u. *destram-e* etc.: l. *dexter* gr. δεξιός; o. *didest* dunum, päl. *dida*, mars. *dunom*, vest. *didet duno*, u. *dirsa* teřa *dirstu* etc. : l. *dare donum* gr. δίδωμι; o. días.ís, u. *duir* tuves *difue dupursus* tuplak : l. *duo* gr. δύω, u. a. Inlaut (Sabell. s. § 199, Umbr. § 196—198) osk. deded δεδετ *didest*, edum „edere“ (gr. ἔδω), eidúís eiduis (zu l. *idus*), *cadeis* (kadum Blt.?), Aadiieís Aadiriís Aadíriis Aadirans, *Ladinei Ladinod*, Sidikinud, Σπεδις, Tedis., *tadait*, tedur (oder in letzterem *d* aus *t*? s. § 246), aídil aídilis (wohl Lehnwort aus dem Lat., s. § 224), pídum, ísídum εισειδομ, íd-ad (?), *d*-Suffix in den Personennamen Húsidiis *Caisidis* Púpidiis Epid[iis Tafidins sync. Pupdiis Maakdiis (AFδειες? Ahvdiuni? Saidiieís?) und in Akudunniad καπιδιτωμ (?) aíkdafed; *dd* oder *d* = *dd* in meddís μεδδειξ medíkeís *medicim meddixud* etc., dadíkatted, dadid da[da]d; *d* aus *t* in Aderl. Sadiriis (tedur?), s. § 246.

195. Im Altumbr. kann, da ein eigenes Zeichen für *d* fehlt, zuweilen der Werth von t im Anlaut und im Inlaut nach Cons. zweifelhaft sein. tapistenu *IV* 30 stellt Bücheler Umbr. 170 (vgl. Stolz² 257) zu l. *tepor* (gleichsam l. **tepestinum*), doch bleibt das *a* hiebei auffallend, s. o. S. 281 f.; man könnte vielleicht an l. *dapis daps*, das ja besonders vom religiösen Schmause gebraucht wird, denken[1]. Bei terkantur *III* 9 liegt es nahe, an gr. δέρκομαι (ai. *darç-* armen. *tes-anem* air. *dercaim* got. *ga-tarhjan*) anzuknüpfen (Huschke 400, vgl. Bücheler 153), aber im Italischen ist die W. sonst nicht nachgewiesen[2]. Bücheler zieht es vor, von einer W. *terk-*, die er auch in l. *testis testari* wiederfindet (vgl. Huschke a. O.), auszugehen, doch macht das osk. trístaamentud

---

1) Schon vorher ist von Speisen die Rede: kebu 23 „cibo“, ezariaf 27 „escas“, tapistenu könnte also irgend ein für diese Opferspeisen zu verwendendes Geräth bezeichnen. Schon Grotefend dachte an l. *daps* (tapistenu „coenam dapalem“ Rud. ling. Umbr. VII 32).

2) Doch vgl. die Eigennamen *Dercennius* (König der Laurenter), *Dercina, Dorcatius Durcatius*?

Schwierigkeiten[1]). Ueber frehtu frehtef s. S. 353. Ganz unklar ist Talenate. st könnte möglicherweise = *sd* (ev. *zd*) sein in ustite, tapistenu, ufestne, vgl. § 231.

196. Umbrisch ř *rs* aus *d* (Aufrecht-Kirchhoff I 84 ff., Bréal 326 ff., Bücheler 183, Pauli A. S. V 81 ff.). Im Umbrischen von Iguvium ist *d* zwischen Vocalen zu einem in nationaler Schrift mit ꟼ, in lateinischer Schrift mit *rs* bezeichneten Laute geworden. Brugmann Grdr. I 28 bestimmt den Laut wohl mit Recht als ein „*sch*-artiges (stark spirantisches) *r*, ähnlich dem čech. *ř*“. Dass nicht etwa die einfache interdentale Spirans *đ* gesprochen wurde, sondern ein starker *r*-Klang sich beimischte, beweist die Darstellung durch *rs* in lat. Schrift. Wir umschreiben das ꟼ der nationalen Schrift daher nicht mit *đ* (Bücheler u. A.; Bréal *ḍ*), sondern mit ř (Brugmann u. A., ähnlich Aufrecht-Kirchhoff, Huschke). Neben *rs* erscheint vereinzelt die vereinfachte Schreibung *s*: *asmo VIa* 49, *asier VIb* 8, *Acesoniame VIb* 52, *atropusatu VIb* 36, also nur 4 mal gegenüber dem ungemein häufig belegten *rs*[2]). Die umgekehrte Vereinfachung möglicherweise in *tribrisine VIa* 54 für **tribrsisine* (?), während in arveitu etc. wirkliches *r* vorzuliegen scheint (s. § 200). — Ausser dem pälign. *đ* (§ 199) ist mit dem umbr. ř *rs* das *đ* und *r* vieler romanischer Sprachen zu vergleichen (s. W. Meyer Gramm. I 362 f., 536).

---

1) Lat. *testi-s* wäre = **tersk-ti-s*, vom „Inchoativum“ **ter(k)-skō* (vgl. *postulō* aus **porsk-tlō* von **por(k)-skō poscō* oben S. 384 f., *posti-s* vielleicht aus **porsk-ti-s* zu *com-pe(rc)-scō*), also würde o. trístaamentud ein **trik-skō* (wovon Ptc. **triskto-* oder **triksto-*, vgl. l. *mixtus* von **mic-sceo*) voraussetzen, das Verhältniss von *terk-* zu o. *trik-* wäre aber schwer zu verstehen; erklärt man das osk. í aus *ĕ*, so könnte l. (*s*)*rēpo* neben *serpo* (? Osthoff M. U. V 70 f.), *trīcae* falls zu *torqueo* (mit ī aus *ē*, vgl. *sīca*?) verglichen werden; oder ist trísta- = **trĕks(k)ta-*, wobei *trĕk-* neben *terk-* stände wie l. *prĕc-* neben o.-u. *perk-*, gr. τρέ(σ)ω neben l. **terseo terreo* und dgl.? (doch bliebe hiebei das í statt e auffällig).

2) Daher ist die Wahrscheinlichkeit gering, dass *sesust VIa* 5 und *andersesust VIa* 7 übereinstimmend *s* statt *rs* = *d* zeigen sollten (= l. *sederit*, Huschke 61, Bücheler 45), sondern sie entsprechen einem l. **sesserit* (s. § 315); noch weniger kann *frosetom*, das 4 mal vorkommt, = l. *fraudatum* gesetzt werden (in **frodetom* wäre überdies das *d* des vorausgehenden *r* wegen wohl nicht zu

Die Beispiele für ř *rs* aus *d* zwischen Vocalen sind folgende. teřa *dersa dirsa dirsans dirsas* teřust *dirsust*, wohl auch a-teřafust *an-dersafust an-dirsafust* (s. § 291, 293) zu o. *didest* päl. *dida* etc.; peři *persi* „pede“, peřu „pedem“, peřaiu-*persaio-* „pedaneus“, peřum peřu peřum-e *perso persom-e* (vgl. gr. πέδον ai. *padám*), *dupursus* „bipedibus“, *peturpursus* „quadrupedibus“ (ampeřia aus am- + peř-? s. § 224); ahtrepuřatu atrepuřatu *ahatripursatu atripursatu atropusatu* „abstripodato“; zeref *serse* „sedens“, *sersi* dass. oder „sede“ (Abl.), *sersitu* „sedeto“, pruzuře nach Bücheler „*proside“; *dersicust* (*teřikust) aus **de-dik-* zu *deitu* tiçel o. *dicust* l. *dico; uirseto auirseto*, einem l. **uidĭtum *inuidĭtum* (= *uisum inuisum*) entsprechend; unklar sind feřehtru su-feřaklu (vgl. § 222), *arsier asier arsie* (vgl. S. 295, 400 f.), Huřie *Horse* (vgl. § 201), Tařinate *Tarsinatem Tarsinater Tarsinate* (vgl. den Personennamen *Tadius* C. I. L. IX X; dazu o. *tadait*?), über *dersecor* s. u.; *d* in Nominalsuffixen: kapiře kapiř kapiřus *capirse capirso capif* l. *capid-*, vapeře *uapersus uapef* l. *lapid-*? (s. S. 286), kaleřuf *calersu* l. *cal(l)idus*, çihçeřa, tehteřim (über letztere beide vgl. § 261, 10), Akeřuniam-em Akeřunie *Acesoniam-e Acersoniem* (vgl. S. 294), Atiieřiur Atiieřies *Atiersiur Atiersir* etc. l. *Atiedius*, Atiieřiate l. **Atiediatibus*, ähnlich Peieřiate, unklar ist suřu- *sorso- sorsali-* (vgl. S. 294), über pumpeřias s. § 200; *ne-rsa* vgl. l. *nedum quon-dam*; *d* im Nom. Acc. Sg. Ntr. des Pronomens: piř-i piř-e peř-e *pirs-i pirs-e pers-i pers-e pers-ei* „quid“, puř-e „quod“ (?), eř-ek *ers-e* „id“ (o. íd-ík); *-di* in *po-rsi po-rse po-rsei* Nom. Sg. „qui“, *po-rsi po-rsei* Nom. Pl. „qui“, *po-rse* Nom. Pl. Ntr. „quae“; *-d* des Abl. Sg. in puř-e *Va* 7? (oder pu-ře?)[1]). Auf ein *d* aus *l* scheint ř *rs* in kařetu kařitu *carsitu*, uřetu, *arsir*, fameřias (*sorser* „suilli“?) zurückzugehen, s. § 146; dazu ařepes ařipes ařpes ařeper ařiper ařepe l. *adeps* aus gr. ἄλειφα etc. (s. S. 297); vgl. auch § 261, 10.

Mehrfach erscheint ř *rs* auch vor oder nach Consonanten,

---

rs geworden, vgl. *Coredier* etc. § 197), sondern ist = l. *frausatum* (s. § 205).

1) Vgl. über *porsi* puře etc. § 289.

es ist aber wohl überall ein kurzer Vocal nach der Entstehung des ř *rs* ausgefallen oder das ř *rs* aus intervocalischer Stellung übertragen. Ersteres am deutlichsten in ařpes *Ia* 13 neben sonstigem ařepes ařipes etc. (12 m.); nuřpener *Va* 13 vielleicht = l. **nouidi-pendis* (s. Pauli A. S. V 87), doch vgl. § 326; *ařmo-* in *arsmor arsmo asmo, arsmahamo* armanu (lies ařmamu), *arsmatiam arsmatia,* Ařmune wohl aus **ařemo-* (vgl. S. 294 f.)[1]); über Pupřikes Pupřiçes Pupřike Pupřiçe s. S. 296, 333 f. und § 269, über tribřiçu § 200; meřs aus **medos,* etuřstamu aus **eh-tudesta-*, vgl. § 200. Durch Uebertragung ist *ř* zu erklären in teřtu (2 m., 1 m. verschrieben tertu) *dirstu* (5 m.); die lautgesetzliche Entwicklung der Gdf. **didĕtōd* oder **didătōd* liegt offenbar in dem mit teřtu *dirstu* promiscue[2]) gebrauchten tetu titu (3 m.) *ditu* (4 m.), d. h. **dittu* aus **didtu,* vor (vgl. S. 234)[3]). Auch in *porsi porsei* Nom. Pl. „qui" = **pōs* + *de* ist *rs* aus intervocalischer Stellung übertragen, falls nicht *sd* schon vor dem Wandel von *d* zu *ř* zu *d* geworden war (vgl. § 231). ař- in ař-kani ař-peltu ař-putrati ař-fertur *ars-fertur* etc. ist die antevocalische Form der Präposition (*ař-aitu etc.), rein lautgesetzlich wurde urit. *dk dp df* (*tk tp tf*) ohne Zweifel zu *kk pp ff* (vgl. oben S. 396). Vor *h* in neiřhabas mag vielleicht das ř lautgesetzlich aus *d* entstanden sein, vgl. den Rhotacismus in l. *dir-(h)ibeo* etc. und u. *an-ostatir* neben *an-hostatir.* Ueber -ř in der Postposition -ař s. § 254.

Wo das Zeugniss des Altumbr. fehlt, kann manchmal der Werth des nu. *rs* zweifelhaft sein. In *arsier asier arsie* findet Bücheler 55, 202, dem auch Pauli A. S. V 84, 87 f. beistimmt, wohl mit Recht das *ař-* von Ařmune *ařmamu arsmor* wieder (vgl. oben S. 295); anders wäre das *rs* aufzufassen, wenn auf der altsabell. Inschrift *286* arsíih zu lesen

---

1) Dass *dm* lautgesetzlich *řm* geworden sei (vgl. Pauli a. O. 88), ist kaum wahrscheinlich, vgl. § 203.

2) Z. B. *VIb* 16 f.

3) Danielssons Annahme A. S. IV 137 Anm., dass *dirstu* und *ditu* verschiedenen Wurzeln angehören, ist mir nicht wahrscheinlich (vgl. § 293). Die Restituirung des ř *rs* in teřtu *dirstu* nach dem teř- *dirs-* der meisten übrigen Formen (teřa *dirsa* teřust *dirsust* etc.) erklärt sich sehr leicht. — Auch meřs scheint eine Neubildung statt *mez (= **meds* aus **medos*) zu sein, s. u.

und dies mit dem umbr. Worte zu vergleichen sein sollte, wie Lattes Rendiconti del Ist. Lomb. 1891, 181 Anm. vermuthet, doch ist dies höchst unsicher (vgl. Bd. II Anh.); schwerlich darf umbr. *arsio-* mit Grotefend und Huschke zu gr. ἄρσιος (σι = τι) oder mit Bréal (T. E. 32 f., 75) zu gr. ἀρά gestellt werden. *dersecor* (Beiwort zu *arsmor* „ritus") nach Bücheler 56 vielleicht von *ders-* teř- „geben" (gleichsam „*datici"), doch wäre *-eko-* als Primärsuffix auffällig (vgl. § 261, 8); man könnte auch an l. *dec-et dec-us dig-nus* (= **dek-nos*) oder auch an W. *deik̂-* (u. *deitu dersicust*, o. *deicum*, l. *dico*, gr. δείκνυμι etc.), welche jedoch in *dersecor* die Bedeutung „bestimmen" oder dgl. haben müsste (vgl. l. *dicio condicio*?), denken, so dass eine reduplicirte Bildung **de-dek-o-* oder **de-deik-o-* vorläge; andererseits liegt es nahe, *dersua* „prosperam" zu vergleichen, welches wegen au. tesvam ächtes *rs* enthält (vgl. § 200). Ueber *carsom-e, smursim-e, uasirslom-e* s. § 232.

Ueber die Zeit des Wandels von *d* zu ř *rs* ergibt sich aus *ditu* = **didtu* = **didĕtōd* oder **didătōd*, dass der Uebergang erst nach den Syncopen dieser Art stattfand (vgl. S. 234; wohl auch nach der Endsyncope, so dass meřs = **medos* eine Neubildung ist wie teřtu *dirstu*)[1]), aus *tuder* = **tudes* (falls es in § 197 richtig erklärt ist), dass der Uebergang erst nach dem Rhotacismus stattfand; zu dieser späten Datirung passt gut die Erhaltung des *d* in anderen umbrischen Gegenden (§ 198).

197. Von der Verwandlung des *d* zwischen Vocalen zu ř *rs* gibt es einige Ausnahmen: *Padellar VI a* 14, *tuder tuderus tuderor tudero tuderato* (zusammen 8 mal; dazu au. Tuter Tutere auf Münzen von Tuder), *Coredier VI b* 45 = Kuretics *I b* 4, *tesedi VI b* 46 = tenzitim *I b* 6, endlich utur *II b* 15, falls zu gr. ὕδωρ (also = uu. **udur* oder **udor*). In *Padellar* hängt die Erhaltung des *d* offenbar damit zusammen, dass es auf ein *t* zurückgeht, vgl. o. Patanaí, l. *Patella Patellana* (zu *pateo pando*). Falls *tn* urit. zu *nd* wurde, könnte *Padella-* Deminutiv zu l. *Panda* aus **Patna*

---

1) In *ařmo-*, nuřpener (?), Pupřik-, tribřiçu ist wohl eine jüngere Syncope anzunehmen (s. S. 400).

sein, indem **Patnŏla* (oder **Patnĕla*) durch uritalisches Samprasaraṇa zu **Patn̥la* und letzteres dann im Umbr. durch Einwirkung des *n̥* auf das *t* zu **Padn̥la- *Padl̥la- *Padᵊlla-* geworden wäre (vgl. oben S. 226 f., 323 f.; die Erweichung vor *n̥* wie vor *r̥* in o. Aderla- aus **Adr̥la- *Atr̥la- *Atrola-*, vgl. § 246). Falls die Annahme von uritalischem (oder lateinischem) Wandel von *tn* zu *nd* jedoch unrichtig ist (vgl. oben S. 394 ff.), muss von **Patenola-* (oder **Patenela-*) ausgegangen werden (o. Patanaí = **Patenai*, l. **Patīnae*, s. S. 395), woraus durch frühe Syncope **Patnola-*, dann mit Samprasaraṇa **Patn̥la-* etc. (wie oben). Bei den anderen Wörtern wird durch die Annahme, das *d* sei erhalten, weil es erst aus *t* erweicht sei (Zeyss De voc. Umbr. fict. III 10 Anm., Bréal 329, Bücheler 183, Pauli A. S. V. 82), nur eine neue Schwierigkeit an Stelle der früheren gesetzt, denn die Tenues werden im Umbr. zwischen Vocalen so wenig als im Osk. oder Lat. erweicht (s. § 246 f.)[1]; ebensowenig kann Einwirkung eines vorausgehenden in der Schrift weggelassenen Nasals, woran Bréal a. O. (und 36 Anm., 175 Anm.) denkt, angenommen werden, da im Nu. die Nasale vor Verschlusslauten nicht ausgelassen werden (s. o. S. 308 f.). Was zunächst utur *IIb* 15 betrifft, so ist die Deutung als „ὕδωρ“ (Huschke 328, Zeyss De voc. Umbr. fict. II 11 f. Anm., Bücheler 145) desshalb unsicher, weil das Wort wegen des Parallelismus von sviseve fertu pune, etre sviseve vinu fertu, tertie sviseve utur fertu *IIb* 14 f. mit puni persnimu, vinu pesnimu, une pesnimu *IIb* 20 wahrscheinlich mit une gleichbedeutend ist, s. Zeyss a. O. 9 Anm., Bréal 269 f., Pauli A. S. V 102 f. Erklärt man nun une als identisch mit umne, wie ausser Zeyss wohl Alle thun[2]), so ist vermuthlich auch uꝺur vom gleichen Stamme abzuleiten. Wir kämen also, da umtu umen umne schwerlich mit Pauli zu l. *umeo umor umidus*, sondern mit Bréal und Bücheler zu l. *unguo unguen* zu stellen sind (vgl. oben S. 335 f.), auf ein **unktur*, richtiger

1) Das t in au. Kureties Tuter tenzitim = *Coredier tuder tesedi* muss selbstverständlich, wie überall sonst, wo ihm nu. *d* entspricht, in der Geltung von *d* genommen werden.

2) Dabei braucht une keineswegs in umne corrigirt zu werden, s. o. S. 345, 379.

**onktor*, aus welchem utur wie satam-c aus **sankta-* entstanden sein kann. Ist dagegen utur als ὕδωρ zu erklären, so ist une wahrscheinlich mit Zeyss a. O. 9 Anm., 11 f. Anm. von umne zu trennen und aus **udne*, mit dem bekannten altererbten Wechsel von *n* : *r* (vgl. gr. ὕδωρ : ὕδατος aus **ud-n̥-tos* ai. *udnás*, l. *iecur* : **iecinis iecinoris*, ai. *ú̇dhar* : *ú̇dhnas* etc., s. § 265 f.) zu erklären. Eine Entscheidung zwischen den beiden Möglichkeiten ist nicht leicht; bei der Erklärung aus **onktor* bleibt die Bildung des Wortes auffällig[1]) und die Doppelform une zu umne hat, wenn sie auch leicht zu erklären ist, doch immerhin etwas Ungewöhnliches; die Verbindung von utur une mit ὕδωρ ὕδατος hingegen hat das gegen sich, dass dieses Wort im Lat. nicht vertreten ist (*unda* liegt ferne)[2]). Ein sicheres Beispiel für erhaltenes *d* zwischen Vocalen ist *Coredier* = Kureties, welches offenbar das in Eigennamen häufige Suffix *-edio-* (u. Atii-eřiu- Pei-eři-ate päl. *Uib-edi-s* etc., s. § 261, 10) enthält. Desgleichen ist *d* in *tuder-* schwerlich etwas anderes, als ein einfaches ursprüngliches *d*. Erwiesen wird dies, obgleich die Etymologie unsicher ist[3]), durch ř in e-tuřstamu *Ib* 16, wenn dieses, wie Huschke 239 f., Savelsberg K. Z. XXI 154 A., Bréal 175, Bücheler 94 mit Wahrscheinlichkeit annehmen, von *tuder-* (= **tudes-*, vgl. oben S. 217 f.) abzuleiten ist, also dem l. *ex-terminare* entspricht (zur Bildung vgl. l. *hones-tare funes-tare*, o. krus-tatar falls zu l. **cruōs cruor cruentare*)[4]).

---

1) *-tor* wäre wohl = idg. *-tr̥* (vgl. z. B. gr. νέκ-ταρ?), s. § 265. Bréals Aenderung von utur in utru scheint mir gewaltsam.

2) Zeyss erinnert allerdings an *udor* bei Varro L. L. V § 24, nach dem Zusammenhang liegt es jedoch näher, daselbst ein *ūdor*: *ūdus* = *ūmor* : **ūmus* (in *ūmeo* etc.) anzunehmen. Wollte man auch umbr. utur mit l. *ūdus ūmor* verbinden, wobei utur = **ugdōr* aus **ugᵘedōs* zu setzen wäre (l. *ūdus* = **ugᵘedo-s*, *ūmor* = **ugᵘ-mōs*), so müsste wieder une davon getrennt werden, auch spricht die Bedeutung nicht dafür.

3) Vielleicht zu l. *tundo tutudi tudēs* (ai. *tundatē tutudē*), also eigentlich die Grenzpfähle als „Eingerammte" (Knötel, Huschke).

4) L. *tuditare* ist wegen *s* in etuřstamu fernzuhalten. Bechtel B. B. VII 3 beachtet nicht, dass in u. *tuder* ein St. **tudes-* vorliegt. Seine eigene Vermuthung, dass ř zu r zu corrigiren sei und *eturstamu entweder einem l. **extorritamino*, von *extorris* (*rr* aus *rs*), entspreche oder zu *tursitu* „terreto, fugato" gehöre, ist allerdings

Vielleicht ist gerade das Nebeneinander von *ř* in e-tuřstamu und *d* in *tuder-*, wegen dessen Bücheler S. 183 seine Deutung von e-tuřstamu glaubt aufgeben zu müssen, ein Fingerzeig für die Erklärung des *d*. Erwägt man nämlich, wie empfindlich die italischen Sprachen gegen die nahe Berührung zweier *r*-Laute sind (vgl. oben S. 290) und dass das umbr. ř *rs* selbst ein spirantisches *r* war, so liegt es nahe, die Erhaltung des *d* in *tuder-*, *Coredier* und utur, falls = **udor* ὕδωρ, durch Dissimilation gegen das benachbarte *r* zu erklären, während in **eh-tudestamu* e-tuř(e)stamu, wo dieser Grund nicht vorlag, das *d* zu *ř* wurde[1]). Ist dies richtig, so bleibt nur *tesedi VIb* 46 = tenzitim *Ib* 6 noch unerklärt. Das *d* = ursprünglichem *t* zu setzen, hat man m. E. auch hier kein Recht; leider ist das Wort dunkel, so dass über die Gründe des *d* nur gerathen werden kann[2]). Ein *d* aus *gd* liegt vor in frehtu frehtef, falls = l. *frig(i)dum frig(i)dans*, was jedoch sehr fraglich ist, vgl. oben S. 353.

Ueber andere Consonanten hinüber scheint die Dissimilation gegen *r* nicht gewirkt zu haben: feřehtru *peturpursus* pruzuře tribřiçu. Allerdings können auch analogische Einflüsse gewirkt haben (vgl. su-feřaklu *du-pursus* etc.). Ueber *tefrali- sorsali-* (zu suřum) vgl. oben S. 296.

198. Das Zeichen ꟼ, welches wir im Umbrischen von Iguvium als ř umschreiben, findet sich noch auf den zwei kleineren umbrischen Inschriften *290* aus Ameria und *292* aus Tuder, nämlich auf *290a* in . . řuvi řun. ř*e* . .[3]) und . . tvřis, auf *290b* in . . ețuvie řunu ř . . . (= řeře oder *řeřens) und . . etveřis, auf *292* in řunum řeře. Es fällt aber sehr auf, dass in diesen Inschriften auch das

ebenfalls möglich, aber die andere Erklärung scheint mir auch abgesehen davon, dass Emendationen besser vermieden werden, wenn keine triftigen Gründe vorliegen, die näherliegende.

1) Dissimilation erst nach Eintritt des Rhotacismus auch in l. *Floralis* und vielleicht in u. *disleralinsust* (vgl. ebd.).

2) Falls *zd* im Umbr. zu *d* wurde (jedenfalls in später Zeit wegen sistu = **sizdetōd* § 231), könnte am ehesten hieraus das *d* erklärt werden (es würde ein **tens-es-d-* oder **tens-es-do-*, von einem *s*-Stamm **tens-os* zu Grunde liegen). Vgl. § 231, 235.

3) So oder als ř*ř* . . (d. h. Abkürzung von řeře oder *řeřens) ist das řr . . der Lanzi'schen Copie jedenfalls zu lesen (vgl. Aufrecht-Kirchhoff II 399).

anlautende *d* überall als ꝩ erscheint. Da eine sprachliche Erklärung hiefür nur schwer sich finden liesse[1]), scheint das ꝗ mit Pauli A. S. V 89 noch in seinem ursprünglicheren Werthe als *d* aufgefasst werden zu müssen (vgl. oben S. 48). Bei der localen Entfernung der südumbrischen Tuder und Ameria von Iguvium ist ein solcher dialektischer Unterschied nicht auffällig (vgl. oben S. 29); dass der iguvinische Wandel von *d* zu *ř* verhältnissmässig jung ist, ergab sich oben aus der Dissimilation gegen das erst aus *s* entstandene *r* in *tuder-* etc. Statt ꝩunum ꝩeꝩe etc. schreiben wir daher dunum dede etc. Gegen diese Auffassung des ꝗ könnte die Münzaufschrift Tuter Tutere *291*, da sie ja wie die Inschrift *292* aus Tuder stammt und doch t, nicht ꝗ, für das *d* des Namens *Tuder* schreibt, zu sprechen scheinen. Es ist aber zu beachten, dass, wie die Schrift zeigt, die Münzen entschieden jünger sind als die jedenfalls sehr alte Inschrift *292*. Es scheint also in der zwischen beiden liegenden Zeit das ꝗ als Zeichen für *d* ausser Gebrauch gekommen und durch t ersetzt worden zu sein; dies ist am ehesten dann verständlich, wenn man annimmt, dass indessen der Lautwandel des intervocalischen *d* zu *ř* auch in Tuder eingetreten war, so dass das ꝗ die Geltung von *ř* bekam und auf diese eingeschränkt wurde (vgl. S. 48 über ꝗ [in Iguvium)[2]). Auf den Inschriften *290* und *292* selbst wird kaum neben ꝗ auch t zur Bezeichnung von *d* verwendet worden sein, daher ist Trutitis *290* wohl als **Trutitius* (vgl. o. Betitis etc.), nicht als *Truttidius*, **Drutitius* oder **Drudidius* zu erklären, auch ist vielleicht überhaupt nicht Trutitis, sondern Titis = *Titius* zu lesen (s. Bd. II Anh.). Ueber nt in herinties herintie Hurtentius *290* s. § 247.

199. Pälignisch **Ɵ**. Dieses Zeichen, welches wir mit *đ* umschreiben, findet sich nur auf éiner Inschrift, der Herentas-Inschrift (*254*), in den vier Wörtern *petieđu*, *afđed*, *uiđad* oder *uiđadu*, *-ibđu*. Die Ansicht einiger Gelehrten, dass **Ɵ** den Werth von *t* habe, wie θ in au. furfaθ pur-

---

1) Der Vorschlag Brugmanns Grdr. I 283 Anm. 3 scheint mir nicht einleuchtend.

2) Oder kann die Schreibung Tuter statt *Tuder etruskischem Einfluss zugeschrieben werden? (vgl. S. 29 über die Grabziegel aus Tuder).

tuviθu, glaubten wir oben S. 46f. ablehnen zu müssen. Die nächstliegende Annahme ist die von Bücheler Rh. M. 33, 272f. (vgl. Umbr. 155), Bréal Rev. arch. 1877, 413f., Huschke Die osk. Bleitafel 76, Pauli A. S. V 70ff., 78ff., wonach das Ɵ einen aus *d* entstandenen tönenden Spiranten darstellt, welcher mit dem umbr. ř *rs* zu vergleichen ist; das wahrscheinlich aus D durch Hinzufügung eines diakritischen Striches entstandene Zeichen scheint dafür zu sprechen, dass der Laut einen weniger starken *r*-Klang hatte, also mehr der interdentalen Spirans, die man durch *đ* darzustellen pflegt, entsprach. Nach Thurneysen Rh. M. 43, 348f. ist *đ* ein aus *j* entwickeltes mouillirtes *d'*. Das Nähere über diese Frage s. in Bd. II Anh. Ob das sonstige Pälignische den Wandel von *d* zu *đ* auch kannte und in *Apidis 245*, *Ouiedis 269*, *Uibedis 271* (*Popdis 251*) nur unbezeichnet liess (vgl. Pauli 80) ist unsicher, weil die Herentasinschrift auch sonstige Besonderheiten zeigt (s. oben S. 20). Aus den anderen sabell. Dialekten vgl. marr. *pedi*, vestin. *didet*, mars. *Nouesede* (*ded*(*ed*) *242?*). — Ueber päl. *des 255*, nach Thurneysen a. O. 353 *d'ēs* aus **diēfs* = l. *diēbus*, s. Bd. II Anh.

200. Wandel von *d* oder *ř* zu *r*. Im Umbrischen ist das sicherste Beispiel mersuva *III* 11 28 (aus **medes-ua-*, vgl. l. *Minerua* aus **menes-ua-*) und mersus *III* 6 (entweder Abl. Pl. aus **medesuss* oder Nom. Sg. aus **medesuos*, s. § 284) neben meřs *Ib* 18 18. mersuva mersus des *r* wegen von meřs zu trennen, wie Aufrecht-Kirchhoff II 367, Bréal 292 thun, ist schwerlich gerechtfertigt. Der Unterschied zwischen mersuva mersus und meřs kann darauf beruhen, dass im letzteren ein tonloses *s* folgte, in den ersteren ein tönendes *z* (da *s* zwischen Vocalen im Urit. zu *z* wurde, s. § 237). Hiezu würde stimmen einerseits das ř in etuřstamu *Ib* 16, andererseits das r in *tersvam tesvam *Ib* 13 (nu. *dersua*), falls dieses Wort, als dessen Bedeutung Panzerbieter Qu. Umbr. 11 und Bücheler 43 „datiuam" vermuthen, aus **ded-ez-uo-*, einer Ableitung von **ded-os* „Gabe" wie **med-ez-uo-* mersuva von **med-os*, erklärt werden darf[1]). Das Neuumbr. ist in dieser Frage nicht zu ge-

1) Ein *s*-Stamm **de-d-os* von der reduplicirten Wurzelform wäre nicht auffälliger als ai. *da-d-i-*, aksl. *dažda* aus **da-d-i̯a* =

brauchen, da dort für ř s, das eigentlich *rss* geschrieben werden müsste, blosses *rs* gesetzt wird (Vermeidung der Consonantengemination in der Schrift, vgl. *fonsir* = *fons sir* etc. S. 54), daher *mers*(*-est*) = meřs, *eturstahmu* = etuřstamu (*mersi* eigentlich sogar = **merss-si*). *mersto-* würde, wenn die obige Vermuthung über *s* und *z* richtig ist, im Au. als *meřstu-, nicht *merstu-, erscheinen[1]), ebenso *perstico*, falls = **pedestico-* (Bücheler)[2]), als *peřstiku. Dass der Unterschied zwischen meřs (etuřstamu) und mersuva mersus ein bloss orthographischer war und der Laut sich zwischen řs und rs bewegte, ist mir weniger wahrscheinlich. Auffallend ist das z, d. h. *ts*, statt řs rs *rs* in Iapuzku- *Iabusco-* aus **Iabudisko-* (Aufrecht-Kirchhoff II 255f., Bréal 176, Bücheler 95f.) und in ezariaf *IV* 27, das Huschke 437f. und Bücheler 169 ansprechend als „edulia, escas" von *edo* ableiten. Bei Iapuzku- (gegenüber etuřsta-) ist zu beachten, dass das Wort Fremdwort ist. Dagegen würde man für ezariaf, da die nächstliegende Erklärung die aus **ed-ez-aria-* ist (vgl. lit. *ëd-es-i-s* l. **ed-s-ca esca* J. Schmidt Ntr. 379), wegen mersuva mersus aus **medezu-* *ersariaf erwarten. Wirkte hier etwa das *r* des Suffixes dissimilirend, so dass das *d* erhalten blieb (vgl. *tuder* etc. S. 404)? Oder ist ezariaf vor dem Wandel von *d* zu *ř* syncopirt?[3]). Oder ist ezariaf nicht von **ed-os*, sondern von **ed-nos* (woraus **ennos*), einer Bildung wie l. *pignus, uulnus mu-nus facinus* etc. Brugmann II 389, 392 etc. (vgl. ai. *ánna-* „Speise" = **ad-na-*) abzuleiten, also ezariaf

---

**dō-d-i̯ā* und dgl. (dabei ist zu beachten, dass im Verbum finitum im Osk.-Umbr. im Gegensatz zum Lat. die reduplicirte Form *di-d-de-d-* im Gebrauch war). Wenn das Wort wirklich mit l. *dare* zusammenhängt, dürfte die obige Herleitung derjenigen aus einem zweifelhaften *darus* · δόσις (*da-* = *də-* wie in *datus*, woher also umbr. *e*?) vorzuziehen sein. Vielleicht könnte von jenem **ded-os* auch *dersecor* (Bücheler: quasi *datici*) abgeleitet werden, doch vgl. oben S. 401.

1) Dass *mersto-* zu meřs gehöre wie l. *iustus* zu *ius*, wird von Ebel K. Z. IV 200, VII 271f. und Bücheler Umbr. 42f. mit Recht angenommen. Unhaltbar ist Panzerbieters Erklärung aus l. *meltom* = *meliorem* (Qu. Umbr. 10).

2) Doch vielleicht in *perseico* zu bessern, s. § 261, 8.

3) In letzterem Falle könnte z vielleicht ein *dz* darstellen, vgl. S. 70 über z in uze.

= *enzariaf aus **ennes-aria-* (vgl. uze = *unze *onse* aus **omeso-*)?? Ueber çersnatur *šesna* s. u. Einen besonderen Fall von *r* aus *d* bildet *ar-* = *ad-*. Im Lat. findet sich *ar-* für *ad-* fast nur vor *f b v* (vgl. Corssen I 238, Seelmann 310f., Thurneysen K. Z. XXX 498 Anm., Stolz[2] 292, 383f.). Aehnlich kommt *ar-* im Umbr. nur vor *f* und *v* vor: *arfertur VIa* 3 *VIIb* 3, arveitu *Ib* 6 *arueitu VIb* 23 (vgl. Corssen I 241, Bechtel B. B. VII 3); daneben findet sich aber *ař-* in aꝛfertur *Ib* 41 *IIa* 16 *Va* 3 10 aꝛferture *Vb* 3 5 6 *arsfertur VIa* 8 *arsferture VIa* 2 *arsferturo VIa* 17, aꝛveitu *IIa* 12 29 *IIb* 13 *III* 34 *IV* 5 *arsueitu VI VII* (11 m.), ferner vor *b* in aꝛputrati *Va* 12 „arbitratu", vor *p* in aꝛpeltu (3m.), vor *k* in aꝛkani *IV* 28. Im Auslaut immer -aꝛ (5m.) oder -a (7 m.). Aus den anderen Dialekten ist vo. *arpatitu 240* mit *r*, o. adpúd *135* mit *d* zu nennen[1]), vgl. auch mars.-lat. *apur finem 307*. Natürlich können, falls *ad-* ursprünglich nur vor *f b v* zu *ar-* wurde, leicht Neubildungen stattgefunden haben. Auffällig bliebe dann jedoch u. *arnipo VIb* 25 41 (l. gleichsam **adnequom*), weil das Wort als Partikel analogischer Beeinflussung weniger leicht zugänglich war. Fick Wtb. I[4] 355 trennt l. *ar-* von *ad-* und vergleicht lett. *ar*[2]), so dass im Italischen zwei ursprünglich verschiedene Präpositionen vermengt worden wären. Doch bleibt es bei dieser Erklärung wieder etwas auffällig, dass *ar-* fast nur vor *f b v* erscheint. Ist *ar-* aus *ad-* entstanden, so liegt in diesem Beispiel im Umbr. wohl directer Uebergang von *d* zu *r* ohne die Zwischenstufe *ř* vor, da das umbr. *ar-* vom lateinischen und volscischen in der Entstehung kaum zu trennen sein wird.

Sonst findet sich ein r für ꝛ im Au. nur noch in armanu *Ib* 19 neben aꝛmune *IIb* 7, nu. *arsmo- arsma-* (häufig, *VIa* 49 *asmo*) und in tertu *IV* 28 neben teꝛtu *IIa* 40 40, nu. *dirstu* (5 m.). Das ᗡ in diesen beiden Formen ist wohl mit Bechtel a. O. und Anderen als verschrieben für ꟼ zu erklären[3]). Brugmann Ber. d. sächs. Ges. 1890, 208 A. erinnert an die Möglichkeit, dass ꝛ vor Consonanten sich etwas mehr

---

1) Auf *133* eher id-ad als adfust.
2) Dazu kelt. *are-* in *Aremorici* etc.? Doch eher aus **pare-*.
3) In armanu ist auch das n verschrieben für m.

als sonst dem reinen *r*-Laut näherte. Im Nu. findet sich ein *r* = nu. ř in *tribrisine VIa* 54 neben tribřiçu *Va* 9, doch ist die Erklärung des Wortes unsicher; es ist die Möglichkeit zu beachten, dass tribřiçu für *tribriçu verschrieben wäre, da das Nu. sonst *rs* = ř in der Schreibung wohl etwa zu *s* vereinfacht (4 m., s. S. 398), zu *r* in keinem Beispiel; auch Verschreibung statt **tribrsisine* (hervorgerufen durch das *-sisi-*?) wäre denkbar. Vgl. über das Wort oben S. 293 und § 269, 286.

Im Oskischen kommt für *r* aus *d* namentlich in Betracht púmperia- (in púmperiais -aís *131 132 133*, pumperias *141*, púmper. *137*) = umbr. pumpeřia-(s) *IIb* 2. Letzteres kann jedoch wegen fameřias = l. *familiae* wohl aus **pompelia-* statt aus **pompedia-* erklärt werden (vgl. S. 292 f.). Die Schwierigkeit des oskischen *r* würde jedoch hiedurch nicht gehoben, denn Uebergang von *l* zu *r* ist im Osk.-Umbr. nur als Folge von Dissimilation belegt (s. S. 290 f.). Aus o. púmperia- und dem *-ari-* in dekkvíarím Mamerttiar[íss *eíkviarís* darf schwerlich auf lautgesetzlichen Uebergang von *li* zu *ri* im Osk. geschlossen werden. Allerdings lassen sich auch für die Erklärung aus **pompedia-* nur schwache Stützen beibringen. Auf das *r* aus *d* im Anlaut in modernen unteritalischen Dialekten, z. B. in Neapel (s. W. Meyer Rom. Gramm. I 338, vgl. 362 f.) wird man sich nicht berufen wollen. Unklar ist das Verhältniss der Münzaufschriften *Ladinod Ladinei 232* zur lat. Form *Ladinum*. Vgl. noch *Siricinum* bei den Gromatikern neben *Sidicinum* o. Sidikinud und *Silicino* (!) Corssen I 224. Falls púmperia- wirklich aus **pompedia-* lautgesetzlich entstanden ist[1]), kann auch anderswo *ri* (d. h. wohl *ri̯*) aus *di* (*di̯*) angenommen werden, so könnte man *-irio-* in Aadíriis etc. aus *-idio-* erklären (vgl. § 261, 4)[2]).

Ein dem Osk. und Umbr. gemeinsames Beispiel für *r* aus *d* vor *s* wäre *kersna-* „cena" in o. kerssnaís *133*, kersna*ii*as *135*, kerss*n*asias *131*, u. çersnatur *Va* 22,

---

1) Könnte auch an Beeinflussung des Suffixes durch die bedeutungsverwandten dem lat. *decuria centuria* entsprechenden osk. Wörter (vgl. umbr. *dequrier*) gedacht werden?

2) Aus dem Lat. vgl. *meridiē* aus **mediīdiē *medieidiē* (zweimaliges *di* + Vocal).

šesna Vb 9 13 15 18 (= **šersnam*, vgl. S. 298), falls l. *cēna*, von dem o.-u. *kersna-* nicht zu trennen ist, mit Recht zu ai. *khād-* „kauen" lit. *kándu* „beisse" gr. κναδάλλω etc. (Corssen I 327, Fick I[4] 378) oder zu gr. σκεδάννυμι (Immisch B. B. XIII 139 ff., vgl. Stolz[2] 302) gestellt wird. Als Gdf. von *kersna-* und l. *cēna* wäre **kedzna-* anzusetzen[1]); im Lat. wäre **kedzna-* über **kezzna-* **kezna-* (*cesna* Fest.) zu *cēna* geworden[2]). Doch scheint mir sehr unsicher, ob *kersna-* und *cēna* wirklich eine W. *ked-* enthalten, s. § 232.

Anmerkung. Der bekannte lateinische Lautwandel von *d* zu *l* (*oleo solium* etc., s. Brugmann I 282, Stolz[2] 292) ist im Osk.-Umbr. nicht nachweisbar; dem l. *lumpa* steht osk. Diumpaís (aus **dumpa-*) gegenüber; udf . . . Blt. verbindet Bugge mit l. *olfacere* (vgl. hiezu Bd. II Anh.); mars. *Nouesede* : l. *Nouensiles*; unklar ist o. Tedis. *228* : l. *Telesia*; über o. Akudunniad, u. Akeřunia- : l. *Aquilonia* s. S. 294. Wenn o. luisarifs zu l. *ludo lusus* gehört, spricht es wohl gegen die Erklärung aus W. *doịd-* (Stolz a. O.).

201. *dị*. Im Anlaut fiel das *d* von *dị-* in den meisten Dialekten wie im Lat. ab, erhalten ist es nur auf einigen älteren oskischen Inschriften, so auf der T. A.: Diúveí (4 m.), auf *4*: Διουϝει, und auf den capuanischen *130*: diuvilam, *139*: diuvil., *147*: diuvi . . diuvia . ., während es schon fehlt auf den etwas jüngeren, doch immerhin noch vor 211 a. C. fallenden capuanischen *131*: iúhil., *132*: i[úvi]l., *133*: iúvilas iúviaís, *134*: iúvil., *136*: iúvil., *137*: iúvilam, mit denen *138*: Iúveí (2 m.) iúvilas iuvilas wohl ungefähr gleichzeitig ist, sowie auf *28* aus Pompeji: Iúveís Iúviia, auf *127* aus Abella: Iúvkiíúí, und *206* aus dem Frentanischen: Iúveís. Andere Dialekte: päl. *Iouiois 245*, marr. *Ioues Iouia Iouias 274*, mars. *Ioue 244* (*312*), vest. *Iouio 276*, pic. Iuve *288*, umbr. Iuve Iuvepatre

---

1) Mit *z*, weil vor tonlosem *s d* zu *t* geworden wäre (**ketsna-*, woraus urit. **kessna-*). Ein *rzg* aus *dzg* nimmt J. Schmidt Neutr. 158 A. in l. *mergus* an.

2) Wenn diese Erklärung von o.-u. *kersna-* richtig ist, könnte auch u. mersuva mersus (= urit. **medezu-*, s. S. 406 f.) direct aus **medzu-* ohne die Zwischenstufe **meřezu-* **meřzu-* erklärt werden; in ezariaf wäre *dz* vielleicht wegen des folgenden *r* nicht zu *řz* geworden (vgl. S. 407).

Iupater Iuvie *Iouie Ioui* etc. (36 m.)[1]. Möglich wäre auch, dass das *d* vor *į* überall schon früh abgefallen war und o. Diúveí diuvilam etc., altl. *Diouis* etc. die Nebenform idg. **diįeu̯-* (ai. *diyáuš* neben *dyáuš* etc.) enthielten (Brugmann I 112, II 451), nur bliebe hiebei etwas auffällig, dass die Formen nicht promiscue vorkommen, sondern gerade die älteren osk. Inschriften die Form mit *di-*, die jüngeren die mit *i-* aufweisen[2]). Im Bantinischen finden wir ein *z-* aus *dį-* in *zicolo-* aus **dįīcolo-* = **dįēcolo-*, zu l. *diēcula* (s. u.). Brugmann I 124 nimmt wohl mit Recht an, dass *dį-* in **dįīcolo-* aus *diį-* (*dī-*) entstanden war, da es im Lat. *diēs diēcula*, nicht **iēs *iēcula* heisst. Urit. *dį-* mag im Bantinischen sein *d* verloren haben, vordem das Assibilationsgesetz in Geltung trat, so dass Iúveís iúvilam etc. auch im Bantinischen mit *į-*, nicht mit *z-*, anlauten würden; vgl. mars. *Ioue* gegenüber der Assibilation von *tį* in *Marsus Martses*. Zu *dį-* aus *diį-* vor dem Tone vgl. oben S. 169. Bei dem sehr wahrscheinlich mit *zicolo-* zu verbindenden iíkúlús der fragmentirten frentanischen Inschrift *205* ist nicht auszumachen, ob vorne ein d zu ergänzen ist oder nicht; ersteres ist wohl das wahrscheinlichere. Doch würde ein *į-* aus *dį-* = *dī-* vorliegen in iúkleí *135* (2 m.), falls das Wort, wie Bréal Mém. soc. VII 25 f. annimmt, zu *zicolo-* l. *diēs* gehört. Da iúkleí nicht für *(d)iúvkleí stehen kann, müsste vom *o*-Stamm *diu̯o-* „Tag"[3]) ausgegangen werden; für **diu̯o-k(e)lo-* wäre zunächst **dīo-k(e)lo-* eingetreten (s. hierüber oben S. 203), woraus weiterhin **dįo-k(e)lo-*. Doch kann iúkleí sehr gut mit Bücheler Rh. M. 43, 559 f. zu umbr. iuka gestellt werden, falls letzteres zu l. *iocus* lit. *jùkas* gehört. Sicher ist diese Erklärung von iuka (Aufrecht-Kirchhoff I 20, II 409, Bücheler Umbr. 148

1) Das einmalige *Iiouie VIb* 35 ist wohl jedenfalls ein durch *Iiouino-* hervorgerufenes Versehen, vgl. S. 165.

2) Ueber die Schreibung l. *Diiouis* vgl. Jordan bei Preller R. Myth. I³ 262. Gegen Danielssons Ansicht (Gramm. und etym. Stud. 49, vgl. Gramm. Anm. I 47), dass nur *Diov-* zu gr. Ζεύς ai. *Dyáus* etc., *Iov-* dagegen zu *iuuare iuuenis* gehöre, mit Recht Brugmann II 451 Anm.

3) In ai. *divě-divē*, l. *nu-dius tertius* und *tri-duum postri-duo* etc. aus **tri-diu̯om* etc. (**tridiu̯om* durch Schwächung zu **tridᵉu̯om *tridᵒu̯om*? vgl. *Inuus* aus **In-ĭ-u̯o-s* neben *Iuīuus* aus **In-eį-u̯o-s*?).

u. A., dagegen Zeyss De voc. Umbr. fict. II 7 Anm.) freilich nicht, da die Bedeutung „Gebet" gegenüber der Uebereinstimmung des Lat. und Lit. stark abweicht. iuka kann u = *oṷ* (oder *aṷ*) enthalten und im Anlaut kann ein *d* abgefallen sein[1]). Unklar ist päl. *iocatin 251*, vgl. Bd. II Anh. Ein etruskisches iuχ iucie vergleicht Lattes Rendic. del Ist. Lomb. 1891, 366 mit umbr. iuka.

Im Bantinischen wurde, wie erwähnt, *di̯*-, soweit es nicht schon vorher das *d* abgeworfen hatte, zu *z*- : *zicolo*-. Diese Assibilation geht derjenigen von *ti̯* zu *s* in *Bansae* (S. 386, 388) parallel, traf also das inlautende *di̯* wohl in gleicher Weise wie das anlautende. Das *z*- in *zicolo*- kann wohl ein *dz*- darstellen (vgl. S. 71)[2]). In anderen Dialekten fehlen Beispiele für die Assibilation von *di̯*, ausser *Clausus* = *Claudius*, das als sabinisch bezeichnet wird (s. die Stellen bei De-Vit Onomasticon s. v.)[3]). Im Umbr. dürfte sich kaum ein wahrscheinliches Beispiel ausfindig machen lassen (dunkel sind kazi *rusem-e*, über ezariaf s. S. 407 f.)[4]), vgl. S. 387 über *ti̯* im Umbr. Ein mouillirtes *d'* oder *đ* aus *di̯*- nimmt Thurneysen in päl. *des 255* an, indem er es = l. *diēbus* setzt, doch s. Bd. II

1) Etwa zu l. *iuuare iūcundus*?? oder von *Iov*- abgeleitet (vgl. mit anderer Bedeutung o. iúvila-)?? Unhaltbar ist m. E. die Erklärung von iuka und l. *iocus* aus **in-voko*- **en-voko*- (Bréal T. E. 272, Mém. soc. V 32, Dict. étym. 141). Man könnte bei iuka auch an ai. *yāc*- „bitten, flehen" denken, die Wurzel ist jedoch sonst im Italischen nicht vertreten.

2) Die verfehlten Einwände von Pauli A. S. I 31 f. gegen die Erklärung von *zicolo*- aus **di̯ēkolo*- sind schon zum Voraus widerlegt von Kirchhoff K. Z. III 128 f.

3) Auf lateinischen Inschriften findet sich *Clausius Clausia* (Murat. 691, 1, unsicherer Herkunft), *Clausenus* (Murat. 620, 1 aus Ameria). — Dazu l. *rosa* aus gr. ῥοδέα oder ῥοδία, sabin. Lehnw.?

4) Die Erklärung des umbrischen *Fiso*- aus **Fidi̯o*- = l. *Fidius* (Aufrecht-Kirchhoff II 187, Ebel K. Z. VI 418, Bugge ebd. VIII 37, Preller R. Myth. II³ 271 f. u. A.) ist schon deshalb unwahrscheinlich, weil die Wurzel auf *dh* auslautete (*bhei̯dh*- gr. πείθω), also vielmehr **Fifio*- (wie o. *mefio*-) zu erwarten wäre (vgl. Brugmann Ber. d. sächs. Ges. 1890, 212; zu dieser Form vielleicht der vestinische *pagus Fificulanus* C. I. L. IX p. 338 f., vgl. den römischen *mons Ianiculus* und den bei De-Vit mehrfach belegten Namen *Fidiculanius*), ferner wegen o. Fiisiais etc. § 205.

Anh.; ähnlich erklärt Thurneysen *Petiedu 254* als **Petied'u* = **Petiedįa.*

Im Osk. ist vielleicht *dį* im Inlaut zu *rį* geworden in púmperia-, falls aus **pompedįa-*, doch s. S. 409. Im Umbr. liegt Uebergang von inlautendem *dį* zu *į* vor in *Hoier VIa* 14, falls es, wie Bücheler 48, 183, 209 vermuthet, zu Huřie *Horse* gehört (vgl. l. *peior*, fal. *foied*). Der Uebergang wäre wohl vor den Wandel von *d* zu *ř*, also früh, zu setzen, denn in *řį* hatte vielmehr das *į* die Neigung im *ř* aufzugehen (vgl. oben S. 167): *Horse VIb* 43 = Huřie *Ib* 2, *sorser Vb* 12 17 falls = **sorsier* *suřier (vgl. oben S. 293 f.), ..eřuvie ..e]řuvi *290* = V]eřuvie Ve]řuvi „Uediouio" nach Aufrecht-Kirchhoff II 399 (doch s. o. S. 404 f.), çihçeřa *III* 15 falls für *çihçeřia (vgl. § 261, 5)[1]. Doch ist die Erklärung von Hoier aus **Hodį-* sehr unsicher[2]. Bréal 50 denkt an Entstehung aus **Hogier* [ev. **Hoger*] nach § 182, wobei möglicherweise o. Hegi.. *75* zu vergleichen wäre. Emendation von *Hoier* zu *Holer*, vgl. Hule *IV* 17, wäre gewagt[3].

202. *dų.* Im Lateinischen (Stolz² 302, Schweizer-Sidler² 59) erscheint *dų* im Anlaut theils als *b*: *bis bidens bimus bes bellum bonus* etc., theils, aber seltener, als *d*: *dimus des diennium* etc. Die dritte Form, *du-* in *duidens duellum duonus* etc., erklärt Brugmann I 152 wohl mit Recht aus idg. *duų-*, nicht *dų-*. Von den beiden ersteren Formen liegt im O.-U. die zweite vor in o. dí as. ís *46*, wahrscheinlich aus **dųeį-ass-* = l. *des bes* (vgl. S. 176, 235), und in u. *di-fue VIb* 4, das Huschke 152, Bücheler 65 (wie schon Lanzi und Grotefend) zu gr. δι-φυής stellen (vgl. auch l. *du-bius* aus **du-bhų-iįo-*, Osthoff Perf. 432). Für die erste Form, *b-*, findet sich kein sicheres Beispiel. Vielleicht gehört hieher das Wort *bia-* in päl. *biam 251*, umbr. *bio 295* (altsabell. bie *282*?), welches

---

1) Immer geschrieben ist *i* nach ř *rs* in Atiieřiu- *Atiersio-* (20 m.), ausserdem kommen vor Atiieřiate Peieřiate (je 2 m.), fameřias pumpeřias (je 1 m.), *a(r)sier arsie* (je 3 m.).

2) Desgleichen also, ob peiu *peio* aus **kųeįdįo-* erklärt werden kann (vgl. S. 370₂).

3) Huřie *Horse* kann wohl aus **Holio-* erklärt werden, vgl. fameřias etc. § 146; unmöglich wäre auch nicht, dass umgekehrt Hule von **Hod-* abgeleitet wäre (aus **Hodle*, vgl. o. Vesuliais: u. Vesune).

einen sacralen Gegenstand („irgend ein Anathem“ nach Bücheler Rh. M. 33, 41 Anm.) zu bezeichnen scheint: **dụ-iā* wäre von W. *deụ-* in umbr. *pur-douitu* l. *duam duim* ai. *dúvas-* etc., zu der Osthoff M. U. IV 370 ff. (vgl. Brugmann I 151, II 141 f.) auch l. *duonus bonus beare* stellt, abzuleiten, würde also ursprgl. allgemein etwas „Dargebrachtes“ bezeichnen[1]). Falls auf *175* mit Lattes Beliis, nicht Beriis, zu lesen ist, gehört der Name zu l. *Bellius Duellius Belleius Bellicius* etc., die auch im C. I. L. IX und X auf osk.-sabell. Sprachgebiet mehrfach vorkommen. Auch *Bennius* (: l. *Duenos*) findet sich daselbst mehrmals, vgl. Bn. *71, 185*. Mit l. *Duilius Duillius* vgl. *Billienus -na* C. I. L. IX 751, X 4044 (auch *Billo Billucidius*? zu l. *bīni*, vgl. *Terentius* zu *terni* S. 85 Anm.?). Wenn auf *175* Beriis zu lesen ist, ist *Berienus* C. I. L. X 4929, *Berrius* bei De-Vit zu vergleichen, dessen Herkunft freilich unklar ist. Vgl. § 211. Jedenfalls wäre es an sich schon wenig wahrscheinlich, dass das Osk.-Umbrische die Vertretung von *dụ-* durch *b-* nicht kennen sollte, da es *gụ* sogar im Gegensatz zum Lat. zu *b* wandelte (o. bivus = l. *uiui* etc.). Wie erklärt sich aber das auch im Lat. sich findende *d-* neben *b-*? Falls die Formen mit *d-* lautgesetzlich sind, so muss das *ụ* nach *d* in gewissen Fällen im Urital. oder Voritalischen geschwunden sein[2]). Möglich ist aber auch, dass nur *b-* lautgesetzlich ist, *d-* durch Neubildung nach *du-* (*duụ-* vor Voc.) entstand, so in u. *di-fue* o. dí-as.ís l. *di-ennium dīmus* etc. durch Contamination von *bi-* mit *du-* und *dui-* vgl. u. *du-pursus* : l. *bi-pes dui-pes*, u. *di-fue* : l. *du-bius du-plex* etc. (l.

1) Vgl. Deecke Rh. M. 41, 196 (App. 175), der *bia-* als „thesaurus“ (pecunia data) und „Festkasse“ mit l. *beare* verbindet. Bücheler Bull. del Ist. 1877, 236, L. J. VI a, Umbr. 173 stellt *bia-* zu gr. βωμός etc., Bugge A. S. 44 f. zu an. *kvi* (s. oben S. 337); beides scheint mir viel weniger naheliegend. Unwahrscheinlich ist mir Paulis Deutung (A. S. V 42 ff.) von *biam* als „uiuam“, *bio* als „uiua“ sowohl wegen der Bedeutung als wegen der Form (Ausfall von *ụ*; doch s. oben S. 203 f.). Nach Bücheler gehört auch vo. *bim 240* zu *biam bio*, es wäre also, falls *biā-* = **dụ-iā-* ist, daneben ein **dụ-io-* anzusetzen; doch s. Bd. II Anh.

2) Wenn voritalisch, wäre *t-* aus *tụ-* im Pron. der 2. Pers. Sg. (freilich nicht sicher, s. Brugmann II 802 f. und oben S. 193) zu vergleichen.

dis- : ai. *duš-* gr. δυσ- got. *tuz-*: got. *tvis-*?). Ob *dīrus*, das auch als sabinisches und umbrisches Wort für *malus* angeführt wird, zu W. *du̯ei̯-* „fürchten" Fick I[4] 461 gehöre (s. Vaniček[2] 127), ist nicht ausgemacht.

Im Inlaut zeigt das Lateinische *b* für *du̯* nach *r* in *derbiosus* Brugmann I 151, II 90, 92, dagegen Ausfall des *d* nach Voc. in *suauis* aus **suadu̯is*[1]). Im Osk.-Umbr. wäre vielleicht a priori eher *b* als *u̯* zu erwarten (vgl. *b* : lat. *u̯* in u. *habina-* : l. *auilla* etc. S. 335 ff.), es fehlen jedoch wahrscheinliche Beispiele. Vielleicht kommt hier in Betracht u. *Grabouio-*, falls der Name mit l. *Grādīuus* zusammenhängt (Grotefend III 23, Bréal 66 f., O. Keller Lat. Volksetym. 36, vgl. Jordan bei Preller R. Myth. I[3] 348 Anm.); Suffix *-ouio-* aus *-eu̯-ĭo-* ist Nbf. zu *-eiuo-* l. *īuo-* aus *-eu̯-i̯o-* (s. oben S. 171), um das *b* von *Grabovio-* zu erklären, wäre also wohl anzunehmen, dass daneben **Gradu̯io-* vorkam (vgl. o. Akviiai von **Akou̯io-* etc. S. 197, 201 f.)[2]). Möglich ist auch O. Kellers Erklärung von l. *Grād-* aus *Grāb-* durch volksetymologische Anlehnung an *gradus gradior*, wobei also das *b* ursprünglich wäre[3]). — Merkwürdig ist das einmalige umbr. aveitu *IV* 1 neben sonstigem ařveitu arveitu *arsueitu arueitu*. Dass *u̯* aus *du̯* entstanden sei wie in l. *suauis*, so dass aveitu die ursprünglichste Form wäre (ařveitu etc. recomponirt), ist mir nicht wahrscheinlich. Vielleicht ist aveitu als *av-veitu, Neubildung nach Composita, in denen *d* assimilirt war (wie l. *accedo apporto alligo arripio annuo assero*; u. ařkani ařpeltu etc. sind recomponirt, s. S. 396), zu verstehen; oder drang die Form a neben ař aus der Postposition (asam-a etram-a etc.) auch ins Compositum?

---

1) Nach V. Henry Mém. soc. VI 208 wäre *du̯* auch nach Vocal lautgesetzlich zu *b* geworden, seine Vermuthung über *suauis* ist jedoch unwahrscheinlich.

2) An ursprüngliches *-u̯-* neben *-eu̯-* wird schwerlich zu denken sein. Wenn l. *Grădīuus* zu *grădus* gehören sollte, wie oben S. 170 noch angenommen ist, wäre die Zusammenstellung mit *Grabouio-* kaum haltbar, da *gradus d* aus *dh* enthält (vgl. got. *grida-* und s. § 224), aber die Zugehörigkeit von *Grādīuus* zu *grădus* ist schon des *ā* wegen sehr zweifelhaft (eher zu *grandis*?), vgl. Jordan und O. Keller a. O.

3) Eine naheliegende etymologische Anknüpfung scheint sich auch bei dieser Auffassung nicht zu bieten. Vgl. § 269.

Bei u. *entelust* apelust läge es morphologisch nahe, das *l* (wohl *ll*) aus *ndu̯* zu erklären, doch ist die lautliche Schwierigkeit sehr gross (vgl. § 318).

203. Assimilation von *d* an folgende Consonanten. *dn* zu *n*(*n*) in u. une *IIb* 20 falls Abl. zu utur „ὕδωρ", vgl. ai. Gen. *udnás* oder (wenn urumbr. **udne* aus **udene* syncopirt war) ai. Loc. *udáni*; doch s. o. S. 402f. Erhalten ist *dn* in o. Perkedne[is *124*, während im zugehörigen Nominativ Perkens (auf derselben Inschrift) *-dn̥s* aus *-dnos* zu (*-nn̥s*) *-ns* geworden ist[1]; ob das *dn* in Perkedne[is ursprünglich ist oder durch Syncope entstand, bleibt fraglich; auch wenn kein Vocal syncopirt ist, beweist das Wort nicht, dass idg. *dn* im Osk. erhalten war (über die Etymologie s. S. 254 mit Anm.). Die Form Περκενος *8* ist wegen *-os* nicht ächt oskisch (vgl. S. 230). Im Lat. heisst es meistens *Percennius*, vereinzelt *Percelnius* (*l* aus *d*, S. 254); vgl. *nn* aus *dn* in *mercennarius*. Im Umbr. könnte vielleicht noch ranu *IIb* 19 hierher gehören, falls das Wort von W. *u̯erd-* „netzen" in gr. ἄρδω ἐρράδαται ῥαίνω etc. abzuleiten sein sollte (vgl. Huschke 333, Bücheler 146, über ῥαίνω Osthoff Perf. 457ff., G. Meyer² 173)[2]. Doch ist die Bedeutung des Wortes (Huschke „conspersione", Bücheler „aquae profusione") noch fraglich.

Für *dm* zu *m*(*m*) käme u. *randem-e* in Betracht, falls Bücheler 49 mit Recht vermuthet, das das Wort zu l. *radix* gr. ῥάδαμνος gehöre; da das *nd* nicht ursprünglich sein kann, müsste *randi-* aus **ranti-* **ramti-* **rameti-*, einer Weiterbildung zu l. *rāmus* (aus **răd-mo-*, vgl. ῥάδ-αμ-νο-ς; *r-* aus *u̯r-*, vgl. got. *vaúrts* etc.) wie l. *palmes -ĭtis* zu *palma*, *trames*, *limes* etc., erklärt werden; da aber die Bedeutung von *randem-e* nicht sicher zu bestimmen ist und selbst die von Bücheler angenommene Bedeutung „lucus" von *ramus radix* weit abliegt, und da ausserdem ein St. **ramet-*, nicht **rameti-*, zu

---

1) Vgl. engl. *ofn̥* aus *oftn̥* etc. bei Sievers Pauls Grdr. I 299, urgerm. **sepm̥* aus **septm̥* Brugmann II 479?

2) ranu wäre aus **u̯rad-no-* entstanden (Abfall von *u̯-* vor *r* wie in l. *radix* etc.); *ra* könnte, wenn *a* kurz ist, nach der S. 314f. erwähnten Theorie = *r̥* sein; das von Bücheler angeführte l. *rana* spräche wohl eher für *ā* (also *rā* = *r̥̄*?).

erwarten wäre, ist diese Erklärung von *randem-e* höchst zweifelhaft. Ueber das ebenfalls unklare o. vaamunim s. § 276. *-řm-* in u. Ařmune *arsmo- arsma-* ist wahrscheinlich aus *-řem-* syncopirt, s. S. 294 f. — *dl* zu *ll* (vgl. l. *sella lapillus*): o. Kaísillieís *138* aus **Kaisidl-* zu *Caisidis*? (sehr unsicher); u. Hule aus **Hodle* zu Huřie *Horse*? (sehr fraglich, s. S. 413 und § 215); über u. *entelust* apelust s. § 318.

Ueber *d* vor tonlosen Consonanten (*dk, dp, df, ds*), wo *d* zunächst zu *t* wurde, s. § 193.

204. Assimilation von *d* an vorhergehende Consonanten. *nd* wurde zu *nn*. Gerundivum o. úpsannam *29*, ú]*psannam* *192*, úpsann[úm *193*, úps]annu *31*, sakrannas *133*, eehiianasúm (veh-?) *135*, umbr. *pihaner pehaner peihaner*, pelsanu (Nom. pelsans) pelsana *pelsana*, *anferener* gegenüber l. *operandus sacrandus piandus ferendus* etc. (über die Erklärung des *nd* s. § 332); u. *ponne* (2 m.) *pone* (2 m.) pune (14 m.) puni (1 m.), o. pún C. A. *133 134* pun Blt. (3 m.) *pon* T. B. (3 m.) aus **pon-de* = **pom-de* = l. **quon-de* aus **quom-de* (vgl. *quondam*); u. an-penes *IIb* 27 Fut. l. *im-pendes*, nuř-pener *Va* 13 Compos. wie l. *du-pondius* (nach Brugmann = nu + ař-pener, s. § 326); unsicher: u. inenek *III* 20, falls nicht Schreibfehler für inemek, zu l. *inde* (Bücheler 156, 192, vgl. die Syntax unter „Partikeln") [1]). Bei u. ampentu ampetu apentu „impendito", antentu atentu *andendu* ententu *endendu* „intendito", ustentu ustetu *ostendu* „ostendito", pertentu „protendito" kann man zweifeln, ob die Syncope vor oder nach dem Wandel von *nd* zu *nn* eintrat, ob also **pendĕtōd *tendĕtōd* über **pendtōd *tendtōd* oder über **pennĕtōd *tennĕtōd* zu **pentu *tentu*, **pendu *tendu* wurde, ebenso, ob **ostendĕsent-* über **ostendsent-* oder über **ostennĕsent-* zu *ostensend-i(r)* wurde; die Erweichung in *ostendu* etc. spricht vielleicht eher für die Vorstufe **tennĕtōd* etc. Auch pelsans eher aus **pelsannos*, als aus **pelsands*, weil für letzteres eher *pelsanz zu erwarten wäre? Zu den Imperativen wie *andendu ostendu* mag auch *hondu VIb* 60 *VIIa* 49 gehören, also *hondu* aus **hondĕtōd*, da **honĕtōd*

1) U. *foni-* schwerlich zu l. *fundus* „geneigt, einverstanden" (wohl Gerundivum zu *faueo*), sondern aus **fauni-*, vgl. § 236.

mit einfachem *n* nach k a n ě t u „canito" vermuthlich unsyncopirt geblieben wäre (vgl. S. 225); die Etymologie ist freilich unklar, s. § 215. — Wo sich erhaltenes *nd* findet, beruht es entweder auf analogischer Restituirung oder ist (im Umbr.) aus *nt* (ev. *nþ*?) erweicht. Ersteres ist der Fall in u. *desen-duf VIIb* 2 „decem duo, duodecim" (vgl. t u f **duf* „duo"), und in *andersafust VIIb* 3 *andirsafust VIIa* 46 a(n)teřafust *Ib* 40 nach der wahrscheinlichen Erklärung als „circumdederit" (vgl. *dersa dirsa* teřa), s. S. 294 und § 291, 293. Die Beispiele für *nd* aus *nt* s. in § 247. *fondlire* funtlere kann wohl nur „in *fontulis", nicht „in fundulis" sein[1]).

Wo im älteren Lateinischen *nn* = *nd* vorkommt (z. B. *dispennite distennite* bei Plautus), liegen wohl Dialekticismen vor, doch ist es möglich, dass auch die (spätere?) ächt lateinische Volkssprache die Assimilation kannte. Vgl. Corssen I 210, Seelmann 311 f., W. Meyer K. Z. XXVIII 165, Stolz[2] 312. Mit dem osk.-umbrischen *nn* scheint dasjenige italiänischer Dialekte in Zusammenhang zu stehen, s. W. Meyer in Gröbers Grdr. I 365, Rom. Gramm. I 418 f., 536.

kd zu *kk*: o. ekkum C. A. aus **ek-dum* (ursprünglich vielleicht **ekĕ-dum*), s. Mommsen U. D. 257, Kirchhoff Stadtrecht 31, Bücheler Comm. Momms. 234. Für *pd* zu *pp* fehlen Beispiele; Corssen II 903 f. (Seelmann 31) erklärt l. *Eppius* und dgl., womit o. Úppiis etc. zu vergleichen sind, aus **Epdius* = *Epidius* etc., doch s. § 242 f. Die Erhaltung von *kd pd* in o. aíkdafed *189*, M]aakdis Makdiis *222*, Pupdiis *167*, päl. *Popdis 251* neben o. Púpidiis etc. (s. S. 216) erklärt sich aus später, vielleicht auch nicht ganz vollständiger Syncope[2]); o. Líganakdíkeí ist Compositum (überdies vielleicht aus **Liganki-dik-*). — *sd* zu *ss* in o. íússu *28* aus **iōs-dum*, vgl. ísí-dum etc. (Kirchhoff Allg. Monatschr. 1852, 590 Anm., Aufrecht K. Z. II 57, Corssen ebd.

1) Man müsste denn das *d* als spätes phonetisches Einschiebsel zwischen *n(n)* und *l* betrachten wollen wie *b* in o. úmbn . . S. 302, was jedoch schon wegen *entelust* apelust, die wohl *ll* aus *ndl* enthalten, unwahrscheinlich wäre, oder dann *nd* aus *nþ* = *ndh* erklären.

2) So dass z. B. *Popdis* als *Popᵊdis* auszusprechen wäre (vgl. Storm Mém. soc. II 94); zur Auslassung des reducirten Vocales in der Schrift vgl. päl. *Ptruna* pränest. *Dcumius* etc. S. 213, wohl auch sabin. *Atrno* etc. S. 323.

XV 252, Bücheler Rh. M. 33, 38, Bugge A. S. 42 u. A.). War *s* in **iōsdum* tonlos, d. h. aus **iōs* **iōs-k* (*ius-c* T. B.) etc. übertragen? (vgl. umbr. *pis-i* statt **pir-i* und s. § 231). *pieisum* T. B. kaum = **pieis-dum*, s. die Syntax unter „Partikeln" (bei *-um*). — Für *ld* zu *ll* scheinen Beispiele zu fehlen; *fd* zu *ff* könnte in päl. *afđed 254* „abdidit" aus **afdeđed* angenommen werden, also *afđed* zunächst aus **affeđed*, doch kann die Vorstufe ebensogut **afd'đed* gewesen sein, vgl. ausserdem Bd. II Anh.

205. Dental + *t*. Die ursprünglichen Lautverbindungen *t* + *t*, *d* + *t* (*dh* + *t*), welche nach der gewöhnlichen Annahme schon im Idg. nicht mehr als reines *tt*, sondern als *tþt*, *t^st* oder dgl. gesprochen wurden, erscheinen im Lateinischen als *ss*, woraus nach langer Silbe *s* (s. Osthoff Perf. 522 ff., besonders 555 ff., Brugmann I 347, 369 f., Stolz[2] 305 und die bei Osthoff und Stolz angeführte Litteratur). Das Osk.-Umbr. zeigt gleichfalls *ss s*, wofür nach *r* und *n* im Umbr. *f*. Die Beispiele aus dem Oskischen sind folgende. úíníveresím *134* = l. *uniuersim*, Ϝερσορει *4* = l. **Uersori* zu l. *uerto* umbr. *co-uertu* ai. *vart-* (Ptc. *vr̥ttá* = l. *uorsu-s uersu-s*); dazu auch '*uorsus*' '*uersus*' „πλέθρον" (Suff. *-tu-*), vgl. lit *varštas* „Pfluggewende" (Fick B. B. I 171, vgl. Fröhde ebd. 203, Bartholomae ebd. XII 86). Fiísíais *132*, Fiisíais *131*, Fisiais *130* ist wohl mit Bücheler Rh. M. 44, 324 f. zu u. Fise *Fiso Fissiu Fisouie* etc. zu stellen, geht also wahrscheinlich auf **bhidh-to-* (l. *fisus*) zurück, s. unten S. 421[1]); zu Fiisíais etc. gehört wohl auch Físanis *50* (dagegen ist auf *146* wohl eher fíísn- oder fiisn- als Fiisu- zu lesen)[2]). usurs Blt. wohl mit Bugge Acc. Pl. „osores", also aus **od-tor-*; die Erklärung von Bréal, Deecke, Pauli als „uxores" ist mir weniger wahrscheinlich (s. Bd. II

1) Die Erklärung von fiísíais etc. als „fēriis" (altl. *fēsiae*; vgl. Lignana Mitth. IV 81 f.) wird von Bücheler mit Recht als in den Zusammenhang nicht passend bezeichnet, da letzterer ein Adjectiv erfordert, ausserdem ist osk. íí ausschliesslich Zeichen für ursprüngliches *ī*, während *ī* = *ē* als íí erscheint (so in fíísna-), s. o. S. 89 ff., 102 ff. (vgl. allerdings auch S. 63).

2) Zu Fiísíais etc. umbr. *Fiso-* vielleicht noch die pompeianische *Venus Fisica* (s. Bücheler Rh. M. 41, 171; vgl. Preller-Jordan I 448 mit Anm.).

Anh.). Die Namen **Kaísillieís** *138* (2 m.), *Caisidis 25*, l. *Caesius Caesulus Caesellius Caeso Caesennius* etc., gehören sehr wahrscheinlich zu l. *caesius caesullae,* welche letzteren wohl mit lit. *skaistas* „hell" auf idg. *(*s*)*qait-to-* beruhen (Fick K. Z. XXI 8 f., Wtb. I[4] 567; ahd. *heitar* trennt Fick I[4] 379 hievon)[1]). Für **luisarifs** *130* ist die nächstliegende Deutung die aus l. *loidos lūdo lūsus lūsio* etc., also **luis-** = **loid-t*.. oder **loidh-t*.. (l. *lūdo* von W. *leidh-* nach Danielsson A. S. IV 171 ff.); der in Campanien häufige Name *Loesius Lusius* würde wohl ebenfalls dazu gehören. Bücheler Rh. M. 44, 328 f. stellt jedoch **luisarifs** und *Loesius Lusius* zu umbr. *dis-lerali-nsust* und dies ist jedenfalls, wenn diese Zerlegung von *disleralinsust* richtig ist (Aufrecht-Kirchhoff II 62, Bréal 34 f., Pauli A. S. V 107 ff. erklären es als *disler alinsust*), das Wahrscheinlichere (zum Lautlichen vgl. S. 154, 290)[2]). **días.ís** *46* l. *assi-* aus **ad-ti-*? (s. S. 295). Ueber o. *nessimo-* vgl. S. 377 f. — **úíttiuf** C. A. (2 m.) darf nach dem Vorausgehenden nicht = l. *ūsiō* aus **oi̯t-ti̯ōn-* gesetzt werden, sondern entspricht einem l. **ūtio* aus **oi̯t-i̯ōn-* (Bugge K. Z. XXII 432, A. S. 6, Danielsson A. S. IV 141), welches sich zu *ūsio* verhält wie *capio* : *captio*, *pacio* : *pactio*, *obsidio* : *obsessio*, o. *tangion-* : pränest. *tongitionem* etc. (vgl. ferner *dicio legio opinio* etc. L. Meyer II 408 f., Brugmann II 338, und *utilis*, nicht **usilis*; die Gemination vor *i̯* in **úíttiuf** wie in **a]íttíúm Mamerttiaís** Στaττιηις **tríbarakkiuf** etc. s. § 242 f.); möglich wäre auch die Erklärung von **úíttiuf** als l. **ūtĭtio* (Osthoff Perf. 557, Brugmann Grdr. I 370, 476, II 283, 338), doch ist die andere Auffassung viel näherliegend. Die Form **úíttiuf** hat mehrfach den Irrthum hervorgerufen, als sei idg. *tt* noch bis ins Osk. erhalten geblieben (z. B. Fröhde B. B. I 210, Conway Verners law 39 ff., Pauli A. S. V 51), wogegen ausser dem oben Angeführten auch das Sabellische und Umbrische spricht (s. u.; vgl. gegenüber **úíttiuf** speciell päl. *oisa* „ūsa").

---

1) Lat. *caeruleus* ist wohl = **caeluleus*, da *r* sich mit *s* in *caesius* nicht vereinigen lässt.

2) *Lurius* kann für einfaches *s* in *Loesius Lusius* nichts beweisen, da die Identität sehr fraglich ist (*Lurius* kann z. B. zu **lūrus lūridus* gehören oder sich zu *Luuisius* verhalten wie *Numerius* zu *Numisius*).

Ueber Bartholomaes Annahme, dass osk. *tt* aus *ss* entstanden sei, s. § 228, 317.

Aus den Zwischendialekten ist vor Allem das oben erwähnte päl. *oisa 255* zu nennen, dessen Deutung als „ūsa" (Bücheler Rh. M. 35, 496, L. I. XVIII b, Deecke in Gröbers Grdr. I 341, Thurneysen Rh. M. 43, 350 f.) mir zweifellos richtig scheint; die Vermuthungen von Conway 41 f. und Pauli A. S. V 51 f. sind m. E. gänzlich verfehlt (s. Bd. II Anh.). Marr. *asum 274* ist nach der wahrscheinlicheren Erklärung als Supinum = l. **assum* (nicht Infinitiv) ein indirecter Beleg, da **assum* l. *assus assare ss* statt *st* nach Wurzeln auf Dentale zu enthalten scheinen wie l. *hausum* neben *haustum, haesum* statt **haestum* etc. (vgl. oben S. 392 f.)[1]; zu marr. *asum* gehört umbr. *aso*, in diesem Verbum scheint also die Neubildung gemeinitalisch zu sein. Aus dem Pälign. kommt noch *-lisuist 254* in Betracht, das allem Anschein nach ein Ptc. Pf. Pass. enthält, also *s* direct oder indirect = *tt*[2]).

Die Beispiele aus dem Umbrischen sind folgende. *frosetom* (4 m.) = l. **frausatum* (genauer **frausĭtum*) vom Ptc. **fraus(s)o-* (altl. *frausus sum*) = **fraud-to-*[3]). Fise *Fiso* Fisiu *Fisiu Fissiu Fisim Fisie* Fisuvi *Fisouie* etc. (zusammen über 80 m. belegt) gehört wahrscheinlich zum Ptc. l. *fīsu-s* aus **bhīdh-to-* (W. *bheidh-* l. *fīdo* gr. πείθω πέποιθα πιστό-ς), s. Bréal 31, Bücheler Arch. I 104, L. J. IX a, Rh. M. 44, 325, Osthoff Perf. 557. Aus dem Osk. gehört wahrscheinlich Fiisiais etc. zu dem umbr. *Fiso-*, s. o. S. 419. Neuerdings handelt ausführlich über Fise *Fiso* Brugmann Ber. d. sächs. Ges. 1890, 212 f.; Brugmann möchte *Fiso-* lieber auf **bhidh-s-o-*, eine Ableitung aus dem *s*-Stamm in l. *fidēs foedus*, zurückführen, die Erklärung aus dem Particip *fīso-* scheint mir jedoch näherliegend[4]). *trahuorfi VIIa* 25 zu l. *transuerse*

---

1) Oder *assu- asso-* aus **azd-tu- *azd-to-*?

2) Z. B. c]*lisu-ist* „clūsa est". S. Bd. II Anh.

3) Bréal 86, Bücheler 57, Danielsson A. S. IV 140. Gleich l. *fraudatum* (**fraudĭtum*), wie z. B. Bugge K. Z. VIII 37 f. wollte, darf *frosetom* schwerlich gesetzt werden (s. o. S. 398 Anm.), noch weniger allerdings = **frodịetom* (Ebel K. Z. VI 418, VIII 243 f.).

4) Mit l. *Fidius* kann *Fiso-* nicht gleichgesetzt werden s. o. S. 412 mit Anm.

transuersim transuorsus, vgl. o. úíniveresím S. 419 (über *rf* = *rs* s. § 233); '*uorsus*' „πλέθρον" wird auch als umbrisch angeführt (über *rs* s. ebd.). *aso VIb* 50 wohl supinum = **assum*, s. o. zu marr. *asum*. sese *III* 23 *IV* 3 15 nach Bréal 296, Bücheler 158 zu l. *sessus sessio* etc. (**sed-to-* **sed-tu-* **sed-ti-*), doch s. § 285. revestu *Va* 7 9 aus *revesetu = l. *reuisito* gehört hieher, falls Osthoff M. U. IV 77, Perf. 631 l. *uīsō* mit Recht aus **u̯īd-tō* erklärt, doch ist Fröhdes Erklärung von *uīsō* aus **u̯ei̯d-s-* B. B. XVI 183f. ebenso möglich (vgl. § 296). Ueber *pelsatu* pelsans pelsanu (von einem Ptc. **pelso-* mit *s* statt *t* nach Wurzeln auf Dentale, wie l. *pulsus* etc.?) s. § 234. *pesetom* kaum zu l. *pessum* = **ped-tum* (Aufrecht-Kirchhoff II 151, Huschke 119, Newman 34, Conway Verners law 24), sondern mit Bugge K. Z. VI 160, Bréal 86, Bücheler 57 = l. *peccatum* (genauer **peccĭtum*), vgl. S. 361 [1]). Ueber *Casiler Casilos* Kaselate, Museiate, Tesenakes *Tesenocir*, sviseve, *rusem-e* s. § 241. *ntt* erscheint im Umbr. als *f* (aus *nss nþ*): mefa *mefa* mefe wohl zu l. *mensa*, *spefa* wohl zu gr. σπένδω, also aus **spend-tā-*, s. § 235, ebd. über das schwierige spafu; *cehefi* vielleicht aus **k̥nd-ti-* (falls zu l. *in-cendo*), doch s. S. 368 f.

Osthoff Perf. 557, Danielsson A. S. IV 141, Brugmann I 369f. (vgl. auch Stolz² 305) nehmen wohl mit Recht *ss* aus *tt* als gemein- oder uritalisch an. Wenn die Anaptyxe in o. úíníveresím auf ein *rþ*, die Vorstufe zu *rf* in u. *trahuorfi*, weist (vgl. S. 256), so kann dieses *rþ* sehr gut secundär aus *rss* entstanden sein; in kerssna- kann *ss* (= *ts*?) des folgenden *n* wegen reiner *s*-Laut geblieben sein (übrigens vielleicht tönend, vgl. § 230). Dagegen wäre u. çersiaru, wenn es auf **kertsia-* zurückgehen sollte, mit seinem *rs* gegenüber *rf* in *trahuorfi* ein Zeuge dafür, dass ursprüngliches *rts* (woraus wohl urit. *rss*) und *rtt* noch verschieden waren; diese Erklärung von çersiaru ist jedoch sehr unsicher (s. § 232 f.).

Für *ttr* (*dtr*) erscheint im Lateinischen *str* (ebenso im Germanischen), s. Brugmann I 370, 385. Ein Beispiel aus dem Osk.-Umbr. ist *kastru-* (*kastro-*), zu l. *castrum*, in o. *castrid*

---

1) Dass alle 4 m. *s* statt *ś* geschrieben ist, beweist nicht das Geringste gegen die Erklärung als „peccatum", vgl. *pase* 15 m., *tases* etc. 14 m. mit *s*, nie mit *ś*.

Kastrikiieis, u. kastruvuf *castruo* Kastruçiie, falls es von einer W. *kăt-* „bergen“ (air. *cathir* „Stadt“, l. vielleicht noch in *cassis*, s. Bersu 178, d. in *Hut hüten*, vgl. Kluge Wtb. s. v.) oder einer anderen W. auf Dental abzuleiten ist[1]). Ueber vo. *esaristrom* s. § 261, 4. In o. púnttram ist *tt* aus *t* wie in alttreí (oder durch Syncope?) entstanden, s. § 243.

Verschieden sind die Ansichten über die Vertretung von ursprünglichem *dh* + *t* im Italischen. Eine Anzahl von Beispielen zeigt die gleiche Behandlung wie *d* + *t*, *t* + *t*, also ein *ss s*, so lat. *fīsus diuīsus laesus fossus iussus* von W. *bheidh-* etc.; aus dem Osk.-Umbr. gehören hieher o. Fiisíais etc. Fisanis, u. Fise *Fiso Fissiu* etc. nach der wahrscheinlicheren Erklärung aus dem Ptc. *fīs(s)o-*, o. luisarifs falls zu l. *loidos lūsus* und dies von W. *leidh-* (s. o.), u. *frosetom* wenn l. *fraud-* das Wurzeldeterminativ *dh* enthält[2]). Nach der gewöhnlichen Ansicht, der auch Brugmann I 404 ff. zuneigt, ist diese Vertretung die lautgesetzliche, so dass wohl anzunehmen wäre, *dht* sei im Idg. wie *dt* zu *tt* t^st geworden. Nach Anderen hingegen fand ein Umspringen des Hauches statt, so dass *dht* zu *ddh* wurde (Bartholomae Ar. Forsch. I 3 ff., K. Z. XXVII 206, W. Meyer ebd. XXVIII 166, Wackernagel Dehnungsgesetz 3 u. A., vgl. auch Osthoff Perf. 320 ff., anders Meringer Z. ö. G. 1888, 141 ff.). Dieses idg. *ddh*, woraus d^zdh (vgl. t^st), ergab im Italischen nach W. Meyer zunächst *zdh*, dann *sþ st*. Die wahrscheinlichsten Beispiele sind l. *aestus aestas* aus **aidh-tu- *aidh-tāt-* und *custos* W. *keudh-*[3]), ferner erklärt W. Meyer z. B. *hasta*, wozu aus dem Umbr. *hostatu an-hostatu*, aus **ghadh-tā*[4]). Auf ein Ptc. **fensto-* aus **bhendh-to-* liesse umbr. ufestne *IV* 22 schliessen, wenn es, wie Bücheler 168 vermuthet, zu l. *offendimentum* d. *binden*

1) Fröhde B. B. XVI 182 nimmt dagegen eine W. *kans-* an.

2) *frau-d-* zu ai. *dhru-*, mit anderen Determinativ idg. *dhru-gh-* in ai. *druh-* ahd. *triogan* (vgl. Per Persson Wurzelerw. 25, 60 A.); das lat. *d* kann jedoch auch ursprünglich sein wie in *clau-d-o-*: ahd. *slio-z-an* (vielleicht wäre *dh* nach *u̯* im Lat. *b*).

3) Brugmanns Vermuthung über *custos* got. *gahugdi-* Grdr. I 373, 394, 404 scheint mir keine naheliegende.

4) Falls die Bedeutung die Zusammenstellung von l. *fistula*, osk. in Fistel(iú), mit *fidelia* gr. πίθος zulässt, könnte *fist-* aus **bhidh-t* ein weiteres Beispiel sein.

gehören sollte, doch ist dies sehr unsicher. Ist W. Meyers Ansicht die richtige[1]), so müssen l. *fisus diuisus* etc., o.-u. *Fīso-* etc. auf Neubildung beruhen (z. B. idg. **bhiddho-* durch Restituirung des *-to-* zu **bhidto- *bhitto-* etc. Bartholomaes Vermuthung B. B. XII 90f., dass *zdh* aus *ddh* = *dht*, und ebenso idg. *zdh*, vielmehr zu *zd* (desgleichen idg. *zgh zbh* zu *zg zb*) geworden sei (also eine Ausnahme von der urit. Verhärtung der idg. Mediae asp. [§ 214] bilde), ist mir nicht wahrscheinlich; für die Deutung von l. *aedes* aus **aidh-ti-* statt aus gr. αἶθος ai. *édhas* gibt das Oskische keine Stütze ab, da die Erklärung von aídil als lateinisches Lehnwort wie kvaísstur nicht das geringste Bedenken hat und die Correctur von aíkdafed in aídkafed oder gar aídfaked schwerlich zulässig ist.

Labiale Tenuis und Media.

Die Tenuis *p*.

206. Idg. urit. *p* blieb in den meisten Stellungen unverändert. Anlaut z. B. o. patír paterei, marr. *patres*, u. patre : l. *pater* gr. πατήρ; o. Paakul Pakis Παкϝηις pru-pukid, päl. *Pacuies pacris*, marr. *pacris*, mars. *pacre*, u. *pacer pase* etc. : l. *pāc-s pango* gr. πήγνυμι; o. pestlúm kú]m-parakineís *com-parascuster*, mars. *pesco*, u. *perselo persnimu* pepurkurent etc. : l. *prec-s po(rc)sco* ai. *praç-*; o. prai *pru* prúfa-, päl. *pri-*, u. *pre pro-* prufe *-per* etc. : l. *prae pro per* gr. πρό περί. Inlaut z. B. u. speture : l. *spector* ai. *spaç-*; u. spefa zu l. *spondeo* gr. σπένδω; o. Spurneís vielleicht zu l. *spurius*; o. Úppiis Upsim wohl zu l. *op-s*, u. upetu *opeter* wohl zu l. *op-to*, vgl. S. 334f. und § 295; o. úpsannam (u. *osatu*) : l. *opus* ai. *ápas*; u. kapiř- *capirs-* (o. καπιδιτωμ?) : l. *capid-*, ai. *kapāla-* (?); o. Kamp[aniis : l. *campus* lit. *kampas*; o. supruis, u. super *superne* (*subra*) : l. *super* gr. ὑπέρ; u. *dupla*

---

1) Dass idg. *ddh* (und *zdh*) im Ital. zu *zdh st* geworden sei, nimmt auch Brugmann I 373f., 452 an.

tripler: l. *duplus* gr. διπλός. Ueber *ph* in o. Aphinis *phim* s. S. 62. Ueber *p* aus urit. *kṷ kṷ* s. § 167 ff.

Assimilation von anlautendem *p* an inlautendes *qu* zeigt das Lateinische in *quinque* = idg. **penq²e*, *coquō* = idg. **peq²ō*[1]), s. Brugmann I 270, 322. Diese Assimilation reicht vielleicht, da sie auch im Keltischen auftritt, in voritalische Zeit (s. a. O. 270, 272). Dass sie wenigstens uritalisch war, dass also osk.-umbr. **pompe* = l. *quinque* (vgl. oben S. 88, 332) mit Brugmann auf urit. **kṷeəkṷe* zurückzuführen ist, nicht das *p* von ai. *páñca* gr. πέντε enthält, ist an sich wahrscheinlich und scheint durch das *o* von **pompe* bestätigt zu werden, da dieses wohl die Einwirkung beider *kṷ* voraussetzt (vgl. *e*, nicht *o*, nach *kṷ* in *petur-* aus **kṷetur-*, vor *kṷ* in l. *sequor* etc.). Wie in **pompe* ist das *p-* in *popina* (dazu Púpidiis etc.? s. S. 333) zu beurtheilen.

207. Lautgruppe *pt* (vgl. Bugge A. S. 40, Osthoff Perf. 183, Brugmann I 270, 370). Entsprechend dem Wandel von *kt* zu *χt ht* (S. 350 ff.) ging *pt* in *ft* über. Im Umbr. wurde *ft* weiterhin zu *ht* (vgl. § 223)[2]), dessen *h* wohl wie dasjenige in *ht* aus *kt* ausgelassen werden konnte, d. h. sehr stark reducirt war (vgl. S. 354). O. *scriftas* T. B. „scriptae", u. *screihtor VIa* 15 „scripti" *screhto VIIb* 3 „scriptum" aus urit. **skrīpto-*, welches zu W. *skrībh-* (urit. Praes. **skrīfō*, vgl. gr. σκάριφος) sich stellt wie l. *nuptum* zu W. *nubh-* l. *nubo* gr. νύμφη (?), *Neptunus* zu ai. *nabh-* gr. νέφος (?), gr. ῥοπτός zu ῥοφέω etc., vgl. Brugmann I 404 ff.; denkbar wäre allerdings, aber wenig wahrscheinlich, dass das Ptc. schon uritalisch **skrīfto-* lautete (statt **skrīpto-* nach **skrīfō* etc.), so dass l. *scrīptus* eine Neubildung statt **scrīftus* nach *scrībō* (aus **scrīfō*) etc. wäre. Im Osk. ist ein weiteres wahrscheinliches Beispiel ufteis Blt., wohl mit Bugge a. O. als Gen. Sg. „optati" von dem in l. *optare* enthaltenen Ptc. **op-to-* (vgl. auch *optio optīuus*) aufzufassen (über u. *opeter* upetu s. § 295). Vom gleichen Verbum mag auch päl. *Ofturies* 262

---

1) Auch in *quercus*? (Bartholomae Stud. II 14 A., Hirt Idg. Fo. I 479).

2) Vgl. air. *cht* aus *ft* = *pt* und niederd. *nicht lucht* = *nift luft* Brugmann I 272. Der Uebergang findet sich auch im Etruskischen.

herstammen, also = l. **Optorius*. Dass auch u. uhtur uhturu auf Taf. *III* auf **optor-* zurückginge, wäre wegen des dort mehrfach vorkommenden upetu upetuta nicht ganz unmöglich, aber viel wahrscheinlicher bleibt die Erklärung als „auctor“ „auctorem“, besonders wegen uhtretie *Va* 2 15 und *oht. 296*, für die die Zugehörigkeit zu l. *auctor auctoritas* wohl ausser Zweifel steht. Wenn die Deutung von u. *per-etom da-etom* als l. *peremptum demptum* (Bücheler Umbr. 57) richtig ist, so ist **ēto* aus **ehto-* **enhto-* **enfto-* **empto-* zu erklären, doch s. o. S. 306. Bei u. *atero VIIa* 11 27, welches als ein Acc. Sg. oder Plur. mit der Bedeutung „Unheil“ oder dgl. durch Huschke 274f. und Bücheler 108 wahrscheinlich gemacht wird, könnte man unter Vergleichung von l. *dē-terior dē-terrimus* (von der Präp. *dē*) an Entstehung aus **ap-tero-*, zu l. *ab* päl. *af-* u. *ah-* (s. u.), denken, doch bleibt dies sehr zweifelhaft (vgl. S. 221 mit Anm.). U. Ahatrunie *290* etwa zu l. *Aptronius* (wohl zum Cogn. *Aptor*)?? s. Bd. II Anh. U. vatuva vatuvu *uatuo* („thura“ nach Bréal, nach Bücheler jedoch „exta“ oder dgl.) wohl kaum aus **vapt-* zu l. *uapor* etc. (u. vaputu nach Bücheler vielleicht „thus“), besonders da auch das beständige Fehlen des *h* vor *t* (au. 6 m., nu. 6 m.) auffällig wäre (wie bei dem oben erwähnten 8 m. vorkommenden *-etom* in *peretom daetom*).

Wie bei der Präpos. *ek eks* im Osk.-Umbr. die aus *ek-* vor *t-* entstandene Form *eh-* verallgemeinert wurde (s. S. 208f.), so bei der Präpos. *ap* l. *ab* (gr. ἀπό ai. *ápa*) die aus *ap-* vor *t-* entstandene Form *af-* in päl. *af-ded* (o. af-lukad af-lakus?). Im Umbr. musste *af-* vor *t-* weiter zu *ah-* (*aha- ā-*) werden, wie es wohl in ah-trepuřatu a-trepuřatu *aha-tripursatu a-tripursatu a-tropusatu* vorliegt, mit Uebergreifen über das ursprüngliche Gebiet in *aha-uendu VIIa* 27. Möglich wäre allerdings auch, dass umbr. *aha- ah- ā-* dem osk. *ā-* in aa-manaffed welches ursprüngliches *ā-* zu sein scheint (s. S. 209f.), entspräche; die Häufigkeit der Schreibung mit *h* spricht aber wohl eher für die Erklärung aus *af-*[1]). Ueber die Entstehung von l. *af-* vgl. § 229. Aehnlich wie *aha-* in *aha-uendu*, falls aus *ap-*, ist *oo-* in *oo-*

1) Allerdings steht das 4malige ahtrepuřatu auf der Partie *IIa 15*-Schluss, welche das unächte *h* sehr oft verwendet (s. S. 59).

serclom VIa 12, falls es die Präpos. l. *ob-* ist (**ob-serua-culum*), zu erklären, vgl. S. 209. Ein drittes gleichartiges Beispiel ist vielleicht *su-* für **sup-* in s u - t e n t u „subtendito" *IIa* 23 (= *s u h - t e n t u *s u f - t e n t u), verselbständigt in *su maronato 295*, falls letzteres nicht eher als *su*(*m*) *maronato* (*p* oder *b* zu *m* vor *m*, vgl. § 209, 213) aufzufassen ist [1]).

Unsicher ist, wie das erst durch die osk.-umbrische Syncope entstandene *pt* behandelt wurde, da sichere Beispiele fehlen. Nach der Analogie der Behandlung des secundär entstandenen *kt* (S. 356 ff.) erwartet man fürs Osk.-Sabell. Erhaltung von *pt* (vgl. o. *factud actud*)[2]), fürs Umbr., dass auch das *p* im secundär entstandenen *pt* spirantisch wurde (vgl. **deχ'tu deitu* aus **dĕktu *dĕkĕtu*, o. **deictud*), es bleibt aber die weitere Frage, ob bloss *ft* entstand oder ob dieses *ft* noch mit dem urosk.-umbr. *ft* aus u r s p r ü n g l i c h e m *pt* weiterhin zu *ht* wurde. Letzteres nimmt Osthoff Perf. 183 an, indem er u. h a h t u h a t u *hatu* (h a t u t u *hatuto*) einem o. **haptud*, also urit. **habētōd* oder **habītōd* (über urit. *b* neben *f* in diesem Stamme s. § 224), gleichsetzt; da sich aber im Osk. *hafiest* findet, ist es ebenso möglich, dass u. h a h t u auf ein aus **hafĕtōd* oder **hafītōd* durch Syncope entstandenes **haftu* zurückgeht. Vgl. § 223.

208. L a u t g r u p p e *ps* (vgl. Danielsson A. S. III 154, 156 f.). Die Behandlung von *ps* ist ähnlich derjenigen von *ks* (§ 183). Es ist auch hier zwischen ursprünglichem und secundär entstandenem *ps* zu unterscheiden. Das ursprüngliche *ps* wurde lautgesetzlich wohl im ganzen Osk.-Umbr. zu *ss* (*s*) assimilirt; dass dies im Umbr. der Fall war, ergibt sich schon daraus, dass daselbst sogar das secundäre *ps* assimilirt wurde (s. u.), sichere d i r e c t e Belege fehlen jedoch im Umbr. sowohl (von *ostendu* etc. abgesehen) als im Osk.-Sabellischen. Aus dem Osk. kommen in Betracht e s s u f *188 esuf* T. B., falls zu l. *ipse* (s. §. 236), und *osin̦[s* T. B. 4, falls diese Ergänzung und die Erklärung als „obsint" (wohl = „adsint") richtig ist (s. Bd. II Anh.). Im Umbr. sieht Danielsson (a. O.

---

1) s u m t u wohl nicht = **su*(*h*)*-emetu*, s. § 230; *sub-* ist bewahrt in *suboco subocau* und *subator* falls „subacti".

2) Ueber o. Πομπτιες s. S. 342 f.

156 f.) in s v e s u *sueso seso* ein **essom* = **epsom* l. *ipsum*, worüber § 290; dem o. e s s u f *esuf* entspricht u. e s u f; wenn u. *rusem-e VIIa* 8 9 23 mit dem freilich selbst schwierigen *rubina-* zusammenhängen sollte, wie Bücheler 105 f. annimmt, wäre von einem *s*-Stamm **rub-(e)s-* [1]), weitergebildet mit *-i-*, auszugehen, doch ist die Zusammengehörigkeit sehr unsicher [2]). *lps* in u. *pelsatu* p e l s a n u, falls aus **pelpsa-* (sehr zweifelhaft, s. § 234). *pst* in u. u s t e n t u u s t e t u u s t e n t u t a *ostendu ostensendi* aus **opstend-*, doch hat hier auch das Lat. *os-* in *ostendo* (vgl. auch *asporto* etc. und *misceo* aus **micsceo*); über u. u s t i t e s. § 269, über u. v e s t i k a- *uestica-* S. 288 f. und § 296. Dass u. *sepse VIIb* 11 das *-pse* von l. *ipse* enthalte (Huschke 164, Bücheler 67), ist mir unwahrscheinlich, weil dieses ursprüngliche *ps* unbedingt assimilirt sein müsste, denn eine Erklärung durch analogische Restituirung des *p* scheint ausgeschlossen; letztere ist dagegen möglich, wenn *sepse* Adv. von einem Ptc. **sepso-* = l. **saepsus*, für *saeptus* wie *lapsus* für **laptus rapsus* neben *raptus*, *tersa* neben *terta*, sein sollte [3]), doch kann *sepse* auch mit Danielsson (a. O. 156) als Adv. = l. **saepicie* oder Loc. = l. **saepicio* aufgefasst werden, wie das nachher folgende *uouse* wohl mit Bücheler als „*uouicio" zu erklären ist (s. § 219), so dass kein wirkliches *ps*, sonders *pš* vorläge. Ueber altsabell. ś e p s e s *283* s. Bd. II Anh.

Das durch Syncope entstandene *ps* blieb im Osk. und Pälign. erhalten: o. ú p s a n n a m u p s e d u u p s e n s ουπσενς u p s a t u h etc. (10 m.), päl. *upsaseter 253* aus **opesa-* l. *operari*; o. U p s i i s *226*, Ú p s i m *123* (zu Ú p p i i s): l. **Opisius*, vgl. o. N i] u m s i s : l. *Numisius* (*Numerius*). Im Umbr. wurde, wie das syncopirte *ks* (*uas* aus **uakos* etc. S. 376 f.), so auch das syncopirte *ps* assimilirt: *osatu* = l. *operato*, *oseto* = l. *operata* (**operĭta*) Bugge A. S. 44 f., Bücheler Umbr. 76,

---

1) Allerdings ev. **rug-s-* **rugᵘ̯-(e)s-*, falls *rubina-* aus **rugᵘ̯-*.

2) Jedenfalls ist das von Bücheler verglichene l. *rūscus* (auf *ū* weisen die roman. Sprachen) kaum = **rubscus* (zu *rŭbus*), sondern gehört zu got. *raus* d. *Rohr*.

3) *s* neben *t* wie in *hausum* neben *haustum* etc. S. 392 f. Durch die Herleitung vom Ptc. **saepso-* (vgl. schon Aufrecht K. Z. VIII 215 ff.) würde *sepse* mit dem damit verbundenen *sarsite* bildungsgleich (l. **saepte* **sarcite*).

Pauli A. S. V 44, wozu nach Pauli a. O. 122 ff. auch *ose* = l. *opere*, usaçe = l. **operacia*. Da die Annahme, dass das durch Syncope entstandene *ps* im Umbr. assimilirt wurde, keinen Bedenken zu unterliegen scheint (über *sepse* s. o.), ursprüngliches *ps* aber im Osk. vermuthlich assimilirt wurde, ist mir die Erklärung von o. *opsa-* u. *osa-* aus idg. **op-s-* gegenüber idg. **op-es-* im Lat. unwahrscheinlich (vgl. S. 217 Anm.). — Ganz dunkel ist o. sebsík *46*, Name eines Maasses wie kúíníks (aus gr. χοῖνιξ).

Mit der osk.-umbr. Assimilation von *ps* kann diejenige in romanischen Sprachen (z. Th. auch schon im Vulgärlat.?) verglichen werden, s. Bugge a. O., Danielsson a. O. 154 Anm., Osthoff Perf. 554, W. Meyer Rom. Gramm. 384 f.

209. Assimilation von *pm* zu *mm* zeigt in Uebereinstimmung mit dem Lateinischen u. *somo* = l. *summo* aus **sup-mo-*; auch u. *pelmner* aus **pelpmneis*, Nom. **pelmen* aus **pelpmen*, wie l. *pulmentum* aus **pulpmen-tum* (vgl. *pulpamentum*)? Ueber u. *su maronato 295* s. o. S. 427. Päl. *omnitu 254* möglicherweise aus **op-mnitu* oder **ob-mnitu* „ob-uenta" (*-mnitu* aus **-bnitu* l. **uenīta*), s. Bd. II Anh. Ueber u. sumtu (aus **sub-(e)metu* oder **sup-(e)metu?*) s. § 230.

Wandel von *pn* zu *mn* wie im Lat. (*somnus* : *sopor* etc. Stolz[2] 310) wahrscheinlich in o. úmbn.. *188* für *úmn- (s. S. 302) aus **opn-* zu l. *omnis* aus **op-ni-s* (wohl von *op-* in l. *op-s* etc., s. Brugmann I 368, Stolz a. O., weniger wahrscheinlich von der Präpos. *op*, Wharton Et. lat. s. v.). Sollte mars. *cumnios 242* ein Weihgeschenk bezeichnen, so wäre es vielleicht aus **cup-n-* zu erklären[1]) und zu l. *cupa* zu stellen (vgl. etwa sabin. '*cup-en-cu-s*'??), doch s. Bd. II Anh. — Vgl. § 213 über *bn*.

Assimilation von *pf* zu *ff* (vgl. l. *suffero officina* etc.) in u. sufafiaf aus **sup-faf-* (?) und u. ufestne aus **op-fest-* (? Bücheler zu l. *offendimentum*), o. aflakus aflukad falls aus **ap-fl..* (sehr zweifelhaft). Im Osk. findet sich erhaltenes *pf* in dem Vornamen Upfals *156 157*, Upfaleis *139*; das Wort ist jedenfalls mit de Petra und Corssen (K. Z. XX 103) als Compositum aufzufassen, der erste Bestandtheil

1) Nach Corssen De Volsc. ling. 27 aus **cup-m(e)n-*.

ist wohl die Präpos. *op* (vgl. oben S. 112 f.; an l. *op-s* etc., auch in o. Úppiis Úpsim, wird schwerlich zu denken sein), über den zweiten s. § 266.

Ueber o. Púntiis päl. *Ponties* neben o. Πομπτιες s. S. 342 f., über die Erweichung von *pr* im Umbr. § 247.

Die Media *b*.

210. *b* war im Idg. ein verhältnissmässig seltener Laut; als Anlaut wird er von Einigen fürs Idg. sogar ganz geleugnet, m. E. jedoch mit Unrecht. Die im Osk.-Umbr. vorkommenden *b* sind zum grössten Theil entweder aus urit. *gᵘ* (*gu̯*) entstanden (s. S. 335 ff.) oder, namentlich im Umbr., aus *p* erweicht (s. § 246, 247), ferner kann *b* im Anlaut (und Inlaut?) auf *du̯* zurückgehen (s. S. 413 f.). Im Anlaut ist *b* in fast allen etymologisch klaren Fällen = *gᵘ* lat. *u̯* (z. B. o. bivus l. *uiui*, u. *beru-* l. *ueru*), = *du̯* vielleicht in päl. u. *bia-*, = *m* vor *r* vielleicht in o. päl. *brato-* (s. S. 303 f.). Unklar sind marr. *babu* und die Namen o. Babbiis[1]), Betitis (vgl. S. 337), Beriis (oder Beliis? vgl. S. 414), u. *Babr. 296*, auch o. *Bansae Bantins* (o. Bn. vielleicht zu l. *Bennius, Duenos*)[2]). Im Inlaut ist *b* wohl ursprünglich in o. triíbúm triíb-araka- tríb-arakkiuf Trebiis, u. *trebeit* Trebe *Trebo Treblano-* zu l. *trab-s* air. *treb trebaim* got. *þaúrp* d. *Dorf* ags. *þrōp* lit. *trobà* (vgl. S. 283)[3]); ferner wohl in päl. *incubat* (sabin. '*cumba*'), zu l. *cubo -cumbo*, nach dem l. *cibus* zu schliessen auch in u. kebu; auch in u. *hab-* ist *b* (aus *bh*) wohl voritalisch (s. § 224); in sabin. '*trabea*' l. *trabea*, falls zu ai. *tārpyá-* (s. S. 315), voritalisches *b* aus *p*? Der auf osk.-sabell. Gebiet ungemein häufige Name *Uibius* mit seinen Weiterbildungen, auf unseren Dialektinschriften überliefert in o. Viíbis Vibis Vibiiai V., päl. *Uibedis Uib. U.*, mars. *Ui. U.*, marr. *U.*, scheint ursprüngliches *b* zu enthalten, er

1) *Babbius Babinius Baburius Babullius* C. I. L. X.

2) Vgl. noch *Badius, Baebius, Bebenius, Bifonius* etc. im C. I. L. X.

3) Ficks Zurückführung auf eine W. *treg-* (Wtb. I⁴ 447), bei welcher l. *trabs*, lit. *trobà* und wohl auch die germanischen Wörter auszuscheiden wären, ist mir weniger wahrscheinlich.

gehört vielleicht zu W. *ṷei-b- ṷei-p-* in l. *uibrare* ai. ***vēpatē*** lit. *vyburti* etc. (s. Bugge A. S. 67, Per Persson Wurzelerw. 49), vgl. auch l. *uīb-ex* : lett. *wībele* „Striemen" (Bugge a. O.)[1]. O. Slabiis *117* zu l. *Lăberius* etc., W. *slab-* in l. *lābi lăbare*, ai. *lambatē*, aksl. *slabŭ*, got. *slēpan*, d. *schlaff* (s. Kluge s. v.)? Gänzlich unklar ist mir u. *rubin(i)a-*, vgl. Huschke 263, Bücheler 105 ff., 216; am nächsten läge l. *rūpes rŭpex rupina*, aber das umbr. *b*[2]) bliebe auffallend, man müsste wohl schon zur Annahme voritalischen Wechsels greifen; l. *rŭbus* scheint *b* aus *f* zu enthalten (also u. **ruf-*) und liegt doch wohl auch der Bedeutung nach etwas ferne; auch wenn man *b* in *rubin(i)a-* aus *gṷ* oder *dṷ* entstehen lässt, ergibt sich keine passende Erklärnng. Unklare Wörter mit inlautendem *b* sind ferner marr. *babu*, o. Babbiis, Aibe . . (vgl. *Aebutius* etc.), u. *Babr.*, sabin. '*tebae*' (vgl. G. Meyer Idg. Fo. I 324), o. hb. *186* (Hb. = *Habinnas*?), sebsík *46*, . . labiku *51*, σκλαβεκις oder wie sonst auf *20* zu lesen ist, u. *Grabouio-* (vgl. S. 415).

Im Altumbr. finden wir, während *g d* immer durch k t bezeichnet werden, *b* theils als p, theils als b geschrieben. Conway Am. Journ. of phil. XI 305 Anm. spricht die Vermuthung aus, dass ein Unterschied zwischen dem aus *gṷ* entstandenen und den übrigen *b* bestehe, ersteres werde immer mit b bezeichnet und sei vielleicht ein von dem auch durch p bezeichneten *b* verschiedener Laut, etwa ein spirantisches *ƀ*, gewesen. Eine genauere Durchmusterung der Beispiele ergibt jedoch, dass diese Vermuthung unbegründet ist (s. § 248).

211. In Wörtern, die nur im Altumbr. überliefert sind, kann, wenn die Etymologie zweifelhaft ist, fraglich sein, ob p als *p* oder *b* zu lesen ist. So im Anlaut in Peraznanie *IIb* 7[3]). Für den Inlaut ist namentlich ap-ehtre *IV* 15 zu

---

1) Mit Mommsen U. D. 305 Anm. aus dem gr. Namen *Hipponion* der bruttischen Stadt *Vibo* auf ein osk. *vibo-* „equus" zu schliessen, ist man schwerlich berechtigt; der griechische Name wird aus dem einheimischen oskischen (*Vibo* in gr. Form *Ἴβων) durch volksetymologische Umbildung, nicht durch Uebersetzung entstanden sein. Oder liegt ein punischer Name zu Grunde (vgl. O. Keller Lat. Volkset. 200 f.)?

2) Als *b* ist auch das au. p in rupinie etc. aufzufassen.

3) Oder wurde für *b* im Anlaut immer b geschrieben? (s. § 248).

nennen (falls *ap-* mit *p*, im Gegensatz zum l. *ab*, ist o. úp *op* gegenüber l. *ob* zu vergleichen). ařputrati *Va* 12 wäre wohl mit l. *putare* zu verbinden, wenn die Gleichsetzung mit l. *arbitratu* gewichtigen Bedenken unterliegen sollte, aber dies ist kaum der Fall (vgl. S. 242, 337). Es wären noch etwa Pupřik- (zweites p; vgl. tribřiçu), eitipes, iepi, iepru, vepurus vepuratu, tapistenu zu erwähnen[1]).

212. Assimilation von *mb* zu *mm*. Ein wahrscheinliches Beispiel ist u. umen *IIa* 19 34 (Abl. umne *IIa* 38), das wohl mit Recht von Osthoff und Brugmann aus *umben **omben* = l. *unguen* urit. **ongu̯-en* : air. *imb* (St. *imb-en-*), ahd. *anch-o*, vgl. auch ai. *áñj-ana- áñj-as- añj-i-*, erklärt wird (vgl. oben S. 335 f.). Bréal 269 f. und Bücheler 146 f. (vgl. auch Huschke 329 f.) identificiren umen, trotzdem sie ihm (m. E. mit Recht, vgl. S. 335 f. Anm.) die Bedeutung „unguen" geben, der Bildung nach mit l. *ōmen* (*ōmen-tum*). Wenn letzteres wirklich aus **ongu̯-men* zu erklären ist (was lautlich zulässig ist), also mit *unguen* ursprünglich gleichbedeutend war, ist diese Erklärung von umen allerdings ebenfalls möglich, aber die Bedeutung von *ōmen ōmen-tum*, in welcher durchaus der Begriff der feinen Haut, Membran der vorherrschende ist, macht die Herleitung aus **ongu̯-men* sehr zweifelhaft. Für die Erklärung von umen aus **omben* = l. *unguen* spricht ferner der Abl. une *IIb* 20, falls er (wie die Meisten annehmen) zu umen gehört, da une wohl aus **ongne* (für **ongu̯ne*, vgl. S. 345), nicht aber aus **ongm(e)ne* erklärlich ist (wäre umne; Assimilation von *mn* zu *nn* ist unerweislich und unwahrscheinlich); jedoch ist une vielleicht mit dem fünf Zeilen vorher vorkommenden utur zu verbinden und von dem sonst nur auf *IIa* (im Hundsopfer) vorkommenden umen umne ganz zu trennen (s. S. 402 f.). Viel unsicherer als umen sind andere etwa noch für *mm* aus *mb* in Betracht kommende Beispiele. Bréal Mém. soc. IV 143, 390 erklärt o. *comono comenei* aus **kom-beno-*; auch u. kumne würde dann auf **kom-b(e)ne*, kumnahkle auf **kom-bnā-klo-* zurückgehen, da diese Wörter doch wohl mit o. *comono* zu verbinden sind

In Puemun- Pupřik- puntes purtupite pistu wird schwerlich an *b-* zu denken sein.

1) nuř-pener *Va* 13 wohl keinesfalls zu l. *bini*.

(Bücheler 33). Doch ist die Erklärung als directe Ableitung von der Präpos. *kom* (s. o. S. 323 f., 267) vielleicht wahrscheinlicher, wenn auch der Umstand, dass in o. kúmbennieís kúm-bened der Anlaut von *ben-* restituirt ist, keinen entscheidenden Grund bildet. Ueber u. menes s. § 213. O. Ammaí T. A. stellte Aufrecht K. Z. I 89 mit ai. *ambā* „Mutter" zusammen, doch s. Bücheler L. J. IVb, Umbr. 80, Fick Wtb. I⁴ 354, Kluge Wtb. s. v. *Amme*[1]). O. samí- *188* lässt sich rein lautlich betrachtet aus **sambi-* = l. *sangui-* erklären, doch s. Bd. II Anh. Ebenfalls sehr zweifelhaft ist, ob bei marr. *amatens* oder *amiatens* an eine Deutung aus **am-bat-ens* : u. ař-put-rati l. *ar-bit-er*[2]) oder aus **am-bia-tens* zu päl. u. *bia-* (aus **dṷia-*, eigentlich „Gabe"?) gedacht werden darf. Ueber das gänzlich dunkle u. eskamitu vgl. § 261, 7. — Gegen die Annahme, dass *mb* im Osk.-Umbr. zu *mm* geworden sei, können die Composita o. kúmbennieís kúm-bened natürlich nicht geltend gemacht werden, da sie, wie erwähnt, recomponirt sein können; u. *ambr-amboltu* enthalten wohl *b* aus *f* (s. § 224). Zu Gunsten der Assimilation von *mb* zu *mm* kann diejenige von *nd* zu *nn* (S. 417 f.) angeführt werden[3]). *mm* aus *mb* zeigen neben *nn* aus *nd* auch moderne süd- und mittelitaliänische Dialekte, s. W. Meyer bei Gröber I 365, Rom. Gramm. I 418 f., 536.

213. Wandel von *bn* zu *mn* (vgl. *pn* zu *mn* S. 429, wo die Zwischenstufe wohl ebenfalls ein *bn* war). U. *tremnu* *VIa* 2 16 aus **treb-nu* zu *trebeit* o. triíbúm etc. (Bücheler 44)[4]). Päl. *omnitu 254* möglicherweise aus **op-bnīta *op-mnīta*, vgl. S. 429 und Bd. II Anh. Vielleicht setzt auch u. menes *Ib* 15 für *benes syncopirte Formen voraus, in denen *bn* zu *mn* wurde, z. B. Fut. *ař-mnes *eh-mnes etc.

---

1) Seine Erklärung aus *Anmaí = l. *animae* (Ztschr. f. d. Altthswiss. 1850, 413) liess Knötel später (ebd. 1852, 126) selbst gegen die allerdings aus lautlichen Gründen noch weniger wahrscheinliche aus *Almaí = l. *almae* fallen.

2) Umbr. u (nu. *o*) und l. *i* können auf unbetontes *ă* zurückgehen (s. S. 237 ff.).

3) Mit o. kúm-bennieís kúm-bened vgl. die ebenfalls recomponirten u. *an-dersafust desen-duf*.

4) Unrichtig scheint mir die Verbindung von *tremnu* mit gr. τέρεμνον Huschke 47 f., Fick Wtb. I⁴ 447.

aus *a ř - m ĕ n e s etc., aus denen dann das *m* sich weiter ausbreitete; möglich wäre jedoch auch, dass m e n e s aus Compositis wie **kom-menes *am-menes *em-menes* aus **kom-benes* etc. (*mm* aus *mb* nach § 212) verselbstständigt war oder dass beides zusammenwirkte[1]). Ueber u. k u m n e k u m n a h k e s. S. 432 f. Im Osk. findet sich erhaltenes *bn* in *cebnust* T. B.; die Form ist entweder ganz spät syncopirt aus **cebĕnust *cebŭnust* oder *b* ist aus dem Simplex (**benust* etc.) restituirt (ev. bloss graphisch?); vgl. S. 266. — Für Assimilation von *bm* zu *mm* (vgl. *pm* S. 429) fehlen sichere Beispiele; über u. *su maronato* s. S. 427, über u. s u m t u (aus **sub-(ĕ)metu*?) § 230.

Die idg. Mediae aspiratae.

214. A l l g e m e i n e s. Die idg. Mediae aspiratae *dh bh* erscheinen im Oskisch-Umbrischen an- und inlautend als *f*, im Lateinischen anlautend als *f*, inlautend als *d b*, die idg. Mediae aspiratae *ĝh* g^1h im Osk.-Umbr. und Lat. an- und inlautend als *h* (im Lat. nach *n*, vor *r* etc. als *g*), für idg. g^2h zeigt das Osk.-Umbr. an- und inlautend *f* (ausser einem Falle), das Lat. anlautend *f*, inlautend zwischen Vocalen *u̯* aus *hu̯* (*b* aus *f* vor *r*, *gu̯* nach *n* etc.). Nach Ascoli (K. Z. XVII 241 ff., 321 ff., XVIII 417 ff.), dem jetzt wohl mit Recht die meisten Forscher beistimmen (vgl. namentlich Brugmann I 294, 321, 325, 374 ff., Stolz[2] 294 ff., Schweizer-Sidler[2] 47 ff., ausserdem z. B. Collitz B. B. III 323, Osthoff Jen. Littz. 1878 Art. 476, Curtius Et.[5] 424 f.), wurden die idg. Mediae aspiratae im Uritalischen zunächst wie im Griechischen zu Tenues aspiratae *kh* kh^u *th ph*, diese weiterhin zu tonlosen Spiranten χ $χ^u$ *þ f*, aus welchen endlich im Lat. im Inlaut tönende Verschlusslaute hervorgingen (ausser aus χ ($χ^u$), soweit daraus schon früher der blosse Hauchlaut *h* (h^u) entstanden war). Die

---

1) Es ist aber ferner nicht ganz undenkbar, dass m e n e s ein Versehen für *p e n e s = *b e n e s ist, da das au. m wenigstens in der Form ʌ, welche Taf. *V* zeigt, von ᑫ = p nicht allzu weit absteht. Vgl. § 248.

in den folgenden Paragraphen im Einzelnen zu besprechende Entwicklung mag hier durch eine tabellarische Uebersicht veranschaulicht werden. Mit 1. ist die Anlauts-, mit 2. die Inlautsstellung bezeichnet.

Idg.	$\hat{g}h$ $g^{1}h$	$g^{2}h$	*dh*	*bh*
Urit.	χ	χ*u̯*	*þ*	*f*
Später	χ	1. *f* 2. χ*u̯* (*f* vor *r*)	1. *f* 2. *þ* (*f* vor *r l*, nach *r* etc.)	*f*
Osk.-Umbr.	*h* (in gewissen Fällen χ *g*?)	1. *f* 2. *f*	1. *f* 2. *f*	*f*
Lat.	*h* (*g* nach *n*, vor *r* etc.)	1. *f* 2. *u̯* (*b* vor *r*, *gu̯* nach *n*)	1. *f* 2. *d* (*b* vor *r l*, nach *r* etc.)	1. *f* 2. *b*

Die Einwände, welche CorssenAusspr. I 802 ff. gegen Ascolis Aspiratentheorie vorgebracht hat, sind hinfällig. Als völlig zweifellos kann dieselbe trotzdem nicht gelten. Gegen die von Hartmann DLZ. 1890, 1831 und 1892, 10 (leider nur ganz flüchtig) angedeutete Ansicht, dass die idg. Mediae aspiratae im Urit. vielmehr wie im Urgerm. zu tönenden Spiranten *ʒ*, *đ*, *ƀ* wurden und aus diesen einestheils tonlose Spiranten χ *h*, *þ f*, *f*, andererseits (lat. im Inlaut) tönende Verschlusslaute *g*, *d*, *b* entstanden — so dass z. B. *f* nicht älter als *b*, sondern eine mit *b* parallele Entwicklung aus *ƀ* wäre — wüsste ich entscheidende Gegengründe nicht vorzubringen [1]. Ascolis Theorie bleibt mir jedoch aus mehreren Gründen wahrscheinlicher; ihr werden wir uns auch im Folgenden anschliessen.

---

1) *st* in l. *aestus* etc. ist ein solcher, falls W. Meyers Erklärung als lautgesetzliche Vertretung von idg. *ddh* richtig ist (Zwischenstufen *zdh sþ*), doch steht dies nicht ganz ausser Frage (s. o. S. 423 f.). Bartholomae B. B. XII 90 nimmt an, *zdh zbh zgh* seien urit. zu *zd zb zg* geworden, seine Beispiele sind jedoch sehr zweifelhaft. Unwahrscheinlich ist mir die von Fröhde B. B. XIV 111 über *gh dh bh* im Lat. geäusserte Vermuthung.

Wo im Lateinischen *f* im Inlaut erscheint, ist es, von besonderen Fällen wie *inferus infimus* abgesehen, wohl immer dialektisch (von Ascoli in dem hierüber zu vergleichenden Aufsatze Sprachw. Briefe 80 ff. „antilateinisch" genannt), nicht ächt römisch. Das *f* war nicht auf die osk.-umbrischen Dialekte beschränkt, denn es erscheint auch in Dialekten, die sonst dem Lat. sehr nahe stehen, so im Faliskischen (*loferta* etc.) und im Pränestinischen (*nefrones*)[1]. Möglicherweise ist der Wandel des *f* zu *b* von Rom selbst ausgegangen und drang anfangs nur langsam weiter. Bücheler Rh. M. 42, 585 will sogar in Rom den Wandel bis „rund um 300 v. Chr." herunterdrücken und *sifilare* etc. für ä c h t a l t l a t. erklären (mir doch fraglich).

Idg. *ĝh* und *g¹h*.

215. Idg. *ĝh* und *g¹h* fielen im Uritalischen in χ zusammen, wie *k̂* und *q¹* in *k*, *ĝ* und *g¹* in *g* (s. o. S. 325 ff.). Urit. χ scheint dann in den meisten Stellungen schon früh zum blossen Hauchlaut *h* herabgesunken zu sein, als welcher es in der Regel im Lat. und im Osk.-Umbr. erscheint; im Lat. wäre wohl, wenn χ zur Zeit des Ueberganges der inlautenden tonlosen Spiranten in Mediae noch bestanden hätte, beispielsweise **uego*, nicht *ueho* zu erwarten (vgl. Brugmann I 375); dass im Osk.-Umbr. das χ immerhin bis in die Zeit der speciell osk.-umbr. Syncope (§ 109 ff.) sich hielt, beweist umbr. -v e i t u aus **veχtu* = **veχetōd* l. *uehito*, falls es nicht etwa Neubildung nach *deitu* aus **dēχtū* = **dēk(e)tōd* etc. ist (vgl. S. 356 f.); vgl. auch § 219 über *f* aus χ*ᵘ* im Inlaut zwischen Vocalen (u. v u f e t e s *Uofione*). Dafür, dass das osk.-umbr. *h* im Anlaut und im Inlaut zwischen Vocalen, wo ihm im Lat. *h* entsprach, in historischer Zeit nicht mehr χ, sondern der Hauchlaut *h* war, sind Zeugen die in § 218 besprochenen Fälle von Schwund des *h* und von unetymologischer Setzung des-

1) S. 9 Anm., 38 ist irrthümlich das Lanuvinische angeführt, da Paul. Fest. als lanuvinisch *nebrundines*, *nefrundines* dagegen als altlateinisch bezeichnet; freilich werden auch sonst Formen den *antiqui* zugeschrieben, die dialektischer Herkunft waren, z. B. *fedus* = *haedus* und dgl.

selben. — Die osk.-umbr. Beispiele für *h* aus *ĝh* und *g¹h* sind folgende.

1) *h* = *ĝh* (vgl. Brugmann I 294). O. humuns u. *homonus* l. *homo humus* etc.: gr. χαμαί (χθών) lit. *žẽmė* „Erde" *žmónės* „Menschen" aksl. *zemlja* „Erde"; vom gleichen Stamme auch *hontro- hontomo-* „inferus infimus" aus **hom-tero- *hom-tomo-* in o. huntrus hu[n]truis Blt., u. hutra *hondra hondomu*, vgl. lett. *ſem* „unter" (auch litt. *žẽmas* „niedrig" l. *humilis* gr. χθαμαλός χαμηλός), s. Bezzenberger-Fick B. B. VI 237, Danielsson A. S. III 143, Brugmann I 176, 294, vgl. unten § 287; wahrscheinlich gehört dazu auch u. Hunte *Honde* (wovon Huntia?) als Gottheit der Unterwelt, s. Bücheler Umbr. 80, 128, 209, Danielsson a. O., Pauli A. S. V 117 [1]), vielleicht auch *hondu* (aus **hom-dātōd*, vgl. l. *pessum-do, uen-do* = *uenum-do*, oder aus **homītōd* von einem Denominativum **homiō*?) [2]), über -hunt *-hont* s. d. Syntax, über huntak § 267; o. Helleviis Heleviieís etc. päl. *Heleuis* l. *heluus* : av. *zairi-* lit. *žãlias želiù* aksl. *zelenŭ* (unklar ist das Verhältniss zu lit. *geltas gelsvas*, die auf *gh* weisen, vgl. § 219); o. húrz húrtúm húrtúi húrtín Húrtiis, u. Hurtentius, l. *hortus co-hors hara*: gr. χόρτος air. *gort* sind wohl mit o. heriiad „capiat" h]errins „caperent" (l. *hĕr-ēd-*?) gr. χείρ ai. *hárati* av. *zara-* auf eine W. *ĝher-* „fassen, umfassen, nehmen" zurückzuführen, die mit *dh* erweitert in lit. *žar̃dis* d. *Garten* vorliegt (s. Fick I⁴ 435 f.) [3]); über *her-* „wollen" s. S. 438; o. feíhúss feíhúís : gr. τεῖχος ai. *dih-* av. *diz-* l. *fingo figulus* etc. Fick I⁴ 73, 462 (vgl. § 220); o. '*ueia*' „plaustrum" aus **uehi̯a* (über vehiian. *135* s. Bd. II Anh.), u. Vehiies *Uehier*? (-veitu *-ueitu* aus

---

1) Huřie *Horse* ist mit *Honde* nicht zusammenzubringen (Bréal 158 159), da *nd* in letzterem auf *nt* (ev. *nþ*?) zurückgehen muss (*nd* wäre *nn* geworden, s. § 204).

2) Kaum **hom-dō* : *hom-* wie **sal-dō* (l. *sallō* d. *salzen*) : *sal-*.

3) Doch d. *Garten* vielleicht aus **ghortó-*, also = ital. *horto-* gr. χόρτο-ς (vgl. Kluge s. v., Feist Got. Et. 41 f.). Zu dieser selben W. *ĝher-* im Sinne von „umschliessen" würde auch ital. *Herklo-s* gehören, wenn es ursprünglich ein ächt italischer Feldgott war (s. o. S. 254 Anm.) und zwar wäre wohl nicht (wie daselbst vermuthet ist) eine Weiterbildung der Wurzel durch *-k-* anzunehmen, sondern *Her-klo-* wäre aus **Her-tlo-* wie l. *Red-i-culu-s* aus **i-tlo-* etc. zu erklären (vgl. § 261, 5).

$\underset{\circ}{u}$eχetōd), l. *ueho* : ai. *vah-* av. *vaz-* lit. *vežù* aksl. *vezą* gr. ὀχέομαι Fick I[4] 127, 546; u. *mehe* l. *mihi* : ai. *máhyam* wahrscheinlich mit *ĝh* wegen *ahám* av. *azem*, s. Brugmann II 816; über o. Verehasiúí s. § 216, über o. Sehs § 276.

2) *h* = *g*[1]*h* : *her-* „wollen" („begehren" etc.) in o. *herest* heriam Herentateís -eí, päl. *Herentas*, sabin. *hiretum*, u. heris *heri* heries *heriest heritu* herifi herter *herti* herinties etc., l. in *horior hortor* : gr. χαίρω ai. *háryati* got. *faihu-gairns* d. *gern be-gehren* etc. Fick I[4] 54, 436 enthält eine W. *g*[1]*her-*, falls lit. *gĕrėti-s* dazu gehört (Curtius Et.[5] 198; oder dieses mit *gĕras* „gut" zu gr. φέρτερος Fick I[4] 416?)[1]); ebenso unsicher ist, ob l. *hasta*, wozu u. *hostatu anhostatu*, got. *gazds* zu ai. *gadh-* aus **ghadh-* gehöre (W. Meyer K. Z. XXVIII 166; anders z. B. Thurneysen ebd. 158); bei *mah-* in o. Mahiis (*mais maimas*), l. *ma(h)ior* etc. : got. *mag mikils* gr. μέγας etc. weisen aksl. *mogą* av. *mag-* ai. *magh-* etc. auf *g*[1]*h*, av. *maz-* preuss. *massi* auf *ĝh*, s. Fick I[4] 104f. 279f., 508; über vo. *atahus* s. § 216.

3) Keine Anhaltspunkte in der Frage, ob *h* = *ĝh* oder *g*[1]*h* sei, bieten sich bei folgenden Wörtern: o. kahad Blt. l. *incohare*, nach Bugge A. S. 34, Bersu Gutt. 190 zu an. *haga* „anordnen, einrichten" (Andere verbinden jedoch an. *haga*, d. *behagen Hag* etc. mit ai. *çak-* „vermögen", so Fick I[4] 41, 419f., Kluge s. v. *behagen*)[2]); o. *hafiest* u. *habitu habiest habas hahtu* l. *habeo* nach Einigen zu air. *gabim* „nehme", doch s. § 225; u. *holtu*[3]); u. Hule (vielleicht mit unächtem

1) Fick I[4] 54, 218, 436 führt jedoch aus dem Av. *zaranh* „Ergebenheit" an, welches auf *ĝh* weist. Denkbar wäre vielleicht, dass zwischen einer W. *ĝher-* „fassen" und einer W. *g*[1]*her-* „wollen" schon frühzeitig Berührungen stattfanden (daher auch umgekehrt *g*[1]*h* statt *ĝh* in ai. *gṛhá-* falls zu lit. *žar̃dis?* lit. *gar̃das* aksl. *gradŭ* sind aus dem Germ. entlehnt nach Kluge s. v. *Garten*, Feist 42).

2) Jedenfalls ist so viel wahrscheinlich, dass das *h* in o. kahad ächt, nicht blosses Zeichen der Vocaltrennung ist. Wenn l. *cohus* mit Thurneysen K. Z. XXVIII 156 als Doublette zu *cauus* zu erklären ist, kann *incohare* wegen der Bedeutung von o. kahad schwerlich dazu gehören. Unhaltbar scheint mir die Vermuthung von Deecke Etr. Fo. Stud. V 23 mit Anm., dass kahad zu germ. *haban* gehöre, da osk. *h* nicht aus *f* erklärlich ist.

3) Nach Bezzenberger B. B. XVI 256 vielleicht zu air. *galar* „Krankheit, Kummer", nach Pauli A. S. V 133 zu gr. χόλος (der

h-, s. § 218); u. Huřie *Horse*[1]); o. Heírennis *124* Heírens *166* Heíren- *207* Herenni *52*, aequ. Herenniu *278* (unächt?), l. *Herennius*[2]); o. Húsidiis *204* (*Hosidius* C. I. L. X, vgl. auch Huśinies *177*); o. Hegi.. *75*; o. hef.. (oder Eigenname Hef..?) *194*; o. Hb. *186*; o. sabin. '*hirpus*' l. *hircus*; mars. sabin. '*herna*' oder '*hernae*' „saxa", wovon auch der Name der *Hernici*[3]); u. *fahe* (zu gr. φώγω? oder = **fa-ef*? kaum zu l. *fauilla*. S. § 222); u. Naharku- *Naharco-* (vgl. S. 59); u. kukehes *cehefi* (vgl. S. 368f.); über u. *hondu* s. S. 437, 444; über u. *habina-* S. 335f.; über päl. *hanustu* § 218; über o. Ϝoλλoϝωμ § 216; über u. *ehiato* § 326; o. Καϝας kann zu o. kahad (s. oben) gehören, das *h* kann aber wohl auch blosses Vocaltrennungszeichen sein (Καϝας: l. *Caius* = Μαρας : *Marius* und dgl.).

216. Im Lat. erscheint *g* statt *h* aus *gh* namentlich vor

Bedeutung wegen weniger wahrscheinlich); l. *helluor* wird schwerlich heranzuziehen sein. Vgl. über das Wort noch § 218, 228.

1) An gr. ὁδός Huschke 207f., Bücheler 80 ist nicht zu denken (ὁδός aus **sodos*, aksl. *chodŭ*), man müsste denn Entlehnung aus dem Griech. annehmen (mir unwahrscheinlich). Mit Hunte *Honde* kann Huřie *Horse* schwerlich zusammenhängen (s. S. 437 A.). Eine W. *g¹hed- g¹hend-* scheint in l. *praeda* aus **prae-heda*, *prae-hendo* got. *bi-gitan* ksl. *do-gadŭ* etc. Fick I⁴ 414f., Brugmann I 314, Bezzenberger B. B. XVI 247 vorzuliegen. Sollte Huřie *Horse* etwa aus **Holio-* (vgl. Hule?) entstanden sein (nach § 146), so könnte es vielleicht zu *holtu* oder zu *hal-* „gross" in l. *hallux* J. Schmidt Ntr. 183 gehören.

2) Zu W. *her-* in o. *herest* heriam Herentateís etc. kann Heírennis des eí wegen nicht gehören, gegen die Ableitung von l. *hērēd-* (vgl. Van. 93) spricht ausserdem das erhaltene *dn* in Perkedneís (S. 416). *-ennio-* ist wohl wie in *Nasennius* : *Nasō(n-)* etc. § 266 aufzufassen (vgl. *Herō*?). Das *r* in Heírennis ist, da das eí wohl ein ächter alter Diphthong sein muss, schwerlich wurzelhaft, sondern gehört zum Suffix. Da aber im Lat. *ei* sonst zu *ī* wird, ist es sehr wohl möglich, dass *Herennius* und Heírennis nicht identisch sind, sondern dass zwei Namensstämme sich vermischt haben. Auffällig ist auch die einigemal vorkommende Schreibung *Haerennius*. Im C. I. L. IX X findet sich ziemlich oft *Herius* und *Hirrius* (letzteres etwa zu l. *hir hirris* : gr. χείρ aus *χερσ-? *Hersennius Hersilius* kaum hieher).

3) *herno-* aus **hers-no-* (vgl. § 232) zu l. *horreo* aus **horseo* ai. *harś-* (vgl. av. *zars-tva-* „Stein" Fick I⁴ 435)? Die Ableitung von *dher-* ist des *h-* wegen bedenklich.

und nach Nasalen und vor Liquiden, z. B. in *gradior*, *grando*, *trag(u)la*, *magnus* (?), *ango*, *lingo*. Offenbar ist das *g* nicht aus *h*, sondern aus dessen Vorstufe χ entstanden wie *b* aus *f*, *d* aus *þ* (vgl. Brugmann I 374 f.). Wie sich das Osk.-Umbr. verhielt, ist nicht sicher auszumachen. Nach *f* gegenüber lat. *b d* in *loufro- mefio-* etc. zu urtheilen würde man im Osk.-Umbr. eher χ (in Ermangelung eines besonderen Zeichens durch *h* dargestellt) als *g* erwarten, doch ist der Parallelismus kein vollkommener, da anlautendes *fr* im Lat. blieb, χ*r* wie im Inlaut zu *gr* wurde. Ob u. *Grabouio-* mit l. *gradior gradus* etwas zu thun habe, ist sehr zweifelhaft. Eher ist vielleicht in u. antakres antakre „integris" (nu. **andagrer* oder **andogrer*) das *gr* aus χ*r* zu erklären wegen vo. *atahust*, doch ist auch dies sehr unsicher (s. u.). Fraglich ist auch, ob *g* in o. Magiium auf ein o. **magno-* aus **maχno-* weise (s. u.). O. *egma-* „res" wird von Mommsen zu l. *egeo*, letzteres von Einigen (s. Vaniček² 10, Fick Wtb. I⁴ 163) zu gr. ἀχήν etc. gestellt, doch bliebe, auch wenn beides richtig sein sollte, wegen *g* statt *h* in l. *egeo* zweifelhaft, ob *egma-* auf **eχma-* zurückgehe. In u. *stahmei* (2 m.) *stahmito stahmitei stahmeitei* (je 1 m.) ist das *h* wohl jedenfalls blosses Dehnungszeichen[1]). Vo. *couehriu*, das seit Lanzi die Meisten zu l. *cūria* gestellt haben (*cūria* = **coušria*, *couehriu* = **coušriu*, s. z. B. Bréal Rev. arch. 1876, 243 f., Mém. soc. IV 143, Bücheler L. J. XIVa XXXa, Deecke Fal. 86, vgl. oben S. 67, 106), erklärt Corssen De Volsc. ling. 23 ff. aus *co-ueh-r-iu*, zu l. *ueho*, doch ist mir diese Etymologie schon der Bedeutung wegen nicht wahrscheinlich[2]). Eine doppelte Bedeutung von *gh* vor Liq. und Nas. im Lat. nimmt Fröhde B. B XVI 213 ff. an. Für die Stellung nach *n* kommen in Betracht u. *cringatro* : ahd. *hring* etc. (S. 86) und u. *ninctu* aus **ningu̯(e)tōd* l. *ninguito* (zur idg. W. *sneig²h-* Fick I⁴ 150, 574 f.), doch kann die Erweichung vielleicht speciell um-

---

1) *g* in l. *stagnum* wohl = *k* oder urspr. *g*, nicht = *gh*, s. Per Persson Wurzelerw. 10, 23.

2) Oder ist etwa picen. '*ueheia*' „decretum" (? s. o. S. 38) zu vergleichen? (abstracte und concrete Bedeutung wie in l. *consilium* d. *Rath*). Das angebliche *cusianes* des Saliarliedes ist zu unsicher und unklar, um gegen die Deutung von l. *cūria* aus **couiria* angeführt werden zu können (Zander liest *ianeus Iane*).

brisch gewesen sein (vgl. *mb* aus *mf*) oder die Media kann aus voritalischer Zeit stammen, s. § 224. Letzteres gilt auch bei o. *angetuzet,* falls dieses schwierige Wort eine nasalirte Wurzelform zu *ah-* l. *aio* enthalten sollte (s. § 317). O. Anagtiai l. *Angitia* schwerlich zu l. *ango* gr. ἄγχω ai. *ąh-*. Nach *r* hatte das Lat. vermuthlich *g* wie nach *n* (Fröhde 214 führt *tergus gurges* an), dass dagegen im Osk. *rχ* nicht zu *rg* wurde, scheint Verehasiúi Verehasiú T. A. zu zeigen, da es aus **Verh-* (**Verχ-*) durch Anaptyxe entstanden zu sein scheint (s. o. S. 179 f., 257)[1]). Aehnlich vielleicht Marahieis Marhies auf campanischen Thongefässen (*174 177,* vgl. auch falisk. *Marhio* Deecke Fal. 258), vgl. oben S. 355. O. Ϝολλοϝωμ *16* nach Bugge zu l. *uolgus* (also urit. **u̯olχ-*), doch s. Bd. II Anh.[2]).

Im Inlaut zwischen Vocalen ist, wie S. 436 erwähnt wurde, auch im Lat. *h,* nicht *g,* Regel (*ueho traho mihi* etc.). Doch kommt mehrfach auch *g* vor: *adagium indigitamenta nego* etc. zu *a(h)io, magis* zu *ma(h)ior, ligurio* zu gr. λείχω, *figura* gleicher W. wie o. feihúss, u. a. In *ligurio figura magnus* kann Einwirkung von *lingo fingo magnus* (aus **maχnos*) angenommen werden (vgl. Brugmann, Stolz, Fröhde aa. OO.), aber bei *adagium* etc. ist die von Stolz vorgeschlagene Erklärung durch Einwirkung einer bloss ad hoc construirten alten unthematischen 1. Sg. **agmi* wenig einleuchtend. Bei *ego* gegenüber ai. *ahám* kann man auf gr. ἐγώ verweisen, Brugmann I 348 f., II 801 nimmt hier einen bereits idg. Wechsel von *gh* und *g* an. Dasselbe ist auch bei l. *magis* möglich, vgl. gr. μέγας got. *mikils.* Im Osk. findet sich Magiium neben Mahiis; dass ersteres latinisirt sei wie Niumeriis neben Niumsis, muss nur in dem Fall angenommen werden,

---

1) Die Etymologie bleibt freilich unklar. Falls die Deutung als l. **Uirgarius* (Aufrecht K. Z. I 89, Grassmann ebd. XVI 119) richtig sein sollte, wäre die W. als *u̯erĝh-* anzusetzen (lit. *viržis*). Auf eine W. *u̯erĝh-* „wenden, drehen" kann l. *uergere* zurückgeführt werden, vgl. lit *veržiù* etc. Fick I⁴ 550, Per Persson a. O. 32 Anm. (zur Bedeutung könnte vielleicht der l. *Vertumnus* verglichen werden; oder o. ΔιουϜει Ϝερσορει gr. Ζεύς τροπαῖος?). Ein Compositum kann Verehasiúí schwerlich sein.

2) Im Lat. wurde nach Fröhde a. O. *lh* zu *ll* in *follis* : germ. *balgi-*, *uello* : ai. *vr̥h-* (?).

wenn l. *magis* für **mahis* nach *magnus* steht und χ*n* im Osk. nicht zu *gn* wurde. O. *mais maimas* für **mahis *mahismas* stimmen zu l. *ma(h)ior* gegenüber *magis maximus* (wohl aus **magisṃmo-*). Wenn vo. *atahus* 240 als „attigerit" zu deuten ist (doch wohl das nächstliegende, vgl. Bd. II Anh.), tritt es in Gegensatz zu l. *tetigi tagat*, welche von *tango* und *tactus* (vgl. *pango pepigi pactus*) beeinflusst sein können[1]), während im Vo. auch das Ptc. *h* hatte (**tahto-* aus **takto-*). Ueber u. *conegos* kunikaz s. § 224, über u. *ehiato* (nicht = l. *egeatur*) s. § 326, über u. *cringatro ninctu* etc. oben S. 440 f. U. aiu kann, falls es zu l. *a(h)io* gehört, wegen l. *adagium indigitamenta* etc. auch aus **agiā* statt aus **ahiā* erklärt werden (vgl. S. 374, 447). Wenn ital. *lēg-* „Bestimmung, Gesetz" in o. *ligud ligis* lígatúís Líganakdíkeí l. *lēx lēgatus* (u. e-veietu? vgl. S. 373 f.) mit Recht zu an. *lög* engl. *law* etc. (W. *leg¹h-*) gestellt wird (s. Curtius Et.[5] 364, Vaniček[2] 248, Fick I[4] 539 f., Bechtel Hauptprobleme d. idg. Lautlehre 173), gehört auch dieses Wort unter die Fälle wie l. *adagium*, doch ist diese Etymologie von *lēg-* keineswegs sicher[2]).

217. *f* neben *h* aus *gh* (vgl. Mommsen U. D. 358 f., Corssen I 158 f. [vgl. 101 f.], Ascoli K. Z. XVII 339 ff., Osthoff M. U. IV 99, Danielsson A. S. III 144 f. Anm., Bersu Gutt. 131, Brugmann I 294, Stolz[2] 294 f., 296). Varro, Festus und Andere führen eine Anzahl Wörter als altlateinisch, faliskisch oder sabinisch an, in denen *f* und *h* nebeneinander vorkamen. Hiebei ist zu unterscheiden zwischen solchen Wörtern, in welchen *ĝh* oder *g¹h* zu Grunde liegt, also *h* das Regelmässige wäre und solchen, in denen *dh* oder *bh* zu Grunde liegt, also *f* das Regelmässige wäre. Ueber letztere vgl. § 223. Als sabinisch werden genannt *fircus* = *hircus*, *fedus* = *hae-*

---

1) Allerdings auch im Gr. die Media in τεταγών (nach Fick I[4] 439 vielleicht auch ai. *tājat*); av. *pañj-* J. Schmidt Voc. I 44, Bersu 187 (doch vgl. Fick 224) könnte *g¹h* oder *g¹* enthalten; über u. antrakes l. *integro-* s. o.

2) Zu l. *lego* stellen es von Neueren z. B. Bücheler Rh. M. 33, 9 f., Bréal-Bailly Dict. s. v. *lex*. — Dass Fälle wie *adagium* daraus zu erklären seien, dass χ zwischen Vocalen nur unter gewissen Bedingungen gemeinitalisch zu *h* herabsank, in anderen als χ blieb, welches dann im lat. als *g*, im Osk.-Umbr. als *h* (d. h. χ) erschien, wäre kaum wahrscheinlich zu machen.

dus (bei Varro), *fasena* = *harena* (*trafere uefere* = *trahere uehere*, doch s. Mommsen U. D. 538 Anm.)[1]), als altlateinisch *folus* = *holus*, *fostis* = *hostis*, *fostia* = *hostia*, *fordeum* = *hordeum*, *fariolus* = *hariolus* (oder im letzteren *f* aus *bh*?), *fedus* (bei Paul. Fest.), als faliskisch ist inschriftlich belegt *foied* = *hodie* (*318*)[2]). Man nimmt jetzt wohl mit Recht an, dass die „altlateinischen" Beispiele nicht ächt römisch sind. Das *f* scheint einem nicht näher zu umgränzenden Gebiete Gebiete nördlich und nordöstlich von Rom zu beiden Seiten des Tiber anzugehören. Das Gebiet kann bis nahe an die Stadt Rom gereicht haben, braucht aber andererseits keineswegs das ganze Sabinische umfasst zu haben. Einen Reatiner *Fircellius*, dessen Name zu *fircus* zu gehören scheint, führt Varro an (s. Henop De ling. Sab. 17, Mommsen U. D. 359)[3]). Die einzige erhaltene sabinische Inschrift *280* aus der Nähe des alten Amiternum hat *h-* in *hiretum*. Ebenso wenig lässt sich auf Inschriften anderer sabellischer Dialekte oder gar auf oskischen Inschriften ein *f* = *h* finden. Auch im Umbr. zeigen die sicheren Beispiele *h*. Es bleibt daher fraglich, ob f e l s v a *Va* 11 mit Bücheler zu l. *holus* (*folus*) *helusa*, die mit *heluus* o. H e l l e v i i s päl. *Heleuis* etc. zu W. *ĝhel-* Fick I⁴ 54f., 436f. gehören, gestellt werden darf; doch s. § 219. Dass in *erafont VIb* 65 (davon abgeschrieben *VIIa* 1) neben sonstigem *-hont -ont* ein lautgesetzliches *f* für *gh* vorliege, ist mir nicht glaublich; es ist wohl entweder mit Danielsson A. S. III 144 Anm. *erafont* in *erahont* zu corrigiren oder es liegt eine vereinzelte Neubildung vor nach Accusativen des Plurals wie **eaf-ont* **eof-ont*, indem in letzteren bei dem regel-

---

1) In *fasena* ist jedoch möglicherweise das *f* = *bh* (zu ai. *bhásman-* gr. ψάμμη, ψάμμος etc., s. Vaniček² 193, Johannsson K. Z. XXX 432), so dass *f* das Regelmässige wäre. *f* in *fircus fedus* aus *gh* wegen o. '*hirpus*' (*Hirpini*) und got. *gaits*.

2) Allerdings daneben fal. *hei he hec* Adv. = l. *hīc*. Sollte etwa im Fal. der folgende Vocal von Einfluss gewesen sein? (dass *foied* auf einem St. **dho-* beruhe, Pauli Veneter 119f., ist mir unwahrscheinlich).

3) Zu beachten ist, dass *fircus Fircellius* in ächt sabinischer Lautform wohl *p* statt *c* haben müssten; '*hirpus*' wird als samnitisch bei Paul. Fest. und Strabo, bei Servius sogar direct als sabinisch bezeichnet.

losen Schwanken zwischen Formen mit und ohne *-f* im Acc. Pl., also z. B. *eaf* und **ea*, **eof* und *eo* (die Formen ohne *-f* sind die häufigeren, s. § 255), leicht das Missverständniss **ea-font* statt **eaf-ont* entstehen konnte[1]). *fondlir-e* funtler-e ist wahrscheinlich = l. *in *fontulis*, nicht = *in fundulis*, s. S. 418, wir hätten also hier, wenn l. *fons* mit Recht aus **fou̯ont-* = gr. χεϝοντ- erklärt würde (Corssen u. A), ein umbr.-lateinisches *f-* aus *ĝh-* (vgl. av. *zaoþra-*), aber die Gdf. **fou̯ont-* ist schon deshalb unwahrscheinlich, weil die romanischen Sprachen auf *fŏnt-* weisen (Havet Mém. soc. VI 116, W. Meyer Phil. Abh. Schweizer-Sidler gewidmet S. 18); gehört umbr.-lat. *font-* wirklich zu W. *ĝheu̯-* „giessen", so ist es wohl aus **ĝhu̯-ont-* urit. **χu̯-ont-* zu erklären (vgl. idg. **d-ont- s-ont-* Brugmann Ber. d. sächs. Ges. 1890, 232 f., Streitberg Idg. Fo. I 92 f., gr. σπ-οντ- σχ-οντ- etc.)[2]). Dass χu̯- in gleicher Weise wie χu̯ = idg. *g²h-* zu *f-* wurde, zeigen l. *focus*, *ferus fera* (§ 219). Das schwierige *f* in l. *fundo futis* erklärt Buck (s. § 219) daraus, dass *ĝh* urit. χ im Lat. auch vor dem Vocal *u* zu *f* geworden sei. Wichtig wäre u. *hondu VIb* 60 *VIIa* 49, wenn es mit Huschke und Bücheler als „fundito" zu deuten sein sollte, da das Umbr. sich hier vom Lat. scheiden würde, doch ist die Deutung sehr unsicher[3]). huntak *III* 3 *IV* 32 wegen *f* in funtler-e *fondlir-e* schwerlich zu l. *fons* (Bücheler 151 f.), vgl. § 267.

---

1) Falls *-de -ře* in *po-rse* etc. vom Ablativ **pōd-e *pūř-e* etc. ausgegangen sein sollte, nachdem **pōd* zu **pō *pū* geworden war, wäre dieser Vorgang einigermassen vergleichbar. Vgl. auch l. *combūro*, falls es Neubildung nach *amb-ūro* (wegen des Nebeneinanders von *amb-* und *am-*) ist.

2) Das entsprechende Präsens würde in gr. *ke.ti.* = χέθι „giesse" (aus *χϝέ-θι) vorliegen, falls diese Vermuthung von Meister Gr. Dial II 146 f. über *ke.ti.* richtig sein sollte (freilich sehr unsicher).

3) Etwas auffällig bliebe trotz *somo* etc. S. 123 das *o* statt *u*. Am nächsten liegt es, *hondu* mit *hondra hondomu Honde* etc. (zu l. *humus* gr. χθών) zu verbinden (also „bringe zu Boden"), vgl. oben S. 437). An l. *prae-hendo* wird kaum zu denken sein, lit. *gañdinu* „erschrecke", welches Pauli A. S. V 133 heranzieht, hat im Italischen sonst keine Vertretung (über päl. *hanustu* s. Bd. II Anh.), auch ist die Bedeutung „erschrecken" bereits durch das vorhergehende Paar *tursitu tremitu* vertreten.

218. Schwund von *h* = *gh* (vgl. Corssen I 103 ff., Danielsson A. S. III 197, Brugmann I 376, Seelmann 262 ff., Stolz² 300 f.). Das osk.-umbrische *h* hatte im Wortanlaut und Compositionsanlaut wie im Lat. einen sehr schwachen Klang, wie sich daraus ergibt, dass es in der Schrift zuweilen weggelassen, zuweilen auch am unrichtigen Orte zugesetzt wurde. Ersteres im Umbr. in e r e t u *IIa* 4 (sonst überall h e r - *her-*, 37 m.), im Compositum *an-ostatu an-ostatir* (4 m. gegenüber 3 maligem *an-hostat-*)[1]) und regelmässig in der Enclitica *-hont* nach Cons.: *eur-ont er-ont* e r a r - u n t *erir-ont* e r e r e r - u n t *if-ont* je 1 m., i s - u n t 4 m., *surur-ont* 9 m., *sur-ont* 11 m.[2]). Ueber u. e i t i p e s, nach Danielsson aus **eito^m-hipens*, vgl. S. 134 und § 252. Ueber o. e k ú - *eco-* „hic" (e k h a d *33*) s. § 288. Auf *Irpini irpus* (*irpices*) Fest. Thewr. 75 ist wohl nicht viel zu geben. Erwähnt sei noch, dass im C. I. L. IX X mehrfach *Erennius Eluius Ostilius Ortensius Irrius* etc. vorkommt. Falsche Zusetzung von *h* wie in l. *halare haurire humerus humor* etc. zeigen o. H e r u k i n a í *117* „Erycinae" (vielleicht wirkte der Anlaut des damit verbundenen H e r e n t a t e í mit; überdies Fremdwort), päl. *hanustu* falls zu l. *annona* oder *onus* (s. Bd. II Anh.; Mitwirkung des folgenden *Herentas*?), u. *hebetafe VIb* 53 neben *ebetrafe VIa* 12 (vgl. Bücheler 182), h a b i n a h a p i n a f h a p i n a r u *habina* (zusammen 6 m.) falls zu l. *auilla agnus* (es kann volksetymologische Anlehnung an *hab-* „haben" angenommen werden; vgl. S. 336), H u l e *IV* 17 falls mit Bücheler 166 zu o. u l a s *128* ú l a m *129* (l. *ab-oleo* gr. ὄλλυμι)[3]), *holtu VIb* 60 *VIIa* 49 falls zu l. *ab-oleo* gr. ὄλλυμι (vgl. Huschke 253; die Hinzusetzung des *h* wäre wohl durch das mit *holtu* verbundene *hondu* bewirkt)[4]).

Im Inlaut schwand *h* im Lat. regelmässig vor *i̯* und *u̯*, z. B. *maior* aus **mahi̯ōs*, *aio* aus **ahi̯ō*, *breuis* aus **brehu̯is*, häufig ferner zwischen zwei gleichen Vocalen, z. B. *nemo*

---

1) Vgl. l. *in-ebra en-ubro man-ubiae*.

2) Vgl. l. *dir-ibeo*.

3) Doch s. über die osk. Wörter Bd. II Anh., über H u l e vgl. S. 413 mit Anm., 439 Anm.

4) Es ist jedoch nicht ganz ausgemacht, ob l. *ab-oleo* wirklich zu gr. ὄλλυμι, nicht etwa zu *ad-olesco ex-olesco* etc. gehört (wie z. B. Bréal-Bailly und Wharton annehmen). Vgl. über *holtu* auch oben S. 438 f. Anm.

prendo bimus cors, seltener sonst (wohl nur unter gewissen besonderen Bedingungen), während in der Regel zwischen Vocalen *h* erhalten blieb (*ueho traho* etc.). Im Osk.-Umbr. scheinen ähnliche Verhältnisse bestanden zu haben. Dass auch hier zwischen Vocalen die Erhaltung von *h* Regel war, zeigen o. feíhúss feíhúís, kahad, Mahii[s (vehiian-?), vo. *atahus*, u. *mehe*, Vehiies *Uehier*, *erihont* erahunt, Naharku- *Naharco-* (?), kukehes *cehefi* (?), *fahe* (?), im Compositum o. *pruhipid pruhipust*, u. prehabia prehubia. Auf Schwund des *h* vor *i̯* weist wohl das Nebeneinander von o. Mahii[s *195*, abgekürzt Mh. *190*, *203*, und Maís *126*, Mais *169*, Maiiúí C. A., also ursprüngliches Paradigma vielleicht **Mahis* **Mai̯eis* **Mai̯oi* **Mahim* etc., *h* erhalten auch in **Mahīo-* (über *-īo-* s. § 275 f.)[1]). Aehnlich bei *Ahies 95*, *Ahius Aius* (*Aiedius Aienus* etc.) auf lat. Inschriften des C. I. L. IX und X, zu l. *a(h)io*. Falls Sehs *49* Abkürzung für *Sehis oder *Sehiis ist (vgl. die unmittelbar folgende noch stärkere Abkürzung ímbrtr für *ímbratur), verhält es sich wohl zu Seís *51* (?), *Seius* im C. I. L. X wie Mahii[s zu Maís, *Ahius* zu *Aius* und gehört vielleicht zu W. *seĝh-* ai. *sah-* gr. ἔχω (Fick I⁴ 138, 560), vgl. die germ. Namen mit *Sig(is)-*, die keltischen mit *Sego-*[2]). Indirect ist der Schwund von *h* vor *i̯* belegt in o. '*ueia*' ('*ueiarii*' '*ueiatura*') aus **uehi̯a* (zu l. *ueho*) bei Paul. Fest.; erhaltenes *h* vor ii, d. h. *ii̯*, zeigt u. Vehiies (l. dagegen *Ueii*), welches wohl von derselben Wurzel abzuleiten ist (auch o. vehiian-, falls diese Lesung richtig ist?)[3]). Falls o. vereiiaí vereias zu Verehasiúí gehört, ist es, da *h* in Verehasiúi ächtes *h* zu sein scheint (s. S. 179 f., 257, 441), aus **verehi̯ā-* (d. h. **verᵉhi̯ā-*) zu erklären. Nach o. Mahii[s : Mais etc. ist wohl

1) Etwas auffällig ist aíi in M]aíieís *188* (falls diese Ergänzung richtig ist) gegenüber dem sonstigen ii (i) zwischen Vocalen (Maraíieís Púmpaiianú- Búvaianúd vereiiaí etc. S. 178), doch wäre ein sprachlicher Schluss daraus kaum berechtigt (ii hat der C. A. in Maiiúí), vgl. S. 63.

2) Etwa auch o. *Soies 24* = **Sohies* von **soĝho-*??

3) Osk. umbr. lat. *vīā-* oder *vēa-* dagegen nicht von *veh-*, s. o. S. 176 f. (Fick I⁴ 543 denkt an W. *u̯ei̯-* „streben, herzugehen"; unhaltbar ist die ebd. 407 geäusserte Vermuthung, da es dann im Osk.-Umbr. **bia-* heissen müsste).

auch o. *mais maimas*, u. mestru aus **maistrā* zu beurtheilen, also *mais* **maismo-* **maistro-* statt **mahis* **mahismo-* **mahistro-* durch Einfluss von **maįǒs-* **maįes-* aus **mahįǒs-* **mahįes-*; im Umbr. wurde **maïstro-* zu **maįstro-* contrahirt (daher mestru), ob auch in o. *mais mai(s)mas* das *ai* als Diphthong zu lesen sei, ist weniger sicher (vgl. S. 60, 142, 273f. und § 230). Die Annahme, dass o. *mais*, also natürlich auch o. *maimas* u. mestru, von l. *magis magister maximus* vollständig zu trennen und mit got. *máis* auf ein idg. **mə-is-* zurückzuführen sei (Brugmann II 402), ist mir nicht wahrscheinlich (vgl. auch Streitberg Die germ. Compar. auf *-ōz-* 29ff. gegen die Erklärung von got. *mais* aus **mə-is-*). U. upetu (6 m., upetuta 1 m.) erklärt Corssen De Volsc. ling. 20f. (vgl. Schweizer K. Z. VII 448) aus *up-aitu = *upahitu, auch hier wäre der Wegfall des *h* aus den Formen, in denen *į* folgte zu erklären (wie in l. *ait* statt **ahit* nach *aio* aus **ahįō* etc.), doch ist mir die Verbindung mit l. *optare* etc. viel wahrscheinlicher (s. § 295). Sehr unsicher ist auch, ob u. aitu *aitu* z. Th. als „aito" (an den anderen Stellen als „agito") zu erklären sei, vgl. S. 356 A.; sollte dies der Fall sein, so wäre vielleicht das *i* als *ī* aufzufassen (*aītu* statt **ahītu* nach **aįō*), vgl. l. *aīs aībam* etc. und s. § 295. U. aiu vielleicht eher mit Bücheler zu l. *ago* als zu l. *aio* (vgl. S. 374); auch falls es zu *aio* gehört, könnte es wegen l. *adagium indigitamento* etc. vielleicht aus **agia* statt aus **ahįa* entstanden sein (vgl. S. 442).

Ueber u. vuvçi- s. § 219, über o. Ahvdiuni S. 140f.

Idg. g^2h.

219. Idg. g^2h wurde im Urit. zu *khu̯* χu̯ wie q^2 zu *ku̯*, g^2 zu *gu̯*. Aus χu̯ scheint noch im Urital. im Anlaut durchweg, im Inlaut vor *r* (und *l*?) *f* entstanden zu sein (vgl. Brugmann I 325, 375f., Stolz² 294)[1]). Zwischen Vocalen wurde

1) Die Annahme Bersus, dass bei der Entstehung von *f* aus gutturaler Media asp. kein labialer Nachklang mitgewirkt habe (Gutt. 131f., 140, 153, 167, 168), ist mir unwahrscheinlich. Die Beispiele, die man für l. *f* aus *ĝh* (oder g^1h) anführt, sind ausser *fundo*

$\chi^{\underset{\frown}{u}}$ im Lat. zu *u̯* (aus *hu̯* oder *gu̯*), im Osk.-Umbr. wahrscheinlich zu *f*, in gewissen Fällen vor folgendem Cons. zu *u̯* aus *hu̯* (v u v ç i-).

a) Anlaut vor Vocalen, l. in *formus* (*fornus furnus*): gr. θερμός ai. *gharmá-* etc. Fick I⁴ 40, 416, *fīlum*: lit. *gýsla* Fick I⁴ 413f.[1]), *fenus* : gr. εὐ-θενής ἄ-φενος Fick I⁴ 40, 415(?), *foedus fusterna* Fröhde B. B. XVII 311 (?). Aus dem Osk.-Umbr. kommen folgende Wörter in Betracht. O. '*famel*' *famelo* u. fameřias (l. *famulus familia*) falls zu lit. *giminė̃* „Familie", *gamìnti* „zeugen" etc. (s. § 222). U. felsva *Va* 11 nach Brugmanns Vermuthung Ber. d. sächs. Ges. 1890, 226f. zu got. *fra-gildan* ahd. *geltan* und weiterhin gr. ὀ-φλεῖν ὤ-φελον, vielleicht auch τέλθος = *θέλθος (also felsva wohl = **feltsva*); gegen Büchelers sonst näherliegende Deutung als *holera* scheint das *f* zu sprechen (trotz l.-dial. *folus*), s. o. S. 443, doch ist zu beachten, dass nicht nur lit. *gel̃svas gel̃tas* apr. *gelatynan* etc. Fick I⁴ 436f. auf *gh* neben *ĝh* in der W. *ĝhel-* (Fick 54, 218f., 436f.) weisen, sondern l. *fel* (: gr. χόλος d. *Galle*) dieses *gh* als ein g^2h zu erweisen scheint[2]). Bei u. furfaθ *furfant efurfatu* denkt Bücheler 71 unter Anderem an l. *for-mu-s* (W. g^2her-, s. o.), doch ist das Wort sehr vieldeutig, vgl. § 222. Ueber ital. *Fal-* in Ortsnamen s. ebd. Die Erklärung von u. *hondu* (*Honde*) aus der W. g^2hen- ai. *han-* gr. θείνω φόνος etc. (Aufrecht-Kirchhoff I 80, II 408, Grassmann K. Z. XVI 191, Zeyss De voc. Umbr. fict. II 13) ist schon des *h-* statt *f-*[3]) wegen unwahrscheinlich, ausserdem würde man als Wurzelvocal *e* erwarten, vgl. auch das unsyncopirte kanĕtu und s. S. 417f., 437, 444. Mit urit. $\chi^{\underset{\frown}{u}}$ aus g^2h fiel urit. *χu̯* aus *ĝhu̯* oder $g^1hu̯$ zusammen wie *ku̯ gu̯* mit $k^{\underset{\frown}{u}}$ $g^{\underset{\frown}{u}}$

(worüber S. 444) und den dialektischen *fostis* = *hostis* etc. (S. 443f.) sehr unsicher. *fouea* vielleicht von einem mit *fossa* aus **fod-tā* parallelen **fod-u̯o-* (vgl. *suauis* aus **suadu̯is* und § 261, 3).

1) Oder *gýsla* mit *gìjė* zu ai. *jyá* gr. βιός Brugmann I 112f.?

2) Was die Bedeutung von felsva betrifft, so ist jedenfalls gegenüber Aufrecht-Kirchhoff II 322 daran festzuhalten, dass felsva eine Leistung, nicht eine Einnahme des adfertor bezeichnet, da prehabia nicht das eine Mal „praebeat", das andere Mal „accipiat" bedeuten kann (vgl. Bréal 241). Ueber l.-dial. *fifeltares* s. § 222.

3) Lat. in *of-fen-d-ō*?

aus q^2 g^2, daher *focus* : lit *žvákė* aus **ĝhu̯oq-* Fick B. B. VIII 331, Wtb. I⁴ 438[1]), *ferus fera* : aksl. *zvěrĭ* aus **ĝhu̯ĕr-* Fick Wtb. I⁴ 438, Buck Am. Journ. of phil. XI 211 ff. (vgl. jetzt auch Hoffmann B. B. XVIII 151 ff.), dazu l. *fons* u. *fondlir-e* falls aus **ĝhu̯-ont-* (s. S. 444).

b) Im An- und Inlaut vor *r* erscheint χ*u̯* gleichfalls als *f*, woraus im Inlaut lat. *b*. Für den Anlaut fehlen freilich sichere Beispiele. Brugmann I 325 führt l. *frio* : gr. χρίω und l. *fremo* (*frendo*) : gr. χρόμος χρεμίζω aksl. *gromŭ* got. *gramjan* an (vgl. Corssen I 159 f., Danielsson A. S. III 144 f. Anm., W. Meyer K. Z. XXVIII 174, Wharton Et. lat. 38), doch s. Osthoff M. U. V 93 ff., Per Persson Wurzelerw. 288. Zu l. *fremo* gehört vielleicht o. Frentrei, '*Frent(r)ani*' (vgl. Schweizer K. Z. XIII 228), wozu wohl auch o. Freternum = *Frenternum (vgl. S. 312; oder zu l. *frĕtum*?); unklar ist o. frunter; u. frehtu frehtef schwerlich zu l. *frico frio*; l. *fraus*, wozu u. *frosetom*, nicht mit Fick I⁴ 56, 438 zu gr. χραύω, sondern zu ai. *dru-h-* nhd. *trügen*, wohl auch gr. θραύω (vgl. Per Persson Wurzelerw. 25, 60 Anm., Fick I⁴ 76, 468). Im Inlaut ist ein sicheres Beispiel *nefrones* (pränest.), *nefrundines* (*nefrendes*), *nebrundines* (lanuv.) aus **neχu̯ron-* : gr. νεφρός aus **nekhu̯ro-* etc. (vgl. Danielsson a. O., Brugmann I 311 f.). Aus dem Umbr. gehört hieher vufru *IIb* 21 24 25 nach der sehr ansprechenden Erklärung von Huschke (335) und Bücheler (72, 147) als „uotiuum"[2]); denn da l. *uoueo* zu gr. εὔχομαι[3]) ai. *vāghát-*, wahrscheinlich auch air. *tongu* aus

1) Anzunehmen, dass hier das Umbr. im Gegensatz zum Lat. *u̯-* hatte in vuku- *uoco-*, das als „focus" von Lassen, Knötel, Huschke, Newmann, Bücheler u. A. (auch Fick a. O.) erklärt wird, ist m. E. nicht gestattet, das umgekehrte wäre noch eher glaublich (vgl. im Inlaut vufetes = l. **uouitis uōtis*, ausserdem *b* = l. *u̯-* in *beru-* = *ueru* etc.); ein directer Gegenbeweis ist *fondlir-e* l. *fons* falls aus **χu̯-ont-*. Vgl. über vuku- *uoco-* S. 153 mit Anm., 287. Ueber o. *ualaemo-* s. § 287.

2) Falls *l-* zu *u̯-* wurde, kann vufru = **loufrom* „liberum" sein (s. S. 287), aber die Bedeutung begünstigt diese Erklärung kaum. Noch weniger wahrscheinlich ist mir, sowohl des Vocales der ersten Silbe als der Bedeutung wegen, dass vufru als „scheckig" zu l. *uafer* gehöre (Grassmann K. Z. XVI 194, Zeyss ebd. 383, Bréal T. E. 270 f.).

3) χ, nicht φ, wegen des vorausgehenden υ, vgl. βουκόλος : αἰπόλος (Bezzenberger B. B. XVI 258).

**do-fongu*, gehört (s. Zimmer K. Z. XXIV 216 ff., Bersu 7 Anm., Osthoff M. U. V 82 Anm.), ist u. *vofro-* = **u̯oχᵘ-ro-* (oder = **u̯oχᵘero-*?), vgl. Osthoff (a. O.) und unten zu u. vufetes *Uofione* vuvçi-. — Dass χᵘ nicht im Urit. vor *r* den labialen Nachklang einbüsste, wie es bei urit. *kᵘ gᵘ* wohl vor allen Consonanten der Fall war (s. o. S. 338 ff.; osk. päl. *brato-* kaum = l. *grato-*, s. S. 343), kann aus der spirantischen Natur des χ oder daraus erklärt werden, dass der Wandel von χᵘ zu *f* oder wenigstens eine Affektion des χ nach dieser Richtung bereits stattgefunden hatte, als das Gesetz der Unterdrückung der Labialisation zu wirken begann[1]). Vor anderen Consonanten als *r* (und *l*) kann trotzdem χ *h* entstanden sein, doch fehlen Beispiele[2]).

c) Inlaut zwischen Vocalen. Das Lat. hat u̯ : *niuem* = gr. νίφα, *uoueo* aus **uoχᵘeō* (s. o.), *ūua* aus **ōχᵘā* : lit. *ū́ga* gr. ὄμφαξ (Bersu 148). Im Osk.-Umbr. scheint auch hier *f* entstanden zu sein, da u. vufetes *IIa* 31 *IV* 25 und Vufiune *Ia* 20 *Uofione VIb* 19 wahrscheinlich zu l. *uoueo* (u. vufru) gehören, s. Huschke 178, Bücheler 72, L. J. XXX b, Osthoff a. O.[3]); vufĕtes deckt sich genau mit l. *uōtis* = **uouĭtis*, Gdf. urit. **u̯oχᵘeto-* (gr. *εὐχετός, vgl. εὐχετάομαι)[4]), Vufiune *Uofione* wäre l. **Uouioni* oder **Uouiono*.

Es scheinen demnach zwei zeitlich getrennte Uebergänge von χᵘ zu *f* stattgefunden zu haben, nämlich 1) ein uritalischer

---

1) Dass χᵘ auch vor *l* zu *f* wurde (wie *þ* aus *dh*), scheinen l.-dial. *sīfilus* ächt l. *sībilus* und *sūbulō*, die wohl mit Fröhde u. A. zu got. *sviglon* zu stellen sind, zu beweisen (urit. **s(u̯)eiflo-* und **s(u̯)oiflōn-*).

2) Bei o. vehiianasúm, falls so und nicht eehiianasúm zu lesen ist, wird eher an '*ueia*' l. *ueho*, als an ein **u̯eχ-i̯o-* aus **u̯eχᵘ-i̯o-*, zu l. *uoueo* aus **u̯oχᵘeō*, zu denken sein, auch ist unsicher, ob die Wurzel von *uoueo* überhaupt in die *e*-Reihe gehörte (l. *uictima* etwa für **uectima* [durch Anlehnung an *uictus* oder *uigor*], von einem **u̯ekhᵘ-to-* „uotus"??). Ueber u. *fahe* s. § 222.

3) vufetes haben schon Lanzi und Grotefend als „uōtis" gedeutet. Kaum = l. *lubitis* (vgl. Aufrecht-Kirchhoff II 376); noch weniger ist wohl bei Vufiune *Uofione* an l. *lubet* o. *loufir* zu denken. Unwahrscheinlich ist mir die Vermuthung von Grassmann und Zeyss aa. OO., dass vufetes Vufiune mit vufru zu l. *uafer* gehören (vgl. oben).

4) Ueber *ō* in *uōtis* vgl. S. 160 Anm.

im Anlaut vor Vocalen und im An- und Inlaut vor *r* (*l*); hieher aus dem Umbr. vufru (falls nicht syncopirt aus **vofero-*) 2) ein speciell oskisch-umbrischer im Inlaut zwischen Vocalen; dieser geht parallel mit dem osk.-umbr. Wandel von *ku̯ gu̯* zu *p b* und setzt wohl voraus, dass zur Zeit seines Eintrittes χu̯ zwischen Vocalen noch als χu̯ erhalten, nicht zu *hu̯* geworden war (wahrscheinlich ist also auch l. *uoueo niuem* über **uogu̯eo* **nigu̯em* [wie *auilla* aus **agu̯illa*], nicht über **uohu̯eo* **nihu̯em* entstanden). Auffällig bleiben noch u. vuvçi oder vuvçis *Ib* 45 *IIa* 44 und *uouse VIb* 11, die wohl mit Bücheler 67, 221, L. I. XXXb gleichfalls zu l. *uoueo* zu stellen sind, also einem l. Stamme **uouĭcio-* entsprechen (vgl. Bd. II Anh.). Erinnern wir uns, dass urit. *ku̯ gu̯* im Osk.-Umbr., wenn sie durch die osk.-umbrische Syncope vor Consonanten (wenigstens Verschlusslaute) zu stehen kamen, nicht zu *p b* wurden, sondern Gutturale blieben (o. fruktatiuf, u. fiktu etc., s. S. 343 ff.), so kann dies vielleicht den Schlüssel geben: urit. **u̯oχu̯ikio-* wurde urosk.-umbr. **u̯oχu̯kio-*, hier aber wurde nicht, wie bei den Verschlusslauten *ku̯ gu̯*, das *u̯* ausgedrängt, sondern das χ wurde (noch vor der Zeit des Lautwandels von χu̯ *ku̯ gu̯* zu *f p b*) zu *h* geschwächt: **u̯ohu̯kio-*, woraus **u̯ohu̯kio-* **u̯ou̯kio-*; auf solche späte Entstehung des *ou̯* weist auch der Umstand, dass dasselbe nicht zu *ō* monophthongisirt ist (vgl. S. 161). Das räthselhafte íív:kúru *182* (Schleudergeschoss) könnte man vielleicht, falls zu gr. ὄφι-ς l. *angui-s* eine dritte Form idg. **ēg²hi-* angenommen werden darf (ob gr. ἔχις zu ὄφις gehöre, ist jedoch unsicher, unklar ist nhd. *Aal*), aus **ēχu̯i-k* . . ., wie vuvç- aus **u̯oχu̯ik-*, erklären (Abbildungen von Schlangen häufig auf griechischen Schleudergeschossen), doch ist dies natürlich sehr zweifelhaft (vgl. Bd. II Anh.).

Ueber u. *ninctu* s. S. 344 und § 224, über u. *conegos* § 224, über u. *furfa-* § 222.

Idg. *dh.*

220. Idg. *dh* erscheint im Osk.-Umbr., soweit man sieht, überall als *f*, im Lateinischen im Anlaut als *f*, im Inlaut zwischen Vocalen als *d*, im Inlaut vor und nach *r* etc. als *b*. Nach Ascolis Aspiratentheorie (vgl. oben S. 434 f.) ist der Hergang so zu denken: *dh* werde im Urital. über *th* zur interdentalen tonlosen Spirans *þ* (engl. „hartes *th*"); aus *þ* entstand im Anlaut durchweg, im Inlaut vor und nach *r* die labiodentale Spirans *f*, während im Inlaut zwischen Vocalen (ausser nach *u*) und nach *n* das rein dentale *þ* erhalten blieb; im Lat. wurde im Inlaut *þ* zu *d*, *f* wie das *f* = *bh*, *g²h*, *s* (vor *r*) etc. zu *b* verschoben; das Osk.-Umbr. bewahrte wie sonst die tonlosen Spiranten und das uritalische *þ* zwischen Vocalen (lat. *d*) fiel mit *f* wenigstens in der schriftlichen Darstellung zusammen[1]). Vgl. ausser Ascoli Osthoff Jen. Littz. 1878, Art. 476, Perf. 534f., Brugmann I 283ff., Stolz² 295f.

Anlaut. Ital. *fak-* in o. fakiiad *factud fefacid fefacust facus prae-fucus*, vo. *faɔia*, u. fakust *facurent* façia façiu façefele (*fato* = **fahtom*?), l. *facio -fex* etc. aus **dhə-k-* zu W. *dhē-* ai. *dhā-* gr. τίθημι ἔθηκα got. *ga-dēþs* nhd. *thun That* aksl. *dėją* lit. *dĕmi* etc. (s. z. B. Curtius Et.⁵ 254f., Fick I⁴ 72, 465, Per Persson Wurzelerw. 14, 209)[2]), die Form *dhē-* selbst wohl in u. feia feitu fetu *feitu fetu*, feta (?), aan-fehtaf (?), l. vielleicht in *fē-ti-alis* (vgl. auch *fē-c-i* : gr. ἔ-θη-κ-α nach der jetzt von den Meisten angenommenen Erklärung)[3]); o. fiísna- (íí = *ē*), päl. *fēsn.*, u. fēsna- zu l. *fēstus fēsiae fēriae* (l. *fānum* aus **făsnom*), vielleicht gleichfalls von W. *dhē-*, s. § 222; u. feliuf *filiu fel.*, l. *fīlius* : lett. *dēls* „Sohn" gr. θηλή θῆλυς etc. von W. *dhē(i̯)-* „saugen, säugen" (l. auch in *fē-mina*), s. Fick I⁴ 73, 466, Brugmann I 64, II 186[4]); o. feíhúís feíhúss C. A. zu l. *fingo figura* gr. τεῖχος τοῖχος ai. *dih- dēh-ī-* av. *diz-* nhd. *Teig Tiegel* etc. W. *dheiĝh-* Fick I⁴ 73, 232, 462[5]); o. fifi-

---

1) Ob auch in der Aussprache *þ* mit *f* ganz gleich geworden war, muss dahingestellt bleiben (ein *f* = *þ* noch in *-(n)f* = *-nþ* aus *-ns(s)* § 236 und in umbr. *rf* = *rþ* aus *rs(s)* § 232f.). Gegen völligen Zusammenfall spräche vielleicht o. Anafriss gegenüber amfr-, falls ersteres *f* = *dh* enthalten sollte (s. u.).

2) Vgl. auch das phrygische αδ-δακετ B. B. XIV 50.

3) L. *fuat* „faciat", *fuet* „faciet" wahrscheinlich ebenfalls von W. *dhē-*, mit „Determinativ" *-u-* (s. Per Persson 140).

4) L. *fīlius* nicht aus **fūlios* : gr. φῦλή (Thurneysen B. B. VIII 281 Anm.) schon wegen *ē* im Umbr.

5) feíhú- : gr. τεῖχος zuerst Bugge K. Z. V 4, mit richtiger Erklärung des *f-* und τ- aus *dh-* Grassmann K. Z. XIX 309ff., vgl.

kus, u. fikla- *ficla-* (oder dieses zur vorigen Wurzel?), fiktu a-fiktu zu l. *fīuere fīgere* lit. *dė̃gti* etc. W. *dheig²*- Fick I⁴ 462 (vgl. oben S. 339f.); o. *fortis* : ai. *dṛḍhá*- Gdf. **dhr̥ĝh-to*- (vgl. S. 384); u. *furo* furu zu l. *forum fores* etc. gr. θύρα got. *daúr* etc. (vgl. S. 114)[1]; *frosetom* l. *fraus fraudare* zu ai. *dru-h*- nhd. *trügen*, wohl auch gr. θραύω (s. o. S. 449); u. *frite* l. *frētus* wohl zu ai. *dhar*- „halten, fest machen" (l. in *firmus*?) Fick I⁴ 464, 468; l. *fons*, wozu wohl u. *fondlir-e*, nach Fick I⁴ 463 zu ai. *dhan*- „rennen" (vgl. auch *Donau Don*?), doch s. oben S. 444; über päl. l. *faber* s. § 224.

Inlaut. a) *f* = lat. *b* (vor und nach *r*, vor *l*, nach *u* *u̯*) : päl. *Rufries* u. rufru rufra *Rufrer* zu l. *rŭbro*- gr. ἐρυθρός ai. *rudhirá*- und u. *rofu rofa* zu l. *rōbus rūfus* (*f* dialektisch) got. *ráuda*- nhd. *roth*; o. lúvfreis (dazu vielleicht l]úvfríkúnúss) zu gr. ἐλεύθερος (oder mit idg. *th*? s. § 225; unklar ist das Verhältniss zu l. *līber*)[2]; u. *uerfale* zu l. *uerbum* got. *vaúrd* etc. (vgl. S. 278; schwerlich = l. **uersale*, was lautlich allerdings möglich wäre, vgl. *trahuorfi*); Suffix *-flo-* = l. *-bulo-* gr. -θλο- in u. *staflarem staflare* päl. *pri-staf^a^laciri*x, *-fli-* = l. *-bili-* in u. façefele pur-tifele, Suff. *-fro-* = *-dhro-* im Namen der oskischen Stadt *Uenafrum* (wahrscheinlich „Jagdrevier", Corssen I 166), vgl. auch l.-dial. *crefrare* = l. *cribrare* (unklar ist u. tafle l. *tabula*, päl. *lifar* l. *līber*, o. -pupufri- *164*), s. § 261, 4, 5. b) *f* = lat. *d* : o. mefi[ú mefiaí C. A. zu l. *medius* ai. *mádhya*- gr. μέσσος = *μεθι̯ος got. *midjis* (o. Mefitaiiaís wohl eher zum Namen der Gottheit *Mefitis* Preller II³ 144f., dessen Etymo-

---

Curtius Et.⁵ 182f., Pauli A. S. II 112f. Die Verbindung von feíhúmit l. *fīgere fixus* (Mommsen U. D. 120, 127, 308, Bücheler Comm. Momms. 235f., Rh. M. 33, 28) ist deshalb kaum haltbar, weil l. *fīgere* auf W. *dheig²*- zurückzugehen scheint (s. u.), also osk. **feibo*- oder **feigo*- zu erwarten wäre. Verfehlt war die Erklärung von feíhúals „ficus" Peter Allg. Hall. Littz. 1842 II 77, Corssen K. Z. XIII 188ff., Huschke O.-sab. Sprdkm. 43.

1) Unmöglich kann osk.-umbr. *vero*- „Thor" mit l. *fores* zusammenhängen (wäre **fero*- oder **foro*- ev. **furo*-), sondern es gehört zu lit. *vérti* „öffnen, schliessen", *vartai* aksl. *vrata* „Thor", l. wohl in *operio aperio* (s. oben S. 191 Anm.; auch in l. *uereor* Fick I⁴ 130?), vgl. Bugge K. Z. XIX 436, Corssen ebd. XXII 290.

2) Fal. *loferta* kann wohl auch *ō* aus *oi* (vgl. l. *loebertatem*) statt aus *ou* enthalten (**lois-ro-* : **leis-ro-*? vgl. § 229).

logie unklar ist); o. Aiifineís wohl zu l. *aedes* gr. αἶθος ai. *édhas*, vgl. l. *Aedinius* (z. B. C. I. L. X 8341), *Aedius Aedisius* (s. Bugge K. Z. XXII 440f., Brugmann I 284)[1]). Ein *f* = *dh* enthält wohl auch der auf osk.-sabell. Gebiete häufige Name *Fufius* (*Fufidius Fuficius* etc.) wegen des daneben vorkommenden *Fudius* (*Fudidianus* etc.), also wohl zu W. *bhudh-*, welche in der idg. Namenbildung vielfach Verwendung fand (gr. Πυθ- ahd. *Bod-* ai. *Bodha-* etc., s. Fick Personennamen CCV etc. und B. B. I 171)[2]); zu der W. *bhudh-* gr. πυθ- (Fick I⁴ 89, 490) wird seit Bugge K. Z. III 40 gewöhnlich auch u. *com-bifia-* ku(m)-pifia- gestellt, jedoch kommt auch W. *bhidh-* l. *fido* gr. πείθω in Betracht, vgl. § 224; zu letzterer vermuthlich der *pagus Fificulanus*, s. S. 412 A.; der Name des volscischen Flusses *Oufens Ufens* wird gewiss mit Recht zu l. *über* gr. οὖθαρ ai. *ûdhar* gestellt, vgl. zum *n* ai. *ûdhnas* gr. οὔθατ-ος aus **oudh-n̥-t-* (vgl. § 265f.); ob auch der osk. Fluss *Aufidus*, die osk. Stadt *Aufidena*, die vestin. Stadt *Aufinum* und die Namen *Aufius* (Avfi 27? oder Savfi?) *Aufeius Auficius Aufestius Aufustius Aufanius* etc. dazu gehören, ist theils wegen des *a* (vgl. S. 284), theils weil das charakteristische *r* oder *n* fehlt, sehr zweifelhaft. Für o. Arafiis, falls mit Anaptyxe aus **Arf-* (vgl. S. 256), scheint sich aus dem Lat. nur *arduus* (: gr. ὀρθός ai. *ūrdhvá-*) und *arbor* (aus **arþ-os-* oder **arþ-u̯os-*? vgl. S. 191) zur Anknüpfung zu bieten[3]). U. mefa *mefa* nach Huschke 131 zu gr. μέθη (aus *μεθϝᾱ, zu μέθυ ai. *mádhu* etc. idg. **medhu* Fick I⁴ 105, 512), aber wahrscheinlich ist *mefa-* = l. *mensa* (s. § 235). U. *pihafi* herifi (*cehefi*), o. sakrafír kaum zu ai. Inf. *-dhyāi* gr. Imper. -θι Inf. -(σ)θαι, s. § 326. Ueber o. puf, u. pufe *pufe ife ifont* s. § 222, ebd. über u. sufafiaf.

---

1) Dazu mit *f* noch *Aeficius Aef(u)lanus*? O. aídil aídilis ist aus dem Lat. entlehnt; über eine Vermuthung von Bartholomae s. S. 424. Unklar ist *Aebutius* o. Aibe... *113*.

2) Allerdings erwartet man lat. eigentlich **Fubius* nicht *Fudius* wegen des vorhergehenden *u*, doch vgl. auch *Rudius* (und die Stadt *Rudiae*), doch wohl zu *Rubius Rufius*; das *b* findet sich wirklich in *Fubettius*. Allerdings könnte *Fufius Fubettius* auch zu gr. τυφλός nhd. *taub* W. *dhubh-* gehören (vgl. *Caecius Caecilius* u. dgl.).

3) Corssen Eph. ep. II 164 vergleicht *Orfius*, aber dies ist durch den Vocal getrennt. [Doch wahrsch. Urufiis zu lesen, s. Nachtr.].

Ein *u̯ef-* : l. *di-uido* ai. *vidh-* etc. (W. *u̯eidh-* Fick I[4] 126, 544) scheint in u. vetu *Ib* 29 37 „di-uidito" (so mit Wahrscheinlichkeit Huschke 278 f., 475, Bücheler 39, 111 f.) aus **veftu* oder **veptu* = **veipĕtōd*, vgl. *hahtu* hatu aus **haftu* (s. § 223) und in u. *uef Vb* 12 12 17 17 „partes, portiones" (Huschke 475, Bücheler 39) für **uef-f*, Acc. Pl. eines Wurzelnomens **vef-*, vorzuliegen (vgl. Brugmann Ber. d. sächs. Ges. 1890, 211)[1]; vgl. auch den *fundus Uefeianus* C. I. L. X 407 (aus der Gegend von Atina)? dazu auch *Uifius* U. D. 260 aus Interamna?[2]). Hier sei noch o. Anafríss T. A. (2 m.) besprochen. Das Wort wird seit Bugge K. Z. II 386 meistens als „*Imbribus" aufgefasst (so z. B. Grassmann K. Z. XVI 117, Corssen Ausspr. I 163, 164, Bréal Mém. soc. VI 52)[3]). Diese Erklärung würde, da man *Emfríss oder *Enefríss erwartet, die Annahme eines jedenfalls nicht ganz gewöhnlichen Ablautverhältnisses notwendig machen (s. o. S. 284, 320). Der Unterschied von *anaf-* gegenüber *amf-* aus **ambh-* in amfr-et legt die Frage nahe, ob nicht in ersterem das *f* aus *dh* oder (nach § 229) aus *s* entstanden sei (also *anaf-* aus urit. **anþ-* gegenüber *amf-* aus urit. **amf-*). Falls an Windgottheiten gedacht werden kann (vgl. über die Verehrung von solchen Preller R. M. I[3] 329 ff.), würde das Wort zu W. *an-* in l. *animus anima* (*h*)*ālāre anhēlāre* gr. ἄνεμος ai. *ániti* etc. Fick I[4] 3, 352 gehören, also *anafr-* entweder = **an-dhr-*[4])

1) Von *veh-* (wie Bücheler Pop. Ig. lustr. 34 wollte, vgl. Aufrecht-Kirchhoff II 285) darf vetu schwerlich abgeleitet werden, da es *veitu lauten müsste (vgl. S. 356 f.), eher von *vel-*, doch s. S. 299 und § 292. Auch *uef* schon der Bedeutung wegen kaum von *veh-* (vgl. Bücheler a. O.), auch kaum zu l. *uīs* (Bugge K. Z. III 42, vgl. Bréal 257), vielleicht jedoch zu l. *lībra* (aus **leidhrā*?), s. S. 288. Ganz unhaltbar scheint mir die Erklärung von vetu = l. *uouēto* (Bréal 201).

2) Nicht etwa ächt oskische Form für *Uibius*, da der letztere sehr häufig vorkommende Name immer mit *b* geschrieben wird (o. Vibis Viibis Vibiiai, päl. *Uibedis Uib.*, vgl. S. 430 f.); *Uifius* kann zu l. *uidua uiduus* : ai. *vidhávā* etc. Fick I[4] 126 gehören (*u̯if-* aus **u̯ipu̯-*).

3) Bücheler Rh. M. 37, 644 „Anafriss ist noch nicht sicher gedeutet".

4) Vgl. zum Suffix l. *Mulciber*, *Iuppiter Cantaber* (Preller a. O. 237 A.), *Purcefro* (? § 261, 4).

oder = **ans-r-*[1]). Ferner wäre Anknüpfung an gr. ἀνθέω ἄνθος ἀνθέριξ ἀνθηρός etc. ai. *ándhas* etc. Curtius Et.[5] 250f. möglich (l. *ador* kaum hieher). Henzen Ann. del Ist. 1848, 400 und Huschke O.-sabell. Sprdkm. 10 erklären Anafríss als „Inferis", aber das a ist auffällig (trotz anter : l. *inter* oben S. 320), die Bedeutung passt wohl auch weniger gut und man erwartet doch eher den *o*-Stamm (-úís; über die Etymologie von l. *infer(us)* vgl. § 230). Mommsen dachte Ann. del Ist. 1848, 423 an ἀναφέροντες, U. D. 135, 250 an „Umgeher" = Beschützer, zu amfr-et, beides mir unwahrscheinlich (im letzteren Falle erwartet man *Amfrítíss). Falls Anafriss doch = **Imbribus* sein sollte, ist zum *n* gegenüber amfr- oben S. 307 zu vergleichen.

Idg. *bh*.

221. Idg. *bh* wurde im Urital. nach Ascolis Aspiratentheorie (s. S. 434f.) über *ph* zu *f*, welches im Lat. im Inlaut weiterhin zu *b* verschoben wurde (wohl auch im Umbr. nach *m*), sonst erhalten blieb. Anlaut. O. fust *fust fuid* fufens fufans fusíd Fuutreí, u. fust *fust* furent futu *futu fututo* fuia fuiest *di-fue* (wohl auch *tri-fu-* l. *tri-bu-s*, s. u.) von W. *bheu̯-* ai. *bhū-*, gr. φυ-, l. *fu-* in *fui forem futurus* etc., lit. *bu-* etc. Fick I[4] 92, 266f., 494; dazu wohl auch o. fiiet u. *fito* l. *fio* (*f-* aus *fu̯-*, vgl. oben S. 190f.; nach Anderen zu ai. *dhīyátē*, vgl. § 295) und u. *foni-* : l. *faueo*, da *faueo* Causativum zu *bheu̯-* zu sein scheint (s. Fick I[4] 92, Thurneysen K. Z. XXVIII 154)[2]); päl. *fertlid* marr. *feret ferenter* u. fertu *fertu ferar* ferest ferine *ferine* ferim-e ař-fertur- *ars-fertur-* zu l. *fero* W. *bher-* ai. *bhar-* gr. φερ- air. *ber-* germ. *ber-* aksl. *ber-* Fick I[4] 90f., 265f., 492, dazu wohl auch päl. *forte* (Gen. „fortis") l. *fors* = ai. *bhr̥̥-ti-* und möglicherweise o. fratrúm u. frater *frater* fratreks

---

1) *ans-* erweiterte Wurzel (vgl. aksl. *ąchati*) oder nominaler *s*-Stamm (zur Ableitung vgl. im letzteren Falle ai. *tamisra-* etc. § 229, auch l. *funebris* etc.). L. *ālāre* von einem **anslo-*.

2) Havets Zusammenstellung mit gr. θο(ϝ)ός (Mém. soc. VI 18) leuchtet mir weniger ein.

fratreci etc. l. *fråter* : ai. *bhråtar-* gr. φράτηρ got. *brōþar* etc.; o. Fiisiais Fisiais Fisanis u. *Fiso- Fisio- Fisouio- Fisouino-* zu l. *fido fisus Fidius* W. *bheidh-* gr. πείθω got. *bidjan baidjan* etc. (vgl. S. 419, 421); o. far u. *far farer farsio* fasiu l. *far farris* : got. *bariz-* (vgl. § 232); o. fatium l. *fateri fari* : gr. φημί φάσις etc. Fick I[4] 88, 489; o. fruktatiuf, u. *frif fri* „fruges“ l. *fruor fructus* : got. *brūkjan* nhd. *brauchen*; o. Fluusai *Fluusasiais*, sabin. *Flusare* l. *flōs Flōra* : air. *bláth* got. *blōma* nhd. *Blume* Fick I[4] 498; o. Flagiui l. *flagro fulgur* etc. : gr. φλέγω nhd. *blinken Blitz* etc. Fick I[4] 94, 497f.; u. ufestne nach Bücheler zu l. *of-fendimentum* W. *bhendh-* nhd. *binden* (vgl. S. 423f.); o. Fistel(iú) Fistlúís l. *fistula* vielleicht zu l. *fidelia* gr. πίθος πιθάκνη φιδάκνη (vgl. S. 423 A.); u. fefure *IIa* 4, dessen Bedeutung mit Bücheler 124 als „turbauit“ „uitiauit“ oder dgl. anzusetzen ist (vgl. § 314), wohl eher mit Bücheler zu l. *forare* gr. φαρόω nhd. *bohren* etc. W. *bher-* Fick I[4] 491 oder zu l. *ferio* (wohl von derselben Wurzel, vgl. Fick[4] 90, Per Persson Wurzelerw. 18f., 45, 104, Vaniček[2] 187) als zu gr. φύρω Fick I[4] 91 (wegen der abweichenden Bedeutung, die letztere W. im Lat. in *furo furia* zeigt) oder als zu W. *dhu̯er-* „zu Fall bringen, schädigen“, Fick I[4] 76, 468, Per Persson 25 Anm., 60 Anm., 132 Anm. (l. in *fraus*?); o. Frus *166*, falls richtig gelesen und Cognomen = *Frons* (?), zu l. *frons* : ai. *bhrū-* gr. ὀφρῦς?; über sabin. '*fasena*' s. o. S. 443 Anm.

Inlaut. O. Alafaternum, päl. *Alafis*, u. alfu *alfer alfir* : l. *albus* gr. ἀλφός ahd. *elbiz*; o. *hafiest* : l. *habeo* got. *haban* (oder air. *gabim*? s. § 225, über *b* in u. *habitu* etc. § 224); o. *loufir* (-*r* unsicher) : l. *lubet* ai. *lubh-* got. *liuba-* aksl. *ljubŭ* etc.; o. t(e)fei oder t(i)fei, sífeí, päl. *sefei*, u. tefe *tefe* : l. *tibi sibi* ai. *túbhyam* aksl. *tebě sebě*; o. amfr-et (schwerlich am-fret) : l. *amb-* gr. ἀμφί ahd. *umb* (über *b* in u. *ambr-* s. § 224; o. *Stafia- „Stabiae“, Staf[i]anam „Stabianam“ wohl zu *stă-bh-* in lit. *stdbas stabýti* nhd. *Stab* etc. (vgl. Per Persson 59, Kluge s. v. *Stab*; ai. *stabhnómi*, das Corssen I 161f. vergleicht, ist dagegen = *stm̥bh-*, s. Brugmann I 348)[1]); Suff. -*bho-* (ai. *r̥šabhá-* gr.

1) An *stă-dh-* in gr. στα-θ-μό-ς etc. Per Persson 48 ist wegen *b* in l. *Stabiae* kaum zu denken.

ἔριφος etc.) in mars.-lat. *Aprufclano* (vgl. auch *Aprufenius*) und in o. Píkúfn.. zu l. *Picumnus* aus **Picobnus* (vgl. § 261, 11); Dat.-Abl. Pl. auf *-fs* zu l. *-bus* ai. *-bhyas -bhiš* gr. -φι etc. in o. luisarifs, später zu *-ss* assimilirt (o. teremniss *ligis* u. avis etc.); über o. puf, u. *pufe ife* etc. s. § 222. W. *bhu-* in Compositis: u. *trifu-* (in trifu *trifo trifor* trefi-per) l. *tribus* wohl aus *tri-bhu-*[1]), u. *di-fue*: gr. διφυής l. *du-bius* (vgl. S. 413), o. prúffed prúfatted prúftúset *amprufid* u. prufe : l. *probus* ai. *pra-bhu-* (vgl. S. 190)[2]); hieher auch die italischen *f*-Tempora: Perf. auf *-(f)fed -(f)fens*, Imperf. auf **-fad -fans*, Fut. II auf *-fust *-fuzent*, lat. Imperf. auf *-bam*, Fut. I auf *-bo*, s. § 311, 316, 325.

---

222. In vielen Wörtern ist die Herkunft des *f* nicht sicher zu bestimmen. Ausser mehreren bereits angeführten Wörtern gehören folgende hieher. O. faamat „habitat" und o. '*famel*' „famulus", *famelo* „familia", u. fameřias „familiae", l. *fămulus fămilia*, nach den Meisten zu ai. *dhá-man-* „Wohnung" gr. θαιμός· οἰκία W. *dhē-* „setzen, stellen" (so Aufrecht-Kirchhoff I 76, 91, Curtius Ztschr. f. Altthsw. 1849, 337 Anm., Et.[5] 254f., Vaniček[2] 128 u. A.), aber das *ā* in faamat macht hiebei (trotz Mahlow D. l. Voc. 27, 137) grosse Schwierigkeiten (vgl. oben S. 283). Andere haben als Wurzel *bhag*[1]- „zu Theil erhalten" (Fick I[4] 87, 487) angenommen, so Benary, L. Meyer, Corssen (K. Z. XXII 290ff., Musspr. I 800, vgl. ebd. 142f.), Fröhde (B. B. XVI 192), also idg. **bhăg*[1]*-mo-*, aber der Ausfall des *g* ohne Ersatzdehnung in *fămelo-* l. *fămulus* bliebe auffallend (vgl. oben S. 380). Bezzenberger B. B. XVI 239f. knüpft an lit. *giminė̃* „Familie", *gamìnti* „zeugen, anschaffen" etc. an, also W. *g*[2]*ham-* (urit. *χuam-*), aber auch hier bleiben Zweifel, weil lit. *g* auch = *g*[1] oder *g*[2] sein kann (vgl. *gemù gimdaũ*, ai. *jāmí-* gr. γάμος etc.? s. Curtius 546f., Fick I[4] 34, 401) und wegen der Be-

---

1) Mit o. triíbúm etc., l. *trabs*, air. *treb-* etc. S. 283 hat u. *trifu-* l. *tribus* nichts zu thun.

2) *probus* kaum mit Aufrecht Rh. M. 43, 318f. zu ai. *pra-dhā-*, da im L. **produs* zu erwarten wäre, es müsste denn ein **pro-dh-ẹo-* (vgl. o. *praefucus* aus **prai-fak-ẹo-*) oder **pro-dhu-* angenommen werden.

deutung von o. faamat, das allerdings zur Noth von **fămelo-* getrennt werden könnte[1]. O. fiisna- (ii = *ē*) päl. *fēsn.* u. fēsna- gehört sehr wahrscheinlich zu l. *fēsiae fēriae fēstus* und, mit anderer Ablautstufe der Wurzelsilbe, l. *fānum* aus **făsnom* (vgl. W. Meyer Die Schicks. des l. Neutr. 34, Brugmann II 136, auch Peter Allg. Littztg. 1842 II 78, Mommsen U. D. 308 und oben S. 281)[2]; zu Grunde liegt möglicherweise ein ablautender *s*-Stamm **dhēs *dhəs-ós* von W. *dhē-*, s. Thurneysen K. Z. XXX 488 f.; an gr. θέσσομαι πολύ-θεστος etc. Curtius Et.[5] 520 A. kann nur angeknüpft werden, wenn die gr. Wörter eine W. *dhēs-* (*dhĕs-*?), s. Bartholomae Litt. Cbl. 1884, 956, B. B. XVII 108, oder eine W. *g²hes-* enthalten (nach Fick I[4] 415 aber W. *g²hedh-*, doch ist daselbst got. *bidja* zu streichen); die Erklärung von *fēs-* aus W. *bhā-* (Corssen I 141, 422 f. u. A.) ist wohl trotz aksl. *bělŭ* Fick I[4] 87 wegen des *ē* bedenklich. Für u. *furfa-* in furfaθ *Ib* 1, *furfant VIb* 43, *e-furfatu VIb* 17 *VIIa* 38 ist wohl am wahrscheinlichsten mit Huschke 171 f., 204 f., Bréal 133 f. und Bücheler (in der Uebersetzung) als Bedeutung *lustrare purgare februare* anzunehmen, aber etymologisch lässt sich *furfa-* mit l. *februnur* schwer vereinigen (*furf-* aus **for-f-* oder **fr̥-f-* : *febr-* aus **fe-fr-*, verschieden reduplicirt?? oder **fefruo* aus **ferfruo* durch Dissimilation wie l. *sempiternus* aus *sempe(r)ternus*, *Frent(r)ani* und dgl.?? Die W. bleibt in diesem Falle unklar. Unmöglich ist die Zusammengehörigkeit von *furfa-* und *februo*, falls l. *februo* = **fes-ruo* ist). Bücheler 71 denkt auch an l. *for-mus* etc. (W. *g²her-* „glühen, brennen"; *fur-f-* aus *g²hr̥-g²h-* oder *g²hr̥-dh-* oder vielleicht *g²hr̥-s-*?)[3], aber der Bedeutung nach liegt dies nicht nahe. Falls die Bedeutung „caedunt" oder „dissecant" oder „tondent" für *furfant*, „excidito" für *efurfatu* zulässig sein sollte (? Aufrecht-Kirchhoff I 59, Newman 20, Zeyss K. Z. XIX 161 f., Stockes Mém. soc. V 420), wäre l. *forfex* zu vergleichen (*f* erhalten, weil mit *-fex* in *opifex* etc. associirt), welches letztere zu W. *bher-* „schnei-

---

1) Sollte bei faamat u. A. an eine Erklärung aus **bhu̯ā-mo-* (zu W. *bheu̯-*, vgl. d. *bauen Bauer*) gedacht werden können?

2) L. *februus* nach Stolz[2] 309 u. A. aus **fesruo-*, doch enthält es *ĕ* (aus *dhu̯-es-* nach Per Persson 82).

3) L. *ferueo* aus **bheru̯-*, s. Fick I[4] 91, Per Persson 126.

den" Fick I[4] 90, 491 f. gehört (vielleicht mit dem Determinativ *-dh-*, vgl. gr. πέρθω Stokes a. O., Per Persson 45). Der vestinische Ortsname *Furfo* und die Personennamen *Furfanius Furfulanius Furfuleius* bringen keinen Aufschluss. Das in Eigennamen öfters vorkommende *fal-*, z. B. in o. F a l e n i a *137*, F a l- *136*, U p - f a l s *156 157* U p - f a l e i s *139* (vgl. S. 429 f.), l. *Falius, Falerii, Faliscus, Falernus, Falerio* (pic.), *Falacrinum* (sabin., von *Falacer*), *Falesia* oder *Faleria* (bei Populonia) etc., gehört wohl zu l. *fala* „Hochbau", die Grundbedeutung scheint „hoch" zu sein (falae dictae ab altitudine etc., s. Deecke Fal. 24 ff.)[1]); dieses *fal-* stellt Corssen K. Z. X 36 f. (vgl. Vaniček 181) zu gr. φάλιος φαληρός „weiss, hell" etc. (lit. *bál-tas*, aksl. *bělŭ* „weiss", an. *bál* „Flamme" etc.), aber die Bedeutung lässt dies sehr fraglich erscheinen (ausserdem war die W. wohl *bhel-*, s. Per Persson 20, so dass das italische *a* etwas auffallen würde); sollte eher an l. *fulcio* oder an gr. θάλλω (τέθηλα θηλέω θαλερός etc. W. *dhăl-*) „sprossen blühen gedeihen" zu denken sein, vgl. l. *altus* von *alo*?[2]). Ganz unwahrscheinlich ist mir die Vermuthung von Schrader K. Z. XXX 484 f. (vgl. Stolz[2] 294), wonach *Falernus* ein **fali-* = gr. χάλι- „ungemischter Wein" enthalten soll, da dieser Name von den übrigen nicht zu trennen ist. U. s u f a f i a f *IIa* 22 s u f a f i a s *IIa* 41 verbinden Huschke 369 und Bücheler 131 f., Lex. It. IX a wohl mit Recht mit altl. *effafillare exfabillare* = *exserere* und nehmen an, dass es gewisse Theile des Opferthieres, gleichsam *ligamenta* oder *subligacula corporis* bezeichne, Bücheler zieht zu diesem *faf-* „binden" „anfügen" mit Wahrscheinlichkeit auch l. *fascia fascis* (Suffix wie in *esca* von *ed-*, *posca* etc.)[3]). An die W. *bhendh-* nhd. *binden* l. *fend-* in *offendimentum* darf theils wegen des *a* statt *e* oder *o*, theils wegen des lat. *b* (statt *nd*) in *exfabillauero* schwerlich gedacht werden, es liegt daher am nächsten, an W. *dhabh-* „passen, passend machen, fügen"

1) Dazu auch l. *infula* aus **in falō* „was man zuhöchst, am Kopfe, trägt"? (vgl. *insula* falls aus *in salō*).

2) In *Falacer*, Name eines Gottes, dann etwa noch ein Rest der älteren Bedeutung? (zur Bildung vgl. *alacer* von *alo*).

3) *fasc-* kann vor dem *sc* einen beliebigen Consonanten (ausser etwa *l*?) verloren haben.

in got. *ga-daban ga-dōfs* lit. *dabìnti* aksl. *doba* etc. Fick I[4] 462 (vielleicht auch in l. päl. *faber*, s. § 224) anzuknüpfen. Gegen diese Etymologie könnte man vielleicht anführen, dass neben *Fafius*(?) *Fafinius* mehrfach Formen mit *d* wie *Fadius Fadillus Fadenius Fadonius* Cogn. *Fadus* vorkommen, welche auf eine W. auf *-dh* führen würden; eine solche mit den ganz gleichen Bedeutungen wie *dhabh-* liegt vor in *ghadh-* got. *gōda- gadi-liggs* (nhd. *gut Gatte* engl. *to-gether*) aksl. *godŭ goditi* etc., sehr wahrscheinlich auch in gr. ἀγαθός, s. Fick I[4] 413, Kluge s. v. *Gatte gut*, es wäre also **fadus* Cogn. *Fadus* = gr. ἀγαθός[1]), *Fadonius* = Ἀγάθων (+ *-i̯o-*); da je doch urit. **χu̯aƀo- faƀo-* als Anlaut g^2h voraussetzt, das Germanische hingegen auf g^1h weist, ist die Erklärung von *faf-* aus *dhabh-* doch wohl vorzuziehen und *Fadus Fadius Fadonius* etc. können dann etwa auf *bhă-dh-*, Weiterbildung von *bhā-* „leuchten", vgl. gr. φαέθω (*Fadonius* : gr. Φαέθων), zurückgeführt werden; *Fafinius* entweder hiezu oder wegen der Form *Fabius* zu *dhabh-*. U. *fahe Vb* 12, welches einen Gegensatz zu *toco* („eingemacht") in der Zubereitung des Fleisches bezeichnet (Bücheler 40 f., Bréal 259, vgl. auch Newman 28), kann von *facio* (vgl. Bücheler) jedenfalls nicht direct hergeleitet werden, da das *h* statt *k* oder vielmehr *ś* unerklärlich wäre, sondern man müsste ein idg. **dhə-i̯o-* urit. **fa-i̯o-* ansetzen (*-i̯o-* participial wie in l. *ex-imius* etc.); davon Acc. Pl. **fae(f)* *fahe(f)* (*h* Trennungszeichen wie in a h e s n e s etc.) wie *persae(f)* von *persaio-* (§ 276), wobei dann erinnert werden könnte, dass auch dem l. *factus infectus* im Umbr. ein direct von *dhē-* gebildetes Ptc. entsprochen zu haben scheint: f e t a a a n f e h t a f aus **dhē-to-* (freilich nicht ganz sicher). Es ist aber vielleicht auch möglich, dass *fahe* zu gr. φώγω und nhd. *backen* gehört (vgl. Newman), da dies dem Sinne nach gut passen würde, ein schweres Bedenken bleibt freilich darin bestehen, dass die W. sonst *-g*, nicht *-gh*, zeigt (s. Fick I[4] 494 f.), also eher umbr. **faief* (vgl. *muieto*) zu erwarten wäre. Falls l. *fauilla* zu W. *dheg²h-* „brennen" Fick I[4] 74, 463 gehört, wie vielfach angenommen wird[2]), könnte man auch auf eine Erklärung von *fahe* aus **faχu̯-i̯o-*, mit Schwund des

---

1) ἀ- wohl für ἁ- = **sm̥-*.
2) Vgl. z. B. Bezzenberger B. B. XVI 258.

u̯ vor *i̯* wie in l. *socius* : *sequor* etc., kommen, doch bleibt diese Möglichkeit aus mehreren Gründen sehr fraglich [1]). Unklarer Bedeutung sind u. feřehtru *III* 16 18, su-feřaklu ebd. Die lautlich nächstliegende Anknüpfung ist die an W. *bheid-* „spalten" l. *findo fidi* ai. *bhḗdati* got. *beita*; Pauli A. S. V 120 ff. (vgl. 82) stellt die Wörter mit l. *fodio* lit. *bedù* zusammen [2]); Büchelers Herleitung (Umbr. 155 f.) von dem oben S. 460 besprochenen *fal-* ist mir wegen des *e* statt *a* in der Wurzelsilbe und wegen des ř nicht wahrscheinlich. Will man o. puf u. pufe *pufe* = gr. πόθι setzen, wie z. B. Bugge A. S. 20, 67, Fröhde B. B. VIII 165 thun (dagegen Danielsson A. S. III 151), so muss man, da lat. *ubi ibi* natürlich nicht davon zu trennen sind, annehmen, dass lat. *b* in *ubi* nach *u* lautgesetzlich entstanden war (vgl. *iubeo* Osthoff Perf. 534 f.), *ibi* aber Neubildung statt **idi* nach *ubi* ist, wahrscheinlich enthalten aber alle diese italischen Adverbia (aus dem Osk.-Umbr. noch u. *ife ifont*, päl. *ecuf*, vielleicht auch o. essuf *esuf* u. *esuf*) das Suffix *-bhi*, vgl. gr. αὐτό-φι etc. Als gänzlich dunkel seien endlich angeführt: **Safo- *Saf-no- *Saf-īno-* in o. Safinim l. *Samnium* (aus **Safniom*) *Sabīnus Sabellus Sabus Sabius Sabidius* etc. [3]); vo. *Tafanies* (vgl. l. *tabanus*?), o. Tafidins [4]); päl. *Scaifia* [5]); o. Allifa., Afillis, *Afaries*, Ufiis (wozu *Ofdius Ofatulena* etc. C. I. L. IX X), Savfi oder Avfi (27), Fensernu, Fíml, aflak-, u. *Fullonie*. Ueber päl. *firata* s. Bd. II Anh., über u. urfeta § 225.

Viele *f* liessen sich noch aus Orts- und Personennamen

1) Zu *fahe*, falls von **fah-i̯o-*, vgl. den Namen *Faianius* (C. I. L. IX 4786 und sonst)? oder = *Fadianius*?

2) Diese W. lautete jedoch vielleicht auf *dh* aus, s. Fick I⁴ 491, Kluge s. v. *Bett*, Feist Et. s. v. *badi*, auch ging sie wenigstens im Lat. nach der *o*-Reihe, zu der Hübschmann Voc. 172, Brugmann I 261 sie überhaupt zählen. Paulis Auffassung der Stelle *III* 18 (feřehtru su-feřaklu Ablative) ist mir überdies nicht einleuchtend. Ueber päl. *afded 254* s. Bd. II Anh.

3) Anknüpfung an gr. σαφής oder germ. *Suēbi* wäre ohne Anhalt im Italischen. *Sadius* ist wohl zu trennen.

4) Ob in u. tafle l. *tabula* Suff. *-dhlo-* enthalten sei, ist gleichfalls unsicher.

5) L. *caedo* scheint mit got. *skaidan* auf eine W. *skait- skaid-*, nicht *skaidh-*, zurückzugehen.

des osk.-umbrischen Sprachgebietes anführen, doch würde dies zu weit führen. Es sei bloss noch erwähnt das merkwürdige *fifeltares* der Inschrift von Furfo im Vestinischen[1]).

Veränderungen des *f* im Osk.-Umbrischen.

223. Uebergang von *f* in *h* im Anlaut vor Vocalen findet sich im Lateinischen in *haba* = *faba*, *hanulum* = *fanulum*, *hordus* = *fordus*, *horctum* = *forctum*, *hebris* = *febris* etc. Die Erscheinung ist jedenfalls als eine dialektische aufzufassen, doch lässt sich ihr Gebiet nicht genau bestimmen. Als faliskisch ist *haba* bezeugt. Von dem auch ins Sabinische reichenden umgekehrten Wandel von *h* (χ?) zu *f* (oben S. 442 f.) ist derjenige von *f* zu *h* streng getrennt zu halten, wenn auch im Faliskischen beide sich zu berühren scheinen (*foied* = *hodie*). Dem Sabinischen war der Wandel von *f*- zu *h*- vermuthlich fremd (vgl. '*februum*' '*fasena*'), jedenfalls darf derselbe für die anderen osk.-umbr. Dialekte ohne zwingende Gründe nicht angenommen werden. Wäre päl. *hanustu* 254 von Bréal Mém. soc. VI 84 f. richtig als „fano esto" gedeutet, so wäre das Wort ein Lehnwort, wie Bréal wirklich annimmt (ächt päl. **fasn*- oder vielmehr, wie 253 zeigt, *fēsn*-), aber die Deutung ist mir schon aus Gründen des Zusammenhanges höchst zweifelhaft (s. Bd. II Anh.)[2]). Bei u. *holtu* denkt Bücheler 100 f. zweifelnd an l. *fallito* (anders 166), aber ausser dem *h*- spricht das *o* statt *a* dagegen (vgl. über das Wort oben S. 438 f., 445). Ueber u. *erafont* neben -*hont* s. S. 443 f. Gänzlich unhaltbar ist die Erklärung von *benust* aus **benfust* **benhust*, *uesticos* aus -*afust* -*ahust* etc., s. § 325.

Ganz anderer Art ist der umbrische Wandel von *f* zu *h* vor *t* (vgl. S. 425 ff.). Er findet sich 1) bei urosk.-umbr. *ft* aus

---

1) Bezeichnet sind damit nach Bücheler Umbr. 32 *sacrorum causa congregati uicani*. Falls in u. felsva ein *felt*- = g^2*helt*- (ahd. *geltan* an. *gilde* etc.) enthalten sein sollte (s. o. S. 448), könnte *fifeltares* = *fi-felt*- sein. Oder zu u. *com-bif-ia*- falls aus **kom-fif*-? (W. *bheidh*-, l. *fido fides*? vgl. *Fif-iculanus*? s. § 224). Huschke Jbb. Suppl. V S. 860 f. denkt an **fifla* = l. *fibula*.

2) Bugge A. S. 78 erklärt *hanustu* als „honestum" und leitet l. *honor*, mir nicht einleuchtend, von φαίνω ab.

urit. *pt* in *screihtor screhto* o. *scriftas* urit. **skrīpto-*, in *aha-* falls aus **af-t* . . . **ap-t* . . ., etc. (s. a. O.); 2) bei osk.-umbrischem, durch Syncope eines Vocales zwischen *f* und *t* entstandenem, *ft* in hahtu hatu *hatu* (hatutu *hatuto*) aus **haftu* (Huschke 219f., Bücheler 184, 208), falls **haftu* auf **hafĭtōd* (vgl. o. *hafiest*), nicht auf **haptu* = **habĭtōd* oder **habĕtōd* (vgl. u. *habītu habiest* etc.) zurückgeht, vgl. S. 427, und ähnlich in vetu nach der wahrscheinlichen Erklärung aus **vēfĕtōd* = l. (*di-*)*uidito*, doch muss bei diesem Wort dahingestellt bleiben, ob urit. *þ* aus *dh* zur Zeit der Syncope wirklich schon *f* geworden oder noch *þ* geblieben war; 3) bei osk.-umbrischem durch Syncope entstandenem *pt* in hahtu etc., falls = o. **haptud* urit. **habĭtōd* oder **habĕtōd* (s. o.); 4) vielleicht bei *-f* aus *-ns*, wenn solches durch Uebertragung vor *t-* zu stehen kam: *trah-* in *trah-uorfi*, falls *trah-* für *traf-* von Compositis mit anlautendem *t-* ausgegangen ist wie *eh-* für *ek-* (und *ah- aha-* falls für *ap- af-*)[1]. — *ht* aus *ft* fiel mit *ht* aus *kt* wohl vollständig zusammen, wie dort wurde bei der Reduction des Spiranten (vgl. die Schreibung *hatu* etc. ohne *h*) der vorhergehende Vocal gedehnt, vgl. S. 208f. — Im Osk.-Sabellischen blieb *ft* erhalten (= *pt* in o. *scriftas* ufteis päl. *Ofturies*, syncopirt aus *-fĕt-* in o. prúftú-set).

Assimilation von *fs* zu *ss* hat im Auslaut im Dat.-Abl. Plur. der *i- u-* und cons. Stämme stattgefunden (*-fs* aus *-fos* = l. *-bus*): o. Anafríss T. A., teremníss C. A., sakriss (sakriiss?) *133*, *eíkviaríś 134*, aisusis Blt., *ligis* T. B., marr. *pacris 274* (?), u. avis *aueis sacris* tris berus *nerus* fratrus etc. (s. § 278, 280, 284), dazu päl. *uus* = **uōfs* l. *uōbis*; erhalten ist *-fs* nur auf der alten oskischen Inschrift *130* in luisarifs. Ueber die Erklärung von o. manafum aus *manaf-sum = l. *mandans sum* s. § 323.

Unhaltbar scheint mir die Annahme von Bugge K. Z. XXII 452ff. (vgl. Bücheler Comm. Momms. 236, Umbr. 183), dass *f* zuweilen in *p* übergegangen sei. Auf „sabinisch“ '*alpum*' = *album* bei Paul. Fest. ist wenig zu geben, es ist

---

1) Wie in l. *trā-duco*, regelrecht aus **tranzduco* etc. (vielleicht auch *trā-uersus* regelrecht aus **tranzuers-*), ist umbr. *trah-* schwerlich zu erklären.

wohl wie fal. *Tiperilia* etc. Deecke Fal. 260 zu beurtheilen[1]); dass *Alpis 245* nicht ächt pälignisch = *Albius* sein kann, zeigt *Alafis 253* (o. Alafaternum u. alfu *alfer*)[2]). Ueber o. *hipid hipust* neben *hafiest* s. S. 192 und § 224, 321, über o. íp päl. *ip*, die Bugge auch A. S. 67 aus **if* (umbr. *ife*) erklärt, s. S. 85. In dem -p von umbr. kutep vitlup turup an der Stelle *Ib* 3—4 neben dem sonstigen regelmässigen, über 100mal belegten -f *-f* „ein Lautgesetz irgend einer Art anzuerkennen", haben sich schon Aufrecht-Kirchhoff II 88 wohl mit Recht gescheut; die Erklärung ist wohl auf rein graphischem Gebiete zu suchen[3]).

Mediae statt tonlosen Spiranten.

224. a) Im Umbrischen nach Nasalen. Das osk. amfr- (amfr-et, schwerlich am-fret, s. § 304) finden wir im Umbr. als *ambr-* in *ambr-etuto ambr-efurent* ampr-ehtu apr-etu ampr-efuus. Brugmann I 178 nimmt an, das *b* von *ambr-* entspreche nicht dem osk. *f*, da im Umbr. sonst die tonlosen Spiranten wie im Osk. erhalten bleiben, sondern *ambr-* sei erst aus **amr-* hervorgegangen, vgl. l. *Cambrianus* aus **Camr-* Stolz[2] 308, o. úmbn- aus **omn-* oben S. 302; **am(e)r-* statt **amf(e)r-* wäre „von der Form *am-* aus neu gebildet"[4]). Da aber im Umbr. nach Nasalen auch die Tenues im Gegensatz zum Osk. erweicht wurden (s. § 247), dürfte lautgesetzliche Entstehung von *ambr-* aus **amfr-* doch

1) Oder etwa durch das von Paul. Fest. dazu citirte gr. ἀλφόν beeinflusst? (φ erscheint in den älteren ital. Lehnwörtern als *p*).

2) Vielleicht ist der Name keltischen (*alp-* Curtius Et.[5] 293?) oder etruskischen Ursprungs; kaum p = *bb* (vgl. o. *hipid* und *bb* in *Babbius Uibbius* etc.).

3) Bréal 227, 313 erinnert an das faliskische ↑ = f, das von umbr. ꟼ = p nur wenig verschieden ist. War ein solches ↑ dem Schreiber der Vorlage an dieser Stelle einigemal „in die Feder geflossen" (vgl. das vereinzelte ⊙ für t, M für s, ‡ für s S. 47, 73), so konnte es leicht dem Steinmetzen unverständlich sein und für ꟼ genommen werden. Bei kutep pesnimu könnte man allenfalls eine Einwirkung des folgenden Anlauts annehmen, aber bei vitlup turup Hunte versagt dieses Auskunftsmittel.

4) Denn dass **amfer-* lautlich zu **am(m)er-* geworden sein sollte, ist sehr unwahrscheinlich.

die näherliegende Annahme sein [1]). Auch in *amboltu* scheint die Präpos. *amb-* aus **amf-* gr. ἀμφί, von der o. amfr- u. *ambr-* eine Erweiterung mit dem *-er-* von *anter super* etc. ist, vorzuliegen. Das Wort wird gewiss mit Recht zu l. *ambulare* gestellt (Aufrecht-Kirchhoff II 248, Huschke 231, Bücheler 93) [2]) und dass letzteres die Präpos. *amb-* enthalte, ist die gewöhnliche und m. E. richtige Annahme [3]); das Verhältniss von *amboltu* zu l. *ambulato* ist ähnlich dem von l. *sonere* zu *sonare* etc. (s. § 291), also *amb-ulō* nicht Denominativum von *ambulo-*, einer directen Weiterbildung von *amb-* (Barth Mém. soc. II 236, Bersu Gutt. 143), sondern primäres Verbum, wohl mit Fick B. B. II 264, Wtb. I[4] 356, Bartholomae Stud. II 109 zu gr. ἀλάομαι lett. *aloht* oder zu gr. ἐλ-θ-εῖν etc. Basis *el-* „gehen" Danielsson A. S. IV 167 f. [4]). Auch u. amparitu *III* 14 amparihmu *IIa* 42, deren Bedeutung nach Bücheler „erigito", medial „erigitor" = „surgito" ist, könnten möglicherweise die Präpos. *amb-* enthalten [5]), doch ist eher mit Bücheler *par-* als Wurzelsilbe anzunehmen und l. *parare pario com-perio re-perio* etc. zu vergleichen (also eigentlich „aufschaffen", Präp. *an-*). Unklar ist, ob ampeřia *IIa* 29 in amp-eřia mit der Präpos. *amb-* oder in am-peřia zu zerlegen sei [6]). ap-ehtre *IV* 15 kaum = amp-

1) Auch das folgende *r* könnte mitgewirkt haben (vgl. *abro- adro- podruhpei* etc.), doch s. die nächsten Beispiele, in denen kein *r* folgt. Unklarer Etymologie ist der Name *Umbri Umbria.*

2) Bréal 171 denkt an *amb* + *holtu* oder *amb* + *u̯oltu* (= l. *uoluito*, vgl. *sub-oco*), doch ist mir keine der beiden Vermuthungen wahrscheinlich.

3) Dagegen Bugge B. B. XIV 62, aber seine Ableitung aus gr. ἄγγελος ai. *aṅgiras* ist wegen lat. *b* bedenklich (auch weist gr. γ auf g^1 nicht g^2) und im Umbr. würde man doch wohl **am(m)oltu* zu erwarten haben, vgl. umen aus *umben = l. *unguen* S. 432. Gegen Bugge auch Brugmann Ber. d. sächs. Ges. 1890, 205.

4) L. *fun-ambulus* wie *puer-pera* und dgl.

5) Zu W. *ar-* Fick I[4] 4, 354, zu der gewöhnlich auch l. *ap-erio op-erio* gestellt werden (doch letztere eher zu lit. *vér-ti* etc., s. o. S. 191 Anm., 453 Anm.)? oder zu l. *orior* W. *er-* „erheben"? (wegen *a*, trotz l. *hara* und dgl. und *pario paro* : lit. *periù*, wohl weniger wahrscheinlich).

6) Aufrecht-Kirchhoff I 84 vermuthen ein **amb-edia* zu l. *ambedere* (man könnte auch z. B. an *hed-* in l. *praeda* = **prae-heda*, zu *prae-hendo*, denken), während Bücheler 133 in dem Worte ein

(vgl. a p r- a m p r-), sondern mit a p- = l. *ab-*. Ein nicht unwahrscheinliches Beispiel für *mb* aus *mf* ist das Compositum *com-bifia-* k u m - p i f i a- k u - p i f i a-. Als Bedeutung hat Bücheler „nuntiare, mandare" erkannt (Umbr. 49 f., 92 f.) statt „conspicere, spectare", wie Aufrecht-Kirchhoff (II 37 etc.), Huschke (77 etc.) u. A. annehmen, oder „auspicari", wie Bréal (53 f., 165) vermuthet. Bugge K. Z. III 40 und mit ihm die Meisten (z. B. Huschke a. O., Corssen Beitr. 200, K. Z. XIII 198, Ausspr. I 63, Fick B. B. I 171, Bersu Gutt. 32 Anm.) haben *combifia-* zu gr. πυθ- πυνθάνομαι ai. *budh-* etc. gestellt, deren W. *bheudh-* „wahrnehmen" (Fick I⁴ 89, 490) ist[1]). Die Bedeutung „nuntiare" wäre causativ = „wahrnehmen machen", wozu sich got. *ana-biudan* etc. nhd. *gebieten* vergleichen liesse (vgl. Schweizer-Sidler Jahrbb. 115, 62, Fick I⁴ 490). Schwierigkeiten bereitet bei dieser Etymologie das *i* der Wurzelsilbe, da es m. E. nicht aus *ŭ*, sondern bloss aus *ū* erklärlich wäre (vgl. oben S. 128, 134, 246). Es fragt sich daher, ob nicht eher an W. *bheidh-* gr. πείθω l. *fido* anzuknüpfen sei, die Bedeutung „nuntiare, mandare" liesse sich auch bei dieser Erklärung rechtfertigen (namentlich wenn got. *bidjan* d. *bitten* mit Osthoff zu W. *bheidh-* zu stellen ist, vgl. Feist und Kluge s. v.)[2]). In beiden Fällen aber ist *kom-bif-* aus **kom-fif-* erweicht (trotz der Composition, wie *t* in *an-dendu en-dendu*; vgl. Ascoli K. Z. XVII 256)[3]). Anderenfalls bleibt die Etymologie gänzlich dunkel; der Name *Bifonius* C. I. L. X 3550 darf schwerlich gegen die Erklärung von *kom-bif-* aus **kom-fif-* angeführt werden. Zum Wandel von *mf* zu *mb* liesse sich vielleicht der von *nf* zu

---

Compositum von privativem *an-* und *ped-* „Fuss" (l. **impedia* gr. ἀ-ποδία) sieht, was mir trotz der sachlichen Stützen sehr unsicher scheint. Falls k u m p i f i a- *combifia-* = **kom-fifia-* ist, könnte a m p e ř i a auch aus *a m - f e ř i a (zu f e ř e h t u s u - f e ř a k l u S. 462) erklärt werden.

1) Ueber *Fufius Fudius* s. S. 454.

2) Falls *bidjan* mit gr. πόθος eine W. *bhedh-* enthält (schwerlich *g²hedh-*, Fick I⁴ 415), kann u. *com-bifia-* wegen des *i* nicht dazu gehören. — *fif-* = l. *fid-* wohl in *Ficulanus*, s. S. 412 A.

3) Dass in *a(n)fero(m) anferener* die Erweichung unterblieb, ist leicht erklärlich, da das Simplex *fer-* und ohne Zweifel andere Composita desselben in häufigem Gebrauch waren.

mp W. Meyer Rom. Gr. I 420 vergleichen (vgl. auch § 248). — Für Wandel von *nχ* zu *ng*, der demjenigen von *mf* zu *mb* parallel ginge, kommt u. *ninctu* aus **ninguetu* (vgl. S. 344) in Betracht, da die W. auf g^2h auslautete (gr. νείφει etc., s. Fick I[4] 150, 574f.), doch könnte neben g^2h in der nasalirten Wurzelform schon im Idg. g^2 bestanden haben. Auch *cringatro* (au. krenkatrum krikatru): ahd. *hring* aksl. *kręgŭ* etc. (s. o. S. 86, Fick I[4] 394) ist kein sicheres Beispiel[1]). Ganz zweifelhaft ist, ob Uebergang von *nþ* zu *nd* anzunehmen sei in *aha-uendu pre-uendu* nach der Zusammenstellung mit nhd. *wenden* got. *vandjan* (s. Huschke 274f., Newman 46, Bücheler 108), da **u̯enþĕtōd* wohl ebenso gut über **u̯enþtu* oder **u̯enftu*, **u̯en(h)tu*, als über **u̯endetu* zu *-uendu* geworden sein kann (vgl. auch § 247); *fondlir-e* aus **funþelo-*?? (s. S. 418 A.); über spanti- § 235[2]).

b) Wo sich sonst noch Mediae neben oder statt tonlosen Spiranten finden, sind die Mediae wohl nirgends in einzeldialektischer Zeit lautgesetzlich aus den Spiranten entwickelt. O. aídil aídilis ist, wenn l. *aedīlis* = **aidhīlis* ist, ohne Zweifel lateinisches Lehnwort (wie kvaísstur), vgl. S. 424. Lateinischer Einfluss liegt wohl auch in päl. *faber 255* vor, falls l. *faber* = **fafer* ist (zu W. *dhabh-* „passen" Fick I[4] 462, weniger wahrscheinlich = **dhə-dhro-* zu W. *dhē-*, wie Brugmann II 200 vermuthet)[3]), doch ist zu beachten, dass nhd. *tapfer*, das gewöhnlich mit aksl. *dobrŭ* (welches seinerseits mit l. *faber* identisch zu sein scheint) zusammengestellt wird (vgl. z. B. Kluge s. v.), eine Gdf. **dhabro-*, nicht **dhabhro-*, voraussetzt[4]); dass päl. *faber* aus **fafros* lautgesetzlich ent-

---

1) *ng* könnte vielleicht auch aus *nk* erweicht sein (wie in *iuengar*), vgl. Zeyss De voc. Umbr. fict. II 16, K. Z. XX 131f.

2) Dass *f* vor *ř* zu *b* erweicht sein sollte in Pupřike Pupřikes nach der (überdies sehr unsicheren) Deutung des Wortes als „Publicus" (l. *pūblicus* wahrscheinlich = **pūflicos*, zu *pūbes*, erst später mit *pŏpulus* verbunden, s. Thurneysen K. Z. XXX 490f., vgl. Wharton Et. lat. s. v.), ist mir unwahrscheinlich, da *fr* erhalten blieb (rufru vufru tefra etc.). Ueber päl. *faber* s. u.

3) Osthoff P. B. XIII 423 vermuthet eine W. *dhu̯abh-*, gr. in σοφός σαφής (mir gleichfalls nicht wahrscheinlich).

4) Vgl. Henry Mém. soc. VI 93ff., der *dhab-* auch in einigen griechischen Wörtern finden will. Aus W. *dhag-* (Fick I 462) kann germ. *dapra-* nhd. *tapfer* kaum erklärt werden.

stand, indem in **fafr̥(s)* (vgl. S. 232 f., 323 f.) das *f* vor *r̥* zu *b* wurde wie *t* zu *d* in o. Aderl(a-) aus **Atr̥la-* **Atrola-* etc. (s. S. 323 und § 246), ist kaum wahrscheinlich. Schwierig ist *b* in u. habetu *habitu habiest habia habus* etc. neiřhabas prehabia prehubia neben o. *hafiest*, welches letztere mit d. *haben* auf *bh* als Wurzelauslaut weist (vgl. § 225); als speciell umbrische lautliche Entwicklung aus *f* ist das *b* bei der sonstigen, mit dem Osk. übereinstimmenden, regelmässigen Erhaltung des *f* zwischen Voc. etc. unbedingt nicht zu erklären, es wird also, um so mehr, als auch o. *hipid hipust* wahrscheinlich auf der Form mit *-b* beruht (S. 192 und § 321), kaum etwas anderes übrig bleiben, als *hab-* neben *haf-* als bereits uritalisch anzuerkennen, in welchem Falle die Doppelheit vermuthlich aus dem Uridg. stammt (*khab-* neben *khabh-* wie *meĝ-* neben *meĝh-* etc. Brugmann I 348 f.). Auch bei u. *conegos* kunikaz wird, wenn l. *coniueo* mit got. *hneivan* ahd. *nīgan* (aus idg. **kneig²h-*) zusammengehört, wie wohl mit Recht angenommen wird[1]), kaum eine andere Erklärung für das *g* statt *h* oder *f* (aus χ*u̯*, vgl. S. 450) übrig bleiben (dann wäre wohl auch l. *coniueo* auf **kneig²-* nicht **kneig²h-* zurückzuführen). Ueber o. Magiium neben Mahii[s s. S. 440 ff., über u. antakres (k = *g*) neben vo. *atahus* S. 442. Wenn u. *Grabouio-* zu l. *Grădiuus* und letzteres zu *grădior* gehört (beides sehr fraglich, vgl. S. 415 mit Anm.), kann *Grabouio-* schwerlich aus **Grafouio-* erklärt werden (l. *gradior* von W. *ghredh-* wegen got. *grida-*), wie Bréal 66 f. will, sondern der Auslaut der Wurzel wäre wohl als urit. *d* anzusetzen (umbr. *b* dann aus *du̯*, vgl. S. 415).

Tenues aspiratae.

225. Wie die idg. Tenues aspiratae in den Einzelsprachen vertreten waren, ist noch vielfach zweifelhaft (vgl. z. B. Kluge K. Z. XXVI 88 ff. und in Pauls Grundr. I 324, 327, Bezzenberger B. B. VII 63 ff. und G. G. A. 1883, 394 ff.,

---

1) Zweifelnd Kluge s. v. *neigen*. Fick I⁴ 500 nimmt als W. *neiq²-* an (daneben wäre *neig²-* anzusetzen wegen des Lat. und Umbr.), könnte aber nicht die Bedeutung in aksl. *po-nikŭ* etc. bloss von der Präpos. herrühren (vgl. preuss. *neikaut* „wandeln")?

G. Meyer Gr. Gr.[2] 206f., Brugmann Grdr. I 406ff., II 229, 770, Gr. Gr.[2] 51, Stolz[2] 296f., Moulton Am. Journ. of phil. VIII 207ff., Zubaty K. Z. XXXI 1ff., Hoffmann B. B. XVIII 154ff., Fick im Wtb. I[4]). Dies gilt auch für das Italische. Als wahrscheinlich kann gelten, dass idg. *th* im Inlaut zwischen Vocalen und nach *n* als *t* erscheint: l. *rota* zu ai. *rátha-* etc. Fick I[4] 117, 527[1]); l. *ita item* umbr. ite-k falls zu ai. *kathám kathā́ yáthā* etc. (Fick 6, 373, Zubaty 6), doch ist dieses Beispiel wegen ai. *íti* (das Fick in l. *iti-dem* anerkennt) zweifelhaft; bei den italischen Namen mit *Tĭt-* (l. *Titus Titius Tities Titinnius* etc., fal. *Tito,* o. Titti) könnte möglicherweise an idg. *titho-* „Glanz, Feuer" Fick 62, l. in *titio,* gedacht werden; l. *uatillum* und umbr. vatuvu *uatuo* etwa zu ai. *kvath-* etc. Fick 31, 396? (vgl. oben S. 350); nach *n*: l. *pont-em ponti-fex* o. púnttram „pontem" (*ttr* aus *tr*, s. § 243), möglicherweise auch umbr. puntes puntis (doch s. S. 342), zu ai. *pánthā-s* aksl. *pąti* etc. Fick 80, 480[2]). Die Lautverbindung *sth* wurde nach Zubaty (vgl. Kretschmer ebd. 435 A.) nur im Anlaut zu *st* : idg. W. *sthā-* „stehen" in l. *stă-* osk.-umbr. *stă-*, im Inlaut dagegen zu *ss* : l. *ossa* zu ai. *ásthi-* und Superlativsuffix *-issimo-* zu ai. *-iṣṭha-*. Diese Erklärung von *ossa* und *-issimo-* ist allerdings höchst verlockend, weil deren *-ss-* sonst die grössten Schwierigkeiten bereitet. Ist sie richtig, so muss natürlich der Vorgang in uritalische Zeit verlegt werden. Das widersprechende l. *sisto* (umbr. sestu „sisto", seste „sistis" „sistes" oder „sistetur") erklärt Zubaty als Neubildung nach dem unreduplicirten *sto* (*steti statum* beiden gemeinsam), was möglich ist[3]). *-sti* in der 2. Sg. Perf. l. *uidisti* etc. zu ai. *-tha* gr. -(σ)θα kann so erklärt werden,

---

1) Ob gr. ῥόθος dazu gehöre (Zubaty a. O. 3), ist mir sehr zweifelhaft.

2) Diese ziemlich allgemein angenommene Etymologie von l. *pons* dürfte trotz Havet Mém. soc. VI 233 zu Recht bestehen (vgl. auch O. Keller Lat. Volksetymologie 338 Anm.). Ueber den Wechsel von *r* : *n* in púnttram : ai. *panthā́n-* (und l. *pontōn-?*) s. § 265f.

3) Man könnte dann auf die Vermuthung kommen, die rein lautgesetzliche Behandlung liege in umbr. sesust *andersesust* vor, doch ist dies schon wegen sestu seste (und stiteteies nach Büchelers Deutung, doch s. Bd. II Anh.) unwahrscheinlich, vielmehr gehören sesust *andersesust* zu *sed-* (s. § 231, 315).

dass der Lautwandel zu *t* eintrat, als die Endung noch in den meisten Wörtern auf Vocale oder andere Consonanten als *s* folgte, welches letztere ja fast überall ein später Eindringling ist (vgl. § 323)[1]; eine Spur des *ss* aus *sth* könnnte möglicherweise in päl. *lexe* „legistis" (welches Neubildung nach dem Sing. wäre) gefunden werden, s. § 323. O. messimais falls „menstruis" kann auf **mēns-thm̥mo-* (*th* statt *t* nach *-istho-* wie in **-isthm̥mo-* l. *-issimo-*) zurückgeführt werden, doch vgl. S. 211 und § 287; über osk.-umbr. *nessimo-* S. 377 f. und § 287. Falls Zubatys Annahme über *-sth-* richtig ist, ist es möglich, dass auch in gewissen anderen inlautenden Verbindungen *th* nicht wie zwischen Vocalen zu *t* wurde. Ein *þ* aus *th* vor *r* hätten wir wohl anzunehmen für o. *loufro-* „liber" in lúvfreís (l]úvfríkúnúss?), falls das gr. ἐλεύθερος mit nhd. *liederlich* auf eine W. *leuth-* zurückgeht, wie Kluge Wtb. s. v., Pauls Grdr. I 324 annimmt (vgl. auch § 229). Suff. *-fro-* l. *-bro-* jedoch kaum aus- *-thro-*, s. Brugmann II 201. Ein *þ* aus *th* nach *r* würde in u. urfeta „orbitam" l. *orbis* aus **orfis* vorliegen, falls das Wort aus **orthi-* = **r̥thi-*, zu l. *rota* aus **rothā*, erklärt werden darf. (*fr rf* l. *br rb* aus *þr rþ* wie in *rufro-* l. *rubro-*, *verfo-* l. *uerbum* mit idg. *dh*). Ich kann jedoch selbst den Uebergang von *sth* (über *sþ*?) zu *ss* nicht für völlig zweifellos erwiesen halten. Für Tenuis aspirata im Anlaut ist namentlich l. *habeo* osk. *hafiest* umbr. *habitu* etc. : got. *haban* anzuführen, das man jetzt gewöhnlich mit Kluge aus *khabh-* erklärt. Sollte l. *ho-* in *hic* etc. auf **kho-*, got. *hi-* auf **khi-* zurückgehen (s. Brugmann II 770), so käme vielleicht für osk.-sabell. *e-ko-* „hic"[2]) in Frage, ob es aus **e-kho-* entstanden sei (vgl. *t* aus *th* zwischen Vocalen), doch s. § 288. Als idg. Form des Inchoativsuffixes, l. in *posco* etc., osk. in *comparascuster*, umbr. in *peperscust eiscurent*, wird jetzt gewöhnlich idg. *-sk̑ho-* angesetzt (mit Bartholomae, zuletzt Stud. I 42 ff.). Vertretung von anlautendem *kh-* durch *k-*, nicht *h-*, nimmt Fick I[4] 32 an, indem er daselbst osk. *cadeis* gr. κῆδος zu ai. *khádati* „ist hart" (*khiddti* „drückt")

---

1) Nach Conway Verners law 110 Anm. wurde *t* + *th* zu *st* (vgl. *d* + *dh* zu *st* nach W. Meyer u. A., oben S. 423 f.).

2) *e* ist ein vorgesetztes deiktisches Element.

stellt, doch S. 327 [1]). Allerdings ist auch *h-* aus *kh-* in *haf-hab-* nicht ganz sicher wegen air. *gabim* „nehme“ (das in der Bedeutung sich mit umbr. h a h t u aus **haftu* deckt); an ein ähnliches Verhältniss wie bei dem schwierigen ai. *hṛd-* aus *ĝhṛd-* : got. *hairto* l. *cor* etc. aus *k̂ṛd-* [2]) wird doch kaum zu denken sein, eher vielleicht an eine Doppelwurzel *ghabh-* (*ghab-*?) und *khabh-* [3]). Anlautendes ital. *t-* aus *th-* liegt vor in l. *tego tectum* umbr. t e h t e ř i m (*tettom-e*?), falls idg. *theg-* : *stheg-* anzusetzen ist, doch hat auch das Griech. *t* in τέγος, vgl. Fick I⁴ 147, 441; Zubaty 6 scheint Abfall des *s-* in nachindogermanischer Zeit anzunehmen. L. *pendo*, wozu u. a m - p e n t u n u ř - p e n e r etc., zu gr. σφαδάζω etc.? doch hat das Ai. *p*, nicht *ph*, in *spdndatē* (s. Fick I⁴ 149).

Idg. urit. *s* und *z*.

226. Der tonlose dentale Spirant *s* blieb erhalten im Anlaut überhaupt, im Inlaut hauptsächlich vor und nach Tenues und in der Verbindung *ss*. Beispiele. O. s u l u m s ú l l - S a l a v i i s σαλαϝς etc., päl. *solois Salauatur*, u. *saluo-* : l. *sollo- solidus saluus* gr. ὅλος ai. *sárva-* (vgl. S. 186 ff.); o. s ú m s u m s e t, u. *sent sins* : l. *sum sunt sint* ai. *sánti* nhd. *sind* W. *es-*; o. s u v a m s ú v a d *siom* s í f e í, päl. *suois sefei*, marr. *suam*, u. (s v e s u *sueso*?) *seso* : l. *suus sibi* ai. *sva-* aksl. *sebě* etc.; u. *sersitu sesust serse* : l. *sedeo* ai. *sad-* got. *sita*; u. ś a l u : l. *sal* gr. ἁλ- nhd. *Salz*; u. s i m *sif sorser* : l. *sus* gr. ὗς nhd. *Sau*; o. *scriftas*, u. *screihtor* : l. *scrībo* gr. σκάριφος; o. s t a i e t s t a t ú s s t a t í f etc., vo. *statom*, u. *stahu stahitu* s t a t i t a etc. : l. *stō* idg. W. *sthā-*; u. s p e t u r e spe-

---

1) L. *corium* ist sehr wahrscheinlich aus gr. χόριον entlehnt, vielleicht auch *calx* aus gr. χάλιξ.

2) Anders Bugge B. B. XIV 73, der sowohl das indische als die europäischen Wörter aus idg. *k̂hṛd-* erklären will und ebenso l. *citus* = ai. *hitás* idg. **k̂hito-* setzt.

3) Unhaltbar ist meiner Ansicht nach die Erklärung von l. *habeo* aus W. *ghadh-* Fröhde B. B. VIII 164 f., Bezzenberger ebd. XVI 243 (vgl. auch Fick I⁴ 39, 413, anders 415), da es **hadeo* heissen müsste. Got. *haben* verbindet Fick I⁴ 387 wie Frühere mit l. *capio*.

turie : l. *specto* ai. *spaç-*; u. *spefa* : l *spondeo* gr. σπένδω; *-sk-* in o. *comparascuster*, mars. *pesco*, u. *peperscust eiscurent* : l. *posco* ahd. *forskon* gr. βάσκω etc., idg. wohl *-s̑kho-*; o. Vezkeí wahrscheinlich = l. *Uetusco*; vo. *uesclis*, u. veskla *uesclir* : l. *uas uasculum*; o. íst est estud päl. *-lisu-ist*, u. est *est* : l. *est* gr. ἐστί nhd. *ist*, W. *es-*; u. sestu seste: l. *sisto* gr. ἵστημι ai. *tiṣ̌ṭhāmi*; o. *minstreis*, u. mestru : l. *minister magister* vgl. gr. ἀριστερός etc.; o. kaispatar : l. *caespes*, unklarer Etymologie. Ueber u. iepru (keinesfalls lautlich aus *iespru entstanden) s. § 256; über sst in o. kvaísstur pússtíst etc. § 243; über z- statt s- in o. Z. (= *Zalavis oder dgl.), u. zeřef s. S. 71, 73f.; über die Lautgruppen *ks, ts, ps* § 183, 190, 208.

227. Bei vielen Wörtern mit anlautendem *st- sk- sp-* finden sich in den idg. Sprachen Nebenformen ohne *s-*, z. B. gr. στέγος : τέγος l. *tego*, got. *skaida* : l. *caedo*, gr. σπαρνός ahd. *spar* : l. *parcus*, s. Brugmann I 447, 492, Gr. Gr.[2] 80, Stolz[2] 301f. und die an letzteren Stellen genannte Litteratur, namentlich Johansson P. B. XIV 291f., dazu v. Sabler K. Z. XXXI 280f. Anm., Bartholomae Stud. I 76 Anm., Kluge Pauls Grdr. I 329. Die *s*-lose Form stammt wohl in den meisten Fällen aus der idg. Ursprache. Das Osk.-Umbrische geht in der Regel mit dem Lateinischen zusammen, z. B. u. *tettom-e*(?) tehteřim l. *tego* : ai. *sthag-* gr. στεγ- und τεγ- etc. Fick I[4] 147, 441, u. kutef(?) l. *caueo*: gr. θυο-σκόος κοέω nhd. *schauen* etc., u. karu kartu o. *carneis* l. *caro* : lit. *skirti* nhd. *scheren* gr. κείρω (oben S. 322), o. *Caisidis* Kaísillieís l. *caesius*: lit. *skdistas* (S. 420), u. *parfa* l. *parra* : ahd. *spar-war* gr. ψάρ (*ps-* = *sp-*), o. Píkúfn.. u. *peico peica Piquier* l. *picus*: ahd. *spëh* ai. *pika-*, u. am-pentu l. *pendo* : ai. *spand-* gr. σφαδάζω? (s. Stolz[2] 872, Fick I[4] 149). Es finden sich aber, wie innerhalb des Lat. selbst (Stolz[2] 302, wo freilich Vieles zweifelhaft), so innerhalb der italischen Dialekte überhaupt hie und da beide Formen nebeneinander vertreten. U. skalçe-ta *scalse-to* (nach der wahrscheinlichen Erklärung als „ex patera“, Huschke 158, Bücheler 66) neben l. *calix*, vgl. gr. σκαλλίον σκαλίς bei Hesych nhd. *Schale* neben gr. κύλιξ ai. *kalâça-*[1]); sabin. ‘*scesna*’ (wie sehr wahrscheinlich statt

---

1) L. *calix* könnte möglicherweise durch gr. κύλιξ beeinflusst

'*scensa*' bei Fest. zu lesen ist) neben o. kerssna-, u. çersna-, l. *cēna* (vgl. § 233); sehr unsicher ist, ob u. tafle l. *tabula* zu W. *stā-* (vgl. u. *staflari-* l. *stabulum stabilis*) gehöre[1]). L. *capid-*, das auch im Umbr. in kapiř- *capirs-* (osk. in καπιδιτωμ?) vorliegt, erklärt Fröhde K. Z. XIII 452 als entlehnt aus gr. σκαφίδ-, doch fällt der Abfall des *s-* auf, das Wort dürfte eher ächt italisch sein und zu ai. *kapā́la-* (vgl. l. *capula*), nhd. *Hafen* gehören[2]). Die gleiche Doppelheit des Anlautes findet sich auch bei Wurzeln mit *sm- sn- sr- sl-*, wohl auch *sų-* (vgl. z. B. Brugmann K. Z. XXVII 196 Anm., Grdr. I 447), im Lat. z. B. in *rīuus rūmen Rōma* zu W. *sreų-* gr. ῥέω ῥεῦμα nhd. *Strom* (l. *Sim-bruuium*? S. 173) und in *rīgeo* neben *frīgeo* zu gr. ῥῖγος (?); hieher, da *sl- sn-* etc. im Osk.-Umbr. erhalten blieb, wohl o. limu Blt., falls gr. λιμός zu ai. *srīma-* gehört (Osthoff M. U. IV 123 f., Brugmann II 162) und o. limu nicht, wie mir wahrscheinlich, griechisches Lehnwort ist, ferner o. liímítú[m C. A., falls die Sippe von l. *līmes līmen oblīquus* etc. zu einer W. *s(k)leį-* gehört (Johansson, doch vgl. oben S. 380 f.), u. *ninctu* (l. *ninguit nix*) gegenüber lit. *snìgti* aksl. *sněgŭ* nhd. *Schnee* air. *snechta* etc.[3]) Vgl. § 230.

228. *ss*. Ursprüngliches, nicht aus *t* + *t* oder durch Assimilation aus *ts ks ps* etc. entstandenes, *ss* ist im Osk.-Umbr. nicht sicher zu belegen. Ueber den Pronominalst. *esso-* s. § 288. Im Lat. wurde *ss*, gleichviel welcher Herkunft, nach langen Vocalen, Diphthongen und nach Consonanten zu *s* vereinfacht, z. B. *fīsus uīsus caesus uersus sensus* gegen-

---

sein (vgl. *culigna* aus κυλίχνη). Auffällig ist in κύλιξ das υ (an eine W. *kųal-*, woraus l. *calix* wie *canis* aus **kųan-*, wird schwerlich zu denken sein). Ob für das Italische **(s)kalek-* (vgl. *kaláça-*) oder **(s)kalik-* anzusetzen sei, ist unklar (eher ersteres).

1) Wharton Et. lat. s. v. vergleicht lit. *stė́bas* „Stab, Pfeiler, aufrecht stehender Träger einer Last" (vgl. o. *Stafia-* oben S. 457).

2) Vgl. jetzt Bechtel Hauptprobleme 166, der auch l. *caput* dazu zieht. O. Kellers Erklärung von *capid-* aus gr. καπίθη (Lat. Volksetymologie 42 f.) ist mir wegen der Bedeutung und aus anderen Gründen unwahrscheinlich.

3) Brugmann I 428 vermuthet in *ninctu*, da die *s*-lose Form in anderen Sprachen nicht nachgewiesen zu sein scheint, speciell italischen (umbrischen?) Verlust des *s-*.

über *fissus mīssus sēssus* etc., vgl. besonders Osthoff Perf. 522—564. Auch im Osk.-Umbr. fand möglicherweise etwas ähnliches statt, wofür namentlich o. Fiisíais *133*, Fiisíais *132* [1]), Kaisillieís *138* [2]), úíníveresim (= *úíníversím) *134* angeführt werden können, da die betr. Inschriften sonst die Geminaten schreiben. Unsicher ist päl. *oisa 255* (*solois* derselben Inschrift vielleicht = **sollois*). Zu dem einmaligen u. *Fissiu VIa* 43 neben sonstigem *Fiso Fisiu* etc. vgl. l. *caussa* neben *causa*?

Bartholomae B. B. XII 80 ff. vergleicht die osk.-sabellischen Perfecta auf -atted *-ated* mit den l. Formen auf *-assem -assim*, die er mit Anderen als doppelsigmatische ursprüngliche Aoristbildungen (vgl. den ai. *-siš*-Aorist) auffasst, und behauptet, das italische *ss*, gleichviel ob = *s* + *s* oder = *t* + *s* oder = *t* + *t*, sei im Osk.-Sabellischen zu einem durch *tt t* bezeichneten, zwischen *ss* und *tt* stehenden Laute, etwa *þþ*, geworden. Bartholomae vermag jedoch kein einziges weiteres Beispiel anzuführen, bei dem diese Annahme Wahrscheinlichkeit hätte: über o. úíttiuf C. A. s. S. 420 und § 243, über a]íttíum C. A. ebd., über patt[ens *204* S. 193 und § 321, über pat... *38* Bd. II Anh., über *angetuzet* T. B. (nach B. = l. *ingesserint*) § 317, über päl. *aticus 251* (nach B. = l. **assici*) oben S. 351 mit Anm. Vielmehr giebt es auch ausser Fερσορει úíníveresím, wo B. sich auf die Stellung des *s*(*s*) nach *r* beruft, und päl. *oisa*, welches B. als Latinismus statt **oita* erklären will, mehrere wahrscheinliche Beispiele für *s*(*s*) aus *t* + *t* (s. o. S. 419 ff.); *ss* findet sich auch in o. Meliíssaii.. *64* (allerdings unklarer Herkunft) [3]) und in messímais *133* (§ 287), n[e]ssimas *140 nes*(*s*)*imo-* T. B. (S. 377 f.) [4]). Auch an sich ist Bartholomaes Hypothese, trotz gr. ττ neben

---

1) Nach der wahrscheinlichen Zugehörigkeit zu u. *Fiso Fisio-* (s. S. 419); vgl. auch Físanis *50*.

2) Da es wahrscheinlich mit l. *caesius* auf **kait-to-* beruht (s. S. 420).

3) An eine Trennung Meliis Saii.. (vgl. Bartholomae S. 86) ist nicht zu denken, da der Name *Melissaeus* im osk. Gebiet und gerade in Pompeji vielfach, ein *Melius* gar nicht vorkommt, und überdies unter Meliíssaii.. früher lat. *Melissaeum* stand (U. D. 187).

4) In essuf *188 esuf* T. B. ist *ss* wahrscheinlich = *ks* oder = *ps*.

σσ (s. Brugmann Gr. Gr.[2] 57 f.), etwas kühn. Ich kann mich bei den vielen entgegenstehenden Bedenken nicht dazu entschliessen, Bartholomaes Erklärung der Perfecta auf -atted anzunehmen.

229. *sr*. Die Lautgruppe *sr* wurde wahrscheinlich über *þr* zu *fr*, woraus im Lat. im Inlaut *br* (wie aus *fr* = *dhr*): l. *frīgus* gr. ῥῖγος, *frăgum* gr. ῥάξ, *sobrinus crabro membrum tenebrae cerebrum funebris* etc., s. Brugmann I 430, Schweizer-Sidler[2] 57, Stolz[2] 304, 309 und die bei Letzterem genannte Litteratur, dazu Fröhde B. B. XVI 207. Dass der Wandel zu *fr* uritalisch war, ist an sich sehr wahrscheinlich, ganz sichere Beispiele fehlen jedoch. *tefro-* in o. tefúrúm, u. tefra *tefru-to Tefre Tefro Tefrali* (tefral *304a*, falls die Inschrift ächt ist) wird von Henzen Ann. del Ist. 1848, 406, Huschke O.-sabell. Spr. 20, Ig. Taf. 181 und Bücheler Umbr. 134 f. (vgl. L. J. XXVII b) zu gr. τέφρα gestellt; ist dies richtig, so kann τέφρα nichts mit W. *dhegh-* „brennen" ai. *dah-* lit. *degù* etc. Fick I[4] 74, 463 zu thun haben, vielmehr wird, da eine W. *tebh-* oder *teg²h-*, die hieher passen könnte, fehlt[1]), die frühere Herleitung (z. B. Curtius Et.[5] 501 f.) von gr. τέφρα aus W. *tep-* „brennen" l. *tepeo tepor* Fick 58, 441 die richtige sein und dann ist die einzig mögliche Grundform für gr. τεφρο- und osk.-umbr. *tefro-* ein **tepsro-*, wohl Weiterbildung von einem St. *tep-es-* (ai. *tápas* l. *tepor*)[2]), vgl. **temsro- *temərso-* in ai. *tamisra-* l. *tenebrae* ahd. *dinstar* etc. von **tem-es-* ai. *támas*, **mēmsro-* in l. *membrum* zu **mēm-es-* got. *mimz* etc., l. *cerebrum* zu ai. *çiras*. Aus **tepsro-* osk.-umbr. *tefro-* entweder durch die Mittelstufe **tes(s)ro-* (vgl. l. *ostendo*, u. *ostendu* aus **opstend-* etc.) oder durch die Mittelstufe **tepfro- *teffro-*. Möglich wäre vielleicht auch, dass *tefro-* aus **terfro-* dissimilirt wäre (vgl. l. *sempiternus* aus **sempe(r)ternus* und dgl. Stolz[2] 283) und als **ters-ro-* zu l. *torris torreo* W. *ters-* gehörte, doch ist die andere Erklärung viel näherliegend. Dass *tefro-* von einer W. mit der Bedeutung

---

1) Mommsen U. D. 300 verglich *tefro-* mit *Tif-* in Eigennamen wie *Tifata Tifernus Tiberis Tibur*, aber der Vocal stimmt nicht.

2) Ir. *tess* aus **teps-tu-*? (R. Schmidt Idg. Fo. I 73). Aus **tepsro-* entstand regelrecht gr. τεφρο- (= *τεπῥο-) wie λύχνος aus **luksno-*, τέχνη aus **teksnā* etc.

„brennen“ abzuleiten sei und nicht allgemein „sacrum“ oder dgl. bedeute, wie Bréal annimmt (t e f ú r ú m „sacellum“ Rev. crit. 1879, 72, Mém. soc. IV 140, *tefru-to* „in delubro“ T. E. 141, 210)[1]), ist wegen der t e f r a *IIa* 27 *III* 32 33 *IV* 2, welche gewisse Fleischstücke des Opferthieres, nach Huschke und Bücheler eben die zum Verbrennen bestimmten, bezeichnen, wahrscheinlich, denn die Annahme, zu der sich Bréal gedrängt sieht, dass diese t e f r a von jenem t e f ú r ú m *tefru-to* etymologisch zu trennen seien, leuchtet nicht ein[2]). Ueber o. A n a f r í s s s. oben S. 455 f. U. f r e h t e f f r e h t u stellt Bücheler zu l. *frigor frigidus*, in welchem Falle hier *fr-* = *sr-* vorläge (gr. ῥῖγος aus **srīgos*)[3]), aber diese Deutung ist sehr unsicher. Das napolitanische *uttrafe*, d. h. **uttafre* = l. *octobrem*, scheint ein Ueberbleibsel aus oskischer Zeit zu sein (Storm Mém. soc. II 115 Anm.), die Monatsnamen *septembri- octobri- nouembri- decembri-* aber enthalten wohl *br* (*fr*) = *sr* wie *funebris salubris* etc., vgl. Thurneysen K. Z. XXX 490. Aus mehreren Gründen unwahrscheinlich ist mir Ficks Zusammenstellung von u. v u f r u mit ai. *usrá-* „röthlich“ (B. B. III 165; als Gdf. von v u f r u wäre **u̯os-ro-*, nicht **u̯es-ro-*, anzusetzen). Bei o. *loufro-* „liber“ könnte man an Entstehung aus **lous-ro-* : nhd. *los* aus **lausa-* (s. Kluge s. v.) denken, vgl. l. **loeber* (*loebertatem*) *līber* falls aus **lois-ro- *leis-ro-*: lit. *laisvas* „frei“ (Fick I⁴ 538), doch ist viel wahrscheinlicher, dass *loufro-* zu gr. ἐλεύθερος gehört (vgl. oben S. 453, 471). Die Präpos. *af-* scheint im Lat. aus *a*(*b*)*s* (vgl. *as-porto* etc.) in der Stellung vor folgendem *r-* entstanden zu sein, z. B. **af-*

1) Wäre in diesem Falle das schwierige l. *tes-cum* Jordan Kr. Beitr. 90 ff., 98 ff., das synonym mit *templum* vorzukommen scheint, zu vergleichen (also *tef-ro-* aus **tes-ro-*)?

2) Mit '*strebula*', nach Festus umbrische Bezeichnung für *coxendices hostiarum*, lässt sich t e f r a schwerlich irgendwie zusammenbringen, wie Bréal 285 f. will. Auch schwerlich t e f r a aus **tem-ro-* zu gr. τέμ-νω (wie l. *prosiciae* zu *seco*). — Die Huschke-Büchelersche Erklärung von o. t e f ú r ú m als „Brandopfer“ hat auch an dem vorausgehenden a a s a í p u r a s i a í eine Stütze. *tefru-to* übersetzt Bücheler als „de rogo“.

3) Osthoff M. U. V 62 ff. leugnet *fr-* als Vertretung von *sr-* und nimmt als lautgesetzliche Entwicklung *r-* an, m. E. mit Unrecht, vgl. über *r-* in *rīuus* etc. oben S. 474 und Bartholomae Stud. II 186 Anm. (über das unsichere *frigo* = *erigo* oben S. 379 Anm.).

rumpo (woraus *ab-rumpo* lautlich erklärt werden kann), *af Roma* etc.[1]), im Osk.-Umbr. ist aber wohl von der Stellung vor *t*- auszugehen (oder von beiden zugleich), s. S. 426. Ganz dunkel ist o. -pupufri- *164*.

Falls *-sn- -sm- -sl-* zwischen Vocalen im Urit. zu *-zn- -zm- -zl-* wurden (s. u. S. 481), wäre wohl auch urit. *-zr-* anzusetzen, woraus *-đr- -ƀr-*, im Lat. *-br-*, während im Anlaut *sr-* tonloses *s* behielt, also über *þr-* zu *fr-* wurde (vgl. Bartholomae Stud. I 7 f., aber s. ebd. II 186 A.). Auch im Osk.-Umbr. wäre in diesem Falle im Inlaut zwischen Vocalen vielleicht eher *-br-* als *-fr-* zu erwarten[2]); die Erklärung von *tefro-* aus **tepsro-* würde dadurch nicht berührt. Nach Hartmanns oben S. 435 angeführter Aspiratentheorie wäre sogar *fr* durch Verhärtung aus *ƀr* = *đr* (*zr*) zu erklären.

230. *sn sm sl.* Während im Lat. das *s* vor *n m l* im An- und Inlaut schwindet (im Inlaut mit Ersatzdehnung), s. Brugmann I 428, Stolz[2] 304, 309, Fröhde B. B. XVI 208 ff., ist im Osk.-Umbr. Erhaltung des *s* Regel.

Anlaut: u. snata snatu snates snate (a-snata a-snatu a-snates) nach Huschke 366, 380, Corssen I 433 f., Bücheler 131 von W. *snā-* „fliessen, schwimmen" in l. *nāre* (Ptc. **nāto-* in *nătāre*) gr. νᾶμα ai. *snā-* air. *snām* etc. (Fick I[4] 150, 574)[3]), weniger wahrscheinlich wohl von W. *snā-* „umwinden, binden" ai. *snā-* air. *snā-* nhd. *Schnur* etc. (Fick a. O.), wie nach Zeyss Erklärung als „uittatus" (De voc. Umbr. fict. I 7 Anm.)[4]) anzunehmen wäre; etymologisch unklar ist

---

1) Präposition und Casus waren eng verbunden, vgl. *ilico oppido* etc. und die ungemein häufige Zusammenschreibung wie *intabulas insenatum* (z. B. auf der lex Iulia municipalis, E. Schneider Nr. 312). Dass *af* in dem uns überlieferten Latein hauptsächlich vor *v*- erscheint (s. Wölfflin Arch. VII 506), müsste auf einer später entwickelten Gewohnheit beruhen. Vgl. Bugge Etr. Fo. Stud. IV 115, aber dazu § 230 Ende.

2) Bei päl. *faber* St. *fabro-* ist jedoch schwerlich an **fasro-* zu denken, vgl. S. 468 f.

3) Die Bedeutung des umbr. Wortes, das sich überall auf veskla bezieht, wäre etwa „benetzt" („unbenetzt"). Bücheler führt auch einen Priestertitel *mannisnauius manisnauius* an, doch war das Wort vielleicht venetisch, nicht italisch, s. Pauli Veneter 392. Sollte aus dem Lat. etwa *sentina* „Kielwasser" zu *snā-* gehören (*s̥n-*)?

4) Vgl. Büchelers Deutung von vasus ufestne („uinculis igitur obstricta uasa intellego").

u. *smursim-e* (vielleicht zu l. *ad murcim, Murcia*, s. § 232); o. Smintiis ist sehr wahrscheinlich griechischen Ursprungs = Σμίνθιος (vgl. den griechischen Beinamen des Apollo Σμινθεύς; schwerlich von W. *smi-* Fick I[4] 151)[1]). *sl-* findet sich im Osk. in slaagid slagím C. A. und Slabiis *117*, doch scheint das *sl-* wenigstens im ersteren Worte nicht ursprünglich, sondern aus *stl-* entstanden zu sein, da slaagi-kaum von l. *stlocus locus* zu trennen sein wird und mit letzterem zu ai. *sthála-* „locus" gr. στέλλω σταλίς στάλιξ nhd. *Stelle* etc. Fick I[4] 147, 568 zu gehören scheint (vgl. oben S. 320f. und § 246, 262; zu *sl-* aus *stl-* vgl. S. 389, 393f.). Ob Slabiis ebenfalls *sl-* aus *stl-* enthalte, ist trotz *Stlabius* C. I. L. X 3633 zweifelhaft, da sehr wohl möglich ist, dass in *Stlabius* und dgl. sowie in altl. *stlis* etc. das *t* unursprüngliches Einschiebsel ist (vgl. Osthoff M. U. IV 123, der *stlis* zu ai. *sri-* stellt, und Pauli Veneter 176); über die Etymologie von Slabiis vgl. oben S. 431[2]). Neben *stl-* findet sich *scl-*, z. B. *sclis scloppus* (italiän. *schioppo*)[3]), wozu vielleicht o. Σκλαβεκις oder Σκλαβενς *20* käme (zu Slabiis *Stlabius Laberius* etc.), wenn die Lesung richtig ist, doch s. o. S. 389 A. Im Vulgärlat. hat nach W. Meyer Rom. Gr. I 321, 411 auch im Inlaut ein ähnlicher Vorgang stattgefunden: *pessulum assula* über **pessla *assla, *pestla *astla* zu **pescla *ascla*[4]). — Abfall von *s* in *sn- sm- sl-*, wie er im Lat. Regel ist, ist im Osk.-Umbr. neben der durch obige Beispiele als Regel erwiesenen Erhaltung des *s*, für die auch der Parallelismus des Inlauts spricht (*-sn- -sm-* im Gegensatz zum Lat. bewahrt), eigentlich nicht zu erwarten, daher ist in u. *ninctu* vielleicht uritalischer oder voritalischer Abfall des *s-* anzunehmen (vgl. S. 474), die Verbindung von o. λιοκακειτ *16* und päl. *locatin 251*, wie Einige das *ioc-* des Steines emendiren, mit l. *locare* begegnet

1) Vgl. noch *śmih* oder *śmio* auf der „altsabell." Inschrift *286*? (s. Bd. II Anh.).

2) Das daselbst angeführte ai. *lamb-* „herabhängen, sinken, zurückbleiben, säumen" könnte auch mit l. *stlembus* „langsam" verglichen werden.

3) Pauli erinnert an nhd. *Sklave* aus *Slave*.

4) *pestulum astula* (s. o. S. 393) wären dann ins Hochlatein umgesetzte vulgäre **pestlum *astla* (bei *astla* könnte auch *hasta hastula* eingewirkt haben).

auch anderen Schwierigkeiten (vgl. S. 127 und Bd. II Anh. zu den beiden Inschriften)[1]), ob u. Naharku- *Naharco-* auf **snā-r-*, zu W. *snā-* „fliessen“ (vgl. oben u. snata etc.), zurückgehen könne, ist namentlich wegen der au. und lat. Schreibung mit aha *āha* zweifelhaft (s. S. 59)[2]), über o. limu liímitúm s. S. 474.

Inlaut. *sn* in o. fiísnú fiísnam físnam C. A. (wohl auch fiís*n* . . *146*, vgl. S. 45), päl. *fesn. 253*, u. fesnaf-e *IIb* 16 fesner-e *IIb* 11 zu l. *fānum* aus **fasnom* (vgl. S. 459); o. '*casnar*', päl. *casnar* *255* zu l. *cānus* aus **casnos*, *cascus* etc.; u. ahesnes *III* 18 19 19 zu l. *ahēnus ahēneus* (vgl. ai. *ayasmáya-*); über u. pusnaes *Ia* 2 l. *pōne* aus **posne* s. unten; dunkel ist o. arasne auf Münzen von Nuceria (*215*), vielleicht mit Mommsen U. D. 293 zu S]arasne . . zu ergänzen und mit den *populi Sarrastes* (und dem Flussnamen *Sarnus* o. Sarinu?) zu verbinden; *sn* nach *r* in o. kerssnaís *133*, kerss*n*asias *131*, kersna*ii*as *135*, u. çersnatur *śesna* (= **śersnam*), zu l. *cēna*, doch ist das *sn* (*ssn*) vielleicht = *tsn* (s. § 233). *sm* in päl. *prismu 254* zu l. *prīmus*, Gdf. **prīs-mo-*; u. pusme *IIa* 40 zu ai. *kásmāi* (oder = *po-* + *esme*?); u. *esme VIb* 55 *esmei VIa* 5 18 esmi-k *Ia* 28 31 zu ai. *asmāi* (s. § 288f.); über altsabell. esmen *282* (2 m.), esmen *283*, esmúś (?) *282* s. Bd. II Anh. Kein sicheres Beispiel für ursprüngliches *sm* ist o. *posmom* T. B. (s. u.). Garruccis Lesung gusmus *109* ist zu zweifelhaft, als dass irgend etwas darauf zu geben wäre. Dagegen sei noch erwähnt *Dusmia* C. I. L. IX 3018 und Notizie degli scavi 1890, 223 (aus dem Marrucinischen) zu l. *dūmus* (*dusmus* bei Fest.). *sl* nur in u. *disleralinsust VIa* 7, falls es mit Huschke und Bücheler in *dis-leralinsust* zu zerlegen ist (vgl. dagegen l. *dīlabi* = **dis-labi* etc.) und in u. *uasirslom-e VIa* 12, falls nicht das *sl* = *śl* ist (s. § 232).

---

1) Erschwerend ist, dass hier nicht bloss ein einfaches *s-*, sondern ein *s*(*s*)- aus *st-* abgefallen sein müsste. Sollten die beiden Formen trotz Allem bei *locare* verbleiben müssen, so könnte vielleicht auch eine Nbf. **tloco-* zu *stloco-* in Betracht kommen, bei der pälign. Form vielleicht auch Latinismus.

2) Sonst wäre allerdings die Erklärung des sabinisch-umbrischen Flusses *Nār* aus **snā-r-* (z. B. Corssen I 433) sehr ansprechend (vgl. gr. νāρός).

Trotzdem also durch eine Anzahl von Beispielen feststeht, dass in den osk.-umbrischen Dialekten die Bewahrung von inlautendem *sn sm* (*sl*) Regel war, scheint in éinem Worte die Annahme, dass *sm* zu *m* geworden sei, kaum zu umgehen, nämlich in o. *maimas* T. B. (2 m.). Dieses ist wohl nur aus **maismas* erklärlich, welches letztere für **mahismas* steht (über den Ausfall des *h* s. S. 446f.) und sich zu *mais* für **mahis*, **maistro-* (u. mēstru) für **mahistro-* verhält wie l. *maximus* für **magĭsemos*[1]) zu *magis magister*, s. § 287. Es ist also vielleicht anzunehmen, dass das Bantinische überhaupt im Gegensatz zum gewöhnlichen Oskischen, zum Pälignischen und Umbrischen *s* vor *m* (und *n*?) schwinden liess. Oder wäre denkbar, dass das vorhergehende *i* oder *i̯*[2]) den Schwund begünstigte? (wegen der „Wahlverwandtschaft" von *i* und *s*, vgl. spätl. *istatuam* etc., gr. ἴσθι und vielleicht osk.-umbr. *-simo-* S. 317f.; vgl. jedoch auch päl. *prismu*). Eine weitere Möglichkeit s. u. Wollte man ohne die Annahme von Verklingen eines *s* auskommen, so müsste, da wohl sehr unwahrscheinlich ist, dass *maimas* mit *-mo-* von einem *i*-Stamm **mah-i-* (ai. *mah-i-*)[3]) abgeleitet sei, *maimas* wohl als Neubildung statt **maismas* nach *nessimo-* etc. erklärt werden, aber auch dies hat sehr wenig Wahrscheinlichkeit. Ein weiteres Beispiel für *m* aus *sm*, sogar aus dem gewöhnlichen Oskischen (Pompeji), ist imad-e̥n 28 nach Thurneysen K. Z. XXX 491, indem Th. l. *īmus* aus **insmo-* (*infro-* aus **insro-*) erklärt (vgl. Schweizer-Sidler² 111, Stolz² 296 A., 384); sollte ein besonderer Grund etwa in dem vorhergehenden Nasal liegen?[4]); dass die Abweichung eine dialektische oder chronologische sei, ist mir weniger wahrscheinlich. Es ist jedoch zu bemerken, dass die Erklärung von l. *īmus* aus **insmo-* nicht als sicher gelten kann; vgl.

---

1) Nach Danielssons wahrscheinlicher Erklärung A. S. III 153, 192. Brugmanns Erklärung von *maximus* als Superlativ eines *s*-Stammes **mak-s-* (Grdr. II 169, Ber. d. sächs. Ges. 1890, 236) leuchtet mir weniger ein.

2) Je nachdem es noch **maĭsmo-* (woraus dann **maīmo-*) oder bereits **mai̯smo-* (vgl. u. mestru aus **mai̯stra*) hiess.

3) Vgl. Brugmanns oben erwähnte Erklärung von l. *maximus* (: ai. *mah-as-*).

4) Wird doch sogar l. *inquam* aus **insquam* erklärt (allerdings m. E. mit Unrecht).

oben S. 380. Ein sehr zweifelhaftes Beispiel für Schwund von *s* vor *n* ist marr. *eituam uenalinam* 274, das Corssen K. Z. IX 153, 159 als „pecuniam uēnaliciam" „Kaufgeld" erklärt; Bugge K. Z. XXII 465 f. hat hiegegen eingewendet, es müsste wegen ai. *vasná-* „Kaufpreis" im Marr. **uesn-* heissen[1]) und die Deutung als „pecuniam *uīnalinam" („das zur Abhaltung der *Uīnalia* bestimmte Geld") vorgeschlagen, die Corssen'sche Deutung, die doch wohl die näherliegende ist[2]), lässt sich aber durch den Hinweis auf aksl. *vėno vėniti*, die nicht *n* = *sn* enthalten können[3]), stützen. Endlich ist hier noch u. **sumtu** „sūmito" zu erwähnen. Da nämlich l. *sūmō* aus **susmō* **subsmō* = **subs-ĕmō* (vgl. *sustineo* etc.) erklärt worden ist (Zander Carm. Sal. rell. 33), könnte man auch u. **sumtu** = **susm(e)tu* setzen wollen, doch wäre dies eben des fehlenden *s* wegen unwahrscheinlich, vielmehr wäre wohl eine kleine Abweichung in der Bildung anzunehmen, nämlich die, dass das umbr. Wort die Präposition ohne das accessorische *-s* enthalte, also **sumtu** aus **summetu* = **sub-(e)metu* oder **sup-(e)metu*. Vielleicht könnte aber l. *sūmo* für **summo* nach *dēmo prōmo cōmo* stehen[4]).

s zwischen Vocalen wurde im Urit. zu *z* erweicht (s. § 237), man kann daher fragen, ob das Gleiche bei *s* vor *n m l* der Fall war (so jetzt Bartholomae Stud. I 8 A.). **Dafür** kann man das Verklingen des *s* in dieser Stellung im Lat. anführen, welches doch vielleicht ein vorheriges Tönend-Werden voraussetzt[5]). **Gegen** die Annahme kann o. *posmom*

---

1) Der andere Einwand, dass l. *uēnus* den **Verkauf** bezeichne, ist wohl kein schwerwiegender.

2) Ganz unwahrscheinlich ist mir Deeckes Erklärung als „Jagdgeld", zu l. *uēnari*, s. Bd. II Anh.

3) Vgl. Solmsen K. Z. XXIX 81 f., Fröhde B. B. XVI 212, Per Persson Wurzelerw. 79 (letztere beide erinnern allerdings an die Möglichkeit, dass aksl. *vėno* zu gr. ἔεδνα gehöre).

4) Erwähnt sei auch, dass Bréal-Bailly Dict. 77 l. *sūmo* aus **sum-emo* **som-emo* (*som-* Präpos. = ai. *sam-*) erklären. Für u. **sumtu** besteht vielleicht auch die Möglichkeit einer Erklärung durch Contraction aus **su-emetu* (*su* = **suh-* aus *suf- sup-*, vgl. S. 427 mit A.), doch ist dies weniger wahrscheinlich.

5) Allerdings verklang *s* vor *n m l* im Lat. auch im **Anlaut**, und dass es hier nicht tönend geworden war, zeigt *t c* in *stlocus stlis sclis* etc.

der T. B., welche sonst das weiche *z* durch *z* bezeichnet (*eizo-egmazum* etc.)., desshalb kaum angeführt werden, weil es = **post-mom* sein kann, vgl. pustmas aus Capua, umbr. pusnaes neben pustnaiaf *postne* und oben S. 393 f. (Bartholomae a. O.)[1]). Eher könnte man vielleicht o. *maimas* gegen jene Annahme sprechen lassen, indem man das der sonstigen Regel widersprechende Verklingen des *s* daraus erklären könnte, dass die Gdf. urit. **mahizemo-* war (*-emo-* = *m̥mo-*), woraus durch Syncope **ma*(*h*)*izmo-* mit *-zm-*, während *prismu* fiisna- etc. *sm sn* enthalten würden (imad-en aus *inzmo-* mit *z* wegen der beidseitigen nasalen Umgebung?), doch s. o. Ebenso fraglich ist mir, ob an Unterschiede der Betonung (vgl. § 232 über *rs*) gedacht werden könnte (urit. *fésna- prísmo-* etc. aber **máhizmo-*). Vgl. oben S. 478 über *sr* im Inlaut.

Nach Bugge Etr. Fo. Stud. IV 114 f. soll *sl* im Italischen auch zu *fl* werden können, z. B. in l. *flagrum* (o. aflukad aflakus?) zu got. *slahan*, aber da *sl* in allen sicheren Beispielen parallel mit *sn sm*, nicht mit *sr*, behandelt wird, ist mir diese Annahme durchaus unwahrscheinlich (vgl. auch Stolz[2] 304).

231. *sd* (*zd*). Vor tönenden Verschlusslauten wurde *s* wahrscheinlich schon im Idg. als weiches *z* gesprochen (Brugmann I 446, 448 ff.). Im Lat. schwand dieses *z* mit Ersatzdehnung, z. B. *nīdus* aus **nizdos* nhd. *Nest*, *sīdo* aus **sizdō* d. h. **si-sd-ō* W. *sed-* (vgl. πί-πτ-ω *gi-gn-ō* etc.), s. Brugmann I 451 f., J. Schmidt Ntr. 157 f. Anm., Fröhde B. B. XVI 207 f. Dagegen war im Umbr. *zd* zur Zeit der Syncope in den Imperativen (s. oben S. 213 ff., 234) noch erhalten: sistu *III* 8 „sidito", *ander-sistu VIa* 6 „*inter-sidito" aus **sizdtu* = **sizdĕtōd* l. *sīdito*. Die Richtigkeit der Deutung von *andersistu* als „*intersidito" (Huschke 62 und besonders Bücheler 45), nicht „intersistito" (Aufrecht-Kirchhoff II 54, 56 f., Bréal 29 f.), ergibt sich aus dem im Nachsatze folgenden *an-*

---

1) *posmom* pusnaes können freilich auch zu dem nicht durch *-t*(*i*) erweiterten *pos* gehören (doch kaum *pos-mo-* : *pos-tomo-*, wegen des Parallelismus *posmom* : pustmas = pusnaes : pustnaiaf, sondern *pos-mo-* : *post-mo-*). Wahrscheinlicher ist mir, dass im Osk.-Umbr. überall *post-* zu Grunde liegt (auch l. *pōne* kann wohl = **postne* sein). Vgl. u. A. Corssen K. Z. III 243 f. und oben S. 224 f., auch § 253 über u. pus.

dersesust, von welchem des Zusammenhanges wegen unmöglich bezweifelt werden kann und von keinem Interpreten bezweifelt worden ist, dass es Fut. II zu *andersistu* sei; *sesust* aber (das auch *VIa* 5 vorkommt) wird sich als Fut. II von *sistō* schwerlich rechtfertigen lassen[1]), vielmehr ist es regelrechtes Fut. II zu *sed-* in *sersitu* „sedeto" (s. § 315), es bleibt also für *andersistu* nur die obige Erklärung aus **sizd(ĕ)tu*, denn aus **sidtu* oder *s i ř t u **sirstu* liesse sich nu. *andersistu* nur durch die unwahrscheinliche Annahme, dass *s* für *rs* (vgl. *dirstu* etc.) geschrieben sei, au. s i s t u aber gar nicht erklären[2]). Ungewiss bleibt, ob *zd* nur bis zur Zeit der osk.-umbr. Syncope (welche in den Imperativen und dgl. früh eintrat, s. S. 234) oder auch später noch erhalten blieb[3]). Falls *zd* auch in historischer Zeit erhalten blieb, käme v i e l l e i c h t u. t a p i s t e n u *IV* 30 in Betracht, vgl. l. *tepidus frigidus* etc., die aus **tepez-do- *frigez-do-* etc. erklärt worden sind (ob mit Recht, scheint mir allerdings sehr unsicher)[4]). U. u s t i t e *IIa* 15 *III* 2 k a n n = nu. **osdite* sein, dann wäre aber *os-* wohl = *ops-* wie in *os-tendu*, so dass kein altes *zd* vorläge[5]); vgl. über das Wort § 269. Ueber u. u f e s t n e s. S. 423 f. Falls *zd* aber zu *d* wurde, sind im Umbr. zwei Fälle denkbar: entweder das *d* zwischen Vocalen wurde zu ř *rs* wie sonst, oder es blieb, weil die Affection des alten intervocalischen *d*

---

1) Die Erklärung von Aufrecht-Kirchhoff (I 81 f.) aus **sestfust* und diejenige von Bréal (30) aus **stestust* (durch Ausstossung beider *t*) sind heute beide unhaltbar, auch an **sest-s-ust* wird wohl Niemand denken wollen und die S. 470 erwähnte Möglichkeit ist gleichfalls eine sehr ferneliegende und fragliche. Vielmehr würde das Fut. II zu *sistō*, l. *stiterit*, im Umbr. aller Wahrscheinlichkeit nach **stetust* (oder *stitust?*) lauten (Conj. Perf. nach Bücheler in s t i t i s t e t e i e s s t i t e t e i e s, was freilich unsicher ist).

2) Allerdings ist bei s i s t u die Erklärung als „sidito" (Huschke 61, 398, Bücheler), nicht „sistito" (welches in der Bedeutung von „consistito" zu nehmen wäre, im Gegensatz zu der an den übrigen Stellen vorliegenden transitiven Bedeutung) weniger sicher.

3) Die Erhaltung des *s* vor *n m* entscheidet hierüber natürlich nicht, vgl. das Ai. (*nīḍás* aus **nizdos* etc. gegenüber *vasnám ásmi* etc.).

4) Vgl. Stolz[2] 257?

5) An l. *audio* aus **auzdio* zu denken, gestattet der Zusammenhang schwerlich.

schon vorher eingetreten war, erhalten. Im letzteren Falle wäre vielleicht *te*(*n*)*sedi* mit seinem schwierigen *d* anzuführen, indem es aus **tensez-dim* (Weiterbildung von einem *s*-Stamm) erklärt werden könnte (vgl. S. 404)[1]. Der erstere Fall dagegen müsste vorausgesetzt werden, wenn man uřetu von einer W. **eu̯z-d-* ableiten wollte (vgl. S. 292)[2]. Auf verschiedene Weise kann der Nom. Pl. Masc. *porsei VIa* 15 *porsi VIa* 19 erklärt werden; das *-rsei -rsi* = -ře -ři kann aus Formen, in denen ein Vocal vorherging (so Neutr. Pl. *po-rse* und vermuthlich Masc. Sg. *po-rse po-rsi*), übertragen sein und an **pōs* oder bereits rhotacisirtes **pōr* getreten sein, so dass dieses Beispiel für die Behandlung von ursprünglichem *zd* nicht in Betracht kommt.

Auch o. íússu *28* (ein zweites mal, wie es scheint, íúsu geschrieben) = **iōs* + *dum* ist nicht als Beispiel für die Behandlung von ursprünglichem *zd*, das jedenfalls entweder erhalten blieb oder zu *d* wurde, anzuführen. Vermuthlich trat *-dum* an *iōs* mit tonlosem *-s*, so dass ein spät entstandenes *sd* (nicht *zd*) vorliegt (vgl. *kk* aus *kd* in ekkum S. 418)[3]. *pieisum* T. B. kaum = *pieis* + *dum*, vgl. die Syntax. Ueber o. aídil aídilis s. S. 424. O.-sabell. *meddik-* wohl nicht aus **med*(*e*)*z-dik-* oder **med*(*o*)*z-dik-*, die lautgesetzlich vermuthlich zu **mezdik-* geworden wären, sondern aus **medo-dik-* oder **mede-dik-* (vgl. S. 217, 277 Anm.). Für Schwund von *z* vor *b*, der auch denjenigen vor *d* wahrscheinlich machen würde, kommt vielleicht o. prebai Blt. in Betracht, falls es zu gr. πρέσβυς πρέσγυς πρεῖσβυς πρεῖσγυς (πρεῖγυς) gehört (s. Bd. II Anh.).

---

1) L. *mercēd-* aus **merc-ez-d-*?

2) *sersi VIa* 5 „sēde" nach Aufrecht-Kirchhoff II 54, Huschke 61, Bréal 21, Bücheler 45, aber die Erklärung von l. *sēdēs* aus **se-zd-* Brugmann II 92 (vgl. I 255) ist unsicher und Bücheler 192 zieht es vor, *sersi* als Ptc. „sedens" aufzufassen (könnte es auch eine Partikel sein und zu l. *sed* gehören?).

3) Ev. konnte *s* statt *z* aus **iōs* in später Zeit restituirt sein (möglicherweise unter Mitwirkung des Accusativs *íússu aus **ioss-dum*). Dass in íússu *zd* über *zd* zu *zz* geworden sei, ist mir unwahrscheinlich.

rs.

232. Im Lateinischen wird *rs*, so weit es einfaches ursprüngliches *s* enthält, durchweg zu *rr* assimilirt: *terreo torreo curro erro ferre acerrimus* etc. (Brugmann I 430, Stolz² 311 f., Schweizer-Sidler² 60). Im Oskischen wie im Umbrischen scheinen sich dagegen je zwei verschiedene Vertretungen zu finden, nämlich im Oskischen 1) gedehnter Vocal + *r* 2) kurzer Vocal + *rr*, im Umbrischen 1) *rs*, theilweise bloss *s* geschrieben, 2) *rf*.

Oskisch. 1) Gedehnter Vocal + *r* in teer[úm terúm tereís (je 1 m.) tereí (3 m.) C. A., teras Blt. (das Ntr. bedeutet „territorium", das Fem., wie im Lat., „terra") gegenüber l. *terra*, Gdf. **terso-* **tersā-*. Ebel K. Schl. Beitr. II 158, Bugge Cu. Stud. IV 352, W. Meyer Ntr. 34 (vgl. Osthoff Perf. 603) sehen das *ē* in teer[úm wegen air. *tír* für ursprüngliches *ē* an¹), aber dieses wurde im Osk. zu íí í *ī* (§ 33), teer[úm muss also wie peessl[úm eestínt etc. secundär gedehntes *e* enthalten (s. W. Meyer K. Z. XXVIII 176 und oben S. 93, 207); kann auch air. *tír* aus **tĕrs-* entstanden sein (Zimmer K. Z. XXX 210), so vereinigen sich die italischen Wörter mit dem keltischen vollständig (doch vgl. über *tír* Thurneysen K. Z. XXVIII 147, Stokes ebd. 292, Johansson ebd. XXX 425 Anm.). 2) Kurzer Vocal + *rr* in Kerrí Kerríiú- T. A. (zusammen 14 m.; dazu Keri der Blt., die die Geminaten nicht bezeichnet, = Kerrí) aus **Ker-s-* (oder **Ker-es-*? s. u.), welches mit l. *Cerēs* auf einen *s*-Stamm **ker-os-* **ker-es-* (W. *k̑er-* „nähren" oder W. *q¹er-* „schaffen", s. S. 328 f.) zurückgeht²); ferner in h]errins C. A. aus **hersins* wie l. *ferrent* aus **fersent* (s. § 312), vermuthlich auch in

1) Vgl. auch Fick I⁴ 445.

2) S. Bugge K. Z. XXII 424, A. S. 46 f., vgl. Bücheler Rh. M. 33, 290, L. J. XIII a, Brugmann K. Z. XXIV 44. Im Lat. erscheint das *rr* aus *rs* in altl. *Cerus Keri*, in denen die Geminata nur in der Schrift unbezeichnet ist (Bücheler Umbr. 99, L. J. XIII a, Bugge A. S. 47), ferner im Eigennamen *Cerrinius* (*cerritus* kaum hieher). An ai. *karš-* „pflügen" (Grassmann K. Z. XVI 175 f.) oder überhaupt eine Wurzel auf *-rs* zu denken, verbietet das lat. *Cerēs* (vgl. Corssen I 473 f. A.).

sverrunei C. A., das Bücheler Comm. Momms. 229 ansprechend mit l. *susurro* (wozu auch *Surrentum*) verbindet[1]); dazu käme noch tiurrí *47 48* l. *turris*, falls von der gr. Form τύρσις, nicht τύρρις, auszugehen ist, wofür vielleicht der Name der *Tu*(*r*)*sci* (u. Turskum) Τυρσηνοί spricht, wenn er wirklich von τύρσις τύρρις abzuleiten ist (vgl. Deecke Fal. 26f.)[2]); Vírriis Vírríiis Virriieís Viriium wegen des í i nicht zu l. *Uerres Uerrius* (*uerres* : ai. *vr̥ša-* lit. *veȓszi-s*), sondern wahrscheinlich zu ital. *vīro-* „Mann, Held“, wobei freilich eine Erklärung des *rr* aus *rs* gleichwohl möglich wäre: *Virrio-* aus **Vir*(*i*)*sio-*, vgl. *Niumsio-* gegenüber l. *Numisius Numerius*. — Verehasiúí Verehasiú T. A. schwerlich zu ai. *varš-* „regnen“ gr. (ϝ)έρσα (οὐρέω) air. *frass*, vgl. S. 179f., 441; kúru *182* schwerlich mit Deecke = l. *currō* (aus **cursō* = **kʷersō* oder **kʷorsō*), s. Bd. II Anh.

Umbrisch. 1) *rs*, oft bloss *s* geschrieben (also *r* schwach gesprochen, vgl. S. 298): *tursitu* (2 m.) *tursituto tursiandu* tusetu tusetutu (je 1 m.) zu l. *terreo* aus **ter-seo*, ai. *tras-* gr. τρέ(σ)ω ἄ-τρεστος air. *tarrach* lit. *triszu* etc. Fick I^4 61, 444[3]); *Tursa* (4 m.) *Tursar* (1 m.) *Turse* (2 m.) Turse (1 m.) Tuse (2 m.), Name einer Göttin (dazu wohl der mehrfach im C. I. L. IX vorkommende Name *Turselius*), entweder zu *tursitu* l. *terreo* vgl. l. *Pallor Pauor* (so Huschke 249f., Bücheler Umbr. 98, L. J. XXIX a, Bugge Etr. Fo.

---

1) W. *su̯er-s-* zu *su̯er-* in ai. *svar-*, gr. Σειρῆνες σῦριγξ (?), aksl. *svirati* (dazu nach Fick I^4 153, 579, Deecke App. 182 auch engl. *an-swer* nhd. *schwören*). Aus dem Lat. gehört vielleicht *sermo* (kann = **sers-mo* sein) und *ab-surdus* hieher (vgl. Deecke a. O., Fröhde B. B. XIV 113). Jordans Umschreibung von sverruneí als l. **verroni* (Q. U. 12) ist mir nicht verständlich. Mit sverruneí mag *Suerra* C. I. L. IX 3347 zusammengehören, möglicherweise auch *Suellius* aus **Suer*(*s*)*lios*.

2) Dass o. tiurrí l. *turris* ächt italisch, nicht aus dem Gr. entlehnt seien, ist doch kaum anzunehmen.

3) Auch an den Stellen, wo das Verbum sich auf *iuuencae* bezieht (tusetu *Ib* 40, tusetutu *Ib* 41, *tursituto VIIa* 51, *tursiandu VIIb* 2), ist nicht von „verbrennen“ l. *torrere* die Rede (Aufrecht-Kirchhoff II 295, Bréal 212, Corssen II 192, Sprachk. 395), sondern von *terrere* „jagen, scheuchen“ (s. Huschke 253, 293ff., Bücheler Jen. Littz. 1876, 396f., Umbr. 100, 114f., Bugge Etr. Fo. St. IV 53f.).

Stud. IV 53ff., vgl. Bréal 186f.), oder zu l. *terra ex-torris* (o. teer[úm teras), also eine „Terra", oder „Tellus"[1]); *farsio fasio* fasiu (je 1 m.) = l. *farrea*, weitergebildet vom St. **far-s-* (l. *far farris*): got. *bar-iz-*. *parsest VIIb* 2 nach Bücheler 118, L. J. XXa = l. **parrebit*, Fut. zu *parret*, das nach Fest. in Formeln vorkam (vgl. auch Huschke 306, 696, Osk.-sab. Spr. 372 A.)[2]), doch vgl. unten S. 494f. Bei folgenden Wörtern ist unsicher, ob sie ursprüngliches *rs* mit einfachem *s* enthalten. persuntru- *persondro-* (vem-persuntru-) leitet Bücheler 76, L. J. XXIa von *persnimu* etc. ab (auch Huschke 187, der aber in *-ontro* den zweiten Theil eines Compositums sieht), was gewiss nahe liegt, befremdlich ist aber, da *persnimu* = **persknimu* ist (eigentlich **perk-sk-ni-*, W. *perk- prek-*, s. o. S. 385), das Fehlen des *k*, *pers-* müsste für **persk-* durch Einwirkung von Formen, in denen, wie in *persni-*, das *k* lautgesetzlich schwand, stehen (vgl. § 266, 296), denn eigens wegen persuntru- *persondro-* eine aus *perk-* erweiterte W. *perks-* aufzustellen, wäre wohl zu kühn; möglich ist auch, dass das Wort die Präpos. *per-* enthält, wie Aufrecht-Kirchhoff II 215 vermuthen, vgl. § 261, 4. *carsom-e VIa* 13 14 bezeichnet wahrscheinlich ein Heiligthum (Bücheler übersetzt „ad fanum" „in aedem"); das *rs* kann ächtes *rs* (ev. aus *rts rks rps*) oder = au. ř ev. řs sein[3]); falls das *rs* ächt ist, kann man das umbrische *Car-*

1) Für letztere Deutung wäre das Auftreten der *Tursa* an der Stelle *IV* 19 in Verbindung mit Puemun- und Vesuna *III—IV* anzuführen (s. Bréal 304, Bücheler 165). Jedenfalls hätte die Annahme zweier etymologisch verschiedener *Tursae* wenig Wahrscheinlichkeit (Bréal 388 entscheidet sich dafür, *Tursa* überall als „Terra" aufzufassen). Die Deutung von *Tursa* als „Dürre, Sonnenbrand" (Aufrecht-Kirchhoff II 296, Grassmann K. Z. XVI 183), zu l. *torreo* ai. *tarś-* got. *ga-þairsan* nhd. *dürr*, scheint mir nicht viel für sich zu haben. Nach Huschke 433 soll an der Stelle *IV* 19 gar nicht die Göttin genannt sein, sondern es soll turse = l. *turrem* sein, s. jedoch Bücheler 165. An etymologische Verwandtschaft der *Tursa* mit l. *turris* ist jedenfalls nicht zu denken.

2) Wir hätten also einen Verbalst. *parsē-*, der vielleicht mit l. *par* in Beziehung stände (vgl. auch *parri-cida?*), im Lat. später mit *pāreo* (das m. E. nicht aus **parreo* = **parseo* zu erklären ist, wie Bücheler a. O. und Wharton Et. lat. 72 wollen) vermengt worden wäre.

3) Kaum = au. rç, da von einem *io*-Stamm **carsim* zu erwarten wäre.

sulae und das aequiculische *Carseoli* vergleichen[1]). Auch in *smursim-e VIa* 13 ist das *rs* mehrdeutig. Aufrecht-Kirchhoff II 78 denken an l. *myrrhis murris* (vgl. *sm-* in *smyrrhiza* = *myriza*, *smyrna*) und vermuthen als Bedeutung „Krautfeld", mit mehr Wahrscheinlichkeit erklären Panzerbieter Qu. Umbr. 14f. und Huschke 74 *smursim* als „murtetum" „Myrthenhain"[2]). Eine andere Vermuthung äussert Bücheler 48: er vergleicht l. *ad murcim* (*Uenus Murcia*, *Murcus* früherer Name des *mons Auentinus* nach Paul. Fest.), also umbr. *rs* = *rš*[3]). Ueber *dersua desua* tesvam s. o. S. 406f. mit A., über çersiaru unten S. 493, 497.

2) *rf* aus *rs* (s. Bugge K.Z. XXII 423ff., vgl. Bücheler Umbr. 184). Dieser Wandel steht ausser Zweifel für *rs* (*rss*) = *rt* + *t* : *trahuorfi* zu l. *transuersē transuersim transuorsus* etc. (im Osk. blieb dieses *rs* erhalten: Fερσορει, úínívere-sím). Aber auch beim einfachen ursprünglichen *rs* scheint der Uebergang in *rf* vorzukommen (Zwischenstufe *rþ*, vgl. *f* aus *nþ* = *ns* § 235f., *fr* aus *þr* = *sr* § 229). Die Beispiele sind *parfa-* = l. *parra* Gdf. **parsa* und Çerfu- *Šerfo-* aus **Ker-s-o-*, l. wahrscheinlich in *Cerus* d. h. **Cerrus* (gr. in Ἀξιό-κερσο-ς? Henzen Ann. del Ist. 1848, 393, Knötel Ztschr. f. Altthsw. 1850, 417, Bréal Mém. soc. IV 142f., Darmesteter ebd. 90 A., Fick B. B. III 168, Bücheler Umbr. 184),

---

1) Corssen stellt *Carsulae Carseoli* zu ai. *karš-* „pflügen, bebauen". Bei *carsom-e* würde es vielleicht näher liegen, an W. *q¹ar-* „preisen" Fick I⁴ 19 (l. in *carmen*) zu denken. Falls das *rs* in *carsom-e* = ř ist, weiss ich nichts mit dem Worte anzufangen (l. *căsa* schwerlich = **cad-ta*; aus **calo-*, vgl. Bücheler 49, kann das Wort wegen *rs* kaum erklärt werden, vgl. § 146, aus **calio-* nicht, weil man **carsim* erwarten würde).

2) Im Gr. ist mit σμ- nur σμύρνα mit seinen Ableitungen überliefert. Das zweite *s* in *smursim* wäre wohl nicht durch umbrische Assibilation aus *t* zu erklären (da hiefür andere sichere Beispiele fehlen, s. o. S. 387), sondern es wäre gr. μυρσίνη etc. neben μυρρίνη und μυρτίνη zu vergleichen (über ρρ ρ aus ρσ = ρτ vgl. Wackernagel K. Z. XXIX 135).

3) Doch lesen andere *ad Murciae* oder *ad Murciam* statt *ad murcim*. Die Etymologie bliebe unklar; W. *smer-* „gedenken" (l. in *memor*) würde allenfalls auf die *Uenus* passen (vgl. *Uenus Meminia* und den ai. *Smara*), aber es scheint eher ein Localname zu Grunde zu liegen (s. Jordan bei Preller R. M. I³ 439 A.).

zu o. Kerrí Kerríiú- aus **Ker-s-ē-*, beides Weiterbildungen von einem St. **ker-es-* l. *Cerēs Cerĕr-is* (vgl. oben S. 486). Gegen diese höchst ansprechende Bugge'sche Erklärung von *parfa* und *Šerfo-* könnte man vielleicht die im Pälignischen neben *Cerfum* der Herentas-Inschrift — wonach das Pälignische in der Behandlung des *rs* dem Umbrischen näher verwandt schien als dem Oskischen (vgl. auch die marsische Stadt *Cerfennia*) — neuerdings zum Vorschein gekommene Form *Cerri 256*, offenbar zu o. Kerrí, anführen [1]). Da davon, dass l. **Cerrus parra* aus **Cerfus *parfa* entstanden seien, nicht die Rede sein kann, bleiben wohl nur folgende Möglichkeiten: entweder u. *parfa Šerfo-* päl. *Cerfo-* sind nicht = l. *parra *Cerrus* (o. Kerr-) — *parfa* wäre dann wohl = **parsŏfā* oder **parsfā* (oder auch vom kürzeren Stamme **par-*), das neben **parso-s *parsā* l. *parrus parra* stände wie **pikofo-* (vgl. S. 457 f.) neben l. *picus pica* u. *peico peica* [2]), *Cerfo-* aber könnte sich zu dem in l. *Cerēs* (o. Kerrí) personificirt vorliegenden **ker-es-* „Nahrung" oder „Gedeihen" verhalten wie ai. **vayō-dha- vayō-dhá- vayō-dhás-* (von Göttern) zu *váyas* „Lebenskraft" [3]) — oder es bestanden im Pälign. dialektische Unterschiede, so dass ein Theil des Gebietes *rs* mit den Umbrern zu *rf*, ein anderer mit den Oskern zu *rr* wandelte, oder das Pälignische wich in der Behandlung des *rs* sowohl vom Osk. als vom Umbr. ab (s. u.). Die erstgenannte Annahme, durch welche *parfa- Çerfo-* von l. *parra *Cerrus* o. Kerr-losgerissen würden, ist mir auch desshalb nicht wahrscheinlich, weil das Zusammentreffen, dass, trotzdem im Umbr. Wandel von *rs* zu *rf* wirklich vorkommt (*trahuorfi*), *parfa Çerfo-* doch nur

1) Pauli A. S. V 109 bestreitet wirklich wegen *Cerri* bestimmt die Entstehung von *Cerfo-* umbr. *Šerfo-* aus **Kerso-*, vgl. auch Bücheler Rh. M. 37, 644, der aber Umbr. 80, 98 f. (vgl. Rh. M. 33, 281, 290, L. J. XIII a) doch die Gleichsetzung von *Cerfo-* mit l. **Cerrus* (*Cerus*) o. Kerr- beibehält.

2) Vgl. auch *palum-bus* und die bei Brugmann II 203 ff. angeführten Wörter, z. B. gr. κόραφος = **kor̥-bho-s* neben l. *corn-ic-s*. Für die Erklärung aus **par-bhā* spricht sich jetzt Brugmann Ber. d. sächs. Ges. 1890, 210 aus.

3) Die Vermuthung Grassmanns K. Z. XVI 189 f., dass *Çerfo-* zu ai. *çárdha-* „stark, Held, Schaar" gehöre (wonach es von l. *Ceres* o. Kerrí vollständig zu trennen wäre), scheint mir wenig einleuchtend.

zufällig zu ital. **parsā *Kerso-* (l. *parra *Cerrus*) so gut stimmen würden, ein merkwürdiges wäre und weil eine doppelte Behandlung von altem *rs* auch im Osk. sich findet. Die Annahme eines dialektischen Unterschiedes innerhalb des Pälignischen wäre wohl nicht allzu bedenklich, da die Sprache der Herentas-Inschrift (die *Cerfum* hat) auch in anderen Puncten vom gewöhnlichen Pälign. abweicht (vgl. S. 20). — Ob umbr. furfaθ *furfant e-furfatu* etwa ein weiteres Beispiel von *rf* aus *rs* sein sollte (Bücheler 71 erinnert u. A. an l. *Furrina*), ist so sehr unsicher, dass dieses Beispiel besser ganz wegbleibt (vgl. S. 459 f.).

Ist es nach dem Vorausgehenden richtig, dass für *rs* (l. *rr*) sowohl im Oskischen als im Umbrischen zwei verschiedene Vertretungen erscheinen, so wird man kaum bezweifeln können, dass je éine oskische mit éiner umbrischen Vertretung zusammengehört. Durch Kerrí : *Çerfo-* wird wahrscheinlich, dass osk. *rr* und umbr. *rf*, also andererseits osk. gedehnter Vocal + *r* und umbr. *rs* sich entsprechen. Wir erhalten also

	1.	2.
Oskisch.	teerú-	Kerrí Kerríiú- herríns sverrunei (tiurrí?)
Umbrisch.	*tursi-* *Tursa* *farsio* (*parsest*?) (*persondro-*?)	*Çerfo-* *parfa*

wonach sich weiter ergeben würde, dass osk. teerú- im Umbr. **terso-* (**teso-*), osk. herríns **herfins*, osk. sverrunei **suerfone* lauten würde, umgekehrt umbr. *parfa-* im Osk. *parra-, *farsio* *fāriú etc. Es fragt sich nun, wie die doppelte Vertretung des *rs* zu erklären ist. Das nächstliegende wäre, im éinen Falle altes, im anderen durch Syncope (oder Neubildung) neuentstandenes *rs* zu sehen, aber dies scheint sich kaum durchführen zu lassen; da umbr. *tursi-* „terreo“ ohne Zweifel altes *rs* hat, würde für die Columne rechts secundäres *rs* folgen, dies wäre jedoch nur ohne Schwierigkeit bei Kerrí *Çerfo-* (**Kerese-* **Kereso-*), allenfalls noch bei herrins (späte Bildung, nach Analogie von *fu-sins etc.), hätte aber bei sverrunei und *parfa* (l. *parra* doch kaum aus **paresa* **parera*) wenig Wahrscheinlichkeit; ausserdem war, wie es scheint, intervocalisches *s* im Urital. zu *z* geworden (s. § 237), der Uebergang von *rz* zu *rf*, z. B. in **Kerezo-* **Kerzo-* *Çerfo-*, wäre aber an sich unwahrscheinlich[1]). Vielleicht wäre folgende freilich ebenfalls sehr unsichere Vermuthung eher annehmbar. Im Griechischen blieb *rs* nach betontem Vocal erhalten, nach unbetontem wurde es zu *rz* mit tönendem *z* (die gleiche Erscheinung, nach dem Vernerschen Gesetz, im Germanischen) und weiterhin ging *rs* in *rr*, *rz* in einfaches *r* mit Ersatzdehnung über, z. B. ὄρρος aus **órsos* : οὐρά aus **orzá*, s. Wackernagel K. Z. XXIX 127 ff., beistimmend Solmsen ebd. 352, 357 f. (vgl. Brugmann Gr. Gr.[2] 63 82). Das Verhältniss ὄρρος : οὐρά, κόρση : κουρεύς etc. erinnert (vom Accent abgesehen) an osk. Kerrí : teer[úm; Kerrí wäre aus **Kersē-*, teerú- aus **terzo-* zu erklären und zu Kerrí würde umbr. *Çerfo-* stimmen, dessen *rf* sich besser aus *rs* mit tonlosem *s* (vgl. *trahuorfi*), als aus *rz* erklärt. Für das *rs* in *tursi-* *farsio* etc. wäre dann auf die Geltung *rz* zu schliessen; für diese Geltung spräche auch *uasirslom-e* *VIa* 12, falls es ursprüngliches *rs* enthält, da *rsl* wohl zu *rzl* erweicht gewesen sein mag[2]). Die Spaltung von *rs* in *rs* und *rz* müsste wohl in die Zeit, als der idg. freie Accent noch erhalten war, also ins Uritalische, verlegt werden (im Lat. wären dann *rs* und *rz* in *rr* zusammengefallen). Zur vorauszusetzenden ursprgl. Be-

---

1) Der letztere Einwand fiele natürlich dahin, wenn Hartmanns Theorie über die Entstehung des italischen *f* aus *ð* (s. o. S. 435) richtig wäre.

2) Leider ist das Wort dunkel. Das *rs* kann ursprünglich (ev. = *rks* etc.) oder = au. rç oder = au. ř sein. Vielleicht ist die nächstliegende Erklärung die aus **u̯akers-lo-* zu l. *uacerra* „Pfahl" (Plur. „Vermach von Pfählen"), falls letzteres = **uacersa* ist (oder **uasiršlo-* = l. **uacer-culum* wie *strušla?*), vgl. *tertiame praco pracatarum*, womit vielleicht auch ein Verschlag oder eine Einhegung gemeint ist. Huschke 73 vergleicht den Eigennamen *Uasidius Uassidius*, setzt also *rs* = ř. Bücheler 48 denkt an *uašetom* etc. (es wäre wohl ein **u̯ak-ero-* und davon als Deminutiv **u̯aker-kelo-* anzusetzen).

tonung würde z. B. stimmen *rz* in *tursitu*, welches Causativum ist (**torséi̯ō*, vgl. § 291, 295)[1]) und *rs* in h]errins = **her-s-ēnt*, da der *s*-Aorist im Italischen, wo das Augment fehlte, jedenfalls in den meisten Formen die Wurzelsilbe betonte[2]). Natürlich konnten leicht Ausgleichungen stattfinden (vgl. das Griech.). Beispielsweise konnte es ursprünglich **terzóm* aber **térsā*[3]) gelautet haben (nach μηρός : μῆρα etc. J. Schmidt Ntr. 6, 41, 226 etc., vgl. 10). Von **Kérso-* umbr. *Çerfo-* konnte das Adjectiv **Kerzi̯ó-* lauten, hievon möglicherweise çersiaru *IIa* 16[4]) neben der ev. durch *Çerfo-* beeinflussten Form *Çerfio-*.

Was das oben erwähnte päl. *Cerri 256* neben *Cerfum* der Herentas-Inschrift betrifft, so ist ausser der Möglichkeit eines dialektischen Unterschiedes die andere zu beachten, dass in *Cerri* : *Cerfum* dieselbe doppelte Behandlung von *rs* vorläge wie im Osk. in teer[úm : Kerrí, im Umbr. in *tursitu* etc. (Çersiaru?) : *Çerfo-*, so dass *Cerri* nicht genau = o. Kerrí, sondern eigentlich = o. *Keerí wäre. Das Pälignische würde also nach der oben ausgeführten Vermuthung über urit. *rs* : *rz* in der Behandlung von *rs* mit dem Umbr. zusammengehen, in derjenigen von *rz* aber sowohl vom Umbr. als vom Osk. abweichen[5]). Auch die Möglichkeit sei noch erwähnt, dass päl. *Cerri* und o. Kerrí sich in urit. **Kerezē-* vereinigten, wonach also im Osk. urital. *rz* zu *r* mit Ersatzdehnung (teerú-), spät entstandenes *rz* dagegen zu *rr* geworden (also mit *rr* aus urit. *rs* zusammengefallen) wäre, doch scheint mir diese Möglichkeit am wenigsten für sich zu haben.

Aus den übrigen Zwischendialekten ist ausser dem marsischen Stadtnamen *Cerfennia*, der zu päl. *Cerfum* umbr. *Çerfo-* stimmt, das einzige wahrscheinliche Beispiel marruc. *Cerie 274*; das marruc. *regena(i) peai Cerie* gleicht so dem

---

1) Vgl. *rz* in den Causativa got. *marzjan* Brugmann I 436, Feist 75, gr. οὐρέω = **vorzéi̯ō* Wackernagel a. O. 129.

2) Vgl. Wackernagel 129 f. über den gr. Aorist.

3) O. teras Blt. könnte also möglicherweise im Gegensatz zu teer[úm *ĕ* + *rr* enthalten (die Blt. schreibt keine Geminaten).

4) antermenzaru Çersiaru etwa wie l. *calendarum Martiarum*. Vgl. unten S. 497.

5) Ohne Bedeutung für die Beurtheilung des Pälign. ist natürlich das Fremdwort *Perseponas* (Herentas-Inschrift).

von Corssen (K. Z. IX 151, vgl. Bugge ebd. XXII 424) herbeigezogenen l. *bonae deae Cererie* (Orelli 1521), dass man versucht ist, *Cerie* (welches = **Cerrie* mit unbezeichneter Geminata sein kann) mit l. *Cererie* auf einen urit. Stamm **Kereziē-* zusammenzuführen (zum Suffix *-iē-* vgl. § 264), doch bestehen auch andere Möglichkeiten (vgl. päl. *Cerri*, o. Kerrí). Wenn vo. *ferom 240* = l. *ferrum* aus **fersom* sein sollte, würde sich das Volsc. hier vom Umbr., wo entweder **fersom* oder **ferfom* zu erwarten wäre, scheiden und mehr zum Sabell. (päl. *Cerri* marr. *Cerie*) oder Osk. (Kerrí teerú-) halten, doch ist die Deutung als „ferrum" sehr zweifelhaft (s. Bd. II Anh.).

Ganz unwahrscheinlich ist mir, dass im Umbr. neben der Vertretung von *rs* durch *rs* und *rf* noch eine dritte erscheinen sollte in *farer* „farris" neben *farsio* „farrea". Es wird wohl entweder mit Brugmann II 458 anzunehmen sein, dass es ein Wurzelnomen *far-* neben dem *s*-Stamm *far-s-* gab (davon auch l. *farīna*? oder aus **farrīna*?), oder dass vom Nom. Acc. Sg. *far* (aus **fars*) sich die *s*-lose Form auch auf die übrigen Casus ausgedehnt hat[1]).

Ueber *rs* vor folgenden Consonanten s. S. 297f.

Im Auslaut wurde *-rs* im Osk.-Umbr. wie im Lat. zu *-r* (vgl. Brugmann I 508), so o. far u. *far* l. *far* aus **fars* idg. **bhar-s*[2]), u. *ager* l. *ager* aus **agers* = **agros* etc. (s. S. 232f.). Ein speciell osk.-umbrisches *-r* aus *-rs* liegt vielleicht vor in o. *censtur* = **censtōres*, u. *frateer* = **frat(e)res*[3]); die durch *frateer* bezeugte Dehnung erinnert an o. teer[úm = **tersom* (vgl. S. 208, 324). O. usurs Blt. ist nicht Nom. Plur. (s. Bd. II Anh.). Hier ist noch u. *parsest VIIb* 2 zu erwähnen. Die nächstliegende und am besten passende Uebersetzung ist „par erit" (so Bücheler Umbr. 27,

1) Weniger wahrscheinlich ist, dass *farer* aus **farerer* = **farezeis* St. **far-es-* (zu welchem u. o. l. *far* der Nom. Acc. Sg. sein kann) entstanden sei.

2) Wohl nicht aus **faros* idg. **bhar-os* (vgl. got. *bariz-*), s. vorige Anm.

3) Von l. *censōrēs frātrēs* (*-ēs* nach den *i*-Stämmen) ist unsicher, ob sie an Stelle von **censōrĕs* **frātrĕs* (woraus **censōrīs* **frātrīs* entstanden wäre), oder an Stelle von **censōr* **frāter* (mit urit. *-r* aus *-rĕs*) traten. Vgl. S. 233.

118; „oportebit" schon Aufrecht-Kirchhoff II 306), man könnte also vielleicht vermuthen, dass *parsest* auch sprachlich mit *par erit* identisch sei; l. *par* im Masc. Fem. ist = **pars* urit. **pars* oder **paris*, nimmt man nun an, dass schon früh feste Verbindungen von **pars* oder **paris* mit folgendem enclitischem Verb. subst. bestanden (vgl. l. *possum*, u. *mersei fonsir* etc. § 258) und setzt *-est* in *parsest* = **eset* l. *erit*, so bleibt nur die Schwierigkeit, dass man in *parsest* das Neutrum Sg. erwartet, welches urit. wohl **par* oder **parī* lautete. Es müsste angenommen werden, dass in Folge der formelhaften Erstarrung (die auch die Erhaltung von *-est* = l. *erit* statt sonstigem *fust* zur Folge hatte) *parsest* auch da verwendet wurde, wo das Neutrum am Platze gewesen wäre[1]). Bréals Annahme (219f.), dass *parsest* = l. *pars est* sei (also *rs* = *rts*), ist mir der Bedeutung wegen nicht wahrscheinlich. Gegen die oben S. 488 angeführte Erklärung als l. **parrebit* ist vielleicht einzuwenden, dass man wegen *habiest* = *habebit* etc. **parsiest* erwarten würde (vgl. § 313).

233. Von dem bisher behandelten *rs* mit einfachem ursprünglichem *s* ist getrennt zu halten *rs* (eigentlich *rss*) = *rt* + *t*, ev. *rd* + *t*, *rdh* + *t* (s. § 205), und = *rts rks* (*rps*). *rs* = *rt* + *t* blieb im Osk. erhalten wie im Lat.: Fερσορει úíníveresím, im Umbr. wurde es zu *rf*: *trah-uorfi* zu l. *trans-uersus trans-uorsus*; falls die Inschrift von Cortona (*304a*) ächt ist, ergibt sich aus vurses (arses), dass das *rf* nicht im ganzen Gebiet der umbr. Sprache herrschte[2]). Unklarer Etymologie ist der Stadtname **Nuerso-* oder **Nuersa-*, der in aequ. Nuersens *278* (falls die Inschrift ächt ist) enthalten zu sein scheint (vgl. *Cannensis* von *Cannae* etc.) und der wohl mit dem sabinischen *Nursia* zusammengehört. Das Verhältniss von *Nuers-* zu *Nurs-* erklärt sich am einfachsten, wenn man von einem Compositum **nou̯o-u̯erso-* ausgeht[3]),

1) Dies konnte dadurch begünstigt werden, dass im gewöhnlichen Gebrauche der Nom. Sg. Masc. Fem. (aus **pars*) und Ntr. gleich geworden waren (oder *păr* : *păr?*).

2) Nichts zu schliessen ist aus der Stelle bei Frontin de limit. II p. 30 Lachm. „quod Graeci πλέθρον appellant, Osci et Umbri *uorsum*".

3) **u̯erso-* = **u̯ert-to-* (ev. = **u̯erdh-to-*, zu l. *urbs*, av. *var-*

woraus zunächst **nou̯erso-*, weiterhin einerseits **nuu̯ers-* wie u. Puemune aus **Pou̯emōn-* etc. (s. S. 200 f.), andererseits *nors- nurs-* (*nou̯rs-*?) wie l. *contio* aus *cou̯entio* und dgl. Wie die sonst unbekannte Stadt *Nersae* bei Virgil Aen. VII 744 und Ners. der Inschrift *279* sich zu *Nuers- Nurs-* verhält, ist mir unklar[1]). Nichts anzufangen ist mit urseís der gänzlich trümmerhaften osk. Inschrift *205* (v]urseís??). Auf dem „altsabellischen" Stein von Grecchio (*282*) findet sich úrsiúe.ms (oder úrst-?). Endlich ist das schwierige osk.-umbr. *kersna-* = l. *cēna* in o. kerssnaís *133*, kerssnasias *131*, kerssnaiias *135*, u. çersnatur *Va* 22 „cenati", *ṡesna Vb* (4 m.) = **ṡersnam* zu besprechen. Aus idg. **k̂er-snā-* (zu W. *k̂er-*, gr. κορέννυμι etc., osk. vermuthlich in karanter „edunt", '*caria*' „panis", vielleicht auch in Kerrí etc., s. S. 322, 328 f.), woran man zunächst zu denken versucht ist, lässt sich das Wort schwerlich erklären, da man im Lat. **cerna* erwarten würde, vgl. *perna* = **persna*, *cernuus* = **kersnuos* Brugmann I 431, Stolz² 313 (auch mars. sabin. '*hernae*' '*herna*' „saxa" und der Name *Hernici* aus **hersn-*? s. S. 439 Anm.)[2]). Das *rs* in **kersna-* scheint also kein ursprüngliches einfaches *rs* zu sein. Es wird am ehesten auf *rts* zurückzuführen sein, *kers(s)na-* also wohl entweder von einer Weiterbildung von W. *k̂er-* mit Dental, oder von W. *q¹ert-* „schneiden", sei es mit der Bedeutung „zertheilen" (vgl. gr. δαίς : δαίζω und l. *caro* : gr. κείρω an. *skera*) oder so, dass die Bedeutung „schneiden" sich zu „beissen" „essen" specialisirte (letzteres kaum wahrscheinlich, trotz d. *beissen Imbiss* von W. *bheid-* „spalten"). Aus **kertsna-* entstand l. *cēna* wie *mantēle* aus **manterksle* **mantergsle* (zu *tergeo*, s. Havet Mém. soc. VI 230 und oben S. 321), *scāla* aus **skantslā*

---

dana W. *u̯erdh-*); zu *nou̯o-* vgl. Núvla-, *Nūceria* Nuvkrinum, *Norba* = *noua urbs*, und dgl.

1) Etwa aus **Nu̯ers-*, das aus **Nuu̯ers-* wie **di̯ēkolo-* (bantin. *zicolo-*) aus **dii̯ēkolo-* und dgl. entstanden wäre? Oder von *Nuers-* *Nurs-* zu trennen? (etwa aus **Ner-ti̯a*?).

2) Vgl. auch *ln* aus *lsn* in l. *alnus* (Brugmann und Stolz aa. OO.), *uolnus* aus **u̯olsnos* zu *uellō* aus **u̯elsō* (ursprüngliches *ln* wurde *ll* : *collis* etc.); *ll* aus *rl* = *rsl* in *gallus* falls zu *garrio* (und *tellus* : *terra*, *medi-tullium* : *ex-torris*?); *rd* aus *rsd* in l. *turdus*, *hordeum*.

etc.; **kertsna* wäre zunächst zu **kerssna* (mit tonlosem *ss*) geworden, woraus l. **kērssna* **kēssna* (mit Schwund von *r* vor tonlosem *s* wie in *pōsco tōstus* etc., auch *prōsa* = **prouorssa* etc.) und erst weiterhin **kēzna cēna*[1]). Vielleicht wäre es auch nicht ganz unmöglich, von einem urit. **kedzna* auszugehen, dessen *dz* im Osk.-Umbr. zu *rz* geworden wäre (vgl. § 200)[2]); das Wort würde dann wohl zu gr. σκεδάννυμι oder ai. *khād-* „essen" etc. oder zu beiden gehören (s. Corssen I 327, Vaniček² 308, Immisch B. B. XIII 139 ff., Bersu Gutt. 174, Stolz² 302, Per Persson 39 A., Fick I⁴ 378, cf. 32, 143). Das Wahrscheinlichere ist aber ohne Zweifel, dass das *r* ursprünglich ist. Eine Form mit anlautendem *s* (vgl. § 227) ist durch Festus als sabinisch bezeugt; der Text hat *scensas*, man verbessert dies jedoch wohl mit Recht zu *scesnas*[3]), dessen *sn* wie dasjenige von u. *śesna pesnimu* etc. zu beurtheilen ist. Unwahrscheinlich ist mir die Annahme, dass osk.-umbr. *kersna-* von l. *cēna* zu trennen und letzteres aus **skensna* : gr. ξένος zu erklären sei (Fröhde B. B. XVI 211)[4]). Nach Bücheler Umbr. 129 gehört zu u. çersnatur *śesna* auch çersiaru *IIa* 16, dies scheint mir jedoch sehr unsicher[5]), vielleicht ist es vorzuziehen, çersiaru mit *Çerfo- Çerfio-* zu verbinden, vgl. oben S. 493 mit Anm. und Huschke 364, Bréal Mém. soc. IV 142, die jedoch kaum mit Recht die Bedeutung „sacrarum" „augustarum" annehmen. — *rs* aus *rti̯* liegt in l. *Marsus*, welches die marsische Lautform zeigt, vor, s. S. 386. Dass dieses *rs* aus *rti̯* zu *rr* assimilirt sei in *Marruuium Marrucini* (*Marou-*

1) In *perna* etc. ist dagegen *rn* zunächst aus *rzn* entstanden.

2) Lat. *mergō* vielleicht aus **merzgō* = **medzgō* nach J. Schmidt Neutr. 158 A. (freilich sehr unsicher).

3) So zuletzt O. Keller Lat. Volkset. 87, dagegen Immisch a. O. 139 f.

4) Schwierig bleibt l. *silicernium*; möglicherweise ist es aus W. *k̑er-* (ohne Determinativ) gebildet, vgl. Fick I⁴ 422. Aus **sēdlucernium* erklärt es scharfsinnig, aber kühn, Immisch. Möglich wäre vielleicht auch, dass *-cernium* aus *-carnium* geschwächt wäre (zu *caro carnis*, u. karu, *carneis*; oder zu o. karanter „edunt"?). Nicht einleuchtend Corssen I 443.

5) Aus **kerssia-* = **kertsia-*, das an sich eine etwas ungewöhnliche und mit **kertsna* wohl nicht direct vergleichbare Bildung wäre, würde, nach *rf* = *rss* (aus *rtt*) in *trahuorfi* zu urtheilen, eher **çerfia-* entstanden sein.

cai 275), ist schon an sich wenig wahrscheinlich, ausserdem wäre die Bildung **Martiouio-* eine sehr auffällige (man erwartet **Martouio-*).

234. *ls*. Im Lat. wurde das ursprüngliche einfache *ls* wie *rs* behandelt, also zu *ll* assimilirt (*collum uelle* etc. Brugmann I 431, Stolz² 311). Im Osk.-Umbr. fehlen sichere Beispiele. Ein nicht unwahrscheinliches ist o. p]úllad C. A. = **po* + *ollad* (s. § 288), da l. *olle* von Brugmann I 73 ansprechend aus **ol-se* erklärt wird. Aus dem Umbr. gehört wohl dazu *ulo* ulu, doch kann statt l. *olle* auch *ōlim* verglichen werden (vgl. S. 111 und § 288). Da *rs* im Umbr. als *rs* (und *rf*) erscheint, ist es leicht möglich, dass auch *ls* im Gegensatz zum Lat. und Osk. im Umbr. erhalten war. Doch sind pelsans pelsanu pelsana *pelsatu* und felsva bei der Unsicherheit ihrer Deutung sehr zweifelhafte Belege dafür. pelsa- *pelsa-* sieht eher wie ein Denominativum von einem Ptc. **pelso-* aus, das wahrscheinlich für **pelto-* stehen würde, wie l. *pulsus* für **pultus* (neben *pulsare* altl. noch *pultare*), *lapsus* für **laptus*, *haesum* für **haestum* etc. S. 392f., also durch Analogie nach Dentalstämmen wo *ss s* = *t* + *t* war[1]). Ueber felsva, das vielleicht aus *felesva syncopirt ist (vgl. mersuva = **medesua-*, l. *Minerua* = **menesua*) oder = *feltsva ist, vgl. oben S. 448. Ueber u. *Uoisiener* s. S. 300.

Im Auslaut erscheint *-ls* als *-l* in ähnlicher Weise wie *-rs* als *-r* (s. oben S. 233f. und vgl. S. 494): o. '*famel*', Aukíl, Mutíl, Mitl(?), Fíml(?), Paakul, aídil, u. tiçel, katel (über vo. *Cloil* s. § 276). Erhaltenes *-ls* findet sich nur in o. Upils *122* und Upfals *156* *157*. Bücheler Jen. Littz. 1874, 610, Rh. M. 30, 446 erklärt den Unterschied daher, dass das erhaltene *-ls* = *-llos* sei, also Upils = **Opillos*, Upfals = **Opfallos* gegenüber Aukíl

1) L. *pulsare* selbst liegt der Bedeutung wegen ferne. Eher möchte mit Bréal 143, der *pelsatu* durch „coquito" übersetzt, an *pelmner* l. *pulmentum* zu denken sein (aus **pelpmener* **pulpmentum* wegen *pulpamentum*? also *pelsa-* = **pelpsa-*? über *ps* s. § 208). Büchelers Deutung θαπτέτω (Umbr. 38, 71, 139, 213) scheint etymologisch ohne Anhalt zu sein, da l. *sepelire* schwerlich = *se-pel-ire* ist. An **pelō* = l. *colō* (*pelso-* = l. **culsus* f. *cultus*) kann der Bedeutung wegen schwerlich gedacht werden.

= **Aukilos* etc. Nicht ganz unmöglich wäre es vielleicht, dass, wie l. *famulus* neben *famul*, *posterus* neben *poster* etc. jüngere Neubildungen zu sein scheinen (s. o. S. 233), so Upils Upfals auf neugebildete und erst später syncopirte Nominative **Opilos* **Opfalos* zurückgingen (vgl. S. 233 f.). Unklar bliebe jedoch dabei, warum die Neubildung gerade nur bei diesen beiden eintrat. Wenn Büchelers Ansicht richtig ist, ergibt sich, dass Paakul nicht = l. *Pacullus* sein kann, sondern nur = *Paculus* (vgl. U. D. 284)[1]). Päl. *Arghillus* *267* (lies *Archillus*) ist das gr. Ἄρχιλλος (vgl. S. 230).

ns.

235. Inlaut. Es ist zu unterscheiden zwischen *ns* mit ursprünglichem einfachem *s* und *ns*(*s*) = *nt* + *t*. Während letzteres im Umbr. über *nþ* zu *f* wurde (s. u. S. 503 f.), blieb *s* im ersteren in allen Dialekten erhalten, doch wurde (ob überall ist unsicher) zwischen *n* und *s* als Uebergangslaut ein *t* eingeschoben (vgl. Bücheler Umbr. 185, Brugmann I 178, 426). Solche Einschiebung eines *t* zwischen *n* und *s* findet sich auch in modernen süditaliänischen Dialekten und z. Th. im Toskanischen (s. W. Meyer Rom. Gramm. I 421, 537, vgl. oben S. 39), ausserdem z. B. in litauischen Dialekten und vielleicht im Urgermanischen (Brugmann I 438). Der Uebergangslaut wurde nur in der nationalen Schrift, die das Zeichen z = *ts* besass, graphisch dargestellt, in lateinischer Schrift schrieb man *ns*, wie überhaupt für z = *ts* der nationalen Schrift blosses *s* gesetzt wurde (o. **pus* *pous* T. B. = puz C. A., u. *pihos* = pihaz etc., s. S. 70, 72, 388, 391). Zuweilen wird auch das *n* nicht geschrieben (vgl. S. 309 f., 312 f.). Die Beispiele für *ns* sind folgende. O. keenzstur *188* kenzsur *204* (über zs für z s. § 243)[2]) *censaum censazet censa-*

---

1) Allerdings würde man nach *'famel'* tiçel katel eigentlich eher *Pakel für l. *Paculus* erwarten. Es wird entweder *-olo-* neben *-elo-* anzusetzen sein (Paakul aus **Pākol*, vgl. S. 243) oder, was mir weniger wahrscheinlich ist, das u in Paakul entspricht dem *u̯* (*uu̯*) aus *ou̯* in ΠακϜηις mars. *Pacuies* (vgl. S. 201 f.; also **Pākulos* = **Pākuelos*?).

2) kenzsur gehört jedoch unter die Beispiele für *ns*(*s*), nicht für ursprüngliches einfaches *ns*, s. u.

mur censtom-en an-censto (je 1 m.) ***censtur*** (4 m.) T. B., zu ai. *çąs- çąstar-* W. *k̂ens-* Fick I⁴ 43, 422 (vgl. oben S. 315, 326, 393); u. menzne *IIa* 17 = *menzene, sabin. ***mesene*** = ****mensene***, o. *mi]sinum* (*me]sinum*?) T. B. = ****minsinum*** (****mensinum***?), idg. St. **mēns-en-* (kaum **mēns-ien-*), zu l. ***mensi-s***, s. § 266[1]); dazu sehr wahrscheinlich u. antermenzaru *IIa* 16 „intermenstrium" „intermenstruarum"[2]); Composita mit der Präpos. *an-*: u. anzeriatu *Ib* 10 azeriatu *Ib* 8 anzeriates *Ia* 1 *IIa* 17 ***anseriato*** *VIa* 6 ***aseriato*** *VIa* 1 6 VIb ***48*** ***aseriatu*** *VIb* 47 ***aserio*** *VIb* 4 ***aseriaia*** *VIa* 2 ***aseriater*** *VIa* 1, anstintu *III* 20 astintu *III* 18 19, ***anstiplatu*** *VIa* 3, wahrscheinlich auch marr. ***asignas*** (vgl. S. 381 f.)[3]), mit dem negativen Präfix *an-* : u. aseçeta *IIa* 29 aseçetes *IV* 7, asnata *IIa* 19 asnatu *IIa* 34 asnates *IIa* 37 *IV* 9; mit *in-* = *en-* : u. iseçeles (vielleicht iseçetes) *IV* 7[4]); durch Syncope entstanden ist *ns* wahrscheinlich in o. patensíns C. A. (s. u.), sicher in o. ***minstreis*** (2 m.) ***mistreis*** (1- oder 2 m.) T. B. aus ****ministreis***[5]); ***ns*** aus *ms* in u. uze *IIb* 27 28 (= *unze) ***onse*** *VIb* 50 von **om(e)so-* l. ***umerus***, auch das oben angeführte anzeria- ***anseria-*** könnte möglicherweise die Präpos. ***am-*** statt ***an-*** enthalten (vgl. S. 307). Dunkler Herkunft sind o. Fensernu *224* und u. tenzitim *Ib* 6 ***tesedi*** *VIb* 46 (über letzteres s. u.). Dass es patensíns (2 m.), nicht *patenzins (oder *patenzsíns), heisst, erklärt sich wohl daraus, dass patensíns aus ****patenesins*** oder ****patnesins***, d. h. ****pa-***

1) Die evidente Identität von u. menzne mit sabin. ***mesene*** „mense" ist nach Grotefend Rud. ling. Umbr. VII 40 merkwürdigerweise unbemerkt geblieben bis auf Bücheler (Umbr. 129 f.); Huschke und Newman dachten an l. ***mensa***.

2) Bücheler a. O. Die Tafel schreibt anter menzaru getrennt, vgl. oben S. 241 zu o. anter stataí = Anterstataí. Die Meisten haben menzaru zu l. *mensa* gestellt (z. B. Aufrecht-Kirchhoff II 411, Huschke 364, 593, Corssen I 295, Bréal Mém. soc. IV 142 A.), was sachlich unwahrscheinlich ist und auch durch mefa widerlegt zu werden scheint (s. u.).

3) Ueber o. αναϲακετ s. § 238.

4) Oder = l. *ex-sec-?* (vgl. *exta* falls = **exsecta*, Corssen Sprachk. 339 ff.).

5) Bei u. ***ostensendi*** : l. ***ostenderentur*** ist unklar, ob die Zwischenstufe **ostennesendir* oder **ostendsendir* war (vgl. S. 218, 417).

tenezins oder **patnezins* mit urit. *z* aus *s* (nach § 237 ff.), syncopirt war, also die Lautgruppe *nz* mit tönendem *z* (in nationaler Schrift immer durch s bezeichnet, z. B. eísú- = *eizo-*) enthielt. Im Umbr. scheint auch bei *nz* mit tön. *z* der Uebergangslaut, hier natürlich ein *d*, sich entwickelt zu haben und durch die Schrift bezeichnet worden zu sein, da uze *unze (nu. *onse*) wohl auf urit. **omezo-* zurückgeht, woraus urumbr. **omzo-* **onzo-*, später **ondzo-* (vgl. S. 70, 218, 307)[1]). Ausnahmen von der Vertretung des *ns* durch nz sind im Umbr. anstintu (1 m.) astintu (2 m.) und asnata etc. (4 m.) aseçeta aseçetes iseçeles (je 1 m.); bei ersterem kommt vielleicht in Betracht, dass auf *ns* ein *t* folgte, bei letzteren liegt jedenfalls der Grund darin, dass sie Composita sind (vgl. *auirseto* 4 m. für **anuirseto*, trotzdem altes *nu̯* keinesfalls lautgesetzlich sein *n* verlor)[2]). Ob ns in o. Fensernu wie in patensíns zu beurtheilen sei oder ob der Unterschied gegenüber kenzsur auf der Betonung beruhe (Fensérnu) oder ob bloss ungenauere Schreibung vorliege, muss dahingestellt bleiben. Bemerkt sei noch, dass die oskisch-umbrische Einschiebung des *t* zwischen *n* und *s* wegen *ē* in o. keenzstur jedenfalls nach Eintritt der Dehnung vor *ns* (S. 206) stattgefunden haben muss. Dass das z in o. keenzstur kenzsur nicht etwa weiches *z* sein kann (so z. B. Corssen K. Z. XI 410 f., Bruppacher 75), geht daraus hervor, dass z im Osk. in nationaler Schrift immer den Laut *ts* bezeichnet[3]), nie den Laut *z*, welcher letztere vielmehr immer durch s dargestellt wird (eísú- eehiianasúm etc.), s. S. 70 f., ferner daraus, dass die T. B., welche sonst den Laut *z* mit *z* bezeichnet (*eizo- egmazum* etc.), immer *censa-* mit *s* schreibt, endlich wäre eine Erweichung von *ns* vor *t* (in keenzstur) schon an sich höchst unwahrscheinlich. Ebensowenig darf in umbrisch menzne menzaru u(n)ze tenzitim anzeriatu z als weiches *z* aufgefasst werden (so z. B. Corssen a. O., Ausspr. I 295, Bücheler 129, richtiger 185), da z sonst überall

---

1) Urit. **omezo-* wegen l. *umerus*, da dieses aus **omzo-* **omso-* schwerlich zu erklären ist (über *u* in *umerus* vgl. Fröhde B. B. XVII 312).

2) anzeria- azeria- jedoch alle 4 mal mit z.

3) Ausser der Sigle Z., wo z = *s* ist.

(ausser zeřef S. 71) = *ts* ist[1]). Wenn in u(n)ze das z den Werth von *dz* hat (s. o.), so ist diese Geltung wohl nur eine Abart zu derjenigen als *ts* (wie für *d* im Au. t geschrieben wird).

U. semenies *IIb* 1 *sehmenier* *Vb* 11 16 (wozu sehmeniar *Ib* 42 *sehemeniar* *VIIa* 52) deuten Aufrecht-Kirchhoff II 337 und Bücheler 38 (Pauli Etr. Fo. Stud. III 13) als „semenstribus", indem sie gr. ἑξά-μηνος ἑξα-μηνιαῖος vergleichen, aber das gr. ν ist = νσ wie in μηνός aus *μηνσός etc., man würde also im Umbr. *semenzies **sehmensier* erwarten wie anter-menzaru menz(e)ne. Wegen semenies *sehmenier* einem idg. Stamm **mēn-* oder **mēno-* anzusetzen wäre gewagt, da die Formen aller übrigen Sprachen auf **mēn-s-* (**mēn-es-*) oder **mēn-ōt-* zu beruhen scheinen (vgl. z. B. J. Schmidt K. Z. XXVI 345ff., Neutr. 158f., 193ff., Brugmann II 370, 389)[2]). Ebensowenig ist m. E. daran zu denken, dass *n* in dem umbr. Worte auf eine uritalische Nebenform *nz* neben *ns* zurückgehe, die vielleicht angenommen werden könnte, wenn wirklich neben *rs* im Urit. *rz* bestand, (s. S. 492f.; vgl. über *ns nz* im Griech. Wackernagel K. Z. XXIX 136f.); denn *nz* wäre kaum zu *n*(*n*) assimilirt worden; auch dass *semenio-* aus **semēnsnio-* entstanden sei, ist kaum wahrscheinlich, es wäre wohl eher das *n* vor dem *s* (*z*), als letzteres selbst verklungen[3]) (doch vgl. o. imad aus **insmad*? s. S. 481f., 483). Da bei der Erklärung als „semenstribus" auch das *se*(*h*)- statt **ses-* Schwierigkeiten macht (s. S. 209) und die Erklärung als „*sēmimenstribus" (gr. ἡμιμηνιαῖος) aus sachlichen Gründen weniger wahrscheinlich ist, ist m. E. die Ableitung des Wortes von *Sēmōn-* päl. *Semunu* (Huschke 313ff., 296f., Bücheler L. J.

---

1) Auch Bréals Annahme T. E. 6, 17, dass z in nz ein *þ* (engl. *th*) darstelle, ist mir nicht glaublich.

2) Unsicher ist allerdings die Beurtheilung von gr. μήνη, vgl. Wackernagel K. Z. XXIX 137, Fick I[4] 519; es wird aber doch eher ν für νς enthalten oder = **mēn-ēt* (**mēn-āt*??) sein. Eine lateinische *Mena* „menstruationis dea" führt Augustin an (vgl. Preller I[3] 275 A.), doch kann der Name wohl griechischen Ursprungs sein (oder aus **Mēnsna* : u. menzne?).

3) menzne ist allerdings nicht beweisend, weil eine ganz späte Syncope aus *menzene angenommen werden kann. Dass in menz(e)ne anter-menzaru das nz = *nts* war, nicht *ndz* (wie vermuthlich in uze *unze), ist schon wegen *s* in o. *mi*]*sinum* der T. B. wahrscheinlich.

XXIVb XXVa), bei welcher sich auch das *furo* [„forum"] *sehemeniar* viel leichter erklärt, vorzuziehen (vgl. § 266).

Anders als *-ns-* mit ursprünglichem *s* wurde im Umbrischen wohl *ns*(*s*) = *nt* + *t* behandelt, es scheint wie das auslautende *ns* = idg. *-ns* und *-nts* (§ 236) über *nþ* zu *f* geworden zu sein (vgl. *rf* aus *rþ* = *rt* + *t* in *trahuorfi* S. 495). mefa *mefa* mefe wahrscheinlich mit Bréal 101, Bücheler 60, 184 zu l. *mensa*, welches letztere doch wohl am ehesten zum Ptc. *mensus* gehört (so z. B. auch Bréal-Bailly s. v.)[1]). *spefa* (9m.), Beiwort zu *mefa*, wird sehr ansprechend von Huschke 132, 598, Bréal T. E. 119, Bréal-Bailly 364b, weniger bestimmt von Bücheler 60, 184, als Ptc. Pass. zu gr. σπένδω (l. *spondeo*) erklärt, also = **spend-ta* (ev. **spn̥d-ta*). Ein ähnliches Ptc. scheint spafu *Va* 20 zu sein. Dass spafu Ptc. Pass. sei, steht des Zusammenhanges wegen ausser allem Zweifel, wie aber das f anders als aus *ns*(*s*) sollte erklärt werden können, vermag ich nicht zu sehen. Schwierig bleibt allerdings das Verhältniss zu den Imperativen *spahatu VIb* 41 und *spahmu VIb* 17, *spahamu VIIa* 39, deren Zugehörigkeit zu spafu doch ebenfalls nicht zu bezweifeln ist[2]). Am ehesten wäre vielleicht zu helfen durch die Annahme einer W. *spandh-* (*spahatu* aus **spanf*(*e*)*tu* [*ft* zu *ht*, s. § 223], *spah*(*a*)*mu* aus **spanfmu*, spafu aus **spansso-* = **spandh-to*)[3]) oder einer W. *spăd-* nasalirt *spand-* (*spahatu* = **spăd*(*e*)*tu*, *spah*(*a*)*mu* = **spădmu*, spafu = **spand-to-*), doch bleibt im ersteren Falle *spahamu* für **spanfmu* lautlich auffällig, im letzteren Falle fällt auf, dass die nasalirte Wurzelform gerade nur im Ptc. Pass. erscheint (ob l. *mensus* vergleichbar

---

1) Das Verhältniss des Ptc. *mensus* zu *mētior* (W. *mē-*) oder zu *modus* got. *mitan* nhd. *messen* (W. *med-*, gr. in μέδομαι) ist allerdings unklar (gehört *mensus* zu W. *med-*, so kann *prehensus* : *prae*(*he*)*da* got. *bi-gitan* verglichen werden), auf alle Fälle aber entspricht das *s* direct oder indirect einem *tt*. — Huschke setzt *mefa* = gr. μέθη (vgl. oben S. 190f.).

2) Die Stellen lauten: *Va* 20 ape subra spafu fust, *VIb* 41 *uaso . . . serse subra spahatu* (transitiv), *VIb* 17 und *VIIa* 39 *subra spah*(*a*)*mu* (medial). Aufrecht-Kirchhoff II 323 helfen sich durch die Emendation von spafu zu spatu, doch ist dies bei der geringen Aehnlichkeit von 8 und ᛉ doch wohl zu kühn.

3) Dann etwa auch spanti- (d. h. **spandi-*) aus **spanþi-* = **spandhi-* mit Erweichung wie in *amb-* aus *amf-* (§ 224)?

sei, ist zweifelhaft, s. o.)[1]. Sehr unsicher ist, ob *cehefi VIa* 20 zu l. *ac-census* etc. gehört (s. S. 368 f.). h e r i f i *Vb* 6 wohl nicht aus **herinsē* = **herintįē*, s. S. 387 und § 326. Das schwierige t e n z i t i m *Ib* 6 *tesedi VIb* 46, das vermuthlich eine Art Kuchen bezeichnet (Bréal, Bücheler), kann jedenfalls nicht direct zu l. *tensus tensio* gehören (vgl. Bücheler 81), da letztere dasselbe *ns* wie *pensus sponsus* etc. (aus *ntt*) enthalten, also im Umbr. *f* zeigen müssten, sondern t e n z i t i m *tesedi* wäre von der erweiterten W. *ten-s-* ai. *tąs-* lit. *tęs-* got. *þinsan* (nhd. in *ge-dunsen*) Fick I[4] 59, 442 oder dann von einem *s*-Stamm **ten-os-* (l. *tenus tenor*) oder **tend-os-* abzuleiten[2]). Ueber e i k v a s e s e s. § 269.

Im O s k i s c h e n fehlen sichere Beispiele für *ns*(*s*) = *ntt* etc. Vielleicht ist m e s s í m a i s *133*, falls es „menstruis" bedeutet (s. S. 210 f. und § 287), ein Beleg für die dem umbrischen *f* entsprechende Vertretung von *ns*(*s*); das s s würde sich zu umbr. *f* verhalten wie - s s zu umbr. *-f* im Acc. Plur. (f e í h ú s s v í a s s : t u r u f v i t l a f etc.), wo mit - s s vielleicht ein *-þ* (*-þþ*) gemeint ist (s. § 236); **menssimo-* wäre entweder eine Neubildung für **menstemo-* nach Bildungen wie l. *vicēsimus* (= **u̯ikent-tm̥mo-*) oder aus **menstm̥mo-* oder **mensthm̥mo-* lautgesetzlich entstanden (vgl. S. 393, 471 und § 287). Gegen diese Erklärung des s s in m e s s í m a i s könnte man vielleicht das n z s in k e n z s u r *204* anführen, da k e n z s u r l. *censor* entweder Neubildung für **kenstor* nach Wörtern mit *-nsor* aus *-nttor* (*tonsor* etc.) ist oder aus **kenstor* lautgesetzlich entstanden ist (vgl. S. 393); doch ist das Zeugniss von k e n z s u r desshalb ein unsicheres, weil Einfluss der Formen mit einfachem ursprünglichem *ns* (*censaum censazet* etc.) angenommen werden kann oder k e n z s u r vielleicht Latinismus statt * k e n z s t u r (k e e n z s t u r *188*, *censtur* T. B.) ist. Unklar ist o. F e n s e r n u. In bantin. *Bansae* ist *ns* = *ntį* (S. 386 ff.).

---

1) Anmerkungsweise mag auch daran erinnert werden, dass Osthoff (s. Anzeiger f. idg. Sprach- und Altthswiss. I 82 ff.) eine idg. Präsensklasse mit Suffix *-nt-* annimmt, z. B. **stha-nt-* got. *standan* : *sthā-*.

2) Nach u z e *onse* aus **om*(*e*)*s-* könnte man auch an W. *tem-* „schneiden" gr. τέμ-νω, l. erweitert in *tond-eo* (vgl. gr. τένδω), denken.

236. Auslaut (vgl. Bugge K. Z. XXII 418ff., Danielsson A. S. III 146ff., Bréal 16f., Bücheler Umbr. 184, Balser Jahrbb. 1884, 126ff., Brugmann I 178). Wir finden im Oskischen *-ss -f* und *-ns*, im Umbrischen *-f* und *-ns*[1]). Die Fälle sind folgende:

1. Idg. *-ns* erscheint im Oskischen als *-ss*, im Umbrischen als *-f*: Acc. Plur. osk. feihúss leígúss -úvfríkúnúss víass ekass[2]), mit einfachem *-s* nur auf der überhaupt nicht geminirenden Blt. uistrus usurs malaks; umbr. turuf klavlaf avif *nerf* manf etc., mit Abfall des *-f* (§ 255) *toru angla oui* etc., mit folgender Postposition *uerof-e* fesnaf-e vapef-em etc. (Aufzählung der Beispiele in der Formenlehre). Zum Umbr. stellt sich das Marrucinische mit *iaf-c* „eas" nach der wohl zweifellos richtigen Auffassung von Bugge a. O. 429, Bücheler L. J. XI a, Arch. I 104, Umbr. 89 und Deecke Rh. M. 41, 196f. (Letzterer „easque", doch s. § 249)[3]). Im Pälignischen fehlen sichere Beispiele für den Acc. Plur. (*ecuf 255* ist Localadverb wie o. puf, über *pes pros 255* und *lexe 255* s. Bd. II Anh.), es bleibt daher zweifelhaft, ob das Pälign. mit dem Osk. oder mit dem Marruc. und Umbr. ging. Vo. *asif 240* ist eher Ptc. als Acc. Pl. (s. ebd.). Idg. *-ns* enthält auch u. *traf trahaf* (tra *traha*) = l. *trans*, falls *trans* = idg. **tr̥ns* (zu ai. *tirás* = **tr̥rn̥s*, vgl. S. 314) oder = idg. **trā-n-s* (zu gr. τρᾱ-ν-ές, de Saussure Mémoire 267 Anm., vgl. Danielsson Gramm. und etym. Studien 47 Anm.) ist[4]).

---

1) Corssen Sprachk. 165 (vgl. 396f.) glaubte den Uebergang von *-ns* zu *-f* ganz leugnen zu können, woran jetzt Niemand mehr denken wird.

2) teremníss ist wohl Abl. Plur., s. § 284.

3) Corssens Deutung als „ibi" (K. Z. IX 148) ist grammatisch (= l. **eabi* neben *ibi*!) wie dem Zusammenhange nach unwahrscheinlich.

4) Man könnte einwenden, im Lat. erscheine idg. *-ns* als *-s* (Acc. Pl.), aber vielleicht waren Einsilbler ausgenommen (*quōs quās hōs hās* wären Neubildungen nach *eōs eās* und allen übrigen) oder *trans* ist die Form des bedingten Auslautes (die Präpos. stand ja selten im absoluten Auslaut). Unwahrscheinlich ist m. E. die Erklärung von *trans* als Ptc. eines angeblichen **trāre* (s. die bei Vaniček[2] 105 unten Genannten und Stolz[2] 314).

2. Ein ebenfalls einfaches *-ns* erscheint im Oskischen als *-f* in den Nominativen úíttiuf fruktatiuf tríbarakkiuf C. A. aus **oitions *frūktations *trībarkions* (Bugge 432f., Bücheler Umbr. 112, 184, Brugmann II 338 Anm., 529, Bartholomae K. Z. XXIX 496, vgl. Danielsson A. S. III 146f.[1]); über die Gemination vor *i̯* vgl. § 243). Die verschiedene Behandlung dieses *-ns* und des idg. *-ns* im Acc. Plur. (feíhúss víass etc.) weist darauf hin, dass die Nominative **oitions* etc. in später Zeit entstanden, nachdem das idg. *-ns* bereits eine Modification in der Richtung gegen den durch -ss dargestellten Laut erlitten hatte. Secundäre Entstehung ergibt sich auch daraus, dass der Nom. Sg. der *n*-Stämme im Idg. auf *-ōn* und *-ō*, ev. *-ēn* und *-ē*, ausging (s. Brugmann II 527 ff.), also asigmatisch gebildet war. Das Uritalische hatte noch *-ō* (und *-ōn*?), wie lat. *-ō* (umbr. *-u*?) zeigt, das oskische **-ōns* -uf ist also erst in einzeldialektischer Zeit durch Anfügung des Nominativzeichens *-s* an die Form *-ōn* entstanden, wie l. *sanguīs pollīs* neben *sanguen pollen* durch Anfügung von *-s* an das *sanguīn- pollīn-* der übrigen Casus und mehreres andere bei *n-* (und *r-*) Stämmen auch in anderen idg. Sprachen bei Brugmann II 331f. 337, 338 A., 350f., 529, 530. Zu úíttiuf fruktatiuf tríbarakkiuf fügt Bücheler Umbr. 112f. das auf der T. A. 19 m. vorkommende statíf, indem er es aus **statins* erklärt, also mit Eindringen der schwachen Stammform *statin-* aus den Cas. obl. (z. B. Gen. Sg. **statineis*, Acc. Sg. **statinom*, Nom. Pl. *statins* aus **statines*, etc.) in den Nom. Sg., vgl. gr. δελφίς ἀκτίς aus -ινς, auch das oben angeführte lat. *sangui(n)s polli(n)s* und dgl. (Brugmann aa. OO.). Diese Erklärung von statíf ist derjenigen als Particip = l. **statens* (oder **statiens*?) Bücheler L. J. XXVI b entschieden vorzuziehen. Die früher beliebte Deutung als Adverb „statīue" (Mommsen U. D. 138, 214, 296) oder „statim" (Corssen De Volsc. ling. 6, Enderis LIV, 50 u. A.) ist schon sachlich viel weniger ansprechend, grammatisch aber entschieden unwahrscheinlich[2]); Bréals Erklärung als Acc. Plur. von

1) Bei Pauli A. S. V 46 f. scheint Danielsson missverstanden zu sein.

2) „Adverbia in *f* italica ad fabulas delegato" bemerkt Bücheler Umbr. 60 mit Recht (natürlich von den von Pronomina abgeleiteten Ortsadverbien wie puf *ecuf* abgesehen).

statu- (Mém. soc. IV 138 f.) scheitert daran, dass der Acc. Plur. im Osk. *-ss* nicht *-f* hat, auch wäre das í bedenklich und statús könnte sowieso nicht der zugehörige Nom. Plur. von *statu-* sein (s. § 280).

Man hat die oskischen Nominative úíttiuf fruktatiuf tríbarakkiuf auch auf andere Weise zu erklären versucht. Die einzige Ansicht, die neben der oben erwähnten und gebilligten noch Anspruch auf Beachtung hat, ist wohl diejenige von Peter Allg. Littz. 1842 II 49, Savelsberg K. Z. XXI 133 und Bréal Mém. soc. VII 321, nach welcher *-ū* (aus *-ō*) über *-uv* zu *-uf* geworden wäre [1]). Diese Erklärung ist mir jedoch einestheils desshalb nicht wahrscheinlich, weil das oskische v ein *u̯*, nicht spirantisches *v*, gewesen zu sein scheint (s. oben S. 180 f.), anderestheils wegen statíf, das alsdann unerklärt bliebe [2]). Nicht glaublich ist mir, dass -uf in úíttiuf etc. einen Nasalvocal bezeichne, woran Osthoff M. U. I 257 f. denkt. Ganz verfehlt war die Erklärung von úíttiuf etc. durch ein im Nom. Sg. antretendes *bh*-Suffix, z. B. bei Corssen K. Z. XIII 172 ff., Aussprache II² 111 f. Anm., 113, der später, die Unwahrscheinlichkeit einsehend, auf die allerdings noch unhaltbarere Annahme verfiel, diese Formen seien Locative (Sprachk. 369 f.). Die Erklärung von úíttiuf aus **oitions* etc. hat neuerdings daran eine Stütze erhalten, dass die Entwicklung von *-ns* (*-nss*) zu *-f* im Osk. auch in einem anderen Falle, dem Nom. Sg. des Particips stattgefunden zu haben scheint (s. u.).

Vermuthlich erstreckte sich die Neubildung mit *-s* im Oskischen auf alle masc. und fem. *n*-Stämme, also z. B. **caruf* „caro", **homuf* (*-of*?) „homo", **Catuf* „Cato" etc.; so essuf *esuf* falls = l. **ipsō* (sehr fraglich, s. u.) [3]). Ob ...pisu *59* l. *Pīsō* sei, ist sehr unsicher (auch könnte ein Latinismus angenommen werden), s. Bd. II Anh.; über -apiu *129* s. ebd.

---

1) Ueber Bréals Annahme, das *-f* bezeichne in úíttiuf etc. einen tönenden Spiranten, s. § 316. Auch umbr. tuf *Ib* 41, *desenduf VIIb* 2 erklären Savelsberg und Bréal aus **dū* (= **duū* l. *duō*), doch s. § 286.

2) Schwerlich werden -iuf und -íf als bloss graphisch verschiedene Bezeichnungen desselben Lautes, etwa eines *-iūf*, aufgefasst werden dürfen.

3) Unklar ist -pupuf- *164*, s. Bd. II Anh.

Zweifelhaft ist, ob auch das Umbrische die Neubildung besass. Es kommen nur 4 mal solche Nominative vor: karu *Va* 24 27 *Vb* 4 und tribřiçu *Va* 9. Danielsson A. S. III 147, Brugmann II 338 A., 529 sehen in denselben die urspüngliche Bildungsweise des lat. *carō terniō* etc., während Bücheler 190 die Formen zu osk. úíttiuf etc. stellt. Möglich ist es jedenfalls sehr gut, dass alle 4 mal ein *-f* abgefallen ist, wenn auch darauf, dass an 3 von den 4 Stellen ein *f-* folgt, wohl nichts zu geben ist (vgl. § 255). Für Bücheler würde esuf *IIa* 40 *IV* 15 entscheiden, wenn es = l. **ipsō* sein sollte (s. u.).

3. Idg. *-nts* wurde sicher im Umbrischen, sehr wahrscheinlich auch im Oskischen (und Volscischen?), also vielleicht in allen osk.-umbr. Dialekten, über *-nss* zu *-f*. Im Umbrischen hat Bücheler als Nom. Sg. Partic. erkannt: zeřef (3 m.) *serse* (7 m.) = l. *sedens*, restef *Ib* 9 *reste VIb* 47 „instaurans“ [1]), kutef (7 m.), wahrscheinlich = l. **cautens* oder **(oc-)cultens* (vgl. oben S. 330); Bücheler deutet auch frehtef *IIa* 26 als Ptc. („frigidans, frigefactans“), doch wäre hier wohl auch ein Acc. Plur. möglich (über die Etymologie vgl. S. 353 mit Anm.). Vo. *asif 240* ist eher Ptc. als Acc. Plur., s. Bd. II Anh. Dass das Oskische im Ptc. ebenfalls *-f* hatte, scheint durch die capuanische Inschrift *133* erwiesen zu werden, denn wie man auch die Zeile 8/9 deute, ohne Annahme eines Particips, entweder fuf = l. **funs* (d. h. „futurus“) oder staief „stans“ oder, wie Bücheler vorzieht, staieffuf παρεστώς (παρεστακώς?) oder auch staief fuf „stans futurus“, wird man kaum auskommen (s. Bd. II Anh.). Ueber Balsers Erklärung von manafum Blt. aus *manaf-sum = l. *mandans sum* s. § 323. Ϝαλε *12* erklärt Bücheler ansprechend als „ualens“, die Form ist jedoch in unserer Frage werthlos, da der auslautende Consonant fehlt [2]).

---

1) zeřef *serse* und, weniger bestimmt, restef hatte auch Huschke (48, 172, 215) als Participia wenigstens übersetzt, aber grammatisch nicht zu rechtfertigen gewusst. Bréal 161 f. vergleicht restef der Bildung nach mit l. *recens*.

2) Wohl aus Raummangel, denn der im Umbr. allerdings ungemein häufige Abfall von auslautendem *-f* wird im Oskischen kaum angenommen werden dürfen. — Frus *166* kann gegen die Annahme,

Hier ist noch o. essuf *188 esuf* T. B., u. esuf *IIa* 40 *IV* 15 anzuführen. Das Wort würde unter die Beispiele für *-f* aus *-nts* fallen nach der Deutung von Bücheler (Rh. M. 30, 436 ff., Umbr. 138, 193, L. J. VIII b) aus **essonts* d. h. **ess-(h)ont)* „ipse“ mit angehängtem Nominativ-*s*. Dagegen haben sich namentlich Danielsson in dem Aufsatze A. S. III 141—186 und Bréal Mém. soc. VII 321 f. ausgesprochen. Ohne Zweifel hat die angenommene Nominativbildung trotz des zur Stütze angeführten gr. τῶνδεων etwas sehr auffälliges (wie wenn im Lat. **idem-s* gebildet worden wäre); weniger Gewicht haben die von Danielsson S. 145—149 wegen des *-f* erhobenen lautlichen Einwände, besonders da jetzt festzustehen scheint, dass das Oskische im Nom. Sg. des Ptc. *-f* hatte (s. o.; die Bildung von **essonts* müsste jedenfalls in frühe Zeit verlegt werden). Falls die Deutung als „ipse“ sachlich das Richtige trifft, ist als eine weitere Möglichkeit vielleicht anzuführen, dass essuf *esuf* ein Nom. Sg. wie úittiuf etc. wäre und einem l. **ipsō* entspräche, so dass das „individualisirende“ *n*-Suffix (vgl. *Catō* : *catus*, *Rufō* : *rufus*, *buccō* : *bucca* etc., ausserdem namentlich das Germanische) hier an den Stamm **epso-* „ipse“ (oder **ekso-*?) getreten wäre[1]), mit einem anderen Mittel nach derselben Richtung strebend wie im Lateinischen *ipsimus ipsissimus* (italiän. *med-esimo* etc.)[2]). Doch hat auch eine solche Bildung etwas sehr Ungewöhnliches. Kaum glaublich ist, dass ein pronominaler Nom. Sg. **essŏ* (der von jeher *s*-los gewesen wäre, nicht *-s* erst im Oskischen verloren hätte) über **essŭ* **essŭv* zu *essuf* geworden sei (Bréal a. O.), ebensowenig möchte ich an eine Erklärung aus **essŏ* + einer verstärkenden Partikel **f(e)* = **dhe* denken (vgl. Danielsson a.

---

dass ursprüngliches *-nts* im Osk. zu *-f* geworden sei, nicht angeführt werden, da selbst die Lesung unsicher ist (vgl. Deecke Rec. 133), um so mehr die Deutung als Cogn. **Frons*. Vielleicht ist Frus auch eine Abkürzung (vgl. die volsc. Stadt *Frusino*?), vgl. Zvetaieff J. J. J. D. p. 109. — Syncopirtes *-nts* blieb -nz (*-nts*) wie syncopirtes *-ts* überhaupt -z (*-ts*) blieb (s. S. 390 ff., vgl. S. 330 Anm.).

1) Vgl. die schwache Declination von got. *silba*?

2) Für *ipsullices* bei Fest. will Bugge *ipsilles*, Demin. von *ipse*, lesen (s. Georges s. v.), weniger stark wäre die Aenderung *ipsulles*, wobei *-ull-*, wenn o.-u. *essuf* = l. **ipsō* sein sollte, wie in *homullus* zu beurtheilen wäre.

O. 150); lautlich ganz unhaltbar ist die Erklärung von Leo Rh. M. 38, 7 (vgl. Danielsson 149). Formell tadellos ist dagegen die von Danielsson selbst ausführlich vertheidigte Deutung als Localadverb wie o. puf päl. *ecuf* gr. αὐτόφι etc. (Aufrecht-Kirchhoff I 150, Ebel K. Z. II 61, Huschke O. Sab. Sprdkm. 109, 110, Ig. Taf. 383, etc.), und sachlich ist dieselbe jedenfalls möglich, wie auch von Bücheler anerkannt zu sein scheint, da er in der neuesten (fünften) Auflage von Bruns Fontes die Ansicht von Danielsson neben seiner eigenen anführt. Die Frage muss jedenfalls noch als unentschieden gelten. Zur Orientirung über dieselbe dient am besten Danielssons erwähnter vortrefflicher Aufsatz.

Erhaltenes *ns* findet sich dagegen in folgenden drei Fällen.

4. Im Umbrischen erscheint éinmal ein Acc. Plur. auf -*ns* : *abrons VIIa* 43[1]). Die Erklärung ist schwierig. Nach der gewöhnlichen Ansicht hat sich in *abrons* ausnahmsweise die Endung idg. -*ns*, die sonst in -*f* überging, erhalten. Ohne Zweifel ist dies die nächstliegende Auffassung, sie ist aber — da *abrons* nicht als ein Rest aus der Zeit vor der Affection des -*ns*, die wahrscheinlich ziemlich früh stattfand (s. u. S. 512), angesehen werden darf — nur unter der Annahme haltbar, dass -*ns* eine, zufällig nur an dieser Stelle erhaltene, weniger gebräuchliche Satzdoppelform zu -*f* gewesen sei; die Doppelform auf -*ns* war eigentlich wohl die im Satzinneren in den meisten Stellungen berechtigte, da im Wortinlaut *ns* mit etymologisch einfachem *s* nirgends zu *f* geworden zu sein scheint (s. oben S. 499ff.)[2]). Auf eine andere Möglichkeit

---

1) Dass struhçlas fiklas sufafias *IIa* 41 Accusative Plur. sein sollten (Savelsberg K. Z. XXI 210, vgl. Bugge ebd. XXII 421f.), ist wenig wahrscheinlich, sie werden mit Bücheler 138f. (auch Newman 13) als Genitive Sg. aufzufassen sein (vgl. die Syntax). Müssten aber wirklich Accusative Plur. angenommen werden, so wäre -as nicht aus -*ans* zu erklären, sondern es würde hier die ursprünglichere idg. Form des Acc. Plur. der *ā*-Stämme auf -*ās* (ai. *áçvās* got. *gibōs* etc. Brugmann II 674f.) vorliegen.

2) Satzdoppelformen im Acc. Plur. zeigt auch das Griechische in τός τάς θεός etc. neben τούς τᾶς θεούς etc. (erstere vor Consonanten entstanden), s. Brugmann I 173, Gr. Gr.[2] 69, 75f. Könnte man auch an eine Form -*nz* neben -*ns* denken? (vgl. Brugmann I 174

hat mich s. Z. Herr Professor Brugmann aufmerksam gemacht, die nämlich, dass *abrons* lautgesetzlicher Acc. Plur. zum Stamm **aprōn-* (in abrunu *IIa* 11, Bücheler 126 f.) wäre, also = **abron-ns,* so dass hier das doppelte *n* den Uebergang zu *-f* verhindert hätte. Allerdings hat das einzige andere Beispiel eines Acc. Pl. von einem Stamme auf *-n-* nicht *-(n)ns* sondern *-nf*: manf *IIa* 38. Selbstverständlich kann manf als Neubildung für *mans (*manz?) erklärt werden, natürlicher ist es jedoch, umgekehrt vom Sicheren auf das Unsichere, also von manf darauf zu schliessen, dass *abrons* nicht = **abron-ns* sei. Jedenfalls wäre aber die Erklärung aus **abron-ns* der m. E. sehr gewagten Vermuthung von Danielsson A. S. III 146 Anm. vorzuziehen, nach welcher *abrons* die als Acc. verwendete Nominativform (= **aprōnĕs*) sein soll. Am wahrscheinlichsten bleibt mir die Erklärung von *abrons* als Satzdoppelform zu *abrof* (St. *apro-*)[1].

5. *-ns,* das durch die osk.-umbrische Endsyncope (S. 228 ff.) entstand, blieb erhalten: Nom. Sg. osk. *Bantins*, Púmpaiians, Σαιπινς, Tafidins, Aadirans, Heírens (*-nns?*), Perkens (*-nns* = *-dns*), päl. *Calauan(s)* (*-s* fehlt wohl bloss graphisch, s. § 256), aequ. Nuersens (aus *-nos* oder *-nsis*; doch vielleicht unächt), umbr. Ikuvins, *fons fos* (wohl aus **fōnis* = **faunis,* kaum aus **fundos* = l. *fundus* „geneigt, einverstanden")[2], pelsans (= **pelsandos*, vgl. S. 417); Acc. Sg. Ntr. osk. *min[s* = l. *minus*; Nom. Pl. osk. humuns „homines", *deiuatuns* falls nicht in *deiuatus* zu ändern (s. § 330); osk. cítuns entweder Sing. (aus *-nos* oder *-ndos*) oder Plur. (aus *-nĕs*), s. § 266.

6. Die regelmässige secundäre Endung der 3. Plur.

über el. τοίρ aus *τόνς). Büchelers Vermuthung über *abrons* Umbr. 112 befriedigt nicht.

1) *abrons* mit Aufrecht-Kirchhoff einfach in *abrof* zu corrigiren, geht nicht an, man müsste wenigstens *abronf* (von *apron-*) lesen, aber auch dies ist mir nicht wahrscheinlich.

2) Ueber l. *fundus* s. Bücheler Rh. M. 33, 36 f., Umbr. 104. Das Wort kann schwerlich zu l. *fides foedus* (W. *bheidh-*) gehören, ist auch kaum von W. *bhendh-* „binden" (vgl. nhd. *Bund*) abzuleiten, sondern scheint Gerundivum zu *faueo* mit medialer Bedeutung (wie *secundus* „folgend", *oriundus* etc.) zu sein (wohl aus **fou̯end-* oder **fuu̯end-*, vgl. *nundinae*).

ist *-ns*, z. B. osk. *deicans* h]errins fufans uupsens, päl. *coisatens*, marr. *amatens*, vo. *sistiatiens*, umbr. *dirsans sins* citipes (s. § 302).

Lassen wir den letztgenannten schwierigen Fall vorläufig bei Seite, so ordnen sich die verschiedenen Vertretungen von *-ns* im Oskischen in folgender Weise: a) Idg. *-ns* wurde (im absoluten Auslaut) zu einem durch -ss dargestellten tonlosen Spiranten (Acc. Pl.). b) Nachdem der unter a) genannte Wandel oder eine Vorstufe desselben eingetreten war, kam ein neues Lautgesetz auf, nach welchem *-ns* zu *-f* wurde; dieses ergriff das *-ns(s)* = *-nts* des Nom. Sg. des Particips[1]) und das inzwischen durch Neubildung entstandene *-ns* in **oitions* etc. c) Vor Eintritt der osk.-umbrischen Endsyncope hörte die Wirksamkeit dieses Lautgesetzes auf, daher blieb syncopirtes *-ns* erhalten (*Bantins* etc.). Im Umbrischen erscheint für a) und b) unterschiedslos *-f*; *abrons* scheint die Form des Satz-Inlauts zu repräsentiren (oder *-ns* = *-nns*?); syncopirtes *-ns* blieb wie im Oskischen erhalten (Ikuvins etc.). Da die osk.-umbrische Endsyncope wohl ziemlich früh eintrat, scheinen die Affectionen des *-ns* zu den älteren oder ältesten Lautvorgängen des Oskisch-Umbrischen zu gehören[2]). Dies und schon der äussere Anschein weist wohl darauf hin, dass das oskische -ss mit dem umbrischen *-f* im Acc. Plur. directen Zusammenhang hat, also wohl auf einer gemeinsamen Vorstufe, etwa einem *-nþ* oder *-þþ*, beruht; letzteres oder wenigstens einen Mittellaut zwischen *þþ* und *ss* dürfte das -ss in osk. feíhúss víass etc. auch wirklich bezeichnen; im Umbrischen fiel dann, falls die Entstehung des *-f* im Acc. Plur. und des *-f* im Nom. Sg. des Ptc. wegen des Oskischen als getrennte Vorgänge zu betrachten sind, dieses *-nþ -þþ* mit

1) Sei es, dass idg. *-nts* bis in urosk.-umbrische Zeit erhalten war, oder, was vielleicht wahrscheinlicher ist, dass zwar schon im Uritalischen *-nss* entstanden war, dieses jedoch von idg. *-ns* noch wesentlich verschieden geblieben war (vgl. l. *ferēns* aus **ferents* gegenüber *pedēs* aus **pedens* Brugmann I 369).

2) Dass osk. *Bantins* etc., umbr. Ikuvins etc. *-ns* statt *-f* durch Neubildung nach den Cas. obl. haben sollten, ist nicht wahrscheinlich (vgl. Danielsson 147, Brugmann I 505f.).

dem später aus *-ns(s)* = *-nts* entstandenen *-nþ* in *-f* zusammen [1]).

Gehen wir nun zu der secundären Endung *-ns* der 3. Plur. (Indic. Imperf. und Perf., Conjunctiv-Optativ aller Tempora) über, so ist die gewöhnliche Ansicht die, dass dieses *-ns* aus idg. *-nt* entstanden sei und dass das erhaltene *-nt* der primären Formen (Indic. Praes., Fut. I und II) auf idg. *-nti* zurückgehe (Bugge K. Z. III 422f., V 6ff., VI 26 und besonders XXII 385—410, ausserdem z. B. Ebel K. Z. V 401ff., Lottner Kuhn-Schleichers Beitr. II 313, Osthoff Rh. M. 36, 487ff., G. Meyer Z. ö. G. 1880, 123, Thurneysen Arch. V 575f., Zander Carm. Sal. rell. 36). Dies setzt natürlich voraus, dass zur Zeit, als der Lautwandel von *-nt* zu *-ns* oder dessen Vorstufe eintrat, idg. *-nti* noch bewahrt war. Die nächstliegende Erklärung dafür, dass dieses *-ns* im Osk.-Umbr. nicht als *-f* (osk. ev. *-ss*) erscheint, ist die, dass der Uebergang des *-nt* zu *-ns* erst nach der osk.-umbr. Syncope eintrat, so dass das *-ns* wie in *Bantins* etc. erhalten blieb. Allerdings sucht Thurneysen a. O. (vgl. Stolz [2] 352) den Wandel auch im Lateinischen nachzuweisen, er führt an den Nom. Acc. Sg. Neutr. des Participes (*ferens* = ai. *bhárat* idg. **bhern̥t*) und die Zahladverbia auf *-iens*, die er von *quotiens totiens* mit *-ens* aus idg. *-n̥t*, vgl. ai. *kíyat* etc., ausgehen lässt; im Lat. wäre also in der 3. Plur. das secundäre *-ns* überall durch das primäre *-nt* verdrängt worden. Wenn Thurneysens Beispiele richtig sind, mag wegen des osk.-umbrischen *-ns* (statt *-f*) angenommen werden, dass der Uebergang von *-nt* zu *-ns* nicht „uritalisch“ war, sondern erst in späterer Zeit (nach der osk.-umbrischen Syncope) über die im Wesentlichen schon getrennten Dialekte des Italischen sich ausbreitete [2]).

---

1) Zum *f* aus *þ* vgl. umbr. *mefa spefa* etc. S. 503f., *trahuorfi* S. 495, ferner *fr* aus *þr* = *sr* S. 476ff., *f* aus *þ* = *dh* S. 451ff.

2) Durch Zuhülfenahme der Satzphonetik lässt sich die Ansetzung von uritalisch *-ns* aus *-nt* schwerlich halten, denn wenn auch *ns* im Wort- und demnach ursprünglich auch im Satz-Inlaut vor den meisten oder allen Lauten (ausser *f*) erhalten blieb, so sieht man doch schwer ein, warum gerade beim Verbum, das doch meistens am Ende des Satzes stand, die Satz-Inlautform, beim Acc. Plur., Ptc. und den Nominativen wie úíttiuf die Form des absoluten Auslauts verallgemeinert sein sollte.

Vielleicht ist das osk.-umbrische *-ns* aber daraus zu erklären, dass *-nt* zunächst zu *-nd* wurde (wie *-t* in der secundären 3. Sg. zu *-d*; vgl. Johansson Akad. Afhandlinger til prof. S. Bugge 36 ff.) und dieses *-nd* über *-nđ* in *-nz* überging, welches letztere natürlich den Wandel des *-ns* mit tonlosem *s* (= idg. *-ns* und *-nts*) zu *-nþ* -(*n*)*f* etc. nicht mitmachte[1]). Allerdings schreibt die T. B., die sonst tönendes *z* mit *z* bezeichnet, in der 3. Plur. auf Zeile 9 *deicans*, nicht **deicanz*, doch könnte man an *dat* = **dad*, *pocapit* (ꝺеꝺет etc.) § 254 erinnern. Für die Zwischenstufen *-nd* *-nđ* scheint mir die phonetische Wahrscheinlichkeit zu sprechen, da ein solcher Uebergang für das Italische weniger auffällig als der von *-nt* zu *-ns* ohne vorherige Erweichung wäre[2]).

Eine Erklärung des *-ns*, welche lautlich jede Schwierigkeit beseitigen würde, wäre die von Danielsson A. S. III 148 vermuthungsweise geäusserte, wonach das *-ens* des Perfects aus *-enes*, einer eigenen idg. Endung der 3. Plur. Perf., syncopirt wäre (vgl. *Bantins* etc.) und vom Perf. aus das *-ns* auch in die übrigen Präterita (fufans etc.) und weiterhin auch in den Conjunctiv und Optativ eingedrungen wäre. Es ist aber wohl allzu kühn, für diese osk.-umbr. Formen eine eigene, sonst nirgends nachweisbare Endung der 3. Plur. Perf. anzusetzen, und die Uebertragung des *-ns* in den Conj.-Opt. und das Imperf. an Stelle von früherem *-nt* würde eine weitere grosse Schwierigkeit bilden, wenn sie auch nicht gerade unmöglich wäre.

Ueber *ms* s. S. 307 f.

s zwischen Vocalen. Rhotacismus[3]).

237. Das etymologisch einfache ursprüngliche *s* wurde im Lateinischen zwischen Vocalen bekanntlich zu *r*, mit nur

---

1) Der Uebergang von *-nd* zu *-nđ* müsste vor die Zeit der osk.-umbr. Assimilation von *nd* zu *nn* (S. 417 f.) gesetzt werden.

2) Ganz unwahrscheinlich ist mir, dass *-ns* eine vor *s-* (kaum auch vor *t-*, da der Uebergang von $t + t$ zu *tˢt* oder *tþt* uridg. war) entstandene Satzdoppelform sein sollte (vgl. Johansson a. O. 36 Anm. 3).

3) Vgl. namentlich Conway Verners law in Italy (bes. 18—50),

wenigen noch nicht ganz aufgeklärten Ausnahmen (s. Stolz[2] 297 f. und dort Citirtes, dazu Ascoli Sprachwiss. Briefe 99 f. Anm.). Von den osk.-umbrischen Dialekten hat das Oskische das *s* durchaus bewahrt[1]), ebenso war der Rhotacismus wohl dem Pälignischen und vermuthlich den übrigen sabellischen Dialekten (ausser dem Picenischen?) fremd, während im Umbrischen *r* die Regel ist und nur in einigen wenigen Wörtern sich erhaltenes *s* findet. Das *r* des Lateinischen und Umbrischen ist nicht direct aus tonlosem *s* entstanden, sondern setzt als Vorstufe *z* (tönendes *s*) voraus. Dass auch im Oskischen nicht mehr tonloses *s*, sondern *z* gesprochen wurde, zeigt die Darstellung durch *z* auf der T. B. (*egmazum censazet* etc., s. S. 71 f.); in der nationalen oskischen Schrift konnte, da z hier den Werth von *ts* hatte (s. S. 70 f.), das tönende *z* nicht vom tonlosen *s* unterschieden werden, ohne Zweifel ist aber mit dem Zeichen s in solchen Fällen der Laut *z* gemeint (z. B. in e c h i i a n a s ú m : *egmazum*, e i s ú - : *eizo-*), und dasselbe gilt von dem *s* in päl. *upsaseter* : bantin. *censazet*, *coisatens*: bantin. **coizatens* umbr. k u r a t u, etc. (S. 72), vgl. Brugmann I 427. Ueber die oskischen Denkmäler in griechischer Schrift s. u. S. 518 f. Die Annahme liegt nahe, dass gemein- oder uritalisch jedes einfache ursprüngliche *s* zwischen Vocalen zu *z* erweicht war, vgl. Brugmann 425, 427; doch kann dies wegen des Umbrischen nicht als g a n z zweifellos gelten (s. § 241).

238. Oskisch. Nationale Schrift. a a s a í a a s a s T. A. : l. *āra* (s. das Umbr. § 241); a i s u s i s Blt. von einem Stamme **ais-ŏs-* (vgl. l. *aurora* = **aus-ōs-ā*, s. § 268), ähnlich wohl d a m u s e . . . *147* von einem St. **dam-ŏs-* (syncopirt in d a m s e n n i a s *135*), s. S. 218 Anm.; F l u u s a í *45* und T. A., F *l* u u s a s i a í s T. A. : l. *Flōra*, Gdf. **bhlōs-ā* (s. S. 117, 457); V e s u l l i a í s *189*, V e s u l i a i s *142*, V e s u l i a [is *143*, V e s u l i a s (- a i s?) *144*, deminutive Ableitung zu mars.-umbr. *Vesuna-* (Bücheler Rh. M. 33, 45, L. J. XXX, Umbr. 162), doch vgl. § 241; e í s e í s e í s e í e]í s a í e í s ú d C. A., e í s a k *29*, e i s e i s e i s . . . Blt. (*eizo-* T. B.) : umbr. *ero-* (s. § 288 f.); e s e í C. A.$_{49}$ vielleicht von **ĕ-so-* (s. § 288); í s - í d u m *29*,

ausserdem z. B. Walter Rhotacism in the old Italian languages Lpz. 1877 (bes. 40 ff.), Brugmann I 427 f.

1) Sehr fraglich ist *fr* aus *fz*, s. u. S. 519.

íssídu *34 35*, essídum *191*, essídu *188* (*iz-ic* T. B.): umbr. *er-e er-ec* l. *is* (s. § 288); fusíd C. A. = l. *foret* (Gdf. **bhusēt*), vgl. umbr. furent; tríbarakattuset C. A. (*angetuzet* T. B.): umbr. *haburent* benurent etc. (lat. *habuerint* etc.); eehiianasúm *135* (*egmazum* T. B.): umbr. *pracatarum* etc., lat. *-ārum -ōrum*. Das s der nationalen Schrift kann = *ss* sein auf Inschriften, die Geminaten gar nicht oder nur unregelmässig schreiben (vgl. S. 51 f.), nach langen Vocalen und Diphthongen (vgl. S. 474 f.) und vielleicht vor dem Haupttou (vgl. § 245) auch auf anderen Inschriften. Der zweite Fall liegt wohl vor in fiisíais *132* fiisíais *131*, da das Wort kaum zu l. *fēriae*, sondern zu umbr. *Fiso Fissiu* etc. gehört (S. 419), und in Kaísillieís *138* (S. 420), vielleicht auch in íúsu neben íússu *28*. Von luisarifs *130* ist zweifelhaft, ob es zu umbr. *disleralinsust* oder zu l. *lūsus* aus **loisos* = **loid-to-s* oder **loidh-to-s* gehört (vgl. S. 154, 420); Naseni.. *163*, zu l. *Nāsō Nāsennius nāsus* (vielleicht mit *s* = *ss*, s. Brugmann I 428), kann verschieden beurtheilt werden, noch unklarer sind Húsidiis *204* (vgl. Husinies *177*?)[1]), Asis *129*[2]), Asilli *69*[3]), Vesi.. (Tvesi..? Vest..?) *126*, ..nuseís *194* (vgl. § 268), kasit oder kasit.. *135* (vgl. Bd. II Anh.). Ueber Suffix *-asio-* in degetasis *125* degetasiús *124* deketasiúí C. A., purasiaí Fluusasiaís Verehasiúí (-asiú) T. A., sakrasias *132*, kerssnasias *131*, múltasíkad *30* multas[ikud *125* s. unten beim Umbrischen (§ 241)[4]). — Syncopirt sind Ni]umsis Niumsieís *124* vgl.

---

1) Auch auf lat. Inschriften nur *Hosidius*, 1 m. *Hossidius* (C. I. L. VIII 9000; vgl. auch *Ossidia* C. I. L. IX 6191?), also nicht etwa mit l. *Horatius Horesius* zu verbinden.

2) Kann zu l. *Assius Assidius* (von *as assis*?) oder zu dem häufigeren *Axius* gehören, doch fällt das einfache s auf, da die Inschrift sonst die Geminaten bezeichnet; ist etwa an l. *Asius* (von *Asia*) zu denken? (s. De-Vit Onomast.).

3) Entweder zum vorigen oder zu l. *asinus*, vgl. *Asinius*? (*Asillius* C. I. L. IX 1750, meistens aber *Asellius*; bei De-Vit findet sich *Asillus* und *Asilius*).

4) díasiís *46* wird von Corssen Eph. ep. II 170 f. und Bücheler bei Zvet. S. J. O. p. 102, L. J. VII a als Compositum mit l. *as assis*, wie l. *des bes tressis* etc., aufgefasst (vgl. oben S. 176, 235), hiebei bleibt jedoch das einfache s auffällig (vgl. oben S. 52; die Lesung díassís scheint kaum zulässig); jedenfalls ist die Möglich-

l. *Numerius* (s. u. zu Νιυμσδιηις), damsennias *135* vgl. damuse . . . *147* (s. o.), patensins C. A. aus **patenezins* oder **patnezins* vgl. l. *panderent* (s. S. 226, 395).

Lateinische Schrift. Die T. B. zeigt *z* in folgenden Beispielen: Inf. *ezum* „esse“ = u. *erom*, vgl. l. *ero eram*; Nom. Sg. *izic* (5 m.) = u. *erec*[1]), zu ís-idum l. *is* (idg. **i-s*); St. *eizo-* (in nat. Schrift eisú-) = u. *ero-* ai. *ēšá-* idg. **eiso-* in *eizeis*, *eizeic* (2 m.), *eizuc* (2 m.), *eizois*, Fem. *eizac*, *eizasc* (lies *eizaisc*?), *eizazunc*, dazu das jedenfalls falsch gelesene *eizs.* des Avellino'schen Fragments (auf *z* folgte sicher ein Vocal) und *poizad* = **po* + *eizad* (s. § 288); Fut. I *censazet*, vgl. u. staheren, l. *amarent*; Fut. II *angetuzet*, vgl. u. *haburent*, l. *habuerint* etc.; Gen. Plur. *egmazum*, *eizazun-c*, vgl. u. *pracatarum*, l. *-ārum* (ai. *-āsām* gr. -αων). *s* statt *z* für einfaches *s* zwischen Vocalen findet sich, von dem als Compositum nicht in Betracht kommenden *praesentid* $_{21}$ abgesehen, nur in *eisucen* $_{16}$ gegenüber dem sonstigen *eiz-* und wahrscheinlich in *pieisum* $_{6}$, da es kaum mit Bugge = **pieissum* aus **pieis-dum* zu setzen ist (s. S. 419). In *pieisum* erklärt sich das *s* statt *z* leicht als übertragen aus der Form **pieis* ohne Enclitica (vgl. § 241 zu umbr. *pisi*). In *eisucen* wird eine einmalige ungenauere Bezeichnung des Lautes *z* durch *s* (wie in der nationalen Schrift) vorliegen, was bei der bekannten nachlässigen Schreibweise der T. B. nicht sonderlich auffallen kann[2]). Ueber das angebliche *tacusim* $_{29}$ s. Bd. II Anh., ebd. über *osi-* $_{2}$ (*osi*[*ns* = **op-sins* „adsint“?). Ausserhalb der T. B. ist *z* in lat. Schrift nicht nachweisbar. Eine Münze (*230*) hat *Aisernim*; die Inschrift *202*, auf der *esi*[*dum* vorkommt, ist wahrscheinlich unächt. *Caisidis 25* mit *s* = *ss* (s. S. 420).

---

keit zu beachten, dass das Wort einfache Ableitung vom Zahlwort 2 wäre, wie Mancini (s. Corssen a. O.) und Conway (Verners law 27f.) vermuthen, vgl. l. *triāni binārius ternārius* etc.

1) Oder *erec* aus **eiz-?* (s. § 288f.).

2) Man könnte auch an eine directe Einwirkung der nationalen oskischen Schreibweise denken (vgl. J. Schmidt D. L. J. 1889, 1574). Mit Conway 33 aus dem einmaligen *eisucen* den Schluss zu ziehen, es habe im Osk. eine betonte Form *eiso-* und eine unbetonte *eizo-* gegeben (die aber schon völlig durcheinandergehen müssten), ist m. E. nicht zulässig (vgl. § 288).

Griechische Schrift. εσοτ *16*, falls es mit esei C. A. von einem St. *eso-* (mit einfachem *s*) abzuleiten ist (s. § 288); εισειδομ *15* = isidum bantin. **izidum*; ανασακετ *18* wahrscheinlich „consecrauit", von **ana-sakā-* (s. B. II Anh.). Das σ in ανασακετ hat die Form Ƨ gegenüber dem sonstigen fünfmaligen Σ derselben Inschrift (in Σπεδις Μαμερεκιες Σαιπινς). Wie S. 74 erwähnt ist, erklärt Duvau das Ƨ als *z*, aber auch wenn dies richtig ist, bleibt es sehr fraglich, ob damit tönendes *z* gemeint war, der Anlaut von Compositis zeigt sonst unerweichtes *s* (*praesentid* T. B., lat. *s* nicht *r*) und in dem anderen Beispiel eines solchen Ƨ, in Ƨεστες *19*, steht das Zeichen im wirklichen Anlaut, wo schwerlich an tönendes *z* zu denken ist; falls das Zeichen in αναƧακετ wirklich einen von *s* verschiedenen Lautwerth hat, ist vielleicht eher an die Geltung des z der nationalen oskischen Schrift zu denken, also entweder ein **an-ad-saket* mit doppelter Präposition (im Vulgärlatein häufig) anzusetzen oder das z in umbr. anzeriatu etc. (S. 500) zu vergleichen[1]). Dagegen ist mir wahrscheinlich, dass mit σδ in Νιυμσδιηις *1* der Laut *z* ausgedrückt sein soll (vgl. Bücheler Umbr. 185, Havet Mém. soc. III 195 f., BlassAusspr. des Griech.[2] 101 Anm., G. Meyer[2] 276). Ob diese Schreibung damit zusammenhängt, dass das griechische I Ζ vielfach den Werth von *zd* hatte (vgl. oben S. 73), scheint mir unsicher; man kann vielleicht auch die Beifügung des δ so erklären, dass das δ den Werth eines tönenden Spiranten *đ* hatte[2]) und daher zur Bezeichnung der tönenden Aussprache des σ dienen konnte[3]). Anders erklärt Zander Versus Italici antiqui 65 die Schreibung Νιυμσδιηις : δι soll einen aus dem *i̯* nach *s* entstandenen tönenden Spiranten, ähnlich dem pälign. *đ* in *afđed 254* aus **afied* etc. nach Thurneysens Deutung (s. Bd. II Anh.), bezeichnen. Auch bei dieser Erklärung wäre

---

1) Noch weniger darf wohl in dem ς in εισειδομ *15* gegenüber Σ in κϜ]αιστορ σ... der mit *15* wohl ein Ganzes bildenden Inschrift *14* eine (secundär entwickelte) Bezeichnung von tönendem *z* gesehen werden.

2) Vgl. Meister Philol. 1891, 607 ff. über Spirantischwerden von δ im Dialekt von Eryx und Segesta, W. Meyer Rom. Gr. I 539.

3) Auf gallisch-lateinischen Inschriften findet sich zur Bezeichnung eines Spiranten, der wahrscheinlich ein *đ* (*dđ*) war, abwechselnd *d dd dđ đđ ds sd ss* θ geschrieben, s. Pauli A. S. V 71 ff.

also das ƍ als tönender Spirant aufzufassen, entschliesst man sich aber doch einmal hiezu, so scheint mir die vorher genannte Auffassung näherliegend. Corssen K. Z. XVIII 257, Eph. ep. II 155, 156 übersetzt Νιυμσδιηις mit l. *Numisidii*, aber Thurneysen bemerkt mit Recht, dass diese Weiterbildung ins Praenomen nicht passt.

Nur indirect überliefert ist '*Maesius*' (lingua Osca mensis Maius, Fest.), wohl mit Recht von Corssen u. A. als Ableitung von *mais* gefasst (der „Mehrer" „Wachsthum bringende"). Vgl. noch *Casinum* bei Varro L. L. VII 29 (hoc enim a Sabinis orti Samnites tenuerunt)? Als oskisirend betrachtet Jordan Kr. Beitr. 116f. l. *amasius uiasius*. Unsicher ist die Etymologie des Bergnamens *Uesuuius* (nach Corssen u. A. von *u̯es-* „leuchten").

Aus dem Vorausgehenden ergibt sich, dass der Rhotacismus dem Oskischen fremd war. Die Beispiele, die man anführt[1]), sind entweder nicht ächt oskisch oder beruhen auf unrichtiger Erklärung. Niumeriis 184 ist klärlich die latinisirte Form (= *Numerius*) neben der ächt oskischen Form Niumsis. Aurunkud Aurunk. der aurunkischen Münzen (*222*) ist entweder ebenfalls latinisirt (vgl. *Ausones*) oder, eher, das Aurunkische war kein Oskisch oder doch kein reines Oskisch. lúvfrú- ist nicht = altl. *loebesum* (das übrigens von sehr zweifelhafter Glaubwürdigkeit ist, s. Danielsson A. A. IV 157ff.), sondern enthält ursprüngliches *r* (s. o. S. 477). Sehr unsicher ist Paulis Ergänzung und Deutung r]úvfríkúnúss *188* als „*roborignos" (s. Bd. II Anh.), wäre sie richtig, so wäre wohl ein Stamm mit idg. *r* anzusetzen und l. *robustus* als Neubildung nach *onustus* etc. zu erklären, s. Brugmann Ber. d. sächs. Ges. 1890, 242[2]). amfr- in amfr-et C. A. nicht = gr. ἀμφις- (wie z. B. Aufrecht-Kirchhoff I 159, Bugge Cu. Stud. IV 351 annehmen)[3]), sondern wie lat. umbr.

---

1) S. Corssen K. Z. II 22ff., Sprachk. 563f. und die am letzteren Ort genannten Stellen, Pauli A. S. II 116f., gegen Letzteren mit Recht Osthoff Perf. 551.

2) Brugmann führt als eine andere Möglichkeit an, *z* könnte in dem besonderen Fall, wenn es (durch Syncope) mit vorausgehendem *f* in Berührung kam, in *r* übergegangen sein, doch ist mir dies nicht wahrscheinlich.

3) Auf das vorausgehende *f* wird man sich kaum berufen können, vgl. die vorige Anm.

super etc. gebildet (vgl. die Syntax). *urust* T. B. (2 m.) wird von Huschke O.-Sab. Sprdkm. 100 f., 104 ff., Bücheler bei Bruns fontes, L. J. XIX a, Bréal Mém. soc. IV 389 (auch Bugge A. S. 68 A., Danielsson IV 137) als „orauerit" gedeutet, dann ist entweder die allerdings ansprechende Ableitung von l. *ōrare* aus *ōs ōris* aufzugeben[1]), oder das oskische Wort ist ein aus dem Lat. entlehnter terminus oder endlich *urust* und l. *orare* gehören n i c h t zusammen, sondern *urust* ist von W. *u̯er-* „sprechen" Fick I⁴ 315, 549 in gr. εἴρω etc., av. *var-*, mit *-dh-* erweitert in l. *uerbum* got. *vaúrd* etc., abzuleiten (L. Lange Kl. Schrr. I 205 f., Fick I⁴ 549)[2]). Ueber das Passivum s. § 326 f.

239. Zwischendialekte. Das Material ist hier sehr kärglich. P ä l i g n i s c h: *upsaseter 253* = l. *operaretur* vgl. o. *censazet* u. s t a h e r e n; *coisatens 253* : u. k u r a t u l. *curare*; *Ualesies 271* = l. *Ualerius*[3]). *Minerua 246* ist demnach latinisirt für **Menesua* oder **Mensua* (vgl. o. N i u m e r i i s neben N i u m s i s), da l. *Minerua* bekanntlich den St. **menes-* (gr. μένος) enthält; auch das *i* der ersten Silbe weist wohl auf Latinisirung (vgl. S. 86). M a r r u c i n i s c h (*274*): *esuc* wahrscheinlich mit einfachem *s*, da es „eo" „illo" (ev. „illuc"?), nicht „hoc" (ev. „huc"?) zu bedeuten scheint (vgl. § 288); *aisos* zu o. a i s u s i s, doch vgl. § 241 zu u. *esono-*; *asum* wohl eher Supinum als Infinitiv, also mit *s* = *ss* (vgl. § 241 zu u. *aso*); über *asignas* s. S. 381 f. Ueber den Stein von Grecchio (*282*) s. Bd. II Anhang. M a r s i s c h: *esos 243* wie oben marr. *aisos*[4]); *Uesune 242* = u. V e s u n e (mit *s*,

---

1) Per Persson Wurzelerw. 244 nimmt eine W. *ĕr- ŏr-* an.

2) *ur-* Tiefstufe zu *u̯er-*. Die Zusammenstellung von *urust* mit ai. *var-* „wählen" (Schweizer K. Z. III 207, 221 f., Corssen ebd. V 114, X 8 f., Ausspr. II 21) geht, abgesehen von der Bedeutung, wegen *l* in l. *uolo* umbr. v e l t u nhd. *wollen* nicht an.

3) *-lisuist 254* wohl mit *s* = *ss* wie *oisa 255* = l. *usa* (**oit-to-*).

4) Bugge Rh. M. 40, 473 f. verbindet *Erine Erinie* der in marsischem Provincial-Latein geschriebenen Inschrift *308* mit *aisos* **aisar* etc.; auch wenn dies richtig ist, ist noch kaum der Schluss berechtigt, dass das wirkliche Marsische zu den rhotacisirenden Dialekten gehörte, denn es könnte ein Latinismus vorliegen; überdies ist aber Bugges Erklärung von *Erine Erinie* sehr unsicher. Bücheler L. J. X b stellt den Namen zu W. *her-* (vgl. *Herie, Herentas*), weniger gut Grassmann K. Z. XVI 189 zu ai. *aruṇá-* (vgl. Corssen I 580 f. A.).

nicht *r*, s. § 241)[1]; die altlat. Bronze vom Fucinersee (*307*) bietet *Caso Casontonia Esalicom* (alle drei können *s* = *ss* enthalten). Sabinisch: *Flusare 280* = l. *Florali*; damit stimmen die sabinischen Glossen '*ausum*', '*Auseli*' (**ausel* = *sol*), '*fasena*', '*Lebasius*', die Eigennamen auf *-sius* wie *Ualesius Caluisius* etc. (vgl. Jordan Kr. Beitr. 104 ff., gegen dessen Trennung der Namen auf *-sius* von denen auf *-rius* sich Stolz[2] 299 wohl mit Recht ausspricht). Für Rhotacismus im Picenischen (zu beachten wäre die Nachbarschaft des Umbrischen) darf vielleicht mit Conway Verners law 46 der Stadtname *Falerio* (vgl. *Faliscus Falerii* etc.) angeführt werden; ob die altpicenischen Inschriften (*283—288*) Beispiele für Rhotacismus darbieten, ist unsicher, s. Bd. II Anh.

Volscisch (*240*): *esaristrom* zu o. aisusis marr. *aisos* mars. *esos* u. *esono-* (s. § 241); *asif* = l. *arens* nach Bücheler, doch ist diese Deutung nicht sicher (s. Bd. II Anh.); *Cosuties* enthält *ss* (l. *Cossutius*, vgl. S. 378).

Von den Zwischendialekten verhielten sich also das Pälignische und wahrscheinlich alle übrigen ausser vielleicht dem Picenischen in der Behandlung des intervocalischen *s* wie das Oskische. Zu beachten ist allerdings, dass marr. *aisos* mars. *esos* vo. *esaristrom* wegen *s* in u. *esono-*, mars. *Uesune* wegen *s* in u. Vesune, vo. *asif* (falls = l. *arens*) wegen *s* in u. *asa-* vielleicht keine ganz zweifellosen Belege für Rhotacismuslosigkeit sind (vgl. § 240 f.). Ueber das Aurunkische s. o. S. 519.

240. Umbrisch[2]. In der Regel zeigt das Umbrische *r* wie das Lateinische. Ueber die Zeit des Rhotacismus lässt sich nur sagen, dass derselbe nach der Syncope in Fällen wie *osatu oseto* (*ose*?) aus **opesatu* etc., mersus mersuva aus **medesu-*, uze *onse* aus **omese* (l. *umerus*), *ostensendi* aus **ostendesent-* (vgl. l. *ostenderentur*) oben S. 217 f. und 3. Sg. Fut. I II auf *-st* aus *-set* = l. *-rit* S. 231 stattfand (vgl. S.

1) Die eigenthümliche Form des *s* in *Uesune* darf nicht dazu verleiten, ein *z* zu lesen, wie das ganz ähnlich geformte *s* in *libs* = *libens* (*-ns* = *-nts*) derselben Inschrift zeigt (vgl. Conway 49 f.).

2) Vgl. Aufrecht-Kirchhoff I 102 f., Bréal 336 f., Bücheler 184 f., Conway a. O. 18—36.

234)[1]), dagegen vor dem Wandel des intervocalischen *d* zu ř *rs*, wenn die Erhaltung des *d* in *tuder-* S. 404 richtig aus Dissimilation gegen *r* erklärt ist.

Die Beispiele für *r* aus *s* sind folgende. kuraia *Va* 5 kuratu *Va* 24 26 29: päl. *coisatens* l. *cūra cūrare* (dazu *cista cisterna*? vgl. S. 341). Infin. eru (3 m.) *erom* (1 m.) „esse" = o. *ezum*, vgl. l. *ero eram*. Pronominalstamm *ero-* = o. *eizo-* eísú- (ai. *ēšá-*) in *erer erar* (zusammen über 70 m.), eruku *erucom*, eru *erom ero*, eruk, ererek, erak, erarunt, eruhu, erahunt *erafont*, *eriront*, ererunt (lies ererunt); dazu *pora* : o. *poizad* (vgl. S. 152), vielleicht auch uru *uru* ura-ku ures (*orer*?), s. § 288. Gen. Plur. von *ā*-Stämmen hapinaru çersiaru sestentasiaru urnasiaru antermenzaru *pracatarum* : o. *egmazum* echiianasúm l. *-ārum* gr. -α(σ)ων ai. *-āsām*. 3. Plur. Fut. I furent staheren: o. *censazet* (vgl. l. *forent caperent audirent amarent*) und Fut. II benurent *benurent dersicurent eiscurent* fakurent *facurent haburent* pepurkurent *procanurent* prusikurent *ambrefurent* : o. *angetuzet* tríbarakattuset (vgl. l. *habuerint uenerint* etc.). St. **tud-es-* (**tud-es-o-*) in *tuderus* Tutere *tuderor tudero tuderato*, vgl. e-tuřstamu aus **tudesta-* (s. S. 217 f., 403 f.)[2]). Ueber ezariaf neben urnasier etc. s. S. 529 f. *surur suror* wohl aus **sōsōs*, d. h. **sō-sō-s* (**sō* zu l. *sō-c* „sic", doppelt gesetzt, *-s* wie in **puti-s* puz : l. *uti ut*, gr. ὥ-ς und vielen anderen Partikeln); dazu mit angehängter Enclitica *sururont sururo* und, von unreduplicirtem **sō-s*, *suront*. S. die Syntax unter Partikeln. *r* aus *s* vor Enclit. noch in er-e *er-e* er-ek *er-ec er-ont er-i-hont* (: o. *iz-ic*, vgl. S. 101 und § 288 f.), *eur-ont*, erer-ek, erar-unt, *erir-ont*, ererer-unt, pur-e (o. pús, Nom. Pl.), tuver-e fesner-e funtler-e *fondlir-e*, doch kann hier zum Theil vielleicht der Endrhotacismus des Neuumbrischen hereinspielen (s. § 256). Unsicherer sind folgende Beispiele. *disleralinsust VIa* 7 nach Bü-

1) Eine Ausnahme wäre *ambr-* falls = **amfiz-*, doch s. oben S. 519 mit Anm. über osk. amfr-.

2) Sollte dagegen etuřstamu in eturstamu zu corrigiren sein (l. **extorritamino*, s. S. 403 f. Anm.), so käme für *tuder-* in Frage, ob es nicht ursprüngliches *r* wie l. *iter* und dgl. enthalte.

cheler zu o. luisarifs, doch vgl. S. 154, (290), 420. Für erus *erus* (23 m.) ist die nächstliegende Erklärung die aus **aisus*, einem zu o. aisusis, αισ (wohl = **aisos*), marr. *aisos*, mars. *esos*, vo. *esaristrom*, umbr. *esono-* gehörigen neutralen *s*-Stamm, s. Bugge Rh. M. 40, 473 ff. und vgl. § 256; Huschke 170 denkt an d. *Ehre*, was der Bedeutung nach, wie sie auch von Bücheler 69 f., 163 gefasst wird, passen würde, auch in diesem Falle wäre *r* = *s*, da d. *Ehre* ahd. *ēra* einem got. **aiza* entspricht und zu got. *aistan* l. *aestimare* gehört (s. Kluge Wtb. und Feist Got. Et.; vielleicht ist diese W. *ais-* mit der in o. aisusis marr. *aisos* etc. enthaltenen identisch, s. u.); ebenso würde *r* = *s* vorliegen, wenn *erus* zu l. *erus* „Herr" gehören sollte (vgl. Bücheler 69)[1]), da l. *erus* mit Recht zu av. *aṅhu-* aus **asu-* (ai. wohl in *ásura-*)[2]) gestellt wird. ereçlu- (7 m., 1 m. ereçla-) erklärt Bugge a. O. aus **aisekelom*; das Wort scheint eine Art kleineren Altar zu bezeichnen, wäre also entweder Deminutiv zu einem **aiseko-* oder (mit dem einheitlichen Deminutivsuffix *-kelo-*) zu einem **aiso-* ev. **aisi-* (vgl. oben S. 364)[3]). L. *caterua*, wozu u. kateramu *caterahamo* „*cateruamini" gehört (vgl. S. 195), verbindet Havet Mém. soc. IV 86, VI 22 Anm. (vgl. auch Jordan Kr. Beitr. 359) mit *catēna*, indem er als Grundformen

---

1) Gegen Büchelers Ableitung von *her-* mit Recht wegen des constant (23 m.!) fehlenden *h-* Osthoff Cu. Stud. IX 278 f.

2) Gr. ἐύς eher zu ai. *vásu* (Fick I⁴ 133).

3) Es kann sich fragen, ob im Italischen zwei verschiedene Wurzeln *ais-* vertreten waren. Falls nämlich **aisar* „deus" (in vo. *esaristrom*, o. *Aisernim* etc.) mit Schweizer K. Z. VII 448 f., XVIII 303 f. zu ai. *iṣirá-* „kräftig" gr. ἱερός zu stellen ist, scheint hiefür eine W. *ais-* (nicht *eis-* Fick I⁴ 7, 359) „kräftig sein" „beleben" angenommen werden zu müssen, dann ist aber ereçlu- (falls = **aisekelo-*) seiner Bedeutung wegen wohl von **aisar* zu trennen und könnte zu W. *ais-* „wünschen, bitten, verlangen" Fick I⁴ 176, 346 f. (lat. vielleicht in *aeruscare*, Fick B. B. XVI 170 f., Wtb. I⁴ 347, umbr. vielleicht in *eiscurent*, s. o. S. 143, 150) gehören, zu der Fick I⁴ 346 auch marruc. *aisos* und umbr. *esono-* stellt (mit Corssen De Volsc. ling. 21 f., K. Z. IX 139; doch vgl. § 261, 6; 274). Das wahrscheinlichste ist vielleicht, dass alle italischen Wörter mit *ais-*, die ins sacrale Gebiet fallen, zu W. *ais-* „ehren" in ahd. *ēra* nhd. *Ehre* l. *aestimare* Fick I⁴ 113, 346 (mit *d* erweitert in gr. αἰδέομαι ai. *īḍ-* etc.) gehören, nur ist in diesem Falle **aisar* wohl von ai. *iṣirá-* gr. ἱερός zu trennen.

**catesua* und **catesna* ansetzt, doch ist kateramu und *caterua* trotz des auffälligen *a* wahrscheinlich mit Bezzenberger B. B. XVI 240 zu air. *cethern cethernach* „Trupp" (aksl. *četa* „Schaar") zu stellen (vgl. Fick I[4] 381 und oben S. 281), enthält dann also ursprüngliches *r*[1]). Ueber *atero* s. S. 221 mit Anm., 426. L. *urna*, wozu u. urnasier, ist schwerlich mit Corssen, Bersu (Gutt. 138) u. A. von *ūrō* aus **eusō* (gr. εὔω, εὔσανον „Brandmal", ai. *uš-*) abzuleiten[2]), sondern gehört zu *urceus* (Brugmann I 371, vgl. oben S. 384). Eher könnte man die W. *eus-* „brennen" vielleicht in *orer* VIa 26 36 46 *VIb* 29 suchen (St. **ous-o-* oder **eus-i-*, Bedeutung etwa „Brandopfer"), wenn das mit *orer* verbundene *ose* Abl. „opere" ist (im sacralen Sinne, also „bei der Verrichtung des Brandopfers"), doch vgl. § 288. Ueber Kureties *Coredier* s. S. 153, 403 f. fefure wohl mit ursprünglichem *r*, s. S. 457 und § 314. Conway 29 nennt für *r* = *s* noch den Ortsnamen *Cameria* gegenüber dem Königsnamen *Cameses* (oder zu l. *camera*, dessen *r* ursprünglich ist?).

241. Neben den in § 240 genannten zahlreichen Belegen für den umbrischen Rhotacismus finden sich nun aber einige Wörter, welche anscheinend ursprüngliches einfaches *s* zwischen Vocalen bewahrt haben. Nach Conway Verners law 20 sollen es, ohne die Wörter mit Suff. *-asio-*, mindestens 28 sein. Beginnen wir mit den theils bestimmt unrichtigen, theils sehr zweifelhaften Beispielen, so sind von Conways Liste S. 21 (vgl. Aufrecht-Kirchhoff I 102) ohne Weiteres zu streichen: *nesimei* (s. S. 377 f.), *pesetom* (s. S. 361, 422), *Fiso Fisiu* (*Fissiu VIa* 43!) *Fisouie Fisouina* etc. (s. S. 421), von den Orts- und Flussnamen die gallischem (sennonischem) Gebiet angehörigen (übrigens auch etymologisch unklaren) *Pisaurum Caesena Misus Aesis*, das etruskische *Rusellae* (übrigens auch *Russellae* geschrieben, also wohl zu l. *russus*); über *Suasa* s. Conway selbst S. 26; die modernen Flussnamen *Pisatello Plusa Uso* sind nicht zu gebrauchen; *ooserclome* kommt als

1) L. *catēna* jedoch kaum aus **catersna* (wäre **caterna*, s. oben S. 496).

2) Ausser der Bedeutung spricht dagegen der Umstand, dass im Umbr. sonst die Syncopen vor dem Rhotacismus eintraten (vgl. S. 521 f.), also wohl *usna- zu erwarten wäre.

Compositum nicht in Betracht, **Koisis** *294* desshalb nicht, weil die Inschrift gallisch ist (s. oben S. 29); über *Coisiener 296* s. S. 153 f., 300. Dunkler Herkunft sind die auf den iguv. Tafeln vorkommenden Eigennamen Museiate (Bücheler „Mussiatibus"), Tesenakes *Tesenocir Tesonocir* (schwerlich mit einfachem *s*), *Casiler Casilos* Kaselate (zu l. *Cassus Cassius Cassidius* etc.? vgl. das campanische *Casilinum*? oder das rätische *Cassiliacum*?)[1]. Unklar ist *uasirslom-e*, das Conway zu l. *uastus* stellen will (*uas-* kann = *uaś-* oder *uass-* sein, vgl. oben S. 492 A.); über *ruseme* s. oben S. 161, 428. Gänzlich verfehlt sind Conways Bemerkungen S. 32 ff. über die Pronomina *eso-* und *ero-*, ersteres entspricht oskischem *ekso-* (oder **esso-*?), letzteres osk. *eizo-* (oder **ezo-*?), s. § 288. Ueber *seso* „sibi" und svesu *sueso* s. § 290. In sviseve („Krug" „Eimer" oder dgl.; zu Grunde liegt ein St. *svisu-*, s. § 279) nimmt Conway einfaches *s* an, weil das Wort reduplicirt sei (vgl. Bücheler* 145); dies ist jedoch sehr zweifelhaft[2]), mir ist wahrscheinlicher, dass *svisu-* = **svit-tu-* (oder **svit-s-u-*) sei, vgl. l. *sit-ula* „Eimer, Krug" (*sit-ella*), l. *sīnus sīnum* also aus **s(u̯)it-sno-*; über den Anlaut *su̯-* s. S. 194. *ose VIa* 26 36 46 *VIb* 29 erklärt Bücheler Umbr. 55 f., Rh. M. 33, 279 f., L. J. Vb als „anni", usaçe *IIa* 44 (*Ib* 45 usaie wohl verschrieben, s. S. 371 mit Anm.) als „annuae", indem er päl. *uus 254*, nach seiner Deutung „annum" (so auch Deecke App. 177, Rh. M. 41, 199), und l. *hornus* vergleicht, zur Etymologie ferner etrusk. *usil* „Sonne", l. *aurora* (= **ausōsā*), sabin. *Auselii* = l. *Aurelii*. Aber päl. *uus* ist m. E. an beiden Stellen als *vus* (= l. *uōs* und *uōbis*) aufzufassen, würde auch durch sein *ū* Bedenken erregen (s. oben S. 156); auch l. *hornus* ist eine sehr schwache Stütze für das

---

1) Vgl. Corssen II 78, der l. *căsa* als das Grundwort von *Casilinum Casinum* und umbr. *Casiler* etc. ansieht. L. *Cassius* etc. zu *cassus* „leer" (aus **kad-to-*, Bersu 170)? oder der Bedeutung wegen eher von einem **casso-* „berühmt" = **kad-to-* zu *k̂ad-* Fick I⁴ 420?

2) Man müsste sog. gebrochene Reduplication, die im Ganzen doch ziemlich selten ist, annehmen, also *svi-s-u-* wie gr. πόρ-π-η l. *gur-g-es* etc. Brugmann II 13; l. *sīnus sīnum* dann aus **s(u̯)i-s-no-*; in diesem Falle könnte auch l. *sēria* (vgl. Bücheler a. O.) dazu gehören, wenn es trotz dem *ē* statt *ī* = **s(u̯)ei-s-i̯ā* sein kann.

angebliche *aus- ōs-* „Jahr" (wohl = **ho-iōr-no-* oder **ho-uer-no-*, vgl. Stolz² 261 mit Anm., wo noch auf andere Erklärungen verwiesen ist). Auch ist die Bedeutung „Sonne" von „Jahr" doch ziemlich verschieden. Zu allem Uebrigen scheint die Erklärung von *ose* als Gen. „anni" auch wegen des 4 maligen Fehlens des *-r* nicht unbedenklich (s. § 256)[1]). Das Wort ist mir, falls nicht Paulis Deutung A. S. V 122 ff. aus **opse* = l. *opere* richtig sein sollte, gänzlich dunkel[2]). Der Stamm *vās- vāso-* in vasus *uaso uasor* zeigt auch im Lateinischen erhaltenes *s*, das *s* ist also, falls man nicht etwa Restituirung des *s* nach dem Nom. Acc. Sg. *vās* annehmen will (vgl. Osthoff M. U. II 48 f. zu l. *nasus*), ursprünglich doppelt, d. h. es liegt ein *s*-Stamm zu Grunde, vgl. Stolz² 299 (das *ss* kann ursprünglich oder = *ts, ds, dhs* sein). *aso VIb* 50 ist, gleichwie marr. *asum*, eher Supinum, also = l. **āssum* (wie l. *haesum hausum* etc., vgl. S. 392 f.), als Infinitiv, s. § 334. Ebenso mag in asiane *Ia* 25, wenn das Wort zu *aso* gehört („dictum ab *aso* videtur ustrinum" Bücheler 204, vgl. 73), das *s* = *ss* sein, vgl. l. *assus assare*[3]); sicher ist übrigens nicht einmal die Zugehörigkeit von asiane zu W. *ās-* in *aso* etc.[4]). Unklarer Etymologie ist der Name der umbr. Stadt *Asisium*.

---

1) Selbst wenn Büchelers Deutung von *ose* usaçe richtig wäre, wäre noch keineswegs ausgemacht, dass das *s* ein ursprünglich einfaches war (Wurzelnomen **aus-* oder *i*-Stamm **aus-i-* oder *o*-Stamm **aus-o-*; letzterer bedeutet aber im Lat. „Gold"!), es dürfte näher liegen, den *s*-Stamm von l. *aurōra* gr. ἠώς ἕως (idg. **āu̯s-os-*) ai. *uṡas-* zu Grunde zu legen, also St. **aus-s-*, **aus-s-o-* oder **aus-s-i-* : **aus-ōs-ā* l. *aurora* etwa wie **lik-s-ā* l. *lixa* : *liqu-or* etc. J. Schmidt Neutr. 144 (**ausēlo-* „sol" wohl aus **aus-es-lo-*, vgl. ai. *usrá-* aus **us-s-ra-*?).

2) Als eine Möglichkeit sei beispielsweise erwähnt, dass *ose*, wenn *orer* „Brandopfer" (zu l. *ūrō*) sein sollte (sehr unsicher, s. o.), zum gleichen Stamme gehörte (vgl. die Verbindungen *praco pracatarum, stahmei stahmeitei*, etc.) und Abl. eines **ōssi-* = l. *ūsti-ō* wäre (vgl. ahti- : l. *acti-ō* etc., § 262, zum *ss* neben *st* l. *haus(s)um* neben *haustum* etc. S. 392 f.), also „bei der Entzündung des Brandopfers".

3) Also asiane nicht direct zu nhd. *Esse* (aus **āsi̯ā*, s. Kluge s. v.).

4) Bréals Erklärung aus l. *adasia* (asiane Missverständniss statt asia III) ist mir freilich nicht wahrscheinlich.

Es bleiben noch übrig asa- *asa-* „ara", esunu- *esono-* „diuinus, res diuina, sacrificium", Vesune, Suff. *-asio-* in urnasier urnasiaru, plenasier, kurçlasiu, sestentasiaru (über eikvasatis eikvasese s. § 269), endlich die Nominative mit folgender Enclitica pis-i *pis-i pis-est* (*pis-her*). In den letztgenannten Formen erklärt sich das *s* statt *r* leicht durch Einwirkung der selbständigen Form **pis*[1]). Die übrigen Beispiele aber sind sehr schwierig. Es fragt sich, ob wegen ihnen angenommen werden muss, dass ursprüngliches einfaches *s* zwischen Vocalen im Umbr. unter gewissen Bedingungen lautgesetzlich erhalten geblieben sei. Bei esunu- *esono-* — dessen zuerst von Ebel K. Z. IV 200 f. erkannte Zugehörigkeit zu den Wörtern mit *ais-* (s. oben S. 523 mit A.) um so weniger zu bezweifeln ist, als die Länge des *e* durch die Schreibung *eesona VIa* 18 bezeugt ist — ist vielleicht der Ausweg möglich, dass man den *s*-Stamm **ais-os-* **ais-es-* (in o. αισ [aus **aisos*], aisusis) zu Grunde legt (also **ais-s-ono-*)[2]) oder wenigstens Einwirkung von syncopirten Formen dieses Stammes annimmt, während die lautgesetzliche Entwicklung von **ais-* mit einfachem *s* in erus *erus* und ereçlu- vorläge (s. S. 523)[3]). Bei asa- *asa-* „ara" (o. aasaí aasas), das wohl am ehesten mit Bücheler L. J. Vb, Osthoff P. B. XIII 397 zu W. *ăs-* „brennen, glühen" in l. *āreo āridus ardeo assus* (marr. *asom* umbr. *aso* vo. *asif*) zu stellen ist[4]), liegt die Hauptschwie-

---

1) Die Neubildung kann entweder schon vor dem Rhotacismus stattgefunden haben (also *pis-i* statt **piz-i*, vgl. o. *pieis-um* statt **pieiz-um* S. 517) oder erst nach demselben (*pis-i* statt **pir-i*). Bei er-e er-ek *er-e er-ec er-ont er-i-hont* kam die Neubildung wohl wegen der Einwirkung von *ero-*, wozu er-e etc. den Nom. Sg. bildet, oder desshalb nicht auf, weil die Formen ohne Enclitica früh ausser Gebrauch kamen (oder erc = **eizo-i̯*? s. § 288 f.).

2) Weiterbildungen von *s*-Stämmen sind sehr häufig, doch ist allerdings das Suffix *-ono-* auffällig (ursprgl. *-ŏno-* oder = **-eu̯-no-*?).

3) Wenn wirklich *n* in *esono-* gegenüber *r* in **esar-* **aisar-* auf einem ähnlichen Wechsel wie in l. **itinis* (*itineris*) : *iter*, *feminis* : *femur* etc. beruhen sollte (s. § 266; Suff. *-ono-* dann = *-on-o-*), könnte man auch auf den Gedanken kommen, dass das *s* aus der Wechselform **esar-* stamme, wo es durch Dissimilation gegen das folgende *r* erhalten blieb (vgl. l. *miser*, *caesaries*), doch liegt das Missliche dieser Vermuthung auf der Hand.

4) Zu gr. ἧμαι ai. *ās-* „sitzen" schon desshalb nicht, weil die W. idg. *ē* enthielt.

rigkeit darin, dass das Lateinische direct die Form mit *r* bietet. Dass l. *āra* für *āsa* stehe durch Anlehnung an *āreo āridus* etc. (auch *ārea*?), wie Conway S. 22, 79 will[1]), ist eine sehr gewagte Annahme. Das gleiche gilt allerdings von der umgekehrten Annahme, dass umbr. *asa-* für **ara-* stehe durch Einwirkung von Formen wie Supin. *aso*, l. *assus* etc. (oben S. 526). Aber auch Brugmanns Vorschläge (I 427) „die Schreibung des Wortes mit *s* war eine graphische Alterthümlichkeit, oder dasselbe war aus einem anderen Dialekt ohne Rhotacismus entlehnt worden" sind beide recht misslich (vgl. Conway 22), der erste besonders desshalb, weil der Rhotacismus im Umbr. ziemlich früh eingetreten zu sein scheint (vor dem Uebergang des intervocalischen *d* in *ř*, s. oben S. 522). Als eine weitere Möglichkeit sei noch die angeführt, dass l. *āra* auf **āza* aus **āzza* = urit. **āzezā* **ās-es-ā*, Weiterbildung von einem *s*-Stamme, zurückginge (im Umbr. wäre entweder *zz* nicht wie im Lat. zu *z r* geworden, oder umbr. *asa-* wäre ein uritalisches oder uroskisch-umbrisches **ās-s-ā*)[2]). Schwierig ist auch Vesune *IV* 3 6 10 12 25. Die gleiche Gottheit kehrt im Marsischen wieder in *Uesune 242* und *308*, und liegt auch im Oskischen mit deminutivem Suffix vor in Vesuliais *142*, Vesulia[is *143*, Vesulias (-ais?) *144*, Vesulliaís *189* (Ves... *144*, Ve... *145*, Vesu... *146*), s. Bücheler Rh. M. 33, 45 A., L. J. XXX, Umbr. 162[3]). Die Möglichkeit, dass das *s* ein doppeltes war, ist vom orthographischen Standpunkte aus zuzugeben[4]) und hat vielleicht eine Stütze an dem bei Huschke O. Sab. Sprdkm. 37 erwähnten l. *Uessonius* (*Uesonius* mehrfach im C. I. L. IX X, doch immer mit éinem *s*). Allerdings wird der Name der *Uesuna* ansprechend von W. *u̯es-* „leuchten", zu der auch l. *Uesta* (und der cam-

---

1) *s* in *āsa* wäre aus *ss* vereinfacht wegen des vorausgehenden langen Vocals, vgl. oben S. 474 f.).

2) Auch *s* in o. aasa-kann aus *ss* erklärt werden (vgl. Anm. 1).

3) Der Zweifel Jordans bei Preller I³ 454 A. scheint mir unbegründet.

4) Dagegen könnte nur etwa o. Vesulliaís *189* angeführt werden, da diese Inschrift die Geminaten bezeichnet, es ist jedoch möglich, dass hier wirkliche Vereinfachung des *ss* vor dem Tone stattgefunden hat wie in aamanaffed etc. § 245, 257.

panische *Uesuuius*?) zu gehören scheint, abgeleitet (s. Aufrecht-Kirchhoff I 102 A., II 365, Corssen I 580 f., Vaniček 277 u. A.)[1]). Ob bei u. Vesune die Annahme von Entlehnung möglich ist (so dass der Cultus dieser Gottheit erst nach der Zeit des umbr. Rhotacismus in Umbrien sich eingebürgert hätte), bleibe dahingestellt. Erwähnt sei noch, dass der Name dieser Gottheit sich auch in Etrurien (*Vesuna* auf einem Spiegel neben *Phuphluns* etc.) und Gallien (Stadt und Gottheit *Vesunna* bei den Petrocoriern, Stadt *Vesuntio* bei den Sequanern) findet[2]). Bücheler führt auch eine umbrische Völkerschaft *Vesinicates* an. Endlich Suffix *-asio-* in urnasier *Va* 2 15 urnasiaru *III* 3, plenasier *Va* 2 14, kurçlasiu *IIa* 17, sestentasiaru *III* 2 (vgl. osk. sakrasias, purasiaí etc. S. 516). Nach der gewöhnlichen Annahme entspricht das Suffix dem lateinischen *-ārio-* (s. § 261, 2). Vielleicht lässt sich die Bewahrung des *s* im Umbrischen aus dem folgenden *i̯* erklären, da *s* vor *i̯* nicht gleich behandelt worden zu sein braucht wie in eigentlich intervocalischer Stellung[3]). Nach Conway 28 sollen alle die angeführten umbrischen Wörter mit *-asio-* Lehnwörter (aus sabellisch-oskischen Dialekten) sein und einzig ezariaf *IV* 28 soll die ächt umbrische Form des Suffixes aufweisen. Diese Annahme scheint mir allzu kühn.

---

1) Weniger wahrscheinlich haben Andere (z. B. Zeyss De voc. Umbr. fict. II 23) an ai. *vas-* „wohnen" gedacht. Grassmann K. Z. XVI 183, 188 f. erklärte *Uesuna* als die „Tageshelle" = ai. *vāsanā-*, doch spricht sich Corssen a. O. mit Recht dagegen aus (auch wäre eine völlige Identificirung sowieso nicht möglich, da das osk. Vesnach § 33 nicht idg. *ē* enthalten kann). Nach den Bemerkungen von Bücheler Umbr. 162 könnte man vielleicht näheren Zusammenhang der *Uesuna-* mit **u̯es-en-* : **u̯es-er-* „Frühling" (gr. ἔαρ, ai. *vasan-tá-*, l. *uer*, etc.) vermuthen; das *u* des Suffixes könnte dann vielleicht auch kurz (= *ŏ*) sein.

2) Vgl. Bücheler Umbr. 162, L. J. XXX b. Dazu noch *Vesuniahenis* (*matribus*) Burs. Jahresber. 1888, 117?

3) Vielleicht nahm das *i̯* nach *s* einen leichten spirantischen Klang an (vgl. Zanders mir allerdings nicht wahrscheinliche Vermuthung über o. Νιυμσδιηις oben S. 518 f.) oder es fand eine Mouillirung des *s* statt, welche dasselbe dem Rhotacismus entzog. Letzteres würde durch das Fehlen des *i* in eikvasatis eikvasese wahrscheinlich, wenn diese Suffix *-asio-* enthielten, doch ist diese Annahme nicht ohne Bedenken (s. § 242, 269). — Im Lat. wurde *su̯* vielleicht nicht zu *ru̯*.

Was e z a r i a f betrifft, so kann es entweder ursprüngliches *r* enthalten (s. § 262) oder, wenn die obige Vermuthung über *si̯* richtig ist, die vor silbebildendem *ĭ* berechtigte Doppelform darstellen. Am einfachsten wäre allerdings die Schwierigkeit gelöst, wenn mit L. Meyer vgl. Gramm. II 450 f., Walter Rhot. 19, G. Meyer-Schuchardt Ztschr. f. rom. Phil. VI 611 (vgl. Jordan Kr. Beitr. 114 ff., Stolz² 299) angenommen werden dürfte, dass *-āsio-* und *-ārio-* überhaupt von einander zu trennen seien; *-āsio-* wäre dann = **-āssio-*[1]), doch wäre ein solches Suffix seiner Herkunft nach schwer erklärlich und überhaupt leuchtet die Annahme, dass das häufige osk.-umbrische Suffix *-asio-* im Lat. keine Vertretung gehabt haben soll (ausser *amasius* und dem einmal belegten *uiasieis*, s. o. S. 519), nicht ein[2]).

Es ergibt sich also, dass es keineswegs unmöglich ist, ohne die Annahme auszukommen, dass ursprüngliches einfaches *s* zwischen Vocalen im Umbrischen unter gewissen Bedingungen lautgesetzlich erhalten geblieben sei. Andererseits sind doch die Schwierigkeiten bei den vier zuletzt besprochenen Beispielen (*asa-*, *esono-*, Vesune, Suff. *-asio-*) so grosse, dass jene Annahme immerhin erwägenswerth bleibt. Es würde sich dann darum handeln, den Grund der verschiedenen Behandlung des *s* festzustellen. Am nächsten läge es natürlich, und etwas anderes dürfte sich kaum ausfindig machen lassen, an die Betonung zu denken, wie z. B. im Germanischen *s* nach betonter Silbe blieb, nach unbetonter zu *z* ahd. *r* wurde. Conway legt die uritalische Betonung der ersten Silbe zu Grunde, so dass in der ersten Wortsilbe überall *s*, in den übrigen Silben *r* stehen sollte. Aber dem widersprechen k u r a i a k u r a t u (: päl. *coisatens*)[3]), Nom. Sg. *er-e er-ont er-i-hont*, St. *ero-* = o. *eizo-*, Infin. *erom* = o. *ezum*[4]), *suront surur*, *erus* (und e r e ç l u-) nach der wahrscheinlichen Erklärung aus **ais-*

1) Reduction von *ss* zu *s* nach langem Vocal scheint im Oskischen auch sonst eingetreten zu sein (vgl. S. 474 f.).

2) Noch weniger kann daran gedacht werden, umbr. *-asio-* von osk. *-asio-* zu trennen und etwa aus *-ati̯o-* zu erklären (vgl. auch oben S. 387 über *ti̯* im Umbr.).

3) Entlehnung aus dem Lat. ist doch allzuwenig wahrscheinlich.

4) Diese beiden erklärt Conway aus enclitischer Stellung.

(f u r e n t und p u r - e liessen sich als Neubildungen erklären), und andererseits würde diese Hypothese schon das vierte Beispiel, Suff. *-asio-*, nicht einmal erklären. Ebenso wenig ist mit der späteren lat. Betonungsweise (die wahrscheinlich in historischer Zeit auch im Osk.-Umbrischen die herrschende war, s. § 257) auszukommen. Bugge Rh. M. 40, 473ff. (vgl. Etr. Fo. Stud. IV 76) geht auf die i n d o g e r m a n i s c h e wechselnde Betonung zurück, deren Wirkungen später vielfacher Ausgleichung unterlegen wären (z. B. erklärt er *s* : *r* in *esono-* : *erus* e r e ç l u - aus einem Paradigma **áịsus* **aịsóụs* etc.); natürlich liessen sich so alle Schwierigkeiten beseitigen, aber ich kann auch diese Hypothese nicht für wahrscheinlich halten[1]).

Mouillirung von Consonanten.

242. Die Mouillirung von Consonanten durch folgende palatale Vocale oder Halbvocale spielt bekanntlich eine grosse Rolle in den romanischen Sprachen (s. W. Meyer Roman. Gramm. I 318ff., 327ff., 342ff., 369f., 423ff. und sonst)[2]). Auch in den oskisch-umbrischen Dialekten, die ja mehrfach Berührungen mit dem Vulgärlateinischen und den romanischen Sprachen zeigen (vgl. oben S. 38f.), finden sich solche Palatalisirungen ziemlich häufig. Ein directer historischer Zusammenhang kann freilich nur theilweise angenommen werden.

Wir besprechen zunächst die durch folgendes *ị* bewirkten Mouillirungen.

Im Oskischen weist der Dialekt von Bantia mehrere hieher gehörige Erscheinungen auf. Mouillirtem *l* (*l'*) = *lị* be-

---

1) Auch würde man im Lateinischen viel mehr Spuren dieser Spaltung erwarten. Die erhaltenen *s* des Lat. scheinen aus Dissimilation, Entlehnung etc. erklärt werden zu können; unhaltbar sind m. E. Conways verwickelte Hypothesen über Einfluss des Accentes und der umgebenden Vocale (vgl. Stolz² 299, J. Schmidt D. L. Z. 1890, 1573f.).

2) Ausserdem ist sie weitverbreitet z. B. im Avestischen, Griechischen, Altirischen, Baltisch-Slavischen, s. Brugmann I 479ff. (132ff.). Ueber die lautphysiologische Seite handelt ausführlich Lenz, Zur Physiologie und Geschichte der Palatalen, K. Z. XXIX 1—59.

gegnen wir auf der T. B. in *allo* $_{22}$ = **alịa* lat. *alia* und *famelo* $_{22}$ = **famelịā* lat. *familia* (italiän. *famiglia*)[1]). Das Nebeneinander von *ll* und *l* in *allo famelo* fällt auf der T. B. nicht auf (vgl. *mallud malud* etc., oben S. 52) und kann noch seinen besonderen Grund in der Natur des mouillirten *l′* (frz. (*i*)*ll*, italiän. *gl*(*i*)) haben. Dass *nị* im Bantinischen in gleicher Weise behandelt war wie *lị*, dass also z. B. kúmbennieís auf der T. B. **combenneis* oder **combeneis* lauten würde, dafür lässt sich einerseits das umbrische *spin'a-* (s. u. S. 534f.) und der Parallelismus des italiänischen *gl* = *lị*, *gn* = *nị*, andererseits das *nnị* in kúmbennieís teremenniú etc. (s. S. 533f.) anführen, doch fehlen Beispiele. Die Mouillirung erstreckte sich auch auf dentale und gutturale Verschlusslaute. So wurde *tị* zu *ts s* : *Bansae* aus **Bantịai* (in nationaler Schrift *Banttiaí, vgl. Mamerttiaís etc.), s. oben S. 386ff.; das *s* in *Bansae* ist möglicherweise noch als *ts* auszusprechen, s. S. 534. Wie *tị* zu *ts s*, wurde im Bantinischen *dị* zu *dz z* : *zicolo-* aus **dịi-colo* **dịĕcolo-* (s. S. 411f.); auch das *z* in *zicolo-* kann viel-

1) Allerdings ist von Danielsson A. S. III 178 bezweifelt worden, ob *famelo* genau = l. *familia* sei und *allo* ist von Fick B. B. I 170, dem D. beizustimmen geneigt ist (vgl. Brugmann II 138), zu got. *alls* (= **al-no-s*) gestellt worden. Gegen D.'s Erklärung von **famelo* aus urit. **famelā* ist aber einzuwenden 1) dass bei der so auffallend übereinstimmenden Bedeutung die Annahme grammatischer Verschiedenheit wo möglich zu vermeiden ist, 2) dass urit. **famelā* im Osk. aller Wahrscheinlichkeit nach nicht *famelo*, sondern **famolo* (weniger wahrscheinlich **famalo*) lauten würde nach dem Gesetz der osk. Vocalassimilation (oben S. 247ff., vgl. auch l. *famulus familia*), 3) dass es zwar möglich, aber doch nicht wahrscheinlich ist, dass **famelo-* ('*famel*' Fest.) zwar „famulus", das Fem. **famelā-* dagegen nicht wie im Lat. „famula", sondern „familia" bedeutet habe. Es ist daher m. E. an der gewöhnlichen Erklärung durchaus festzuhalten, dann liegt aber ein lautlicher Grund, an *allo* = *alia* zu zweifeln, auch nicht mehr vor und dass die Deutung sachlich berechtigt ist, zeigt D. selbst S. 177; es ist daher die Wahrscheinlichkeit dafür, dass *allo* zu einem dem Italischen sonst fremden **alno-* (das übrigens gar nicht sicher steht, da got. *alls* wegen air. *uile* viel eher auf **olno-* zurückzuführen ist) gehöre statt zu dem naheliegenden lat. *alius*, eine sehr geringe; auch scheint das oskische Wort für „omnis" ebenfalls **omni-* gewesen zu sein (úmbn- *188*, vgl. oben S. 302) und daneben war ein zweites schon vorhanden in osk.-umbr. *sēvo-*.

leicht als *dz* aufgefasst werden (vgl. S. 71, 412). Für Mouillirung von *k* vor *i̯* ist ein Beleg das bantinische *meddixud*, da das Wort m. E. aus **meddiki̯ud* (in nationaler Schrift *meddikkiud, vgl. meddikkiai etc.) zu erklären ist[1]); über den Lautwerth des *x* s. S. 534.

Im gewöhnlichen Oskischen finden wir an Stelle der erwähnten bantinischen Mouillirungserscheinungen Gemination des dem *i̯* vorausgehenden Consonanten: Víteliiú, kúmbennieís teremenniú dekmanniúís damsennias Akudunniad, úíttiuf a]íttiúm Mamerttiaís Mamerttiar. etc., tríbarakkiuf meddikkiai etc. (vgl. § 243). Es liegt nahe, zwischen der Gemination und der Mouillirung einen directen Zusammenhang zu vermuthen, erstere als Vorläuferin der letzteren anzusehen, besonders da nach W. Meyer in Gröbers Grdr. I 364 (Rom. Gramm. I 423 ff. passim, vgl. auch Grdr. I 533) im späten Vulgärlatein die Consonanten vor *i̯* zuerst „geminirt" (richtiger „gedehnt"), dann mouillirt wurden. Es wäre sogar möglich, Víteliiú kúmbennieís etc. als *Vitell'o kombenn'eis* etc. oder *Vitel'l'o komben'n'eis* etc. aufzufassen, aber bei tti kki wäre die entsprechende Annahme — z. B. Mamerttiaís meddikkiai = *Mamertt'ais meddikk'ai* oder *Mamert't'ais medik'k'ai* — doch vielleicht etwas kühn[2]). Der

1) Vgl. Lange Kl. Schrr. 165, Bugge K. Z. VI 23, Corssen ebd. XI 331, 359. Gewöhnlich wird *meddixud* aus **meddiktiud* erklärt (Mommsen U. D. 224, Corssen II 1015, Bruppacher 73, Enderis 40, Deecke Etr. Fo. Stud. VI 39, Brugmann II 338 u. A.), wobei als Zwischenstufen **meddihti̯ud* **meddihsud* anzusetzen wären. Es ist aber fraglich, ob nicht das *h* in *ht* zur Zeit der bantinischen Assibilation des *ti̯* bereits blosser Hauch war (vgl. oben S. 350 f.) und auch wenn damals noch χ gesprochen wurde, erwartet man eher Assimilation des χ an das folgende *s* (also **meddis(s)ud*), vgl. die Assimilation von *ks* zu *ss* S. 376 ff. (auch in meddíss Plur., wo *-ks* erst aus *-kĕs* syncopirt war), von *-fs* (aus *-fŏs*) zu *-ss* im Dat.-Abl. Plur. S. 464; ferner wäre eine lat. Bildung **iudictium* doch immerhin etwas ungewöhnlich und die T. B. bietet schon sonst drei Ableitungen von *meddik-*, nämlich *medicim* : l. *iudicium*, *medicatud* : l. *iudicatum* (*o*-St.) oder *iudicatus* (*u*-St.), *medicatinom* : l. *iudicatio*; nach der obigen Erklärung ist *meddixud* einfach Ablativ zu *medicim*. Ganz unwahrscheinlich ist mir, dass *meddixud* zu einem *s*-Stamm (l. **iudicus* **iudiceris*!) gehören sollte, was Danielsson A. S. III 181 als Möglichkeit anführt.

2) Doch vgl. die Darstellung von *t'* durch *ti* in vo. *sistiatiens* S. 537?

Hergang bei der bantinischen Mouillirung (Assibilation) in *Bansae* (**Marso-* etc.) mag etwa gewesen sein *Banti̯a Bantti̯a Bantt'a Bant't'a Bant's'a Ban(t)sa*; das Marsische zeigt noch *ts* in *Martses*, ebenso das Italiänische in *Banzi speranza marzo terzo prezzo* etc. und es ist leicht möglich, dass auch das *s* in osk. *Bansae* noch als *ts* oder *'s* zu sprechen ist, nicht als *s* wie in frz. *mars* etc. (vgl. oben S. 72, 391 f.). Bei der Mouillirung von *ki̯* in *meddixud* (**tribaraxuf* etc.) wird zunächst eine ähnliche Entwicklung wie bei *ti̯* stattgefunden haben, also *meddiki̯o-* zu *meddikki̯o- meddikk'o- meddik'k'o- meddik'χ'o-*[1]; *k'χ'* konnte entweder mit Wechsel der Articulationsstelle des ersten Lautes zu *t'χ' t'š'*[2]) werden, wie es im Italiänischen geschehen ist (*faccio*, d. h. *fat'š'o*, aus **fakki̯o* l. *facio*), oder, ohne jenen Wechsel, zu *k'š'* ev. weiter zu *k's'*; welche von diesen Lautverbindungen mit *x* in *meddixud* gemeint ist, ist schwer zu entscheiden, wahrscheinlich aber doch eine mit *k'* nicht *t'* beginnende, obgleich allerdings der Unterschied zwischen *k'* und *t'* gering ist.

Eine mit den bantinischen Mouillirungen verwandte Erscheinung würde wohl in Νιυμσδιηις *1* (aus Messana) vorliegen nach der S. 518 erwähnten Erklärung des δι, doch ist mir wahrscheinlicher, dass σδ Ausdruck für tönendes *s* (*z*) sei.

Aus den Zwischendialekten ist für die Mouillirung vor *i̯* anzuführen das bereits genannte m a r s i s c h e *Martses 307* = **Marti̯ais*, aus dem S a b i n i s c h e n *Clausus* = *Claudius* (S. 412), aus dem V o l s c i s c h e n *faɔia*, falls die Affection des *c* wie im Bantinischen nur vor *i̯*, nicht, wie im Umbrischen, auch vor *ĭ ĕ* eintrat (vgl. S. 371 f.). Ueber pälign. *đ* auf der Herentas-Inschrift (*254*) und pälign. *des 255* s. Bd. II Anhang.

Im U m b r i s c h e n ist die Assibilation von *ti̯* nicht nachweisbar (vgl. *Martier* : mars. *Martses* etc., s. S. 387 f.), *ki̯* wurde wohl wie *kĭ kĕ* behandelt (s. S. 369 ff.), *gi̯* wie *gĭ gĕ* (S. 372 ff.); über *di̯* s. S. 412 f. Mouillirtes *n* (*n'*, italiän. frz. *gn*, z. B. in frz. *cigogne* = l. *ciconia*) aus *ni̯* liegt vor in s p i n i a - s p i n a - (ersteres *IIa* 36 37, letzteres *IIa* 33 38, also unmittelbar nebeneinander), r u p i n i e *Ib* 27 = *rubine*

1) χ' = „*ich*-Laut".
2) *š'* *i*-färbiges *š*.

VIIa 6, rupinam-e *Ib* 35 36 = *rubinam-e VIIa* 43 44 (St. *rubinia-*). Sonst ist die Auslassung von *i* nach *n* nirgends sicher zu belegen, vgl. semenies *IIb* 1 *sehmenier Vb* 11 16 sehmeniar *Ib* 42 *sehemeniar VIIa* 52, aplenia *IIa* 23 aplenies *IIa* 23, *Noniar VIa* 14, Peraznanie *IIb* 7, auf den kleineren Inschriften Ahatrunie *290*, *Fulonie 295*, *Uistinie 296*; an Fehlen von *i* könnte man etwa denken in nuřpener *Va* 13 vgl. l. *dupondius assipondius*, tapistenu *IV* 30 vgl. o. teremenniú damsennias, menes *Ib* 15 „uenies" (für *benes) vgl. purtuvies etc., doch sind alle drei Beispiele sehr fraglich (die ersteren beiden brauchen nicht mit *-io-* abgeleitet zu sein, über menes s. § 313); es ist die Möglichkeit zu beachten, dass die Mouillirung nur eintrat, wo dem *n* ein *i* vorausging (St. spinia- *rubinia-*). Nach *l* ist die Weglassung von *i* nicht zu belegen (*li* + Voc. kommt nur vor in feliuf *filiu presoliaf Salier*, je 1 m.)[1]); vgl. auch oben S. 295f.

Auch Aufgehen von *i̯* in vorhergehenden Spiranten kommt im Umbrischen vor. Am häufigsten bei *çi̯* (aus *ki̯* oder *kii̯*): façiu façu façia, puniçate *ponisiater*, pruseçia, Vestiçe *Uestisier* je 1 m., vestiçia- 3 m. vestiça- 5 m. *uestisia-* 10 m. *uestisa-* 1 m., Saçe Saçi 5 m. *Sansie* 7 m., tribřiçu, usaçe (? über usaie s. S. 369ff.), purtinçus *purdinśiust* je 1 m. *purdinsust* 5 m., *combifianśiust combifiansiust combifianśust disleralinsust* je 1 m. (unsicher *uouse sepse*). Bei *ři̯* ist das einzige ganz sichere Beispiel für Weglassung des *i Horse VIb* 43 = Huřie *Ib* 2, dazu kommt *sorser Vb* 12 17 falls = **sorsier* (s. S. 293f.) und çihçeřa *III* 15 falls mit dem gleichen Suffix wie tehteřim gebildet[2]); sonst ist das *i* überall geschrieben: Atiieřiu- 17 m. *Atiersio-* 4 m. (über *Atiersir* s. S. 275), Atiieřiate 2 m., Peieřiate 2 m., ampeřia, pumpeřias je 1 m. Die Schreibungen mit und ohne *i* wie façiu façu, Huřie *Horse* etc. sind selbstverständlich lautlich identisch, es liegt auch hier eine Art

---

1) *Casiler Vb* 14 wohl nicht = **Casili̯er*.

2) Aufrecht-Kirchhoff II 399 erklären V]eřuvie Ve]řuvi *290* (aus Ameria) als l. **Uediouio*, doch scheint das ꟼ dieser Inschrift noch = d, nicht = ř, zu sein, s. oben S. 404f. (vgl. auch Bd. II Anhang).

Mouillirung vor (vgl. spinia- spina-etc.). Dass die Mouillirung dem *f* fremd blieb, ist begreiflich (Çerfiu- *Šerfio-* 31 m., kumpifia- *combifia-* 12 m., Vufiune *Uofione* je 1 m.). Eher möglich wäre sie bei *s* (*ss*) und *z*[1]), da aber alle sicheren Beispiele von *si* (das allerdings z. Th. = *sį* sein kann) die Schreibung mit *i* zeigen: Fisiu- *Fisio-* (*Fissio-*) 44 m., fasiu *farsio fasio*, çersiaru, asiane je 1 m., Suffix *-asio-* in plenasier 2 m., urnasier 2 m., urnasiaru, sestentasiaru, kurçlasiu je 1 m., ist es sehr unsicher, ob in den je 2 m. vorkommenden eikvasatis eikvasese Suffix *-asio-* angenommen werden und ob antermenzaru *IIa* 16 aus **antermensįarum* erklärt werden darf (vgl. über erstere § 269, über letzteres § 261, 1). Ueber den möglicherweise zwischen der Erhaltung des *s* (statt Uebergang in *r*) und dem folgenden *i* (*į*) bestehenden Zusammenhang s. S. 529 mit Anm. — Unter den übrigen Dialekten bietet das Pälignische vielleicht ein Beispiel für das Aufgehen von *į* in vorhergehenden Spiranten in *Petiedu 254* = **Petiedįu* (vgl. Bd. II Anh.), ähnlich wie umbr. *Horse* neben Huřie. Das Volscische schreibt mit *i faɔia* (über picen. -seɔure *288* s. Bd. II Anh.). Ueber o. Νιυμσδιηις = Niumsieis s. S. 518 f.; über *ri* in o. púmperia- s. S. 409. Uritalisch war der Uebergang von *ųį* zu *įų*, s. S. 169 ff.

Weniger verbreitet als vor *į* war die Mouillirung vor *ĭ ĕ*. Das Bantinische hielt sich hier von der Mouillirung frei oder ging wenigstens nur so weit, dass eine schriftliche Bezeichnung nicht für nöthig befunden wurde: *Bantins* (*medicatinom fortis lamatir* etc.) gegenüber *Bansae, dicust* (*meddic-* etc.) gegenüber *zicolo-*, *medicim* (*licitud censa- ceus* etc.) gegenüber *meddixud*. Dagegen scheint im Umbrischen kein Unterschied zwischen der Behandlung von *kį* und *kĭ kĕ*, *gį* und *gĭ gĕ* bestanden zu haben, die Mouillirung bei beiden in gleicher Weise eingetreten zu sein (s. § 177—182); *tĭ tĕ* blieb (*tiom tefe* tefra *tettome* Atiieřiu- citipes *Miletinar duti tertim* itek *catera-* kutef *opeter* petenata etc.), wie wahrscheinlich auch *tį* (s. S. 387); über *lį* und *lĭ lĕ* s. S. 295 f.

1) Vgl. über Mouillirung von *s* vor *į* in den romanischen Sprachen W. Meyer I 430 f., im Allgemeinen Lenz a. O. 50 ff., 54 f.

Vom Volscischen steht durch *faɔia* nicht fest, ob es in der Mouillirung von *k* mit dem Bantinischen oder mit dem Umbrischen ging (vgl. S. 371 f.); über das zweite *ti* in *sistiatiens* s. u.

Eine Mouillirung nach *i* scheint vorzuliegen in dem *sti* von vo. *sistiatiens,* da das Wort schwerlich anders als aus **sistatiens* (vgl. päl. *sestaṭ.ens 245*) erklärt werden kann; das *sti* scheint also ein mouillirtes *st* (*s't'*) darzustellen[1]). Im Oskischen erwartet man statt Piístíaí T. A. (2 m.), falls Büchelers Erklärung aus einem Superlativ von **pīo-* richtig ist (s. § 287), eigentlich eher *Piístaí, man könnte also auf die Vermuthung kommen, dass *Pīstịa-* wie vo. *sistia-* zu beurtheilen sei, aber dies ist jedenfalls sehr unsicher, vielleicht spricht auch das í dagegen[2]). Schwieriger noch als das erste ist das zweite *ti* in vo. *sistiatiens*; man hat sich durch die Annahme, dass das Wort Denominativum von *stati-* sei, zu helfen gesucht, doch muss zugegeben werden, dass die Erklärung als *t*-Perfect von *sista-* näher liegt; ist sie richtig, so wird man, da eine Deutung als Conj. Perf. durch den Zusammenhang wohl ausgeschlossen ist, nicht umhin können, eine Mouillirung von *te* zu *t'e,* geschrieben *tie,* anzunehmen; bei derselben könnte Assimilation an das vorausgehende *t'a* von *sistia-* mitgewirkt haben[3]).

Verdoppelung einfacher Consonanten.

243. Oskisch (vgl. Danielsson A. S. IV 139 ff.). Im Oskischen finden sich sehr häufig doppelte Consonanten an Stelle von etymologisch einfachen. Ausser dem *sst* in kvaísstur etc. (4.) und den unter 5. genannten besonderen Fällen steht die Geminata stets vor i v (*i̯ u̯*) oder *r*, z. B. meddik-

1) Vgl. dagegen *statom,* wo kein *i* vorausging.

2) Und trístaamentud *29?* (doch í hier wohl aus *ĕ* oder *ē*, s. S. 398 Anm.).

3) An das *ie* aus offenem *e* im Italiänischen und in anderen roman. Sprachen (W. Meyer I 141 ff.) ist bei *-tiens* wohl keinesfalls zu denken.

kiai dekkvíarím alttreí. Die Gemination oder richtiger gesagt Dehnung der Consonanten vor *i̯ u̯* hat ihre nächste Parallele im Vulgärlateinischen (W. Meyer in Gröbers Grdr. I 364), mit dem unsere Dialekte auch sonst sich mehrfach berühren (s. oben S. 38f.); ausserdem ist die westgermanische Consonantendehnung zu vergleichen, die vor *i̯* (Brugmann I 130, 185, 224, 387, 391, 393, 396f.) und *w*, *r*, auch *l* (ebd. 393f.), eintrat[1]). Zu beachten ist, dass die oskische Gemination vor *i̯ u̯ r* nicht etwa bloss nach kurzen Vocalen, sondern in gleicher Weise nach langen Vocalen, Diphthongen und nach Liq. Nas. eintrat (dekmanniúís úíttiuf Mamerttiaís alttreí púnttram etc.). Die Gemination setzt wohl voraus, dass der Consonant, ehe dieselbe eintrat, mit dem *i̯ u̯ r* zur folgenden Silbe gezogen wurde, z. B. **oi-ti̯uf*, nicht **oit-i̯uf*[2]). Im Vulgärlat. fand die Gemination vor *i̯ u̯* hauptsächlich direct nach dem Tone statt, weniger allgemein vor dem Tone (s. Gröbers Grdr. I 364, 533). Möglicherweise gilt Aehnliches auch für das Oskische, wofür sich etwa *sst* : *st* in kvaísstur : kvaístúreí (s. 4.) anführen liesse; sichere directe Belege fehlen (über Stafianam s. S. 541, über Kapv. ebd.)[3]).

1. Gemination vor *i̯*. Die Beispiele sind folgende. medikkiaí *137*, meddikkiai *132* (dazu wohl das abgekürzte medikk. *135*) aus **meddīki̯a-*, vgl. l. *iudīcium*; tríbarakkiuf C. A. aus **trībarki̯uf* (zu l. *arx arceo*); úíttiuf C. A. (2 m.) aus **oiti̯uf* = l. **ūtiō* (vgl. oben S. 420); a]íttiúm C. A., Gen. Plur. von *aiti-* (*aeteis* T. B.; über das zweite í vgl. S. 169, 176, über die Etymologie § 262); Mamerttiaís *133*, Mamerttiais *132*, Mam]erttieís *152*, Mamerttiar. *131* (Mamertt . . . *151*) von **Mamert-i̯o-*; Akudunniad *223* „Aquilōnia"; dekmanniúís T. A. „deci-

---

1) Zur Erklärung der westgerman. Consonantendehnung vgl. jedoch auch Kauffmann P. B. XII 504ff., Streitberg ebd. XIV 184f.

2) Vgl. Sievers in Pauls Grdr. I 413 unten über die westgerm. Consonantendehnung. Im Oskischen ist das *i̯* vielleicht zum Theil (oder überall?) aus *ĭ* hervorgegangen, vgl. oben S. 169.

3) Uebrigens könnte der einfache Consonant vor dem Tone auch erst aus dem doppelten wieder vereinfacht sein wie ursprünglicher Doppelconsonant in aamanáffed etc. § 245.

manis"; kúmbennieís *29 30 41* l. **conuĕnii* oder eigentlich **conuĭnii*, vgl. *co(n)uentio contio* (s. S. 305 und § 261, 2); teremenniú C. A. l. **termĭnia* (vgl. *semĭnium* : *semen* etc., s. § 284); ähnlicher Bildung damsennias *135* (vgl. § 266, 268); Vítelliú *234* „Italia", in genauer Uebertragung l. **Uitĭlia* (zu **uitelo-* l. *uitulus* wie *familia* zu **famelo-* l. *famulus* etc., vgl. S. 249, 265 Anm.). Dazu die Personennamen Σταττιηις *1* „Stătii", Pettíeis *131* Pettieis *132* „Pĕttii" (*ē* wäre osk. í), Siuttiis *28*, Titti *84*, Κοττειηις Κοττει Κοττι *5—7*, Úppiis *129*, Babbiis *181*, Minnieís *138* (Annieí *137*? über Heírennis l. *Nasennius* etc. s. § 266), Silli *121* (Velliam *129*?), Vírriis Vírríiis *129* Vírriieís *136*, doch ist es zweifelhaft, ob in diesen die Geminata überall als vor *i̯* entstanden zu betrachten sei (s. u.).

Mehrfach findet sich neben der geminirten Schreibung die einfache [1]): meddikiai *131*, medikia *136* neben meddikkiai *132*, medikkiaí *137* (medikk. *135*)[2]), fruktatiuf C. A. (1 m.) neben úíttiuf ders. Inschr. (2 m.), Vítelliú *234 236 237* neben Vítelliú *234*[3]), Falenia *137* neben teremenniú etc. (? s. § 266), in Personennamen in Staatiis *193*, Statiis *129 170*, Statie *120* (Statis *241*, Στατις *13*) neben Σταττιηις *1*, Metiis 203 neben (*Mettius* C. I. L. IX X) Siuttiis *28* etc., Sepíeís *137* (Sepis *136*) neben (*Seppius* C. I. L. IX X) Úppiis *129*, Slabiis *117* neben Babbiis *181*, Minieís *138b*, Miínieis *156*, Minies *157* neben Minnieís *138a*[4]), Silie *120* neben Silli *121* etc.; sehr viele Personennamen liessen sich aus dem C. I. L. IX X (und anderen Bänden) beifügen, z. B. *Lucius Luccius*, *Decius Deccius*, *Pacius Paccius*, *Titius Tittius*, *Epius Eppius*, *Stenius Stennius* etc. Für dieses Schwanken lassen sich ver-

---

1) Ausser Betracht fällt natürlich, was auf Inschriften steht, die keine Geminaten schreiben, wie Pakiu Blt. (C. I. L. IX X fast immer *Paccius*). Vgl. S. 51.

2) Ueber *d* neben *dd* in diesem Stamme s. § 245.

3) Allerdings scheint eine Münze (*238*) Viteliu ohne die differenzirten í ú zu haben, so dass man auch in der Unterlassung der Gemination in Vítelíú allenfalls eine blosse ältere Schreibweise sehen könnte.

4) Nicht zu *Mindius*, das im C. I. L. IX X als Gentilname oft vorkommt, da Minnieís Vorname ist und weil das einfache n in Minieís *138b* sich schwerer erklären würde.

schiedene Gründe denken. Am nächsten liegt die Erklärung aus dem Wechsel von Formen mit *i̯* und solchen mit *ī* (*ii̯*), ev. *ĭ* (*ii̯*)[1]. Dabei wäre jedoch schwerlich vorauszusetzen, dass überall noch die lautgesetzliche Form vorliege, dass also z. B. meddikiaí mit *-kī-*, meddikkiai mit *-ki̯-* zu lesen sei, sondern es wären wohl meistentheils Uebertragungen anzunehmen, z. B. fruktatiuf mit *t* statt *tt* nach den übrigen Casus (*fruktatineís etc.), Minieís nach dem Nom. Acc. Minis *Minim, meddikiaí nach *meddikim (*medicim* T. B.), Gen. medikeís etc. Möglich wäre aber auch, dass die secundären Geminaten sich von den ächten etymologischen (z. B. *rr* aus *rs* in Kerrí-) in der Aussprache noch unterschieden. Bei den Personennamen ist ferner an die im Griechischen und Germanischen öfters vorkommende willkürliche Consonantendoppelung in Kosenamen, z. B. gr. Ξεννώ Δικκώ Μάκκος ahd. *Itta Sicco* (s. Fick Personennamen LIXf., Brugmann II 34 Anm. und die bei Letzterem genannte Litteratur), zu erinnern, die auch im Italischen bestanden zu haben scheint (vgl. namentlich Fälle wie l. *Uarro* neben *Uarus*), auf deren Rechnung daher ein Theil der Gemination auch bei den mit *-io-* abgeleiteten Namen kommen mag[2]. Endlich ist es nicht ganz unmöglich, dass bei Gentilnamen unter *-ttio- -kkio- -ppio-* etc. sich z. Th. Assimilationen aus *-tdio-* = *-tidio-*, *-kdio-* = *-kidio-*, *-pdio-* = *-pidio-* etc. bärgen (z. B. *Eppius* = *Epdius Epidius*, vgl. Corssen II 903f.), s. oben S. 418. Natürlich kann aber auch leicht die vor *i̯* entstandene Geminata sich durch Uebertragung weiter ausgebreitet haben, z. B. *Στατ-τις nach Στаττιηις etc., Vírriis nach Vírriis etc. (falls *r* vor *i̯* geminirt wurde), *Lucceius* nach *Luccius* etc.[3].

Bei *l n k t* scheint die Gemination vor *i̯* eine Vorstufe zur Mouillirung zu bilden, s. oben S. 533. Bei den Labialen

---

1) *ī* häufig bei Personennamen (Suff. *-īo-*, s. § 275f.), bei denen ausserdem auch noch die Ableitungen mit *-eio- -idio- -icio- -ilio-* etc. zu beachten sind.

2) Ueber *Nasennius* : *Nasōn-* etc. s. § 266.

3) Bemerkenswerth ist die Seltenheit des einfachen Consonanten in den Ableitungen auf *-idio-* etc. (*Pacidius* : *Paccius*, *Decidius*: *Deccius*, *Epidius* : *Eppius*, *Metilius* : *Mettius*, etc.); sie kann nach dem Vorausgehenden verschieden erklärt werden (z. Th. kann auch der Wechsel des Tones betheiligt sein).

p b m trat die Gemination wohl ebenfalls ein (überliefert sind allerdings nur die Personennamen Úppiis Babbiis), Mouillirungserscheinungen sind aber nicht zu erwarten, wie sie auch im Italiänischen fehlen (*sappia abbia scimmia* etc., s. Gröbers Grdr. I 533). Ob *r* vor *i̯* geminirt wurde, ist unsicher (púmperia- immer mit einfachem *r*, Vírriis als Personenname nicht beweisend); dasselbe gilt von *g* (Flagiui *138b* mit einfachem *g*). Bei *f* spricht vielleicht das zweimalige einfache *f* des correcten C. A. in mefi[ú mefiaí eher dagegen, dass es vor *i̯* geminirt wurde, doch bleibt es zweifelhaft; in Staf[i]anam *28*[1]) könnte man sich auf die Betonung (-ánam) berufen (vgl. S. 538), *hafiest* T. B. kommt nicht in Betracht (vgl. S. 52). *si* vor Voc. findet sich im Suffix *-asio-* (degetasiús *124*, deketasiúí C. A., purasiaí F*l*uusasiaís Verehasiúí T. A., sakrasias *132*, kerss*n*asias *131*), immer mit einfachem *s* (wohl *z*), ferner in Niumsieís *124* und (wahrscheinlich = *ss* aus *tt*, s. S. 419, 421) in fiisíais *132* fiisíais *131*; über Νιυμσδιηις *1* s. S. 518 f., über umbr. *-asio-* S. 529 f. Für *u̯* beweisen Iúviaís *133* (vgl. Iúviia *28*), Kalúvieis *131 132*, Kalaviis *187*, Salaviis *157*, Vaaviis *74* noch kaum, dass es vor *i̯* überhaupt nicht gemeint wurde.

2. Gemination vor v (*u̯*). dekkvíarím *28* zu umbr. tekvias (vgl. vulgärl. *acqua* Seelmann 124 und italiän. *acqua nacque*). Ausserdem nur Helleviis *129*, wo bemerkenswerther Weise der anaptyktische Vocal die Gemination nicht hinderte[2]); daneben Helevis *170* (Helvi . . *171*), ebenso ohne Gemination minive . . *135* aus *minve-, ferner Kapv. *135*. Akviiai und menvum Blt. kommen nicht in Betracht, weil die Blt. keine Geminaten schreibt; zweifelhaft ist, ob Πακϝηις *12* und Kapv. der Münzen *220* ebenso erklärt werden dürfen. Bei Kapv. *135* könnte man, da es wohl zu *Kapvānaí oder dgl. zu ergänzen ist, an die Unbetontheit der ersten Silbe erinnern (vgl. oben S. 538)[3]). Doch vgl. oben S. 539 f. über

---

1) Schwerlich Staf[fi]anam.

2) Es wird doch wohl anzunehmen sein, dass die Anaptyxe erst eintrat, nachdem *lu̯* zu *llu̯* geworden war, da das *u̯* über den anaptyktischen Vocal hinüber, so kurz derselbe auch wahrscheinlich gesprochen wurde, seine geminirende Wirkung kaum hätte ausüben können.

3) Dass in dekkvíárím das *k* verdoppelt ist, könnte aus

die Schwankungen in der Schreibung der secundären Geminaten vor *i* (*i̯*).

3. Gemination vor *r*. alttram alttr[ús C. A., alttreí T. A. (2 m.) zu l. *alter*. púnttram „pontem" *28* wohl mit Danielsson A. S. IV 141, Bartholomae B. B. XII 87 f. aus **pont-ra-m*. Die Doppelung des *t* vor *r* scheint auf die Stellung nach Liq. Nas. beschränkt zu sein, nach anderen Consonanten (pústreí, Kastríkiíeís, ehtrad) und nach Vocalen (maatreís, Fuutreí Futreí Futre.., fratrúm 2 m., bei vorausgehender Kürze mit Anaptyxe patereí, pútúrús-píd púttereí-píd pútúrú[m-píd, sogar mit Erweichung Sadiriis, s. S. 261 f.) erscheint sie nirgends[1]; sie unterscheidet sich hierin von der sonst vergleichbaren Gemination in l. *mattrona frattre lattrones* (*suppremis*) auf Inschriften aus Africa (Seelmann 122, 124, vgl. Bücheler Comm. Momms. 239)[2]. Auffällig ist gegenüber púnttram das 2 malige Entraí der T. A., die alttreí doch beidemal mit *tt* schreibt; vgl. auch Frentreí auf der Münze *233 a*, bei der wegen í doch wohl Bekanntschaft mit der Gemination anzunehmen ist[3]. Ob man Entraí (Frentreí) gegen die Erklärung von púnttram aus **pontram*[4] einwenden darf (so dass *ttr* aus *tr* nur nach *l* entstanden wäre), scheint mir besonders desshalb fraglich, weil die Erklärung von púnttram aus **pontitram*[5] denn doch viel weniger für sich hat (vgl. § 261, 4); allerdings bleibt Entraí auffällig, am nächsten liegt es, den Unterschied gegenüber alttreí daraus zu erklären, dass

---

einem Nebenton der ersten Silbe erklärt werden (*dèkkvĭārĭm*, vgl. *cioccolate pellegrino camminare* etc. W. Meyer I 459).

1) Ebensowenig bei *kr* (sakrú- sakúrú-), *br* aus *pr* (embratur), *fr* (lúvfreís, -úvfríkúnúss, Anafríss, amfr-et, tefúrúm aus **tefrom*).

2) Im Italiänischen wurde *br* zu *bbr* (*labbro fabbro febbre*, s. Gröbers Grdr. I 532, vgl. Gröber Comm. Woelfflinianae 180).

3) Tantrnnaiúm *133 134* und *contrud* T. B. sind nicht zu gebrauchen, ersteres, weil r annähernd = *r̥* sein mag (vgl. S. 323), letzteres wegen *altrei* etc. (vgl. S. 52).

4) *-r-* zu *-n-* in ai. *pánth-an-* etc., s. § 265.

5) Idg. **pont-trā-* wäre osk. wohl **ponstrā-* (vgl. l. *tonstrix claustrum* etc.) oder jedenfalls nicht **ponttrā-*.

im einen von beiden zwischen *t* und *r* ein Vocal erst spät syncopirt sei (vgl. Danielsson a. O.)[1]).

4. Gemination von *s* vor *t*. Die Beispiele sind pússtíst C. A., kvaísstur *29 30 31 32 33* (aus Pompeji) und passtata *34* (ebendaher) aus gr. παστάς Acc. παστάδα (Huschke O. Sab. Sprdkm. 174)[2]). Zum Nom. kvaísstur lautet der Dat. kvaísturei (C. A.). Dies ist wohl mit Corssen K. Z. XI 334 aus der Betonung kvaístúrei zu erklären (vgl. § 257). Die Regel trifft auch zu einerseits bei pússtíst und pásstāta (über keenzstur s. u.), andererseits bei trístaaméntud[3]), trista[mént-? *140* (Capua), Vestirikiíúí (*-kioi*) C. A. Allerdings hat der C. A. púst*ín* (1 m.), estud (2 m.) gegenüber pússtíst, doch könnte man bei ersterem vielleicht an Proclise púst*ín* slágím denken (vgl. § 258), bei estud an eine wenigstens nicht volle Betontheit (Núvlanúm estud, Abellanúm estud); in eestínt T. A. könnte das *h* (vgl. eh[stít C. A.) nachgewirkt haben, in pústreí pústr(eí) *135*, Fistlúís *226* folgt auf *st* ein Consonant, ebenso in Piístíaí T. A. falls das tí als *tį* zu lesen ist (vgl. S. 169 über a]íttíúm), íst C. A., est *131 132*, fust *133 134* kann durch die Auslautsstellung (die ja oft mit der Stellung im Inlaut vor Cons. zusammengeht) oder durch Enclise erklärt werden, púst feíhúís C. A. auf mehrere Arten, es bliebe dann als wirklich regelwidriges Beispiel[4]) wohl nur pústiris der Inschrift *188* aus Samnium, die auch sonstige Abweichungen zeigt (*t* statt *tt* in d]uunated, *e* in esidu). Man kann zu kvaísstur pússtíst passtata lateinische Schreibungen wie *Fausstinus iussta Uessta disscente* etc. Seelmann 122, 124, 144 ff. vergleichen sowie die ziemlich häufigen griechischen wie ἄρισστα Νικόσστρατος ἔξεσστι γρά-

---

1) An *Entrái* wie l. *terrái* etc. bei Lucrez ist wohl keinesfalls zu denken.

2) Kaum aus gr. παραστάδ-, welches überdies nur im Plur. die Bedeutung „porticus" hat.

3) Auf der sehr correcten Inschrift *29* (worauf auch kvaísstur).

4) Ausser Betracht bleiben natürlich Inschriften, die keine Geminaten schreiben: nistrus etc. Blt., auch *comparascuster* etc. der T. B. (vgl. *esuf* etc. S. 52). Auf κϜ]αιστορ *14* wird ebenfalls nichts zu geben sein (vgl. auch Σεστες *19*).

ψασσθαι Φρυνίσσκος Μόσσχου Ἑσσπερίδες G. Meyer[2] 225ff., Brugmann Gr. Gr.[2] 60. Seelmann erklärt die lateinischen Fälle durch Silbentrennung *Ue-sta*, woraus *Ues-sta* etc. Dann würde sich fürs Oskische ein kvaí-stur, woraus kvaís-stur, aber, wo ein Consonant folgt, pús-treí Píís-tíaí etc., ergeben. In kerssnaís *133*, kerssnasias *131* (kersnaiias *135*) ist das *ss* vielleicht ursprünglich, anderenfalls vgl. gr. Λέσσβον κόσσμου, wo σσ wohl tönendes *z* (*zz*) bedeutet; vgl. S. 496f. Von ekss C. A. ist die Ableitung unsicher, vielleicht ist es aus **ekse-s* oder dgl. syncopirt, aber ebensogut kann das *ss* wohl = einfachem *s* sein, so dass ekss sich mit Schreibungen wie umbr. *fratrexs* marruc. *lixs* l. *lexs exstrad exsacto uixsit* etc. Seelmann 131, 352 vergliche (vgl. auch *uxxor* etc. Seelmann 131, gr. Ἀλεξξάνδρου etc. G. Meyer[2] 227). Aehnlicher Art ist vielleicht auch zs, d. h. *tss*, in o. kenzsur *204*, keenzstur *188*[1]).

5. Ausser den unter 1.—4. genannten besonderen Fällen ist das einzige sichere Beispiel von unetymologischer Gemination im Oskischen *pp* in dem Lehnwort Appelluneís *31* Αππελλουνηι *1* (kann an *appello*, falls dieses im Oskischen vorhanden war, angelehnt sein, vgl. l. *Appulia* statt *Apulia* O. Keller Lat. Volksetym. 27f.)[2]). prúffed *117 185* kaum aus **prōfed* (Danielsson A. S. IV 137, 142) oder **prŏfed* (Bartholomae B. B. XII 92), s. S. 190 und § 321. Ueber die Perfecta auf -affed s. § 316, über diejenigen auf -atted § 317; über púkkapíd s. S. 396 und die Syntax. Unklar ist Tantrnnaiúm *133 134*, wahrscheinlich steht es für **Tantrĕnnaiom* und gehört zu einem **Tantrenna* (wie l. *Caecinna Sabinna Porsenna* etc.) oder **Tantrennius* (wie l. *Nasennius Caesennius* etc.); es gilt auch hier das oben S. 540 über die Geminaten in Personennamen gesagte.

244. Uebrige Dialekte. Bei diesen ist schwer urtheilen, weil sie die Consonantendoppelung in der Schrift nur

---

1) Man könnte keenzstur auch mit kvaísstur vergleichen (Brugmann I 28), aber das zs wird doch wohl das gleiche wie in kenzsur sein.

2) Im Lat. kommen mehrfach Geminatae für griechische Tenues aspiratae vor wie *struppus* = στρόφος etc. (s. Havet Mém. soc. VI 115, 236, 243).

vereinzelt oder (z. B. das Altumbr.) gar nicht anwenden. Die Gemination vor *i̯* war vermuthlich keineswegs auf das Oskische beschränkt, doch fehlen in den übrigen Dialekten sichere Anzeichen; von päl. *Anniaes 264* (*Aniaes 265*, *Ania* 260) ist unklar, ob es ächtes oder secundäres *nn* enthält (vgl. l. *Anna Annaeus* etc. und das oben S. 540 zu den Personennamen Bemerkte); im Umbr. scheint sich *sēmenio-* (in semenies etc.) zu **Sēmōn-* zu verhalten wie o. teremenniú zu **termōn-* (vgl. § 266), doch ist aus der Unsyncopirtheit des *e* (gegenüber *termno- pelmner* etc.) noch kaum auf *nn* zu schliessen (vgl. S. 224); über uv in aruvia *III* 31 vgl. S. 184. Ueber umbr. *-tr-* neben *-dr-* s. § 247. Ob in umbr. *ennom* eine rein spontane Gemination von einfachem *n* angenommen werden darf, ist mir sehr fraglich (s. die Syntax unter Partikeln); *auuei VIa* 3, d. h. wohl *au̯-u̯ei*, ist ein besonderer, kaum mit *ennom* vergleichbarer Fall, s. das von Seelmann 235f. über l. *aiio eiius* etc. Bemerkte und oben S. 198.

Vereinfachung von Doppelconsonanten.

245. Neben der Verdoppelung einfacher Consonanten kommt im Oskischen auch das Umgekehrte vor. Ein Fall für sich ist die Vereinfachung von *ss* nach langen Vocalen, Diphthongen oder anderen Consonanten (wie im Lateinischen); über diese s. oben S. 474f. Anderer Art ist die Vereinfachung von Doppelconsonanten vor dem Tone (vgl. vulgärlat. *depanare* neben *pannus* W. Meyer Rom. Gramm. I 454, italiän. *vanello canocchia puledro presacchio* ebd. 460, lat. *mamilla* neben *mamma*, *ofella* neben *offa* etc. W. Meyer Ztschr. f. rom. Phil. VIII 214, Schweizer-Sidler² 57)[1]). So cehiianasúm (veh-?) *135*, aamanaffed (St. **mannā-* = l. *mandā-*) *30 32 35 36* (*31*) gegenüber úpsannam etc. *29 37 41 192 193*, sakrannas *133* (*134*?); dadíkatted C. A. für *dad-díkatted; medikkiaí etc. neben meddíss etc. (doch s. u.); prúfatted etc. neben prúffed (?); s. § 257. Bewahrte Doppelcon-

1) Mit den inschriftlichen Schreibungen bei Seelmann 123 Columne links ist nicht viel anzufangen.

sonanz vor der vermuthlichen Tonsilbe findet sich in Abellänú- C. A. (6 m.), Tantrnnaiúm *133 134*, sverrünei C. A., Kerríiú- T. A. (12 m.), Vírriis *129*, dekkvíarim *28*, Mamerttiar(íss) *131* (falls so zu lesen ist), Appelluneís *41* Αππελλουνηι *1* (*ū* oder *ŭ*? vgl. S. 243 Anm.), Meliíssaii 64, kerss*n*asias *131*. Die Gründe können verschiedene sein. In Fällen wie Abellanú- Kerríiú- liegt es nahe, Einfluss des Grundwortes (*Abella- Kerrí) anzunehmen; neben Vírríiis steht Vírriis (auf derselben Inschrift), neben Tantrnnaiúm wird *Tantr(e)nnis oder *Tantr(e)nna bestanden haben (vgl. S. 544), statt des, überdies unsicheren, Mamerttiar(íss) hat die gleichlautende Inschrift *132* Mamerttiais (vgl. *133 151 152*), zu kerss*n*asias vgl. kerssnaís *133* kersn*aíí*as *135*, über dekkvíarím s. S. 541 f. Anm.; Appelluneís Αππελλουνηι und wahrscheinlich Meliíssaii sind griechischen Ursprungs. Ueberdies ist nicht gesagt, dass alle Consonanten vor dem Tone vereinfacht worden sein müssen[1]. Auffällig ist das Verhalten von *meddik-* (*med-dik-* wie l. *iu-dic-*); es findet sich *dd* im Nom. Sg. meddíss *117 185*, meddís *125 133 192*, medd(ís) *134*[2]), *meddis* T. B. (4 m.) und im Nom. Pl. meddíss *124*, μεδδειξ *1*, ferner in *meddixud* aus **meddikįud* T. B. (2 m.), meddikiaí *131* meddikkiai *132*, dagegen *d* in medíkeís *28*, medíkeí C. A., *medicim* T. B. (3 m.), *medicatud*, *medicatinom* ebd. (je 1 m.), medikia *136*, medikiaí *137*, medikk. (d. h. meddikkiaí?), medik., *m*edik . . *135*. Regelrecht erscheint nach dem Vorausgehenden *dd* im Nom. Sg. und Pl. meddíss meddís *meddis* μεδδειξ[3]) und *d* in *medicatud medicatinom* medikia medikkiaí medikk., regelwidrig dagegen *dd* in meddikiaí meddikkiai *meddixud* und *d* in medikeís medikeí *medicim*. In meddikiaí meddikkiaí *meddixud* könnte *dd* leicht vom Grundwort meddík- *meddic-* her übertragen sein (ev. bloss orthographisch), aber nicht ebenso leicht erklärlich wäre die um-

1) Für *s* aus *ss* kommt vielleicht Vesulliaís in Betracht, s. S. 528.

2) Vgl. auch metd(is) *190*, worüber § 248.

3) Zusammen 12 mal, dazu *meddiss* 277, meddis *279*, falls diese Inschriften ächt sind; päl. vo. *medix*, mars. *medis* sind nicht zu gebrauchen, vgl. S. 53 f.

gekehrte Uebertragung von *d* aus den Ableitungen ins Grundwort in medíkeís medíkeí *medicim*. Lassen wir *medicim* durch die überhaupt unregelmässige Orthographie der T. B. entschuldigt sein, so bleibt doch medíkeí des correcten C. A. und medíkeís der ebenfalls sonst correcten Inschrift *28*. Sollte etwa auch die Silbendissimilation hereinspielen, so dass z. B. medíkeís auf **med[ĕd]īkeis*, der Nom. meddíss dagegen auf syncopirtes **med(ĕ)diks* zurückginge? (über **mede-* vgl. S. 217, 277 Anm.)[1]).

Vereinfachung von Doppelconsonanz im Auslaut zeigen pún *133 134* und C. A. (*pon* T. B.) aus **ponne* = **ponde* (vgl. S. 417) und meddís *125 133 192* für und neben meddíss *117 185* aus **meddiks*, dagegen findet sich für -ss aus *-ns* und *-fs* im Acc. Pl. und Dat.-Abl. Pl. in nationaler Schrift nie einfaches -s geschrieben (feihúss leigúss -úvfríkúnúss víass ekass, teremníss Anafríss sakriss) ausser in dem zweifelhaften eíkviarís *134* und natürlich auf der Blt.

Erweichung von Tenues.

246. Oskisch-Sabellisch. Nur wenige sichere Beispiele. Zwischen *m* und *r* ist *p* erweicht in o. embratur auf den Münzen *237 a b d* (aus dem Socialkriege), ímbrtr *49* d. h. ímbr(a)t(u)r [vgl. prúfts *137* für prúfattens] = l. *imperator*, woneben mit *p* päl. *empratois* = l. *imperatis* und o. *amprufid* T. B. = l. *improbe*[2]); auf *246* (pälign.) ergänzt Pauli A. S. V 61 f. *brais* zu *com]brais* = l. **comperis*, doch s. Bd. II Anh. In einigen Fällen scheint die Erweichung durch

---

1) Vgl. über *meddik-* : *medik-* Corssen K. Z. XI 333 f. und Bücheler Comm. Momms. 229 f. Corssens Ansetzung von **meddīk-* (trotz l. *iudĭc-*!) ist ganz unwahrscheinlich, vgl. oben S. 65. Gegen die Ansetzung von *mēd(d)ik-* s. oben S. 92. Bei *medicim* geht Bücheler von **mediciom* aus, doch s. § 275 f.

2) *empratois* nach unsyncopirten Formen (z. B. Praes. **emparat*), *amprufid* nach dem Simplex *prof-*? kúlmparakineís *32* *comparascuster* T. B. schon desshalb nicht aus **komprak-* **komprask-*, weil die Anaptyxe nach langer Silbe nicht eintrat (s. S. 260 ff., 265, 322).

folgende sonantische Liquidae bewirkt zu sein. Das sicherste Beispiel ist o. Aderl(a-) „Atella" aus **Atrla-* **Atrola-* (wie l. *sacellum* aus **sacrolom*, *agellus* aus **agrolos* etc., s. oben S. 226, 323). Aehnlich o. Abellanúís etc. (l. *Abella*), falls aus **Aprla-* **Aprola-* („Eberstadt", Corssen K. Z. II 17, Vaniček[2] 15, O. Weise B. B. V 77), nicht aus **Abnla-* **Agunola-* (zu l. *agnus*), vgl. oben S. 300, 336. Erweichung vor *l* wäre wohl anzunehmen in päl. *Obelies 261 Obel. 263*, falls der Name zu o. Úppiis Úpíl. l. *Oppius Opicius Opidius* etc. [wohl zu l. *op-s*, vgl. S. 335, 424] gehört, also *Obelies* = **Obellies* l. *Obellius* aus **Obllo-* **Opllo-* = **Oplolo-*, doch ist die Herkunft des Namens unsicher, er könnte auch zu l. *Ofius Ofilius Ofillius Ofellius Ofdius Ofinius Obilius Obidius Obinius* etc. gehören mit latinisirtem *b* statt *f* (vgl. z. B. osk. Niumeriis *184*, ächt osk. Niums-). Aus dem Umbr. ist zur Erweichung vor (durch Samprasarana entstandenen) Sonanten zu vergleichen *Padella-* = **Patnla* (S. 226 f., 401 f.), aus dem Lat. *scabellum* aus **scabnlom* = **scapn(o)lom*, Demin. zu *scamnum* aus **scapnom* (vgl. *scapus*)[1]), vielleicht auch *Ogulnius* aus **Okl(o)-no-* (zu *oculus* aus **oklo-s*)[2]). Aehnlich kann das *b* in *Cubulteria* neben Kupelternúm der oskischen Münzen aus einer Gdf. *Kupl(o)ter-* erklärt werden[3]). In o. Sadiriis *40* päl. *Sadries 251* „Satrius" fällt das *d* auf, weil sonst *-tr-* im Osk.-Sabell. nicht erweicht ist[4]), es liegt also

1) Lat. *Atella* mit *t* statt *d* nach *ater*.

2) *-ul-* aus secundärem *l* in *Ogulnius* wie in *facultas* aus **facl(i)tas* etc.

3) Also hier im Oskischen die Tenuis statt der Media wie umgekehrt in l. *Atella* : osk. *Aderl(a-)*. Die lat. Form *Combulteria Compulteria* ist offenbar volksetymologisch umgestaltet aus **Cupulteria* (vgl. O. Keller Lat. Volkset. 14).

4) Osk. in maatreís *180*, fratrúm *131 132*, Fuutreí Futreí T. A., Futre.. *180*, mit Anaptyxe in patereí T. A., púterei-píd etc. T. A. und C. A. (nicht ganz sicher, s. S. 261 f.), nach *n* in Entraí T. A., Frentreí *233*, huntru- Blt., púnttram *28*, Tantrnnaiúm *133 134*, *contrud* T. B., nach *l* in alttreí etc. T. A. und C. A. *altrei* T. B., pälign. in *pritom-e 254*, *P(e)truna 271*, marruc. in *patres 274*. Auf das allerdings nicht recht klare Nebeneinander von *dr* und *tr* im Umbrischen (*adro* : *fratrom* etc., s. S. 551 f.) wird man sich bei der Erklärung von *d* in Sadiriis *Sadries* kaum berufen dürfen. Vgl. auch *-pr-* in osk. supru- Blt. gegenüber umbr. subra etc. (S. 551).

nahe, auch hier Einfluss von folgendem *r̥* (Vorstufe der Anaptyxe) anzunehmen, vgl. oben S. 252, 261 f.[1]). Auch vor ursprünglichen Sonanten kommt im Lateinischen die Erweichung vor; in dem sichersten Beispiele, *septingenti nongenti* aus **septm̥-kn̥t- *neu̯n̥-kn̥t-* Thurneysen K. Z. XXVI 312 f. ging allerdings zugleich ein Sonant voraus, doch scheint auch *-tūdō -tūdinis*, eigentlich **-tūtō -tūdinis*, auf **-tūtō *-tūtn̥nes* zurückzugehen, ähnlich vielleicht *-gō -ginis* auf **-kō *-kn̥-nes* (vgl. Thurneysen a. O. 305 ff.)[2]). Aus dem Oskischen kommt tedur C. A.$_{56}$ in Betracht, falls es zu ai. *tátra* „dort" gehört (Aufrecht-Kirchhoff I 22, Corssen K. Z. XIII 246 f., Bruppacher 79, Enderis 51, vgl. Mommsen U. D. 299). Leider bemerken weder Mommsen noch Zvetaieff, ob nach der Beschaffenheit des Steines hinter dem r ein Buchstabe verwischt sein kann. Dem Raume nach würde ein tedur[u nicht weiter hinausreichen als z. B. alttr[ús drei Zeilen vorher[3]). tedur[u wäre = **tetro* oder (Instr.) **tetrō* und wäre ein zweites Beispiel für die Erweichung bei Anaptyxe wie in Sadiriis (oben S. 261 f.). Ist dagegen die Lesung tedur die richtige, so läge die Annahme nahe, dass -dur = idg. *-tr̥* sei (vgl. ai. *sani-túr* gr. ἀ-τάρ Brugmann II 177 Anm., gr. vielleicht auch in ἴκ-ταρ, l. in *simitur*, doch vgl. über letztere § 265). Uebrigens ist es nicht unmöglich, dass das *d* ursprünglich war, vgl. das von Fick I[4] 57 herangezogene ai. *tadry-añc*. Auch muss bemerkt werden, dass die Deutung als „illic, istic" überhaupt nicht ganz zweifellos ist[4]). Ein Wort, das vielleicht

---

1) Dass in *sakoro-* trotz der Anaptyxe die Erweichung nicht eintrat, ist kein Gegenbeweis gegen diese Erklärung des *d* in Sadiriis, da *kr* anders behandelt sein kann als *tr* (auch im Umbr. scheint *-kr-* im Gegensatz zu *-tr-* nicht erweicht worden zu sein, s. u.). Ueber *t* in paterei pútúrú- s. S. 262.

2) Bei *-gō -ginis* unsicherer weil *-ginis* vielleicht auch aus **-knes* erklärt werden kann; wollte man auch *-tūdinis* aus **-tūtnes* erklären, so müsste man es schon als Neubildung statt **-tunnis* oder **-tundis* (vgl. oben S. 394 ff.) auffassen. Auch *ordō ordinis* könnte man vielleicht aus **ortō *ortn̥nes* = **r̥tō *r̥tn̥nes* (zu ai. *r̥tá-m* „Ordnung"; vgl. umbr. urtas??) herleiten, doch bleibt zu beachten, dass das anlautende *o* lang war.

3) Vgl. Huschke O. Sab. Sprdkm. 47, der tedúr[ú liest (seine Deutung = l. *tetra* ist allerdings verfehlt); tedúr hat Lepsius.

4) Gegen dieselbe spricht sich Bücheler Comm. Momms. 240 f.

für Erweichung nach indogermanischer langer Sonans in Betracht kommt, ist o. s l a a g í-, dessen Zugehörigkeit zu l. *stlocus locus* schwerlich zu bezweifeln ist (vgl. oben S. 320 f., 389), doch ist diese Erklärung des *g* sehr unsicher (vgl. § 262). Auf keinen Fall ist s l a a g í- durch speciell oskische Erweichung aus *s l a a k i- erklärlich. In d e g e t a s i s d e g e t a s i ú s neben d e k e t a s i ú í lässt sich kaum das g aus k erklären [1]), vielmehr scheint g der ältere Laut zu sein (s. § 248). Ueber καπιδιτωμ *16* s. Bd. II Anh.

Erweichung von *kn* zu *gn* scheint in marruc. *asignas* vorzuliegen, s. § 184, ebd. über o. a k e n e í etc. Dass o. A n a g t i a i *187* auf ein aus **Anketia-* (vgl. päl. *Anceta*, umbr. A ç e t u s (?), lat. *Ancitibus Ancitius*) lautgesetzlich erweichtes **Angetia-* zurückgehen sollte, ist unwahrscheinlich, da die umbrische Erweichung nach Nasalen (*iuenga ander* etc.) dem Oskischen sonst fremd ist (die Beispiele s. oben S. 311 f.) [2]); das *gt* erinnert an *dc* in umbr. *todcor* (s. S. 554 f.); oder hängt das *g* mit der Anaptyxe zusammen? oder hat die lateinische Form *Angitia* (*Anguitia*) eingewirkt, deren *g* durch Anlehnung an *ango anguis* entstanden zu sein scheint, ev.: hatte *ango* auch im Oskischen *-ng-* (nicht *-nh-*), so dass im Osk. selbst die Anlehnung stattfinden konnte? oder endlich: ist das *g* ursprünglich, also *c* in päl. *Anceta* l. *Ancitibus Ancitius* als *g* zu lesen (vgl. Pauli A. S. V 37 f.) und umbr. A ç e t u s n i c h t = *Ancitibus*? [3]). Die umbrische und lateinische Erweichung

---

aus, und allerdings ist e í s a í bei der gewöhnlichen Deutung von t e d u r recht überflüssig (doch vgl. die umständliche Redeweise p e r t v i a m p ú s s t í s t etc. Zeile 28 ff.). Die Vermuthungen von Bücheler scheinen mir beide ganz unannehmbar (vgl. auch Deecke Burs. Jahresber. XIX 24).

1) Man müsste wohl annehmen, dass das *g* wie das *d* in umbr. *todco-* (s. S. 554 f.) einen schwächer als gewöhnlich ausgesprochenen tonlosen Verschlusslaut, eine „Lenis", bezeichne, und diese Schwächung daraus erklären, dass der Ton auf die z w e i t n ä c h s t e Silbe fiel (doch vgl. A k u d u n n i a d L ú v k a n a t e í s K u p e l t e r n u m etc.).

2) Auf *Lambonius* = *Lamponius* U. D. 223, 272 und *Bandius* = *Bantius* ebd. 223, 274 ist nichts zu geben.

3) Ein *gt* scheint auch vorzuliegen auf der gemalten pompejanischen Wandinschrift *64* (Zvet. Taf. XVII 5), wo man zweifelnd . . i g i p a a r i g t í s liest; vielleicht wäre auch . . i g i p a a r n g t í s möglich (r n in Ligatur, vgl. a r in . . a r ú t. *57*, Zvet. Taf. XVII 4), selbst

von *nkl* zu *ngl* (s. S. 554) war auch oskisch (also wohl gemeinitalisch), wenn der Glosse '*ungulus*' (Oscorum lingua anulus, Fest.) zu trauen ist (vgl. S. 284).

Schwerlich haltbar ist die Erklärung von o. päl. *bratom* aus **parătom*, da sowohl die anzunehmende Syncope (vgl. S. 213 mit Anm.), als die Erweichung Bedenken erregt[1]).

247. Umbrisch[2]). Hier trat im Inlaut in weitem Umfange Erweichung ein vor, nach und zwischen Liquiden und Nasalen. Anlautende Consonantengruppen sind von der Erweichung ausgenommen (*cringatro, traf trebeit Treblano trif trifo tremitu* etc., *aha-tripursatu, praco pre pre- pro proprinuatur* etc.).

a) Von den Lautgruppen *-kr- -tr- -pr-* blieb die erste in allen überlieferten Beispielen erhalten: *sacra* (3 m.) *sacris* (2 m.) *sacre* (*296*, 1 m.), *ocrer ocre ocri-per* etc. (60 m.), *pacrer* (1 m.), *peracri peracrio* etc. (12 m.). *-pr-* wurde erweicht: subra (1 m.) *subra* (6 m.), kabru (1 m.) *cabriner* (2 m.), abrunu *abrof abrons* (je 1 m.), *Cubrar* (*295*, 1 m.)[3]); über p in au. supru kapru(m) kapres apruf s. § 248. *-tr-* ist, von *mandraclo persondro- hondra* abgesehen, wo die Erweichung auch aus dem vorhergehenden Nasal allein erklärt werden kann (s. u.), nur erweicht in *adro adrer adrir* (zusammen 5 m.) und in *podruhpei* (1 m), sonst ist es bewahrt: *fratrom* (1 m.) *fratrus* (3 m.), *fratrexs fratreci fratreca fratrecate* (je 1 m.), *matrer* (*295*, 1 m., neben *Cubrar*), *cringatro*

. . igipaangtis (mit corrigirtem und missrathenem n) scheint nicht ganz ausgeschlossen, besonders da die Genauigkeit der Lepsius'schen Copie nicht verbürgt ist (vgl. Zvetaieff J. J. J. D. p. 60). Ist die letztgenannte Lesung richtig, so könnte ein Angtis Dat. Pl. = l. *Ancitibus* (umbr. Açetus?) oder Nom. Sg. = l. *Ancitius* vorliegen.

1) Anlautendes *pr- tr-* bleibt nicht nur im Osk.-Sabell., sondern auch im Umbr., welches im Inlaut vielfach Erweichung eintreten liess, stets erhalten (s. die Glossare). Allenfalls könnte man annehmen, aus **parătom* sei durch die Syncope zunächst **p̥rătom* entstanden (Erweichung vor *r̥*, vgl. oben).

2) Es ist daran zu erinnern, dass die altumbr. Tafeln, da sie *d g* von *k t* nicht unterscheiden und auch *b* nur ganz unregelmässig setzen, für die Dentale und Gutturale gar nicht, bei den Labialen nur theilweise in Betracht kommen.

3) Möglicherweise ist auch in tribřiçu *tribrisine* (je 1 m.) das *b* aus *p* erweicht, s. § 269, 286.

(1 m.), *ebetraf-e* (1 m.), *etru* (5 m.), *pretra* (1 m.), *nertru nertru-co* (zus. 3 m.)[1]. Der Grund dieser Verschiedenheit ist schwer zu bestimmen. Am nächsten liegt es, *dr* als die lautgesetzliche Vertretung von altem *tr* zu betrachten, das erhaltene *tr* dagegen durch Syncope ev. analogische Restituirung zu erklären. Stimmen würde hiezu *adro- prodruhpei* : l. *atro-utroque*, und bei den Comparativen *etro- nertro- pretra* liesse sich sehr gut späte Syncope annehmen (vgl. l. *iterum* etc. und oben S. 219 ff.), aber ob in dem Paradigma der Verwandtschaftsnamen urumbrisch noch Formen mit *-tĕr-* vorkamen, ist sehr unsicher (vgl. S. 324 und § 265), und Restituirung des *t* nach dem Nom. Sg. und Plur. (*frater frateer*, etc.) ist wohl möglich, aber gleichfalls ein unsicherer Ausweg, besonders aber bliebe *cringatro* (Instrumentalsuffix *-tro-*) schwierig, wenn auch die Möglichkeit, dass der Nom. Sg. **cringater* lautete wegen krematruf gegeben ist. Die umgekehrte Annahme, dass altes *-tr-* erhalten, syncopirtes zu *-dr-* erweicht sei[2], stösst bei *adro-* auf den Widerspruch des lat. *atro-* (doch vgl. l. *aspro-* neben *aspero-*, *dextra dextera* etc.; über umbr. *atero* s. S. 220 f. mit Anm., 426). Der Vermuthung, dass die Quantität der vorausgehenden Silbe entscheidend gewesen sei[3], widerspricht wieder *adro-* wegen l. *ātro-* (doch vgl. *ătrox*?). Mit *-ttr-* in osk. alttrú- púnttram hat das umbr. *-tr-* neben *-dr-* schwerlich Zusammenhang.

b) Vor *l* trat die Erweichung nicht ein: *ecla ficla pihaclu mandraclo ooserclom-e auieclir, dupla poplo- scapla* (*an*)*stipla-* (*pre-plotatu*). Ueber *kn* s. S. 379 ff.

c) Nach *n* trat durchweg Erweichung ein. *-nk-* : *iuenga iuengar* l. *iuuenca* (über *cringatro* s. S. 468; über *-nkl-* s. u.). *-nt-* : *ander ander-* (4 m.) = o. anter, *tursiandu* l. *terrean-*

---

1) *destro- destra- uestra postro postra* kommen nicht in Betracht, weil *s* vorausgeht; nur im Au. überliefert sind patre Iuvepatre ařputrati vatra apehtre (mestru); auf *290* ahatrunie.

2) Es wäre wohl anzunehmen, dass *-tĕr-* zunächst zu *-tr̥r-* geworden und in diesem *t* durch das folgende *r̥* erweicht sei (vgl. oben S. 547 ff.).

3) Folge der Silbentrennung? (vgl. S. 260 mit Anm.; die Erweichung in o. Sadiriis S. 261 f. liesse sich aber kaum direkt vergleichen).

tur, ostensendi vgl. l. *ostenderentur, hondra* (2 m.) aus **hontra* vgl. o. huntruis, *hondomu* (2 m.) aus **hontomu, Honde* aus **Honte* (s. § 261, 9), *fondlir-e* wohl l. *in *fontulis, mandraclo* aus **man-traklom, persondro- pesondro-* (8 m.) aus **persontro-* (s. § 261, 4)[1]), *andendu* (1 m.) *endendu* (3 m.) aus **antentu *ententu* l. *intendito*[2]), *ahauendu preuendu* aus *-uentu*[3]), *hondu* (2 m.) aus **hontu*[4]); über *randem-e* s. S. 416f. Als *-nd-* sind wahrscheinlich auch die -nt- der altumbr. Tafeln zu verstehen, also z. B. antentu, emantur, panta, spanti-, sestentasiaru als *andendu, *emandur* (vgl. *tursiandu*), **panda, *spandi-, *sestendasiaru*. Die Möglichkeit, dass die Erweichung zur Zeit der Abfassung der älteren Tafeln noch nicht eingetreten war, ist freilich nicht zu leugnen[5]). Dass in dem südumbrischen Dialekt von Ameria zur Abfassungszeit der jedenfalls sehr alten Inschrift *290* *t* in *nt* noch nicht zu *d* erweicht war, scheint aus dessen Darstellung durch Ꮑ hervorzugehen (in herinties herintie Hurtentius), falls S. 48, 404f. mit Recht angenommen ist, dass auf dieser Inschrift das Zeichen ꟼ noch den Werth von *d* (nicht ř) hat.

---

1) In *hondra mandraclo pe(r)sondro-* braucht keine Mitwirkung des folgenden *r* angenommen zu werden, wenn sie auch immerhin möglich ist (vgl. oben S. 551). Auffällig ist das einmalige, gänzlich vereinzelte *persontru VIb* 28 (verschiedene Erklärungen denkbar).

2) Zu beachten ist, dass in *andendu endendu* das Lautgesetz trotz der Composition durchdrang (nur einmal, in *entelust VIb* 50, hat das *t* sich durch Einfluss des Simplex und der Composita wie *ostendu *sutendu *pertendu* zu halten vermocht, ev. es ist restituirt worden). Von dem Ausgang *-ndu* ist unsicher, ob er auf *-ndetōd* über **-ndtōd *-nttōd* (also sogar *-ntt-* erweicht) oder über **-nnetōd* zurückgehe, vgl. S. 417.

3) Man hat *-uendu* zu nhd. *wenden* gestellt und jedenfalls ist die Bedeutung „wende ab“ „wende zu“ sehr wahrscheinlich. Unklar bleibt, wie die Wurzel anzusetzen ist: nhd. *winden wenden* (got. *vindan vandjan*) können eine W. *u̯endh-* oder *u̯ent-* enthalten und zu beiden Formen könnte allenfalls eine Nbf. *u̯end-* angenommen werden; über die Möglichkeit, dass umbr. *-uendu* auf **u̯endhetōd* zurückginge vgl. S. 468; war die Gdf. **u̯entetōd*, so beweist *-uendu*, dass auch *-ntt-* erweicht wurde (vgl. die vorige Anm.). Vgl. auch S. 288.

4) Ueber die Gdf. von *hondu* vgl. S. 437, 444.

5) Es würde dann eine Ausnahme von dem S. 28 aufgestellten Satze vorliegen.

Was die Chronologie der Erweichung im Iguvinischen betrifft, so steht wenigstens so viel fest, dass die Erweichung jünger war als der Wandel von *k* zu *ç* vor *e i*: ançif, purtinçus *purdinsiust combifiansiust*, çihçeřa falls aus **kink-*, *preuislatu* falls = l. **praeuinculalo*, Açetus falls = l. *Ancitibus*. Dass auch *mp* zu *mb* erweicht wurde, also z. B. pumpeřianu. **pombersia-* wäre, ist wahrscheinlich, aber es fehlen Belege. *m* scheint auch folgendes *f* zu *ƀ b* erweicht zu haben, s. oben S. 465 ff. Sehr fraglich ist, ob auch *nþ* in ähnlicher Weise zu *nd* erweicht wurde, s. S. 468.

Ein älteres Lautgesetz als die speciell umbrische Erweichung von *-nt- -nk-* war vielleicht die Erweichung von *-nkl-* zu *-ngl-*, da sie nicht nur im Umbr. vorliegt: *anglom-e anglu-to* zu l. *ancus uncus* gr. ἄγκος ὄγκος ai. *aṅká-*, *anglaf angla* nach Brugmann aus **an-klā* zu l. *clā-mō*[1]), sondern auch im Lateinischen: *angulus* = umbr. *anglo-*, *singuli* aus **senklo- *semklo-*, und im Oskischen, wenn die Glosse '*ungulus*' (s. oben S. 551) genau ist; vgl. Brugmann I 368.

d) Nach *r l* blieben die Tenues erhalten: *porca perca ooserclom-e, porta- pertom-e couortuso Mart- tertim fertu nertru, holtu comoltu amboltu ehueltu* (mit *t* aus *lt motar comatir*), *Nurpier peturpursus*.

Zwischen Vocalen blieben die Tenues im Umbrischen wie im Oskisch-Sabellischen und Lateinischen bewahrt. *Iabuscom Iabusce Iabuscer* (*VIb* 54, 58f., *VIIa* 12) neben *Iapuscom Iapuscer* (*VIIa* 47f.) kommt als fremder Name nicht in Betracht (vgl. l. *burrus* aus gr. πυρρός, *gubernare* aus κυβερνᾶν etc.). In *Padellar* ist ein *n̥* im Spiele (s. § 197, ebd. über *Coredier tuder tesedi*). *todco-* (3 m., 1 m. *totco-*) auf ein aus **toteco-* erweichtes **todeco-* zurückzuführen hat man kein Recht (*tota-* selbst z. B. ist über 100 m. belegt, nie mit *d*); das *d* wird hier nicht eine tönende Media, sondern eine tonlose „Lenis" bezeichnen, d. h. ein wegen des folgenden *k* schwächer als sonst ausgesprochenes *t* (s. über den Unterschied

---

1) Neben 6 maligem *angla-* ist 2 mal (*VIa* 16 18) *ancla-* geschrieben. Hier steht *c* bloss graphisch (wie in päl. *cnatois* etc., vgl. § 248) oder durch Vergessen des Differenzirungsstriches für *g*, vgl. nicht viel später (*VIa* 27 37) 2 maliges *Crabouie* statt *Grabouie*.

von Fortis und Lenis Sievers Phon.² 56 f.). Aehnlich möglicherweise gt in o. Anagtiai vgl. oben S. 550.

So wenig als zwischen Vocalen wirkliche Mediae für Tenues eintreten (und umgekehrt, s. § 248), ist mir glaublich, dass die aus *k g* vor *e i* entstandenen Spiranten *ç* und *i*[1]) mit einander verwechselt worden seien, wie Conway Am. Journ. of philol. XI 306 f. annimmt. C. führt usaie = usaçe und purtiius = purtinçus an, aber usaie ist doch am ehesten Schreibfehler (s. 369 ff., 371 Anm.)[2]) und purtiius ist kaum identisch mit purtinçus (s. § 314, 319). Ueber *deitu feitu aitu -ueitu* s. oben S. 356 ff., über feia und *peiu peia* S. 369 ff.

Verhärtung von Mediae.

248. Verhärtung von Mediae trat naturgemäss da ein, wo solche durch die osk.-umbrische Syncope vor tonlose Laute zu stehen kamen: osk. *actud* aus **agetōd* (im Umbr. mit Uebergang von *kt* in *it aitu*, s. S. 356), fruktatiuf aus **frūgᵘ̯etāt-*, umbr. fiktu aus **figᵘ̯etōd*, *ninctu* aus **ningᵘ̯etōd*, *ficla* aus **figᵘ̯ekla*, *ditu*, d. h. **dittu*, aus **didetōd* oder **didatōd* (über *dirstu* s. S. 400 Anm.). Osk. adpúd *135* ist etymologische Schreibung oder wirkliche Neubildung für *atpúd wie l. *adpono* für **atp-*, *abs plebs urbs* für *-ps* etc.; unklar

1) Ueber den Lautwerth des *i* s. S. 372 mit Anm.

2) Anderenfalls ist die Möglichkeit zu beachten, dass usaçe für *usançe stände (vgl. Saçe etc.; usaçe dann etwa Compositum mit *sank-*? vgl. Bd. II Anh.); dann könnte usaie = **-sanie* = **-sange* sein, welches letztere Neubildung statt *-sançe wäre nach den Casus, in welchen *-nk-* vor *o u a* stand, also *-ng-* erweicht wurde (**sanko-* z. B. musste lautgesetzlich Gen. Sg. **sanç̣es* Acc. **sangom* Abl. **sangu* etc. bilden). Durch Annahme einer derartigen Neubildung könnte man vielleicht auch bei *preuilatu VIb* 60 neben *preuišlatu VIIb* 49 ohne Correctur durchkommen: **u̯inkelo-* (l. *uinculum*) in einem Theil der Formen zu **u̯inklo-* **u̯inglo-*, nach **uinglo-* dann **uingelo-* statt und neben **uinkelo-* **uinçelo-* **ui(n)çlo-*, aus **uingelo-* weiterhin **uinjelo-* **ui(n)i̯lo-*, geschrieben **uilo-* (mit graphischer Ersparung des doppelten *i*).

ist osk. sebsík *46* (Bezeichnung eines Hohlmaasses)[1]), über Anagtiai *187* (. . igipaarigtís? *64*) s. S. 550 f. mit Anm.

Nach Brugmann fand im Osk.-Umbr. Verhärtung von *g* zu *k* vor *n* statt (osk. akeneí akun. -úvfríkúnúss mit Anaptyxe, umbr. *acnu peracni- seuacni-*), doch liessen wir die Frage oben S. 379 ff. unentschieden.

Es ist mehrfach angenommen worden, dass auch im Inlaut zwischen Vocalen die Media in einigen Fällen zur Tenuis verhärtet worden sei (s. z. B. Bruppacher 58 f., 81 f., Bücheler Rh. M. 33, 28 und 39, 559, Umbr. 30, 127). Als rein lautlicher Vorgang ist mir solche Verhärtung wenig wahrscheinlich, es sind wohl alle Beispiele anders aufzufassen (vgl. Bugge A. S. 31, Pauli A. S. II 114, Brugmann Ber. d. sächs. Ges. 1890, 237 f.). Das schwierigste Beispiel ist osk. fifikus Blt. (1 m.), da die Deutung als „fixeris, defixeris, decreueris" (Bücheler Rh. M. 33, 27 f., Deecke App. 181 f., Pauli a. O., Stolz Verbalflex. 71 Anm., Osthoff Perf. 274, Brugmann a. O. 238) doch jedenfalls wahrscheinlich ist und bloss des Oskischen wegen schwerlich neben **dheig-* in l. *fīgō* ndd. *dīk* lit. *dĕgti dygùs* (gr. θιγγάνω?) Fick I[4] 462 eine idg. Wurzelform **dheiq-* (vgl. *pāk̂- pāĝ-*, *spek̂- speĝ-* etc. Brugmann I 348) angesetzt werden darf[2]). Das *k* scheint aus der Stellung vor tonlosen Lauten (Imper. **fiktod* aus **figᵘ̯etod* etc. [vgl. oben S. 343 f.] und, mit ursprünglichem *kt ks* [woraus allerdings später *ht ss* entstand], Ptc. **fikto-* oder **fikso-*, sigmatische Formen wie l. *fixi* etc.) übertragen zu sein (vgl. Brugmann a. O.)[3]).

---

1) Das s kann ein tönendes *z* sein (*-bz-* dann aus *-bez-* oder dgl. syncopirt?). Zu beachten ist die Möglichkeit, dass das Wort wie das vorhergehende kúíníks Fremdwort wäre.

2) Aus mehreren Gründen unwahrscheinlich ist mir die von Pauli a. O. gegebene Erklärung von *fīgō* fifikus aus einer W. *sphenk-*.

3) Eine vergleichbare Neubildung ist l. *figere* neben und statt *fiuere*, da das *g* aus Formen, in denen vor Cons. die Labialisation verloren ging, zu stammen scheint (s. S. 339 f.). Eine noch genauere Parallele bietet l. *nicere* neben *(co)niuere* und umbr. *conegos*, da das *c* aus Formen wie *nictare (co)nixus* übertragen zu sein scheint (vgl. Bersu 125 und oben S. 339). Zu beachten ist auch, dass die Wurzel von fifikus im Osk.-Umbr. wohl nur in ganz wenigen Formen lautgesetzlich den Auslaut *g* hatte, denn vor Vocalen (ausser *u*?) wurde *gᵘ̯* zu *b*, vor tonlosen Consonanten zu *k*. Ueber umbr.

Doch kann die Deutung von fifikus als „fixeris“ nicht als sicher gelten; Bugges Vermuthung, dass fik- = gr. θηκ- in ἔθηκα sei (vgl. Bartholomae Ar. Forsch. II 64 A.), ist, wenn auch viel weniger naheliegend, doch immerhin möglich [1]). Ein viel angeführtes Beispiel für Verhärtung von *g* ist *acum* T. B.$_{24}$, es ist jedoch sehr wenig darauf zu geben, da vom Graveur, der eine ganze Anzahl viel schwerere Versehen sich zu Schulden kommen liess, sehr leicht der kleine diakritische Strich vergessen sein kann (so Pauli), oder das *c* wie in altlat. Inschriften (auch bei Festus in *acetare* = *agitare* etc.) und in päl. *cnatois* noch den ursprünglicheren Werth *g* haben kann (so Bugge); in beiden Fällen ist zu beachten, dass gerade das unmittelbar vorausgehende Wort ebenfalls *licud*, nicht *ligud*, geschrieben zu sein scheint (so liest auch Bücheler bei Bruns font.[5] 50) [2]), und dass auf den neuumbr. Tafeln vereinzelt *c* für *g* vorkommt (s. oben S. 554 Anm.). Eine starke Stütze hätte die Auffassung des *c* in *acum* als Tenuis an umbr. Açetus *IIa* 14, wenn dieses von Bücheler Umbr. 127 mit Recht als „Agentibus“ erklärt würde. Diese Deutung scheint mir aber eben des ç = *k* wegen sehr unsicher (man erwartet *Aietus, vgl. *muieto* etc. oben S. 372 ff.); vielleicht darf Açetus = l. *dis Ancitibus* C. I. L. IX 3515 (aus Furfo im Vestinischen) gesetzt werden [3]). Wäre Büchelers Deutung richtig, so müsste jedenfalls mit Brugmann a. O. Uebertragung des *k* aus Formen, in denen es vor tonlosen Consonanten stand,

---

ficla s. S. 363. — Mit dem Fragment fig . . . *145* (wenn überhaupt so zu lesen ist) ist nichts anzufangen. — Mit *p* im Perfectstamme *hip-* (s. S. 192) ist das *k* in fifikus kaum zu vergleichen.

1) Dass fif- die Wurzelsilbe sei und zu l. *fīdō* gr. πείθω W. *bheidh-* (wahrscheinlich in *Ficulanus* vorliegend, s. S. 412 A.) gehöre — also fifikus von einem **fifikā-* l. **fidicare* (vgl. *fodicare manducare* etc.) wie umbr. *portust* von *portā-* etc. (denn an ein „*k*-Perfectum“ wäre schwerlich zu denken, vgl. § 320) — wäre eine der Bedeutung wegen nicht wahrscheinliche Vermuthung.

2) Dazu *cebnust*$_{20}$, falls es = *gebnust* ist (s. S. 345 f. und § 314). Richtig mit *g* geschrieben sind auf der T. B. *tangin-* 4 m., *ang-* 2 m., *egma-* 4 m., *lig-* 2 m.

3) Açetus für *Ançetus wie Saçe für *Sançe etc. Mit *c* sind noch überliefert der Personenname *Ancitius* (Muratori 1130, 2 mal, aus Rom) und päl. *Anceta 256*, *Anac. 250a* (freilich vielleicht = *Anact-*); vgl. oben S. 550 f. mit A.

angenommen werden[1]). Schwerlich richtig ist die Vermuthung eines ακετ „egit“ oder „agit“ auf *247*, s. Bd. II Anh.; über λιοκακειτ *16* s. § 320. Schwierig ist der Wechsel von *k* und *g* in deketasiúí C. A.: degetasis *125*, degetasiús *124*. Meistens ist das *g* als Erweichung aus dem *k* erklärt worden[2]), aber dies ist wenigstens in einem ächt oskischen Worte kaum zulässig (s. oben S. 550)[3]). Auch das umgekehrte, dass *k* rein lautlich für *g* zwischen Vocalen habe eintreten können, ist mir nicht glaublich. Am ehesten ist vielleicht mit der Annahme von Analogiewirkungen durchzukommen: Bücheler Comm. Momms. 230f. erklärt das Wort ansprechend als „*digitarius“ (**digitare* im Sinne von „abzählen, rechnen“), in dem Paradigma des oskischen **degeto-* „digitus“ wechselte aber wohl *-gĕt-* mit *-kt-*, z. B. Nom. Sg. *degez (z = *ts*), Ablat. Sg. *dektúd (vgl. *actud* aus **agetōd* und s. oben S. 214f.), so dass leicht ein *dekez neben *degez etc. entstehen und der Wechsel zwischen g und k auf die Ableitung übertragen werden konnte[4]). Zu beachten ist auch, dass der Appendix Probi eine Form *dicitus* für *digitus* erwähnt (vgl. O. Keller Lat. Volksetym. 251) und dass eine Form mit ursprünglichem *-kt-* im griechischen δάκτυλος vorliegt[5]). Ueber o.

---

1) Conway Am. Journ. of philol. XI 306f. behauptet m. E. mit Unrecht Vermengung von *ç* = *k* und *i* = *g*; über seine Beispiele für *i* statt *ç* s. oben S. 555, für *ç* statt *i* ist sein einziges Beispiel Açetus; über ereçlu-, das man nach der Deutung als l. **erigulum* (W. *reg-*) noch könnte anführen wollen, s. oben S. 364, 523.

2) Nach Lepsius, Peter, Mommsen (U. D. 254), Huschke (O. S. Sprdkm. 37, 50ff., 396) zu l. *dictare* (**dicitare?*) *dictator*, nach Corssen K. Z. XIII 163, Bruppacher 79, Enderis 27 zu gr. δέκομαι δέχομαι. Gegen beides spricht sich mit Recht Bücheler Comm. Momms. 230 aus. Zur Widerlegung der ersteren Deutung genügt schon das e der Wurzelsilbe statt í oder eí (idg. W. *deik-*).

3) Erklärlich wäre das *g*, wenn das Wort fremden Ursprungs gewesen sein sollte, also etwa auf gr. δεκάτη δεκατεύω zurückginge, vgl. *g* für gr. κ in l. *gubernare gobius* etc., *b* für gr. π in *burrus* etc. W. Meyer in Gröbers Grdr. I 365 unten, Rom. Gramm. I 33, Stolz² 290.

4) In der Ableitung selbst wäre lautgesetzlich wohl eher Syncope zu erwarten (also degetasiú- statt *dektasiú- nach *degez etc., deketasiú- eine Mischform aus degetasiú- und *dektasiú-?).

5) *digitus* und δάκτυλος werden wohl am besten zu got. *tēkan*

αχερηι *16* (angeblich „in agro“) s. S. 263 und Bd. II Anh.; über o. *hipid hipust* T. B. s. S. 192 und § 321, über u. eitipes S. 134 und § 321, über o. *sipus* T. B. S. 192 f., über '*alpum*' *Alpis* S. 464 f. Umbr. *Tupleia* des Grabziegels *293c*, falls = *Dupleia* (Bücheler Umbr. 175 denkt auch an *Turpleia*), zeigt etruskische Orthographie, vgl. Tuplei. des zugehörigen Grabziegels *293d* und oben S. 29; unklar ist umbr. *Nurpier*, vgl. S. 110. O. passtata *34* = gr. παστάδ- (wenigstens sehr wahrscheinlich, vgl. S. 385) ist als Lehnwort für sich zu beurtheilen. M]aakdiis Makdiis *222* ist schon des *a* wegen nicht = l. *Magidius* (zu *măgis* etc.), sondern = **Macidius* (vgl. *Macius Maccius* C. I. L. IX X; zu gr. μᾶκ-ος etc. Fick I⁴ 101, 508? oder zu l. *măc-erō*?). In o. akenei akun. -úvfríkúnúss, u. *acnu per-acni- seu-acni-* ist, wenn diese Wörter *k* aus *g* enthalten, mit Brugmann Verhärtung von *g* vor *n* anzunehmen, vgl. S. 379 ff. Ueber auslautendes -τ statt -δ in griechischer Schrift und vereinzeltes -*t* statt -*d* auf der T. B. s. § 254. Merkwürdig ist die Schreibung metd. der oskischen Inschrift *190* (aus Bovianum) = medd(íss), die Schreibung erinnert an die S. 192 angeführten lat. *retere* = *reddere*, *matus* = *mad'dus* und *p* in o. *hipid hipust* falls = *bb* (aus *bu̯*); keinesfalls beweist sie wirkliche Verhärtung von *d* vor *d* (so wenig als umgekehrt umbr. *todco-* Erweichung von *t* vor *k*); vgl. auch S. 92[1]).

Conway Am. Journ. of philol. XI 302 ff. stellt die Hypothese auf, die Mediae seien im Italischen ursprünglich tonlos gewesen („Lenes“, vgl. oben S. 554 f.) und im Osk.-Umbr. so geblieben (daher zuweilen durch das Zeichen der Tenues dargestellt), im Lateinischen in historischer Zeit tönend geworden. Diese Hypothese ist mir wenig wahrscheinlich. Was C. aus

---

„berühren“ (aus **dēg-*), engl. *take* „nehmen“ gestellt (vgl. Feist Got. Etym. 116); will man auch gr. δέκομαι (altl. *decere* oder *degere*? s. Osthoff M. U. V 65 f. A.) dazu nehmen, so muss die Wurzel mit doppeltem idg. Auslaut angesetzt werden wie *spek̑- speĝ-* etc. Brugmann I 348. Ueber ital. *ĕ* : gr. *ă* vgl. oben S. 281 f. (unrichtig über ital. *e* Kluge P. B. IX 153 A., Bremer ebd. XI 283).

1) Beiläufig mag erwähnt werden, dass in den italiänischen Dialekten Neapels und der Abruzzen *d* zwischen Vocalen zu *t* sich verhärtet (W. Meyer Rom. Gramm. I 362).

dem Umbrischen anführt, ist m. E. Alles hinfällig: über altumbr. k t p s. u., über usaie purtiius Açetus S. 555, 557f. Auch was C. aus dem Oskischen anführt, scheint mir nicht beweiskräftig: über -úvfríkúnúss akeneí deketasiúí s. oben S. 558f., über aíkdafed Makdiis Líganakdíkeí Pupdiis S. 216, 418, über metd. S. 559, über sebsík S. 556 mit Anm., über Anagtiai (..igipaarigtís) S. 550f., über *acum licud cebnust* S. 557, über *hipid hipust* S. 192 und § 321 [1]), über -τ *-t* für *-d* § 254. Wie *g b* in den lat. Lehnwörtern *gubernare* = κυβερνᾶν, *burrus* = πυρρός etc. (vgl. auch das lucanische *Buxentum* = Πυξοῦς U. D. 223; über *Uibo* vgl. oben S. 431 Anm.) zu erklären sei, bleibe dahingestellt (vgl. W. Meyer Rom. Gramm. I 33). Die Bezeichnung der gutturalen Tenuis im Lateinischen durch *c*, eigentlich Zeichen der Media, ist wohl durch Berührung mit dem Etruskischen, das Tenuis und Media nicht unterschied, zu erklären (O. Müller Etrusker II [1] 296, 312, Bréal Mém. soc. VII 129ff.). Gegen Conways Annahme, dass die Mediae im Uritalischen in tonlose Lenes übergegangen seien [2]), die dann im Lateinischen wieder tönend geworden wären, spricht auch der umbrische Uebergang von intervocalischem *d* in ř *rs*, das bantinische *z* aus *dį* gegenüber *s* aus *tį* (*zicolo-* : *Bansae*), das umbrische *i* aus *g* gegenüber *ç* aus *k* vor *e i* (*muieto* : vaçetum etc.); auch wäre vielleicht ein häufigeres Verwechseln der tonlosen Tenues und der tonlosen Lenes in der Schrift zu erwarten.

Dass die altumbrischen k t p, wo ihnen in lateinischer Schrift *g d b* entsprechen, rein graphisch für die Mediae stehen, hat schon O. Müller (I [1] 46) betont, während Lepsius,

---

1) Conways Annahme, dass *hipud hipust* (und umbr. *habitu habus* -habas?) aus dem Lat. entlehnt sei, ist sehr unwahrscheinlich, ebenso die Correctur von *hafiest* zu *hapiest* (vgl. über den Auslaut dieser Wurzel oben S. 469). Zu *propom* einer Münze von Beneventum (E. Schneider No. 5) ist zu bemerken, dass die osk. Form **profom* wäre (das *p* erinnert an falisk. *cupat* etc. Deecke Fal. 260 und das allerdings unsichere *aduocapit* des Arvalliedes, vgl. Bréal Mém. soc. VII 131f.). Ueber l. *Atella* : osk. Aderl. s. oben S. 548.

2) Denn mit der anderen Vermuthung, dass schon im Idg. die Mediae tonlos oder gar eine Art von Flüsterlauten gewesen seien, wird C. schwerlich Anklang finden.

Aufrecht-Kirchhoff (I 69) und Andere mit Unrecht eine wirkliche härtere Aussprache im Altumbr. annahmen, wozu nichts berechtigt. Das Fehlen des Zeichens für *g* im Altumbr. erklärt sich durch die Abstammung des umbrischen Alphabets aus dem etruskischen (s. oben S. 40 ff., 48 mit Anm.). Ueber die Bezeichnung von *d* durch t s. S. 48. Bei den Labialen besitzt die altumbr. Schrift das Zeichen für die Media, setzt aber trotzdem oft p dafür. Die Statistik der Beispiele ergibt, wenn wir vorläufig von pr und mp absehen, dass auf Taf. *I* das b etwas seltener ist als p (b 3 m. im Anlaut, 4 m. im Inlaut zwischen Vocalen, p 8 m. im Inlaut zwischen Vocalen, 3 m. im Inlaut vor l) [1]), während auf den übrigen Tafeln (*II*—*V*) nur b sich findet (Anlaut 9 m., Inlaut zwischen Vocalen 15 m.) [2]) mit Ausnahme von ařputrati *Va* 12, falls das Wort mit l. *arbiter arbitratus* auf eine W. mit idg. g^{2}- (oder idg. *b*-??) zurückgeht, nicht etwa zu l. *putare* gehört (vgl. S. 242, 337, 432) [3]). Etwas anders ist das Verhältniss bei pr und mp: bei pr findet sich auf Taf. *II*—*V* neben 3 maligem br 4 maliges pr [4]) und bei mp (wofür oft bloss p, vgl. S. 308 f.) findet sich die Schreibung mb (b) im Altumbr. überhaupt nicht [5]). Es liegt nahe, das abweichende Verhalten bei pr br mit der

---

1) b in buf *Ia* 3 11 20, Trebe *Ia* 8, habina *Ia* 27, habe *Ib* 8, habetutu *Ib* 15, p in Krapuvi *Ia* 3 11 21, hapina- *Ia* 24 33, rupin(i)a- *Ib* 27 35 36, Treplanu- *Ia* 2 7 *Ib* 9. Iapuzkum *Ib* 17 zählt nicht wegen nu. *Iapusco-* neben *Iabusco-* (s. S. 554). Ueber menes *Ib* 15 s. S. 433 f.

2) bum *IIa* 5, berus *IIa* 23 35, berva *IIa* 26 33, benus *IIb* 16, benurent *Va* 25 28 *Vb* 5, subahtu *IIa* 42, habetu *IIb* 23 23 27 28 *III* 28 *IV* 30 31, habia *Va* 17 19 21, prehabia (-hub-) *Va* 5 12, neiřhabas *IV* 33, kebu *IV* 23.

3) Die übrigen in § 211 genannten Wörter sind zu unsicher, um in Betracht zu kommen.

4) abrunu *IIa* 11, kabru *IIb* 17, subra *Va* 20 (vgl. auch tribřiçu *Va* 9); kapru- *IIb* 1 10 12, supru *IV* 3. Taf. *I* bietet nur apruf *Ib* 24 33.

5) Taf. *II*—*IV*: ve(m)persuntra- *IIa* 30 *IIb* 15 18 *IV* 7, a(m)pentu apelust etc. *IIa* 20 *IIb* 10 11 27 27 *III* 23 27 *Va* 17, ampeřia *IIa* 29, amparihmu *IIa* 42 amparitu *III* 14, seples („simpulis") *III* 17, pumpeřias *IIb* 2, pumpe *Va* 3 10 (über aplenia aplenies *IIa* 23 vgl. S. 309). Auf Taf. *I*: ku(m)pifia- *Ib* 14 35 35, ampr-ehtu *Ib* 21 apr-etu *Ib* 20 ampr-efuus *Ib* 20.

secundären Entstehung des *br* durch Erweichung aus *pr* (s. S. 551) in Zusammenhang zu bringen und dasselbe ist bei mp möglich, auch ist es nicht ganz ausgeschlossen, dass *mp* im Altumbr. überhaupt noch nicht erweicht war (vgl. oben S. 553f.), endlich kann in Compositis (was die meisten Belege sind)[1]) der Anlaut des Grundwortes eingewirkt haben (vgl. das allerdings vereinzelte neuumbr. *entelust* S. 553 A.)[2]). Daraus, dass das alte, d. h. nicht durch Erweichung vor *r* oder nach *m* entstandene, *b* auf Taf. *I* häufiger als p wie als b, auf Taf. *II—V* dagegen immer (ausser ař p u t r a t i?) als b erscheint, ist man versucht zu schliessen, dass das Zeichen b neu aufgenommen war (das Etruskische und Faliskische besitzen es nicht) und anfangs noch nicht consequent verwendet wurde[3]), doch ist dieser Schluss bei der Kärglichkeit des Materials sehr unsicher. Schwieriger ist die Erklärung, falls das umbr. Alphabet von Anfang an b besass[4]), aber jedenfalls wäre es gewagt, aus dem Vorkommen von p neben b s p r a c h l i c h e Schlüsse (etwa, dass der Laut eine tonlose Lenis gewesen sei) zu ziehen[5]).

Dass Conways oben S. 431 erwähnte Vermuthung über b unbegründet ist, ergibt sich leicht bei einer Durchsicht der oben S. 561 Anm. 1 und 2 zusammengestellten Belege[6]).

---

1) Die Beispiele s. in der vorigen Anmerkung.

2) Die einzigen Beispiele von altumbr. m p, die im Neuumbr. Entsprechung haben, sind diejenigen auf Taf. *I*: k u (m) p i f i a- = *combifia-*, a (m) p r- = *ambr-*, in beiden scheint *mb* nicht aus *mp*, sondern aus *mf* erweicht zu sein (s. S. 465ff.); es ist die Möglichkeit zu beachten, dass d i e s e s *mb* auf Taf. *II—V* als m b, nicht m p, erscheinen würde; oder enthält a m p e ř i a *IIa* 29 die Präpos. *amb-* = *amf-* (vgl. *amb-oltu*)? s. S. 466f.; a m p a r i t u a m p a r i h m u wohl eher = a m - p a r- als = a m p - a r-, s. S. 466.

3) a ř p u t r a t i dann ev. alterthümliche Schreibung? (solennes Wort, vgl. S. 148f. über ei in e i k v a-).

4) Es müsste aus dem etruskischen Alphabet zu einer Zeit abgeleitet sein, als letzteres noch das b besass.

5) Es wäre z. B. möglich, dass das Unvermögen der umbrischen Schrift, *d g* von *k t* zu unterscheiden, zur Folge hatte, dass auch bei den Labialen die Unterscheidung nicht immer durchgeführt wurde.

6) $b = g^{u}$ enthalten alle Beispiele von anlautendem b- und vermuthlich h a b i n a- h a p i n a- (s. S. 335f.), ev. auch a ř p u t r a t i, ächtes *b* dagegen h a b e h a b i a etc. (s. S. 469), T r e b e T r e p l a n u

Ueber osk. Aphinis, Perkhen.., ..ekhad, *phim* s. oben S. 62 (und vgl. W. Meyer Rom. Gramm. I 33?).

Auslaut[1]).

Kurze Vocale.

249. Bei den auslautenden kurzen Vocalen (ausser *-u*?) findet sich in den italischen Sprachen eine doppelte Behandlung, einestheils Erhaltung der Vocale (ev. Schwächung zu *-e*), anderestheils Abfall derselben. Die Verschiedenheit beruht wohl grösstentheils auf satzphonetischen Verhältnissen. Bei *-ă -ĕ -ŏ* hatte der Ausfall lautgesetzlich wohl im Satzinnern vor Vocalen statt, auch kann die Syncope zwischen (im Satzinneren also vor) Consonanten dabei betheiligt sein (vgl. Brugmann I 504). Für den absoluten Auslaut möchte man als lautgesetzlich Erhaltung annehmen, doch scheint dies wenigstens bei *-ĭ* auf Schwierigkeiten zu stossen (s. u.).

1. *-ă*. Erhalten im Vocativ Sg. der *ā*-Stämme umbr. *Prestota, Šerfia, Iouia, Tursa* (zusammen gegen 50 mal belegt), vgl. gr. νύμφᾰ etc.; dass die ächte Vocativform mit idg. *-ă* vorliegt, beweist das *-o* aus *-ā* im Nominativ (s. S. 78 f. und § 250, 271). Schwerlich darf man Uebergang von *-ă* zu *-ĕ* im Umbr. annehmen, wie Brugmann II 625 der Ablative auf *-e* wegen, in denen Instrumentale auf idg. *-ă* enthalten sein sollen, thut, s. § 283. Abfall von *-ă* ist nur belegt in zwei Präpositionen, die bloss in Compositis sich finden: *an-* = gr. ἀνά got. *ana-* av. *ana* in umbr. *andendu anouihimu anstiplatu* ampentu[2]), marruc. *asignas* „*insiciae", osk.

(S. 430), kebu (ebd.), subahtu, unklar sind Krapuvi (*b* = *du̯*?? s. S. 415) und rupinia- (S. 431).

1) Brugmann I 503 ff. (vgl. Stolz[2] 315 f., W. Meyer Rom. Gramm. I 460 ff., 512 ff., 537). Allgemeines über den Unterschied von absolutem Auslaut und bedingtem Auslaut, welche sich mannigfach durchkreuzen und oft schwer auseinanderzuhalten sind, s. bei Brugmann I 485 ff., Gr. Gr.[2] 75 f.

2) *anseriatu* anstintu vielleicht, *anferener* wahrscheinlich mit *am-* „amb-"; über amparitu s. S. 466.

αναϭακετ[1]) *angetuzet* (falls nicht *ang-* die Wurzelsilbe ist), lat. *anhelare anaxare* etc., und *por- pur-* = gr. παρά (Stolz Arch. II 498, Brugmann Gr. Gr.[2] 219) in umbr. *purdouitu purditom*, lat. *portendo porrigo polluo* etc.

2. *-ĕ*. Erhalten im Vocativ Sg. der *o*-Stämme umbr. *Tefre Serfe* (bei *io*-Stämmen *Martie Iouie arsie* etc.), im Ablativ Sg. der consonantischen Stämme umbr. natine karne *nomne pase* etc. (päl. *aetate*), falls derselbe z. Th. auf idg. *-ĕ* (Instrumental) beruht (s. § 283), in der 2. Plur. päl. *lexe* „legistis“ (s. § 323), in umbr. çive, falls es zu l. *ceu* sich verhält wie l. *neue* zu *neu*, *sīue* zu *seu* (doch s. § 285), in umbr. *perne superne postne*, falls sie ursprüngliches *-nĕ* enthalten (s. ebd.). Abfall von *-ĕ*: Enclitica *-p* = lat. *-que* *-c* (*neque nec*, *atque ac* etc.) in osk. nep *nep* nip neip *neip* umbr. neip *neip nep* und in umbr. ap, wohl = l. *atque ac*[2]); Enclitica *-k* = lat. *-ce -c* (*hice hic illuc sic tunc* etc.) in osk. *izic* ídík idik *idic ionc iusc* íúk iiuk *ioc* íak *eizeic eizuc eisuc-en* eísak *eizac eizazunc eizasc* ekík ekak ekask eksuk *exeic exac exaisc-en*, päl. *ecic ecuc*, marruc. *iafc esuc*, umbr. erek *erec* eřek eruk ererek erak esumek *esoc* esmik isek itek enumek inuk, falls die Gdf. dieser Enclitica *-kĕ* war, nicht *-kī*, worauf l. *-ce* ebenfalls zurückgehen kann[3]); osk. púst in umbr. pustin pusti *posti* könnte, falls *perne* etc. *-nĕ* enthalten, vielleicht aus **posti-nĕ* erklärt werden, doch vgl. S. 175, 232; osk. pún pun *pon* aus **ponne *ponde* = l. **quonde* (vgl. *quondam*)[4]). Ob in umbr. pune (14 m.) puni (1 m.) *ponne* (2 m.) *pone* (2 m.) gegenüber osk. pún pun *pon* ursprüngliches *-ĕ* bewahrt sei, ist fraglich, es ist wohl eher Antritt der Partikel *-ī* anzunehmen, worauf namentlich das i in puni weist

---

1) Es ist jedoch nicht ganz unmöglich, dass αναϭακετ noch die vollere Form *ana* enthält.

2) Das *-p* zeigt, dass der Abfall erst nach dem Uebergang von *kᵘ* in *p* stattfand, da auslautendes *-kᵘ* wohl zu *-k* geworden wäre. Unwahrscheinlich ist mir Deeckes Deutung von marruc. *iafc* als „easque“ statt als „eas(ce)“ (s. d. Syntax unter Partikeln).

3) Die oskische Inschrift *202* mit *íace*, welche Form für ursprüngliches *-kĕ* entscheiden würde, ist wahrscheinlich gefälscht.

4) Hieher würde auch osk. *-én* in *eisuc-en* imad-en gehören, wenn es = l. *inde* sein sollte, doch s. die Syntax.

(vgl. S. 108)[1]; auch umbr. a p e (8 m.) a p i (3 m.) *ape* (17 m.) *appei* (1 m.) verhält sich wohl nicht zu a p (auf *III—IV*, 2 m.) wie l. *atque* zu *ac*, sondern enthält die Partikel *-ĭ* wie p u z e *puse pusei* gegenüber osk. p u z (vgl. ebd.). Ueber umbr. p u m p e s. S. 90.

3. *-ĭ*. Erhalten ist *-ĭ* im Oskischen in *auti* „aut" T. B. (4 m.) = l. *aut* gr. *αὖτι* αὖτι-ς[2]). Im Umbrischen erscheint *-ĭ* (soweit es nicht ganz geschwunden war) wie im Lateinischen als *-e*: u t e (4 m.) *ote* (6 m.) = osk. *auti*; Nom. Acc. Sg. Neutr. von *i*-Stämmen *uerfale* s a k r e *sacre* f a ç e f e l e p e r a k n e (s e v a k n e?); Abl. Sg. der consonantischen Stämme auf *-e* wohl z. Th. (oder ganz?) aus dem idg. Locativ auf *-ĭ* (z. B. p u r e = gr. πυρί), s. § 283; Enclitica *-e* (*-e-k*) bei demonstrativen Pronomina und Adverbien (*ers-e* etc.) möglicherweise aus *-ĭ* (s. S. 108 und § 289); p u f e (1 m.) *pufe* (3 m.), i f e *ife* (je 2 m.), falls sie = osk. p u f *í f und nicht, was auch möglich wäre, = osk. *p u f e í *í f e í lat. *ubei ibei* sind[3]); über p u s t e (1 m.) s. die Syntax. Auch das Marsische zeigt *-e* in *pacre* *243* Neutr. Sg. aus **pacrĭ*; unsicher ist, ob die Ablative päl. *aetate* marruc. *agine* hiehergehören (s. § 283). — A b f a l l von *-ĭ*: 3. Sg. auf *-t* aus *-ti*, 3. Plur. auf *-nt* aus *-nti*, z. B. osk. e s t f a a m a t s t a h í n t *censazet* t r í b a r a k a t t u s e t, marruc. *feret*, umbr. e s t t i ç i t *furfant benurent*, ebenso im Lat. bis auf das unsichere *tremonti* (*tremonte*?) des Saliarliedes; Dat.-Abl. Plur. der *o*- und *ā*-Stämme, falls er z. Th. auf den idg. Locativ auf *-si* zurückgeht (vgl. S. 164 f.); Nom. Acc. Sg. Neutr. von *i*-Stämmen umbr. s e h m e n i a r *sehemeniar* und s u m e l (Adv. „simul", aus **somelĭ*), vgl. l. *exemplar animal* etc. *facul simul* (*ul* aus *el*); osk. a v t Blt. (4 m.), C. A. (4 m.), *133*, *aut* T. B. neben *auti* umbr. u t e *ote* (s. o.)[4]); osk. a n t

---

1) Es ist daher auch von umbr. p a n e *pane* unsicher, ob es direct = **pandĕ* sei; über osk. *pan* s. § 252.

2) Ob die gemalte pompejanische Wandinschrift i f i *63* „ibi" bedeute, ist sehr fraglich; dem lat. *ubi* entspricht osk. p u f nicht *p u f i (s. u.).

3) Vgl. Danielsson A. S. III 152, der auch die weitere Möglichkeit anführt, dass das *-e* eine angefügte Partikel wäre (vgl. oben zu p u n e etc.).

4) Die Doppelformen *auti* und *aut* sind in der Bedeutung wenigstens im Bantinischen differenzirt worden, erstere bedeutet

28 (2 m.)[1]) = l. *ante* gr. ἀντί ai. *ánti* (also gegenüber dem Lat. umgekehrtes Verhältniss wie bei osk. *auti* = l. *aut*); osk. puf päl. *ecuf*, wozu vielleicht auch osk. essuf *esuf* umbr. esuf, enthalten wohl *-f* = idg. *-bhi*, gr. in αὐτόφι etc. (vgl. S. 462, 509 f., über umbr. pufe ife s. o.)[2]); osk. úp *op* lat. *ob* aus **opi* : gr. ἐπί ai. *ápi* (über osk. íp päl. *ip* s. S. 85)[3]); umbr. et *et* lat. *et* aus **eti* = gr. ἔτι ai. *áti*; umbr. -per *-per* lat. *per* (osk. nur in *peremust* vgl. umbr. *peretom pertentu*): gr. περί ai. *pári*; osk. púst pust *post*, umbr. *post* (*pos* pus? s. § 253), lat. *post*, aus **pos-ti*; osk. pert *petiro-pert* (*pert-emust pert-umum*), umbr. mit Abfall des *-t trioper* (ebenso lat. *parumper paulisper* etc.), wohl aus **per-ti*; über umbr. *-hont* s. die Syntax; ob umbr. super lat. *super*: ai. *upári* (gr. ὑπείρ aus *ὑπερι̯) und osk. anter umbr. *ander* lat. *inter* : ai. *antári-kša-* ein *-i* verloren haben oder ob sie idg. Formen ohne *-i* wie gr. ὑπέρ ἄτερ ai. *prātár* (vgl. osk. *pruter*) sind, ist kaum auszumachen.

Bemerkt sei noch, dass der Abfall von *-ĭ* aus der Stellung im Satze vor Vocalen kaum zu erklären ist, da *i* vor Vocalen sonst nicht elidirt wird, sondern in *i̯* oder *ii̯* übergeht; der Ausweg, dass *-ĭ* vorher zu *-e* geworden sei, würde aufs Oskische (*auti*) nicht passen. Ob die Erklärung durch Syncope vor Consonanten ausreiche, den so häufigen Abfall des *-ĭ* zu erklären, scheint mir fraglich, es ist doch vielleicht eher anzunehmen, dass der Abfall von *-ĭ* auch im absoluten Auslaut Regel gewesen sei, wofür auch der stete Abfall in den primären Endungen zu sprechen scheint, da doch das Verbum meistens am Satz-Ende stand.

---

auf der T. B. „aut", letztere „autem, at"; im Capuanischen besteht der Unterschied nicht (s. die Syntax).

1) Zvetaieff ergänzt auf *49* an[t tr]iíbu, aber wenn für das nach den übrigen gleichartigen Inschriften *47 48 50* entschieden zu erwartende an[ter der Raum etwas eng sein mag, so ist er doch für blosses an[t unverhältnissmässig weit und an an[ti wird schwerlich zu denken sein. Ich möchte durchaus an[ter vorziehen (ev. an[tr vgl. ímbrtr am Schlusse der Inschrift? oder T und ᴇ in Ligatur?).

2) Lat. *ubi ibi* entweder für **ube *ibe* nach *ubī ibī* (*ubei ibei*) oder aus letzteren verkürzt.

3) Vgl. auch *ops-* in umbr. *os-tendu* l. *os-tendo* etc.

4. *-ŏ*. Für Erhaltung von *-ŏ* kommt supu *IV* 17 „sub“ in Betracht, da es = **s-upŏ* : gr. ὑπό ai. *úpa* sein kann, doch ist Beeinflussung durch supru (-ū) möglich oder supu kann als ein Acc. oder Adv. vom Stamme **suppo-* l. *suppus* (aus **sup-u̯o-*, s. S. 192) aufgefasst werden (vgl. die Syntax unter Präpositionen). Ueber osk. tedur (tedur[u?) s. S. 549. Unwahrscheinlich ist mir Brugmanns Erklärung von umbr. ere *ere* (ere-k *ere-c*) aus **eizŏ* idg. **eisŏ* (Grdr. II 625, 768, 774), da es näher liegt, die Form in *er-e* er-e-k zu zerlegen (*er-e* er-e-k „is“: *ers-e* eř-e-k „id“ = osk. *iz-i-c* : *id-i-c*)[1]) und genügende Anhaltspuncte für die Annahme einer Schwächung von *-ŏ* zu *-ĕ* fehlen: über este *este* s. § 288, über auslautendes *-ă* oben S. 563. Abfall von *-ŏ* im Lateinischen in den beiden Präpositionen *sub* (**sup*) : gr. ὑπό ai. *úpa* und *ab* (**ap*) = gr. ἀπό ai. *ápa*. Die erstere liegt im Umbr. im selbstständigen Gebrauche vor in *su maronato 295* aus Fulginium (über das Fehlen des *-p* oder *-b* s. S. 427), ausserdem in den Compositis *sub-oco sub-ocau*, (*sub-ator*? *sub-otu*?), sutentu, su-feřaklu, su-fafiaf, su-mtu, die letztere nur in den Compositis päl. *af-ded* (über *f* s. S. 426), umbr. ap-ehtre (vgl. § 285), vermuthlich auch ah-trepuřatu *aha-uendu* (s. S. 426).

5. *-ŭ*. Weder für Erhaltung noch für Abfall von *-u* gibt es sichere Beispiele. Ueber den Dat.-Abl. Plur. der *o*- und *ā*-Stämme s. S. 164 f. und § 272, 274.

Ueber die Syncope kurzer Vocale vor auslautenden Consonanten s. S. 228 ff.

Lange Vocale.

250. Ueber die Frage, ob auslautende lange Vocale im Osk.-Umbrischen gekürzt wurden, s. oben S. 211 f. Auslautendes uritalisches *-ā* ist im Osk. und Umbr. zu *-o -u* verdumpft, s. S. 78 ff. Urit. *-ē* wohl in osk. Kerrí päl. *Cerri* (s. § 281); über umbr. *frite* s. § 279, über die Adverbia umbr. *perne postne superne* § 285. Urit. *-ō* liegt im Umbr. von

---

1) Müsste *ere* zum Stamme *eizo-* gehören, so wäre es wohl eher aus **eizo-i̯* zu erklären. S. § 288 f.

Iguvium wahrscheinlich vor in den Adverbien *postro ulo śimo* (und *eso iso* „sic"?), s. § 285, möglicherweise auch im Dativ *Fiso* (*Trebo*?), s. § 273, und in *suboco*, s. § 304 [1]). Dagegen erscheint urit. *-ōd* im Umbr. regelmässig als *-u* (Abl. Sg. der *o*-Stämme und Imperativ auf *-tu -mu*) [2]). Der Unterschied in der Behandlung von urit. *-ō* und *-ōd* erinnert an denjenigen bei *-ā* und *-ād* (*-ā* erscheint im Umbr. als *-o*, *-ād* als *-a*) und denjenigen bei urit. *-ī -īd*, falls urit. *-ī* den offeneren Klang hatte (s. S. 108). Ein *-u* für urit. *-ō* findet sich im Umbr. in *stahu 296*, die Inschrift stammt aber aus einem anderen Theile von Umbrien (Asisium), auch geht ein Vocal voraus (*h* blosses Trennungszeichen). Im Vestinischen sind Dative auf urit. *-ō* *Herclo Iouio 276*. Ob im Oskischen Verehasiú T. A., Viniciiu *176* ebensolche Dative auf urit. *-ō* seien, ist unsicher (s. § 273); über tedur C. A. (tedur[u?) s. S. 549. Peter Allg. Littz. 1842 II 49, Savelsberg K. Z. XXI 129 ff. und Bréal Mém. soc. VII 321 ff. nehmen Entwicklung von idg. urit. *-ō* über *-uv* zu *-uf* an in den oskischen Nominativen úíttiuf fruktatiuf tríbarakkiuf, die den lateinischen auf *-iō* (*-tiō -siō*) entsprechen, doch s. oben S. 506 f. Savelsberg und Bréal erklären auch umbr. tuf, *desenduf*, kastruvuf (svesuvuv) in derselben Weise, aber im Umbr. sprechen gegen solchen Uebergang schon die oben erwähnten Beispiele für urit. *-ō* wie *postro* etc. Ueber osk. essuf *esuf* umbr. esuf s. oben S. 509 f.

Liquidae.

251. Abfall von *-r* findet sich mehrfach im Umbrischen. So namentlich im Passivum: emantu *Va* 10 *tursiandu VIIb* 2 neben emantur *Va* 8 terkantur *III* 9, herte *Va* 6 8 10 *herti Vb* 8 11 13 16 *hertei VIIb* 2 neben herter *IIa* 40 *III* 1, ferner *ostensendi VIa* 20 und doch wohl auch *pihafi VIa* 38 48 *VIb* 31 *pihafei VIa* 29 (s. § 326), *benuso VIb* 64 65 *VIIa* 2, *couortuso VIb* 64, vielleicht auch ise *Ib* 8 (über die Imperative *persnimu persni-*

---

1) In *maronato* wohl *-ō* aus *-ou*, s. S. 164 und § 279.

2) Ueber die Ausnahme *somo* und einige andere weniger sichere s. § 273.

mumo caterahamo etc. s. § 310), mit erhaltenem *-r* ausser den angeführten noch *ier VIb* 54, *ferar VIb* 50. Ausser im Passivum ist der Abfall von ursprünglichem *-r* nur noch belegt in ukripe *Ia* 12 tutape *III* 24 fratruspe *III* 28 neben sonstigem -per *-per* (altumbr. 31 mal, neuumbr. über 100 mal, neuumbr. nie ohne *-r*). Mit erhaltenem *-r* vgl. noch Nom. Sg. ařfertur (4 m.) *ar(s)fertur* (3 m.), kvestur (2 m.), uhtur (2 m.), Acc. Sg. Ntr. *utur* (1 m.)[1]), Präpos. super (2 m.), anter *ander* (3 m.?), mit *-r* aus *-rs* (S. 232 f., 494) Nom. Sg. *pacer* (17 m.), ukar *ocar* (je 1 m.), *ager* (1 m.), Nom. Pl. frater (4 m.) *frate(e)r* (2 m.), mit *-r* aus *-ri* sehmeniar *sehemeniar* (je 1 m.), endlich die Einsilber *far* (2 m., *-r* aus *-rs*) und pir (6 m.) *pir* (7 m.). Bei flectirenden Wörtern mit stammhaftem *r* konnten natürlich leicht die übrigen Formen schützend einwirken. Ob der Abfall von *-r* lautgesetzlich auch im absoluten Auslaut eintrat oder eigentlich nur der Stellung vor gewissen Consonanten[2]) angehörte, bleibe dahingestellt. Abfall von *-r* findet sich auch im Faliskischen (*mate uxo* Deecke Fal. 255). Im Italiänischen etc. fällt *-r* in mehrsilbigen Wörtern (*marmo suora* etc.), s. W. Meyer in Gröbers Grdr. I 363, Rom. Gramm. I 464.

Im Oskischen und in den sabellischen Dialekten ist Abfall von *-r* nicht nachweisbar, vgl. die Passivformen osk. sakarater sakahíter *uincter* karanter *comparascuster* kaispatar krustatar lamatir *lamatir* sakra.*t*ir sakrafír *censamur*, marruc. *ferenter*, päl. *upsaseter*, ferner z. B. osk. kvaísstur *censtur* embratur patír anter, päl. *usur Salauatur casnar lifar faber*.

Für Abfall von *-l* (der im Italiänischen mit dem von *-r* parallel geht) findet sich im Umbrischen kein Beispiel, vgl. sumel *IIa* 27 Adv. „simul" (*-l* aus *-li*), tiçel katel (*-l* aus *-ls -los*); ebensowenig im Osk.-Sabellischen.

---

1) *tuder* wohl mit *-r* aus *-s*, s. S. 217 f., 403 f.

2) Namentlich wohl vor *s f* (vgl. Tuse Çefi etc. S. 298); auch etwa vor *d*, mit vorheriger Assimilation (vgl. gr. ἀνὴδ δῷ Brugmann Gr. Gr.[2] 77 und besonders falisk. *pretod de*)?

Nasale.

252. *-m.* Im Lateinischen wird schon auf den ältesten Denkmälern *-m* sehr häufig nicht geschrieben, s. Corssen I 266 ff., vgl. W. Meyer in Gröbers Grdr. I 363, Rom. Gramm. I 321 über das Vulgärlateinische und Romanische. Zur phonetischen Erklärung dieser Schwächung vgl. Danielsson A. S. III 198 Anm., Seelmann 356 ff., 362 ff., Gröber Commentationes Woelffinianae 173 ff. Auch in den oskisch-umbrischen Dialekten zeigt sich die Erscheinung vielfach, namentlich im Umbrischen.

Im Oskischen ist das *-m* fast auf allen Inschriften bewahrt. Der C. A. bietet 30 Beispiele mit *-m* und keine ohne *-m*, die T. B. 52 Beispiele mit *-m* und keine ohne *-m*[1]), ausserdem bieten folgende Inschriften nur Formen mit *-m*: *129* (8 Beisp.), *188* (6 Beisp.), *29*, *130*, *200* (je 5 Beisp.), *16* (4 Beisp.), *123*, *131—135*, *137*, *141*, *192*, *215* (je 2 Beisp.), *2*, *4*, *15*, *39*, *51*, *61*, *117*, *142*, *143*, *172*, *180*, *187*, *189*, *191*, *193*, *211*, *213*, *227*, *230*, *231*, *233*, *235* (je 1 Beisp.). Das Fehlen von *-m* ist verhältnissmässig selten. Einzig in Pompeji ist es durch mehr als vereinzelte Beispiele vertreten, ja es stehen hier 25 Formen ohne *-m* gegenüber 12 Formen mit *-m*[2]). Von den 25 gehören 11 den gemalten Wandinschriften *47—50* an, die übrigen 14 aber officiellen Inschriften mit Angabe des Medix etc., nämlich den Inschriften *28* (9 Beisp. ohne *-m*, daneben 4 mit *-m*), *34* (2 ohne *-m*), *31*, *33*, *35* (je 1 ohne *-m*). Die Chronologie dieser Inschriften ist sehr unsicher, s. S. 32 f. Ausser in Pompeji finden sich nur wenig Beispiele für Weglassung von *-m*: σακορο *1* (aus Messina)[3]),

---

1) Wenigstens ist mir, da die sicheren 52 Belege *-m* zeigen, trotz dem 1 maligen *comonom* ganz unwahrscheinlich, dass das 6 malige *comono -m* verloren habe (so z. B. Deecke Rec. 134). Entweder wurde der Singular neben dem Plural gebraucht oder *comonom* ist Schreibfehler für *comono* (*-m* aus dem vorausgehenden *zicolom nesimum* verschleppt, vgl. Danielsson A. S. III 181).

2) Vgl. die Beispiele für Nichtschreibung des *-m* auf lateinischen Wandinschriften aus Pompeji Corssen I 272 f.

3) Unsicher, vielleicht Nom. Sg. Fem. oder Nom. Pl. Neutr Diese Inschrift setzt Mommsen um 250 a. C. (vgl. oben S. 30).

πιω (εκο?) *12* (aus Lucanien), tiú *182* (aus Samnium), Fensernu *224* (unsicherer Herkunft), endlich auf der grösseren Blt. aus Capua (*128*) die je 1 m. vorkommenden limu suva (und puklu?) neben 23 maliger Setzung des *-m*[1]); die übrigen (allerdings auch weniger umfangreichen) capuanischen Inschriften bieten keine Beispiele für Weglassung des *-m*[2]).

In *conpreiuatud* und *panpieisum* T. B., d. h. *con preiuatud* „cum priuato", *pan pieisum* „quam cuiuspiam", ist das *-n* statt *-m* wohl zu beurtheilen wie in umbr. venpersuntra etc. S. 307; bei *pruter pan* T. B.$_4$ ist unbekannt, was für ein Anlaut folgte, überdies ist die Lesung *pruterpam* wohl nicht ausgeschlossen.

Die Zwischendialekte bieten folgende Formen. Marsisch: *dunom 242*, aber *pesco 243*; Pälignisch: *bratom inom* (*pam*) *246*, *biam 250*, *Cerfum* aber *Semunu deti* (*hanustu*? *aetatu*? *firata*? *-ibđu*? etc.) *254*; Marrucinisch: *asum eituam suam uenalinam 274*; Volscisch: *bim esaristrom ferom pihom statom Uelestrom* (*uinu* wohl nicht Acc. Sg., vgl. S. 112).

Im Umbrischen ist das Fehlen von *-m* durchschnittlich viel häufiger als die Setzung desselben (Verhältniss ungefähr 5 : 2). Die einzelnen Tafeln verhalten sich in diesem Punkte ziemlich verschieden. Auf der Partie *Ia—Ib* 9[3]) überwiegt *-m* etwa im Verhältniss von 3 : 2, auf dem Rest von *Ib* ist das Verhältniss von Setzung zu Weglassung nur mehr ca. 1 : 3, auf *II* ca. 1 : 12, auf *III—IV* ca. 1 : 6, auf *V* findet sich *-m* nie [es fehlt ca. 30 mal], auf *VIa* 1—40 ist *-m* äusserst selten, von da an kommt es wieder auf, steht auf *VIb* im Verhältniss von 4 : 7 und gewinnt endlich auf *VII* die Oberhand (ca. 5 : 3). Diese Verschiedenheiten gehören jedenfalls grösstentheils nur der Orthographie an. Der Klang des *-m* war offenbar ein sehr schwacher. Dass das *-m* auf *VIb* und *VII* wieder häufiger wird, mag auf dem Streben nach grösserer Deutlichkeit und Correctheit beruhen[4]).

---

1) Die Blt. scheint um oder vor 200 a. C. geschrieben zu sein, s. S. 31.

2) Oder ist eka *140* = ekam?

3) Vgl. S. 36.

4) Z. Th. auch auf Einfluss der lateinischen Orthographie?

Ob in gewissen Stellungen *-m* lautgesetzlich besser erhalten blieb[1]) und von da aus auch wirklich in der Sprache wieder etwas mehr Boden gewann, ist schwer zu sagen. Am schwächsten klang das *-m* im Lateinischen vor Vocalen (vgl. z. B. Seelmann 273f., W. Meyer in Gröbers Grdr. I 363, Gröber Comm. Woeffl. 173f.), ähnlich wird es im Umbrischen gewesen sein, vgl. Danielsson A. S. III 197 f. Danielssons Erklärung von eitipes aus **eitom-hipens* scheint also zulässig zu sein, vgl. l. *animaduertere* = *animum-aduertere, uenire* = *uenum-ire*[2]), zur Schwäche des *h-* den Rhotacismus in l. *dir(h)ibeo* und oben S. 445[3]). Die constante Erhaltung von *-m* in den häufigen Verbindungen mit den Postpositionen -aꝛ und -e(n) *-e(n)* wie persklumaꝛ asamaꝛ spantimaꝛ *anglome asame smursime* ist wohl mit Danielsson aus früher fester Verbindung zu erklären, vgl. den Rhotacismus in funtler-e etc. neben sonstigem -es (§ 256). Hieher scheinen auch die Verbindungen *peretomest pesetomest* etc. zu gehören, die ihr *-m* auch auf *VIa* 1—40, wo es sonst abfällt, meistens wahren. Auch vor *u̯-* fiel *-m* (*-m*) wie im Lateinischen lautgesetzlich aus: vo. *couehriu*, umbr. kuveitu kuvertu kuvurtus *couertu couortus couortuso*, dazu marruc. *auiatas 274* nach der Erklärung aus **am-uiatas* „circumuectae", doch s. Bd. II Anh.; in osk. amvíanud ist das *m* wohl analogisch restituirt (ev. statt *n*).

-n. Im Oskischen in allen Beispielen bewahrt: *en* (*eneituas*), *censtom-en, ėxaisc-en, eisuc-en* T. B., imad-en *28*[4]), púst in, húrtín, Kerríiín. Im Pälignischen abgefallen in *pritom-e, praicim-e 254* (*lexe* kaum „in leges"). Auf „altsabellischen" Inschriften findet sich esmen *282 283*, ekasin (?) *282*. Im Umbrischen hatte *-n* einen sehr schwachen Klang, zuweilen wird dafür *-m* geschrieben, gewöhnlich wird es ganz weggelassen. Am seltensten ist die richtige

---

1) Man könnte namentlich an die Einsilbler denken (vgl. das Romanische, W. Meyer I 460ff.), doch vgl. si *IIb* 7 = sim, *dei VIa* 23 24 25 = **deim*.

2) Oder = *ueni-ire* (*ueni* Loc. des Eintreffens)?

3) Ueber isunt, das D. aus **issom-hont* erklärt, s. § 285, über osk. ekik pälign. *ecic* § 288f.; osk. pússtist C. A. kaum = **posstom-ist* „positum est", sondern = *post ist* „post est".

4) Doch in *eisuc-en* imad-en vielleicht *-n(n)* aus *-nde* wie in pún pun *pon* aus **ponde*, s. die Syntax.

Schreibung mit -*n*[1]), etwas häufiger die mit -*m*[2]), weitaus am häufigsten aber die Weglassung des Nasals[3]). Nur auf *III—IV* überwiegt die Schreibung mit Nasal[4]); die Schreibung mit -*n* findet sich nur auf *IIa* und *III—IV*, die Schreibung mit -*m* ist am beliebtesten auf *Ib* 10-Schluss[5]). Ueber das merkwürdige *toteme VIa* 26 46 s. § 271. Mit *couertu* etc. (s. o.) vgl. *auirseto* (4 m.) für **an-uirseto*.

Die Schreibung -*m* für -*n* kommt auch auf lateinischen Inschriften vor, z. B. *nomem inguem* (s. Seelmann 358, 364 f.), auch umgekehrt -*n* für -*m*, z. B. *donun saluon menten* (Seelmann 271, 364); für die letztere Schreibung findet sich weder im Umbrischen noch im Oskisch-Sabellischen ein Beispiel.

Tenues.

253. -*t*. Ursprünglich auslautendes -*t* wurde zu -*d*: secundäre Endung der 3. Pers. Sing., z. B. osk. *deicad* fúsíd deded, im Umbr. mit Abfall des -*d* façia dede etc. (s. § 254, ebd. über -т in osk. ꝺεꝺεт etc.)[6]). Dagegen blieb -*t* aus -*ti* (vgl. S. 565 f.): primäre Endung der 3. Pers. Sing. (und Plur., s. u.), z. B. osk. faamat sakruvit pälign. *incubat* umbr. tiçit *trebeit*, ferner osk. ant, avt *aut*, umbr. et *et* (auch osk.-umbr. *post*). Auffällig ist -*d* statt -*t* auf der grösseren oskischen Blt. (*128*) in dadid und in dem dreimaligen kahad, falls diese Formen wirklich mit Bücheler, Bugge u. A. als Indicative zu erklären sind, aber dadid ist viel eher Conjunctiv (s. § 324) und auch bei kahad ist die Auffassung als Conjunctiv nicht unmöglich (s. die Syntax); falls aber kahad

---

1) Nur pustin je 1 m. auf *IIa* und *IV*, umen 2 m. auf *IIa*, -en 4 m. auf *III*.

2) 2 m. numem und 3 m. -em auf *Ib* 10-Schluss, 1 m. -em auf *III*, 3 m. -*em* (und 2 m. -*eme*) auf *VIa*, 1 m. -*em* auf *VIIa*.

3) 1—2 m. auf *Ia—Ib* 9, 7—8 m. auf *Ib* 10-Schluss, 9—12 m. auf *II*, 1 m. auf *III*, 8 m. auf *V*, 24—27 m. auf *VIa*, 23—27 m. auf *VIb—VII*.

4) 5 m. -*n*, 1 m. -*m*, 1 m. ohne Nasal.

5) S. die vorigen Anmerkungen.

6) Gegen Bezzenberger B. B. XIV 176 f., der das -*d* = -*t* bis ins Idg. zurückdatiren möchte, wohl mit Recht Joh. Schmidt Neutr. 180 ff.

wirklich Indicativ ist, so wird wohl eher eine vereinzelte Nachlässigkeit der Blt. vorliegen, als für den Dialekt von Capua überhaupt ein Uebergreifen des secundären *-d* über das primäre *-t* anzunehmen sein (wie umgekehrt im Lat. *-d* durch *-t* verdrängt wurde)[1]). Im Umbrischen sind nach der gewöhnlichen Annahme habe *Ib* 18 *habe VIb* 54 und heri *IV* 26 Indicative des Präsens[2]), es kann dann entweder die Vorstufe **habed *herid* angesetzt oder, was wohl näher liegt, einfach Abfall des tonlosen *-t* angenommen werden. Vgl. noch falisk. *cupa* und auf pompeianischen Griffelinschriften *ama parci* (*peria abia ualia*) Corssen I 188.

-nt. Ursprünglich auslautendes *-nt* erscheint als *-ns* in der secundären Endung der 3. Pers. Plur., z. B. osk. *deicans* h]erríns uupsens umbr. *etaians sins* eitipes[3]). Dagegen blieb *-nt* aus *-nti* erhalten: primäre Endung der 3. Pers. Plur., z. B. osk. stahínt *censazet* (*-et* = *-ent*, s. S. 311), umbr. *sent benurent*, ferner osk. ant (vgl. S. 565 f.); auch umbr. *-hont* muss hinter *-t* einen Vocal verloren haben. Im Umbrischen findet sich neben dem gewöhnlichen *-nt* (au. 3. Plur. 8 m., -hunt 7 m., nu. 3. Plur. 14 m., *-hont* 28 m.) und dem einmaligen, nicht auffälligen, *-t* für *-nt* (au. furfaθ *Ib* 1, s. S. 309) éinmal blosses *-n* in staheren *Ib* 19 und es ist sogar gänzlicher Abfall von *-nt* angenommen worden in *sururo VIb* 48, eruhu *IIb* 22, *benuso VIb* 64 65 *VIIa* 2, *couortuso VIb* 64, *seso VIb* 51. Was zunächst staheren betrifft, so ist es wahrscheinlich nicht zufällig, dass das folgende Wort termnesku mit t- anlautet; das Altumbrische schrieb keine Doppelconsonanten und in ältester Zeit auch keine Interpunction, es konnte also leicht aus dem staherentermnesku einer älteren Vorlage bei Einfügung der Interpunction staheren termnesku werden (vgl. S. 54); aber auch ohne Annahme einer älteren Vorlage ist die Weglassung des -t vor t- erklärlich[4]). Wie staheren termnesku ist wohl eruhu tiçlu

---

1) Auf der capuanischen Inschr. *139* steht sakruvit mit *-t*.

2) Doch vgl. über habe *habe* § 304, über heri § 304, 306.

3) Das *-t* war zunächst wohl auch in *-nt* zu *-d* geworden (vgl. S. 514); möglicherweise wurde *-nd* unter gewissen Bedingungen zu *-n* statt zu *-ns*, s. § 302.

4) Dass wirklicher Abfall des -t stattgefunden habe und spät-

IIb 22 zu erklären, nur dass hier die Form eruhut mit weggelassenem n (wie in furfaθ) zu ergänzen ist[1]). Schwerlich richtig ist die Erklärung von ***benuso couortuso*** aus ****benusont*** ****couortusont***, es sind wohl vielmehr Passivformen (s. § 326); und *seso* ist schwerlich = **ses(h)ont*, s. § 290. Schwierig ist das noch übrig bleibende *sururo VIb* 48 neben 20maligem *suront sururont*. Dass bloss wegen dieses Beispieles lautlicher Wegfall von *-nt* zuzugeben sei, ist mir nicht recht wahrscheinlich[2]). Sollte *sururo* eine dem osk. *-(d)um* entsprechende Partikel enthalten? (s. die Syntax unter Partikeln). Oder ist *sururo* = dreifach gesetztem **sō* und steht ev. für **sururor* (mit Abfall der *-r*, vgl. § 251, 256)?[3]).

-rt (aus *-rti*) ist im Oskischen erhalten: pert *ampert petiropert petirupert*, im Umbrischen nur in pert *IIa* 36, während in der Enclise hier das *-t* abgefallen ist: triiuper 5 m. *trioper* 2 m. (lat. in *parumper paulisper*), ebenso *pis-her VIb* 41 für **pis-hert*[4]); im selbständigen Gebrauche hiess es wohl **hert*[5]) wie l. *fert*. Petruniapert *IIa* 35 ist ein Fehler statt Petruniaper, wohl damit zusammenhängend, dass in der folgenden Zeile pert vorkommt.

-st. Während im Oskischen *-st* immer bewahrt ist: est íst pússtíst teremnatust fust *fust deiuast didest hafiest herest pertemest* sakrvist *dicust fefacust hipust pruhipust cebnust pertemust peremust urust*, auch im Pälignischen in *-lisuist* (254), zeigt das Volscische *-s* für *-st* in *atahus*[6]) und ebenso erscheint im Umbrischen häufig *-s* für *-st* : *purdinsus*

---

lat. *fecerun* etc. zu vergleichen sei (s. Corssen K. Z. XI 351, Ausspr. I 189 f., Seelmann 368), ist mir nicht wahrscheinlich. Vgl. auch § 302.

1) Es ist zu beachten, dass gerade auf *IIb* die Weglassung der Nasale vor Explosiven am häufigsten ist (13 m. weggelassen, 6 m. geschrieben), s. S. 308 f.

2) Auch fürs Lateinische ist solcher Wegfall keineswegs ausgemacht.

3) **sururor* neben *suror* wie *sururont* neben *suront*. Das Gefühl dafür, dass *suror* (= **sō-sō-s*) reduplicirt sei, war nach dem Eintritt des Rhotacismus wohl erloschen. Falls *-ro* in *sururo* = **-sō* ist, ist S. 567 f. über *-ō* im Umbr. zu vergleichen.

4) Oder für **pis-hers*, also wie l. *qui-uis*, nicht wie *qui-lubet?*

5) Ueber die Möglichkeit, dass svepis heri *IV* 27 in svepis hert zu bessern sei, s. § 304.

6) Ueber altsabell. śepses *283* s. Bd. II Anh.

VIb 23 37 38, *uesticos VIb* 25, *habus VIb* 40, *fus VIb* 40, *pepescus VIIa* 8, *couortus VIIa* 39, kukehes *III* 21[1]), vielleicht auch vurtus *IIa* 2[2]) und *heries VIb* 48[3]); die vollere Form bleibt jedoch im Umbrischen die bei Weitem häufigere: est 3 m., *est* 40 m.[4]), Fut. I *eest est* „ibit" je 1 m., fust 7 m., *fust* 8 m., fuiest 1 m., ferest 1 m., *habiest* 4 m., *heriest* 1 m., *parsest* 1 m., prupehast 1 m., Fut. II au. fakust, teřust, apelust, ateřafust je 1 m., nu. *benust, dirsust, portust, courtust, entelust, purdinšiust* u. s. w. zusammen 19 m. Im Ganzen findet sich also im Au. -s 1—2 m., -st 17 m., im Nu. *-s* 8—9 m.[5]), *-st* 75 m. Ob *-s* ursprünglich nur der Stellung im Satze vor gewissen Consonanten angehörte (z. B. *n m l*? vgl. S. 393 f.) oder ob eigentlich auch im absoluten Auslaut *-s* entstand und es demnach aus dem Bedürfniss der Unterscheidung von der 2. Pers. sich erklärt, dass *-st* meistens bewahrt blieb, ist kaum auszumachen. Für *-s* aus *-st* kommt noch in Betracht pus *Ia* 7 14 24 (alle 3 m. in der Verbindung pusveres, zusammengeschrieben) neben *post VIa* 58 *VIb* 3 22 *VIIa* 38 (alle 4 m. *post uerir*, getrennt geschrieben)[6]); es wäre allerdings möglich, dass pus die ältere, nicht durch *-t(i)* erweiterte Form wäre (zu lit. *pàs* etc., s. Osthoff Perf. 531, Stolz² 316), aber näher liegt doch wohl die Annahme, dass pus auf *post* zurückgehe, welches in der engen Verbindung mit seinem Casus leicht vor Consonanten sein *-t* einbüssen konnte, wie es vielleicht auch in l. *pos* neben *post* geschehen ist (vgl. Ebel K. Z. V 417, Corssen Ausspr. I 183 f., W. Meyer in Gröbers Grdr. I 363 und oben S. 224 f., 393 f., 482 f. mit Anm.).

-k. Ob in umbr. ere *ere* neben erek *erec*, esu neben esuk etc. lautlicher Abfall von *-k* anzunehmen sei, ist sehr zweifelhaft, s. die Syntax unter Partikeln.

---

1) kukehes wegen fakust *IV* 31 wohl nicht 2. Pers. wie Bréal will, s. Bücheler 157.

2) Bücheler 3. Pers., Huschke Bréal 2. Pers.

3) Huschke Bücheler 3. Pers., Bréal 2. Pers.

4) *VIb* 30 war allerdings zuerst *frosetomes* geschrieben, das *-t* ist aber nachträglich oben beigefügt.

5) Davon 6 auf der Partie *VIb* 22—43.

6) pustertiu *Ib* 40, *postertio VIIa* 46 ist nicht zu gebrauchen.

-*p* : osk. úp *op* = l. *ob* (Gdf. **opi*), osk. íp pälign. *ip* (über die Gdf. s. S. 85); über umbr. *su maronato* s. S. 427; über die umbrische Schreibung kutep vitlup turup s. S. 465 mit Anm.

Mediae.

254. -*d*. Urit. und urosk.-umbr. -*d* (in der secundären Endung der 3. Pers. Sing. aus idg. -*t* entstanden, s. S. 573) blieb im Oskischen fast ausnahmslos erhalten: Abl. Sg. amnúd *ziculud* múíníkad slaagid *castrid* tanginúd u. s. w. (die Beispiele s. in § 271, 273, 277, 279, 283), Imperativ estud *estud actud factud deiuatud* líkítud (§ 308), Conjunctiv fakiiad heriiad pútíad turumiiad aflukad da[da]d (kahad?) *deiuaid* fusíd *fuid fefacid* dadid *hipid pruhipid* (§ 305 f., 312, 324), Perf. Indic. deded kúmbened upsed prúffed (§ 323). Abfall von -*d* ist sehr selten und nirgends ganz zweifellos. Es findet sich auf der Blt. Pakiu, nach Bücheler und Bugge Ablativ[1]; hier kann das Fehlen des -*d* wohl daraus erklärt werden, dass Pränomen und Nomen (Pakiu Kluvatiud) eine gesprochene Einheit bildeten (*d* vor *k* geschwunden wie in eksuk = *eksud-k). Die Präposition l. *prō*, die wegen *prōd-est prōd-eo prōd-igo* auf **prōd* zurückzugehen scheint, lautet auf der T. B. beidemal *pru*, nicht **prud*, aber der Abfall des -*d* kann hier auf der engen Verbindung der Präposition mit ihrem Casus beruhen[2]) und ausserdem ist keineswegs sicher, dass *pru* wirklich ein -*d* verloren habe. Sehr merkwürdig ist die auf der Blt. (die sonst das -*d* bewahrt: akrid dadid da[da]d putiiad turumiiad aflukad [kahad]) erscheinende Schreibung mit -*h* an Stelle von -*d* in suluh (1 m., vor p-) = **sollōd* und svai puh (2 m., vor a-) = *suae pod* T. B., welche irgendwie auf

---

1) Nach Deecke hingegen Dativ. Vgl. Bd. II Anh.

2) Das eine Mal wirklich zusammengeschrieben (*prumeddixud* 13), das andere Mal mit erst nachträglich eingesetzter Interpunction (*pru medicatud* 24, s. die Tafel bei Zvet.), vgl. § 258. Vor *m* mochte *d* lautgesetzlich schwinden wie in l. *caementum* etc. Ueber *pru*- in Compositis s. S. 113.

das *-d* noch hinzuweisen scheint (vgl. Bücheler Rh. M. 33, 47). Besonders auffällig ist das -h, wenn svai puh = *suae pod* kurzes *o* enthält (vgl. die Syntax), da nach kurzem Vocal selbst im Lateinischen *-d* erhalten blieb. Sonst könnte man das -h vielleicht als Bezeichnung der Länge oder irgendwelcher besonderen (circumflectirten?) Betonung ansehen[1]. Zu beachten ist, dass sowohl suluh als svai puh Adverbia sind.

Die griechische Schrift zeigt statt -ϑ meistens -τ: *16* πωτ εσοτ (λεικειτ λιοκακειτ? über Bugges ιτωμ = *íd-um s. Bd. II Anh.), *18* αναϲακετ (Bücheler Deecke ακετ), *19* δεδετ, nur die Inschrift *15* scheint -ϑ zu haben in [οπσαννομ δεδε]ϑ oder wie sonst vor εισειδομ = ísídum zu ergänzen ist[2]. Auch die lateinisch geschriebene T. B., die in der Regel *-d* schreibt (53 m.), bietet vereinzelt *-t*, nämlich in *pocapit* Z. 8 und in dem 4maligen *dat*, ferner in *tadait* Z. 10, falls es Conjunctiv ist (s. § 304; über das sehr fragliche *loufiṭ* vgl. S. 90). Endlich kann man an '*pitpit*' („Osce quidquid") bei Festus erinnern. Ueber -τ vgl. Bugge K. Z. XXII 399: „Es scheint wohl möglich, dass das griechische ϑ, welches niemals im Auslaut steht, in der hellenischen Sprache Grossgriechenlands überhaupt weicher[3] klang als das auslautende oskische *d* in *pod*, und dass dadurch die Schreibart πωτ, εσοτ mit τ nicht mit ϑ veranlasst wurde." Zu den vereinzelten *-t* der T. B. vgl. lat. *aput haut illut* etc. Seelmann 366, Stolz² 316, Schweizer-Sidler² 71, zu '*pitpit*' lat. *quitquit* C. I. L. VIII 2557 und mehrfaches *quit* bei Seelmann 366. Zur phonetischen Erklärung vgl. Seelmann 358 f. Vielleicht ist bei den Beispielen der T. B. auch zu beachten, dass auf *pocapit* Z. 8[4] und auf *dat* Z. 6 und 8 tonlose Laute folgen, auf *dat* Z. 9 und 10 (und auf *tadait* Z. 10) allerdings Vocale. Auffällig ist, dass nie **dad* geschrieben ist.

---

1) Vgl. noch upsatuh sent *175* = l. *operata sunt?* (oder *operati sunt?*).

2) Bugges ειvκαπιϑ „incepit" auf *16* ist mir sehr zweifelhaft (s. Bd. II Anh.).

3) Etwa gar als *đ*? (vgl. W. Meyer Rom. Gramm. I 539 übers. Sicilische).

4) *pocapit post*, dagegen auf dem Fragment Avellinos *p*]*ocapid Bansa*[*e*.

Zwischendialekte. Im Pälignischen zeigt die Herentas-Inschrift Formen mit und ohne *-d* neben einander: *fertlid, uidad* (?), *afded* (im letzteren ist der Vocal vor *-d* wohl kurz), aber *dida* (*firata*? noch fraglicher sind andere Beispiele; vgl. Bd. II Anh.). Ausserdem ist noch *oisa 255* zu erwähnen (*aetate* ebd. hat wohl kein *-d* verloren). Marrucinisch (*274*): *ta[g]a* oder *ta[h]a* „tangat", *pacr-si* wohl „sit" nicht „sis" (ob *pedi* eine 3. Sg. Conjunct. sei, ist sehr fraglich). Volscisch (*240*) immer ohne *-d*: *faɔia arpatitu estu*, wahrscheinlich auch *toticu couehriu sepu*, vielleicht auch *uinu* (vgl. Bd. II Anh.).

Umbrisch. Nach langen Vocalen ist *-d* ausnahmslos abgefallen, so in den äusserst zahlreichen Ablativen und Imperativen, sowie in der 3. Sing. des Conjunctivs (die Beispiele s. in der Formenlehre). Auch nach kurzen Vocalen, wo im Lateinischen *-d* erhalten blieb[1]), ist es im Umbr. abgefallen in este *este* „istud" (s. § 288), svepu *suepo* falls = **su̯ai-pŏd* (s. die Syntax) und in der 3. Pers. Sing. Indic. Perf. fefure *IIa* 4 (?), dede *292* (schwerlich aus *-ēd*, s. § 323), dagegen ist es theilweise noch erhalten (als -ř) in der Postposition -ař (5 mal neben 7 maligem -a). Ob wegen -ař anzunehmen sei, dass *-d* lautgesetzlich zuerst zu -ř geworden und dann erst abgefallen sei (Pauli A. S. V 88f.), scheint mir sehr fraglich, der Uebergang von *d* in ř wird hier wie sonst aus der intervocalischen Stellung zu erklären sein, also -ař im Satze vor Vocalen, -a vor Consonanten (vgl. S. 400 über ař-) und im absoluten Auslaut. Die Regel scheint an den überlieferten Stellen noch durchzublicken[2]). In der Verbindung mit Encliticis konnte natürlich *-d*, vor Vocalen als ř *rs*, erhalten

---

1) Gröbers Annahme, dass im Lateinischen *-d* lautgesetzlich auch nach langen Vocalen erhalten geblieben sei und im Ablativ das Fehlen des *-d* aus Casussubstitution zu erklären sei (Comment. Woelfflin. 173), scheint mir unrichtig (vgl. den Imperativ auf *-tō*).

2) spinamař etu *IIa* 33, asamař ereçlumař aseçetes *IV* 6, dagegen asama kuvertu *IIa* 39, asama purtuvitu *IV* 16, ereçluma Puemune *III* 35, ereçluma Vesune *IV* 3, ereçluma persnimu *IV* 10, spiniama persnihmu *IIa* 37, etrama spanti *III* 34, tertiama spanti *IV* 2, doch auch spantimař prusekatu *III* 33, persklumař kařitu *III* 21, aber nirgends -a vor Vocalen.

bleiben: peř-e *pirs-e pirs-ei* etc. „quid", eř-ek *ers-e* „id" (vgl. osk. id-ik), es hindert auch nichts, den Ablativ puře *Va* 7 in puř-e statt (wie Bücheler Umbr. 30 thut) in pu-ře zu zerlegen[1]), ja es könnte vielleicht die Enclitica -ře *-rse -rsi -rsei* durch falsche Theilung in Fällen wie puře, nachdem in dem einfachen **pōd *pūd* das *-d* abgefallen war, ausgegangen sein (vgl. die Syntax).

-f.

255. Im Umbrischen fällt *-f*, welches überall ausser vielleicht in esuf, aus *-ns -nss* entstanden war (§ 236), sehr häufig, im Neuumbr. sogar in der grossen Mehrzahl der Beispiele, ab. Ziemlich fest ist das *-f* noch auf *Ia—Ib* 9 (39 m. *-f* : 5 m. ohne *-f*), auf *IIa* (9 : 2—3) und auf *III—IV* (4 : 0), während die Partie *Ib 10*-Schluss das *-f* schon häufiger fallen lässt als bewahrt (11 : 15) und auf den lateinischen Tafeln *VI—VII* das *-f* nur mehr in $^1/_4$ der Fälle erscheint; *IIb* bietet kein Beispiel für Setzung oder Weglassung von *-f*, der national geschriebene Theil von *V* nur 2 : 2, oder, falls tribriçu und das 3 malige karu ein *-f* verloren haben (vgl. S. 508), 2 : 6, der lateinisch geschriebene Theil von *V* nur 4 : 3. Ein Unterschied macht sich auf den jüngeren Tafeln zwischen Einsilblern und Mehrsilblern bemerklich, indem in ersteren das *-f* viel fester ist: bei den Einsilblern ist das Verhältniss von Setzung zu Weglassung 41 : 11[2]), bei den Mehrsilblern umgekehrt 12 : ca. 115. Irgendwelche sonstige Regel, etwa dass *-f* je nach dem folgenden Anlaut gesetzt würde oder nicht, scheint nicht zu bestehen[3]). Dieser regellose Zustand wird

1) pu-e *pu-e* nicht Ablativ, sondern Dativ oder Instrumental.

2) Nämlich *fri* 6 m., *si* 1 m., *traha* 4 m. (immer in der Verbindung *traha sahata(m)*, wo vielleicht das folgende *s-* wirken konnte, vgl. Dat.-Abl. Plur. auf *-s* aus *-fs*).

3) Nach Bücheler 112 bestände im Neuumbr. eine Abneigung dagegen, *-f* vor folgendem *f-* zu setzen, aber B. selbst führt an, dass 9 mal (d. h. an allen Stellen) *trif fetu* geschrieben ist, dazu kommt *sif filiu VI b* 3; die Weglassung des *-f* vor *f-* begegnet eben bei den Mehrsilblern, in denen ja *-f* im Neuumbr. überhaupt nur selten (in ca. $^1/_{10}$ der Fälle) gesetzt wurde. Im Altumbr. ist *-f* vor

kaum anders zu erklären sein, als daraus, dass *-f* in gewissen Stellungen geschwächt wurde und abfiel (ev. assimilirt wurde), z. B. vor *s-* (vgl. Dat.-Abl. Plur. auf *-s* aus *-fs*), vor *t-* (vgl. *screihtor* hahtu hatu etc.) und vielleicht bei Mehrsilblern im absoluten Auslaut, in anderen Stellungen dagegen bewahrt blieb, z. B. vor Vocalen (in fesnaf-e *uerof-e* etc. fehlt es nie), vor *r l* etc., und dass dann Verwirrung der Doppelformen eintrat. Im Neuumbr., welches ein starkes Zurückweichen der Formen mit *-f* zeigt, wurden diese vielleicht dadurch leichter entbehrlich, dass im Nom. Plur. das *-r* (aus *-s*) sich festsetzte, Zweideutigkeit also nicht mehr so leicht eintrat wie früher, wo der Nom. Plur. oft des unterscheidenden Endconsonanten entbehrte (s. § 256).

In den übrigen Dialekten war *-f*, so viel man sieht, fest: osk. essuf *esuf*, úíttiuf, fruktatiuf, tríbarakkiuf, staief oder fuf (oder staieffuf?), pälign. *ecuf*, volsc. *asif*. In osk. Ϝαλε *12*, wenn Ptc. „ualens", fehlt *-f* wohl nur aus Raummangel.

-s.

256. Oskisch-Sabellisch. Auf lateinischen Inschriften ist auslautendes *-s* sehr oft nicht geschrieben (s. Corssen I 286 ff., Brugmann I 507 f., W. Meyer in Gröbers Grdr. I 363, Stolz² 316 f., Havet Études romanes dédiées à G. Paris 303 ff.), ebenso im Faliskischen (s. Deecke Fal. 256 f.). Fürs Oskische steht durch eine grosse Anzahl von Beispielen Erhaltung von *-s* als Regel fest. Anniei *137* für Annieís mag daher mit Bücheler als Abkürzung angesehen werden[1]), ebenso

---

f-, wie überhaupt, meistens geschrieben. Conway Verners law in It. 109 will die Tendenz constatiren, *-f* in Sätzen, wo es am Ende mehrerer Wörter stehen sollte, nur einmal zu setzen, aber der Ausnahmen sind so viele, dass die Tendenz in Nichts zerfliesst. Vgl. z. B. *VIa 3 mersta auuei mersta angla esona*, dieselben 5 Accusative in der folgenden Zeile *mersta aueif merstaf anglaf esona* und Zeile 18 *mersta aueif mersta angla esona*. In Fällen wie *porca trif rofa ote peia* ist die Einsilbigkeit des *trif* zu beachten.

1) Weglassung des Endbuchstabens auch z. B. in iúhil. (iúvil.) múinik. = iúvilú múinikú *131, 132* (von derselben Fundstätte wie *137*).

vielleicht Asilli, Titti, Pupie auf pompejanischen Ziegeln (*69*, *84*, *78*), Static Silies (oder Silie S.?) *120*, Pape Savfi (oder Papes Avfi?) *27*, Paapii Paapi auf Münzen und Schleudergeschossen aus dem Socialkrieg (*236*, *237*, *210*)[1]), pälign. *Calauan* *265*, *iocatin* *251* falls = *locatins* (mir sehr zweifelhaft, s. Bd. II Anh.), *forte* *255* (das *-e* steht auf dem Rande des Steines)[2]), *Herclit* *259* (das *-t* wohl auf dem Rande des Steines; wahrscheinlich zu *Herclitus* zu ergänzen, vgl. *Arghillus* *267* = Ἄρχιλλος), mars. *Nouesede* *243* (das *-e* auf dem Rande des Steines); vest. *Uetio* *276* ist offenbar ein Latinismus (statt **Uetis* oder **Ueties*), die aequ. Inschrift *278* mit Herenniu ist vielleicht unächt (s. S. 22f.) oder dann ist Herenniu ebenfalls ein Latinismus. D'Ovidio Riv. di filol. IX 7 erklärt auch das Fehlen des *-s* in osk. Statie etc. durch lateinischen Einfluss. Unmöglich ist übrigens nicht, dass (unter gewissen Bedingungen?) auch im Oskischen *-s* eine Schwächung erfuhr und daher auf geringeren Inschriften zuweilen ungeschrieben blieb. Merkwürdig ist upsatuh sent *175* falls = *opsatōs sent* „operati sunt" (*-s* vor *s-*; sent enclitisch?). — Ueber das Picenische s. S. 588f.

Umbrisch[3]). Im Umbrischen wurde, wie wir S. 521 ff. sahen, einfaches *s* im Inlaut zwischen Vocalen wie im Lateinischen zu *r*. Beim auslautenden einfachen *-s* nach Vocalen zeigen sich aber Unterschiede zwischen Altumbrisch und Neuumbrisch. Während das *-s* im Altumbrischen wie im Lateinischen im Allgemeinen *-s* blieb, wurde es im Neuumbrischen (und im altumbr. Theile von Taf. *V*) vom Rhotacismus ergriffen. Natürlich kommt hiebei nur das etymologisch einfache *-s* in Betracht (Nom. Sg. der *io*-Stämme und einsilbiger *i*-Stämme, Gen. Sg. aller Stämme, Nom. Pl. der *ā*- *o*- und *i*-Stämme, Dat.-Abl. Pl. der *ā*- und *o*-Stämme, 2. Pers. Sg. Act. Präs. etc.), nicht das *-s* (*-ss*) = *-fs* im Dat.-Abl. Pl. der *i*- *u*- und cons.

---

1) Ob in Arkiia *112*, Santia *168* ein -s fehle, ist unsicher, vgl. lat. masc. Nominative auf *-a* wie *Sulla Catilina* etc.

2) Wirklichen lautlichen Abfall des *-s* könnte man daraus erklären, dass *forte(i)s faber* „des Glückes Schmid" eine stehende Redensart war (*s* an *f* assimilirt).

3) Vgl. Aufrecht-Kirchhoff I 103 ff., Bréal T. E. 336 f., Bücheler Umbr. 184 f., Walter Rhotacism. 43 f., Brugmann I 508, Conway Verners law in Italy 107 ff.

Stämme (*sacris* etc.), = *-ns* in der secundären 3. Pers. Plur. (*etaias* etc.), = *-ss* in der 2. Pers. Sg. des Fut. I II (heries benus etc.), = *-st* in der 3. Pers. Sg. des Fut. I II (*fus purdinsus* etc.), = *-ks* (*uas*) etc. Neben den Formen mit *-s* auf *I–IV* und mit *-r* auf *V—VII* finden sich in beiden Gruppen solche ohne den Endconsonanten. Die Zählung ergibt folgendes [1]). Auf *Ia—Ib* 9 und auf *III—IV*, denselben Partien, die auch bei *-f* die Weglassung fast immer vermeiden (s. S. 580, vgl. auch S. 36), bleibt *-s* fast durchweg bewahrt, nämlich auf *Ia—Ib* 9 39 mal : 3 mal, auf *III—IV* 34 mal : 1—3 mal [2]); auch auf *IIa* 15—Schluss bleibt *-s* 15 mal : 1 mal, auf *IIa* 1—14 dagegen nur 1 mal : 4 mal [3]), auf *IIb* nur 11 mal : 7—18 mal [4]), auf *Ib* 10—Schluss nur 12 mal : 12 mal. Von den rhotacisirenden Tafeln bewahrt der altumbrische Theil von *V* das *-r* 23 mal: 3 mal (wenn das 2 mal vorkommende eikvasese = *eikvaseser ist), der neuumbrische Theil von *V* 26 mal : 4 mal. Die übrigen neuumbrischen Tafeln, *VI VII*, zeigen neben ungefähr 450 maligem *-r* bloss 13 mal Weglassung des *-r*: 3 m. *sei si* „sis", 8 m. *heri herie heriei* (in der Bedeutung „uel — uel"), 1 m. *Fisie* (*VIb* 10), 1 m. *Fisouie* (*VIb* 15); es ist sehr zu beachten, dass hierunter zwei einzige Nominalformen sind, sonst alles 2. Personen Sg. des Verbums sind, welche letztere auch im Altumbr. sich durch Unfestigkeit des Endconsonanten bemerklich machen [5]); während also auf *VI VII* bei den No-

1) Das Wort erus *erus* ist nicht gezählt, weil es auch im Neuumbr. immer *-s* behält.

2) ufestne *IV* 22 (es folgt s-), kumnakle *III* 8 (es folgt s-; vielleicht aber Locativ), über sevakne *IV* 9 s. S. 587 f.; dazu noch vuke *III* 2 21 nach Büchelers Erklärung als Gen. Sg. (doch vielleicht eher Loc. Sg.).

3) Vgl. über *IIa* 1—14 und 15-Schluss S. 36, 59, 79.

4) 18 mal, wenn man alle Formen von *o*-Stämmen in der Namenaufzählung Zeile 2 ff. mitrechnet, doch ist keineswegs sicher, dass alles Plurale seien; die 13 mal vorkommenden Dative auf -ate (Atiieřiate Kaselate etc.) sind eher Singulare als Plurale, s. S. 588.

5) heri *Ia* 4 22 22 [einzige Beispiele von Fehlen des -s auf *Ia*], *IIa* 9 10, seste *IIb* 22 (?), mit -s heris *Ia* 4 *Ib* 6 6. Ganz unmöglich wäre es übrigens nicht, dass bei der Partikel heri *heri herie* Confusion zwischen zweiter und dritter Person eintrat (über *herie* vgl. § 306).

minalformen das Verhältniss ca. 450 : 2 ist, kommen bei den Verbalformen auf bloss 3 Formen mit *-r* (*sir VIb* 7 7 26) 11 ohne *-r*.

Fragen wir zunächst, ob eine Regel für das Nebeneinander von Formen mit und ohne *-s* oder *-r* sich feststellen lasse, so scheint irgendwelcher Einfluss des folgenden Anlauts auch bei genauester Untersuchung nicht aufzufinden[1]), *-s -r* wird vor Vocalen und vor Consonanten sowie im Satzauslaut ganz regellos bald bewahrt bald abgeworfen. Natürlich hindert dies nicht daran, anzunehmen, dass einst satzphonetische Unterschiede bestanden hatten und später Verwirrung eintrat (s. u.). Andere Gründe scheinen nicht nachweisbar. Nach Conway 108, 109 (vgl. Bücheler 185) sollen *-s -r* nur nach langen Vocalen oder Diphthongen abfallen, aber aus dem vorhandenen Material ist dies nicht zu erweisen, denn die Beispiele, die für *-s -r* nach kurzem Vocal in Betracht kommen, sind überhaupt äusserst spärlich: svepis *Ib* 18 *IV* 26 *sopir VIb* 54, *Atiersir VIIb* 3 und wahrscheinlich *arsir VIa* 6 7[2]). Möglicherweise lässt es sich als eine, wenn auch wenig ausgeprägte, Tendenz constatiren, von zwei zusammengehörigen im gleichen Casus stehenden Wörtern dem ersten den Endconsonanten zu entziehen, dem zweiten ihn zu belassen, so heisst es 3 m. afepe arves (*Ib* 26 44 *IIa* 7), 2 m. Çerfe Marties (*Ib* 28 31), 2 m. eikvasese Atiiefier (*Va* 4 16), 1 m. snate asnates (*IIa* 37), *agre Casiler* (*Vb* 14), *agre Tlatie Piquier Martier* (*Vb* 9); daneben stehen aber als das gewöhnlichere die volleren Formen afepes arves etc., das umgekehrte jedoch, afepes arve etc., scheint ausser dem auch sonst auffälligen *ocrer Fisie VIb* 10[3]) nicht vorzukommen[4]). Die erwähnte Tendenz ist aber, wenn sie

1) Natürlich wäre es eine falsche Genauigkeit, wenn man, die Beschränktheit des Materials ausser Auge lassend, auf einige wenige Beispiele gleich Regeln bauen wollte; auch müssen die einzelnen Beispiele zunächst immer aus den sonstigen Gewohnheiten speciell derjenigen Tafel oder Partie einer Tafel, auf der sie stehen, beurtheilt werden.

2) Dazu allerdings vielleicht erus (12 m.) *erus* (11 m.), dessen *-s* aber im Nu. nicht als *-r* erscheint (s. u.).

3) *Fisie* mit Aufrecht-Kirchhoff I 106 in *Fisier* zu bessern, ist doch etwas gewagt.

4) In vasus ufestne *IV* 22 enthält das erste Wort *-s* = *-ss*. Ge-

überhaupt bei der Kärglichkeit des Materials als erwiesen betrachtet werden darf, nichts altes, sondern entstand durch eine secundäre Vertheilung der bereits vorhandenen Doppelformen mit und ohne Endconsonant, kommt also für die Entstehung dieser Doppelformen nicht in Betracht. Es scheint nichts anderes übrig zu bleiben als, wie bereits angedeutet, Entstehung der verschiedenen Formen unter verschiedenen satzphonetischen Bedingungen und spätere Vermischung dieser Formen anzunehmen (so auch Conway 108, vgl. Brugmann a. O.). Hier wird zugleich das genauere Verhältniss des *-s* auf *I—IV* zum *-r* auf *V—VII* zu erörtern sein. Der Rhotacismus im Wort-Inlaut wirkte klärlich vor der Zeit der iguvinischen Tafeln, schon die Tafeln *I—IV* zeigen hier überall *r*[1]): hapinaru staheren fakurent etc., auch in der festen Verbindung mit vocalisch anlautenden Encliticis: funtler-e fesner-e tuver-e erer-ek erar-unt ererer-unt; der Rhotacismus ist vermuthlich sogar vor den Uebergang von *d* zwischen Vocalen in ř *rs* zu setzen (s. S. 522). Ist nun anzunehmen, dass in der Zwischenzeit zwischen Tafel *IV* und *V* der Rhotacismus ein zweites Mal als Lautgesetz auftrat und diesmal die auslautenden *-s* ergriff, oder kann der ganze Endrhotacismus auf Taf. *V—VII* aus analogischer Ausbreitung der éinen Satzdoppelform (der antevocalischen) erklärt werden? Das erstere ist wohl kaum wahrscheinlich zu machen. Wie Brugmann a. O. gewiss mit Recht annimmt, setzt *-r* als Vorstufe *-z* voraus[2]); dieses *-z* aber, das im Uritalischen nach Maassgabe der Inlautsverhältnisse vor Vocalen, vor Medien, wohl auch vor Halbvocalen (und vor Nasalen und *l*?) seine Stelle hatte[3]), musste im Umbrischen im Satzinlaut vor Vo-

---

gen Büchelers Erklärung des 4 maligen *orer ose* als „illius anni" erhebt sich ausser den früher erwähnten Bedenken (s. S. 156) das weitere, dass, wenn sonst auf *VI VII* das Verhältniss von Fehlen des *-r* = *-s* bei Nominalformen zu Bewahrung desselben nur 2 : ca. 450 ist, schwerlich das viermalige *ose* als Gen. = **oser* aufgefasst werden darf und dass dann wenigstens eher **ore oser* zu erwarten wäre. Ueber Bréals Deutung s. § 331.

1) Ausser den wenigen unklaren Fällen, wo auch das Neuumbr. *s* hat, s. S. 524 ff.

2) Conways Vermuthung (S. 10 Anm.), dass das *-r* z. Th. tonlos sei, leuchtet mir durchaus nicht ein.

3) Vor Medien z. Th. aus idg. Zeit stammend? Vgl. Brugmann

calen gleichzeitig wie *z* im Wortinlaut zwischen Vocalen, also vorhistorisch, zu *-r* werden (daher aŕeper arves schon auf Taf. *I*); wollte man also lautgesetzlichen Zuwachs von *-r* aus *-z* im jüngeren Umbrischen annehmen, so müsste derselbe von den vor Medien etc. berechtigten Formen mit erhaltenem, nicht zu *-r* gewordenem, *-z* ausgegangen sein[1]). Einfacher ist die Annahme, dass die Ausbreitung des *-r* im Neuumbrischen bloss auf Verallgemeinerung der vor Vocalen schon im Urumbrischen lautgesetzlichen Formen auf *-r* beruhe. Es ist lehrreich, hier einen Blick auf den elischen Endrhotacismus zu werfen. Osthoffs Auffassung desselben (L. Cbl. 1879, 1096, vgl. Perf. 26 ff., G. Meyer[2] 227 f., Brugmann Gr. Gr.[2] 61, 67) scheint mir das Richtige zu treffen: vor tönenden Lauten (allen?) entstand -ρ, vor tonlosen blieb -σ, die Doppelformen wurden dann promiscue gebraucht (Stand der älteren Inschriften), bis endlich -ρ verallgemeinert wurde (Damokrates-Inschrift). Schwierig bleibt bei dieser Auffassung des neuumbrischen Endrhotacismus allerdings die Frage, warum nicht schon auf den älteren Inschriften öfter *-r* neben *-s* erscheint. Dialektische Verschiedenheit wäre nicht undenkbar, aber doch kaum wahrscheinlich. Eher wird vielleicht angenommen werden können, dass man in der Zeit der Tafeln *I—IV* infolge orthographischer Regelung die Schreibung der Formen mit *-r* noch vermied, dass dann aber später die Formen mit *-r* gegenüber denen mit *-s* allmälig so an Boden gewannen, dass sie auch in die „Schriftsprache" drangen und die Formen mit *-s* allmälig ganz verdrängten, ausser in der engen Verbindung mit consonantisch anlautenden Encliticis (*esis-co pesondris-co ueris-co*, vgl. dagegen elisch ὅρ-τιρ)[2]). Die Formen mit *-r* ver-

Gr. Gr.[2] 61, 77 über *-z* neben *-s* im Griechischen. — Dass die oskische T. B., welche das tönende *z* durch *z* bezeichnet (s. S. 70 ff.), niemals *-z* sondern immer *-s* schreibt (auch vor tönenden Lauten, im Ganzen ca. 50 mal), kann verschieden erklärt werden.

1) In diesem Falle könnten die -s der Tafeln *I—IV* theilweise *-z* als directe Vorläufer des neuumbr. *-r* darstellen.

2) Die Form ohne Endconsonant würde vor einer solchen Enclitica vorliegen in iepru *IIa* 32 nach der Deutung „pro eis" (Bücheler 136), doch bliebe das Fehlen des -s auffällig, ie- ist eher mit Huschke 376 als Singular aufzufassen (schwerlich iepru zu l. *iecur*, vgl. S. 334).

drängten im Neuumbrischen auch die Formen ohne Endconsonanten, ausser in gewissen Verbalformen, fast vollständig. Was diese Formen ohne Endcons. selbst betrifft, so kann in denselben theils -*s* abgefallen sein (vgl. den Abfall sogar von eigentlich doppeltem -*s* in sevakne *IV* 9 etc.? s. u.), theils daraus entstandenes -*r* (vgl. den Abfall von ächtem -*r* in fratruspe emantu etc. S. 568f.). Da *s* im Wortinlaut vor allen Consonanten, ausser etwa *f*, dem es wohl assimilirt wurde, und *r*, vor dem es zu *f* wurde, erhalten blieb, vor Vocalen zu *r* wurde, scheint der Abfall des auslautenden -*s* ursprünglich vorzugsweise dem absoluten Auslaut, ferner etwa der Stellung vor *f*- und vielleicht vor *s* + Cons. (*sk*- *st*- etc.) geeignet zu haben.

Welche Auffassung des neuumbr. Endrhotacismus man auch bevorzugen möge, jedenfalls wird derselbe nicht ein absolutes, strictes Lautgesetz gewesen sein, dem jedes einfache auslautende -*s* unwiderruflich verfallen musste; die in vielen Stellungen lautgesetzlich berechtigte Form mit -*s* kann in besonderen Fällen dem überwuchernden Rhotacismus entgangen sein, wie es in *esis-co* etc. geschehen ist. Hieher gehört vielleicht das Wort *erus*, das auch auf Taf. *VI*—*VII* immer (11 m.) -*s* zeigt und doch nicht leicht auf eine Form mit -*ss* zurückzuführen ist; die einfachste Erklärung ist die aus einem Neutrum **aisus* (vgl. S. 523 und § 268)[1]); Osthoff Cu. Stud. IX 278f. (vgl. Bücheler Umbr. 70) will *erus* aus **erfos* **erfs* durch Entwicklung eines *u* vor *f* erklären, aber dies scheint mir lautlich nicht ohne Bedenken (vgl. § 284) und gr. ἄλθος darf jetzt doch des *l* wegen nicht mehr verglichen werden[2]). Ueber *pis-i pis-est pis-her* s. S. 527.

Ein -*s* = -*ss* wäre im Umbrischen abgefallen in se-

1) Vielleicht könnte der Dissimilationstrieb die Bevorzugung des -*s* statt -*r* in *erus* begünstigt haben (vgl. l. *miser* S. 527 A. 3 und dgl.). Erwähnt sei auch, dass *erus* im Neuumbr. 10 mal von 11 vor *d*- (*dirstu* etc.), 1 m. vor *c*- (*conegos VI b* 16) steht (im Altumbr. 7 m. vor t = *d*, je 1 m. vor p k t m und Pausa).

2) Wäre *erus* = **erufs*, so könnte vielleicht noch eher an ai. *išudh*- (Fick I[4] 176) erinnert werden (vgl. über ital. *ais*- : ai. *iš*- S. 523 A.). Sachlich unhaltbar ist wohl die Erklärung von *erus* als Dat. Pl. „diis" (Panzerbieter Qu. Umbr. 11f., Savelsberg K. Z. XXI 211ff.). Bréals Erklärung als Acc. Plur. ist schwerlich möglich (vgl. § 284).

vakne *IV* 9, falls nicht in Folge des Umbrechens am Zeilenende das -s vergessen ist[1]), und in den Dativen Atiieřiate, Kureiate, Peieřiate, Talenate, Museiate (je 2 m.), Kaselate (3 m.) in der Stelle *IIb* 2—7, falls es wirklich Plurale sind, was mir eben des fehlenden -s wegen sehr fraglich ist[2]); über eikvasese s. § 269, über seste *IIb* 22 § 313. Sonst bleibt *-s* = *-ss* immer bewahrt: Dat.-Abl. Plur. der *i- u- ē-* und consonantischen Stämme und 2. Pers. Sing. Fut. I II (zusammen über 60 mal belegt).

Endlich sind noch die kleineren umbrischen Inschriften zu erwähnen. Von ihnen schliessen sich im Puncte des Endrhotacismus den iguv. Tafeln *I—IV* an die Nummern *290* aus Ameria mit -tvdis, -etvedis, Hurtentius, herinties (falls von *herintiā-*, s. § 264) und *292* aus Tuder mit Trutitis; *290* zeigt die Form ohne -s in H[ur]θ*n*θiu = Hurtentius und herintie neben herinties. Auf den Nummern *295* aus der Gegend von Fulginium und *296* aus Asisium erscheint dagegen der Endrhotacismus wie auf den iguv. Tafeln *V—VII* in *Cubrar matrer 295*, *Uoisiener 296* und daneben Fehlen des Endconsonanten in *Uarie*, *Fulonie 295*, *Uistinie*, *Propartie 296* (das Fehlen des Endconsonanten war hier offenbar viel häufiger als auf den iguv. Tafeln *V—VII*). *293* aus Tuder weist bloss 3 maliges *Puplece* (Gen. Sg.) auf, nirgends *-s* oder *-r* (vgl. auch S. 29, ebd. über *294*)[3]).

Ueber die Chronologie der iguvinischen Tafeln und der kleineren umbrischen Inschriften s. S. 35f., vgl. S. 28f.

Ausserhalb des Umbrischen ist der Endrhotacismus nirgends nachweisbar. Möglicherweise ist er fürs Picenische anzunehmen, falls *or ear* auf Schleudergeschossen =

1) An einen anderen Casus als den Abl. Plur. scheint wegen *IV* 24f. nicht gut gedacht werden zu können.

2) Zu Kaselate vgl. *Casilos Casilate* auf *Vb* gegenüber dem Plur. *Clauerniur Clauerni(r)*. Auch könnte zu den Dativen auf *IIb* 2—7 aus fameřias *IIb* 2 der Dat. Sg. fameřie zu ergänzen sein, so dass die je 1 m. vorkommenden Satanes Iuieskanes eigentlich durch Inconsequenz entstandene Fehler wären.

3) Wenn Tuter auf einer Münze (*291*) Nom. Sg. ist, ist es wahrscheinlich ein Beispiel für *-r* aus *-s* (s. S. 217f.), beweist aber nicht den allgemeinen Endrhotacismus, da es von derselben Art wie l. *honor maior* etc. sein kann.

ōs eās sind (s. Bd. II Anh. zu *324*) und im Inlaut im Picenischen wirklich Rhotacismus eintrat (vgl. S. 521).

Ueber *-ks* s. S. 376 f., über *-ts* S. 390 ff., über *-fs* S. 464, über *-rs* (*-rts*) S. 494 f., über *-ls* S. 498 f., über *-ns* (*-nts*) S. 505 ff.

Betonung[1]).

257. Da die Grammatik der oskisch-umbrischen Dialekte in allen ihren Theilen eine ganz nahe Verwandtschaft mit dem Lateinischen zeigt, wird man auch in der Beurtheilung der Betonung, so lange nicht gegentheilige Anzeichen vorliegen, sich an das durch das Lateinische Gegebene zu halten haben. Es lässt sich hienach nicht erwarten und ist noch Niemand eingefallen zu behaupten, dass das Oskisch-Umbrische den indogermanischen freien, wechselnden Accent bewahrt habe, also im Gegensatz zum Lat. noch die Endsilben und kurzen vorletzten Silben betonen konnte. Vielmehr wird mit Corssen, Brugmann u. A. anzunehmen sein, dass die Verlegung des Accentes auf die Anfangssilbe, welche für das Urlateinische vorauszusetzen ist, schon im Uritalischen eingetreten war, und zwar vermuthlich in früher Zeit, da auch der Eintritt der jüngeren Betonung im Lateinischen (und, wie es scheint, im Osk.-Umbrischen) noch vor die historische Zeit fällt, zwei so grosse Accentumwälzungen aber kaum bald nach einander stattgefunden haben werden. Es ist sogar nicht unwahrscheinlich, dass die Zurückziehung des Accents im Italischen mit derjenigen im Keltischen (und Germanischen?) directen Zusammenhang hat, s. Thurneysen Rev. Celt. VI 312 f. (Rh. M. 43, 349 f.), Kluge Pauls Grdr. I 339, vgl. Brugmann I 539 f. Anm. Die Anzeichen für die einstige Betonung der ersten Silben im Lateinischen[2]) sind 1) Syncopirung von Vocalen, welche nach der jüngeren Betonungsweise den Accent tragen müssten und zwar *a*) in drittletzten Silben, z. B. *optimus* aus *opitimus*, *quindecim* aus *quinquedecim*, *Manlius*

---

1) Corssen II² 907 ff., Brugmann I 548 ff.

2) S. Stolz² 319 ff. und die dort (S. 321) citirte Litteratur.

aus und neben *Manilius* *b*) in vorletzten positione langen Silben, z. B. *fe(n)stra* neben *fenestra*, *surptus* = *surreptus*, *iuxta* aus **iugista*. 2) Schwächung von Vocalen in denselben Stellungen: *a*) *indigeto* aus **indageto*, *igitur* aus enclitischen Verbindungen wie *id agitur* verselbständigt, *praefiscini* (Adv.) aus **praefascini* etc. *b*) *conscendo concīdo anhēlo* (aus **an-enslo* = **an-anslo*) etc.

Von diesen Anzeichen findet sich die Syncopirung in den entsprechenden Stellungen auch im Osk.-Umbrischen und zwar verhältnissmässig weitergehend als im Lateinischen (vgl. oben S. 212ff.). So

a) in drittletzter Silbe: osk. Anagtiai *187* (zu sprechen *An^{a}gtiai*, s. S. 252f.) aus **Ankĕtiai* oder **Angĕtiai* (l. *Angitiae*), dazu möglicherweise mars.-lat. *Actia 307* = **Anctia* aus **Ancĕtia*[1]; ähnlich osk. Líganakdíkeí T. A., falls aus **Liganki-dikei* (s. S. 255 und § 269)[2]; umbr. Pupřike -çe Pupřikes -çes ist wohl aus *Pupĕřike etc. syncopirt (s. S. 400)[3]; osk.-umbr. *nessimo-* vielleicht aus **nezdisṃmo-* oder **nedhisṃmo-* (s. S. 377f.); vo. *atahus* vielleicht aus **ad-tĕtahust* (wie l. *attigi* aus **ad-tetigi*, *reccidi* aus **rececidi* etc.)[4]; umbr. *perstico* vielleicht aus **pedestico* (nach Bücheler; doch nach Danielsson in *persei-co* zu corrigiren); endlich die Nominative osk. Pupdiis (neben Púpidiis) und Maakdiis, falls -iis zweisilbig oder als *-i̯is* zu lesen ist (im letzteren Falle zu *b*), s. § 276, und der Genitiv osk. Niumsieís Νιυμσδιηις aus **Niumezieis* (ev. ebenfalls zu *b*), doch können bei diesen leicht analogische Ausgleichungen angenommen werden[5].

---

1) Falls das *i* nach *t* in Anagtiai *Actia* zur Zeit der Syncope ein *i̯* war, gehört das Beispiel unter *b*). Unsyncopirt ist die dreisilbige Form päl. *Anceta* (umbr. Açetus?).

2) Im Nom. und Voc. Sg. von **Ligankīdik-* stand allerdings das í in zweitletzter Silbe.

3) Auch hier könnte man sich aber allenfalls auf den Nominativ *Pup(e)řiks berufen.

4) Ueber osk. úíttiuf s. S. 420.

5) Zu Pupdiis Maakdiis vgl. Formen auf *-is -im* wie päl. *Popdis* osk. Pakim, zu Niumsieís Νιυμσδιηις den zugehörigen Nominativ Ni]umsis selbst. Aehnlich wie Pupdiis Maakdiis sind die *Ofdius Sabdius Tetdius* etc. lateinischer Inschriften des osk.-umbrischen Gebietes zu beurtheilen.

b) In vorletzter positione langer Silbe: osk. Vezkeí T. A. wohl = l. **Uetusco*; umbr. *mersto-* (*meřstu-) aus **medesto-* vgl. l. *modestus*; umbr. Iapuzku- *Iapusco-* aus **Iapudisko-*; der Name der Osker, *Opsci*, aus **Opisci* (vgl. Ὀπικοί); osk. *minstreis* (*mistreis*) aus **ministreis*, l. *minister* (vgl. l. *fe(n)stra* neben *fenestra*); dazu ev. einige der oben unter *a*) angeführten Beispiele mit postconsonantischem *i* und umbr. *sepse* falls = **sepsi̯e* l. **saepicie* (Adv.), *uouse* falls = l. **uouicio* (Dat.).

Wenig beweisen können die Fälle, wo Syncope vor Silben stattfand, die nach der jüngeren lateinischen Betonung den Accent tragen würden, wie osk. úpsannam aus **opesannam*, fruktatiuf aus **frugu̯etatiuf*, Nuvk(i)rinum aus **Novik(i)rīnum*, osk. embratur päl. *empratois* aus **emperatur* **emperatois*, umbr. *osatu* (= **opsatu*) aus **opesatu*, etuřstamu aus **eh-tudestamu* etc., da hier die Syncope auch aus der jüngeren Betonung erklärt werden kann. Ebensowenig ist zu gebrauchen die Syncope kurzer vorletzter Silbe, z. B. in osk. uupsens und allen den Imperativen und sonstigen Verbalformen wie osk. *actud factud uincter* umbr. *ninctu couertu* sistu, und die Syncope in Endsilben wie in osk. húrz *ceus Bantins* umbr. *fons* pihaz Ikuvins, da die betr. Vocale auch nach der jüngeren lateinischen Betonung unbetont sein müssten.

Sehr spärlich sind die Anzeichen für die ältere Betonung in der Vocalschwächung, da diese im Osk.-Umbrischen überhaupt nur in Ansätzen zu constatiren ist (s. S. 235 ff.). Von den sicheren Beispielen kommt nur in Betracht umbr. prehubia = l. *praehibeat*, ein nicht unwahrscheinliches Beispiel ist ferner osk. *Mamert-* in Mamerttiaís Μαμερεκιες etc. (s. S. 239 f.), ein ähnliches wäre päl. *pperci* falls zu l. *peperci* aus **péparci*, doch ist dies sehr unsicher, ebenso ob osk. *Aisernim* auf **Aisarnim*, umbr. kumultu *comoltu amboltu* auf **kom-maletu* **amb-aletu* zurückgehen (s. S. 238 f., 319, 322), auf das Fremdwort osk. Arentika-, zu gr. Ἀράντισι (wie l. *Tarentum* aus gr. Ταραντ-, *talentum* aus gr. τάλαντον etc.)[1]), ist wohl nicht viel zu geben; Schwächung von *ŏ* zu *ŭ* viel-

1) Vgl. auch den samnitischen Ortsnamen *Arentia* (Bücheler Rh. M. 33, 7)?

leicht in umbr. *courtust*, d. h. wohl *couurtust*, = *couortust* (s. S. 161, 243).

Endlich kann die Contraction in umbr. m e s t r u aus **maïstra* angeführt werden, da sie nur aus der Betonung **má(h)istra*, nicht aus **ma(h)ístra*, erklärlich ist (man müsste denn Neubildung nach * m ē s aus **maïs* **maịs* annehmen), vgl. S. 273 f., 447.

Nimmt man alles zusammen, so wird kaum zu bezweifeln sein, dass auch im Osk.-Umbrischen einst die sogenannte ältere lateinische Betonung, welche die erste Wortsilbe betonte, geherrscht hat. Die Schwierigkeit beginnt bei der Frage, ob jene Betonung sich im Osk.-Umbr. auch in der historischen Zeit erhielt oder ob sie wie im Lateinischen einer jüngeren Betonungsweise, dem Dreisilbengesetz (der Accent kann nicht über die drittletzte Silbe zurückgehen) und der Herrschaft der Pänultima (wenn die Pänultima kurz ist, ruht der Ton auf der drittletzten, wenn lang, auf ihr selbst), Platz machte. Während z. B. Corssen fürs Osk.-Umbr. die spätere lateinische Betonung annimmt, vermuthet Brugmann (I 553) wegen der weitverbreiteten Vocalausstossung in den Schlusssilben Bewahrung der älteren Betonungsweise und mit grosser Bestimmtheit erklärt sich für letztere Conway Verners law in Italy 18 (64 Anm.). Die von Corssen vorgebrachten Argumente beweisen allerdings nichts, aber ebenso wenig ist m. E. aus der Syncope in Schlusssilben auf Bewahrung der älteren Betonung zu schliessen, denn wenn in osk. h ú r z *ceus* umbr. *fons uas* (aus **uacos*) etc. die Syncope direct nach der Tonsilbe stattfand, k a n n sie auch in osk. *Bantins* P ú m p a i i a n s umbr. I k u v i n s p i h a z etc. aus der Betonung **Bantīnos* **Pompaiiános* **Igovīnos* **piátos* etc. erklärt werden[1]). Unter dem, was man sonst etwa als Anzeichen für Bewahrung der älteren Betonung in historischer Zeit auffassen könnte, ist kaum etwas beweisendes: *t* vor *i* in osk. f r u k t a t i u f gegenüber *tt* in ú í t t i u f ist schon

1) Es soll damit nicht behauptet sein, dass zur Zeit der Syncope wirklich die Betonung **Bantīnos* etc. bestanden habe, die Syncope trat wahrscheinlich in ziemlich früher Zeit ein (s. S. 234 f.) es kann also d a m a l s noch **Bántīnos* etc. gesprochen worden sein, ohne dass jedoch für die historische Zeit etwas daraus zu schliessen ist.

wegen der Geminata in Mamerttiaís med(d)ikkiaí tríbarakkiuf Akudunniad teremenniú dekmanniúís Vítelliú etc. nicht aus einer Betonung *frúktatiuf* zu erklären (vgl. S. 538, 540); umbr. *Tesonocir VIa* 20 *VIIa* 38 neben *Tesenocir VIb* 1 3 Tesenakes *Ia* 11 14 könnte man desshalb für die ältere Betonung (*Tésonocir*) anführen wollen, weil das *-oc-* : -ak- sich leichter aus *-ăk-* als aus *-āk-* zu erklären scheint (vgl. S. 82, 239), in *Tesénŏcir* aber das betonte *e* der Vocalassimilation nicht unterlegen wäre, doch ist die Beweiskraft des Wortes aus mehreren Gründen sehr gering[1]); ob aus den Abkürzungen osk. ímbrtr *49* = *ímbratur und prúfts *137* = prúfattens auf Betonung der ersten Silbe geschlossen werden dürfe, ist gleichfalls sehr fraglich; über umbr. aruvia *III* 31 neben sonstigem arvia arviu s. S. 183f., 197; über osk. *famelo* : *allo* T. B. (*-lo -llo* aus *-lịo*) s. S. 532; über umbr. neiřhabas *IV* 33 s. § 291; über die (angeblichen oder wirklichen) Ausnahmen vom umbrischen Rhotacismus s. S. 524ff., 530f.; von den modernen italiänischen Ortsnamen mit auffälligem Accent (s. Corssen II 945f., Seelmann 49, 55, W. Meyer Ztschr. f. rom. Phil. VIII 239, Rom. Gramm. I 489, 498f., Conway 18) gehören *Pésaro* = *Pisaurum* gallischem, *Bríndisi* = *Brundisium*, *Táranto* = *Tarentum* (gr. Τάρας Τάραντος), *O'tranto* messapischem Gebiet an, der Flussname *O'fanto* = *Aufidus* (Apulien) zeigt späte Suffixvertauschung, *Fálleri* ist aus der contrahirten Form *Falĕrī* zu erklären[2]); auffällig bleiben allerdings die modernen Reflexe von *Interamna* : *Terni* (umbr.), *Teramo* (picen.), *Termoli* (frentan.), aber auf Bewahrung der uritalischen Betonung der ersten Silbe

---

1) Erstlich fehlen im Umbr. sonst Beispiele für solche Vocalassimilation (s. S. 250), es ist daher möglich, dass zwei verschiedene Formen des Wortes vorliegen (wenn z. B. das Grundwort **Teson-* oder **Tesono-*, die Ableitung *Tesenako-* hiess, konnte leicht der Vocal des ersteren in letztere übertragen werden). Auch kann der Name fremden Ursprungs und das Schwanken daher erklärlich sein. Endlich ist es trotz dem Fehlen sonstiger Beispiele für die Verdumpfung von *ā* in solcher Stellung möglich, dass das *o* in *-oc-* lang ist (also *Tesenōcir Tesonōcir*).

2) S. Deecke Fal. 28. Vgl. lat. Voc. *Uáleri* etc., Gen. *Mércuri* (W. Meyer I 498).

weisen sie nicht, vielmehr auf die Betonung *Intéramna*, deren Erklärung dahingestellt bleibe [1]).

Fragen wir nun, ob für die umgekehrte Annahme, dass in der Zeit unserer Denkmäler die jüngere Betonung auch in den osk.-umbrischen Dialekten die herrschende gewesen sei, sich mehr anführen lasse, so scheint es allerdings einige, wenn auch spärliche, Anzeichen zu geben, die für diese Annahme sprechen. Vor Allem sind zu erwähnen einige Fälle von Vereinfachung von Geminaten im Oskischen, die nur aus der jüngeren Betonung erklärlich scheinen (s. oben S. 545 ff.): so heisst es immer mit *nn* úpsannam *29*, ú]psann[am *192*, úps]*an*-n[am oder úps]*ann*[úm *37*, úpsann[úm *193*, úps]annu *41*, sakrannas *133*, sakran*n*[as *134* [2]), dagegen mit einfachem *n* eehiianasúm *135* (Gen. Plur.) und aamanaffed *30 32 35 36* (*31*) aus **aa-mannaffed*, zu l. *mandare* (vgl. § 293) [3]); von dem Stamme *meddik-* werden immer mit *dd* geschrieben der Nom. Sg. und Nom. Pl. meddíss meddís *meddis*, dagegen zeigen *d* Weiterbildungen wie *medicatud medicatinom* (er erscheinen jedoch auch Formen die sich der Regel nicht fügen, worüber S. 546 f.); dadíkatted *190* aus *daddíkatted; über Vesulliaís s. S. 528 A.; prúfatted *29 33 35 191 192* prúfattd *34* prúfattens *28* vielleicht aus *prúffatted *prúffattens, vgl. mit Ton auf der ersten Silbe prúffed (doch s. S. 190). Aehnlicher Art scheint kvaístúrei C. A. : kvaísstur *28 30 32 33 41* zu sein, s. S. 543 f.; falls auch die secundäre Gemination von Consonanten vor *i̯ u̯ r* nur unter dem Tone eintrat, sind meddikkiai medikkiaí tríbarakkiuf Mamerttiaís Akudunniad damsennias dekmanniúís kúmbennieís teremenniú Vitelliú ebenfalls Zeugen für die jüngere Betonung, doch ist

1) Vgl. vulgärl. *trifolium triginta uiginti* etc. (Corssen II 944 ff., W. Meyer I 494 f., 496 ff.)? Von Eigennamen zeigen auffällige Betonung noch die von Quintilian und Audax gerügten *Céthegus Cámillus Métellus* (Seelmann 31, Conway 64).

2) Das zweite *n* im letzteren allerdings unsicher, s. Bd. II.

3) manafum der Blt. kommt nicht in Betracht, weil die Blt. keine Geminaten schreibt. palanúd *209* nach Mommsens Deutung (U. D. 169) = *Pallanúd „Pallano", doch ist von der Inschrift nicht sicher, ob sie Geminaten schrieb und Bücheler erklärt palanúd als „edicto", zu l. *palam* (vgl. oben S. 51 Anm.).

dies nicht sicher (vgl. oben S. 538)[1]. Umbr. Puemune Puemunes sabin. *Poimunien* ist mit l. *Pōmōna* (*pōmus*), zu dem es gewöhnlich gestellt wird, nur in einer Gdf. **Pou̯emōn-* (**pou̯emo-*) zu vereinigen, der Uebergang des *ou̯* zu *u* (*o*) setzt aber Unbetontheit der ersten Silbe voraus, weist also auf die jüngere Betonung Puemúne *Poimúnien* (s. S. 200f.); ähnlich vielleicht aequ. Nuersens gegenüber *Nursia* (im Sabinischen), also aus **Nou̯érsens* (**Nou̯o-u̯ers-*?), vgl. S. 495f. Osk. *zicolo-* T. B. scheint auf urit. **dii̯ēkelo-*, nicht **di̯ēkelo-*, zu beruhen (s. S. 169, 411), ein **díi̯ēkelo-* mit betonter erster Silbe wäre aber kaum zu **di̯ēkelo- zicolo-* geworden, also wird als Vorstufe **dii̯ḗkelo-* mit der jüngeren Betonung anzusetzen sein; unsicher ist, ob auch osk. iúkleí *135* ähnlich zu beurtheilen sei (s. S. 411)[2]. Dass es im Umbr. uncontrahirt ahesnes (d. h. *ăĕsnes*), nicht *esnes, heisst, ist wohl aus der Betonung ăésnes zu erklären (s. S. 273f.); ähnlich vielleicht *stahitu*, nicht **stetu*, wegen der Betonung *stahítu* (oder *ĭ*? s. § 295). Dass es im Osk. púmperia-, nicht *púmpiria- (wie pústiris), heisst, ist vielleicht aus der Betontheit des e zu erklären, s. S. 249, ebd. über *famelo* teremenniú etc. Die jüngere Betonung setzt auch voraus Osthoffs (M. U. I 222f. Anm.) von Danielsson (Gramm. Anm. I 42) gebilligte Erklärung des Unterschiedes von osk. Pakim : Kluvatiium etc. aus älterem **Pákĭom* (oder **Páki̯om*) : **Kluvatíom* etc., doch s. § 275f. Pälign. *Ptruna 272* und *pperci 246*, falls zu l. *peperci* (sehr unsicher, s. Bd. II Anh.), weisen wohl auf Schwächung des *e* der ersten Silbe zu *ə* (vgl. S. 213)[3]; ähnlich ist vielleicht das *i* der ersten Silbe in osk. Sidikinud aufzufassen, falls der Name zu l. *sĕdeo* gehört (vgl. S. 251)[4].

---

1) *kk* in dekkvíarím *28* könnte aus einem Nebenton der ersten Silbe erklärt werden (vgl. Thurneysen bei Brugmann I 551 über das Lateinische und oben S. 541f. A.). — Ueber die Perfecta auf -atted -attens s. § 317.

2) Es wäre entweder Betonung des Vocales vor *kl* anzunehmen, wozu W. Meyer Rom. Gramm. I 490 über die Betonung vor Muta + Liquida zu vergleichen wäre, oder von unsyncopirtem *-kel-* auszugehen.

3) Osk. pälign. *bratom* kaum aus **parátom*, s. S. 213 Anm., 303.

4) Die Weglassung des Nasals in osk. Freternum : Frentrei und Λαπονις = l. *Lamponius* scheint wegen aragetud „argento"

Wenn auch nicht alle angeführten Argumente von gleichem Werth sind, so scheinen sie doch ausreichend, um es entschieden wahrscheinlich zu machen, dass im Osk.-Umbrischen in historischer Zeit die jüngere lateinische Betonung herrschte. Ueber den Zeitpunct der Aenderung lässt sich nur so viel sagen, dass er später fiel als die Syncope in osk. Anagtiai Vezkeí umbr. *mersto-* etc. und als die Schwächung in umbr. prehubia (osk. Mamerttiaís?). Dass die Aenderung uritalisch gewesen sei, ist aus verschiedenen Gründen unwahrscheinlich, sie wird, nach der „Wellentheorie", sich über die verschiedenen Dialekte ausgebreitet haben, als sie im Wesentlichen schon getrennt waren [1]).

Tonanschluss (Enclise und Proclise).

258. Das Osk.-Umbrische zeigt im Tonanschluss grosse Uebereinstimmung mit dem Lateinischen (über das Osk.-Umbrische s. Corssen II 914ff., Brugmann I 549f., über das Lateinische Corssen II 833—892, Brugmann a. O., Schweizer-Sidler² 10f., vgl. auch W. Meyer Rom. Gramm. I 503ff.). Sehr häufig findet sich die Enclise bei Pronomina und pronominalen Partikeln; sie war hier jedenfalls grösstentheils alt ererbt. Osk. *suaepis* T. B. (8 m. so, daneben 4 m. *suae pis* geschrieben) [2]), marruc. *nipis*, vo. *sepis*, umbr. svepis *sopir* svepu *suepo*; o. pútereípíd pútúrúspíd p?]ispíd púkkapíd *pocapit p]ocapid*, u. putrespe *podruhpei panupei* pumpe; o. adpúd; u. *arnipo*; u. prepa = l. **praequam*, vgl. l. *priusquam* (o. *pruter pam*); u. *nosue* (o. *nei suae*); o.-u. *-p* in o. neip *neip* nep *nep* nip, u. neip *neip nep* (ap?) = l. *-que* in *neque*; o.-u. *-k* in o. *izic ionc eizac* eksuk etc., marr. *esuc*, u. erek erak *issoc* etc. = l. *-c(e)* in

---

und Aret[ikai = Arentikai nicht aus der Unbetontheit der betr. Silbe erklärlich (vgl. S. 312).

1) Auch fürs Lateinische ist der Zeitpunct des Accentwechsels noch nicht sicher bestimmt. Stolzs Annahme (S. 321 Anm. 1), die ältere Betonung sei noch im 5. Jahrhundert der Stadt wirksam gewesen und gar, die Volkssprache habe sie grösstentheils überhaupt bewahrt, ist schwerlich richtig. Conways Ausführungen (S. 64 ff.) scheinen mir verfehlt.

2) Vgl. *suae . . . pod* „siue" T. B. 23.

hice hic etc., got. *-h* in *sa-h* (die Beispiele s. in der Syntax); o.-u. *-í* in o. pu-i *pa-e iz-i-c* íd-í-k etc., u. *po-ei paf-e* pis-i er-e-k eř-e-k etc. (s. ebd.); *-de* in o. pún pun *pon* aus **pon-de*, umbr. in pune *ponne* pane *pane* und vielleicht in pu-ře *po-rse* etc. (s. ebd.); *-dum* in o. ísídum, ekkum (aus **ekdum*), íússu (aus **iosdum*), vgl. l. *-dem* in *i-dem* etc. (ebd.); u. *-hont* in *er-ont sur-ont* etc. (ebd.). Aus Enclise des Personalpronomens (vgl. Brugmann I 537) erklärt sich, wie das *i* der ersten Silbe in l. *mihi tibi sibi*, so vielleicht das í in osk. sífeí *129* (vgl. oben S. 244 Anm., 317 f.) und die Auslassung des Vocales (wohl ə) in osk. tfei Blt. (vgl. S. 213). Viel häufiger als im Lateinischen sind im Osk.-Umbrischen die enclitischen Postpositionen: u. asa-ku uvi-kum *pesondris-co* etc., vgl. l. *nobis-cum quo-cum* etc.; u. asam-ař persklum-ař etc., o. vielleicht id-ad, vgl. l. *quo-ad*; o. *petiro-pert petiru-pert*, u. triiu-per *trio-per*, vgl. l. *parumper paulis-per* etc.; u. fratrus-per *poplu-per tota-per* etc.; o. *censtom-en exaisc-en*, päl. *pritrom-e praicim-e*, u. vukum-en *anglom-e uerof-e fondlir-e* etc., wohl auch in o. húrtín Kerríiín aus **hortei̯-en* etc. S. 175 und in o. imad-en *eisuc-en* (oder in letzteren beiden zu l. *inde*?). Die Stellung hinter dem Casus war aus der Ursprache ererbt, ob auch die Enclise, ist unsicher (vgl. gr. τούτου πέρι, θεῶν ἄπο etc.), s. die Syntax unter Prä- und Postpositionen. Auch wenn die Präpositionen vorausstanden, scheinen sie mit ihrem Casus unter éinem Tone gesprochen worden zu sein in ähnlicher Weise wie die Composita mit Präpositionen, so dass also im Urit. die Präposition den Hauptton trug, das Nomen enclitisch war; hierauf weisen l. *īlico* = *in sloco, sedulo, denuo, eminus, comminus, protinus, praefiscini, profecto, sedfrude sua, interdiu* (*-diu* Loc.), *inuicem, obuiam* etc., vgl. Schweizer-Sidler[2] 10, Joh. Schmidt Neutr. 50 Anm., Kluge in Pauls Grdr. I 346, W. Meyer Philol. Abhandlungen H. Schweizer-Sidler gewidmet 21. Es erklären sich hieraus auch die auf lateinischen Inschriften ungemein häufigen Zusammenschreibungen der Präpositionen mit ihrem Casus wie *inforo, incastreis, intabulas, indiebus, elege, adeos* etc. (Corssen II 863 ff.), die auch auf oskich-umbrischen Inschriften vorkommen: osk. *prumeddixud* T. B.$_{13}$, *conpreiuatud* T. B.$_{16}$ (in *pru medicatud* T. B.$_{24}$ ist der Punct wohl erst nachträglich eingesetzt, bei *en eituas*$_{9}$ scheint Zvetaieffs neuere Tafel einen Punct anzudeuten), umbr. preveres *Ia* 2 11 20, pusveres *Ia* 7 14 24 (nu. immer *pre uerir*, *post uerir*, zusammen 12m.)[1]), *anderuomu VIb* 41 (Bücheler 79), casa *IIa* 38, *ehesu VIb* 54 (euze *IIb* 27, 28?)[2]). Natürlich unterlagen die uritalischen Verbindungen von betonten Präpositionen mit folgendem enclitischem Casus wie die wirklichen Composita dem jüngeren Betonungsgesetz, so dass z. B. *íntabulas ẽlēge* zu *intábulas ēlẽge* wurden. Ob jene *íntabulas ẽlēge* etc. nicht etwa ihrerseits infolge der uritalischen Zurückziehung des Accentes auf die erste Silbe aus Formen mit proclitischer Präposition entstanden waren (vgl. den proclitischen Gravis in gr. περὶ, ἀπὸ etc., Brugmann Gr. Gr.[2] 83, 215), muss dahingestellt bleiben, ebenso ob die Verbindungen von Präpositionen mit Verben, z. B. osk. kúm-bened *pru-hipid* päl. *in-cubat* umbr. ař-veitu pre-habia *co-uertu os-tendu* (lat. *con-scendo pro-hibeo* etc.), die im Uritalischen ebenfalls auf der ersten Silbe betont waren, die Form des Hauptsatzes, in dem im Idg. das Präfix betont, das Verbum enclitisch war, oder die Form des Nebensatzes, in dem das Präfix proclitisch, das Verbum betont war, darstellen. Auf lateinischen Inschriften ist oft Präfix und Verbum getrennt geschrieben wie z. B. *ob uenerit*, *ex portarei* etc. auf der lex Iulia municipalis, wozu *com parascuster* der T. B. zu vergleichen ist; auch das substantivirte Particip Anterstataí T. A. ist beidemal anter stataí geschrieben[3]). Vgl. S. 241. Die getrennte Schreibung kommt auch bei rein nominalen Composita vor, so im Umbr. in anter menzaru *IIa* 16. Die Enclise von Verbalformen ist sicher altererbt beim Verbum substantivum, im Osk.-Umbr. in osk. teremnatust pússtíst destrst prúftúset päl. *-lisuist* marr. *pacrsi* umbr. *peretomest pesetomest daetomest frosetomest uasetomest tuderatoest ortoest mersest uasest pisest* (*parsest*? S. 494 f.) *fonsir mersi*, doch vgl. daneben osk.

---

1) *VIb* 20 zeigt Bréals Tafel zwischen *pre* und *uerir* allerdings keinen Punct, aber ein Zwischenraum ist vorhanden.

2) pustertiu *Ib* 40, *postertio VIIa* 46 mag wirklich zusammengewachsen sein wie l. *postridie*. Ueber osk. pústin slagím s. S. 543.

3) Umbr. anter vakaze *Ib* 8 *ander uacose VIb* 47 nach Bücheler „intermissione“, doch s. Bd. II Anh.

uruvú íst, tercí íst, *scriftas set* etc.[1]), umbr. *daetom est, ortom est, fons sir, pacer sir, screihtor sent, subator sent* etc. Andere Verba: umbr. *pisher VIb* 41 vgl. lat. *quivis quilubet*; ob umbr. neiřhabas aus *néį ařhabas* syncopirt sei, ist zweifelhaft, s. § 291, über nuřpener § 326; auf das 1 malige *comono nihipid* T. B. ist nichts zu geben, da 2 m. *comononi hipid* geschrieben ist. Auch auf die umbrischen z. B. auf Taf. *II* mehrfach vorkommenden Zusammenschreibungen wie punifetu uturfertu *saluaseritu* ist wenig Gewicht zu legen (vgl. Corssen II 918), da die Interpunction auf den iguvinischen Tafeln, namentlich den altumbrischen, überhaupt vielfach unregelmässig und sehr oft verkehrt gesetzt ist, auch können eng zusammengehörige Wörter zusammengeschrieben sein, ohne dass sie wirklich unter éinem Ton gesprochen wurden[2]). Corssen II 919f. nimmt auch Proclise von Pronomina und Conjunctionen an wegen Zusammenschreibungen wie osk. *paeieizeis*, *paeancensto*, *ioccomono, iocegmo, idictangineis, izicamprufid, ponposmom, panpieisum* auf der T. B. [aber auch die T. B. interpungirt liederlich, vgl. *pocapi.t, l.icitud, ex.aiscen, ezumnep, meddismoltaum* etc.][3]) und umbr. *poeperca pirsemersest* eafiveka *erernomneper* apeapelus apepurtuvies *apepesondro* puneheries punepurtiius, doch bleibt auch dies fraglich. Enclise des Vocativs in umbr. Iupater wie l. *Iuppiter*.

Silbendissimilation[4]).

259. Zweifellose Beispiele fehlen. Wahrscheinlich gehören hieher umbr. *etato* für **etatuto, arsmamo* für **arsmamumo* (die drei letzten Silben mit gleichem Anlaut), *cateramo* für **cateramumo* (doch *persnimumo*; also *cateramo* durch das damit verbundene *arsmamo* veranlasst?), s. Brugmann M. U.

---

1) múinik. est *131 132* = múinikú est.

2) In ařeper arves spricht der Rhotacismus des ersten Wortes für enge Verbindung, vgl. S. 585f.; ob die Verbindung so eng war wie in den lat. Zusammenrückungen *respublica iusiurandum senatusconsultum* etc., bleibt fraglich.

3) Zu *manimaserum* könnte man l. *manumittere* vergleichen.

4) Brugmann I 483f.

I 169 ff. und unten § 309 f. Die Dissimilation fand wohl zur Zeit der älteren Betonung statt. Ein ähnliches Beispiel wäre umbr. statita *IIa* 42 falls für *statitata, vgl. statitatu *IIa* 32 (Bücheler 139), doch ist dies unsicher. Osk. kaispatar Blt. aus *kaispatatar lat. **caespitator*? (s. § 317). Ueber -stiteteies *IIa* 44 neben -stitisteteies *Ib* 45 s. Bd. II Anh. Ob das auffällige *d* statt *dd* in osk. medíkeí medíkeís durch Dissimilation in einem **medĕdik*- zu erklären sei, ist gleichfalls unsicher, vgl. S. 546 f.[1]). Ueber osk.-pälign. *Herentāt*- vgl. S. 216 und § 266. Umbr. *suront* neben *sururont* ist wohl die ursprüngliche einfache Form (**sō-s*) neben der reduplicirten (**sō-sō-s*), vgl. S. 522. Umbr. *sehmenier* etc. kaum = **sēmi-mēn*- (zu l. *sēmēstris* „halbmonatlich"), s. S. 502 f. Ueber den Infinitiv auf *-om* s. § 333.

---

1) Dass medik- auf **medzdik*- (= **medoz-dik*-) über **mezdik*- zurückgehe (also mēdik-), ist kaum wahrscheinlich.

Universitäts-Buchdruckerei von Carl Georgi in Bonn.

Papier | Fördert gute Waldnutzung
FSC® C083411

Kolibri 360 GmbH
Ferdinand-Jühlke-Straße 7
99095 Erfurt, Deutschland
produktsicherheit@kolibri360.de